［日］内阁文库藏明版《园冶》三册三卷全本

计成所撰《园冶》，是我国最早出现、对世界深有影响的造园学经典，也是传统文化、文学、生态学名著。此稀世珍本，三百馀年来国人无由获睹。数年前经东瀛友人帮助，方于此以全本书影在国内首次面世。此孤本现藏日本国立公文书馆【称内阁本】。

计成：姓名、字、号印

内阁本第一卷《自序》后，钤有细朱文"计成之印"，满白文"否道人"章；第三卷《自跋》末，更钤有"无"、"否"的朱白文连珠印，亦属首次面世，弥足珍贵。

计成之印　　无　否　　否道人

计成故乡：松陵垂虹桥遗迹

"智者乐水"，水育智者。松陵为吴江县别称，隶属苏州府，水乡秀美，风土清嘉，垂虹长桥，名满天下——优异的地理环境，是出人才不可忽视的因素之一。

大冶铸金：青铜器杰构莲鹤方壶

《园冶》的"冶"字，至今无人试作深度诠释。经考证，"冶"之义为"铸"，为"美"，为"道"。钱锺书先生《管锥编》论经典，有"一名而含三义"之说，《园冶》亦然。而体现了先秦时代精神的莲鹤方壶，是"冶"字之三义最佳的形象性表征和无言的说明。此器现藏北京故宫博物院。

筑梦：使大地焕然改观

郑元勋手书《园冶题词》，透露了计成的"大冶"美学理想："欲使大地焕然改观"。超越园林围墙，美化大地景观，计成可谓"美丽中国"之先行者、追梦人，惜乎无人发现，予以崇高评价。本图选自隆盛本《园冶》。

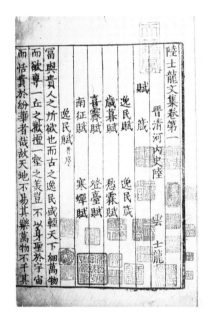

珍本陆雲《陆士龙文集》

计成将西晋著名文学家陆雲与匠家之祖鲁班相并列，作为"能主之人"的杰出代表，曾引起轩然大波。宋版陆雲《文集》，现藏中国国家图书馆。

亭者，所以停憩游行也

明版内阁本《园冶》，并不囿于汉儒对"亭"的经典诠释，赫然加上"所以停憩游行也"七字，表现了"定义当随时代"的进步理念。

［日］桥川时雄藏本《木经全书》

钤有隆盛堂藏板印，为宽政七年前隆
盛堂翻刻本，称《木经全书》，与桥川
《解说园冶》合集，东京渡辺书店昭和
四十五年（1979年）版【称隆盛本】。

［日］华日堂刻《夺天工》钞本

写本一卷，钞写年代约当清乾隆六十
年（1795年），与隆盛本相先后。手
绘"华日堂"印，称《夺天工》。其
笔误、点误甚多，但可窥《园冶》影
响【称华钞本】。

［英］夏丽森（Alison Hardie）译
《园冶》第二版

上海印刷出版发展公司2012年版，
美国耶鲁大学出版社1988年第一版。

［法］邱治平（ChiuCheBing）译
《园冶》第一版

法国贝桑松印刷出版社1997年版，同
出版社2004年第二版，第三版将出。

以上四书，代表了《园冶》跨越时空的历史性、世界性影响

陈植《园冶注释》第二版

中国建筑工业出版社1988年版。第一版于1981年问世，率先取消乌丝栏，采用新标点，为《园冶》接受史上首次经校勘的注释本，筚路蓝缕，开启山林，影响极大，是《园冶》研究解读进入新阶段的历史里程碑【称陈注一版、二版或陈注本】。

曹汛《园冶注释疑义举析》

长篇重要论文，载《建筑历史与理论》第3、4辑合刊，江苏人民出版社1984年出版。与《计成研究》一文，均有口皆碑，修正了《园冶》排印特别是注释中一系列错误，并为陈注二版、《园冶全释》、[日]佐藤昌《园冶研究》所吸纳，【称疑义举析或举析】。

张家骥《园冶全释——世界
最古造园学名著研究》

山西人民出版社1993年版。简化字横排本，既注又译，惜未校勘。擅在宏观上从哲学、美学视角作理论探索，体现出发散性思维特色，但不免有粗疏失误。

杨光辉《中国历代园林图文精选》本
《园冶》（载丛书第四辑）

同济大学出版社2006年版。《园冶》问世来第一个简化字经校勘的21世纪详注横排本。认真细致，惜乎错选"喜咏本"为底本，致增理解之误【称图文本】。

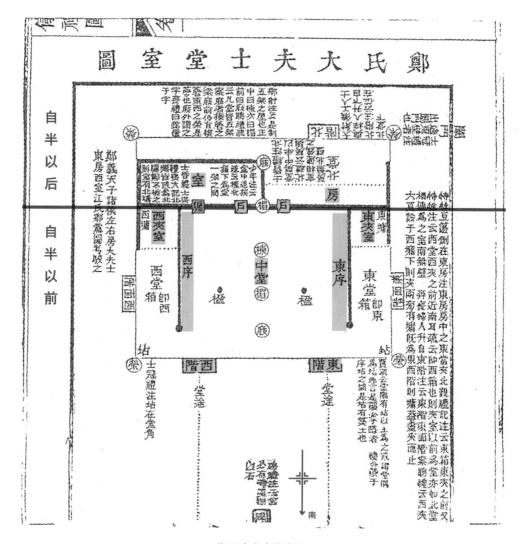

郑氏大夫士堂室图

上古时代，堂为多种个体建筑之综合体。此图原载清著名经学家张惠言《仪礼图》一书，但较模糊。现选自侯幼彬先生建筑哲学名著《中国建筑之道》。为准确说明，笔者试加色标出。《园冶·屋宇》："古者之堂，自半已前，虚之为堂。""自半已后，实为室。"图中红线为分界墙，其前半东西序之间，称为"中堂"，朝南，由东西阶登堂，无门，不住人置物，故曰"虚"。其后半主要为室，住人置物，故曰"实"，墙有户可入。成语"登堂入室"即由此而来。

应时而借［其一］ 拙政园之春——在画舫"香洲"附近

春，是人们的期盼；柳，是春之来临的象征。早春二月，寒意料峭，睡梦中刚苏醒的"丝丝眠柳"，轻拂出"春风柳上归"的诗意。嫩嫩的生命之芽，微微地透漏着春光，显出弱不禁风的怜态。其姿，细缕倒垂，柔情万千，婀娜多姿，楚楚动人；其色与质，如唐代大诗人白居易所咏："一树春风千万枝，嫩如金色软如丝"。

应时而借［其二］ 拙政园之夏——在荷风四面亭附近

夏，是生命的奋发，视觉美的绿色盛宴，是"佳木秀而繁阴"的旺季。碧树参天，翠柳垂地，蔚为一派森森浓荫，蓬蓬勃勃、郁郁葱葱。俯首低处，映入眼帘的是亭亭万柄，满池莲开。田田的翠盖，簇拥着，攒动着，互挤着，力争向上，可谓"于夏如竞"，而新浴的红裳白衣，正以最饱满的盛情绽放着，花颜四面，嫣然而含笑。

应时而借［其三］ 拙政园之秋——在倚玉轩水面上空

秋，是"万物成就"的时光，是色彩的斑斓，美人的艳妆，不似春光，又胜似春光。凝视"一派涵秋"的水面上空，眼前雾霭霭，烟蒙蒙，其间，衰柳低垂，由绿而转黄，反衬得硕健的枫树特别壮美，分外精神，其叶恍若晴霞，艳如碎锦。计成冶炼出"醉颜几阵丹枫"之句，见出岸枫虽未酩酊，却已一阵阵颜酡而心醉，"阵"为句中"诗眼"。

应时而借［其四］ 拙政园之冬——在绣绮亭、枇杷园一带

冬，体现为生命的潜伏，万物的闭藏。玄天窈宇，"云幂黯黯"，又属一年一度"六花呈瑞"的季节。雪，是白色的精灵，冽冬的魂魄，"忽如一夜春风来，千树万树梨花开"，其纯净的全覆盖，能移世界，变影调，化彩成素，矫异为同，试看银山皓皓，腊石皑皑，云墙如玉龙蜿蜒，共塑出高下参差、静中有动的瑶华境界。

园冶多维探析 上

金学智 著

中国建筑工业出版社

图书在版编目（CIP）数据

园冶多维探析／金学智著. —北京：中国建筑工业出
版社，2015.7
ISBN 978-7-112-18132-2

Ⅰ.①园… Ⅱ.①金… Ⅲ.①造园林–研究–中国–古
代②《园冶》–研究 Ⅳ.①TU986

中国版本图书馆CIP数据核字（2015）第102672号

责任编辑：吴宇江
书籍设计：锋尚制版
责任校对：陈晶晶 刘 钰

园冶多维探析

金学智 著

＊

中国建筑工业出版社出版、发行（北京海淀三里河路9号）

各地新华书店、建筑书店经销

北京锋尚制版有限公司制版

北京盛通印刷股份有限公司印刷

＊

开本：787×1092毫米 1/16 印张：49¾ 字数：960千字
2017年9月第一版 2017年9月第一次印刷
定价：**158.00元**（上、下）
ISBN 978-7-112-18132-2
（27364）

"奇文共欣赏，疑义相与析。"（晋陶渊明《移居［其一］》）

明末计成所撰《园冶》，是一部奇书，是一部文化内涵丰永，极富中国传统民族特色，值得"共欣赏"和"相与析"的奇书，当然它更是我国最早出现的、对世界颇有影响、具有完整造园学体系的经典名著，同时，也是一部骈、散结合，以骈文为主写成的文学佳作。

而今，历史的车轮早已驶入了21世纪，《园冶》的面世更有380年之久，对它的校勘、注释、翻译、解读、诠释、品赏、研究等方面，虽有了很大或较大的收获，但依然存在着大量的问题，长期争论不休，30多年来，纠结、沉积为一系列难解之谜，究其原因，除了古奥难读而外，主要由于没有将以上诸方面联系于实践、结合于创作和欣赏的应用，作有机贯通式的探究，同时，也缺少多学科全方位的介入，本书有志于弥补这方面的缺失，故尝试着将书名题为《园冶多维探析》，简而言之，拟以一个"多"字概之。

《荀子·劝学篇》云："君子知夫不全不粹之不足以为美也，故诵数以贯之，思索以通之。"这从学术研究的视角来看，此语既揭示了研究的目标——全粹之美，又启示了研究的方法——有层次、有步骤地全面思索解读探析，做到融会一体，贯而通之。本书正是在以往专家学者所积累的研究成果的基础上，通过多学科的介入，进行全方位、多层次的研究而写成的。

目标、方法的特殊性，决定了本书在结构框架、逻辑思路等方面也与一般著作有所不同，它力求将几种不同体例、不同性质的书有机地整合为一，而以读通经典、品味经典、致用经典为旨归。因此，首先应对本书的结构框架、逻辑思路作一必要的也是简要的交代：

第一编：园冶研究综论——古今中外的纵横研究

此编按计成其人其书展开，进行纵横交织、点面互补的综合性论述。由于《园冶》一书独特、曲折的历程，而其基本精神又符合于当今时代社会的需要，因此本书的论述，不但由古及今，衔接时代，而且跨越国界，放眼未来，目的是让人们对《园冶》及其研究有一个较为全面深入的了解。

第二编：园冶选句解析——本位之思与出位之思兼融

《园冶》行文中往往有如珠似玉的名言警句嵌寓其间，启人心智，发人深思，极有价值意义。晋陆机《文赋》云："立片言而居要，乃一篇之警策。""石蕴玉而山辉，水怀珠而川媚。"意谓在紧要处用深刻而警辟动人话语来点醒文意，冶铸精粹，这犹如石中蕴玉，水中含珠，能使山川具有光辉和魅力。由于《园冶》以饶有累累如贯珠的名言警句为重要特色，故本书的解析，首先不用传统注释的解读模式，也不取学术专著自成体系的理论形态，而以"选句解析"作为探究的重中之重，即从《园冶》书中遴选出大量的警言秀句（也包括难句）作为基本单位，既对其进行"本位性"的深入解读、诠释、发微①，又尽可能对其作"出位性"的发散引申、接受，探析，用近人王国维《人间词话》的话说，既"须入乎其内，又须出乎其外……入乎其内，故有生气；出乎其外，故有高致"。这样，不仅凸显其言简义丰，意蕴不尽的内涵，而且力求使其服务于时代，联系于社会实践，展示其未来学的价值，使过去←→现在←→未来能一线贯穿，互为映射。同时，又根据其内蕴精义，将其分门别类，归纳为几个单元即专章，从而让人们系统了解《园冶》各方面的理论建树和多方面的价值意义。《园冶·屋宇》有"探奇合志"之语，本书也有志于实现此语，在学术路径上与合志者一起探奇创新。

第三编：园冶点评详注——十个版本比勘与全书重订

本编由句、句群的解析仍归复到《园冶》原书的章节序列。必须说明，《园冶》由于遭遇特殊，流传域外几成绝版，尔后则版本复杂，残阙讹误，问题极

---

① 发微：阐发微妙的精义。见［宋］周敦颐《通书·诚几德》朱熹注："发之微妙而不可见，充之周遍而不可穷。则圣人之妙用而不可知也。"常用以指对某一事理精蕴或某一事物原委的探索。这也相通于《易·系辞上》的"探赜索隐，钩深致远"，即钩觅幽深玄奥的妙理，测寻幽隐事象的精髓，而这特别适用于《园冶》，其言云："小屋数椽委曲，究安门之当，理及精微"（《屋宇》）；"欲知堆土之奥妙，还拟理石之精微"（《掇山》）。

多。笔者经多方努力，有幸得以遴选出中、日《园冶》流传史上具有代表性的十个版本，以日本内阁文库所藏珍稀明版全本作为底本进行比勘会校，厘为新本，并以详注确诂为追求的目标。为此，对文本各章节既取古代随文的夹注形式，又取现代页下的脚注形式，力求夹注，脚注双轨并进，从而使第二编经过探析的选句再回归到原书的语境，不致流为支离破碎的只言片语，也就是说，让人们能从章节的整体来把握语句的个别。本编除尽可能的详注外，还适当附以段落或层次乃至语句的点评，以助成对整体的把握。清人张潮《幽梦影》云："著得一部新书，便是千秋大业；注得一部古书，允为万世弘功。"黄交三评曰："世间难事，注书第一，大要于极寻常处，要看出作者苦心。"笔者时时以此高标准要求本编。

第四编：园冶专用词诠——生僻字多义词专业语汇释

《园冶》素称难读，故本书专辟此编作为解读的特殊"工具书"，对一些字、词、术语、短语进行了汇释、考辨，甚至必要的详论，主要供解读第三编时查检，以便扫除障碍，为进一步深研《园冶》创造条件，同时在一定程度上起到拓展阅读、知识链接、普及古汉语等作用。

第五编：园冶品读馀篇——文化、文学、科学等视角的探究

这是全书的附编，是从文化学、文学、科技史等众多视角所作的发散性思维的补充。

也许有人会说，第二、三、四编的次序编排不太合理，首先应是"《园冶》点评详注"，让人们通读全书，有一个整体的印象，然后再作"《园冶》选句解析"，这才顺理成章。此话颇有道理。但是，第三编中的夹注，按照传统习惯，用的是小号字；第四编"《园冶》专用词诠"，带有词典性质，按照传统习惯，用的也是小号字，故本书特将此两编排在一起，这会使全书在编排上显得一致些。同时，也更有助于突出第二编"《园冶》选句解析"这一理论重点。

在当今时代，对文本的解读已离不开西方的阐释学方法，故本书在总体上，又拟引进阐释学作为贯通全书特别是第二、三、四编——语句、章节、字词关系的枢机，因此，对这一方法拟略作介绍。

西方的阐释学最早是传达神谕、解释经典之学，"阐释"这一术语原先指对《圣经》中可能产生歧义之难句的解说，或对其中晦涩、含混、借喻等段落所作的

解释。而这恰恰适用于《园冶》，因为它也是经典，不过是无宗教色彩的经典。而且西方又恰恰将《园冶》誉为"生态文明圣典"，其中也颇多可能产生歧义的难句，还有不少用含蓄借喻手法表达的意味深长的骈语，需要从学术上深入阐释。

再看阐释学的有关观点。古典阐释学开创者——德国的施莱尔马赫（1768－1834）提出："在一段给定的文章中每一个词的意义只有参照它与周围的词的共存才能确定。"[1]这实际上是提出了关于阐释的语境理论。

尔后，德国的狄尔泰（1833－1911）将阐释学提到哲学的高度，用"阐释学循环"的概念来概括施莱尔马赫所指出的阐释时所必需的种种循环："要了解作品中的单词的意义必须了解作品整体，要了解作品整体必须了解单个词的意义"；"要了解整体必须了解部分，要了解部分必须了解整体"。[2]这一阐释学循环理论，即"作品←→单词"、"部分←→整体"之间互释关系的理论，对于本书建构第二、三、四编之间互释互成的关系，无疑也是一个较好的参照系。

略释本书第二、三、四编之间重复交叠的问题。应该说，此三编之间适当的重复沟通是必要的，这正是对经典所作"阐释学循环"的某种体现，但又应尽可能避免不必要的重复，于是，本书较多地运用"见本书××页"这种以"一处详释，他处参见"的"互见"方法，这一错综的"互见网络机制"，正是循环阐释在本书中的一种具体运用。

本书另一方法是多学科的参与、聚焦，这也符合于当今学科交融的时代潮流。联系本书来说，全方位的探究，就离不开多学科的参与及其交互渗透，此义甚明，无须赘述。故本书除基于造园学、建筑学等学科而外，还引进了哲学、美学、文学、画论、生态学、文化学、历史学、社会学、心理学、民俗学、养生学、未来学、人居环境理论等，特别是运用文本阐释所必需的校勘学、文字学、训诂学、音韵学、词汇学、修辞学、文章学等，让其共同参与、协作攻关。

附：本书是以文字为主，力求有一定理论深广度的著作，故图版极少，但考虑到当今图像时代和普及性问题，特再撰写《园冶句意图释》作为本书的续集，以一图（主要为摄影）释一句之意，既作为该句形象的现实例证，又适当进行摄影品赏，于是又有了摄影艺术的参与和协作。

以上的学术途径、方法、框架、设想，均为本书探奇的一种尝试，因与一般著作不同，故特于前言中先行说明，请广大读者和专家不吝指教！

---

[1] 引自张如伦：《意义的探究——当代西方阐释学》，辽宁人民出版社1986年版，第13页。
[2] 陈鸣树：《文艺学方法论》，复旦大学出版社2004年第2版，第192页。

前　言 / III

第一编｜园冶研究综论
——古今中外的纵横研究

第一编

园冶研究综论
——古今中外的纵横研究

日本首先援用『造园』为正式科学名称，并尊《园冶》为世界造园学最古名著，诚世界科学史上我国科学成就光荣之一页也。

——陈植《重印园冶序》

他所著《园冶》，结合自己的创作实践，全面论述造园叠山，是世界上最早的一部造园学专著。计成以《园冶》一书蜚声中外，名传千古……学术界应该编制出美丽的花环，献给这位杰出的造园艺术家。

——曹汛《计成研究》

第一章
计成《园冶》其人其书

对计成其人"知人论世"的研究，首先遇到的，就是极大的困难。

"上品无寒门，下品无势族。"（《晋书·刘毅传》）计成出身寒微，如《园冶》书末所说，是"草野疏愚"，又联结着工匠文化，故而名不见经传，不要说《明史》，就是连地方史志如颇有影响的《松陵文献·艺能》，也不予记载一笔……这样一位为后人留下了经典、奇书的多才多艺的神工哲匠，不幸被时代、社会、地位、遭遇等挤到了遗忘的角落。

可以说，其生平、事迹的原始资料几乎没有，仅有《园冶》书中的一鳞半爪堪作内证，此外，则是与计成交往者少得可怜的有关诗文。因此，对这些资料进行哀集、梳理、考证和合理的推测，和对《园冶》其书的整理、解读及合理的引申接受一样，成为《园冶》研究一个不可忽视的方面。

第一节　内证：《园冶》书中鳞爪
——计成籍贯、行状梳理阐说

本节先探究《园冶》书内的一鳞半爪，这是计成自己留下有限的原始依据，由于这类资料珍稀，故必须逐一地细说详证，不放过一个字。而将作为外证的他人与计成的交往及其有关诗文，留待下一章研究。

计成为明末人，生年当为万历十年，依据是其《园冶》的《自跋》。

首先应正名，目前研究家们普遍称计成自己附于书后，题有"自识"字样的一段文字为《自识》，不甚恰当，试辨正如下：

"识"，有人读为 shí，误。这不是"认识"、"知识"的"识"，而应读 zhì，或作"志"，即"记"（记述）、"题"（题记、题写）。自识，也就是自记、自题，这只是说明这段文字是他自己题写的，故决不能打上书名号作《自识》。古代对于这种文字，通称为"跋"，更恰当的名称是"题跋"或"跋尾"，因为它是题写在著作、诗文或碑帖、书画之末尾的，最早见于宋欧阳修的《集古录》，称为《集古录跋尾》①，经欧阳修倡导，从宋代开始这种体裁就兴盛起来，著名的如宋代的《东坡题跋》、《山谷题跋》、《广川书跋》、《广川画跋》，直至清代的《义门题跋》、《竹云题跋》、《虚舟题跋》等。跋尾的作用是通过其后的题写从而评介该著作、诗文、书画的内容、形式、品格或说明写作经过等，是一种非常自由、简短的传统文体样式，也可称为"题识〔zhì〕"，如《隐绿轩题识》。这类汇辑题跋而成的书，可谓汗牛充栋，而这类短文的末尾，有时也署以"识"、"题"等一类字，而以书法的跋尾最为多见。②

再看当今对"跋"体的认同。1981年，陈植先生《园冶注释》问世，书后附以陈从周先生1978年所写《跋陈植教授〈园冶注释〉》，这是非常典型的跋。1982年，曹汛先生认为，"《自识》一节，是《园冶》付印时计成自己写的跋语"。③1998年，刘乾先先生也说，"《园冶》前有阮大铖的《冶叙》……以及计成的《自序》为序，后有计成的《自识》为跋，是我们目前了解计成生平及其著作《园冶》的不可多得的资料。"④……根据古今文体定名，计成《园冶》末尾自己所撰、极其自由简短的文字，只能称为《自跋》。该跋写道："崇祯甲戌岁，予年五十有三（金按：为虚岁），历尽风尘，业游已倦……"崇祯甲戌，为明崇祯七年（1634年）。以此三言两语上推五十二年，计成的生年当为明万历壬午十年（1582年）。

我国现代著名作家、文学史家、古籍收藏家郑振铎先生曾藏有明崇祯年间《园冶》残本（存卷一，佚卷二、卷三），为现存最早的版本之一，现藏中国国家图书馆。郑振铎（1898—1958），笔名西谛，福建长乐人。郑氏所藏明刻本【图1】，钤有章草阳文"长乐郑振铎西谛藏书"藏印，另有"钱塘夏平叔珍藏"印。此书匡高19.7厘米，广12.2厘米，四周单栏，白口，无鱼尾，半页九行，行十八字。卷首题"园冶"二字。次行下题"松陵计　成无否父著"八字。由此可知计成的里籍为松陵，阮大铖《冶叙》，也称其为"松陵计无否"。

松陵，为江苏吴江县的别称。松陵之名，最早见于春秋时代，《吴越春秋·勾

---

① 如刘熙载《艺概·书概》："《集古录跋尾》云：'余家集古所录……'"金学智《书概评注》："'《集古录跋尾》云'以下数句：见欧阳修《集古录》'宋文帝神道碑'跋尾。《集古录跋尾》，即《集古录》。"（上海书画出版社1990年版，第78页）又见金学智：《插图本书概评注》，上海书画出版社2007年版，第57－58页。

② 如清陈奕禧的《隐绿轩题识》，其中《临孙师范书》，尾有"并识于此"之语。清王宏的《砥斋题跋》，其中《孔季将军碑阴跋》，尾署"山史识"三字；《圣教序初断本跋》，尾署"庚戌秋七月朔山翁识"；《品泉图》，尾署"因重付装潢而识之"。清何焯的《义门题跋》，其中《颍水黄庭经》，尾署"康熙己亥，义门何焯题"……这都可说是跋尾之"尾"了。

③ 曹汛：《〈园冶注释〉疑义举析》（作于1982年），载《建筑历史与理论》第3、4期合刊，江苏人民出版社1984年版，第118页。

④ 刘乾先：《园林说译注（原名〈园冶〉）》，吉林文史出版社1998年版，第3页。

践伐吴外传》："越王追奔，攻吴兵，入于江阳松陵。"《百城烟水》卷四：吴江"汉为松陵镇，属吴县。后梁开平三年，钱镠请割吴县松陵镇，并割嘉兴置吴江县。"宋政和间，苏州升为平江府，明初则称苏州府，吴县、吴江等均同属苏州府。所以，"松陵计成"是吴江人，也是苏州人，而郑元勋《影园自记》说："吴友计无否善解人意"，一个"吴"字，也点出了计成的籍贯。

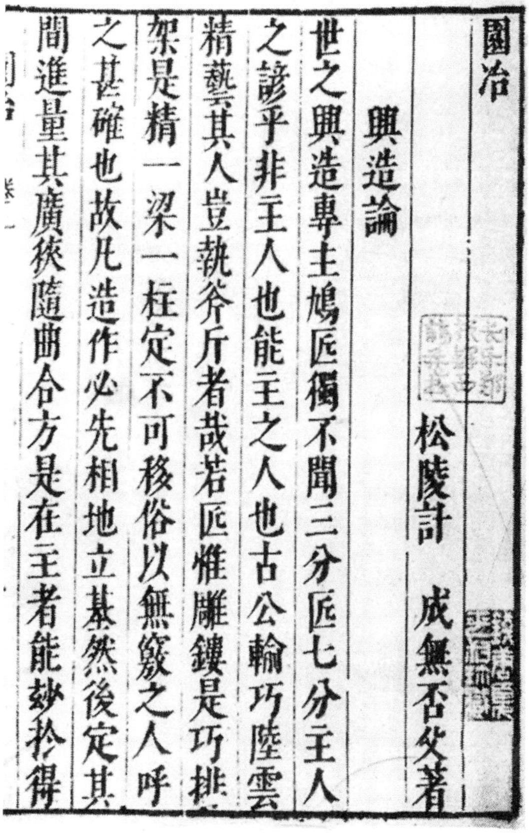
園冶

興造論

松陵計　成無否父著

世之興造專主鳩匠獨不聞三分匠七分主人之諺乎非主人也能主之人也古公輸巧陸雲精藝其人豈執斧斤者哉若匠惟雕鏤是巧排架是精一梁一柱定不可移俗以無竅之人呼之甚確也故凡造作必先相地立基然後定其間進量其廣狹隨曲合方是在主者能妙於得

图1　稀世珍本，惜非完璧
郑振铎藏明版《园冶》
钤有长乐郑振铎西谛藏书、
钱塘夏平叔珍藏等印
现藏中国国家图书馆

优异的地理环境，是出优秀人才不可忽视的因素之一，因此，应对计成的故乡——当时尚离太湖不很远的松陵作一简要描述。明代吴门画派领袖文徵明《记震泽钟灵寺崦西徐公》一文写道："吾吴为东南望郡，而山川之秀，亦惟东南之望。其浑沦磅薄之气，钟而为人，形而为文章……盖举天下莫之与京。"诚哉是言！吴江松陵为东南泽国，山水明秀，景物柔丽，风土清嘉，名胜众多，特别是垂虹长桥名满天下【图2】，宋代，秦观有"松江浩无旁，垂虹跨其上"（《与子瞻会松江得浪字》）之咏；米芾有"垂虹秋色满东南"（《垂虹亭作》）之书；姜夔有"曲终过尽松陵路"（《过垂虹》）之句；戴复古有"垂虹五百步，太湖三万顷。除却岳阳楼，天下无此景"（《松江舟中》）之诗；而明代唐寅的《松陵晚泊》，更有具体的描颂……优美的水乡泽国，令诗人们陶然心醉，流连忘返。宋人庄绰《鸡肋编》卷上曾从"人性类其土风"的前提进行推导，认为东南多水，"其人亦明慧文巧"，此言有一定道理①。东南湖山的钟灵毓秀，钟而为人，形而为文章，也体现为计成的"明慧文巧"，能诗善画，阮大铖"无否东南秀"，"缩地美东南"的诗句②，应该说是很有眼识的。

再看日本内阁文库本《园冶》，计成《自序》之后署"否道人暇于扈冶堂中

① 这还可和范玑的《过云庐画论》相印证："灵秀荟萃，偏于东南，自古皆然。"这只要不作绝对的理解，应该说是有一定道理的，所以孔子有"智者乐［yào］水"（《论语·雍也》）之说。

② 见陈植：《园冶注释》，中国建筑工业出版社1988年第1版，第25页

题"；并钤有篆书
"名、号印"——
阳文（细朱文）"计成
之印"、阴文（满白
文）"否道人"各一；
《自跋》末尾，又钤
有其字"无""否"
（朱、白文）的连珠印
【图3】。由此可知：
计氏名成，字无
否，号"否道人"。
至于《自序》所署
"计成无否父著"，
这个"父"字，不

图2　计成故乡：垂虹秋色满东南
吴江松陵垂虹桥遗迹　梅 云摄

是父亲之"父 [fù]"，而是男子的美称 [fǔ]。"父"亦作"甫"，《释名·释亲属》：
"父，甫也。"《颜氏家训·音辞》："甫，古书多假借为'父'字。"《穀梁传·隐
公元年》："'父'犹'傅'也，男子之美称也。"此字常附缀于表字之后。

　　计成《自跋》说："暇著斯《冶》，欲示二儿长生、长吉，但觅梨栗而已。故
梓行，合为世便。"是以知其有二子，名长生、长吉。

　　郑元勋于崇祯乙亥（1635年）为《园冶》作《题词》后，有关计成事迹的线索
中断，其后的行踪不可考。

　　重新回到计成《自序》上来进一步推证。序文开头写到，他"少以绘名，性
好搜奇，最喜关全①、荆浩笔意，每宗之。"这和他的造园叠山以及人格品性、隐逸
意识等均有较密切的关系，此留待后论，先简介荆浩、关全两位画家。

宋刘道醇《五
代名画补遗》"山
水"门列神品二
人，就是五代后梁
的荆浩与关全。荆
浩是中国山水画发
展过程中具有重要
影响的画家之一，

否道人　　无否　　计成之印

图3　计成姓名、字、号印
撷自内阁本《园冶》
现藏日本国立公文书馆

① 关全之名，诸本不一，有一些作"关同"，而宋董逌《广川画跋》、米芾《画史》、周密《云烟过眼录》、
　《宣和画谱》等均作"关全"，元夏文彦《图绘宝鉴》亦作"全"，并注："一名穜"。本书从之作"全"，
　与计成《自序》取得一致。

开创了水晕墨章的表现技法，并有画论著作《笔法记》，其传世作品有《匡庐图》【图4】。关全曾师荆浩，擅写关河之势，笔简气壮，山峰峻拔，与荆浩合称"荆关"，对后世亦颇有影响，代表作有《关山行旅图》【图5】等。需要顺便一说的是，中国绘画史上"荆关"并提，一向是荆在前，关在后，这由于荆浩开了一代宗派，而关全又是荆浩的"门生"，但是，计成《自序》却说，"最喜关全、荆浩笔意，每宗之"。他把关全提于荆浩之前，究其原因可能是关全刻意力学，如《宣和画谱》所云，"晚年笔力过浩远甚"，有出蓝之美；同时，关全的画风对计成的叠石掇山可能更有价值。

再说计成《自序》写了"最喜关全、荆浩笔意"后写道："游燕及楚，中岁归吴，择居润州（今江苏镇江，亦属吴地，属吴文化范围）。"这除了交代特长、爱好、游历而外，还写出了他的中岁归乡。在这段较长的时间内，计成的行踪值得探究。

据曹汛先生《计成研究》一文考证[1]，"计成一生没有做过官"，"［他］自称是'业游'，'而历尽风尘'，推测很可能是依人作幕"。此推论颇为合理。本书认为，《自序》中所说"游燕及楚"的"游"，内涵较复杂，其中既有画家"行万里

图4　［五代］荆浩《匡庐图》
上有宋人题"荆浩真迹神品"
现藏台北故宫博物院

① 曹汛：《计成研究——为纪念计成诞生四百周年而作》，《建筑师》第13辑，中国建筑工业出版社1982年版，第2页。

路"，搜奇探胜的"游历"，以及包括文人们拓展心胸，增长见识的所谓"游历"①，同时又很可能包括在外地游于幕府的"业游"在内（古代称作"游幕"或"宾幕"）。这种官府延用佐助办理文书等事宜的行业，既很枯燥，又很被动，整天碌碌，忙于事务，且时有受牵累之险。宋苏轼《谢馆职启》就指出："是以一参宾幕，辄蹈危机。"联系计成来看，他很可能是二十或二十馀岁开始"游"的历程，至"中岁"四十左右归吴，其间约二十年时间，大概先是游山玩水，搜奇探胜，胸中丘壑内蕴，发之于画，至二十馀岁已始闻名，这就是《自序》所说的"少以绘名"。也许是三十馀岁开始从事"游幕"，数年来随南走北，仆仆风尘，没有几年就深感"业游已倦"，故而"中岁归吴，择居润州"，改行从事造园之业，将纸素上的山水物化为立体的山水——园林。他后半生的职业选择是成功的，这也是其一生的重要转折点。可以设想，如果他长期奔走游幕，那么，中国历史上就少了一位杰出的天才，而多了一个微不足道的庸吏。

综观计成一生，他不但是属荆、关风格的山水画家，而且还是一位诗人，阮大铖的《冶叙》和《计无否理石兼阅其诗》就说他颇擅咏诗，诗格较高（详后），惜乎因其社会地位低下，诗、画作品均未能流传下来，唯一流

图5 ［五代］关仝《关山行旅图》
现藏台北故宫博物院

---

① 画家的"游历"，如明董其昌《画禅室随笔》所说："不行万里路，不读万卷书，欲作画祖，其可得乎？此在吾曹勉之，无望庸史矣。"这已成画家座右铭。诗人、学者的"游历"，如汉司马迁《史记·太史公自序》："二十而南游江淮，上会稽，探禹穴……"唐李白《上安州裴长史书》云："仗剑去国，辞亲远游"。他浮洞庭，历襄汉，登庐山，至金陵，北游洛阳、龙门、嵩山、太原，东游齐鲁、南游安徽……游踪所及，几半中国。杜甫也是如此，二十岁起，结束书斋生活，开始十馀年的"壮游"，南游吴越，北游齐赵……"会当凌绝顶，一览众山小"（《望岳》），两句既见其游历，又见其心胸……

传下来的就是《园冶》这部不朽的造园名著和文学名著，然而这恰恰又是中华文化史上的一大幸事。他如果中岁不转业，即使不从事游幕，而终身从事诗、画创作，也不一定能与李白、杜甫、王维、荆浩或关仝等最杰出的诗人、画家比肩，而正由于他中岁改行，将诗、画转融于造园，并将造园的艺术经验用文学的笔调如诗似画地写成《园冶》，于是，成就了中华文化史上一位最杰出的造园家和园林美学家。

再说日本内阁文库所藏明版《园冶》，阮大铖《冶叙》之前有"安庆阮衙藏版，如有翻刻，千里必治"十四字印记，可见此书为臭名昭著的阮大铖所刊刻。崇祯辛未（1631年），计成书稿完成，《自序》亦作于是年，而阮大铖《冶叙》则作于崇祯甲戌（1634年），由此可推见，计成完稿后凡三年，实在难以出版，不得已才同意让阮付梓刊行，这就使得《园冶》犹如明珠蒙尘，光辉被掩。同时，这也由于长期来封建士大夫文人对工匠的鄙视，所谓"百工之人，君子不齿"（唐韩愈《师说》），等等，致使《园冶》其书被尘封垢埋，进入了近三百年的沉寂期，濒于失传……

第二节　计成"名、字、号"解密
——计成与《易》学关系探微

《园冶》作者计成，字无否，号否道人。

在中国文化史上，既字无否，又号否道人，用这样自相矛盾的奇怪字、号的，极为罕见。同样，也很少有人将计成的名、字和号联系起来加以探究。可是，擅长史源研究、年代考证的曹汛先生，不愧为善于思考的有心人，他在1982年写就的《计成研究》一文中，率先关注计成的"名、字、号"问题。由于这个问题与计成的思想、生平颇有关系，从某种程度上可看作是解读《园冶》的钥匙之一，故将《计成研究》中有关文字先引录于下：

> 计成字"无否"，又号"否道人"，字与号中两出"否"字。字、号的全意，一个否定了"否"，一个又予以肯定，弄得迷离扑朔。"否"为双音字，两个"否"该怎样辨读，学术界也迄无定论。今按"否"读pǐ时，意为坏、恶，"否"（pǐ）是《易经》里的一个卦名，《易·否》云："象曰：'天地不交，否'"。"否"读fǒu时，意即否定，相当于口语的"不"，有"无"之义。《大学》："其本乱而未（金按：原文为'末'，误排作'未'）治者，否矣。"王引之《经传释词》卷十注云："言事之必无也。"我以为"无否"之"否"，当读fǒu，取其"无"之义。无——否二字连用，颇有点类乎今日所说"否定之否定"的意味，否定之否定是肯定，有"成"的意思，古人的名与字，取义每有连属，"成"与"无否"就具有互相阐发，互相解释的意味。"否道人"之"否"，

> 则当读pǐ，取天地不交，时运不偶之意。计成自取这样一个别号，寓以解
> 嘲，是在他中年以后……

这段解读，看准了有价值的切入点。言之有理，析之有据，很有助于计成研究，也颇能发人深思。笔者拟在受其启发的基础上，再作些补苴罅漏的工作。首先，笔者认为，这两个"否"都应读pǐ，而不应一个读fǒu，一个读pǐ。否则，岂不是字和号自相矛盾？

就一般情况而言，既名"无否"，又号为"否"，似有矛盾，确乎有些不符合形式逻辑的规律，但是，如将其"名、字、号"作为一个整体，置于整个《周易》哲学的辩证逻辑体系之中来考察，还是可以理解和接受的，而且还可发现其中隐藏着颇深的哲理。

名"成"，字"无否"，应该均为其父给取的①，这符合于中国古代宗法社会的常规常理。

从中国哲学史上看，"否"应读作pǐ，而不读fǒu。否，为《易》六十四卦之一。《易·否》："不利君子贞，大往小来。"其义为所失大而所得小，是不吉利的；《易·否·象辞》也说："天地不交，否。"总之"否卦"是穷、不通、不祥、不利。而紧置于"否卦"之前的对立项则是"泰卦"，《易·泰》："泰。小往大来，吉，亨。"孔颖达疏："此卦亨通已极。"《易·泰·象辞》也说："天地交，泰。"总之，其义为达、亨通、吉利。否和泰不但相互对立，而且可以相互转化，这正是《周易》的精华之一，故有"否极泰来"的成语。五代诗人韦庄《湘中作》："否去泰来终可待。"他要等待"否"的过去，"泰"的到来。而"无否"也有这个意思，既然"否"走向反面，成为"无否"，那么，其义就相当于"泰"了。由此可见，计成之父给计成取"无否"这个"字"，就深情地寓含了对其子的一种希望，一种暗暗的衷心祝愿和对吉利、幸福的期待，联系"成"这个名来理解，确乎还寓含着希望其事业有成之意。

由此及彼，进一步从"名字学"（又称姓名学）的角度看，"无否"之字，还符合于中国人取名的趋吉意识和古往今来的社会习俗。中国名字文化史上的趋吉意识的表现，其一为祛祸型，如西汉名将霍去病、北宋散文家晁无咎、南宋大词人辛弃疾、画家杨无咎、近代诗人陈去病……其名均希求祛除不祥，它们在本质上就相当于"无否"，这是一种取向；其二为祈福型，如西汉音乐家李延年、东汉画家毛延寿、五代画家滕昌祐、南宋著名大臣文天祥、明末清初文学家书画家万寿祺、近代诗人樊增祥、铁路工程专家詹天佑……均直接表达了对于昌盛、福祉、

---

① 古人有名有字。《礼记·檀弓上》："幼名，冠字。"孔颖达疏："始生三月而加名……年二十，有为人父之道，朋友等类不可复呼其名，故冠而加字。"这是说，"上古婴儿出生三月后由父亲命名。男子二十岁成人举行冠礼时取字……名和字有意义上的联系。"（王力主编：《古代汉语》第3册，中华书局2002年版，第972页）此礼俗对后世颇有影响，计成及其父也不例外。

吉祥的冀望或祈愿。又如计成为自己两个儿子所取之名——长生、长吉，均属后一类。

然而，计成的号——"否道人"这个不吉利、不亨通的"否"字，却用得非常特殊、奇怪，不过，细究起来又是合乎情理的。不妨先联系《易经》来看，其最后两卦为"既(已)济(成功)"和"未济"，对此，唐代文学家沈既济就不名"未济"，这同样是趋吉意识的表现。不过，《易经》却无情地概括了客观事物发展变化的辩证法。著名易学研究家李镜池先生指出："有既济亦有未济，还有由济转不济。都是说明对立与对立转化之理。"[①] 而计成的号，也应置于这一辩证逻辑中来理解。

关于计成自己所取的"否道人"的号，这首先要从吴玄说起。

迄今可知计成最早所造的园林，是常州吴玄的园。吴玄，也就是计成《自序》所说的"晋陵方伯吴又于"。至于吴玄自号"率道人"，"率"为率其本性、"循性行之"之意，它来自《礼记·中庸》："天命之谓性，率性之谓道。"郑玄注道："率，循也；循性行之是谓道。"吴玄在取号时，竟把"率"、"道"二字都组合到号中去了。再看吴玄的"玄"，是《老子》一书的重要概念；吴玄之书《率道人素草》上还钤有"玄之又玄"的藏书印，此语也出自《老子·一章》："玄之又玄，众妙之门。"而《素草》的鱼尾上，更钤有"众妙斋"三字印，由此可见吴玄在思想上将《老子》的"玄"奉为圭臬了。

《计成研究》页末注之二又指出，"吴玄自号率道人，计成自号否道人……推测当在中年以后"。这个推测也是合理的，因为《自序》就说，"中岁归吴"，而常州就属于吴地。再说吴玄取号率道人，计成取号否道人，皆取得如此特殊，这绝非不谋而合，而是思想上有所共鸣。试看，吴玄信奉《老子》，计成信奉《周易》，二书在思想观点上就颇有所近，在魏晋玄学中二者就分别被视为"三玄"之一。当然，那时计成还不可能将"否道人"之印钤于书上，因书稿尚未动笔，或尚处于资料(包括图式)积累阶段，一直要到崇祯辛未秋杪，他才将"否道人"的别号印钤于自序之后。

据此，本书认为，计成自号"否道人"，第一个原因是受了吴玄的影响。第二，则是哲理的原因。"无否——否"的二律背反，虽不符合形式逻辑，却符合于辩证逻辑。从哲学史的视角看，《周易》的精华正在于变易，转化。在《周易》的变易哲学体系里，"否-泰('泰'就是'无否')"是对立的组卦，二者相互依存，既相反相对，又互为转化，也就是说，在一个统一体中，失去了一方，另一方就不复存在，这是对静止不变观念的否定。春秋末年的范蠡就言其体悟道："吾闻天有四时，春生冬伐；人有盛衰，泰终必否。"(《吴越春秋·勾践伐吴外传》)这就是"无往不复"(《易·泰·九三》)的哲理。李镜池先生《周易通义》指出："《泰》《否》这一

① 李镜池：《周易通义》，中华书局1981年版，第127页。

对立的组卦，具体地、多方面地举例说明了事物的对立、转化的辩证关系：泰与否是对立的；泰可以转化为否，否可以转化为泰；泰中有否，否中有泰；同一事物，在不同条件下可以成为泰，也可能成为否。"[1]计成根据自己"无否"的"字"，反其义而取"号"为"否"，绝不是无知的偶然，恰恰表现出对《易》理的熟谙深通，其理正如《易·序卦》所说："泰者，通也。物不可以终通，故受之以否。"《易·杂卦》也说："否、泰，反其类也。"计成字、号为"无否－否"的哲理奥秘，正在于"反其类"。对于"无否－否"这一具有深刻易学内涵的命题，还可以进一步"引而申之，触类而长之"（《易·繫辞上》），超越时空地遥接于德国古典哲学大师黑格尔。黑格尔在《逻辑学》一书中也深刻指出："A可以是+A，也可以是－A。"列宁在读后摘下了这番话，并写下心得笔记："这是机智而正确的"，"任何具体的某物"，"它往往既是自身，又是他物"。[2]计成的"无否－否"亦可作如是解。

再将计成的字、号和其名——"成"联系起来探究。古代较多文人，其名和字或名和号的联系，往往值得深味。如唐代被称为"诗佛"的王维，字摩诘，其名、字连起来，恰好是一部佛教经典之名——《维摩诘经》；元代散曲家马致远，字千里，姓、名、字三者的有机联系，典出《易·繫辞下》和韩愈《杂说》；元末明初诗人高启，字季迪，"启迪"至今还是一个常用词；明代画家唐寅，字伯虎，一字子畏，根据十二地支，寅年所生属虎，猛虎当然令人生"畏"……所以杨超伯先生《园冶注释校勘记》说："古人名号意义，多有联系。"既然如此，那么，"无否－否－成"是否也存在着有意味的联系呢？回答是存在的，而且还深寓着易学的哲理。

从中国古代哲学史上看，"成"和"生"一样，是不容忽视的范畴，它们往往成双作对地出现。如《老子·二章》："有无相生，难易相成。"《荀子·天论》："万物各得其和以生，各得其养以成。"《淮南子·氾论训》："春分而生，秋分而成，生之与成，必得和之精。"《文子·上仁》："故万物春分而生，秋分而成。"《易·繫辞下》："日月相推而明生焉"，"寒暑推而岁成焉"……至于单独作为完成、实现的"成"，出现得更多。如史伯说："先王以土与金、木、水、火杂，以成百物"（《国语·郑语》）；孔子说："兴于诗，立于礼，成于乐"（《论语·泰伯》），如此等等。在《周易》哲学体系里，"成"更有重要的地位，出现也更多。如：

> 四时变化而能久成，圣人久于其道而天下化成。（《恒卦·彖辞》）
>
> 天地节而四时成。（《节卦·彖辞》）
>
> 在天成象，在地成形，变化见矣。（《繫辞上》）
>
> 通其变，遂成天地之文。（《繫辞上》）
>
> 寒暑相推而岁成焉。（《繫辞下》）

---

[1] 李镜池：《周易通义》，中华书局1981年版，第29页。

[2] ［俄］列宁：《哲学笔记》，人民出版社1974年版，第144页。

> 万物之所成终而所成始也，故曰成言乎艮。（《说卦》）
>
> 山泽通气，然后能变化既成万物也。（《说卦》）

总之，成，就是生成、形成、变成、完成……这既是变化的过程，也是变化的结果；既富于历时性的内涵，又可带有共时性的形态；总之，是对立项的变化和统一。具体地说，在《周易》里，它可以是天地、四时、寒暑等的运行变化，对立的统一，或一个轮回的实现。据此，"否→无否"或"无否→否"的实现，也就是"成"。这还可以和德国古典哲学相参证。黑格尔在《小逻辑》里深刻指出："'无'与'有'正是同一的东西，因此'有'与'无'的真理，乃是两者的统一。这种统一就是'变易'〔即'生成'〕。"①"无"与"有"就是"变异"，就是"生成"，中、西古典哲学在这一点上，何其相似乃尔！再回到《周易》的辩证逻辑中，无否+否=成。这个公式是可以成立的，而且这也符合于中国人"相反相成"的命题。这个公式的前项（无否）和后项（否），确乎如《计成研究》所说，"具有互相阐发，互相解读的意味"。

第三，是现实的原因。"否道人"之号的深意，还应联系他所处的时代环境和他自己的现实命运来看，这些均恰恰是属于"否"的范畴。其《自序》最后这样写："时崇祯辛未之秋杪，否道人暇于扈冶堂中题。"时当明代末年，崇祯皇帝昏庸无能，朱明王朝摇摇欲坠，作恶多端的阉党统治黑暗残酷，不遗余力地迫害正直不阿的东林党人，党争激烈到了白热化的程度，而计成自己则生计维艰，纯以绝艺传食于朱门，其造园的理论和实践还与阉党骨干阮大铖纠葛在一起，阮又恰恰对其大加赞赏，并为其《园冶》作序并付梓……再看整个社会，种种矛盾激化，李自成、张献忠揭竿而起，四处战乱频发。在此人心惶惶不可终日之际，计成对自己的造园绝艺，既感到"英雄无用武之地"，又感到前途茫茫，"吾谁与归"。他在《自跋》中说："崇祯甲戌岁，予年五十有三，历尽风尘，业游已倦……惟闻时事纷纷，隐心皆然……自叹……不遇时也。"这"不遇时"三字，正是"否"卦的最好注脚②，《否·彖辞》云：否，"天地不交，而万物不通也；上下不交，而天下无邦也"。尚秉和《周易尚氏学》对此解释道："当否之时，遁入山林，高隐不出也。"计成《自跋》也这样写道："逃名丘壑中，久资林园，似与世故觉远……愧无买山力，甘为桃源溪口人也。"这披露了他错综复杂的内心世界和对于隐逸山林的由衷向往。由此来看，他自号"否道人"是多么恰切！这个别号，既是纷乱时代的反映，又是塞涩命运的写照，还是其心路历程的哲理性概括。计成的可贵在于，他对此能有深刻、清醒的认识，敢于大胆地自号"否道人"，这是直面惨淡现实人生的表现！曹汛先生《计成研究》指出，"计成自取这样一个别号，寓以解

---

① 见北京大学哲学系外国哲学史教研室编译：《十八世纪末－十九世纪初德国哲学》，商务印书馆1975年版，第371页。

② 计成所说的"不遇时"，也是《庄子·缮性》"时运大谬"的最好注脚。

嘲……它的命意，则约略有如陶渊明'命运苟如此'，以及后世鲁迅'运交华盖欲何求'那一类的意思，是很有感慨的"。这可谓一针见血。

再简略概括计成的"隐心"。他所追求的"隐"，不是《周易尚氏学》所说的"遁入山林"的真正山林之隐，而是"做假成真"的"咫尺山林"（均见《园冶·掇山》）——园林之隐，或者说，"愧无买山力"的计成，最后还得将其创造性的艺术成果交付园主人使用，而自己不可能在其中长享高隐之乐。因此，计成之隐是一种过程性的"艺隐"，他重在艺术创造，重在实现过程，重在切身体验，从这一意义上说，《园冶》一书不但是他长期造园实践经验的积淀，而且还是他造园过程中切身的审美体验的结晶，他边造园，边赏园，边咏园，这三位一体不断转化①的过程，既是园林的创造与欣赏，又是文学的创造与欣赏，其中实践理性与形象思维、审美情趣、主观感受、直觉体验乳水交融为一，借用马克思的哲学话语说，这是"按照美的规律来塑造……而且通过活动，在实际上把自己化分为二，并且在他所创造的世界中直观自身"。因此，"对象也对他说来成为他自身的对象化，成为确证和实现他的个性的对象"。②只有从这一意义上，才能真正理解计成所说的"久资林园，似与世故觉远"的"隐"义；也只有从这一意义上，才能真正理解《园冶》为什么迥然不同于古代一些语言平实、质木无文的园林建筑学著作，甚至迥异于某些园记散文，而是充满了审美的主体性和形象感，如："归林得意"（《相地·村庄地》）；"莳花笑以春风"（《相地·城市地》）；"凡尘顿远襟怀"（《园说》）；"足征市隐，犹胜巢居"（《相地·城市地》）；"悠悠烟水，澹澹云山"（《相地·江湖地》）；"似多幽趣，更入深情"（《相地·郊野地》）；"顿开尘外想，拟入画中行"（《借景》）；"自然幽雅，深得山林之趣"（《立基·书房基》）……这类语句，俯拾即是，它们既是给园主、文士们写意抒情，然而更应看作是创造者的自我写意抒情。计成面对着不断显现、不断走向完成的园林美，面对着由自己的精神力量甚至肉体力量和所创造出来的"咫尺山林"，他"不仅在思维中，而且以全部感觉在对象世界中肯定自己"③。作为中华文化经典的《园冶》，正是这样地通过书面语言特殊地逐步诞生的。

"尝一脟肉而知一镬之味"（《吕氏春秋·察今》）。重新回到计成的"名、字、号"上来，似可推导出如下几点：

一、计成生于中产的知识分子家庭，其父较有文化修养，至少是粗知易学，

---

① 澳大利亚冯仕达先生在《自我、景致与行动：〈园冶〉借景篇》（出处详后）中提出，此篇"暗含的主体"很难确定其是园林设计师，还是园主或"访客"，所以这个"他"具有模糊的、不确定的身份。本书基本同意此说，并认为，计成在设计、利用或品赏借景时，其身份角色可以不断地转换，《园冶》全书较多章节往往如此，除"借景"外，还有"园说"、"相地"等，而只有主要地体现技术性、法式性的某些章节如"栏杆"、"地图"等，其主体才是确定的，即仅具工艺美术创造性的技师，而并非诗意地投入造园实践的设计师其人。总之，其身份角色时时可以转换，甚至更多地可以假定为文人园主们沉浸于遐想，神与物游，如"俯流玩月，坐石品泉"；"书窗梦醒，孤影遥吟"……

② ［德］马克思：《1844年经济学－哲学手稿》，人民出版社1979年版，第51、78－79页。

③ ［德］马克思：《1844年经济学－哲学手稿》，人民出版社1979年版，第79页。

否则就不可能为其子取有如此哲学内涵的名字。以后，又向寒士家庭"变易"，但仍然有一定能力让其子读书明理、学文习画。接着，其家境更日趋衰落……总之，在邦国遭"否"、万物不通的同时，其家、其人的命运，同样是一个字："否"。

二、计成自己颇有易学修养，而《易经》正是"群经之首"，它在古代思想史上出现极早，起点极高。德国古典哲学家黑格尔的《哲学史讲演录》指出，《周易》是"中国人一切智慧的基础"①。此言极是。正因为如此，计成的造园实践及其理论，也在一定程度上体现着中国智慧。郑元勋《园冶题词》深刻指出："计无否之变化……能指挥运斤，使顽者巧，滞者通。"这一极富哲理的评价，恰恰与"爻者，言乎变者也"，"穷则变，变则通"（《易·繫辞上、下》）的易学精神合若符契，计成真可谓"神而明之，存乎其人"（《易·繫辞上》）了。

三、计成将其造园实践升华为园林美学理论，著为《园冶》一书，其中有着一串串累累如贯珠的名言俊语，它们往往或多或少蕴含着易学的因子，这里不妨作些初步的寻绎：其一，"有真为假，做假成真"（《掇山》），"虽由人作，宛自天开"（《园说》），强调艺术应从现实世界汲取真和美，就契合于"仰则观象于天，俯则取法于地"（《易·繫辞下》）的"观物取象"说；其二，"略成小筑，足征大观"（《相地·江湖地》）的创造论，就契合于"其称名也小，其取类也大，其旨远"（《易·繫辞下》）的哲学精义；其三，"相间得宜，错综为妙"（《装折》），就契合于"参伍以变，错综其数……遂成天地之文"（《易·繫辞上》）的形式美法则；其四，"构合时宜"（《装折》）、"制式时裁"（《门窗》）、"依时制"（《装折·[图式]长槅式》）等，就契合于"凡益之道，与时偕行。"（《易·益·象辞》）的理念；其五，《屋宇》解释"斋"这种建筑型式时，就联系于《易·繫辞上》的"圣人以此洗心，退藏于密"，"圣人以此斋戒"的意蕴；其六，《园冶》中从"芳草应怜"（《借景》）到"休犯山林罪过"（《相地·郊野地》）的生态哲学思想，也无不应合于《周易》"天地之大德曰生"（《易·繫辞下》）的本体论；计成的隐逸思想，也与《易·大过·象辞》中的"遁世无闷"相互契合……何况计成在以骈文为主的写作中，又注意融通了哲学、美学、文学等来锤炼语句，因此，《园冶》中出现了大量闪烁着智慧之光的名言警句，既有理论价值和美学意义，又有实用价值和现代意义。然而，"不识庐山真面目"，当前园林建筑界所引用的，往往只局囿于"虽由人作，宛自天开"等有限的几句，也很少有人深入开掘这个富矿，总之，《园冶》的引用面很窄，引用率极低，与这部既极有深度，又极有广度的文化经典很不相称。

因此，本书第二编拟从《园冶》中选出一系列名言警句并将其提到哲学特别是易学以及美学的高度来解读，来接受，来含英咀华，悟妙发微。

---

① [德] 黑格尔：《哲学史讲演录》第1卷，三联书店1956年版，第121页。

第三节 《园冶》书名及"冶"义试释
——兼说古代经典一名多义现象

在学术界，《园冶》已被公认为造园圣典、艺术奇书、文学名著以及生活经典、文化宝库，但对其书名的真正含义，300多年来却无人问津予以破解，甚或故意回避①，因而留下一系列令人费解的问题，例如，对《园冶》书名应该怎样注释和解读？解释"冶"义的书证何在？计成为什么同意曹元甫的意见，将《园牧》改为《园冶》？这两个书名有什么区别？……这些问题，似乎都没有得到理想的解答。

然而，计成本人对此却颇为重视，其《自序》结束时认真交代了书名由原来的《园牧》，经当时名家曹元甫建议，改为《园冶》的经过，同时也抒写了自己备受曹元甫赞赏时的愉悦心情并深表同意。应该说，这一字之改不应小觑，它有着丰富深永的内蕴，必须深入探究。

为了比较两个书名的差异及其内涵，不妨先以文字学、训诂学、词汇学的视角从《园牧》的"牧"字【图6】探起。牧，东汉许慎《说文解字·攴部》云："养牛人也。从牛从攴。"说是养牛人，不确，因为"牧"最初不是名词而是动词，但《说文》认为它从"牛"、"攴"，是会意字，却是对的。这个"攴[pū]"，其下"又"为手形，其上"卜"为敲击用物（《说文》："攴，小击也"），象以手执鞭状物牧牛之意。"牧"字在甲骨文、金文里出现均较多，甲骨文如《殷虚书契》(四、四五、四)；《殷虚书契后编》(下、十二、十二)，均从"牛"、"攴"；如《殷虚书契》(五、四四、五)、《殷虚书契后编》则衍化出不同写法(下、十二、十四)，增加了"动符"（下部的"止"，或左旁的"彳"）以示牧牛的行动过程，但其基本形

説文解字　攴部　　牧共簋　　殷虚書契　五、四四、五　　殷虚書契　四、四五、四

牧師父簋　　殷虚書契後編　下、十二、十四　　殷虚書契後編　下、十二、十二

图6　篆书"牧"集字
虞俏男协制

---

① 如刘乾先先生对自己的《园冶》译注，易名为《园林说译注》（见前引），然后再在括号中注明："（原名《园冶》)"。这倒也实事求是，说明自己不理解"冶"字之义，但仍然是回避了问题。

象不变。金文中如"牧共簋"、"牧师父簋"，基本上由"牛"、"攴"组成，到了《说文》小篆中，这种字形组合就定型下来。至于其意义，在运用的过程中则渐次出现"义界扩大"现象，如由养牛扩大到掌牧牲畜，"掌牧六牲而阜藩其物"（《周礼·地官·牧人》）。进而又泛化到掌管、主管、治理，如扬雄《方言》："牧，司（掌管、执掌）也。"《古今韵会举要》："牧，治也。"再引申为主管、掌管的人——州长，《周礼·天官·太宰》注："牧，州长也。"《字汇·牛部》训道："牧，古者州长谓之牧。"这都是其引申义 [1]。同时又引申为法、法度。《逸周书·周祝》："为（治理）天下者，用牧。"孔晁注："牧为法也。"牧也可训为法式、范式、规范，如《老子·二十二章》："是以圣人抱一为天下式"。此句在马王堆汉墓帛书《老子·道经》里，钞写作"以为天下牧"，而《傅奕本》、《河上公本》等则仍作"式"。这说明至少在汉代，"牧"与"式"已经相通互用了。而以上诸义项，也均出现于汉代及汉以前典籍，当然，载入典籍的时间可能互有先后。

由此可见，《园牧》书名的"牧"字，主要有二义：一、法式；二、主持、掌管，也就是"能主之人"（《园冶·兴造论》）的"主" [2]。如合以上二义，则可以说：《园牧》是"能主之人"所制关于造园的范式或法式。这是计成最早所取书名的原意，所以《自序》说，"草式所制，名《园牧》"；还说，"予遂出其式视先生"。而阚铎的《园冶识 [zhì] 语》也指出："《园冶》专重式样，作者隐然以法式自居。"这真是一眼识透，但说过了头。不能说"专重"，只能说注重、看重式样，因为《园冶》全书中，不但图式特多，"式"字出现极多，而且还可发现"主"字出现亦多，如《兴造论》有"三分匠七分主人"、"非主人也，能主之人也"；"斯所谓'主人之七分'也"；还有"第筑园之主"等。

可能有人会说，书名只能有一义，不可能模棱两可，兼项越界。其实此言差矣，殊不知中国文化史上有些赫赫有名的经典著作，其书名中的关键字往往不只有一个义项，而往往有其多元的内涵，或者说，其书名是多元含义共处于一体，如《周易》、《诗经》、《论语》等就如此，这正是我国当代著名学者钱锺书先生在其巨著《管锥编》中开卷即给人们的有益启示。

《管锥编》首篇《周易正义二七则》第一则——"论易之三名 [一字多意之同时合用]"，援引了两条书证，既极有说服力，又颇能开拓思路。《易纬乾凿度》云："易一名而含三义，所谓易也，变易也，不易也。"汉郑玄据此作《易赞》及《易论》云："易一名而含三义：易简一也，变易二也，不易三也。"《周易》书名的三义，也见于其书中，如《易·繫辞下》有云："为道也屡迁，变动不居……不

---

[1] 汉代设州牧，掌管一州军政大权，如刘表为荆州牧，袁绍为冀州牧，清代借"牧"为知州的别称。

[2] 魏士衡先生是注意了"牧"义的研究，但仅仅止于"州牧"、"管理"，从而将《园冶》译作《园林的经营治理》（见《〈园冶〉研究——兼探中国园林美学本质》，中国建筑工业出版社 1997 年版，第 12－13 页），此名贬低了《牧》的品位，没有进入到较深的意蕴，如"能主之人"特别是法式等命题、概念。不过，能注意"牧"义的研究，总比忽视要好得多。

可为典要，唯变所适。"这是强调"变易"，即事物的运动变化；又云："初率其辞，而揆其方，既有典常"。这是强调"不易"与"简易"，即变化之中的守常制恒定律……这些意义之间的关系，既有并列协调的，更有抵牾对立的。钱锺书先生归纳说："赅众理而约为一字，并行或歧出之分训得以同时合训焉，使不倍（背）者交协、相反者互成……"①

再如《诗经》的"诗"字，钱先生引《毛诗正义·诗谱序》云，"诗有三训：承也，志也，持也。作者承君政之善恶，述己志而作诗，所以持人之行，使不失坠，故一名而三训也。"又如《论语》的"论"，也极难解释，钱先生引南朝梁皇侃的《论语义疏》自序有四义："捨字制音，呼之为'伦'……一云：'伦'者次也，言此书事义相生，首末相次也；二云：'伦'者理也，言此书之中蕴含万理也；三云：'伦'者纶也，言此书经纶今古也；四云：'伦'者轮也，言此书义旨周备，圆转无穷，如车之轮也。"②

古代经籍之名的这种"多义"现象，给人以很大的启发，极有助于在学术上进一步探测、解读《园冶》书名及其"冶"义，从而探赜索隐，予以破解。

不妨先看今人对《园冶》及"冶"义的解释。陈植先生《园冶注释》注道："冶，镕铸也。《园冶》意谓园林建造、设计之意。"此释大体不能说错，但其不足至少有二：一、《园冶注释》注其他词语，均交代出处，显得有根有据，而对这一重要的"冶"字，却未提供任何书证，没有交代"冶"字是如何推导出"建造、设计之意"的；二、"园林建造、设计"，意思平浅，品位太低，还不及原来《园牧》之名有一定深度的寓意。

再看张家骥先生的《园冶全释》："冶：铸炼金属。引申为：造就；培养。王安石《上皇帝万言书》：'冶天下之士而使之皆有君子之才。'这里指《园冶》有培养造园艺术人才的意思。"③这是看到了"冶"字还有引申义，即另一义项，但不足在于：自己丢弃了开头所提出的很重要的"铸炼金属"的本义，而将其引申到非主要方面去了；而且仅仅解释为造就、培养，未免狭小拘牵，忽视了"冶"还有更为广大深邃的历史、文化、哲理意蕴；何况就《园冶》其书的性质来说，它并不是造园学教科书，当然，计成"亦恐浸失其源"，故"为好事者公焉"（《兴造论》），不能说它没有薪火相传、培养后人之意，但这并非修改书名的主要目的。

曹元甫一针见血指出，"斯乃君之开辟"（《自序》），这才是建议改名的重要原因。总之，以上两家忽视了"开辟"这一关键词，相反，甚至连"创造"这样的词也没有组合到书名的解释中去，于是在可贵的探索过程中留下了遗憾④。

① 见钱锺书：《管锥编》第1册，中华书局1991年版，第1、2、6页。

② 以上并见钱锺书：《管锥编》第1册，中华书局1991年版，第1页。

③ 张家骥：《园冶全释》，山西人民出版社1993年版，第159页。

④ 对于"冶"义，相比之下，《园冶图说》注得较好："'冶'原为铸造熔冶，引申为精心营造。"

这里再引阮大铖《冶叙》中的一段话："兹土有园,园有冶,冶之者松陵计无否,而题之《冶》者,吾友姑孰曹元甫也。"这里的"冶"字有三个不同意义,《园冶注释》均未注,其译文则为:"这里既有园林,而关于园林的建造,又有专门的著作,著作这本书的人,是吴江计无否,而为这本书题名的,是我的朋友姑孰曹元甫。"这纯属意译,随意增加了一些原文没有的词,特别是译文与原文的语词不能对号。再看《园冶全释》亦未注,更无书证。而译文为:"这里有园林,就有园林的创造。能写出造园之学者,是吴江的计无否,而为此书题名《园冶》的,是我的朋友当涂的曹元甫。"相比之下,此译略胜,因其第一个"冶"不译作"建造",而译作"创造",就高了一个层次,融进了匠心独运之意。但仍然有问题:如"园有冶",译作"就有园林的创造"是否恰当?"冶之者",译作"能写出造园之学者"是否符合其原意?

因此,还应从文字学、训诂学、词源学等学科入手,来研究"冶"、"铸"二字【图7】的形和义。

先看金文"冶"字,较多的由四部分组成,如《三代吉金文存》、战国八年载的"冶"字就如此。林清源先生《战国"冶"字异形的衍生与制约及其区域性特征》一文指出:"'冶'字是由'二、火、刀、口'四要素组成,表达冶炼的过程,其本义为销金制器,是一个会意字。"[1]这四要素中,"二"为两点,表示金属熔液;"火"表示冶铸金属所用之火;"刀"(或"匕")的写法,可正可反,说明这是以"刀"代表所炼铸之物;"口"则表示铸范。这个会意字,充分说明了通过技术以实现冶炼铸造的全

铸大保鼎	甲骨文编附录 五六 三九	豫 孟
		三代吉金文存 卷二十
王铸觯	甲骨文编附录 五六四零	说文 久部
		战国八年载

图7 篆书"冶"、"铸"集字
虞俏男协制

① 见《古文字诂林》第9册,上海教育出版社2004年版,第319页。

过程很复杂，极有难度，具有高技术性。《急就章》颜师古注："冶，销金铁之炉也。"由上述可知，"冶"作为表现技术过程的动词，为镕铸、铸造（有今打造之义，也可理解为创造，）；作为名词，有熔炉之义。再看在"豫盉"中，它又省却了"火"，成了三要素，这是文字书写"趋简"的表现，它与后来的"冶"字比较接近。但东汉许慎未见过金文"冶"字，故而《说文解字》据小篆释道："冶，销也，从仌［bīng］，台声。"又释仌道："仌，冻也，象水凝之形。"这就将作为金属熔液的两点讹作"仌（冰，仌为冰之裂纹的象形）"了。而段玉裁《说文解字注》、朱骏声《说文通训定声》所释也均不足信，它们只是折中地采纳了互不相容的有关"火"与"水（冰）"之二义。

再看"铸"字，《甲骨文编附录》中的"五六三九"，它从手（又）、从火（所持之火，代表颇难达到的高温）、从器（倒置之器），意谓以手持火以熔器；"五六四零"则从火、从器、从"丶"（点），省却了手，增加了点，此点即为金属镕液。至于金文中的"铸"字，"王铸觯［zhì，青铜器名］"由四要素组成，为双手持"鬲［h］"置于火上。这个作为青铜器代表的"鬲"，纯属象形，圆口三足中空。此三要素形象地"画"出了用火艰难地熔化铜鬲以另铸他物之意，其下则为容器或铸范。再看"铸大保鼎"，省化了手，增添了鬲下的金属镕液，似乎正在往下滴，这也显示了冶炼铸造而使旧器另成新器之高难度。《周礼·考工记·辀［zhōu］人》："攻金之工……冶氏执上齐（通'剂'，即合金）。"这是写必须掌握铜锡配合的比例。"金有六齐，六分其金而锡居一，谓之钟鼎之齐。"孙贻让《周礼正义》释道："依齐（'剂'）量以铸为器。"《考工记》中的有关文字，是周人对商代冶铸经验的经典性总结，指出必须掌握铜锡等配合的适当比例，而不同的器物还应有不同的比例，随着时代的发展其比例还有不同的变化，以后配方中更增加了铁等，可见这是当时最高超的先进技艺[①]，是极有难度的科技创造。正因为如此，熟练精确地掌握此项技术的匠人往往被称为"冶师"，当时有的国家还特地外请冶师前来冶铸，称为"冶客"，如"平安君鼎"、"金村方壶"等就是冶客所造，由他领导指挥并一起参加实际的冶铸工作，这种"冶客"的地位是较优越并受尊崇的。总之，《说文》的释义之误在于，把溶冰之易与镕金之难等量齐观或混为一谈，这就在客观上同时也是根本上贬低了冶师的技艺和地位。

但事实是在中国历史上，对冶师劳动及其对象化成果往往另眼相看，予以很高的评价或由衷的夸赞。例如：

---

① 根据出土青铜器成分检测，商代前期青铜器平均含铜80.83%，锡5%，铅11.09%，到了商代后期，平均含铜85.94%，锡11.07%，铅0.84%。这反映了当时生产力以及人们认识的不断进步。从商代青铜冶铸作坊遗址中，还可发现坩埚（耐火容器）残片、红烧土、炼渣、陶范以及孔雀石等矿石，后者还说明当时人们还不断积累识别矿石的经验，有意识地挑选"矿璞"，如孔雀石（氧化铜，这也是后来园林铺地的良材）、锡石等进行冶炼。这些都反映着商代青铜冶铸业的高度水平。而本节之所以不厌其烦地具体举例反复强调冶铸的高难度，是因为在今天看来冶铸算不了什么，但将其置于特定的历史阶段，历史主义地看待，就非同小可。如果不了解这些，丢弃了历史，就不可能真正理解《园冶》书名中的"冶"义。

夫有干、越之剑者（司马彪注："干，吴也，吴越出善剑"），柙而藏之，不敢用也，宝之至也。（《庄子·刻意》）

炉橐捶坊设，非巧冶不能治金。（《淮南子·齐俗训》）

金之在镕，唯冶者之所铸。（《汉书·董仲舒传》）

精练藏于矿朴（《文选》李善注："精，练金也。金百练不耗，故曰精练也"），庸人视之忽焉；巧冶铸之，然后知其幹也。（汉王褒《四子讲德论》，《集韵》："幹，能事也"）

公独不见金在矿何足贵邪？善冶锻而为器，人乃宝之。（《新唐书·魏徵传》）

吴山开，越溪涸，三金合冶成宝锷。（唐李峤《宝剑篇》）

冶金伐石，垂耀无极。（唐韩愈《河中府连理木颂》）

在古代，哲学家、史学家、文学家等对冶氏往往情有独钟，尊之为"善冶"、"巧冶"，并"知其幹"，以为"宝"，他们通过取譬设喻，将其推举为加工、制作、美化的典型。

至此，应插进阐释"冶"的另一个义项，即美、美化。由于以往训诂学对此义反映不够，故需重点详论。众所周知，商周青铜器铸造了中华文化史上不可企及的一代辉煌。先看其造型之美，品类有鼎、钟、爵、鬲、斝[jiǎ]、盂、尊、簋[guǐ]、觥[gōng]、觚[gū]、罍[léi]、盉[hé]、盨[xǔ]、盘、卣[yǒu]、觯[zhì]、壶等，它们以其不同用途而形制互为区别，而同一类器具又有其个性的差异，于是更呈现出千姿百态的美。

这里，重点赏析春秋中期的经典之作——"莲鹤方壶"【图8，参见书前彩页】臻于极致的艺术造型及其美学神韵[①]：此壶从实用的视角看，仅仅是容酒之器；但从美学的视角看，却堪称中国艺术史上空前绝后的创构，标志着冶炼铸造技艺高度的完美和成熟。试看其壶颈，铸有精美绝伦的二龙耳，为透雕细镂的顾首伏龙，极为生动传神；腹部四隅，皆别致地以伏兽代替扉棱；器面自颈至腹，饰以具象与抽象交相缠结的龙螭；器圈则饰以相向的似虎兽形浮雕，以其平实烘托上部的奇特瑰丽；圈足之下有两只突伸二角并作吐舌状的双兽支撑整个壶体；其腹部较大，不但扩大了容量，而且增加了全器的稳定感。再看壶的上部，环绕着盖沿铸有两层镂空的莲花瓣，弧曲地向外起翘，犹如宝莲瓣瓣开放，其壶盖周沿还饰以简化了的"窃曲"纹，与莲瓣一起环拱壶盖；而壶盖的中心，立着一只亭亭独立、展翅欲飞的仙鹤。综观这一青铜器的艺术造型，熔写实、夸张、想象、象征、抽象、灵动等于一炉，具有繁复中见统一，稳定中见飞动之美，而其顶端，尤能重点凸显引领时代的超越性主题。

著名美学家宗白华先生在《中国美学史重要问题的初步探索》一文中结合先秦工艺美术的实践写道：

[①] 此器1923年于河南新郑李家楼郑国大墓出土，通高118厘米，口径30.5厘米，现藏故宫博物院。

图8　莲鹤方壶：青铜器形神之美
现藏北京故官博物院

　　美学思想的解放在先秦哲学家那里就有了萌芽。从三代铜器那种整齐严肃、雕工细密的图案，我们可以推知先秦诸子所处的艺术环境是一个"镂金错采，雕缋满眼"的世界……但是实践先于理论，工匠艺术家更要走在哲学家的前面。先在艺术实践上表现出一个新的境界，才有概括这种新境界的理论。现在我们有一个极珍贵的出土铜器，证明早于孔子一百多年，就已……突出一个活泼、生动、自然的形象，成为一种独立的表现，把装饰、花纹、图案丢在脚下了。这个铜器叫"莲鹤方壶"。它从真实自然界取材，不但有跃跃欲动的龙和螭，而且还出现了植物：莲花瓣。表示了春秋之际造型艺术要从装饰艺术独立出来的倾向。尤其顶上站着一个张翅的仙鹤象征着一个新的精神，一个自由解放的时代……这就是艺术抢先表现了一个新的境界……对于这种新的境界的理解，便产生出先秦诸子的解放的思想。

宗白华先生在文中还大段征引了郭沫若先生《殷周青铜器铭文研究》中如下的精彩分析，亦具录如下：

> 此壶全身均浓重奇诡之传统花纹，予人以无名之压迫……乃于壶盖之周骈列莲瓣二层，以植物为图案，器在秦汉以前者，已为余所仅见之一例。而于莲瓣之中央，复立一清新俊逸之白鹤……余谓此乃时代精神之一象征也。此鹤初破上古时代之鸿蒙，正踌躇满志，睥睨一切，践踏传统于其脚下，而欲作更高更远之飞翔。此正春秋初年由殷周半神话时代脱出时，一切社会情形及精神文化之一如实表现。[①]

可见，此壶已通过其综合性的美，升华到"形"与"神"、"器"与"道"交融合一的境层。当然，如果没有冶师们高度精湛、炉火纯青的技艺，此器就不可能脱颖而出，就不可能成为时代的美的象征。

殷周青铜器的冶铸之美，除了造型之美而外，还表现在纹样装饰之美。著名古文字学家容庚先生指出：

> 殷周的青铜器常饰有美丽的花纹，布置严谨，意匠奇妙，虽是一种装饰艺术，但和器的形制是一致的，可表现一个时代工艺美术的特征，也反映了当时人们的观念形态，可见纹饰在青铜器上占着很重要的地位……

> 殷代青铜器的纹饰已达到高度的发展阶段……已是把动物的形象加以变化和极精的几何纹综合起来应用……且利用了深浅凹凸的浮雕，构成了富丽繁缛的图案。[②]

事实确乎如此。试看所有青铜器，其表面无不饰有种种以动物形象为主所构成的纹样，如夔纹、龙纹、凤纹、象纹、蝉纹、鸟纹、蛙纹、鱼纹、兽面纹等的无限组合，体现出"铸鼎象物，百物为之而备"（《左传·宣公三年》）的美学特色。

这里试选析其纹饰数种以见一斑【图9】。例1为龙纹，顾首，长身，其花冠又似从凤头撷来，而龙身的一切，皆便化为双线的优美卷芽状，与卷曲的单线形成有意味的对比；例2为蝉纹，图案捕捉了蝉的主要特征：大头、双眼、尖尾，它们一个个由钝而锐、由重至轻地有序排列，构成连续纹样，呈现为序列性的节奏之美；例3为弯角鸟纹，二鸟相向，对称呼应，又各自于活泼跃动中表现出天真稚拙的风格美；例4为兽面纹，这种纹样，[宋]《宣和博古图》称之为"饕餮

---

① 以上两段均引自宗白华：《艺境》，北京大学出版社 2003 年版，第 300－301 页。
② 《容庚学术专著全集·殷周青铜器通论》，中华书局 2012 年版，第 102－103 页。

023

例1　花冠龙纹　西周　段簋

例2　蝉纹　殷墟晚期　箙鼎

例3　弯角鸟纹　殷墟晚期　舞鼎

例4　外卷角兽面纹　殷墟晚期　父辛尊

例5　花冠凤纹　西周恭王　墙盘

图9　富丽繁缛：青铜器纹饰之美
选自《商周青铜器纹饰》
杨琼艳集

[tāotiè]"纹，是商代最典型的纹饰，其特点是夸张、威严、凶残、怪异，它"完全是变形了的、风格化了的、幻想的、可怖的动物形象"，这种象征符号呈现出"一种神秘的威力和狞厉之美"[①]，令人想起远古的图腾，若从图案的角度看，其外卷角的头部，由中线向两侧展开，则是又一种对称的形式美；例5为花冠凤纹，形象亲切可人，完全不同于饕餮纹那种与人的对立感、距离感，而其弯弧形的双线或三线，上卷下卷，左卷右卷，卷出了秀丽阴柔的姿态之美……这些图案纹样浮雕，除了为器物造型锦上添花外，其共同的特色是虽从自然界中来，却又远离写实，冶师们极意对原型进行改造、变形、重组、增饰，使之走向奇巧化、线条化、符号化。这种种线、形组合，还有多层次的呈现：粗重的动物纹及其变奏是突出的主纹，而细密的雷纹、回纹等则是作为衬托的底纹（地纹），这就构成了粗细轻重结合的二重奏。对于较大的底纹空白，则增以偏于具象或抽象的辅纹，如例5辅之细曲弧线、卷纹，以助其总体的秀丽；例1辅之粗曲雷纹，以成其总体的工巧，而例4的兽面两侧，更辅以双线甚至肥笔构成的美丽小鸟、半抽象动物，填满了兽面两侧空白，这种繁富的形象，在一定程度上消释了饕餮纹的恐怖感。辅纹作为中间层的加入，与主纹、底纹（地纹），又构成了纹饰的三重奏，为人们提供了意匠奇巧、富丽繁缛的图案美的视觉享受。

---

① 李泽厚：《美的历程》，文物出版社1981年版，第37页。

沃林格指出:"一个民族的艺术意志在装饰艺术中得到最纯真的表现。"① 冶炼铸造的劳动作为商周青铜器造型装饰美的主要创造源之一,在较大程度上体现着一个民族以及特定时代的艺术意志和美学精神。于是,"冶"字便衍生出美、美化、装饰之义,但《说文解字》作者东汉的许慎及尔后众多训诂学家,没有很好地概括、提炼、抽绎出"冶"的"美"义,这主要由于当时所见青铜器甚少,因此只有明代的《正韵》作这样解释:"冶,装饰也。""冶"字的"美"义,正是由装饰而来的。虽然辞书没有很好对其进行概括,但在文学作品中,"冶"字却长期地具有"美"义,如晋陆机《吴王郎中时从梁陈作》:"玄冕无丑士,冶服使我妍。"《文选》李善注:"冶服,美服也。"这是"丑"与"冶"(美)的对举。② 宋汪元量《湖州赋》:"冶杏夭桃红胜锦。"冶,是状杏之美。清龚自珍《台城路》词:"低回吟冶句。"冶句,就是华美的诗句。这类例子很多,不赘举。当然,美化、装饰超过了一定的"度",就往往会转化为"妖冶"之类的贬义。所以计成反复强调,应"时遵雅朴"(《屋宇》),"妙于得体合宜"(《兴造论》)……

再回到"冶"的"铸"义上联系历史进行深思。李泽厚先生说:"传说中的夏铸九鼎,大概是打开青铜时代第一页的标记。"③ 把冶铸和青铜时代第一页联结起来的见解是深刻的。正如人们从艺术文化学的视角把商代青铜器作为中华文化史上的一代高峰一样。从经济学的视角看,冶铸技术作为一种先进生产力,也臻于这一阶段的顶峰,代表着整整一个时代。马克思指出:"各种经济时代的区别,不在于生产什么,而在于怎样生产,用什么劳动资料生产",而这"更能显示一个社会生产时代的具有决定意义的特征"。④ 在商代,掌握先进冶铸技术的人、以青铜器作为生产工具,这些首要的特征,这些最活跃的因素,从根本上决定了这个青铜时代的存在,同时它们也体现着特定的时代精神。

再从艺术、经济的领域转到哲学、神话文化的领域,还可发现"冶"往往联结着更高层次的天地造化和"道",甚至臻于出神入化的通天境地。例如:

今之大冶铸金……以天地为大炉,以造化为大冶,恶乎往而不可哉!(《庄子·大宗师》)

且夫天地为炉兮造化为工(金按:"工"即"冶"),阴阳为炭兮万物为铜。(西汉贾谊《鵩(fú)鸟赋》)

---

① 〔德〕W.沃林格:《抽象与移情》,辽宁人民出版社1987年版,第51页。

② 此义还可从中国绘画美学中得到印证。清代方薰的《山静居画论》写道,"《画论》云:'宋人善画,吴人善冶。'注:冶,赋色也。后世绘事推吴人最擅,他方爱仿习之,故鉴家有吴装之称。"这说明在中国文化史、美学史上,"冶"字既有色彩美的含义,又有服饰美的含义,它们分别联结着绘画艺术和工艺美术的领域。

③ 李泽厚:《美的历程》,文物出版社1981年版,第32页。"青铜时代"为考古学名词。在人类发展史上,金属工具的出现是划时代的重大事件。青铜工具的优长是精确、合用、锋利、坚硬,它代替了石器时代而成为生产力水平的代表,是历史上的经典性时代。青铜时代之前,还有一个红铜时代,它是介于石器时代和青铜时代之间的"石、铜并用时代",所用为未经人工羼杂的自然铜,龙山文化即属此时代。

④ 〔德〕马克思:《资本论》第1卷,人民出版社1975年版,第204页。

　　干将作剑，采五山之铁精，六合之金英，候天伺地，阴阳同光……遂以成剑，阳曰'干将'，阴曰'莫耶'，阳作龟文，阴作漫理[1]……夫剑之成也，吴霸。（东汉赵晔《吴越春秋·阖闾内传》）

"冶"，也有着丰富的哲学内涵和极高的文化品位，这里，技艺高明的"冶"——大冶，与天地、造化、阴阳以及人事相连相应，甚或决定着吴国是否能称霸于诸侯[2]，这真可谓"技"通乎"道"了。《庄子·天地》还说："通于天地者，德也；行于万物者，道也；上治人者，事也；能有所艺者，技也。技兼于事，事兼于义，义兼于德，德兼于道，道兼于天。"才能技艺及其创造，在庄学里竟相兼于"道"和"天"。所以干将、莫邪、欧冶子这些"大冶"，多少年来直至今天，长期被人们尊崇着，纪念着，传为地名，甚至被奉为神祇[3]。

　　再具体看计成《自序》交代了曹元甫将《园牧》改名为《园冶》以结束全文后，接着有如下落款："否道人暇于扈冶堂中题。"这值得注意。对此，《园冶注释疑义举析》于30年前就作了有价值的考证：

　　扈冶有广大之意。《淮南子》："储与扈冶"，注："褒大意也。"旧本阚铎氏《识语》以为扈冶堂是阮大铖家中的堂名，新注（金按：指《园冶注释》第一版）则谓是计成家中的堂名。鄙意以为二说俱不确。《园冶·自序》有"时汪士衡中翰延予銮江西筑"……序末又自题"否道人暇于扈冶堂中题。"可见《园冶》一书，确是在为汪士衡建造寤园时，住在主人家里，于造园之暇在扈冶堂中写成的，扈冶堂为汪士衡家中的堂名。阮大铖有赠计成与张损之诗云："二子岁寒侣"，计成家境清寒，挟一技而传食朱门，自己家中那里会有名为扈冶那样的大堂呢。

这一意见，已被《园冶注释》第二版所采纳，也为研究界所认同。本书同样认为，扈冶堂与寤园一样，均属汪氏。

　　还应探析扈冶堂与寤园之间的有意味联系。寤园的"寤"，主要可析为"宀"、"爿"、"吾"三部分。"宀"，为房屋之形，《说文》："交覆深屋也"；"爿"，象侧

---

① 龟文、漫理，均为宝剑上的纹样，这也足以证明"冶"的"美"义。

② 这实际上是反映了当时吴、越的冶铸科技在各国的领先地位，这是其强盛称霸的原因之一。据专家研究，吴、越冶炼的已是钢铁之剑，中国沈括的《梦溪笔谈》，西方李约瑟的《东亚和东南亚地区钢铁技术的演进》（《李约瑟文集》，辽宁出版社1986年版）都作如是说。吴、越的冶铸科技，有着开创时代的意义。

③ 关于干将、莫邪、欧冶子留下的冶迹，苏州有干将坊、匠门、干将墓、虎丘剑池、试剑石等；常熟市郊有莫城镇，镇上曾有莫邪大王庙，附近有冶塘镇，为古代炼铁处；松江县西北有干山，相传干将曾铸剑于此；南京朝天宫原称"冶城"；六合县有"冶山"，均传为夫差制铜铁兵器处。关于欧冶，苏州有欧冶庙；龙泉县（龙泉为名剑）有欧冶将军庙；福建闽侯县有"冶山"，冶山麓旧有欧冶池，相传为欧冶子铸剑地……这些地区，均在当时吴、越境内。著名历史学家顾颉刚则通过实地调查写道："欧冶子铸剑在会稽若耶溪；干、莫邪铸剑在苏州干将泾及当涂莫邪山……至干将泾，得欧冶庙，庙象犹存，意其必为铁冶旧地。今勤庐又得干将墓于欧冶庙附近，益可征信矣。"（顾颉刚：《苏州史志笔记》，江苏古籍出版社1987年版，第7页）这一系列既广泛又悠久的历史记忆，证实了"冶"字在公众心目中的崇高地位。

面竖着的牀（床）形；"吾"，则为表音的声符，因此，"寤"是形声字，有屋有床，以示睡醒——"寤"之意（故元人曹本《续复古编》释作"寐觉"）。同时又由醒来的"寤"，假借为醒悟、觉悟、晓悟的"悟"。略引书证如下：

　　哲王又不寤。（战国屈原《离骚》）

　　桓公喟然而寤。（西汉《淮南子·主术训》，高诱注："齐桓公悟之。"）

　　历览者兹年矣，而殊不寤。（东汉扬雄《解嘲》，颜师古注："兹年，言其久也。不寤，不晓其意。"）

　　别为《音图》，用祛未寤。（西晋郭璞《尔雅序》，邢昺疏："以祛除未晓悟者。"）

再联系汪士衡寤园之名，可见其决非"醒园"之意，"寤"也是"悟"的假借字，乃"悟园"之意，因为在天人合一、优美宜人的园林里，文人们最易俯仰自得，心有所悟。那么，汪士衡要在园里"悟"什么呢？他和吴玄等士人一样，很倾心于道家之学，他要品悟的，也是玄之又玄的"道"，是联结着天地造化本体的"道"。不过，吴玄是撷之于《老子道德经》，而汪士衡则撷之于《淮南子》，这具体地体现在"扈冶堂"的题名上。

　　"扈冶"作为双音节词，颇冷僻，古籍中并不多见，但在西汉的《淮南子》中却不止一次地出现。《淮南子·俶真训》："有无者，视之不见其形，听之不闻其声，扪之不可得也，望之不可极也，儲与扈冶，浩浩瀚瀚，不可隐仪揆度。"高诱注："儲与扈冶，襃大意也。"金按：高注非是，这里的"儲与"并无"襃（扬）"或"大"之意，"扈冶"才是广大之意。《淮南子·本经训》："阴阳儲与。"高诱注："儲与犹尚羊。"此注甚是。尚羊，也就是相羊、徜徉。扬雄《解嘲》："儲与乎大溥。"颜师古注引服虔："儲与，相羊也。"亦即徜徉。《骈雅·释训》对此有所归纳："相羊……常羊、仿佯……儲与、消摇，游适也。""儲与"和"尚羊"、"相羊"、"徜徉"均为叠韵联绵词，这里作为动词谓语，"扈冶"是其宾语。儲与扈冶，意谓自由自在地徜徉、游适于广大之境。"浩浩瀚瀚"，亦广大貌，是对"扈冶"的补充性描述；至于"不可隐仪揆度"，意谓不可凭借仪器来测度，这是进一步言其苍茫浩大。

　　再看"儲与扈冶"，是《淮南子》用得较多的哲学用语，在《淮南子》作为总序的《要略》里，在全书的总结时再次出现了这一词语：

　　刘氏（金按：淮南王刘安自称）之书，观天地之象，通古今之事……原道之心，合三王之风，以儲与扈冶，玄眇之中，精摇靡览（于省吾注："言玄眇之中，精犹不得见也。"亦即"不可隐仪揆度"）。

根据上引古代哲理性论述，联系寤园中扈冶堂的题名，这就是说，在寤园所要悟的，就是儲与扈冶、浩浩瀚瀚，不可揆度的"道"。那么，在历史上，品景赏园与悟道是否有特定的或必然的联系呢？答案是肯定的。宗白华先生说："晋宋人欣赏山水，由实入虚，即实即虚，超入玄境。"又说："中国自六朝以来，艺术的理想境界却是'澄怀观道'。"①事实确是如此，如三国魏嵇康《赠兄秀才入军》有名句："息徒兰圃，秣马华山……目送归鸿，手挥五弦。俯仰自得，游心太玄。"晋王羲之《兰亭诗》："有心未能悟，适足缠利害。未若任所遇，逍遥良辰会。"直至明王宠游苏州拙政园，也这样咏道："园居并水竹，林观俯山川。竟日云霞逐，冥心入太玄。"（《王侍御敬止园林》）均写在风景园林优美的环境里，摆脱了尘世利害关系的羁绊，澄怀悟"道"——冥心悟入不可揆度的太玄之境。

由此以《易·繫辞上》"形而上者谓之道，形而下者谓之器"的哲学观来看扈冶堂的题名，就不应将其理解为大堂或广大的堂，因为这仅仅是拘囿于"形而下"的、物质空间的广大，而这样的大堂并没有什么价值意义；相反，应理解为"形而上"的、精神空间的广大，也就是身在此堂，却超越物质利害关系，清心澄怀，以悟"玄眇之中"的"扈冶"，这才是澄怀观道的理想境界。

既然寤（通悟）园和扈冶堂有如此这般的含义，那么，计成在此园主持营造，暇时在扈冶堂从事写作，日长月久，寝浸积渐，耳濡目染，肯定是心领神会，有所感悟。而曹元甫来到这个氤氲着哲学意味的环境里，看到《园冶》如同"荆关之绘，成于笔底"，是"千古未闻见"的"开辟"。于是立即将其和极富哲理的"扈冶"联系起来，感到包括"法式"之义在内的《园牧》之名，还偏于形而下的"器"，必须予以挖掘和提升，提到形而上之"道"的高度，于是将"扈冶"二字进行"节缩"，省却一"扈"字，前添一"园"字，称之为《园冶》，这样就名副其实了。

《园冶》的"冶"义，不但联结着寤园的"扈冶"，而且还联结着中国古典哲学史上出现较多的"陶冶"。在古代，"陶"、"冶"这两种生产往往并提。《孟子·滕文公上》有"陶、冶亦以其械器易粟者"，即指陶工与铸工。以后又引申为裁成、创建、创造，如《文子·下德》："老子曰：阴阳陶冶万物。"陶冶即是创造。仍以《淮南子》等古籍为例：

> 包裹天地，陶冶（孕育，创造）万物，大通混冥（混冥：即大冥之中，指道），深闳广大（广大幽深之境）。（《淮南子·俶真训》）

> 此真人之道也。若然者，陶冶万物，与造化（造化：此指天地的创造）者（造化者：指道）为人（即为偶，相伴，相随），天地之间，宇宙之内，莫能夭遏（夭遏：阻断，阻止）。（《淮南子·俶真训》）

> 独驰骋于有无之际，而陶冶大炉，旁薄群生。（汉扬雄《解嘲》）

如果说，"扈冶"之义还比较朦胧，那么，"陶冶"之义就比较显明，它通过"大炉"，联结着、造就着甚至包括着天地、造化、万物、宇宙、混冥、群生……这是一种集大成式的创造，呈现着磅礴天地、囊括万有的深闳广大的境界，一句话，

---

① 宗白华：《艺境》，北京大学出版社 2003 年版，第 119、142 页。

是联结着"道"，或其本身就是"道"。可见，陶冶和扈冶一样，均通向广大之境，均指向于"道"，而《园冶》的"冶"，不但是对"扈冶"的节缩，而且是对"陶冶"的一种"节缩"。

那么，这种"节缩"之说是否可以成立呢？或者说，《园冶》的这种节缩是否是仅有的孤例呢？答曰：否。只要对明代以前的文史作品稍加翻阅，即可看到节缩作为古代汉语一种必要的辞格是大量地被运用着①，而且在与《园冶》有关的序、跋中还可找到更直接、更有说服力的内证。如：（一）阮大铖《冶叙》之题；（二）阮大铖《冶叙》："题之《冶》者，吾友姑孰曹元甫也。"（三）计成《自序》："[曹]先生曰：'斯千古未闻见者，何以云"牧"，斯乃君之开辟，改之曰"冶"可矣。'"（四）计成《自跋》："暇著斯《冶》……"。以上几个"冶"，都是"园冶"二字的节缩。可见，"扈冶"、"陶冶"和"园冶"一样，均可节缩。

既然这个"冶"字不但含有"熔铸"、"美化"之义外，而且联结着"扈冶"、"陶冶"，那么，《园冶》这一书名就极其富于意蕴了，故而曹元甫提出修改书名后，计成深感"冶"字的意蕴比"牧"字丰饶深永得多，于是，立即赞同并接受其建议。

至此，"冶"字应该说有三个义项——"铸"、"美"、"道"，这犹如钱锺书先生所论《周易》的"易"字一样，它"赅众理而约为一字"，"一名而三训"。由此出发，《园冶》的书名可有如下多种解释：

（一）《园冶》，是造园之"道"②；

（二）《园冶》，是园林艺术美的创造之"道"；

（三）《园冶》，是将造园创美技艺提升为无限创造力之"道"；

（四）《园冶》，是通过造园以弥纶广大，镕铸万有之"道"……

当然，这种创造，又离不开技术，因为熔铸本身就包含着高难度的技艺。

再联系阮大铖《冶叙》中的话来理解，《明史·马士英传》言阮大铖"机敏猾贼，有才藻"，《冶叙》中接连出现三个不同语法意义的"冶"字，它不但体现着"一名而三训"，而且连结着《园冶》这部书，故"冶"字有四训，而正体现了阮

---

① 节缩，是修辞学的一种辞格，在古代就广为流行。例如，汉王逸《九思》中的"百贸易兮传卖"，"百"为百里奚（人名）的节缩；汉《费凤别碑》中的"司马慕蔺相"，为"司马相如羡慕蔺相如"的节缩；《晋书·王濬传》中的"建葛亮之祠"，"葛亮"为诸葛亮的节缩；南朝梁刘勰《文心雕龙·诠赋》中的"延寿《灵光》"为"王延寿《鲁灵光殿赋》"的节缩；南朝梁锺嵘《诗品》"灵运《邺中》"，为谢灵运《拟魏太子邺中集》的节缩；唐王勃《滕王阁序》"杨意不逢"，"锺期既过"，为杨得意、锺子期的节缩；唐李白《大猎赋》中的"歌白云之西母"，为西王母的节缩……

② 《老子·六十二章》："道者，万物之奥。"什么是"道"？古往今来，众说纷纭，西方近代有人将其解释为"逻格斯"（Logos），甚至"上帝"（God）等等，德国的海格德尔试图恢复"道"作为"路"的原意，使"道"以原始、朴实的面貌向人们敞开。数十年前中国和苏联的研究家，也有讲得较实在的，如杨兴顺说，"'道'是物的自然法则"，"是万物的本质"；张如松说，"是指支配物质世界或现实事物运动变化的普遍规律"。见陈鼓应《老子注译及评介》，中华书局1984年版，第54页。就今天通俗地说，"道"就是法则、规律，或根本的道理、原理、方法。再联系与计成同时代的叠山大师张南垣来思考，明末清初著名文学家吴伟业在《张南垣传》中写道："今观张君之术，虽庖丁解牛、公输刻鹄，无以复过，其艺而合于道者欤！"这也从"技进乎道"的高度来评价的，吴伟业可说是张南垣的曹元甫。

氏"机敏有才藻"，善于驾驭文辞的特点。现将原文、译文列后：

> 原文：兹土有园，园有冶，冶之者，松陵计无否，而题之《冶》者，吾友姑孰曹元甫也。

> 译文：这里（仪微）有寤园，寤园中有精心创造的景观美，熔铸般地创造或营造它（指代这种美景）的人，是吴江的计成。而题此书为《园冶》的人，是我的朋友当涂的曹元甫。

以上三个"冶"字，第一个为"有"的宾语，是名词，意谓美景，这体现了"冶"字引申的"美"义；第二个是动词，为铸造、创造之意，为"冶"字的本义，这里指创构美景的动作行为，其后面的"之"为宾语，指代第一个"冶"，即美景；第三个亦为名词，但它是作为节缩了的书名《园冶》的专门名词，故加书名号。

以上通过哲学、美学、艺术学、经济学、文字语言学等多学科的详论细析，反复推敲，可见作为书名的《园冶》，与原来的《园牧》相比，其意蕴不可同日而语。

此外，这个"冶"字还通向计成更为深邃广远的思想境界，这就是从《庄子·大宗师》中"以天地为大炉，以造化为大冶"脱胎而出的"使大地焕然改观"的崇高美学思想，本书称之为"大冶"理想。对此，拟于第二编第二章第三节重点详论。

第四节 《园冶》中几对关系初探

还需要继续探讨的是，与《园冶》书名以及该书从内容特色到语言形式密切相关的几对关系。了解这些关系，就可能对《园冶》全书有一个总体的、较全面的认识。

一、"道"与"术"

"形而上者谓之道，形而下者谓之器"（《易·繫辞上》），《园冶》的"冶"字，提取了全书英华，凝铸而为一字，它超越了物质性的"器"和"术"的范畴，上升到"储与扈冶、浩浩瀚瀚，不可揆度"的"道"的范畴，凸显了该书非同一般的内容特色。艾定增先生曾这样谈其体悟：

> 《园冶》一书，与一般专讲技巧艺法的书（如则例、法式、画谱、书帖等）不同，它立足于匠工技艺，但又提升到艺术理论（如诗话、画论等）而更升华到"道"（形而上者谓之道）的境界，足以与司空图《诗品》①和《沧浪诗话》媲美。更为可贵的是，它的这种提升并非通过说教的方式，而是浑然一体地融于全书各章

---

① 《二十四诗品》一向被确定为唐司空图所作，20世纪八、九十年代以来，就曾引起怀疑和争论，至今，绝大多数学者均认为非司空图所作，不过，其美学价值依然是存在的。

节，通过优美的诗赋语言和巧妙的引经据典了无痕迹地表达出来，令读者在
品味艺术美中不知不觉地受到陶冶。[①]

这不但肯定了《园冶》的内涵特色，即向"道"的升华，同时，又通过对其语言
艺术美的接受，揭示了该书能给人以哲理意趣、审美享受的特色，它足以陶冶人
的性灵，涵养人的情思，让人澄怀观道，惬志怡神，这就更丰富了"冶"义，增
进了人们对《园冶》的认识。

不过，"冶"的熔铸之义又绝对离不开技术。《说文》："镕，冶器法也。"此释甚
是。冶本身就是一种技术艺法，就是一种很有高难度、为人所掌控并不断使其进步
的技术艺法。就冶工来说，按技术水平来衡量，其等级就有种种：有作为基本技工
的"冶"；有作为高级技师的"冶师"；有出国主持铸器的"冶客"；更有被神话化
了的干将、欧冶……就以"冶客"来说，黄盛璋先生《战国铭刻的冶字结构演变与
分国应用之研究》一文指出，冶客是"来自他国有冶铸技术的冶师"，"他直接领导
指挥冶一同参加实际冶铸工作"，因此"既是直接制造者，同时也兼主造者，但他身
份仍离不开冶的工技"[②]。可见，从总体上说，"冶"与"器"、"术"有其不可分离性。

《园冶》原名《园牧》，书名就包含"术"（主持、法式）在内，这在《园冶》的《装
折》、《门窗》、《墙垣》、《铺地》、《掇山》特别是《屋宇》等章中反映得特别明显，
如列架、过梁、敞卷、馀轩、架梁、草架、重椽、磨角、定磉、地图……同时，
"术"还蕴含于掇山的"等分平衡法"、屋宇的"九架列之活法"等方法之中，蕴
含于"能主之人"所制一系列的营造的图式之中。因此也可以说，《园冶》的特殊
性，在于冶炼"形而上"和"形而下"于一炉，体现为术不离道，道不离术，二
者相兼而互容。

再从修辞学视角对以前论述作一归结。"冶"除了体现着节缩（如扈冶、陶冶、园
冶）外，还体现着其他的辞格：其一是借代，即借现象（扈冶广大）来指代本体（"道"）；
其二是比喻，也就是它同时还没有丢弃"冶"之工匠、劳作、技术的本义，生动
地喻之为镕铸、铸炼……可谓一语双关，一字千钧！

由此可进而对两个书名作一抽象的概括和梳理，《园牧》：
"术"→"式"→"主"；《园冶》："铸"→"美"→"道"。这是两条不同的"义项"
链，它们不断循环往复，相推而生变化，而其中这个"主"，既是向"道"升华的
关键，又是衔接两条"义项"链的关键。

二、"主"与"匠"

《兴造论》提出了"三分匠，七分主人"的论断，并解释说："非主人也，能

---

① 艾定增：《〈园冶〉——中华文化史上划时代的园林与建筑学经典》，《建筑与环境》（广州）2011年第6
　期，第95页。
② 见《古文字诂林》第9册，上海教育出版社2004年版，第315页。

主之人也。"这"主人"不是物主、业主、园主，而是能够主持项目设计和施工兴造的匠师、大师。这是计成反复强调的一个重要观点；同时，他又批评说，"世之兴造，专主鸠匠"。总之，他认为"能主之人"的作用要占七分甚至更多，而匠人的作用只占三分甚至更少。

于是，有人可能产生误解，认为计成否定了工匠的作用，或者说，把"主"与"匠"推向截然对立的状态。其实不然，计成还是能注意"主"与"匠"之间的沟通的，因为"能主之人"方案的落实、设计的物化，最终还得经由工匠之手。所以《屋宇》说："鸠工合见。"意谓必须聚集工匠使意见相合，即统一意见。《屋宇·地图》又说："夫地图（金按：施工前的平面图）者，主匠之合见也。"可见不是仅凭一己之见来决定的，这也是对一般工匠较大程度的尊重。再如《掇山》："稍动天机，全叨人力。"所谓"天机"，无疑是"能主之人"的心智灵性，然而前面着一"稍"字，虽略具谦意，但也符合实情，因为要叠成如此体量、如此重量的假山，工匠的力量是不容忽视的。所以他又略带夸张地说，"全叨人力"。一个"全"字，当然更多地指工匠之力了。计成在书中能适当兼顾到"能主之人"的对立项——工匠，应该说是明智的，表现了他对"人力"——工匠集体的尊重。

计成在书中反复把"主"与"匠"作为对立项提出来，这反映了当时社会中设计与施工早就有了分工，但在《园冶》的体系里，作为主持人，他与工匠又是分工不分家的，这突出地表现为《园冶》一书中一系列图式，就与工匠文化有着密不可分的血缘关系，它是维系"主""匠"关系的纽带。应该说，这类图式在士大夫文人眼中同样地置于"君子不器"之列，而对计成来说，却视若珍宝，因此这种"式"在书中频繁地出现——"《园冶》为式二百三十有二"（阚铎《园冶识语》），不可谓不多，但这类图式的设计者、绘制者，史传是不会予以记载的，而画史著作和品评著作也绝不会加以著录。可是，计成原来从事的山水画，在士大夫文人心目中的地位却是崇高的，五代著名画家荆浩《山水诀》的第一句就是："夫山水，乃画家十三科之首也。"在中国山水画史上，宗炳、王微、展子虔、李思训、吴道子、王维……或正史列传，或画史品评，均赫赫有名，君子对他们都十分器重。因此，就古代社会的主流价值观来看，计成中途改行，放弃了绘画特别是山水画而从事造园，实际上是降低了自己的社会地位，然而他对此却置之度外，这也说明了他对园林事业的执着与热爱，不以"君子"的好恶为转移，认准了道路就坚定地走下去，终于写出了辉煌的经典，赢得了杰出的成就。

还有人还往往误以为《园冶》蔑视工匠，贬他们为"无窍之人"（《兴造论》）。

其实，这是漏读了一个十分重要的"若"字。"若匠惟雕镂是巧，排架是精，一梁一柱，定不可移，俗以'无窍之人'呼之，甚确也。"如果工匠一味只知雕镂排架，坚持一梁一柱什么都不可改动，那么，这种死板的人，可称为"无窍之人"。这是一个以"如果"为关联词的假设复句，偏句提出假设，正句表示结果；假设如果成立，结果就能出现，否则，正句即告无效。可见，计成并没有认为所有工匠都是"无窍之人"，这是有必要条件的。当然，他重点强调的还是"七分主人"，这一提法应该说是很有识见的。

作为揭示园林艺术美创造之"道"的《园冶》，它在一定程度上离不开"术"，离不开工匠文化，这还可联系以宋李诫的《营造法式》来看。对于这一经典，南宋著名目录学家、藏书家晁公武《郡斋读书志》说，《营造法式》"考究经史，并询匠工，以成此书"；《四库全书简明目录》说得更具体："其书共三百五十七篇，内四十九篇皆根据经史，讲求古法，馀三百八篇则来自工师所传也。"这都说明作为当时的官式建筑学的总汇，《营造法式》较多来自工匠所传。当然，作为文人造园学经典著作的《园冶》颇有不同，它更多地来自古代诗文绘画和园史，更多地以骈辞俪句来抒情写意，但其对立项离不开图式，离不开熔铸了工匠经验的造园技艺。

三、"雅"与"俗"

计成的《园冶》，从总体上说，毫无疑义属于雅文化的范畴，特别是其中有很多以骈文抒情写意的辞章，真如幽兰清芬，华美典雅，这与当时的文人山水园林是情投意合的，正如《园冶全释》的序言所指出，"计成在《园冶》中，凡描绘景色创造景境都用骈体，在当时应该说是很好的选择"。然而另一方面，由于计成对工匠及其文化较大程度的包容和尊重，并通过图式与工匠文化保持着千丝万缕的联系，而造园、建筑在总体上又属于工匠文化的范畴，因此，《园冶》一书虽然一再主雅反俗，但全书很多片断的论述内容和语言形式仍然未能免"俗"。这主要表现为如下三个方面：

（一）诗意的退让。有的研究者曾别具只眼指出：

纵观《园冶》全篇，其文字大略可以分为论述（金按：当然可称论述，但也可称为写景、抒情，说得更准确些，是以写景、抒情来论述）和说明两类，前者包括"相地""兴造论""园说""借景"以及"相地""屋宇"等篇的总论等，后者如"列架""装折""栏杆""门窗""墙垣"等，总的来看，后者的文字一般为平铺直叙，着重于制作施工，而前者，则有更多的铺陈，词（辞）藻更具诗意。[1]

本书基本同意这番论述。《园冶》书中平铺直叙的实例也很多，如《装折·梅花式》："梅花风窗，宜分瓣做，用梅花转心于中，以便开关。"这绝对不是写给文人雅士看的，其对象主要是工匠特别是学徒工，此外还有年轻的技师等。在这类世俗的平铺直叙中，诗意早已隐退。

当然，任何划分、归类，都只有相对的意义，特别是在《园冶》里，平铺直

---

[1] 王鲁民、黄向球：《对〈园冶〉叙述方式的探讨》，《建筑师》2007年第4期。

叙和诗意铺陈，"俗"与"雅"，都不是泾渭分明的，互渗的情况并不罕见。

（二）俗语的引用，例如：

独不闻"三分匠、七分主人"之谚乎？（《兴造论》）

俗以"无窍之人"呼之，甚确也。（《兴造论》）

今遵为两面用，斯为"鼓儿门"也。（《装折·屏门》）

后人减为柳条槅，俗呼"不了窗"也。（《装折·户槅》）

斯名"镜面墙"也。（《墙垣·白粉墙》）

上引第一例，为广泛流行于民间的固定语句——谚语，它用简短通俗的语言说出了深刻的道理，计成将此熟语撷来加以点化，阐发为造园、建筑学的名言警句，成为《园冶》一书的亮点之一。第二例，是民间的俗语，颇为形象化。第三至第五例，为造园、建筑学术语在工匠间广为流传的通名俗称，工匠们既提取出这些建筑构件的特征，又融入了自己辛勤劳作的体验，生动简要，易记易传，计成将其撷入书中，不仅使文句鲜活通畅，而且也表现了对工匠及其对象化成果的肯定。

（三）某些章节最后结语①的通俗化，例如：

归林得意，老圃有馀。（《相地·村庄地》）

得闲即诣，随兴携游。（《相地·城市地》）

足矣乐闲，悠然护宅。（《相地·傍宅地》）

寻闲是福，知享即仙。（《相地·江湖地》）

高阜可培，低方宜挖。（《立基》）

磨归瓦作，杂用刨儿。（《铺地》）

绳索坚牢，扛抬稳重……探奇投好，同志须知。（《掇山》）

斯草架之妙用也，不可不知。（《屋宇·草架》）

夫理假山，必欲求好，要人说好，片山块石，似有野致。苏州虎丘山，南京凤台门，贩花扎架，处处皆然。（《掇山·结语》）

夫葺园圃假山，处处有好事，处处有石块，但不得其人……（《选石·结语》）

这类通俗性的以四字句为主的语言形式（一般为两句），大量出现于章、节的最后（当然也有偶尔夹在文中的），带有收尾作结的性质，而语言风格也随之有明显的变异，散发着民俗的气息。第一例虽用《论语》之典，却通俗易懂，洋溢着泥土气息；第二至第四例中所表现出来的对消闲享乐的追求，则应看作是明代中叶以来合规律地出现的市民社会世俗化享乐思潮的某种回响；第五至第七例中，又似是工程中流传的俗语行话，与工匠文化密切相关；第八例不用四字句，令人

---

① 这里"结语"包括两个意思：一是某些章、节的结束语，一般为两个四字句；二是《墙垣》、《掇山》、《选石》、《借景》等章，最后都有一段散文小结，这在日本内阁文库所藏明版中特别明显，它每行都排低一格，本书统称之为"结语"。在第三编《园冶会校详注》中，在这类结语前还用方括号——［结语］标出。

想起某种艺诀的语言，既是对技巧艺法的总结，又要有效地贯彻到工匠的劳作中去；特别是第九、十两例更为散文化、口语化，有些像顺口溜、大白话，它们更多似出于工匠之口，而计成则采入了《园冶》文本之中。总之，这种以俗语作结收尾，几乎成了《园冶》行文的一种模式，它不但是由计成的心智个性所决定的，而且是由《园冶》一书的特殊性质所决定的，追根究底，是由"道"与"术"、"主"与"匠"的关系所决定的。这种"雅"、"俗"的某种相杂，主要地应看作是一种互补兼容。

以上是笔者从《园冶》书中初步抽绎出来的三对关系，并认为，只有对此有所了解，才能真正把握和品赏《园冶》一书的丰富内涵和语言形式。当然，毋庸讳言，由于内容和形式的复杂共处，也会给经典《园冶》带来某些不足。[①]

还应指出，计成写书的过程，也就是他从事造园、游食朱门的过程，这大概经历了好多年，《园冶》主要就是在几个园子里的工作之"暇"结合切身体会逐步写就的，这恰恰是其最可贵之处。正因为如此，故而全书三卷在体例上有些不够一致，这种阶段性有蛛丝马迹可寻。此外，其引文等也往往凭其"臆绝灵奇"，是靠记忆写出的，与古籍等对照，也不免略有所误，这均应予以理解，当然也可作专题研究。

第五节　关于建立"园冶学"的倡议

在中国文化史上，大凡一部内涵极其丰富的经典，往往有解不尽、读不完的特点，从而引起一代代人们饶有兴趣的研究、讨论、争辩，并逐渐形成为种种学术流派。于是，该经典及其研究，就成了一门学问、甚至成为一门显学。

最典型的是位居群经之首的《周易》，汉代诸家对《易》的注解、阐释，就构成了"易学"，并成为一门显学。如西汉有田氏之学、京房氏之学等，是为今文之学；此外还有古文之学……尔后，历代均有大量易学著作问世，直至清代，据统计仅"易注"就两千馀家，且历代研究各有特色：汉代重考据注疏、字义讲解；魏晋、唐代重哲理阐释，并博采众说；宋代重先天之学，流为程朱学派，至明清

---

① 对于《园冶》的语言形式，还应该从两方面看：魏士衡先生说，《园冶》采用"两两相偶的骈文，上下句说的是同一件事，要求用典遣辞铢两悉称，有时候就难免因找不到恰当的典故、辞（词，下同）汇而生搬硬套，以至于辞不达意，用典牵强，为求字句整齐，把字组简化，生涩难懂……给读者带来一定困难，也造成了理解上的歧异，但都掩盖不了此书的光辉"（《〈园冶〉研究——兼探中国园林美学本质》，中国建筑工业出版社 1997 年版，第 2—3 页）。可谓实事求是之论，这种情况确实是存在的，还应补充的是，其骈文由于并非纯文学，书中同时要表达复杂丰富的科技内容，于是就不可能处处那么协调顺畅，得心应手。但是，有失必有得，骈文却又能促进语言的锤炼，从而冶铸出一系列文学意味隽永、哲理光辉闪耀的名言警句，使《园冶》提升为中华文化史上的名著。此外，魏著"上下句说的是同一件事"一句，又通俗地揭示出"互文"修辞格的特质，有助于读者理解《园冶》的骈文。

定为正宗；但宋代的苏轼、王安石则又多发挥易之义理，总之，《易》之研究，广及易象、易数、易理、易序、易用等；在不同的学术领域，有儒家易、道家易、医家易、术家易等。20世纪以来，新的人文易学开始兴起，表现为现代哲学、社会学、历史学、文字学等社会科学视角的介入。此外，除西方社会科学外，又渗入了自然科学……这对《园冶》的研究不无启发。

如果说，哲学领域最引人注目的是易学，那么，在古典小说研究领域则是《红楼梦》。红学自清代至今，研究未曾断绝，它主要包括曹学、版本学、探佚学、脂学等。人们把五四前的红学称为"旧红学"，以后则称为"新红学"，200多年来，红学产生了许多流派，如评点派、题咏派、索隐派、考证派、解梦派、社会历史学派、小说批评（文学本体）学派等。

在古代文学理论或文艺美学领域，有对南朝梁刘勰长篇理论巨著《文心雕龙》的研究，近数十年来不断趋于热潮，称为"龙学"。

在外国文学领域，对英国的莎士比亚戏剧的研究也长期形成为一门热学——"莎学"。

再看我国古代有关风景园林的论著不能说少，如白居易的《草堂记》、苏舜钦的《沧浪亭记》、李格非的《洛阳名园记》、祁彪佳的《寓山注》……，但都较零散；专著则如文震亨的《长物志》、刘侗的《帝京景物略》、李渔的《闲情偶记》、李斗的《扬州画舫录》等，都缺少理论深度，也都难以与《园冶》这部经典比肩。《园冶》一是具有体系的完整性，二是具有思想的深刻性、哲理性，三是其骈文写作还富于优美的艺术性、浓厚的抒情性、表达的含蓄性，可谓言有尽而意无穷。

德国大文豪歌德写过题为《说不尽的莎士比亚》的文章。在中国，也可谓有说不尽的《周易》，说不尽的《红楼梦》，说不尽的《园冶》……

正因为如此，艾定增先生在1991年所写的《读〈园冶全释〉有感》中写道：

> 《园冶》之研究，还处在起步阶段。有感于斯，我提议对中国传统园林与文化感兴趣的朋友，一道来开辟一门"《园冶》学"，为推动造园学的进步而共同努力。①

这一倡议，是合理而适时的，应该得到响应，不过，"《园冶》学"中的书名号可以省去。

对于"园冶学"研究的困难和价值意义，还应联系中国传统的工匠文化来切入，来认识。梁思成先生在20世纪40年代指出：

> 建筑在我国素称匠学，非士大夫之事。盖建筑之术，已臻繁复，非受实际训练，毕生役其事者，无能为力，非若其他文艺，为士人子弟茶余酒后所得而兼也。然匠人每暗于文字，故赖口授实习，传其衣钵，而不重书籍。数

---

① 见张家骥：《园冶全释》，山西人民出版社1993年版，第343页。

千年来古籍中，传世术书，惟宋清两朝官刊各一部耳。此类术书编纂之动机，盖因各家匠法不免分歧，功限料例，漫无准则，故制为皇室官府营造标准。然术书专偏，士人不解，匠人又困于文字之难，术语日久失用，造法亦渐不解，其书乃为后世之谜……①

由于存在着上述困难和难解的特殊矛盾，建筑的专门性"术书"如宋代的《营造法式》、清代的《工程做法则例》竟成为"后世之谜"。至于含建筑于其内的古典园林，它更多地融入了文人画士们精神世界中的艺术、美学、哲学、文化诸元，亦即更多地蕴含了形而上的"道"，但另一方面，它又不脱离形而下的"术"，依然同时是一门"匠学"，而这所有的一切，均高度浓缩于《园冶》一书之中。

在艾定增先生发出呼吁二十馀年后的今天，在生态文明的时代和文化繁荣发展的今天，笔者再次呼吁：风景园林界、建筑设计界、城市规划界、文化学术界的研究家们，大家携起手来，建立"园冶学"及相应的组织、机构②，为推进对《园冶》这部千古奇书作全面的、深入的、多学科多视角的研究而共同努力！

---

① 梁思成：《中国建筑史》，百花文艺出版社 1999 年版，第 19 页。

② 如有条件的高校可成立"园冶学"研究室，开设《园冶》选修课，编写《园冶》教材；有条件省市的风景园林学会、建筑学会等，可下设《园冶》研究分会，或学习、研究小组……总之，不妨从基层做起。笔者身在园林之城的苏州，撰写本书，在起始阶段，率先尝试着与全国唯一的园林档案馆——苏州园林档案馆进行协作，成立了《园冶》研究专题档案协作组，收到了较好的成效，详见本书后记。

第二章
计成与交往者关系辨说
——兼论同时代人对计成的评价

　　对于与计成交往的人，有的论著称之为"交游"，本文则拟用"交往者"来代替"交游"一词，因为交游的一般意义是指往来的朋友或结交朋友，《荀子·君道》："其交游也，缘类而有义。"也就是按志同道合的原则相交并做到有礼仪。但阮大铖就绝不能说是计成的朋友，因为不符"缘类而有义"。扬雄《法言·学行》："朋而不心，面朋也；友而不心，面友也。"阮大铖只能说是计成交而"不心"的面朋或面友。用今天的语言来说，只是与其交往有接触的人，他们之间的关系，是业务关系或由业务所引起的某些包括应酬交际在内的关系。

　　计成的交往者，目前所知道的，除仪徵的汪士衡较难考索外，主要还有几个，重点是阮大铖，列说于下。

第一节　阮大铖："不以人废言"
——兼揭"扈冶堂藏书印"之秘

　　阮大铖（约1587—1646），怀宁（今属安徽）人，字集之，号圆海、石巢、百子山樵。其前期人品尚可，并表现出非凡的才华和极高的悟性，和文震亨、钱谦益等名流有交往。天启间则依附于专权乱政的魏忠贤，结党营私，成为阉党骨干，专事陷害异己。崇祯时"名挂逆案，失职久废"（《明史·奸臣传·马士英传》），匿居南京，妄图东山再起[①]，但受阻于东林党和复社。弘光时，马士英执政，得任兵部尚书，所谓"马、阮作相公，行事偏猖狂"（吴伟业《遇南厢园叟感赋八十韵》），对东林党和复

---

① 对此，《桃花扇·先声》有如是心声："若是天道还好，死灰有复燃之日，我阮胡子呵，也顾不得名节，索性要倒行逆施了。"这是活画出阮大铖的丑恶灵魂。作者孔尚任还表白其写作原则是"实事实人，有根有据"，这说明确乎是真实反映，至少刻画阮大铖是如此。

社诸人"日事报复"，手段毒辣。后又乞降清朝，从清兵攻仙霞岭而死，为士林所不齿，留下百世骂名。

应该怎样对待阮大铖这个文行不一人物的作品？先看《咏怀堂诗集》中王瀣、章太炎两则行书题语。王瀣题道："大铖猾贼，事具明史本传，为世唾骂久矣。独其诗新逸可诵，比于严分宜（金按：即明代权相严嵩，江西分宜人。有《钤山堂集》）、赵文华（金按：嘉靖进士，认严嵩为父。有《文华全集》）两集，似尚过之……芳絜深微，妙绪纷披，具体储、韦，追踪陶、谢，不以人废言，吾当标为五百年作者。"章太炎题道："大铖五言古诗，以王、孟意趣而兼谢客之精练……推论明代诗人，如大铖者尠〔xiǎn．少〕。潘岳、宋之问险跛不后于大铖，其诗至今存，君子不以人废言也。"两位大家就对阮诗都作了很高的具体评价。阮大铖还作有传奇九种，今存《燕子笺》等四

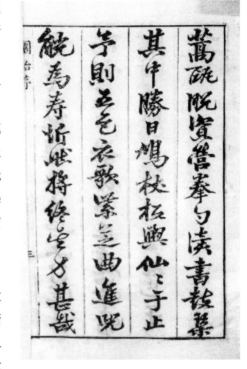

图10　[明]阮大铖《冶叙》书迹
选自内阁文《园冶》
现藏日本国立公文书馆

种，均获较高之评，文震亨曾为其《牟尼合》作序。再如其书法有多种风格，也达到了一定的艺术高度，而今天书学界只知其受张瑞图①影响的《有节秋竹帖》，却不知其还有为自己"传奇"所书颇感得意的行、草书自序，尤其是草书，潇洒恣放，略带米意，显现出翰逸神飞的味道。书学界更不知其《冶叙》书法也颇有特色【图10】。此书脱胎于西晋章草，又融入了行楷意趣，显得茂密圆腴而又节短势险，流畅飞动而又提按分明，尖锋入纸而又点画厚重，还带有张瑞图紧密发露的风格因子。至于其《冶叙》之文，则是古拙笃雅，语少而意甚密丽，所用典故甚多，虽不免时见饾饤，但又可见其知识面广，书读得多。总之，阮氏确乎是一个异常复杂的人物。

再说计成与阮大铖的主要交往，一次是计成为汪士衡营造寤园，园落成，阮往观赏，与计初次相识，即倾倒于其造园艺术和诗歌创作，赞赏备至，写有《计无否理石兼阅其诗》一首。另一次是计成小规模地为阮掇山理水，阮大铖这样写道："予因剪蓬蒿瓯脱，资营拳勺，读书鼓琴其中……计子之能乐吾志也，亦引

---

① 张瑞图（1570—1641）：晚明杰出书法家，其笔法、章法等均另辟路径，一反元、明赵孟頫、董其昌笼罩书坛的阴柔软媚之风，其书艺风格的表现为倔强、发露、险劲，但张曾为魏忠贤手书碑文，亦名挂逆案，被归属阉党，为士林所不齿。对其艺术风格及书品与人品不一的评价，见金学智：《中国书法美学》（江苏文艺出版社1994年版）下卷第760页；上卷第264－266页。

满以酹计子。"（《冶叙》）这次，阮满杯敬酒，以表答谢和尊重（此事以后还见于阮的其他文字）。但是，计成对此事也非常冷漠，从不言及，足见他对这种交往感到不屑一提，无可留恋，他自感只是完成一项业务。其间，阮还写过《早春怀计无否张损之》，诗中有"殊察天运乖，靡疑吾道非"之语。这是由于计成对其为官做人有看法，所以阮在诗中推说所处时代不好，而不要怀疑我所行之"道"不对，这显然是为自己辩解开脱，而且此种做法也是阮大铖的一贯伎俩，他在所写传奇中，就借戏中人物攻讦异己，为自己辩护，表示清白。

崇祯七年（甲戌1634年），阮为计成刊印《园冶》，并为其撰写了《冶叙》。这对计成来说无疑是一生中的大事，但计成在《自跋》中对阮氏此举连例行的谢词都没有，相反发一通"大不遇时也"之类的牢骚，丝毫不表感恩戴德之意，更不见阿谀奉承之态。所以阮大铖在《叙》中只能说他"质直"，丝毫没有"侬气客习"。由此来看计成的人格本质，他虽然社会地位低下，却颇有一腔正气，一身傲骨。他不但抱有"使大地焕然改观"的宏愿，而且不愿"摧眉折腰事权贵"（唐李白《梦游天姥吟留别》），专事以自己的诗画与权贵豪富应酬，成为一名帮闲文人，相反，他丢弃了为世人尊重的山水画专业而去整理为文人雅士们不屑一顾的设计施工图式，"甘为桃源溪口人"（《自跋》），只求在为人造园的过程中实现自己的"隐心"。计成的人格力量，于此可见。

还应解除一个与阮大铖有关的疑团。本章第三节同意曹汛先生《计成研究》一文，认为扈冶堂为汪士衡的堂名，但是，日本内阁文库本明版《园冶》，明明钤有"安庆阮衙藏板，如有翻刻千里必治"圆形楷字印记，以及"扈冶堂图书记"方形篆书章【图11】，这颇难解释。

那么，扈冶堂究竟是谁家的堂？

图11　印章：阮衙藏板；扈冶堂
图书记
选自内阁本《园冶》
现藏日本国立公文书馆

历来有三说：一是阮氏说（阚铎《园冶识语》点及）；二是汪氏说（《计成研究》最早提出，本书于上章曾作详论）；三是计氏说（《园冶注释》第一版："计成家中的堂名"）；本书在此再提出第四说：虚构说，即阮氏虚构此堂说。故以下拟对赫然钤于阮氏所刻书上的"扈冶堂图书记"进行重点揭秘。

笔者认为，阮氏对寤园极为艳羡，如《冶叙》所云，夷然乐其能"取佳丘壑置诸篱落许"，并赞道："兹土有园，园有冶……"再看阮氏《咏怀堂集》中，寤园之名也频繁出现①，这也是重要的旁证。事实上，当时该园在南北江确乎堪称首屈一指，如《园冶》中标举的"篆云廊"，就是杰出的创构。《计成研究》也指出，"实际上汪氏寤园比吴氏东第园名声更大，当时名流无不交口称赞"。这确是事实，至于阮大铖自己的园林，当然更难以与之比肩……这些，都是阮大铖艳羡寤园以及扈冶堂的重要原因。

至于对计成的才华，阮大铖更为倾倒，《冶叙》对其赞颂有加：一曰，"臆绝灵奇"；二曰"所为诗画，甚如其人"；三曰"宜乎元甫深嗜之"；四曰"计子之能乐吾志也"；而阮氏《计无否理石兼阅其诗》中，亦望"与君共闲夕，弄琴复衔觞"。从阮大铖一生政治、文化上的欲望和实际行动来看，他曾想广召勇士，或拟网罗天下之士，而多才多艺的"计子"，当然是其罗致的重要对象，他感到如能招为门客，占而有之，则可与其唱和，为其造比寤园更美的园，以进一步"乐吾志"，同时，此事可广传于文苑艺坛，更为自己增光添彩。而要实现这一奢望或占有欲，通过刊刻《园冶》将其归于自己名下也不失一个绝妙的途径。

但无情的事实是，在《园冶》刊版的前三年，计成就在书稿《自序》中最后落笔："时崇祯辛未之秋杪，否道人暇于扈冶堂中题。"并钤下了"计成之印"、"否道人"两方印章。在三年后的崇祯甲戌刻书之际，阮大铖既不可能将书稿中"扈冶堂"字样擅自改排为"咏怀堂"②，也不可能让"人最质直"的计成违心地重行题署，改为"暇于咏怀堂中题"。然而，阮为了实现其罗致计成以"乐吾志"的奢望，借了刊印《园冶》之机，私刻了一方"扈冶堂图书记"置于自己藏板印之下。这样，就可给外界造成一种假象：阮府也有扈冶堂，计成长期来是在阮氏堂里完成《园冶》书稿的，也就是说，计成是阮氏的忠实门客。这个无中生有的举措，借用《冶叙》的话说，也可说是一种"此志可遂"，而借用《红楼梦》的话说，则是"机关算尽"。

笔者根据上述种种事实所作的一番推测，似乎是荒唐不经，有些不合逻辑。但若将此事置于明代文坛之上，就不难于理解。试看在中国篆刻文化史上，明代中叶以来文人作为"雅玩"的治印进入高潮，堂室斋馆的"室名印"也甚为流行。

---

① 仅从阮氏诗题看，出现寤园及其中湛阁之名的有《杪秋同李烟客周公穆刘尔敬张损之叶孺韬刘慧玉宗白集汪中秘士衡寤园》、《罗绣铭张元秋从采石泛舟真州相访遂集寤园小酌》、《宴汪中翰士衡园亭》、《客真州杜退思至即招集汪氏江亭》、《同吴仲立张损之周公穆集士衡湛阁》、《坐湛阁感忆汪士衡中翰》等。

② 何况，阮氏自己的集子是以"咏怀堂"刊刻的，而从未见有以"扈冶堂"刊刻的，以此也可见扈冶堂并非阮氏之堂。

笔者曾通过研究指出，以文徵明等为代表的文人们"甚至喜爱建造'空中楼阁'，以无为有地虚构一些斋馆之名以寄兴怡情，这就是所谓'书屋多于印上起造'"①。也就是说，这类典雅闲逸之称的堂室斋馆，只是虚有其名，并非实存的建筑物，而这在当时已蔚为一种文化风尚，并影响久远。清乾隆间著名篆刻家、"西泠八家"之首的丁敬，其"山舟"边款上，也有"盖效文待诏于印章上起屋子耳"之语②。在这种历史文化背景上，"机敏猾贼"的阮大铖虚刻一方与其友人汪士衡相同的堂名印（图书记），也不能算是什么"劣迹"，比起其翻云覆雨、投机取巧、倒行逆施等来，可谓微不足道。这样，在明代末年，就有了两个扈冶堂，一个是仪徵实存的汪氏扈冶堂，另一是与"安庆阮衙"之章并存于书中的、纯属虚构的"扈冶堂"。此外还有一个推测，阮大铖刊刻《园冶》在崇祯七年，而阮在崇祯九年所写《坐湛阁感忆汪士衡中翰》二首，其中有"伊人空复遐"，"人琴感至今"等语，可见汪士衡业已物故——可能崇祯七年时汪已或病或亡，而以后阮依然到寤园的湛阁去，对此颇有了解。这些对他有利的情况，使他更毫无顾虑地弄虚作假。

再论计氏说之非：

一、计成在镇江或他地没有自己的园或实存的扈冶堂，否则其交往者特别是阮大铖的集子里必然会有所反映。

二、更主要的理由是：笔者在20世纪80年代末至90年代初，对中国印章文化作过一番研究，写成《中国书法美学》的附编："印章文化的系统构成"；而今又对古籍（经史子集）特别是善本藏书作了一番调查，综合认为：印章"对于印主人来说，无疑均具有'肯定自我'的价值或'实现自我'的性质"③。又认为："图书记"属于"收藏印"一类，而"收藏印－鉴赏印－考订印"这一系列，更多具有"自赏"、"自信"、"确证自己"的功能质④，此系列中的这种功能质，以收藏印为最，至考订印逐次下降。至于"藏板（版）印"，虽也有"确证自己"的功能质，但突出地表现为流传社会、制约他人的功能以及商业发行、取信宣传的性质。总之，这是两种不同的系统。笔者还曾论证，在古代社会，用印、钤印是一种"符号化行为"，有一定的规范，而这两种不同的印章，其大小和所钤位置也很有区别⑤。

---

① 金学智：《中国书法美学》下卷，江苏文艺出版社 1994 年版，第 1100 页。

② 见韩天衡：《历代印学论文选》下册，西泠印社 1999 年第 2 版，第 712 页。

③ 金学智：《中国书法美学》下卷，江苏文艺出版社 1994 年版，第 1097 页。

④ 金学智：《中国书法美学》下卷，江苏文艺出版社 1994 年版，第 1098－1100 页。

⑤ 作为藏书印的"图书记"一般较小，钤于首页第一行标题下方空白之处（如稍大，也可超出左右乌丝栏），如苏州古籍馆珍藏［明］万历写刻本《胡氏诗识》，"潘叔润图书记"钤于"卷之上"首页第一行书名之下；［明］万历刻格致丛书本《新刻广雅》，"潘叔润图书记"钤于"卷之上"首页第一行书名之下。"藏版印"则不然，一般均较大或特大，钤于书名页（扉页，也相当今天版权页）的突出位置，如苏州古籍馆珍藏［清］康熙六年刻《顾氏音学五书》，左下方版权名处刻"符山堂藏版"，并钤"姑苏饮马桥北现书发兑"大印；［清］康熙九年刻《广金石韵府》，书名页中刻此五字，左下方版权名处刻"大业堂藏板"，并钤"囗春堂藏版"大印；［清］康熙五十八年新刻《四书朱注发明》，左下方"潮济堂梓行"字样上，钤"本衙藏版"大印，右行之下还有"翻刻必究"四字印……

若以符号化规范来衡量对照阮刻《园冶》封里所钤二印："安庆阮衙藏板，如有翻刻千里必治"圆形楷字印记、"扈冶堂图书记"方形篆书章，可见两印均大得超常，占满全页，无疑是为了突出其高度夸张的性质，这是颇为少见的，显然系阮氏精心策划，而且让属于两个不同系统的藏版印和"图书记"(即"收藏印")共处于一页，则更为罕见，何况还让二者构成了体现着千年历史文化积淀的"上圆下方"(即天圆地方)的固定模式，这一切均可见印主人是经过了处心积虑的构想①。这样，书印出就成为了既定事实，计成虽然都会有想法，但也无可奈何，很难置言，因为扈冶堂"于印上起造"也不悖于明代印坛风尚。

三、单独地看，私家藏书印刻得如此之大，这在中国印章文化史上似可说是"前不见古人，后不见来者"，理性的计成自己是绝对不会这样刻和钤的。

再论阮大铖对计成的评价问题。应该说，一方面，对阮氏"机敏猾贼"的丑恶、翻云覆雨的劣迹，应予彻底的否定；另一方面，又应肯定性地看待他对计成所作多次叙述性和赞咏性的精彩评价，它颇具历史价值和文献价值，有助于后人对计成的认识。现将其摘录于下：

> 无否人最质直，臆绝灵奇，侬气客习，对之而尽。所为诗画，甚如其人，宜乎〔曹〕元甫深嗜之。(《冶叙》)
>
> 神工开绝岛，哲匠②理清音。一起青山癖，弥生隐者心。……缩地美东南，壶天事盉簪。(《宴汪中翰士衡园亭》〔其三、四〕)
>
> 无否东南秀，其人即幽石。一起江山癖，独创烟霞格。缩地自瀛壶，移情就寒碧。精卫复麾呼，祖龙逊鞭策。有时理清咏，秋兰吐芳泽。静意莹心神，逸响越畴昔。(《计无否理石兼阅其诗》)

计成其人，被誉为"神工"、"哲匠"，可见其技艺已超越工匠的斧斤，升华到"鬼斧神工"、"技进乎道"的境界，所以堪称"东南秀"。他为人正派，质朴直爽，聪明灵奇，多才多艺。他所作的诗，被赞为"清咏"、"逸响"，品格极高，有如"秋兰吐芳泽"，而其"所为诗画，甚如其人"，故而人品与艺品俱高。其造园更是移天缩地，如同瀛壶仙境，独创烟霞逸格，令人萌生隐者之心，阮大铖还以精卫衔石填海的神话、秦皇鞭石下海的传说来赞美计成理石掇山艺术的神奇。这些评价，并不过分。

上引章太炎在《咏怀堂诗集》上的题语有"不以人废言"之语，这出自《论语》："有德者必有言，有言者不必有德"(《宪问》)；"君子……不以人废言"(《卫灵

---

① 当然，这种反常规的异制共处，恰恰让麒麟皮下露出了马脚。

② 应先理解：神工，原指技艺精巧、异乎寻常的工匠；哲匠，原指才思识见高明的作家、诗人。但在阮诗里，"神工"与"哲匠"互文对举，是合指具有非凡神思、深通哲理、技进于道的工匠，这是对计成的崇高评价。

公》）①。孔子的观点是合理的，根据这些公正的论断，再联系《园冶》来衡量，可以说，阮大铖虽然名挂逆案，但他为计成所写的《冶叙》和有关诗作，对计成其人的评价，依然是有价值的；特别是《园冶》由阮大铖出版，也不会减损这部经典的理论光辉和艺术价值。因此，该书之被长期湮没，历久不传，是不公正的，是偏见在作祟。陈植先生的《园冶注释序》正确指出：

> 计氏生当封建社会，挟其卓越的造园艺术，奔走四方，自食其力，终其身……充分反映了旧社会艺术家可悲的境遇。晚年仍不甘自私其能，而亟欲公诸于世，其胸襟磊落，尤属难能而可贵，岂能不顾事实，妄肆评斥……而使一代艺术大师，冤蒙不洁，宁可谓乎？②

这说得何等精到，令人信服！因此，根据孔子的名言来推理，可以得出这样的结论：计成一是有"德"，有使大地"焕然改观"的崇高美学胸襟，对豪门又没有奴颜媚态，有抱负，有骨气；二是有"言"，有以骈、散结合的优美语言写成的、意蕴深远的《园冶》。只有依据这样的认识，才能真正解读《园冶》。

第二节　吴玄：接受与规劝

计成更早一些的交往者为吴玄，他是常州人，吴中行之子。明朝天启三年（癸亥1623年），计成为其造园。据曹汛先生《计成研究》一文，他著有《吾徵录》、《率道人素草》等。《明史·吴中行传》载，吴玄"深疾东林，所辑《吾徵录》，诋毁不遗力"。他在政治上依附于阉党，但在哲学思想上，如前所论，又受《老子》影响十分明显……计成在为吴玄造园时，交往了这个哲学思想与其实际行为很不相符的人物，于是，他对吴玄的态度和对阮大铖是有同又有所不同。

一方面，计与吴玄的道家哲学思想上产生了某种共鸣，接受了吴的影响。如上文所述，计成自号"否道人"、吴玄自号"率道人"，绝非偶然，而"率"、"否"二字之后，均缀以"道人"二字，这均颇有些道家的味道。再如《园冶》书中有些直接或间接受老庄学说影响的语句，不能说与吴玄的传播无关。

另一方面，计成对吴玄的社会言行特别是《吾徵录》又很有不满。但对主人的态度和言辞又不能太露，太激烈，只能委婉地规劝或隐寓地微讽。例如在《相地·傍宅地》（计成为吴所造，正是典型的傍宅园林）中，结尾时突然有这样几句："轻身尚寄玄黄，具眼胡分青白。固作千年事，宁知百岁人。足矣乐闲，悠然护宅。"这

---

① 前句的译文为："有道德的人一定有名言，但有名言的人不一定有道德。"后句的译文为："君子……不因为他是坏人而鄙弃他的好话。"（杨伯峻《论语译注》，中华书局1983年版，第146、166页）对于阮大铖的诗歌，王澍、章太炎就是这样评价的。

② 陈植：《园冶注释》，中国建筑工业出版社1988年第2版，第5-6页。

正如《计成研究》一文所说，是意有所指，以下拟据此作进一步的析读：

先析第二句，"具眼胡分青白"。具眼：具有鉴别事物的眼光识力，这里为反语。青白，即青眼、白眼，这是用了阮籍为青白眼之典。所谓青眼，即眼睛正视，眼珠在中，表示对人尊重或喜爱；白眼，眼珠向上翻，以眼白对人，表示轻视或憎恶。再看《率道人素草·骈语》，其中不但集有自己傍宅园林"东第环堵"之额，而且还有自撰的两副对联：

> 碧山不负我；
> 白眼为看他。
> 世上几盘棋，天玄地黄，看纵横于局外；
> 时下一杯酒，风清月白，落谈笑于樽前。

二联都对得较工稳。而《吾徵录·规则》的末尾，还钤有闲章一方："青山不负我；白眼为看他"。这是吴将第一联的"碧"字改为"青"，并将两句治为印章。这副"凤头格"的嵌字联，原来首字均仄声，改后变得一平一仄，就更协调，特别是还将阮籍青白眼的典故纳入骈语，因此他颇感得意，而印章中的"白眼为看他"，正是针对东林党的，表达了他一贯"诋毁不遗力"的立场。计成巧妙地用了"转换"的辞格，信手组成"具眼胡分青白"一句，予以规劝、热讽，意谓不要再以白眼敌视东林党……

再析第一句，"轻身尚寄玄黄"。轻身，宋苏轼《贺子由生第四孙》诗云："无官一身轻，有子万事足。"所谓无官身轻，本有肯定赋闲或隐逸之意，《傍宅地》则综用"反语"、"双关"、"转品"等修辞格，对吴玄进行旁敲侧击、明劝暗讽。离官卸职，本为苏诗的正意，这里则反用其意，以喻吴的失势丢官。"轻身"的"轻"，又可由形容词转品为动词的使动用法，也就是使身轻，隐指其对自身的不尊重，自轻自贱，做出了对不起自身的事。玄黄，即天地及其色彩。《易·坤·文言》："天玄而地黄。"吴玄联语写道："世上几盘棋，天玄地黄，看纵横于局外。"是用了明宋濂《燕书四十首序》："玄黄之间，事变无垠"之典。意谓天地之间，事变犹如下棋，反复无常，而自己则超然置身棋局之外，冷眼旁观。其实，这是抹杀事实，自我标榜，实情恰恰相反，他是不遗馀力，热衷党争。"轻身尚寄玄黄"，这句话说得很重，颇多寓意，一个"寄"字值得深味，意为寄托、寄身。此句是说，虽然你丢官自轻，但毕竟还要存身于天地，立足于人间，故先应通过反思对自己负责，至少应该使自己避免不齿于当今和后世。

吴玄不但崇尚《老子》，而且擅长骈语，在这点上说，计成与其也有同好，如《园冶》也大多用骈语写成，可谓行家里手。故而他对吴玄的骈语加以翻用，针对其当时处境和倾向，撰成"轻身尚寄玄黄；具眼胡分青白"等联以赠之。① 计成的劝讽意味是深长的，"具眼胡分青白"还有这样的言外之意：你不是说"看纵横于局外"吗？那又为什么还要以青白眼参与其中呢？

至于"固作千年事，宁知百岁人"，则综合暗寓了如下典故——《古诗十九首》[其十五]："生年不满百，常怀千岁忧。"三国魏曹丕《典论论文》："盖文章……不朽之盛事"，唐杜甫《偶题》："文章千古事，得失寸心知"。唐韩愈、孟郊《遣兴联句》："平生无百岁，歧路有四方"……《傍宅地》两句借此暗示吴又于：人生不满百年，而文章却是流传千古的不朽盛事，应考虑得失，留下有价值的文章，那种辑存参与党争、攻讦东林的《吾徵录》，是不可能千古流芳的。

"足矣乐闲，悠然护宅"这一结句，又回到造园上来。《老子·四十四章》："知足不辱，知止不殆，可以长久。"三句关键在"足""止"二字。计成劝吴，应知足常乐，安分守己，"落谈笑于樽前"，悠然守护好自己的傍宅园……这里，计成对吴的态度虽然与对阮有所不同，然而他不但规劝，而且也表态，说明他对吴是有看法的。《计成研究》指出：

> 计成这样的态度，表面上是劝吴玄摆脱政治，不要再去管当时政界的党争，一心享受园居之乐，实际上又是表明他自己的处世态度，等于是作了一个含蓄委婉的声明：他为吴玄这样的人造园，但却不同意吴玄的处世态度。《园冶》里的行文，与吴玄自撰联语所表露的思想情绪，有这样微妙的关系，显然不是偶然的巧合。

这一分析，鞭辟入里，颇中肯綮，还特别有助于对《园冶·傍宅地》隐晦复杂内涵的读解。

至于吴玄对计成的评价，没有留下来，但是，计成在《自序》中说，自己在润州（镇江）"偶为成'壁'"后，"吴又于公闻而招之"，可见对其印象极佳；而园造成后，更是名"驰南北江"，由此也可以想见吴对其的倾倒，以致计成虽对其进行讽劝，而关系仍维持得尚可。

第三节　曹元甫：计成的"一字师"

《计成研究》指出："曹元甫是计成的伯乐。"此话言简意赅，一针见血。

崇祯辛未，《园冶》书稿于寤园扈冶堂完成之日，作为著名鉴赏家的曹元甫恰好"游于兹"，他慧眼识珠，一下子看出了计成此书的价值，作了高度评价，并建

---

① 估计计成在为吴玄造园时，很可能将此骈语相赠，讽劝于他，或委婉地向其提意见。由于此事印象极深，几句也写得精彩难舍，故而后来才将其写入《园冶·相地·傍宅地》中。

议将原先初定的《园牧》改为《园冶》。这一"冶"字之改，突出地体现了他的高见卓识，精思睿智，其丰富的意蕴上文已作了多方面的探测阐释，这里只补叙书名修改的具体经过。计成在其《自序》中这样写道：

> 暇草式所制，名《园牧》尔。姑孰曹元甫先生游于兹，主人偕予盘桓信宿。先生称赞不已，以为荆、关之绘也，何能成于笔底？予遂出其式视先生。
>
> 先生曰："斯千古未闻见者，何以云'牧'？斯乃君之开辟，改之曰'冶'可矣。"

这是写出了伯乐识千里马的一个过程。用韩愈的话说，千里马固然罕见，而伯乐也不常有。曹元甫一是惊叹："荆、关之绘也，何能成于笔底"？二是从史学的角度品评为"斯千古未闻见者"；三是进而指出"斯乃君之开辟"，"开辟"二字，下得极有分量，以比之于盘古的开天辟地，是有史以来破天荒第一次，而《园冶》确实是开辟了造园学或园林美学"千古未闻见"的新天地；最后，提出了"改之曰'冶'"的创造性建议。这一建议，既进一步将"冶"义提升到中国古典哲学的语境中去阐发，赋予其相当的深意和高度，同时，这一字之改又可联系中国"一字师"的传统来理解。在中国文学史上，最早明确提出"一字师"概念的，是唐诗僧齐己，郑谷为其《早梅》诗改一字而传神，于是齐己"不觉投拜"，并曰："我一字师也！"（元辛文房《唐才子传》）自此传为美谈佳话。宋洪迈《容斋五笔》又写了这样一件事：范仲淹《严先生祠堂记》文末歌曰："云山苍苍，江水泱泱，先生之德，山高水长。"李泰伯曰："公文一出，必将名世"，但"德"字似趑趄，"拟换作'风'字"更佳，范仲淹遂奉为"一字之师"。范仲淹文中"先生之德"改为"先生之风"后，果然名闻于世，千古传诵。细品此"风"字，确实也有多层含义[①]，意味邈绵不尽。中国古代文学史上这类一字之改而神采顿异的著名故事颇多，可谓一以贯之。而明末的曹元甫脉承于这一传统，改"牧"为"冶"，可谓别开了生面。这个"冶"字，完全可置于历史地形成的"一字师"的传统之中而毫无愧色。

从《园冶》一书来看，计成一向是很自负的，对市俗村夫所为嗤之以鼻，但对曹的建议，却欣然接受，立即改名，并写入序中。《园冶》经韵士名流曹元甫一字改定后，其书更是锦上添花，倍增光彩。因此，要深入研究《园冶》，对曹元甫其人也应有所了解。

对曹元甫的生平事迹。《计成研究》根据康熙《当涂县志》等地方史志作了考辨钩沉，不再赘述。这里再补充有关生平诗文书画方面的叙评以为参证：

> ［曹］履吉，字元甫，当涂人，万历丙辰进士，授户部主事，历员外郎中，出为河南佥事，迁参议，擢光禄少卿，有《博望山人》、《渔山堂》、《携

---

① 此一字之改的丰富含义，见拙作：《范仲淹〈岳阳楼记〉及其他散文》，载范培松、金学智主编主撰《苏州文学通史》第1卷，江苏教育出版社2004年版，第466页。

谢阁》、《青在堂》、《辰文阁》等集。（陈田《明诗纪事》庚签）

曹履吉……山水师倪元镇，笔力高雅，评者有玉洁冰清之语，真逸格中第一人也，诗、字亦有晋唐遗韵。（朱谋垔《画史会要》卷四）

曹履吉，字提遂，一作根遂……诗、字有唐晋风格，山水师云林，笔致简洁，堪推逸品。（徐沁《明画录》卷四）

这是对其诗、书、画诸艺的品评，其书有晋韵，诗有唐风，山水画师法元四家中的倪云林，高雅简洁，堪称逸品。至于其别集中的文，当时松江派与董其昌并肩的名士陈继儒为《博望山人稿》所写序言云：

吾雲间最显重者，无逾邝友董宗伯（其昌）；而宗伯所亟口谢不逮，则无逾姑孰曹公元甫……然因文识其人，余亦全貌一元甫先生矣。读《博望》、《渔山》、《携谢》、《青在》诸集，见忠孝之思焉，见山水之情焉，见一时宾游之乐焉，又见其纵横千古，推拓一世之才、之识、之学焉，侈焉……

陈继儒不愧为晚明小品大家，序文写得灵便鲜活，不拘格套，层层推拓，而真情自然流露其间，然而更由于曹元甫人品、艺品的雅韵逸格，能令人"因文识其人"。

曹元甫与汪士衡交游，常去汪氏寤园，咏诗抒写园林之景、宾游之乐云：

自识玄情物外孤，区中聊与石林俱。选将江海为邻地，摹出荆关得意图……（《信宿汪士衡寤园》）

斧开黄石负成山，就水盘蹊险置关。借问西京洪谷子，此图何以落人寰？（《题汪园荆山亭图》）

第一首《信宿汪士衡寤园》，恰好可与计成《自序》中"姑孰曹元甫游于兹，主人偕予盘桓信宿"之语相参证。诗中的"摹出荆关得意图"，正是对计成这位"能主之人"所造之景的赞颂。计成在《自序》中说，"不佞少以绘名，性好搜奇，最喜关全、荆浩笔意"，曹诗正是肯定了计成叠山所体现的荆、关笔意，是一幅"荆关得意图"。第二首的三、四两句，"洪谷子"就是荆关画派的开创者五代的荆浩。刘道醇《五代名画补遗》论荆浩说，"偶五季多故，遂退藏不仕，乃隐于太行之洪谷，自号洪谷子。"五代时，山西太原府曾一度称西京，而太行山部分就在山西境内，故曹元甫诗称荆浩为"西京洪谷子"。"此图何以落人寰"一句，正是计成《自序》中"以为荆关之绘也，何能成于笔底"的诗化。这两句以"无疑而问"的假设，高度肯定了计成掇山的艺术价值。上引曹元甫的两首诗，既见证了计、汪、曹三人的友谊，又发现和见证了计成掇山和绘画风格之间的亲缘互成关系。

第四节 郑元勋："与无否交最久"
——《园冶题词》、《影园自记》的美学价值

郑元勋是计成的"心友"。对郑的生年有不同说法，总的来说他要比计成小得多，二人可谓忘年交，故而郑氏在《题词》里实事求是地署为"友弟郑元勋"；在《影园自记》中又称"吴友计无否"，其中都有一个十分珍贵的"友"字，称谓显得非常亲切真诚。计成对于一见如故的郑元勋，也是敞开心扉，无话不谈，他关于"使大地焕然改观"的"大冶"理想，就是亲口讲给郑元勋听的，由郑保留下来并经由其《题词》披露出去，这是一则极其可贵的风景园林史料。另外，计成所造之园，有具体文字可考并有可能予以恢复的，就是郑元勋的影园。因此，对郑元勋必须一说。

郑元勋，字超宗，其手书《园冶题词》末页钤有阴文"郑元勋印"、阳文"超宗氏"印。郑氏家江都，占籍仪徵，为扬州地区名流胜士，人品、艺品俱高，见于史志记载，如：

> 郑子名元勋，字超宗，善著书，通于画。（明茅元仪《影园记》）

> 郑元勋……性孝友，博学能文，倜傥抱大略，名重海内……面折人过，无所嫌忌。甲申闻国变，谓扬州为东南保障，破家资训练，勉以忠孝。时高杰分藩维扬（扬州），初至扬而民疑之，遂扃各关不得入，撄杰怒，勋单骑造杰营，谕以大义，词气刚直。杰心折，乃共约休解。时城内兵哗，遂及于难。（清光绪《重修仪徵县志·人物卷·忠烈》）

> 元勋名震公卿间，各道上京师者，诸大僚必询"从广陵（扬州）来，见郑孝廉否？"……（清杭世骏《明职方司主事郑元勋传》）

> 郑元勋……江都人，工诗文，江左推为胜流……画山水小景，措笔洒落，全以士气得韵。（清徐沁《明画录》卷五）

郑元勋"倜傥抱大略，名重海内"，是当时诗文书画皆精的胜流韵士，尚且对哲匠计成的品格、襟抱、技艺、才华真诚倾倒，由衷服膺，故而甘愿为其亲笔题词，并尊之为"国能"。

郑氏手书《园冶题词》（见本书第二编第二章第四节），如从书法的角度来品赏，可见其颇受当时松江画派主盟董其昌书风的影响，其行笔流畅安闲，结体欹侧逸宕，翩翩自肆，行距特宽，字距亦开，章法白多于黑，空灵散朗，有"疏可走马"的特色，洋溢着一派天真疏淡的风韵意趣，可谓既带有时代特色，又富于自我个性。

计成在崇祯七年、八年间（甲戌1634、乙亥1635年）为郑元勋造影园。当时大画家董其昌经过扬州，郑取自己所作画册向其请教，并述说造园之想，又言其地无他胜，"盖在柳影、水影、山影之间"，董其昌随即书"影园"二字为赠。作为山水

画家，郑元勋在《题词》中说，自己也是懂得园林结构的，并颇以此自负，但又说，比之计成，则愧如"拙鸠"。他又写到文人自己造园之困：主人虽胸有丘壑，但自己不能动手，其意又不能准确地"喻之于工"，"工人能守不能创，拘牵绳墨，以屈主人，不得不尽贬其丘壑以徇"。通过对比，郑元勋进而奋笔写下了一段惊天动地、震古烁今的文字，本书称之为"大冶理想"：

> 此计无否之变化，从心不从法，为不可及；而更能指挥运斤，使顽者巧，滞者通，尤足快也。予与无否交最久，常以剩水残山，不足穷其底蕴，妄欲罗十岳为一区，驱五丁为众役，悉致琪华瑶草、古木仙禽供其点缀，使大地焕然改观，是亦快事，恨无此大主人耳！然则无否能大而不能小乎？是又不然。所谓地与人俱有异宜，善于用因，莫无否若也。即予卜筑城南，芦汀柳岸之间，仅广十笏，经无否略为区画，别现灵幽……今日之"国能"，即他日之规矩，安知不与《考工记》并为脍炙乎？

细析这段文字，可谓内涵丰永，精彩异常！一是说明了郑氏与计成的深交厚谊："予与无否交最久"；二是强调了计成造园的特色是"从心不从法"，同时这还使人领悟到《园牧》之所以改名为《园冶》的意蕴，即前者偏于"从法"，后者偏于"从心"；三是突出了计成既志在"大冶"，欲使大地"焕然改观"（详见本书第103-105页），又善营小筑，能使十笏之地"别现灵幽"；四是写出了计成既胸有丘壑，能规划指挥，又能自己动手，执斧运斤；五是点了计成造园"善于用因"，因人制宜，因地制宜；其六，高度评价了计成其人其书，既赞其人为"国能"，又言其书将与著名的《考工记》[1]同样地脍炙人口……一篇《园冶题词》，可说是一篇"计成颂"，一篇"《园冶》颂"，也是一篇颇有深度的园林美学评论。《计成研究》还指出，它被计成置于阮大铖《叙》之后，对于提高《园冶》的品位、声誉，抵消阮《叙》的负面影响均有良好的作用。还应指出，日本桥川时雄的藏本取消了阮序，径称郑元勋的《园冶题词》为《郑序》，这也可见后人对郑氏的尊崇。

郑元勋的《影园自记》，又是其《园冶题词》对计成赞颂的具体实证，通过其中描述，可以略窥计成造园绝艺之堂奥[2]，兹选录于下：

> 堂在水一方，四面池，池尽荷，堂宏敞而疏，得交远翠，楣楯皆异时制。背堂池，池外堤，堤高柳，柳外长河，河对岸亦高柳……所谓"柳万屯"，盖从此逮彼，连绵不绝也。鹂性近柳，柳多而鹂喜，歌声不绝，故听鹂

---

[1]《考工记》，先秦古籍中重要的科学技术文献，它记述了当时百工文化的最高成就及其工艺规范，还提出了"天有时，地有气，材有美，工有巧，合此四者，然后可以为良"的美学名言，作者不详。据考证，系春秋末齐国记录手工业技术的官书。西汉时因《周官》中缺《冬官》篇，将此书补入。[汉] 刘歆时改《周官》名《周礼》，故亦称《周礼·考工记》，是中国文化史、中国科技史、中国工艺美术史的经典名著。郑元勋《题词》云，"古人百艺，皆传之于书"，主要指此。

[2] 郑元勋也参与影园的规划设计，该园是二人友好合作的结晶，当然，是以计成为主。对于扬州影园，[清] 李斗《扬州画舫录·城西录》也对《影园自记》作了详录，又记其园之遗址以及里人于园侧立郑元勋、元化祠，并述郑元勋先世、后人，详叙郑氏种种德行，故广受乡里拥戴。

者往焉。临流别为小阁，曰"半浮"，半浮水也，专以候鹛……绕池以黄石砌高下磴，或如台，如生水中，大者容十馀人，小者四、五人，人呼为"小千人坐"……庭前选石之透、瘦、秀者，高下散布，不落常格而有画理……阁后窗对草堂，人在草堂中，彼此望望，可呼与语，第不知径从何达。大抵地方广不过数亩，而无易尽之患，山径不上下穿，而可坦步，然皆自然幽折，不见人工……以吴友计无否善解人意，意之所向，指挥匠石，百不失一，故无毁画之恨。

为了品赏"三影"之一的"水影"，厅堂建于四面是水的池中，小阁也半浮于水中；为了品赏"三影"中另一"柳影"，池外堤岸，堤外河岸，处处高柳，连绵不绝，这就是以借景为特色的"柳万屯"；再如黄石掇就如台的"高下磴"，如生于水中，被称为"小千人坐"（"千人坐"即苏州虎丘的"千人石"），庭前散布的景石，不落常格，而有画理，这与计成所说"时遵图画，匪人焉识黄山"（《园冶·选石》），"俗人只知顽夯，而不知奇妙"（《园冶·选石·黄石》）等语合若符契。又如"楣楹皆异时制"，这种建筑装折，也体现了《园冶·园说》的"制式新番，裁除旧套"。再说路径的扑朔迷离，"皆自然幽折，不见人工"，"大抵地方广不过数亩，而无易尽之患"，也可作为"虽由人作，宛自天开"（《园冶·园说》），"略成小筑，足征大观"（《相地·江湖地》）等语的实证……而这些都离不开计成的"指挥匠石，百不失一"。

当时和尔后有关著名的影园的诗文也不少，它们不但是对造园家计成高明技艺的间接称许，而且是直接对园主郑元勋其人的赞颂。摘录一些片段于下：

南湖甲秀吾里，超宗为影园其间，又秀甲南湖。（顾尔迈《跋影园自记》）

广陵胜处知何处，不说迷楼说影园。（陈肇基《寄题影园》）

三绝从来归郑子……谁开水国径千里，却借名园作附庸。（丁孕乾《寄题影园》）

闻君卜筑带高城……画里垂帘兼水濒，酒边明月为楼生。（万时华《寄题影园》）

园废影还留……当时有贤主，谁不羡扬州。（汪楫《寻影园旧址》）

卜筑曾闻在水湄，当年树石总无遗……（汪昱《寻影园故址》）

由此可见影园的名闻遐迩，也可见当时和后人对影园特别是对郑元勋这位贤主的敬重和追慕。但就影园诸诗文相较，还是既擅绘画，又谙园林的郑元勋本人的《影园自记》写得最为详尽，最有亲情实感，如将其和《园冶题词》，和《园冶》全书循环阅读，一次会有一次的体悟。

第三章
《园冶》传播研究概要

计成在汪士衡寤冶堂最后总结园林文化的历史经验特别是自己丰富的造园经验，加以梳理、提升，并整理有关图式，写成《园冶》三卷，书稿成于崇祯辛未（1631年），直至崇祯甲戌（1634年）才由阮大铖刻板印行，阮还于同年写了《冶叙》，次年崇祯乙亥（1635年），郑元勋写了《园冶题词》。这两篇重要文章，实际上就是园林艺术鉴赏家们在第一时间对计成其人其书所作精到的评论，对此，上一章已作概括。因此可以说，计成《园冶》的传播史、研究史、接受史，肇始于明代末年，至今已有380年了，其间曲折起伏、由潜而显的历程，它所层累沉积的理论内涵和丰富的经验教训，均值得认真地进行梳理总结，这对于推进风景园林和生态文明建设、构筑美丽中国梦、实现人类的可持续发展均有其不可忽视的作用。

第一节　发现：从日本返回中国
——明末以来中日《园冶》诸版本试述

阮大铖印行《园冶》三卷，还同时写了《冶叙》，这应该说是一件大好事，然而也是一件大坏事，确实是由此而殃及池鱼，甚至被列为禁书，致使《园冶》长期湮没不闻，沉入于阒寂期。不过作为有心人，晚生于计成30年的清初著名造园学家、戏曲家、艺术生活的品赏家李渔[①]，在其《闲情偶寄·居室部·墙壁》中讲到"女墙"时写道："其法穷奇极巧，如《园冶》所载诸式，殆无遗义矣。"评价

[①] 计成生于1582年，李渔生于1611年，李渔比计成小29岁。《园冶》刊刻于1634年，早李渔出生23年，故李渔是看到了阮刻版本的。

颇高，然而遗憾的是仅举此一端，提及一句，而没有对《园冶》其书有所评价。但这也足以说明，当时此书在文人中、在民间、在书商中还有少量收藏、重印、流播甚至出口，但从总体上说，是沉入了近300年的漫长阒寂……直至历史进入20世纪20年代初，《园冶》才得以重见天日。

不过，这种发现，不是发生在中国的本土，而是发生在同属汉字文化圈的邻国——日本。执教于日本长崎大学的李桓先生指出："《园冶》在日本江户时代，作为重要的汉学著作而被多次进口，在中国成为禁书之后，仍然有更改了书名的版本运往日本，这些书籍在日本被保存，并对诸学术领域产生不同程度的影响。"[①]确乎如此，《园冶》在日本颇被看重，悉心加以保护、介绍、研究、解说，甚至作为藏品、教科书，直至近现代。还如陈植先生《园冶注释序》所指出："得到日本造园界人士之推崇，尊为世界造园学最古名著。自此以后，渐次引起国内学术界的注意，开始从事于残本的搜集和文字、图式的勘订。"[②]

在此，不妨先对日本近现代《园冶》的传播史略加梳理[③]。早在1830年，喜多村信节的《嬉游笑览》就介绍了计成的《园冶》以及其中"兴造论"、"借景"等片段；1889年，史学家横井时冬的《园艺考》，介绍了中国的《园冶》、《花镜》、《群芳谱》等，特别指出《园冶》是了解中国"作庭方式"的好书；1893年，造园兼教育家小泽圭次郎在《日本园艺会杂志》上的《公园论》，首次征引了计成《园冶》中"虽由人作，宛自天开"的名言；1926年，美术史家大村西涯的《东洋美术史》介绍了《夺天工》（《园冶》在日本的异名）一书；日本大作家森鸥外、日本东京帝国大学农学部教授原熙等均藏有《园冶》，原熙还讲授过《夺天工》；1938年，冈大路的《中国宫苑园林史考》中以专节介绍《园冶》，翻译并解说了"相地"、"立基"、"掇山"、"借景"等部分；1966年，杉村勇造的《中国之庭》在"明代的庭园书"一节对《园冶》作了概要性介绍……这说明了《园冶》的影响除了日本造园界外，还波及日本的历史文化、文学美术等领域。

再说《园冶》被中国学者的发现及该书在中国的再次面世，可谓倍受曲折，历尽艰辛，其中朱启钤、阚铎、陈植等众多人士，古道热肠，戮力同心，可谓功不可没。以下拟对中、日《园冶》幸存、重印的主要版本[④]作一排比、梳理、著录和推测，以窥《园冶》收藏、流传、印行和传承史之脉络：

---

① 日本长崎综合大学李桓：《〈园冶〉在日本的传播及其在现代造园学中的意义》，《中国园林》2013年第1期。

② 陈植：《园冶注释》，中国建筑工业出版社1988年第2版，第5页。

③ 这番梳理的主要参考为：一、笔者长期来多方蒐集、掌握的一系列版本和其他资料；二、[日]佐藤昌的《园冶解说》；三、日本长崎综合大学李桓：《〈园冶〉在日本的传播及其在现代造园学中的意义》，《中国园林》2013年第1期。

④ 以下所举《园冶》版本，不包括照片、胶卷本，亦不包括国内虽颇有价值、但未作校勘而只作注译的本子，也不包括一些通识本。

一、日本内阁文库藏明版全本【图12】

图12　[日]内阁文库珍藏明版《园冶》
全三卷原刻封面书影
现藏日本国立公文书馆

　　线装，三卷全，书皮栗色，书签上"园冶"二字下部，分别钤有"上卷""中卷""下卷"红字印。每卷均贴有"内阁文库"红字标签："番号：汉16060；册数：3（1）、3（2）、3（3）；函号：团76／4"。上卷封面右下角还贴有黑字竖行标签，编号为"子七十六／一六〇六〇号／全三"；左下角有"共三册"三字。均标明了此书为三卷三册本。扉页上部钤有朱色圆形阳文楷字藏板印"安庆阮衙藏板如有翻刻千里必治"，下部钤有朱色方形阳文篆书藏书印"扈冶堂图书记"。卷一书前刻有阮大铖崇祯甲戌手书《冶叙》全文，"冶叙"二字下有阳文篆书"鹿圃"印。《冶叙》各页的书口，均刻有"园冶序"三字。《叙》后钤有方形阳文篆书"阮大铖印"、"石巢"印，同页左下角还印有"皖城刘炤刻"字样。计成《自序》书口刻有"园冶"二字，《自序》末页钤有方形阳文篆书"计成之印"、方形阴文篆书"否道人"章。《园冶》三册书口，分别刻有"卷一"、"卷二"、"卷三"字样及页码。卷三末页，《自跋》的"自识"二字下，有"无（阳文）""否（阴文）"二字连珠印。三卷正文均四周单栏，白口，无鱼尾，乌丝栏，半叶九行，行十八字。据初步查考，此阮氏崇祯甲戌七年（1634年）初刻本，原藏江户时代初期德川幕府红叶山文库图书馆，现藏日本国立公文书馆（东京），这是《园冶》仅存最早也是最全的明版珍本，用竹纸印。[日]桥川时雄《〈园冶〉解说》："内阁文库所藏《园冶》，是同书（指隆盛堂翻刻本）的'初版初印本'"①，**这个版本，本书以后简称之为"内阁本"。** 本书第三编《园冶点评详注》，即以此为底本。

---

① 据[日]桥川时雄研究：内阁文库《汉籍解题》有记载，大意是此书为崇祯四年本，后于乾隆年间列为禁书，故流布极少。《御书物方日记》载，亨保二十年（清雍正十三年，即1735年）四月一日，本书见录，其由舶载而来，入红叶山文库。见桥川时雄《园冶解说》，[日]东京渡边昭和四十五年版，第26－27页。

二、北京国家图书馆藏明版残本

线装，存一卷，缺卷二、卷三。卷一书前也刻有阮大铖手书《冶叙》，印章等均同内阁文库本，唯首行"冶叙"二字下除"鹿圃"章外，另有阳文章草"长乐郑振铎西谛藏书"、阳文篆书"礼耕堂藏"、"北京图书馆藏"三印。《叙》后也有阮印二。《自序》首页则有阴文篆书"平叔审定"印，末页也有细朱文"计成之印"、满白文"否道人"章。此外，《兴造论》首页亦有"长乐郑振铎西谛藏书"印，另有"钱唐夏平叔珍藏"印。此本与内阁文库本有两大区别：（一）卷一分为两册："四、装折"之前为第一分册；自"装折"开始至各类图式为第二分册。这样，就成了三卷四册本。此版本可参桔《〈园冶〉在日本的传播及其在现代造园学中的意义》："历史学家大庭修曾对通过中国船（当时称为'唐船'）运入日本的书目（金按：即《商船舶载书目》）进行过研究，中国文学专家桥川时雄以大庭修的研究（金按：即《江户时代唐船持渡书研究》）为参考，对《园冶》的进口做了考察……一部4分册的《园冶》于1712年（正德二年［金按：为日本国年号］）……被运进日本。"①这可作为国图本四分册的佐证。另外，国图本卷一"四装折"首页第一行下方空白处，亦钤有"钱唐夏平叔珍藏"印，与《兴造论》首页"钱唐夏平叔珍藏"印所钤位置完全无异。（二）阮《叙》之后，增刻了郑元勋手书《园冶题词》②，末署"崇祯乙亥午月朔，友弟郑元勋书于影园"。下有方形阴文篆书"郑元勋印"、方形阳文篆书"超宗氏"印。郑元勋《园冶题词》被称为"郑序"，此五页的书口，均刻有"园冶郑序"字样，所刻与"皖城刘炤"的风格显然不同。如是，此本成了最早出现的三序俱全本。此书正文四周单栏，白口，无鱼尾，半叶九行，行十八字，与日本内阁文库本同。《园冶》第一版《冶叙》作于崇祯甲戌即1634年，乙亥（八年）则为1635年，此时计成正在扬州为郑氏造影园并告竣，郑为《园冶》手书题词，被插于《冶叙》之后，《自序》之前。由此推测，此举得到了阮氏的认可（因郑为当时名流，文坛领袖人物之一），并被称为《郑序》。这个三序会合本，应是《园冶》初版的第二次印刷，时在1635年。

这个版本，本书以后简称之为**"国图本"**，也是本书第三编《园冶点评详注》的底本。遗憾的是，此本阙卷二、卷三，为残本。

三、日本华日堂藏《名园巧式·夺天工》钞本【图13】

线装，存一卷，缺卷二、卷三，封皮灰青色，书签有"园冶"二字，右上角标签有"特1／1741"字样。书名页自右至左横行书"名园巧式"四字，居中竖行，书有"夺天工"三大字。右下有手绘篆书"华日堂"印、左上有手绘篆书"卓荦观群书"（语典为晋左思《咏史》"弱冠弄柔翰，卓荦观群书"）章。右上方首行有"松陵计无否先生著"八字，左下方有"华日堂藏书"五字。正中上部钤有朱色方形阳文篆书"帝国图书馆藏"大印，下部钤有朱色小圆印，圆中心有"帝图"二字，外圈有昭和十五（1940年）·一一·二八·□入。《园冶题词》首页右上方钤有朱色阳文"白井氏藏书"长印，右下方钤有朱色阳文方形肖形印。钞写年代相当我国清代前期。此本也会合了三序，但次序则有调整，将郑元勋《园冶题词》置于第一，阮大铖《冶叙》置第二，计成《自序》置第三，这是考虑了序作者的人品因素，盖鄙薄阮氏其人。钞写者书法较有功

---

① 李桔：《〈园冶〉在日本的传播及其在现代造园学中的意义》，载《中国园林》2013年第1期。

② 尔后诸本，除隆盛堂翻刻本、喜咏轩丛书本外，其他诸本以及普识本皆沿袭而作《题词》，脱"园冶"二字，与原本不同，可谓以讹传讹，详下。

底，小楷书法尚佳，而临阮序能略得其神。用朱笔断句，误点较多，显然系对古汉语不甚熟悉者所为，但其精神确实堪佩。此钞本自身误字较多，如《园说》中"在涧共修兰芷"，误作"其修兰芷"；《相地》中"涉门成趣"，误作"涉门或趣"；《相地·村庄地》中"沽酒不辞风雪路"，误作"下辞风雪路"；《相地·郊野地》中"依乎平冈曲坞"，误作"休乎平冈曲坞"，等

图13　华日堂翻刻《名园巧式·夺天工》钞本
钤有"日本政府藏书""林氏藏书"等印
现藏日本国立国会图书馆

等，不一而足。但由此可见当时《园冶》在日本的流行，以及民间对《园冶》的重视。此本现藏日本国立国会图书馆。此类钞本，日本有多种，如东京大学综合图书馆就有收藏。此外，还有专画图式的，足见《园冶》还有建筑、美术方面的价值。这一版本，本书以后简称之为"华钞本"。

四、日本桥川时雄藏《木经全书》本（附：《解说〈园冶〉》）【图14】

合集，布面精装。书脊为：《园冶——桥川时雄解说》。其前《园冶》部分，计396页。书名页框之上部，有从右至左"名园巧式"四字，框内竖刻书名"木经全书"①四大字，其右，竖刻"松陵计无否先生著"字样，下刻"古文英发集即出"，显然带有商业行为。其左有竖行"新镌图像古板鲁班经夺天工原本"十四字，亦宣传其历史传承价值和原版古本特色，其左下方的版权名处，刻有"隆盛堂梓行"字样，并钤有朱色方形阴文篆书"隆盛堂藏板"大印。正中上部钤有朱色圆形花石肖形大印（似为"园林"、"隆盛"之象征）。正文四周单栏，白口，无鱼尾，半叶九行，行十八字，与内阁本、国图本均同。此本有如下重要特点：一、《园冶》当时由于阮序而被列为禁书，故在书名页上更换了原书名，隐去了《园冶》字样，却出色地梳理了中国古代建筑史上大师（名著）的传承线索：鲁班——喻皓《木经》——计无否《木经全书》，而"名园巧式"四字，又隐含了《园冶》另一书名《夺天工》，故而该"书名页"内涵极其丰饶，布局美观巧妙而富于概括力。二、书前撤去了阮《叙》，意示此非属禁书，以便其能在坊间、艺坛、文苑继续流传甚至出口，从而让其在国内外进一步发挥作用。由此可推测，此举可能是中国的具眼藏书家和有

---

① 《木经》为中国古代重要的建筑专著，凡三卷，为北宋初著名建筑家喻皓所著，已佚。清代此《园冶》古本收藏者、刊刻者，无疑为行家里手，他（他们）认准明代《园冶》为中国古代重要的造园建筑专著，也是三卷，而且仍完好保存，故易其名曰《木经全书》。

识的书商协作所为。三、这一改变，突出了名流高士郑元勋行书手迹《园冶题词》①，称其为"郑序"，这和国图明版残本相同，但是，它却更进一步取阮《叙》而代之，这对消除阮刻的消极影响大有裨益。《园冶题词》首页有方形阳文篆书"栗山艸堂"、"桥川时雄"藏书印各一，桥川自署东京二松学舍大学教授、文学博士。此书"园冶"首页第一行之下、卷二末页压角均有阴文篆书"磊林"藏书小印。卷二、卷三首页第一、二行顶端，亦有方形阳文篆书"栗山艸堂"印。合集之后，附桥川时雄自己的日文《明·计无否の〈园冶〉とその解说》，计63页，其中保存了很多有价值的资料。而其前部《木经全书》，是桥川所藏宽政七年（清乾隆六十年）之前隆盛堂的翻刻本，该本有半页刊板摩灭不清，依内阁文库本补字。《解说园冶》还评价《园冶》是造园的范本、历史文学的好教材。此书（合集）由东京渡辺书店于昭和四十五年（1970年）出版，是日本最早全面介绍《园冶》的书。有书匣。**其中隆盛堂版，本书以后简称之为"隆盛本"。**

图14 ［日］桥川时雄藏《木经全书》
松陵计无否先生著，隆盛堂梓行
钤有隆盛堂藏板印，
桥川时雄《解说园冶》
东京渡辺书店版

五、《喜咏轩丛书》本【图15】

线装。此本为《喜咏轩丛书》戊编之一，首页刻颜体楷书"园冶"二大字，次页刻"涉园陶氏（金按：近代著名藏书家、刻书家陶湘，字兰泉，号涉园。江苏武进人）依崇祯本重印，辛未三月书潜题"，于1931年问世。此本三卷，在编排上，阮《叙》（手迹）之后即是计成《自序》，其后才是郑氏《园冶题词》（非手迹，但文题中未脱"园冶"二字）。阮《叙》前亦有"鹿圃"小印，后亦有"阮大铖印"、"石巢"二大印。有乌丝栏。半叶十三行，行二十五字。朱启钤《重刊园冶序》云："庚午得北平图书馆新购残卷，合之吾家所蓄影写本，补成三卷，校录未竟，陶君兰泉笃嗜旧籍，遽付景印"②。阚铎《园冶识语》云，"其第三卷则依残阙之钞

---

① 应该指出，桥川时雄所藏隆盛堂刻本删去阮叙而将其置于更突出的位置，其出发点不仅在于人品方面，而且还有其有理论价值、文献价值。该文的标题应该是《园冶题词》四字，有隆盛堂刻本赫然所印郑元勋手迹为证。其前，国图本的标题也是郑书四字手迹；与隆盛堂刻本相先后的华日堂钞本，亦作《园冶题词》。以后，惟喜咏轩丛书本标题刻作《园冶题词》，显示了对历史细节的尊重。而其后的营造学社本、城市建设出版社本、中国建筑工业出版社《园冶注释》第一第二版、同济大学出版社《中国历代园林图文本》第四辑《园冶》等均仅作《题词》二字，从谨严的学术角度看，有所失当。一是"题词"一般来说，不一定是文章，而更多是名人或领导题写几个或几行字，又称题字、题词，而郑元勋《园冶题词》则不然，是长篇学术文章；二是如果人们如引用此文，仅注明《题词》二字，读者会莫名其妙。至于《园冶注释》以后一再出版的通识本，此篇标题也一律作《题词》，亦交代不清，亦易致误解。

② 以下凡引朱启钤、阚铎、陈植、杨超伯、陈从周等人的序、校勘记、识语以及跋，均见陈植《园冶注释》，中国建筑工业出版社1988年第2版，不再出注。

本以附益之"。第三卷确乎缺失较多，如《掇山》的《池山》和《金鱼缸》相互错置二十馀或四十馀字；《自跋》开端，此本较明版少了十九字，而增一"仆"字；再如"自叹生今之时也，不遇时也"以下，漏二十四字；又如"欲示二儿长生、长吉"，亦误作"欲就正于先生、长者"，当然也有校对的。这类缺失，一是为当时条件所限，校合困难；二是付印心切，希望《园冶》能早日与国人见面。但是，此本毕竟

图15 《喜咏轩丛书》本《园冶》
丛书戊集之一
1931年陶兰泉刊印
现藏北京大学图书馆

是《园冶》三百年后返回本土的第一个版本，是可喜的。这个版本，本书以后简称之为"喜咏本"。

六、营造学社本【图16】

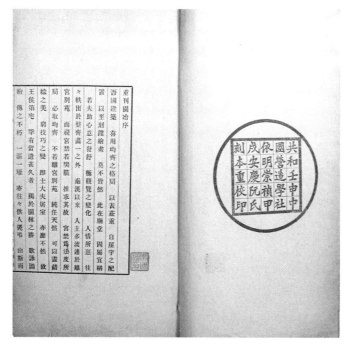

图16 营造学社本《园冶》
有藏版大印
竖排铅印，1933年版
苏州图书馆古籍馆藏

线装。书前有藏板大印："共和壬申（金按：1932年）中国营造学社依明崇祯甲戌安庆阮氏刻本重校印"。正文之前，一是朱启钤《重刊园冶序》，序云："阚君霍初（金按：即阚铎），近从日本内阁文库借校，重付剞劂，并缀以识语，多所阐发，为中国造园家张目……其致力之勤，有足称者。"二是阚铎《园冶识语》长文。其后才是阮《叙》（手迹）、计成《自序》（非手迹）、郑元勋《题词》（非手迹，但脱文题中的"园冶"二字）。全书为竖排铅印本，正文四周单栏，有鱼尾，书口刻序名、

卷次、页数，下刻"营造学社"字样。有乌丝栏，半叶十行，行二十三字，凡应标点处，不加标点而均空一格。对此版本，陈植《重印园冶序》写道：该书"于翌年（1932年）由中国营造学社付印出版，尤便阅读。三百年前之世界造园学名著，竟能重刊与国人相见，诚我国造园科学及其艺术复兴时期之一大幸事"。朱、阚、陈等序言识语中，先贤们对珍贵古籍的尊崇，对园林及艺术事业的挚爱，均跃然纸上。这个版本，本书以后简称之为"营造本"。

图17　城建出版社本《园冶》
1957年版
苏州园林档案馆藏

七、城建出版社重刊营造学社本【图17】

平装。城市建设出版社搜求阚铎氏本于1956年印行，1957年重印。正文前除陈植1956年《重印园冶序》外，其他均同营造学社本。郑元勋《园冶题词》四字亦脱"园冶"二字，影响了尔后陈植的《园冶注释》。全书繁体铅字竖排版，有乌丝栏，每叶十行，行二十三字。凡应标点处，亦不加点而均空一格。陈植《园冶注释（第二版）序》云："战前所印《园冶》已不复多觏；解放后……于老友陆费执教授处借获'营造版'一册举以付印，即所谓'城建版'是也。"这个版本，本书以后简称之为"城建本"。

八、日本上原敬二《解说园冶》本【图18】

精装。东京加岛书店昭和五十年（1975年）版，系据民国二十二年（1933年）大连市右文阁所印铅字排版。陈植《园冶注释（第二版）序》写道："上原敬二博士所著《解说园冶》于其自序中指出：内容系本大连所出右文阁版。上原博士并称：'当民国二十二年五月由大连市右文阁所印《园冶》系用铅字排印，较之原本显然易解'……由此说明日本所印《园冶》又增一种。"该书之前，各序排列为：朱启钤《重刊园冶序》、阮大铖《叙》、计成《自序》、郑元勋《题词》。其后版权页，有"上原"小印，上印林学博士上原敬二编、"造园古书丛书第十卷"。有书匣。笔者以此本与内阁本对校，其《自序》末行"崇祯辛未之杪"之前，脱一"时"字，"杪"则作"抄"。上原本的书前《总说》亦不乏疏误，如将民国二十二年误作

图18　［日］上原敬二《解说园冶》
日本东京加岛书店版

1947年（顺便一提，桥川时雄《解说园冶》亦有误，如阮氏藏板印"千里必治"作"千里心治"），由此可见，对域外版本的种种优长和不实的细节，均需要发现，也需要留心。

九、中国建筑工业出版社陈植《园冶注释》第一版、第二版【图19】

平装或精装。陈植注释，原文以城市建设出版社影印版为蓝本，将目次按内容重加编排，以便检阅，并对误字、句读及引文分别订正，第一版于1981年出版，第二版则于1988年出版。第二版正文前，有陈植《园冶注释（第二版）序》，陈植《园冶注释序》，杨超伯《园冶注释校勘记》，陈植《重印园冶序》，朱启钤《重刊园冶序》，阚铎《园冶识语》，阮大铖《冶叙》（非手迹），郑元勋《题词》（此标题从"城建本"亦脱"园冶"二字，影响了迄今为止所有版本的这一标题），计成《自序》。全书仍为繁体竖排版，但首次取消了乌丝栏，采用新式标点符号，特别是增加了释文和注，极便阅读。书后有陈从周《跋陈植教授园冶注释》云："原著的文体，是用四六文体来写的……现在经陈教授详加注释，开卷豁然……无异使原著获得再生。"这是《园冶》接受史上首次出现的注释本，起着筚路蓝缕，以启山林的作用，是《园冶》研究和解读进入新阶段的历史

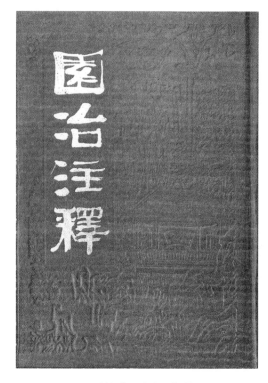

图19　陈植《园冶注释》第二版
中国建筑工业出版社1988年版

里程碑。这两个版本，影响极大，还引起了广泛而持久长达三十馀年的学术讨论。陈植《园冶注释》第一版、《园冶注释》第二版这两个重要版本，本书以后还要大量引用，故有时简称之为陈注一版、陈注二版或称陈注本。以后引用，不再注明作者、出版社、出版年份及页码，特此说明。

十、续修四库全书本

《园冶》在清代受牵累而未能进入《四库全书》，致使三百年来几濒湮没。20世纪30年代开始，否极泰来，有幸经历坎坷曲折而返回中国本土。历史进入21世纪，《续修四库全书》八七九·史部·政书类收入了《园冶》三卷。封面注明："据天津图书馆藏民国二十一年中国营造学社铅印本影印原书，版框高一四一毫米宽一八六毫米"，《园冶》终于列入"四库"。卷首有营造社圆形藏版大印。书前的序，排列依次为：朱启钤《序》、阚铎《识语》、阮大铖《叙》、计成《自序》、郑元勋《题词》。版权页为"民国二十年（？金按：应为二十一年）五月，中国营造学社"，至此，《园冶》流传史基本上可说是画上了一个圆满而不平凡的句号。当然，由于学术无止境，同时因生态文明时代之急需，更会有种种校订本特别

是大量普识本问世，但宣告了《园冶》古代、近代、现代的流传史的终结，而当代的帷幕则刚刚拉开，显示出无限广阔灿烂的前景。

十一、杨光辉《中国历代园林图文精选》本【图20】

《中国历代园林图文精选》此为丛书，共五辑，同济大学出版社2005年第1版，2006年第2次印刷。第四辑收录《园冶》（全书）、《长物志》（节选）、《闲情偶寄》（节选），杨光辉编注。这是《园冶》问世以来，第一个认真校勘的简化字详注横排本，标志着21世纪《园冶》注释研究的新开端。它以喜咏本为底本，校以营造学社本，兼及其他本子，注释时尽量引原始资料为书证，引文交代清楚，能落实到篇名、版本，为国内征引最严谨、注释资料最详备的一种；又能提供有关的第一手资料，如郑元勋的《影园自记》、茅元仪的《影园记》并在前言中能对计成的生平、交游、所造园林、《园冶》内容价值作较详的介绍。当然，由于《园冶》注释难度极大，故其疏误较多，如：一、校勘虽认真谨严，但所选底本竟是1931年"校录未竟"即"遽付景印"而错误极多的喜咏本，因而给自身增加不少讹误；二、对于营造本所改正的喜咏本的一系列错误，大多

图20 杨光辉《中国历代园林图文精选》
《园冶》为该丛书第四辑第一篇
同济大学出版社2006年版

再按喜咏本予以恢复，这种改正为误的逆转，给尔后的校勘带来麻烦；三、注释中所引数条书证往往互不相容，有时书证与《园冶》原文之意差距甚远，不能说明问题；等等，当然总的来说，还不失其学术价值。杨光辉《中国历代园林图文精选》第四辑这个21世纪的注本，本书以后也要大量引用，故简称之为《图文本》（由于"图文本"三字缺少特征性，易致泛化的理解，还不足以说明其为五辑中的一部分故特殊地加上书名号，使其具有某种"独立性"），以后引用，不再注明作者、出版社、出版年份及页码，特此说明。

自20世纪20年代至40年代末，是《园冶》包括发现、搜集、整理和评价在内的起步阶段。

在《园冶》的传播研究史上，需要记上一笔的，首先是1923年陈植先生在《〈造园学概论〉自序》中所说："'造园'之名……不谙其辞源者，当亦以我为日本用语之贩者耳！抑知日人亦由我典籍中援用耶？斯典籍为何？乃明季崇祯时计成氏所著之《园冶》是也。"这是指郑元勋《园冶题词》中语："凡百艺皆传之于书，独无传造园何？……"接着指出："'造园'二字，见之文献，莫能先也，日

人遂亦本而用之。"① 这既是实事求是之论，又是强调了中国造园理论与实践成熟之早，典籍之价值，还表现了可贵的民族自豪感。

再看朱启钤作于1931年的《重刊园冶序》和阚铎的《园冶识〔zhì〕语》，不但叙说了求索、搜集、出版《园冶》的经过，而且文中还时见精论，凸现了《园冶》的价值，特别是阚铎先生，极善发现和概括，其文字颇有理论深度，摘片断于下：

> 盖画家以笔墨为邱壑，掇山以土石为皴擦，虚实虽殊，理致则一。彼云林、南垣、笠翁、石涛诸氏，一拳一勺，化平面为立体，殆所谓知行合一者。无否由绘而园，水石之外，旁及土木，更能发挥理趣，著为草式。至于今日，画本园林，皆不可见，而硕果仅存之《园冶》，犹得供吾人之三复，岂非幸事！

> 吴中夙盛文史，其长于书画艺术，名满天下……无否生长其间，生平行谊，虽不能详……片山斗室，斤斤自喜，欲为通艺之儒林，识字之匠氏，故能诗能画，犹不可传，独于造园，具有心得，不甘湮没，著成此书，后之览者，亦可想见其为人。

这类不可多得的论述，颇能发人深思，令人品赏计成的文才，想象其生平行谊，特别是"通艺之儒林，识字之匠氏"一语，更将儒与技、士与匠、知与行这类对立项统一起来，这应结合《园冶》书中所反映的道与术、主与匠、雅与俗等诸种关系来理解。阚铎的《识语》还有一个特点，即列述《园冶》中诸章节，同时也是理论性的点评，往往能逐一抉其窦奥，识见精辟而独到。

1944年，陈植先生率先发表了现代学术意义上的第一篇研究专文《记明代造园学家计成氏》，其中有云："计氏以工诗、能文、善画、好游，将文学、美术、游历各家特性，集于一身，摩诘（王维）诗中有画，画中有诗，而计氏诗、文、画、园可称四绝。关于造园，所见所作，宜其独具支眼，不同凡响矣。"其《筑山考》又云："我国有造园术，虽由来已久，然为系统记述而成专书，实自计氏始也。日人尊之为世界最古造园专籍，洵不诬也。"② 这些都是《园冶》学术性研究的良好开端。

恩格斯指出："每个时代的哲学作为分工的一个特定的领域，都具有由它的前驱者传给它而便由以出发的特定的思想资料作为前提"。③《园冶》研究同样如此，朱启钤、阚铎、陈植以及杨伯超等先生也可说是《园冶》研究的前驱者，他们留下的思想文化资料同样开启着后人，成为后人由此出发的前提和起点，特别是陈植先生，还突出地起着继往开来的作用。

20世纪60年代，高等学校开始形成与"造园"有关的学科群——林学、农学、建筑学等。随着高校学科建设发展的需要，《园冶》受到了更多的关注。这在

---

① 并见《陈植造园文集》，中国建筑工业出版社1988年版，第51、73页。

② 前一篇发表于《东方杂志》第40卷第16号，后一篇发表于《东方杂志》第40卷第17号，分别见《陈植造园文集》，中国建筑工业出版社1988年版，第75、66页。

③ ［德］《马克思恩格斯选集》第4卷，人民出版社1972年版，第485页。

20世纪50年代中期《园冶》重印时，陈植先生在《重印园冶序》中就从学科理论建设的视角作了回顾和评价，指出我国造园艺术发轫最早，其学术性叙述亦所在多有，但其中系统性的专著，以计成《园冶》一书为最。因此，只有立足专业，既追溯历史，又放眼世界，这才能认识《园冶》在开创学科方面的理论价值，才能彰显《园冶》在科学上、艺术上的辉煌成就。

20世纪60年代的《园冶》研究，可以张家骥先生的论文《读〈园冶〉》[①]为代表，文中拈出"构园无格，体宜因借"、"基立无凭，先乎取景"等，阐释有一定深度，特别是对于"有真为假，做假成真"，能将其提到辩证哲学的高度来阐发，体会尤深，更难能可贵。

总的来看，新中国成立以来至20世纪60年代，《园冶》研究告别了阒寂期、发现期，进入了较为踏实的起始期。

第二节　立基：《园冶注释》及其讨论

自20世纪80年代初至20世纪90年代，由于改革开放，造园事业应时而兴，高等教育相关专业也蓬勃发展，与之相应，《园冶》的研究也终结了艰难的起始期，跨越式地进入了兴盛期，其标志是1981年陈植先生《园冶注释》的问世，它不但有助于《园冶》研究的提高，而且在普及方面更起着巨大的推动作用。其读者远远超越了建筑园林专业的畛域，扩展至文学、艺术、美学、文化、生态等不同的专业。这在《园冶》研究史、接受史上具有划时代的意义。还应指出，在发现期，是日本的专家如本多静六博士、上原敬二博士、村田治郎博士等帮助了中国的专家们，推动了《园冶》的返回中国本土，而当《园冶注释》一旦问世，就反过来推动日本的《园冶》研究，如佐藤昌就借助于《园冶注释》所提供的方便，克服了文字、文史典故等方面的障碍，写出了《园冶研究》，超越了以往日本专家《解说园冶》的模式。

再看中国，从这一时期至20世纪末，在《园冶注释》的启导下，人们开始援引《园冶》中的观点来撰写论文，从事研究，这说明理论开始更多地掌握了研究者公众。

特别可喜的是，围绕着《园冶注释》，展开了具有一定规模的、持续了30余年的讨论乃至争辩，极大地推进了《园冶》的研究。在此，先拟对参与讨论的专家及其理论贡献作一概要性的评介。

这场讨论的核心人物是《园冶》研究的巨擘**陈植**先生。他是我国现代造园学的创始人。他曾说："此学之名为造园学也，余不揣固陋，主之最力，经历载笔争舌战，业已成为定案，由教育部于大学课程中，明令颁布，不可谓非我国学术界

---

① 见张家骥：《园冶全释》，山西人民出版社1993年版，第349－356页。

一大幸事！"①为了祖述先贤，他对于《园冶》经典，更是孜孜以求，兀兀穷年，率先在 20 世纪 70 年代末，完成**《园冶注释》第一版**书稿并作序，时年已 80。陈植先生是林学界前辈，他对《园冶》的注释虽然也得力于其林学园艺乃至自然科学方面的造诣，然而更有利的是，他自幼受教于学塾，有深厚的古文功底和国学修养，故而书中广征博引了经、史、子、集的有关书证，引用古籍书目达一百数十种之多，确乎难能可贵，令人服膺！而在第一版作出了较详备的注释后四年，陈植先生依然锲而不舍，又于 1985 年以 87 岁的高龄作再一次校勘，并虚心吸纳他人意见，对注释、译文作了精益求精的修改，于 1988 年再出**《园冶注释》第二版**。

其第二版序还说："凡编次、图名之错改者，文句之误解及文字之误植者，悉予分别改正，使之恢复原貌及其原意……凡改而未正，或未及改正之处，尚祈读者不吝指教，俾能作出更进一步的订正"。②可谓谦谦君子，虚怀若谷。其实，如王绍增先生所言，第二版更是"广纳意见，从善如流，终于为我们基本拨开了因为'文体特殊，用辞古拙，令人生畏，夙称难解'而笼罩在《园冶》上的面纱"③。此书和他的《长物志校注》、《中国历代名园记选注》等学术建树，是对园林、建筑界乃至文化学术界功德无量的重大贡献。可以说，如果没有《园冶注释》的辟路奠基，人们还得慢慢摸索，较难在此基础上"载骤骙骙"。当然，注释和研究《园冶》不可能毕其功于一役，且也不必为贤者讳，《园冶注释》还存在着一些问题，如有时引典失实、讹误、脱漏；有时所引的出处太笼统，如《楚辞》、唐太宗诗……没有落实到篇名，难以查核；又如强调《园冶注释序》中所说"释文尽可能体现原意，不擅加损益"④，这虽肯定是对的，但有时过于拘守原文，导致释文基本未译的现象，不过这些都是白璧微瑕，首创总是最艰难的，总会留下不少问题，绝不可能毕其功于一役，其开创性的重大价值依然是存在的。

曹汛先生曾师从梁思成大师，他于 1982 至 1984 年间，发表了两篇重要长文：**《计成研究》**与**《〈园冶注释〉疑义举析》**（分别见本书第 4 页、第 7 页注），对此，《园冶》研究界几乎有口皆碑。作为中国建筑史、园林史研究家，曹汛先生长于史源学、年代学的考证，多年来卓有成效地破解了建筑史、园林史上许多令人困惑的难题⑤。这种扎实的学问和功夫，正是《园冶》注解、研究所迫切需要的，特别是在计成本人原始资料奇缺、《园冶》版本复杂残损的情况下，更需要严格的、一丝不苟的校勘和考证。这两篇长文虽是曹先生自己所说的"早期作品"，却沉甸甸地极有分量，修正了《园冶》原书流传、排印乃至注释中的一系列错误，并为陈植先

---

① 《陈植造园文集》，中国建筑工业出版社 1988 年版，第 73 页。
② 陈植：《园冶注释》，中国建筑工业出版社 1988 年第 2 版，第 3 页。
③ 王绍增：《〈园冶〉析读——兼评张家骥先生〈园冶全释·序言〉》，《中国园林》1998 年第 2 期。
④ 陈植：《园冶注释》，中国建筑工业出版社 1988 年第 2 版，第 7 页。
⑤ 详见《风景园林》2009 年第 4 期，第 63－64 页。

生《园冶注释》第二版所吸纳，也被其他专家们所认同，如张家骥先生的《园冶全释》就大量地征引了其中一个个片断，曹先生的《计成研究》，还曾漂洋过海，被日本《园冶》研究家佐藤昌的《园冶研究》一书多次征引。曹先生的两篇论文，也为本书研究、解析提供了不少方便。当然，其文中也难免会有不足。**对此二文，本书以后还要引用，分别简称为《计成研究》、《疑义举析》或《举析》，不再注明作者、出处和页码，特此说明。**

　　张家骥先生长期从事中国造园史及造园理论研究，如前所述，其《读〈园冶〉》发于《建筑学报》1963 年 12 期，时年 30 岁，初出茅庐，已崭露出理论家的气质。1986 年、1991 年又分别出版了《中国造园史》、《中国造园论》，书中更可见其对园林的研究，特擅从哲学、美学视角进行宏观的把握。之后，又写出**《园冶全释》**一书，由山西人民出版社 1993 年出版【图 21】。此书也融进了他 30 年来对《园冶》的寝馈所得，还表现出对中国古典画论、艺术哲学等传统文化的执着、熟谙和运用，特别是对《园冶》书中很多名言警句或冷僻难句有突破性的阐释和生发，对尔后的注释、研究颇多启发，而且和《园冶注释》相比，增加了注释的数量，其引用的书证基本上能落实到篇名，这些均可说是前进了一步。其另一特点是能运用发散式思维，善于思索想象，勇于别辟蹊径，敢于大胆提出不同见解，然而这又不免带来某些粗疏甚至想当然之处，从而引起他人的商榷，而这同样是一件大好事，它有效地促进了对《园冶》的热烈研讨。《园冶全释·后记》中还有一段话值得深味：

　　　　人对事物的认识，在其本质上对漫长系列的世代来说，都是相对的，只能逐步趋向完善，人的认识是不会终结的。对《园冶》的解释同样如此。①

这番理论概括，不但开启了探索真理之门，而且其本身亦具真理性。它对《园冶》的注释、翻译、考证、研究包括讨论乃至争辩，都是很适用的。张先生的**《园冶全释》**也是笔者案头的重要参考书，**以后还要大量引用，或**

图21　张家骥《园冶全释》
世界最古造园学研究
山西人民出版社1993年版

---

① 张家骥：《园冶全释》，山西人民出版社 1993 年版，第 347 页。

简称其为《全释》，而引时不再注明作者、出版社、出版年份和页码，特此说明。还需说明，该书虽属最早的简体横排本，但并未作校勘，且凭一己之见对文本任意改动多处，不太谨严，故不列入上节版本之中，亦不列入第三编十个版本的会校之中。

梁敦睦先生原攻读中国语言文学专业，又执教于城建工程学校，故亦熟谙园林建筑，并与艾定增先生一起主编了《中国风景园林文学作品选析》①，可见颇有古典文学修养和园林建筑专业修养，而这又给《园冶》注译的讨论带来了新的气象和特色，其中包括新的语文视角。梁先生所撰长文《〈园冶全释〉商榷》，分别载于《中国园林》1998年第1、3、5期，1999年第1、3期，其中所商榷的，除了园林、建筑等方面外，还较多地涉及语言甚至错别字、标点符号等，其中不乏精彩的、合理的意见，是对《园冶全释》的某种匡正；当然，其自身也不无讹误。对这篇连载五期的长文，本书也要一再引用，简称《全释商榷》或《商榷》，不再注明作者、期刊和页码，特此说明。

还不应忽视王绍增先生的论文特点，他没有全面参与，只是对《园冶全释》的序言提了意见，题为《〈园冶〉析读——兼评张家骥先生〈园冶全释·序言〉》，发表在《中国园林》1999年第2期上。王先生攻读园林专业，既有扎实的造园学基础，又有人文科学的素养，他突出的主张是回归本真的"人类生境学"②。在讨论中，王先生能以园林建筑为本位，把中国古典文献的运用以及有理有据的科学论证三者有机结合起来，表现出理性的科学思维，脚踏实地，审慎严谨，很有说服力。并指出，"《园冶》一书是中国文化弥足珍贵的遗产……迄今我们对于中国古典造园艺术的认识大体没有脱离《园冶》的窠臼。"此话颇为警辟。高度概括了计成《园冶》的历史性影响和巨大的现实意义。《〈园冶〉析读》并不太长，仅仅是对张著《序言》的商榷，但所提出的问题往往能一针见血，而其解答也比较科学、合理，很少失误，还特能联系实际，发人深思。对此文，本书以后也要一再引用，简称之为《园冶析读》或《析读》，不再注明作者、出处及页码。

《园冶注释》以及围绕着《园冶注释》、《园冶全释》所展开的学术讨论，从总体而言，都是高层次的，具有颇深颇强的学术性，而且由于参与者的身份不同，专业不同，学养不同，因而得以各显所长，各呈特色，体现出不同的视角、不同的侧重点，从而对《园冶》研究恰恰构成了一种必要的互补状态，为尔后的《园冶》研究奠定了坚深而广阔的基础③，这不恰当地借用《园冶》的术语，可说是一种"立基"，同时它也大大地拓展了《园冶》研究的前景空间，开启了21世纪对《园冶》多学科、多视角、学术化、国际化的研究。

---

① 该书由中国建筑工业出版社1992年版，其价值是体现了建筑园林与中国文学的交叉，惜乎未见扩充再版。

② 详见《风景园林》2009年第4期第65页。

③ 此外，零星的商榷文章还有：赵一鹤《对〈园冶注译〉某些译文的商榷》，《新建筑》1985年第2期；邹博爱《与〈园冶注译〉注家商榷》，《华中建筑》1995年第13期……

在这一时段中，**朱有玠**先生在 20 世纪 80 年代初，写成有独特见地的长篇论文《〈园冶〉综论》[①]。他在南京从事园林规划设计 30 馀年，经验丰富，学识渊博，建树颇多，被授予"中国工程设计大师"称号。他又工诗文，能书画，将丰富的知识聚焦于《园冶》研读和创新应用，故其见解精深不凡，往往一语中的，具有启发性，在当时条件下确属难能可贵，对促进《园冶》的研究作出了卓越的贡献。

还应说明，笔者之能有幸参与讨论，是借鉴了以上专家的学术成果及讨论所建立的基础，至于笔者所参考、吸纳或对其提出补充、商榷的有关《园冶》的论文著作，也以 2013 年初以前的为限，以后即不入笔者视野。

第三节　前景：走向学术，走向世界

在生态文明已成为时代主题的 21 世纪，有关《园冶》研究的论文如雨后春笋般地出现，它们或主要从理论层面进行分析、阐释、归纳，探讨《园冶》的理念、创意；或联系造园的历史和实践，证实了《园冶》理论的指导性、真理性……其中有的研究生学位论文还继而在此基础上修改加工而成研究专著，这些论文、著作，共同体现出一种新的意向，就是对"学术化－构建学术体系"的追求，具体地说，就是尝试着采取多学科、多视角交叉的研究方法，亦即除了造园学、建筑学外，选择哲学、美学、文学、艺术学、文化学，历史学、社会学等不同学科协同参与，力求有新的突破，这是符合于时代学术潮流的。在这方面，高校的研究生教育起着领头的作用，这可以两篇博士生论文所提升的专著——张薇的《〈园冶〉文化论》、李世葵的《〈园冶〉园林美学研究》为代表。

张薇先生的《〈园冶〉文化论》【图 22】，在《园冶》研究史上第一次跳出以往主要围绕《园冶》文本

图22　张薇《〈园冶〉文化论》
人民出版社2006年版

---

① 此文收入《岁月留痕——朱有玠文集》，中国建筑工业出版社 2010 年版，第 5－47 页。

研究的方式，不是以注解、译文形式，而是以理论的形态从文化学和人类宜居环境理论等多重视角，将《园冶》置于大文化的宏观背景上来研究、展示，构建起纲举目张的、有一定规模的学术体系。书中重点论述了《园冶》的造园本体论、文化内核层、用典纵横场、文化关联域等。如以古典宜居环境理论的视角指出，"中国古典宜居环境理论源远流长"，《园冶》是"这一理论的集大成之代表作"，它"强调的是'宜人'价值"，其中包括宜人的自然生态环境、社会生态环境、健康的精神生态环境①，这无疑开拓了《园冶》研究的新境界。该书的主要价值是：以多学科的相融互摄，探索了《园冶》深广的内涵。

图23　李世葵《〈园冶〉园林美学研究》
人民出版社2010年版

李世葵先生的《〈园冶〉园林美学研究》【图23】亦可喜可观，它力求从思维方式和价值观念上来把握《园冶》的园林美学思想，结合中国园林史、画论、诗论等，从《园冶》中抽绎出自然、如画、尚雅三大园林审美观，进行系统的梳理和概括。同时，又阐发了《园冶》"因借体宜"的基本原则对造园设计的价值意义。该书还联系现实深刻指出：

> 《园冶》园林美学中的道法自然的生态平等观，因借体宜的生态保护观，建筑与环境相和谐的生态规划观，以朴素自然为美的生态审美观和充分合理地利用资源的生态节用观等，对于当代园林城市建设仍具有重要的指导意义。②

这更堪称别具只眼的新见卓识，惜乎没有以更多的篇幅作重点的展开。

以上二书可划入"园冶学"的学院派，这不是贬义而是褒义，学院派优长是治学较谨严，占有材料丰富，注意逻辑性和深广度，引证交代清楚。还应该说，研究生是《园冶》研究一支不可忽视的生力军，他们的成果及其方法、思路、格局、规模，不但反映了21世纪新时代的学术风貌和价值取向，而且还反映了高

---

① 见张薇：《〈园冶〉文化论》，人民出版社2006年版，第257－276页。
② 李世葵：《〈园冶〉园林美学研究》，人民出版社2010年版，第6－7页。

校的相关学科群的交叉联系和联袂发展，说明建立"冶学"得靠高校的主力。虽然这种"冶学"研究还是刚"起于青萍之末"，但方兴未艾，不可忽视，它对整个学术界是会有启示和影响的。

还应指出，1997 年还出现了一本不太为人注意的学术专著——魏士衡先生的《〈园冶〉研究——兼探中国园林美学本质》【图 24】。该书虽分章列节，但无意于追求厚重，行文略带随谈笔调。作者善于独立思考，故时有高见。该书对《园冶》不是一味唱赞歌，而同样也指出其不足。如：

> 《园冶》……采用了以集大量典故，四六对句的骈体文。两两相偶的骈文，上下句说的是同一件事，要求用典遣辞铢两悉称，有时候就难免因找不到恰当的典

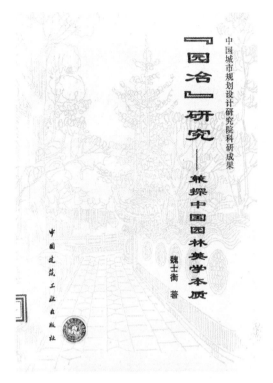

图24　魏士衡《〈园冶〉研究
——兼探中国园林美学本质》
中国建筑工业出版社1997年版

故、辞汇而生搬硬套，以至于辞不达意，用典牵强，为求字句整齐，把字句简化，生涩难懂，这些在《园冶》中都有存在，这无疑给读者带来一定困难，也造成了理解上的歧异，但都掩盖不了此书的光辉。

不愧为实事求是之论[①]！该书的一些章节，往往发人深思，标题如《园冶》书名变迁的意义"；"有与无在园林中如何实现"；"画中行与尘外想的结合"；"'有若自然'与'宛自天开'的关系和异同"……其不足是随谈笔调限止了向纵深的发掘和论述的逻辑展开，故有时浅尝辄止[②]，而没有适当吸取学院派之长。

再把视线由国内转向国外，本节所说的《园冶》走向世界，主要是指走向西方，因为《园冶》很早就在日本流传了，《园冶》在中国的影响，主要还是 20 世纪 30 年代从日本引回本土以后才产生的。

---

① 魏士衡：《〈园冶〉研究——兼探中国园林美学本质》，中国建筑工业出版社 1997 年版，第 2－3 页。《园冶》里往往是"上下句说的是同一件事"，但没有指出这是骈文常用的"互文"修辞格，这并非缺点，它还便于锤炼语言，冶铸出深刻隽永的名言警句，同时也能使《园冶》自身提升为中华文化史上的文学名著。

② 如释《园牧》的"牧"义，仅止于"州牧"、"管理"，从而将书名译作《园林的经营治理》，似太浅露；至于《园冶》的"冶"义，该书从熔冶金属、青铜器、冶铁、百炼成钢、炉锤、陶冶、陶铸、推敲，文学锤炼……逐一铺说，在这种大量的引经据典面前，作者似莫衷一是，得不出一个严格的定义。不过，这种尝试性的探究，总比对这些问题置之不顾或绕道回避要好得多。

回眸往昔，《园冶》在西方的影响，首先是由童寯先生的推介。1936年，他的《中国园林》一文以英文发表于国外，在中西园林的比较中提及了计成和李渔①。接着，1937年其代表作《江南园林志》问世，开篇即高度评价了《园冶》这部开山之作，指出"自来造园之役，虽全局或由主人规划，而实际操作者，则为山匠梓人，不着一字，其技未传。明末计成著《园冶》一书，现身说法，独辟一蹊，为吾国造园学中唯一文献，斯艺乃赖以发扬。"②这讲得非常真切，实事求是地说明了《园冶》史无前例的开创性，这在一定程度上引起了西方的关注。

1949年，瑞典美术史家喜龙仁（Osvald Sirén）在其著作《中国园林》里率先发表了包括《园说》在内的《园冶》部分英译文，使西方对《园冶》有所认识。③1978年，英国的玫萁·凯瑟克（Maggie Keswick）在其著作《中国园林：历史、艺术、建筑》中也常提及计成的一些论说。

从20世纪80年代开始，西方更多地接触和接受中国的园林文化，学术界则进一步关注《园冶》，特别是英国、法国和澳大利亚的学者开始翻译和研究《园冶》，进入了一个新的时期。

在英国，利兹大学中文教授夏丽森（Alison Hardie）先生，由于受凯瑟克的启发，从1984年开始翻译《园冶》。她曾毕业于爱丁堡大学中文系，进修于北京语言大学，有很好的中文功底。1988年，其英译本由美国耶鲁大学出版社出版。在多年的脱销后，2012年又由上海印刷出版发展公司再版【图25】，这说明计成著作是多么符合时代和西方读者的需要！该书的特色是，由于译者长期从事中国明清文学、艺术和园林的研究，因此对《园冶》产生的历史背景、江南地域文化等有明晰的了解，同时，她又注意面向读者，书中不但插以精美的照片、国

图25 ［英］夏丽森译《园冶》第二版
上海印刷出版发展公司2012年版

---

① 童寯：《中国园林——以江苏、浙江两省园林为主》，该文以英文写作，发表于《天下月刊》，1936年10月。译文见童寯：《园论》，百花文艺出版社2007年版，第7页。

② 童寯：《江南园林志》，中国建筑工业出版社1984年版第2版，第7页。

③ 本节介绍《园冶》对西方的影响以及有关的翻译、研究情况，主要参考和引用了［英］夏丽森《计成〈园冶〉在欧美的传播及影响》一文（见《中国园林》2012年12期）。

画，而且前有地图，后有年表，这些均有助于阅读。该书序言指出，《园冶》强调根据现存的自然地形决定园林样式，注重"诗一般地描绘出一种气氛，鼓舞设计者创造出一个能够表达出个人情绪的园林来"；计成在书中"表现了强烈的个性"，凸显了"作为一个创造性艺术家成功的骄傲"。[①] 所有这些，都体现了译者对《园冶》的独特感悟。她还拓展《园冶》的边缘研究和影响研究，如在英国出版的《园林历史与景观设计研究》2004年第4期发表了《汪士衡在仪徵寤园》；在《中国园林》2012年12期发表了《计成〈园冶〉在欧美的传播及影响》；近年来又从事对阮大铖的研究……

在法国，法籍华人著名建筑师、中国园林研究家邱治平（Chiu Che Bing）先生，曾就亚洲特别是中国的园林文化

图26 ［法］邱治平译《园冶》第一版
左上方有"计成之印"
法国贝桑松印刷出版社1997年版

对欧洲的影响进行了研究，同时，也从事对《园冶》的法文翻译。由于《园冶》的文字骈俪深奥，用典尤多，用现代汉语来翻译尚引起热烈的争议，更何况用外文。因此，他除了参考有关著作外，还向曹汛先生请教；他对大量典故的翻译颇下功夫，希望让西方读者通过分享中国古典文学情趣而更好地理解《园冶》；同时他对中国园林特别是苏州园林，可谓"了如指掌"，看到照片即能指出是何园何景……所有这些，都保证了翻译的成功。1997年，其《园冶》法译本【图26】由法国贝桑松印刷出版社出版，获法兰西建筑学院授予的评审会特奖。2004年又再版。他的《江南文人园——天界的求索》由巴黎马帝尼耶出版社出版，获2011年法国何杜兹历史书籍奖（Prix Redouté）和2012年比利时贝谐合文学奖（Prix littéraire René Péchère）。2012年于武汉大学召开的纪念计成诞生430周年国际研讨会上所提供的《从计成到威廉·钱伯斯：从〈园冶〉的视角再读〈设计〉和〈东方造园论〉》，也是时空跨度很大的学术论文。所有这些都促进了中法文化交流，扩大了《园冶》和中国园林在西方的影响。

在澳大利亚，新南威尔士大学建筑学教授冯仕达（Stanislaus Fung）先生，从1998年纲领性的《解读〈园冶〉的跨学科前景》一文开始，陆续发表了一组《园

---

① 引自《〈园冶〉英文版译者序》，惠海鸣译，《苏州园林》2001年第2期，第54−55页。

冶》研究论文 ①，表征着他解读《园冶》新方法的成功探寻。他的研究方法渊源有自，最受沾溉的是近、当代法国哲学，如笛卡尔的哲学方法论，巴尔特、德里达的结构主义、后结构主义，还有德国康茨斯坦学派姚斯、伊瑟尔的接受美学等。其论文注重对文本的结构分析，具体操作是将章节分割为较小的阅读单位——句群，还特别注重某些细节。其系列论文有如下特色：

一、话语移植。"暗含的读者"这一概念在西方接受美学论著中被广泛引用。冯先生将其进行有效的学科嫁接，如指出《借景》篇中有一个"暗含主体"，很难断言其是设计师，还是园主或"访客"，它保持着不确定的含糊身份。这是提出了一个研究界从未触及而又发人深思的问题。事实确乎如此，联系《园冶》全书来看，它在不同文体的或迟或速的转换中，其主体的身份确实是复杂的，本编在第一章第二节的一条注中，对这一观点也作了一定的回应，并有所探讨。

二、概念新释。如通过层次分析，指出借景"是一种游走性思维"，把"此彼远近，此时彼刻，外景内心贯穿起来，体验其中而不自知"。这就不同于把借景仅仅理解为视线定格在远方的某一景物上。

三、暗含论题的发现、挖掘。如揭示《屋宇》篇隐含"变"的论题，体现为建筑朝向、格式、内部结构、装修等。"'变'是这里的核心"，"隐与现的各种元素在不同时刻的不同形态，正是其'变'之所在"。这些都论述得非常充分。又如确定《园说》篇的逻辑关键是动与静，其最后几个部分"均落脚于静"，这也符合于园林本质的"静"，即"归根曰静"（《老子·十六章》）。

方法是主体介入客体的工具，对《园冶》进行语言的结构分析，是符合于"类似性"原则的。因为作为文本客体的《园冶》，其意义往往有一定的潜在的不确定性，其描叙性思维确实带有跳跃性、游走性，因此冯先生所选用的，不失为一种恰当的方法，它让人们看到了《园冶》研究在西方的前景。

当代东方的《园冶》研究也应一提。1986年，日本造园兼城市规划学家佐藤昌的《园冶研究》【图27】，由日本造园修景

图27 ［日］佐藤昌《园冶研究》
日本造园修景协会1988年印行

---

① 这些论文是：《解读〈园冶〉的跨学科前景》，载《园林历史与景观设计研究》1998年第3期；《自我、景致与行动：〈园冶〉借景篇》，载《中国园林》2009年第11期；《谋与变：〈园冶〉屋宇篇文句结构及论题刍议》，载《中国园林》2011年第11期；《动与静——〈园冶〉园说篇文句结构及论题刍议》，载《中国园林》2012年第12期等。

协会东洋庭园研究会印行。此书以陈植先生《园冶注释》第一版为底本，兼参日藏明版，间以日本汉字，并吸收曹汛《计成研究》的观点，具有一定的集成性和完整体系，可看作是日本《园冶》研究走向学术化的某种标志。其体系以节为单元，依次为：园冶著者·计成；计成的造园作品；园冶的刊本；园冶的本文；园冶的内容，覆盖面较广。

日本长崎综合科学大学李桓先生的《〈园冶〉在日本的传播及其在现代造园学中的意义》[①]，其信息量也很大，还指出：

> 在历史上，不论国内国外，都出现过不少造园方面的书籍或论著，也不乏优秀之作，但能够集思想、艺术和技术为一体，在理论上成就较高的，没有超出《园冶》之右者。其理由在于计成不仅有高深的境界，还能将意境活用于园林造景，更能够'指挥运斤'，指导实践，最终还能够将意境与实践整理成概念与著作，这就是中国造园文化的精华为什么能够在《园冶》里高度具现的原因。

此外，西方血统荷兰籍的崴比·奎台特，系韩国首尔大学教授，曾就职和访问、讲学于日本、荷兰、韩国、法国、美国、中国等大学、研究院、学会，论著有《借景：中国〈园冶〉（1634）理论与17世纪日本造园实践》、《塑造我们的环境：〈园冶〉》等。《塑造》一文写道：

> 标题"园冶"是全书的线索，它教会我们如何将周围的自然融炼成园林。"园"具有广泛的含义，它是人们根据自身的需求选择的一种空间……涉及了所有人类文明可见的各种场所营造，也涵盖了城市规划。从这个角度阅读《园冶》中的理论是永恒和普适的。[②]

一斑可见全豹，在西方学者崴比·奎台特身上，可窥见东、西方多国之间的互通联系……

最后还应指出，本节标题所示的"走向学术"和"走向世界"，只是相对的区分，其实二者总是错综互渗的。事实上，《园冶》研究的学术化、国际化这两个趋势正在较快地融合，其标志就是2012年在武汉召开的纪念计成诞辰430周年国际学术研讨会【图28】。会上，除本节所提及的中外专家外，国内还有很多著名专家和研究生参加，可谓群贤毕至，少长咸集，他们所提交的代表着当代学术水平的高质量论文的交流和发表[③]，有力地促使《园冶》研究跨上一个新台阶。正是："更上一层，可穷千里目也。"（《园冶·立基·楼阁基》）

① 载《中国园林》2013年第1期。
② 载《中国园林》2013年第2期。
③ 研讨会部分论文，载于《中国园林》2012年第12期、2013年第1期等，不一一具录。

图28　纪念大师，学术研讨会在武汉召开
纪念计成诞辰430周年
国际学术研讨会会场
2012年　蔡　斌　摄

第二编

园冶选句解析

——本位之思与出位之思兼融

读书须知出入法，始当求所以入，终当求所以出，见得亲切，此是入书法；用得透脱，此是出书法。盖不能入得书，则不知古人用心处；不知出得书，则又死在眼下。惟知出知入，乃尽得读书之法。

——陈善《扪虱新话》

人对事物的认识，在其本质上对漫长系列的世代来说，都是相对的，只能逐步趋向完善，人的认识是不会终结的。对《园冶》的解释同样如此……

——张家骥《园冶全释后记》

第一章
引申接受论

本章是"《园冶》选句解析"一编的开端。

由于选句解析不但涉及阐释循环的理论，而且涉及中国和西方的引申接受理论，后者更是较重要、较复杂的理论问题，何况以往在对《园冶》一系列语句的讨论甚至争论时，亦未见研究家自觉运用这一理论，然而要对《园冶》经典作多维的探究，又不能缺失这一理论，因为这与服务时代、社会的重大课题密切相关，故本章开篇落笔，特辟"引申接受论"一章以明之。

第一节 理论：西方的接受和中国的引申

西方接受美学的某些方面是由阐释学延伸而来的。现代阐释学的重要代表H.G.伽达默尔认为，文学必须与接受者联系起来考察，"不涉及接受者，文学的概念就根本不存在"①。

20世纪60年代，德国的康茨斯坦学派就向传统的文学史和文学理论提出挑战，其创始人H.R.姚斯在《走向接受美学》一书中，就反对以往文学史只强调作者的作品创作即生产方面，而忽视文学作品读者的消费接受方面，而主张把文学看成是生产和消费的辩证发展的过程。对此，美国的R.C.霍拉勃转述道：

> 只有当作品的延续不再从生产主体（金按：即作者）思考，而从消费主体（金按：即读者）方面思考，即从作者与公众（金按：即作为群体的读者）相联系的方面思考时，才能写出一部文学和艺术的历史。②

---

① ［德］H.G.伽达默尔：《真理与方法》，辽宁人民出版社1987年版，第237页。
② ［德］H.R.姚斯、［美］R.C.霍拉勃：《接受美学与接受理论》，辽宁人民出版社1987年版，第339页。

接受美学的这一观点有其合理性，它不是静止地、片面地把文学史单纯地看作是作家作品史或创作史，而更强调了文学史也是读者对作品的接受史，从而把注意力转移到接受者方面。接受美学重视作品对当代读者的影响，注意深入研究当代读者的阅读。在这方面，陈鸣树先生概括道：

> 接受美学并不排除对过去作史的理解。但是这种理解总是交融着现时的观点。姚斯十分欣赏伽达默尔对这一问题的回答。伽达默尔认为，历史视野总是包含在现时视野中，决没有不带现时认识的纯粹的"原始视野"，"理解总是视野交融的过程"……①

这一观点也异常精彩。事实上，当代人总以现时的认识来理解过去，历史的认识总是包含在现时的认识之中，所以有人说，一代有一代的历史著作，而且每个时代总体现出不同的特色。②当然，它们之间也会有相同之处，因为当时的基本史实是第一位的客观存在，尽管后人对它的接受会有所不同。概而言之，忠于当时的基本史实，谨严扎实，这可说是一种"本位之思"，而后人对其不同的接受，超越了本位，这就是一种"出位之思"③了。

就一部具体作品来说，不同时代读者的接受会有差异。所以姚斯在指出：

> 一部文学作品，并不是一个自身独立、向每一时代的每一个读者均提供同样的观点的客体。它不是一尊纪念碑，形而上学地展示其超时代的本质。它更多地象一部管弦乐谱，在其演奏中不断获得读者新的反响……成为一种当代的存在。④

一部作品绝不是超然独立的，它在不同时代总会获得不同的反响，它甚至可说是一种当代的存在，并在接受的流变中不断取得生命的延续。这是就一代群体的读者来说的，至于个体读者，由于其性格、水平、兴趣、爱好的不同，其接受定向、期待视野也存在着更多差异。

那么，接受美学在中国是否有被接受的可能？回答是肯定的，因为中国自古以来也有相似、相近的言论，特别是强调个人接受差异的言论，其中有些还颇具权威性。先看《易》学领域：

> 六爻发挥，旁通情也。（《易·干·文言》）

---

① 陈鸣树：《文艺学方法论》，复旦大学出版社 2004 年第 2 版，第 213 页。

② ［英］柯林伍德更指出："每个新的一代都必须以自己的方式重写历史；每一位新的历史学家不满足于对老的问题作出新的回答，就必须修改这些问题本身；而且——既然历史的思想是一条没有人能两次踏进去的河流——甚至一位从事一般特定时期的一个单独题目的历史学家，在其试图重新考虑一个老问题时，也会发现那个问题已经改变了。（《历史的观念》，中国社会科学出版社，1986 年版，第 281 页）

③ 本位之思，相应于陈善《扪虱新话》所说的"入书法"；出位之思，相应于《扪虱新话》所说的"出书法"。本编——第二编"选句解析"，力求通过入书而出书，并求"入"、"出"二者之兼融；下一编——第三编"点评详注"则力求入书。入书，则求其深，"见得亲切"，贴近古人用心处；出书，则求其广，多向联系，"用得透脱"，以免"死在眼下"。这是本书的基本方法。

④ ［德］H.R.姚斯、［美］R.C.霍拉勃：《接受美学与接受理论》，辽宁人民出版社 1987 年版，第 26 页。

引而申之，触类而长之。（《易·繫辞上》）

这可看作是中国式的接受美学。由于易学的权威性影响，"触类旁通"、"引申发挥"已流传为成语，并成为学术界一种思想方法。

再看诗学、佛学领域，它们比起西方接受美学来可谓有过之而无不及。如：

作者用一致之思，读者各以其情而自得……（清王夫之《薑斋诗话·诗绎》）

古人之言包含无尽，后人读之，随其性情浅深高下，各有会心。（清沈德潜《〈唐诗别裁〉凡例》）

作者之用心未必然，读者之用心何必不然？（清谭献《复堂词录序》）

佛以一音演说法，众生随处各得解。（《维摩诘经》）

这些用接受美学的语言来说，既不应忽视作者即生产主体方面，又不应忽视读者即消费主体方面，正由于读者"心"、"情"不同，其"会心"、解法也就不同。《园冶》中也有大量的诗性片断，接受者对其的引申接受，也可能有所不同。当然，这种引申接受必须是合理的、合乎逻辑的，或智慧的、有悟性的，而不是天马行空，毫无依据的胡思乱想。

人类思想史还昭示人们：在高品位、高层次的著作中，有可能包含着作者自认为提供的思想和他并没有完全意识到而实际上却提供了的思想，后者甚至还可能具有未来价值、永恒价值。德国古典哲学大师黑格尔在《历史哲学讲演录》中深刻概括说，"历史上的伟大人物是这样一些人，在他们的个人的、特殊的目的中包含着作为宇宙精神的意志的实体性的东西"，其中包括"除了他们直接认识和要求的东西之外，还有（得出）某种别的东西"。"他们（人们）在实现自己的利益，但某种更为遥远的东西也因此而实现……"列宁在《哲学笔记》中摘下了这一段段精辟见解，还在其旁写上"注意"、"伟大人物"等批语，以示高度关注[1]。

今天看来，计成也堪称"历史上的伟大人物"，如《园冶·立基》有"桃李不言，似通津信"之语，似已预见到植物也有感知这一潜科学的命题（见本书第751-754页）；再如《园冶·借景》有"芳草应怜"之语，计成虽是通过芳草这一特殊审美个体来表达某种要求，但用黑格尔的话说，能从中"得出某种别的东西"，"某种更为遥远的东西"，故对其不妨以生态觉醒的现实，生态文明的时代这一"现时的视野"来接受，来阐发……

第二节 实证：国学传统中的引申接受

在中国文化史上，不但有权威性的接受理论，而且有大量接受史的实例。

---

[1] 并见［俄］列宁：《哲学笔记》，人民出版社1974年版，第344-345页。

先看经学领域，《孟子》是儒家最重要的经典之一，但它也不是超时代的永恒的纪念碑。在《孟子》接受史上，诠释者凡两百馀家，这里选四家代表为例：

汉代赵歧的《孟子章句》，是流传至今最早的注本。由于当时儒学定于一尊，并受古文经学的影响，故此书体现出重训诂、求原意的特色，但即使如此，它也显露出汉代学术服务于政治（如暗喻新莽、曹操）的色彩，同时其自身也开始对"心"、"性"的探索，可见其并非纯粹的"本位之思"。

宋代的朱熹，处于儒、道、释、理多元撞击的时代，哲学要求创新，因而他的《孟子集注》，集二程等人学说，发挥《孟子》的"微言大义"①，建立"理""气""心""性"的哲学体系，这既是迎接了佛学的挑战，又完成了儒家伦理秩序的重建，体现宋代学术回应时代的品格，同时《孟子集注》又不脱离训诂，因而自身也成了人们必读的经典。

清代的戴震，深受乾嘉学派重考据的影响，他从批评宋儒的"空疏"中发现新"微言"，并受时代启蒙思潮的波及，游心于未来，于是"由训诂而明理义"（戴震《与姚孝廉姬传书》）。其《孟子字义疏证》在中国哲学诠释接受史上，成了追求原意与阐发义理相统一的典范。

与戴震大体同时代的焦循，是扬州学派的代表，他既向汉学回归，又受宋学洗礼，其《孟子正义》将实证、贯通、发挥、创新融而为一，表现了兼容并蓄、博大会通的学术特色，成为集大成之作②。

对此，朱松美先生归纳说："这些《孟子》诠释大家都出现于中国历史发展的非常时期，这并不是偶然的巧合……对同一经典的诠释，因为社会背景的变化，政治、文化对于经典诠释的需求不同，而呈现出不同的时代特征"③。《孟子》的诠释接受史说明，这部经典并非自身独立、向每一时代、每一读者均提供同样理念的客体，相反，它在每个时代往往会"出位"，并"获得新的反响"。

在诗学领域，先看战国时代，对同一首古老的《沧浪之歌》（又称《孺子之歌》）的阐释，两位众望所归的大师——孟子和屈原，"各以其情而自得"，或者用明人谢榛《四溟诗话》卷四的话说，是"孟子、屈原，两用此语，各有所寓"，于是，儒、骚两家的接受就大相径庭，这是两千馀年前接受差异的铁的例证。顺便还需一说，宋苏舜钦《沧浪亭记》以及明计成《园冶·立基·亭榭基》从楚骚立场引用《沧浪之歌》后，今天多数研究者却以儒家的接受来接受，这属于误读误导（见本书第206-209页），既非本位又非出位，亟须予以修正。

---

① 微言大义：指精深微妙的言辞所包含的深奥义蕴。[清]钱谦益《汲古阁毛氏十七史序》："古者六经之学……圣贤之微言大义，纲举目张。"阐释微言大义，可称为"发微"。

② 本书倾向于焦循对原意的探求回归与对义理的引申创新相统一即本位之思与出位之思相融合的研究方法，这是本书所企求的基本学术立场。

③ 朱松美：《〈孟子〉诠释与中国经典诠释特色》，《学术界》2006年第4期。

再以与《园冶》密切相关、今已众所周知的东晋著名诗人陶渊明的接受史为例。在东晋末、南朝初，人们赞赏陶渊明，是其不应征命等的高隐事迹，而对他的诗文并没有什么反响。对此，今天一些学术著作总结道：

> 终唐之世，陶诗并不显赫，甚至也未遭李、杜重视。直到苏轼这里，才被抬高到独一无二的地步……苏轼发现了陶诗在极平淡朴质的形象意境中所表达出来的美，把它看作是人生的真谛，艺术的极峰。千年以来，陶诗就一直以这种苏化的面目流传着。[①]

> [陶渊明] 是到了宋代才得到充分肯定的。在晋末宋初，无人称赞陶渊明，刘勰《文心雕龙》纵论历代文人艺术成就的得失，但无一语涉及陶渊明。《南齐书》及晋宋史传也不提陶诗有何成就。直至钟嵘《诗品》评述了陶诗，萧统又为陶渊明作传和编集并写了序，陶渊明这才开始较为人所重视，但地位仍在其他文人之下……他的"平淡"的艺术风格又与齐、梁对侈丽文采的追求相违背，陶渊明的被冷落就是必然的了。[②]

确实如此，陶诗的特色是平淡冲和，即事超脱，语言自然，深含理趣，咏景有质朴之美，无鲜丽之色，与齐、梁的绮靡文风大异其趣，故而并不被时人欣赏。所以南朝梁钟嵘的《诗品》也只赞他"文体省尽，殆无长语，笃意真古，辞兴婉惬"，没有将其诗列于"上品"而仅列于"中品"，相反，丽密繁芜的谢灵运却被列为"上品"，这是一种接受。直至唐代，李白、杜甫、白居易虽给陶渊明以较高的评价，也学陶体，但影响不大。只有到了宋代，文人们好言理，尚平淡，如苏轼就大力推举道："其诗质而实绮，癯而实腴，自曹、刘、鲍、谢、李、杜诸人皆莫及也。"（《与苏辙书》）黄庭坚、陈师道、叶梦得、张戒等也极力推崇，于是在宋代诗坛，陶诗才"获得读者新的反响"，"成为一种当代的存在"。自此，"桃花源"、"采菊东篱下，悠然见南山"等，成了文学的极高境界。

又如唐代，诞生了一部彪炳史册的杜诗。对此，清薛雪《一瓢诗话》写道："兵家读之为兵，道家读之为道，治天下国家者读之为政"，"解之者不下数百家，总无全璧"。这是高度概括了读者对"诗圣"杜甫接受之间的种种差异。

通过历史回眸，可用接受美学的语言来概括了。《沧浪之歌》、《孟子》、陶渊明、杜甫的接受史足以证明：作品的历史性延续，不能仅仅从"生产主体"即作者创作作品的方面思考，而且同时还应从"消费主体"即读者和批评家、研究家的阅读、诠释、研究、评论等接受方面思考，考虑其因时、因人之不同，才能写出一部全面的哲学史或文学史。由此也可见，西方的接受美学有其合理性，它在中国也有其深厚的历史土壤。

---

① 李泽厚：《美的历程》，文物出版社 1981 年版，第 163 页。

② 李泽厚、刘纲纪主编：《中国美学史》第 2 卷（上），中国社会科学出版社 1987 年版，第 400 页。

再回到本书的主旨上来。从历史上看，计成及其《园冶》也随着时代的不同而遭际不同。在明代末年，计成极不得志，当时兵连祸结，人心惶惶，富贵人家大多无心造园赏园，计成在《自跋》中写道："惟闻时事纷纷"，"自叹生人之时也，不遇时也"。这其实也是写他的造园及其理论的"不遇时"，而这首先也是由社会时代大环境所决定的。宋李格非《洛阳名园记》写道："天下之治乱，候于洛阳之盛衰而知；洛阳之盛衰，候于园圃之废兴而得。"这是一个规律性的总结，所以又有盛世造园之说。到了清代康、乾盛世，皇家、私家造园大盛，形成一代高峰。至于计成的《园冶》，则因故直到20世纪80－90年代，才兴起了学术大讨论[①]，这也不是偶然的，当时随着政通人和，经济发展，造园再度兴旺，高校也不断增设有关专业。而今在21世纪生态文明时代，既需要改善人类生存环境，又需要繁荣发展文化，《园冶》就进一步被奉为经典。

德国狄尔泰的"循环阐释"学说有一个观点值得注意，即认为必须突破自我循环的内部封闭性，因为"生活与生活经验是对社会——历史世界的理解不断更新变动的根源，从生活出发，理解进入更新的深度"，所以应把"生活经验作为深化理解的原动力"[②]。联系生活经验和社会实践来阐释、来接受，可称之为大循环理论，这是极有益的见解，应加以弘扬，本书也力求加以贯彻。

2012年在武汉召开的纪念计成诞辰430周年国际学术研讨会上，笔者特别注意如下两篇论文：张薇的《〈园冶〉理论的普世价值及其对建设美丽中国的指导作用》；齐羚的《从〈园冶〉到〈园衍〉——浅论中国园林文化精神的解读与回归》，其主旨均凸显为趋向时代之新、未来之新。历史的走向正是如此，从计成大师的《园冶》，到孟兆祯院士的《园衍》，就是一个突出的表征。《园衍》是对经典《园冶》的出色传承，它以回归原意为出发点，以应用实践为归宿。古典哲学大师黑格尔在《逻辑学》中强调科学和"应用逻辑"的紧密联系，列宁在《哲学笔记》中摘录其语，批道，"任何科学都是应用逻辑"；在另一处摘录了黑格尔关于"善"这一范畴的话语后，又写道，"实践高于（理论的）认识，因为它不但有普遍性的品格，而且还有直接现实性的品格"[③]，这都可看作是列宁对黑格尔古典哲学的接受、改造和提升。今天，人们对于《园冶》的引申接受，也应尽可能联系于应用逻辑，联系于古今园林的营造和游赏实践[④]，从而让《园冶》一系列警语秀句更有应用价值，更凸显其"普遍性的品格"、"直接现实性的品格"，从而更进一步体现为新的"合为世便"（计成《自跋》）……

---

① 在20世纪中期，由于众所周知的原因，《园冶》还受到所谓"批判"，可见尚未"否极泰来"。

② 引自张如伦：《意义的探究——当代西方阐释学》，辽宁人民出版社1986年版，第55页。

③ ［俄］列宁：《哲学笔记》，人民出版社1974年版，第216、230页。

④ 童寯《江南园林志》指出："造园一艺术，游赏又一艺术。"这一精辟论点说明，游赏不应忽视；而在引申接受中，造园与游赏也应是同样重要的，不能厚此薄彼。

再说以摘句形式进行解读，也完全符合于中国古代对作品的接受。在古代，这些佳句往往被称为警策或秀句加以摘取。晋陆机《文赋》云："立片言以居要，乃一篇之警策。"南朝梁刘勰《文心雕龙·隐秀》云："秀也者，篇中之独拔者也。"指的都是篇中精彩的、含味无穷的警语秀句。清人伍涵芬《说诗乐趣》一书还特辟"警句门"，其中收录有关警句并加以品评接受的，凡一一三条，其中仅"惠崇诗"条，就摘录诗僧佳句一百联之多……

至于计成的《园冶》中，警语秀句俯拾即是，笔者爱用"累累如贯珠"来形容，或者说，这是一个尚待发掘的富矿，遗憾的是人们往往没有发现，所引用的不过是"虽由人作，宛自天开"等几句，故而本编多方面分门别类地大量开掘，将理论、历史、现实、鉴赏、实用五者结合起来进行诠释发微，引申接受。融合本位之思与出位之思，以求凸显《园冶》警语秀句的多元价值。此外，选句中还包括若干年来争议纷纭、莫衷一是的难句，对其进行探析，这也有利于对《园冶》全书的解读。

第二章
广域理念篇

　　《园冶》中很多警语秀句都体现了具有独创性、深广度的理念，它们发人深思，启人心智，不但对风景园林的营造、研究和品赏有重要的指导作用，而且还具有广域性和多方面的价值意义，它们大大地超越了风景园林的专业阈限，广泛地适用于其他领域，具有普世价值。本章着重解析具有广域性理念的警句名言，但不包括《园冶·兴造论》所提出的"因"、"借"、"体"、"宜"，因为这虽也适用于其他领域，但《园冶》书中是将其作为重要的特殊专业理念提出来的，故本编将其列为第六章来解析发微。

第一节　"虽由人作，宛自天开"
——兼探计成天然、如画的美学思想

　　此八字两句，见于《园冶·园说》，是全书的总纲，也是广为流传的名言。

　　早在 1893 年，日本造园家兼教育家小泽圭次郎在《日本园艺会杂志》上的《公园论》中，首次征引了这句名言，可见其在 19 世纪末，就已产生了世界性的影响。

　　此后，历史进入了 21 世纪，又跨越了两个世纪，即又经过了 120 年，著名《园冶》研究家、教育家孟兆桢院士又在 2012 年问世的《园衍》一书中指出："中国园林的最高境界和追求目标是'虽由人作，宛自天开'。这也是计成大师在'园说'中提炼出来的中国园林理论的至理名言。"[1] 这是以凝练的语言，揭示了名言的崇高理论价值。

---

[1] 孟兆桢：《园衍》，中国建筑工业出版社 1912 年版，第 66 页。

本节拟由此出发，从哲学美学的视角，按如下三个层面探析计成崇尚天然美学思想的价值意义：

一、"无为而无不为"

在中国哲学美学史上，自然是极高的范畴，道家学派更是如此。《老子·二十五章》："人法地，地法天，天法道，道法自然。"对"道法自然"这一重要命题，王弼注："道不违自然，乃得其性。"河上公章句："道性自然，无所法也"。这都是说，"道"体现了自然之性，所以它纯任自然，自己如此，并不再要取法什么。可见《老子》里的"自然"，是"道"的本质本性，它与"道"处于同一层级，可说是互为表里，《庄子·德充符》成玄英疏："道与自然，互其文耳"。《老子》中的道与自然，同样如此，其义涵就是"无为"。《老子·二十九章》："是以圣人无为……"王弼注："万物以自然为性，故可因而不可为"。《老子·六十四章》还说："辅万物之自然而不敢为。"不可为，不敢为，这就是对道、对自然的尊崇、敬畏。在老子哲学中，道、自然是先于天地，具有本体论意义的至高无上的元范畴。此后，《庄子》进一步发展了《老子》的哲学，其丰富的自然观更备受今人关注。[①]

《老子》"道法自然"的"无为"论，有尊重自然生态，顺应客观规律、否定超自然力量之目的论、以及否定极端的人类中心主义等多方面的积极意义，但又易导致消极顺应，纯任自然，无所作为，从而取消了人的智慧和能动性。至于《庄子》，更强调"恬淡无为"(《胠箧》)，"逍遥乎无为之业"(《大宗师》)，其消极面也显而易见。著名学者钱穆在肯定其积极意义的同时，指出："惟庄老意态消极，故其言变乃多退而少进"[②]。这是实事求是之评。虽然《老》、《庄》均有"无为而无不为"(《四十八章》、《庚桑楚》)之说，但主要地是强调无为，如"事无事"(《老子·六十三章》)，其消极方面，均表现为"多退而少进"。

到了汉代，属于道家的《淮南子》，一方面认为"无为者，道之宗"(《主术训》)，另一方面又突出地肯定了人积极活动的必要性，如"地势水东流，人必事焉，然后水潦得谷行；禾稼春生，人必加功焉，故五谷得遂长"(《修务训》)，突出了人的

---

① 赵沛霖在《庄子自然观的历史进步性及其现代启示》一文中指出："如果说极端人类中心主义直接导致了对于自然的野蛮征服和肆意蹂躏，那么，庄子关于人类是自然之子的思想则必然导致对自然的敬畏、亲近以及有节制地享用自然资源的理性态度。在这样的前提下，人类就能从新的历史高度重新审视和确立人与自然的关系，在自然家园中找到自己恰如其分的位置，为建立人与自然之间'双赢'的合理关系提供必要的思想前提。这必将极大地促进人——经济——社会——环境的协调发展"。可见《庄子》哲学"富于生态智慧，是值得珍惜的优秀传统文化遗产，只要认真发掘，运用现代意识加以阐释，就能为当代的生态文明建设提供重要的启示。"(载华东师范大学先秦诸子研究中心主办：《诸子学刊》第6辑，上海古籍出版社2012年版，第106、96页)当然，庄子思想也有突出的消极成分需要扬弃，这是无需赘言的。

② 钱穆：《中国思想史》，九州出版社.2012年版，第130－131页。

"事"、"功"，胡适指出，《修务训》"专说有为的必要"，"是很明白的有为主义"①《淮南子》哲学可看作是对道家"无为而无不为"新的合理阐释。计成除了受老、庄哲学美学的影响外，又受《淮南子》的影响，其《园冶》书稿主要是在寤园扈冶堂完成的，《园冶》的"冶"字，就来自《淮南子》"扈冶"一词。因此计成崇尚天然的美学思想，不但传承了老、庄顺应自然的道家哲学，而且还吸收了《淮南子》积极有为的哲学思想，其"虽由人作"一语，就契合于《淮南子》"人必事焉"，"人必加功"之意，然而它又归复于老庄，要求"宛自天开"，宛同自然地生成的。这样，计成在新的历史条件下，把"无为"和"无不为"有机地统一起来了，或者说，在新的理论层面上将其综合、贯通、冶铸为一个石破天惊的警句。此句虽仅八个字，却深永厚重，是中国艺术美学的一个丰硕成果。

再看此理念的提出，《园冶·园说》写道："径缘三益，业拟千秋……山楼凭远，纵目皆然；竹坞寻幽，醉心即是……插柳沿堤，栽梅绕屋。结茅屋里，浚一派之长源"。紧接着就提出"虽由人作，宛自天开"的著名论点。这段描述，也可说是很逍遥，但又不是逍遥乎"无为"之业，而是寓"有为"——插、栽、结、浚等于其中。

应该指出，《园冶》的理论，往往通过审美感性的骈俪辞句表现出来，而泯却了理性语言，但全书中"人必事焉"、"人必加功"之意，或显或隐，几乎俯拾即是。如在《相地·山林地》中，计成推崇那里自然地生成了"有高有凹，有曲有深，有峻有悬"的地势，指出其特点是有"天然自成之趣，不烦人事之工"。这里，计成在"天"与"人"的对待中，突出了"天"，淡化了"人"，但又不是不要"人"的参与。他紧接着写道："入奥疏源，就低凿水，搜土开其穴麓，培山接以房廊……闲闲即景，寂寂探春。好鸟要朋，群麋偕侣……"这是一幅逍遥闲适、生态和谐的图画，但是其中的"无为"，也离不开"有为"，疏、凿、搜、开、培、接等一系列动词，凸现着人积极有为的"事""功"，这是天然自成和人事之工的有机统一。计成作为出色的造园家、美学家，传承着、辐集着道家"无为而无不为"的积极的历史传统。

计成崇尚天然的美学思想所隐含的"人事之工"还不止此，据郑元勋《园冶题词》所述，他还有"使大地焕然改观"的宏伟襟抱，这又可说是最大的"无为而无不为"了。

二、艺术风格与品评标尺

在中国思想史的行程中，"自然"作为哲学美学概念愈趋复杂，一方面，它相同、相通于"天"又不完全等同于"天"，另一方面，它又渗透到艺术风格和艺术

① 胡适：《中国中古思想史长编》，漓江出版社 2013 年版，第 159－160 页。

品评之中。笔者曾写道："自然，就是自自然然，自然而然，或者说，近于天然或自然天成。这在古代艺术、美学、哲学中是极高的境界。"①后又在《释"自然"》一文中分析道：

> 中国美学里的"自然"，内涵极其丰富。它基本上可分三层意思：其一是天然，非人为的，如大自然、自然界、自然物等概念中的"自然"，它往往是艺术仿效或表现的对象；其二是虽有人为，但不造作，是非勉强的，近于天然的，自自然然的，如风格自然；其三是作为道家哲学范畴的"自然"。这三个层面，又是互为关联的。②

"虽由人作，宛自天开"所要求的，正是不造作、非勉强的，近于天然的艺术风格美，其中一切都显得自自然然的，好像没有经过人作一样。这一要求，同时也是承继了千百年来历史上以"自然"为品评标尺的悠久传统，并开启了后世的有关品评，回眸中国园林史，并不乏此类实例的记载：

> 又广开园囿，采土筑山，十里九坂，以像二崤，深林绝涧，有若自然。

（《后汉书·梁冀传》）

> 吴下士人共为筑室，聚石引水，植林开涧，少时繁密，有若自然。（《宋书·戴颙传》）

> 举宅内山斋舍以为寺，泉石之美，殆若自然。（《南史·谢举传》）

除了史书，还有从南朝的《洛阳伽蓝记》，到明初的《辍耕录》可以找到大量例证，特别是郑元勋在《影园自记》中，也赞美计成所造影园"皆若自然幽折，不见人工"。这些无不突出了"自然"、"天"，淡化了"人"。

再看今天现存的园林，自然风格的典型当首推苏州环秀山庄的湖石大假山。刘敦桢先生指出：

> 全山凝为一个整体，无需借助于萝葛的掩饰，望之如天然浑成……从局部到整体，仿照石灰岩喀斯特现象所形成的构造与纹理，形象和真山接近……全山结构严密，细部与整体熔铸为一体，一石一缝，交待妥贴，能远看，也可细赏。③

此山总体上确乎不琐碎，不杂乱，不排牙，不板律，结构严密，纹理自如，混成无迹，自然而然，完全符合于"道法自然"，"宛自天开"的法则【图29】。试看这一假山杰构的陡峭崖壁、蹊径山洞，均叠得纹理一致，俨然一体，不见人事之工，毫无劳力之迹，真是"洞壑坡矶之俨是"（《园冶·掇山》），绝类自然形相。例如近处的山洞，里面黑黝黝浅而似深，特别是洞前一条屈曲自如、妙绝人寰的

① 金学智：《中国书法美学》下卷，江苏文艺出版社1994年版，第645页。
② 金学智：《苏园品韵录》，上海三联书店2010年版，第210页。
③ 刘敦桢：《苏州古典园林》，中国建筑工业出版社2005年版，第70页。

图29　功成事遂，百姓皆谓我自然
苏州环秀山庄湖石假山洞岩
田中昭三　摄

狭窄石缝，其边缘没有一寸是僵直生硬的，似是天然崩裂所致，或如同地震所形成……总之，广为识者们交口称誉。再如，山中的一条由湖石掇就的洞壑，委曲幽邃，亦如天造地设，不见人工拼掇之痕。其洞岸凹凸错综的石块，叠压重深，混然凝成，而细观石壁，则剥裂皴皱，纹理纵横。再俯视洞底，似乎深不可测……总之，对于环秀山庄的假山，如果近观其质，那么每个局部甚至细部，也无不体现着宛自天开，秀若天成的品格，这也可借用《老子·十七章》的话说，是"功成事遂，百姓皆谓我自然"。这是掇山艺术虽经人工而归复于天然的极致，也是园林营造"法天贵真"（《庄子·渔父》）的出色成果。

在中国古典美学传统里，既雕既琢，复归于朴；功成事遂之后，却又秀若天成，是为极高的审美境界。而这又可以和德国古典哲学家康德的深刻论述相印证：

美的艺术作品里的合目的性，尽管它也是有意图的，却须像似无意图的，这就是说，美的艺术须被看做是自然，尽管人们知道它是艺术。但艺术的作品象是自然是由于下列情况：固然这一作品能够成功的条件，使我们在它身上可以见到它完全符合着一切规则，却不见有一切死板固执的地方，这就是说，不露出一点人工的痕迹来，使人看到这些规则曾经……束缚了他的心灵活力。①

---

① ［德］康德：《判断力批判》（上卷），商务印书馆.1985版，第152页。

包括园林在内的艺术作品，是人为的、人工造作的、有目的有意图的，在不同程度上遵循和符合于艺术的法则，一言以蔽之，这就是"虽由人作"。但是，它的最高境地又必须是像是自然的，像自然一样无目的无意图，自生自成，"宛自天开"，不见有死板固执的地方，"不露出一点人工的痕迹来"，而是自自然然，让人看不到法则对艺术家个性的束缚，是驾驭法则而不是受制于法则。从哲学的视角说，《老子·五十一章》："夫莫之命而常自然。"魏源《老子正义》："非有心以命于物也。莫之使令而自然生……莫非自然者，由其自然。"这也可谓抉出义谛。中、西哲学美学在最高境界上，竟达到了某种一致，这就是一种"无目的的合目的性"、不见人工的"人工性"。

《园冶·屋宇》还提出了"天然图画"之语。这一概念的提出，不只是承上启下，其价值意义更需一论。在中国文化史上，诗人们往往爱把现实自然界的江山美景当作人创造的图画艺术来欣赏，就看宋元以来，在这方面就不乏警句。如苏轼的《念奴娇·赤壁怀古》，写出了"江山如画"的不朽名句，后世广为传诵；黄庭坚《王厚颂二首〔其二〕》中的"人得交游是风月，天开图画即江山"，精警隽永而突出了风景主题，可看作是对"江山如画"的创造性演绎。在元代，鲜于必仁《双调折桂令·西山晴雪》咏道："地展雄藩，天开图画"……但是，这些都是诗句，是诗意性的抒写描述，而计成则在《园冶·屋宇》中提出："境仿瀛壶，天然图画。"其价值意义，一是将历史上的诗咏，升华为园论中理论性的观念形态——"佳境如画"论；二是将其和"境仿瀛壶"相并相连，作为园林中最高的理想境界和美学追求；三是从道家自然本体论的高度提出了品评标尺，并融入自己天与人、无为和有为相与统一的思想体系之中。

计成提出的"天然图画"作为美学理想和品评标尺，具有适用于现实风景和园林艺术的二重性。一方面，它完全适用于自然天成的江山胜景，对于这类美景，人们往往以图画视之，如对于桂林山水，唐赵嘏《赀家洲》诗云："遥闻桂水绕城隅，城上江山满画图。"清金武祥《遍游桂林山岩》写道："桂林山水甲天下，绝妙漓江秋泛图。"这些都是脍炙人口、不胫而走的名句，高度评价了天然山水如绘似画的理想境界。另一方面，"天然图画"的理想、标尺，又更适用于经由人作的园林艺术杰构，试看现代作家叶圣陶先生《苏州园林》一文的几个片断：

游览者无论站在哪点上，眼前总是一幅完美的图画……

苏州园林里总有假山和池沼……远望的时候仿佛观赏宋元工笔云山或者倪云林的小品……

苏州园林栽种和修剪树木也着眼在画意，高树与低树俯仰生姿……没有修剪得象宝塔那样所谓松柏，没有阅兵式似的道旁树，因为依据中国画的审美观点看，这是不足取的……

摄影家挺喜欢这些门和窗，他们斟酌着光和影，摄成称心的满意的照

图30　南宋院画，工笔小品
苏州网师园池东景色
田中昭三　摄

片……①

这是一位著名作家对苏州园林的审美体悟，是写出了眼中的"天然图画"，而文字也写得十分凝练精彩，然而又并非虚语。例如苏州网师园池东的假山、池沼、建筑等景物，组合得仿佛南宋的精致院画、工笔小品【图30】，意趣盎然，令人品赏不尽，然而，它又极富天趣，完美无瑕。其实，不只是苏州园林，其他地方的优秀园林也都是这样，如无锡的寄畅园，园中绿树葱茏，画意浓郁，透过空窗，确乎能摄到如画的美景【图31】。试看图中框景，也是一幅天然图画：在充满山林气息的背景上，老干苍劲粗壮，虬枝自然屈曲，如龙惊蛇走，俯仰生姿，和它下面平直的七星桥形成鲜明对比，显得直者愈直而曲者愈曲；又经烟光的染衬，更显得分外夭矫，这不妨借"烟中之干如影，月下之枝无色"（清笪重光《画筌》）的画论来进行品赏和展开联想……

园林，是人为的，如图似画的，但又似是天然而成的。计成所提出的这一极富意蕴的理想境界、品评标尺，在尔后造园史的实践中还被广泛认同或无意契合，例如在清代，李渔《闲情偶寄·居室部·取景在借》写到，在湖舫中设窗，于是西湖"现出百千万幅佳山佳水"，尽"作我天然图画"；郑板桥《竹》写道：

① 叶圣陶：《苏州园林》，原载《百科知识》1979年第4期，第58-59页。

"一片竹影零乱，岂非天然图画乎？"乾隆《圆明园四十景图咏·天然图画》也咏道："我闻大块有文章，岂必天然无图画？"曹雪芹在《红楼梦》第十七回中，通过贾宝玉之口也说，"古人云'天然图画'四字，正恐非其地而强为其地，非其山而强为其山"，并强调应有"自然之理、自然之趣"……对于

图31 烟中之干如影
无锡寄畅园如画框景
梅 云 摄

清人的这些理论品评来说，计成可谓领时代之先，其词语在典型意义上成了由诗咏向理论批评联系、转换的历史关纽。

从词源学、训诂学的视角看，"天然"一词相比于"自然"是后起的，它在春秋战国时的老庄著作里堪称罕见，要到三国魏才进入玄学的文本，从而获得了理性的确认，这见于郭象的《庄子》注中。他释道："自然者，不为而自然者也"（《逍遥游》注）；"自己而然，则谓之天然，天然耳，非为也，故以'天'言之，所以明其自然也"（《齐物论》注）。可见，在哲学层面上自然和天然也可以互训。《说文解字》段注："'然'……训为如此，'尔'之转语也。"如是，自然应训为自己如此，自成这样；天然应训为天生如此，天成这样。总之，二者都是原本就有、原来如此的，是独自生成，不靠外力而变化的，即郭象所注"不为而自然"。

那么，计成为什么一再选用"天然"，而不用老庄哲学中频繁出现的"自然"这一影响更为深远的词呢？一个主要原因是《园冶》里一再用家乡吴方言里的"自然"，如"自然雅称"（《兴造论》），"自然古木繁花"（《相地》），"自然深奥"（《立基·书房基》），"自然断续蜿蜒"（《立基·廊房基》），"自然明亮鉴人"（《墙垣·白粉墙》），"自然清目"（《选石·六合石子》）……这些"自然"，均有必定（会）之意，主要用作副词，以帮助表判断，并有利于区别作为哲学范畴的"自然"（有些研究家不经辨析，混淆了《园冶》中已精确区别的这两个词）。计成对此词的选用是明智的，否则就会与作为道家哲学范畴的"自然"相混淆。故而《园冶》的美学范畴多用"天然"，或曰"天然图画"，或曰"天然自成之趣"，或曰"似得天然之趣"（《假山·曲水》）。

三、"爱好天然"的时代潮流

明代，是中国社会的重要时期——中古期的结束，近古期的开始，特别是中明以来，资本主义萌芽，商品经济兴起，哲学美学、文学艺术领域也合规律地出现了新思潮，精英们拈出了"心"、"情"、"性"、"天"、"真"、"妙"、"韵"、"趣"等范畴以对抗宋明理学，以求突破纲常名教的束缚，掀起时代的浪漫洪流，这用明代思想家颜山农的话说，是"前不见有古人"，"非名教之所能羁络"（［清］黄宗羲《明儒学案·泰州学案一》）。而《园冶》中也颇多类似的范畴（其中还深深包孕着创新的理念），这只有联系其时代思潮，才能作深入的理解。

哲学是时代的灵魂。"圣人贵名教，老庄明自然"（《晋书·阮瞻传》引王戎语），中明以来，"自然"的概念在哲学美学领域更多地由客体转向主体，王阳明的心学就开启了一代反名教的美学追求，其《传习录下·钱德洪录》石破天惊提出，"良知是造化的精灵，这些精灵生天生地"；《示诸生诗》还说："尔身各各自天真"，这都是把心和天联系起来。泰州学派的王艮更说："宇宙在我，万化生身"，"良知之体，与鸢鱼同一活泼泼地……要之自然天则，不着人力安排"（《心斋语录》）。这是进一步摒弃人工，把天、自然的概念引到了人的自然本性方面。接着，颜山农也说："率性所行，纯任自然，便谓之道"，"凡儒先闻见，道理格式，皆足以障道"（《明儒学案》卷三十二）。这是对拘束人性的传统纲常、陈腐观念的否定。尔后，被目为"异端"的李贽，突出地强调"性者，心之所生也"，应"顺其性不拂其能"（《论政篇》）；其《童心说》更极力鼓吹美学的主体性，指出童心即真心，其特点是"绝假纯真"，"若失却童心，便失却真心，失却真心，便失却真人"，而"天下之至文，未有不出于童心焉者也"。其《读律肤说》还写道："盖声色之来，发于情性，由乎自然，是可以牵合矫强而致乎？……故以自然之为美耳……然则所谓自然者，非有意为自然而遂以为自然也。"他以发于情性的自然为美，并认为："自然之性，乃是自然真道学。"（《笃义》）这是对人性人情之自然的尊崇，指出不可以"牵合矫强而致"，从而构成了李贽的心学体系。

中明以来，文学艺术的理论批评，也深受心学思潮的影响，并都直映着或折射着要求变革的时代心声。

在诗歌领域，都穆率先倡导"天然"，它上溯金代元好问"一语天然万古新"、"穿庐一曲本天然"（《论诗绝句》）等论诗名句，并指出"须知妙语出天然"（《南濠诗话》），徐祯卿则说，"情者，心之精也"（《谈艺录》），定义强调了情、心的重要。谢榛评谢灵运"池塘生春草"句也说："造语天然，清景可画，有声有色"，并进而提出，"自然妙者为上"（《四溟诗话》卷二、四）。他上承元好问、都穆，以天然、自然为高。至于"性灵"说，最早由焦竑提出，他认为："诗非他，人之性灵之所寄也。"（《雅娱阁集序》）又说："诗也者，率其自道所欲言而已……发乎自然……非强而自鸣也。"（《竹浪斋诗集序》）而性灵派创始人袁宏道更指出："性之所安，殆不可强，率性而行，是为真人。"（《识张幼于箴铭后》）而"余性疏脱，不耐羁锁"（《游惠山记》），故诗歌创作强调"自然之韵"（《寿存者张公七十序》）；主张"独抒性灵，不拘格套，非自己胸臆中流出，不肯下笔。有时情与景会，顷刻千言，如水东注……"（《叙小修诗》）。

在绘画领域，徐渭就说："不求形似求生韵，根拨皆吾五指栽。"（《题画风竹篾》）李日华说，"韵者，生动之趣……性者，物自然之天也"（《六砚斋笔记》）。其中"性者，物自然之天"一句，值得深味。他又说，作画"不可预定，要不失天成之致"（《紫桃轩杂缀》）。这也是强调艺术创造应该体现自然、天性、天成之美。

在音乐、书法、篆刻领域，李贽《读史·琴赋》说："盖自然之道，得心应手，其妙固若此也。"张岱《陶庵梦忆》说："援琴歌《水仙》之操，便足怡情；洞响、松风，三者皆自然之声。"朱简《印经》论篆刻云："文人之印以趣胜，天趣流动，超然上乘。"也均以心为上，以自然为美。

在戏曲领域，汤显祖从世总为情出发，因情成梦，因梦成戏。在《牡丹亭》里，他在"昔氏贤文，把人禁杀"（《闹塾》）的情境下，精心塑造了杜丽娘的形象，让其不但说出"不到园林，怎知春色如许？"表达了对自然美的发现的倾慕，而且响亮地唱道："我常一生儿爱好是天然。"（《惊梦》）这是唱出了历史的必然倾向和时代的最强音。汤显祖还诘问："第云理之所必无，安知情之所必有邪"（《牡丹亭题词》）？对于《牡》剧，李泽厚先生指出，其"主题并不单纯是爱情……它所不自觉地呈现出来的，是当时整个社会对一个春天新时代到来的自由期望和憧憬"。"它呼唤一个个性解放的近代世界的到来，并且呼喊得那么高昂，甚至逸出中国理性主义传统"。[1]这一评价深刻而中肯，既是历史的，又是美学的。

综观中明以来的美学，确乎可以看到：

> 最早明白地表现出这种新倾向的代表人物是李贽、汤显祖、徐渭、袁宏道。他们都以表现人的纯真的自然本性为美，认为理学家们所讲的"理"是同人的纯真的自然本性的表现不能相容的，因而是同美（所谓'韵'、'趣'）不能兼容的，甚至明确地主张'理绝而韵始全'……在新的历史条件下，已具有一定程度的反对封建束缚，要求个性解放的近代人文主义倾向。[2]

这具体表现为以下几个方面：

一、以"趣"为尚。胡应麟《诗薮·内编》卷二就提出"随语成韵，随韵成趣"。李贽评点《水浒》，提出"天下文章当以趣为第一"，特别赞赏李逵的"一团天趣"。汤显祖《答吕姜山》还说："凡文以意、趣、神、色为主。"这也是其

---

[1] 李泽厚：《美的历程》，文物出版社1981年版，第200页。

[2] 李泽厚、刘纲纪主编：《中国美学史》第1卷，中国社会科学出版社1984年版，第46页。

主情论美学的一个纲领。袁宏道认为，"山林之人，无拘无缚，得自在度日，故虽不求趣而趣近之"，并说，"世人所难得者唯趣……趣得之自然者深"（《叙陈正甫会心集》）。徐沁《明画录》叙论山水说："悠然会心，俱成天趣。"屠隆《画笺》也提出，"不求物趣，以得天趣为高"……

二、人情物欲的追求。作为主流意识的理学名教，坚执于"存天理，灭人欲"的禁欲主义教条，扼杀人的情欲追求，而顺应市民社会的兴起的思想家、艺术家们，则反其道而行之。李贽《道古录·第十五章》则呼吁："各遂其千万人之欲"。汤显祖的思虑更为深广，他推崇"有情之天下"（《青莲阁记》），并在《牡丹亭记题词》中说："情……一往而深，生者可以死，死可以生"。袁宏道《识伯修遗墨后》说："世间第一等便宜事，真无过闲适者。"这都应看作是对传统理学说教的反拨。冯梦龙《情史序》说："六经，皆情教也。"其《情史》提倡"情教"，《序山歌》则云："借男女之真情，发名教之伪药。"这都是从"泛情论"出发，以真情揭发名教的虚伪。

这类情趣、意味、闲适……在《园冶》里也有较大的回响。如"涉门成趣"（《相地》），"自成天然之趣"（《相地·山林地》），"归林得意"（《相地·村庄地》），"似多幽趣，更入深情"（《相地·郊野地》），"动'江流天地外'之情"（《立基》），"意尽林泉之癖，乐馀园圃之间"（《屋宇》），"触景生奇，含情多致"（《门窗》），"深得山林趣味"（《墙垣》），"深意图画，馀情丘壑"，"山林意味深求，花木情缘易逗"，"举头自有深情"（《掇山》），"似得天然之趣"（《掇山·曲水》），"触情俱是"，"物情所逗"（《借景》）……园林，成了动情得趣的天地。但在《园冶》里，这种人情物欲又被风雅化、山林化了，特别是"足矣乐闲"（《相地·傍宅地》），"寻闲是福，知享即仙"（《相地·江湖地》），"沽酒不辞风雪路"（《相地·村庄地》），等，更与时代心声有明显呼应，但也显得那么自然、雅致，表现为有一定节制的斯文高雅。

三、关于"天机"、灵性。这也是一个联系着时代的复杂的哲学、美学问题，拟留待本章第九节专论。

综观计成"虽由人作，宛自天开"的天然美学，不论是联系着道家的"无为而无不为"，还是作为艺术风格概念与品评标尺，或者是联结着时代心声，由作为客体的"天"转向作为主体的"天"，它都是引领于时代前列的，并在中国美学史上有着重要的地位。

第二节　有真为假，做假成真
——试论计成的"真假"美学观

自然界、现实生活以及人类思维中，处处存在着相反相成的、辩证的互动现象，中国古代最早、最深刻地研究这一现象的是老子。作为道家哲学经典《老子》一书中，对这类现象作了多视角的揭示和论述："有无相生，难易相成，长短相形，高下相倾……恒也"（二章）；"知其雄，守其雌"（二十八章）；"明道若昧，进道若退"（四十一章）；"大成若缺"，"大巧若拙"（四十五章）；"祸兮福之所倚，福兮祸之所伏"（五十八章）……《老子》之前，思想家们虽也关注这类现象，但论述是零星的，只有到了《老子》，才作了大量渊深的论述，不但指出其为"恒也"，即是经常的、普遍的存在，而且还提出了"吾以观复"（十六章）的方法论。这些，对后世的哲学影响极大。

在《老子》哲学影响下，中国美学陆续出现了一系列互动的辩证范畴——真与假、形与神、虚与实、情与景等等，它们既互异互动，又相反相成，有效地推动着艺术的创造和鉴赏的发展。

真与假，是体现艺术与现实之美学关系的一对重要范畴，它在小说、园林、绘画、戏曲等门类艺术里有着突出的表现。明容与堂刻本《水浒》第一回末总评说："《水浒传》事节都是假的，说来却似逼真，所以为妙。"其《一百回文字优劣》又指出，"世上先有是事"，据此提炼创作，是"《水浒传》之所以与天地相终始"的原因。这说得颇为深刻，惜乎没有把"真"与"假"作为一对范畴提出来。一直要到王希廉的《红楼梦总评》里，真、假范畴才取得了凝练的理论形态，其文云："《红楼梦》一书，全部最要关键是'真'、'假'二字，读者须知，真即是假，假即是真；真中有假，假中有真；真不是真，假不是假……"这是悟透了《红楼梦》第五回"太虚幻境"中"假作真时真亦假"的联语后进一步推衍出来的，然而，这已到了清代道光年间，相比而言，明末计成的园林美学专著《园冶》这方面的论述却要早得多。其《自序》开门见山就明确提出艺术与现实的美学关系这一重要问题。

在镇江，计成对取巧石者置竹木间为假山的好事者说，"有真斯有假"，应该"假（借鉴）真山形"来叠假山，最后还示范性地叠了一座"俨然佳山"来给他们看。这是在书的开端就亮出了"真"、"假"这对美学范畴，文中的对话也颇有深意："何笑？"这是计成对失败的假山所作的否定性评价，因为它借助于迎春神时磊叠拳石的方法，以致成为纯粹的假，其假中并没有真在。计成指出，应该借鉴现实中真山的形态，才能获得成功。于是，他就叠为成"壁"——完整的"峭壁山"，睹观者俱称："俨然佳山也！"这宣告了他艺术创造实践的成功。那么，计成的创造为什么能取得成功？因为他"少以绘名"，精通画艺，有善于审美的眼睛，这是一个重要的条件，然而更重要的，是他注意借鉴观察真山，吸取其美质，如"环润，皆佳山水"，这周围的佳山，是理想的"画本"；特别是作为画家，他"性好搜奇"，"游燕及楚"，积累了丰富精微的审美意象和艺术经验。而所有这些，也都非常符合于古代画论对画家的要求。如：

> 读万卷书，行万里路，胸中脱去尘浊，自然丘壑内营……随手写出，皆为山水传神。（明董其昌《画禅室随笔》）

欲夺其造化……莫精于勤，莫大于饱游饫看，历历罗列于胸中，而……莫非吾画。（宋郭熙《林泉高致》）

外师造化，行万里路，饱游饫看，对佳山水游赏得多，历历罗于胸中，就能做到"丘壑内营"，亦即"胸有丘壑"，而后才将其转化为叠山实践，这也就是"有真为假"，如是，作为造型艺术品的假山，就必然能成功地体现"假中有真"的美学特色，富于"俨然佳山"的画意。①

计成《自序》中的这段文字，从理论上看，是写出了"真""假"转化、具体创美的过程，其内涵异常丰永。笔者对此曾这样解析道：

计成这段话，既是对自己丰富的叠山经验的深刻概括，又是揭示了江南园林的一条美学规律——假生于真，以假拟真……所谓"有真斯有假"，这无论从艺术发生学还是艺术创造学的视角来看，都是应该加以肯定的。尤其可贵的是，这一理论又完全符合于中国古典园林的艺术实际。它告诉人们：是先有客观存在的真山之美，然后才有作为园林的重要组成部分的假山产生；假山作为一种造型艺术品，其终极根源是客观自然中的真山之美；假山虽然是假的，却贵在假中有真……这样，假山一旦叠成，就能取得"俨然佳山"的审美效果。②

在《园冶·掇山》中，计成更冶炼出"有真为假，做假成真"的美学警句，其中"真"与"假"的相生相形，体现了《老子》"反者道之动"的规律。对于"做假成真"，《园冶》中还有其他相类似的表述，如："掇石莫知山假，到桥若谓津通。"（《相地·村庄地》）"岩、峦、洞、穴之莫穷，涧、壑、坡、矶之俨是。"（《掇山》）"片山块石，似有野致。"（《掇山·结语》）这都是对"做假成真"的不同阐释，而这种"真"，是返回自身的"真"，是经过"真——假——真"循环往复后的"真"，这还应看作对是《园冶·园说》中"虽由人作，宛自天开"这一总纲具体的延伸、精彩的演绎。《园冶》中这两则名言，既有机相融，又互为区别，集中体现了计成的"真假"观和"天人"观，对此，应从"吾以观复"其"真"的视角来深入观照、体悟。

先看《园冶》注释界、研究界对于"有真为假，做假成真"的解读，就颇有分歧，造成某些理论概念的混乱，有碍于对计成"真假"观的理解。因此，有必要加以梳理、述评和辩说。

《园冶注释》对此不加注只作翻译："有了真山的意境来堆假山，堆的假山就极像真山。"这仅停留于字面的解释，而对其概念的内涵并未在注释中加以厘定、解说，并适当阐发，故而在探索的道路上留下了遗憾。

---

① 孟兆祯先生说："'读万卷书，行万里路'，不仅徒步仔细观察自然山水细部之奥妙，即使乘坐飞机旅行时也要充分利用时机从宏观方面来观察大地风貌，山川总的形势，山体的组合单元以及自然造山运动中形成的多种多样的大地景观。何为山势，何为脉络；何谓脉络贯通；如何嶙峋起伏，如何逶迤回环。结合理论方面的学习好好看一看山，观一观水……通过'搜尽奇峰打草稿'，师法自然，积累经验，人造自然山水便不会是一片空白。"（《园衍》，中国建筑工业出版社2012年版，第66、68、107页）此语极精彩。

② 金学智：《中国园林美学》，中国建筑工业出版社2005年版，第72页。

《园冶全释》则不然，不但详作注释，而且另加按语，均写得颇有理论色彩，摘录如下：

> 从字义"真"，是指自然山林之"真"；假，是指人工的咫尺山林之"假"，所谓"有真为假"，就是有自然山林的真，可以做成咫尺山林的"假"。后一句的"做假成真"的"真"与"假"，则是指生活真实与艺术真实的关系问题。这里的"真"非指自然山林，是指艺术的"度物象而取其真"(荆浩《笔法记》)的"真"，即咫尺山林所表现出的自然山水的"气质"——富于自然生机的审美意象。(注释)

> 计成所提出的"有真为假，做假成真"，具有辩证思维的对立统一概念，有很深的意义……如果园林山水，在有限的空间里，仍然以模仿自然为真，其结果必然像模型一样的假；做假成真，只能是对自然进行高度的艺术概括和提炼的结果。也就是说，不能求形似，而是要神似。创作方法上，不是摹写，而是写意。(按语)

这番论述的价值意义，可从以下三个层面来看：

一、在《园冶》的现代接受史上，第一次从辩证哲学、艺术美学即"生活真实与艺术真实的关系"的高度来加以认识和诠释，这在当时是难能可贵的。

二、独具只眼，征引了计成所心仪和师从的荆浩的画论——《笔法记》中"度物象而取其真"这一绘画美学名言，用以说明这种艺术概括之"真"，亦相通于计成"做假成真"的"真"，这就颇有深度，因为计成在《自序》里就说自己"最喜关仝、荆浩笔意，每宗之"，这样的诠释很契合于作为画家兼叠山家计成其人的喜好和身份，同时又能将计成的"真假"观进一步联系于中国古典美学的优秀历史传统，从发展中加以观照，而不是孤立绝缘的静止的论析。

三、能进一步指出，"做假成真"不是以摹写求形似，不应以模仿自然作为"真"，否则就必然会像模型一样的假；相反，应是对自然进行高度的艺术概括和提炼，要在创作方法上以"写意"求"神似"，"表现出造化自然的气质和神韵"，即"富于自然生机的审美意象"。这番论析，厘定、明确了"真"和"假"的概念内涵，可避免模糊和混淆。至于生活真实与艺术真实，虽尚带西化的理论痕迹，但"神似"、"形似"、"写意"、"意象"等概念，则完全来自中华文化传统，是民族的语言、本土的概念，更为可贵，也更有理论价值。

对此，《全释商榷》却指出：

> "有真为假，做假成真"，是一对矛盾转化统一的辩证认识，是计成对中国园林掇山艺术的精辟概括。这"真——假——真"的转化过程就是掇山艺术源于自然而又高于自然的实践体现。有如郑板桥论画竹说的"眼中之竹——胸中之竹——手中之竹"的实践过程，或如今人说的"自然美——理想美——艺术美"。所谓"度物象而取其真"的"真"，仅只是头脑中理想的"真"，不论绘画还是造园，都必会受到一定客观条件的影响，实践的结果与

理想难免有差距，达到的只能是艺术美，不可能是自然的"真"的美。

这番论述，开头"真—假—真的转化"，"源于自然而又高于自然"云云，均讲得极为简括，颇有道理，但却继之以不合逻辑的层层比附、推导，"推"出了不少错误，这不仅影响了对计成"做假成真"之"真"的认识，而且更影响到对整个艺术美的认识，因此必须予以辩正。现依次列论如下：

一、从总体上说，是将不同概念的"三段式"混而为一，这里将其归纳为下式：（一）真＝眼中之竹＝自然美──→（二）假＝胸中之竹＝理想美──→（三）真＝手中之竹＝艺术美。其实，此式中各阶段有些并不是属于同一等级或同一内涵的概念，但是却被用"有如"、"或如"将其划上等号，这是硬凑其形式，而不看其特殊内涵，故在方法上似不免机械。

二、误解了郑板桥论画的"三竹"说，不了解此说与"真──假──真"并不具有逐一对应的关系，特别是不了解第三阶段"倏忽变相"的"手中之竹"，是一种"化机"。而这一复杂的美学问题又与《园冶》中"景到随机"（《园说》）、"意随人活"（《铺地·冰裂地》）等重要理念密切相关，故特拟于本章第八节另作重点研讨。

三、以所分属的不同阶段，割裂了艺术美与理想美的有机联系。事实上，艺术美总离不开理想美，它总要以不同方式表现艺术家的理想。早在古希腊，亚里斯多德就说，诗中的"事物是按照它们应当有的样子描写的"，"比实际更理想"；"画家所画的人物应比原来的人更美"[1]。也就是说，这无不是理想美在艺术美中的表现。再以西方哲学史上一代高峰──德国古典哲学和美学对艺术美的论述为例，如：

> 想象力是强有力地从真的自然所提供给它的素材里创造一个象似另一自然来……这素材却被我们改造成为完全不同的东西，即优于自然的东西。（康德[2]）

> 艺术美高于自然。因为艺术美是由心灵产生和再生的美……（黑格尔[3]）
> 艺术并不要求把它的作品当作现实。（费尔巴赫[4]）

这些哲学家、美学家，不论其思想属于什么体系，在揭示艺术美的本质上，讲得都很有道理，他们认为，艺术美优于自然美，高于自然美，而费尔巴赫则从另一角度指出，不应降低标准，要求把艺术当作现实。等同于现实。

以上是西方哲学家、美学家们以理性语言对艺术美所作的崇高评价，再看中国诗人、画家们对自然美的不足或缺陷的具体论述：

> 观今山川，地占数百里，可游可居之处，十无三四。（宋郭熙《林泉高致》）

> 千里之山，不能尽奇；万里之水，岂能尽秀？太行枕华夏，而面目者林

---

① ［希］《亚里斯多德〈诗学〉－贺拉斯〈诗艺〉》，人民文学出版社1982年版，第94、101页。
② ［德］康德：《判断力批判》上卷，商务印书馆1985年版，第160页。
③ ［德］黑格尔：《美学》第1卷，商务印书馆1979年版，第4、195页。
④ 见［俄］列宁：《哲学笔记》，人民出版社1974年版，第66页。

虑；泰山占齐鲁，而绝胜者龙岩。一概画之，版图何异？（宋郭熙《林泉高致》）

虎丘池水不流，天竺石桥无水。灵鹫拥前山，不可远视，峡山少平地，泉出山无所潭。天地间之美，其缺陷大都如此。（明袁中道《游洪山九峰记》）

应该这样认识：从总体上说，自然是美的，广阔无垠，丰富多彩，令人赏之不尽，游之莫穷，但如从具体、局部着眼，它又较生糙芜杂，零星分散，不可能尽奇皆秀，所以郭熙说，可游者十无三四；又认为，千万里的山水不是处处都很精彩，相反，平淡无奇的甚多，如"一概画之"，就成了版图，而不是艺术。明代性灵派诗人袁中道也通过广泛的游历，萌生出"天地间之美，大都有缺陷"的体悟。总之，自然美的不足在于没有经过遴选加工，其中夹杂着偶然的东西，不如艺术那么集中，具有高纯度，富于理想化。德国大文豪、美学家歌德也指出，艺术品是一个完整体，对艺术家来说，"这种完整体不是他在自然中所能找到的，而是他自己的心智的果实，或者说，是一种丰产的神圣的精神灌注生气的结果。"[1]可见，艺术美是艺术家融入了自己的审美理想，以精神灌注生气的结果，或者说，是通过心智的创造，取之自然而又超越自然的丰硕成果。

四、《全释商榷》还误解了荆浩《笔法记》的主旨，贬低了普遍原理的价值。综观荆浩此文，他画松，携笔去山里写真，"凡数万本，方如其真"，这和石涛的"搜尽奇峰打草稿"一样，坚持长期的广取博采、反复体悟，表现了艺术家严肃认真的创作态度。在此基础上，荆浩提炼出"度物象而取其真"的至理名言和"搜妙创真"的美学命题。这种"真"，确实相当于计成"做假成真"的"真"。艺术家如能认真实践这一命题，必然能远离荆浩所指责的"得其形，遗其气"的形似，创造出荆浩所要求的"气质俱盛"、神理均妙的艺术精品。但《商榷》却说，这种"真"，只是头脑中理想的"真"，"不论绘画还是造园，都必会受到一定客观条件的影响，实践的结果与理想难免有差距，达到的只能是艺术美，不可能是自然的'真'的美"。这首先是将建立在成功实践基础上的普遍原理和一般具体操作过程中"心手相违"的现象混为一谈，其实，这种现象往往发生在平庸之辈、刚学艺者那里，这必须与成功的艺术实践严格区别开来。

然而，《商榷》却在谬误的比附和推导中，把"自然的'真'的美"悬为艺术创造永远不可企及的绝对标准。如果真是这样，那么，人们不禁会问，艺术还有什么用？其价值何在？如是，中国美学所赞赏艺术的传神、意境、情景交融、气韵生动、"不似之似"……岂非毫无价值？而且这也与《商榷》开头所说"源于自然而又高于自然"云云产生了矛盾。

再回过来看"有真为假，做假成真"的名言，应该这样解读："有真为假"的"真"，就是自然美（或者说，是现实美），这是艺术创造的基础、源泉或出发点，这是

① ［德］《歌德谈话录》，人民文学出版社1978年版，第137页。

图32　有真为假，做假成真
南京瞻园南部湖石假山
缪立群　摄

最为重要的；至于"为假"，这是艺术家清洗芜杂，融入理想，放飞想象，从事能动的心智创造；而"做假成真"后的"真"，则是升华到艺术美的境界里的"真"。这种"真"，也就是循环互动、选优汰劣后转化而成的高一级的自然美，这一过程，充分体现了"有真斯有假"，即斯有高一级的"真"的哲理。这一过程，好像是"返"回了自身，其实不然，列宁在《黑格尔〈逻辑学〉一书摘要》中写道，它"仿佛是向旧东西的回复"，其实是"在高级阶段上重复低级阶段的某些特征、特性等等"①。

从"真——假——真"的三段式过程来看，"真——→假"表现为取之自然；"假——→真"则是超越自然而又有若自然。正因为如此，中国园林史上对成功的假山往往给予"有若自然"、"秀若天成"、"有若天然"之评，这都可看作是"在高级阶段上重复低级阶段的某些特征"的"真"，这是经过创造、有如返回自身的"真"。实例如南京瞻园的湖石假山②，就是这种在高级阶段上返回自身之"真"的典范【图32】，

---

① ［俄］列宁：《哲学笔记》，人民出版社 1974 年版，第 239 页。

② 朱有玠《瞻园维修小记》："瞻园静妙堂南假山，系 20 世纪 60 年代主持整建设计时所增筑，其目的为自静妙堂南望增加对景，并使之与市区瞻园路市井气氛有所隔离。因此山之峰、峦、崖、洞、瀑、漂、汀步皆面北；而山之南麓则以堆土为之，植以松林、灌丛，以增进隔离之效果，并使假山有良好之绿色背景。掇山施工由王奇峰同志领队。王氏擅长戈裕良掇山法，因材施技，用大小石钩带联络以构悬崖溶洞，皆宛若天成，非施工详图所能表达。王且善解设计者之意图与意境，每于造型关键处所用石，皆征得刘（金按：即著名专家刘敦桢先生）之首肯而后定位，勾缝以固定之。此诚难得人才际会之作也。"（《岁月留痕——朱有玠文集》，中国建筑工业出版社 2010 年版，第 270 页）

它一切都似是自然而然的，如康德所说，"不露出一点人工的痕迹来"。此外，还有苏州环秀山庄的经典湖石大假山，前已论及，以后还要再次论述。

正因为艺术中蕴含着高一级的"真"，它可以超越自然，所以钱锺书先生指出："艺术中造境之美，非天然境界所及"①。现代大画家黄宾虹先生更具体指出："前哲之真迹，合造化之自然，用长舍短。古人言'江山如画'，正是江山不如画。画有人工之剪裁，可以尽善尽美。"②试以此来读《园冶》的很多章节，都可见其中精妙绝伦的概括性描写，凸显着"做假成真"后的理想化景观。如："繁花覆地，亭台突池沼而参差"（《相地·山林地》）；"桃李成蹊，楼台入画"（《相地·村庄地》）；"境仿瀛壶，天然图画"（《屋宇》）；"隐现无穷之态，招摇不尽之春"（《屋宇》）；"板壁常空，隐出别壶之天地"（《装折》）；"多方景胜，咫尺山林"（《掇山》）；"峰峦飘渺，漏月招云，莫言世上无仙，斯住世之瀛壶也"（《掇山·池山》）……这种引人入胜的园林美，在自然界中确乎可找到它的某种原型，所以它"有若自然"，但在自然界又找不到如此这般的美，这就是艺术、理想之"假"弥补了天然真、美之不足，概而言之，它是"天""人"合一的完美表现。

在中国古典美学史上，对"天"与"人"、"真"与"假"的相反相成、互异互动关系的辩证认识③，是经过了漫长的历程。对于天决定人、"假"效法"真"这一艺术过程，中国哲学美学史上的名言警句颇多，如《老子·二十五章》："人法地，地法天，天法道，道法自然。"汉蔡邕《九势》："书（金按：即书法艺术）肇于自然。"直至五代荆浩的"度物象而取其真"……而唐代张璪的"外师造化，中得心源"（唐张彦远《历代名画记》引），兼融心物，乃其中之千古佼佼者，然而关于人补造化、假胜于真的精警论述，却如凤毛麟角，一直要到唐代诗人李贺，其《高轩过》才石破天惊提出："笔补造化天无功"！宋代的郭熙提出"欲夺其造化"，强调了艺术的能动作用，但他们也没有将其和师法自然作为相反相成、互异互动的对立项凝为一个整体，……直至晚清，被誉为中国黑格尔的刘熙载，才在其《艺概·书概》中写道："书当造乎自然。蔡中郎（金按：即蔡邕）但谓书肇于自然，此立天定人，尚未及乎由人复天也。"这"肇于自然→造乎自然"、"立天定人→由人复天"之说，是精警的、完整的，升华到很高的哲学境界。刘氏以此为代表的理论体系，被学术界认为是中国古典美学的最后高峰。但是，早在明末，计成就已自觉而成熟地提出了"虽由人作，宛自天开"、"有真为假，做假成真"的完整理论。其"有真为假"，是建立在其《自序》对"偶为成'壁'"的感性叙述和"有真斯有假"的理性

① 钱锺书：《谈艺录》，中华书局1984年版，第61页。
② 王伯敏编：《黄宾虹画语录》，上海人民美术出版社1961年版，第2页。
③ 如明王世贞《弇山园记》："世之目真山巧者，曰'似假'；目假之浑成者，曰'似真'。"这仅是对现象的概括，并没有提升到哲学、美学的境层，没有从本质上揭示二者间相反相成、互异互动的辩证转化关系。

概括的基础之上的，或者说，是来自"俨然佳山"的叠山实践。而其"做假成真"，又凸显着计成的美学理想："隐现无穷之态，招摇不尽之春"，有限中能见出无限来……总之，一方面联结"真"——"天然"、"宛自天开"、"自成天然之趣"（《相地·山林地》）；另一方面，又联结着"假"——人为的"图画"、"人作"的"俨然佳山"、人世间"瀛壶"仙境般的园林，这些无不是理想的显现。所以《园冶》流传到日本，被另名为《名园巧式夺天工》，这是国际友人心领神会所冶铸的命题。

计成体现了艺术对现实美学关系的"天人"观、"真假"观，不但在中国美学史的历程中有其重要的地位，而且在今天仍不失其多方面的现实意义，这里引两位名家的两段论述来结束本节。陈从周先生在《园林清议》一文中写道：

> 有时假的比真的好，所以要假中有真，真中有假，假假真真，方入妙境。园林是要捉弄人的，有真景，有虚景，真中有假，假中有真。我题《红楼梦》的大观园，"红楼一梦真中假，大观园虚假幻真"之句，这样的园林含蓄不尽，能引人退思。[1]

这是联系造园、赏园实践，写出了自己的深切体悟，把其中的辩证意趣阐发得淋漓尽致。孟兆祯先生的《园衍》，则以第一自然、第二自然的概念来解释《园冶》里的"真"与"假"：

> "假"这个字眼一般是贬义的，特别是在外国人心目中更是如此。而中国文化以大自然为真，以一切人造的事物为假。园林从这方面涵义来讲就是"有真为假，做假成真"。这也是置石和掇山的至理。人造自然恩格斯称"第二自然"，有第一自然存在才可能出现第二自然。另一层意义是人不满足于大自然的恩赐，而是以人造自然不断改善居住环境。这便是"有真为假"的双层含义，即"有真斯有假，有真还为假"……[2]

这是把《园冶》理论和自身的创作实践水乳交融地糅为一体，其《园衍》之名，就寓意深长，显示了《园冶》在新的时代条件下新的接受。经典《园冶》不仅肇于自然，而且造乎自然，它要不断冶铸出优于自然的第二自然，而今人则又不断将其向实践和理论两方面衍化，以古开今，开拓着美丽中国的新天地。

第三节　大冶理想："使大地焕然改观"
——兼探计成的宜居环境理想

蓬、瀛是古代理想中的仙境。最早见于《山海经·海外北经》："蓬莱山在海

---

① 陈从周：《中国园林》，广东旅游出版社 1986 年版，第 234 页。
② 孟兆祯：《园衍》，中国建筑工业出版社 2012 年版，第 107 页。

中。"后来在某些子书、史书里更有发展，神话小说还与"壶"字联系起来：

> 渤海之东不知几亿里……其中有五山焉：一曰岱屿，二曰员峤，三曰方壶，四曰瀛洲，五曰蓬壶。其上观台皆金玉……珠玕之树皆丛生，华实皆有滋味，食之皆不老不死，所居之人皆仙圣之种。(《列子·汤问》)

> 三壶则海中三山也。一曰方壶，则方丈也；二曰蓬壶，则蓬莱也；三曰瀛壶，则瀛洲也。(王嘉《拾遗记》卷一)

《史记·封禅书》也有类似记载。三神山、五仙山中，以瀛壶、蓬莱流传最广。

《园冶·掇山·池山》也把园林里的池山赞喻为"瀛壶"，并热情地写道："莫言世上无仙，斯住世之瀛壶也！"在《屋宇》章，还有"境仿瀛壶，天然图画"这一纲领性名言闪耀着理想的光辉。

说到神山、仙山，人们总是把目光注视着海上或天空，去寻寻觅觅。唐白居易《长恨歌》就写道："忽闻海上有仙山，山在虚无缥缈间。"这种仙山，当然是不可能寻觅到的。然而，计成则不然，他所追求的是"住世之瀛壶"。什么是"住世"？是指此身居于现实世界。计成之所以可贵，在于他并不让人们遥望海上，或仰望天空，相反，他脚踏实地，把人们寻望虚无海天的眼光拉回到自身所居的实实在在的地上，说明天堂就在人间，美丽的仙境是可以通过人的努力，通过园林艺术的创造建立在现实之中。因此，世上虽然无仙，但园林化的现实世界，就是天然图画般的"住世之瀛壶"。

计成的"住世瀛壶"之说，还更有意蕴地联结着其密友郑元勋《园冶题词》中一段体现着人们普遍愿景的话语【图33】：

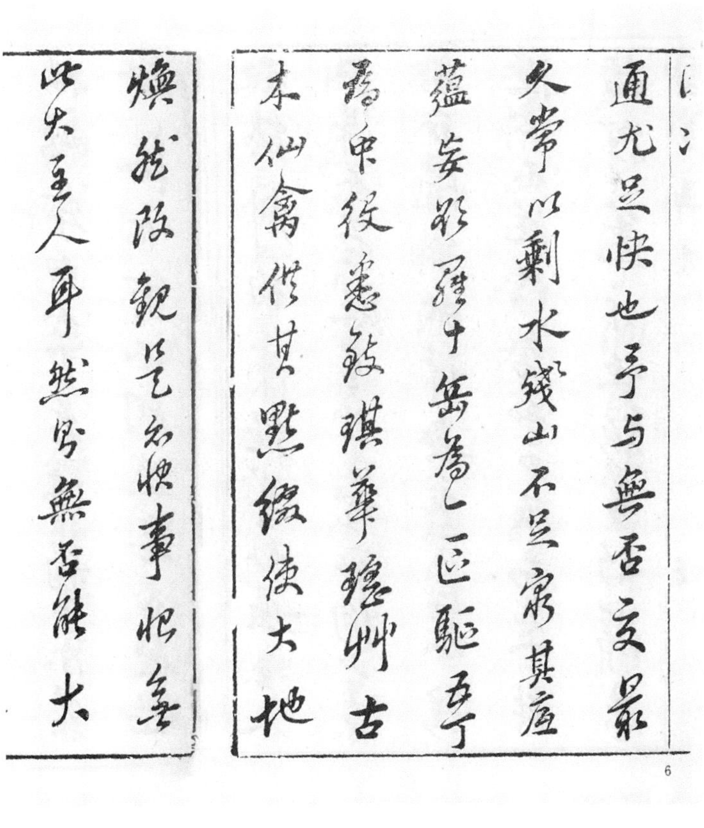

> 予与无否交最久，常以剩水残山，不

图33 使大地焕然改观
[明]郑元勋手书计成"大冶"理想
选自隆盛本《园冶》

103

足穷其底蕴，妄欲罗十岳为一区，驱五丁为众役，悉致琪华瑶草、古木仙禽供其点缀，使大地焕然改观，是亦快事，恨无此大主人耳！

对于这番掷地作金石声，又馀韵袅袅，深永不尽的话语，笔者曾作过如下的赞颂和论析：

> 这是何等的视野！何等的襟抱！何等的美学！何等的快语！掷地可作金石声。这番经天纬地、言简意赅的卓绝言论，赖郑氏珍贵手迹保存了下来。它是计成造园到最后阶段所凝聚而成的最高理想。纵观计成一生，他"游燕及楚"，不但饱览大好河山之美，胸有丘壑，并通过绘画来渲染、抒写这种美，而且还通过园林来表现、焕发这种美。从园林美学的视角说，作为立体绘画的园林，是山水画向物质现实的转化，它"有真为假，做假成真"，既来自现实，又高于现实，装点着现实，美化着现实。而计成对"冶"义——扈冶广大、陶冶万物的体悟，由于对神州山川、绘画园林的挚爱，萌生了按造化的旨趣，以大地为对象的"大冶"理想……他希望自己的造园实践能突破园林围墙的局囿，走向浩浩瀚瀚，广阔无拘的境界，使广袤的大地实现园林化……成为仙界般的美境。这一美学理想，无论是在中国古代风景园林史上，还是在中国古代美学思想史上，均难能可贵，极为罕见，值得大颂特颂！……这是为后人提出了努力实现的宏伟远大的目标。①

或者也可以说，这一"大冶"理想在一定程度上是通向美丽中国梦的。

对于计成这一从未告人的心底宏愿，还可从古代的哲学、神话中来探原。如前所论，在中国文化史上，《庄子·大宗师》有"大冶铸金"，"以天地为大炉，以造化为大冶"之说；西汉贾谊《鵩鸟赋》有"独驰骋于有无之际，而陶冶大炉"之言；东汉扬雄《解嘲》有"天地为炉兮，造化为工；阴阳为炭兮，万物为铜"之语……但是，这些仅仅是一种联系于神话传说的想象，甚至其中不无消极因子，而到了《园冶》作者——造园家计成那里，竟转化而为一种融和着实践理性的美学憧憬，即"大冶"的崇高美学理想。

对于计成"大冶"理想的非凡意义，特别应取人类居住环境理论的视角来深入论析。张薇先生在《园冶文化论》中也曾从现代人类聚居学落笔写道：

> 如果按20世纪50年代末希腊建筑师道萨迪亚斯首创现代"人类聚居学"理论来算，《园冶》比其早了300多年。但是，长期以来，学界对《园冶》的理论价值的认识不够充分。笔者认为，《园冶》不仅是一部古代造园理论著作，一部百科全书式的文化典籍，而且是一部杰出的古典宜居环境理论著作。从这种新的角度来解读《园冶》，深入系统地研究《园冶》所阐发的古典

---

① 详见金学智：《初探〈园冶〉书名及其"冶"义，兼论计成"大冶"理想的现代意义》，《中国园林》2012年第12期，第36-37页。

宜居环境理论，对这个十分重要的历史遗产来一个"觉醒"，这对于继承和发扬我国优秀的文化传统，创造宜人的生活环境，建设和谐社会，坚持可持续的科学发展观，都具有重要的理论和实践意义。①

这是高度评价了计成古典宜居环境理论的现代意义，指出了当前这一视角的缺失以及学术界对这一古典宜居环境理论的忽视。再进一步由这一视角来评价计成的"大冶"理想，应该说它是《园冶》宜居环境理论向更高境层的升华，是计成思想体系最后的光辉顶点。遗憾的是，郑元勋所述计成的"大冶"理想，虽赫然列于书前《题词》之中，但学术界却无人予以拈出，发其底蕴，加以彰显弘扬。

应该看到，计成这一杰出的美学理念，不仅早于西方种种有关宜居思想，而且还可说中国自有文明史以来，也是绝无仅有，不妨作一回顾——

纵揽悠悠中华古史历程，最早听到的是唐代大诗人杜甫《茅屋为秋风所破歌》的悲壮之音："安得广厦千万间，大庇天下寒士俱欢颜，风雨不动安如山。呜呼！何时眼前突兀见此屋，吾庐独破受冻死亦足！"诗人自己是"布衾多年冷似铁"，"长夜沾湿何由彻"，但却热切希望天下寒士能拥有万千广厦，得以遮风蔽雨，稳定安居，这种崇高的思想境界确乎是亘古未有，令人生敬！如果说，杜甫的美好愿景是沉郁深广的现实主义所闪现的浪漫主义理想之光，那么，八百多年后明末的计成，他自己是无可奈何地"传食朱门"的一介寒士，却意欲罗十岳，驱五丁，打造天地大园林，美化人居大环境，让广大人群能住得美，居得宜，他渴望普天下人都能共享园林美的生活，这是地道的浪漫主义瑰光丽色的直接闪耀。

就人居环境理论的视角来看，杜甫和计成是历史上先后互为辉耀的双星，杜甫诗篇向往的是室内空间的安居，计成园论向往的则是室外环境的宜居，它们同样是人类思想史上所绽放的美丽花朵。但是在寒士地位极其低下的社会里，杜甫"大庇天下寒士俱欢颜"的理想是注定不能实现的，《茅屋为秋风所破歌》也只能是一首悲歌。至于郑元勋所转述计成的话，其中有一句特别有意味："恨无此大主人耳！"这七个字中，也寓含着几许悲辛！寓含着几许发人深思的潜台词！应予以开掘，并联系时代的变迁来接受。

鲁迅先生曾深刻指出，司马迁的《史记》，乃"史家之绝唱，无韵之《离骚》"②，《园冶》也堪称"园林之绝唱，无韵之《离骚》"，其忧怨幽思，不仅深寓于"否道人"（《易·否·象辞》："天地不交，而万物不通也；上下不交，而天下无邦也"）的别号中，而且于书末《自跋》中也吞吞吐吐、欲语还止地透露出来：

> 崇祯甲戌岁，予年五十有三，历尽风尘……逃名丘壑中，久资林园，似与世故觉远。惟闻时事纷纷，隐心皆然，愧无买山力，甘为桃源溪口人也。

---

① 张薇：《园冶文化论》，人民出版社 2006 年版，第 258—259 页。
② 鲁迅：《汉文学史纲要》，人民文学出版社 1973 年版，第 59 页。

自叹生今之时也，不遇时也！武侯三国之师，梁公女王之相，古之贤豪之时也，大不遇时也！何况草野疏愚，涉身丘壑……

计成生当崇祯末年，他面对严酷的现实，惨淡的人生，有感于"时事纷纷"……是时，朱明王朝板荡不宁，哀鸿遍野，加之党争激烈，而自己又家道中落，命运蹇涩，生机维艰，只能游食朱门，忍辱负重，虽有诸葛亮、狄仁杰的抱负，却无由舒展；虽有"使大地焕然改观"的宏愿，却难以起步。"常以剩山残水，不足穷其底蕴"，其中隐含了多少诉说不尽的话语，是何等的悲怆感伤，深厚沉郁！"自叹生今之时也，不遇时也"，此语似通不通，话中有话，言不尽而意更无穷……在那个时代，对一介寒士来说，隐逸山林不失为明智的选择，但又"愧无买山力"。他痛感绝艺无传，更觉前途茫然，"吾谁与归"！他多么希望出现一个有理想、有魄力的"大主人"——贤君明主，能让其远大美学理想的实践开始起步，但事实上是不可能的。他的一生，也是一个饮恨终身的悲剧。

然而，他毕竟留下了宝贵的遗产：除一部《园冶》外，还有七个字——"使大地焕然改观"，让后人解读不完，受用不尽。

以今天的理论来分析，计成包括"大冶"在内、力求物化的宜居环境理想，从总体上由高至低、由大而小，可相对地粗分为三个层级：

一、大地园林：这是其宏观的终极理想，也就是相通、相接于美丽中国梦的"大冶"理想，而其特点则是有似于瀛壶仙境的、浓重瑰丽的浪漫主义，故其表述时，既采撷《水经注》中蜀王令五丁力士开道的神话传说，又吸纳唐人王毂《梦仙谣》中的"琪花片片粘瑶草"之典……真是一派仙气氤氲，令人想起屈原充满神话色彩的《离骚》，而其实质则是希望把人居环境提升到仙居环境的高度。他给后人留下了努力为之实现的目标。

二、中型园林：这可从《屋宇》章某些文字中见出：

奇亭巧榭，构分红紫之丛……隐现无穷之态，招摇不尽之春。槛外行云，镜中流水，洗山色之不去，送鹤声之自来。境仿瀛壶，天然图画。意尽林泉之癖，乐馀园圃之间。

境仿瀛壶，也似充满仙气，但又不飘渺，而是可以现实地建成，能让人"意尽林泉之癖，乐馀园圃之间"。实例如计成所营建、驰名南北江的常州吴又于园、仪征汪士衡园，还有扬州的郑元勋园，它们虽然大抵只有数亩，却可行可赏，宜居宜游，满足着人们自然生态的需求和精神文化生态的需求。

三、小筑园林。《相地·傍宅地》一开头就说："宅傍与后，有隙地可葺园，不第便于乐闲，斯护宅之佳境也。"结尾又说："足矣乐闲，悠然护宅。"这是反复点题。总之是宅旁屋后，其隙地面积虽小，却可以是护宅的佳境。此外还有如《自序》所说"别有小筑，片山斗室"，规模虽小，但同样宜赏宜居。

计成的"大冶"理想，只有历史车轮驶进现代，才有可能提到议事日程上来。

1923 年，陈植先生在《国立太湖公园计划》中说，"国立公园发源于美国，渐及于欧洲、日本诸国。然其发达，乃最近十年间事，故其名称于最近数年间流入我国"。当时，陈植先生接受了考察太湖并进行规划设计建为森林公园的任务，经过周密的调查，深入的考察，发掘大量的风景资源，订出翔实可行的《计划》。他说，其目的就是要实现"共享之道"，"所以永久保存一定区域内之风景，以备公众之享用者也"。[①] 这种园林美的"共享之道"，与计成的"大冶"理想是一脉相承的。然而，此计划的实现，却受障于"啸聚湖中猖獗无已的湖匪"等等，于是，陈植先生一番心血基本上付诸东流。但是，《计划》中所列屈指难数的景点及其描写，所作条分缕析的论述、建议……至今仍不失为很有价值的参照系。就今天对太湖的开发来看，周边各地还不免各自为政，或枝枝节节而为，还没有像《计划》那样有宏观的气魄和总体有序的安排。

又经过了 60 年，到了 1983 年，已进入了改革开放时代，陈植先生又提出，"应从速组织造园学会，为祖国国土美化及国内外人民服务"，"绝不能作茧自缚……长期停滞于造园初步的庭园阶段，而不思发展"。[②] 这讲得多好！"祖国国土美化"与"使大地焕然改观"相比，可说是同一理想在不同时代的不同表述，由此也可见陈先生与计成的宜居环境思想是一脉相承的。

计成所企望的"使大地焕然改观"，只有在改革开放的时代，才真正有可能逐步地实现。就太湖周边的"共享之道"来看，风景区已不断被开发，沿湖周边的湿地、园林、景点、疗养院、森林公园……不断涌现。再将目光从"悠悠烟水，澹澹云山"的江湖地，移向"市井不可园也"的城市地，可见各级各类自然遗产、文化遗产得到了应有的保护，绿化的面积在不断地扩大，居民小区的景观建设、休闲绿地也相应增长，特别是园林城市、生态城市、宜居城市如雨后春笋般出现……所有这些可喜的物化成果，确实使大地有所改观，计成如果地下有知，当万分欣慰！

当然，《老子·四十一章》有言，"进道若退"，前进的倾向后面往往会掩盖着另一种倾向，如园林化、城市化进程中的盲目开发，"建设性的破坏"，不能尽如人意的现象时有发生，故人们应记《园冶》在三百八十多年前所提出的"得体合宜"（《兴造论》）的原则，"当要节用"（《兴造论》）的告诫，"得景随形"（《相地》）的方法，"凡尘顿远襟怀"（《园说》）的品格，"休犯山林罪过"（《相地·郊野地》）的律则，"虽由人作，宛自天开"（《园说》）的理念……而这一切又皆以"造化陶冶万物"的"大冶"美学理想为旨归。从这一意义上说，今天重温经典《园冶》，激活历史记忆，是很有现实意义的。

---

① 《陈植造园文集》，中国建筑工业出版社 1088 年版，第 29、30、50 页。
② 《陈植造园文集》，中国建筑工业出版社 1088 年版，第 242 页。

第四节　任看主人何必问，还要姓字不须题
——计成的园林共享理念

"任看主人何必问，还要姓字不须题"两句，见《园冶·相地·郊野地》，其特色是巧于用事，将体现晋人风度的生动风趣的典故等组成一联，并予以新释、升华。《园冶》所用事典虽脍炙人口，但又令一些研究家颇为迷茫，故值得探究。

对于上句"任看主人何必问"，《园冶注释》、《园冶全释》均引《晋书·王羲之传》附其第七子王献之（字子敬）游顾辟疆园为典，而《图文本》也同样以王献之游顾辟疆园为典，但又有所不同：《园冶注释》、《园冶全释》引自《晋书》却标作《世说新语》，且阑入了其他文字，与原文有差异，注释均显得不太慎重；《图文本》则完全引自《世说新语·简傲》，引文与原文一字不差，就这一点说，应予肯定。

一般说来，王献之游顾辟疆园的故事，也可以用"任看主人何必问"来概括，但是，《世说新语·简傲》中还有更切合此意的典故在，这就是王徽之好竹不问主人，这是另一段文字：

> 王子猷（金按：为王羲之第五子王徽之，字子猷）尝行过吴中，见一士大夫家极有好竹，主已知子猷当往，乃洒扫施设，在听事（金按：听事即"厅"）坐相待。王肩舆径造竹下，讽啸良久。主已失望，犹冀还当通，遂直欲出门。主人大不堪，便令左右闭门不听（金按：不听，即不让）出。王更以此赏主人，乃留坐，尽欢而去。

短短的一段文字，刻画出这位东晋名士的傲慢、怪僻、孤高、狂放、清雅、爱美、超拔、脱俗……本书认为，这一著名故事之所以是"任看主人何必问"的出典，理由有三：

一、从语境理论来看："任看主人何必问"的上文为"花落呼童，竹深留客"，而"竹深留客"典见唐杜甫的《陪诸贵公子丈八沟携妓纳凉晚际遇雨二首〔其一〕》："竹深留客处，荷净纳凉时。""竹深留客"四字，正是"任看主人何必问"的必要的引领和铺垫，是为了更好地凸显王徽之的赏竹及其寓意，如此前后勾连，可谓承接得天衣无缝，交代十分妥帖，甚至前后两句可看作是"歇后语"的关系。

二、从该段典故中"主人"出现的次数来看：《晋书·王羲之传》附载王献之游顾辟疆园事，"主人"一词仅出现一次；《世说新语·简傲》载王献之游顾辟疆园，"主人"一词出现两次；而上引《世说新语·简傲》载王徽之赏竹不问主人一段文字中，"主"或"主人"反复出现，竟有四次之多，而其内容也与"任看主人何必问"更切合。

三、而更重要的是，从唐宋著名诗人的接受和解读来看：如唐王维《春日与裴迪过新昌里访吕逸人不遇》写道："到门不敢题凡鸟，看竹何须问主人。"后一句把"看竹"和"任看主人何必问"紧紧联结在一起了。它用明白晓畅的语言，使王徽之好竹不问主人的故事和这一名句一起更广为流传。再如宋欧阳修咏颍州

西湖，作《采桑子》十首一组，其小序《西湖念语》落笔即为："昔者王子猷之爱竹，造门不问于主人。"这也说得极为明确。

以此再来探究《郊野地》"任看主人何必问"的典源，那么准确地说，《世说新语》也应该说是间接的，而王维的诗句却是更直接的，但计成没有照抄此七字，而将"看竹"改为"任看"，这样，既不离"赏竹"的本题，又不局囿于"赏竹"之题，其适用范围就扩大到包括欣赏一切风景园林在内，甚至可包括对一切美的欣赏和追求在内，这就把死典用得极其活泛。①

再探究下句"还要姓字不须题"之典。《园冶注释》、《园冶全释》都引王子猷（即王徽之）好竹为典，这恰恰是一种错位，对此，上文已作详论。《图文本》则引《晋书·嵇康传》所谓"古人"授嵇康《广陵散》而不言姓字，又引《世说新语·简傲》吕安题"凡鸟"的故事，但二者都和园林无关，故亦失当。

笔者认为，"还要姓字不须题"用的恰恰是王献之游顾辟疆园的故事，此故事《晋书》、《世说新语》亦均载，兹将两段文字逐录于下：

> 王子敬自会稽经吴，闻顾辟疆有名园，先不识主人，径往其家。值顾方集宾友酣燕（金按：燕，通"宴"），而王游历既毕，指麾（指挥）好恶，傍若无人。顾勃然不堪曰："傲主人，非礼也；以贵骄人，非道也。失是二者，不足齿之伧也。"便驱其左右出门。王独在舆上，回转顾望，左右移时不至，然后令送着门外，怡然不屑。（《世说新语·简傲》）

> 献之字子敬，少有盛名，而高迈不羁……尝经吴郡，闻顾辟疆有名园，先不相识，乘平肩舆径入，时辟疆方集宾友，而献之游历既毕。傍若无人。辟疆勃然数之曰……便驱出门，献之傲如也，不以屑意。（《晋书·王羲之传》附王献之）

顾辟疆，是吴中历史上第一个蜚声遐迩的私家名园——辟疆园之主，王献之则是东晋风流名士之冠，双方因园林而发生了一场戏剧性的矛盾冲突：一方无视礼节，径往其家，旁若无人，另一方面则勃然大怒，要驱送出门，而一方仍然傲如，不以屑意。那么，为什么说这是"还要姓字不须题"之典？这是因为《世说新语·简傲》这段文字中有"先不识主人"这一关键语；《晋书·王羲之传》这段文字中也有"先不相识"之语，二者都有一个"识"字。"识"为何义？是认识；相识；识面。《玉篇》："识，认识也。"唐李白《与韩荆州书》："生不用封万户侯，但愿一识韩荆州。"宋陆游《赠应秀才》："辱君雪里来叩门，自说辛勤求识面。"王献之的"先不识主人"或"先不相识"，就是事先不去认识主人，或事先不与主人相识、识面。

古人相识取什么方式？曰：通名，即题姓字。题：后世多作"提"，即说起；提起。元白朴《墙头马上》第三折："这宅中谁敢题起个'不'字。"题姓字，也就是

---

① 联系王维、欧阳修的接受来解读，"任看主人何必问"一句的词序，可有两种读法：（一）"任看——主人何必问"；（二）"任看——何必问主人"。前者，着眼于主人；后者，着眼于游客。但说到底，两个意思只是一个意思。

向所拜谒的人提说自己的姓字。清赵翼《陔馀丛考》卷三十："古人通名，本用削木书字，汉时谓之'谒'，汉末谓之'刺'，汉以后则虽用纸，而仍相沿曰'刺'。"但这种方式，对蔑视礼数、放达不拘、追求精神自由的东晋名士来说，是不屑一顾的，于是，既不愿自投名刺，又不想通报姓字，更不会谦谦地求识面，预先征得园主人的同意，相反，"傍若无人"地"乘平肩舆径入"，"指麾好恶"……最后，即使"便驱出门"，依然"傲如"。这样，其人其事就典型地走进了《世说新语·简傲》。

计成也颇为赞赏这类晋人风度，故而紧接着"任看主人何必问"，又写下"还要姓字不须题"，然而其主旨却不在于此，而在借题发挥。笔者曾总结过，中国园林发展史的走向，自宋代开始表现出园林不同程度的开放。如果说，东晋顾辟疆的驱客，标志着私家园林的封闭性，到"宋代就不同了，当时洛阳有许多名园，邵雍《咏洛下园》就有'洛下园池不闭门'，'遍入何尝问主人'之句。即使如司马光的独乐园，也取消了对公众的封闭性"①。

司马光是计成推崇的历史人物之一，《园冶》中多次提到了司马温公及其独乐园。再看司马光的《独乐园记》，一开头就标举了《孟子·梁惠王下》中的"独乐（yuè.音乐）乐（lè.快乐），不如与众乐（yuè）乐（lè）"的名言，即主张有乐（yuè）与众共享。但是，司马光对自己的园名，却违反这一逻辑，题为"独乐（lè）"，究其原因，不过是由于当时不得志，以此作为"独"善其身的表白而已。试细味《独乐园记》结尾："自乐恐不足，安能及人？况叟之所乐者……皆世之所弃也，虽推以与人，人且不取，岂得强乎？必也有人肯同此乐，则再拜而献之矣，安敢专之哉！"言下之意是，如真有人"肯同此乐"，那么，他愿意"推以与人"，"再拜而献之"，可见，他也还是主张"与众乐［yuè］乐［lè］"的。

《园冶·相地·郊野地》中的"任看主人何必问，还要姓字不须题"，是符合于园林逐步趋于开放即"与众乐乐"这一历史走向的。再联系计成的"大冶"理想来看，据郑元勋《园冶题词》说，计成欲罗十岳，驱五丁，"使大地焕然改观"，也就是希望能打造天地大园林，美化人居大环境，让人们都能共享园林生活美，这理想当然也包括园林"与众乐乐"的开放在内。故而应该说，只有联系这一点，才可说是读懂了隐于"任看主人何必问，还要姓字不须题"用典背后的积极主旨。

第五节 "三分匠，七分主人"
——主论计成缘何推举陆雲

"三分匠，七分主人"是一句谚语，见于《园冶·兴造论》。它通过《园冶》

---

① 金学智：《中国园林美学》，中国建筑工业出版社2005年版，第50－52页。

的征引和诠释，集中体现了计成对于一般匠人和"能主之人"关系的见解，凸显了"能主之人"的作用，这是其造园理论体系的一个出发点和核心部分，非常重要。这里先引录《兴造论》中的有关片断：

> 世之兴造，专主鸠匠，独不闻"三分匠，七分主人"之谚乎？非主人（金按：此"主人"指园主或业主）也，能主之人（金按：指能设计和主持造园工程的匠师或大师）也（这一判断句的意思是：不是园主或业主，而是"能主之人"）。古公输巧，陆雲精艺，其人岂执斧斤者哉？若匠惟雕镂是巧，排架是精，一梁一柱，定不可移，俗以"无窍之人"呼之，甚确也。

此段文字，诸家解释基本一致，构成共识，惟独其中"陆雲精艺"一句，分歧极大，主要在于是否应该推举陆雲为"能主之人"。

《园冶注释》："公输子：即公输班，世称为古代巧匠，后世奉为匠家之祖……陆雲：晋吴郡人，著有《登台赋》，就建造楼基的技术，说明颇为精辟。"其实，此注对陆雲的解释并不符合事实，也不能消除人们对计成推举陆雲为"能主之人"的疑虑。故而《疑义举析》率先提出质疑：

> 计成此语原不尽确。公输班为古代巧匠，后世奉为匠家之祖，当时的设计与施工尚未有分工，公输班正是'执斧斤者'。陆雲本是文人，是作赋的能手，后人有诗云：'陆机始拟夸文赋，不觉云间遇士龙。'《登台赋》不过文人笔端，他本人不会建造楼台，而且也不会设计。将公输班与陆雲并列，实属不伦。后文云：'即有后起之输雲，何传于世？'亦同犯此病。

这是直截了当指出《园冶》本身的失误，同时又指出《园冶注释》的失当："陆赋只描述楼台，不曾说明'建造楼台的技术'，陆雲也不懂建筑技术。"这都体现了"实事求是，直不伤人，婉不伤意"的原则，应予高度评价，学术讨论最需要这种实事求是的精神，不过，就这一问题来看，《举析》当时的"纠误"也不确。

《园冶全释》引用了《疑义举析》这番话，写道："此说甚是。"其译文中还取消了陆雲，以"哲匠技艺的精湛"来代替《园冶》"陆雲精艺"四字原文。本书认为，对于《园冶》一书本身的不足之处，不论指出还是批评都是可以的，也是应该的，但是，直接从原文中将陆雲除名，另换其他词语，则显得太轻率，极不慎重。

此外，《图文本》在《兴造论》注中释作"指陆雲精于描绘楼台的建筑艺术"，这符合事实；但在《屋宇》注中又释作"陆雲兴造楼阁亭台的技艺"，前后显得自相矛盾。总之，陆雲之被推出成了《园冶》注译、研讨进展中或拦路不前，或绕道而行的一大症结。本节拟直面此问题，并不避繁复，重点提供计成缘何推举陆雲的一系列论据，以求解开这一症结。

计成《园冶·兴造论》开篇落笔，先论"能主之人"并推出这类人物的代表，这是很必要的，它会使论证更有说服力。他在书的一开头就将"公输巧，陆雲精艺"同时并提，其中公输班获得了研究界一致的认同，而对于陆雲，则怀疑者有之，将信将疑者有之，避而不谈者有之，彻底否定者有之。本书则持肯定态度，这就需要细细地、实实在在地详加论述。

一、首先从逻辑学视角看《兴造论》通篇论证的严密性：

（一）该篇通过"能主之人"与一般匠人的比较及其多方论证，得出了"三分匠，七分主人"的结论，从而以其作为全书、全篇的逻辑起点；

（二）根据造园实践，提炼出"因、借、体、宜"四字，表达了对全篇乃至全书提纲挈领式的、深度的宏观把握；

（三）对"因"和"借"所下的逻辑定义，既有较严密的科学性，又有较生动的艺术性，最后仍能回归到以输、雲为代表的"能主之人"[①]这一中心论点上来，可谓能放能收，有条不紊；

（四）叙写造园的步骤："故凡造园，必先相地立基，然后定其间进，量其广狭，随曲合方，是在主者……"不但井然有序，而且紧扣主题，突出一个"主"字。

（五）除了正面论述外，又注意反面论证，如"若匠惟……，俗以'无窍之人'呼之，甚确也。"这一假言判断，前件、后件完全符合条件关系，因此就不是对匠人无条件的否定。

（六）强调"得体合宜"，以"拘"、"率"二字概括不应出现的两种倾向，体现了两极否定性原理，表现出对"度"的准确把握。

据此可以说，《兴造论》思维清晰，逻辑严谨，条理顺达，文句通畅，它在《园冶》各章中是理论性最强、逻辑性最严密的一章，既然如此，就绝不可能在标举作为全书逻辑起点的"能主之人"的代表时，却突然思维混乱，找错对象。

二、再论计成为何输、雲并提：

计成深知，中国文人写意园的艺术创造，不只是需要包括建筑、山水、泉石、花木等在内的物质性创构，而且还需要必不可少的精神文化性的创意。计成的造园理论之所以表现出别具只眼的高明，就在于同时能注重精神文化性的创意。现以计成所主持规划设计的几个园林来看，可发现它们不只是物质性的创构工程，而且还是精神文化性的创意工程（此工程还有显态和隐态之分），需要文人们多向度的参与和融入，兹列举如下：

（一）园林及其中的建筑、景点，颇多精神文化性的题名。园林如"寤园"、"影园"等；景点如"扈冶堂"、"篆云廊"（以上见《园冶》）、"小桃源"、"玉勾草堂"、"柳万屯"、"半浮阁"、"泳庵"、"小千人坐"、"淡烟疏雨"、"湄荣阁"、"一字斋"

[①] 还不容忽视，如本书第一编所论，计成一贯高度重视"能主之人"。《园冶》原名《园牧》，"牧"字除了"式"义外，更有"主"义，其意是强调"能主之人"的重要作用。这一书名虽已取消，但仍是不可丢弃的第一手宝贵资料。

（以上见郑元勋《影园自记》）等。

（二）园林建筑需要对联。如吴又于的园，主人酷好骈语，其《率道人素草》等就录有自己所撰对联，如"世上几盘棋，天玄地黄，看纵横于局外；时下一杯酒，风清月白，落谈笑于樽前。""看云看石看剑看花，间看韶光色色；听雨听泉听琴听鸟，静听清籁声声"……都是很工整的对联。从书法史、园林史的事实看，晚明的对联已进入园林建筑[①]，而早于计成的赵宧光在苏州寒山别业就留下了较成功的自书草篆对联。

（三）匾额、对联又需要书法的介入。仍以影园为例，《影园自记》写到，当时大书画家董其昌"书'影园'二字为赠"；石刻"淡烟疏雨"四字，为元岳先生题书，"酷肖坡公笔法"；"一字斋"的题额，为徐硕庵所赠；"媚幽阁"三字，则为当时名流、画家陈继儒所赠……这些也需要约请、征集，以增人文气息。可见对于题名、匾额、对联等，"能主之人"决不能不闻不问。

（四）园林景点需要古诗文的参照和渗透。如《影园自记》所说，"室隅作两岩，岩上多植桂，缭枝连卷，溪谷崭岩，似小山招隐处"，这是从汉代淮南小山《招隐士》赋中取来；"媚幽阁"的题名，撷自唐李白"浩然媚幽独"的诗句；还有"小桃源"，这当然离不开晋陶渊明的著名散文……这也需要"能主之人"精心选取或协助事先设计，当然也有先建后题的。

（五）景观的诗化设计、意境的提示、画意的导入都需要文人参与。如影园的兴造，有董其昌、郑元勋等人参与，郑元勋本人就是精通诗文书画的名流，还有吴又于、阮大铖、曹元甫等，大抵是多才多艺的人物，或酷爱哲学，或擅长文学，或精通绘画……而计成自己更是多才多艺，出类拔萃，参与实践的大匠。

（六）园林的厅堂特别是书斋需要文史古籍、琴棋书画等充实其中，作为精神性的辐射源，以强化园林的书卷气，如《园冶》中所说："移将四壁图书"（《相地·城市地》）；"常馀半榻琴书"（《相地·傍宅地》）……这在明文震亨《长物志》中有具体详备的论说。

（七）更重要的是园林建成后，需要文人们高雅的生活情趣氤氲其间，或者说，只有经过诗酒雅集，才能提高文人写意园的品位，使其流传于园史，正如清代学者钱大昕《网师园记》（此书条石现嵌苏州网师园廊壁）所云："亭台树石之胜，必待名流宴赏以及诗文唱酬以传，否则辟疆驱客，徒资后人唈嗉而已。"对于园林的名流宴赏以及文心哺育，《园冶》中更有精彩描写："客集征诗，量罚金谷之数。多方题咏，薄有洞天"（并见下节），"宅遗谢朓之高风，岭划孙登之长啸"（《相地·傍宅

---

① 由于《园冶》主要为骈文，对园林的匾额对联不宜加以具体论述，其实，当时园林已渐流行悬挂匾额对联。与计成同时代的晚明刘侗所撰《帝京景物略·定国公园》："古屋三楹，榜曰'太师圃'。自三字外，额无扁（后作匾），柱无联，壁无诗片。"这种较少见的现象，恰恰从反面证明当时文人园林已流行悬挂匾额对联之风。到了清初的李渔，其《闲情偶记》中就予以正面总结，专列"联匾第四"详加论述，并绘图列式，异常具体。还说："客之至者，未启双扉……已知为文人之庐矣"。

地》）；"眺远高台，搔首青天那可问；凭虚敞阁，举杯明月自相邀"，"书窗梦醒，孤影遥吟"（《借景》）……历时性地看，园林从兴造规划之前开始，一直延续到园林建成交付使用以后，其间离不开文人的参与，这是物质性创构工程之外又一种更为持久的精神性创意工程和精神性创意生活，而且它还往往渗透到物质性创构工程之中，引领着物质性创构工程的进展，有时甚至可能临时改变其计划。园林营造及其中的文人园林生活就如此这般地交融为一。

既然文人园林的兴造是物质性创构工程和精神性创意工程的有机结合，那么，计成在《兴造论》中必然要标举两方面"能主之人"的代表人物，于是，前者遴选了公输班作为经典榜样，后者则遴选陆云为代表，让二人在书中一再成双作对地出现，这应该说是正确的，有眼识的，无可非议的。相反，如认为物质性工程的设计与主持决定一切，那么，这种只知其一、不知其二的见解，必然是跛足的认识。

三、另以园主人同时亲自主持精神性创意工程为旁证：

园主人同时作为"能主之人"，亲自主持精神性创意工程的历史实例颇多，以下试举五例：

（一）宋代洛阳富郑公园的兴造

据宋李格非《洛阳名园记·富郑公园》所载，此园不但有探春亭、四景堂、通津桥、荫樾亭、赏幽台等等，而且横为洞一，曰"土筠"；纵为洞三，曰"水筠"，曰"石筠"，曰"榭筠"。历四洞之北，有亭五，错列竹中，曰"丛玉"，曰"披风"，曰"漪岚"，曰"夹竹"，曰"兼山"……这些都是北宋仁宗、神宗两朝宰相富弼亲自设计的。如这一经典名篇所述，"亭台花木，皆出其目营心匠，故逶迤衡直，闿爽深密，皆曲有奥思"。他还围绕着"竹"字精心做文章，建有四洞、五亭两个主题系列。于是才出现了这一北宋洛阳第一名园。当然，具体的指挥、操办，不可能事必躬亲，还是"须求得人"（《园冶·兴造论》）。这样，就有了两个"能主之人"。

（二）明代无锡寄畅园的兴造

明王穉登《寄畅园记》写到，园主人秦耀"既罢楚开府归，日徜徉于此，经营位置，罗山谷于胸中……而后畚锸斧斤，陶冶丹垩之役毕举，凡几易伏腊而后成"，于是，"高台曲榭，长廊复室，美石嘉树，径迷花、亭醉月者，靡不呈祥献秀，泄秘露奇……"设计经营，辛苦了几年，才终于建成此名园。

（三）明崇祯年间苏州"归田园居"[①]的兴造

园主人王心一与计成为同时代人，他在《记》中说自己喜好画山水，"有邱山之癖"，故而造园时要求东南的山体现"巧"的风格，绘画上是赵孟頫一派；西北

---

① 归田园居兴造于崇祯四年（辛未），计成《自序》亦作于是年；归田园居"三年而工始竟"，而《园冶》一书也问世于该年，故二者极具可比性。

的峰体现"拙"的风格，绘画上是黄大痴一派，他以这一创意"位置其远近浅深（金按：这也就是全园'假山基'的布局设计），而属之善手（金按：善手指叠山能手）陈似云"。由此也可见，陈似云只是物质性工程的主持者乃至施工者，而王心一则是起更重要作用的精神性创意工程的"能主之人"。此外，"归田园居"中一系列的景观品题，也离不开王心一这位"能主之人"。

（四）清代苏州被誉为"小园极则"之网师园的兴造。

著名史学家、学者钱大昕在《网师园记》中写道："石径屈曲，似往而复，沧波渺然，一望无际。有堂曰梅花铁石山房；有阁曰濯缨水阁；有燕居之室曰蹈和馆；有亭于水者曰月到风来；有亭于崖者曰云冈；有斜轩曰竹外一枝；有斋曰集虚，皆远村目营手画而名之者也。"作为园主人的瞿远村，同时是该园设计营造的"能主之人"，此工程离不开他的"三部曲"：首先是"目营"，即相地立基的反复踏勘，以及视觉空间的想象、构思、布局；其次是"手画"，即将"胸中丘壑"转化为纸上草图或园林山水画，或相当于今天的设计图或效果图；最后是"名之"，即房、轩、阁、馆、亭、冈、斋等，按其创意建成后进行"品题"，于是，"集虚斋"容纳了先秦《庄子》的道家哲学；"蹈和馆"体现了三国魏曹植的中和之道；"竹外一枝轩"渗透了北宋苏轼的咏梅诗意……①。

（五）清末南浔的宜园，童寯先生《江南园林志》云："况周仪（金按：疑为'颐'）《宜园记》称：'园主人善书画，精鉴藏。构园之始，规划不经师匠，一树一石，自饶画趣。'殆计成所谓'七分'者也。"②

一系列实例，充分说明园主人也可能就是精神性创意工程的"能主之人"。当然，具体工程也要属之工师匠氏，但园主兼"能主之人"的作用具有决定意义，此之谓"三分匠，七分主人"。总之，精神性的创意工程是不容忽视的。

四、再进一步论说，在精神文化性创意方面，计成缘何选中陆雲为代表？

这也需要花费笔墨。因为在中国文学艺术史上，可选的精神性创意工程的"能主之人"难以数计，陆雲不一定是首选。但是，这种精神性文化艺术创意的选择，毕竟带有主观的个性色彩，只要有理由，就应予以认可。本书通过排比推测，认为计成选中陆雲，有如下诸多原因：

（一）陆雲和计成都是苏州人。陆雲，字士龙，陆机之弟，吴郡华亭人。三国时东吴名将陆逊封为华亭侯，故晋代此地名华亭。唐询《华亭十咏序》："华亭本吴之故地，昔附于姑苏。"所以陆雲是姑苏文化名人，苏州沧浪亭五百名贤祠里就

---

① 这一系列品题，分别见《庄子·人间世》："惟道集虚，虚者，心斋也"。曹植《冬至献袜履颂》："玉趾既御，履和蹈贞。"亦即蹈和履贞，意谓走在儒家中和之路上，即合乎中和准则。苏轼《和秦太虚梅花》诗："竹外一枝斜更好……"

② 童寯：《江南园林志》，中国建筑工业出版社 1987 年版，第 38－39 页。

有他。而计成也是姑苏人，乡邦观念更易使其成为计成心中的偶像。

（二）陆云出身、才华均赫赫不凡。陆姓自东汉起世代为名门望族，陆云之祖陆逊为吴丞相，父陆抗为吴大司马，亦有军功。《世说新语》注引《陆云别传》："儒雅有俊才，容貌瑰伟，口敏能谈，博文强记。善著述，六岁便能赋诗……年十八，刺史周俊命为主簿。俊常叹曰：'陆士龙，当今之颜渊也。'"又《晋书·褚陶传》："张华谓陆机曰：'君兄弟龙跃云津，顾彦先（即顾荣）凤鸣朝阳，谓'东南之宝'已尽"。龙跃云津，凤鸣朝阳之喻，是盛赞"二陆一顾"英才焕发，文思泉涌，所写诗赋令世人惊动仰慕。二陆兄弟还被张华品为"东南之宝"，而阮大铖《计无否理石兼阅其诗》也有"无否东南秀"之赞，亦将其品为东南的精英，可见二人颇有相似之处。

（三）时代相似，悲剧性命运相似。西晋是一个悲剧时代，"休咎相乘蹑，翻覆若波澜"（陆机《君子行》）。太康以后，政治更趋腐朽，酝酿出十馀年的八王之乱，贵族们为争夺政权而相互残杀。"志气高爽"（《晋书·张华传》）的二陆兄弟适逢此乱世，不但不能一展身手，相反卷入了残酷的政治斗争漩涡，成了毫无意义的牺牲品，陆云"临（金按：临，即临刑之前）云：'穷通，时也；遭遇，命也。'"（《太平御览》卷六零二引《抱朴子》）计成也类似，他有"使大地焕然改观"的远大高爽的志气，希望有"大主人"出现，而现实却是"惟闻时事纷纷"，自己也只能传食朱门，遭人歧视，他还时时警惕，坚持立场，避免卷入明末党争的漩涡，特别是对阮大铖等保持着特定的距离……故其《自跋》叹道："大不遇时也"。因此，陆云"穷通，时也；遭遇，命也"的喟叹，同样可看作是计成《自跋》的主题。计成由人及己，推己及人，对于陆云的悲剧会萌生同病相怜之感。

（四）陆云创作了著名的《登台赋》，这是很重要的原因【图34】。此赋并不如《园冶注释》所说，"就建造楼台的技术说明颇为精辟"，它根本未写建筑技

图34 ［晋］陆云《陆士龙文集》
宋庆元六年华亭县学刻本
钤有天籁阁、玉兰堂、子京所藏、项
元汴印、赵氏子印、唐白虎等藏印
选页中有《登台赋》
现藏中国国家图书馆

术，而是描述了游观三国时魏都邺宫三台的感受。必须指出，《登台赋》是极其珍稀的中国古典园林史料[①]，它又不像作为大赋的左思《魏都赋》那样侈丽铺张，面面俱到，不着边际，这篇关于曹魏宫苑的抒情小赋，其特色是描写集中，语言精炼，形象生动，感受丰永，特录其片断于下：

> 巡华室以周流兮，登崇台而上征。……历玉阶而容与兮，憩兰堂以消遥。蒙紫庭之芳尘兮，骇洞房之回飙。颓向逝而连物兮，倾冠举而凌霄。曲房窣而窈眇兮，长廊邈而萧条……深堂百室，曾台千房。辟南窗而蒙暑兮，启朔牖而履霜。游阳堂而冬温兮，步阴房而夏凉……仰凌眄于天庭兮，俯旁观乎万类……扶桑细于毫末兮，坤仑卑乎覆篑。于是……宇宙同区，万物为一，原千变之常钧兮，齐亿载于今日……朝登金虎，夕步文昌。绮疏列于东序，朱户立乎西厢……凭虚槛而远想兮，审历命于斯堂……感崇替之靡常兮，悟废兴而永怀……

《登台赋》可说是《三国志·魏志·武帝纪》所记规模宏大的邺宫三台的形象化注脚，它生动地描述了华室、崇台、玉阶、兰堂、紫庭、洞房、长廊、回路、邃宇、曾（层）台、绮疏、朱户、东序、西厢、南窗、朔牖、虚槛……，还提到"朝登金虎（台），夕步文昌（阁）"。另有"蒙暑"、"履霜"、"冬温"、"夏凉"数句夸饰性描写，则开了唐杜牧《阿房宫赋》中"歌台暖响"，"舞殿冷袖"，"一日之内，一宫之间，而气候不齐"精彩片段之先河。它描写登台的感受，不但视域寥廓高远，气魄宏大混茫，而且交融了庄子学派的哲理和诗人高度的艺术想象，是启导了唐代李贺有关诗篇的创作。末尾对崇替靡常、废兴永怀的喟叹，又是何等深沉！这些会让计成倾倒。《登台赋》比起陆雲其他抒情小赋来，似乎建筑罗织得多了些，但这恰恰适合于计成造园建屋和撰写《园冶》的需要。

（五）陆雲"清"与"省"的美学观，直接影响了计成对形式美"减"、"疏"的评判标准（详见本书第169-170页）。

（六）计成还可能很欣赏陆雲的某些作品，其中如"傲物思宁，妙世自逸"（《逸民赋》）；"悲山林之杳蔼兮，痛华构之丘荒"（《岁暮赋》）；"攀木寒鸣，负材所叹，余昔侨处，切有感焉"，（《寒蝉赋序》）"感运悲声，贫士含伤"，"附枯枝以永处"，"哀北风之飘飘"（《寒蝉赋》）……都可能引起作为"寒士"的计成的共鸣。而计成《园冶》里的"延伫"、"大观"、"合志"等词语，也见于陆雲诗中。以"合志"为例，最富于意蕴的可见于陆雲的《失题》诗："美哉良友……道同契合，体异心并。……何以合志，寄之此诗。"诗中的"志"，应为志同道合、志趣相投的"志"；

[①] 按：目前已问世而赢得公认的中国古典园林史著作，写到三国时曹魏宫苑却均语焉不详，还特缺景观的具体描述，殊不知陆雲《登台赋》在这方面却有较高的园史价值。这里先提供有关的背景材料：《三国志·魏志·武帝纪》云，"邺城西北隅，因城为基，铜雀台高十丈，有屋一百二十间……金凤台有屋百三十间，冰井台有百四十五间……三台崇举，其高若山"。陆雲的《登台赋》，就集中颂赞了所亲历的邺城台苑废兴景观并抒写了具体感受。

"合"则为"契合"、"情投意合"之"合"的使动用法，此词出现于《园冶》中，如"似为合志"（《自序》）；"探奇合志"（《屋宇》）；"缘世无合志"（《掇山·园山》）。

五、最后，排比分析作为"能主之人"的代表——输、雲在书中出现的次数及二人的前后次序。

通观《园冶》全书，输、雲联袂出现过如下三次：

古公输巧，陆雲精艺，其人岂执斧斤者哉？（《兴造论》）

匪得其人，兼之惜费，则前工并弃，即有后起之输、雲，何传于世？（《兴造论》）

非及雲艺之台楼，且操般门之斤斧。探奇合志，常套俱裁。（《屋宇》）

前两次，都是先"输"后"云"，但到了第三次《屋宇》里，却是先"雲"后"输"，这是由于计成要突出地描赞屋宇，就必须先突出善于生动地赋写"崇台"的陆雲。试看《屋宇》中一段生动描赞：

奇亭巧榭，构分红紫之丛；层阁重楼，迥出云霄之上。隐现无穷之态，招摇不尽之春。槛外行云，镜中流水……探奇合志，常套俱裁。

这出现于一派诗情画意之中的亭榭楼阁，连同前、后两个"奇"字、一个"巧"字，令人联想起陆雲《登台赋》在邺宫高台上的"凌昈于天庭"，"凭虚槛而远想"……而这"奇"、"巧"二字，正是计成所希冀和推崇的创构之一。

还值得进一步探究，在第三次，与先"雲"后"输"相应，"楼台"这一双音节词，其先后次序竟然也作了反常规的对调。例如，唐杜牧《江南春绝句》有"多少楼台烟雨中"的名句；宋人周辉《清波杂志》卷中有"楼台亭阁数十重"之语；而《园冶·相地·村庄地》也有"楼台入画"的描写……那么，计成为什么在《屋宇》章要一反往常，写成"雲艺之台楼"，而且这"台楼"在特定语境里成了偏义复合词？这是因为《登楼赋》是汉末王粲的名篇，而陆雲只写了《登台赋》而没有写《登楼赋》，所以《园冶》中就必须突出前面的"台"这一词素[1]，而后面的"楼"成了陪衬，被虚化了。所以，"非及雲艺之台楼"一句，应解读为：及不上陆雲赋中所创造的"崇台"那种令人目不暇接的艺术形象。由此可见，此句确乎是正面落笔，将陆雲推举为精神性创意的理想化的"能主之人"了。

还有可探者，《兴造论》的"其人岂执斧斤者哉"，其中"斧斤"也遵循以往语言习惯，如《孟子·梁惠王上》就有"斧斤以时入山林"之句，但《园冶·屋宇》里竟写成了"且操般门之斤斧"，而且"斤斧"在这里也成了偏义复合词，其中的"斤"也被虚化了，这又是为了巧妙地化用成语"班门弄斧"之典，其意谓在物质性创构方面也及不上

---

[1] 偏义复合词是两个单音节的同义词或反义词作为实词素，在一定的语言环境里只用其中一个词素的意义，而虚化另一个。如汉乐府民歌《孔雀东南飞》中的"昼夜勤作息"，"作息"是复词偏义，词义仅在"作"字上，因为"息"不可能与"勤"相搭配。

鲁班，但姑且在祖师爷门前"弄斧"显丑吧！这又表达了计成谦虚的精神和幽默的情趣。

总之，"楼台→台楼"；"斧斤→斤斧"，这两个联合词之词素的先后次序同时作不同一般语言习惯的对调，这绝不是偶然的，而是随着"输→云"改变为"云艺→般门（公输）"而改变的，或者说，都是由"输、云"先后次序的改变所决定的。

再回过头来研究《兴造论》中有关以输、云为代表"能主之人"的论述，可见此章主要偏重于园林兴造的物质性创构方面，而到了《屋宇》章中，有关的论述则偏重于精神性创意方面，体现在"云艺"二字的"艺"字上。综观这两部分，意谓造园建筑工程中，须牢记"三分匠，七分主人"之谚，至于选择"能主之人"，必须兼顾到两个方面，一是能主物质性创构工程的人，二是能主精神性创意工程的人。这两种人可能分别是两个人或几个人，但也可以是兼任于一人之身，当然后者更难寻觅。

然而，计成却能萃物质性创构与精神性创意于一身，正如郑元勋《题词》所说："此计无否之变化，从心不从法，为不可及；而更能指挥运斤，使顽者巧，滞者通，尤足快也"。正因为如此，在兴造影园的过程中，作为名流韵士，郑元勋心甘情愿当其助手。

然而，《园冶》之不被全面理解，难觅业界知音由来已久，特别是将陆云列为精神性创意的"能主之人"的代表这一破天荒的理论创新，明末以来，没有人予以理解，更无人为之辩说、阐发。对此，学术界的基本情况是：或视而不见，或避而不谈，或置若罔闻，或甘为贤者讳……然而由于注释的需要，已不可能再绕开这个"云"字，必须给以明确的解释。于是，除了前文所引，说《登台赋》"就建造楼台的技术，说明颇为精辟"，或认为"将公输班与陆云并列，实属不伦"而外，还有主张"在译文中去掉陆云，并不影响原义"；或将"陆云"的"云"改为"道"字[①]，将"非及云艺之台楼"译为"我的技艺虽未达到'道'（金按：这个相当于规律的'道'字，是往更错误的方向延伸）的高度"；或说"计成以陆云比鲁班已不伦，抬高陆云更为谬误"；或说"陆云造楼阁之技艺，为计成对陆云所著《登台赋》之误解"，凡此种种，不一而足……这些其实统统是对计成的误解，正是："不识庐山真面目"，尔来三百八十载！笔者有感于此，故本节予以重点论述。

第六节　客集征诗，多方题咏
——园林的一种精神性创意工程

"客集征诗"，"多方题咏"，并见《相地·傍宅地》："日竟花朝，宵分月夕，家

---

① 按：陆云的"云"，原为繁体字，名词，它本来就没有"道"的义项，而只有简化合并为"云"字，动词，即"说"，才有"道"的意义，如《诗》云："。然而这两个字不容混淆，也不能相互代替。

庭侍酒，须开锦幛之藏；客集征诗，量罚金谷之数。多方题咏，薄有洞天。"这是写傍宅地的园林里园主人在春秋佳节的园林生活，其中既包括家庭的欢聚，又包括邀请宾客的宴集题咏；既包括丰盛的物质生活，又包括丰富的精神文化生活。本节只阐释"客集征诗"，"多方题咏"两句，因其有关园林的精神文化建构，本节之所以引录以上句群，是为了显示此两句所出现的语境，故不拟具体解释其他句意。

题咏，就是用诗或诗性语言对赋咏对象进行品题、抒写，其所题范围可以很广，如山水、园林、花鸟、景物、时令以及书画等藏品。清钱泳《履园丛话·收藏》："宋元人始尚题咏。题得好的，益增名贵；题得不好，益增厌恶。"《红楼梦》第十七回"大观园试才题对额"中，贾政说："我自幼于山水花鸟题咏上就平平的"。小说还写到，贾宝玉等人对大观园诸景，一路题来，或是对联，或是景名。在第十八回，则写迎春、宝钗、黛玉等用七言或五言诗来题咏景观，以及"贾妃挨次看姊妹们题咏"……这都是很典型的题咏。其实，如要往上追溯，题咏不始自宋元，东晋兰亭的雅集赋诗就带有题咏的性质，名流们以兰亭为题共咏了数十首诗，均名为《兰亭诗》，内容范围也大致相近相关，最后结为《兰亭集》，由王羲之写序。后来到了齐梁间，大量的咏物诗也明显带有题咏的性质。

再回到"多方题咏"四字上来，《园冶注释》将其译为"多求题咏"，这不当，因为"方"并无"求"义。《园冶全释》注道："题咏；有一定主题的吟诗作赋。"亦不甚当，因为任何诗作都是有主题的，"一定"，宜改为"特定"。至于"作赋"二字，更失之，因为赋作为文学的一种特殊体裁，其篇幅总是特长或很长，故短时间内不可能写成，晋左思的《三都赋》构思了十年，即使是小赋，也不易即兴写成。因此不能说"作赋"，而只能说是"赋诗"，或吟诗作序，如晋石崇作《金谷诗序》。再说宴集题咏，则往往有一定的要求，不只是要求创作围绕特定主题，或者说，要求创作有共同的、相近的或规定的题目、题材、范围，还可以要求有共同的或相近的形式，例如分韵、分题、联句等等，有些要求甚至很严格，当然也可有其多样性，宽泛自由性。

再解释"多方"，就是多种方法。金人王若虚《孟子辨惑》："君子多方教人。"多方题咏，就包括以多种方法请客人题咏，这就是"客集征诗"。征，有求的意思在内，但是，"方"字却不能解释为"求"。

其实，《园冶全释》的有关译文确乎很不错："宴集赋诗，不胜者照金谷之量罚酒。题咏诗文满壁，小有洞天之境。"再如译"题咏"为"赋诗"，而没有译为"作赋"，也比较准确；又如译"薄有洞天"为"小有洞天之境"，亦较确。至于宴集题咏中征集到的诗如何处理？《全释》的回答是："题咏诗文满壁。"这是比较符合历史真实的，有明、清时代的记叙文字为证：

明万历间兰陵笑笑生的《金瓶梅词话》第五十四回，写到内相花园中有"探梅阁"，"阁上名人题咏极多"，可见当时"客集征诗"，"多方题咏"已成为习俗，以致小说中也有所反映。

又如清代著名诗人袁枚的随园，清袁起《随园图说》写道："俯瞰山下游人如行画中……东上坡达'诗世界'"。袁枚之孙袁祖志《随园琐记》注"诗世界"云："先大父有《诗话》（金按：即《随园诗话》）之刻，海内投诗者，不可胜记，其佳句之入选者无论矣。至所投之原稿，日积月累，庋置如山，于是葺是屋以储之，颜之曰'诗世界'。"《琐记》又有注云："沿西山一带，筑长廊数百步，廊壁尽糊投赠题壁之诗，不下数千首，上更凿石刻'诗城'二字。"

晚清时南京的愚园，为胡氏花园。邓嘉绪《愚园记》写到，假山曲池之南有轩豁洞敞、列屋延袤的清远堂，为一园之胜，"壁间榜时人题咏皆满"，这与《园冶全释》所说"题咏诗文满壁"颇相类。

还有如近代留存至今的广州荔枝湾"小画舫斋"的船厅，当日主人就曾将雅集所得的名家诗、书、画作品做成镜片，装框悬于壁间，以增人文气息。而现今的苏州园林如留园、狮子林、怡园等，更多"书条石"系列，嵌于廊壁间[①]，这无疑是最精美的诗、文、书、画展览。不过，较多的是古法帖的摹刻，并没有体现"客集征诗"的特点。

总之，此类形式，都能让人如入诗艺的世界，而这主要是"客集征诗，多方题咏"的结果，或者说，是一系列诗的展示性物化，它可促成"小有洞天之境"的实现。从学术的视角看，这类丰硕成果，既是园林突出的精神性文化建构，尔后，其本身又是园林风俗的史学遗存。

第七节　目寄心期，意在笔先
——《园冶》创造论［其一］

"目寄心期，意在笔先"，语见《借景·结语》。全文如下："夫借景，林园之最要者也。如远借，邻借，仰借，俯借，应时而借。然物情所逗，目寄心期，似意在笔先，庶几描写之尽哉！"

先释"物情所逗"。情：性也。《孟子·滕文公上》："夫物之不齐，物之情也。"赵岐注："其不齐同，乃物之情性也。"《淮南子·本经训》："人爱其情。"高诱注："情，性也。"《借景》中的"物情所逗"，物情就是物性，即景物作为客体的审美特质、本性。逗，即逗引，引诱，挑逗，意谓景物对人的吸引、挑逗，具有特殊的美的魅力。

---

① ［清］赵昱《春草园小记·选句廊》："仿古人选句图，检唐、宋以来绝句，书之廊壁，退日巡檐，各诵一过。"这是不同于"书条石"的园林精神性创意建构的又一形式。

关于"目寄心期"，《园冶注释》训为"目之所接触，心之所感想"；译文为："引起了目之所接，心之所感而结成的意境。"其中除"引"字用得较好外，其他似均不甚到位。《园冶全释》与之相近，也是忽视了前句"物情所逗"四字。

"目寄"，通过"目"去"寄"。寄，传送。唐杜甫《述怀》："寄书问三川"。诗人传送去的是家信。青年鲁迅的《自题小像》："寄意寒星荃不察"。传送去的是一片赤诚执着的心意。而《借景》中的"寄"，是寄情，寄意。目寄，即审美主体用"目"也用"心"给景物传情送意，这是园林审美一种必要的情感活动。

"心期"，也是一种情感活动，意谓两相期许，或心中相许，这种心理活动当然可以是单方情感的专注投入，但更多情况下是由双方共同发生的。如：

> 实欣心期，方从我游。（晋陶渊明《酬丁柴桑》）
>
> 我与士逊心期久矣……（《南史·向柳传》）
>
> 千里心期，得神交于下走。（唐王勃《三亭兴序》）
>
> 何日同宴游，心期二月二。（唐白居易《和梦得洛中早春见赠》）

因为情感是共同的，专注的，所以"心期"也往往引申为相思……。在审美活动中，这种情况更为普遍，由于凝神观照，情感专注投入，审美主体可以和客体做到双向交流，互为投合，如南朝梁刘勰《文心雕龙·物色》篇末的赞语："山沓水匝，树杂云合。目既往还，心亦吐纳（金按：也是'目''心'双提）。春日迟迟，秋风飒飒。情往似赠，兴来如答。"这就是一种物我赠答的情感交流，或者说，是物与我的情投意合[1]。《物色》篇开头还写道："物色之动，心亦摇焉。""物色相召，人谁获安？"所有这些，都离不开一个"情"字。

在风景园林的审美活动特别是借景中，这种情感交流是经常发生的，正如有些诗人、画家所写：

> 一片瑟瑟石，数竿青青竹。向我如有情，依然看不足……莫掩夜窗扉，共渠相伴宿。（唐白居易《北窗竹石》）
>
> 鸟歌如劝酒，花笑欲留人。（明李奎《西湖》）
>
> 更喜高楼明月夜，悠然把酒对南山。（明米万锺《勺园》）
>
> 修竹数竿，石笋数尺……非惟我爱竹石，即竹石亦爱我也。（清郑板桥《竹石》）

这些园林诗文中，园不论大小，均由于情的孕育，无情的景物都不同程度地有情化了，并与人进行着情感的交流，甚至"目既往还，心亦吐纳"；"情往似赠，兴来如答"。而《园冶》中的"物情所逗"，也就是《文心雕龙》中的"物色相召"，"逗"、"召"二字在这里可以互为解读。据此，"物情所逗"之句，可进一步理解为审美客体具有召唤、逗引的无穷的魅力。正因为如此，《借景》章前文以"因

---

[1] 黑格尔也这样说："作为主体，艺术家须使自己与对象完全融合在一起，根据他的心情和想象的内在生命去造成艺术的体现。"（［德］黑格尔：《美学》第1卷，商务印书馆1979年版，第369页）

借无由，触情俱是"作结。意谓因凭客观物象作为借景，没有什么因由，只要触景生情，产生美感，就都可以作为借景对象，收纳到园里来。这强调的也是一个"情"字。还应指出，"目寄心期"不但适用于借景，而且还适用于风景园林其他审美领域，具有较大的普适性。

再说"意在笔先"。对此，《园冶全释》这样解释："是谓书法、诗文、绘画，必先构思成熟，然后下笔，目的在'画尽意在'。中国艺术不重'形似'的刻画，追求的是意趣'意境'的表现，即'神似'……"这讲得非常精到。《全释》还指出"任何民族的文化，在历史的长河中都是融合的，不仅在各门艺术之间，艺术与哲学、美学、社会、历史、技术科学都是互相渗透、互相补充、互相融合的"，接着不但举出了画论之例，还举出书论、诗论之例进行丛证，选数则于下：

> 夫欲书者，先开（金按：此字误，应作"干"，繁体作"乾"）研墨，凝神静思，预想字形大小、偃仰、平直、振动，令筋脉相连，意在笔前，然后作字。（[传]王羲之《题卫夫人笔阵图后》）

> 凡画山水，意在笔先。（[传]王维《山水论》）

> 顾恺之之迹……意存笔先，画尽意在，所以全神气也。（唐张彦远《历代名画记》）

> 运于胸次，意在笔先。（五代荆浩《山水诀》）

> 意在笔先，为画中要诀。（清王原祁《雨窗漫笔》）

> 所谓沈郁者，意在笔先，神馀言外。（清陈焯《白雨斋词话》）

这确实是书画、诗词的要诀，如书法创作，必须凝神静思，预想所书字句的整体布置，即结体、章法乃至点画笔意等，不能信手涂抹，乱成一片。绘画更是如此，画竹要胸有成竹，画马要胸有全马，画山水要胸有丘壑……不能枝枝节节而为。所以，"意在笔先"这一要诀，不但长期来得到了一致的认同，而且在流传过程中被增补为"意在笔先，字居心后"，或"意在笔先，文向思后"……使其更为完整明确。计成此语，可能更直接来自其所宗法的五代画家荆浩。

对于园林的借景来说，提出意在笔先的理念也是十分必要的，应事先多方考虑到借景对象的可利用性。《园冶》这样写道：

> 借者，园虽别内外，得景则无拘远近，晴峦耸秀，绀宇凌空，极目所至，俗则屏之，嘉则收之，不分町疃，尽为烟景。（《兴造论》）

> 倘嵌他人之胜，有一线相通，非为间绝，借景偏宜；若对邻氏之花，才几分消息，可以招呼。（《相地》）

作为造园的"能主之人"，对于园外的景物，也都必须事先考虑：凡是尘俗杂乱的，都应尽量设法遮蔽；凡是幽美雅致的，则应尽量予以收纳，以拓展园林空间，丰富园林景观。对于优美宜人的，即使是只有一线相通的可能，也要事先考虑，充分予以利用。这是计成长期造园的经验谈。

"夫借景，林园之最要者也。"要很好地实现借景，一是要注意"物情所逗，目寄心期"；二是要强调"意在笔先，景居心后"。这两条是相辅相成，互为因果的。这样，也就差不多描写尽致了。

至于作为艺术创造要诀的"意在笔先"，也具有较大的普适性。对园林来说，在施工之前，先要通过相地、立意，酝酿出一个整体的、体现了深思熟虑的规划，在今天，还要有平面图、效果图等等，这才能初步保证立于不败之地。

在中国美学史上，"意在笔先"作为一条规律早就出现，但将其创造性地引入风景、园林、建筑艺术的领域，计成却是第一人。这一理论建树，可谓功不可没。

第八节　景到随机，意随人活
——《园冶》创造论［其二］

"景到随机"、"意随人活"，分别见《园说》和《铺地·冰裂地》。

园林营造与书画创作有着密切的关系，园林营造往往要借鉴书画创作的一些方法、定则，如上节所论的"意在笔先"即是适例，本节再由此落笔。

书画的"意在笔先"，已得到书画界和非书画界人士一致的认同，但是，书画创作有没有"意在笔后"的情况呢？有的。不过，这不一定能得到一致的认可，甚至会遭到反对、质疑，然而，情况却是现实的存在，这就需要详加阐说。

先以书法为例。宋苏轼《小篆〈般若心经〉赞》写道："心忘其手手忘笔，笔自落纸非我使。正使匆匆不少暇，倏忽千百初无难。"这说得不免有些夸张，而其《书所作字后》又云："浩然听笔之所之，而不失法度，乃为得之。"这均为适例。以下再重点论析怀素的草书创作。释怀素是唐代著名的草圣，唐戴叔伦《怀素上人草书歌》云："心手相师势转奇，诡形怪状翻合宜。有人细问此中妙，怀素自言初不知。"第一句中的"师"，动词，意为效法，可理解为听从、随从。所谓"心手相师"，可分解为"手师心"和"心师手"两个方面。手师心，就是意在笔先；心师手，则是意在笔后。"心手相师"，也就是二者的相互转化。笔者曾指出：

　　［艺术创作］是一种复杂微妙的特殊的精神劳动，当书法家全身心地进入创作的化境以后，灵感、激情、无意识等往往参与其间，于是，势来不可遏，势去不可止，"手师心"和"心师手"往往会相互转化，或笔随我势，或我随笔性，甚至于手忘于笔，心忘于书，这样就有可能意外生姿，奇情错出，不主故常，自成变化。在这一忘情笔墨的过程中，"意在笔后，字居心前"的情况也是经常发生的。诗人（按：指戴叔伦）用"心手相师势转奇"一句来概括书法创作特别是草书创作的过程和规律，是极有创见卓识的……［怀素］心手相师的草书之妙，连他自己也根本不知道，或者说，当初还不曾估

计或预料到……①

这种神来之笔，意外之趣，或意在笔后，任势生变……其美学、形象思维学的奥秘，值得深入探研。

再以绘画为例。《全释商榷》在讨论"有真为假，做假成真"时，将郑板桥的"眼中之竹——胸中之竹——手中之竹"比附于"真（自然美）——假（理想美）——真（艺术美）"的三段论，这是很不恰当的，因为它们不完全对应，更不完全对等，《商榷》作者并未深入研究郑板桥"三竹"说的理致、意蕴，就将其按"自然美——理想美——艺术美"的模式来硬套，这很容易产生误读误导，特别是有碍于对《园冶》中"景到随机"，"意随人活"等重要理念的解读探究，故需深入一论。

先看郑板桥《题竹》的原文，特别应领悟其最后几句：

> 江馆清秋，晨起看竹，烟光日影露气，皆浮动于疏枝密叶之间。胸中勃勃遂有画意。其实胸中之竹，并不是眼中之竹也。因而磨墨展纸，落笔倏作变相，手中之竹又不是胸中之竹也。总之，意在笔先者，定则也；趣在法外者，化机也。独画云乎哉？

对这段画论，也可分三段来论析：

一、眼中之竹——晨起看竹，这是对自然美的欣赏，画家所看到的确实是"自然的'真'的美"，当然，用文字来表达，已渗入了画家的主体情致，但无论如何还是画家的"眼中之竹"。而"烟光日影露气，皆浮动于疏枝密叶之间"，确实能引起画家的创作意兴，这一过程，相当于计成所说"有真为假"的起始阶段。

二、胸中之竹——它不同于眼中之竹，是经过了画家即兴式的构想，孕育出胸有成竹的整体意象，不过这还是停留于画家内在的主观世界，而并未由此落笔"外化"。这种意象当然带有一定的理想性，但决不能和"理想美"划上等号。

三、手中之竹，或者说是笔下之竹——郑板桥所说的第三阶段"手中之竹"，并不能将其简单地、静止地等同于"真"或"艺术美"，它主要是写胸无成竹、落笔变相的创造过程。对此，笔者曾指出：

> 当代中国文艺学、美学论着往往爱援引《板桥题画·竹》中关于"眼中之竹"、"胸中之竹"、"手中之竹"的著名论述，然而大抵不能准确地阐发其中美学意蕴，特别是忽视其最后几句。应该说，郑板桥"三竹"说，只有把它放在"意在笔前→意在笔后"的创美过程中才能准确地理解……胸有成竹，这是深思熟虑、意在笔前的自觉性；落笔倏作变相，这是主要受冲动和情感的支配的非自觉性，于是趣在法外的手中之竹，就取代了意在笔先的胸中之竹，这种不自觉的"化机"，不正是灵感来潮时的随机性乃至下意识或潜意识在起作用吗？②

---

① 吴企明、金学智、姜光斗著：《历代题咏诗书画鉴赏大观》，陕西人民出版社1993年版，第88－89页。
② 金学智：《中国书法美学》下卷，江苏文艺出版社1994年版，第954页。

郑板桥这番画论的重点，不是"胸有成竹"的"定则"，而是"胸无成竹"那种突然出现的"化机"。这种出于意外、不期然而然的审美效果，往往能超越艺术家既定的思维模式而获得奇趣，因而也是艺术不断生新的契机之一。这一理论，可看作是对单纯的"胸有成竹"论一定程度上的修正，因为这种创作，恰恰是趣在法外的表现，他手中之竹，并非胸中之竹的再现或外化，相反更远离了胸中之竹。这段画论的独创新意，就在于一反"意在笔先"的"定则"，一反某种机械论的单向思维，而是通过不一定能理性地把握的这个"变"字，说明了寓灵感于其中的艺术创作具有复杂性，不能以简单的公式来硬套。

早在20世纪80年代初，朱有玠先生在论《园冶·园说》时就结合造园的创造性实践深刻指出，"因借体宜"、"意先笔后"等原则在实践中往往"有参互、有变化"，亦引郑板桥"三竹"说并概括道："在哲学思维中也就是'必然性'与'偶然性'，'定则'与'化机'的辩证关系。"[①]这说得很精彩周到。在20世纪90年代，笔者论书画创作也认为，在总体上应是"定则与化机的互补统一，意在笔先与趣在法外的互补统一，是胸有成竹与胸无成竹的互补统一，或者说，是不忘与忘、有意识与无意识、自觉与不自觉的互补统一"[②]，而在这个统一中，意在笔先无疑是主导方面、具有决定意义的方面。

再联系园林营造来说，确乎需要"意在笔先"这个"定则"，事先必须反复推敲，搞好具有新意的总体规划设计，做到胸有成竹，这就有步骤、有计划，而不致手忙脚乱。但也会有"意在笔后"的情况。计成和郑板桥一样，是艺术创新的大师，他们绝不墨守成规、亦步亦趋地沿着前人的老路走下去。所以《园冶》说，"制式新番，栽除旧套"（《园说》）；或说，"探奇合志，常套俱裁"（《屋宇》）；或说，"探奇投好，同志须知"（《掇山》）……一言以蔽之，就是创意、创新。

具体地看，《立基·书房基》指出："按基形式，临机应变而立。"屋基形式是千变万化的，不可能有一成不变的模式，需要"能主之人"临机应变而立，随着所遇到基地的种种多变形式，灵活机动地采取不同的方法应付，以求适应。

对于"临机应变"这一普适性成语，《园说》还将其具体化，落实到园景的设计构想，提出了"景到随机"的重要理念[③]。所谓"景到随机"，是说遇到基地的种种不同情况，就凭其触动，顺其自然，运用形象思维的方法，通过创造性的孕育想象来寻觅，这就可能会如清笪重光《画筌》所说，"眼中景现，要用急追"，

---

① 朱有玠：《岁月留痕——朱有玠文集》，中国建筑工业出版社2010年版，第23-24页。
② 金学智：《中国书法美学》下卷，江苏文艺出版社1994年版，第955页。
③ 计成的"景到随机"论，与同时代张岱《跋〈寓山注〉》中提到的"意随景到，笔借目传"，也不无相契合之处。《寓山注》是明末祁彪佳给自己的园林以注文形式所写的园记，很有价值，也很有文采，故张岱为之作跋。

也就是说，如果灵感思维或直觉思维中的景观意象突然来到眼前，虽然它朦胧而不清晰，但也要急起追捕，抓住不放，从而萌生新的景观意象或景观意象群，这就是景到随机，临机应变，意象生发……从而创造出迥异于一般的景观来。最好的实例，是计成《自序》所写，当吴又于请其至常州城东相地时，确乎是"眼中景现"，后经过再孕育付诸实践，终于获得成功。序文写道：

> 予观其基形最高，而穷其源最深。乔木参天，虬枝拂地。予曰："此制不第宜掇石而高，且宜搜土而下，令乔木参差山腰，蟠根嵌石，宛若画意；依水而上，构亭台错落池面，篆壑飞廊，想出意外。"落成。公喜曰："从进而出，计步仅四百，自得谓江南之胜，惟吾独收矣。"

在相地时，胸中勃勃，宛若画意，然而又"想出意外"地"眼中景现"：俨然呈现出一幅古木蟠根嵌石、亭台错落池面、篆壑浮廊的画面……。这既是"善于用因"（郑元勋《园冶题词》），又是"景到随机"（《园说》），构思过程表现为意在笔先（定则）与意在笔后（化机）的往复互动。最后，终于赢得了吴又于"自得谓江南之胜，惟吾独收"的高度评价，并驰名于南北江。

正因为如此，计成非常重视意在笔后的"化机"。《屋宇·九架梁》指出："九架梁屋，巧于装折，连四、五、六间，可以面东、西、南、北，或隔三间、两间、一间、半间，前后分为……斯巧妙处不能尽式，只可相机而用，非拘一者。"九架梁屋，可以有东、西、南、北的不同朝向，也可以有三、两、一、半的不同隔间，巧妙处不可能用图式全部画出来，只能根据具体情况灵活机动地作具体处理，不可能拘守于一格。《屋宇·磨角》也指出："如亭之三角至八角，各有磨法，尽不能式，是自得一番机构。"古典建筑的戗角是很复杂的，设计必须随机应变，"自得一番机构"，即自己应调动一番灵性，相机而用，这也就是笪重光《画筌》所说的"贵相机而作"。

计成论建筑，凡是情况比较复杂的，总不把问题说死，而是留下空白，借用《老子·四十五章》的话说，是所谓"大成若缺"，这是尊重设计者主体的主动性、创造性、灵活性、机动性，启发设计家开掘自己的禀赋灵性。这类论述，出色地表现了计成的美学大智慧。

应该说，在园林建筑设计工程中，式与法都是不可或缺的，它负载着千百年来的历史积淀，凝固了大量设计劳动的宝贵经验，但是，它又承受着传统一定的惰性，在某种程度上也会影响后人的创造和新变。就计成自己在书中所画图式来看，阚铎《园冶识语》说："《园冶》为式二百三十有二"，"专重式样，作者隐然以法式自居"。计成自己对这类法式也非常重视，或说，"亦恐浸失其源，聊绘式于后"（《兴造论》）；或说，"非传恐失，故式存馀"（《门窗》）……但这只是其一个方面，另一方面，计成又深知即使是自己新创的图式，也是画不尽的，而且更没有必要画尽，所以他反复说"不能尽式"，否则，有可能会束缚设计主体的灵性，使营造的创构设计流为单纯的模仿或沿袭①，故而《园冶》书中一再论及诸多方面的"随机应变"，一则曰，"亭安有式，基立无凭"（《立基·亭榭基》）；二则曰，"造式无定"（《屋宇·亭》）；三则曰，"予斯式中，尚觉未尽，尽可粉饰"（《栏杆》）；四则曰，"砌法似无拘格"（《铺地·冰裂地》）；五则曰，"构园无格"（《借景》）……

与此同时，计成又非常强调活法，如《屋宇·七架梁》："前后再添一架，斯九架列之活法。"《屋宇·九架梁式》："此屋宜多间，随便隔间。复水，或向东、南、西、北之活法。"至于《铺地·冰裂地》，则写得更精彩："意随人活，砌法似无拘格……"计成通过对铺地的列论，锤炼而出的"意随人活"这句至理名言。这里的"意"，亦即"意在笔先"的"意"。《立基》又云："任意为持，听从排布。"这是说，在工程设计中，应该任凭、听从"意"来主持、来摆布。然而，还可再进一步推论："意"，又是由"人"所决定、所支配的，它是随着人而活的，这就直接强调了人的主体性。总之是，人活才能意活，意活才能法活，可见人的心智灵性才是最重要的，这样，才能体现"意"的变化自得，才能更好地实现出新意于法度之外，这正如明唐顺之《文编序》所申述的"所谓法者，神明之变化也"。如此提出问题，就不会缚人以法，就有可能避免盲目性，让人在法、式的框架中领悟生化，赢得自由。为此，他在《兴造论》中批评认为"一梁一柱，定不可移"的人为"无窍之人"，而郑元勋在给《园冶》的《题词》中根据计成的造园实践概括道："此计无否之变化，从心不从法，为不可及，而更能指挥运斤，使顽者巧，滞者通……"此语凸显了大师计成的"不可及"处有三：一是并非心从法，而是法从心；二是这种对法的超越，来自长期创造性的造园实践，这是坚实的基础；三是其效果是能使"顽"、"滞"向"巧"、"通"转化。这是对计成"意法"创造观实事求是的总结，一针见血地揭示了《园冶》从心重意的美学思想。

本章第一节就曾提及，明代中叶以来就开始出现反名教理学的主体论美学思潮，其中包括唯情说、童心说、天趣说等，而计成《园冶》也强调"机"、"意"、"人"等字，如"景到随机"（《园说》），"临机应变"（《立基·书房基》），"相机而用"（《屋宇·九架梁》），"意随人活"（《铺地·冰裂地》），"随意合宜则制"（《屋宇·亭》）……由此联系时代思潮来看，可以这样说，明末的计成及其他先行者一起，开了清代初期主体论美学的先河，这体现了时代的必然律。试列举这一时段的典型言论如下：

夫画者，从于心者也。（《石涛画语录·一画章》）

画从心而障自远矣。（《石涛画语录·了法章》）

无法而法，乃为至法……借笔墨以写天地万物而陶泳乎我也。（《石涛画语录·变化章》）

---

① 黑格尔也曾指出，艺术家创造的特殊表现方式，"由他的摹仿者和门徒的仿效，反复沿袭，成为习惯"，"经过反复沿袭，变成普泛化了……到了这种地步，艺术就要沦为一种手艺和手工业式熟练……僵化成为呆板的习惯"。（［德］黑格尔：《美学》第1卷，商务印书馆1979年版，第370－371页）

园莫大于天地……万物在天地中，天地在我意中，即以意为造物，收烟云、丘壑、楼台、人物于一卷之内，皆以一意为之而有馀，则也痴以意为园，无异以天地为园，岂仅图画之观云乎哉？（廖燕《意园图序》）

意在笔先者，定则也；趣在法外者，化机也。独画云乎哉？（郑板桥《题竹》）

从明代肇始、由计成参与和引领的主体论美学，发展至清代初、前期，对于扫除当时的复古主义、形式主义思潮有着重要的作用。廖燕说，"岂仅图画之观云乎哉？"郑板桥说，"独画云乎哉？"可见这一理论不只是适用于绘画，它对园林、诗文等艺术门类也都适用。由上论还足以说明，对于计成的美学思想，同时应联系时代及其发展来作探究，当然，张扬主体论美学也应把握一个"度"，应防止偏颇。

第九节　稍动天机，全叨人力
——《园冶》创造论［其三］

"稍动天机，全叨人力"二句，见《掇山》结尾。此为难句，既涉及艺术形象思维中某些现象问题，又涉及艺术创造实践中作为"能主之人"与工匠群众的关系问题，亦即双方如何通过互补协作，以完成掇山或其他的园林建筑的创造工程。两句中的"天机"问题，是一个复杂的难题，又很重要，故加以历史的、哲学的、美学的丛证详论。先看诸家解释。

"稍动天机"，《园冶注释》注："天机：犹言天意。动天机即今'找窍门'之意。"译文："假山的构成，设计要运用巧思……"首先，将"天机"误释为"天意"，这也就等于说应秉承上天的旨意，或遵从天的意愿。如《汉书·礼乐志》："王者承天意而从事。"所以封建王朝把皇帝称为"天子"，说他是承天意而行事的，这是客观唯心的谬说。古代的所谓"天机"，确实有"天意"之意，如《红楼梦》第十三回中，秦氏托梦给王熙凤道："万不可忘了'盛筵必散'的俗语。"又道："天机不可泄漏……"这是众所周知的。而《园冶注释》直接释"天机"为"天意"，就有可能将人们的解读引导到神秘方面去。然而，其注释又接着将其释作"窍门"，如是，就把风马牛不相及的两个概念混一起了，令人莫衷一是。

《园冶全释》则释"天机"为："天赋的悟性；造化的奥秘。也就是指把握艺术创作的规律。"这虽避免了"天意"，但给出了三个互不相干的三个义项：一、天赋的悟性，这明显属于作为主体的人；二、造化的奥秘，这明显属于作为客体的外在的自然界之类；三、把握艺术创作的规律，这又属另一范畴。这三个义项，界域是分明的，《全释》却没有交代其间有什么引申衍变关系，而又将三者混淆一起，至少表现为对概念的厘定不准，对如何选项犹豫不定，而不是吃准其中合理的加以诠释。

《图文本》注："天机：天赋悟性，造化奥秘。《庄子·大宗师》：'其耆欲深者，其天机浅。'①宋陆游《醉中草书因戏作此诗》：'稚子问翁新悟处，欲言直恐泄天机。'此处指造假山蕴含的内在奥秘。"其释义与《园冶全释》略同，也是把握不准，只是多了两条书证。但概念却更乱，其"欲言直恐泄天机"一句，如不作科学剖析，也很可能让人产生某种神秘感。总的来说，这也是把分属于主、客体等的不同概念混在一起。何况，这和《园冶全释》一样，在所释"天机"的义项之前，无法冠以《掇山》原文的"稍动"二字，或者说，它们难以充当"稍动"的宾语，如："稍动""把握艺术创作的规律"，或"稍动""假山蕴含的内在奥秘"，这类语句，都不仅是不通，而且在意义上贬抑了"能主之人"的主体能动性，因为对于客体的规律或奥秘，应该真正地、很好地、熟练地或尽可能正确地把握，这才能获得成功。

由此可见，以上诸家之释无不模糊，究其因关键有二：

一、不了解艺术形象思维与科学逻辑思维的主要区别，而这恰恰是学术界一个比较重要的理论问题。马克思在《政治经济学批判论导言》中论述理论思维时曾深刻指出：

> 整体，当它在头脑中作为被思维着的整体而出现时，是思维着的头脑的产物，这个头脑用它专有的方式掌握世界，而这种方式是不同对于艺术的、宗教的、实践－精神的掌握的。②

这实际上是概括了人类"掌握世界"的四种方式——理论的（哲学的、科学的）方式、艺术的方式、宗教的方式、实践－精神的方式，这也就是科学思维（亦称逻辑思维、抽象思维）、艺术思维、宗教思维、实践－精神思维四种思维方法或途径。这四者虽也有所交叉，但又都是独立的思维方式方法，各有自己的个性特点，彼此不能相互代替。艺术思维亦称形象思维，其中包括最可贵的带有爆发性或短暂过程性的灵感思维、直觉思维等，而这又最易于触发"天机"，突破原有思维定势，激发创造性的想象……

二、解释在中国历史地产生的"天机"这一概念，却脱离了中国哲学美学的历史传统，脱离了不断发展的社会时代大背景，这样，就必然只能是孤立绝缘地、就词解词地诠释。在中国哲学史上，是《庄子》最早提出了"天机"概念。而在中国美学史上，包括"天机"在内的形象思维理论，则是经历了三个阶段，不妨略加梳理：

第一阶段为中古期：自西晋至南朝。

晋陆雲之兄陆机，在《文赋》中总结文学创作经验，作了大段的铺陈，简摘如下：

---

① 金按：耆：通嗜。耆欲：嗜好、欲念。《庄子·大宗师》此句认为，深深地陷于嗜好、欲念或欲望之中的人，其天机必定很差；即使有很好的天赋，也会被埋没。
② 《马克思恩格斯论文学与艺术》第1卷，人民文学出版社1982年版，第170－171页。

收视反听（不视不听，心不二用），耽思（深思）旁讯（旁求）……若夫应感（外物与内心的感应）之会，通塞（思维的畅通与堵塞）之纪，来不可遏，去不可止。藏若景（影）灭，行犹响起。方天机之骏利……思风发于胸臆……文徽徽（华美之状）以溢目，音泠泠而盈耳。及其六情底滞（阻滞），志往神留，兀若枯木……吾未识夫开塞之所由也。

南朝梁刘勰的《文心雕龙·神思》，则写得较为概括，也极精彩："寂然凝虑，思接千载；悄然动容，视通万里……思理为妙，神与物游……枢机方通，则物无隐貌；关键将塞，则神有遁心……"两部文论杰作，生动地描写了包括"天机"的"通"与"塞"、"来不可遏，去不可止"在内的形象思维过程，《文赋》还从艺术美学意义上最早提出了"天机"的概念。两位大师虽然只是从理论上进行描述，但对风景园林设计的形象思维也大有裨益。这一阶段，可谓"天机"说的良好开端。

第二阶段，开始进入近古期：北宋。

此时也出了两位大师——苏轼和董逌。对于苏轼，李泽厚先生说得发人深思："苏东坡生得太早，他没法做封建社会的否定者。但他的这种美学理想和审美趣味，却对从元画、元曲到明中叶以来的浪漫主义思潮起了重要的先驱作用。"[1] 苏轼一生写了大量天机发越、脍炙人口的诗文作品，其艺术创造的深切体会，集中在《腊日游孤山访惠勤惠恩二僧》两句诗里："作诗火急追亡逋（逃），清景一失后难摹。"所谓"清景"，也就是天机出现时突如其来的一种灵感意象，对其必须火急捕捉，因为刹那间丢失了它，以后就再也追不回来了。至于董逌，知其人者极少。宋徽宗时，他曾进御府批勘书画，有《广川书跋》和《广川画跋》等，对大量法书名画辨博精雅，识见高卓，堪称鉴赏大师，兹摘录二书有关题跋数则如下：

［李］元本学画于徐熙，而微觉用意求似者，既遁天机，不若熙之进乎技。（《广川画跋·书李元本花木图》）

伯时（金按：宋大画家李公麟，字伯时）于画……初不计其妍蚩（美丑）得失，至其成功，则无毫发遗恨。此殆进技于道，而天机自张者耶？（《广川画跋·书李伯时县溜山图》）

盖心术之变化，有时出则托于画以寄其放，故烟云风雨，雷霆变怪，亦随以至。方其时忽乎忘四肢形体，则举天机而见者，皆山也。（《广川画跋·书李成画后》）

［范］中立（金按：宋大画家，因性情宽和，人称范宽）放笔时，盖天地间无遗物矣。故能笔运而气摄之，至其天机自运，与物相遇，不知披拂隆施，所以自来。（《广川画跋·题王居卿待制所藏范宽山水图》）

---

① 李泽厚：《美的历程》，文物出版社 1981 年版，第 164 页。

夫神定者天驰，气全者材放，致一于中而化形自出者，此天机所开而不得留者也。（《广川书跋·张长史草书》）

书法虽一技，须得天然……遁其天机，故自先劣。（《广川书跋·昼锦堂记》）

董逌从《庄子·逍遥游》"技进乎道"的观点出发，又以其为旨归。他主张"得天"——得其自然，合于天然，亦即以书画艺术家的"天机"，去合造化之"道"。故艺术家不应着意于求真求似，计较得失，相反应摆脱法度，忘己忘物，全其气，驰其天，放其才情，张其天机……于是成功不唤自至。董氏论天机、论形象思维，能臻于《庄子》道家哲学的高度，[1]这是矗立于中国美学史上的一块丰碑。

第三阶段，明代中期至清代前期。

在第一、二阶段，自陆机到董逌，从理论到品鉴，大师们作了出色的建树，其中既有精彩的描述，又有深刻的阐发，只是并未覆盖到各种艺术门类，并未见诸大量的创作实践，特别是未与时代潮流相应和。而明代以来则不然，社会历史已发生了重大变化，已进入了资本主义商品经济的萌芽期，当时除了计成而外，文坛艺界广泛标举"天机"说，用以对抗束缚人性的封建理学教条和传统的死板律则。较早可追溯到唐顺之，其《董其峰侍郎文集序》主张"发于天机之自然"。《与聂双江司马》又云："验得此心，天机活物……不容人力。"值得注意的是，他已把"天机"和"人力"作为对立项提了出来，并把活泼泼的"天机"和作为主体范畴的"心"密切联系起来，这实质上已开了明代"天机"说之先河。再如徐渭的《奉师季先生书》，则谓民歌"触物发声，天机自动"。他赞赏不拘格套的民间创作中的心灵跃动，高度评价了天机在创作中的重要作用。当时，在小说界，在戏曲界，也一再突出了天机这一重要的主体因素。如王骥德云："所谓动吾天机，不知所以然而然，方是神品。"（《曲律·论套数》）冯梦龙云："天机所发，不可阏（金按：阏〔è〕阻塞）也。"（《古今谭概·情外类》）……特别是在其代表人物汤显祖那里，更把"天机"和人之动态的"心灵"、"灵性"、"气机"、"灵气"等联系起来加以推崇、诠释和发挥。如：

天机者，天性也；天性者，人心也。（《阴符经解》）

或歌诗，或鼓琴，予天机泠然也。（《太平山房集选序》）

士奇则心灵，心灵则能飞动，能飞动则下上天地，来去古今，可以屈伸长短，生灭如意，如意则可以无所不如……（《序丘毛伯稿》）

化之所至，气必至焉；气之所至，机必至焉。（《朱懋忠制义序》）

文章之妙，不在步趋形似之间，自然灵气恍惚而来，不思而至，怪怪奇

---

[1] 笔者曾这样概括："'法度尽处，乃可言笔墨县解。这是董氏体系中极其关键的知本之语……董氏论书，特爱用'天'、'道'、'神'、'气'、'忘'、'天机'、'县解'、'进于道'等来自《庄子》的术语，并用以发挥庄子学派的美学精神……"（见金学智：《中国书法美学》下卷，江苏文艺出版社1994年版，第988－989页）

奇，莫可名状……（《合奇序》）

汤显祖对"天机"所下定义，对创作过程中天机出现的解释和描述，都比较准确具体，为研究形象思维、灵感直觉思维提供了可贵的第一手资料。这是对中国美学的一个贡献。尔后，宋荦《论画绝句》有"二米落笔天机到"之句；郑板桥更出色地揭出"天机"的现象，其《题兰竹石》云："画到天机流露处，无今无古寸心知。"这一警辟之句，可联系其"三竹说"的"落笔倏作变相，手中之竹又不是胸中之竹也……趣在法外者，化机也"来解读，也可联系明人"自然灵气恍惚而来"，"天机所发不可阏"的理论来解读。

这里，试据以上一系列论述作一归纳：从本质上说，天机联系着人的天性、灵感、才气……它可说是形象思维过程中出现的一种特殊的心理现象，是艺术家在长期生活积累的基础上"收视反听"，进入成功状态中出现的直觉思维或模糊思维，是在艺术创造孕育中灵感来潮时拌和着主体情愫，伴随着从未有过的新意象之涌现的一种随机性，它意在笔后，趣在法外，是水到渠成式的自然流露。它在冥漠恍惚间不思而至，迅捷出现，所谓"天机之骏利"，表现为一种不可遏制的高峰体验。这种思维状态是不能预期的，甚至"清景一失后难摹"，故须急起直追。而其特点，则既非亦步亦趋，亦非摹拟形似，而是突破常规、不拘一格、无今无古、充满着才情灵气的独特创造。

中国历代文艺美学大师们曾一再运用"天机"一词来论述形象思维，很有特色和深度，且历史上比比皆是。遗憾的是辞书界至今没有很好吸收、综合这方面的成果，因而给人们注释《园冶》带来了困难。

联系《园冶·掇山》中的"稍动天机"来看，它既是从历史文脉和时代思潮中汲取来的，又是对时代潮流的积极回应，还是对本学科理论的一种新创造。例如，对唐顺之的"天机……不容人力"，计成予以适当改造，不但让"天机"与"人力"二者互为对文，而且联系掇山作了一定的别解；再看与计成同时代的王骥德，提出了"动吾天机"，创造"神品"的见解，而计成只对其改一个字（"动吾"改为"稍动"），就从戏曲美学创造性地移植于园林美学，并寓以一定的深意……这种密切联系实际的点化、移植，有助于摆脱学科理论的因循守旧，丰富和发展造园掇山的美学。英国的科学学家贝弗里奇在《科学研究的艺术》里曾说过："移植是科学发展的一种主要方法……往往有助于促成进一步的发现。重大的科学成果有时来自移植。"[①] 计成论掇山，提出"稍动天机，全叨人力"就可作如是观。还值得注意，纵观中明以来，文艺美学界还隐然透露出了过分强调"天机"的苗头，这又可能产生负面影响，而计成则不那么热，他虽也强调"天机"，但用了一个"稍"加以抑制，显示了他一定的中庸立场，这种理性主义态度也是可贵的。

[①]［英］W.L.B.贝弗里奇：《科学研究的艺术》，科学出版社1979年版，第133页。

133

再看注释家们对"全叨人力"的理解。《园冶注释》：假山的"完成则全靠人力"。此解不能说错。而《园冶全释》则注道："叨：通'饕'，贪。这里有挚着凭藉之意。"这又是提出了三个义项：贪；挚着；凭藉。而这三个互不相关的概念之间的联系是什么，亦未交代，且无书证，故缺少依据和说服力。

《全释商榷》指出："叨"是"表示感谢的谦词。王勃《滕王阁序》：'他日趋庭，叨陪鲤对。'用在这里'全叨人力'即'全赖人力'，没有'贪'的意思。"此释较佳，它一是指出了"叨"在这里并没有"贪"义；二是另拈出一个"赖"字来解释，较确；三是指出"叨"为"感谢的谦词"。但是，释义与书证有所脱钩，因王勃的"叨陪"，并无"赖"之义，而只有"谦"之义。又如《图文本》注："叨：谦词，表示非分的承受。诸葛亮《街亭自贬疏》：'臣以弱才，叨窃非据，亲秉旄钺，以厉三军。'此处'全叨人力'指'全靠人力'。"从其所引书证来看，诸葛亮用了一个"叨"字，确实是自贬也是自谦，用得恰到好处，真诚地表达"非分的承受"的谦义，但是，它与"全靠人力"的"靠"并无关系，显然是游离的。

相反，倒是"稍动天机"的"稍"，是表达了计成的自谦。如前所述，他在"天机"说流行的明代，并没有像有的心学家那样任性放纵主体，夸大自我，主张"解缆放船，顺风张棹"（《明儒学案·参政罗近溪先生汝芳》），而是有所节制。尽管他被誉为"国能"、"东南秀"，但他并不认为掇山全靠自己的天机灵性，而且也不说"三分匠、七分主人"，而只用了一个"稍"，谦逊地认为自己的"天机"在工程中只占较小部分，因为造园叠山和个人创作的写意山水虽同属艺术创造，但由于艺术门类不同而其需要也有异。造园叠山是物质性特强，工程量特大，时间过程长，情况复杂的工程，所以不但需要"能主之人"的参与，而且更需要依靠在自己指导下的集体力量来共同完成。吴伟业是这样写著名叠山家张南垣的："君为此技既久，土石草树，咸能识其性情，每创手之日，乱石林立，或卧或倚，君踌躇四顾，正势侧峰，横支竖理，皆默识于心，借成众手……"（《张南垣传》）寥寥数笔，一位既长期从事实践，又善于开动天机灵性的叠山家形象宛尔目前。他踌躇四顾，一切皆"默识在心"，"成竹在胸"；然而吴伟业又不忽视另一方面——"借成众手"，指出叠山的成功，还得借助"众手"，这也可看作是"全叨人力"的一个注脚。

再释"叨"字。从一般辞书上看，"叨"不但有饕、贪之义，而且有忝、羞辱、有愧于承受等自谦之义，这些义项在中古时代就比较流行。但"全叨人力"的"叨"的另一新义，只是到近古时代才出现，意为：叨赖；托赖；仰仗。如小说《西游记》第九回一句最为典型："孩儿叨赖母亲福庇。"这个"叨"字。不是表谦，而是表谢，诸家对其直接译作"靠"，也是可以的，但表谢的语气就淡化了，也缺少了那份幽默感。计成的这个"叨"字，已非古汉语之义，而带有近代汉语的特征。

"稍动天机，全叨人力。"两句意谓：要叠掇"有真为假，做假成真"的假山，既要叠山家、设计家即"能主之人"在一定程度上启动自己的天机灵性，随机应变地不断突破习见、惰性，实现创新、超越，但又必须较多地叨赖、仰仗匠人的劳力。这个"叨"字，除了"靠"义之外，还有"谢"义，表达了计成对匠人的尊重，而这也足以破除人们认为计成轻视工匠的误解。

不妨进一步从修辞学的角度看，"稍"、"全"二字均用夸张辞格。"稍"，是缩小式夸张，表达了设计者、主持人的自我谦虚，言自己作用不大；"全"，则是扩大式夸张，极言工匠作用之大，已囊括了全部，其实并非如此，而是幽默地表达了对工匠集体力量的尊重——两句分别概括了"主"、"匠"两个方面。透过这两句的修辞色彩，从其背后则可窥见计成抑己扬人的可贵品格。

第十节　略成小筑，足征大观
——《园冶》创造论［其四］

在艺术创造的理论和实践中，计成爱把"小筑"和"大观"对举相连，这在《园冶》书中出现凡两次，见《园说》和《相地·江湖地》。为了探究其中所蕴含的园林美学思想，按出现先后将原文、诸家注译分别加以集录，然后附以笔者的评点和解析。

首先，看《园说》中语："大观不足，小筑允宜。"

《园冶注释》第一版注："大观，规模宏大之意。如'洋洋乎大观'，或景物壮丽之意。小筑，小而且佳的建筑之意，和精舍相似。"译文："称大观虽不足，建小筑正合宜。"《疑义举析》指出："注文解释'大观'甚是，解释'小筑'则不尽然。这里的'小筑'，指一般私家小型园林而言，不能理解成是单指小规模的建筑，更不能指和精舍相似。前文《自序》有云：'别有小筑，片山斗室'，'小筑'可指'片山斗室'之类，计成盖已自下注语矣。"《举析》的意见是正确的 [①]。《园冶注释》第二版注文已据改为："小筑，小型园林之意"。

《园冶全释》注："大观：壮观；丰富多彩的景象。""小筑：小型的私家园林或园中小景。"均确，特别是举宋范仲淹《岳阳楼记》中关于"岳阳楼之大观"一段描写为书证，更佳。但认为《园说》中的"'大观'有园林总体意匠的意思"，"'小筑'有具体建筑意匠的意思"，这两个新概念的内涵与外延均未厘定，较含混，而且用来解释原文，译为"园林总体意匠不足，具体建筑意匠是合宜的"，会令人感到不知所云。

其实，这两句是计成的自我谦虚之语，他追求的是气象万千的、洋洋大观的

---

① 如苏州网师园，被陈从周先生评为"小园的极则"，园内壁间就嵌有"网师小筑"的砖额，可谓"允宜"。

景象，这在《园说》中作了有关的描写和概括，但他却自谦地说：即使是这样，也还达不到"大观"的境界，不过，以小型园林的标尺——"小筑"来衡量还是可以的。

再看《相地·江湖地》中一段话："江干湖畔，深柳疏芦之际，略成小筑，足征大观也。"

《园冶注释》对后面八字译得较佳："粗疏地作成规模不大的园舍，也足以表现洋洋大观。"《园冶全释》注："小筑：构筑简朴，或小规模的建筑。杜甫《畏人》：'畏人成小筑，褊性合幽栖。'陆游《小筑》：'小筑随高下，园池皆自然。'大观：壮观；丰富多彩的景象。"解释尚可，书证极佳。但其译文却说："稍加修筑，就能获得丰富多彩的景观。"这不但丢却了颇为重要的"小"字，而且对"大"字的意蕴表达得很不充分。

如进一步从学术视角来看，那么，以上诸家可说均有所不足，即没有简要点明其"小"与"大"的辩证关系，而《园冶全释》的译文甚至连注文中对"小筑"、"大观"的解释都没有考虑进去，可见其注文和译文是相互游离脱节的。

按本书解析的视角来看，则更认为应深入寻绎计成大小对举的美学意蕴，并将其置于古典哲学、历史文化的背景上来解读、诠释，突出其"小"、"大"互含的辩证法。

应该说，"小"与"大"以及"少"与"多"，是中国哲学、美学的很有特色的辩证范畴，它散见于经、史、子，集各类文献中，而其思想源头，可遥远地追溯到春秋战国时代。

作为道家经典，《老子·六十三章》云："大小多少……为大于其细……天下大事必作于细。是以圣人终不为大，故能成其大。"对于"大小多少"，古来注释家均认为不可解。近代严灵峰的《老子达解》根据《韩非子·喻老篇》补为"大生于小，多起于少"，这与下文"为大于其细"，"天下大事必作于细"文意相连，解释甚佳。高亨《老子正诂》则云："大小者，大其小也，小而以为大也。多少者，多其少也，少而以为多也。视星星之火，谓将燎原；睹涓涓之水，云将漂邑。"这可和严氏《老子达解》相互发明。它们都深刻揭示了大小、多少相待而成的辩证关系，而且其重点在"细"在"小"，计成亦复如此，其《自序》特别钟情于足以"发抒"自己所"蕴奇"的"小筑"，而这也可解作"为大于其细"的创造。

作为儒家经典的《周易》，其本身的思维特征是使用同类相归、连类不穷的广摹拟、泛象征方法，如一个卦象符号不只代表一个事物，而是代表着一大类事物，故而《周易》极力倡导"小"中见"大"，其《系辞下》曰："其称名也小，其取类也大，其旨远，其辞文，其言曲而中。"其意是说：小，它统括着大，而且由此及彼，其义曲而又远。这一哲理，对尔后"小中见大"的艺术美学影响至为深远。

再如在史学领域，《史记·屈原贾生列传》评《离骚》云："其称文小而其指极大，举类迩而见义远。"《汉书·李广传赞》评赞李将军其人，引了"桃李不言，下自成蹊"之谚，并云："此言虽小，可以喻大"。此八字思想容量亦颇大，是以具体的事象来"大其小"，或"小而以为大"。计成也接受了这一谚语，在《园冶》中两次加以引用，或曰"桃李成蹊，楼台入画"（《相地·村庄地》）；或曰"桃李不言，似通津信"（《立基》），开拓着人们的思维空间。

在文论领域，南朝梁的刘勰，在《文心雕龙》中又从美学的高度来阐发《周易》之理，《比兴》篇提出了"称名也小，取类也大"，《物色》篇提出了"以少总多，情貌无遗"的这类有着普遍的指导意义的艺术创造方法。

特别是在宗教领域，高僧很早译就《维摩经·不可思议品》，其中有"以须弥之高广，内（即'纳'）芥子中"之语，于是"芥纳须弥"的成语不胫而走。而《后汉书·方术列传下·费长房》里"壶中天地"这一道教故事，更广为流传。唐白居易《酬吴七见寄》有"谁知市南地，转作壶中天"之句……这对园林更有影响……

计成直接或间接承受了历史上哲学、美学、史学、宗教、诗歌、文论、园林等诸多领域"大小多少"的深刻思想，熔为一炉，除了冶铸为"略成小筑，足征大观"的警句外，在书中还一再将其具体地化为"壶天"之典：

　　板壁常空，隐出别壶之天地。（《装折》）

　　伟石迎人，别有一壶天地。（《门窗》）

　　东坡称赏，目之为"壶中九华"。（《选石·湖口石》）

这样，就把"小中见大"的理论、壶中天地的典故深化到了园林意境的创造之中。此外，计成相关的言论还有"大观不足，小筑允宜"（《园说》）；"别有小筑，片山斗室，予胸中所蕴奇，亦觉发抒略尽……"（《自序》）同时，他又在书中以恢宏兼细致的笔调抒写道：

　　轩楹高爽，窗户虚邻。纳千顷之汪洋，收四时之烂熳。（《园说》）

　　片山多致，寸石生情。（《相地·城市地》）

　　不尽数竿烟雨。（《相地·傍宅地》）

　　隐现无穷之态，招摇不尽之春。（《屋宇》）

　　岩峦洞壑之莫穷……多方景胜，咫尺山林。（《掇山》）

　　湖平无际之浮光，山媚可餐之秀色。（《借景》）

所有这些，一方面是"片"、"寸"、"斗"、"咫尺"，亦即是"壶中"……另一方面，则是"千顷"、"四时"、"不尽"、"无穷"、"莫穷"、"无际"……二者或是强调其微小而少，或是极言其广大而多，这都应看作是"略成小筑，足征大观"理念向不同景观的辐射和拓展。

与计成同时代的文震亨，其《长物志·水石》也写道："一峰则太华千寻，一勺则江湖万里。又须修竹老木、怪藤丑树，交覆角立，苍崖碧涧，奔泉汛流，如入深岩绝壑之中，乃为名区胜地……"这是说，要赢得以小见大，以少总多的美学效果，还需要借助于掩映、衬托等方法，而计成书中所写的方法更多。两位大师的理论成果，是对历史传统的继承、总结和发展，并以言简意赅的名言警句呈现出来。至此，园林领域中以小见大，以少总多的美学臻于成熟，并对其他艺术领域产生不容忽视的影响。

特别应看到，计成理论之所以可贵，还在于他有造园的设计及其实践为证，列举如下：

如《自序》所述，他为常州吴又于造园，就具有"宛若画意"、"想出意外"之妙，故落成后园主喜出望外："从进而出，计步仅四百，自得谓江南之胜，唯吾独收矣！"这就是"小"中所收之"大"，所收之"多"。

《自序》接着写到，"别有小筑，片山斗室，予胸中所蕴奇，亦觉发抒略尽……"园虽小，却能将胸中所蕴——"游燕及楚"，吸纳大好河山之美，通过片山斗室的小筑将其发抒略尽。这就是"小"中所蕴之"奇"，所蕴之"奇"、"大"。这也不妨理解作"为大于其细"的创造，并可联系《老子》"圣人终不为大，故能成其大"之语来深味。

郑元勋《园冶题词》还写道："然则无否能大而不能小乎？是又不然……即予卜筑城南，芦汀柳岸之间，仅广十笏，经无否略为区画，别具灵幽。予自负少解结构，质之无否，愧如拙鸠……"仅广十笏，这极言其小，但也能达到"别具灵幽"的境地。郑氏通过现身说法，认为名流韵士要"小筑卧游"，应问途于计成。

事实胜于雄辩。再以苏州园林来进行实征：先看虎丘，具有"粉墙回缭，外莫睹其崇峦"（宋王随《云岩寺记》）的特色，而其中却如唐贾岛《千人坐》所云："上陟千人坐，低窥百尺松，碧池藏宝剑，寒涧宿卧龙。"宋朱长文《蒲章诸公虎丘唱和诗题辞》也说，虎丘有三绝，其一就是"望山之形，不越岗陵，而登之者见层峰峭壁，势足千寻"。这都是言其芥子纳须弥，貌似平凡卑小，其实内景却是崇峦陡壁，藏龙卧虎，真是山容苍古，厓势奇峭，出人意外，令人惊赞。陈从周先生写道："盖虎丘一小阜耳，能与天下名山争胜，以其寺里藏山，小中见大，剑池石壁，浅中见深，历代名流题咏殆遍，为之增色。"[①]

陈从周先生又论环秀山庄云：

> 苏州环秀山庄……身入其境，移步换影，变化万端……山以深幽取胜，水以弯环见长，无一笔不曲，无一处不藏，设想布景，层出新意。水有源，山有脉，息息相通，以有限面积，造无限空间……洞壑幽深，小中见大……

---

① 陈从周：《园韵》，上海文化出版社1999年版，第30页。

造园者不见此山，正如学诗者未见李、杜，诚我国园林史上重要之一页。①行文既洗练，又生动，信笔所至，言简意丰，这一句句，一段段，都是对园林美"大小多少"相生互含的艺术辩证法所作的精彩发挥。

再如网师园，被陈从周先生品为"小园之极则"，园中壁间嵌有"网师小筑"的砖额。清代著名学者钱大昕所撰《网师园记》写道："石径屈曲，似往而复，沧波渺然，一望无际……地只数亩，而有纡回不尽之致；居虽近廛，而已有云水相忘之乐。"就看今天园中部的"彩霞池"，依然能给人以"沧波渺然"之感。笔者曾写过《彩霞池赞》一文，具体赞美其池前曲径之欲扬先抑，池面水体之聚而不分，小桥曲梁之架于水湾溪尾，灵活的池岸线之虚涵中空，池周景物之小巧轻灵，高大建筑之退居二线，一派池水又不植荷蕖②……这些大抵是创造性地运用了文震亨所示的掩映、衬托等方法。笔者又写过《小桥引静兴味长》一文，盛赞网师园小石拱桥与其旁"苍崖碧涧"般的屈曲"槃涧"二者的有机结合，使得"一隅死角，一泓止水，更像源远流长的活水"，"这种小中见大，浅中见深，近中见远，假中见真"的"微型的王国，袖珍的天地……，是园林小品中不可多得的杰作"③。这一出色的创造，也是《老子》所说"为大于其细"的艺术杰构。

以上所析由小见大、寓大于小的三个实例中，如果说，虎丘较多是自然地形成的，那么，环秀山庄的假山、网师园的水池，则纯然是人工创造的，它们从掇山和理水两个层面出色地成为"略成小筑，足征大观"的典型例证，同时，也可说是《老子·三十六章》"终不为大，故能成其大"的艺术典型实证。当然，艺术创造离不开艺术欣赏，审美客体离不开审美主体，对虎丘、环秀山庄、网师园山水的这种观照，也离不开作为审美主体的人的美学修养和视角选择，唐人李华《贺遂员外药园小山池记》说得好："以小观大，则天下之理尽矣"。

第十一节　制式新番，裁除旧套
——计成与建筑形式美的新变律

"制式新番，裁除旧套"，见于《园冶·园说》。这是关于建筑形式美创新的纲领性语句，而且出现在作为全书总论《园说》的结尾，可见其重要性。它通过

① 陈从周：《园韵》，上海文化出版社 1999 年版，第 115－119 页。
② 载金学智：《苏园品韵录》，上海三联书店 2010 年版，第 42－45 页。
③ 载金学智：《苏园品韵录》，上海三联书店 2010 年版，第 49－52 页。

"新"与"旧"的对比，突出地体现了建筑以及艺术形式美的新变[①]律和计成形式美学思想的趋新性。

先解析第一句"制式新番"。

制式：是指规制、格式。番：更替；轮番；递变。《广韵·元韵》："番，递也。"《集韵·愿韵》："番，更次也。"新番，也就是更次趋新，随着时间而不断递变。黑格尔论时装说："时髦样式的存在理由，就在于它对有时间性的东西有权利把它不断地革旧番新……一旦过时了，人们对它就不习惯"[②]。建筑特别是它的装修也有似于此，它会随着时间的迁移而不断番新。计成关于"制式新番"的观点，还不断出现在《装折》、《门窗》等章节中，有些同样成为广域性的普遍理念：

> 门扇岂异寻常，窗棂遵时各式。（《装折》）
>
> 构合时宜，式征清赏。（《装折》）
>
> 依时制……（《装折·[图式]长槅式》）
>
> 时遵柳条槅……（《装折·[图式]户槅柳条式》）
>
> 门窗磨空，制式时裁，不惟屋宇番新……（《门窗》）
>
> 从雅遵时，令人欣赏……（《墙垣》）

语言虽有不同，但都鲜明地体现了"制式新番"，"构合时宜"的理念，这不仅对建筑及其门窗、装修等有启导意义，也体现为今天的普遍要求和创新趋势【图35】，而且完全符合于《周易》"凡益之道，与时偕行"（《易·益·象辞》）的哲理，一部《园冶》，确乎是出色地体现了"与时偕行则益"的至理。

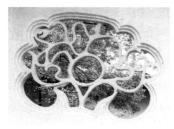  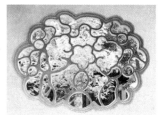

图35　窗棂遵时各式
沧浪亭系列漏窗
田中昭三　摄

再联系艺术美学来看。纵观中国美学史，也不乏美随着时代的变化而变化的精辟言论。如南朝梁刘勰《文心雕龙·时序》有云："时运交移，质文代变"，"歌谣文理，与世推移。"意谓时代风气交替着推移，文学创作或崇尚质朴，或喜好

[①] "新变"一词，多次出现于南朝。《南齐书·文学传论》："若无新变，不能代雄。"揭示了文学艺术一条重要的美学规律。

[②] ［德］黑格尔：《美学》第3卷上册，商务印书馆1979年版，第164页。

华美，历代有所不同；歌谣的形式和内容，也总随着时代社会一起而不断迁移变化。又如唐孙过庭《书谱》论书法美的发展："驰骛沿革，物理常然，贵能古不乖时，今不同弊。"或是急速地裁旧趋新，或是沿袭旧制而有所变革，这是事物发展的必然规律。再如清代大画家石涛，高呼"笔墨当随时代"（《大涤子题画诗跋·跋画》）。此警句高屋建瓴，振领起一代绘画，并令后人受益无穷。这类美学言论，不论从何种艺术门类出发，它们有一个共同点，就是不墨守成规，而是遵随时代，注意鼎新、创造。明代的计成同样如此，他不但注重园林建筑"构合时宜"，"与世推移"的理论建树，而且对此作了大量有力的论证和细致的例说，这需要逐一梳理。

《园冶》论园林建筑的各类形式美，特别注意分清各种形式的古今演变，例如：

古以菱花为巧，今之柳叶生奇。（《装折》）

古之户槅，多于方眼而菱花者，后人减为柳条槅，俗呼"不了窗"也。（《装折·户槅》）

堂中如屏列而平者，古者可一面用，今遵为两面用，斯谓"鼓儿门"也。（《装折·屏门》）

方胜、叠胜、步步胜者，古之常套也；今之人字、席纹、斗纹【图36】，量砖长短，合宜可也。（《铺地·诸砖地》）

建筑装修中应用极广的户槅，古代崇尚方眼较繁的即菱形拼合图形的菱花槅，而今则喜爱条状组合、有所简减的柳条槅，这是由于不同时代不同的审美观点所决定的。再如屏门，即厅堂中起障蔽作用的系列木门，古代只是向外一面蒙以木板，而今则遵循"鼓儿门"式样，两面夹板，似鼓中空，前后都很美观，这也是一种递变。又如铺地的图纹式样，也有古今之变，古代流行种种"胜纹"，即以"方胜"为基元的纹样图案（见本书第650页），而后来则流行人字、席纹、斗纹等，这确实都是由"时序"以及由此萌生的审美趣味所决定的

计成之所以要求"构合时宜"，"制式新番"，除了体现不断变异创新的审美时尚外，另一依据是从现实生活出发，按致用标准来

人字式

席纹式

斗纹式

图36　人字席纹斗纹
诸砖铺地图式
选自营造本《园冶》

衡量。例如户槅【图37】，"古之户槅，桱、版分位定于四、六者，观之不亮。依时制，或桱之七、八，版之二、三之间……"（《装折·［图式］长槅式》）所谓桱，就是户槅上部透光的"桱空"；"版"，就是户槅下部不透光的"平版"，二者的位置比例如果不当，如上下之分为六比四，那么透光效果就差，亦即"观之不亮"。随着时代的发展，工程技艺的进步，生活需求的提高，户槅桱、版的分位就有了变化，变为七、三之比，或八、二之比，效果就好得多了，所以计成反复强调"依时制"，这也就是提倡装修应从实用（采光）出发，制作当随时代，这一出发点及其评判标准，应给以高度评价。

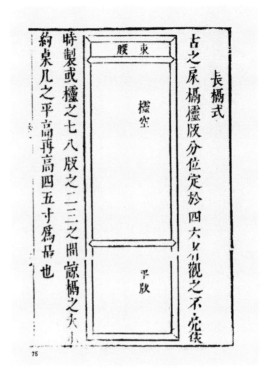

图37　长槅式，依时制
户槅桱版分位图式
选自隆盛本《园冶》

计成不仅根据时代的发展，实用审美的变化来论述古今之异，而且自己也力图促成种种美特别是形式美的新变。如对于建筑及其装折的造型美、程式美、图形美，他论述时注意尽量不把话说死，把法式说成一成不变，而是留有创造翻新的馀地，启发人们通过自身的运用去求变。《园冶》书中不只有柳条变人字式、人字变六方式、柳条变井字式、井字变杂花式之"变"，而且《装折》、《栏杆》甚至《立基》、《屋宇》章中，也常出现"变"字。如：

　　疏而且减，依式变换，随便摘用。（《装折·［图式］户槅柳条式》）

　　存式百状，有工而精，有减而文，依次序变幻……（《栏杆》）

　　栏杆以笔管式为始，以单变双……变画以次而成。（《栏杆·［图式］笔管式》）

　　或楼或屋，或廊或榭，按基形式，临机应变而立。（《立基·书房基》）

　　长廊一带回旋，在竖柱之初，妙于变幻。（《屋宇》）

不拘一格，强调求变，这也符合于《周易》崇"变"的理念，所谓"化而裁之谓之变，变而行之谓之通"（《繫辞上》）；"变则通，通则久"（《繫辞下》）。《文心雕龙·通变》也有"通变则久"、"日新其业"、"趋时必果"等语。坚持求变求通，就易于生新，焕发艺术的创造力。计成在《屋宇·廊》中还写道："古之曲廊，俱曲尺曲。今予所构曲廊'之'字曲者，随形而弯，依势而曲……"这种古无先例的能自由伸展的曲廊，就是他通过实践变革，创新求通的杰出创造。此类创新的实例还很多，不一一赘举。

再探究第二句"裁除旧套"。

"除"，就是清除；去掉。宋王安石《答司马谏议书》："举先王之政，以兴利除弊"。《园冶注释》把"裁除旧套"译为"俗套必须屏除"。译"旧套"为"俗套"已失当；译"裁除"为"屏除"更不确，"屏"即"摒（bǐng）"，义亦为"除"，"摒除"用于"旧套"，意即将其全部摒弃。其实不然，事实上旧套中有些还是可以保留的，不妨让新与旧同存共处。对于艺术来说，形式风格多一些总是好事，有利于繁荣竞争。德国古典美学家谢林说得好："艺术总是要求丰富多彩的，而不欲只弹一曲，也不想孤芳独赏，而要同时万籁俱鸣，众芳争艳。"[1] 再看计成，他下笔就颇注意分寸，"裁除旧套"这个"裁"字，有删减、削减之义。《尔雅·释言》："裁，节也。"义疏："裁，制也，有减损之义。"《国语·吴语》："裁其有馀，使贫富皆利之。""裁除"二字，体现了谨慎而有所保留的态度，此义值得深入探究。

对于艺术和美随时代而新变，在西方要数 19 世纪俄罗斯美学家车尔尼雪夫斯基论述得最透彻：

> 每一代的美都是而且也应该是为那一代而存在；它毫不破坏和谐，毫不违反那一代的美的要求；当美与那一代一同消逝的时候，再下一代就将会有它自己的美，新的美，谁也不会有所抱怨的。[2]

这段论述，除最后一句外，是说得很正确的。一个时代的美总是随那个时代而产生的，同时其中有些美也总会随着时代的变化而被新美所代替，如服装、器具、建筑及其装修的形式美等，这是被历史所证实了的美的新变规律。但车氏的末句却有误，认为对古代的、旧时的美的消逝，谁也不会有所抱怨，有所遗憾。事实并不如此，人们总不免要怀旧，要留恋，还要走进历史去回忆，去体味。唐杜牧《江南春》咏道："南朝四百八十寺，多少楼台烟雨中！"南朝佛寺楼台之盛、之胜，业已消失于历史的烟雨之中！这种带有遗憾的诗意感叹，普遍地表达了后人典型情绪。宋辛弃疾的《永遇乐·京口北固亭怀古》，也怀着深沉的历史感这样写道："千古江山，英雄无觅、孙仲谋处。舞榭歌台，风流总被、雨打风吹去。"诗人在"怀古"中似有"抱怨"，或者说，他甚感惋惜，且在遗憾中不胜神往。

正像西方人对于古希腊一去不复返之美的无限仰慕一样，中国人也往往喜欢"发思古之幽情"。总之是，古有古的美，新有新的美，古韵今风可以和谐共存，让人们各取所需或二者兼赏。还应指出，古典美不一定会违反新时代的美的要求，正如孙过庭所说，"古不乖时"，相反的可能是，在怀古、收藏、鉴宝、博物、审美的视野里，"愈古愈远的东西愈易引起美感"，"好比老酒，年代愈久，味

---

① ［德］谢林：《论造型艺术对自然的关系》，引自《缪灵珠美学译文集》第 2 卷，中国人民大学出版社 1987 年版，第 310 页。

② ［俄］车尔尼雪夫斯基：《生活与美学》，人民文学出版社 1962 年版，第 48 页。

道愈醇"①。正因为如此，千百年来的园林风物、名胜古迹愈来愈增添其历史意义和审美价值，今天也非常强调要千方百计保护文化遗产，尽可能不让其损坏，消失。

追随时代、追求新变的美学，往往容易走向绝对化，从而全盘否定过去的、旧时的美，但早于车尔尼雪夫斯基两个半世纪的计成，却在理论上较明智地只提"裁除旧套"，也就是主张对旧时代的美应有所保留。

不过，论及具体的图形纹样，毋庸讳言，计成也有所不足。如《栏杆》："古之回文、万字，一概屏去，少留凉床、佛座之用，园屋间一不可制也。"《墙垣·漏砖墙》："古之瓦砌连钱、叠锭、鱼鳞等类，一概屏之。"这两个"一概"，不免说得太绝对；而"一不可制"的"一"，也就是"一概"，这不能说不是有所偏颇。

有人由于《园冶》中有"一概屏去"、"常套俱裁"等语，就对这部经典不无微词。其实，这个别的语句不能代表整体，何况"一概屏去"之后还有"少留凉床、佛座之用"一句，可见是有所保留的。其《门窗·[图式]莲瓣、如意、贝叶式》还说："莲瓣、如意、贝叶，斯三式宜供佛所用。"再考之计成同时代的著作——文震亨的《长物志》，对"卐字"图案也是贬抑的。如《室庐·栏杆》："卐字者宜闺阁中，不甚古雅。"《几榻·床》："卐字、回纹等式，俱俗。"其原因可能一是由于当时太流行，几近千篇一律，烂俗而无新意；二是从明刊戏曲、小说、诗词的木刻插图来看，栏杆等的卐字都过大，太粗气，于环境不协。但是不能由于有上述不足，就予以否定。计成本来就主张"疏减为美"，但过犹不及，应指出其适当注意细密化，却不能因有不足就"一概屏去"。其实，卐字很古雅，并不俗，它来自古印度宗教，是佛陀三十二相之一，也是释迦牟尼胸部的标志，此符号汉唐间就传入中国，由来已久，而且文化内涵十分丰永。

总合回纹、万字（卐字）、连钱、叠锭、鱼鳞纹样来看，它们在今天还不乏生命力，如今人姚承祖所著，初版问世于20世纪50年代的《营造法原》，该书采自苏州园林、建筑的图版中，长窗依然有书条川万字式、回纹万字式、软脚万字式；挂落和栏杆均有葵式万川；花墙洞（漏窗）依然有鱼鳞式、软脚万字式、套钱式、定胜式、万穿海棠、宫式万字；铺地依然有卐字式、软锦万字式、套方金钱式、金钱海棠式、万字海棠式等，这些图式在苏州园林内外，依然被人们广泛地制作着、欣赏着、品味着，成为喜闻乐见的审美对象②。就以"卐字"图案来说，刘敦桢先生《苏州古典园林》总结说："挂落式样以卐川居多"③。笔者在《古建的

①《朱光潜美学文集》第1卷，上海文艺出版社1984年版，第33页。

② 还可指出，常见于苏州园林门窗、铺地的"盘长"图案，早已成为"联通"的品牌标志，飞向全国各地、千家万户，参与到经济、电讯、现代生活的领域。可见有些似乎是"旧套"的图案纹样，还可有大用，或颇有潜力可挖。

③ 刘敦桢：《苏州古典园林》，中国建筑工业出版社2005年版，第41页。

图38　虚实相映，典雅悦目
苏州园林档案馆楼廊卐川挂落
包　兰　摄

美饰——闲话卐川挂落》一文中写道："在今天的苏州，卐川挂落又走出了园林的高墙深院，走向大街小巷、商店民宅，小游园和环城风光带，与小桥流水人家相伴，成为寻常百姓生活的一部分。它还是亭廊结合式公交车站的标志性美饰，从而使街头古韵与今风交相辉映……装点此茂苑，今朝更好看。于是，优美的卐川挂落成了文化苏州名片上的小小美饰。"[①] 例如苏州园林档案馆楼廊的卐川挂落正是如此，经斜阳投影于粉墙，虚实相映，显现出典雅流畅、和谐悦目的美【图38】。

再回到《园冶·屋宇》章中的"常套俱裁"上来。这四字是对比于陆云《登台赋》中对建筑群的精彩铺陈而写的。该章还有如下审美描述："奇亭巧榭，构分红紫之丛；层阁重楼，迥出云霄之上。隐现无穷之态，招摇不尽之春。槛外行云，镜中流水……"一切平庸的建筑，在这类崇高优美之前会相形见绌，黯然失色。可见计成所要"俱裁"的"常套"，主要是平凡的、庸俗的建筑格调，这是非常必要的。因此，"非及云艺之台楼，且操般门之斤斧。探奇合志，常套俱裁"数句，应看作是自我谦虚和对探索精神、创造伟力的热情呼唤。

还应一辩的是，计成的裁旧创新观对古代的、陈旧的并不"一概屏去"，《屋宇》就说："时遵雅朴，古摘端方。"这是对古典风格的推崇。该章分论建筑的种种类型，也非常尊重古式和古籍所论。《掇山》还批评了当时错误的时俗风尚："时宜得致，古式何裁？"意谓这些叠山者和赞赏者，自认为适合时尚，甚得意

---

① 载金学智：《苏园品韵录》，上海三联书店2010年版，第20－23页。

趣，那么，古代的叠山法式为什么要裁去呢？立场是鲜明的，这还说明了时宜、时尚不一定都值得肯定，它们有优劣之分，雅俗之分，高低之分，应作具体分析，贵在如孙过庭所说，能体现"今不同弊"。

对于《园冶》中的偶尔失言，应如何看待？明代竟陵派主盟锺惺在《与王稚恭兄弟》中说："因袭有因袭之流弊，矫枉有矫枉之流弊。前之共趋，即今之偏废；今之偏废，即后之同声。此中机捩，密移暗渡，明者不知。"此论颇可借鉴。为了矫枉而偶有失言，贤者难免，故《园冶》只是白璧微瑕，无伤其整体大雅。

第十二节　装壁应为排比
——兼论建筑装折的对称律、整一律

"排比"，在《园冶》里出现两次。首见于《装折》："装壁应为排比"。次见于《掇山·峦》："或高或低，随致乱掇，不排比为妙"。对于"排比"，计成一为肯定，一为否定，二者恰好相反，这正是根据不同工程而提出的不同的审美要求，也反映了不同的美学规律。对于掇山的"不排比为妙"，拟留待下节探析，本节重点探讨"装壁应为排比"。

对于此句，《园冶注释》注道："排比，对称或排偶之意。"译文："隔板应注意对称。"注、译均接近原意，颇佳，只是将"装壁"译作"隔板"，似欠妥，应释作装配或设置墙壁。

《园冶全释》译文："屏门间壁，应当对偶排比使其齐整。"其中"对偶"、"齐整"之释，都是不错的，但将"排比"译作"对偶排比"却不妥，因为"对偶"、"排比"二词连用，特别容易让人联想起这是两种紧密相连的修辞格，而且译文中"排比"一词依然未释，故不及《园冶注释》"对称或排偶"的提法妥当。再看《全释》之注："排比：依次排列，使相连比。白居易诗：'花教鹰点检，柳付风排比。'"此注则甚误。所谓"依次"、"排列"、"连比"用于门窗等均可，用于墙壁特别是厅堂、楼阁、馆室等的墙壁则不妥。再看《图文本》的注，更失之："排比：依次编排，相互连接。唐白居易《湖上招客送春泛舟》：'排比管弦行翠袖，指麾船舫点红旌。'"所谓依次编排，相互连接，更不适用于墙壁。

以下试归纳《全释》、《图文》两家之误：

其一，解释欠精确。安置墙壁，不可能是"依次排列"或"依次编排"，从而"使相连比"或"相互连接"的，因为墙壁本身不但为数不多，而且是其自身就是连为一大片的，不可能像人、物特别是文字那样数量很多，可按照次序逐一排列，"使相连比"。唐元稹《杜君墓系铭序》云："铺陈终始，排比声韵。"诗文作品一字字的声韵，确实是可以逐一"依次排列"，"使相连比"的。通过排比，可使其声韵协调，律吕和畅，或有条不紊，整齐成行。还应指出，《园冶注释》释排比为"对称或排偶之意"虽是准确的，但其书证亦误，它引《唐会要》："篇卷错乱，朕为排比。"这是说，篇卷或文字的次序已经错乱，重新为其"依次编排"，"相互连接"。但是，墙壁则不然，其本身就连成一大片，怎么可以为之"排比"呢？显然于理不通。

其二，书证欠妥帖。两家所引白居易两首诗中的"排比"，均为"安排"之意，并没有"依次排列，使相连比"，或"依次编排，相互连接"之意。如"柳付风排比"，意谓将柳枝及其飘拂之态交付给风来安排，这写得很风趣，也特富想象力；而"排比管弦行翠袖"，也就是"排比翠袖（翠袖，即奏乐女子）行管弦（丝竹音乐）"，意谓安排女子演奏管弦乐。这与"装壁应为排比"中的"排比"，在词义上没有叠合或交叉关系，故应分清其界限，特别不宜将其混同于现代作为修辞格的"对偶排比"。

《园冶·装折》中"排比"的"排"字，确乎不乏"排偶、齐整"的义素，故不赘论，但"比"字内涵较复杂，有的与现在迥异，故需要结合古文字学来考论破解：

"比"有"并"义。《集韵·旨韵》："比，并也。"该书自注："古文作两'大'相并之形"。"大"的原始意象符号为一人正面而立的形象，有头有身，手足伸开。在甲骨文、金文中，则省去头形，瘦化胴体，以便于书写、契刻，此字下加一横则为"立"。《说文解字繫传》："大，人也；一，地也。"为会意字。二"立"为"并"，像二人并排立在地上之状，而楷书及简化的衍变过程为：竝→並→并，故"比"犹"并"也。《王力古汉语字典》："比，并列。《书·牧誓》：'称尔戈，比尔干。'"《广韵》亦训："比，并也。"《战国策·齐策三》、《汉书·路温舒传》均有"比肩而立"之语，即并肩而立。唐白居易《长恨歌》："在天愿作比翼鸟"。比翼，即并翼。《史记·天官书》："危东六星，两两相比。"相比即相并，有两两相配、成双作对之义。

"比"还有"齐"、"等"、"同"之义。《字汇》："比，齐也。"《诗·小雅·六月》："比物四骊"。唐陆德明《释文》："比，齐同也。"成语"并驾齐驱"，"并"、"齐"为互文。

总括以上训释，排比有排偶、对称、并列、整齐、相对齐同、两两相等诸义。《园冶·装折》中的"装壁应为排比"，为应使墙壁整齐地并列，或者说，墙壁设置应该并列匹配，左右耦合。这对于厅堂、楼阁等重要建筑来说，尤其如此。

再证之以传统建筑，其格局总是十分注意整齐对称，两两相耦。就面阔来看，假如是成单的，就一定是明间居中，次间两侧相对，其中墙壁起着特别重要的作用，考其源流，是由上古时代的"堂"这种规制所决定的。此"堂"上必不可缺的"序"是一个关键（见本书第176、177页），其实，"序"是最典型的对称性的墙，起着隔开东、西"夹室"等对称性建筑的作用。《大戴礼记·王言》："负序而立。"孔广森《补注》："序，东西墙也。堂上之墙曰序"。《释名·释宫室》："夹室，在堂两头，故曰夹也。"《释名疏证》："古者宫室之制……堂之两旁曰'夹室'，室之两旁乃谓之'房'。"这些对称性建筑，都是左右对称，而这又全靠墙壁将其分隔开来。而从词源学来看，"序"的排序、次序等义，也均由此而来。

故而《园冶·装折》云："装壁（装配墙壁）应为排比。"由这一规制所决定，该章中的屏门、仰尘、户槅、风窗等，也无不以具有对称、整齐的特色为妙。它体现为形式美的对称律、整一律（或称"齐一律"），具体地说，也就是中轴分明，左右对称，高低大小一致、整齐规则有序。

古典园林建筑装折的排比，可以苏州网师园的万卷堂为典型例证。该堂面阔三间，居中的明间（正间）较阔，两侧的次间较窄，左右的墙壁两两相对，大小一律，墙上的大理石挂屏，也是"应为排比"，形式一致。再看明间的陈设布置，居中的有"万卷堂"之额，下悬"双虬"（劲松）中堂，设天然几一，上置供石一，其前有供桌一，诸葛铜鼓一，这形成了一条分明居中的轴线。而其两侧左右，则各有对联、花几、盆花、坐椅、茶几、满杌……它们无不两两相比，对称齐同。至于两侧的次间，椅、几陈列、也同样以此为则。从进深方面看，厅堂和后步柱之间，以系列性屏门——白缯门来进行"隔间"，这就是所谓"定存后架一步"（《装折》，所谓"一架"是概指，万卷堂就存两架），若将此门全都屏蔽上，犹如一道白色的、整一的"墙壁"。再看其明间虽存后步两架，但次间却只存后步一架，次间后檐墙各开一窗槅，也是成双作对。而窗、墙之外，则为一对"蟹眼天井"。游人若从明间两个天井间的过道出，经小庭可至内厅（女厅）——撷秀楼。再从厅堂前部看，黑色步柱上的白色抱柱联、以及悬于枋上红亮的宫灯，则更为醒目地相并着，对称地排列着。所有这一切，构成了一个错综复杂的对称美的序列，并被排比的墙壁包围着。

总的来说，"装壁应为排比"，它使得古典建筑内外檐装修及陈设具有一定的严正性、规整性，体现出居中和对称、整一的美学原则。

第十三节　最忌居中，更宜散漫
——兼论掇山的参差律、杂多统一律

《立基·假山基》写道："掇石须知占天，围土必然占地。最忌居中，更宜散漫。"先看前两句，主要指包括围土在内的假山、立峰掇置，必然要占天、占地，也就是要占用地面及其上空，这是首先应充分考虑的。后两句"最忌居中，更宜散漫"，是一个复杂的理论问题，需要联系其他有关章节一起来领悟。

计成特别注意庭院这种有一定范围的空间，认为应该尽可能保持其空阔、虚灵，不应将其挤满、变窄，《园冶》中的论述如：

> 倘育乔木数株，仅就中庭一二。（《立基》）
>
> 当檐最碍两厢，庭除恐窄……（《屋宇》）
>
> 人皆厅前掇山，环堵中耸起高高三峰，排列于前，殊为可笑……以予见，或有嘉树，稍点玲珑石块；不然，墙中嵌理壁岩，或顶植卉木垂萝，似有深境也。（《掇山·厅山》）
>
> 楼面掇山，宜最高才入妙。高者恐逼于前，不若远之，更有深意。（《掇山·楼山》）

引文第一例，意谓如果园里要育种数株高大的乔木，那么在庭院中只能容纳一二株，此言其应极少。因为多了不但会遮挡阳光，而且会使庭院显得不宽敞。第二例，意谓厅堂前不宜两侧建造厢房，这是一种妨碍，会使庭院变得窄小。第三例，厅前掇山，在不大的庭院里排列高高的三峰，空间显得很挤，十分可笑，还不如靠近对面的墙壁嵌掇峭壁山，可以扩大厅与山之间的对景空间，似可产生深境。第四例说，楼前掇山，应该高才妙，但是高山恐其逼近于楼前，这也会缩小空间，所以不如将其掇得远一些，这就更有深意。总之，数例都是说，厅、楼之前的空间宜空阔宽广，这样，"意"、"境"才有可能变得深远。

还可联系当时历史实际来看，与计成同时代的刘侗在《帝京景物略·宜园》中写道："入垣一方，假山一座满之，如器承餐，如巾纱中所影顶髻。"这是对这座失败的假山所作的婉言微讽。一个"满"字，说明了可贵的空间已被挤掉，殊为可惜。接着，又打了两个生动的比喻：好像容器中装满了食物；犹如古人头上所戴纱巾所隐露的发髻，满得没有一点空间，这样，"深意"也就无由生成了。

至于现实中的园林，刘敦桢先生指出：

> 山的体量须与空间相称……以山为主体的园林，常因强调山的作用，使形体过于庞大，无法和环境调和，如沧浪亭就是在一定程度上犯了这个毛病。相反，环秀山庄的假山自池面至最高峰为7.2米，在当地园林中是第二位高山，但看来并不壅塞，这是因为它在西南两面留有较大空间的缘故。[1]

以上各类例证说明，庭院里乔木不宜多，厢房不宜建，假山峰石切忌多或大，逼近于前，否则会不恰当地占天占地，使庭院变窄变小，从而失去必要的虚灵空间。

再着重探析"最忌居中，更宜散漫"。《园冶注释》一版："散漫，犹言疏稀错杂，不聚集一处。"译文："切忌居于当中，最好分散各处。"这似是不错，其实，"不聚集一处"，"最好分散各处"，都把问题说死了。

不妨联系计成有关"散漫"的论述来看，如《掇山·园山》："缘世无合志，

---

① 刘敦桢：《苏州古典园林》，中国建筑工业出版社2005年版，第26页。

不尽欣赏，而就（采取、效法）厅前三峰，楼面一壁而已。是以散漫理之，可得佳境也。"对此，诸家解释颇有争议。《园冶注释》一版不理解计成对"三峰一壁"式失败之例的否定，其释文写道："这种掇山能布置得疏落有致，亦可创造出优美的境界。"《疑义举析》不同意此释，指出：

> 计成主张掇山要因其自然，高低错落，分散堆置，才能创造出优美的意境。"散漫理之"本是与"三峰"、"一壁"之类相对立的叠山纲领，释文解说成"三峰"、"一壁"这种掇法"能布置得疏落有致，亦可创造出优美的境界"，就把原意完全给曲解了。

这是颇有见地之评，《园冶注释》一版确实是把不可协调的"散漫"与"三峰一壁"双方误混在一起了。《园冶注释》二版吸收了这一意见，改写道："这种掇山，如能因其自然，高低错落，分散堆置，疏落有致，才能创造出优美的境界（金按：此复句有语病）。"其实，这还是部分的修正，因为其依然不理解"三峰一壁"是一种不足取的、与"散漫理之"相对立的、为计成所唾弃的僵硬模式，采用这种掇法，是不可能"因其自然，高低错落，分散堆置，疏落有致"的。此外，两家均用"分散堆置"来解释"散漫理之"，也不尽恰当，因其过多地强调了分散。

再看《园冶全释》注："居中：有两层意思：以一块峰石为主，不要位置在庭院当中；二三块峰石并叠，要有主次，不宜对称'排如炉烛花瓶'的意思。散漫：任意，随便，无拘无束……这里作非对称平衡的自由布置之意。"此注阐释得颇为具体准确，且契合于画理。但是，一块、二三块峰石云云，似只讲掇置立峰，而《立基·假山基》却是论述叠掇假山，此为美中不足。《全释》译文还释"散漫"为"要随境之所宜，自由散漫的布置"，亦较好，但"散漫"一词依然未解释，系同义反复。

《图文本》注道："居中：指居于园林的中间部位。散漫：自由自在，无拘无束。"两句"指假山不要堆在园林的中间，而是应该四散分布，使起伏有致"。此解有误。联系《园冶》全书来琢磨，可见"最忌居中"非均指整个园林，而主要是指作为其部分的庭院。如《掇山》一章，第一节为《园山》，是论掇园中之假山的，但主要包括庭院假山在内，故举例是"厅前三峰，楼面一壁"，即厅、楼前庭的假山，而第二、三节是《厅山》、《楼山》，所批评的就是位于庭院中的假山叠掇。《图文本》释"散漫"为"自由自在，无拘无束"，其实，这是形容人的生活态度和行为的，不宜用来形容山石及其叠掇。至于"四散分布"更有问题，因为没有一定的"聚"，没有相互呼应和有机联系，没有主峰、次峰或馀脉，是不可能体现"起伏有致"的章法的。

不妨先翻一翻中国山水画的入门书——《芥子园画传》，其第一集《山水·山石谱》有云："千石万石，不外参伍其法，参伍中又有小间大、大间小之别。树有穿插，石也有穿插……"再看说明之下的图示，有"聚二"、"聚三"、"聚四"、"聚五"、"大间小法"、"小间大法"等。如"聚二"，为一大一小，小石从左侧半掩着大石；"聚四"，三小石从左前方环抱着大石，而三小石又有大小之分，并以一石掩二石……另有"王叔明（元画家王蒙）石法"，画上的山石分两组，有主有次，有聚有散，有前有后，有大有小，组合不同，形态各异，主峰偏于一侧，有开合呼应之势……这类画法，明末的计成在论掇山时早就强调或涉及，如《掇山·书房山》指出，应"聚散而理"，也就是要有聚有散，聚散互补，聚中有散，散中有聚，或者说，"散"必须济之以"聚"，这样才会有贯通的气脉，整体才有凝聚力，才不致松散无神。《掇山·峦》说得更具体，"不可齐，亦不可笔架式，或高或低，随致乱掇，不排比为妙"。这些正是对"最忌居中，更宜散漫"的准确诠释，它们突出地体现了计成掇山的美学思想。而《园冶全释》之注的可贵，在于和计成这类思想有所契合，如"要有主次，不宜对称'排如炉烛花瓶'"，要"非对称平衡的自由布置"……

再进一步探析计成反排比、反居中、反对称、反整一的掇山美学思想与中国绘画美学思想的契合。传统画学对画山、画树有如下要求：

山头不得一样，树头不得一般。（［传］唐王维《山水论》）

山头不得重犯，树头切莫两齐。（五代荆浩《山水论》）

重岩切忌头齐，群峰更宜高下……布两路有明有晦，起双峰陡高陡低……千岩万壑，要低昂聚散而不同；叠嶂层峦，但起伏峥嵘而各异。（宋李成《山水诀》）

要得左右阴阳向背浓淡之理……疏处疏，密处密，整中乱，乱中整。（明鲁得之《鲁氏墨君题语》）

短树参差，忌排一片；密林蓊翳，尤喜交柯……枝缀叶而参互错综……叶附枝而横斜纡直……（清笪重光《画筌》）

三株五株，九株十株，令其反正阴阳，各自面目，参差高下，生动有致。（清石涛《画语录》）

山峰有高下，山脉有勾连，树木有参差……即是好章法。（清蒋和《学画杂论·章法》）

作画应使其不齐而齐，齐而不齐。此自然之形态……须三三两两，参差写去，此是法，亦是理。（近代《黄宾虹画语录》）①

这类理论，既是从绘画的实践中来，更是从自然造化中来，它也是反对排列对称、整齐一律，而主张参差不齐、变化多样……对于这类章法、形式的美的根源，笔者曾作过系统追寻②，并举经典书证指出，《国语·郑语》："物一无文。"是说凡是物体并陈一个样，就没有美。《孟子·滕文公上》："物之不齐，物之情

① 王伯敏编：《黄宾虹画语录》，上海人民美术出版社1961年版，第3—4页。
② 详见金学智：《"一"与"不一"——中国美学史上关于艺术形式美规律的探讨》，《学术月刊》1980年第5期。

也。"这更深刻揭示出事物本身各有个性，没有一个是相同的，这就是事物的本性。所以归根究底，中国的山水画是"道法自然"（《老子·二十五章》），"法天贵真"（《庄子·渔父》）的硕果，而计成《园冶》也突出地强调效法自然，以天然为最高的美学标准，如"有真为假，做假成真"（《掇山》）；"虽由人作，宛自天开"（《园说》）。只有从这一根本点出发，才能准确把握计成一系列有关散漫的论述。

不妨进一步寻找排出计成的有关论述与古代绘画美学之间的对应性语句：

计成说："聚散而理。"（《掇山·书房山》）"更宜散漫。"（《立基·假山基》）传统画学说："要低昂聚散而不同。"（李成）"疏处疏，密处密。"（鲁得之）……

计成说："不可齐，不排比为妙。"（《掇山·峦》）传统画学说："树头切莫两齐。"（荆浩）"重岩切忌头齐。"（李成）"短树参差，忌排一片。枝缀叶而参互错综。"（笪重光）"千石万石，不外参伍其法。树有穿插，石也有穿插"（芥子园画传）"不齐而齐，齐而不齐"（黄宾虹）……

计成说："或高或低，随致乱掇。"（《掇山·峦》）传统画学说："群峰更宜高下，起双峰陡高陡低。"（李成）"整中乱，乱中整。"（鲁得之）"反正阴阳，各自面目；参差高下，生动有致。"（石涛）……

计成长期从事山水画创作，对这类传统画学的精神了然于心，他从所师关仝、荆浩的画中会更有感悟，而"游燕及楚"，饱游饫看，自然造化中这类低昂聚散、参互错综之美当然会见得更多，并常形诸笔下。后来从事造园，也就必然会将其用到叠山上去。遗憾的是，今天已难睹计成所掇假山之美，而只能在郑元勋《影园自记》中依稀可见。记文写到，计成所造此园，"庭前选石之透、瘦、秀者，高下散布，不落常格而有画理"；又写到，山径"皆自然幽折，不见人工"。郑元勋作为当时的知名画家、计成的知音，他的评价是最好的见证。

还应指出，计成对违反上述这类杂多统一法则的现象也深恶痛绝，在《掇山》章予以抨击：

> 假如一块中竖而为主石，两条傍插而呼劈峰（金按：即偏峰；次峰）。独立端严，次相辅弼。势如排列，状若趋承。主石虽忌于居中……劈峰总较于不用……排如炉烛花瓶，列似刀山剑树。峰虚五老，池凿四方……

这是通过铺陈，充分展示了世俗掇山的种种丑态，他们往往是将中竖的主峰比作端严的君主，两旁对称的偏峰拟为次相的左辅右弼，这种"居中"模式，实际上就是一种"笔架式"，显得十分机械呆板，庸俗恶劣。对此，计成指出，主石"忌于居中"，在另一处也指出，"最忌居中。"（《立基·假山基》），"亦不可笔架式"（《掇山·峦》）。他反对掇山的对称整齐，单调一律，批评其"势如排列"，文中特意把"排"、"列"二字再拆开，让其各领一句："排如炉烛花瓶，列似刀山剑树。"这种丑恶的现象，不能给人以丰富多样、生动活泼的美感。还自认为是适合时尚，甚得意趣。计成通过反复批判，鲜明地表达了自己崇尚自然，追求天趣的审美观。

计成"最忌居中"的掇山美学，在刘敦桢先生的《苏州古典园林》中得到了很好的传承和出色的阐发，该书写道：

> 轮廓应有变化，忌最高点正对房屋明间，尤忌在其上建亭[1]。
>
> 山无论大小，必须轮廓明显，高低起伏，而最高点不应位于中央，以免呆板。
>
> 不论何种方式，主峰位置宜稍偏，山形较长者尤须如此。[2]

这几条既脉承于古代画论和《园冶》的美学，又来自长期广泛深入的园林调研，可见，"居中"是掇山的大忌，它不但使空间堵塞而失灵，而且使章法呆板而乏韵，在平面上或立面上是与"天然图画"（《园冶·屋宇》）背道而驰的。

计成提出的"最忌居中，更宜散漫"，体现为艺术形式美的构图法则，然而他还有更高的掇山美学理想。因此，读《园冶·掇山》还不应忽视其中有形无形地显现、流露的审美"意境"，这虽已超出本节的范围，但由于非常重要，故特录数则于下：

> 是以散漫理之，可得佳境也。（《园山》）
>
> 或有嘉树，稍点玲珑石块；不然，墙中嵌理壁岩，或顶植卉木垂萝，似有深境也。（《厅山》）
>
> 楼面掇山，宜最高，才入妙。高者恐逼于前，不若远之，更有深意。（《楼山》）
>
> 更以山石为池，俯于窗下，似得濠濮间想。（《书房山》）
>
> 池上理山，园中第一胜也。若大若小，更有妙境。就水点其步石，从巅架以飞梁，洞穴潜藏，穿岩径水。峰峦飘渺，漏月招云，莫言世上无仙，斯住世之瀛壶也。（《池山》）
>
> 峭壁山者，靠壁理也。藉以粉壁为纸，以石为绘也。理者相石皴纹，仿古人笔意，植黄山松柏、古梅美竹，收之圆窗，宛然镜游也。（《峭壁山》）

佳境、深境、妙境、远境，这才是掇山的终极追求，而"散漫理之"所追求的形式美，不过是一个层次，一种外观。当然，这种境界的实现，除了所叠掇的山石应符合要求外，还需要嘉树的穿插，垂萝的掩映，池泉的衬托，圆窗的观照……这样，才能或得濠濮间想，或生瀛壶之感，或如镜中神游……才能臻于中国诗画的最高境界。

再回过来试给"散漫"下一个定义：它是计成赋予特殊含义的掇山术语，是非排列，非对称，散中有聚（《掇山·书房山》："聚散而理"）、乱中见整（《掇山·峦》："随

---

[1] 这也相通于《园冶·厅山》："人皆厅前掇山，环堵中耸起高高三峰，排列于前，殊为可笑。加之以亭，及登，一无可望，置之何益？"

[2] 刘敦桢：《苏州古典园林》，中国建筑工业出版社 2005 年版，第 26、27、28 页。

致乱掇"），有主有次，或高或低，参伍穿插，杂多统一的掇山章法、理法或方法。它决不能理解为"四面分散"或"四散分布"，使山石琐碎而缺乏凝聚力。而此章法、理法或方法的实现，就表现为"得天然之趣"（《掇山·曲水》）。

从形式美学的视角来区分，装折和掇山的美学规律、艺术要求恰好是截然相反：装折的美，体现为对称律、齐一律，如果从反面来限定，则是不居中、不对称，不整齐，不规则，总之，是以排比为妙；掇山的美，则体现为参差律、杂多统一律，如果从反面来限定，则是非散漫、非自由，非参差、非偏侧，总之，是以"不排比为妙"，这种人工之美与天然之趣的区别，是由它们在园林中不同功能性质和审美需要决定的。

第十四节　相间得宜，错综为妙
——计成论形式美的错综律［其一］

《园冶·装折》写道："凡造作难于装修，惟园屋异乎家宅。曲折有条，端方非额。如端方中须寻曲折，到曲折处还定端方。相间得宜，错综为妙。"主要说明园林建筑装修的难度，从而引出对艺术形式美规律的论述。本节专论最后两句，其他留待下一节探析。这两句虽只有八个字，却不仅是对建筑装修形式美规律的深刻概括，而且对所有艺术形式美的领域具有普适性，它对当今建设具有中国民族特色的美学，也有其一定的作用。

对于这两句，《园冶注释》注道："相间，指房屋的间隔而言。错综，有交错总聚之义。《易经》：'参伍以变，错综其数。'"并译道："分隔运用得宜，穿插安排恰当。"这首先抓住了《园冶》与易学的关系，这甚有眼识，但是，《易经》的提法太笼统，不精确。其实，此经典总称《周易》，它分《经》、《传》两部分，《易经》只包括卦（卦画、卦名）、卦辞、爻辞；而《易传》则共有文辞十篇，为象辞上、下，象辞上、下，繫辞上、下，文言、说卦、序卦、杂卦。这"十传"统称《易传》，是对《易经》的解释、说明、引申、补充和发挥，从而使《周易》构成完整的哲学体系。而"参伍以变，错综其数"，恰恰不出于《易经》，而出于《易传》中的《繫辞上》。《园冶注释》的不足，还在于对"相间"的解释既太宽泛，又太狭隘。宽泛，表现为将其笼统地解释为"房屋的间隔"，这就把装修的细部构成如图案纹样的间隔等等均排除在外了；狭隘，则又把适用的范围限定于"房屋"，其实，此规律对包括园林、建筑在内的所有艺术都是普遍适用的。

再看《园冶全释》，其注写道："相间：相互间隔，是指间隔的空间关系。错综：交错综合。《易·繫辞上》：'参伍以变，错综其数。'指有规律的变化而言。"

译文："空间分隔要巧妙得宜，错综变化须有一定规律。"这解释得较灵活，不只是提"房屋"，而代之以普遍适用的"空间"，其交代出典能落实到了具体篇名。在表达上也注意字斟句酌，颇为精彩。

在此基础上，《全释商榷》进而指出：《全释》"将'间'作距离解释，其实，这里的'间'应作'更迭'理解才妥。针对上文（金按：指《园冶·装折》）'如端方中须寻曲折，到曲折处还定端方'，要求曲折与端方的样式应交替使用，才能达到'错综'变化的美。"此释亦当。不过本书还认为，"相互间隔"和"更迭"既相同，又不同，如从严格意义上分，可以说：间隔，主要侧重于共时性而言；更迭，主要侧重于历时性而言，而其本质是一致的，故两个概念可互补相成。

总而言之，诸家所释均有合理成分。"参伍以变，错综其数"，主要表现为相互间隔、交错、分隔、穿插、更迭、交替……合起来就是总聚、综合，而如此这般地处理，只要巧妙得宜，安排恰当，有规律地进行变化，就都能"达到错综变化的美"。

对于以上概括，还应进一步从深层的哲学根源和广阔的历史文化背景上来认识、探究。

首先，在上古时代，先民们就将这种原始的参伍错综，概括为"文"这个范畴。"在中国美学史上，'文'这个范畴在春秋时代就已提出，它指的就是色彩、线条的交叉组合结构所呈现出来的形式的美。"[①]这一美学范畴，到了《周易》中，有了更明确、更理论化的表述。例如：

参伍以变，错综其数，通其变，遂成天地之文。（《易·繫辞上》）

物相杂，故曰文。（《易·繫辞下》）

这两则的意思是，形体、线条或色彩等错综相杂，间隔穿插或更迭交替，这种变化就形成"文"，"文"也就是形式的美，而且它还联结着或造就着"天地之文"，这就接触到了形式美即"文"的现实根源。再看后人有关的诠释和阐发：

文，错画也，象交文。（东汉许慎《说文解字》）

参伍以变者……或三或五，以相参合，以相改变……错综其数者，错谓交错，综谓总聚，交错总聚其阴阳之数也……遂成天地之文者，以其相变，故能遂成就天地之文，若青黄相杂，故称文也。（唐孔颖达《周易正义》）

一经一纬，相错而成文。（北宋郑樵《通志·图谱略》）

文章贵错综。（南宋陈善《扪虱新话》）

物相杂，故曰文。文须五色错综，乃成华采；须经纬就绪，乃成条理。

（明王世贞《艺苑卮言》卷一）

万物之成，以错综而成用。（清王夫之《张子正蒙注·动物篇》）

① 李泽厚、刘纲纪主编：《中国美学史》第1卷，中国社会科学出版社1984年版，第299页。

于物两色相偶而交错之，乃得名曰文，文即象其形也。原注：《考工记》曰："青与白，谓之文；赤与黄，谓之章。"（清阮元《文言说》）

物相杂，故曰文。《说文》曰："文，错画也，象交文。"盖必相交相杂而后成文。故骈俪之文，文之正轨也。（清俞樾《〈王子安集注〉序》）

以上数则，虽引自历代种种不同学科领域——训诂学、历史学、文学创作、哲学，然而其观点却是一致的。古代哲学家们还一再指出，这种错综交替的表现，其根源就在客观现实世界及其变化之中。宋代哲学家张载《正蒙·太和篇》说："圣人语性与天道之极，尽于参伍之神，变易而已。"清代著名哲学家王夫之也概括说，万物本身的构成就离不开"错综而成用"，如阴与阳、动与静、刚与柔、寒与暑都要错综为用。所以，文字要笔画交织；图谱要经纬相错；诗歌要平仄相间，音韵更迭；文章要有张有弛，有开有合……当然，还必须"得宜"，这才能臻于"为妙"之境。

美就在杂多统一之中，这是世界各民族均认同的一条规律。但上引的一系列具有中国特色的论述，决定了中国美学侧重于错综多样，与之相反，西方美学则侧重于秩序统一，这就又进一步决定了中国和西方园林的截然不同，即自由型和规整型两种各异的园林风格之美。

还应解释"参伍以变"的意思。"参伍"就是"叁（三）"、"伍（五）"。据考古学家结合文物考察，认为这原系商、周时纺织工艺的术语，即三片棕、五片棕起落错综，经纬交织，织出不同的纹样，这一猜测很有道理。再看在古老的《易经》中，其"爻"就是错画。《说文解字》云："爻，交也。"所以"六爻相杂"（《易·繫辞下》），就交错而成文了。而在金文《爻盉》里，"爻"字不是两个而是三个相叠的"乂"，这就更突出错综相交了。古文字中还有交叉更多的"㸚"〔lǐ〕字，《说文》："㸚，二爻也。"而清王筠《说文句读》则训道："《广韵》：'丽尔……即'尔'下之'丽尔'。"也就是说，㸚就是"尔"下面的四个"乂"，或两个"爻"。鲁迅研究汉文学史，就从古文字开始，他也指出："《说文解字》曰：'文，错画也。'可知凡所谓文，必相错综，错而不乱，亦近丽尔之象。"[1] 可见，作为形式美的"文"，其特点就是参伍相交，变易相杂，错而不乱，综而有绪，呈现为一种"丽尔之象"。

对于园林来说，最需要体现这种错综相间形式之美的，莫过于园林建筑的装修，所以计成在《园冶·装折》里，根据《易》学哲理，冶铸出精要的美学名言："相间得宜，错综为妙。"再看《园冶·装折》，就插入"户槅柳条式"等图式五十六例，作为论述的视觉形象印证，而它们自身又无不体现出纵横交错而成"文"的装折形式美，这里从中遴选五例【图39】加以阐说。

"户槅柳条式一"，包括纵长方形的框架在内，十二根纵线相间较密，而十二

---

① 鲁迅：《汉文学史纲要》，人民文学出版社1973年版，第4页。

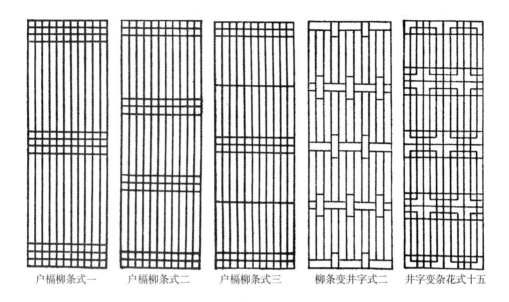

图39　相间得宜，错综为妙
户槅柳条式选例及其变换
选自陈植《园冶注释》

根横线则分为上、中、下三组，每组各四根，相间较稀疏，这样，简单的直线就已体现出纵与横、疏与密交错之美。

"户槅柳条式二"，则几乎是同样的组合，十二根纵线长度和间距均不变，十二根横线则分为四组，每组三根，则又是一种相间得宜之美。

又如"户槅柳条式三"，纵线不变，横线三根为一组，分上、中、下三组，三组之间，又间以一根横线，这就更多了一些复杂变化之美。

此外还有"柳条变井字式二"，其中短线间隔有规律的出现，令人眼目一新。至于"井字变杂花式十五"，更见复杂，堪称"错综为妙"的典范之一。

统观此共五十六例，无不是"相间得宜，错综为妙"的适例，它还显示了自身是如何有序地由较简易、单纯之美变到丰富、复杂之美的。计成又在图式旁启发点拨："依式变幻，随便摘用"，看似随意，实寓苦心。这些在设计实践中积累的物化经验，充分表现了计成自己对装折形式美及其变化规律的熟练把握，也足以见出计成对《周易》美学的心领神会。

偶然中有着必然。《园冶》中的户槅图式，不但与《周易》的"爻"字相契合，而且与古文字"焱"字相通。杨树达《积微居小学述林》："焱字象窗牖交文之形。"这完全相通于计成有关窗牖格子形式美的思想。再看《集韵·纸韵》："焱，希明貌。""丽尔"也就是错综交叉、稀疏明朗的样子，这又与计成"疏广减文"（《装折·风窗》），否则"观之不亮"（《装折·[图式]长槅式》）功能性的"善"相通。这说明计所揭示的形式美的错综律，又连结着颇深的哲理，值得细细品味。

第十五节　曲折有条，端方非额
——计成论形式美的错综律［其二］

　　此数句见《园冶·装折》，上节已予征引，并探析了"相间得宜，错综为妙"的艺术形式美规律。本节专论"曲折有条，端方非额。如端方中须寻曲折，到曲折处还定端方。"这是对形式美规律的补充论述和逻辑规定。

　　《园冶注释》注道："有条，有条理或系统之意。额，有定数及制度之意。《书》：'有条而不紊。'"译文："要在曲折变化之中具有条理，整齐倒不是一定的制度。如在整齐划一之中要找出曲折变化，到了曲折变化之处，仍然保持齐整划一。"这基本上符合原意，但对"额"字的解释缺少具体分析，而且"如"字未译。《园冶全释》注道："条，条理。《书·盘庚上》：'若网在纲，有条而不紊。'这里的'有条'，是指二维空间中的装饰纹样，也指三维空间的室内和庭院意匠。额；本意是眉上发下的脑门，即额头，凡明显方整的东西亦称额，如匾额，额枋等。这里的'额'有呆板的意思。以'非额'与上联'有条'对仗，'非额'就是不呆板。"译文："需曲折而有条理，端方但不呆板。要从端方之中寻求曲折变化，而曲折变化又在这端方之中。"译释均尚佳，但个别解释不确，特别是把建筑的装饰纹样联系、引申到"庭院意匠"或"园林庭院的空间"，不免穿凿附会。对此，《全释商榷》指出："这里的'额'是指规定的数目（见《辞海》），不是指额头。'凡明显方整的东西亦称额'这个定义恐难成立。匾额、额枋不是因为它方整，而是因为它在门楣之上，或近似门的二柱之间故才有'额'之称……说'额'有呆板的意思也是臆测，这里是指规定的数目，意谓曲折要有条理，端方也不是要规定数目。"

　　以上各家已大体上接近原意。主要是对个别词的解释有分歧，而对句中美学意蕴、修辞方式尚未完全理解。以下先释词，再释句：

　　"额"与"非额"："额"，这既可以是动词，又可以是名词，作为动词，是额定之意，也就是作规定；作为名词，就是"额子"，意为所规定的标准、定例。汉语中流行"额外"一词，意为定例之外。《明史·黎贯传》："其假（金按：假借）朝（朝廷）命（所规定的标准）以征取者，谓之'额'；而自挟以献者，谓之'额外'。"再看旧时以"额"组成的词，大抵有"规定"、"定例"、"定则"之义[1]。因此，"非额"的意思，即不能呆板地、机械地规定，或不能遵照呆板、死板的定例、定则。《全释》说"凡明显方整的东西亦称额"固然欠妥，但释"额"为"呆板"，却准确地抓住了"额"的引申义，并非"臆测"。总之，"非额"是对死板成规、定则的某种否定。

---

[1] 例如：额度（规定的数量和范围），额限（规定的数量限制），额办（规定承办之事），额解（定额放宽），额款（额定的款项），额征（额定应征的税赋），额银（额定应征的银钱），额赏（额定的赏金），额编（按额定数字编制的簿册）……

"有条"：它是用了"藏词"的修辞格。陈望道先生《修辞学发凡》指出："要用的词已见于习熟的成语，便把本词藏了，单将成语的别一部分用在话中来替代本词的，名叫藏词。"[1] 如"而立之年"，把"三十"这个本词藏了，因为《论语·为政》载有孔子"三十而立"的名言，是众所周知的，所以"而立之年"也就是三十岁的巧妙说法。计成选用"有条"，则有两个作用：其一，是根据"有条不紊"的成语，把"不紊"二字藏了起来，其意为不紊乱，不是杂乱无章；其二，是便于组成工整的对偶句。"曲折有条，端方非额"，以"端方"（即"曲折"之反）对"曲折"（即"端方"之反），属对极工，这是相反的两极，但是其下如用"不紊"对"非额"，均表否定，这样就不成其为对文，二者不是相反而是同一了，这种"合掌"是犯忌的，故而计成用"藏词"的辞格，将"不紊"改为"有条"，即变否定为肯定，于是，"有条"对"非额"，同样是相反相对，就非常工稳了。由此可见计成认真谨严的写作态度和推敲斟酌的修辞功夫。

"曲折有条，端方非额"，两句的意思是：曲折变化，但必须有条理而不紊乱；端方整齐，又不能限之以呆板的定则，这也就是让"曲折"和"端方"二者互为制约，或者说，使变化与整齐二者互为统一。这一骈偶对句，是对艺术形式美规律的高度概括，其精确性在于既指出要有变化，又指出要有规则，并且强调应注意避免紊乱和呆板这两个极端。

在中国古典美学史上，像计成这样通过冶炼而成的"曲折有条，端方非额"的短小精悍的警句，几乎是凤毛麟角，而可以与其比肩的，惟有唐代孙过庭的书学经典《书谱》，其中有"违而不犯，和而不同"的八字警句。二者相比，"曲折有条，端方非额"是侧重论园林建筑艺术形式美规律的；而"违而不犯，和而不同"，是侧重论书法艺术形式美规律的，但二者可以相互参读，相互发明，其美学内涵是相通相融的。孙过庭所说的"违"，就是说要求作品的各个部分差异相违，丰富多变，参差不齐，各自不同（相当于计成所说的曲折多变），但他又指出不能让其杂乱无章，甚至达到触犯全局的程度；而所谓"和"，就是说要作品的各个部分相互联系，和顺谐调，整齐一致，服从全局（相当于计成所说的端方整齐），但又不能让其达到刻板单调、完全同一的程度。对于《书谱》所揭示的这一形式美的八字真谛，笔者曾予以高度的评价：

> 既从积极方面突出了"违"、"和"这对相反相成、互渗互补的美学范畴，强调了二者的辩证统一，又从消极方面划定了界限，否定了两个极端——"犯"与"同"，也就是要求防止过了头而走向反面——混乱不堪、杂乱无章和单调划一，重复雷同。这就是孙过庭这一名言最大的辩证特色和科学的合理的规定性。[2]

---

① 《陈望道文集》第2卷，上海人民出版社1980年版，第393页。

② 金学智：《中国书法美学》下卷，江苏文艺出版社1994年版，第933页。

在此也可以这样说，作为中国造园学经典《园冶》中的"曲折有条（不紊），端方非额"，与中国书学经典《书谱》中的"违而不犯，和而不同"，有着异曲同工之妙，它们均以所体现的"两极否定性原理"，超越了本门艺术和本门学科的特殊性界域，升华到关于形式规律的普遍性的哲学美学高度。

再探析"如端方中须寻曲折，到曲折处还定端方"，这也是骈偶对句，需要先释词。

上句第一个"如"字，与下句第一个"到"字，二者互文相对，是同一意思的不同表达。因此，这个"如"字就不能作"如果"或"例如"解，《园冶注释》将其译为"如在……"，不确；而《园冶全释》则又回避了对此词的解释。《尔雅·释诂》："如，往也。"也就是"到"、"去"之意。《左传·成公十三年》："文公如齐，惠公如秦。"这是说，文公去（到）齐国，惠公去（往）秦国。《史记·项羽本纪》："沛公（刘邦）起如厕。"在鸿门宴上，项庄舞剑，意在沛公，由于情势紧急，刘邦假装起身到厕所去。这个"如"就是"去"、"到"、"往"的意思。

上句的"寻"字，为"求"之意。《正字通》："寻，求也。"《墨子·修身》："思利寻焉。"高亨新笺："寻，求也。"《说文通训定声》："揣度以求物谓之寻。"下句的"定"字，应释作"成"。《诗·周颂·武》："耆定尔功。"高亨注："定，成也。"诗句的意思是："致成其（金按：指周武王）功（即伐纣之功）。"《晋书·乐志上》："耆定厥功。"其义亦同。又如《淮南子·天文训》："天先成而地后定。"这是互文，"成"和"定"同义，"成"就是"定"，"定"就是"成"。

"如端方中须寻曲折，到曲折处还定端方"，两句的意思是：到端方整齐之中，还须要寻求曲折变化；到曲折变化之处，还应成于整齐端方。这两句是对"曲折有条，端方非额"这一艺术形式美规律的补充、说明和阐释，而从修辞学的视角看，它用了"对偶"、"回环"等辞格；从形式美学的视角看，它深刻精确，是对避免走向两极的逻辑规定，对园林建筑特别有难度的装修，有着不容忽视的指导意义。

第十六节　画彩虽佳，木色加之青绿；
雕镂易俗，花空嵌以仙禽
——计成的色彩装饰美学观

"画彩虽佳，木色加之青绿；雕镂易俗，花空嵌以仙禽。"此语见《园冶·屋宇》，历来认为是难解之句，因此，注家们的注释、翻译，大抵或含糊，或混淆，或自相矛盾……令人难得其解。本节着重探析上句。

《园冶注释》第一版译道："画彩虽好，如将白木涂上青绿，究属不雅；雕镂易流庸俗，如空花嵌以仙禽，更不相宜。"问题在上一句，既然已承认其"虽好"，但又说"究属不雅"，前后显然有所矛盾。《疑义举析》认为，上句意思应为："画彩虽然好，但是园林建筑的木构件上只宜涂以青绿的色调，这正是取其雅致。"又说："事实上园林建筑的外檐装修，多数是涂以青绿，很少有露白木的"。此释也不确。加了"虽然……但是……"，仅仅使矛盾淡化，问题依然存在，因为"涂以青绿的色调"，这依然是一种"彩"，只是以"涂"字易"画"字而已，而事实上，北方皇家宫殿园林建筑，其木构件上很少是"涂"以青绿的，相反，多是以青绿色"画"彩的。对此如要作实事求是的评价，其审美效果不是不佳，而是很佳。既然如此，那么计成为什么加以贬抑呢？这是主要由于《园冶》所总结的，是江南文人私家园林建筑的艺术经验，这留待后文详论。

再说，《园冶注释》第二版根据《疑义举析》的解释，把原译中的"究属不雅"，改为"更觉雅观"。这虽已改，但问题依然存在。至于《园冶全释》，既引《疑义举析》之语，却又说"苏州古典园林中建筑多用黑和棕红色"，这与《举析》显然相悖。而其译文又写道："彩画虽富丽堂皇，不如涂青绿色而淡雅"。这更显得混淆不清，如青绿色究竟属于"富丽"还是属于"淡雅"？《园冶》究竟主张什么？均不明确，总之，其前后显然不符合逻辑的同一律。再看《图文本》，也采用以上解说，但又企图对漏洞加以修补，作者写道："画成彩色虽然很好，只要在木头的本色上加些青绿色即可。"从关联词看，这实际上应是两个复句，一是以"虽然……但是……"组成的转折复句，二是以"只要……即……"组成的条件复句。但《图文本》却删去一个"但是"，把"虽然……只要……即……"杂糅于一句，意在对上说所显露的矛盾加以调和掩饰，然而自身又不免犹豫含糊，并使注家们在语法上的矛盾更趋显态。

要解读《园冶》上述难句，首先还是先看建筑装修的客观事实。

宋李诫《营造法式》是北方官式建筑的规范和经典，它完全适用于北方宫殿建筑和园林建筑。其书中非常重视装修的色彩，并分有不同的等级。卷二十八"诸作等第·彩画作"，分为如下三等：

五彩装饰（间用金同）、青绿碾玉（右为上等）；

青绿棱间、解绿赤白及结华、柱头脚及槫（tuán）画束锦（右为中等）；

丹粉赤白、刷门窗（右为下等）。

可见北方官式建筑中的装饰，青绿属于上等或中等。再具体地看几个例子：

卷三十三"彩画作制度图样上·五彩杂华（花）第一"之"太平华（花）"【图40】，其图样的色彩提示中，"青"字竟有十五个之多，"绿"字更有二十二个，而其他色极少，只有赤黄一，朱一，红四，红粉二，这显然是一种陪衬；

卷三十三"彩画作制度图样上·五彩额柱第五"，其中的"豹脚"、"叠晕"、"三卷如意头"等，都是清一色的大青、二青、青华、大绿、二绿、绿华；

卷三十四"彩画作制度图样下"，其中"青绿叠晕棱间装名件"等的斗栱、梁

图40　太平华：木色加之青绿
选自［宋］李诚《营造法式》

椽、飞子、栱眼壁……几乎全部或极大部分都用青、绿二色。

这足以说明，北方官式建筑的额枋、斗栱等，是青色的王国、绿色的世界。当然，这里指的是建筑物檐下和室内上部，至于其他构件，则多红、黄等色，这样，就构成了富丽堂皇、浓笔重彩的风格之美。

对于北方官式建筑的错彩镂金、浓艳富丽，梁思成先生在《清式营造则例》第六章"彩色"中，作了很好的专题总结，兹选一些片断于下：

"雕梁画栋"这句成语已足做中国古代建筑雕饰彩画发达的明证。

凡到过北平的人必定都感觉故宫彩色的华丽。上自房顶下至基坛，没一件不是鲜明夺目。

在木料部分……颜色工料随着讲究，成丹青彩画，为中国建筑上一种重要装饰。木作的油漆，下半（柱的部分和梁枋以下全部）多是红色，间或用黑色。上半（梁枋斗栱及梁枋以上瓦以下其他部分）多用青绿作主要色……青绿彩画的位置和幽冷的色调均同檐下阴影的部分略符，助同表现房檐的伸出。

如斗栱昂翘上……线画在每件的角边线上，颜色有金、金银、蓝、绿、墨五种；地是各线的范围以内，颜色可用丹、黄、青、绿四种，尤以青绿为多。

和玺为彩画制度中之最尊者，适用于宫殿或庙宇。明间上蓝（按：蓝即是青，《荀子·劝学》："青，取之于蓝而青于蓝"）下绿，两旁次梢间则蓝绿上下互换分配，故次间上绿下蓝，梢间又上蓝下绿【图41】……①

梁先生指出，"青绿彩画的位置"、"幽冷的色调"、"檐下阴影"三者的协调，均

① 梁思成：《清式营造则例》，中国建筑工业出版社1987年版，第41－43页，及图版第贰拾伍说明。

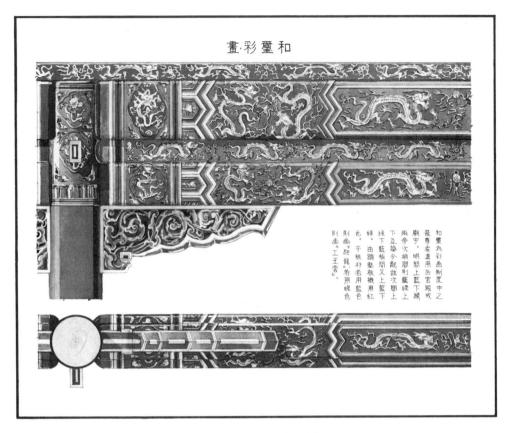

图41　和玺彩画，青绿主色
选自梁思成《清代营造则例》

有助于"表现房檐的伸出"，这是真是别具只眼、极有深度的发现。对此，不妨联系意大利文艺复兴时代大画家达·芬奇对色彩美研究的成果来看。他这样分析道："青、绿、棕在中等阴影里最美，黄和红在亮光中最美，金色在反射光中最美，碧绿在中间影里最美。"[1]这种细致入微的观察和发现，说明不同的美可由不同的光、影而增加。而这又竟与中国北方皇家园林建筑的历史实践惊人地相合。例如，建筑物屋顶琉璃瓦的黄色，门、柱的红色，它们作为暖色、进色，能最大程度地受到阳光的强烈照射，从而在亮光中显示出最美的观赏效果；而斗栱、梁枋上作为冷色、退色的青色、绿色，这种幽冷色调在屋檐下、室内顶部的中等阴影里，确乎显得最美，特别是在檐下，它们既能与屋顶、屋身的黄、红色调形成鲜明的对比，又能以其"似退"的空间深度，"助同表现房檐的伸出"[2]。若再细观，檐下还有复杂微妙

---

[1]《芬奇论绘画》，第 121 页。人民美术出版社 1979 年版，第 121 页。

[2] 传为南朝梁元帝萧绎的《山水松石格》有"炎绯寒碧"之语，它最早揭示了绿色具有寒冷的表情特征。北方皇家建筑檐下阴影与青绿寒冷色彩的谐调结合能形成"似退"效果，可以有效地"助同表现房檐的伸出"，这类典型实例如北京紫禁城午门阙亭的檐下、皇极殿檐下等等。

的反射光，而枋、栱所饰金色线条，还会在反射光中闪烁着最迷人的美[①]。这种与达·芬奇的色彩美学不谋而合的艺术形式，是千百年来中国建筑"三分匠、七分主人"们的天才创造和审美经验的可贵积淀，它也与梁思成先生的发现合若符契。

再说梁思成先生所指出的"用青绿作主要色"、"尤以青绿为多"，这也是对北方皇家园林建筑装修特色的深刻概括，且有大量的实例可证。如北京北海静心斋抱素书屋的檐下彩画、颐和园练桥的藻井彩画、保定曾作为行宫的古莲花池春午坡牌坊檐下彩画……可谓数不胜数，无不是以青绿作为主要色彩，其中最著名的是"当代世界最长的画廊"——北京颐和园长廊的梁枋彩画。该长廊起自邀月门，讫于石丈亭，中经"留佳"、"寄澜"、"秋水"、"清遥"四座八角亭，南接对鸥坊、鱼藻轩，北连"湖光山色共一楼"，是一个宏伟灿烂的工程，人们游走廊间，仰首品赏，会感到似乎以青绿为主的彩色巨练当空飘舞，又会联想起杜牧《阿房宫赋》中"不霁何虹"的名句来。

北方皇家园林、宫殿建筑包括梁枋藻井青绿主色调在内的壮丽华彩，恰恰和江南地区民居建筑以及被其包围、受其影响的私家园林建筑素净淡雅的风格形成明显的对比。对于江南民居和苏州园林的这种色调，刘敦桢先生概括道：

> ［明清时代］江南住宅……梁架与装修仅加少数精致的雕刻，涂栗、褐、灰等色，不施彩绘。房屋外部的木构部分用褐、黑、墨绿等色，与白墙、灰瓦相组合，色调雅素明净。[②]

> 苏州古典园林……建筑的色彩，多用大片粉墙为基调，配以黑灰色的瓦顶，栗壳色的梁柱、栏杆、挂落，内部装修则多用淡褐色或木纹本色，衬以白墙和水磨砖所制灰色门框窗框，组成比较素净明快的色彩。[③]

引文中的"木纹本色"、"不施彩绘"，这是对江南民居和苏州园林的色彩风格所作的最准确的理论概括。而出生江南的著名作家叶圣陶先生也曾说："苏州园林与北京的园林不同，极少使用彩绘。梁和柱子以及门窗阑干大多漆广漆，那是不刺眼的颜色。墙壁白色。有些室内墙壁下半截铺水磨方砖，淡灰色和白色对衬。屋瓦和檐漏一律淡灰色。这些颜色与草木的绿色配合，引起人们安静闲适的感觉。"[④]名家们的论说，不论是"雅素明净"，还是"素净明快"，或者是"安静闲适的感觉"，集中到一点，都与江南民居、苏州园林不施或极少使用彩绘有关。

陈从周先生《苏州园林概述》一文，还通过对比作进一层的探讨：

> 苏南园林以整体而论，其色彩以雅淡幽静为主，它与北方皇家园林的金

---

① "金色在反射光中最美，碧绿在中间影里最美"，这类典型实例，可见于北京紫禁城内乾清门檐下碧绿色的枋上，用金线细画无数大小不同而杂多统一、规则整齐的龙形图案。

② 刘敦桢主编：《中国古代建筑史》，中国建筑工业出版社1981年版，第320页。

③ 刘敦桢：《苏州古典园林》，中国建筑工业出版社2005年版，第32－33页。

④ 叶圣陶：《拙政诸园寄深眷》，《百科知识》1979年第4期，第59页。

碧辉煌，适成对比……苏州园林皆与住宅相连，为养性读书之所，更应以清静为主，宜乎有此色调。它与北方皇家花园的那样宣扬自己威风与炫耀富贵，在作风上有所不同……再以南宗山水而论，水墨浅绛，略施淡彩，秀逸天成，早已印在士大夫及文人画家的脑海中。在这种思想影响下设计出来的园林，当然不会用重彩贴金了。[①]

陈先生还指出，江南天气炎热，朱红等暖色在所非宜，而且旧时民居不能和皇家享受相同的色彩，所以只能以清幽胜浓丽，以雅静为归宿。此番论述，把握准确，分析异常精到。

不妨再进一步以哲学、美学的视角来寻根究底，先联系先秦的哲学来看，《易·贲·上九》："白贲，无咎。"清刘熙载《艺概·文概》云："白贲占于贲之上爻，乃知品居极上之文，只是本色。"这是阐释了《易经》中崇尚无色或本色的美学思想。《老子·二十八章》："知其白，守其黑。"《韩非子·解老》："夫君子取情（金按：'情' 即 '本性'）而去貌，好质而恶饰……和氏之璧，不饰以五采；隋侯之珠，不饰以银黄。其质至美，物不足以饰之。"在中国哲学、美学史上，儒家的《周易》、道家的《老子》和法家的《韩非》，都表现出白贲、尚质而去饰的思想倾向。苏州民居建筑和园林建筑同样如此，它们以黑、白为主色调，这是色阶的两极，而灰色的水磨砖作为门框、窗框、勒脚等介乎其中，作为中性色，是黑——白的过渡和协调，琢磨出更和谐、更宁静的境界，它还能多方面表现出"无色处之虚灵"的美。

北方和江南建筑美学的差别是如此之明显，而诸家译解《园冶》之所以出现某种自相矛盾，原因之一是由于对北方和江南地区官、私建筑的总体风格有些把握不准，特别是没有把计成之语置于南、北二者之间来比较，来推敲，而更主要的原因，是由对其中一个"虽"字产生了误解。其实，作为多义词的"虽"，除了"虽然"等义项外，尚有"岂"、"难道"一义，它用作副词，表反诘。这一义项，在上古时代就已出现，但多数训诂学家都视而不见，而少数专家虽发现亦不予承认，以致《康熙字典》、《中华大字典》特别是20世纪70年代以来的几本大型权威性的辞书也局囿于视域或拘牵于陈见均未收入此义，甚为遗憾，导致了研究界的误释、误译、误读。因此可以说，把握"虽"字之"岂"义，是解读此难句的关键，故需详加训释。

《经词衍释》释"惟、虽"："衍曰：'惟' 义同 '虽'……惟，'虽' 也……《博雅》曰；'惟，岂也。'《书》：'尔惟和哉！' 言尔岂能和也。《史记·太公世家》：'惟独齐为（与）中国会盟。' 言岂特齐与中国会盟也。《汉书·张良传》：'惟无复立者。' 言岂无复立也。"《词诠》："虽，反诘副词。《广雅·释诂》云：'虽，岂

也。''虽无予之？路车乘马。'（《诗·小雅·采菽》)"两句意谓：难道没有什么赐给他？有，辂车和乘马。《古书虚词旁释》："虽，犹岂也。《文选·答客难》：'虽其人之赡智哉？……'《国语·越语下》：'［范蠡曰］余虽腼然而人面哉？'"《旁释》所举书证，均为反诘句，也是有说服力的书证。

再从修辞学视角看《园冶》中这一骈偶复句："画彩虽佳，木色加之青绿；雕镂易俗，花空嵌以仙禽。"上、下两句为了造成语势而均用"倒装"辞格，故译解时必须按序予以调整复原。如是，此复句意谓：本色的木构件上定要加上青绿之色，这种画彩难道佳美吗？藻井的棋盘的方格里定要嵌（或雕、绘）以仙禽，这种雕镂是容易流于庸俗的。笔者的翻译及以上阐释，除了还原计成所写此句的本意外，主要力求体现计成所爱好、所冀求的建筑风格美学理想。

然而，北方官式建筑的装修又相反，它所强调的恰恰就是这种雕镂画彩，不只如此，宋代李诫《营造法式》还力求使其制度化、规范化。该书卷二十四有"彫木作"，其中标明雕镂兽头、师（狮）子、缠柱龙、升龙、飞凤、飞仙、仙女、牡丹、杂华、香草、写生华等的尺寸功限；自卷二十九开始，更绘有大量有关的图样……直至现代梁思成的《清式营造则例》，也还说："殿式的特征是程序化象征的画题，如龙，凤，锦，旋子，西蕃莲，西蕃草，夔龙等。这些都用在最庄严的宫殿庙宇上。"[①] 而这些均凸显了北方宫殿建筑的装饰趣味。

那么，究竟是雕镂画彩、浓艳富丽的风格美呢，还是好质去饰、雅素明净的风格美呢，应该赞同哪一种呢，这是一个必须深入探讨的美学问题。先从"萝卜青菜，各人所爱"的俗话说起，著名美学家朱光潜先生《谈趣味》一文指出："拉丁文中有一句成语说：'谈到趣味无争辩。'……文学本来一国有一国的特殊趣味……浑朴精美原来是两种不同的趣味，我们不必强其同。"[②] 这一论述，对于形式美、风格美尤为适用。中国文化史上，历来就重视对艺术形式美、风格美的品辨、研讨，如诗、书、画等艺术均有所谓"二十四品"，亦即由品评家、理论家们从艺术实践中概括出二十四种风格，称之为不同的"品"。笔者的《中国书法美学》曾在此基础上进一步提出"新二十四书品"的系列，并写道：

> 每一种有价值的风格都有存在的权利，它们都是艺苑百花之一，都有其竞开怒放的必要……种种风格美之间，并没有首尾、主次、优劣、先后之分，而笔者也不主张只提倡几种风格，同时又去贬抑或反对另几种风格……[③]

至于北方宫殿园林建筑和江南民居、园林建筑的不同风格，是历史地形成的两

---

① 梁思成：《清式营造则例》，中国建筑工业出版社 1987 年版，第 42 页。
②《朱光潜美学文集》第 2 卷，上海文艺出版社 1982 年版，第 484、486、487 页。
③ 金学智：《中国书法美学》下卷，江苏文艺出版社 1994 年版，第 597 页。

大地域风格，它们也都应有生存的权利和发展的必要。由此推论，《营造法式》对雕镂富丽装饰风格的制度化、规范化也是必要的，其中一系列的图样示范，正像《园冶》所绘一系列图式一样，同样是为了"非传恐失，故式存馀"（《园冶·门窗》），都应该充分予以肯定。在中国园林建筑史上，这两个系统、两种装饰风格，犹如两峰对峙，双水分流，它们在一直贯穿下来直至今天，而《营造法式》、《清式营造则例》和《园冶》、《营造法原》，则可说是这两种风格美的理论总结。

既然如此，那么，计成作出"画彩虽佳，木色加之青绿；雕镂易俗，花空嵌以仙禽"的论述，极意贬抑北方风格，认为俗而不雅，是否具有合理性？答曰：是合理的，无可非议的。因为作为一个地区风格的代表者、理论家和倡导人，不论是李诫还是计成，他首先必须坚持本地区的立场，必须传承本地区这一可贵的文化遗存，用书面语言给以总结，力求予以发扬光大。如是，他必然会酷爱和沉醉于本地区的风格趣味，以此眼光看待其他地区风格，必然会感到不如自己，甚至感到格格不入。因此，提倡本地区的风格，抵制其他地区的风格是必然的，也应该说是必要的，否则，不同地区的风格就有相互混淆的可能，甚至各地区的风格就会产生同质化的不良后果，而如果全国各地的建筑、园林是千城一面，百花一色，那才是可悲的。从这一角度来思考，以"谈到趣味无争辩"这句美学谚语来衡量形式美、风格美的问题，应该说，计成的扬此抑彼同样是有价值的。

第十七节　路径寻常，阶除脱俗
——兼论陆雲"清省"美学对计成的影响

此两句见《铺地》。语句比较容易读懂，只是隐于其后面的美学思想，却需要细细探寻。

先释语句。上句"路径寻常"，意谓路径力求普通、平常。《装折》也说："门扇岂异寻常"？这又是通过反问说明门扇宜求寻常，而不取富丽堂皇。下句"阶除脱俗"，阶除即阶沿，这里主要指踏步及其上的阶沿石等。汉末王粲《登楼赋》："循阶除而下降兮"。清李渔《闲情偶寄·居室部·房舍》："梁栋既设，即有阶除。"《铺地》这上、下两句意谓：不论是路径还是阶沿，都应该追求朴实而雅致。

再探两句所蕴含的美学思想。对于装饰的美，计成是一贯主张清省求雅，反对繁丽趋俗。所谓清省求雅，就是计成对于园林建筑的装饰及其艺术风格，甚至种种景观及其品赏，突出地表现为钟情于"清"、"雅"、"减"、"疏"等，以下拟分别加以丛证、诠释：

《园冶》中特多"清"字：如"清气觉来几席，凡尘顿远襟怀。"（《园说》）"须陈风月清音，休犯山林罪过"（《相地·郊野地》）……"清"是《园冶》最重要的美学范畴，后文将作重点专论（见本书第727－744页）。

"省"，就是追求减省的美以及疏广的美，这相通于"清"、"雅"，是计成评价建筑装修形式美的一个重要标准。例如：

> 时遵柳条槅，疏而且减……（《装折·[图式]户槅柳条式》）

> 风窗，槅槛之外护，宜疏广减文。或横半，或两截推开。兹式如栏杆，减者亦可用也。（《装折·风窗》）

> 风窗宜疏……少饰几棂可也，检栏杆式中，有疏而减文，竖亦可用。（《装折·[图式]风窗式》）

> 冰裂，惟风窗之最宜者。其文致减雅……（《装折·[图式]冰裂式》）

> 栏杆信画而成，减便为雅……有减而文。（《栏杆》）

不论是户槅、风窗、栏杆，还是各种具体图式，必须以"减""省"为标准，或"少饰几棂"，或"疏广减文"，或"文致减雅"，或"减便为雅"，均一再予以强调，而"柳条槅"就是由繁复的"方眼菱花槅"减省而来，所以将其位列第一。

计成还反对华丽趋俗的雕镂铺砌，对这种不是"清"而"省"，而是"繁"而"多"的装饰风格表示厌恶。所以反复指出：

> 雕镂易俗，花空嵌以仙禽。（《屋宇》）

> 切忌雕镂门空，应当琢磨窗垣。（《门窗》）

> 历来墙垣，凭匠作雕琢花鸟仙兽，以为巧制，不第林园之不佳，而宅堂前之何可也……无可奈何者，市俗村愚之所为也，高明而慎之。（《墙垣》）

> 雕镂花鸟仙兽不可用，入画意者少。（《墙垣·磨砖墙》）

> 嵌成诸锦犹可，如嵌鹤鹿狮球，犹类狗者可笑。（《铺地·鹅子地》）

以上诸例，虽选自《园冶》不同章节，但其意向则是相同的，认为这种雕镂"不佳"，"不可用"，不"入画意"，是"愚俗所为"，故应"切忌"，相反"应当琢磨窗垣"，也就是扬弃世俗的繁复雕镂的墙垣，而主张采用灰色的"自然清目"的水磨砖，这实际上张扬了江南园林建筑简洁淡雅的风格美。

不过，江南园林特别是园外世俗的建筑，也不无追求繁复雕镂的倾向[①]。《营造法原》曾把石作的雕刻制度分为数种："一为素平；二为起阴纹花饰；三为铲地起阳之浮雕；四为地面起突之雕刻。所造花纹分卐纹、回纹、牡丹、西蕃莲、水浪、云头、龙凤、走狮、化生等。除走狮飞禽外，多为起突之雕刻。"事实正是如此，有些寺庙殿堂往往前有露台，"有于踏步之中央，不作踏步而代之以凤龙雕刻之石板，称为御路……露台之较华丽者，常作金刚座"，《营造法原》还示以苏州府文庙

---

① 根据上一节的立场，繁丽雕镂的艺术风格，也应有其特定的美学地位。

大成殿、苏州全晋会馆的图例①等。对几种雕刻制度，计成无疑是主张"素平"的风格，而特别反对花鸟仙兽的雕刻和鹤鹿狮球的铺地，因为它太繁缛复杂，不符合清省减雅的美学原则。计成之所以这样不厌其烦地反复表露和申述，主要是由于深受其在《兴造论》所推崇的"能主之人"的典范——陆云的美学思想的影响。

生活在西晋的陆云（字士龙），他对于自汉发端而至西晋的大赋那种繁缛铺陈、宏衍巨丽的文章风格，是颇为不满的，甚至也不满于其兄陆机的赋和文风，相反，他"论文风特别看重'清'、'省'两端"，"一再而且强烈地表现出对于'清省'美学风格的自觉追求。"②他自己也爱写抒情小赋。所以南朝梁刘勰《文心雕龙·镕裁》评其兄陆机"缀辞尤繁"，而评陆云则"雅好清省"，其文学创作是"布采鲜净，敏于短篇"（《文心雕龙·才略》）。陆云的美学思想，集中保留在《与兄平原（金按：平原即陆机，曾为平原内史，人称"陆平原"）书》的三十馀通书信中。明张溥《汉魏六朝百三家集·陆清河集》题辞也指出，"士龙与兄书，称论文章，颇贵清省。"现从其书信中选出若干例：

> 雲今意视文，乃好清省，欲无以尚，意之至此，乃出自然。

> 兄文章高远绝异……然犹皆欲微多……不以此为病耳。若复令小省，恐其妙欲不见，可复称极。不审兄由以为尔不？

> 有作文惟尚多……文章实自不当多。

> 《吊蔡君》清妙不可言……《丞相赞》云"披结散纷"，辞中原不清利。

> 省《述思赋》，流深情至言，实为清妙……《漏赋》可谓清工。

书信中反复强调的，就是清省，他还将这一风格和最高的范畴"自然"（意之至此，乃出自然）联系起来。在这方面，他甚至与其兄表现出较大的分歧。总之，陆云的美学观中，"'清'意味着洁净中有深情，有远旨，有绮语，有奇特不凡处；'省'就是要在抒发真实感情的基础上，省字、省句、去繁、去滥，尚简、尚约。"③陆云的清省美学观，在中国美学批评史的转折关头，起了较大的作用。

对照计成《园冶》中反复强调的"清"、"雅"、"减"、"疏"，这无疑是上承了陆云的"清省"美学观，从而将其在园林美学的领域里作了卓越的转换、有效的推广和创造性的发展。计成之所以推举陆云为精神性创意方面"能主之人"的代表，这是一个十分重要的原因。了解了这一历史背景和传承关系以及计成的美学思想，再来解读《铺地》中"路径寻常，阶除脱俗"，其中深蕴的内涵就一清二楚了。

但也许有人会问，这两句要求朴实寻常之美，是很清楚的，但统观作为总论的《铺地》，其总体风格不正是讲究铺陈，也很华丽吗？而"路径寻常，阶除脱

---

① 《营造法原》，中国建筑工业出版社1986年版，第46－47页。

② 见范培松、金学智主编：《插图本苏州文学通史》第1册，江苏教育出版社2004年版，第99页。

③ 肖华荣：《陆云"清省"的美学观》，见复旦学报（社会科学版）编：《中国古代美学史研究》，复旦大学出版社1983年版，第268页。

俗"两句置于其中，甚至会令人感到不太协调，这又如何解释？例如：

> 八角嵌方，选鹅子铺成蜀锦；层楼出步，就花梢琢拟秦台。锦线瓦条，台全石版。吟花席地，醉月铺毡。废瓦片也有行时，当湖石削铺，波纹汹涌；破方砖可留大用，绕梅花磨门，冰裂纷纭。路径寻常，阶除脱俗。莲生袜底，步出个中来；翠拾林深，春从何处是。

这一系列铺陈描写，确乎十分华美绮丽、文采斐然，然而，这正是骈文的特点与要求，不如此不能给人以丰富的美感。但从本质上看，这是文甚丽而质甚朴，似繁而实省，故应看到，在这令人眼花缭乱的审美描述背后，隐含着"清省"的美学观。试想，"废瓦片也有行时"，"破方砖可留大用"，这不是既"省"又"朴"吗？何况在这大段的美文中，还有两个最不显眼却颇重要的短句——"路径寻常，阶除脱俗"，这正是主旨所在。

这种丽与朴、繁与省的矛盾，还可以唐代诗人、画家、著名隐士卢鸿的园林——嵩山草堂为例。其十景为：草堂、倒景台、樾馆、枕烟庭、云锦淙、期仙磴、涤烦矶、幂翠庭、洞元室、金碧潭，也是很华丽耀眼，如锦似绣，再看他所咏第一景《草堂》诗："山为宅兮草为堂，芝兰兮药房。罗薜芜兮拍薜荔，荃壁兮兰砌。薜芜薜荔兮成草堂，阴阴邃兮馥馥香。中有人兮信宜常，读金书兮饮玉浆，童颜幽操兮不易长。"其实，这不过是柱不加漆，"后加茅茨"，简易朴实的构筑而已。笔者曾指出："嵩山草堂十景还负载着丽与朴的矛盾……草堂一系列品题非常讲究文采，具有华饰性……继承了屈原楚辞的传统"，"而究其所含的内核，则是老庄哲学所推崇的质朴自然。由此也可理解，草堂十景的物质性建构为什么是那样的简朴自然，而其题名又为什么那样地讲究辞采藻饰。一言以蔽之……就是外丽内朴。草堂十景体现出包括咏园诗在内的系列性品题之'丽'与系列性实景之'朴'，其精神性建构与物质性建构是既矛盾，又统一，这种两极相通，也是'叶乾坤之德'"[1]。《园冶》也有似于此，其文笔的骈偶、藻饰、华丽，以美的魅力吸引着大量读者，而追求的根本风格却是清省、减疏、淡雅……这是一种寻常质朴的美、清雅脱俗的美，一种体现了道家哲学和隐逸文化的美。

第十八节 "少有林下风趣"，"自叹生人之时"新解
——《自序－自跋》的循环阅读

《园冶》的《自跋》，全文才一百三十四字，却素称难读，似乎前后上下均有互悖难解之处。对于"自叹生人之时也"一句，《园冶注释》第一版注道："文意

---

[1] 金学智：《风景园林品题美学——品题系列的研究、鉴赏与设计》，中国建筑工业出版社 2011 年版，第 88－89 页。

晦涩，疑有脱漏，惜无别本可校"。此乃实事求是之语，这也说明对其进行循环阅读以求进一步探寻真相的必要性。但这一内容不属"广域理念"，因无所归属，姑挂于本章之尾。

本书在前言中介绍全书理论框架时，就开宗明义提出应借鉴西方阐释学的"循环阅读法"。笔者通过循环阅读发现，《园冶》的《自跋》与《自序》之间存在着明显的对应关系，而且这还是解读《自跋》的一把钥匙。本节拟按《自跋》的两个主要片断，联系《自序》逐一排比①对应，分层解析于下。

[第一片断]

一、"历尽风尘，业游已倦"与"中岁归吴，择居润州"

"风尘"：形容旅途劳累，路程艰辛。汉秦嘉《与妻书》："当涉远路，趋走风尘。"对于"业游已倦"，曹汛《计成研究》写道："计成一生没有做过官"，"[他]自称是'业游'，'而历尽风尘'，推测很可能是依人作幕"。此论甚是。本书第一编曾推论计成自二十岁左右至四十岁左右这段人生历程中，前段大半时间里继承古代学者、诗人、画家年轻时往往"远游"、"漫游"、"壮游"的优秀传统②，并同时从事绘画创作；后半段时间则很可能是"历尽风尘"的"依人作幕"——"游幕"，接着很快就"业游已倦"，故拟改行。而《自序》的"中岁归吴，择居润州"，是交代了"业游已倦"后的职业选择，这是其一生具有决定意义的转折点（见本书第7-8页）。

二、"少有林下风趣，逃名丘壑中"与"少以绘名……"

这个"少有林下风趣"的"少"字，是读少年、年轻的"少[shào]"，还是读多少的"少[shǎo]"，研究界分歧较大。《园冶注释》译道："我在少年时，即有优游林泉的兴趣。"《疑义举析》表示异议，认为"这与文理事理都不相符。'少有林下风趣'是'业游已倦'之后的事，如果是指少年时，那就是业游以前。"此言非是。本书认为，《自跋》中这个"少[shào]"，就是《自序》开端"少[shào]以绘名"的"少"，这恰恰体现了全书的首尾呼应。

再深入探讨如何标点的问题。《园冶注释》第一、二版在正文部分，逗号均从

---

① "排比"是一个多义词，笔者在本书第一编就开始作为日常用语使用的"排比"，不同于《园冶》书中有特殊含义的"排比"，见本章第十二、十三节。

② 在汉代，司马迁"二十而南游江淮，上会稽，探禹穴，窥九疑，浮于沅湘。北涉汶泗，讲业齐鲁之都……过梁楚以归"（《史记·太史公自序》），游踪遍及南北；在唐代，李白二十馀岁，"仗剑去国，辞亲远游"，浮洞庭，历襄汉，上庐山，东至金陵、扬州，复回湖北，又先后游河南、山西、山东、安徽、江浙……几及全国；杜甫也十年壮游期。明董其昌《画禅室随笔·画源》："不行万里路，不读万卷书，欲作画祖，其可得乎？"这也是总结了古代山水画家的成功经验。

171

"崇祯甲戌岁"起，经过"业游已倦"，一直点到"甘为桃源溪口人也"，这种句逗显然未理清其脉络，分清其层次。其实，行文至"业游已倦"处，应以句号点断，而"少有"句则另起一层，这如电影蒙太奇一样，切入到了对过去的回忆，其时间不是在"业游已倦"之后，而是在其前。然而可喜的是，《园冶注释》的译文却在"业游已倦"处准确地以句号点断。二者相较，正文的标点与译文的标点显得很不一致，故造成了误读误解。

再释"林下"：其本义为树林之下，幽僻之地，后更多地用其引申义，由《世说新语·贤媛》"林下风气"的闲逸幽雅，进一步引申为隐逸远遁——或超然优游，或澹然养素，而其又一引申义为退隐之处。丛证如下：《高僧传·竺僧朗》："朗尝蔬食布衣，志耽人外……与隐士孙忠为林下之契，每共游处。"唐李白《安陆寄刘绾》："独此林下意，杳无区中缘。"明高启《师子林十二咏序》："闲访因公于林下，周览丘池。"至于《自跋》中的"少有林下风趣"一句，前面是省略了主语"余"，此句概括了《自序》中的"少以绘名，性好搜奇，最喜关仝、荆浩笔意，每宗之。游燕及楚"等伴有"林下意"的游历。再从中国绘画史上看，画家们这种对奇山异水的寻觅赏玩，也往往伴随着隐逸的倾向。宋代大画家郭熙《林泉高致·山水训》总结道："君子之爱夫山水者，其旨安在？丘园养素，所藏处也；泉石啸傲，所常乐也；渔樵隐逸，所常适也……"计成所尊崇的画家荆浩就是这种倾向的代表。宋刘道醇《五代名画补遗》云：荆浩因五代多故，"遂退藏不仕，乃隐于太行之洪谷，自号洪谷子，尝画山水树石以自适"。《园冶》的《序》与《跋》，均有以"少［shào］"字领起的句群，二者都是对往事回想性的概述，而且其中同样渗透着隐逸的意向。《图文本》注道："少有林下风趣：指年轻时即存隐居志向。"此注堪称知音！

逃名丘壑："逃名"意为逃避声名而不居，实指不追求世俗的所谓名声，主要表现为诗人、画家等士人的潜心隐逸。唐白居易《香炉峰下新卜山居草堂初成重题东壁》："匡庐便是逃名地"。历史往往有惊人的相似之处，唐末五代初以绘画逃名的荆浩，其代表作恰恰亦名为《匡庐图》。他隐于洪谷，并在《笔法记》中说："嗜欲者，生之贼也。名贤纵乐琴书图画，代去杂欲。"这是他对"逃名"体会的表露，意谓隐于综艺。而清吴历《墨井题跋》则回顾文化史作出这样的归纳："晋、宋人物，意不在酒，托于酒以免时艰；元季人士，亦借绘事以逃名，悠悠自适，老于林泉矣。"历史事实正是如此，士人们为免"时艰"，往往隐于酒，隐于绘画，隐于山水园林。董其昌《画禅室随笔·题自画》曾对元代绘画史作了具体实证："元时惟赵文敏、高彦敬，馀皆隐于山林称逸士"；而《珊瑚网》卷三十三录有董其昌题《曹真素山水轴》："胜国之末，高人多隐于画。"再释"丘壑"，这是多义词，由山水幽深处引申而为隐居之处。南朝宋谢灵运《斋中读书》："昔余游京华，为尝废丘壑。"此外，也可指代画或画中山水。如胸有丘壑。清人华纶《南宗抉秘》：

"作画惟以丘壑为难。"又可意代园林。阮大铖《冶叙》："乐其取佳丘壑置诸篱落间。"计成《自跋》说："逃名丘壑中"，"久资林园"。可见，"逃名丘壑"，也就是逃名于丘壑、绘画、林园，此三者在中国文化史上是相通的，在《园冶》里也是相通的，一个"隐"字，将三者联成一体，当然，这里主要是指林园。

三、"久资林园，似与世故觉远，惟闻时事纷纷，隐心皆然……"

久资林园：此句又起一层，其前省"而今"二字。"资"取资；凭借；依托。明宋应星《天工开物·舟车》："四海之内，南资舟而北资车，梯航万国。""久资林园"：意谓多年来取资、依托于园林，也就是《自序》所说"中岁归吴"以来从事造园职业。而对计成来说，这既是依托造园为生，又是依托造园为隐，如本书第一编所说，这是一种过程性的"艺隐"（见本书第14页）。

这一片断中，"隐心皆然"四字特别重要。《图文本》："指无论少时'逃名丘壑'还是'久资林园'，隐居之心一直没变。"此注甚是，概括颇恰当，这正是《自序》与《自跋》循环阅读的成果。计成确乎是以此四字概括了一生的学画和造园两个阶段。在这一片断中，"隐心皆然"是一个关纽，是一个或暗或明的主旋律，而"林下"、"丘壑"、"林园"都是在这一旋律中跳动着的不同音符。计成之所以作如是想，是由于时运值"否"，屈志难伸，所以下文引起一连串的"时"字。加之"惟闻时事纷纷"，"愧无买山力"，故而他甘愿为"桃源溪口"之人。

［第二片断］

"自叹生人之时"，内阁本、隆盛本均如此。喜咏本却作"自叹生今之时"，《图文本》据之亦作"今"。本书第一编已述，喜咏本由于特殊原因，《自跋》部分讹漏极多，失之亦甚多，然而，不期于此"以意逆志，是为得之"（《孟子·万章上》），改"人"为"今"，恰恰是改对了，从而使上下之文意豁然贯通，这是喜咏本的一大收获。明版原刻之误，估计可能是由于文句简省，而文意却颇复杂，梓工限于水平，难以理解诵读，导致误刻为"生人之时"。对于已讹的"生人之时，不遇时也"，《园冶注释》第二版注道："自叹怀才不遇，生不逢辰。"这是注对了，喜咏本的"自叹生今之时，不遇时也"，正是此意。

再循此以为契机，对第二片断抽绎出如下句式："……时，……时也；……时……时也；何况……"据此，在文句上可将其划分为三个层次，在语意上也可将其概括为三个"叹"：

自叹生今之时也，不遇时也；

武侯三国之师，梁公女王之相，古之贤豪之时也，大不遇时也；

何况草野疏愚，涉身丘壑……？

这三层的语句虽然长短参差，但语意上却非常整齐，依次简析如下：

第一层，写当今，叹自己的一生。《图文本》注道："生今之时：指生逢此'时事纷纷'的时代。不遇时：喻生不逢时。"此注甚确。

第二层，写古代，叹古之贤豪的一生。以古贤豪和自己相比，用"大不遇时"作结，说明他们的"不遇"远远大于自己，这里用了"映衬"辞格，其作用是多方面的：一是揭示了现象发生的历史背景，说明贤豪才智之士往往不遇，并为他们也为自己而愤愤不平；二是亮出自己心目中的典型——历史上的伟大人物诸葛亮、狄仁杰，同时暗示出自己也有远大抱负难以实现，如郑元勋《题词》所说"使大地焕然改观"，但"恨无此大主人"；三是可把文章推向高潮，给跋文黯淡的调子增添亮色，也可为下文对自己的"宽慰"设立前提……

第三层，用"何况"这个表反问的连词一转，再次写当今。"何况草野疏愚，涉身丘壑？……"意谓古之贤豪的遭遇尚且如此，自己这样的草根就更微不足道了，没有什么话可说了。这是愤语，也是抑忍，行文至此，其内心的孤独、抑郁、痛楚、悲愤，令人联想起屈原《离骚》中语："忳（tún.心中郁结不舒）郁悒侘傺（chài.失意）兮，吾独穷困乎此时也！"艾定增先生说得好："《园冶》一书，与其说是一本造园学，不如说是一篇新离骚，充满着古代骚人迁客的悲壮情怀与委婉叹息……"[1]和屈原对美的不懈追求一样，计成把理想的美冶铸在书的一个个章节里，璀璨芬芳，令人应接不暇，却把悲壮情怀与委婉叹息隐藏在书的背后，只在《自跋》中偶尔一露，但刚出了口，又缩了进去，真是"此时无声胜有声"（唐白居易《琵琶行》），或者说，在书末这样地写，更能产生"篇终接混茫"（唐杜甫《寄彭州高三十五使君适……》）的艺术效果，其不尽之意让人味之不尽。

《园冶》的《自序》和《自跋》，二者前后呼应，首尾圆合，与全书构成了互为关联的有机整体。如果说，《自序》偏重于实，具体实在地概括了自己从"少以绘名"到造园驰名以及《园冶》一书的完成和定名，那么，《自跋》则偏于虚，灵动地概括了自己从"少有林下风趣"到"久资林园"，"涉身丘壑（这里主要指造园）"以及书的付梓，隐约展现了自己的心路历程。因此，如果以循环阅读的方法、相互对应的角度来理解呈互补状态的《自序》和《自跋》，那么，就能更好、更全面地理解计成。

---

[1] 艾定增：《读〈园冶全释〉有感》，见张家骥《园冶全释》，山西人民出版社1993年版，第341页。

第三章
建筑文化篇

陈从周先生《说园》开宗明义指出："中国园林是由建筑、山水、花木等组合而成的一个综合艺术品"。[1] 笔者研究园林美学，也将建筑、山水（泉石）、花木，列为园林物质性建构三要素[2]，其中建筑最为重要，故本编在"广域理念篇"之后，首探《园冶》中的建筑文化，包括建筑类型、结构艺术以及历史文化积淀等。

第一节　堂：当正向阳，堂堂高显

《园冶·屋宇·堂》写道："古者之堂，自半已前，虚之为堂。堂者，当也。谓当正向阳之屋，以取堂堂高显之义。"这番话，是对堂所下的定义，内涵颇古奥深僻，且随着时间推移，其中有些概念人们已很感生疏，其空间型制更为模糊，以致有些研究性著作也说不清，为读通《园冶》，故需要逐一解释。

《园冶注释》释文："古代的堂，常将前半间，空出作为堂。所谓'堂'，就有'当'的意思，也就是说：应当是居中向阳之屋，取其'堂堂高大开敞'之意。"

这段文字，不太到位，一些概念交代不清，文字障碍也没有扫除。首先是"自半已前"之"已"，不是时间副词，而是介词，同"以"，表示时间、方位、

---

① 陈从周：《园林谈丛》，上海文化出版社 1980 年版，第 1 页。

② 关于园林的物质性建构要素，笔者亦一向将其概括为三：建筑（"建"、"筑"已由动词转化为复合性名词，概指建筑物）、山水、花木。这三个关键词均为复合性名词，或名词性合成词，这符合于并列性要素（术语、概念）的逻辑学要求。而当今研究界较多将园林的物质性建构性要素归纳为四要素，即建筑、（叠）山、（理）水、花木，即将山水分解为二，这未尝不可，但在词性和逻辑上有不合理处，但即首先不符合逻辑学对要素概念的对等性要求。这样，四要素中，两个是并列性词素合成的名词，两个则是动宾结构形成的词组或短语。其次，它不符合中国以山水画、山水诗、山水园、山水小品等形成的独特文化传统。总之，四要素说有诸多不足，详见金学智《中国园林美学》，中国建筑工业出版社 2005 年版，第 110 页。故本书仍坚持三要素说。

数量的界限。杨树达《词诠》："已，与'以'同。用于'上''下''往''来'等词之前。"自半已前，就是自一半以前，是表方位的。具体诠释详后。

《园冶全释》："自半已前：此当本《书·顾命》：'立于西堂'疏引郑玄注：'序内半以前曰堂。''序'：'东西墙也。堂上之墙曰序……'（《大戴礼·王言》：'曾子惧，退负序而立。'清孔广森《补注》）'序内半以前'，就是堂内的前半部。"这比较具体，但未加阐释，又由于没有图示，故表达不清。

堂是古代很早就出现的重要建筑空间。《尚书》、《论语》、《楚辞》等古籍就一再出现"堂"字，而且从中可见其地位的重要。《孟子·梁惠王上》："王坐于堂上。"《荀子·儒效》："诸侯趋走堂下。"《说文》："堂，殿也。"段注："古曰堂，汉以后曰殿。"可见汉以前只称堂不称殿，汉代的堂虽可称殿，但不限于指宫廷或庙宇的主要建筑，也适用于一般的住宅建筑。

堂，是古代建筑的正屋，并含其他副屋于其中，其内部空间还可分为堂、"夹室"或房等，堂后还有室，是比较复杂的空间规制【图42】。从清代著名经学家张惠言《仪礼图》所制《郑氏大夫士堂室图》[①]可见，堂的空间划分的重要标志是"序"。所谓序，即堂内东、西相对的墙壁，称东序、西序。《尔雅·释宫》："东、西墙谓之序。"其墙壁两端均止于柱。东序和西序分别把中堂和东堂、东夹室、西堂、西夹室隔开。整个建筑综合体还可分为前、后两部分，前半主要为堂，后半主要为室。从这点上说，《全释》的书证不误——《书·顾命》引郑玄注："序内半以前曰堂。"以此来看《园冶·屋宇·堂》的"自半已前"，也就是郑注所说的"序内半以前曰堂"。故所谓"自半已前"，也就是说建筑的前半部分主要是堂。

对于"虚之为堂"，《园冶全释》："虚：是指向阳户牖虚敞的意思"。此乃想当然，甚误。《园冶注释》说："古代的堂，常将前半间，空出作为堂。"亦不甚确，未讲出其所以然。《图文本》则引《说文解字系传》关于"家"的解释，又不贴近，其中只有"古者为堂，自半已前，虚之，谓之堂；半已后，实之，谓之室"是扣紧的，但这些语句，《园冶·屋宇》中《堂》、《室》两节也引及，故亦无新的诠释。

其实，上古时代，堂前根本没有门，这就是最大的"虚"，因此根本不存在什么"向阳户牖"。再说这自半以前的"堂"的所谓"虚"，也不是"空"出来的，而是与"室"的"实"相对而存在的，二者的划分标准，首先是住不住人，置不置物，其次则是空间的大小。《释名·释宫室》："室，实也，人、物实满其中也。"相比而言，堂由于空间大，开敞无门，没有人、物实满其中，故曰"虚之为堂"。由于堂前无门，较虚敞，所以成为了通常行大礼的功能空间。

---

① 本书插图，选自侯幼彬先生的建筑哲学专著《中国建筑之道》，中国建筑工业出版社 2011 年版，第 128 页。该图的清晰度远胜原书，故本书选用之，并根据需要标以色彩，特此说明。

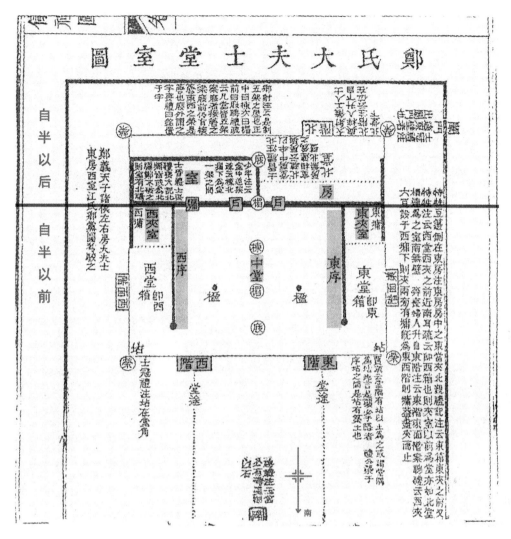

图42　堂：多种建筑之综合体
郑氏大夫士堂室图
选自侯幼彬《中国建筑之道》

　　再进一步具体描述，堂后有墙将室隔开，室各有户和堂相通，《论语·先进》皇侃疏："窗户之外曰堂，窗户之内曰室。"《郑氏大夫士堂室图》中，堂、室之间有"牖"、"户"。

　　整个"堂"的建筑，造在高出地面的台基上，故籀文"堂"字从"高"。《图文本》："堂：建造于高台基上的正房（金按：'房'字最好改为'屋'，以免概念混淆①）、大厅。"堂高而其前必有阶，因而进入堂屋必须升阶，《堂室图》就有"东阶"、"西

---

① 清王先谦《释名疏证补》："案古者宫室之制，前堂后室、堂之两旁曰夹室，室之两旁乃谓之房……"可见作为副屋的"房"，也包含在作为正屋的"堂"的概念之内，故不宜称"堂"为"正房"。

阶"。《论语·先进》云："由（金按：即仲由，孔子弟子）也升堂矣，未入于室也。"这不但说明入堂必须升阶，而且确证了室的位置在堂之后。

《园冶·屋宇·堂》云："堂者，当也。谓当正向阳之屋，以取堂堂高显之义。""堂者，当也。"这是用以声求义的音训法推究事物所以命名的由来。以下对此定义作一解说：

"当正向阳"，这个"当"字最为重要。《左传·文公四年》："天子当阳"。清俞樾《平议》："当，犹对也。南方为阳，天子南面而立，故当阳也。"堂者，当也；当者，对也。由于南方为阳，天子面对着南，当着"阳"也就是对着"阳"，故"堂"这种极重要的建筑类型必须面南向阳，这是建筑物质文化的历史积淀。

"堂堂高显"，语出《释名·释宫室》："堂犹堂堂，高显貌也。"《广雅·释诂》："堂，明也。"毕沅注引《初学记》亦云："堂谓堂堂，高明貌也。"《广雅疏证》还写道："《广雅》引《白虎通义》云：'堂之为言，明也。'"需要附带指出，有些《园冶》注家也引《释名》之语，但点作"堂，犹堂堂高显貌也"，非是。

"堂"的特点，其一是"明"，对着南，向着阳，光线足而明亮，通风较良好；其二是"正"，即居于正中，不偏斜，以正面示人，《全释》注："处轴线当中，所以称正屋。"其三是"大"。堂堂：大貌；壮伟貌；高敞貌。《论语·子张》："堂堂乎张也。"何晏《景福殿赋》亦云："建高基之堂堂。"以上古籍的解释，概括了堂的朝向、地位、结构、气度、风貌等，而《园冶·屋宇·堂》亦以传统音训法概括了堂的主要特征。

随着历史的发展，堂与室、房等分离开来，发展为独立的建筑型式，在园林里成为一园中具有决定作用的主体建筑。《园冶·立基·厅堂基》说："凡园圃立基，定厅堂为主。先乎取景，妙在朝南"。这首先是指出了堂作为主体建筑的重要性。值得注意的是，《园冶》已将"厅"、"堂"二字连用，说明二者没有多大区别。

"定厅堂为主"是园林布局的重要规律，童寯先生述南翔古漪园，引清人沈元禄语云："奠一园之体势者，莫如堂，据一园之形胜者，莫如山。"[1] 也阐述了这一规律。鉴于厅堂在园林中的重要地位，笔者在《中国园林美学》里概括园林意境生成的十条规律，指出作为主体建筑的厅堂，也体现着主体控制律。

刘敦桢先生概括厅堂的类型、功能、构造道：

> 园林中的厅堂过去是园主进行各种享乐活动的主要场所，名称有大厅、四面厅、鸳鸯厅、花厅、荷花厅、花篮厅等等，但也有一厅兼有几种用途而不能明确区分的。厅堂按构造分，用扁作者（长方形木料做梁架）叫厅，用圆料者称堂……厅堂内的天花普遍用轩，也是一个特点。它用椽子做成各种形状，有茶壶档轩、弓形轩……厅堂的屋顶常用歇山与硬山两种形式……厅堂的周

---

[1] 童寯：《江南园林志》，中国建筑工业出版社1987年版，第35页。

围建若干附属房屋，使空间的组合比较复杂……[1]

行文不长，却对厅堂这种建筑类型作了既全面，又具体的概述。

这里以苏州拙政园远香堂为例。此堂是该园位居中轴、最为重要的主体建筑，歇山造，面阔三间，四周缭以廊庑，不做墙壁，廊柱间檐枋下饰以挂落，下设半栏坐槛以供坐憩。雅致的长窗均嵌玻璃，是一个典型的四面厅，显得高敞、明亮、宏丽，不但能面面纳景，而且景景殊致。南面作为对景的黄石假山，气势较雄峻，有萦纡磴道，其上老树苍郁，草蔓蒙茸，它对堂来说，突出体现了一个"当"字。人们置身此画堂之中，假山也是中距离观赏的极佳对景。远香堂典型地体现了厅堂为主，当正居中，先乎取景，妙在朝南向阳等布局特色。当然，堂北的荷池、池后的亭山……也是不应忽视的审美对景。

苏州其他园林，均少不了处于重要地位的厅堂。狮子林有位居前列的燕誉堂；沧浪亭有高严宏伟的明道堂；网师园、艺圃分别有位居正中的万卷堂、博雅堂；小小曲园也有春在堂……

再看其他地区，南京，瞻园有基本居中而划分南北的静妙堂；上海，豫园有一进大门即映入眼帘的三穗堂；无锡，寄畅园有开敞明亮的秉礼堂；扬州，何园有煦春堂，等等，它们以各自的个性显现着《园冶》所揭示的堂的审美特征。

第二节　斋：气聚致敛，藏修密处

《园冶·屋宇·斋》写道："斋较堂，唯气藏而致敛，有使人肃然斋敬之义。盖藏、修、密、处之地，故式不宜敞显。"

《园冶注释》引《说文》、《尔雅》释"敛"突出其"收""聚"功能，甚是。但释"藏、修、密、处"为"屏绝世虑，以隐修秘居"，甚失当，亦未揭示斋的功能特点为什么应该是这样。《园冶全释》则不然，它从词源学视角追索"斋"的本义和引申义：斋戒、戒洁→修身养性→作为书房、学馆的"斋"。此外，释"气"能从古代哲学切入；释"藏修密处"还最早涉及其原典《礼记·学记》，这种多方面的解释均有一定的深度，但也有遗漏或误释，显得不够细确，特别是有些词、句没有落到实处，又如找到原典《学记》却未予准确阐释，特别是没有追寻到《周易》中的"斋"的义蕴，进而揭示其深层的文化内涵。

再看《园冶·屋宇》论"斋"这种建筑类型，就深刻地提出了"气藏而致敛"，"使人肃然斋敬"，为"藏、修、密、处之地"等功能、特点，而其古义源头，就是对计成深有影响的《周易》。《易·繫辞上》云："圣人以此洗心，退藏于密……

---

[1] 刘敦桢：《苏州古典园林》，中国建筑工业出版社 2005 年版，第 35 页。

圣人以此斋戒。"此语需要详加训释。

所谓"圣人以此洗心"[①]，是说古人在祭祀前，先要沐浴更衣，清心洁身，不饮酒，不吃荤，以示肃敬虔诚，这就叫做"斋戒"。《孟子·离娄下》说："斋戒沐浴，则可以祀上帝。"《礼记·曲礼上》也说："齐戒以告鬼神。""斋"字古作"齐"。《礼记·祭义》："齐三日，乃见其所为齐者。""齐三日"也就是"斋三日"。而作为群经之首的《周易》所概括的"圣人以此斋戒"，还有修身反省之义。韩康伯注："洗心曰齐，防患曰戒。"可见，洗心斋戒，有肃敬之义，所以计成说，斋这种建筑型态"有使人肃然斋敬之义"。

《图文本》在解释"斋"义上，颇有独到之处。它释"斋"为"古人在祭祀或举行其他典礼前清心寡欲，净身洁食，以示庄敬。此处指用来修养身心的较为隐蔽的房屋，如书斋"；释斋敬的"斋"，为"去除杂念，使心神专一"，均甚确。

在《园冶·屋宇·斋》这番话里，"藏、修、密、处"四字是关键，但较难解读，更难字字落实，而注家的译释，大多含糊其辞，甚至望文生义。其实，"藏、修、密、处"字字出自经典，须逐一细心诠释。

先介绍《园冶全释》，它优于其他注家之处，在于最早涉及"藏"、"修"二字及其原典《礼记·学记》，但对"藏"字未释，只释"修"为"整治；学习；著作；撰写"，此释概念太多，较散较乱，其实只有"学习"一义是准确的。现先将《礼记·学记》作为前提的原句摘录如下："大学之教也（金注：谓大学的施教），时教必有正业（谓顺着四季时序，所教都一定有正常科目），退息必有居学（课后及假期，居家也都有指定学业）……故君子之于学也，藏焉，修焉……"。对"藏"、"修"二字，汉郑玄注："藏，谓怀抱之；修，习也。"不过，郑注"怀抱之"有些模糊，指代不太明确。唐孔颖达疏："藏，谓心常怀抱学业也；修，谓修习不能废也。"概念诠释非常清楚。可见藏、修意谓专心向学，业不离身。故唐牟融《题孙君山亭》云："长年乐道远尘氛，静筑'藏'、'修'学隐沦。"再看后出的《图文本》，它引郑注来解释，并引明苏平仲《故庸斋吴君墓志铭》"尝构小楼，藏修其间"为书证，此是其优长，但却忽视了孔疏，因此解释不够透彻，乃其不足。

再释"密"。《图文本》释作"隐秘"，失当。《尔雅·释诂》："密，静也。"郝氏《义疏》："密者，宓之假音也。《说文》云：'宓，安也。'安静也。通作'密'。"《宋本玉篇》："密，止也，静也，默也。"这均为确诂，然而，"密"字之前的"藏"、"修"二字既然均为动词，那么，与其并列的"密"也应与之相称，故又必须上溯于《易·繫辞上》的"退藏于密"，联系着动词"退藏"来解释"密"，即将其训为退藏于安、静、默、止之境。

[①]《庄子·知北游》："汝斋戒，疏瀹而（尔）心，澡雪而（尔）精神。"《庄子·山木》："洒心去欲。"晋傅玄《傅子》："人皆知涤其器而莫知洗其心。"这些言论均与《周易》中"斋戒"、"洗心"相契合。

至于最后的"处"字，更不应是名词［读去声 chù］，不应将其释作处所、地方，或安静修学之地，而应释为动词［读上声 chǔ］，它也出自《周易》。《易·繫辞上》："君子之道，或出或处，或默或语。"这是两组反义词。"出"就是出仕，"处"就是居家不仕，隐退安居。《孟子·万章下》："可以处而处，可以仕而仕，孔子也。"至于"语"，就是说话；"默"就是静默、不语、少说话，二者也联系着儒家"达则兼济天下"和"穷则独善其身"的处世准则。《园冶》论"斋"这种个体建筑类型时，所选择的正是后者。遗憾的是，《全释》、《图文》二家对"密"、"处"二字，未联系《周易》等典作深入的训释。

还应解释"气藏而致敛"。《园冶全释》云："气藏，指人的精气积聚。敛：收聚，约束……致敛：意为达到（金按：'致'不是动词）收敛心神。"此释小有不当。《图文本》释"敛"为"约束，节制"，甚确；释"气"为"景象、气象"，失当；释"气藏而致（金按：亦不宜将'致'释作动词）"为"含而不露"，把"致"和"敛"割裂开来，误甚。对于这一句，《全释商榷》却善于独立思考，能从语文学视角指出："'致'字在文中似不应作'达到'解释。'气藏致敛'从语气上看是一个主谓结构的并列词组，正符合骈文遣词造句的对称美。'气'指精神精气，'致'指风貌风致，都是概念名词，'藏'和'敛'才是表动态的动词，精气内藏才会使风致外敛。"分析较细确，意见颇中肯合理，语法分析尤为精到，只是"致"不一定指风貌风致，而应释为内在的情致意趣。"气藏而致敛"，气－致（均为主语）；藏－敛（均为谓语），意谓内在的精神志气和意趣情致均应集中聚敛，从而在斋——书房和静心养性之地实现"藏、修、密、处"，"以此洗心"。

对于斋这种个体建筑类型，笔者曾这样概括道：

> 由于传统含义的历史积淀，作为古典的个体建筑，斋的典型功能是使人或聚气敛神，肃然虔敬，或静心养性，修身反省，或抑制情欲，潜心攻读……这在北京宫苑个体建筑的题名上明显地反映出来。例如，紫禁城御花园有养性斋；宁寿宫花园有抑斋；北海有静心斋；圆明园有静通斋、静鉴斋、静虚斋、澹存斋、思永斋、无倦斋……斋往往能使人产生特殊的心理效应。对于审美主体来说，园林中需要清心静性这种精神生活的调节。①

可见，斋是怀抱学业、修习不废、养性守静、退藏于密、带有隐逸性的处所。

功能决定形式。既然斋在文化意义上强调藏、修、密、处，做到气藏致敛，那么，它在建筑形式上必然有其不同的个性，所以计成指出："盖藏、修、密、处之地，故式不宜敞显。"《立基·书房基》还说："书房之基，立于园林者，无拘内外，择偏僻处，随便通园，令游人莫知有此。"对于"斋"，《园冶全释》颇有感悟，认为《园冶》的论述"不仅指建筑形式，更主要的是指环境的组合与气氛"；

————————
① 金学智：《中国园林美学》，中国建筑工业出版社 2005 年版，第 124 页。

不仅要求建筑不宜宏敞，而且"环境要静僻清幽"。此概括是正确的、较全面。这样，人处其中，也就能排除杂念，心不旁骛，不因外界干扰而致使意念或注意力不集中。

不妨再联系苏州网师园的集虚斋来看，其名就取自《庄子·人间世》："气也者……惟道集虚。虚者，心斋也。"清王夫之《庄子解》："心斋之要无他，虚而已矣。"虚，也就是使"灵台"臻于一片空明之境。集虚斋位于网师园中部水池西北角的"竹外一枝轩"月洞门内，其中隔一狭小天井。斋前有粉墙、洞门、空窗等掩映着，有丛竹摇曳着，有长窗间隔着，此斋符合于"斋，宜明净，不可太敞"（明文震亨《长物志·室庐》）的特点。它的陈设布置、空间环境等虽与古代要求已有距离，但依然体现出体量较小、幽静雅致、简洁明净而不宏敞，"退藏于密"等遗意，特别是"集虚斋"三字之匾，更能将人们心灵导向"用志不分"（《庄子·达生》）或"虚壹而静"（《荀子·解蔽》）的境界。

再说《全释商榷》，还能抓住《园冶·屋宇·斋》中"斋较堂"三字，指出其"意在比较'斋'与'堂'的建筑风格之不同"。此言甚是。斋与堂相比，确乎有很大的不同，笔者曾对二者所积淀的精神文化内涵和所表现的形式作过比较，指出："斋和堂相比，有阴和阳、隐和显、抑和扬、幽闭和明敞的性格区别"[1]。这是由其不同的功能所决定的。

由计成对"斋"的解释可以推见，他深受《周易》的影响，并赋予了斋以易学的种种含义，这就需要很好发掘和品味。同时，《园冶》里很多语句，往往也有"退藏于密"的特点，可谓"言语不多道理深"，其中往往有着丰永的文化内涵和哲理意蕴，也不能仅仅作字面上的理解。

第三节 亭：停憩游行，造式无定
——试论《园冶》关于"亭"的定义

计成对"亭"所下的定义及其有关阐释，见《屋宇·亭》。此节内容丰富，涵蕴量高，极有历史理论价值和实用意义，值得深入发掘。然而，诸家对这一节中的原文、引语、校勘、标点，均颇有争议，其中也多误读。对于《屋宇·亭》，《园冶注释》第一版是这样标点的：

> 《释名》云："亭者，停也。所以停憩游行也。"司空图有休休亭，本此义。造式无定，自三角、四角、五角、梅花、六角、横圭、八角至十字，随意合宜则制……

---

[1] 详见金学智：《中国园林美学》，中国建筑工业出版社2005年版，第121–122、124页。

此节标点有问题。对此,《疑义举析》多方面提出了异议,它征引《释名》原书并写道:

> 《释名》云:"廷,停也。人所停集之处也。"又云:"亭（汛按:《丛书集成》本原注:'各本衍停也二字,今删'）,亦人所停集也。"此引《释名》云云,亦聊取大意,不宜加引号。所引"停憩"原书作"停集",《释名》为汉人刘熙所作,汉代及其以前之"亭",皆市亭、旗亭之类,其建筑功能,正是"停集",与后世游观建筑之"停憩游行"不同。又,司空图休休亭本取休官之义,与"停憩游行"之义实不尽同,司空图《休休亭》一文述之甚至详。

此言甚有见地,但也不乏误解成分。而《园冶注释》第二版却接受了《举析》的意见,改为:"亭,停也。人所停集也。"遗憾的是忽视了《疑义举析》中"与后世游观建筑之'停憩游行'不同"这句重要的话。这样,第二版虽完全与汉代《释名》原书相符,但却与明版《园冶》相左,与"亭"发展着的现实功能相左,这就值得深入一探了。

首先看亭的早期功能。亭原来确乎是设在道旁供人停留食宿的处所。《说文》:"亭,民所安定也。"段玉裁注:"《风俗通》曰:'亭（金按:注意,此'亭'没有'亻'旁）,留也。盖行旅宿会之所馆。'《释名》:'亭,停也。人所停集。'……"这是对当时亭之现实功能的总结概括,符合历史实际,故而"亭留"即"停留",此词在历史上流传了下来。

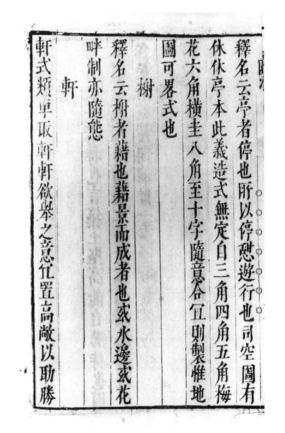

图43 亭者,所以停憩游行也
明版内阁本《园冶》选页

再对照明版内阁本、国图本《园冶》,此页均作:"《释名》云:亭者,停也。所以停憩游行也。"均赫然可见印有"所以停憩游行也"七个字【图43】。那么,究竟孰是孰非?应该说,汉代之所训和明代之所训,均有其时代的现实依据。如《疑义举析》所言,"汉代及其以前之'亭',皆市亭、旗亭之类,其建筑功能,正是'停集'"。然而,自唐、宋至明末计成的时代,亭的功能无疑是扩大了,亭自身也大量地走进了风景园林的新领域,拓展了无限宽广的天地。见于历代诗文名篇,如:

轻舸迎上客，悠悠湖上来。当轩对尊酒，四面芙蓉开。（唐王维《临湖亭》）

坦腹江亭晚，长吟野望时。水流心不竞，云在意俱迟。（唐杜甫《江亭》）

观其架大溪、跨长汀者，谓之"白苹亭"；介二园、阅百卉者，谓之"集芳亭"；面广池、目列岫者，谓之"山光亭"；玩晨曦者，谓之"朝霞亭"；狎清涟者，谓之"碧波亭"。五亭间开，万象迭入，向背俯仰，胜无遁形。每至汀风春，溪月秋，花繁鸟啼之旦，莲开水香之夕，宾友集，歌吹作，舟棹徐动，觞咏半酣，飘然怳然，游者相顾，咸曰：此不知方外也，人间也？又不知蓬瀛昆阆，复何如哉？……（唐白居易《白苹洲五亭记》）

唯有此亭无一物，坐观万景得天全。（宋苏轼《涵虚亭》）

太守邵公于后园池旁作亭，春日使州民游遨，予命之曰"共乐"……今节度推官李君亦于廨舍南城头作亭，以观山川，以集佳宾，予命之曰"览翠"。（宋梅尧臣《览翠亭记》）

灵台虚明，直与潭水相为洞照，名亭"空心"，畴曰不宜？（元段天佑《空心亭记》）

亭对峭壁，一泓泠然，凄清入耳……夜坐冷泉亭，又夜夜对山间之月，何福消受！（明张岱《西湖梦寻·冷泉亭》）

上引诗文充分说明：唐代以来，亭的功能已极大地拓展，明显具有多元性，可供饮酒、赏荷、坦腹、野望、赏花、观山、揽胜、涵虚、借景、共乐、集宾、洗心、涤虑、夜坐、对月……这就使得旧的定义远远不能适应新的现实，必须予以拓展，从而做到与时俱变，这是顺理成章的。计成所下新定义之可贵，还可援引《吕氏春秋·察今》中的著名论述为据。该篇主张察今变法，认为"世易时移，变法宜矣……非务相反也，时势异也。"《淮南子·泛论训》："故圣人法与时变，法度制令各因其宜。"总之，"法"要随时代的发展而变化，与之相似，定义也应随时代而发展变化。故而计成改变定义，以"所以停憩游行也"来替代"人所停集也"，是完全符合时代趋势的，是建立在新的事实基础之上的，这种"从雅遵时"（《园冶·墙垣》），是和社会的发展相随相应的，必须给予高度的肯定性评价。

再看文化史上，随着时代的发展，对原有定义的补充、修改和拓展、革新是屡见不鲜的，姑以"诗"的功能性定义为证。《尚书·尧典》："诗言志。"朱自清先生称之为诗论"开山的纲领"。[①]西晋陆机的《文赋》则说："诗缘情而绮靡。"又强调了诗的抒情功能。南朝梁钟嵘《诗品序》写道："感荡心灵，非陈诗何以展其义，非长歌何以骋其情？"这是一个不是定义的定义，把诗和心灵及"义"和

_____

[①]《朱自清全集》第6卷，江苏教育出版社1990年版，第130页。至于《尚书·尧典》形成的年代，学术界有争议。

"情"紧密联系起来。唐白居易《与元九书》又提出："文章合为时而著，歌诗合为事而作。"这是根据唐诗发展的现实所作的重要补充。到了在商品经济萌发的明代，焦竑《雅娱阁集序》说："诗非他，人之性灵之所寄也。"这是开了明清"性灵说"的先河……

再看计成的定义，也是应时代之运而诞生的，它总结了亭的功能从上古、中古而至近古特别是明代的历史发展。据此，也可见《园冶注释》第二版之改，从实质上看，这是丢弃了明代的新补充，也就是在定义中缩小或消解了亭多元化的现实功能，因此，必须恢复第一版即明版的定义。事实上，《园冶全释》、《图文本》均依然采用第一版的文字，这是正确的选择。当然，尔后有的《园冶》注本也采用《园冶注释》第二版的定义，甚为遗憾。

既然认同了计成对亭的定义的延伸、拓展和鼎新，那么第二步就要进行标点了。这有两种方法：一是对"《释名》云"以后的一、二句引文，如《举析》所说，采取"聊取大意，不加引号"之法，《园冶全释》就是这样标点的，但如站在现代学术的立场上看，应该说是不太严谨的；二是用引号切断其引伸部分的办法，笔者在二十馀年前的《中国园林美学》就这样写道：

> 作为游赏型的重要建筑类型，亭在园林中的主要功能是什么?《太平御览》引《风俗通》："亭，留也。"《园冶·屋宇》说："《释名》云：'亭者，停也。'所以停憩游行也……"亭主要是供人在游览中停顿、休憩、流连、赏景，有使人减除疲劳，提高游兴的功能，是园林中最富于人情味的建筑类型之一。①

再看出版于21世纪的《图文本》，也与此种标点法相近。

还应进一步指出，"亭"，就是"停"的正字、本字，篆字本《释名疏证·释言语》就将"亭者，停也，亦人所停集也"中的两个"停"字，均改为"亭"字，并云："今本下二'亭'字加'人'旁，俗也。"可见，加了"亻"旁而今作为动词的"停"，恰恰是俗字，因为"亭"自身就有"停"的意思，它既可以是名词，又可以是动词。《释名疏证补·释言语》引毕沅："'停'为'亭'字之俗。"并补云："此亭馆之亭，有亭止之义。即以为亭止字，不当有'人'傍。"这类训释，言之凿凿，可举出大量的书证为支撑。如汉魏间曹操的《气出倡》，就有"神仙金止玉亭"，其中"止"与"亭（停）"同义。南朝宋诗人谢灵运《初去郡》："止监流归停。"《文选》李善注："停与亭同，古字通。"《说文》段玉裁注："亭之引伸为'亭止'，俗乃制'停'……字。"南唐徐铉《说文解字繫传》也指出，"亻"旁为后人所加。清朱骏声《说文通训定声·鼎部》亦云："亭字亦作停。"可见"亭"确实为"停"的正字、本字。从词源学上看，"亭"、"停"互通，这有助于深化人们对亭之功能——停憩的体认。

---

① 金学智：《中国园林美学》，江苏文艺出版社1990年版，第179页。

还有一个问题亟需辨正。《园冶·屋宇·亭》有"司空图有休休亭，本此义"之语。对此，《园冶全释》在按语中写道：

> 计成此处说，司空图造亭名"休休"，是有停憩游行之义，是不确切的。按《新唐书·卓行传》："司空图本居中条山王官谷，有先人田，遂隐不出，作亭观素室……名亭曰休休。作文以见志曰：'休，美也；既休而美具，故量才一宜休，揣分二宜休，耄而聩三宜休，又少也惰，长也率，老也迂，三者非济时用，则又宜休'，因自目为耐辱居士。"可见，司空图的"休休"是退隐乐善之义，而非停憩游行的意思。

一番论证，似乎有理有据，它认为计成的例证和分析都是错了。《疑义举析》亦如此，认为"休休亭本取休官之义"。其实不然，这都是只知其一不知其二，只见现象不见本质，因此，必须诉诸训诂，联系历史，作深入一层的剖析，肯定计成的定义及其论证的正确性：

先看"休"这个单字。司空图给"休"下的定义就是"美"，而停憩游行就是一种美。《尔雅·释诂》："栖迟、憩、休……，息也。"休，就是栖迟，就是"憩"。《诗·陈风·衡门》："衡门之下，可以栖迟。"毛传："栖迟，游息也。"孔疏："栖迟，行步之息也。"这都相通于"停憩游行"这种美。宋代大文学家欧阳修的《醉翁亭记》有云："行者休于树"。行人在大树古木下，就是一种很好的"停憩"，古代云，"亻"、"木"为"休"，这个会意字是很有道理的。

再看"休休"连用。二字源自《诗·唐风·蟋蟀》："好乐无荒，良士休休。"休休，安闲貌。《尔雅义疏·释训》："休者，《释诂》云，息也，美也。美亦乐，息亦止……休休，乐道之心。"这既有退隐乐道之意，又有美乐止息之意，而"停憩游行"恰好是其具体表现。

再具体看司空图的"三宜休"。在黄巢起义，唐王朝行将崩溃之时，司空图拒绝仕途。《唐才子传·司空图》记曰："景福中拜谏议大夫，不赴。昭宗在华州召为兵部侍郎，以足疾自乞……图家本中条山王官谷，有先人田庐，遂隐不出……尝曰：'某宦情萧索，百事无能……'遂名其亭曰'三休'，作文以申志，自号'知非子'、'耐辱居士'，言涉诡异（'异'，一作'激'）不常，欲免当时之祸。"这才揭示了司空图所谓"三休"的实质。而且这一番话，和他《题休休亭》（一作《耐辱居士歌》）中"咄诺休休休，莫莫莫"，自云"伎两（同俩）虽多性灵恶'等一起，都带有诡异反常的佯装性质，这种行为是为了免祸。因此，不应看其表面文章，而应透过现象看实质，并加以分析思考。总之，不管司空图表面上怎么说，心底怎么想，"休休亭"也还有"停憩游行"之义。

《园冶·屋宇·亭》还说："造式无定，自三角、四角、五角、梅花、六角、横圭、八角至十字，随意合宜则制"。这是我国造园学史、建筑学史上首次对亭的形制所作的精辟概括，它普遍适用于自古至今各类园林和风景名胜区，甚至超越了我国的界域。以下拟拓展覆盖面，遴选各地各类典型之例加以实证：

三角——这是一种特殊的形式，清赵昱《春草园小记·三角亭》："宋人俞退翁有《题三角亭》诗云：'春无四面花，夜欠一檐雨。'……乾隆庚申夏，山阴金丈小郊假馆园中，换书'缺隅亭'额……雅与三角亭名合"。这是历史之一例。现存国内园林中，有绍兴兰亭的鹅池亭；杭州"三潭印月"的三角桥亭；台湾台北市林家花园榕荫大池景区的三角亭；四川青城山"古常道观"的树皮三角亭，题为"奥宜亭"……

四角——北京颐和园昆明湖畔气势宏伟的廓如亭；北京北海五龙亭的组合（包括作为主体龙泽亭以及作为宾衬的澄祥亭、滋香亭、涌瑞亭、浮翠亭均为四角亭）；南昌滕王阁高台南北两端烘托主体建筑、硕大高耸的压江亭和挹翠亭；澳门卢园的碧香亭（该亭为琉璃歇山顶，与婉转的曲桥相接，具有岭南园林的典型特征）；镇江的北固亭；苏州的沧浪亭，扬州何园的水心亭……还有拙政园十六柱四角攒尖的梧竹幽居亭。

五角——泰州乔园的数鱼亭，苏州西城下长船湾绿地的五角亭……

梅花——明刘侗《帝京景物略·李皇亲新园》："其东梅花亭……砌亭朵朵，其瓣为五，曰'梅'也……亭三重，曰'梅之重瓣也。'"现存之适例，如南翔古漪园的白鹤亭；苏州邓尉山香雪海的梅花亭（亭中多有梅花装饰）……

六角——四川峨眉山清音阁前的双飞亭（又称牛心亭）；苏州戒幢律寺西园的重檐湖心亭；无锡梅园天心台上的六角攒尖亭；北京西郊大觉寺的"领要亭"；广东梅州"人境庐"的息亭……

横圭——即扁六角形，如苏州留园歇山顶的至乐亭；苏州天平山的四仙亭；甚至如广东潮阳西园受西方影响的池亭……

八角——上海豫园内园的古井亭；苏州留园东部"东山丝竹"中的八角亭；四川成都青羊宫的重檐八卦亭；北京雍和宫东西相对的重檐碑亭……

十字——承德避暑山庄如意湖的十字亭……

亭的式样如此地灵活多样，真可说是多姿多态，"造式无定"了。

至于"随意合宜则制"，更是造园建亭的至理名言，笔者在《苏州园林》一书中曾列举拙政园二十几个亭，指出其能做到"犯中求避，同中求异"，决不雷同一律。如"从屋基平面和立柱数量来看，圆形而立五柱的，如笠亭；正方形而立四柱的，如松风亭、绿漪亭；正方形而立十六柱的，如梧竹幽居亭；长方形而立四柱的，如放眼亭；长方形而立八柱的，如绣绮亭、雪香云蔚亭；八角形而立八柱的，如天泉亭、塔影亭；平面呈'凸'字形而立八柱的，如涵青亭；平面呈扇形而列六柱的，如'与谁同坐轩'亭……"[①]此外还可从屋顶型式、屋身构筑以及所处环境等方面来看，它们也都各各不同，互有殊异，这借用《园

---

① 金学智：《苏州园林》，苏州大学出版社 1999 年版，第 22－24 页。

冶》中语，可说是"宜亭斯亭，宜榭斯榭"（《自序》），"亭安有式，基立无凭"（《立基·亭榭基》）。这里不妨再举一例，如屋顶作扇面形的"与谁同坐轩"亭，面水背山，小巧玲珑，不但其空窗、石桌、屋基平面等均巧呈扇形，而且人们如取特定方位、视角，还可看到此亭后有一圆攒尖的螺髻亭，其屋顶恰好与其前的扇面形屋顶相叠合，扇面与扇骨，构成了折扇的完形，这也可谓"取巧不但玲珑"（《选石》）了。何况扇面或折扇还与此亭的品题——苏轼《点绛唇·闲倚胡床》词中的"与谁同坐，明月清风我"相联系，令人联想起共享明月，扇来清风，意味无尽……

计成论亭，还善于以其生花妙笔来加以描绘和概括，这散见于《园冶》各章节中：或"高方欲就亭台"（《相地·山林地》）；或"亭台突池沼而参差"（《相地》）；或"奇亭巧榭，构分红紫之丛"（《屋宇》）；或"亭台影罅，楼阁虚邻"（《装折》）……一言以蔽之，曰"安亭得景"（《相地·城市地》）。事实上，历史发展到唐、宋、元、明时代，亭的型式和功能已得到了充分的发展，已成为园林里必不可少的最重要的个体建筑类型，而计成在《园冶》里，也对此重点作了理性的提升和感性的描述。计成这些论述，普遍适用于唐宋以来的历史、现实和未来，为后人留下了一笔宝贵的园林美学遗产。

第四节 廊：依势而曲，蜿蜒无尽
——主论廊与庑的联系与区别

《园冶》中有关廊的论述，主要有如下两处，摘录于下：

廊者，庑出一步也，宜曲宜长则胜。古之曲廊，俱曲尺曲。今予所构曲廊，"之"字曲者，随形而弯，依势而曲。或蟠山腰，或穷水际，通花渡壑，蜿蜒无尽……（《屋宇·廊》）

廊基未立，地局先留，或徐屋之前后，渐通林许（金按：此数句留待下一节解析）蹑山腰，落水面，任高低曲折，自然断续蜿蜒，园林中不可少斯一断境界。（《立基·廊房基》）

首先应解读的，是"廊"与"庑"的联系和区别。对此，《园冶注释》作了较详细精彩的解释，全录如下：

庑：《汉书》："覆以屋庑。"及："所赐金陈廊庑下（金按：此语见《汉书·窦婴传》：'所赐金，陈之廊庑下'）。"故廊、庑有区别。《梦溪补笔谈》："今人多称廊庑为庑。按《广韵》：'堂下曰庑'，盖堂下屋檐所覆处，故曰'立于庑下'，廊檐之下，亦得谓之'庑'，但庑非廊耳！"按苏州造园建筑，庑与堂为一体，属于堂之外部。一般五架梁或七架梁的堂，其窗楣外的一架卷棚，就是庑，

> 有的仅有前庑，有的前后四周皆有，廊则多与庑连接，通达他处，结构不与
> 堂为一体，长短高低，随地势需要而定。

这把廊与庑二者的区别与联系，解释得较清楚，且能以苏州园林建筑的实际予以说明。又释"廊者，庑出一步"之句为"廊是从庑走前一步的建筑物"，均甚确。《园冶全释》则注道："庑：高堂下四周的走廊"，"是建筑内外空间的缓冲和过渡，结构上在建筑构架之中和屋顶之下"。"廊是庑走出一步……在庑以外连接庑，结构上与堂无关"。这诠释得更为精确。

不过，还可以从以上两家译注中寻绎，进一步概括廊与庑的区别：

一、庑是堂前或堂周依附于堂的开敞性的廊屋，是屋檐覆盖下的过道，《后汉书·梁鸿传》："居庑下，为人赁春。"庑总与堂呈一体化，不能脱离厅堂建筑而独立存在，而廊则不然，它从庑引出而又与庑有别，实际是室外有顶的通道，往往自外于厅堂等其他建筑而通花渡壑，蜿蜒无尽；

二、庑总是依附或围绕着厅堂等建筑而呈平行状特别是呈曲尺状，因为厅堂的折角总呈曲尺形，故也可统称为依附性的直廊，而廊则不然，由庑引出后，更多地可以是形式自如的"之"字形、独立性的曲廊；

三、庑依附于厅堂建筑，故总是单面的，另一面则为厅堂的墙或门窗，而廊则不然，既可以是两面无墙的"空廊"，但可包括廊一侧或两侧的坐槛半墙，又可以是一面为墙的"单面廊"，其中包括与墙或合或离的"沿墙走廊"，亦即"边廊"，甚至可以包括两面为墙、上有屋顶的夹弄，如苏州狮子林立雪堂前的"复廊"，亦即"复式夹弄"，还可以是两廊合为一体的"复廊"，如苏州沧浪亭园内外山水景色互借的复廊，怡园分隔东、西两部的复廊……综而言之，"庑"扬弃不了它与生俱来的依附性，而"廊"的最大特点，则是其独立性和自由性。

至于廊与庑的相关联系，可以这样概括：一、它们在实际上往往相接，如园记中所写的"廊庑回缭，阑楯周接"(宋李格非《洛阳名园记·刘氏园》)；二、庑往往被称为廊，如堂前、后的庑被称为"前檐廊"或"后檐廊"，四周之庑被称为"回廊"；三、廊与庑由于仅仅相差"一步"，形态也较相近，因而往往被相关连用，合称"廊庑"，更多二者在并用时，"庑"字之义被虚化了，成为偏义复合词。

对于园林的个体建筑类型，计成除了亭外，也特别钟情于廊，而且其论述富于独特性和创造性。"宜曲宜长则胜"，强调的一是长，二是曲，并指出，"古之曲廊，俱曲尺曲"。他又反复铺叙描写道："今予所构曲廊，'之'字曲者，随形而弯，依势而曲。或蟠山腰，或穷水际，通花渡壑，蜿蜒无尽……"(《屋宇·廊》)"蹑山腰，落水面，任高低曲折，自然断续蜿蜒，园林中不可少斯一断境界。"(《立基·廊房基》)这种长而又曲，断续蜿蜒的廊，既是贯通全园屋宇和全园景点的脉络，又是廊引人随，规范人们审美脚步不断探美的导游线；既可以分割空间，增加层次景深，又可安排系列空窗、漏窗，造成扑朔迷离、移步换景的生动效

果……所以它是园林里创构艺术境界不可或缺的重要手段。

再释所谓"曲尺曲"，就是木工所用量 90° 曲尺那样的曲，是机械的直角，比较板律，缺少形式上自由多样的美感；而所谓"'之'字曲"则灵巧活脱，变动不拘，其曲折既可以是大于 90° 的钝角，又可以是小于 90° 的锐角，随其所宜，表现为随形而弯，依势而曲的美。刘敦桢先生在《苏州古典园林》中，测绘了各类具有代表性的曲廊的平面图【图44】，这里选数种例释如下：

畅园——此廊其北为方亭，引出的廊如沿东墙走，必然是"曲尺曲"，但它却离墙折向西南，通往凸出于水面上的"憩间"，这不但增加了一处临水景观，而且再折向东南，构成了富有活泼水趣的"'之'字曲"廊。

狮子林——此廊原是南、西两条沿墙走廊交接处，为免成为 90° 的死角，特于此处往前建一扇面亭，既破除了平面直角的单调，立面上又可供人凭眺，而亭后则留虚，构成"角隅小品空间"，于是死角顿成活眼，而这一作为衔接两廊之亭的形式，也娱人心目。

拙政园——图上仅是此廊的一段，这条著名的波形水廊，是全国园林曲廊之冠，下节拟重点品赏。

鹤园——此园不大，由一条靠东院墙的沿墙曲廊贯通南北。人们从南面门厅东侧入廊，经几个小曲折而为四面厅边廊（庑），复数折而穿亭，再数折而可达主

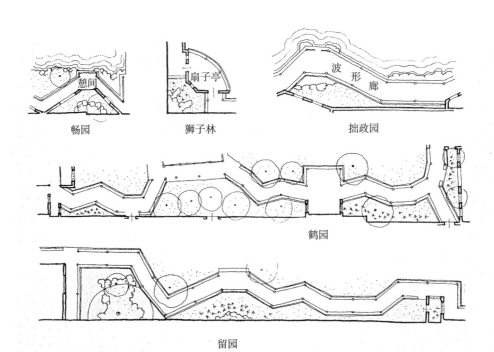

图44 廊：变转悉异，遂无同者

苏州园林"之"字曲廊平面图

集自刘敦桢《苏州古典园林》

厅——携鹤草堂。此廊的特点是不贴靠笔直的墙，而是弯弯曲曲，若即若离，与墙构成大小不同的"小品空间"。这条曲廊以其造景功能，极大地增加了园林的层次感，其廊柱所造成的每一折几乎就折出一个层次。它占地不多，却成了鹤园最主要的构景要素，或者说，这一体现了艺术匠心的优美曲线，成了鹤园景观的生命线。

留园——此沿墙曲廊在中部山水区之北，其东与远翠阁构成"曲尺曲"，由此沿北墙向西而曲折迤逦……

就以上五例来看，其形构没有一条是相似的，而且它们大抵是平面上呈非直角的左弯右曲，而且还可以有"或蟠山腰，或穷水际"立体上的高下起伏，这种结构，完全是由"'之'字曲"独立空廊的特性所决定的，

不妨再联系中国书法艺术来进一步深入理解。作为书圣王羲之的代表作，是被誉为"天下第一行书"的《兰亭序》，其特点之一是"一纸字字意殊"，具有丰饶不尽的美。对这一稀世杰作，唐何延之《兰亭记》这样写道：

> 凡二十八行，三百二十四字，有重者皆构别体，就中"之"字最多，乃有二十许个，变转悉异，遂无同者。

这二十几个行书三曲"之"字，若细心品察，确乎可见笔笔形别，字字意殊，莫不存在着较大的不同或微妙的差异，它们在章法上随形而弯，依势而曲，点缀穿插，贯通联络，构成了通幅违而不犯，和而不同的美。就园林里来说，廊有了"'之'字曲"的突破，每个园除了"曲尺"形的廊庑而外，其他的廊就不会千篇一律，而是能自由伸展，随其所宜，各具个性特色。

《园冶全释》作者通过研读《园冶》和深入观察，对于廊的特性有着独到的体悟，其《立基·廊房基》的一条按语中写道："廊，是特殊的建筑空间型式，是构成建筑空间环境和流动的手段。廊不同于厅堂楼馆等建筑，是为建筑构成特定的环境，是建筑空间的引申延续，空间上非内非外，亦内亦外，内外融合的交混空间。"这是依据《园冶》中"'之'字曲"的独立空廊的特性而引申出来的，阐析颇为精警。对于体现这种美学特性的廊，《园冶·屋宇·廊》的结尾，已标举出了两个范例，一是计成自己所营造的"寤园之'篆云'"，一是"传说鲁班所造"的"润之甘露寺数间高下廊"，这更能引人入胜，给人以思索、以特殊的魅惑力。

第五节　廊基未立，地局先留
——兼析廊基类型及其代表作

"廊基未立，地局先留，或傍屋之前后，渐通林许。"此数句，见《立基·廊房基》。

对此，《园冶注释》释文写道："当廊基尚未建立之先，必须预留地步。或留在屋的前后，逐步通到林间。"意思不错，只是未解透，而且"局"字未释。《园冶全释》表示不同意，释"局"为"部分。亦作布局解"，其按语还问道："'或留在屋的前后，逐步通到林间。'这廊基如何留在屋的前后？怎么逐步通到林间去呢？"其实，《全释》所释"局"字之二义均不适用，在这里其义不是部分，而作"布局"解也太含糊。关键是《全释》对《园冶》中"馀屋"（即"半间"）这一重要概念一再误读，故生疑问，从而否定了《园冶注释》的释文。对此，《全释商榷》指出："'地局先留'的'局'有如棋局、牌局、局面，指一定的范围面积。文意是说：廊基未立，但作为廊基的用地面积应先留好。若作'部分''布局'讲都欠妥。"此意甚当，堪称确解！不过还应进一步补充。

首先，应从训诂学角度详释《园冶》研究界并不理解的"局"字。汉许慎《说文解字》："局，一曰博，所以行棋。"宋徐锴《说文解字系传》："博局外有垠堮周限也。"垠（yín），是边际、尽头。堮（è），是地面突起成界划的地方。"垠堮"作为联合结构的合成性名词，亦意为边沿、边际。《淮南子·俶真训》"未有形埒（liè，形状、界域）垠堮"可证。这个"博"，见《论语·阳货》："不有博弈者乎？"博，即局戏，用六箸十二棋；弈，围棋。可见，"局"就是行棋的棋盘，用纸等为材作成。晋人李秀《四维赋序》："画纸为局，截木为棋。""局"既然是棋盘，那么地局也就是地盘，亦即地块的边际、界域。

其次，解读"廊基未立，地局先留"两句，必须抓住如下章节中的三个"通"字作为切入口：《立基·厅堂基》："四间半亦可，再不能展舒，三间半亦可，深奥曲折，通前达后。全在斯半间生出幻境也。"以及《屋宇·廊》中的"通花渡壑"，《立基·廊房基》中的"渐通林许"。总之，"通"，是廊的一个重要美学特征，廊既然要把厅堂馆阁等加以连接沟通，那就离不开与厅堂等面阔四间或三间相连的所谓"半间"亦即"馀屋"（参见本书第222－227页），并让廊自身紧处其"前后"，从而实现其"深奥曲折……全在斯半间中，生出幻境"。

总之，廊离不开这半间馀屋，否则就不可能沟通其前后的厅堂馆阁，而其自身所具"通"的特性也就无由实现。

此外，应该指出，廊的功能不仅仅表现为经由半间馀屋而"通前达后"，而且它还通往建筑之外的花木、山池等种种优美的景观。

还必须解释"廊基"和"地局"的区别和联系。应该说，"地局"的面积大于"廊基"，而"廊基"则可被包含于"地局"之中。或者不妨这样说，左拐右弯、高低曲折的廊，其基地是"带"状的；而如棋盘状的地局则是"块"状的，廊基是在这大块的地盘中曲折行进的。

特别应体味琢磨"地局先留"句中这个"先"字。计成在《借景》章结尾处提出了"意在笔先"之语，这个具有普适性的艺术要诀，同样也适用于包括廊基在内的建筑规划设计。造园家在设计曲折前行的廊基时，应预先考虑其左旁右侧应该是什么样的景观，前方又应通往何处，这样，才能"或蟠山腰，或穷水际，通花渡壑……"而这山腰、水际、花圃、洞壑……就属于地局的范围，廊基只是在其间穿行。廊以其周边景观或景区的不同，就有了以不同题材为形式或主题的廊。清代李斗《扬州画舫录·工段营造录》云："入竹为竹廊，近水为水廊。花间偶出数尖，池北时来一角。或依悬崖，故作危槛；或跨红板，下可通舟，递迢于楼台亭榭之间。"这番具体而精彩的描叙，不妨看作是《园冶》关于廊之论述的注脚，因此也可以说，种种廊的建成，都离不开"地局先留"。

刘敦桢先生的《苏州古典园林》，和计成的《园冶》一样，非常重视廊这一个体建筑，不但阐释其性能，而且还紧密结合于廊基所建的景观空间来划分廊的类型。试摘录其有关的片断于下[1]：

> 廊在园林中是联系建筑物的脉络，又常是风景的导游线。它的布置往往随形而弯，依势而曲，蜿蜒逶迤，富有变化，而且可以划分空间，增加风景深度。

> 爬山廊建于地势起伏的山坡上，不仅可联系山坡上下的建筑，而且还可以廊子自身造型的高低起伏，大大丰富园景。如留园涵碧山房西面至闻木樨香一段，拙政园见山楼西面爬山廊等。

> 水廊跨凌于水面之上，能使水面上的空间半通半隔，增加水源深度和水面的辽阔……拙政园西部波形廊即水廊一例。

> 楼廊又称边楼，有上下两层走廊，多用于楼厅附近，亦有从假山通过边楼与楼厅而与楼相联系的做法，如拙政园见山楼侧楼廊，耦园的西园藏书楼东部边楼，南石子街某宅的边楼等。

这里再结合插图来进一步品赏上述各类廊的代表作。

先看留园中部，沿西墙的爬山廊有两条：一条为南坡廊，它自涵碧山房西北随园墙成一曲尺形短廊，同时开始缓升，至墙隅则不走直角，以廊划出"角隅小品空间"，其中疏点树石，增加了景观和层次，然后折北成较平缓的爬山廊，至"闻木樨香轩"为最高点，人们于此可俯览全园景色；另一条为北坡廊，它紧接远翠阁侧，为靠近北墙逶迤而西行的平地"之"字曲廊，但至西北角而折南，则一变而为爬山长廊【图45】，它还跨越小涧，坡度又较陡，与南坡的缓廊适成对比。而至"闻木樨香轩"亦为最高点。这一条西行而折南的长廊，真可谓"任高低曲折，自然断续蜿蜒"了。

再看苏州拙政园西部主要立基于水面的波形廊，此廊堪称稀世杰构【图46】，笔者《在起伏上思考——拙政园波形水廊品赏》一文这样写道：

---

① 此几则引文，并见刘敦桢：《苏州古典园林》，中国建筑工业出版社2005年版，第37、38页。

起步伊始，一二十武之内似乎是平舒而笔直地向前，然而脚步却微微地、渐渐地有向上迈进的感觉。当经过身旁四五根廊柱时，水廊已到了第一波状线的波峰。接着，慢慢地往前循着缓坡下行，同时右弯而左拐地经过四五根廊柱，就来到一座临水的小小"半亭"，是为钓台，其下沧浪之水可掬。从起伏上看，这里是第一波状线的波谷；从平面曲度上看，这又恰恰是第一波状线涡卷的休止。轻波与微涡，竟结合得如此之自然！这一段的造型，起伏和曲度虽不大，但正由于微微地升降，缓缓地回旋，才如同委婉清扬的旋律，给人以舒适而悠扬的美感……由水亭较大角度地向右折，地面坡度也随之而较大幅度

图45 蹑山腰，高低起伏，断续蜿蜒
苏州留园中部爬山廊
田中昭三 摄

地向上伸展，这确实能给人以一波刚平、一波又作之感，而且它不同于第一波状线的轻起缓伏，而是略为突然，因此只要经过身旁两三根廊柱，就达到第二波形线的波峰。更妙的是，水廊的这一高处，其下恰恰是一个较大的水

图46 落水面，凌波起伏，微势缥缈
苏州拙政园西部波形水廊
郑可俊 摄

洞——"涵洞"，故而这一高处又不妨称为廊桥的桥面。当我们一过桥面，水廊就表现为往左的一个较大的急转弯，接着，就来到一座楼——"倒影楼"前。这里，就是第二波状线的波谷；从平面的曲度看，它又恰恰是第二波状线漩涡的终点。起伏与涡曲，在幅度上也竟是结合得如此之巧妙！还值得品赏和回味的是，水洞附近一段的升高与急转，又如同乐曲昂扬的高潮，把我们的审美情绪也推向了高峰，旋即戛然而止，曲终而馀韵未已。[1]

这两段波状线连接为一个艺术整体，可说是有起有伏，有张有弛，既有起承转合的诗法之妙，又有一波三折的书法之美。西晋成公绥在《隶书体》中这样地赞美隶书的波状线："轻拂徐振，缓按急挑。挽横引纵，左牵右绕。长波郁拂，微势缥缈……俯而察之，漂若清风厉水，漪澜成文。"这用来形容这条波形水廊，是再恰当不过了。水廊的长波郁拂之间，有缓按，有急挑，有左牵，有右绕，漫步其上，如处身扁舟之中，泛于江湖之上，给人以起伏飘荡之感。

以上两类廊，不论是建在水上，还是建在山上，首先还应是"意在笔先"，在头脑中预先进行艺术构思，其次是落实为"地局先留"，然后再考虑其中廊基的问题，让其如此这般地或左或右、或高或低……应该说，只有这样有步骤地稳扎稳打，才能立于不败之地，才能"生出幻境"，令人叹为观止！退一步说，即使是完全建造于平地上的廊，也必须预留地局，然后考虑或种花木，或置景石，这样，除了廊自身而外，其环境也会饶有个性特色，体现"园林中不可少斯一断境界"的美学要求。

第六节　堂虚绿野犹开，花隐重门若掩
——历史文化向建筑的渗透［其一］

"堂虚绿野犹开，花隐重门若掩"，见《相地·村庄地》。

对于上句，《园冶注释》第一版以《唐书·裴度传》中的绿野堂为典；下句，释作"栽花种树藉以隐蔽，使内外隔离，形同重增一门之意"。注与释均尚可，而《疑义举析》则认为，"堂虚"句并非用典，"只是说厅堂虚旷，面对着开阔的绿野"，理由是骈文一联之内，上下句是否用典，必须一致，既然"重门"不用典，那么"绿野"也不应用典。于是，《园冶注释》第二版否定了原来的用典说，将"绿野"改释为"此处作绿色的原野解"。本书认为此改不确。

先说绿野堂之典。在中国文化史、园林史上，唐代裴度的别业绿野堂非常著名，故址在今河南省洛阳市南。裴度为唐宪宗时宰相，平定藩镇叛乱有功，晚年

---

[1] 载金学智：《苏园品韵录》，上海三联书店 2010 年版，第 23－24 页。

以宦官专权，辞官退居洛阳，营建此堂，当时就名闻遐迩。据《新唐书·裴度传》载，裴不问世事，与白居易、刘禹锡高歌放言，酣宴终日。白居易在《奉和裴令公新成午桥庄绿野堂即事》中描叙道：

> 旧径开桃李，新池凿凤凰。只添丞相阁，不改午桥庄。远处尘埃少，闲中日月长。青山为外屏，绿野是前堂。引水多随势，栽松不趁行……游丝飘酒席，瀑布溅琴床。巢许终身稳，萧曹到老忙……

尔后，裴氏的盛事流韵，自宋至清的诗词曲赋常采用为典，传诵至今。

再看在《园冶》里，"堂虚绿野犹开"六字之中，竟有三字与"绿野堂"相合，这绝非偶然。元杨载《诗家法数》云："用事……因彼证此，不可着迹，只使影子可也，虽死事当活用。"元陈绎曾《文说》论用事法亦云："暗用：故事之语意，而不显其名迹。"这都是对诗文用典使事的极高要求。而计成用绿野堂之故事，其妙亦复如此，它不是三字连用，而是将其分置两处。那么，这究竟是否用典？答曰唯唯否否。说不是用典吧，三字分明在一句之中，其间仅隔开一字；说是用典吧，三字明明又已拆分为两个主谓短语："堂虚"，是写堂的特点，"古者……虚之为堂"（《园冶·屋宇·堂》）；"绿野犹开"，此"开"字较前之"虚"字用得更佳——既可读作形容词，又可读作动词；既体现了《屋宇·堂》所说的"堂堂高显"的气宇"开敞"，又是写裴氏堂前甚至园前绿野的开阔和无限展开……还能令人想起白居易"绿野堂开占物华"（《春和令公绿野堂种花》）的名句。因此，绿野堂之典可说用得有分有合，若即若离，妙在是与不是之间。它既指特殊的堂——裴氏绿野堂的"堂"，又指一般的堂——"虚之为堂"的"堂"，它充当了"虚"和"开"的共同主语。这种奇巧的双关，可谓"死事活用"，不着痕迹，"只使影子可也"。它所表现的修辞用典，借《文心雕龙·事类》的话说，是"文梓共采，琼珠交赠"。

至于下句"花隐重门若掩"，这不能说不是用典，不过它所用不是事典，而是语典，其典盖源于《易·系辞下》："重门击柝，以待暴客。"《周易尚氏学》："重门深密，击柝警戒，皆所以备盗。"汉张衡《西京赋》的"重门袭固，奸宄是防"，亦谓重设门故见深密。至西晋左思《蜀都赋》则有"华阙双邈，重门洞开"之句。尔后，它们又流变成为宋词里一再出现的"重门"意象。如：

> 入夜重门静。（张先《青门引》）
>
> 花影压重门。（李清照《小重山》）
>
> 重门深院。（李清照《念奴娇》）
>
> 半掩花底重门。（张元幹《怨王孙》）

计成不但从李清照特别是张元幹词中采撷多字为典，一句六字之中，竟用了四字——"花"、"重门"乃至"掩"，而且全句显得婉转清空，亦了无斧凿痕迹，塑造出完整的艺术意象。"花隐重门若掩"一句，意境极佳，谓花树似乎若隐若现地掩蔽着重门，这种隐隐约约，增加了园林的景深。

当然，也不必为贤者讳，《村庄地》此骈偶之句也有美中不足：其一是以语典对事典，不免有所欠缺，工整不足，不妨谓之"宽对"；二是上句与"绿野"相联系的"堂"有双关之义，而下句与"重门"相联系的"花"却并非双关。不过，其妙又在将张元幹词中的一个"掩"字作为"诗眼"，系于句尾，并与上句之尾的"开"字互为对文，一"开"一"掩"，一正一反，避免了合掌，增加了文句的张力，拓展了审美的思维空间，从而发人深味遐想，这又可谓独创了用典新法。

第七节　堂占太史，亭问草玄
——历史文化向建筑的渗透［其二］

《园冶·屋宇》云："一鉴能为，千秋不朽。堂占太史，亭问草玄。"这是把园林里极为重要的个体建筑类型——堂、亭，和历史文化名人绾结在一起，以增加建筑的文化含量。但诸家解释，却颇有分歧，主要集中于"太史"指谁，"堂占太史"是什么意思，于是这又成了难句。

《园冶注释》引了两个典故：一、《异苑》："陈仲弓从诸子侄造荀季和父子，于是德星聚，太史奏：'五百里有贤人聚。'"二、《唐书·崔郸传》："崔氏……居'光德里'，构便斋，宣宗题曰：'德星堂'。"随即写道："'堂占太史'疑为上述两典并用。"此意出发点甚好，强调了堂主的品格，即"德"、"贤"，但毕竟只是"疑为"，并无确凿根据来证明计成之所用为此典，故只能存疑。

《园冶全释》："占：据有。太史：典出自《史记·孔子世家》：'太史公曰：《诗》有之："高山仰止，景行行止。"虽不能之，然心向往之。余读孔子书，想见其人。'……'堂占太史'，意为：建高堂据有太史公赞喻孔子的'高山''景行'之义。"其释文为："建堂有圣人高山景行的高尚品德之风"。

《全释商榷》不同意此说，认为："占，应是占卜。古代太史有占卜星象以察吉凶的职责。占据的占，原作佔，现简作占，字与义都不同。太史公司马迁景仰孔子是读了孔子书而产生的感喟，与修建高堂没有任何关系"。此段商榷，理由较充足。不过，最后又说，"《园冶注释》所注比较切近本义。"因此，《商榷》可谓能"破"而未能有所"立"。

相比而言，《园冶析读》则可谓"破"而能"立"。它析道："骈文讲究对偶，杨雄怎配与孔圣人相配对呢？二者全然不是一个层次！特别对于明清时代的文人来说，更是如此。"接着又写道：

太史怎能被变魔术般地转化成了孔子？……我认为，"堂占太史"的太史，不是司马迁，而是司马光。迁著《史记》，光著《资治通鉴》，为中国古代两大通史。司马迁自称太史公，但太史不等于司马迁，到了明清之际，一般翰林皆可呼为太史。司马光筑有独乐园，园极简朴，以园圃为主，内有读书堂，"聚书出五千卷"。此即"堂占太史"的堂，为历史上著名的文人园林建筑。

本书认为，这番立论完全准确。以下拟进一步加以充实论证。

先说太史。

太史为官职名。西周、春秋时太史掌管起草文书，策命诸侯卿大夫，记载史事，编写史书，兼管国家典籍，天文历法、祭祀等。以后职位渐低，设置不断变更，职务亦缩小。至宋代，设为太史局、司天监、天文院等；明代则称钦天监，至于修史之事则归翰林院，故对翰林亦称"太史"。这有事实为证：

元末明初大诗人高启，字季迪，洪武初召修元史，授翰林院国史编修，故而人称高太史。明沈周《题周寅之诗稿》说，"吴中诗派自高太史季迪"；明都穆《南濠诗话》说，"吾乡高太史季迪为一代诗宗"；而高启的别集，也题为《高太史大全集》。

明代大画家文徵明，以字行，更字徵仲，曾授翰林院待诏，参修《武宗实录》，世称文待诏、文太史。明董其昌《画禅室随笔》评吴四家的画，论及仇英说，"在昔文太史亟相服。太史于此一家画，不能不逊仇氏"；又说，"文太史本色画极类赵承旨（金按：即赵孟頫）"。

明祁彪佳《寓山注·呼虹幌》有"倪鸿宝太史"之称，倪鸿宝为明末倪元璐之号，任翰林院编修，故称。

明代文人入翰林者极多，清赵翼的史学名著《廿二史札记》"明代文人不必皆翰林"条曰："唐、宋以来，翰林尚多书画医卜杂流……至前明则专以处文学之臣，宜乎一代文人尽出于是。"接着历数名家及略次者数十人，其中就有董其昌。《明史》本传确载其曾一度修《神宗实录》，故而明文震亨《长物志·书画·名家》就提到"董太史其昌"。

一系列明史实例足以证明"一般翰林皆可呼为太史"。在明代，太史还常称为太史公。如对于曾主修元史的宋濂，《明史》本传言"四方学者悉称为太史公，不以姓氏"。明张学礼《考古正文印薮后言》也说，少时游学于金陵故太史邢雉山之门，而今"盖不忘太史公……之意"。

本书认为"堂占太史"的"太史"确实是指司马光。纵览中国史学史，太史的杰出代表是著名的"两司马"，司马迁固然业已自称太史公，而明计成称修撰《资治通鉴》的司马光【图47】为太史，也是顺理成章的。此外，再补述几点理由：

其一，以"堂"作为著名典故的太史，最突出的唯有司马光：

司马光在《独乐园记》中写到，熙宁六年买田于尊贤坊北关造园，其中为堂，"聚书出五千卷，命之曰'读书堂'"，而其《独乐园七题》组诗中，《读书堂》列为第一首，由此可见，读书堂就是司马光亲定的独乐园七景中最为重要的第一景，而《资治通鉴》也主要在此堂修撰，故计成有"堂占太史"之语，把"堂"和"太史"紧密联系起来。至于这个"占"字，《全释商榷》也正确地指出，"古代太史有占卜星象以察吉凶的职责"，司马迁《报任少卿书》就写到，太史令执掌"文史星历，近乎卜祝之间"，这是最有说服力的证据。

图47　堂占太史
［宋］司马光画像
选自《中国历代人物像传》

其二，与"鉴"字密切有关的太史，最突出的也唯有司马光：

这是因为司马光修撰了著名的《资治通鉴》。《园冶·屋宇》里"一鉴能为"的"鉴"，就是《资治通鉴》的"鉴"。鉴，也就是镜，此字很有含金量，其文化深处，蕴藏着一系列著名的历史故事。先说唐太宗的重臣魏徵，以敢于直谏著称，有著名的《谏太宗十思疏》等，曾先后上疏数十次，并被主张"兼听则明"的唐太宗虚心采纳。据《旧唐书·魏徵传》载，魏徵逝世，太宗"临朝谓侍臣曰：'夫以铜为镜，可以正衣冠；以古为镜，可以知兴替；以人为镜，可以明得失。朕常保此三镜，以防己过，今魏徵殂逝，遂亡一镜矣！"再看此事之前，《诗·大雅·荡》早有"殷鉴不远，在夏后之世"的名句；此事之后，有司马光的《资治通鉴》。书名意谓：有助于治理国家的通史是一面镜子。

《园冶》所说的"一鉴能为"，是为了与下句"千秋不朽"骈偶成文，故用"倒装"辞格，如果还原其语序，也就是"能为一鉴"，而这是很了不起的功能。司马光此书，凡二百九十四卷，三百馀万字，修撰历时十九年之久。其《进书表》写道："臣之精力，尽于此书，伏望陛下……时赐有览，鉴前世之兴衰，考当今之得失，嘉美矜恶，取是舍非……"宋神宗在《御制资治通鉴序》里赞道："博而得其要，简而周于事，是亦典刑之总会，册牍之渊林矣！"评价不可谓不高，这也说明了《通鉴》确实起到"能为一鉴"的重大作用。故而对于司马光，计成既崇敬其人的伟大精神，又崇敬其书的杰出功能，将其奉为典型。

计成"千秋不朽"之赞，亦非虚语，这可从历朝史学界的反应来看：在南宋，朱熹有《通鉴纲目》，袁枢有《通鉴纪事本末》；在元代，王应麟《玉海》附有《通鉴答问》，胡三省则尽其毕生之力完成了《通鉴》胡注本；明代，严衍写了一部《资治通鉴补》，实际上是《通鉴》的另一注本；在清代，王夫之的《读通鉴论》赞道："旨深哉，司马氏之名是书也！曰'资治'者，非知治知乱而已矣，所以为力行求治之资也。"王鸣盛《十七史商榷》则云："此天地间必不可无之书，亦学者必不可不读之书也。"以上一系列史学事实，可看作是给"千秋不朽"所下的注语。而现代著名国学大师钱穆在《中国史学名著》里也说，我们"可以看到《通鉴》一书对将来的影响，所以此书直到清代乃至今天，还是一部学历史的人所必读的书，而后人要想写《续资治通鉴》，却始终写不出一部可以接得上温公《通鉴》的"[①]。

其三，《园冶》中或显或隐多次写到司马温公的独乐园。如：

公示予曰："斯十亩为宅，馀五亩，可效司马温公'独乐'制。"（《自序》）

五亩何拘，且效温公之"独乐"。（《相地·傍宅地》）

一鉴能为，千秋不朽，堂占太史……（《屋宇》）

计成由敬重司马光不朽的人格魅力，进而推重其园，并从其节俭的造园思想中吸取营养。试看宋李格非《洛阳名园记》所写"独乐园"：

司马温公在洛阳，自号迂叟，谓其园曰独乐园。园卑小，不可与他园班（金按：班，齐等；并列）。其曰读书堂者，数十椽屋；浇花亭者，益小；弄水、种竹轩者，尤小；曰见山台者，高不逾寻丈；曰钓鱼庵、曰采药圃者，又特结竹杪落蕃蔓草为之尔。温公自为之序，诸亭台诗，颇行于世。所以为人欣慕者，不在于园耳。

园不在乎其小，而在乎园主的人格力量之伟大，值得仿效。而其俭朴节用的造园思想，也引起计成的共鸣，故而《园冶》一曰"当要节用"（《兴造论》）；二曰"五亩何拘，且效温公之独乐"（《相地·傍宅地》）；三曰"画彩虽（岂）佳"，"雕镂易俗"（《屋宇》）；"斯二亭，只可盖草"（《屋宇·[图式]亭》）……

再说"亭问草玄"。这是指汉代著名哲学家、文学家、语言学家扬雄【图48】。

《园冶注释》："草玄：亭名，为汉代扬子云草《太玄经》时所建。"此注不合史实。当时扬雄在较简陋的宅内草撰《太玄》，人因喻简陋的扬雄宅为"草玄亭"，故并非真正新建或特建之亭。而扬雄宅由于唐刘禹锡名篇《陋室铭》有"南阳诸葛庐，西蜀子云亭"之句，于是更蜚声远近，流传千古。其实所谓"草玄亭"或"子云亭"，只是刘禹锡所标举"陋室"的一个代表，或者说，是与诸葛亮的"茅庐"相班的"陋室"而已。至于今天的"子云亭"，则是为了纪念扬雄这位著名哲学家、文学家、语言学家而特建的，它位于成都绵阳城区西山风景区

---

① 钱穆：《中国史学名著》，九州岛出版社2012年版，第253页。

内，为多层的仿古方亭，并塑其像于亭前。

《园冶全释》有关扬雄的典、释，较详确，如：

> 《汉书·扬雄传下》：'哀帝时丁、傅、董贤用事，诸附离之者或起家至二千石。时雄方草《太玄》，有以自守，泊如也。'又，《杨雄传赞》：'其意欲求文章成名于后世，以为经莫大于《易》，故作《太玄》。'草玄，指汉杨雄撰《太玄经》。诗文中常用以比喻人襟怀淡泊，寄情著述。

图48　亭问草玄
［宋］扬雄画像
选自《中国历代人物像传》

史实确凿，交代也较清楚。正因为扬雄有如此操守和著述，故而"草玄"或《太玄》早已积淀为习用的典故，诗人们乐于征引。就看唐代，较多的著名诗人均曾吟咏，如"谁怜草玄处，独对一床书"（李峤《宅》）；"高标摧《太玄》"（韩愈《送灵师》）；"仰卧高声吟《太玄》"（皮日休《苦雨杂言寄鲁望》）……此外，还有张九龄、骆宾王、李白、杜甫、高适、岑参、权德舆、戴叔伦、韦应物、皎然、储嗣宗、罗隐等均写诗咏及。放眼社会领域，甚至连唐人李翰所写童蒙读物《蒙求》也有"孟轲养素，扬雄草玄"之句，可见扬雄之典不但广为诗人所用，而且妇孺皆知了。

至于"亭问草玄"中的一个"问"字，《全释》等均未落实，其实它也来自扬雄的典故。扬雄多识古文奇字。所谓古文奇字，西晋卫恒《四体书势》云："一曰古文，即孔子壁中书也；二曰奇字，即古文而异者也。"扬雄在这方面同样著称于世。汉许慎《说文解字序》："孝平皇帝时，征礼（金按：礼，即沛人爰礼）等百馀人，令说文字未央廷中……扬雄采以作《训纂篇》。"章太炎注："小学（金按：汉代称文字学为小学）日衰，于是张敞、扬雄之伦，始以识字著矣。"再如北魏王愔《古今文字志目》"中卷秦、汉、吴"，就列扬雄、许慎等文字学家之名；唐张怀瓘《书断》也写到，"至平帝元始中，征天下通小学者以百数，各令记字于未央廷中，扬雄取其有用者作《训纂篇》二十四章（金按：应为三十四章），以纂续《苍颉》也。"这就写得更具体了，惜乎原书已不传。五代宋初的徐铉《说文》校定本云，"许慎采史籀、李斯、扬雄之书，博访通人……作《说文解字》。"可见少量还保留在《说文》中。扬雄还有语言学著作《方言》传于今，等等。据《汉书·扬雄传赞》："刘棻尝从雄学作奇字……［雄］家素贫，耆（嗜）酒，人希（稀）至其门。时有好事者载酒肴从［雄］游学。"以后，"问字"或"载酒问字"就成了从人受学或虚心请教的典故和成语。宋黄庭坚《谢送碾壑源拣芽》："客来问字莫载酒。"《园冶》中的"亭问草玄"，意谓虚心往隐逸著书的博学高士扬雄陋宅内"问字"——请教求学。直至清代留存至今的苏州耦园，仍有"载酒堂"，题名取自园主人沈秉成《奉命按察河南，旋调蜀臬，以病辞，侨寓吴门，葺城东曰圃，名曰耦园，落成纪事》诗句："问字车常载酒迎。"可见其影响之深远。

还值得一说的是，"堂占太史"与"亭问草玄"之间，还存在着有机的文脉联系。《汉书·扬雄传》说，扬雄仿《周易》作《太玄》，仿《论语》作《法言》，这是对两部经典的出色演绎。而司马光对扬雄的这两部重要著作，也均下过功夫，为之作注，其中扬雄的《太玄经》尤为深奥，而司马光也写了《太玄经集注》。司马光和扬雄之间，其脉承的关系不但表现在思想上、学术上，而且表现在锲而不舍的精神上，司马光《上书表》所说"臣今骸骨癯瘁，目视昏近，齿牙无几，旋踵遗忘，臣之精力，尽于此书（金按：指《资治通鉴》）"，这与诗人们所咏扬雄的"辛苦作太玄"，"白首太玄经"，也是一脉相传的。

由此可见计成以"千秋不朽"与"一鉴能为"相对，以"亭问草玄"与"堂占太史"相对，首先其思想含量是沉甸甸的，其次在文字上也是费了推敲。然而有人认为，后一联骈语欠工整，其实不然。试看，"堂"和"亭"都是建筑物名词；"占"和"问"均为动词，均极工稳；至于"太史"，为职官名词，"草玄"则似乎是动宾短语，其实"草玄"为"草玄亭"的节缩或省称，亦为专门名词，后来又衍化为隐逸处所的代称①，何况它们还可倒过来组合为"太史堂"（即"读书堂"）和"草玄亭"（即"子云亭"），以此也可见两句对偶并非欠工整。

总之，"堂占太史，亭问草玄"这一骈偶句，使得堂、亭这两种建筑类型有了深厚悠久的史学、哲学的文化积淀。

第八节　或假濠濮之上，入想观鱼；　　　　倘支沧浪之中，非歌濯足
——历史文化向建筑的渗透［其三］

《立基·亭榭基》开端写道："花间隐榭，水际安亭，斯园林而得致者。"这

---

① 草玄亭或子云亭，已成为隐逸处所的代称。明宋濂《题隐居图》："何日过桥分半景，傍云同筑子云亭。""同筑子云亭"亦即"同筑草玄亭"，也就是同筑隐逸之所。这里，草玄－子云－隐逸著书三者几乎可以划等号，人－地－事也融为一体了。明陈继儒《小窗幽记·集景》也有"徐步草玄亭"之句，亦为一种有文化意味的代称（名词）。

强调了亭、榭这两种建筑型式在园林里的重要性，说明它们和周围环境很好地配合，就能使园林赢得极佳的审美风致。接着写道："或假濠濮之上，入想观鱼；倘支沧浪之中，非歌濯足。"这一骈语，点明了建筑与水环境的美学关系，特别是引用了中国古代哲学史、文学史、美学史上有关鱼、水的著名典故，凸显了亭、榭等园林个体建筑悠久而深厚的历史文化积淀。

再从文章学、语言学的角度看，此骈语的两个分句分别由"或"、"倘"二字领起。"或"字很易理解，而"倘"字却易误解，被研究者诠释为"倘使"、"倘若"，殊不知，"倘"字还有一个义项，就是"或"。倘（傥），在古代就有"或"义，《助词辨略》引《陈书·后主纪》"因革傥殊，弛张或异"之例后说："此'傥'字，犹云'或'也。"可见二字为互文。《园冶》这一骈语实际也是以"或……或……"来概括不同情况以启迪造园的，但为了构成骈偶，使上、下句字数、结构虽同而字面上却力避重复，故分别用了"或"、"倘"二字领起，使两个分句显得异常工整，无懈可击，从语法学的视角看，这是一个选择复句。

先解析"或假濠濮之上，入想观鱼"。这一分句，用了两个著名典故，其中有着颇深的哲学、美学、心理学蕴涵，需要逐一细细品读。

典故一：关于"濠"。《庄子·秋水》云：

> 庄子与惠子游于濠梁（成玄英疏："石绝水为梁"。金按：也就是架于水上的石梁）之上，庄子曰；"儵鱼出游从容，是鱼乐也。"惠子曰；"子非鱼，安知鱼之乐？"
> 庄子曰："子非我，安知我不知鱼之乐？"

庄子和惠子带有哲理性的一番讨论，引起了古往今来多少哲学家、美学家、文学家的探究和吟咏，所谓"濠梁庄、惠谩相争"（唐白居易《池上寓兴二首〔其一〕》），且往往令人不得其解：庄子怎能知道游鱼的从容之乐？究竟是游鱼的从容，还是庄子自己的从容？庄、惠之辩孰是而孰非？……

这个发生在中国公元前二三百年的"知鱼之乐"问题，却可以借助于19世纪俄罗斯的车尔尼雪夫斯基的美学论述来启发思考。车氏写道：

> 在鱼的活动中却包含有许多美：游鱼的动作是多么轻快、从容。人的动作的轻快、从容也是令人神往的……因为动作轻快优雅，这是一个人正常平衡发展的标志，这是到处都使我们喜欢的……[1]

毫无疑问，人和鱼有着不同的质，决不能混为一谈。然而，在特定的场合下，二者又有着相关相应的一面，鱼出游的从容和人游于濠梁之上的从容，就有着某种同构性。由此可推知，庄子在濠梁之上，至少是下意识地感受到了二者各自出游从容的共同点或类似点。而车尔尼雪夫斯基所说的鱼的那种"轻快"，也多少相通于庄子所说的"知鱼之乐"的"乐"，或者说，鱼的从容和人的从容本身，它们又和人的

---

① ［俄］《车尔尼雪夫斯基论文学》中卷，人民文学出版社1965年版，第138页。

"生理－心理"结构（包括情感运动）中的某一形态——"轻快"和"乐"，有相映对、相类似之处。故而笔者曾这样写道："这一形态……都是令人喜欢、令人神往的。正因为如此，庄子津津乐道于鱼的出游从容，并在相映对的基础上推己及物，移情于鱼，赞赏起'鱼之乐'了。"①于是，在庄子审美的移情境界中，人仿佛游于濠梁之下，鱼仿佛游于濠梁之上。在这种物我同一、人鱼同乐的情感境界里，濠梁上、下的空间距离被取消了，或者说，情感上成了零距离。这一情感体验，吸引了尔后多少文人雅士醉心于观鱼，如元末明初的徐贲，在《和高季迪狮子林池上观鱼》诗里就写道："欲去戏仍怜，乍探惊还逸……不有濠梁意，谁能坐终日？"这是对庄子美学的一种真诚接受，是一次恍如置身濠梁、化我为物的"知鱼之乐"的深入体验。

根据以上论析，似可以这样说，在中国审美史上，心与物通过情感而真正地消除距离，是以庄子知鱼的故事发其端的，它还深远地影响了尔后一、二千年的中国园林史、审美史，于是，"知鱼之乐"的典故一直流传不绝。直至今天，现存的各类园林里，杭州西湖有十景之一的"花港观鱼"；上海豫园有"鱼乐榭"；无锡寄畅园有"知鱼槛"；在苏州，沧浪亭有"观鱼处"，天平山有"鱼乐国"，留园冠云台有"安知我不知鱼之乐"之匾；昆明翠湖有"此即濠间，非我非鱼皆乐境"之联；东莞可园有"观鱼簃"……这类景构与品题，可谓不胜枚举，但这都离不开庄子知鱼故事的哲理意趣。

典故二：关于"濮"。《世说新语·言语》云：

简文（金按：即东晋简文帝司马昱，而非南朝梁简文帝萧纲）入华林园，顾谓左右曰："会心处不必在远，翳然林水，便自有濠濮间想也，觉鸟兽禽鱼，自来亲人。"这一妙言隽语中，"会心"二字是其价值核心。笔者曾指出："'会心'二字，是庄子知鱼经验的继续和发展。说明……只要即景会心，以情观物，也能如刘勰《文心雕龙·物色》所说：'目既往还，心亦吐纳'，'情往似赠，兴来如答'。这样，就会感到审美客体'自来亲人'。这种审美的亲近感，比起庄子来，又进了一个境层；庄子只是单方面'知鱼之乐'，也就是'情往似赠'；简文帝则进而体现了'兴来如答'，感到'自来亲人'……'会心'二字，可说是浓缩了的艺术心理学，更是意境接受的重要关纽。它比西方的'移情说'更适用于园林审美意境的接受。"②对于"或假濠濮之上，入想观鱼"，《园冶全释》概括说："入想观鱼……喻别有会心，自得其乐的境界"。可谓探得骊珠！庄子和简文帝的这类审美经验，不但非常著名，而且极富哲理意趣，计成《园冶·立基》将其撷来，深化了亭、榭类跨水或临水物质性建构的精神文化内涵，这应该说是很有价值的。今天苏州留园还有濠濮亭（以前曾称一度名为"濠濮想"），其题名就极富人文情趣。如【图49】这帧摄影，

---

① 金学智：《中国园林美学》，中国建筑工业出版社2005年版，第400页。
② 金学智：《中国园林美学》，中国建筑工业出版社2005年版，第400–401页。

图49　会心处不必在远
苏州留园濠濮亭禽鱼来亲
朱剑刚　摄

不但摄入了这一完全支架于水上，歇山顶翼然飞举而灵巧优美的小小方亭，而且摄入了较宽阔的池面上，无数小小红鱼悠然浮游，嬉戏碧水，此情此景，确乎令人神往，从而会悬想起当年华林园中的翳然林水，会心不远……该亭"濠濮"匾上题识曰：

> 林幽泉胜，禽鱼来亲。如在濠上，如临濮滨。昔人谓"会心处便自有濠濮间之想"是已。

　　　　　　　　　　　　　　　　癸亥新穮　　老柏

这位"老柏"确乎别有会心，能入想观鱼，于是，和鱼一样自得其乐，如在濠上，如临濮滨，审美心绪，优雅而从容……当然，对于没有"濠梁意"的人，缺少此情此意的人，是不可能领略禽鱼之乐的，正如《礼记·大学》所云："心不在焉，视而不见，听而不闻，食而不知其味……"

　　再解析"倘支沧浪之中，非歌濯足"。对这一分句的典源，诸家疏误颇多，或误解，或混淆，或调和，甚至把泾渭分明、截然不同的思想观念搅杂在一起，需要一辨。

　　《园冶注释》注道：

> 沧浪濯足：《孟子·离娄》："有孺子歌曰：'沧浪之水清兮，可以濯吾

缨；沧浪之水浊兮，可以濯吾足。'"《宋史·苏舜钦传》："在苏州买水石作
沧浪亭。"

这段注文之误，其一在于计成所引《沧浪之歌》之典，并非出自《孟子·离娄上》，而《孟子》中此歌往往又被称为《孺子之歌》，以示其不同他书所引的《沧浪之歌》；其二在于宋苏舜钦建构沧浪亭，并非用《孟子·离娄上》之典，或者说，《孟子》所引，并不符合苏舜钦沧浪亭的造园思想。

《园冶全释》则注道："濯足：本义洗脚。儒家引申为随遇而安，洁身自守的处世之道。典出《孟子·离娄上》……孔子说，水清就洗帽缨，水浊就洗脚，这是由水自身决定的。比喻随遇而安，洁身自守。"此注出处亦非是，解说则失当之中含合理因子。因此，对其应一分为二地予以评价：一方面，孔、孟引诗的命意绝不可能推导出"随遇而安"等义（详后），其意恰恰是相反，或者可以这样说，"随遇而安"云云，绝不是孔、孟此时此地的想法，《全释》在这一点上确系误解；另一方面，《全释》又凭其悟性直感，不株守于不合逻辑的推理，故其"随遇而安，洁身自守"云云，已开始对自己所引典源表现出某种超越，这应该说是一种"突破"。然而，这一思维成果又被不协调地塞进了孔孟的儒家接受的语意之中，于是，自身又陷于混淆不清、难以自解的境地。但尽管如此，与其他诸家的解释相比，却又无疑略高一筹。

至于《全释商榷》，也误认为典出《孟子》。还有直至2006年问世的《图文本》，依然认为是用《孟子》"孺子歌"之典，并引孔子"自取之也"之语，同时又引宋晁补之"长歌遗世情，沧浪之水清"的诗句，这可说是一种杂糅。接着进而概述道："意谓如果在沧浪水中建起亭榭，并不一定非要学孺子唱《沧浪歌》。比喻可以自由赏景，不必太计较世俗功利。"两条书证和一条概说，三者均矛盾混淆而不易自圆其说，而且又回避了对引典的忠实诠释，可谓"王顾左右而言他"，几令读者不知所从。

总之是，诸家引典，或多或少脱离、违背了《孟子》引歌的整体语境，故而导致了误读曲说。为避免孤立绝缘的解读，这里将《孟子·离娄上》中包括《孺子之歌》在内的一章全录于下：

> 孟子曰："不仁者可与言哉？安其危而利其菑（金按：即'灾'），乐其所以亡者（金按：'安'、'利'、'乐'均为意动词，即以……为……）。不仁而可与言，则何亡国败家之有！有孺子歌曰：'沧浪之水清兮，可以濯吾缨；沧浪之水浊兮，可以濯吾足。'孔子曰：'小子听之，清斯濯缨，浊斯濯足矣，自取之也。'夫人必自侮，然后人侮之；家必自毁，而后人毁之；国必自伐，而后人伐之。《太甲》曰：'天作孽，犹可违；自作孽，不可活。'此之谓也。"

前几句意谓：不仁的人可以和他讲什么呢？他们以危为安，以灾为利，以所亡为乐。这样，怎么会没有亡国败家的可能呢！孟子在引了《孺子歌》及孔子"自

取之也"一句之后，根据自己学说作了大段发挥，而这几句才是解读的关键。

其实，《孟子》的引申发挥，根本没有"随遇而安，洁身自守"的意思，相反，意在批评不仁的人，追究其自身造成严重后果的主观原因，从而强调修身、齐家、治国的仁学修养。这里试译《孟子》所发挥一段话，这是说：一个人必定先有自身招侮辱的行为，然后别人才会来侮辱他；一个家庭必定有自己造成毁败的缺陷，而后人家才会来毁坏它；一个国家必定有自致讨伐的原因，而后别国才来攻打它。孟子在这里是用了环环相套、步步推理的手法，由小至大，由"人（自身）"至"家"，由"家"至"国"，说明必须首先寻找和检讨自身缺陷和原因。这就是孟子对孔子"自取之也"的诠释，正如宋朱熹《四书章句集解》所释："不仁之人，私欲固蔽……祸福之来，皆其自取。"最后，孟子又进一步征引事理论据，用了《太甲》中的话："上天造作的孽，还是可以躲避的；而自己所造作的孽，却是不可逃避的。"其总的意思是批评不仁的人咎由自取。《孟子》这些言论，都是根据其从修身（即修德养心）出发最后"兼济天下"的仁学思想和儒家的入世原则推导出来的。

再看苏舜钦在苏州构建沧浪亭，这是他"兼济天下"之志遭到彻底毁灭后对另条道路所作的选择，其《沧浪亭记》写道：

予以罪废无所归，扁舟南游，旅于吴中……构亭北碕号"沧浪"焉……予时榜小舟，幅巾以往，至则洒然忘其归，觞而浩歌，踞以仰啸，野老不至，鱼鸟共乐，形骸既适则神不烦，观听无邪则道以明……予既废而获斯境，安于冲旷，不与众驱，因之复能见乎内外得失之原……

这篇著名园记的主导思想，与《孟子·离娄上》所征引、所发挥的全然不相干。相反，其主题是获罪、反思后的"独善其身"和退隐园林后的孤傲、畅神、明道。因此，苏舜钦建园并题名为"沧浪亭"，其出处绝非来自《孟子·离娄上》及其中的《沧浪之歌》，否则就认为自己之被倾陷获罪，是"自取之也"，必先有自身的欠缺，是主观原因造成的，也就是"自作孽"，咎由自取。由此，似可作如下推论：假若认为沧浪亭出典于《孟子》中的《孺子之歌》，那么，对因积极主张改革、正直敢谏而遭倾陷的著名诗人苏舜钦，不是站在同情的立场。而是客观上站到谴责的立场上去了。

其实，中国文学史上另有一首著名的《沧浪之歌》，它又被称为《渔父之歌》，其歌词虽完全相同，但由于引用者的立场不同，出发点不同，它的含义——比喻义，也就完全不同甚至截然对立了。这另一首《沧浪之歌》，出于《楚辞·渔父》。兹将该篇摘录于下：

屈原既放，游于江潭，行吟泽畔，颜色憔悴，形容枯槁。

渔父见而问之曰："子非三闾大夫与？何故至于斯？"屈原曰："举世皆浊我独清，众人皆醉我独醒，是以见放。"渔父曰："圣人不凝滞于物，而能与世推移……"

　　渔父莞尔而笑，鼓枻而去，乃歌曰："沧浪之水清兮，可以濯吾缨；沧浪
之水浊兮，可以濯吾足。"遂去，不复与言。

值得注意，渔父其人就是高蹈遁世的佯狂隐者，他劝屈原"不凝滞于物"，也就是
劝其"独善其身"，此四字虽也是儒家的处世原则，但这种豁达超脱，与世推移，
特别是不凝滞于物，更多地是通向道家思想的①。质言之，渔父出世的《沧浪之
歌》，不同于《孟子》入世的《沧浪之歌》，它突出地体现了道家的隐逸哲学。与
《孟子·离娄上》的主旨相反，《楚辞·渔父》所写，是屈原遭放逐后的情况，而
苏舜钦遭倾陷后的命运与屈原完全相同，这当然很容易引起共鸣，因此应该说，
《楚辞·渔父》中的《沧浪之歌》，或渔父所唱的《沧浪之歌》，才是沧浪亭的原
典，而作为极有文学修养的宋代著名诗人苏舜钦，是深知《楚辞·渔父》中《沧
浪之歌》的。事实是在古代，《楚辞·渔父》流传颇广，不但见载于《史记·屈原
贾生列传》，而且早在唐代，也被写入童蒙读物，如李翰所作的《蒙求》，就有"屈
原泽畔，渔父江滨"之语，它也早已妇孺皆知，广为流传了。

　　笔者在十年前有感于学术界对沧浪亭典故的错引，故在《诗人苏舜钦及其〈沧
浪亭记〉》一文②里，写到"苏舜钦以'沧浪'名其园……取意于《楚辞·渔父》
中渔父开导屈原的'沧浪之歌'"时，特加一注。注文为：

　　以往认为沧浪亭用典于《孟子·离娄上》的孺子之歌，这不符合苏舜钦
的原意。因为其歌虽同，但在不同接受视野或语境里其义则异。孟子引此歌
后，转述孔子"清斯濯缨，浊斯濯足矣，自取之也"的评论，用以说明不仁
而亡国败家，都是咎由自取的道理，这与苏舜钦"沧浪亭"的命意全然无关。

这是对出于《孟子·离娄》说的否定，也是对出于《楚辞·渔父》说的坚持。这
还说明，注释古代典籍，学点西方阐释学理论和西方接受美学是必要的，因为这
可以扩大视域，活化思维，不能认为对一个作品只能有一种理解，相反，也可能
产生"异趋"现象乃至对立的接受，孟子和屈原是两位大师，他们对于同一首歌
截然不同的接受，诠释，就是最典型的例证，这可看作对接受美学最有说服力的
实证。

　　还必须解读《园冶》中的"非歌濯足"。《园冶注释》译作"并不为濯足之歌"，
语意较含糊。《园冶全释》引典虽亦不确，但释此四字却独具只眼，指出"就是不
用孺子歌中'沧浪之水浊兮，可以濯吾足'之意，而用其'沧浪之水清兮，可以
濯吾缨'的意思（金按：亦即'非歌濯足于浊'，而'只歌濯缨于清'）。"这堪称别解，颇易

---

① 如《庄子》中的有关论述："不物，故能物物"（《在宥》）；"以天下为沈浊"（《天下》）；"游乎四海之外"
（《逍遥游》）；"山林与，皋壤与，使我欣欣然而乐与！"（《庚桑楚》）……

② 此文为范培松、金学智主编、主撰四卷本《苏州文学通史》第1册第3编"宋元苏州文学"第3章"园
林文学"中的第1节。写于2001年，该书由江苏教育出版社2004年出版。

图50　沧浪水清，可以濯吾缨
苏州沧浪亭观鱼处外借清流
郑可俊　摄

为人理解、接受。《全释》还写道："从造景则隐喻水清；从思想则强调为人清白洁身的含义。'非歌濯足'，可意译为：水清志洁而神怡。"此解也可参考。

今日苏州沧浪亭，虽几经兴废变易，但仍积淀着一代代人们敬仰、同情苏舜钦的心绪，与之有关的景点也有增添。如苏舜钦在遭贬后有诗云：

迹与豺狼远，心随鱼鸟闲。（《沧浪亭》）

瑟瑟清波见戏鳞，浮沉追逐巧相亲。嗟余不及群鱼乐，虚作人间半世人。（《沧浪观鱼》）

后人则于该园东北角建一亭，名"观鱼处"，悬"静吟"之额【图50】。该处面对一泓清流，是近借园外之水的出色范例。清人宋荦《沧浪亭用欧阳公韵》有"观鱼处敞俨对镜"之句，意谓"观鱼处"视域宽敞，所借沧浪之水如同镜面一样平静清澈，其中也暗含了水清濯缨的诗情。

计成在《亭榭基》中，精选了"濠"、"濮"、"沧浪"三个与水有关的著名典故予以抒写，可见其对于园林建筑，极注重文化内涵，其意在启导造园的"能主之人"在重视物质性建构的同时，也不应忽视精神性的文化建构。

第九节　临溪越地，虚阁堪支；
　　　　夹巷借天，浮廊可度
——兼释"互文"修辞手法

"临溪越地，虚阁堪支；夹巷借天，浮廊可度"四句，见《园冶·相地》。这个骈偶复句，包孕着两个假设小复句，它被认为是《园冶》中最难解读的语句，诸家的解释争议极多，几乎莫衷一是①，因此要解读，就需要多费笔墨加以引录、评析并结合骈文修辞等作进一步的探究。

《园冶注释》第二版释文为："设若临（金按：此'临'字，第一版作'靠'，失当；后恢复为'临'，符合原意）溪，可跨水而架以虚阁；假如夹巷，可凌空而接（金按：一个'接'字，也下得欠妥）以浮廊。"总的来说，这释得比较简明通顺。其注还说："借天，即借以上空之意。"这也很不错。

至于《园冶全释》，则尽力通过注释、译文、按语甚至全书序言，将此句作为重点突破的难句来反复论析，申述自己的观点，然而，恰恰由此而发生了一系列的误读错释。由于其篇幅较多而又散见于多处，人们不易前后贯穿起来进行翻阅、推敲，故特将其集中引录，以便评析：

> "临溪越地，虚阁堪支"，就是面临池水的"虚阁"，下如涵洞似架在水口上面，令人莫测水的源头何处，而有"水令人远"的感受……《全释》按语）

> "浮廊"者，非凌空构架之廊，而是虚空之廊的意思，也就是一般的"廊"……就是在露天的"夹巷"中，可以通过不断的游廊，这正是"往复无尽"流动空间的一种典型手法。《全释》序言）

> 夹巷，是中国造园艺术中特殊意义的名词，也就是《装折》篇中所说："砖墙留夹，可通不断之房廊"的"夹"。夹，本身是指建筑与垣墙，建筑与建筑（山墙）之间所留的可通行的空间夹隙，是构成园林建筑庭院的空间意匠独特的手段。《全释》注释）

> 浮廊：即空廊。这是穿过夹巷的廊。有暗度陈仓出人意料之妙……《全释》注释）

> 临水虚阁，似架在水口之上，令人莫测水的源头何处；借天夹巷，可通不断之房廊，空间往复有无尽之意趣。《全释》译文）

以上就是《全释》的主要"阐释"。实事求是地说，其出发点和方法应值得肯定：

---

① 张大鹏、张薇《〈园冶〉研究的回顾与展望》一文就指出，各家对此难句就颇有争议，"如梁敦睦、张家骥、王绍增等分别对《园冶》相地篇的'夹巷借天，浮廊可度'提出了不同的解释。这些不同观点的存在说明《园冶》的注解还有待进一步的推敲和完善。不恰当的注解会让读者产生误解或曲解，因此对原著的基础研究仍有必要进一步深入下去。"（见《中国园林》2013年第1期，第72页）

一是它力求从造园学、建筑学高度来概括、提炼、解释，颇具理论色彩，这正是学科建设所迫切需要的；二是能联系《园冶》全书，力求把握其内在的脉络和联系，作前后统一的理解，这也是解读所需要的。但是，前后联系必须是对同样的或相近的概念和判断作合乎逻辑的概括，这才有助于解决问题，否则，效果会适得其反。而《全释》恰恰并不如此，故而出现了如下问题：

其一，是混淆了不同词性、不同含义的"夹"。其实，《园冶·相地》中"砖墙留夹"的"夹"，是指墙垣之间所留出来的夹道①、夹弄、夹巷，这是名词，而"夹巷借天"的"夹"，是夹着即隔着②，也就是夹着巷子的"夹"，纯粹是动词，这是两个截然不同的义项，不能混淆。

其二是把不同的廊混为一谈，统统将其划上等号，现予分列并以按语解释如下：

"浮廊"——金按：顾名思义，这是浮于空中的廊，或者说，是其下架空的廊，即《园冶注释》所说"借以上空"的廊。《全释》却将其等同于"空廊"。

"虚空之廊"——金按：这是一个模糊概念。从字面上看，既可以是指其下虚空的"浮廊"，又可以是指两旁虚空的"空廊"，甚至还可以是指一面虚空的"单面廊"等等。其实，廊的主要特点就是虚，就是空。

"空廊"——金按：《全释》将其混同"浮廊"，误。造园学中是指两旁虚空的廊，即两面有柱而无墙垣的廊。

"游廊"——金按：这又体现了以建筑功能分类的逻辑标准。在同一语境中，同时使用两种不同的分类标准，这就违反了逻辑的同一律。其实，"游廊"应包括浮廊、空廊和其他各种类型在内供人游行赏憩的廊。

"穿过夹巷的廊"——金按：此概念更混乱，廊如果横跨夹巷，是可以的，如竖着穿即直着穿，则没有可能，详后。

"一般的'廊'"——金按：此概念混乱模糊。一般，即非特殊，既然如此，又为何要打引号，因为打引号是为了标出其特殊性，表示是作者在特定前提下提出的特定概念，这是其一；其二，所谓一般的廊，一定是大概念，它至少是游廊，还可以包括"之"字形的曲廊和此外的直廊，以及"曲尺曲"的"庑"等在内。

按理，这众多概念的提出，必须逐一加以厘定、区分，并提出严格的定义，而《全释》并没有如此，相反还在论述中杂以一些意义不是人们所清晰了解的词语，如"莫测源头"、"往复无尽"、"流动空间"、"暗度陈仓"、"出人意料"等，致使文意玄虚而不着边际，进一步把问题复杂化了。

其三，译文不但略去了原文的"越地"、"浮廊"、"可度"等重要词语未加解

---

① 《现代汉语规范词典》："夹道：名词，两边都是墙的狭窄通道；北京常用作胡同名。"外语教学与研究出版社、语文出版社 2010 年第 2 版，第 628 页。

② "夹"和"隔"，意异而音同，在吴语中音同。计成的故乡吴江，其方言属于吴语系。

释，而且任意调换了词序，于是，"临水虚阁"、"借天夹巷"就与原文之意大相径庭，如此等等。

既然如此，就不能不引起研究界的质疑。如《全释商榷》指出："'在露天的"夹巷"中，可以通过不断的游廊。'若如此，则这种不断的游廊就没有屋盖了，不然，又如何能借天？若廊无顶盖又是什么廊呢？实在不好懂。"这一推理和提问，颇有逻辑性和说服力。然而，《全释商榷》自身也有不合逻辑之处，如认为《园冶》中"'夹巷'的'巷'字是'港'字之缺水旁"。意为"虚阁架于小溪水口之上，浮廊架于港口之上，正好借天光云影映水之景"。其实，这种推测也是一种讹误，因为似无可能。退一步说，即使是"港"，又怎样使"浮廊架于港口之上"？这种悬空建筑，当时有这种高科技吗？又有这种必要吗？再说，不能忘了《园冶》所论的是造园相地，既然如此，那么相地怎会选到港口这个地方而不加说明呢？因此，问题并没有解决。

相比而言《园冶析读》的分析最具逻辑性、实践性和实证性。它指出：《全释》"没有说明游廊是如何'通过'夹巷的，是横穿？还是顺着走？"照《全释》的"意思是顺着走。可是，两边是高墙的夹巷用上面有顶的廊从中穿行，为什么要用'借天'两字呢？"又指出："不知《全释》有何依据断言'浮廊'非凌空之廊……"这类质疑，均确乎触及了要害。《园冶析读》主张从《相地》的总体上去理解原文，指出"计成在这一部分先论选址，再论踏勘，此时提出'临溪越地，虚阁堪支；夹巷借天，浮廊可度。'并非上下文毫无联系"，而是如遇到地块不完整，"如住宅和园地之间，园地和园地之间，就可能被一条河溪或夹道……隔开"，"就可以用'浮廊'将二者联系起来"。《析读》的释文为："若遇河溪分割而出现飞地（越地——金按：此为原解释，其意含糊。这里的'飞地'即'越地'，它作为'出现'的宾语，肯定是偏正词组［短语］，然而'临溪越地'中的'越地'，乃是动宾词组［短语］，二者在同一语境中出现，易造成逻辑概念的混乱。此为不足），可用廊桥（虚阁——金按：亦为原有，此补充解释极有价值）来跨越；若因夹道把用地分割开来，可以借用天空，用浮廊从夹道上面跨过去。"应该说，这完全符合于计成的原意。

本书认为，《析读》这番精彩的分析、解释和翻译，首次破除了以往解读的迷惘，其经验值得总结：首先，它善于联系全节的语境作层次分析，然后再解读该句，这种"语境解读法"值得提倡；其次，分析切合实际，鞭辟入里，符合园林设计时可能出现的情况及处理方法，富有实用价值，而所举一系列历史的、现实的例证，不但有说服力，而且更能让人收到举一反三之效。回顾长期来《园冶》的研讨，"对于《园冶》造园理论价值的分析多于实践应用价值的研究。学界对《园冶》的现代实践指导价值挖掘得还不够深入，应用范围还不够广泛"，或者说，"没有真正地按照理论的本源意义进行指导实践活动"[①]。而《析读》作者在这

---

① 张大鹏、张薇：《〈园冶〉研究的回顾与展望》，载《中国园林》2013年第1期。

方面作了可贵的探索。此外，其论述中"廊桥－虚阁"的联翩出现，在理论方面也是一种突破，也应予充分肯定。

当然，《园冶析读》也有所不足，即由于对文言修辞学中的"互文"手法不一定很理解，没有用来进行分析，因而未能把句意讲得更清楚。必须指出，骈文的撰写离不开互文，《园冶》中的骈文同样如此。然而20世纪30年代以来，由于对骈文的歧视，修辞学界也大多忽略了对互文特别是骈文中互文的研究，因此在这方面较滞后，未能很好普及。例如，主要向西方吸取以建立修辞学体系的著名学者陈望道先生，其开创性的《修辞学发凡》自1932年问世，不断再版或重印，但其书并无"互文"之目，只在"错综"辞格的附记中提及，且其例证也不典型。又如专攻古文以建立修辞学体系的另一著名学者杨树达先生，其《汉文文言修辞学》只在"参互"章中指出"互文以见义"等[1]，但所举之例也还不太典型，缺少对骈偶语句的关注和引析。直至20世纪90年代前后，"互文"才作为一种辞格开始进入修辞学家们的视野，进行了较深入并适当联系骈文的研究，但对当时的《园冶》讨论尚无影响，故未见参加者以互文辞格来解释《园冶》中的骈语，致使讨论中的难点增多，争论不已。因此，这里不但有必要回顾过去，而且有必要对互文辞格作一重点介绍，这会有助于《园冶》中骈文的解读。

从历史上看，互文现象在先秦时代就已出现。唐贾公彦就一再举例，如《仪礼·既夕礼》义疏："凡言互文者，是二物各举一边而省文，故云'互文'。"互文作为一种辞格，有种种类型：

一、单字互文。即上、下句同一位置的两个单字的互通互补。如白居易《东南行一百韵》："地远穷江界，天低极海隅。""穷"、"极"二字互文，"穷"就是"极"，"极"也就是"穷"。

二、当句互文。即一句中前、后词语互文。如王昌龄被誉为唐诗"压卷之作"的《出塞》以及清代著名诗学家沈德潜《说诗晬语》对此诗的妙评：

秦时明月汉时关，万里长征人未还。

但使龙城飞将在，不教胡马度阴山。

"秦时明月"一章，前人推奖之而未言其妙。盖言师劳力竭而功不成，繇（金按：即"由"）将非其人之故，得飞将军备边，边烽自熄……防边筑城，起于秦、汉，明月属秦，关属汉，诗中互文。

这首七绝，不仅是对汉代名将李广的怀念，而且是对当朝"将非其人"和不关心戍边士卒的婉讽，意谓当今如能重用人才，有飞将军这样的名将备边，敌军是不敢轻易入侵的。而今劳师力竭而功不成，守关戍边之役却无有已时。此诗二十八

① 见杨树达：《汉文文言修辞学》，中华书局1980年版，第101－109页。现查，此书前身曾在30年代、50年代小范围内印过，但对各界影响不大。

字，浓缩了几许意蕴！而对于高唱而入的首句，人们往往不识其妙。事实是历史上防边筑城起于秦、汉，但首句由于字数限制，故各举一边，互有省略，前省一"汉"字，后省一"秦"字。这样，既可节省字数，又能孕育诗味，解释时应将前后合起来，意谓秦汉时的明月依然照着秦汉时的关，边戍由来已久⋯⋯

三、对句互文，即对偶句上下彼此隐含，互为呼应。如北朝乐府民歌《木兰诗》："当窗理云鬓，对镜帖（同贴）花黄。"诗句是说，当着窗子、对着镜子理云鬓和贴花黄，"当窗"和"对镜"是木兰梳妆打扮的共同条件，因此这两句不能分开来各自作孤立的理解。其修辞功能是变换字面，错综文句，故意将一句之意分为两句来写，使其上下不同，妙添辞趣，以达到突出强调之目的。

四、隔句互文，如王勃的《滕王阁序》："十旬休假（'假'通作'暇'），胜友如云；千里逢迎，高朋满座。"二、四句是隔句的互指兼顾，必须合在一起作完整的理解，意谓满座的高朋胜友，像云一样多。

五、排句互文，如《木兰诗》："东市买骏马，西市买鞍鞯，南市买辔头，北市买长鞭。"意谓跑遍四处的集市，购买有关出征的用具，这样写，就能渲染出积极的态度和热烈的气氛。

总之，互文是让一个、两个或一组句子中前后连理相关的词、词组（短语）或句子互备互明、互补互见，前以显后，后以明前的修辞手法。其特点是铺陈藻饰，协调音节，寓变化于工整之中，见隐意于省略之外，从而增进文句绘画性、音乐性的美，使读者加深印象，当然，它也可能会给阅读带来某种歧义的理解，但只要熟悉了这种辞格，经常阅读，产生语感，就会消除误解，增进体悟。

再分析"临溪越地，虚阁堪支；夹巷借天，浮廊可度"，这也属于隔句互文。"临溪"与"夹巷"为互文，临着溪，夹着巷，均为动宾短语，宾语一为水，一为陆，二者互备互补，就概括了建筑"相地"时所可能遇到的水、陆两种不利情况。既然水、陆挡住了去路，影响园林的设计和建造，就必然产生"越地"、"借天"的想法。这里应补充指出，"越地"和"借天"一样，也都是动宾短语。至于"虚阁""浮廊"，这是解读的关键。在互文两个相同的语言结构中，处于相应位置的词往往可以互训互释。在计成笔下，这里的"虚"就是"浮"，"浮"就是"虚"，这样上、下互明，就突出了创造性的空中构筑；而"阁"和"廊"这两个建筑名词在这里也可互释互换。"堪支"和"可度"，二者则表现为因果关系。再说这作为分句的两个小复句，均如《园冶注释》所示，应该是假设复句，故应加上关联词"设若"或"假如"，其后还应连以"那么就⋯⋯"。这样，整个大复句可译作：设若前方临着溪或夹（隔）着巷，需要上借空间或下跨被分割的地块，那么，就可以把虚浮于空中的廊阁支架起来，从而度越过去。还应说明，廊阁的跨越和其前横着的溪、巷，均应呈十字形或准十字形的交叉。

计成这里用互文来写，不但格式上适应骈文的需要，避免了用词的重复呆板，能使文句有变化，有气势，两两相对，琅琅上口，而且从内容方面说，更使理论具有实用价值，它通过假设复句，事先估计到可能出现的不同问题，从总体上提出并予以解决。计成这一互文骈语在中国园林建筑史上起着承前启后的作用，或者说，它是对以往成功实践经验的总结和对优秀实践成果的继承，对尔后园林、建筑的设计实践也极有启迪。以下拟扩大范围，从史学视角引申接受，标举历史实践和当今实践的典型事例，以扫描两千年来"虚阁"、"浮廊"的发展：

其一，汉代长安宫苑的"飞阁"

《三辅黄图·汉宫》载，汉武帝的建章宫"在未央宫西长安城外。帝于未央宫营造日广，以城中为小，乃于宫西跨城池作飞阁，通建章宫，构辇道以上下，辇道为阁道"。这就是跨城越池凌空构筑的突出实例。它把城内、城外，未央、建章，通过虚浮行空的"飞阁""辇道"连成一体。

其二，西晋苏州阊门"跨通波"的"飞阁"

晋陆机咏苏州阊门的《吴趋行》写道："阊门何峨峨，飞阁跨通波。"写得很明确，这是飞跨于通波之上的"虚阁"。而今苏州阊门外的吊桥，依稀具陆机所咏遗意，但建造得不是很理想。

其三，唐代洛阳香山寺前的"寺桥七间廊"

唐白居易在河南修香山寺，其建筑包括"登寺桥一所，连桥廊七间"，这无疑就是《园冶》所说借天越地的虚阁浮廊。事见白居易《修香山寺记》。

其四，宋代苏州虎丘的"陈公楼"

宋隆兴二年，王晓于《陈公楼记》写道，由于虎丘寺僧下山取水困难，"登降百级，喘汗力屈"，于是陈敷文捐金二十万，"俾创楼其上，为井干以便汲"，"其楼悬跨两崖，瞰临九仞，登之者耸然魄动，如历云栈之险"。这种有井圈可供下汲于剑池而跨越两崖的空中楼阁，是把"虚阁堪支"和"浮廊可度"融为一体的典型建筑……后因木构倾圮而易之以石，明代石上仍有木廊，旋廊废而易为露天木栏，后复改为铁栏双井桥，俗称"双吊桶"【图51】。作为虎丘一胜，这一成功地体现了"借天"特色的构筑，至今仍不断赢得人们的关注和惊叹。游人至此，仁飞桥，扶危栏，俯首下窥剑池，依然惊心眩目。

其五，宋代李嵩《水殿招凉图》中的盝顶廊桥

《水殿招凉图》为界画，绢本设色。画面主体建筑为重檐十字脊歇山顶临水殿阁，其旁则为跨于池沼之上呈"八"字形的跨水盝顶廊桥，其连续的虚阁由此岸延至彼岸，中间共廊屋七间，左右翼各三间【图52】，是研究宋代桥梁、虚阁的宝贵资料，图为刘敦桢先生《中国之廊桥》一文中的摹本。

其六，元代苏州狮子林后来出现的"修竹阁"

图51　昔日陈公楼，今日双吊桶
苏州虎丘的"借天"建构
朱剑刚　摄

《园冶全释》解释"虚阁"时以狮子林修竹阁为例，指出"水如从阁下流出，有'水令人远'之感"，这涉及园林意境的创造，颇有价值。《园冶·相地》的原意，虽是设想造园相地时出乎意料地遇到已经存在的溪流阻挡去路，必须针对性地予以解决，办法就是"临溪"而"越地"。不过，此跨水之法同样适用于人工特地开凿的溪流，所谓"水浚通源，桥（此处不妨读作'廊桥'）横跨水"（《相地·郊野地》），这说明计成的四句，不但特殊地适用于应对相地

图52　[宋]李嵩《水殿招凉图》
八字形盝顶廊桥
刘敦桢摹本

时遇到的特殊情况，而且普遍地适用于一般的园林跨水型廊阁景观设计。考今狮子林修竹阁的原型，在元代和明初尚未出现，因为周棨、高启等诗人咏狮子林八景、十二景，只有"竹谷"、"虹桥"，修竹阁大概是由此逐渐演绎而来的。今天这一卷棚歇山顶的修竹阁，架于小溪之上，横架地块，水流阁下，确乎有"水令人远"之感，特别是还妙取陆机《吴趋行》中"飞阁跨通波"之句，制为该阁两侧洞门上的篆书卷轴额，一为"飞阁"，一为"通波"。这不但显示了吴文化的历史传承，而且证实了"虚阁堪支"的可行性。

其七，明代苏州拙政园后来出现的"小飞虹"

始建于明代的苏州拙政园，据当时文徵明所作拙政园图咏三十一景，其中已有"小飞虹"，但这并非廊桥，而是单纯的拱桥。现今著名的"小飞虹"廊桥，估计为清代以来的作品。这座造型别致的廊桥，桥体为三跨石梁【图53】，微微隆起，略如"八"字，横跨"小沧浪"溪流，堪称"临溪越地"的典范、"浮廊可度"的杰构，其上列柱支起三间穹窿形廊，桥栏挂落精致纤巧，而今仿效者多得不可胜数，正足以证明这种跨水构筑广受欢迎。当然，"小沧浪"溪流也很可能是特地开凿的，是在"小飞虹"的设计规划之中的。

其八，清代扬州"四桥烟雨"的"锦镜阁"

李斗《扬州画舫录·桥东录》载，"四桥烟雨"有"锦镜阁"三间，前后两间

图53　临溪越地，浮廊可度
苏州拙政园小飞虹廊桥
田中昭三　摄

各附下间并设有楼梯，当中一间跨河而度，其下通水，"制仿《工程则例》暖阁做法，其妙在中一间通水也。集韩联云。'可居兼可过；非铸复非镕。'"对联揭示了此"虚阁"的特色，一是有窗能闭，可供人居住；二是为跨河可度的架空走廊；三是如启窗下窥，可见溪水平静如"镜"，倒映着天空和两岸斑斓如锦的景色，但此"镜"既非铸，又非镕，这是清代扬州园林一绝。

再回过头来探讨计成骈语之所以不被理解，除了用互文写作外，主要是由于这种跨水越地的建筑虽然历代都有过，但并不普遍，特别是它向来没有一个约定俗成的专名，如在皇家宫苑，被称为阁道、辇道；在城市、山寺、寺观园林或私家园林，被称为飞阁（陆机）、寺桥（白居易），甚至称为楼（陈公楼）或阁（修竹阁、锦镜阁）。在《水殿招凉图》上，它更没有名称，而"盝顶廊桥"之名是今人赋予的；拙政园的"小飞虹廊桥"同样如此。

直至20世纪40年代初，著名古建专家刘敦桢先生最早撰写专文《中国之廊桥》，并提出了"廊桥"的专名。该文写道：

> 旅行我国西南诸省者，每于山溪绝涧，泉瀑奔腾，或平原鄹鄹，柳岸沙汀之际，见有桥亘如虹，上覆廊屋，饰以重檐，或更构亭阁，挺然秀出[①]，极似宋人所绘栈道图，雄丽而饶画趣。惟此式之桥，无专称，以愚荒陋，未之前闻。至于桥之起源演变，与其结构造型，就今日所知，亦乏专著阐其真相……古人谓："顾名思义，而名由义生"。今秉斯旨，暂以"廊桥"二字撰述此文……[②]

刘敦桢先生追溯历史，推断廊桥的诞生"或在西汉以前，春秋战国之际"。他还由源溯流，择其要者进行阐叙，并指出其界限，应排除"仅在桥头或桥中，局部建门、亭、楼、阁者"。这一界定，也是十分必要的。

不妨再对上述诸家的争论和笔者以上联系历史实践的引申接受，结合中国造园学、建筑学的发展作一理论上的概括：

一、造园学或建筑学中一个范畴、概念或术语的形成，无不是长期的历史积淀所致，它们往往要经过漫长而曲折的历程，同时又必须最后经过名家理论思维的概括、研究、提升，最后才正式出现于学术界。如"借景"这一审美现象早在六朝甚至更早就开始出现，并在主、客体方面不断积累丰富的历史经验，只是到了明末，它才在《园冶·借景》中呱呱坠地，成为园林美学和中国空间美学的重要范畴、概念被广泛地引用。刘敦桢先生《中国之廊桥》专文的出现同样如此。总之，历史上一个范畴、概念或术语的诞生，均离不开"历史积累－名家提升"的过程。

---

① 西南少数民族如侗族地区等这类桥特多，近年名之曰"风雨桥"，仅言其遮风蔽雨的功能，亦未概括其建筑特色。

② 《刘敦桢文集》（三），中国建筑工业出版社1987年版，第448－450页。

二、对于有争议的语句，除了在语文方面应作疏导外，还应该尽量联系历史实践和现实适例来解读，如《园冶全释》举出狮子林修竹阁之例，《园冶析读》举出汉代长安未央宫和建章宫之间的"阁道"、徽州老街屯溪茶厂联结两厂区的复廊、某地某宅的"小姐楼"……都为解读作出了应有的努力。据于此，本节顺理成章地梳理了自汉至清一系列较为典型的实践适例。当然，还不妨进一步联系当代的现实，以苏州为例，如干将路东段有横跨宽阔马路的苏式长廊天桥，这一大型的廊桥是苏州园林精神的外射和拓展，也是古代夹道浮廊的现代演绎，突出地体现为"夹街借天"。此外，苏州城内的商店也多此类特色景构，如市中心的秦龙水饺庄，空廊横跨水巷，有意

图54　虚阁堪支，商业亮点
苏州跨水所建某面馆
田中昭三　摄

思的是侧面门上还有"垂虹小筑"的砖额。再如跨水而建的某面馆【图54】，也富于"虚阁堪支"的别趣，它跨河沟通十全街和滚绣坊南北两街，成为该店的亮点和品牌，其廊阁侧面还以红光闪闪的流动字幕引来了更多顾客，显示了该构筑的商业价值，这也说明计成的论述具有普世意义。

在这方面，有的研究家指出，"《园冶》的价值是多维的……［以往的研究中］对于《园冶》造园理论价值的分析多于实践应用价值的研究，学界对《园冶》的现代实践指导价值挖掘还不够深入，应用范围还不够广泛"[1]，故应大大扩展《园冶》名言警句的应用范围。

三、时间是人类发展的空间，过去——现在——未来往往通过种种呼应有形无形地联系着。因此，凡是带有规律性的、深度的理论概括，总往往不为时空所限，或者说，具有时空的穿透力。"临溪越地，虚阁堪支；夹巷借天，浮廊可度"四个短句中，最有价值的是"借"、"越"、"天"、"地"四字，它把有限的构筑和

---

[1] 张大鹏、张薇：《〈园冶〉研究的回顾与展望》，载《中国园林》2013年第1期。

无限广大的天地联系起来，启示人们去"因借"，去"跨越"，这就极大地拓展人们的思维空间。《园冶析读》说过一句极富前瞻性的话："时至今日，我们遇到同样的问题就不止可用天桥或廊桥之类的跨接手法，还可以采用地下的隧道。"这一引申接受，说明了《园冶》不仅具有现实的普世意义和应用价值，而且还隐含着未来学的内容，具有强大启发性和生命力。

第十节　篆壑飞廊，想出意外
——附：寤园之篆云廊

此语见《园冶》的《自序》。原句为："构亭台错落池面，篆壑飞廊，想出意外。"本节主要论述"篆壑飞廊，想出意外"以及与之相关的《园冶·屋宇·廊》中的"通花渡壑，蜿蜒无尽，斯寤园之'篆云'也"。

先释篆壑，《园冶注释》释为"深奥弯曲的溪壑"，意思明确，只是未提及"篆"字；《园冶全释》释为"以篆书的形象喻沟壑"，提及了这个"篆"字，但未释其特点，各有所不足，故首先应研究篆书的形象特征。汉许慎在《说文解字序》里论述了中国造字、用字的"六书"方法，其中重要的一法就是"象形"，许氏解释其特点是"画成其物，随体诘诎"。诎（诎 qū），通屈，屈曲也。诘屈，即曲折，弯曲，三国魏曹操《苦寒行》就有"羊肠坂诘屈"之句。试再比较正、草、隶、篆、行等书体，可见篆书最富于象形意味，它大多是以线条按照事物形象来画成其物的，特点是随其体状而弯转屈曲。而这种写法上升到书法艺术领域，唐孙过庭《书谱》就将其概括为"篆尚婉而通"。笔者在解释篆书风格美时写道："所谓'婉'，就是委婉、婉曲、宛转……所谓'通'，就是圆通、贯通、流通、通达，即由此端通至彼端而中无阻隔"[1]。正因为篆书具有婉曲盘转、弯屈自如的美，所以人们喜欢用"篆"来形容弯曲的线条、形状之美，如宋王安中《安阳好》："咽咽清泉岩溜细，弯弯碧甃篆痕深。"把弯弯曲曲的泉甃比作是引笔作篆所留下的痕迹。这种篆痕之喻，既古奥，又形象，启人思而得之。据此，篆壑就是如篆书般随其体势之自然而宛转屈曲，流通无阻、气脉延连的沟壑溪涧。王安中词里的"细""深"二字，还可作为本定义的补充，说明篆壑不很宽阔，具有"深"或"似深"的景观特征。

关于飞廊，《园冶注释》释为"在高处筑起长廊，如飞渡一般"。意思较准确，但所加形容词如"高"、"长"等似乎形容太过，其实，不建在高处的短廊，也可称为"飞廊"，如苏州拙政园现存的廊桥"小飞虹"，虽用"飞"字却建于平岸，

---

[1] 金学智：《中国书法美学》下卷，江苏文艺出版社1994年版，第461页。

既不高又不长，所以应看到计成用的是文学语言，带有一定的艺术夸饰成分。《园冶全释》则释为飞廊为"形容架在半空或水上的廊。"点明"形容"，又指出有两种情况，即"架在半空或水上"，交代清楚，甚有必要。当然，"半空"也可能令人想到很高，不妨补充说，是架空而过的廊。

计成在写了"篆壑飞廊"之后，紧接着加上"想出意外"，四字说明了这是富有创意的景构，当时在江南私家园林里可能尚未出现过，而今拙政园的"小飞虹"，乃是后来才出现的。正因为大江南北的私园均无先例，所以计成才自豪地用"想出意外"四字来抒写。值得注意的是，此话是计成受邀于晋陵吴又于并通过相地谈设想时才说的。《自序》有这样一番叙述：

> 予曰："此制不第宜掇石而高，且宜搜土而下，令乔木参差山腰，蟠根嵌石，宛若画意；依水而上，构亭台错落池面，篆壑飞廊，想出意外。"落成，
> 公喜曰："……自得谓江南之胜，唯吾独收矣！"

对于"篆壑飞廊，想出意外"，《园冶全释》的译文是："曲折深邃的涧壑（金按：此意甚确，但理应同时在注释中出现），上架浮廊以飞渡，其境界的美妙，将会出人意料之外。"此译不但颇为准确，富有文采，能体现"信"、"雅"、"达"三字，而且"浮廊"一词，本是《园冶·相地》的术语，用于此处也特贴切，还令人有"似曾相识燕归来"之感。《园冶全释》在注释《园冶·相地》"临溪越地，虚阁堪支；夹巷借天，浮廊可度"这一难句时，出现了误读，但这里却用得"适得其所"，体现了准确的把握，遗憾的是没有将这二者有机地联系起来思考。

再回到《自序》的一番话上来，从中可推测，"篆壑飞廊"的设想在吴又于的园里成功地化为现实，故而吴又于喜出望外，认为"江南之胜唯吾独收"，认为这是独步江南的胜景创构。至于计成此设想的第二次成功地实现，是在仪征的寤园，即《园冶·屋宇·廊》所说"或蟠山腰。或穷水际，通花渡壑，蜿蜒无尽，斯寤园之'篆云'也"。从其叙述可见，此廊有两大特色，其一是它作为特具独立性、自由性的曲廊，不但通过花间，而且渡过溪壑，体现为"借天""越地"，形制优美而情景交融；第二是架于其上的涧壑，颇有曲度，如篆书一样有婉曲盘转、弯屈自如的美，故而题其名曰"篆云廊"。

从品题美学的视角看，"篆云廊"的"篆"字还有其双关性：一方面，它凸显了溪壑的蜿蜒屈曲，似有深幽不尽之感；另一方面，它又与虚无缥缈的"云"字组成"篆云"作为廊名，这一品题也新意益然，还特别带有宋、元以来流行的词曲韵趣。试看宋词、元曲中的有关咏唱：

> 篆香烧尽，日影下帘钩。（宋李清照《满庭芳》）
>
> 心似风吹香篆过……（宋辛弃疾《添字浣溪沙·病起独坐停云》）
>
> 莺声似隔，篆烟微度……（宋高观国《御街行·赋帘》）
>
> 风袅篆烟不卷帘，雨打梨花深闭门。（元王实甫《西厢记》第二本第一折）

"篆"字在宋词、元曲里是很有表情功能和修辞效果的，它既有典雅古韵，又有园庭意趣，还给人们留下了馀韵袅袅的接受空间，试看上引数例，第一例的"篆香"，实指如"篆"一样盘曲供点燃的"香"。焚香为文人雅事，"物外高隐，坐语《道德》，可以清心悦神"（明文震亨《长物志·香茗》）；第二例的"香篆"，喻指盘香之"篆"，即把这种屈曲浮动的烟缕喻为"篆"，发人想象；第三、四例的"篆烟"，则直接称这种婉曲地袅袅浮动的烟缕为"篆烟"，第四例还是脍炙人口的名句，特别富于园林意境的美，令人如入其境，如见其人。

宋晁补之还有《同鲁直和苏公》诗，其中一联曰："散篆萦帘额，留云暗井眉。"诗中的"篆"，就是篆烟的节缩。"散篆"与"留云"互文，状写缥缈游荡、近似线状的篆烟散缕，融入于飘腾浮动的片块状的香云篆霭，意境极美，这正是寤园"篆云廊"品题的出典。试想，蜿蜒屈曲的"篆壑"，"飞廊"横跨其上，廊间还随风飘荡着水气佳霭、篆烟香云，微微地、轻轻地、淡淡地隐现，足以勾魂摄魄……其意境，如同浮游于天际披着羽纱的仙子，朦朦胧胧，可望而不可即。

计成对自己造园作品，除了在《自序》中提到镇江的壁山、常州的吴又于园等而外，他精心设计的个体建筑杰构唯一写入《园冶》书中的，只有寤园中既富形态美，又饶品题美，还有二者结合所生意境美的"篆云廊"，由此可见计成对这一创构的高度重视。

第十一节　全在斯半间中，生出幻境
——《廊房基》"馀屋"概念的提出

此语见《立基·厅堂基》。这一节以散文写成，明白如话，只是"全在斯半间中，生出幻境也"一句，颇难解读，因此，参与讨论的诸家在理解上多有分歧，本节拟适当结合这些解释，凸显其中合理的成分，扬弃失当的论述，并联系园林建筑的典型实例进一步解秘。先将全节具录于下：

> 厅堂立基，古以五间、三间为率；须量地广窄，四间亦可，四间半亦可，再不能展舒，三间半亦可。深奥曲折，通前达后，全在斯半间中，生出幻境也。凡立园林，必当如式。

是的，古代厅堂的常规，间数总是成单，或三或五，偶尔也有面阔七间的，但计成却偏要突出园林建筑的特殊性，说"四间亦可"，这已突破常规，强调了它的自由性，启人思索。随接"四间半亦可"，"三间半亦可"，就更令人纳闷，这"半间"究竟是什么？最后以妙语点睛："全在斯半间中，生出幻境"。此语更具魅力，深奥曲折，若明若暗，向人眨着神秘的眼睛……

对于这一极精彩的难句，《园冶注释》解释"深奥、幻境"为"有深藏隐秘，不易令人窥见之意"、"有境地虚幽不可意想之意",这都还不错。但是这"半间"在何处?怎样生出变幻的境界?这些关键问题均没有触及,不免令人有所遗憾。

《园冶全释》以其可贵的理论勇气直面问题,反复探索,力求予以解决,并作理论上的提升,而不是回避躲闪,这首先应予肯定。它先注释"通前达后",认为"是组合在庭院中的厅堂特有的一种空间功能。住宅是在轴线上层层组合庭院,厅堂要被穿过,起'通前达后'的作用,所以内设屏门以蔽而通之"。本书认为,这已略含误释成分,厅堂和庭院是两个不同的概念,虽然二者存在着有机联系,但计成此节的标题是《厅堂基》,故而不必杂以"庭院"的概念来阐释,因为这至少易分散或转移讨论目标。

《全释》还注道,这种"独特的空间处理手法,可以造成空间往复无尽的情趣"。此话颇有理论深度,是园林美学的一种发现,它确实也揭示出幻境奥秘的某些方面。但接着又注道,半间"非指建筑的间数"。这又不免失当,因为既已称为"半间",就应是指间数。《全释》的序言还发现了《书房基》"势如前厅堂基馀半间中"的"馀"字,认为计成稍露了"天机",这确实是抓住了切入口,但遗憾的是旋即又将其丢弃,并断定,半间"非房屋的间数,而是在房屋基地之内,房屋间数之外的馀地宽度",也就是"'借天夹巷'的宽度,由此推之'夹巷',是房屋与房屋山墙间的露天夹隙,或房屋与院墙间所形成的夹巷"。此外,还混进了《园冶》另一处"砖墙留夹"的不同概念。从逻辑学视角看,既然混同了相异概念致使前提不确,则其推理和结论就必然有误了。此外,还认为计成提出"半间"是"故作惊人之笔","却不指明'半间'在何处?是什么样的'幻境'?"……

对此,《全释商榷》指出,这种"变幻功能,全靠这半间来完成。因此,这是建筑内部空间的变化技巧,不是'指建筑环境的空间变化'……'通前达后'也明指厅堂那半间说的"。这一判断可谓一语中的。但这仅仅是扣住字面而发,没有具体回答半间究竟何在?变幻功能究竟如何发挥,故而语焉不详,较为空泛,并无实质性的突破。相比之下,《园冶全释》却作了可贵的、联系实际的探索,如说,室内空间变化可指鸳鸯厅之类;厅堂通前达后被穿过,故内设屏门蔽而通之;房廊可造成空间往复无尽的,景象变幻莫测的情趣……这些确有不同程度的幻境感,只是没有扣住这紧连着三间、四间的"半间"来探索。

相比而言,《园冶析读》的解释最为准确,认为"半间"是"面阔(非进深)增多了半间",接着写道:

> 计成在《园冶》一开始的《兴造论》中就已提到了半间:"其屋架何必拘三、五间,为进多少?半间一广,自然称雅。"很明显,"半间"对面阔(三、五间)"一广"对进深(为进)……这半间虽难以用作正规房间,却可用作过道、楼梯等,称之为"馀屋"可也,其前后若与外廊相连,自然曲折深奥,并将房屋的前后庭院连接起来,通达前后……苏州网师园的殿春簃即是三间半,

其半间用以连接外廊和旁屋，通达前后庭院和左右空间，就是曲折深奥，生出幻境的佳例……

分析丝丝入扣，可谓探得骊珠！它通过《园冶》中前后文的联系（实际上这就是循环阅读法），准确地找到了《兴造论》中的"半间一广"之语，以这一内证明确了面阔（"三、五间"）与进深（"为进"）之分，厘定了"半间"这一概念的内涵及其"功能质"，表现了精确严密的逻辑思维。然后又提出"馀屋"的概念以概括说明"半间"，特别是指出它若与外廊相连，就自然通前达后，曲折深奥，生出幻境。

对于《园冶》中"半间"、"馀屋"这一重要概念，本节拟进一步作理论上的厘定和梳理，并联系园林审美实例进行解析和品赏。

先看《立基·厅堂基》原文，短短一节竟出现了六个"间"字，可见这应是探讨的逻辑起点。对于中国建筑学这个基本概念——间，林徽因先生指出："'间'在平面上是一个建筑的最低单位。普通建筑全是多间的且为单数。有'中间'或'明间'、'次间'、'稍间'、'套间'等称。"[1] 这种多间的单数，以三间为最多。刘敦桢先生概括中国民间住宅建筑就说，它们"以面阔三间为最普遍的方式"。[2] 至于园林建筑，在平面上也离不开"间"的组合，厅堂轩馆的常规，一般为面阔三间或五间，多为单数，在江南园林里，七间极少见，双数亦罕有。计成在《园冶》里也如是说。如《立基·厅堂基》："厅堂立基，古以五间、三间为率。"一般民间屋宇亦如此，而这些程式规制，是两三千多年来历史地形成的。

回溯古代，最普遍的民居建筑格局是一明两暗的三开间。《说文》："房，室在旁也。"中间的是正室，称为堂；在两旁的次室，则称为室或房。段注："凡堂之内，中为正室，左右为房，所谓东房、西房也。"这种程式的起源，并不是在是许慎所处的东汉，其实早在秦代就较成熟了[3]。对这种三开间或五开间的平面组合，刘敦桢先生复指出："在平面布置上，中央明间的面阔总是稍宽，左右次间和稍间则稍窄，使人一见而知明间是住宅的主要部分。"[4]。这就是千百年来中国民居建筑程式序列无声的示意。居中的明间较宽阔明敞，次间乃至稍间则较窄较暗，这种民居建筑的正式格局，也反映在《园冶》里，如《屋宇·地图式》："凡厅堂中一间宜大，傍间宜小，不可匀造。"计成的强调，也就是承认了这一积淀而成的民居程式以及为民居建筑所影响的园林建筑程式。

在民居和园林建筑中，既然"间"已经是建筑平面上的最小单位，具有不可分割性，但《园冶》却偏要强调这"半"字以及"馀"字。在该节中，"半"字也

① 《林徽因建筑文萃》，上海三联书店 2006 年版，第 7 页。
② 刘敦桢：《中国住宅概说》，百花文艺出版社 2004 年版，第 83 页。
③ 见石兴邦：《考古学研究》，三秦出版社 1993 年版，第 573 页。
④ 刘敦桢：《中国住宅概说》，百花文艺出版社 2004 年版，第 89 页。

出现了三次之多，特别是还用了建筑学里从未出现过的"半间"这一术语，打破了面阔统计的整数，并将其与"幻境"绾结在一起，这样就较难理解，引起了诸家的争议。

不妨从"四间亦可"[①]说起。那么，这种组合形式在民间究竟有没有呢？刘敦桢先生说，"面阔四开间的横长方形住宅比较少见"，但也有例外，如"江苏松江县的乡间住宅，但平面布局仍以三开间为主体，就是作为祖堂与起居室客堂等等用途的明间面阔较大，左右卧室与厨房较窄，和前述三开间住宅没有差别，只是在西端再加面阔较窄的杂屋一间而已"[②]。其实这已非匀造的四间，从平面图来看，这作为杂屋的一间更窄，不但远不如明间宽广，而且其面阔只有次间的一半，是名副其实的"半间"，或者说，这完全可称为"三间半"。从建筑发展的宏观视角看，面阔极窄的民居"杂屋"，已历史地积淀为程式，它有助于计成在造园思想上打破"间"的整数观，萌生出建筑的新概念。他通过提升、概括、移植、创造，于是在书中反复予以强调。试看《园冶》一书中，不但多次出现"半"、"半间"的概念，如《立基·厅堂基》中的"四间半亦可"，"三间半亦可"，"全在斯半间中，生出幻境"，而且还多次出现"馀"、"馀屋"的重要概念。如：

　　势如前厅堂基，馀半间中，自然深奥。（《立基·书房基》）

　　廊基未立，地局先留，或馀屋之前后，渐通林许。蹑山腰，落水面，任
　　高低曲折，自然断续蜿蜒。（《立基·廊房基》）

上引第一则，把"馀"、"半"、"间"三字出色地糅和在一起了。第二则，更明确提出了"馀屋"这一重要概念。这里不妨进一步将《廊房基》中关键词挑出并连缀如下：

　　廊基……留……馀屋（金按：馀屋，即'半间'）之前后……

这就显得很清楚：在横向并列数间中先留的半间"廊基"上所建的"馀屋"，既可通其"前"，又可达其"后"，让其连接着"蹑山腰，落水面，任高低曲折，自然断续蜿蜒"（《立基·廊房基》）的廊，这就必然会生出幻境了。计成把能通前达后的半间馀屋作为生成"幻境"的重要契机，这是一个杰出的理论创造。而有些研究者、讨论者由于粗忽，未加注意。其实，细细体味辨析，以往注释、争议的疑团，就有可能"涣然若冰之释"（《老子·十五章》）。

再试以《园冶析读》所举苏州网师园实例为证。殿春簃是面阔三间、体量不大的建筑，这"半间夹弄"紧靠其东，另一壁则是看松读画轩。它往南连接着一条具有通前达后导向功能的三间单面廊【图55】，这里不妨将此"半间夹弄"及其连廊作为节点，对其通达的前后乃至左右诸方稍作审美描述：在此夹弄连廊，

---

① 真正的"四间"，确乎极少，但计成将其插入面阔的间数序列之中，可见其不完全拘守于程式，留有馀地，不把话说绝。

② 刘敦桢：《中国住宅概说》，百花文艺出版社2004年版，第86页。

图55 三间半亦可，馀屋之前后
苏州网师园殿春簃侧单面廊
田中昭三 摄

廊引人随，往南，廊尽，可通入小小壁山幽洞，令人顿生《园冶注释》所说"境地虚幽不可意想"之感。若向西环视，则为著名的殿春簃前庭院。院内取周边布局形式，金边银角之间，有翼然半亭，一泓冷泉，扶疏花树，玲珑峰峦，至于中间的铺地，则闲雅舒坦，更凸现出网师的水情渔意。而整个庭院，景色楚楚动人，颇惬观赏，勾留着人们的审美脚步。若再回望单面廊的壁间，还可见系列漏窗，圆圆的，六角的，隐隐然幻出隔院的旖旎风光。而折东数武，由"真趣"洞门出【图56】，则豁然开朗，别有天地，网师园主景区尽收眼底：水池四周的月到风来亭、濯缨水阁、云冈假山、引静小桥、竹外一枝轩、

图56 全在斯半间中，生出幻境
"真趣门"导向别院风光
田中昭三 摄

射鸭画廊……它们高低相随，虚实相生，构成诗的意境，美的韵趣。"却顾所来径"（李白《下终南山过斛斯山人宿置酒》），人们定会感到这"半间"及其所连通的单面廊，不愧为"通前达后，全在斯半间中，生出幻境"的杰构。

若退回由单面廊入"半间"往后，夹弄东壁即有洞门通往看松读画轩幽暗的旁室。而进入面阔三间的看松读画轩，则处处能感受到古色古香的情氛，厅堂陈设，书画屏楠……令人发思古之幽情。

由半间夹弄往北折东，则于室外可至看松读画轩、集虚斋、五峰书屋等狭窄的后庭……毋庸讳言，这里较荒幽贫乏，不入品赏。

再如苏州狮子林燕誉堂东侧的半间馀屋，也非常典型，它也是通前达后，幻境连连，令人寻味不尽。这类实例颇多，此不赘。

以苏州为代表的江南园林，其中"半间－馀屋"的作用可谓大矣，它通前达后，左右逢源，人们往复游赏其间，曲折深奥，幻境时生，故而成为串连全园游览路线的重要组成部分。至此，可以用《园冶全释》的话说，真足以"造成空间往复无尽的情趣"，《全释》的作者通过长期的园林游豫考察，确实颇有感悟，只是混淆了《园冶》书中几个似同而实异的词句，联系失当，概括有误，致使"空间往复无尽"论缺少了某种扎实的推论基础，故本书此节在充分论证的基础上，再举网师园"半间＝馀屋"的实例加以品赏，并以此表示对"空间往复无尽"论的支持。

第十二节　砖墙留夹，可通不断之房廊；
板壁常空，隐出别壶之天地
——参互合一的诠释及系列性例证

《园冶·装折》有云："砖墙留夹，可通不断之房廊；板壁常空，隐出别壶之天地。"上、下两句，骈偶成文，琅琅上口，成诵难忘，但对其内涵，则诸家解释颇有分歧。

《园冶注释》："别壶之天地：作别境乾坤或另一境界解。"并引《后汉书》费长房故事（见本书第509页）之典，其译文为："砖墙需留夹巷，可以连接房廊；板壁酌开空窗，隐见别院风光。"此译字斟句酌，语言凝练，甚合原意，尤其是"夹巷"、"空窗"、"别院"云云，把握得异常准确，堪称妙解。

《园冶全释》则抓住《园冶》全书的"夹"字以及认为有关的词语，在多处予以反复的申释：

"砖墙留夹，可通不断之房廊。"可做《相地》的"夹巷借天，浮廊可度"的对应和注解。所留之"夹"，即借天之"巷"，可度之浮廊，即"可通不断

之房廊"也。这是"往复无尽"空间意匠具体手法的点睛之笔。（序言）

砖墙留夹：是指房屋的山墙与院墙之间留有夹隙，也就是《相地》中所说的"夹巷借天"的"夹"。不断之房廊：就是通过"留夹"处的廊，即《相地》中所说的："夹巷借天，浮廊可度"的"廊"。所以说"不断"，因廊通联庭院内外之故。这是《园冶》中非常重要的庭院空间设计手法。（注释）

"留夹"是计成在《园冶》中，总结古典园林建筑庭院非常重要的设计思想，曾一再提到，除在《相地》中提出"夹巷借天，浮廊可度"之外，并在《立基》中指出"夹"留在何处？如在《厅堂基》中所说的"半间"并强调"深奥曲折，通前达后，全在斯半间中，生出幻境也。"在《书房基》中又一次强调说："势如前厅堂基，馀半间中，自然深奥。"……直到《装折》才以点睛之笔，提出了"砖墙留夹，可通不断之房廊"……何以简单的两间小舍组成的庭院，却会给游人以空间无尽，意趣无穷的感受。探其源与《易经》的'无往不复'的循环论有很深渊源，是中国在建筑空间艺术上高度杰出的成就之一，命之为"空间往复无尽论"。（《全释》按语）

应该说，《全释》作者是有心人，他对《园冶》进行了反复的研读，力求将其从整体上加以贯通、把握、提升。平心而论，这种在译注的同时参以循环阐释的综合方法，比起孤立的译、注和就事论事的注释来，要好得多；同时又能和《易·泰·九三》中"无平不陂，无往不复"的哲理联系起来，表现了对造园艺术的深刻思索，这也很有价值。但是，在此之前，首先应以逻辑学的视角厘清概念，审定论据，而不能混淆不同的"夹"和不同的"廊"，更不能有先入之见……遗憾的是，《全释》的作者忽视了这一点，于是就走向了误区。

《全释商榷》则又从其他角度思考："这里的板壁只应是指用木板嵌装的墙壁……是指板壁间常留有不嵌死的空位，乍看是板壁，实际是可开启的板门（或叫隐门、窨门）。这样便可悄悄到达（隐出）另外一处新奇的天地（别院、别馆）"这一推测或设想，似属想当然。

《园冶析读》则揭出了《全释》概念上的混淆不清，进而区分道："《相地》篇的'夹巷借天'，实际是指夹巷上面横跨的'浮廊'。《装折》篇所言的'砖墙留夹'，是指园子内部由于砌墙所产生的夹巷。这种夹巷，若利用之通以曲折不断之房廊，的确可以产生出许多流动而又互相渗透的空间效果。"这种比较和区分，是十分必要的，是解读上的一种突破。不过，将"砖墙留夹"说成是园内"由于砌墙所产生的夹巷"，语义上有些模糊不清，会令人产生歧解，如认为"砖墙留夹"不是"能主之人""意在笔先"的艺术创造，而可能误读为不可避免而造成的或不意之中偶尔造成的缺憾，事后不得已而巧妙地"利用之"……既然如此，那么，"砖墙留夹"的"留"字就难以解释了，计成不是还强调过"地局先留"吗？应该说，这些都应是事先设计好的，是砌墙时特意"留"下的，或者说，它是总体规划某一部分的完满实现。

其实，作为骈偶句，上句的"砖墙留夹……"和下句的"板壁常空……"也是互文关系。其中"砖墙"、"板壁"成双作对，它们是从建筑的众多壁体材质中遴选出来的两种代表。刘敦桢先生在《中国住宅概况》一书中，概括了中国民间住宅建筑墙壁的材质有种种不同，如"用砖、石或土堲、夯土、竹笆、木板……"①。毫无疑问，其中砖墙用得最多。其他几种，例如石墙，它虽经久坚牢，但石材较笨重，搬运尤不便，且占地面积大，因此造园可作围墙。如《墙垣》所说，"凡园之围墙……多于（以）石砌"，正如郑元勋《影园自记》写计成所造："围墙甃以乱石，石取色斑似虎皮者，俗呼'虎皮墙'。"《园冶·墙垣·乱石墙》还说，这种黄石墙"宜置假山间"。但是，它难以用于房屋，难以和木构架相结合。至于种种土质墙，又不很牢固，或在村野趣味的景区里和茅屋一起被偶尔采用，如《红楼梦》十七回中所写，稻香村"一带黄泥墙，墙上皆用稻茎掩护"。《墙垣》还说，园林围墙可用版筑墙，这也是土质的。至于木板则不同，它虽不宜用于外墙，因不耐潮湿，较难防风雨（竹笆墙在这方面更次于木板），但有很多优点，如灵活轻薄，取材方便，所占体积小，装修加工容易，故室内采用较多，仅次于砖墙，所以也是常采用的壁体材料。

特别应注意，计成在撰写《园冶·装折》时，为了构成骈偶之句，在首选砖墙之后，其次就选择木质的"板壁"作为陪衬，这样，行文中"砖"、"板"二字，一平一仄，十分协调，此联就避免了"平头"之忌，而且体现为种种修辞之美②。至于对"砖"、"板"二字，则不必死扣。《园冶全释》注道："板壁：木板构造的间壁多用于室内。实际上，计成是泛指间隔和围蔽的结构，不能狭义的理解成'板壁'。"此注富于启发性，对"板壁"确乎"不能狭义的理解"，而不妨看作是一种"泛指"。本书认为，应舍弃壁体的具体材质，各取上、下两句中第二字，统称之为"墙壁"。

"砖墙留夹"：就是以墙壁留出夹弄，此夹弄亦即作为过道的面阔"半间"的"馀屋"。这种建构，或是夹在三间、五间之中，或是偏于三间、五间之侧，甚或是脱离了三、五间的厅堂轩馆，独立地穿行于庭院、林木花石等空间之中或之侧，并连通"不断之房廊"……

"板壁常空"：这个"空"，即《园冶·门窗》起句"门窗磨空"的"空"。《营

---

① 刘敦桢：《中国住宅概况》，百花文艺出版社 2004 年版，第 89 页。

② 从修辞学视角看，上句用"墙"字，下句则不应再用"墙"字，以免犯重，而不妨换用其同义词或近义词——"壁"。杨树达曾引顾炎武《日知录》："自汉以来，作文者即有回避假借之法。"杨氏称之为"避复"辞格，并举例指出，这是"变文以避重复"，"避上文雷同"……并赞道："古人属辞之工精，信可谓惨淡经营矣"。（《汉文文言修辞学》，中华书局 1980 年版，第 61－66 页）这种换词择语，"砖墙"对以"板壁"或衬以"板壁"，不但可体现修辞效果的对称美，错综美，而且还体现为"衬托"辞格，"板壁"对于"砖墙"来说，它只是一种陪衬，一种烘托，甚至其自身已被虚化，而重点突出了砖墙。

造法原》写道：

> 凡走廊园庭之墙垣辟有门宕，而不装门户者，谓之地穴。墙垣上开有空宕，而不装窗户者，谓之月洞。地穴、月洞，以点缀园林为目的，式样不一，有方、圆、海棠、菱花、八角、如意、葫芦、莲瓣、秋叶、汉瓶诸式，量墙厚薄，镶以清水磨砖，边出墙面寸许，边缘起线简单，旁墙粉白，雅致可观。①

"地穴"、"月洞"，刘敦桢先生的《苏州古典园林》称之为"洞门"、"空窗"或"漏窗"②，但不管名称如何，其共同特点是一个"空"字。这种砖细门窗的造型是一种美，框格内的景观又是一种美……还应指出，"砖墙留夹"和"板壁常空"作为互文，其中"留"、"常"也互含互补，意谓"常常留有……"

"砖墙留夹，可通不断之房廊；板壁常空，隐出别壶之天地。"这两句应参互合一地理解，意谓：墙壁常常留出"半间"或称为"馀屋"的夹弄，既纵向连通着"不断之房廊"，又于横向的两侧壁间常常留有洞门、空窗、漏窗，隐现出别院的"壶中天地"、迷人的旖旎风光。

以下试联系实际作进一步的诠释。苏州园林及宅第民居的这种夹弄，有不同的功能，如通达过道功能、空框审美功能、通幽导胜功能等；再按功能的全备与否，又可分为完全型和不完全型，试结合实例说明如下：

一、备弄

明文震亨《长物志·室庐·海论》："忌旁无避弄。"宅第或宅第园林，其正屋的旁侧往往有通行小弄，供女眷。婢仆行走，以避男宾和主人，故称"避弄"，或称"备弄"，它们大多是功能不完全型的。现举数例于下：

（一）苏州网师园。该园为典型的宅第园林，其备弄从宅第南大门东侧开始，由轿厅、大厅、撷秀楼内厅（女厅）三进东梢间的墙壁和西界墙夹成，略有曲折地一直通到后花园。这仅有"半间"的长长备弄，时或可通厅堂梢间或旁侧天井，但有门而没有空窗，故缺少一路上供人赏景的审美功能，而只有实用性的过道功能，但也有导向"别壶之天地"的通幽功能。③

（二）刘敦桢《苏州古典园林》平面图例：

1、苏州梵门桥弄某宅。该宅中轴线上有多进厅、楼。其东，由侧门可入门厅，厅右，上为较长的边楼，下则为贯通南北的备弄，弄的西墙有留空之窗，可窥庭院里的旱船，不远处有门可折西进入花厅，厅南庭院小有水石花树可赏。再

---

① 《营造法原》，中国建筑工业出版社1986年版，第76页。

② 刘敦桢：《苏州古典园林》，中国建筑工业出版社2005年版，第32页。

③ 具体地说，在宅第园林和传统民居中，夹弄同时可具有：一、通前达后的过道功能；二、在弄内通过门窗左右赏景的审美功能；三、在终端或中途进入重点胜景的通幽功能。三者俱全，谓之"完全型"；三者不完全具备，谓之"不完全型"。

由备弄往前，则可达各进楼房。

2、苏州景德路某宅。该宅为主、副两路多进式。主路由门厅而入轿厅，止于大厅门楼前，人们可东向折入备弄。该弄之左，贯穿着主路的数进厅、楼，弄之右，则可通副路的两进厅堂庭院，院中有亭廊、山石、花木、水池，景物宜人。

3、苏州铁瓶巷12号住宅（金按：为顾宅）。该宅主路中轴线直贯门厅、轿厅、大厅等，门厅、轿厅东侧各有门可入备弄，并通东路即副路的庭院空间，其中有山池、"五岳起方寸"、"艮庵"、假山、"过云楼（金按：为藏书楼，所藏书画名闻退迹）"诸胜。从"砖墙留夹"的角度看，主、副两路中间所留的备弄，起着间隔区分和联系沟通的纽带作用。①

这类备弄，其种种功能比率不同，但都是不完全型的。

（三）《苏州古民居》的概括。综观苏州民居"循次第而造"的多进建筑序列，其"厅堂－庭院"在反复交替中，左侧或右侧甚至左右两侧，常有夹于两墙之间所留的备弄以通前达后。该书描述道：

> 一进又一进的厅堂，一个又一个的庭院，重门叠户，深不可测……一般面宽或三间或五间不等。檐廊有轩、有栏，左右各有连通备弄的边门，门额上一般刻着"左通"、"右达"之类的题款……备弄折角的小天井里，还有竹石小品点缀，炎热夏天，凉风穿弄而过，成为消暑的好去处……生活在这样的庭院内是多么悠闲自适，多么富有情趣。②

说明有的庭院或天井也或多或少有景可赏，当然墙壁上是不大会留空窗的，即使留空，也不会很多。总之，这类备弄主要地具有通达过道功能，有的则略有框格留空的审美功能，或通幽导胜功能，有的又很少，但也可稍稍给人以快感或美感。

二、复式夹弄（或称"复廊"式夹弄）

见于苏州狮子林立雪堂前。这是南北走向的狭长建筑体，由三道墙体夹成【图57】，并善于在"窗"上做文章，如中间的墙上，设一系列木质方形花窗，框内图案嵌彩色玻璃，不透明，陆离闪烁，主要以形、色、光、影增添夹弄的形式美和趣味性；东面的墙上，辟一系列圆形空窗，水磨砖边特别加厚，显得稳重敦厚，特别圆满浑融，因窗外为禅意盎然的立雪堂及其庭院；西面墙上，辟一系列六角形空窗，水磨砖边框，也起着采光、透风、观景、装饰等作用，墙外则为山水景观。三道墙，三种窗，形式各异，而不同中又有相同者在，如粉墙、留空、透风、形体大小等均趋于一致。人们游走于这边或那边的夹弄中，或左或右的空窗，会隐现出别院的佳境，或堂室，或庭院，或花树，或山石，所谓"收之圆窗，宛然镜游"（《掇山·峭壁山》），可说是"隐出别壶之天地"了。这是一种特意砌

---

① 以上三例的平面图，分别见刘敦桢：《苏州古典园林》，中国建筑工业出版社2005年版，第82、79页。按：这类建构，至今有的可能已不存。

② 苏州市房地产管理局编著：《苏州古民居》，同济大学出版社2004年版，第27页。第26页。

图57 砖墙留夹，可通不断之长廊
苏州狮子林立雪堂前复式夹弄
朱剑刚 摄

筑的"砖墙留夹"，不但具有夹弄或廊所固有的通达过道功能，而且具有框格审美功能和通幽导胜功能。此完全型的复式夹弄形式，在国内似为罕见的特例。

三、与小厅、天井等组合的断续夹弄空间

最典型的是苏州留园入口处的夹弄。《园冶析读》在讨论"留夹"时正确指出："苏州留园的入口处的长巷，就是例证。"留园入口处的空间艺术处理确乎绝妙，它非常著名，广为识者所赞誉【图58】，而它的成功，确实离不开有断有续的"砖墙留夹"。对此，笔者曾这样论析：

从沿街的门厅到宅后的园林，其间还妙有一条作为入口的窄长曲折的过道夹弄。细心的游人会发现：进了大门内的前厅，从厅右必须转入曲而狭长的空间，然后左折右拐，经小天井而再曲折，来到面向大天井的敞厅，再折入窄弄而至"古木交柯"前廊。这一系列空间组合的变化，大小不一，宽窄不一，明暗不一，走向不一，是用了寓丰富于单调的手法，其中基本上没有什么动人的景观，只是让人们在空间中徐徐行进，而又不感到太乏味……这一入口的空间过渡，在审美心理准备上

有着重要的作用。[①]

这一夹弄，既有通达的过道功能，又有虚实光影变幻的美感功能；既有"留空"所提供的一定的赏景功能，又有隔断尘嚣，使人排除俗念，收敛视域，净化心理等诸多美学功能。笔者还进而写道：

当人们在留园经过由暗而明、由窄而宽的"暗转"，来到"古木交柯"天井前廊，即可见迎面是一排精巧典雅、图案各异的漏窗，影影绰绰，扑朔迷离，窗外主景区如画的山光水色，似真似幻，隐约可见，令人想起《老子》的道家之言——"惚兮恍兮，其中有象；恍兮惚兮，其中有物"，令人品味不尽……[②]

"古木交柯"的天井前廊，是扩大了的过道，是趋于开放的夹弄，

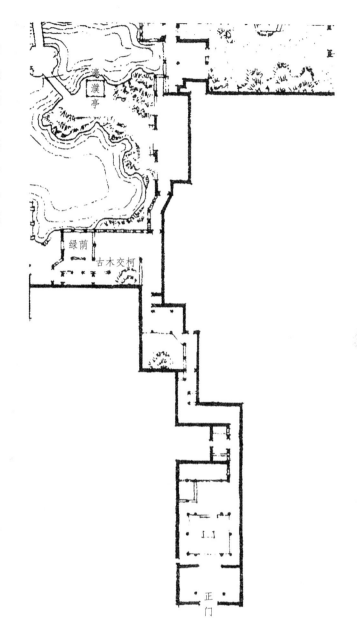

图58　欲扬先抑，审美延宕
苏州留园入口夹弄平面图
选自刘敦桢《苏州古典园林》

它是此过道夹弄的终点，也是通过心理准备而真正进入品赏园林美的起点。对于山水主景区来说，这种迷离恍惚，欲扬先抑，是一种审美的掩映，一种艺术的延宕，一种情趣的逗引，可谓地道的"隐出别壶之天地"了。

① 金学智：《苏园品韵录》，上海三联书店2010年版，第3页。

② 金学智：《苏园品韵录》，上海三联书店2010年版，第3-4页。

对照"砖墙留夹，可通不断之房廊；板壁常空，隐出别壶之天地"的理想形式，以上诸个案的功能，或属不完全型，或属完全型，即使同属一种类型的，它们之间的功能也互有交叉，互有差异……

再看上引计成所冶铸的名言，它既是对江南地区园林建筑历史经验的美学总结，又启导着尔后——清代、近代园林建筑的兴造。当然，这种"留夹"、"常空"的过道，已是一种"一去不复返"的历史形式，今天很少再会产生，即使新造园林，也不可能有如此这般的形制，但人们品读此名言，仍然会获益匪浅，除了它能启导人们去细细品赏、游观这种历史形式的夹弄外，还可通过对名言的触类旁通去感悟，从而通向无尽的思维空间，如是，就会感到计成留下的创造空间也极大极多，它启导着造园家们在历史遗产的基础上，去进一步发挥现实的创造力。

第十三节　假如全房数间，内中隔开可矣
——屋宇装折的"隔间"与"活法"

《园冶·装折》："假如全房数间，内中隔开可矣；定存后步一架，馀外添设何哉？"紧接着为"便径他居，复成别馆……"这些均为涉及专业的难句，诸家意见不一，分歧颇多，只缘未深入发现和细读《园冶》中有关语句，亦未联系园林建筑的实际来加以考察。

《园冶注释》第一版四句的释文为："假如整幢房屋分为几间（金按：'间'这一关键词之意不够明确），从里边隔开便可，何必后面一架定要保留，好像（金按：原文并无'好像'之意）另外添设呢？"译意与计成的原意基本上是背道而驰，故而《疑义举析》指出：

> 此四句为一隔联……释文后两句有误，原意是说，定要保留后步一架，除此之外，如前卷之类，则可根据情况，添设也可，不添也可，这是为什么呢？下文'便径他居，复成别馆。砖墙留夹，可通不断之房廊；板壁常空，隐出别壶之天地。'正是回答这个问题，进一步阐述'定存后步一架'的妙用。原意后架是必要用的，照释文那样解说，后步一架就是不要用了。

《举析》所言，揭示了计成的原意，强调了"后步一架"存在的必要性。同时，也指出了《园冶注释》的释文以"何必"领起的反问句，不但取消了"后步一架"的必要性，而且相反强调了其他设施不是可有可无的。这些批评意见，极其精到。

再看《园冶注释》第二版，是这样改的："假如整幢房屋分为几间，从里边隔开便可，为什么后步一架必须保留，而其他的设施就可有可无呢？因为由后步一

架出去，可以从小径通往他处，又是一座馆舍。"数句依然失当，只有最后"由后步一架出去"云云，其意尚可。究其误释的原因有二：其一是没有准确把握原文第一句"数间"的"间"这个概念，其二是没有分清第三句"定存……"是肯定句，第四句"馀外……何哉"才是反问句，这样，就把第三、四两句都作为反问句，也就必然远离主旨了。

相比之下，《园冶全释》不但误释成分少，而且还颇有卓识，如指出："间：非开间之间，而是指进深方向的空间。"可谓揭出诀窍，另拓思路，让人把握住"间"这个关键词的含义。《全释》按语还进一步指出："译者（金按：指《园冶注释》）把'数间'已先理解为开间，这'定存后一步架'，也就不知所指了。"这分析也是一针见血。又指出："'定存'就是一定要保存，'馀外'是指出这'定存'后步一架之外，去添设什么呢？译文（金按：指《园冶注释》）把两句所指不同对象，理解为同一事物"，也就是混淆了肯定的和否定的。《全释》的这一剖析，也极为中肯。遗憾的是，《全释》并未由此而紧扣深入，相反为寻找原因而陷入了对下文"砖墙留夹"等句的误读（见本章前节），殊为可惜。

本书认为，"假如全房数间……"四句是从不同角度对"隔间"的强调。"隔间"在这里是一个非常重要的关键词，它虽未在《园冶·屋宇》或《装折》的正文中以突出位置出现，但在不甚显眼的地方以及图式中却一再出现。由于它是揭秘的钥匙，所以必须高度予以关注，特举有关的两则为例：

> 九架梁屋，巧于装折，连四、五、六间，可以面东、西、南、北，或隔三间、两间、一间、半间，前后分为。（《屋宇·九架梁》，注意"或"字之后的这个"隔"字和接连着的几个"间"字）

> 此屋宜多间，随便隔间，复水或向东、西、南、北之活法。（《屋宇·[图式]九架梁五柱式》，"隔间"二字连为一词，终于出现）

再看此"九架梁五柱式"图中，有两根柱旁也分别注上了"隔间"二字，这是特别指出了"九架梁五柱式"可以有两种不同的隔间方式，也就是在进深方向，有两根柱均可用"隔间"的方法。再看其他几种【图59】，如"九架梁六柱式"，在一柱旁注明"隔间"；"九架梁前后卷式"中，在一柱旁也注明"隔间"；"小五架梁式"中，将后童柱换以长柱，更具体注明："此童柱换长柱，便装屏①门。"这交代得更为翔实。这是一再反复的强调，只是某些研究家由于在阅读时失之交臂，故在注释正文时就必然有误。

对于"隔间"的重要性和必要性，前引第一、二两句——"假如全房数间，内中隔开可矣"就很明确：前句言"间"，后句言"隔"。至于"定存后步一

---

① 此"屏"字，内阁本、国图本以及华钞、隆盛、喜咏、营造、城建诸本等均作"平"，《园冶注释》一、二版改为"屏"，甚是。

架"，这正是为了"隔间"；而"馀外添设何哉"，则是通过"反问"辞格的否定来强调肯定，从而把注意力集中到"隔间"上来。

至于"隔间"的方法，主要是《装折·屏门》中所说的屏门，此外还有落地的长槅（或称槅扇、长窗）、画屏、纱槅等。所以《装折》章将《屏门》置于第一节，这是精心的安排。《屋宇·[附图]小五架梁式》还说："凡造书房、小斋或亭，此式可分前后。"这更是指出各种个体建筑类型都可用屏门来隔间。

现选苏州园林建筑中两个典型实例加以说明。

苏州拙政园中部枇杷园内坐东朝西的玲珑馆，面阔三间，进深为五架梁，其明间"定存后步一架"的一架，以六扇主要由玻璃芯仔和夹堂、裙板等构成的银杏木长槅来隔间。其后隔成的一间中，南、北各有茶壶档式洞门【图60】，其南洞门，由"曲尺曲"廊绕经听雨轩庭院西南角，可至绿荫掩翳的听雨轩；其北洞门，则可由"曲尺曲"廊绕经听雨轩庭院西北角，而至疏朗雅致的海棠春坞庭院，这两种去向，或可谓"便径（方便地由路径通往。径：名词动用）他居"，或可谓"复成别馆"，其实两句意思相近相同，是骈文的所谓"重言之也"。

再如苏州留园东部的主体厅堂五峰仙馆，坐北朝南，为宏敞精丽的楠木厅。其进深为九架梁，它的隔间特别复杂而巧妙，故需详加描述。该馆的明间后步柱中间设红木实心屏门四扇（南刻《兰亭序》，北刻《书谱》），两侧延伸为纱槅一扇作衬托。与此屏门纱槅成90°直角，东、西再各设纱槅两扇，相对相向。由此再折回90°

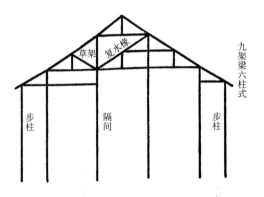

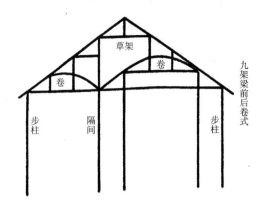

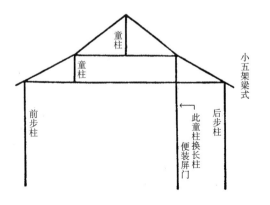

图59　全房数间，内中隔开可矣
集自城建本《园冶·屋宇图式》
唐　悦集

图60 隔间：定存后步一架
苏州拙政园玲珑馆隔间结构
朱剑刚 摄

反向各延伸为五扇纱槅。于是，被隔开的南厅呈"凸"字形，被隔开的北厅则呈"凹"字形。南厅的西山墙靠南，辟一洞门，人们从园的入口处过道夹弄往北，由西楼经清风池馆后，折东可入主厅五峰仙馆，与此相对，其东山墙亦辟一洞门，由此出而向北可至"静中观"半亭连廊以及"揖峰轩"，向南则可至"鹤所"、石林小院、"洞天一碧"……五峰仙馆东北复有一洞门，出而往北经转折而至又一幽僻深斋——"还读我书处"等。这样，五峰仙馆除了东、西两向都"留空"有门外，南面明、次间有长窗（长槅）二十扇，正对着庭院和厅山，游人更可大量出入；而厅北明间有长窗（长槅）八扇，其外为曲院回廊……也可让游人大量出入。于是这个厅堂就四通八达，东、西、南、北均可迎送游人，这既体现了《屋宇·[图式]九架梁五柱式》所说的"向东、西、南、北之活法"，又充分说明了"全房数间，内中隔开"（《园冶·装折》）的重要作用。

隔间除了可"存后步一架"，从而得以"便径他居，复成别馆"外，对于由中轴线所贯穿的一进进厅堂来说，可以遮蔽堂后正中的门，以免裸露。例如，苏州网师园东路，第一进为轿厅，明间后步隔以屏门，上悬网师园全景漆雕画，人们要入第二进，必须从两侧次间的屏门后才能走出石库门；第二进为主厅万卷堂，全以白色屏门隔间，以存后步两架。明间全闭的屏门上悬中堂对联，人们要入第三进，必须从两侧次间开着的屏门入，折至明间屏门后的石库门出……

此外，园林中鸳鸯厅的构成，也不开隔间的手法，即以屏门和"罩"等，将其隔为南北各异的构筑，如苏州拙政园的"十八曼陀罗花馆－卅六鸳鸯馆"、狮子林的燕誉堂等。

第十四节　出幕若分别院
——园林帘幕文化史之一瞥

《园冶》中的《装折》，是全书最难解读的一章，而其中"出幕若分别院，连墙拟越深斋"两句，更是难中之难，虽然注释家、研究家们众释纷纭，但大抵没有中其肯綮。本节主要解析上句："出幕若分别院"。

《园冶注释》："幕，作布帐解。亦称'布帘'。房中不用木板而用布帘者，谓之'幕'。古代军中张帐幕以居，因谓之'幕府'。"此释分散而不集中，远离了园林建筑及其装修，故无助于解读。再看其释文："帷幕隔开，如分别院。"和注相比，这又过简，缺少具体诠释。

《园冶全释》按语评道："'帷幕隔开，如分别院。'这句话恐怕译者自己也说不清是什么意思，房屋内用帷幕隔开，怎么会像分开的另外的露天庭院呢？"《全释》又注道："幕，按字义是帐幕。欧阳修《蝶恋花》词九：'庭院深深深几许，杨柳堆烟，帘幕无重数。'是作室内灵活围蔽或软隔断之用。这里却不能按字面意思去解释，出幕，有不经建筑的主要门户（传统建筑的槅扇）从室内走向他处别院的意思。"此注，不仅指出了《园冶注释》的含糊，而且提出了一些有益的见解，但是最后又说"从室内走向他处别院"，如是，自身又不免走向误释。不过，注中颇有合理成分：其一，是将"幕"字还原为"帘幕"这一宋词的常用语，亦即引向宋词的文学意象或意境——"庭院深深"的词境，还应指出，这也是园林美学的一种境界；其二，是出色地将作为建筑装修的"软隔断"这一概念引进造园学之中……但是，其总的思路依然较模糊。

《全释商榷》不满意《全释》的解释，写道："原文'出幕若分别院，连墙拟越深斋'之意是通过对门户的巧妙安装，对空间的巧妙分隔，使人走出帘幕恍若到了另一座庭院……"这既没有看到《全释》中的合理成分，却又没有解释为什么"走出帘幕恍若到了另一座庭院"。这种"安装"、"分隔"，"巧妙"在哪里？

至于《图文本》，对此句没有解释，只注"幕：指垂挂的帘幔，用来分隔内外。"这是指出了帘幔的作用，惜无书证，还没有具体说明是分隔室内、室外，还是将室内空间分隔为二，至于为什么会"若分别院"，更未解释。

其实，诸家之误，关键在于脱离了历史文化背景，特别是脱离了与之密切相关的文学背景，没有以文学、史学、审美心理学等视角与建筑装修作多学科交叉的研究，且缺少具体可靠的书证，故而显得空泛而脱离实际。

笔者的思路有所不同，从20世纪80年代开始，就尝试着走园林美学研究与文学等相结合之路。联系"出幕若分别院"这方面来说，书稿中就引析了宋词一些有关名句，随即提出了"园林情调"这一园林美学概念，又进而具体分析"帘幕"在宋词和园林里的作用，如以下两段文字：

> 这些词人笔下的词境就是园境，这两种境界已融而为一，契合无间……宋词中很多作品的景色基调，和园林的景色基调是如此地情投意合……这就构成了一种特定的"园林情调"。

> 词境的深静要借助于"隔"，至于园境，更离不开"隔"，正因为如此，宋代词人特别爱写了"帘幕"，写到庭院时更爱突出"帘幕"，欧阳修就是如此，他的词中一再出现"帘幕"，这些"帘幕"使词境不但静谧化，而且景深化，令人味之不尽。①

两段文字，提及了可破解"出幕若分别院"之谜的线索，而笔者之所以赞赏《园冶全释》注中的一些意见，就因为它也走到了文学的切入口，既举出欧阳修词"庭院深深深几许"的名句，又以"软隔断"一词揭示了"帘幕"的性质和功能，或者说，揭示了"帘幕"的功能质。这确乎是《全释》注中的合理成分。

以下拟根据《全释》中的合理意见，对作为实物的"帘幕"稍作解说。"幕"，一般用丝织物做成，也有以棉、麻织物等做的，均悬挂于房屋的门窗上，可或左或右地横向拉动，也有上下拉的，是地道的"软隔断"，此字在辞书上属于"巾"部。至于作为简化字的"帘"，虽与"巾"相连，但在古代大抵不属织物，其繁体为"簾"，属于"竹"部。它较多用竹编制，竹虽非软物，但竹帘却可以卷起、垂下，故仍应属"软隔断"。竹帘之中，以湘帘最为上品雅物，用斑竹制成。元赵孟頫《即事三绝〔其一〕》有名句："湘帘疏织浪纹稀"。明文震亨《长物志·室庐·海论》也说："堂帘惟温州湘竹者佳。"幕与帘的主要功能都是遮蔽、分隔，所以古代往往"帘幕"并称连用。

帘幕或拉开，或全蔽，灵活随意；或卷上，或垂下，或半卷半垂，被其分隔的景观效果均有所不同，这在古典诗文中多有赋咏。卷起，初唐四杰之一的王勃在《滕王阁序》中有"珠帘暮卷西山雨"的名句，今上海豫园"卷雨楼"之名即由此而来；半卷，元陈方《题清閟阁》诗有"湘帘半卷云当户"的描写，写出了元代无锡著名园林清閟阁的掩映之美；下垂，由室内观照门窗之外，则更可见一种特殊的朦胧之美。这种一条条密排的、狭窄而漏光的帘缝，就是诗词经常咏及的"帘栊"，而唐宋词人爱透过帘栊观赏门窗的外景之美。如唐温庭筠《定西番》："萱草绿，杏花红，隔帘栊。"这是晴日下红绿鲜丽的帘栊意象；宋张先《一丛花》："梯横画阁黄昏后，又还是斜月帘栊。"这是月光下清幽淡雅的帘栊意象，它们都是迷人的，令人神往的……

帘幕是唐、五代、两宋词作中频繁出现的审美对象，表现着建筑内、外空间的隔与通、意与象、情与景，词人们借此创构着优美的词境。此类佳句如：

---

① 金学智：《中国园林美学》，江苏文艺出版社1990年版，第38、440页。此书完稿于1987年。

红烛背，绣帘垂，梦长君不知。(唐温庭筠《更漏子》)

双燕飞来垂柳院，小阁画帘高卷。(南唐冯延巳《清平乐》)

罗幌卷，翠帘垂。(后蜀欧阳炯《三字令》)

玉钩罗幕，惆怅暮烟垂。(南唐李煜《临江仙》)

帘外雨潺潺，春意阑珊。(南唐李煜《浪淘沙》)

垂下帘栊，双燕归来细雨中。(宋欧阳修《采桑子》)

小院深深门掩亚，寂寞珠帘，画阁重重下。(欧阳修《蝶恋花》)

淡烟流水画屏幽……宝帘闲挂小银钩。(秦观《浣溪沙》)

卷珠箔，朝雨轻阴乍阁，栏干外，烟柳弄晴……(张元幹《兰陵王》)

闹花深处层楼，画帘半卷东风软。(陈亮《水龙吟》)

金碧上青空，花晴帘影红。(陈克《菩萨蛮》)

绣帘、画帘、罗幌、翠帘、罗幕、帘栊、珠帘、宝帘、珠箔、帘影……"帘幕"一词，被细化为一连串既同又不同的短语，负载着优雅、婉约、含蓄、清新、富丽、悠闲、华贵、细腻、纤巧、香艳、轻柔等风格意味，汇合成丰富的帘幕文化。帘幕或卷或垂，其内外或人或物，或情或景，诉诸视听，能深化人的眼界，拓展人的想象与联想，令人思之不尽。著名美学家宗白华先生在《论文艺的空灵与充实》一文里写道：

中国画堂的帘幕是造成深静的词境的重要因素，所以词中常爱提到。韩持国的词句："燕子渐归春悄，帘幕垂清晓。"况周颐评之曰："境至静矣，而此中有人，如隔蓬山，思之思之，遂由静而见深。"董其昌曾说"摊烛下作画，正如隔帘看月，隔水看花。"他们懂得"隔"字在美感上的重要。[1]

帘幕之所以能造成不尽的意境，就因为它突出地具有或隐或现、若隐若现的遮隔功能，并在心理上给人以影响，使人产生种种美感，这主要表现为：

一、陌生化。明代大画家董其昌说，"隔帘看月，隔水看花"。这种"隔"，能令人萌生一种陌生感、新奇感，感到司空见惯的月和花，已化作镜花水月般的陌生意象，或者说，人们通过帘幕，能从寻常的景物中看到不寻常的美，看到奇异的别一世界。在这方面，颇受中国古代文化影响的日本窗文化，有助于对"出幕若分别院"的理解。如在日本京都曼殊院庭园"八窓（窗）轩"蹲口附近，透过"下地窓"【图61】逆光外望，隐然可窥见窗外的重点景观——露地、石桥特别是富于象征性的蓬莱石等，这些熟悉的景观被纵横交错的窗棂所分割，显现出一副陌生相，或者说，化为奇异的别一世界。而这种观照，正符合对世外蓬莱仙境的观赏要求，它远胜于室外观赏的一览无遗。不过，这并非帘幕型的软隔断，而是硬隔断，但它颇有说服力地提供了一种可类比的参照。

---

[1] 宗白华：《艺境》，北京大学出版社 2003 年版，第 162 页。

二、静谧化。宋晏殊《踏莎行》："翠叶藏莺，朱帘隔燕，炉香静逐游丝飞。"遮隔着的，都是静谧的意象美。再如南唐李煜的《浪淘沙》："帘外雨潺潺，春意阑珊。"隔帘观雨听声，淅淅沥沥，往往是动中见静，寂处闻声，能倍增人的静谧感，所谓响而愈静，闹而愈寂。而韩持国词："燕子渐归春悄，帘幕垂清晓。"下垂的帘幕，隔得庭院里静悄悄的，所以况周颐评曰："境至静矣"。

三、景深化。欧阳修《蝶恋花［其九］》云："庭院深深深几许，杨柳堆烟，帘幕无重数。"庭院之所以深深，就因为有无数真实的帘幕或烟柳垂垂的帘幕在遮隔着，掩映着，它给人影影绰绰、朦朦胧胧之感，使人感到扑朔迷离，含蓄不尽，它似把景物的空间距离推远了。宋赵令畤《蝶恋花》："不卷珠帘，人在深深

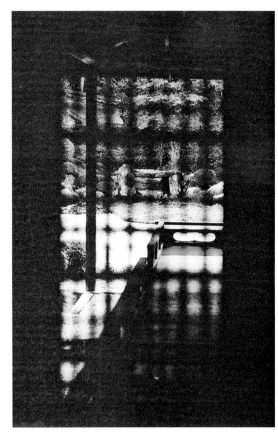

图61　陌生化的别一世界
"下地窗"外望蓬莱石
选自［日］田中昭三
《京都とっておきの庭案内》

处。"帘幕垂垂，把房室中人藏得更深了。宋周邦彦《风流子》："绣阁凤帏深几许，听得理丝簧。"帏幕间隔，又隔出了一个"深几许"！此中有人理丝竹，其声也既隐又露，似有若无，如隔蓬山，令人"思之思之，遂由静而见深"。

四、微茫化。宋高观国《御街行·赋帘》写道："莺声似隔，篆烟微度，爱横影参差满。"这是专咏"帘"之功能的。由于有了帘，帘外的一切，都显得隐隐约约，微茫模糊，"可望而不可置于眉睫之前"（唐司空图《与极浦书》），于是顿生"别院"之感。宋晏几道《木兰花》："秋千院落重帘暮。"既是暮色苍茫，又是重帘低垂，这样，帘外的秋千院落，必然与平日白昼时卷帘所见有异。至于风动帘影如波纹，或者说，帘影摇曳如水波，也可能产生这种微茫化的效果，这在古典诗词里往往称之为"帘波"。宋人方千里的《一落索》："月影娟娟明秀，帘波吹皱。"王雱的《倦寻芳》："帘幕风轻，小院闲昼……"透过这种微微荡漾的帘波外望，更会感到闲昼的小院有些别致、异常、微茫、陌生……

以上美感的萌生，是因人而异的，有人以这种为主，有人以那种为主，但又

往往以其他一、二种为辅，相与渗透、互为补充，其结果则是把环境异化了，把庭院异化了，化为一个陌生的、静谧的、景深的、微茫的"别院"。而这一系列唐、宋词作，从一个侧面生动地反映了唐、宋时代特定的审美趣尚，可看作是感性地显现唐、宋时代帘幕文化的心理学。

在理解了帘幕的遮隔功能以后，还应再释"出幕若分别院"一句中的"出"、"分"二字。对于帘幕来说，"出"不是走出，而是挂出。"出幕"，就是挂出帘幕。"分"，就是隔，倒过来，隔也就是分。《玉篇·八部》："分，隔也。"分隔，在这里就是分隔室内外，具体地说，是分隔门内外特别是窗内外，这样，从内望外或从外望内，能见异、见新、见奇、见静、见深，如是，"别院"的意境乃出。当然，这种意境离不开审美主体的"疑似"心理——好像，故而计成准确地用一个"若"字来表达。

帘幕，是中国古典园林和古典建筑的重要装修。以下不妨通过文学、现实的合与离，来回眸中国帘幕文化史：从南北朝开始，诗中就开始出现对帘幕的咏唱，骎骎乎至唐、五代而更增多。尔后，伴随着宋词的繁荣而进入鼎盛期。宋代著名词人柳永《望海潮》咏杭州："东南形胜，江吴（一作三吴）都会，钱塘自古繁华。烟柳画桥，风帘翠幕，参差十万人家。"帘幕，竟成了一个都市、千家万户的具象表征和生动写照。整体地看，宋词的意境几乎离不开帘幕。正因为如此，本文为了解析"出幕若分别院"，在大量征引有关诗词的同时，以宋词文学、园林美学以及审美心理学的视角进行聚焦，让其彼此打通，是之谓"他山之石，可以攻玉"。

历史到了清代、近代，帘幕文化衰退，隔帘观照、诗咏帘幕的风尚亦见衰落，尽管苏州清代耦园西部的主体厅堂仍被称为"织帘老屋"（今存），但由于宋词作为一代高峰已成历史，加以时代的变迁、社会的开放，特别是园林中室内很少住人，以及游人的增多等原因，帘幕审美已淡出历史，园林里帘幕也较少见，而《园冶》书中着此必要的一句，就将这一现象凝定在造园学的理论著作中，它具有留住历史记忆的文献学价值。也正由于帘幕审美已成历史，故而当今研究家们对"出幕若分别院"一句就不甚理解，引起了争论。

当然，帘幕在今天园林里也还有其残留踪影，但其审美功能却今非昔比，大不如前，或者业已异化。不妨就现存园林实例来看：

北方皇家园林，如承德避暑山庄，其澹泊敬诚殿虽悬有黄色的帷幕，但其美学观念由五行哲学而来，中央为"戊己土"，色为黄，故有"五色莫盛于黄"之说。这种中央色、象征色，象征着皇权集中，四方一统的理念，其风格主要地表现为崇高庄严的美，迥然不同于宋词中帘幕的优美。

岭南宅园，如东莞可园的"雏月池馆"，悬有嫩绿色艳丽的帷幕，虽也有将馆内隔分为前后两个空间的作用，但更是作为现实生活的美饰，成为世俗享受、情趣的物化，也成了岭南园林"不忌对比的赋彩，缤纷杂呈的色相，清艳绮丽的风格"①【图62】之具象呈现。

以苏州为代表的江南文人私家园林，帘幕亦较罕见，更不易进入人们视域，虽然苏州网师园小姐楼也有白色丝幔，少量楼馆仍悬有竹帘，但这主要是为了陈列、实用，很少有人关注透过帘幕及其变化所隐现着的框架去审美，去感受，事实上，帘幕已简化、衍化为檐下木条构成的"挂落"这一固定装修了。笔者的《古建的美饰——闲话乒川挂落》一文写道：

图62　宝帘闲挂小银钩
东莞可园雏月池馆帷幕
选自陆琦《岭南园林艺术》

> 挂落之名也很有意思。"挂"，就是挂在枋子之下。"落"，就是落下来一些，成为网络状的装饰品（金按：这些均与湘帘具有同构性）。这种艺术构件，究其来源，它确乎是遥远地来自宋词乃至五代词中的帘幕……

> 湘帘悬挂着，或卷或垂，又遮又露，帘内之人或帘外之景就特别富于风致。这种虚灵的间隔，诗化了窗的画面，美化了词的意境。挂落正是积淀了湘帘意象而又予以大胆的扬弃，使其简约化、美饰化、建筑装修化。这样，它虽挂得较高，基本上没有实在的遮隔作用，却能产生似隔非隔和框格装饰的美感，这主要地说是一种心理效应。②

挂落与帘幕，既相似，更不同，是另一种诉诸心理的有意味的美。

还有一个文化现象值得注意，在扶桑之国日本，其园林一定程度上保存着源自中国的门窗文化和帘幕文化，并有着独自的、具有民族特色的发展，其中也可分为"软隔断"和"硬隔断"。

"软隔断"。日本园林突出地具有悬挂帘子的传统，直至今日，如名古屋市

---

① 金学智：《中国园林美学》，中国建筑工业出版社 2005 年版，第 105 页。
② 载金学智：《苏园品韵录》，上海三联书店 2010 年版，第 20－21 页。

图63　帘下静观枯山水
日本名古屋白鸟庭园"石庭"
选自［日］《白鸟庭园写真集》

现代营造的白鸟庭园，在枯山水石庭宽阔的建筑前，还挂出一排幽雅文静的帘子【图63】，对游人来说，它虽挂在人们眼前，但也可说是挂在人们心扉之上。因为静心观照枯山水，眼前有帘子和没有帘子的心理效果就大不一样，尽管它挂得比较高，但心理上依然是一种"间隔"。至于隔帘仰望或遥望天空、远景，透过帘栊望出去，就更富于情致。

　　"硬隔断"，如京都曼殊院庭园的"八窗轩"，这个突出地体现了茶道的著名建筑，其轩壁就设有形制不同、位置各异的窗，除了向外推出的"突上窗"不重于观景外，还有"连子窗"和"下地窗"，它们由于所处上、下位置的不同，被分别称为"上连子窗"、"下连子窗"、"上下地窗"、"下下地窗"等，但是，不管其名称如何，人们由内望外，或俯或仰，都能产生陌生化的审美效果，甚至伴随着产生静谧感、景深感……此外，日本庭园建筑的装修更多地爱用"障子"，茶室则称为"明障子"，它用木条界成一个个较大的方格，配以传统的"和纸"，透光而不透明，具有独特的民族风格。它们不但使室内光线柔和，而且通过左右移动或上下移动，能使框架外的画面有所变化，可看作是一种特殊的取景框，其功能也是让人产生一种"若分别院"的新奇心理。

　　日本的这种门窗帘幕文化，多少与中国的门窗帘幕文化传统有着直接或间接的联系，因此可作为解读《园冶》此句的一种有意味的参照。

第十五节　连墙拟越深斋
——园林中的连墙结构艺术

　　《装折》章骈语"出幕若分别院，连墙拟越深斋"，上句已作解秘，本节拟重点探析下句。

对此句，《园冶注释》第一、二版均未注，释文只有"墙壁连接，似过深房"八字，其问题在于：一是没有讲清墙壁如何"连接"；二是没有讲清为什么"墙壁连接"就会"似过深房"；三是这个"过"也不知何义……总之，是回避了难点。出版于21世纪的《图文本》，对此句也基本上没有注。

《园冶全释》注道："连墙：是指房屋的山墙连着院墙，或者说山墙与院墙连接在同一轴线上。"此注问题在于未讲清山墙与院墙的关系，人们可能有疑问：是两墙相合为一墙，还是两墙相续成一线？而"轴线"一词，也模糊不清。再看《全释》译文："须在连垣山墙上开辟门洞，可出人意料的寻得深藏之斋馆。"译、注二者不太一致，而《全释》的可贵恰恰在于其不一致，译文"开辟门洞"、"出人意料"云云，增加了新的诠释，故有启人探究的价值。

《全释商榷》则结合上、下两句写道："从文意看，是指两个空间连接在同一道墙壁上。原文'出幕若分别院，连墙拟越深斋'之意是说通过对门户的巧妙安装，对空间的巧妙分隔，使人走出帘幕恍若到了另一座庭院，走进原本是一墙相连的两间屋宇，好像穿越了深斋。"这番话，如"两个空间连接在同一道墙壁上"，概念表达不够准确清晰，既可理解为面阔方向一墙左右两边连着两室，亦即一墙分隔横向的两室，但这是随处可见的最普遍的建筑模式，不能算是什么"巧妙"；当然，此句又可理解为进深方向一道墙纵向地连接着前、后两室，即山墙——院墙——山墙，其中隔以天井或庭院，这也是最常见的建筑模式，也不能算是"对空间的巧妙分隔"？而这两种模式都只能说明墙具有分隔或连接作用，并没有什么创造性的特色，再说，走进"一墙相连的两间屋宇"，为什么会"好像穿越了深斋"？此外，《商榷》也没有具体解释如何"对门户的巧妙安装，对空间的巧妙分隔"，才能"使人走出帘幕恍若到了另一座庭院"。总之，也是含糊其辞，没有具体清楚的说明。

仔细推敲比较，以上诸家之中，《园冶全释》颇有价值，应作推介。虽然其注释语焉不详，按语不免有误，但它可贵在于有理论勇气直面问题，能结合园林建筑实例进行大胆深入的、能发人深思的探究。按语这样具体写道：

此句"连墙拟越深斋"《园冶注释》照字面译成"墙壁连接，似过深房。"这句译文，也是无人能看懂的。如果说，"砖墙留夹，可通不断之房廊"，作为庭院间的空间处理手法是"隐"，那么，"出幕若分别院，连墙拟越深斋"的手法，可谓之"藏"。前者，以苏州拙政园"海棠春坞"为典型；后者，有留园"五峰仙馆"做实例。在"五峰仙馆"的庭院里，似无门户和通路可达别院，但从"五峰仙馆"室内，出山墙的门空（出幕），经夹巷中的曲折房廊，入"静中观"院门，可达深藏于"石林小院"（别院）的"揖峰轩"（深斋）。这两句话不能照字面去译，意译为："欲从室内暗渡（应作度）陈仓至别院，须在连院墙的山墙上辟门空，可出人意料的寻得深藏之斋馆。"

这段较长的按语，有正也有误。

正确的是：

一、不是抽象地从理论到理论，或空泛地作字面解释，而是具体联系实际，选出留园的五峰仙馆——"静中观"——石林小院——揖峰轩这条"连墙拟越深斋"最典型的路线，可谓别具只眼，它对于园林建筑的设计和品赏均很有启发。

二、能出色地联系《装折》前文中"砖墙留夹，可通不断之房廊"来解读，让人们进一步联想起"板壁常空，隐出别壶之天地"之句，这也极有助于人们破解"连墙"之谜。

三、为了说明问题，作者同时绘制了八张有关的图：（A）苏州留园石林小院平面；（B）由五峰仙馆东山墙窗牖望石林小院；（C）由石林小院静中观望五峰仙馆；（D）静中观处（金按：即"静中观"）石林小院景境（E）揖峰轩回望五峰仙馆；（F）略；（G）留园石林小院空间组合示意；（H）苏州留园石林小院人流路线示意。这些图有平面的，有立体的，有不同视角的……它们使此难句具有可寻思性。作者这种可贵的治学态度和执着的探索精神，也是值得赞许的。

四、"开辟门洞"之语，是悟及了具体方法；"出人意料"之语，是涉及了艺术心理效果……

但不确的是：

一、"出幕若分别院，连墙拟越深斋"两句，虽有联系，但也有较大的区别，是装折不同的两个方面，而《全释》却将其混在一起，把"出山墙的门空（金按：即洞门）"称为"出幕"，图中更称之为"连墙出幕处"，这就更混淆不清了。其实，"门"与"幕"截然不同，《全释》在论"出幕"时就说，"帘幕"属于室内的"软隔断"。既然"幕"是"软"的，而洞门连同其所依附的墙体则是硬的，二者怎能混而为一？

二、把"砖墙留夹，可通不断之房廊"，称作庭院的空间处理手法，亦属失当，因为它并不在庭院里，而在屋宇之中。

三、突然提出"隐"和"藏"两个概念，而没有讲清"隐"、"藏"二者的不同，这就把原来较复杂的问题变得更复杂化了，特别是没有把"连墙"这个概念解释清楚。

这里先引刘敦桢先生论墙的一番话：

园林中的墙多用来分隔空间、衬托景物或遮蔽视线，是空间构图的一个重要因素。苏州园林中，建筑物密集，又要在小面积内划分许多空间，因此院墙用得很多。这种大量暴露在园内的墙面原来比较突兀枯燥，可是经过建筑匠师们的巧妙处理，反而成了清新活泼的造园因素，长期以来已是江南园林的重要特色之一……白墙不仅和灰色瓦顶、栗褐色门窗产生色彩的对比，而且可以衬托湖石，竹丛和花木、藤萝。白墙上的水光树影变幻莫测，为园景增色不少。墙上设漏窗、洞门、空窗等，形成种种虚实对比和明暗对比，使墙面产生丰富多彩的变化。①

这番论述，大多和"连墙"有关。

"连墙"，是墙体一种具体的、局部的、包括廊旁的坐槛半墙等在内的相交连接结构，体现着"砖墙留夹，可通不断之房廊；板壁常空，隐出别壶之天地"（《装折》）的艺术特点，它是园林曲折幽深、小中见大、近中见远的手法之一，也是园林创造审美意境的手法之一，它一般用于建筑较密集之处，如苏州留园五峰仙馆（包括前庭）一带的墙体连接结构就最为典型。

还须补充说明，在屋基平面图上，如果墙体向同一方向延伸，它可画成两条长长而紧靠着的、平行而不相交的直线——"双线"。这种延伸着的"双线"，不论有多长，有多少条，都不可能构成连墙艺术，因为它并不相交，谈不上这个"连"字。《园冶》注释研究家们的解释之所以不合理，就在于将"连墙"说成是两室夹一墙，或两墙相续为延长的一墙，这种单纯的、同一方向的"双线"，都不能称"连墙"。

所以说。连墙这种局部的墙体处理，是把平行的或同一方向的两道或两道以上的墙，用较短的、另一方向的墙将其连接起来，交叉起来，曲折起来，从而构成"可通不断之房廊"的游走路线，体现"深奥曲折，通前达后"（《立基·厅堂基》）的结构特点。因此，判别是不是连墙，关键要看其墙与墙是否属于相交性的连接。这种墙的连接，用符号表示，就是⊥、⊤、⊣、⊢，或⌟、∟、⌐、『……于是，"在小面积内划分许多空间"，此即为"连墙"。②

还应指出，只有墙体的互交相连，就可能变成曲折幽暗、单一乏味的夹弄。因此，这种"砖墙留夹"还必须结合"板壁常空"，亦即在墙上"留空"，或留出空窗，或留出门空（即洞门），或留出其他类型的门窗，或以坐槛半墙来代替隔墙（其结果是使夹弄成为单面廊或空廊）……而这种"留空"的外面，即在这种所留小空、中空、大空、无壁之空的外面，又必须点以小景、中景、大景或必经的庭院，于是人们游走其间，不但可能萌发"可通不断之房廊"之想，而且可能生成"隐出别壶之天地"之感。从园林建筑学的视角看，连墙的作用表现为交互地分隔空间，规范路径，制造曲折，遮蔽视线，框现美景……这种结构，可称为"连墙留空"；从审美心理学的视角看，在纵横交连、曲折交接的墙上留空，墙外点景，可以造成扑朔迷离的隐约感、景深感、新奇感，于是"连墙拟越深斋"的审美效果得以产生。

---

① 刘敦桢：《苏州古典园林》，中国建筑工业出版社2005年版，第44页。

② 还需说明，除了中国园林里独特的艺术性连墙而外，现实中还普遍存在着一般性墙体的相交性连接，但它们并不是艺术，至于古今中外建筑艺术中大量的连墙，它们应该是该艺术性建筑的组成部分，但它们绝不同于中国园林里独特的艺术性连墙。

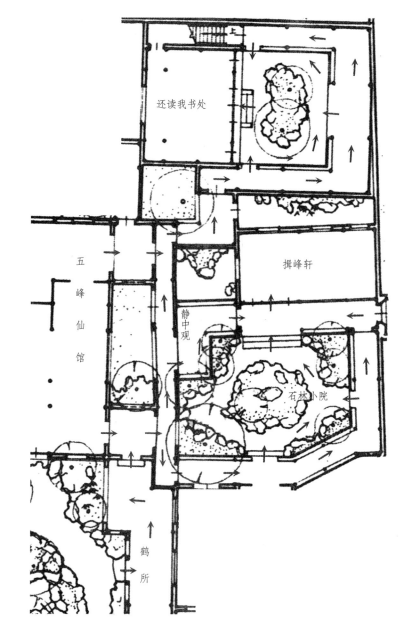

图64 "连墙拟越深斋"路线示意图
底图选自《世界遗产·苏州古典园林》
唐悦协标路线示意

　　现以"五峰仙馆→揖峰轩"，或"五峰仙馆→'还读我书处'[①]"的游走路线为例【图64】来说明。五峰仙馆的东山墙与揖峰轩的西山墙相距并不远，二者既平行，又不等长，而其间又有两道和它们相平行的墙，于是形成了夹弄。对这四道

[①] "还读我书处"这一品题，典源为晋陶渊明《读山海经》："既耕亦已种，时还读我书。"《读山海经》为组诗，凡十首，此为第一首。"还读我书处"往往被讹作"还我读书处"。

纵向平行的墙，造园家用横向的隔墙、半墙等巧妙地、前后错综地将它们连接起来，并在不同方向的墙体上留以大小不同的"空"，且其外面大抵有景，这就造成一种典型的"连墙留空"。具体地说，由五峰仙馆至"深斋"——揖峰轩或"还读我书处"，有如下几条游走路线：

一、透过五峰仙馆东山墙天井中竹影掩映的空窗，可见"静中观"洞门，门后还有景物隐约，吸引着人们由五峰仙馆东山墙偏南之门出，再经一门，隐约可见墙上空窗漏出石林小院一角，北望则明暗闪烁，虚实隐现

图65　纵横交接，曲折留空

苏州留园五峰仙馆

至揖峰轩连墙结构

梅　云　摄

【图65】，略往北由夹弄折东，出"静中观"洞门，眼前更为一亮，可见西南的石林小院峰石参差，折北又可见半墙与揖峰轩西山墙等所隔出的小天井，其中独秀峰巉然秀立。稍折北再折东，进揖峰轩前檐廊洞门，就来到揖峰轩这个结构别致典雅、面阔三间逐步递减的"深斋"。于轩斋驻足南望，则是"石与峰相杂而成林……亦足以侈我观"（〔清〕刘恕《石林小院说》）。

二、由五峰仙馆东山墙偏南之门出，再经一门，不折北而反向折南，再折东，入石林小院南廊，或入石林小院，游赏园中奇石，后穿揖峰轩前檐廊而入揖峰轩；或由小院南廊折东，再折而至这个"深斋"。

三、由五峰仙馆庭院的厅山前，往东踏"涩浪"进入鹤所。其实，此鹤所也是一个以"连墙留空"法构成的小有曲折的曲室，人们如再由这个空灵绝妙的建

筑往北，折西，再折北出曲室洞门，折东再折北，就可和第一条或第二条路线"并轨"。

四、由五峰仙馆东山墙偏南之门出，再经一门折北，入较长而幽深的夹弄，一直到底才折东，旋即折北折东，再折北入庭院，然后上数级踏步（苏州也称"踏跺"）而入"还读我书处"；或不径入庭院而绕遍"还读我书处"前回廊而入这个"深斋"；或由庭前南廊入庭院，绕花坛而入深藏的"还读我书处"这个"书斋"。

五、由五峰仙馆东山墙偏北之门出，再经一道门而折北，和第四条路线"并轨"，曲折至"还读我书处"这个"深斋"。

六、由五峰仙馆东山墙偏北之门出，再经一道门，不折北而折南，再折东而出"静中观"洞门，与第一条或第二条路线"并轨"而至揖峰轩这个"深斋"。

此外，往返穿越，还可以有种种走法……

总之，这一条条路线，不论是走向"揖峰轩"，还是走向"还读我书处"，其间都有大曲小折，大空小空，让人东拐西弯，穿南走北，左观右赏，东张西望，流连而盘桓，其中还可包括：《园冶全释》图C中所提出的"观望"，图E中所提出的"回望"，图F中的"南望"……从而感受着空间的明暗交替、视界的开闭收放，终于，移步换景地来到极具别趣的这个或那个"深斋"，并会感到它们藏得比较深，离得比较远，其实，它们就在近处，这是由于种种别致的设计，勾留着、延缓着人们审美的脚步，于是心理上就感到远了。这就是"连墙拟越深斋"的艺术。

在苏州园林群里，"连墙拟越深斋"的结构艺术，除了《园冶全释》所标举的留园和拙政园海棠春坞外，还有耦园也较典型，如由西部主体厅堂"载酒堂"或其后的楼厅，或由"载酒堂"其西的织帘老屋至"无俗韵轩"这个"深斋"，也可以有多条曲折路径，用《红楼梦》第四十六回脂评的话来形容，是"九曲八折，远响近影，迷离烟灼，纵横隐现"，一路上既可生"可通不断之房廊"之想，又可生"隐出别壶之天地"之感。还有沧浪亭明道堂西南经曲室数折而至"翠玲珑"，它虽短亦有味……这类"连墙结构艺术"，以留园最有代表性，艺术水平也最高。

最后，还应释句中的"越"字、"拟"字。对于"越"字，《园冶》注释研究家们将其释作"过"，"穿越"或"寻得"，均非是。其实，在这里其义应为"远"，这就需要多引古代训诂学著作加以训释。《小尔雅》："越，远也。"葛其仁疏证："《左襄十四年》传：'越在他竟'注：'越，远也。'""越在他竟"也就是"远在他境"（见本书第678页）。这些均可见"越"之远义。还应指出，《园冶·装折》中释作"远"的这个"越"字，并非形容词，而是动词，使动用法，为"使……远"。"越深斋"，就是使幽深的斋室变远。故而"连墙拟越深斋"一句，可译为：通过"连墙留空"之法，使深藏的斋室似乎显得更远了。至于这个"拟"字，意为比拟；

类似；有类于，或释作"好像"。计成用一个"拟"字，点出了审美的疑似心理，这正是产生"连墙拟越深斋"效果的关键。计成此句，是发现和概括了园林中很少有人注意并予以研究的"连墙结构艺术"。

第十六节　落步但加重庑，阶砌犹深
——兼释"落步栏杆，长廊犹胜"

"落步但加重庑，阶砌犹深"，见《屋宇》；"落步栏杆，长廊犹胜"，则见《装折》。这两个联结着传统建筑术语"落步"之句，均属难句，诸家解释，有是有非，其中牵涉的概念多而且乱，未经很好地梳理，一些解释虽杂有正确的，亦未有人予以拈出，以明是非。本节就此两句及有关概念，分两部分予以探析。

一、《屋宇》："落步但加重庑，阶砌犹深"

《园冶注释》："落步，意即踏步或台阶，北方称'台阶'，南方叫'踏步'，苏州人称'落步'。"《园冶全释》对"落步"的注释，基本与之相同。《图文本》则注道："落步：台阶、踏步。苏州人称'台阶'为'落步'，中国北方称'台阶'，南方称'踏步'。"只是表述的先后次序有所调动，释义并无不同。总之，三家并无分歧。《园冶注释》又注道："'阶砌'，俗亦称台阶，或阶沿。"这更产生了混淆，需要细加辨析。

先辨"落步"和"阶砌"。《园冶注释》之误，在于把"落步＝踏步、台阶，踏步、落步"和"阶砌＝台阶、阶沿"二者通过"台阶"这个"共同义项"等同起来，或者说，"落步"、"阶砌"都同于"台阶"，也就是将"落步"和"阶砌"等同于一。如果真是这样，那么，《屋宇》章的"落步但加重庑，阶砌犹深"，通过等同概念的互换，可理解为"落步但加重庑，落步犹深"，或"阶砌但加重庑，阶砌犹深"，这种同义重复有必要吗？这种判断还合乎逻辑吗？当然，以上一系列的建筑术语，大抵属于工匠语言，还流行于不同地区，情况是复杂的，对这类方言、术语、行业语作介绍，也是有必要的，但同时必须做辨异、归类工作，特别是字面上相近的词更应表述清楚，否则就会造成混乱。

相比而言，《园冶全释》释《屋宇》章中的"落步"虽随之而误，但释《装折》章中的"落步"却不误："落步：厅堂台基阶沿。"此释基本正确，只是三个名词相连，表达不太精确，至少应在"台基"、"阶沿"之间加一"的"字，作"台基的阶沿"。这样，从语法角度看，就不可能理解为联合结构如"厅堂台基与阶沿"，或"台基即阶沿"，而只能理解为偏正结构，即"台基的阶沿"。这样，就与"台基"明确地区别了开来，说明阶沿（落步）只是台基的一个组成部分，事实上，台基四周的边沿，正是用阶沿石即台口石（石条）筑成的。

再看"重庑"，《园冶注释》是"指屋檐外再加重檐而言"。此释也不确。何谓重檐？《清式营造则例》："重檐：两层屋檐谓之重檐。"①《营造法原》："重檐：凡建筑物有两重出檐者。"②既然如此，那么按照《园冶注释》的解释，"重庑"也就是屋檐外再加"两层屋檐"或"两重出檐"，这样，就变成为三重屋檐或出檐了，这怎能解释得通？而《图文本》则把"重庑"注为"重叠的庑廊"。这也不合理，庑廊怎么可以重叠？作者对此也没有解释。再看《园冶注释》的译文："踏步上若添重檐，台阶便随之加深。"这就更不合实际，在一级级的踏步上，怎能添重檐——两层或三层檐？台阶又怎么会随之加深？这也均于理不合。相较而言，《园冶全释》就很不错。它注"重庑"道："深重的廊庑。对廊而言，加宽（原注：深）的庑。"它还释"阶砌"为"阶台，指屋檐下的台基部分"，并指出："因加宽了庑，这部分的阶台就深了。"这些都是较合理的解释。

本书认为，落步即踏步（苏州也称"踏跺"，宋代称"踏道"），应是《营造法原》所说的"阶台"（即台基）外口的"台口石"，或者说，是由正间台基外口向阶台四周延伸绕通的"台口石"，以及正间所作供人上下的阶沿（即踏步）。《营造法原》这样写道：

中国建筑，无论厅堂殿庭，多作阶台……台口铺尽间（金按：尽间即次间或梢间）阶沿。厅堂阶台，至少高一尺，正间作阶沿，以便上下，或称踏步，踏步至少分二级，上者（金按：即上面的一级）称正阶沿，下者（金按：即下面的一级或数级）称副阶沿③……殿庭阶台常四周绕通……台口之石条，称台口石。④

可见落步即台基（包括正间在内）边缘的这种台口石，还包括踏步在内。这种台口石，宋代称为"压阑石"⑤，又称"压条石"、"压面石"，《清式营造则例》称之为"阶条"，即"台基四周上面之石块"。⑥这些，与《园冶全释》所注"落步：厅堂台基（的）阶沿"是一致的。《营造法原》在"辞解"中还有两条解释："阶台（原注：台基）：以砖、石砌成之平台，上立建筑物者"；"阶沿（原注：阶条）：沿阶台四周之石，包括踏步。"⑦这都解释得非常清楚明确，而这"正阶沿"或"阶沿"，也就是标准的"落步"。至于四周的台口石之所以被称为"落步"，则是由此引申而来。

再从训诂学的视角来论证。"落"就是开始。所谓开篇落笔，开、落均有始义。《诗·周颂·访落》毛传："落，始。"《尔雅·释诂》："初、首、肇、落，始也。"郝懿行义疏："《逸周书·文酌篇》云：'物无不落。'孔晁注云：'落，始

---

① 梁思成：《清式营造则例》，中国建筑工业出版社 1986 年版，第 81 页。

② 《营造法原》，中国建筑工业出版社 1986 年版，第 105 页。

③ 此意可参见《营造法原》第 1 页：插图 1 "阶台柱礩石基础图"；以及第 181 页："骑廊轩楼厅正贴式（苏州留园）"，该侧立面图绘出踏步三级，并标出，最上一级为"阶沿"，最下一级为"副阶沿"。

④ 《营造法原》，中国建筑工业出版社 1986 年版，第 47 页。

⑤ ［宋］李诫《营造法式》卷十六："压阑石"，包括安砌功、雕镌功。

⑥ 梁思成：《清式营造则例》，中国建筑工业出版社 1987 年版，第 79 页。

⑦ 《营造法原》，中国建筑工业出版社 1986 年版，第 101 页。

也。'"而正间的台口石也是"始"，它正是台基上人们开始第一步所踏之石，可见"落步"其是名副其实的概念，它也就是正阶沿或阶沿。

"落步但加重庑"的"但"，其意为凡；凡是。唐白居易《李白墓》："但是诗人多薄命"。《洪武正韵》："但，凡也。"《助字辨略》亦云："此但字，犹云凡也，今云但凡如何也。"至于"重庑"的"重"，不应读一重两重的重〔chóng〕而应读zhòng. 意为大。《吕氏春秋·贵生》："天下，重物也。"高诱注："重，大；物，事。"意谓"天下"，是大事，或者说是重大的事。《史记·魏公子列传》："国之重任。"重任，即大任，所以"重大"二字往往相连。至于"重〔zhòng〕庑"的"庑"，则有别于廊庑的庑，它仅指屋檐。宋李诫《营造法式》："檐，其名有十四……十一曰庑"。故而"重庑"即大檐；加大了的檐。《园冶全释》注"重庑"为"加宽（深）的庑"，这是对的，但没有指出"庑"在这里即是"檐"。

"阶砌犹深"的"阶砌"，按《园冶全释》即"阶台，指屋檐下的台基部分"。唐元结《宿尊诗〔在道中〕》："平湖近阶砌，远山复青青。"至于这个"犹"字，意为"更"。《古书虚词旁释》就训"犹"为"弥也，更也"。《世说新语·言语》："松柏之质，经霜犹茂。"宋王安石《孤桐》："岁老根弥壮，阳骄叶更阴。""弥"、"更"互文。宋苏洵《六国论》："奉之弥繁，侵之愈急。""弥"、"愈"互文，亦为"更"义。《屋宇》中"阶砌犹深"的"犹深"，意谓更深、愈深。

"落步但加重庑，阶砌犹深"，总的意思是：对于台口石，凡是怕檐水滴石溅柱而采取其上增添重（宽大的）庑的办法，那么，由于出檐宽大，阶砌就更恐其太进深了，这样会影响采光，使室内幽暗。

再联系上文来理解。《屋宇》："当檐最碍两厢，庭除恐窄（金按：意谓正屋最有碍的是两厢，因其使得庭院变窄）；落步但加重庑，阶砌犹深。"计成在这里是用成双作对、意义相关的骈语，总结了园林营造的两类教训，或者说，是指出了所应避免的两种可能发生的情况，这是非常必要的。

二、《装折》："落步栏杆，长廊犹胜"

《园冶注释》："落步栏杆，踏步旁装上栏杆，用供扶手、装饰。"又释"落步栏杆，长廊犹胜"为"踏步旁安栏杆，在长廊就更好"。这均颇失当。其一，是踏步旁装上栏杆，这种规制江南园林甚为罕见，因为木制栏杆露天易腐烂，石制栏杆又与私家园林不相称。当然，这种形制在寺庙建筑（如北京太庙的御路）或北方皇家宫殿园林建筑（如北京天坛的台阶、紫禁城御花园万春亭的台阶）是屡见不鲜的；其二，是未讲清"踏步旁安栏杆"和"在长廊就更好"二者的关系是什么？踏步栏杆和长廊怎么连接？《园冶全释》对"落步栏杆"的注释是准确的——"指厅堂前廊庑于次、梢间檐柱之间装设的栏杆"，不过将"落步栏杆，长廊犹胜"释为"台前护栏之落步（金按：注意，其中心词是'落步'），与长廊连接最好"，这比之《园冶注释》，虽已有所改进，即已涉及二者的"连接"问题，但"落步"怎能与长廊连接？因为《全释》在注《屋宇》时释"落步"为"厅堂台基阶沿"。如是，"落步"较低，而长廊则较高，二者是难以连接的。可见《园冶全释》前后显得有些不一致，语言表达也不太周密，应将"台前护栏之落步"改作"台前落步之护栏"才是。

本书认为，落步栏杆，是在厅堂台基边缘的台口石即压阑石上所装设的栏杆。这样，就形成了前檐廊或前、后檐廊，甚至是围绕四周的回廊，这种依附于厅堂前后或四周的廊也就是一般所说的"庑"，这种"庑"与脱离厅堂建筑而独立地通往他处的长廊，其结构、空间高度等都是相称的。不妨再联系《屋宇·廊》来解读："廊者，庑出一步也，宜曲宜长则胜"。这种长廊，就是由"曲尺曲"的"庑"所引出的更多地表现为"'之'字曲"的"廊"，它"随形而弯，依势而曲……"总之，"'之'字曲"或其他形式的廊，它们可由厅堂出发，表现为"庑出一步"，并与"庑"很好地连接的。

"落步栏杆，长廊犹胜"，是说作为"落步栏杆"的"庑"，亦即前、后檐廊或回廊，应尽最大可能与长廊求得相称、相当，这是从二者连接的整体效果来要求的。

再释"犹胜"二字。犹，不同于《屋宇》"阶砌犹深"的"犹"，其意为"还"。《论语·微子》："往者不可谏，来者犹可追。"宋苏洵《六国论》："良将犹在"。均为"还"义。胜：相当；相称。《字汇·力部》："胜，当也。"《说文通训定声》："胜，假借为称。"犹胜：还应相当、相称，或还是相称、相当的。

第十七节　半楼半屋，藏房藏阁
——兼释《屋宇·九架梁》中诸难句

此题涉及《园冶》中《装折》以及《屋宇·九架梁》两个片段，均为难句，具录于下：

> 半楼半屋，依替木不妨一色天花；藏房藏阁，靠虚檐无碍半弯月牖。（《装折》）
> 九架梁屋，巧于装折：连四、五、六间，可以面东、西、南、北；或隔三间、两间、一间、半间，前后分为，须用复水重椽，观之不知其所；或嵌楼于上，斯巧妙处不能尽式，只可相机而用，非拘一者。（《屋宇·九架梁》）

这两段文字，都与园林中体量较大的建筑物的装修处理或造楼等复杂问题有关，对此，诸家或未讲清，或回避而更未联系实例来详加阐说。本节拟先以《屋宇·九架梁》为起点，按其中所述问题逐一予以阐析，

其一，"连四、五、六间，可以面东、西、南、北"。

《园冶注释》一版将此句译为："既可四、五、六间连接，又可以向着东、西、南、北的四方。"这显然没有解释清楚。《疑义举析》指出：

　　这里……所说"连四、五、六间"应是指进深方向的"间"，而不是指面阔方向的开间，面阔方向的开间，要连多少间，与几架梁关系不大。九架梁一共有八步架，如果前后廊各一步架，中间便是六步架。前后各两步架，中间便是四步架。"可以面东、西、南、北"，就是后文《九架梁五柱式》所说的"向东西南北之活法"，也就是《七架酱架式》所说的"朝南北，屋傍可朝东西之法。"指的是不设脊柱，如果房屋朝南北，则东西山墙之正中可以开门窗。

　　这说得很准确、清楚，十分到位。《园冶注释》二版虽吸纳了这些意见，然而，却遗漏了"如果房屋朝南北，则东西山墙之正中可以开门窗"这句更为重要的话，因而依然没有把问题解释清楚。《园冶全释》基本认同《疑义举析》的意见，在注中作了一定的复述，而《图文本》则对此未加注释。

　　本书认为，对于《园冶》，除了疏通文句、释清内涵而外，还应联系古典园林建筑的实例来解读。刘敦桢先生指出："大厅是园林建筑的主体……面临庭院一边于柱间安连续长窗（槅扇），两侧山墙亦间或开窗，供通风采光之用。典型的例子如留园五峰仙馆。"[①] 这是举出了典型，还写到了"两侧山墙亦间或开窗"，而《举析》所论与这番论述完全一致。不妨以此来解读"朝"（亦即"面"、"向"）东、西、南、北的"活"法。先看留园五峰仙馆的种种"朝向"，它面阔五间，进深为九架梁。其南面——梢间墙上装长方形十字海棠花窗，而正、次间均安系列长窗即门，朝向着亦即连通着前庭院和厅山；其北面——正间安系列长窗，连通后庭院，次间则安系列半窗，梢间亦同，均起"隔"的作用；其西山墙——偏南的门可通西楼底层和清风池馆，偏北的门可通"汲古得绠处"书斋；其东山墙——偏南的门可通"静中观"、鹤所、石林小院和揖峰轩，偏北的门又可通"还读我书处"，这可说是"向东、西、南、北之活法"的典范了。

　　这还可从文献史上追溯，其实，唐代白居易《新构亭台，示诸弟侄》一诗中，就已写到东、西、南、北之"活法"了。其诗云："东西疏二牖，南北开两扉。芦帘前后卷，竹簟当中施……东窗对华山，南檐对渭水"。这不但是取东、西、南、北不同朝向的示例，而且"竹簟当中施"还可看作是"隔间"手法的简易化，而"芦帘前后卷"，对理解"出幕若分别院"也有启发。

　　其二，"或隔三间、两间、一间、半间，前后分为，须用复水重椽，观之不知其所"。

　　所谓"隔间"，这里是指在进深方面或隔三间，或隔两间，或隔一间、半间，可根据需要，灵活决定。对于这种间隔，前文已联系留园五峰仙馆、拙政园玲珑馆作了论析。至于"前后分为"，也就是指间隔的两个上部空间须以"复水重椽"等分别施工。《疑义举析》指出："用了复水重椽，它本身是一种假屋顶，而且还

---

① 刘敦桢：《苏州古典园林》，中国建筑工业出版社2005年版，第35页。

可以看到另一半真屋顶。"这样，一般人们观之就不知其巧妙之法了。

其三，"或嵌楼于上"。

"或嵌楼于上"，就是或可建楼于九架梁或七架梁屋之上。这个"嵌"字，诸家皆跳过未释，其实，由于"重屋曰楼"，亦即屋上叠屋，故而曰"嵌"。嵌者，叠也；堆也（见本书第641页）。此词用得既僻而又当。"嵌楼于上"之例，见《营造法原·平房楼房大木总例》，插图二一六"楼房贴式图"第三、四二例（见下页）。其中第三例为七界，其下层，前为副檐一架，后为骑廊两架；第四例亦为七界，但其上层前带阳台半架，即承重前端伸长，挑出屋外，被称为"硬挑头"，而后部又带雀宿檐半架，称为"软挑头"[①]。均可谓嵌楼于上。

其四，"半楼半屋，依替木不妨一色天花；藏房藏阁，靠虚檐无碍半弯月牖"：

楼为"重屋"，作为整体，它上半是楼，下半是屋，故曰"半楼半屋"。上下分隔这半楼半屋的，是楼板或楼板加天花板，所以说"依替木不妨一色天花"。替木是柱端最贴近楼板或天花的不长的横木[②]。依：贴近；依靠。一色；纯而不杂。此句也就是说，没有藻饰的纯一色的天花板，是半楼、半屋的重要分隔之一。

"藏房藏阁"，这是最易误读的句子。《园冶注释》一版："藏房藏阁：犹言隐藏的房或阁，亦即'密房'、'密阁'。"这仅满足字面上作空泛的解释，脱离了上句"半楼半屋"的语境。人们或许进而会问：此骈语的上、下句中，"半楼半屋"与"藏房藏阁"，是相承的互文，写的都是九架梁等类的建筑，既然如此，那么，它是如何藏房藏阁的呢？对此，《园冶注释》没有解答。再看《园冶全释》译道："深房奥阁的居处，尽可在虚檐下开辟月形窗牖。"这同样是脱离了上句的互文语境，仅作孤立的解释。而《图文本》对此两句，则仅注了"替木"、"月牖"二词，更无助于难题的解决。

本书认为，此"藏房藏阁"与上句的"半楼半屋"，是关系紧密的互文，故"藏房藏阁"亦即"藏楼藏阁"，讲的都是有关造楼的事。同时，还特别应联系《屋宇·九架梁》中"或嵌楼于上"之句来理解，也就是说，藏楼藏阁不仅是嵌楼于上，还体现着"藏"的特点。

应该说，"藏楼藏阁"是楼厅或其他重屋的另一种建造方法，其意为上层的楼阁造得较为隐蔽、退缩，人们如站在厅堂前或檐下，往往不易发现。这种建构的特殊性，可通过比较见出。如上引《营造法原·平房楼房大木总例》插图二一六"楼房贴式图"【图66】，其四为"七界前阳台后雀宿檐"，图中的前阳台，挑出于下层的前步柱（"步柱"的概念各家有异，笔者取《园冶》中的），最易被人发现，它不是"藏"而是"露"，但图中的"后雀宿檐"，则由于屋檐伸于后步柱之外，于

---

① 均见《营造法原》，中国建筑工业出版社1986年版，第7页。

② 《园冶全释》："替木：在柱间梁端头下所加的短横木，有加强刚度减少梁跨弯矩的作用。相当于大木构架中的雀替。"此注略不到位，这里应指梁下柱端起承托作用的短横木，今称梁垫，见本书第658页。

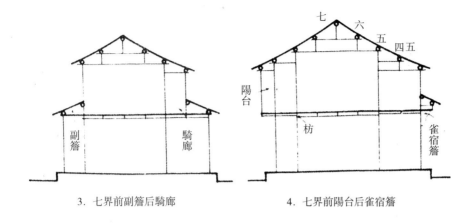

3. 七界前副簷后骑廊   4. 七界前陽台后雀宿簷

图66 半楼半屋，藏房藏阁
《大木总例·楼房贴式图》
选自姚承祖《营造法原》

是上部稍稍缩进的楼，就比较不易被人发现了，这已可说是一种"藏房藏阁"①。再有一种"藏房藏阁"，是《营造法原》插图二一六其三："七界前副檐后骑廊"，其副檐之上，楼房缩进一界，人们就更难发现，而其骑廊之上，楼房亦缩进一界，亦难以发现，这两种均可说是较典型的"藏房藏阁"②。同时还可参《营造法原》第180页图版九："骑廊轩楼厅正贴式［苏州留园］"，第180页图版十"副檐轩楼厅正贴式［苏州木渎灵岩寺］"，二图绘制得极为详备，其"藏房藏阁"的效果更为明显。可见所谓"藏"，并非深藏不露，乃是不同程度地退缩，使其不很突出、不很显露之意。

这里还可以苏州留园的"远翠阁"为例。该建筑上半为楼，名"远翠阁"；下半为屋，名"自在处"【图67】。"自在处"坐北朝南，东、南、西三面均有檐廊环绕，而其上层的远翠阁，则三面向中心退缩，这是又一种"藏"。这样，人们在近建筑处仰望，确乎不能看到阁或不能看到阁的全部外观，例如，对阁的两层明瓦支摘窗，只能看到一层或更少，是之谓"藏楼藏阁"。此例足以说明，不能脱离具体语境，将"藏房藏阁"孤立地、抽象地释作"密房"、"密阁"或"深房奥阁"。还应指出，《装折》章云："半楼半屋，依替木不妨一色天花。"对于此句，"自在处"恰好也是适例，试看其三面檐廊均为"一色天花"，并髹以广漆，没有任何华饰，符合于计成的美学思想。至于"自在处"顶上的楼板，也是一色广漆，显得

---

① 按：江南又有一种前雀宿檐简易门楼，又称"雀宿檐门楼"，上部楼房可更略缩进，这就也不易被人发现，也能在一定程度上体现"藏"的特点。

② 刘敦桢先生也说过：楼阁"上层每较下层略为收进"（《苏州古典园林》，中国建筑工业出版社2005年版，第36页）。这也就是一种退藏。

图67　楼阁隐藏，一色天花
苏州留园远翠阁　梅　云摄

十分素朴，与三面廊顶非常协调。总之，从整体上看，"远翠阁－自在处"所具上藏下露的特点比较明显。

此外，拙政园的见山楼、狮子林的卧云室等，也均不同程度地具有"藏楼藏阁"的特点。

本节以上所论诸问题，均多少与造楼有关，而且均较复杂，或者说，其做法均比较灵活，比较巧妙，特别需要根据具体情况灵活处理，所以《屋宇·九架梁》概括道："斯巧妙处不能尽式，只可相机而用，非拘一者。"

再释"靠虚檐无碍半弯月牖"。这是指上层退藏的楼阁如果面阔三间而只有明间设窗，那么两侧次间靠其前虚檐处不妨开小小月牖。这种窗既可以是一轮圆月，如《门窗》中的"月窗式"，又可以是半弯月牖，如《门窗》中的"片月式"。如果楼阁面阔三间正面均设窗，那么，则往往在两侧山墙上设月窗。正如《园冶全释》注所说："一般在山墙上"。

《装折》中"靠虚檐无碍半弯月牖"之所以不提"月窗式"，而只提"半弯"——"片月式"，是为了和上句"依替木不妨一色天花"的"一色"相对，使上下两句骈偶成文。

"半楼半屋，藏房藏阁"，"靠虚檐无碍半弯月牖"，这还适用于民间重屋的矮楼、阁楼之类，由于楼层低矮，往往在山墙上开圆月或半月形的小窗。

第十八节　立半山半水之间，有二层三层之说
——计成艺术创意又一例

"立半山半水之间，有二层三层之说"，见《立基·楼阁基》专节。此节文字，不但表现出突破传统的创新求异思维，而且采用了句序"错综"的辞格，较难理解，故而诸家解读有争议，现先按《园冶注释》的标点将全节文字录出，并附其译文：

> 楼阁之基，依次序定在厅堂之后，何不立半山半水之间，有二层三层之说，下望上是楼，山半拟为平屋，更上一层，可穷千里目也。

> 楼阁地基，依照一般的次序，一定在厅堂的后面。何不设立在半山半水之间？还有二层变三层的说法，从下面向上望是二层楼房，但从半山后面进去就像一层平房；以楼建在半山地，在半山登楼远眺，真有"欲穷千里目，更上一层楼"之概。

《疑义举析》不同意其中某一标点，也不同意其译文，写道：

> 原文这一段似通非通，有"二层三层之说"这一句，疑有误，未经校勘，便不宜强解（金按：此语反映了治学之严谨。但经与明版等各本会校，不误）。旧日私家园林，绝少三层楼之实例，鄙意以为"二层三层"或当是"二层一层"之误。新本（金按：指《园冶注释》）标点亦有误，"何不立半山半水之间"，句下应置问号，到此已说完了一层意思（金按：非是，其意未完，详后），下面五句又是另一层意思。这样一来，全段文字似已可通，大意是说，楼阁立基，依一般次序，定要设在厅堂之后，为什么不可以立在半山半水之间呢？还有二层变一层的说法：（金按：此冒号值得推敲）从下望上是二层楼，如从背面半山上进入，就是一层房屋。进来凭高一望，噢，原来已经上了一层楼，怪不得有"目尽千里"之概呢！"下望上是楼，山半拟为平屋"，这种巧妙利用地形的实例，南方山区民居多有之……

这番举析，正确中有讹误，然而，《园冶全释》全据其意，标点按《举析》改了两处，也说："'二层三层'之说，可能有误。"至于《图文本》，对此则基本上是回避了。

本书认为，要读通此节文字，应先点准标点，并补足省略成分。而细究《园冶注释》，其标点确乎失当，是一"逗"到底，但《疑义举析》也不确。为了利于解读，现将原文重行标点，并补出所省略的成分：

> 楼阁之基，依［一般］次序定在厅堂之后。［但是，］何不立半山半水之间，有二层三层之说？［这样，］下望上是楼，山半拟为平屋；更上一层，可穷千里目也。

还应注意，"何不"二字的作用，是通过"何"的反问和"不"的否定（亦即双重否定）来强调以下七字骈语（即本节标题，应该说，此骈语是一种宽对），如将"何不"二字所

贯的两句分开来读，也就成了两个反问句："何不"立半山半水之间？"何不"有二层三层之说？这样，进一步理顺其意思为：一般建筑或园林建筑，楼阁之基依次序必定在厅堂之后，这是传统的序列模式。但是，也可不照此模式，将楼阁基立于半山半水之间，"有二层三层之说"。这表现了一种创新的理念。

再说"何不"至节末的句群，是用了"错综"的辞格。现依次标以序号：（1）立半山半水之间∥（2）有二层三层之说∥（3）下望上是楼，山半拟为平屋∥（4）更上一层，可穷千里目也∥这是（1）→（3）；（2）→（4）骈散结合的错综交叉，现将其句序调整还原如下：

（1）立半山半水之间→（3）下望上是楼，山半拟为平屋；

（2）有二层三层之说→（4）更上一层，可穷千里目也。

先解读（1）→（3）。"立半山半水之间"，意谓将"楼阁之基"，立于"半山半水之间"，于是其效果是，"下望上是楼，山半拟为平屋"。对此，以上诸家之释可说没有什么大的分歧，可将其不同概括为"二层一层"之释和"二层变一层"之释，后者释"拟"为"变"，略见不足。其实，"拟"为"类似"之意。《荀子·不苟》："拟于尧舜。"《徐霞客游记·粤西游日记一》："上悬重门，圆整拟剡琢。""拟为平屋"，即"类似于平屋"。如是，其意即基本贯通。不过还应补充，《园冶注释》、《疑义举析》译文都用一个"变"字来概括这种楼阁的结构，以表达对这种建筑的特殊性之把握。本书感到，"变"字不妨易之以"兼"字，以凸显其"身兼二任"即平屋兼楼阁的现实性。现通释（1）→（3）之意：楼阁基如果确立在山麓或山半腰，前为水（即面临着水），后为山（即后倚着山），那么，从山下往上看，是二层的楼阁；从山半腰看，则类似于一层的"平屋"。这样，其半山半水、亦楼亦屋的相兼性格得以呈现。

再解读（2）→（4）。"有二层三层之说"，这是由"一层二层"进一步提出的一种设想，意谓何不实行"二层三层之说"。从语法上看，"更上一层，可穷千里目也"是一个假设复句，即"如果'更上一层'（即更造一层），那么就'可穷千里目'"了。这是把唐代诗人王之涣《登鹳雀楼》的经典名句"欲穷千里目，更上一层楼"信手拈来，加以点化。元陈绎曾《文说》概括用典使事的种种方法，指出："借用：故事与题事绝不相类，以一端相近而借用之者也。"计成此处的"用事"正是如此，借两者"一层"之相近而活用，它引用经典，用得巧妙，可谓天衣无缝，了无痕迹，却又耐人寻味。这样，读者会体悟到：如在此建筑之上再加高一层，那么，若从山半腰看，是二层的楼阁；若从山下往上看，则是三层的楼阁了；而如登此楼也，则更可穷尽千里之目，大大地拓展借景的视野了。于此，不但可见计成的文学才华，而且更可见其在园林建筑方面创造性的艺术构想。

还不能放过"有二层三层之说"这个"有"字，其意比较特殊，应训作：

"为"；"实行"。《经传释词》："有，犹'为'也。《周语》曰：'胡有孑然其效戎狄也?'言胡为其效戎狄也。《孟子·滕文公》篇曰：'人之有道也，饱衣暖食，逸居而无教，则近于禽兽。'言人之为道如此也。'为''有'一声之转，故'为'可训为'有'，'有'亦可训为'为'。"《古书虚词旁释》："有犹为也，一为'行'之义，《史记·殷本纪》：'于是纣乃重刑辟，有炮烙之法。'按《列女传·孽嬖篇》（金按：此篇引《史记》语）'有'作'为'。"因此，"有二层三层之说"，应理解为实行或采用二层三层的说法。

《疑义举析》说，"旧日私家园林，绝少三层楼之实例"，这是其肯定原文"有二层三层之说"为误的论据。其实，实例还是有的，如明万历间无锡寄畅园就有三层的"凌虚阁"。当时王穉登《寄畅园记》就写到，先月榭"东南重屋三层，浮出林杪，名'凌虚阁'"。记中"重屋"一词，正是古代规范用语。《说文》："楼，重屋也。"阁，当然也可称"重屋"。再说"凌虚"之名，即标志其高。而今此阁尚存，不过系倾圮后重建，为二层卷棚歇山顶楼阁。

又如广东东莞可园有四层之高的"可楼"，更是现存的实证[①]。以下录清代园主张敬修《可楼记》片断，并对这段妙文略加点评：

> 居不幽者志不广，览不远者怀不畅（金按：记文起句响亮，"幽"、"远"对举，意在鱼和熊掌，二者可以兼得）。吾营可园，自喜颇得幽致，然游目不骋，盖囿于园，园之外不可得而有也（金按：这是为下文描叙"加楼"所作的一番铺垫）。既思建楼，而窘于边幅，乃加楼于"可堂"之上（金按：为了"更上一层"，就先"更加一层"，这就突破了园墙和其他阻碍的局囿遮挡，表达了一种宇宙意识），亦名"可楼"。楼成……则凡远近诸山……劳劳万象，咸娱静观，莫得隐遁。盖至是，则山河大地举可私而有之（金按：诚可谓"更上一层，可穷千里目也"）。

就现存的园林看，岭南园林的高层建筑，在东莞可园；江南园林的高层建筑，在上海豫园，其内园有三层之高的"观涛楼"，别称"小灵台"，为清代城东最高建筑，当年登楼可遥观黄浦江，故被称为"沪城八景"之一的"黄浦秋涛"。

那么，计成有没有营造过这种位于"半山半水之间"，具有"二层兼三层"特色的创意楼阁呢？应该说，设想是有的，实践大概是没有，具有这种特色的楼阁在中国古典园林建筑历史上也可能是凤毛麟角，这是社会条件对科技发展的限制。正因为如此，计成"肷绝灵奇"的创见就没有能转化为美的现实，或者说，他这一园林建筑美的理想没有能付诸实现，只能无奈地写进书里，所以计成遗憾地对友人郑元勋说："妄欲罗十岳为一区，驱五丁为众役……使大地焕然改观"，"恨无此大主人耳"（《园冶题词》）……

---

① 东莞可园的"可楼－邀山阁"东立面图，见金学智《中国园林美学》，江苏文艺出版社 1990 年版，第438 页。又《中国园林美学》，中国建筑工业出版社 2005 年版，彩图 58。

第十九节　磨角，如殿阁攋角
——兼探"戗"字由来及其含义

"磨角"是解读《园冶·屋宇》章的一大难点，颇有争议。《屋宇·磨角》云："磨角，如殿阁攋角也。阁四敞及诸亭决用，如亭之三角至八角，各有磨法。"

《园冶注释》对此释道："磨角与攋角相同。《集韵》：'攋，折也。'磨角疑即就亭阁之屋角折转而上翘。攋角，即转角之意。"此释尚可，但有的字词未落实，如"磨"这个字，其他也缺少有力的具体论证，一个"疑"字，又缺少确定性。尔后的《图文本》亦从之。

《园冶全释》不同意此解，认为"磨角的'角'，不是指屋顶之'角'，而是指建筑的墙角"。"磨"的本义，"是去掉些东西"，墙去掉一角，反而增加了一边。这种不方整的平面，对厅堂等建筑是不适用的，只宜于四面开敞的阁和亭子。"'磨角'可以释为：转折的墙角"。对此，《园冶析读》提出质疑：如果是这样，那么，四角亭就"磨"成了五角亭，八角亭就"磨"成了九角亭，岂不成为怪物？可见，磨角决不是磨出一个不规整的平面来。《析读》通过探讨进而归纳道："折角不止是翘角……从起角梁到发戗翘角是一个系列，总称磨角"。

本书同意《园冶析读》之释，尤感其较切合实际，是解读的某种突破。不过，需要进一步探讨的是，磨角、折角、翘角的"磨"、"折"、"翘"等字，通俗易懂，是易于理解的，但是，将这些概念联系起来思考，就可能产生一些问题："磨角"为什么就是"折角"，计成又为何释之以"攋角"？"攋"这个生僻的字怎么会有"折"义？它又怎么和折角、翘角等等相通或同义？它们之间转化的词义学依据何在？有无训诂著作可据以为证？而这些又均被最终落实到现实中的"发戗"、"戗角"，但是，更成问题的是这个"戗"字，辞书上越查越糊涂，可以说自古至今的权威辞书均没有过这一义项，令人不知所从。因此必须思考，在古代的语言时空里这些词是如何互通或衍化的？有无线索或规律可寻？而在中国古代建筑史上，飞檐翼角、发戗起翘又是怎样诞生和发展的？……

这些问题，有些确实很有难度，但也很有探究价值，笔者为了给中国古代建筑史和《园冶》研究提供一定的参考，故不揣愚陋，试结合语言学、训诂学、词义学、史学、艺术美学等作一较详的、带有追本穷源性的考释。

首先值得探究的是，作为"戗角"的"戗"之所以所有辞书均一律不载，是由于这一义项的流行范围有其局限：其一，戗角主要盛行于南方，在江南的园林、寺庙等建筑最为突出，因而此类术语也主要流播于江南地域，属于非"雅言"的地区方言；其二，它仅流行于建筑业，用语言学的术语说，是"行话"，或称"行业语"。所谓行业语，是各行业为适应自己特殊需要而创造使用的词语，究其来源，较多是从古代"形"、"音"、"义"相似、相近的字借来，或略加改变，是匠师们约定俗成的创造，这理论上应归属于"社会习惯语"；其三，戗角作为特殊的结构形态，是随着建筑不断发展，只有到了特定时代才有可能产生。总而言之，"戗"字的形成及其飞檐翼角之义的萌生和流行，要受到地区、行业、时代的三重制约。

先从时代说起。笔者曾考证，《诗·小雅·斯干》描写屋宇"如鸟斯革，如翚斯飞"的文化超前意识虽对后世建筑深有影响，但"飞檐翼角的顶式结构，一直要到汉代才见雏形，如汉赋中某些有关的描写（如'反宇'），出土的某些汉代明器以及画像砖上屋角略微上翘的形态等"①，但这也仅仅是萌芽，故汉代不可能有作为行业语的"戗"字产生，笔者遍查《尔雅》、《方言》、《说文》、《释名》等经典，均无"戗"字。

自晋开始，出土文物的建筑已见翼角明显起翘，但有关辞书并未收入反映建筑这一特殊结构之字。"戗"字，始见于南朝梁陈间吴郡训诂学家顾野王的《玉篇》。《玉篇·戈部》："戗，古文创字。"但它与建筑无关。经查，尔后一些训诂书、文字学书、韵书、字书等很少收入，只有宋代司马光的《类篇》："戗，伤也。创或作戗。"《集韵·阳韵》则云："《说文》，伤也。一作'创'"。此引有误，因《说文》并无此字，可见较混乱。自晋至两宋这一时段里，这种起翘的翼角究竟称什么，没有任何文献资料可资查检，还有待深入考证，总之它绝不会与"戗"字结缘。

"戗"字义界的扩大，大约是从元、明开始的，还主要体现于民间，如《水浒传》第五十六回，就说两间楼屋的侧首，有"一根戗柱"戗着，以防其倾塌。此"戗"字，意为撑、支持，这与建筑有关此义项与"发戗"之"戗"稍有关联。但再看清初的《康熙字典》："戗：《玉篇》：古文创字。《说文》：伤也。"依然无"撑"义，且再次误引《说文》。1915年出版的《中华大字典》，依然是："戗：古创字，见《玉篇》。"但纠正了错误的"《说文》说"。直至当代，虽然专业词典有所反映，但也只是一般的解释，而所有大型的权威性的辞书均一律不收此义项。如2001年版、最权威的12卷本《汉语大词典》也不收，这就显得视界不广，滞后于时代了；同时，也反映了中国建筑史学、园林建筑学界对这一术语的专题研究尚是空白，没有发生影响。再如《王力古汉语字典》概括道：戗读chuāng时，意为创伤的"创"；读qiāng时，意为逆向或决裂；读qiàng时，意为推动、撑或嵌。可见依然没有反映，这也就是说，古今的辞书界对"戗角"、"发戗"的"戗"字，都没有予以认同，更不用说对戗角的科技价值和艺术意义的认识了。当然，其中"逆向"、"撑"等两项，对探究"戗"字也有所启发。

要考证这后起的"戗"字的由来，必须研究其作为前身的古语词的衍变，而这又离不开传统训诂学。其实，对流传于特定时代、地域的"行话"——"磨角"，计成自己就用了传统的训诂方法，试析如下：晋郭璞《尔雅序》云："夫《尔

① 金学智：《柱式文化特征与顶式文化特征——中西古典建筑之比较》，见《苏园品韵录》，上海三联书店2010年版，第272页。

雅》者，所以通诂训之指归。"邢昺疏："诂，古也，通古今之言使人知也；训，道也，道物之貌以告人也。"再看《园冶·屋宇·磨角》所训："磨角，如殿阁撇角也。"这也是"道物之貌"——宫殿、堂阁等建筑的屋角（之貌）来训释"磨角"，从而"通古今之言使人知"。可见以往流传于工匠间的吴方言"磨角"，到了当时计成从事造园的常、镇、宁一带，匠师们已感生疏，所以计成就有必要对其加以训释。然而，往事又越过近四百年，今天，其义又要通过溯源来详加训释。

《广雅》："折、撇〔là，又读xié，金按：括号内的拼音，均为本书所注，下同〕、曲、制、撎〔lā．又读xié〕，折也。"意为前面的这几个字，统统都有"折"义。清王念孙《疏证》："《说文》：'拹〔lā〕，折也。'《公羊传》何休注：'撎，折声也。'撎，与拉同。拉、撇，叠韵字也。制者，《文选·张协杂诗》注引李奇《汉书》注云：'制，折也。'曲，折也。折、制古同声，故制有折义。"还可补充的是，《广韵》："撇，折也。拹，拉也；拉，折也。"这是用了"递训"的方法。《正韵》"拹"亦同"拉"。《说文》段注："拹或作'撎'者，或体也；或作'拉'者，假借字也。"总之，大量的相互训释及有关书证，均足以说明：这些字在某一层面上都是"字异而义同"，故"撇角"亦即"折角"。也可以说，这些字是"磨角"的前身组成，是与"磨角"同时，或先乃至或后地流行的。

此外，由"折"字还可进一步作词义追寻。《集韵·入声下·盍第二十八》："撇、搚，折也。"《集韵·入声下·狎第三十三》："搚〔zhá〕，押搚，重接貌。"这说明作为俗语，并通于"撇"的"搚"，除了具有"折"义外，还有"重接"之义。《广韵·薛韵》："折，断而犹连也。"这个"重接貌"和"断而犹连"均值得深味。联系几何学抽象地看，由一点引出两条直线所形成的角，都可说是两线相交或"重接"、"断而犹连"的结果。这更可进一步探知"磨角＝撇角＝折角＝重接（断而犹连）"的真相，其间依稀可见其相与先后地衍化或递变之轨迹，而联系建筑来看，

这种属于木作的两个构件（老戗和角飞椽，或老戗和嫩戗）断而犹连地重接，可从刘敦桢先生《苏州古典园林》所提供的嫩戗发戗屋角构造图【图68】清楚地看到（该图还在其上添了"菱角木"）。而这正是戗角必要的骨干构架。

图68 磨角：断而犹连的重接
嫩戗发戗屋角构造
选自刘敦桢《苏州古典园林》

戗角的骨子是两直相交的重接，但这还仅仅是初步木作板律地相交的生硬直线，而戗角柔和弧曲之美，其精工还有待于木作、瓦作的继续，如是，屋角才能出现翼然飞翘之态。《营造法原》这样写道："水戗形式为南方中国建筑之特征，其势随老嫩戗之曲度。戗端逐皮挑出上弯，轻耸、灵巧，曲势优美。"[1]可见，戗角不但有赖于骨架直拐之"折"，而且还有赖于姿态弧弯之"曲"，从而成就其姿致之美。历史地看，屋角起翘、戗角，发戗……这是我们民族一个了不起的艺术创造。笔者曾对殿阁屋顶正立面所显示的凤展彩翼般的美这样描述道：

> 其两侧的曲线无不左右分张，斜向地由上而下，并反向延展，最后由下而再夸张地向上……由于经过这种起翘高扬的大胆处理，原来屋顶大堆材料的重压就显得已被克服，出现了凤翼分张、翩翩欲飞的轻巧姿态。这种变单调为丰富，变生硬为柔和，变静止为飞动，变沉重为轻盈的顶式结构，极富"如翚斯飞"的美感。[2]

那么，如此之优美的顶式态势（当时，那时还可能没有这么优美），又为什么要用这个"戗"字来表达？这也有蛛丝马迹可寻。《广雅》又云："桡［náo］、折、觠［quán］、诘、诎，曲也。"此条前面的这几个字，统统都有"曲"义。其中特别是"桡"、"觠"二字最有意思。《说文》："桡，曲木。"《正字通》："桡，木曲。"又引申为弯曲，《类编》："桡，曲也。"《说文》段注："桡，引伸为凡曲之偁（金按：'偁'即'称'）。"但遗憾的是，此字不可能用以概括翼角，因为不符合"音近义通"规律，当然也可作为旁参。再看"觠"字，《广雅疏证》："《说文》：'觠，曲角也。'《尔雅》：'羊角（金按：如绵羊角之卷曲）三觠'，郭璞注云：觠有'权'、'捲'二音，并通作'捲'。"此训极能给人启发。

通"捲"的"觠"、"戗"二字今为双声，古代则因声母、韵母均近而可通借，而且皆带有捲曲、上翘之义，通"捲"的"觠"，疑为"戗"之古语词，但二者相较，"戗"字之义更为贴切丰富，因为它还有其他"转义"，如撑住；支持；方向相反等，与飞檐翼角不无直接或间接的关系。所以从词源学上看，发展到选用"戗"字，乃是历史之必然，也是近代社会匠师和建筑家们的智慧选择。

据笔者不完全的查检，由于以上所述种种原因，一般文献、辞书罕见这一具有特殊意义的"戗"字。至于园林建筑专业著作，"戗"字最早可见出现于清代乾隆年间李斗的《扬州画舫录·工段营造录》，其"庑殿等做法"中"大木做法"就可喜地出现了由戗、仔角梁、翼角、翘飞椽等"行话"，它们或多或少与南方建筑的"戗角"有关。而当代梁思成先生的《清式营造则例》，对此也有图例等种种反映，其"辞解"还对"由戗"、"翼角飞椽"等作了精确的诠释[1]，可看作是建筑

---

① 《营造法原》，中国建筑工业出版社1986年版，第58页。
② 金学智：《苏园品韵录》，上海三联书店2010年版，第274页。

科学的认定，但又无"戗角"、"发戗"一类术语，相反，还保留有"戗木：斜支于建筑物旁以防倾斜之木"①一条（这可与《水浒传》第五十六回之例相参证）。这是历史、地域区别的真实反映，也正说明"磨角"、"戗角"作为明、清至近、当代江南或南方的行业方言，其流行有明显的地域性。

还应指出：发戗的一整套结构制度，只有在今天研究江南园林建筑的学术专著里，连同其行话术语才终于得到了规范性的厘定和较一致的话语表达，对它的总结概括也具有了现代学术的理论形态。兹举两部经典著作的有关论述如下：

> 嫩戗发戗的构造较复杂，其老戗下端斜立嫩戗（金按：这就是"折"，亦即"重接"），故屋檐两端升起较大。老戗和嫩戗相交的角度，一般须是老戗、嫩戗和水平线成的两锐角大致相等，而老戗与水平线所成角度是根据屋顶坡度而形成的。因此，屋角坡度决定后，也就决定了屋角起翘的高低。②

> 殿庭之歇山及四合舍式（金按：即庑殿），转角之处于廊桁之上，成45°架老戗……老戗之端，竖以相似之角梁，二者连成相当之角度，称为嫩戗。嫩戗之上端，因前旁遮檐板相合，锯成尖角，称为合角。嫩戗端并做形似猁狲面之斜角……老戗与嫩戗之间，实以菱角木及扁担木……扁担木与嫩戗上端，贯以木条，使之坚固（金按：这是着眼于其实用，若从美观看，则是变生硬的折角为柔和的弧曲），其端露于嫩戗之外，称孩儿木，老戗之端，缩进三寸处，除开槽镶合嫩戗外，并连菱角木等，贯以千金销，使其坚固，不易动摇……上述戗角之构造，称为发戗，以其全属木工，亦称木骨法。

> 戗角（翼角）：歇山或四合舍房屋转角处之屋面结构。③

这类论述，都具体展示了作为江南古典建筑优美复杂结构之一的磨角的构成系列，它主要是木作，但也离不开瓦作。但不管如何，两部经典著作中大量的"角"字，都体现了"撷，折也"的特点，特别是训诂著作中的"重接貌"，既是对"撷角"的结构概括，又似是对其形象化的呈示，而"觠，曲角也"，"通作捲（简化作'卷'）"，也可看作是体现了水戗发戗和嫩戗发戗的共同特征。

最后，还应思考：上述一系列训诂、考证，似乎只与计成"磨角"定义中的"撷角"密切相关，而与"磨角"仍然关系不大，那么，这个"磨角"的"磨"字，其内涵究竟如何？它是如何衍变而来的？它与"撷"、"折"等字的关系究竟如何？对此，《园冶析读》已初步解答了这个问题，它以俗语"转弯抹角"为例，并说："我疑'磨角'即'抹角'"，抹"在这里作转折、弯曲讲"。此言甚是。"转弯抹角"一

---

① "由戗：庑殿正面及侧面屋顶斜坡相交处之骨干构架。""翼角翘椽：屋角都分如翼形或扇形展出而起翘之椽。"梁思成：《清式营造则例》，中国建筑工业出版社1987年版，第78、86页。

② 刘敦桢：《苏州古典园林》，中国建筑工业出版社2005年版，第38-39页。

③《营造法原》，中国建筑工业出版社1986年版，第37、104页。侯洪德、侯肖琪：《图解〈营造法原〉做法》："歇山与四合舍的转角处，其屋面合角称戗角，其构造称发戗。发戗制度有二：其一为水戗发戗、其二为嫩戗发戗。"（中国建筑工业出版社2014年版，第111页）

语，出处见《风俗通·地理》。此外，《西游记》第十七回之例更能说明问题："转过尖峰，抹过峻岭。"这与"转弯抹角"、"拐弯抹角"之例一样，均为互文，转即是抹，抹即是转；拐即是抹，抹即是拐……它们都可以和"角"组成同义词：磨角、抹角、转角、抹角。再如俗话"折磨"一词也一样，折就是磨，磨就是折。唐白居易《春晚咏怀赠皇甫朗之》："多中更被愁牵引，少处兼遭病磨折。"牵与引同义，磨与折同义。宋苏轼《赠张、刁二老》："惟有诗人被磨折"。磨与折也一样。可见，磨角就是转角、抹角、拐角，也就是折角，相通于《集韵》："攌，折也。"

综上所述，磨角，应该是南方尤其是江南古典建筑以嫩戗发戗为代表的屋角曲折起翘的特征、形制及其相应的一套结构方法的物化形态。它特别适用于四面的阁以及各类亭的屋角，所以计成说："阁四敞及诸亭决用，如亭之三角至八角，各有磨法"。

第二十节　废瓦片也有行时，破方砖可留大用
——《园冶》铺地论［其一］

铺地，又称花街铺地或花界，是江南园林建筑在地面上精雕细琢的求美表现。《园冶》中特设《铺地》专章，可见对其极为重视。其中有云："废瓦片也有行时，当湖石削铺，波纹汹涌；破方砖可留大用，绕梅花磨斗，冰裂纷纭。"此较长的骈语所写，为两组主题性铺地，以下分别予以阐释。

上句："废瓦片也有行时，当湖石削铺，波纹汹涌"。

湖石即太湖石。《园冶·选石·太湖石》写道："苏州府所属洞庭山，石产水涯，惟消夏湾者为最。性坚而润，有嵌空穿眼、宛转险怪势……其质文理纵横，笼络起隐，于石面遍多坳坎，盖因风浪中冲激而成，谓之'弹子窝'。"这说明太湖石包括"弹子窝"在内的种种奇形怪状，是由湖水千万斯年冲激而成的。

因此，如在园林里正对着或围绕着湖石假山或湖石立峰，地面以瓦片削铺成波纹图案，那么，太湖石仿佛矗立在太湖中，并让人联想起它那千奇百怪的形态，都离不开这种波涛汹涌的冲激，正如唐白居易《太湖石》所咏："波涛万古痕。"或如清陈维城《玉玲珑石歌》所咏："耳边滚滚太湖水，洪涛激石相撞舂。"这类诗性语言也都有助于启导神思，令人悬想瓦片铺地和湖石假山立峰相与生成的情状。计成在《铺地·诸砖地·［图式］波纹式》中还说："用废瓦检厚薄砌，波头宜厚，波傍宜薄。"【图69】这样，波状线"峰－谷""厚－薄"的起伏交替，若干连绵的波状线上下层叠，就更富有形象化的波动感，更能引起人们的审美的想象和丰富的联想。遗憾的是，体现这一精致丰永的铺地美学设想的景观实例，笔者在苏州园林里并没有找到。

可是，这在扬州寄啸山庄（何园）的船厅附近却不期遇之。该建筑实为不大的厅堂，四周无水，但设计师在厅前两侧，用瓦片砌为密密齐齐的、鱼鳞般层层叠叠的波纹，于是院内的想象空间出现了大片水域，眼前如见波光粼粼，在厅前"花为四壁船为家"的联语启导下，更有身在舟中之感。然而更

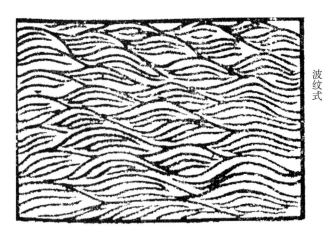

波纹式

图69　波头宜厚，波傍宜薄
《铺地·诸砖地》图式
选自城建本《园冶》

妙的是，庭东有一壁湖石叠山，山上松萝苍翠，山体岩崖嶙峋，山下江流汩汩，于是人在船厅，又似泛乎中流……再换一角度，以"当湖石削铺，波纹汹涌"来想象，水波与山石又如《选石·太湖石》所言，表现为因果关系，也就是说，太湖石的嵌空穿眼之形。宛转崟怪之势、文理纵横之质、笼络起隐之貌，皆"因风浪中冲激而成"。

下句："破方砖可留大用，绕梅花磨斗，冰裂纷纭"。

梅花为岁寒三友之一，在群芳谱中居于首位。它不畏冰雪，迎寒独放，在严冬季节，它最早带来春之消息，故各地人们历来有赏梅盛事。在漫长的中华文化史上，诗人、画家们从比德美学的视角出发，写了多少咏梅诗词，画了多少墨梅、红梅。在园林里，梅也是首选的植物。明王心一《归园田居记》中写道："老梅数十树，偃蹇屈曲，独傲冰霜，如见高士之态焉。"可见其在人们心目中的地位。

计成设想，如果在梅树旁以破方砖拼砌成"纷纭"的冰裂纹铺地，那么，即使不在三九严寒冰霜之时，也能再现梅花"独傲冰霜"之态。这一设想也富于独创性。《园冶·铺地·冰裂地》写道："乱青版石斗冰裂纹，宜于山堂、水坡、台端、亭际……砌法似无拘格，破方砖磨铺犹佳。"冰裂地可用破方砖铺砌，也可用青石板铺砌，但计成更喜前者。

冰裂地绕梅花铺砌的景观实例，笔者在苏州园林发现一例，曾这样写道：

> 如网师园竹外一枝轩和集虚斋之间的小庭里，就有两丛翠竹，轩前又植有松梅，三者在岁寒最能显现其高节，故而小庭就采用拼石冰裂式铺地，这符合计成所说，'绕梅花磨斗，冰裂纷纭'。这里，甚至连集虚斋的长窗，也做冰裂纹样，真是纷纷纭纭，令人颇有寒意，于是，更敬重"三友"的斗冰迎雪，岁寒不凋。[1]

---

① 金学智：《苏州园林》，苏州大学出版社1999年版，第269－270页。

还值得品味的是，竹外一枝轩的品题，撷自宋苏轼《和秦太虚梅花》中的"竹外一枝斜更好"句意，指的就是梅花。网师园的这类设计，有意无意地体现了儒家的比德美学，用《荀子·法行》的话说，是"君子比德"。因此，网师园集虚斋前这种体现了比德美的铺地，也可说是"阶除脱俗"（《园冶·铺地》）了。

计成设计的"当湖石削铺，波纹汹涌"，"绕梅花磨斗，冰裂纷纭"这类启迪创造智慧的主题性铺地，在苏州园林可谓凤毛麟角，且规模较小，甚至是无意的偶合，可见《园冶》不够普及。当然，也有自觉而有规模的佳构，如拙政园海棠春坞，墙上有此四字砖额，院中以两株海棠对植，而整个庭院均以彩色卵石砌为美丽的软脚 卐 字海棠铺地，这是以聚集主题的方法，锐意在地面上做文章，并赢得了成功。计成对主题性铺地的倡导和开拓，为园林增添了几许审美文化内涵！

"废瓦片也有行时"，"破方砖可留大用"两句，从语言上看，应该说是通俗易懂的。而这一"俗"中寓含着比德于大雅的骈俪之句，说明不值钱的废瓦破砖也有交好运、作大用的时候。"废"、"破"二字，突出地体现了计成"废物利用"的原则，它有可能获得"化腐朽为神奇"的效果，而"废"、"破"两句，又完全符合于他在《兴造论》中所提出的"当要节用"的经济思想。

第二十一节　莲生袜底，步出筒中来；
翠拾林深，春从何处是
——《园冶》铺地论［其二］

"莲生袜底，步出筒中来；翠拾林深，春从何处是"两句，亦为《铺地》中的名言秀语。

翠拾，即拾翠。三国魏曹植著名的《洛神赋》有"或采明珠，或拾翠羽"之句。翠羽：翠鸟的羽毛，拾取可用为妇女首饰，后多指妇女游春等春日美好景象，唐诗宋词中就颇多此典：唐杜甫有"佳人拾翠春相问"（《秋兴八首［其八］》）之唱；宋李弥逊有"拾翠归来芳草路"（《蝶恋花·拟古》）之咏；宋朱敦儒有"拾翠芳洲春近"（《桃源忆故人·郑德舆钱别元益，余亦预席。醉中诸姬索词，为赋一阕》）之吟……"拾翠"，已积淀为充盈着美，渗透着诗意的典故。

计成用此典来描述铺地的美，殊为恰当。"翠拾林深"四字中，一个"拾"字特饶意趣，点出了美就在地上——就在园林的花街铺地上，而且人们不必像洛神那样用手去拾取，而只须俯首，以品赏的眼睛去观看、以审美的目光去捕捉。"林深"二字，既再现了当时妇女游春的具体环境美，又点出了园林景观之美。从修辞学的视角看，此四字还体现为"倒装"的辞格，如按词序，应顺作

"深林拾翠"，这样语法上虽然文从字顺，循规蹈矩，但却并非妙言佳句，因为太平淡，无意韵。计成将四字倒过来——"翠拾林深"，则令人颇感语健情新，读来铿锵意足。

"春从何处是"，用唐白行简《春从何处来》诗："欲识春生处，先从木德（东方为春，青色，五行属木）来。入门潜报柳，度岭暗惊梅。"白行简的诗题，是脍炙人口的名句，广为流传。计成引以为典，但最后一字换作"是"，这就避免了原封不动的照搬；而使之更活泛灵动，并与下句构成"互体"修辞（详后）之美。

"莲生袜底，步出箇中来。"此"生袜底"三字，继续用《洛神赋》之典，曹植赋云："凌波微步，罗袜生尘。"是写洛水女神细步轻行水波之上，袜底水沫犹如尘生，这生动地渲染了她那不同凡俗的仙姿步态，表现出绰约轻盈之美。"步出箇中来"的一个"步"字，也依然是从《洛神赋》的"凌波微步"引来，但又移用于"步步生莲花"的佛学典故，从而引出了两则故事。

故事一：《杂宝藏经》是印度通过大量离奇故事以宣传佛教教义的经书。传入中国后，经民间流传、文人改编整理为话本。其中《杂宝藏经卷一·鹿女夫人缘》谓，鹿女每步迹有莲花，后为梵豫国王第二夫人，生千叶莲花，一叶有一小儿，得千子，为贤劫千佛……

故事二：在现实的历史上，南朝齐有东昏侯萧宝卷，曾据鹿女故事在宫中为其宠妃潘玉儿造金莲贴地，令潘步其上。《南史·齐纪下·废帝东昏侯》："凿金为莲华（华[huā]：即'花'）以帖地，令潘妃行其上，曰：'此步步生莲华也。'"这显示了萧的穷奢极欲，昏庸糜烂。唐李商隐《南朝》诗就讥刺道："谁言琼树朝朝见，不及金莲步步来。"

计成将此典移用于园林的莲花纹样铺地，谓铺地作莲花纹样，美女行步其上，袜底生出莲花。这又化作一组审美的意象。计成还将其冶铸为"莲生袜底，步出箇中来"之句，也异常贴切，这可说是"化腐朽为神奇"了。

南朝梁刘勰《文心雕龙·诠赋》云："情以物兴，故于义必明雅；物以情睹，故词必巧丽。"计成的骈文《园冶》，也情景交融地铺写了"步出箇中来"，"春从何处是"这一妙联，凸现了语言及其意象的明雅巧丽之美。

再释"步出箇中来"的"箇"字，较特殊，意为"这"，故似不宜作"个"，也不宜简化为"个"。唐骆宾王《咏美人在天津桥》：'寄言曹子建（金按：即曹植），箇是洛川神。'箇是，犹云"此是"。

从修辞学的视角看，《园冶·铺地》中的"步出箇中来"和"春从何处是"，属于一种你中有我，我中有你的"互体"，由"互文"衍伸而来，故两句应结合起来品读。

这里先析古诗中"互体"辞格的实例。宋罗大经《鹤林玉露》卷七：

杜少陵（杜甫）诗云："风含翠筿（翠竹）娟娟净，雨裛[yì.沾湿]红蕖（红色荷花）冉冉香。"上句风中有雨，下句雨中有风，谓之"互体"。杨诚斋（即宋杨万里）诗："绿光风动麦，白碎日翻池。"亦然。上句风中有日，下句日中有风。

所谓"互体"，即上、下句互为蕴含，互为补充，从而做到相得益彰。联系杜甫诗句来看，上句咏微风中的绿竹，但风中蕴含着雨意，因为只有细雨才能将绿竹洗得美好洁净，故曰"娟娟净"；下句咏细雨中的红蕖，但雨中也蕴含着风意，因为只有微风才能将荷香缓缓飘送过来，故曰"冉冉香"。杨万里诗同样如此。上句写风中麦浪在翻动，但风中有日，故而诗曰"绿光"；下句写日光照于池上，但日中也有风，因为只有风才能吹起水波将日光翻动搅碎，显出一派白光粼粼。这就是"互体"的互相发明之妙。

"莲生袜底，步出箇中来；翠拾林深，春从何处是。"两句作为互体，其意蕴更为复杂微妙，可作为"互体"这一辞格的出色例证。试仔细品味，下句的"春从何处是"里，含有"箇中来"的意蕴，计成通过"春从何处来"这一唐诗名题来发问，而以"箇中来"作答。盎然的春意在何处？答曰：出自"箇中"——即出自"翠拾林深"之处，也就是说，春从洛神的微步中来，从妇女的游春中来，从园林的花街铺地中来……。同样，上句的"步出箇中来"里，也兼含"何处是"的意蕴，何处，乃不疑而问，是为了引起注意，借用宋朱敦儒《临江仙》的话说，是"箇中须着眼"。在这一互体中，"箇中来"兼有"箇中（即此中）是"之意，"是"作为联系词，在句里是将"箇中"联系于句首之"莲"，意谓步出箇中之莲，而此莲同样又是园林花街铺地纹样之"莲"，或典故中鹿女、潘妃足下之"莲"，特别是洛神细步轻行于水波之上的莲。总括整个上句，意谓铺地作莲花纹样，美女行步其上，袜底生出朵朵莲花……这意境也极美。从季节来看，下句明写春；上句暗写夏，以此代表一年四季。从互体的修辞格来看，这两句春中有夏，夏中有春；"来"中有"是"，"是"中有"来"，这貌似相同的两句，互为包容，互为生发，交股互用，交蹉互对，说出了彼此各涵的言外之意。这种语言巧丽、句法错综以生奇趣的方法，借用《文心雕龙·定势》的话说："效奇之法，必颠倒文句，上字而抑下，中辞而出外，回互不常，则新奇耳。"站在肯定的立场来理解巧丽效奇之法，确乎能感受到骈文用典和互体的丰赡内涵。计成同样如此，通过效奇之法，其笔下"路径寻常"的铺地，就有了不同寻常、值得令人深味的美学内涵。

计成论一般的铺地时，除了贯彻节约原则、形式美原则等而外、还以其千锤百炼的文学语言，重点地强调了寓意、象征性的主题铺砌，这突现了他那文化视野下的精心创意，从而让人生发多少美感遐思！

第二十二节　轻纱环碧，弱柳窥青
——《园冶》文学名句赏析

计成在《园冶·门窗》中，以抒情的笔致写道："触景生奇，含情多致，轻纱环碧，弱柳窥青。"前两句，意思很明确，不会有争议，但作为一种导引，对下文起着形象思维的定向作用。对后两句，诸家的争议，均未触及其诗性内涵和文化意味的深处。

《园冶注释》第一版译道："纱窗外丛蕉环如碧玉，嫩柳初放青芽。"此译不甚恰当，"碧"固然可以是蕉，但也可以是竹、松，或其他绿色植物，当然这不妨"各以其情而自得"。《疑义举析》则指出：

> 此处论门窗。"轻纱"指纱窗殆无疑义。与"轻纱"对偶之"弱柳"，鄙意以为应是指柳条户槅。"碧"、"青"则都是泛指，即碧山、青山之类。《山林地》："千峦环翠，万壑流青。"这里说的"轻纱环碧，弱柳窥青"指通过门窗看到外面远处的青山。

于是，《园冶注释》第二版据此改道："此处的'碧'字可作碧水、绿野解。此处的'青'字可作青山或青天、青云解。"此两句意谓"纱窗外环绕碧水，柳槅间窥见青山"。《园冶全释》也倾向于这类解读，释道："透过窗纱可见'千山环翠'的屏障。从柳叶形窗棂中窥见远处的青山景色。"《图文本》基本按《园冶注释》第二版的解释，认为轻纱环碧"指薄纱窗由碧波环绕"；弱柳"原指嫩柳枝……用来形容细柳条组成的窗槅"；窥青，"指可以窥见远处的青山"。

其实，以上诸家之释，大抵就字面据诸想象而译释之，脱离了这两句话历史特别是文学的背景，具体地说，是脱离了唐宋时代的窗文化，因而不免误释。本节拟从历史文化和文学的双重视角解析此二句。

先释"轻纱环碧"。

在中国历史上，"窗"进入园林美学的领域，是经过了长期的历史文化积淀。笔者在《中国园林美学》中曾多角度聚焦了具有"框格美学与无心图画"特色之门窗的价值意义，并概括道："眼睛是心灵的窗户，窗户是屋宇的眼睛。"[1]审美文化史进入了唐、五代、宋时期，窗文化已经孕育成熟，成了唐、宋文学、园林的重要题材之一[2]，唐杜甫《绝句》就有高度的概括："窗含西岭千秋雪，门泊东吴万里船。"名联以"窗"、"门"二字领起，气魄非凡，境界阔阔，它早已超越时空，脍炙于人口。而有的诗人则以微观写窗纱而闻名。如唐刘方平《夜月》："今夜偏

---

[1] 金学智：《中国园林美学》，江苏文艺出版社1990年版，第507－519页。
[2] 今天，有人甚至写过以《卷帘开窗看唐诗》为题的学术论文，或专题探讨过宋词中的"窗"意象……

知春气暖，虫声新透绿窗纱。"也不胫而走。窗文化进入宋词，以此为题材的词，被称为"窗词"，宋代词人还爱以"窗"为自己的字、号以及别集名。如吴文英，字梦窗，有《梦窗词》，类似的情况可找出数十例之多……

再指出一个历史细节，唐宋时代的女性，还爱在给窗安上绿纱，这还形成盛极一时的审美风尚[①]。温广义先生《唐宋词常用语释例》"绿窗"条释道：

> 绿窗：绿色窗纱。唐宋贵族妇女喜欢在春夏之季贴绿色窗纱，蔚为风气，诗人简称绿窗。李绅《莺莺歌》："绿窗娇女字莺莺，金雀娅鬟年十七"。敦煌曲《风归云》："绿窗独坐，修得君书……"温庭筠《菩萨蛮》："花落子规啼，绿窗残梦迷。"韦庄《菩萨蛮》："劝我早归家，绿窗人似花。"苏轼《昭君怨》："谁作桓伊三弄，惊破绿窗春梦。"

> 绿窗又称碧窗，碧绿同义。韦庄《清平乐》："碧窗望断燕鸿，翠帘睡眼溟蒙。"晏幾道《生查子》："归傍碧纱窗，说与人人道。"陈克《浣溪沙》："短烛荧荧照碧窗，垂垂帘幕护梨霜。"

> 词调有《碧窗梦》，由张泌"惊破绿窗残梦"句得名……[②]

可见，当时"绿窗"、"碧窗"等已广为流传，在生活中或文学中已凝冻为固定词组，得到了社会的认同。苏轼《阮郎归》也写道："碧纱窗下水沉烟，棋声惊昼眠。"这些词句大抵写得非常柔美、幽静。从美学的视角探析，碧窗有光、有色、有形，是一种环境美，它能产生很好的画面影调，尤其是窗内有人、有情，其人往往是"似花"的"娇女"，于是，就更见深情婉约而富于韵致，这不但使室内氤氲着画意，而且还洋溢着诗情，因而逗引得词人们不厌其烦地加以抒写、传诵。

"轻纱环碧"一句，是说轻薄优质的绿纱贴或夹在房室周围的窗上，隐现出碧绿的色调，构成了优美的室内空间，或者说，周围窗子都安上绿色的轻纱，显得非常雅致柔和，幽静清新，确乎宜人居住。正是：人美化了环境，环境又反过来美化了人。

再说"弱柳窥青"。

弱柳：柔软细弱的柳枝。唐刘禹锡《忆江南》："弱柳从风疑举袂。"宋袁去华《安公子》："弱柳千丝缕。"而《疑义举析》则认为弱柳是比喻"柳条户槅"，此解似无可能，因为这无助于渲染诗情，而只会削弱画意。不妨以如何更能生发意境来作一比较衡量。本书认为：作为装折的户槅是无生命的，而真正的弱柳则充满着青春生机活力；户槅是硬直板律的，而翩跹袅娜的弱柳则柔软多姿，与室中人具有某种异质同构性；户槅是静态的，而轻盈随风的弱柳则是动态的，刘禹锡

---

① 《红楼梦》第四十回的一个细节也可补证："贾母因见窗上纱颜色旧了，便和王夫人说道：'这个纱新糊上好看，过了后儿就不翠了……'凤姐儿忙道：'……颜色又鲜，纱又轻软……'（金按：王熙凤语，恰恰道及了'轻纱'二字）贾母笑向薛姨妈众人道：'……不知道的都认做蝉翼纱，正经名字叫"软烟罗"。……糊了窗屉，远远的看着，就和烟雾一样，所以叫做"软烟罗"……'"可见清代此风尚有延续。

② 温广义：《唐宋词常用语释例》，内蒙古人民出版社1979年版，第153页。

就以"弱柳从风"妙喻女子举袂的动态。虽然《园冶·装折》也曾以"今之柳叶生奇"来形容"柳条户槅"，这应看作是计成对自己精心设计的户槅的一种爱称。不过还必须看到，他决不至于用"弱"字来形容户槅。试想，如户槅冠之以"弱"字，则无异是言其纤细易折，缺少牢度，而评价建筑、装修以及掇山的标准，首先在着眼于其坚牢实用，其次才是美观悦目。所以，《园冶》一则说，"加之明瓦斯坚"（《装折》）；二则说，"惟取其坚固"（《墙垣·[图式]漏砖墙》）；三则说，乱石路"坚固而雅致"（《铺地·乱石路》）；内室山"宜坚宜峻"（《掇山·内室山》）……而如用"弱"来拟喻"种种"柳条槅以及建筑、假山等，就无异是一种自我否定。所以，在《门窗》一章的整体语境里，在"触景生奇，含情多致"的前提下，计成绝不可能用"拟喻"辞格来突出户槅之"弱"，从而留下一处败笔。

再进一步从建筑外檐装修的角度看，柳条户槅——今江南园林建筑称为"长窗"，一般均置于厅堂中。刘敦桢先生《苏州古典园林》写道："大厅是园林建筑的主体，面阔三间、五间不等。面临庭院一边于柱间安连续长窗（槅扇）……""长窗（槅扇）通常落地，布置在明间，或用于全部开间……内心仔花纹式样很多，常用的有十馀种，各种花纹又有不少变化。"[①] 再看《园冶》中所概括的柳条户槅等种种花纹，虽部分地在历史上消失，或被不同新图纹、不同新材质（如玻璃）所代替，但刘先生所概括的苏州古典园林的实际仍足以说明，系列性的户槅长窗只适用于厅堂馆轩等建筑，而不适用于古代女子的绣房。相反，适合于绣房的窗，倒是"外护风窗觉密"（《园冶·装折》）的风窗。所以《装折·风窗》说："在闺为'绣窗'"。《装折·[图式]风窗式》还写到，"风窗宜疏，或空框糊纸，或夹纱……"这种"夹纱"，在女子绣房里，在春夏之时，夹的就是绿纱或碧纱，于是，此绣窗、风窗，也就是绿窗或碧窗了。

另从文章风格笔致的含而不露来看，计成是成功的：轻纱环碧，是写室内环境；弱柳袅娜，是写室外环境，而对于这个"窗"字和窗内之人，作者却"不着一字，尽得风流"（《二十四诗品·含蓄》），此所以为妙。

再说唐宋以来，诗词中柳芽往往有人眼之喻。唐元稹《生春》诗："何处生春早，春在柳眼中。"五代后蜀欧阳炯《春光好》："柳眼烟来点绿"。五代南唐李煜《虞美人》："柳眼春相续。"宋欧阳修《玉楼春》："柳眼未开梅萼小"。明陈继儒《小窗幽记·集绮》也有"风开柳眼，露泣桃腮"之语……作为比喻本体的嫩柳叶为什么像眼，因为它不但形状相似，而且在春风飘拂中灵动活脱，生意盎然。

至于"窥青"，又是进一步用"比拟"、"移就"辞格。这个"青"有其特殊意义，是由三国魏阮籍能为"青白眼"之典而来，《园冶·相地·傍宅地》也有"具眼胡分青白"之语（见本书第484页）。阮籍以白眼对俗人，以示蔑视憎恶；以青

---

① 并见刘敦桢：《苏州古典园林》，中国建筑工业出版社2005年版，第35、41页。

眼对友好，以示尊重喜爱，于是后来有了"垂青"之语。尔后的词人们，由于初生柔嫩的柳叶与人眼颇为相似，于是咏柳时又创造性地把这种柳叶刚吐青绿色的新芽，比拟为"青眼"看人——垂青。宋李元膺《洞仙歌·一年春物，惟梅、柳意味最深，至莺花烂漫时，使人无复新意……》词写道："雪云散尽，放晓晴池院。杨柳于人便青眼。"雪云刚散尽，天空才放晴，杨柳便绽出如眼的嫩芽，"于人便青眼"，也就是对人示以青眼，这种移人就物，无情事物的有情化，写得意味深长，充满新意。再如宋何梦桂《和张按察秋山二首·赋孤山》亦云："相逢柳色还青眼……"人、柳喜相逢，人对柳垂青，柳对人垂青，写得既虚又实，似而不似，不似而似，遂成咏物名句。直至今日苏州狮子林扇亭还悬有将此句组成的对联："相逢柳色还青眼，坐听松风起碧涛。"至于元《西厢记》第四本第二折："寄语西河堤畔柳，安排青眼送行人"。这也赋予柳叶以人的脉脉情愫，引人深思，发人遐想，臻于情景交融的极致。明王骥德《曲律·论咏物》概括前人咏物的审美经验道：

> 佛家所谓不即不离，是相非相，只于牝牡骊黄之外，约略写其风韵，令人仿佛中如灯镜传影，了然目中，却摸捉不得，方是妙手……古词咏柳"窥青眼"（金按：注意，曲论家已将"窥青"作为咏物传神的典型例证），开口便知是柳。

联系"宋-元-明"、"诗-词-曲"中咏柳之句来赏读，或比拟，或移就，了然目中，却仿仿佛佛，摸捉不得，确乎是耶非耶，妙在不即不离之间。

诗词创作，还贵在不断出新。对于柳叶垂青，宋史达祖又补创一首《东风第一枝·咏春雪》，有句云："青未了，柳回白眼。"突然又是一场春雪，大地尽披银装，柳芽的青眼不见了，变成了白眼，比喻也绝妙，出人意外而又入人意中。词人咏柳，竟令"青眼"、"白眼"合璧，相映互补，巧用了阮籍的典故。

再设身处地来品味此两句。早春，正是柔弱嫩柳乍吐新芽之际。它在窗外一角，透过碧纱给室内人投以青眼，这是何等沁人心脾之情景。计成的造语之妙，还在于不用"看"这个动词，以其太直太露太俗，相反，以神来之笔从王骥德《曲律·论咏物》中拈来一"窥"字，这就把弱柳更拟人化了：它正透过碧纱，含情脉脉地窥探室内的环境特别是室内的人，而所窥见的，正如韦庄词所咏："绿窗人似花。"再品味《园冶》中"触景生奇，含情多致。轻纱环碧，弱柳窥青"四句，其中一个"窥"字，画龙点睛，堪称"诗眼"，将此四句十六字点活了，而"轻"、"环"、"弱"、"窥"四个形容词或动词，恰恰是传神地体现了"触景生奇，含情多致"的特色，令人如读婉约派的宋词。

另从骈文对偶的视角来看，上引《园冶》研究诸家所释，其不足在于既已释"轻纱"为纱窗，再将"弱柳"释为与之相近的户牖，这就在一定程度上缩小了上、下句之间的张力，也就是缩小了对偶句的容量。按理，对偶句必须尽可能扩大词句容量，让内容的反差越大越好，这样会形成一种"张力空间"，也就是说，上下两句之意，不宜相近相同，而应相异相反。唐杜甫的"红入桃花嫩，青归柳叶新"（《奉酬李都督表丈早春作》），宋蒋捷的"红了樱桃，绿了芭蕉"（《一剪梅·舟过吴江》），根据内容需要，用的都是对比色，而不是近似色、同一色，故鲜明而富张力，传为千古名句。有人或许会问，《相地·山林地》中的"千峦环翠，万壑流青。"不是近似色吗？答曰：翠、青色虽相近，但峦高壑低，突出了反差，于是翠就是山光，青就是水色，二者也迥乎不同，故不愧为富于张力的佳联。再说"轻纱环碧，弱柳窥青"，如释作"泛指碧山青山之类"，两句均为"指通过门窗看到外面远处的青山"。那么，碧、青同色，山体同质，就近乎对联的"合掌"之弊，其接受空间也就很狭小了，就有负于这副名联。其实此二字，一指绿纱，一指青眼，二者可谓天差地远。

"轻纱环碧，弱柳窥青"，两句从悠久的诗词传统中来，是《园冶》中经反复冶铸的、最精彩的文学语言之一。八个字写得隐隐约约，迷迷蒙蒙，有色有形，有光有影，有动有静，有景有人……既鲜明，又含蓄，言有尽而意无穷，因此在品读时，应以一双画眼、一颗诗心去细细观照、想象和体味。

第四章
山水景观篇

人不是凭虚御风的仙子。人总要依附、生息于大地之上，而大地除了平坦的陆地之外，不是山，就是水。山水，是人类赖以生存的重要根基；山光水色，是人们最向往、最欣赏的景观。对此，笔者曾从中国哲学的视角写道：

> 山和水，是人类赖以生存的重要生态环境。《管子·水地篇》说："地者，万物之本原、诸生之根菀（菀，通蕴）也。""水者，万物之本原也。"这是中国早期生态哲学的重要思想之一，也是中国园林美学赖以建立的重要根基之一。这一认识，同时在古老的《周易》中也有所反映。所谓"八卦"，其实就是先民概括出来的和人发生关系的种种最基本的自然现象，其中"坎"、"艮"两卦，就代表水和山。《易·说卦》认为："润万物者，莫润乎水。终万物始万物者，莫盛乎艮。"这是以朴素的哲学观点，概括了山水对于万物和人类的重要的生态功能。[①]

正因为如此，在上一章解读了关于园林物质性建构三要素的第一构成要素——建筑的有关名言警句（包括难句）之后，本章紧接着切入第二构成要素——山水，遴选出《园冶》中关于山水及其有关景观的名言警句乃至难句，进行解析发微。

第一节　偶为成"壁"
——一次有决定意义的成功实践

计成在《自序》中写道：

> 环润皆佳山水。润之好事者取石巧者置竹木间为假山。予偶观之，为发

一笑。或问曰："何笑？"予曰："世所闻有真斯有假。胡不假真山形而假迎勾芒者之拳磊乎？"或曰："君能之乎？"遂偶为成"壁"。睹观者俱称："俨然佳山也！"遂播闻于远近。

其中"遂偶为成壁"一句，似乎极易解读，其实不然。这五个字，除"遂"之外，每一字的含义都值得推敲，值得逐一加以诠释。

"遂"，只有《园冶全释》注："遂：……终于。"较确。

"壁"，《园冶注释》："壁，峭壁之壁，此处指壁山。"《园冶全释》："这里指园林叠山的一种型式，即'削壁山'。计成《园冶·峭壁山》：'藉以粉壁为纸，以石为绘也。'"这解释似都可以，不过并不很严谨。因为《园冶》本身对"壁山"、"削壁山"都没有较确切的定义。笔者认为，峭壁山应是园林里嵌入墙壁、与地面几成垂直状的浮雕式假山，其特点是以墙为纸，以石为绘，如《园冶·掇山·峭壁山》所说："峭壁山者，靠壁（墙壁）理也。"《掇山·厅山》还有"墙中嵌理壁岩"之语，此句中不但有"墙"、"壁"之字，而且有一个"嵌"字，这是指其操作的特点。至于"偶为成'壁'"句中的这个"壁"，则是"峭壁山"的节缩，也就是其简称，故对此字打上引号，甚为必要。

再说峭壁山的叠掇，它有大有小，有难有易。就苏州园林来看有种种：艺圃"浴鸥"小院东壁，只有几块小石嵌入墙里，就较小较易；网师园琴室前壁上的，就较大较难；当然还有难度更大的，如扬州片石山房的大型壁山。而就计成所说的"偶为成'壁'"来推断，应该说，它一定不是小型的、简易的，而是有规模的、难度很大或较大的，而且是充满画意的。推测的理由是：

一、计成"少以绘名"，直至"中岁"，多年来从事绘画学习和创作，这次是其由绘画改行为造园的转折点，他必然会将其以往长期积累的绘画修养显露出来，例如以荆关的画风、山水的章法甚至皴法即所谓"依皴合掇"（《园冶·选石》）等创造性地用于叠掇壁山；

二、他在《自序》中提出了"有真斯有假"这一极重要的美学原则，而周围又有"环润皆佳山水"这一最佳画本作为参照系，在这双重高标准的要求下，计成绝不会马虎从事；

三、他"择居润州"，必须在当地显示自己，赢得声誉，因此决不能信手一挥，随便一叠，否则在这里就不可能站住脚跟，长期居住下来。从其人生道路来看，这是计成作为造园家在世上首次亮相，他初显身手，必须显示最高水平，因为这决定着他以后的职业选择；

四、更重要的是他否定了"润之好事者"堆叠的所谓"假山"，人们问："君能之乎？"在这样的情况下，他必须把代表自己最高水平的作品在公众面前展示出来……

最后的事实是，他一举成功，让睹观者俱称："俨然佳山也！"并"播闻于远近"。接着"晋陵方伯吴又于公闻而招之",后来,晋陵吴又于园又和銮江汪士衡园"并驰南北江焉"……可见,这是难度极大又很成功之"壁"。

至于"偶"、"为"、"成"三字,其含义诸家是否均已注、译清楚呢?答曰:没有。

先看"偶"字,《园冶注释》释"偶"为"巧合",其译文为:"我就巧合叠成壁山。"其意与原文抵牾,相反是贬低了计成的才艺,意谓壁山是碰巧叠成的,靠的是幸运,而非真功夫。曹汛先生《计成研究》则释"偶"为"偶然",或说"在镇江偶然为人叠过石壁"。《园冶全释》的译文亦类似:"就此很偶然的机遇,我为他们叠了一座峭壁山"。这似乎是字字都落实了,其实亦不然。试想:计成在短短一段文字中,不可能接连出现两个"偶然"的"偶"字:"予偶(然)观之,为发一笑……遂偶(然)为成'壁'"。这在遣词造句上岂非累赘的败笔?

再从"事理逻辑"的角度来推想,第一个"偶"字,确乎是"偶然的机遇"碰到的。但第二个"偶"字,就决非如此:在当时场合下,如上所论,叠"壁"之举有着多种不平常的意义,而且已势在必行,计成在许诺的前提下,特别是在"睹观者"众目睽睽之下,必然要严肃慎重地对待。既然如此,他怎么会在"为成'壁'"三字之前冠以"偶然"、"偶尔"这样的词,以表对此事漫不经心或轻忽?特别应注意,计成是在自己心血所凝的著作之前《自序》的一开头就郑重其事地叙述此事的,故而这第二个"偶"字,决非"偶然"、"偶尔"之意,其义还须别寻。

"偶"字有一个不常用的义项,相同于《书·君奭》篇"汝明勖偶王"的"偶"字。此篇属《尚书·周书》,是周公告召公的诰文。周公,即姬旦,周文王姬昌之子,辅助武王(姬发)灭纣,建立周王朝。武王死,成王年幼,周公摄政,协助制订礼乐制度,与召公一起度过周初难关。召(shào)公,姓姬,名奭(shì),周的支族,周武王之臣,封地于召,故称召公。周公此句意在勉励召公同心协力辅佐成王。勖(xù):勉励。偶:帮助;辅助;配合;协同。王:君王,指年幼的成王。可见,计成笔下的"偶"字,有辅助、配合、协同,实为"指导"等义。只有从此义切入,才能解读《自序》此五字难句。以下拟对"遂偶为成'壁'"五字(均加着重号)分别指出其词性、句法成分(省略成分用[ ]表示)并分析解释如下:

[余(代词,主语,我,已省略)]遂(连词,于是)偶(动词,作谓语,辅助、协同、配合、实为"指导")[其(代词,他们,既充当"偶"的谓语,又充当"为"的主语,已省略)]为(动词,第二谓语,叠掇、筑成)成(此词详后)"壁(峭壁山)"。

从语法学角度说,若将此句的省略成分补足,此句表现为典型的兼语式。所谓兼语式,就是动宾词组(又称述宾短语)和主谓词组相套,也就是说,前面动宾词组的宾语,充当后面主谓词组的主语。

计成为什么选用"偶"即"辅助、协同、指导"这样的词,而不写自己独立完成?因为这样写并不实事求是,掇山绝不是靠一人之力轻而易举所能完成的。

《园冶·掇山》写道："绳索坚牢，扛抬稳重……方堆顽夯而起……峭壁贵于直立，悬崖使其后坚……稍动天机，全叨人力。"可见叠掇规模较大的壁山，虽离不开"能主之人"七分的才能技艺、天机灵性，但也还"全叨人力"，需要在其指导下依靠集体力量才能完成，总之是，此峭壁山是"能主之人"指导下集体协作相互配合的成果。正因为如此，"润之好事者"不但大开眼界，而且通过实践增长了才干，人人无不心服口服，包括睹观者在内，俱称："俨然佳山也！"既然如此，计成才准确地选了一个"偶"字来表达。

"遂偶为成壁"之句中，最后还有一个"成"字需要落实。除了《图文本》未注释外，《园冶注释》译此句为："我就巧合叠成壁山。"其中的"成"，依然是一般的"完成"、"成功"之义。但还需要思考：计成为什么要连用两个动词——"为"、"成"来表达？《计成研究》的译意是，"偶然为人叠过石壁"。《园冶全释》也译道："我为他们叠了一座峭壁山。"均将"为"译作介词，其后省"之（他们）"，但《全释》把一个颇重要的"偶"字漏译了。

笔者感到，"成"字还有更合理的训释，这就是：完整；完全的；非部分、非枝节的；非零星、非支离破碎的。这在现代汉语中还有此意，如"成天成夜"，就是整天整夜。"成套家具"，就是整套的、非部分非零星的家具……

但遗憾的是，查遍国内大型辞书，除《中华大字典》据《诗·齐风·猗嗟》毛传"成，整也"提及外，其他一些权威性的辞书均没有这一义项。这就需要深入考论，特别借助于中国古代诸多画论来补证。宋苏轼《文与可画筼筜谷偃竹记》写道："今画者乃节节而为之，叶叶而累之，岂复有竹乎？故画竹必先得成竹于胸中……"这就是"胸有成竹"这一著名成语的来源。在中国绘画美学史上，这一著名画论影响极大。宋晁补之《杨克一学文与可画竹求诗》："与可画竹时，胸中有成竹。"宋罗大经《鹤林玉露》据此进一步生发道："大概画马者，必先有全马在胸中，若能积精储神，赏其神骏，久久则胸有全马矣。信意落笔，自然超妙。""胸有成竹——胸有全马"，可见"成"就是"全"。对于苏轼的画论，有人将其与《庄子·养生主》中庖丁解牛联系起来，与晋孙绰《游天台山赋》中"目牛无全"集为一联——"胸有成竹；目无全牛。"这可谓工对，贴切至极！而其中"成"、"全"又为互文，于是此联流为画苑美谈。[1]清汪之元《天下有山堂画艺·墨竹指》也写道："古人谓胸有成竹，乃是千古不传语。盖胸中有全竹，然后落笔……"这更是直接以"全"释"成"。其实，不只是画论，还有文论，也有类似的论述，如宋陆游《何君墓表》："不以字害其成句，不以句累其全篇"。"成句"、"全篇"，也就是完整的句子、完整的篇章。可见。"成"还有"完整"、"完全"的义项。"成竹"，是很容易推出"成'壁'"这一的短语的。

---

① 作为画家的计成，必然是熟谙出自苏轼的"胸有成竹"的著名典故。

可见，"成'壁'"其义应为完整的壁山。也就是说，构思前"必先得成竹于胸中"，故能全其气韵，尽其才干。对于既是画家又是造园家的计成来说，叠掇时还可能体现其宗师荆浩《山水诀》中的"远则取其势，近则取其质，山立宾主"，"山头不得重犯"，和计成自己《园冶》中的意思，"悬岩峻壁，各有别致"（《掇山·书房山》）；"最忌居中，更宜散漫"（《立基·假山基》）；"相石皴纹，仿古人笔意"（《掇山·峭壁山》）……总之，这样地酝酿成熟，运以画论，叠掇而成的"壁山"，就必然是"胸有丘壑"的外化，成为"有真为假，做假成真"（《掇山》）之美学的范本。这就成了计成在镇江改行的一个契机，或者也可以说，他的第一次造园艺术实践——"偶为成'壁'"，是成功的。

第二节　多方景胜，咫尺山林
——以有限面积造无限空间

"多方景胜，咫尺山林"，见《园冶·掇山》。这是《园冶》常被造园家、品园家以及读者们经常引用的名句之一，可谓脍炙人口，不胫而走。

然而，回眸《园冶》的译注史、研究史，注家、研究家们的解释却可说是无不失误，直至数年前，问题依然存在，这是译注研究滞后于公众阅读的特例。而当今人们对此语比较接近准确的理解，或知其然而不知其所以然的理解，则是从三十多年来的漫长误途中，通过不断阅读、实践、摸索、探究、相互启发、自我体悟……才难能可贵地获得的。因此，这一经验教训，不可不加以研究、吸取和总结。

这里先作一历史的回顾：

《园冶注释》注道："咫尺山林，谓山林即在咫尺之间。犹言迫近之意。"译文："多方安排胜景，眼前就是山林。"此注、译皆非是，因其仅仅满足于字面的解释，而且还属于误解。再看《园冶全释》，释咫尺为"比喻距离很近"，亦失当；释咫尺山林为"喻人工水石的园林虽小，而有自然山水的意境"，此释略好而颇有瑕疵，如释作"小"，已开始接近计成的原意，在释义上进了一步，但又踌躇不前，没有进而发掘其内涵，而且在解释时又增以"水石"二字，则又是画蛇添足，反而缩小了"山林"的涵盖面，致使山林除了"水石"而外，就不能包括土山或载石的土山甚至无水的石山在内。对此，《全释商榷》指出，《全释》"先说'咫尺'是距离很近，后又转说'喻园林虽小'，前后释义矛盾"。这可谓一针见血。但是，《商榷》又说，"'咫尺山林'自当是指近在眼前的人工山水……"这又不无遗憾地在释义的道路上回到了原点。

《图文本》问世于21世纪，按理该有所进展，但是，其解释依然不能令人首肯。现按其解释依次略作点评：一、"咫尺：指相距很近"，这与《园冶注释》其误相同。二、"'咫尺山林'此处喻假山所模拟塑造的自然山水风景"，这又在解释时把最重要也最有分歧的"咫尺"二字丢弃了。三、"多方景胜，咫尺山林：意谓许多引人入胜的美丽风景，能够在咫尺见方的假山上显示出来"，这似乎不错而其实问题更多，"咫尺"似喻小，但怎和上面所说的"近"取得一致？故仍然是"前后释义矛盾"；而且问题在于，既然喻其小，却又小到"咫尺见方"，写得那么具体实在，这恰恰把《园冶》原文精妙的修辞色彩给取消了，而且把人们的视域仅仅限定在"咫尺见方的假山上"。从修辞学的视角推敲这个"上"字，它不是启发人们"神与物游"的审美想象，而是束缚人们自由的性灵和想象的翅膀，这样的"风景"怎能引人入胜？

此外，还有其他一些注译《园冶》的书，也大抵未跨越以上诸家的藩篱。

应该说，"咫尺"确实可形容距离很近。如元关汉卿《新水令》套曲："咫尺天涯远，易去难相见。"喻指双方虽然距离很近，如同咫尺，而相见却很难，如远在天边。这种形容语，一般用于亲人、密友、情侣之间。但是，注家们没有考虑，这一义项用于《园冶》书中，是不确切的；即使是排除此意，单纯释作"迫近"、"距离很近"、"近在眼前"，用在这里也没有什么修辞价值，而且特别不适用于解释熟谙山水画艺、精通诗歌骈文的计成笔下的名句，不适用于评述文人山水画和写意山水园的艺术之美。

其实，诸家并不理解"咫尺"二字的分量，忽视了其中所积淀的文化历史内涵，同时，其注释也没有找到合适的书证，或者说，是被找错了的书证牵着鼻子走，于是与原意背道而驰。因此，必须重新改换视角。

回眸中国悠久的艺术史，"咫尺"早就被用作山水画批评的重要术语。这里，有必要将"咫尺"及其相近的词语按朝代初步加以集纳，梳理，并胪列于下，以为丛证，以示强调：

南朝梁、陈间的绘画批评家姚最，撰有《续画品》，其评萧贲所画团扇有云："咫尺之内，而瞻万里之遥；方寸之中，乃辩千寻之峻。"这是以骈四俪六的精美辞采，热情赞扬了萧贲的山水画艺术。接着，《南史·萧贲传》也说，萧贲"幼好学，有文才，能书善画，于扇上图山水，咫尺之内，便觉万里为遥"。这是"咫尺万里"论的肇始。

在唐代，这类评价就多起来，试看三大诗人的笔下："诗圣"杜甫写了著名的题画诗《戏题王宰画山水图歌》，对优秀的山水画进行了生动的概括和热情的赞扬："尤工远势古莫比，咫尺应须论万里。"这是极为警辟的题画名句，至今仍在艺坛上广为流传。如再略往前看，"诗仙"李白《观元丹丘坐巫山屏风》也咏道："高咫尺，如千里，翠屏丹崖粲如绮。"赞其屏风上的画虽高仅咫尺，却有千里之遥。王维被人们称为"诗佛"，并被尊为南宗画派之祖，传为其所写的《山水诀》，也有"咫尺之图，写千里之景"的论述。再说著名的画学经典——张彦远的《历代名画记》，其卷七也有关于萧贲咫尺万里之评；卷八也说，隋展子虔"山川咫尺千里"。经《历代名画记》如此反复赞誉，"咫尺万里"或"咫尺千里"更成为常用的重要画学批评术语，甚至几成画坛成语。如彦悰的《后画录》也说，展子虔"远近山川，咫尺千里"。

在宋代，计有功《唐诗纪事》卷二五载："徐安贞《画襄阳图》云：……'图书空咫尺，千里意悠悠'"。图书也就是图画，两句意思是：图画虽小得只有咫尺，却有悠悠千里的意境。卷四三载郭士元《题刘相公三湘图》诗："微明三巴峡，咫尺万里流。"这主要评水，写得也既有画意，又有诗情。刘道醇的《圣朝名画评》，这样地评价五代宋初著名画家李成："观成所画，然后知咫尺之间，夺千里之趣"。韩拙的《山水纯全集·论山》有"咫尺重深，以近次远"之语，这已不是以审美描述来进行绘画批评，而从理论上进行概括，指出必须以极小的"咫尺"为范围限定，从而在其中通过重重叠叠的意象来创"深"次"远"……至于北宋末年诞生的《宣和画谱·山水叙论》，更似乎是对历史上"咫尺万里"论所作的一次理论总结。该书写道：

> 岳镇川灵，海涵地负，至于造化之神秀，阴阳之明晦，万里之远，可得于咫尺间，其非胸中自有丘壑，发而见诸形容，未必知此。

对此若加梳理，这首先是从宏观上抒写了一种阴阳造化的生成意识；至于画家，则对这种造化生机应进行广泛的吸纳涵养，从而蕴蓄为胸中丘壑，并进一步见诸形容，发于咫尺之间、纸素之上。这番论述，可说是历史上最富深度的"咫尺万里创作"论。而黄庭坚《次韵谢黄斌老送墨竹十二韵》则这样写道："披图风雨入，咫尺莽苍外。"这又是将山水画的批评术语用来赞美宋代画竹名家文同所画的墨竹了，言其咫尺之间，有苍苍茫茫的辽远之感。

在元代，夏文彦《图绘宝鉴》说，展子虔"写江山远近之势尤工，故咫尺有千里趣"。戴良《题何监丞画山水歌》也说："莫言短幅仅盈咫，远势固当论万里。"元四家之一的王蒙，其《题范宽画卷山水》诗，也有"咫尺画图千里思"之句。饶自然《绘宗十二忌》则说："重楼叠阁，方寸之间，向背分明"。这是讲在极小的空间里画出了向背分明的重楼叠阁形象。

在明代，文徵明《题画》云："赠君此幅应有以，咫尺相看论万里。"其另一首《题画》写道："就中妙解谁应识，万里云烟开素壁。"文徵明此诗指出，个中之妙在于将万里云烟微缩在不大的素壁之上，这是对"咫尺万里"的具体生发，一个"开"字，拓展了人们的无限视域。

在清代，布颜图《画学心法问答》有"尺幅之内瞻万里之遥；丈缣之中写千寻之峻"之语，虽系对前人语的改写，也可见流传的广泛久远。李斗《扬州画舫录》卷二也载："胡春生……工水墨山水，寸轴万里，烟云变态，随手出没。""寸轴"云云，似比"咫尺"更小了，而其意趣则一。

还应标举的是，清代最著名绘画品评家、画家恽格（字寿平号南田），其《南田画跋》云："一勺水亦有曲处，一片石亦有深处……古人云：'咫尺之内，便觉万里为遥。'"这是将"咫尺万里"一语的美学精义阐发得颇为透辟，其中"一勺水"、"一片石"云云，还有举一反三之效，令人想起有限之中，曲折幽深，无限无尽，恽南田堪称绘画美学之"解人"！他鉴赏古人名迹，是"景不盈尺，游目无穷"。还赞王翚作《江岸图》，"致千里江山，收之盈尺，可谓能工远势者矣"。他又题自己一幅山水说："此图江天空阔，林莽萧森，庶几有咫尺千里之势。"对于"咫尺千里"的美学效果，恽南田反复用一个"势"字来解释其中机制妙趣，可谓发其真谛，一语中的。同时，这也是对杜甫"尤工远势"一语的直接传承和出色阐发。

诗画是姐妹艺术，其美学批评也必然会相互影响。清王夫之《薑斋诗话》就借鉴并生发了"咫尺万里"的画论，写道：

> 论画者曰：'咫尺有万里之势。'一'势'字宜着眼。若不论势，则缩万里于咫尺，直是《广舆记》前一天下图耳。

这也强调了"势"这个生动不尽的活性空间。在各类诗体中，五言绝句字最少，只有二十字，但落想却应有千里之遥，万里之势。王夫之与恽南田，一论诗，一论画，而英雄所见略同！

以上大量例证说明，这类绘画评论广为流行，代代相传，早已形成一种历史积淀。它们赞美绘画艺术的高超，指出其能在小小的尺幅空间之内，表现出山水的千里万里之"遥"，或者说，表现出千里、万里的"远势"。这类极高的审美评价，已历史地积淀在诗人、画家及其他艺术家、品赏者们的心灵深处。

计成爱画善画，其《园冶自序》说："不佞少以绘名……最喜关全、荆浩笔意，每宗之。"既然如此，他就不可能不知道由来已久的"咫尺万里"、"尺幅千里"这类绘画批评模式。何况园林本身就是立体的画，是立体的山水景物画，它和绘画一样都具有空间性，其设计营造，当然可以而且应该尽量参照和借鉴绘画这方面的美学要求，所以计成才创造性地将这一理论批评从画学领域移植到造园学的领域里来，组成了"咫尺山林"的新批评术语，这是一个可喜的、值得重视的理论成果，惜乎其"养在深闺人未识"，不为《园冶》研究界知晓。

据以上所引述，"咫尺山林"应有两层意：表层意——在空间不大的咫尺之内，营构出俨然山林的境界，此意是十分明确的；深层意——这是历史地形成的更为深远的言外之意，即千里、万里、苍莽、遥远……因此也可以说，这类"做假成真"的山林，具有悠悠不尽的远势。当然，在翻译时，深层意也不一定非要点出不可，因为既然人们认可其为"山林"，那么，其境界或意境空间就必然不会很小。总之，"咫尺山林"的提出，是对造园叠山提出了一个很高的品评标准和美学原则，它要求假山应符合上引的理想品格。

再从修辞学视角来分析"咫尺"和"万里"、"千里"的绘画批评词语，可知其所用均为"夸张"辞格。因为一般说来，画幅总有数尺，园林的山水就更大，而诗人、绘画品评家们却说它只有"咫尺"，这是缩小的夸张，亦即消极的夸张；而"万里"、"千里"，则是扩大的夸张，亦即积极的夸张，因为实际的假山不可能真有那么大，那么远。此语句经过这种两极相反的夸张，就使得反差更大，对比更鲜明，更能给人以强烈深刻的印象，所以特别为历来的绘画批评家们所钟爱。至于计成所说的"咫尺山林"，也是以这种大小反向的夸张来要求园林山水的写意境界，故不宜坐实为"咫尺见方"，否则就太拘牵了。

至于"多方景胜"的蕴涵，应看作是对《园冶·掇山》中一个层次的归纳。文中有云："岩峦洞穴之莫穷，涧壑坡矶之俨是。信足疑无别境，举头自有深情。蹊径盘且长，峰峦秀而古。"不但岩、峦、洞、穴、涧、壑、坡、矶俨如真实的山林，而且视之无尽，游之莫穷，这正是对"咫尺山林"的很好诠释，也是"多方景胜"的具体呈现。至于"景胜"，也就是"胜景"的错综倒置。俞樾《古书疑义举例·错综成文例》说："古人之文，有错综成文以见文法之变者，如《论语》'迅雷风烈'；《楚辞》'吉日兮辰良'……皆是也。"确乎如此，因为如果作"迅雷烈风"、"吉日良辰"，就不可能取得错综成文的那种修辞效果。《园冶》中的"多方景胜"，同样是为了文法求变，语意出新，使笔健而富于错综为美的辞趣。

"多方景胜，咫尺山林"两句连起来，意思是：多种多样、赏之莫穷，观之不尽的胜景，就容纳在空间不大的咫尺之内所营构出来的"俨是"的山林境界里。

对于"咫尺山林"的意蕴，除了联系于绘画史而外，还可联系造园的历史、理论和现实来进行丛证：

在历史上，明陈所蕴《啸台记》这样写明代叠山家张南阳："予家不过寻丈，所衷石不能万之一。山人（按：指张南阳）一为点缀，遂成奇观，诸峰峦、岩洞，岑巑、溪谷、陂坂、梯磴，具体而微……能以芥子纳须弥，可谓个中三昧矣！"这真是地道的"多方景胜，咫尺山林"了，但陈所蕴不用"咫尺"，而用"芥纳须弥"来加以形容，但其实质是一样的。须弥，是佛教传说中的山，一译"苏迷卢"，意译"妙高"。《维摩经·不思议品》："以须弥之高广，内（纳）芥子中"。这是一个著名的典故。佛经中的"芥子"虽更微，但在修辞学的夸张辞格来看，不过是"咫尺"的同义词。因此，应以"咫尺山林"或"芥纳须弥"来品读陈所蕴《啸台记》所叙"奇观"，从而可感知其与《园冶·掇山》有异曲同工之妙。

再说计成与其密友郑元勋均善画。计成在扬州为郑元勋主持营造影园，园成，郑氏在《园冶题词》中写道："仅广十笏，经无否略为区画，别现灵幽。"十笏，亦与"咫尺"同属一辞格。对于此园，郑氏《影园自记》云："转入窄径……不知何处"；"溪谷崭岩，似小山招隐处"；"至水而穷，不穷也"；"大抵地方不过数亩，而无易尽之患……"这类描叙，虽断断续续，都可看作是"多方景胜，咫尺山林"的具体化，惜乎此园已不存，难睹其实景奇观。

在当今的现实中，陈从周先生《苏州网师园》一文也以"游目骋怀，咫尺千里"来评这一"小园极则"①，这也有咫尺山林之意。至于作为世界文化遗产的苏州园林，更能体现计成提出的这一美学原则和艺术要求。联合国教科文组织对苏州古典园林是这样评价的：

> 没有哪些园林比历史名城苏州的园林更能体现出中国古典园林设计的理想品质，咫尺之内再造乾坤。苏州园林被公认是实现这一设计思想的典范。

好一个"咫尺之内再造乾坤"！识见高妙，结论卓绝！这是更高的美学评价，然而又非常恰当。试看苏州园林申报世界文化遗产的典型例证之一——环秀山庄的湖石假山，仅在半亩之地上进行创造性的叠掇，其中种种山体，相与隐现，多方景胜，错综变化，可谓"岩峦洞穴之莫穷，涧壑坡矶之俨是"【图70】，人们入于其中，会迷不知其所之，确乎也可用"咫尺之间，夺千里之趣"来评价。以下不妨再引近、现代名家们对这座著名假山的精彩评价来参证：

崒（zú.高峻而危险）而巘（yǎn.大小成两截的山），陷而谷，間（xiā.开阔）而宫（大山围绕小山），崖绝而梁，缭而岹者岭，隈者隩，裂者涧……凡余所涉天台、匡

图70　岩峦洞穴之莫穷，涧壑坡矶之俨是
苏州环秀山庄湖石大假山　田中昭三　摄

---

① 陈从周：《园林谈丛》，上海文化出版社1980年版，第42页。

庐、衡岳、岱宗、居庸之妙，千殊万诡，咸奏（通"凑"，会合）于斯。（金天羽《颐园记》）

山的尺度虽小，但能把自然山水中的峰峦洞壑的形象，经过概括提炼，集中表现在有限的空间内。（刘敦桢《苏州古典园林》）[①]

园初视之，山重水复，身入其境，移步换影，变化万端……得真山水之妙谛，却以极简洁洗练之笔出之。山中空而浑雄，谷曲折而幽深，中藏洞、屋，内贯洞流，佐以步石、崖道，宛自天开。磴道自东北来，与洞流相会于步石，至此仰则青天一线，俯则清流几曲，几疑身在万山中。上层以环道出之，绕以飞梁，越溪渡谷，组成重层游览线，千岩万壑，方位莫测……水有源，山有脉，息息相通，以有限面积（园占地约2.4市亩，假山占地约半市亩）造无限空间。（陈从周《苏州环秀山庄》）[②]

环秀山庄假山占地虽少，却能使千岩万壑、千殊万诡、咸奏于斯，而且处理得主客朝揖，高下相倾，虚实互济，起落有致，既有危乎屹崒之高，又有峥嵘不测之深，呈现在人们眼前的，是一个丰富多变，地有尽而意无穷的山水空间，这是"咫尺之内再造乾坤"的杰例！此外，还有上海豫园的黄石假山、南京瞻园的湖石假山、苏州耦园的黄石假山等，也堪称"咫尺山林"，也可说是"以有限面积造无限空间"，它们均可作为计成"咫尺山林"的美学原则的出色例证。

第三节　假山依水为妙
——山水相依相待的关系美

《掇山·涧》写道："假山依水为妙。倘高阜处不能注水，理涧壑无水，似有深意。"对这段短短的文字，诸家均认为前后矛盾，有误。其实不然，而且对造园实践均很有价值，本节先着重论析前一句，而将后一句群留待下节专论。

《园冶注释》第一版首句"依"作"以"。《疑义举析》指出：

隆（盛）本作"假山依水为妙"，作"依水"为是。这一段文意仍不能通，既然是"假山依水为妙"，又说"理涧壑无水，似有深意"，前后遂成矛盾。鄙意以为"似有深意"或当为"似少深意"。下文《曲水》有云："何不以理涧法，上理石泉，口如瀑布，亦可流觞，似得天然之趣。"……理涧必有泉有水，才有意趣。

《园冶注释》第二版不但据此改"以"为"依"，而且改"似有深意"为"似少深意"；《园冶全释》亦同；《图文本》除了仍作"假山以水为妙"外，也说："此段文意不

---

① 刘敦桢：《苏州古典园林》，中国建筑工业出版社2005年版，第70页。
② 陈从周：《园林谈丛》，上海文化出版社1980年版，第48－49页。

甚明白。"

本书除了认同改"以"为"依"外，不赞同其他意见。此外，还拟对诸家所认同的"假山依水为妙"，再补充一些论据和理论分析。

首论"假山依水为妙"。这是一条叠山理水的重要原理，它来自现实世界中山水相依的"真"和"善"，而这又决定着、并凝定为山水相生相依之"美"。

人不仅在现实领域和山水建立了物质生态的依存关系，而且继而在审美领域和山水建立了精神生态的交换关系。如果说，《论语·雍也》中的"知者乐（yào）水，仁者乐（yào）山"，还在一定程度上把水和山加以并列和作区分性论述，汉代董仲舒的《山川颂》把皇家的山川崇拜加以经学化的话，那么，自魏晋时代开始，历代文人就进一步把山水紧密相连，并通过文字对其不断作种种生动的、深刻的、令人神往的表述。例如：

非必丝与竹，山水有清音。（西晋左思《招隐》）

王子敬云："从山阴道上行，山川自相映发，使人应接不暇。"（东晋王献之语，见《世说新语·言语》）

顾长康从会稽还，人问山川之美，顾云："千岩竞秀，万壑争流，草木蒙茏其上，若云兴霞蔚。"（东晋顾恺之语，见《世说新语·言语》）

山水质而有趣灵……山水以形媚道，而仁者乐。（南朝宋宗炳《画山水序》）

昏旦变气候，山水含清晖。清晖能娱人，游子憺忘归。（南朝宋谢灵运《石壁精舍还湖中作》）

山川之美，古来共谈。高峰入云，清流见底。（南朝梁陶弘景《答谢中书书》）

落日山水好，漾舟信归风。（唐王维《蓝田石门精舍》）

本意由来是山水，何用相逢语旧杯。（唐王季友《宿东溪李十四山亭》）

醉翁之意不在酒，在乎山水之间也。山水之乐，得之心而寓之酒也。（宋欧阳修《醉翁亭记》）

居山水间者为上，村居次之，郊居又次之。（明文震亨《长物志·室庐》）

桂林山水甲天下，绝妙漓江秋泛图。（清金武祥《遍游桂林山岩》）

有地上之山水，有画上之山水，有梦中之山水，有胸中之山水……（清张潮《幽梦影》）

"山水"二字，已形影不离地联在一起，成为特定的合成词。它们大抵已成为名言警句，浓缩了人们审美的历史经验，并广为流布传诵[①]，甚至成为人们梦寐以求的美或梦牵魂绕的理想境界。与此相伴随，从魏晋南北朝开始，山水诗、山水画、

---

① 这对园林的营建及品题也极有影响，如明代吴江有谐赏园，顾大典在《谐赏园记》中说，"启扉而入，为'清音阁'……竹树交夏，不风而鸣，琮琮琤琤，天籁自发，因以名吾阁，盖取左思《招隐》语也。"清代广东四大名园之首的清晖园，取自谢灵运"山水含清晖"语。清代苏州耦园，有"山水间"水榭，盖取欧阳修"醉翁之意不在酒，在乎山水之间"之名言……

山水小品（散文）、文人写意山水园等也不断得到发展，汇成了品类众多的山水艺术，计成"假山依水为妙"这句名言，正是建立在上述种种物质的、精神的、与山水密切联系的基础之上的。

假山依水，"妙"在何处？不妨从传统哲学的视角结合绘画、造园的理论实践来看：

其一，《易·繫辞上》："动静有常。"动静是相互依存的恒常。联系山水来看，山是静，水是动，二者贵在相依相生。清笪重光《画筌》有警句云："山本静水流则动，树本顽树活则灵。"静静的山与水相依，就有了动感，有了活趣。所以宋郭熙《林泉高致》说："故山得水而活……水得山而媚……此山水之布置也。"这是山水画家郭熙的创作经验谈。

其二，《易·繫辞上》云："刚柔相推而生变化。"又云："刚柔相推，变在其中矣。"山是刚，水是柔，《老子·七十八章》就说："天下莫柔弱于水。"山水泉石也能相推而生变化。明末文人祁彪佳有园名"寓山"，他在园记《寓山注·读易居》写道："寓园佳处，首称石，不尽于石也。自贮之以水，顽者始灵，而水石含漱之状，唯'读易居'得纵观之。"他在水石相推中读出了《周易》哲学，也把《易》学思想寓于园林山水景观。

其三，《老子·二章》曰："长短相形，高下相倾。"山是高，水是下，二者也能相反相形，互为衬托。刘敦桢先生总结苏州园林的经验说："在以假山为主题的园林中，往往用狭长如带的水池环绕于山下或伸入山谷，以衬托山势的峥嵘和深邃，使山水相得益彰，环秀山庄就是这种例子。"其"假山以池东为主山，池北为次山，池水缭绕于两山之间，对假山起了很好的衬托作用"。[1] 这样，水既能增山的高峻，又能增山的深邃，造成层次之感。刘敦桢先生还指出："明代园林每于绝壁下建低压水面的曲桥，或构平低的石矶，无非衬托石壁使之显得更为高耸"[2]。

其四，就虚实的章法来看，水是虚，山无疑是实，《园冶·立基·假山基》云，"掇石须知占天"。这也就是说，山以其坚重的实体占据着上方的虚空。而清蒋和《学画杂论》所指出："大抵实处之妙，皆因虚处而生"。所以山水画的章法讲究画上留白，即在大片山石林木中，上留天空之白，中留云烟之白，下留水溪之白……至于在造园学领域，水也能给园林留白，破除园中建筑、花木特别是山石的拥塞，因为低下明净的水面总会在其上方留出大小不同的空间，给人以清澈、空灵、通透、开朗之感。

动静、刚柔、虚实，都是中国哲学和美学的对待性范畴，水能从各个方面以自己的优势给作为对方的山以互补、生发，实现其相反相成，故而在理想的境界

① 刘敦桢：《苏州古典园林》，中国建筑工业出版社 2005 年版，第 21、69 页。

② 刘敦桢：《苏州古典园林》，中国建筑工业出版社 2005 年版，第 28 页。

里，应该是山不离水，水不离山，所以在《园冶》里，山水对举而出的骈语偶句比比皆是，选句如下：

结茅竹里，浚一派之长源；障锦山屏，列千寻之耸翠。（《园说》）

千峦环翠，万壑流青。（《相地·山林地》）

动"江流天地外"之情，合"山色有无中"之句。（《立基》）

蹑山腰，落水面……（《立基·廊房基》）

山容蔼蔼……水面鳞鳞……（《借景》）

湖平无际之浮光，山媚可餐之秀色。（《借景》）

此外还有一些，不一一列举。这都是要求山与水互补相生，而"假山依水为妙"，正是根据这一对待关系冶铸而成的警句，它揭示了山水园林美学的一条重要规律，并给后人以种种启悟。如清笪重光在其画学名著《画筌》写道："山脉之通，按其水境；水道之达，理其山形。"笪氏晚生于计成约40年左右，他似是看到了《园冶》而写的，故不但亦以骈俪之体出之，而且句中"按"、"理山"等词也与《园冶》相类，此警句同样也概括了山与水形影不离的美学关系，对后世的造园实践启迪良多。直至今天，孟兆祯先生还在《园衍》中说："无论自然还是人造自然景观无不以山水结合，相映成趣为上。"①这体现了自汉魏、两晋迄今所形成的"山水相依为妙"的历史接受链。

再推敲"假山依水为妙"句，究竟是作"依"字好，还是作"以"字好？

从校雠学的角度看，明版内阁原本及以后的隆盛本，均作"依"，只是20世纪30年代以来，喜咏、营造、城建诸本直至《园冶注释》第一版才均误作"以"，致使意有所阙。《园冶注释》第二版则注道："原本（金按：指1956年城建本）作'以'，按明版本改正为'依'。"这是纠正了半个世纪来此字的音义之讹。而《图文本》则仍从喜咏本作"以"。仔细品衡，如作"以"字，用在此句必为"因"义，是说假山因水而妙，其意思似乎也可通，但从理论方面说，山与水更重要的零距离的依存关系被摒弃了，仅存于理性的因果推论关系中；从感性方面说，人们想象中假山依傍于水、贴近于水的画面不见了。《说文》："依，倚也。"《孙子·行军》："绝山依谷"。贾林注："依，傍也。"故有唇齿相依、依山傍水、相依为命等成语，"依"可理解为：倚傍；靠着；紧挨……如作"以"，这类词义就都消失了。

山水相依，应该说是双向的，或者说，山、水本身是美的，二者相依就更会增值，用上引刘敦桢先生的话说，是"相得益彰"。笔者在《中国园林美学》里论园林意境的生成，把"互妙相生"作为规律之一，并专立"互妙相生：美在双方关系中"一节②。以此来看假山依水，这就是一种关系美，一种或宾或主，互为包

---

① 孟兆祯：《园衍》，中国建筑工业出版社2013年版，第68页。

② 金学智：《中国园林美学》，中国建筑工业出版社2005年版，第309-312页。

容的关系美，体现着互妙相生的美学关系。如环秀山庄是以山为主，水为宾，水绕山下【图71】，伸入谷中，山蔚秀而包容着水，水弯环而衬托着山，表现出山水紧密相依之趣。又如苏州留园中部水池，四面包围着山岛"小蓬莱"，南北各有桥，池的西、北又有山，可谓山水既相间相隔，又相依相偎。再如苏州怡园"抱绿湾"一带，局部地看，是水为主，山为宾，其水门、池岸的作用是，美化着水体的形象，丰富着水体的层次，确定着水的范围形态。总之，山水这类互为吞吐，相与映托，体现着双方相依相待而成的关系美。

图71　山体依水，相得益彰
苏州环秀山庄湖石假山
田中昭三　摄

第四节　"理涧壑无水，似有深意"
——日本枯山水的旁证与联想

　　对于《掇山·涧》中的"假山依水为妙。倘高阜处不能注水，理涧壑无水，似有深意"，诸家均认定后句有问题：或认为这样"遂成矛盾"，而"似有深意"当为"似少深意"；或译作"构成无水的涧壑，似少有深邃的意趣了"；或说，"此段文意不甚明白"……

　　笔者认为并非如此，后句与前句并不矛盾。前句的"假山依水为妙"，可看作是确立一个独立的重要论点，是提出了一条不容忽视的造园学原理，联系涧壑来说，宋韩拙《山水纯全集》释道："两山夹水曰涧。"这也就是说，自然界里的涧壑是以夹水为妙，这是最理想的形象构成。至于后句，则是联系现实，设想园基不一定都具备这种优势条件（例如，北方某些地区冬季干涸缺水），但园林还是要造的，这就要靠造园家来发挥天机灵性。郑元勋《园冶题词》说计成"善于用因"，《园冶》也一样，非常强调因地制宜。计成还特别善于估计造园过程中可能出现的不足，预先提出解决的方法，如《相地》章，就有倘若"临溪越地，虚阁堪支；夹巷借天，浮廊可度"的对策，本节更是如此，也突出一个"倘"字。从语法学角度来分析，倘，是连词，连接两个分句，表示假设关系，其关联词的搭配往往为"倘若……那么……"。以此来看《掇山·涧》"倘"字所领起的三句，它们分明是省略了部分关联词的多重复句。第一重为假设复句："倘若……〔那么就〕……"；第二重为条件复句："〔只要〕……〔就〕……"。如是，全节意谓：假山依水为妙。倘若高阜处不能注水，〔那么就〕理涧壑无水，〔只要〕似有深意，就可以了。最后一个分句是补充性的，也可释作"但必须似有深意"，等等。

这里着重论述和例证"理涧壑无水"。其实，这句也可理解为"理无水之涧壑"，或者直接说，是营造枯涧、枯壑。这样，也就有类于日本枯山水中的"枯流"、"枯滝"（或称"涧滝"）。这就先介绍和欣赏很"有深意"的三个枯山水作品。

日本园林文化研究家田中昭三先生在其所编的书中，介绍了室町时代京都大德寺大仙院庭园古岳宗亘所营造的石滝①，其"瀑布"在两旁山石夹峙中分三叠而下，高低错落，饶有画意，涧上还横架石梁，使得画面更富于层次感。这是用了"理涧壑无水"而使其似乎"无中生有"的虚拟手法，它让作为固态的白砂、小石子成了液态水的象征。在大德寺的佛教环境里，此景典型地显现了禅宗"实相无相"的理念。这一理念，盖出于《大般涅槃经·憍陈如品第十三之三》："无相之相，是为实相。"这虚拟的枯水，是一种"无相"，一种"无相之相"，然而在禅宗看来，虚无乃是实有，所以它又是一种"实相"。东晋主张"有无齐观"的僧肇在《涅槃无名论》中说："亡不为无，虽无而有；存不为有，虽有而无。"而事实上是，水瀑之"无"离不开桥、石之"有"，正是这个"有"，创生着涧壑的形象，规范着"水瀑"的"流向"。在禅悟的境界里，或在凝神静观的视域中，"有"与"无"就是如此这般地相依互成，相互转化的，这种"深意"，没有佛学修养的人，还不一定能参透。

再如日本旧德岛城表御殿庭园也有"石桥"【图72】，该桥同样用不施人工的原生态大青石条跨涧至对岸，其下则为用白砂作成的枯流，它颇能诉诸人们的审美想象，于是，沉沉平铺的白砂，就是静静地"流"向不尽远方的水；砂流上掇置一块自然石，就是一个耸立在水上的岛屿……真是"涧壑坡矶之俨是"（《园冶·掇

---

① 此景与下文名古屋城二之丸庭园的石桥景观，并见田中昭三、サライ编集部：《サライの日本の庭完全ガイド》，小学馆 2012 年出版，第 28、120–121 页。

图72 平中见远，浅里含深
[日]旧德岛城
表御殿庭院枯山水
田中昭三 摄

山》)。这一禅意盎然的作品，特色在于平中见远，浅里含深，风格简静古朴，令人味之不尽。这一无水之涧壑，还让人悟通《老子·一章》的哲理："故常无，欲以观其妙；常有，欲以观其徼。"意味深长的枯流，足以引人观照"道"的奥妙，也足以培育、发展世俗的审美想象力，计成所说的"理涧壑无水，似有深意"，用在这里，也是十分恰当的。计成的理论和日本的枯流，何其契合乃尔！

　　田中昭三先生还介绍了日本爱知县名古屋城二之丸庭园上田宗箇的力作石梁桥，其下的滝石组错综交叠，从断崖险壁俯视，曲折狭隘而深邃的涧底同样是无水，这也是一种"无相"、"空相"。不过，此景在创建之初是有水的，后来才逐渐枯涸，也变为"高卓处不能注水"，这样，它成了又一种"似有深意"的枯山水典型，但静观者于此迁想妙得，"无听之以耳，而听之以心"（《庄子·人间世》），那么，就可能"听"到淙淙水音。此情此景，令人联想起无锡惠山山麓的寄畅园，当初引山上泉水，和邻园"愚公谷"一起，以水泉声景著称于世，而今其少量业已干涸的遗迹尚存，然而，和日本不同，其遗迹恰恰是"恨无知音赏"。究其原因，一是由于缺少日本民族长期来积淀而成的欣赏枯山水的审美习惯，缺少这种"大环境"-"历史语境"，或者说，缺少瑞士心理学家荣格所说的"集体无意识"；二是对山麓园这类景观遗产的关注、保护、修复、利用和宣传不够，没有吸取日本的园林文化作为一种参照系，做到"他山之石，可以攻玉"；三是这类景观本身较小，不集中……特别是缺少理论研究，不了解计成所说"理涧壑无水"，也可以"似有深意"。正因为如此，研究家们在这方面也缺少感性认识和理性认识，以致认为计成此语与前文自相矛盾，或"文意不甚明白"。

至此，本书的结论是：假山依水为妙；理涧壑无水，亦妙。在艺术的领域里，两个或两个以上的风格和品种完全可以并存共处，例如日本虽然以枯山水为主流，但池泉式也较流行，二者并行不悖。再看中国，则是山水互妙相生的一统天下，人们开头对枯山水不一定能接受，这是由不同国家的不同国情、不同的审美文化传统决定的。但随着中外文化的交流，园林、建筑设计的创新，在较多地、生搬硬套地引进欧陆风格之后，也开始引进日本的枯山水，特别是以其作为设计元素，并渐有扩大之势，这应该说是好现象，有利于纠正"全盘西化"、"千城一面"的偏颇。但是，引进枯山水却很少能体现"似有深意"的美学要求。

值得一提的是，美籍华人建筑大师贝聿铭先生，却设计出特具创意的苏州博物馆庭园的"枯山镜水"景观【图73】。这里先追寻枯山水之"枯"字的由来。《周礼·司书》汉郑玄注："山林童枯则不税。"唐贾公彦疏："山岭不茂为童，川泽无水为枯。"这是枯山水之名的训诂学出典。以贾氏诠释的角度来看，日本的枯山水是真山（石）而枯水（"川泽无水"），苏州博物馆庭园的山水则相反，真水而不只是童

图73　粉墙为纸，枯山镜水
贝聿铭苏州博物馆山水作品
虞俏男　摄

山（"山岭不茂"），而且更是"秃岭不毛"<small>（宋郭熙《林泉高致》：山"以草木为毛发"）</small>的枯山，而其前的真水则明净如镜。细究这世上独一无二的"枯山镜水"杰作，也不是凭空产生的，而是直接或间接、有意或无意、时空上或远或近地受了如下的美学启迪，或者说，是不意的灵感契合：

一、日本枯山水的启迪。但不事模仿照搬，却反其道而行之，变"枯水"为"枯山"，不过山脚下密密铺排的黑色小卵石，还是吸收了日本的手法，其点缀和反衬的效果极佳，与日本枯山水的意味迥然有异。

二、宋代最有创意的绘画大师米芾山水的启发。米点山水不重写实，而独创大写意，贝氏不取其形而取其神，塑造了由近而渐渐远去的群山，手法上扬弃了枯山水的象征，而精选灰黄、青灰色的石片、石块而为之，熔抽象和具象于一炉，"明暗高低远近，不似之似似之"<small>（清石涛《题画跋》）</small>。

三、《园冶·掇山·峭壁山》："峭壁山者，靠壁理也。藉以粉壁为纸，以石为绘也。"苏州博物馆庭园的假山，也可看作是峭壁山，但它近于靠壁而又不是"墙中嵌理壁岩"<small>（《掇山·厅山》）</small>。其作为背景的大幅粉壁，以传统的黛瓦勾出平直的天际线，其下略呈折叠式的粉壁，如同展开着的长卷白纸，而其前的群山，正是"以石为绘"的创构；

四、值得思考的是，长卷般粉墙黛瓦后面，正是姑苏名园拙政园。墙后高耸着该园大片茂盛的绿色树冠，它可说是一种象外之象，景外之景，反衬出其前、其下墙面的白净，更反衬出墙前参差枯山的低矮，而这恰恰在视觉上反把假山的空间距离推远了……假山前又有大片池塘，清澈平静的镜水倒映着枯索青灰的群山，更令人真幻莫辨，眼目一新，可说是《园冶·借景》"构园无格，借景有因"的极佳例证。拙政园与枯山镜水的毗邻与映衬，正意味着不同风格、不同品种可以并存共处。

五、"理涧壑无水，似有深意"的命题，特别是其中一个"无"字，虽是初露峥嵘，却是前无古人，有着巨大的思想容量和思维空间，突破了中国千百来有山必有水的传统园林模式。《老子·四十章》有"万物生于有，有生于无"的宇宙生成哲理，贝氏正借此进行了大胆的创新，其作品让人思考有与无、真与假、虚与实、形与神、枯与荣、具象与抽象……的相反相成，其间潜蕴着种种"深意"。

再回到《园冶》上来。人也许会问：中国的计成没有去过日本，也没有和日本造园家联系过，怎么会凭空提出"理涧壑无水"之说，此论岂不是没有基础的空中楼阁？本书认为，这正是计成的伟大处：

一、在思想方法上，他没有把话说绝，一方面强调了山水相依互妙，另一方面又能根据现实条件想到倘若没有水怎么办，其思路就走向日本的"枯流"，如加上"以无为有"的"高阜注水"叠掇，就成了"枯滝"，这就与日本的枯山水取得了某种同构性，所谓不约而同，不谋而合。

二、在创新思维上，他一再强调"制式新番，裁除旧套"，"常套俱裁"，其思维是向前看的，其理论与实践具有前瞻性。美国的阿瑞提在《创造的秘密》一书中说，创造活动"可以提供一种实用性、理解性和预见性"，"它增添和开拓出新领域而使世界更广阔"[①]。计成提出的"理涧壑无水"正是如此，它具有预见性，或者说，具有穿透性、超越性，能穿越时代，超越国境，普遍地与相关的事物、现象同振共鸣，这既可表现为尔后的现实接受，也可表现为事前的精神感应，或与异域的遥相呼应。同时，又具有实用性，也就是具有造园学价值，当然，也具有可理解性，因为它与"假山依水为妙"并不矛盾。

第五节　聚石垒围墙，居山可拟
——接受：整句的多解

此语见《相地》："驾桥通隔水，别馆堪图；聚石垒围墙，居山可拟。"本节只探析后一句。《园冶注释》译作"用石叠成围墙，也能比拟山居"。甚是。《图文本》说："可以比拟山居。"也不错。《相地》中的这句话，可概括为"居山可拟"论。

在这方面，《园冶全释》的注释和译文在概念上却极不一致，其中颇多误读成分。如注文认为，"居山：即居处欲有山，《园冶·掇山》中的'内室山'即峭壁山。"这是先把"居山"误释为"居处欲有山"；然后又把"居处"狭隘地理解为"内室"……而译文却说："垒石砌围墙（金按：注意'围墙'二字），拟仿岩崖而堆成峭壁。"这又分明转到室外了。从逻辑学的视角看，《全释》在注、译时，实际上是把围墙与室墙，真山与假山等不同概念混淆在一起了，故以下先分别加以辨析：

其一，先辨围墙与室墙

《相地》说，砌的是"围墙"，《园冶全释》注释却以《掇山》的"内室山"为书证，这实际上是已将其误释为"室墙"了；而译文则说，"垒石砌围墙"，这又变成了"围墙"，这是自相矛盾。梁思成先生曾指出："围墙，上面无盖，不蔽风雨，只分界限之墙。"[②]可见其主要作用是围园林于其内，是用来划分内外界限的。与之相比，内室的室墙则上面有盖（屋顶），能蔽风雨，不一定能划分本园与他园的界限，而只能起分隔室内与室外、此室与彼室的作用。

再看材质，《园冶·墙垣》说："凡园之围墙，多于（以）版筑，或于（以）石砌……"而内室的墙，更多是砖墙……二者也是有区别的。

其二，再辨真山与假山

---

① ［美］S.阿瑞提：《创造的秘密》，辽宁人民出版社1987年版，第5页。
② 梁思成：《清式营造则例》，中国建筑工业出版社1987年版，第79页。

《相地》中的"居山可拟"，从本质上说，就是"以假拟真"，即以象征性的石围墙或似墙的石假山，去"拟"远方的真山。《园冶注释》、《图文本》都突出了这个"拟"字，认识到其所垒石山或所砌石围墙，都是一种象征品，拟的都是真山而非假山。《园冶全释》则不然，注"居处欲有山"的"山"为"'内室山'，即峭壁山"，是说在室内堆山了。而译文则为"垒石砌围墙……堆成峭壁"，则又是在室外堆山了。但不论其注释还是译文，其中的"山"均为假山，因而就与《相地》的"居山可拟"的真山概念相悖。

还应进一步思考：文人们为什么歆羡真山，或者说，为什么要"居山可拟"，"以假拟真"？

与计成同时代的文震亨，其《长物志·室庐》云："居山水间者为上，村居次之，郊居又次之。吾侪纵不能栖岩止谷……而混迹廛市，要须门庭雅洁，室庐清靓，亭台具旷士之怀，斋阁有幽人之致。"也就是说，最理想的是居于真实的山水之间，这由文中"为上"、"次之"、"又次之"的排序可见。至于"居山可拟"，可说是不得已而求其次。再看《园冶·相地》中的排序，也近乎此，除江湖地作为压轴外，是山林地、村庄地、郊野地……而"市井不可园也，如园之，必向幽偏可筑"（《城市地》）。正因为如此，文人们在园内或掇山，或立峰，或置石，统统都为了拟真山，从而让自己似乎居于真山。

《相地》中的"居山可拟"论，是一种假想性的审美满足。19世纪俄罗斯美学家车尔尼雪夫斯基认为，艺术的第一作用"是再现自然和生活"，并"充当它的代替物"。[①]此话虽太机械，但也不无道理，与"居山可拟"论似有灵犀一线相通。文人们同样如此，他们往往不可能真正地"居山"，而更多的是请造园家或由自己想方设法叠掇种种假山，从而拟居于真山[②]。这个"拟"字用得极妙，其意为比拟、类比或象征，而计成在书中特选此字，堪称点睛之笔。

为什么聚石垒墙可比拟于真山？因为传统文化哲学认为，石与山存在着本质上的同构性关系，可谓石以山生，山以石成，山是石在量方面的扩大、延伸。《礼记·中庸》就说："今夫山，一卷（金注：即拳）石之多，及其广大，草木生之。"至于在园林文化传统中，"泉石是缩小了的山水，山水是扩大了的泉石"，石"既是山的组成部分，又可独立地作为山的象征，一片石可以视为一座山峰"[③]。这样，看到了石，就可能会联想起山，于是盘桓于一峰一石，就可能感到是或游于山，或居于

---

① ［俄］车尔尼雪夫斯基：《生活与美学》，人民文学出版社1962年版，第91—92页。

② 这还可以中国山水画理论来参照发明。宋郭熙《林泉高致》："林泉之志，烟霞之侣，梦寐在焉，耳目断绝。今得妙手，郁然出之，不下堂筵，坐穷泉壑，猿声鸟啼，依约在耳，山光水色，滉漾夺目，此岂不快人意实获我心哉！此世之所以贵夫画山水之本意也。"这种"坐游"论与计成的"居山可拟"论颇有些相类。在郭熙之前，还有南朝宋宗炳的"卧游"论，他将所游历的名山"图之于室，卧以游之"（《南史》本传），这些都可概称之为"游山可拟"论。

③ 金学智：《中国园林美学》，中国建筑工业出版社2005年版，第153、154页。

山，清代苏州的寒碧庄（即今留园），曾有著名的十二块峰石，构成品题系列，一时传为盛事美谈。园主人刘恕（字蓉峰）请诗人、画家题咏作画，其中有些体验很有意思：

目空前古眇今人，户庭不出日游岳。十洲朝发日中返，云中且傲汉方朔。（郭淳《奉题寒碧庄十二峰》）

游踪未及踆，仙扃劳梦寐，山人本山居，蛾绿饱餐翠。（冯培《乙丑立秋应蓉峰观察大兄寒碧庄十二峰图》）

秀色分遥岑，烟光来隔浦。幽人不出门，岚翠环廊庑。（潘奕隽《寒碧庄杂咏·卷石山房》）

这类诗句，也可称为"居山可拟"论或"游山可拟"论。诗人们从庭园的种种奇石出发，驰骋自己的诗意想象，不下堂馆，却畅游了名山胜境，感到眼前烟光秀色，清景无限，赢得了丰饶的审美享受，而这类体验，一言以蔽之，曰"拟"。这也证实了计成的理论具有普遍意义。

最后，还应解释作为整句的"聚石垒围墙，居山可拟"，从接受美学来看，可有多种合乎逻辑的理解和接受：

其一，是聚石并以其垒成围墙，计成称之为乱石墙，他在《墙垣·乱石墙》中说，"是乱石皆可堆，惟黄石者佳"。

其二，是聚石垒成峭壁般的围墙，这是《园冶全释》中的合理成分，如所说，"拟仿岩崖而堆成峭壁"，这个"拟"字是用得对的。

其三，是聚石垒山于围墙旁，也就是既砌墙，又垒山，二者同时并举。

其四，垒山、砌墙合为一体，这可以有种种不同程度的结合，或部分地下为山，上为墙；或部分地里为山，外为墙；或部分地一段为山，一段为墙……这是种种参互、夹杂的表现。

以上诸解，都可说是合情合理的接受，都可谓"各以其情而自得"。

然而问题在于，正确合理地解释"聚石垒围墙，居山可拟"并不难，困难在于在园林里找出实例或类似的实例，证实计成理论的合理性、可实现性和广泛的概括性。

再联系实例来看，如苏州拙政园枇杷园西北辟有月洞门的白色云墙，其西墙之内以湖石嵌入；而月洞门两侧的外墙，则均用黄石在其下垒砌层堆，一带延伸，敦实厚重，其上苔藓斑驳，风格苍硬古拙，石与墙浑然一体，"高低观之多致"（《园冶·掇山》），显得十分自然，这是对"山"的强调，堪称园内之墙杂于假山间的佳构【图74】。然而无独有偶，苏州耦园西部织帘老屋前，也有短短的白色云墙蜿蜒于湖石假山间：小山之西，有山洞可入，山上有云墙；山南作为紧贴背景的墙上，有洞门，拾级可登山；山北，面对厅屋，是其最主要的对景，山体显得高低错综，起伏有致，称得上是"居山可拟"；登上山顶平台，又可见假山与墙，若即若离，相与逶迤而东，逐渐散为花坛石群……童寯先生在20世纪30年

图74　聚石垒围墙，居山可拟
苏州拙政园枇杷园墙石一体
梅　云　摄

代写及南浔宜园说，"粉墙有时忽断，而叠石成壁续之，令人惊叹其意匠之奇。"①
其审美效果有类于此。在扬州，瘦西湖静香书屋也有黛瓦粉墙与黄石假山互嵌的
叠掇方式，且于其旁立亭，比较自然而有气势，也颇能体现"居山可拟"的意趣。

第六节　槛外行云，镜中流水
——互文性的接受解读

"槛外行云，镜中流水"，见《园冶·屋宇》，这是对水廊水亭外景的描述，
也是《园冶》一书中极富诗情画意的写景名句，在园林"因"、"借"中，这固然
可属"俯借"之类的范畴，但本书姑将其归属于山水景观中的水景。对此二句，
诸家解释不一。

《园冶注释》："槛外行云：意谓建筑物之高。宋赵师秀诗：'晚来虚槛外，秋

---

① 童寯：《江南园林志》，中国建筑工业出版社1987年版，第14页。

近白云飞。'镜中流水：'镜中'作塘中解。宋朱熹诗：'半亩方塘一鉴开，波光云影共徘徊。''鉴'，镜也，谓池面波平如镜。"译文："槛外似有行云，池中如在流水。"总的来说，这样的接受有其一定的合理性，可理解为形容建筑物之高，只是"似"、"如"二字值得推敲，特别是"池中如在流水"一句。此外，朱熹《观书有感》应为"天光云影共徘徊"，不作"波光云影"。

《园冶全释》则注道："镜中：含'镜花水月'虚幻不可捉摸的意思。喻景境的奇妙。"《全释》按语："'槛外行云'，'镜中流水'两句，是用'行云流水'之典。苏轼《与谢民思（金按：'思'字误，应为'师'）推官书》：'所示书教及诗赋杂文，观之熟矣，大略如行云流水，初无定质，但常行于所当行，常止于不可不止。'后用以比喻纯任自然，毫无拘束，文笔流畅。计成的这两句话，并非写景（金按：《全释》以下的接受，游离了主旨），除其中含有道家出世之想不说，从造境，有喻景境的变化莫测，空间无尽，和园林创作要追求生机勃勃的自然之'道'的意境。如单从景的描写是无法解释的"。还说，"这两句话是很难直译的，大意是说，园林造景要如行云流水，方能得自然之妙景"。

相比于《园冶注释》，《园冶全释》的优长是引出了著名的原典——苏轼"行云流水"的文论，其中"行云流水"之喻，经相沿习用，已凝定为广域性的成语；但是，不足的是以下的引申不合乎情理，颇有些离谱。其一是，原句"槛外行云，镜中流水"并无"镜花水月"或"虚幻"之意，《全释》硬要将其连在一起已属牵强，又进而联系于"道家出世思想"，更是风马牛不相干；其二是，认为这两句写景语"并非写景"，从而牵扯到构思和手法乃至玄学的"道"上去。如《全释》译文："构思能超凡脱俗，手法如行云流水，方能得自然之妙有。"《全释》在按语中分明说是"园林造景要如行云流水，方能得自然之妙景"，这还没有离开园林景观，至于"妙有"，则是魏晋玄学的范畴，见于晋孙绰的《游天台山赋》："太虚辽廓而无阂，运自然之妙有。"《文选》李善注："太虚，谓天也。自然，谓道也……妙有，谓'一'也。言大道运彼自然之妙一，而生万物也。"《全释》将玄学的"大道"、"妙一"等硬裁到"槛外行云，镜中流水"的具体优美的景观上去，离题太远了。

本书认为，解读《园冶》，一是应求字词落实，如"槛"，不读"门槛"的"槛 [kǎn]"，而应读"凭槛"的"槛 [jiàn]"，意为栏杆、栏板，它常装于亭廊之侧、轩阁之前。二是应找对确切的原典，不能随意检来即以为典。三是阐发不应架空，应实事求是地从原文及其语境出发，然后再作引申发挥。据此，笔者认为，"行云"和"流水"虽似乎一在天，一在地，但它们在诗文家笔下，是以互文辞格来写同属一种状态的事物。如要翻译，最好不要将其分为两句。这里试将其合译为一意并略加描述和阐释：

由于微有涟漪或缓缓流淌的水如一面镜子一样展开着，于是水面上"天

光云影共徘徊"。人们在槛内观赏，可见槛外的"镜中"，云在悠悠地徘徊，
水在微微地流动。

再看原文三个连贯的短句："槛外行云，镜中流水，洗山色之不去……"都是依次
写水景的，第三句写山倒映在水中，青青的"山色"经过水清"洗"后，不但没
有"去"掉，反而更加明媚了。此"洗"用得特佳。唐人窦庠的《金山行》就有"万
状分明光似洗"之句。《园冶注释》译作"山色青苍，雨洗不去"，显得太突兀，
跳跃性太大，刚说天气晴朗，水中云影徘徊，突然一下子下起雨来了，这不符合
计成所抒写的"行云流水"那种闲适形态和悠然心态。其实，这种悠然闲适的形
态和心态，在《园冶》里或园林里都是文人最理想的境界，所以计成以诗意的骈
偶语言来组句，来抒写。

至此，可进一步探本求源并引申发挥。苏轼"行云流水"之语，盖出于唐代
大历十才子之一的卢纶之诗。这首《过仙游寺》写道："上方下方雪中路，白云流
水如闲步（一作散步）。数峰行尽犹未归，寂寞经声竹云暮。"这首诗虽带一定禅意，
但给人最深的印象，是把白云和流水这两种"初无定质"，意态又相近的事物组合
在一起，并用"闲步"来比喻它，从而也写出自己的心态，堪称妙绝，故而诗句
不胫而走，众口相传。到了宋代，苏轼评其文友谢民师的诗文杂赋，将"白云流
水"改为"行云流水"，"行"和"流"相连，"水"与"云"相配，不但语法结
构更完善，而且有形象，有动态，更有神韵。他以此来比喻创作的一种行为和风
格，即不拘格套，自由自在，既不能自止，又任物之自然，"常行于所当行，常止
于不可不止"①。这种境界，也可以和某种生活、艺术相对应，例如闲庭信步或曲廊
漫步，等等。

清曹庭栋《养生随笔·散步》云：

> 散步者，散而不拘之谓……须得一种闲暇自如之态。卢纶诗"白云流水
> 如闲步"是也。《南华经》曰："水之性不杂则清，郁闭而不流亦不能清。"此
> 养神之道也。

这是一种悠悠的慢节奏，闲闲的慢生活，是一种潇洒自在的人生。再比之于艺
术，则是唐代王维的辋川小诗，晚明的小品文，音乐中的行板，书法中的行书。
笔者曾这样写道：

> 行书美最主要的特征是行云流水……它不是激流飞瀑，而是一泓清溪，
> 缓缓流，徐徐淌，行于其所当行，止于其所不得不止，而始终不掀起大波狂
> 澜。它的节奏快于楷书，慢于狂草，是一种不激不厉的流动美，犹如乐曲中
> 如歌的行板……②

---

① 苏轼在其《文说》中，也这样写道："吾文……常行于所当行，常止于不可不止，如是而已矣。"
② 金学智：《中国书法美学》下卷，江苏文艺出版社1994年版，第499页。

总之，它既非郁闭不流的止水，又非奔腾喧嚣的激流，其清幽足以养生，其闲散足以怡神。它本身就非常符合于文人园林的情调和生活，故本节予以突出强调。计成独具只眼，将苏轼"行云流水"这一著名典故撷来，与"槛外"和"镜中"作了创造性的互文组合，用以概括园林小池清溪"行云流水"的倒影美。

不妨品赏一帧"槛外行云，镜中流水"的摄影作品【图75】。这是苏州拙政园西部倒影楼、波形水廊一带。从画面看，楼影入水，略见摇

图75　槛外行云，镜中流水
苏州拙政园倒影楼水景
虞俏男　摄

曳，可谓水底画楼出，云间反宇浮。再看游廊起伏，坐槛蜿蜒，随形而弯，依势而曲，人行其上，真有"白云流水如闲步"之感。再俯视槛外溪流，水平如镜，空明可溯，但又略见涟漪，天空的倒影是蔚蓝色的，而水中蓝蓝的天上，白云显得分外轻柔，舒卷自如，它随着缓慢的波光而摇漾，有着微微的浮动……如联系朱熹的诗句来思索，用"徘徊"这种散步状态来形容，最为恰当，这是一种无拘无束、闲暇自如之境，而这正是计成心目中向往的境界。

诸家们对"槛外行云，镜中流水"的"镜"的含义还有所争论。《园冶注释》有"池面波平如镜"，"池中如（金按：'如'字欠妥）在流水"之语，对此，《园冶全释》问道："既然池中波平如镜，这镜中的池水又怎能'如流'呢？"于是得出结论："这两句话是很难直译的"。应该说，此说不免机械，因为任何比喻都是跛足

的、相对的。镜水，不过是喻水之清、之平，就以绍兴的镜湖来说，"镜"主要喻其湖水之清澈平缓，周边景色丰美，因此，"镜"同时应理解为誉美之词，而并非绝对无波。东晋大书法家王献之《镜湖帖》是最好的说明："镜湖澄澈，清流泻注，山川之美，使人应接不暇。"既有"清流泻注"，就必然不是死水无漪，并非绝对的平静，然而却可称之为"镜湖"。又如唐贺知章《回乡偶书［其二］》咏道："只有门前镜湖水，春风不减旧时波。"李白《送贺宾客归越》："镜湖流水漾清波。"二诗都是既咏镜，又咏波，并不令人感到矛盾而不可理解。再看宋朱熹的《观书有感》："半亩方塘一鉴开，天光云影共徘徊。问渠哪得清如许？为有源头活水来。"既然"有源头活水"，也说明水在流动，然而也可咏之为"一鉴开"——如"镜"一样展开。因此，"镜中流水"不是病句，而是名句。

也许有人会说："槛外行云"不一定是倒映水中的行云，应如《借景》"山容霭霭，行云故落凭栏"的"行云"，是落于栏槛前的行云。但是，这两句是有区别的，《屋宇》中的"槛外行云"，是与"镜中流水"组成一联的，且有"行云流水"的成语将其紧紧钩连在一起，而《借景》中的"行云故落凭栏"，却紧连着前句"山容霭霭"，句中所谓"故落"，是审美中的移情现象，是无情景物的有情化。王国维《人间词话》云："有有我之境，有无我之境……有我之境，以我观物，故物皆着我之色彩；无我之境，以物观物，故不知何者为我，何者为物。"《借景》中的"行云故落凭栏"，是地道的有我之境，所以"物皆着我之色彩"，行云也"故落"于我之"凭栏"。而《屋宇》中的"槛外行云，镜中流水"，则是无我之境，作者超然物外，不动声色，任其自然而然，如同陶诗中的境界，故值得慢慢品味。

当然，按照接受美学的观点，凡是接受，只要是合理的或稍合理的，都可以"各以其情而自得"，因此，将"槛外行云"释作"谓建筑物之高"，也还是可以的。

第七节　池塘倒影，拟入鲛宫
——兼说"夜雨芭蕉，似杂鲛人之泣泪"

"池塘倒影，拟入鲛宫"，见《立基》；"夜雨芭蕉，似杂鲛人之泣泪"，见《园说》。一书两引，由此可见计成颇钟情"鲛人"之典，然而，诸家的注释，却不太理想。

《园冶注释》第一、二版《园说》注："鲛人：传说中水居之人。《述异记》：'南海中有鲛人，水居如鱼，不废织绩，其眼能泣珠。'"《立基》注："鲛宫：见《园说》注。"后一条注，其实是注而未注，因为前注中只有"鲛人"，没有涉及"鲛宫"，事实是作者在"见《园说》注"的"参见"中，将这"鲛宫"之释遗漏了。

《园冶全释》："鲛人：传说居于海底的异人，会织布，泪出即成珠。《文选》

十二木玄虚（金按：即晋代文学家木华）《海赋》张铣注：'鲛人，龙族，人状，居于水底。'《太平御览·珍宝部·珠下》：'鲛人从水出，寓人家积日，卖绡将去，从主人索一器，泣而成珠满盘，以予主人。'这里形容水滴如珠的晶莹。鲛宫：居于水中的鲛人宫室。"此注似较详实，然而晋人木华《海赋》正文中与"鲛宫"密切相关之典却失诸交臂，而只引了后来唐人张铣所作之注，以及宋人类书《太平御览》，于是，"鲛宫"之典依然没有着落，而且所引之典，和《园冶注释》一样，并不是最早的典籍，而是后来的或伪托的。

鲛人的传说，出自魏晋以来的志怪小说。鲁迅先生《中国小说史略》第五篇《六朝之鬼神志怪书（上）》指出："秦汉以来，神仙之说盛行，汉末又大畅巫风……会小乘佛教亦入中土，渐见流传。凡此，皆张皇鬼神，称道灵异，故自晋讫隋，特多鬼神志怪之书。"[①]在晋代，鲛人传说就在多种著作里一再出现：

> 南海外有鲛人，水居如鱼，不废织绩，其眼能泣珠。从水出，寓人家，积日卖绡。将去，从主人索一器，泣而成珠满盘，以与主人。（张华《博物志》卷九，干宝的《搜神记》所记与其基本相同）

> 泉室（金按："泉"即"泉先"，亦即鲛人。"泉室"，即鲛宫）潜织而卷绡，渊客慷慨而泣珠。（左思《吴都赋》）

> 天琛水怪，鲛人之室……何奇不有，何怪不储。（木华《海赋》）

以上是其作者可靠的晋人著作，至于伪托之书，如《汉武帝别国洞冥记》卷二：吠勒国人"乘象入海底取宝，宿于鲛人之舍，得泪珠，则鲛所泣之珠也，亦曰泣珠"。《园冶注释》所引《述异记》，亦伪托南朝梁任昉所作，鲁迅先生则定其为"唐宋间人伪作"。但其中也写到了鲛宫："南海有龙绡宫，泉先织绡之处"，"鲛人即泉先也"，还说龙绡纱"以为服，入水不濡"……可惜《园冶注释》没有引此鲛宫之典。再往下看，唐宋类书如《初学记》、《艺文类聚》、《太平御览》等还一再引录鲛人异事。

这类神异志怪的故事，以其丰富的审美想象强烈地吸引着诗人们，故而唐诗中颇多鲛人之典，如李颀的《鲛人歌》：

> 鲛人潜织水底居，侧身上下随游鱼。轻绡文彩不可识，夜夜澄波连月色。有时寄宿来城市，海岛青冥无极已。泣珠报恩君莫辞，今年相见明年期。始知万族无不有，百尺深泉架户牖。鸟没空山谁复望，一望云涛堪白首。

南海鲛人居于水底，在海中侧身上下如同游鱼。而所织的轻绡，文采斐然成章，非人间可识。然而，鲛人也还要来到人间。当澄波月色之夜，有时从水中出，来城市"寓人家"，但是毕竟还是要回去的。她卖掉了价值百余金的轻绡，在将离去之时，脉脉含情，依依不舍。"泣珠报恩君莫辞！"七字胜过千金。"今年相见明年

---

① 鲁迅：《中国小说史略》，人民文学出版社1973年版，第29页。

期"，谁知竟一去不复返，"鸟没空山谁复望，一望云涛堪白首。"真是一阕绵绵无尽的《长恨歌》！而"百尺深泉架户牖"，写的就是"泉室"，亦即"鲛宫"。

在唐代诗人中，李颀的歌行较长，带有叙事性质，其描述并不很费解。而晚唐李商隐的七律《锦瑟》，则凝练绮丽，含蓄朦胧，令人可望而不可即。诗的后两联写道：

> 沧海月明珠有泪，蓝田日暖玉生烟。
> 此情可待成追忆，只是当时已惘然。

其中"沧海月明珠有泪"一句，既点出鲛人长期的居处，又点出其外出活动的时间和"其眼能泣珠"的怪异特点，不但具有高度的概括性、情感性，而且对神话传说作了扑朔迷离的再创造，构成了渗漉着迷惘情绪的神奇、空灵意象，将人带入梦幻之境，特富审美的魅惑力。而尾联"此情可待成追忆，只是当时已惘然"，则可以和李颀《鲛人歌》的结尾互补互读。

计成颇爱创造性地引用被前人诗赋所美化了的鲛人志怪之典，如前所述，先后凡两次，试析如下：

其一，是将其融入芭蕉雨。

先看园林文学史上，唐、宋时代就爱咏唱雨打芭蕉：

> 芭蕉为雨移，故向窗前种。怜渠点滴声，留得归乡梦……（唐杜牧《芭蕉》）
> 草木一般雨，芭蕉声独多……（宋王十朋《芭蕉》）
> 新蕉十尺强，得雨净如沐。不嫌粉墙高，雅称朱栏曲。秋声入枕飘，晓色分窗绿。莫教轻剪取，留待阴连屋。（明文徵明《拙政园三十一景诗书画三绝册·芭蕉槛》）

咏的都是夜雨芭蕉，还兼及了芭蕉的色景，声景以及洁净、形态、体量、垂荫、配置、功能……尤其是催人听雨入梦。在历史上，自唐至宋，有多少诗人、画家曾为蕉动情，为蕉泼墨，为蕉吟咏，为蕉造景！时至明末，计成要让芭蕉在意境上出新，实属困难。但是，他却别辟蹊径，从鲛人之典落笔，写道："夜雨芭蕉，似杂鲛人之泣泪"。这就在雨打芭蕉珠圆玉润的声音中，注入了志怪的内涵，特别是将场景安排在"夜"里，更显得隐隐约约，闪闪烁烁，令人可闻而不可见，于是更有利于冥想入境，或想起《博物志》中鲛人"眼能泣珠"；或想起《鲛人歌》中"泣珠报恩君莫辞"；或想起《锦瑟》中"沧海月明珠有泪"……于是，听雨就更能听出别趣来。

其二，是将其引入池塘的倒影。

对于江南园林里司空见惯、一般面积都不大的池塘，怎样才能引起人们集中目力以观，激发人们欣赏池塘倒影的审美意兴，或者说，怎样才能让人从有限的水面上品赏到或者想象出无限的美？前人给池溪题名，为倒影赋诗，均不失为好方法，但计成却写道："池塘倒影，拟入鲛宫。"不借助于题名赋诗，而是导入神

图76　池塘倒影，拟入鲛宫
苏州留园涵碧山房池塘倒影
包　兰　摄

话传说的因素，使其内涵更深，拓展的想象空间更广。对于神话传说及其想象，马克思曾予以高度的评价："想象，这一作用于人类发展如此之大的功能，开始于此时产生神话、传奇和传说……的文学，给予人类以强有力的影响。"[1] 池塘倒影，导入了鲛人、鲛宫的奇思异想后，也更能启导人们"神与物游"（刘勰《文心雕龙·神思》），拓展人们的想象能力，似乎自己也身披"入水不濡"的龙绡纱，"侧身上下随游鱼"，深入水中，展开无尽的想象，从形式的美到内涵的美，进而自由地发现种种象外之象，景外之景。

以下不妨品赏从苏州园林大小不同的池塘所拍摄到的两幅迷人画面：

第一幅，为留园涵碧山房（其上为明瑟楼）东北池面【图76】。"涵碧"二字，已隐点出了池水"涵"自身的碧色和池岸草树倒影的碧色于其中，品题是成功的，富有审美蕴涵量。再看画面：左上部，大片叶丛在微弱的水光、强烈的天光作用下，更显现出其墨绿、浓绿、深绿、浅绿、嫩绿的各自差异，它们明暗夹杂地谱出了绿的色阶，再往右延伸，又可见边缘屈曲的荷叶、静静浮水的睡莲以其灰绿、湖绿点缀着画面；而下部，蓝蓝天上飘动的白云，已沉入了池底，并成为构图的中心和最大的亮色；右部，明瑟楼倒耸于水，其飞举的戗角竟碰到了池畔灰黑的石头；楼上一系列明瓦支摘窗，仅一扇开启着、其馀则是紧闭，它们以其淡淡的红色勾画出引人注目的韵律，而一排美人靠，则在黑暗中呈显着亮丽的红

---

① 陆梅林辑注：《马克思恩格斯论文学与艺术》，人民文学出版社1982版，第257页。

色，却又被绿叶半遮半露……总之是光、色、线、形的交错变幻。在计成的导向下，池底的明瑟楼会让人想起志怪传说中"百尺深泉架户牖"的"龙绡宫"，真是：池中竟然有楼阁，却从水里看闭启。明瑟楼倒影入池塘的画面，光怪陆离而不定，又让人联想起屈原《离骚》中美丽的诗句："纷总总其离合兮，斑陆离其上下。"这个亦宫亦楼的神异建构，既在深渊之底，又在九霄之上，启人异想天开，让人远思无尽……

第二幅，为留园西楼下的小小池塘【图77】。清代寒碧庄（即留园）主人刘恕好石成癖，拥有盛传一时的寒碧庄十二峰，其中"印月峰"取景尤妙，可谓想落天外。印月峰有一较大圆孔，故特将该峰按最佳位置立于池畔，让

图77 始信人间别有天
苏州留园印月峰倒影
田中昭三 摄

峰倒映入水，圆孔亦落池中，于是水中分明"印"出一轮圆月。对于这一别开生面的得意之作，刘恕一再咏道：

一月圆时落万川，万川得月月俱圆。就中添个空明影，始信人间别有天。（《寒碧庄十二峰·印月峰》）

一隙仅容鉴，空明洞碧天。凌虚忽倒影，恍若月临川。（《印月》）

试看图中，池里绿树悬植，峰石倒峙，西楼反立，岸草逆生，这些连同蓝天白云，均荡漾于水，错杂于水，溶解于水，以异化的面目纷呈于水，它们是景物实体虚幻了的第二自我，观之令人难以分辨，颇费猜详。其中最引人注目的，是池中所涵的"沧海月明"，是水里平增的一轮团栾银盘；而"始信人间别有天"一句，更寓意深长，至于"万川得月"云云，又包孕着深深的佛学、理学意味，让人有所感悟。也许是受了苏州印月峰的启发，在扬州片石山房一个较大的池里，也有一峰石圆孔倒映入水，人们若移步以观，池中之月会或有或无，或圆或缺，可谓移步换"影（倒影）"，这同样是一种创造性的设计。但是，此景只可有一二，如果到处都是，也就失去新意妙理了。

鲛人、鲛宫一类志怪之典，可说是一种"奇思""幻想"触发剂，它能拓展人们审美想象的天宇，使人妙有彩凤双飞翼，自由地浮想联翩，不受任何拘束，从而在眼前展开一幅幅魅力之画，脑际浮现一首首神游之诗……

计成描写的可贵还在于，他不是为用典而用典，"池塘倒影，拟入鲛宫"之所以见于《立基》，是因为《立基》专章分论了厅堂基、楼阁基、门楼基、书房基、亭榭基、廊房基、假山基，惟独没有"池塘基"，而池塘又是低于地面的，称"基"似不甚确切，故在总论里插以"池塘倒影，儗入鲛宫"之句。这样，就可弥补此不足，暗示相地立基时，不要忘了留出"池塘基"，而且又让人懂得，池塘除了种种生态功能、构景功能外，还富有神奇倒影的特殊魅力。

第八节　引蔓通津，缘飞梁而可度
——一种值得重视的造景手法

"引蔓通津，缘飞梁而可度"，语见《园冶·相地·郊野地》。这既是名句，又是难句，表现为诸家解释多有分歧。

《园冶注释》第一版注"引蔓通津"为"将藤本引伸通过渡口之意"，释文为"引藤蔓越过渡头，顺飞桥也能稳渡"。这是一种观点，可称为"藤本"说。本书感到此说较为确切，基本上符合实际，虽然其释文不免有瑕疵。

《疑义举析》不同意此说，认为事实上不可能"有那么长的藤蔓，越过渡头，还要从桥梁上飞渡过去，这样的景观，在园林实例中可是从来不曾有过的"。《举析》对"引蔓"的解释是理水，引蔓通津是"把又细又长的沟渠，引到大水面里去，这样一来，沟渠之上便要架起桥梁"。因此"蔓"字"乃形容沟渠之词，不能指实为藤蔓植物"。其例证是太原晋祠的智伯渠"一沟瓜蔓水，十里稻花风"之联，指出这是"用瓜蔓形容水渠细而长"。《举析》的解释，可称为"沟渠"说。本书认为此说非是，首先，现实中顺着桥梁度过溪流这样长的藤蔓确乎是实有，如教堂墙上的攀缘植物，就有数层楼之高，其长度远超过从桥梁上渡过的藤蔓，当然，这是体现了西方宗教建筑风格的景观，但这长度却是不争的事实。至于将长长的沟渠引到大水面并架起桥梁这样的做法是否符合造园的实际需要，以藤蔓喻水的实例是否孤证，均值得考虑。至于《园冶全释》，也认为"蔓""形容水流细而曲的小溪"，并译"引蔓通津"为"汇细流为巨浸"。尔后，《图文本》亦云，"蔓""喻细长的小溪或水脉"。

遗憾的是，《园冶注释》第二版却接受了"沟渠"说，对一版作了修改，把"引蔓通津，缘飞梁而可度"进而译作"延长河流，利于通航，架高桥而便过渡"。这就更为失当了。试问，既然是造园——造江南中、小型园林，为什么竟要开河以通航呢？这岂非无视园林界限，越俎代庖，去从事城乡规划或城乡建设？这一观点可称为"河流"说。

《全释商榷》既不同意"藤本"说，又不同意"沟渠"、"小溪"、"河流"诸说。问道："如果'蔓'指小溪，自当通津，何必去引？"

图78　引蔓通津，野趣盎然
苏州网师园引静桥藤蔓景观
田中昭三　摄

此问颇当。《商榷》先破后立，认为"蔓"指小径，因瓜蔓与小径形状相似，可以借代。这可称为"小径"说。

以上诸说各执一词，二、三十年来，迄无定论，本书于此试加评说。

先释词。蔓：应是一切攀缘植物的代称。津：渡口。晋陶渊明《桃花源记》："后遂无问津者。"缘：循、沿。《桃花源记》："缘溪行，忘路之远近。"梁：也就是桥。在古代，桥、梁二字可互训。《说文》："桥，水梁也"；"梁，水桥也。"这属于同部转注。可见，古代跨水的桥，不论是拱式还是梁式，均可称"梁"。

以上诸家争议，焦点集中在对"蔓"字的解释上。本书赞同"藤本"说。因为它最具现实依据和实用价值。引蔓通津，在现存古典园林和当今城乡的街镇中，依然有其独特的造景功能和审美价值，甚至成为常用的值得重视的造景手法。

至于要证明其他诸说之失当，不必从"蔓"是否比喻或形容什么这一点上去争议，所谓事实胜于雄辩，关键是要举出藤蔓可以通津的具体景观实例来加以丛证。下文以笔者所写文章和著作中有关内容为例：

一、苏州网师园中的引静桥【图78】，为一袖珍型小石拱桥，长仅两米多，三步即可跨过，它和跨越其下的微型溪涧——"槃涧"匹配互成，比例恰好，构成了微型的水体景观。此景观以其独特的魅力吸引着游人来此盘桓、摄影、品赏、跨越……1992年，笔者在《小桥引静兴味长》文中有这样一段文字：

　　溪涧的两壁，萝蔓藤葛，丛生杂出，垂荫水上。计成在《园冶》中说："引蔓通津，缘飞梁而可度。"引静桥的外侧面，也巧妙地用了"引蔓通津"的艺术手法。密叶繁枝的攀缘植物，由此岸沿桥跨津，通向彼岸，把小桥装饰得苍古浑莽，意境、气韵俱佳。再看大半圆形的桥孔，虽已隐没在苍绿丛中．但是，在彩霞池附近俯观，又可发现被藤蔓所掩的桥孔倒影，若明若

图79　缘飞梁而可度
苏州木渎永安桥藤蔓景观
梅　云　摄

　　灭，若隐若现。这也是颇有意趣的景观。[①]
网师园的引静桥以小巧精致，然而其缘桥跨津的藤蔓，也特色别具，带有天趣之美，为园林增添了一道苍然古朴和蓬勃生机相融互洽的风景线。

　　二、苏州留园中部的池岛"小蓬莱"，平栏曲桥上紫藤满架，蔚为胜景。2000年，笔者在《留园》画册序中这样写道：

　　　　池上的曲桥藤架，引蔓通津，桥廊上或浓荫翳翳，或繁英累累，如华鬘，似璎珞，引人步入蓬莱仙境……[②]
这是对另一类藤蔓景观的审美描述。

　　三、在苏州木渎古镇，古意盎然的永安桥，横跨在联结着春秋末年西施故事的香溪之上，而其"引蔓通津"的景观【图79】，更倍增了古镇邈远的时间意蕴之美。此桥是极有历史文化价值的景观，笔者曾在2003年所写的《木渎园林漫笔》里写道：

　　　　悠悠的香溪水，从两千多年前潺潺流淌到今天；长长的石板路，又从今天通往悠远深邃的历史……它们对于游人，是那样地勾魂摄魄，就看那路边极不起眼却又风格独具的景观……例如日销月砾、被时间老人磨尽了石级锋

[①] 原载《苏州杂志》1992年第2期。后收入《苏园品韵录》，上海三联书店2010年版，第49－52页。
[②] 载《留园》画册，长城出版社2000年版，第001页。

棱的永安桥，以其攀缘倒垂的古翠暗绿，自然天成地织就了"引蔓通津"之美，启迪着木渎人以这种苍然古意来从事修园、复园、护园、造园。[①]

此桥建于明弘治十一年（1498年），至今已有500多年的历史了。从造园学的视角看，其价值还在于以古貌古意的造型和天然自成的引蔓通津之美，启发着造园家在园内构建此类景观。

四、笔者还从园林美学理论上以"虽由人作，宛自天开"（《园冶·园说》）的视角，来概括其他花木所不能替代的这类景观之美，并予以归纳和演绎。书中这样论述：

> 藤蔓需要构架来攀缘或引渡，这又造成种种景观。单株架构之藤，宜于孤赏；多株藤蔓则可架构成天然的绿色长廊，花开时节更为明艳照眼，宜于动观。假山如果是石满藤萝，则斧凿之痕全掩，苍古自然，宛若天成。《园冶·相地》又说："引蔓通津，缘飞梁而可度。"这又是宛自天开的一景。藤蔓经由桥梁而度水，攀援到对岸，这能模糊人力之工而显示天趣之美，能从微观上助成园林的"天然图画"之感。"引蔓通津"已成为一种造园手法。[②]

以上这些片断，是笔者若干年来对"引蔓通津，缘飞梁而可度"这一名句所观察到的部分感性实例印证和所产生的理性认识，而对计成所提出的"引蔓通津"艺术手法，则一有可能就予以申述，以求在造园和城乡建设的景观设计中变自发为自觉，有效地加以推广。

由此如进而回顾中国园林史，则更可见无论是在理论上还是在园林里，均有丰富多彩、形形色色的藤蔓景观，惜乎无人对其作专题研究，这里只拟略作点击，以窥一斑。

其一，宋代著名田园诗人范成大在故乡石湖园居中，设计有"凌霄第一峰"之景。其诗《寿栎堂前小山峰凌霄花盛开，葱蒨如画，因名之曰"凌霄峰"》云："山容花意各翔空，题作'凌霄第一峰'……"凌霄是典型的藤本植物，诗人让其攀缘于孤高的山峰上，呈现出"山容花意各翔空"的景观，二者凌云直上，争相比高，其繁花密叶则纷披倒垂，"葱蒨如画"，真是别出心裁地为堂前庭院平添一景。

其二，明代顾大典的《谐赏园（在吴江）记》写道："楼垣高三寻，古藤翳之，蔓引蒙密，氤氲蔽亏，承以高台……朱栏翠幂，曲有奥趣。"这里，藤蔓把高墙或蔽或亏地掩翳起来，一直延伸到高台，这不但是一种蒙密的"垂直绿化"，而且翠幂和朱栏相互辉映，更是景观独特，真可谓"曲有奥趣"了。

其三，明代计成在其《园冶》中，除了"引蔓通津"而外，一则说，"围墙隐

---

① 原载上海《新民晚报》2003年12月21日，后收入《苏园品韵录》，第135－136页。这类"引蔓通津"的石拱桥，江南地区不可胜数，如上海朱家角的西栅桥（福星桥）等。

② 详见金学智：《中国园林美学》，中国建筑工业出版社2005年第2版，第208页。

约于萝间"（《园说》）；二则说"环堵翠延萝薜"（《借景》），三则说，"墙中嵌理壁岩，或顶植卉木垂萝，似有深境也"（《掇山·厅山》）；……可见主张"天然图画"的计成，是很注意造园中的藤蔓景观的。按照这一思路来造景，确乎能丰富园林景观，渲染生态情调。

其四，清代《红楼梦》第十七回写道："步入门时……一树花木也无，只见许多异草，或有牵藤的，或有引蔓的，或垂山岭，或穿石脚，甚至垂檐绕柱，萦砌盘阶，或如翠带飘摇，或如金绳蟠屈……"宝玉还说，"这众草中也有藤萝薜荔"。这一景区，就是个性别具的蘅芜院，它迥然有异于怡红院、潇湘馆。此段描写，虽属纸上园林，却出色地体现了曹雪芹区区异趣、方方殊致的园林美学理想。

其五，清人沈复《浮生六记·闲情记趣》写道："小中见大者，窄院之墙宜凹凸其形，饰以绿色，引以藤蔓，嵌大石……推窗如临石壁，便觉峻峭无穷。"这又是一种节省空间，小中见大的藤蔓景观，它体现了文人雅士的韵趣和巧思。

其六，20世纪中叶，刘敦桢先生《苏州古典园林》中写道："藤蔓类是园中依附于山石、水岸、墙壁、花架上的主要植物。因其习性攀缘，故有填补空白，增加园中生气的效果。"接着列举了常绿的、落叶的各种品类，并指出："其中除紫藤攀缘外，还可修剪成各种形态。木香花千枝万条，香馥清远，园中颇喜采用。"[1]

在现存园林中，佳例也举不胜举。这里只举一例，就是苏州留园涵碧山房南庭院的墙壁上，攀满了爬山虎，构成了又一处绿壁景观。而当初春无叶时，其屈曲盘绕的攀援茎，还受到了当代著名画家吴冠中先生的特别青睐，他在20世纪80年代初所写的《关于抽象美》一文中，以抽象美术的视角这样赞叹：

> 爬山虎的种植原是为了保护墙壁吧，同时成了极美好的装饰。苏州留园有布满三面墙壁的巨大爬山虎，当早春尚未发叶时，看那茎枝纵横伸展，线纹浮沉如游龙，野趣惑人，真是大自然的艺术创造，如能将其移入现代大建筑物的壁画中，当引来客进入神奇之境！[2]

这在当时来说，又是一个崭新的视角、全新的发现，他还以"野趣惑人"四字来概括此景的特色，指出将其移入现代大建筑，能产生神奇效果。

1988年出版的《中国大百科全书》"建筑·园林·城市规划卷"之"江南园林"条目中，揭示江南园林的特点之一是："多植蔓草、藤萝，以增加山林野趣。"[3]这里"野趣"说的提出，与吴冠中先生之语可谓不谋而合。它们让人进一步体悟到，

---

① 刘敦桢：《苏州古典园林》，中国建筑工业出版社2005年版，第49-50页。

② 吴冠中：《东寻西找集》，四川人民出版社1983年版，第53页。

③ 该卷《大百科全书》"江南园林"条目署名为童寯、郭湖生。此条目收入童寯《园论》，百花文艺出版社2007年版，第152页。

计成为什么把"引蔓通津，缘飞梁而可度"这种审美景观和艺术手法，放在《相地·郊野地》里提出来，这绝不是随心所欲的偶然，而是别具一番苦心的结撰，因为郊野地造园，应以"野趣"为高。

第九节 亭台突池沼而参差
——一种创造性景构的提出

《相地·山林地》："杂树参天，楼阁碍云霞而出没；繁花覆地，亭台突池沼而参差。"这是很工整而又很有华彩的骈语，本节主要探讨此骈语的下句。《园冶》一书中与此句意思相近的，还有《自序》中的"依水而上，构亭台错落池面"。这里之所以说两句意思相近，是由于此两句的主要成分都是"亭台"这种开敞型的建筑类型；而与"亭台"发生关系的主要景物，则都是池沼；至于二者关系在形式美上的表现，则是或"参差"，或"错落"，这两个词同属联绵词。可见，两句有多方面的同构性，同时也说明计成很欣赏自己这种带有创造性的景构，所以在《自序》中为吴又于园相地时，就提出："此制不第宜……依水而上，构亭台错落池面，篆壑飞廊，想出意外"这是一个设计纲领，最后也获得了成功。《自序》说，"落成，公喜之"，这就包括"构亭台错落池面"的实现在内。

回眸中国古典园林史，私家园林较少有这样成功的景构，更没有如此的理论概括和提升，可见，两句是表达一个美学发现和理论创造，所以计成在《园冶》中才先后予以强调。然而，今天的研究界对它的解读还有分歧，特别是在这个"突"字的理解上。

对于《山林地》中的这两句，《园冶注释》一版释文是："园林中杂树参天，楼阁高耸，好像碍云霞的出没；地面上繁花覆地，亭台突起，似乎随池沼而错落"。下句确乎译得有问题，于是，《疑义举析》提出商榷：

> 释文前两句贴切，后两句欠妥。索其本意，说的是繁花覆地，亭台突破池沼的平面轮廓，参差错落地布置。骈文必用双句，以取对偶……这里以"覆地"对"参天"，以"突池沼"对"碍云霞"，都是以"地"对"天"。"楼阁碍云霞"是描述平面构图，"亭台突池沼"是描述平面构图，所以后者就不能解说成"亭台突起"，"亭台突起"岂不又是"碍云霞"了吗？又，释文"地面上繁花覆地"，亦有语病。

这一分析是中肯而细谨的。园林景物的布局，确乎应该考虑平面和立面等多个方面，这样地结合起来，才能更好地产出景效。

不过，《举析》个别用语也有表述不清之处，如"亭台突破池沼的平面轮廓，参差错落地布置"，既"参差"，又"错落"，这在理解上很可能让人产生歧义，如理解为池中或水边布置有很多亭台，是一个结构复杂的建筑群体，否则就不可能布置得"参差错落"。于是，熟悉园林史的人，也许会联想起已毁的北京圆明园的"方壶胜境"，这个模仿海上仙山的景区，其最前突出于水面的，是建于矩形台基上重檐攒尖、列柱众多的迎薰亭，两侧还有同样突出水上、结构繁复的集瑞亭和凝祥亭，而其后还有密集的崇楼叠阁，这是一个极其庞大的建筑群。然而，其水体不可能是江南私家园林里小小的池沼，而只能是皇家园林里的"福海"，这才能在风格和气势上与之相适称。至于不熟悉园林史的人，则也许会现实地想起北京北海的五龙亭，五座壮丽的华亭在平面上参差布置于北海北岸西部，有桥曲折相连通，这也是一个复杂的建筑群体，然而它也地处皇家的"海"，虽不是真正的海，总是一个较大的水体……这类联想，并不符合《园冶》中"亭台突池沼而参差"的原意，这就是《疑义举析》亭台"参差错落地布置"可能产生的歧义的理解。

《园冶注释》二版接受了《疑义举析》的意见，其释文改写道："园林中杂树参天，楼阁高耸，好像碍云霞的出没；地面上繁花覆地，亭台密集，宛如突破池沼而错落。"试看，"亭台密集"云云，不是带有些皇家园林的味道了吗？这就是由歧义产生误解的确证。

再看《园冶全释》的译文是："亭台掩映而错落在水面。"这就比较符合原意。其按语云：

> 这两句既是描述园林的空间构图，也是创造景境的手法。"杂树参天，楼阁碍云霞而出没"，正是树杪排虚，楼阁隐起，构成空间层次，从高度上扩展了空间；"繁花覆地，亭台突池沼而参差"，临水亭台突出池岸，高下参差，前后错落。水面曲折，既有空间层次，也不能一览而尽，是从深度上扩展了空间。造成"水令人远"的意境，是中国园林理水艺术的基本法则。

总的说来，讲得有一定的理论深度。但这段按语有两个不足，一是用语有时不够准确，如"既有空间层次，也不能一览而尽"，语意就不够清楚，不够顺畅；二是归纳的条理性有所欠缺，如将这种景构联系于"水令人远"，联系于"理水艺术"，似乎有些牵强……但是，它把"突"字译作"突出"而不是"突起"，却较准确。而"临水亭台突出池岸，高下参差，前后错落……"也比较精彩，计成所说的，确实就是"临水亭台"（不过准确地说，应是半架于水上的"临水"），而按语的"高下参差"，是侧重于立面说的；"前后错落"，是侧重于平面说的，都较准确，这可说是对《疑义举析》的某种阐发。

本节拟根据诸家的研究成果和某些不足，作进一步的梳理和实证。

众所周知，计成《园冶》所总结的，是江南一带私家园林的造园经验，其地基面积均较小，故池畔的亭台（按：主要是亭，"台"则是叙述语言中的陪衬）不可能多，《举析》"亭台……参差错落地布置"一语之不够准确，在于没有指出"布置"不是亭台的"参差错落"，而是亭台与池岸线二者横向之间在平面上的参差错落，对于这一点，《园冶全释》"临水亭台突出池岸"一句，已接触到"池岸"的问题。

亭台与池岸线的关系，其妙在于"参差"或"错落"。从平面的角度看，或从形式美方面看，池岸线最好不要是一条直线，因为它太规则，太单调平淡，缺少多样性，易使人的视觉感到疲劳。英国18世纪美学家荷加斯就说："多样性在美的创造中上具有多么重要的意义……人的全部感觉都喜欢多样，而且同样讨厌单调。"[①]故最好易之以曲线，但也要曲得美，曲得自然而富于风致，这也有讲究。而要使池岸线经得起品赏，最好的方法之一，就是"亭台突池沼而参差"，即让亭台向池中向前突出，从而使单调或比较单调的池岸线变得曲折丰富起来。

还应指出，《园冶》此句中的"亭台"，是池边最为理想的个体建筑类型，但是，计成并非完全实指这两种个体建筑类型，而是举其最适宜的两种而已，此外，还可以是阁、轩……以下试联系苏州园林举例加以实证：

其一是亭——

拙政园东部有一个规整性的接近矩形小池，其后又紧靠着平直的园墙，此地可说是枯燥呆板，无景可赏。造园家在池南岸建一呈"凸"字形结构较复杂的涵青亭，突出于池边，这就在平面打破了园墙和池岸僵直板律的直线，消除了单调，体现了形式美的参差变化律，也就是体现了多样性在美的创造中的重要意义。具体地说，原来的单调的规整的小池，由于有了涵青亭突出池边，因而变成了"凹"字形，这也是一种丰富和变化之美。这种架于池畔的建构，能使无景处有景，少景处多景，这对造园设计是很有启发的。再如网师园中部六角攒尖的月到风来亭，凌驾于并界破了水池西部曲折池岸，从平面和立面看，景效均极佳，它对于池岸，从立面上看，是高低错落；从平面上看，是前后参差，于是成了池畔十分重要也十分令人注目的建筑。这就应了《立基·亭榭基》所说："水际安亭，斯园林而得致者"。

其二是榭——

拙政园东部溪头的芙蓉榭，屋基平面接近方形，凌驾于水上，确乎丰富了池岸线，构景效果极佳，而其本身也是精雕细琢的佳构，池中没有荷花时，倒影入水，更如同美丽的芙蓉一般。

其三是阁——

网师园中部的濯缨水阁，在水池南岸偏西，它并不是突伸于池上，而是呈直线展开，与四周曲折多变的池岸相比，显得更加平直。但是，它从另一个方面美化了池岸线。荷加斯说："当眼睛看腻了连续不断的变化时，再去看那些在某种程度上单纯的东西，就会感到轻松愉快"。[②]濯缨水阁正是如此。再看架空的阁下，

① ［英］荷加斯:《美的分析》，人民美术出版社1984年版，第26页。
② ［英］荷加斯:《美的分析》，人民美术出版社1984年版，第26页。

大体皆水，这就大幅度让池岸线往后退缩。这就池岸线本身来说，似已不属于"亭台突池沼而参差"，而是反其道而行之，但是，这又和"月到风来亭"等架空于水上一样，使得池岸线具有"虚涵不定"的特点，"具体地说，就是池水绝不止于岸边，而是进一步向亭阁之下延伸……此外，池南一带石岸之下，还有一些大小不一、参差不齐的水口洞穴，池水也通入其中，不知深浅，幽窈莫测，似乎水源不断……它不但增添了有限池岸的虚涵性、意象性，而且生成了有限池水的广延性、含蓄性，孕育出池有尽而水无穷的意境。"①

至于"台"——

苏州园林临水的台，只有平台，如拙政园中部远香堂北，面阔大于远香堂的平台，从丰富池岸线这方面说，它并不能起"突池沼而参差"的作用，而是以其本身长长的直线两端与曲岸相接，但这是为了助其主体厅堂的气势。还有怡园面阔三间的藕香榭，狮子林面阔三间的花篮厅，也同样如此，只有沧浪亭临水的"观鱼处"，是亭建于台中，为小型的亭台结合体；景效颇佳。而计成在《园冶》中之所以一再"亭台"并提，主要是由于语言习惯（"亭台楼阁"已凝定为成语），"亭台"在《园冶》中，往往是复词偏义，"台"作为词素已走向消失，只起陪衬和凑足音节的作用。

再进一步探析，就丰富池岸线这一角度说，平台的景效远不如亭，因其缺少高度，在立面上不能很好地撑起空间，亭则不然，其翼然空中的屋顶，就是优美的立面造型；而其下部，占地面积不大，凌驾于水后依然能保持池面的空阔虚灵；再看亭中间，不但也很开敞，而且往往有玲珑剔透的装饰，其倒影摇漾于水，也极为迷人，更不用说亭内还可悬挂匾额对联，诉诸人们的心灵世界……

第十节 "上大下小"与"占天占地"
——掇山高难度的艺术追求

对于立峰和掇山，计成有独特的艺术创造，他总强调上大下小的态势和造型，如《园冶·掇山》专章中就反复写道：

或悬岩峻壁，各有别致。（《掇山·书房山》）

内室中掇山，宜坚宜高，壁立悬岩……（《掇山·内室山》）

峰石一块者，相形何状，选合峰纹石，令匠凿笋眼为座，理宜上大下小，立之可观。或峰石两块三块拼掇，亦宜上大下小，似有飞舞势。或数块掇成，亦如前式……（《掇山·峰》）

峦，山头高峻也……（《掇山·峦》）

---

① 金学智：《苏州园林》，苏州大学出版社1999年版，第65－66页。

如理悬岩，起脚宜小，渐理渐大……（《掇山·岩》）

这种理石掇山的造型，如其所说，或是"悬岩峻壁"，或是"壁立悬岩"，或是"上大下小"，或是"山头高峻"，其总的特点是高峻浑厚，"似有飞舞势"。而其所以能提出和实现这种有高难度的要求，一方面是客观上受制于力学原理，但计成以"等分平衡法"予以解决，而另一方面，这种的创意的提出，又是明显地受了山水画的艺术启发，当然，也还来自计成建立在深厚画学修养基础上的心悟。

计成之所以欣赏、推重这种造型，和他长期来"最喜关仝、荆浩笔意，每宗之"（《自序》）密切有关。如山水画宗师荆浩，明董其昌《画禅室随笔·画源》言其"为云中山顶，四面峻厚"。这种山顶四面峻厚的态势，从其传世的《匡庐图》表现得很典型。再如关仝，其画更有这种浑厚之风、突兀之势。宋刘道醇《五代名画补遗·山水门》更言其"上突巍峰"，"卓尔峭拔……突如涌出"，而宋郭若虚《图画见闻志》也指出："关氏之风也，峰峦浑厚，势状雄强。"可见荆、关是一脉相传的，关仝的代表作《关山行旅图》，真是"上大下小，似有飞舞势"。而宋李成《山水诀》则有"立石势上重下轻"之语，至于宋郭熙《林泉高致》论山水画"三远"中的"高远"也说："自山下而仰山顶……高远之势突兀。"其传世的《秋山行旅图》，主峰亦呈上大下小之势，并有悬岩挑出，表现出笔造神奇的态势。而计成将这种北方山水画风从理论上进行提升，并移植到立体的山水画——造园理石叠山上来，无疑是一种极有价值意义的创造。

上大下小的掇山造型及其美学理想，要成为物化的现实，还必须具体落实，而《园冶》恰恰在这方面组织得非常细密，表述得非常清楚，富于条理性和可行性。试看《掇山》专章之前，有《立基》章的《假山基》与之前后呼应，此节也写得井然有序：

假山之基，约大半在水中立起。先量顶之高大，才定基之浅深。掇石须知占天，围土必然占地。

开头一句，是总括也是必要的交代。《园冶全释》注道："水中：非池水中掇山，而是指在地下水中砌筑基础。江南一带地下水位高，基槽开挖后往往浸入大量地下水，当时还没有抽水设备，故云'约大半在水中立起'。"除了"池山"而外，这是指出了假山立基往往有地下水的问题。《立基·假山基》在明确交代后，才出现以下四句。还应注意，此四句是用了"错综"、"倒置"的辞格，表现为（一）（三）//（二）（四）式的交叉。也就是说，在实现上大下小态势要求的前提下，叠掇假山或峰石，应先"量顶之高大"，同时应掌握"掇石须知占天"的要诀，然后才"定基之浅深"，同时应懂得"围土必然占地"的道理。当然，这四句也可读作（三）（一）//（四）（二）式的交叉。

对于"掇石须知占天，围土必然占地"，《园冶注释》注道："占天，谓占用上空；占地，谓占用地面（金按：'地面'，更精确的表达应为地表的广度和基坑开挖的深度）。"此注较确，它将原文的"天"字释作"上空"，特别精到，正如《相地》中的"夹巷借天，浮廊可度"一样，"借天"不是借景于天空，而是借用"上空"。但是，《园冶注释》的译文，却不无缺憾："叠石应知利用空间，培土必须占用地面。"提出培土，是必要的，宋李成《山水诀》就写到，"怪石巉岩而立，仍须土卓以培其根"。但是，把"占地"仅仅解释为"培土"，却远远不够，它没有能将其和另处的释文"才能决定山基之浅深"有机地联系起来。

相比而言，《园冶全释》却颇精彩，它注道："峰石形态，体量高低大小和位置，必须与周围的空间环境取得有机联系，在一定的视距范围，使人产生崇高的审美感兴。"此注释很有质量，因为不论假山或立峰，它与周围环境、与最佳观赏点的距离都很有讲究，如苏州留园的冠云峰，就与其庭院和周边的景物关系极佳，设计者把不同方位、视点的距离都考虑进去了。《全释》还拈出"崇高"这个美学范畴，也极有识见。计成所尊崇的荆浩、关仝，其山势突兀、峻厚、浑厚、雄强，及其风格表现的"上突巍峰"，"卓尔峭拔……突如涌出"，都属于崇高的范畴，而计成所提出的"上大下小"以及"似有飞舞势"，也都能让人萌生崇高感。《全释》按语又说：

> "掇石须知占天，围土必然占地"这两句话，颇有深意。如照《园冶注释》译成'叠石应知利用空间，培土必须占用地面。'前句的'利用空间'，不知'空间'所指为何？如何'利用'？后句等于未说。峰石……多置庭院之中，不论庭院是封闭的，还是半开敞的围合，总是有一定的空间范围，视觉是距离的感官，'飞舞势'是指石的形态，要使'势'有上升崇高的动感，必须在一定的空间视距中，才能使人藉助于联觉获得这种审美的感受。这就同石与周围的空间环境的意匠分不开。

这段文字，大体上是很不错的，其中有些极精彩，只是语言表述上有时欠推敲。再看《全释》的译文："要先量知山的高低，顶部的大小，体量的重轻，才能决定基础的浅深。"这也写得较周到，是密切联系掇山实践来写的，其中包括极重要的"基槽开挖"。但必须理解，所谓"量知"，并非真的去量，而是根据长期的实践经验来估计、衡量。《园冶注释》将"量"字译作"衡量"，甚佳。

《全释商榷》原文及尔后所结的文集，则分别这样写道：

> "占"字……若读沾，解作占卜的引申义'预测'，便好懂了。掇石时必须事先预测估计到它的空间形态与周围的关系，以便确定位置。围土也必定要预测到围土后它在地面的形态与环境的关系，以便确定围土的高度与厚度。

占天、占地之"占"似应读平声，是占卜之意①。是指掇山、围土时必须事先预测预想到峰立、土培之后的空间形态和地面形态是否好看，稳固。如掇高大的孤赏石要根据石的奇特与呆板来决定朝向，决定正立与倒立。基部培土夯实后，还应考虑掇几块小石在峰石周围，既能镇压培土，又使孤赏石孤而不独。②

这两段商榷文字，既有问题，又不乏合理成分。问题是为什么一定要由并不科学的"占卜之意"引申而为"预测、预想"，以代替建立在长期实践经验基础上的科学估计、衡量？又如"围土必然占地"的"围土"，应包括开挖基坑等在内，《商榷》却和《园冶注释》一样，解释为"培土"，而且只强调"围土的高度与厚度"，而丢弃了假山基更重要的深度。《商榷》所说的"基部培土夯实"，并不能代替往深处立基等工程③。

《全释商榷》的误读，主要由于忽视了《假山基》整节中句群之间的"错综"辞格和相互密切联系，没有把每句置于整节语境之中来诠释；又没有把《假山基》置于全书整体语境中来解读，特别是没有联系最重要的《掇山》一章中有关"上大下小"方面的论述来解读，因而免不了孤立，片面之弊。由此可见，本编开头提出的"循环阅读法"，对于解析《园冶》是一种有效的方法。不过，《全释商榷》也有合理之处，它强调了山体峰石的空间形态和地面形态的美与稳固。

再根据计成"上大下小"的峰石叠掇理论，来品赏现存江南园林的相关作品。

先看扬州个园，其夏山前的池中，湖石峰林立，而且大抵上大下小，似有飞舞之势。人们行走于池上曲桥，可多方位、多角度品赏远近、大小形态不同的池上湖石立峰。这是群体的呈现。

至于个体的独峰，苏州网师园五峰仙馆后院转角处，就有一特置的小小立峰，形体虽较简单，却也呈现出上大下小的造型，符合于计成"立之可观"的要求。细察该峰，可发现叠石家当时经四面反复相石，让其以最佳的两三面示人。不只如此，还特别是注意"令匠凿榫眼为座"，这才能把稳其重心，使之坚牢稳定。从其根部还可见作了适当的拼垫，这也是手法之一。

苏州20世纪末修复开放的五峰园，其名撷自李白的《登庐山五老峰》："庐山

---

① "占"有两读，义随音异。占卜的"占"，确实应读平声［zhān］，甲骨文此字上"卜"（龟甲裂纹的"卜"）、下"口"（卜问的"口"），意为占，古时用甲、骨来预测吉凶祸福，为会意字。《左传·僖公十五年》："史书占之曰：'不吉。'"《易·繫辞上》："以卜筮者尚其占。"《后汉书·郎顗传》："能望气，占候吉凶，常卖卜自奉。"当然，古代也有"占天"二字的组合，汉扬雄《法言·五百》："史以天占人，圣人以人占天。"占天，即占测天意。"占"又有"佔［zhān］有"之义"，读去声。《假山基》中的两个"占"均为此义。《集韵》："占，固有也。"唐柳宗元《段太尉逸事状》："泾大将焦令谌取人田，自佔数十顷。"此两字音、义均不同，在这里不必纠缠一起。

② 梁敦睦：《中国风景园林艺术散论》，中国建筑工业出版社2012年版，第209页。

③ 参看孟兆祯《园衍》："作为假山基础的基础，放线时约比山平面各外扩展五十厘米。山体比地表深下30到50厘米。基层古代用3：7灰土，要出窑不久的生石灰，加水化为石灰再均匀混合壤土。虚铺30厘米挤压到15厘米为一步，称荷重不一而异……古时有加糯米浆者，凝固后坚固耐久……现代用素混凝土基层或钢筋混凝土基层……"（中国建筑工业出版社2015年版，第155页）

图80　上大下小，似有飞舞势
苏州五峰园群峰奔涌
朱剑刚　摄

东南五老峰，青天削出金芙蓉"。该园当时有五峰，有些颇似伛偻老人（园主亦自号五峰老人），后废，散为民居。今天修复时，依然取"立石势上重下轻"（宋李成《山水诀》）之法。总观全园，其布局等虽不无败笔，但其峰石上大下小、玲珑生奇的姿态，却可供人"横看成岭侧成峰，远近高低各不同"（宋苏轼《题西林壁》）【图80】。人们若取特定视角观照，会看到群峰已"返老还童"，或升腾向上，或飞舞奔趋，在蓝天白云下表现出一派自由生动的气韵……

　　计成所提出的"上大下小，似有飞舞势"，这不论是掇置独峰，还是叠掇多石成峰，都是一种高难度的要求。要使峰石"立之可观"，具有舞态、动势，必须懂得"平衡法"，能保持住峰石的力学重心，也就是说，掇山家必须深入掌握艺术和技术，才能胜任其事。

第十一节　未山先麓，自然地势之嶙嶒
——掇山：意在笔先与形象思维

　　"未山先麓，自然地势之嶙嶒"，语见《掇山》。这虽是论如何掇山，却是意蕴颇深的造园学警句。

先释词语。麓：山脚。《诗·大雅·旱麓》："瞻彼旱（金按：旱，山名）麓"。"未山先麓"，此句的"山"、"麓"，原均为名词，现作动用，显得语句凝练，含义丰富。嶙嶒［líncéng］：山石突兀貌。此两句意谓：尚未开始掇山，必先考虑如何塑造好山脚的形象，使其在脑际酝酿成熟，然后再动工，这样，假山叠就，山麓一带的地势，也就必然起伏多致，嶙嶒可观，如清唐岱《绘事发微·坡石》所说："坡石要土石相间……山麓坡脚，有大小相依相辅之形……或嵯峨而楞层（金按：楞层，即'嶙嶒'），或朴实而苍润……"这种艺术创作，用《园冶·借景》的语言来概括，可说就是"意在笔先"。

对于意在笔先，在明、清时代的山水画论中颇有精彩的论述，选录于下：

意山而山，意水而水，亦似云行，亦似雨起，别有天地……（明倪元璐《题女史素心画为陈赤诚给谏》，见《玉几山房画外录》）

目中有山，始可作树；意中有水，方许作山。（清初笪重光《画筌》）

"目中有山"四句，即所谓"胸有成竹"也。今人作画时胸中了无主见，信笔填砌，纵令成图，神气索然。参此方悟画法。（清王翚、恽格《画筌》评语）

第一则，意谓作画之前，先要悬想哪里为山，哪里为水，空中好似云行雨起，眼前别有天地非人间，这样下笔，才不会是模山范水的旧套，而是充满着新意生机的图画。在中国绘画美学史上，这"意山"、"意水"之论极其警辟，究其源，盖来自宋人董逌《广川画跋·书李成画后》："举天机而见者，皆山也，故能尽其道。"这是总结了大画家李成的创作经验才得出的美学结论，其关键在于孕育和捕捉"天机"，只有这样，才能在一定的前提条件下"意山而山，意水而水"，"举天机所见皆山"……

第二则，更是绘画美学警句，意为眼中先要有山，方才可以画树；意中先要有水，方才可以画山。总之，应把握景物之间所存在着相互联系，胸中要酝酿出整体而非局部的、全面而非孤立的丘壑意象，这样方才可以动笔作画。王翚、恽格借此评道，今世一些俗师，胸中毫无主见，信笔乱涂，这样的作品必然索然乏味，不是美，而是丑。

再看与计成同时代的吴伟业，在《张南垣传》中写道："经营粉本，高下浓淡，早有成法（金按：即胸有成竹之意）。初立土山，树石未添，岩壑已具，随皴随改，烟云渲染，补入无痕……山未成，先思著屋，屋未就，又思其中所施设……"文章写叠山造园，把"未山先麓"具体化了，这表现为一种意匠经营的整体思维，而并非枝枝节节而为，这样才能做到"既成，则天堕地出"。

"未山先麓"，似乎就是"意在笔先"，但又不然。"意在笔先"是理论的抽象，高度的概括，而"未山先麓"则已化为具体的掇山的形象思维，它启人神思，发人想象，或如《画筌》所说，"意中有水，方许作山"；或如明赵左所说："作画全在想其形势之可安顿处，可隐藏处，可点缀处……复详玩似不可易者，然后落墨，方有意味……盖取其掩映连络也。"（清秦祖永《画学心印》录）这也就是说，在尚未掇山之前，意中大体上先要有一幅山麓的立体图画，想到山麓石哪里是可安顿处、可点缀处……也就是说：意中"先"有"麓"，然后方许掇"山"。这样，最后作为艺术成品的"山"与"麓"才能混成一体，如同"天堕地出"，"宛自天开"。而这一带的地势，方有山岭趣味，才能让人感到可赏、可游。

再看诸家对"未山先麓，自然地势之嶙嶒"的注、译，可谓各各不一，其中经验教训，值得总结记取。

《园冶注释》译道："未经掇山，先安好山脚。"这不是从意象方面或从形象思维方面说的，而是从实际掇山的工序上说的。这样，就使这一警言秀句降格而为一般的常识。因为众所周知，任何假山的叠掇，总是由下而上，先安山脚，这是不言自喻的。所以这样的译解，其价值就近于零。

《园冶全释》则译道："造山构思要在山麓。"此意甚好，因为先突出了构思。又注道："园林的造山艺术，必先把握自然山林的山脚处的形象特征。"这也很不错，但仅仅是理论上的说明，没有强调先行构思的重要性，故有所不足。然而更不足的是《全释》一条较长的按语：

> "未山先麓"，是计成对中国园林造山艺术的高度的精辟的概括。在园林的有限空间里造山，不可能是山的具象，必须是高度艺术的抽象，这种"写意"式的创作方法，就是抓住人登山时只见局部不见整体，即石块嶙嶒，老树蟠根等山脚的形象特征，写全（山）于不全（山脚）之中，给人以自然山林的"意境"。这正是《相地·山林地》中，用"欲藉陶舆，何缘谢屐"典故的意义，不掌握"未山先麓"的原则，对计成在《园冶》中涉及造山的有关文字，也就难解其意了。

这段按语，第一句似是对计成之语"未山先麓"的高度评价，然而笔锋一转，引进了一大堆概念：有限、具象、抽象、写意、创作方法、形象特征、局部、整体、全与不全、意境……遗憾的是对这些概念不加解释，不指出其各自的内涵外延，却拥挤地连用于一段之内，这不能说是融会贯通的运用。例如，说园林里所造的山，既"不可能是山的具象"，却又说"高度艺术的抽象，这种'写意'式的创作方法，就是抓住……石块嶙嶒，老树蟠根"等"形象特征"，这岂非自相矛盾？其实，具象和形象是相近的概念（具象就是具体的形象），不应将二者对立起来，应该说，具象和形象的对立项都是抽象。所谓抽象[①]，在逻辑思维（即抽象思维）中，是从众多的具体事物中抽取共同的本质属性，舍弃个别的、非本质的属性，从而形成概念的过程，由此进一步归纳、演绎，分析、综合，以揭示事物的本质和内部联系，这就是抽象思维的方法。相比而言，在形象思维（即艺术思维）中，虽也对

---

① 以下定义，指思维的抽象，不包括西方含抽象绘画在内的抽象艺术的抽象。

众多具体事物进行艺术概括，但它不舍弃个别和具象，最后也还要表现为具象或形象，总之，它是具体的、个别的、可感的，诉诸生动的直观。就如中国的写意画，虽也大胆舍弃，但不论是徐渭的墨葡萄、八大山人的鱼鸟、郑板桥的墨竹，还是齐白石的虾、徐悲鸿的马……不管经过如何艺术概括，最后也还是活生生的可视的具象，决不能说"不可能是……具象，必须是高度艺术的抽象"。《全释》按语在这段未经梳理清楚的文字中，掺进局部与整体、全与不全等等概念，这真是有些令人"难解其意"了。

其实，《全释》的这些概念，较多是从 20 世纪 80 年代关于书画的美学讨论中采取来的。当时由于概念较混乱，因而讨论的效果也欠佳，故令人莫衷一是。对此，著名美学家李泽厚先生指出：

> 美学属于哲学，而哲学，根据现代西方学院派的观念，是分析语言的学问。书法界关于抽象、形象的激烈论辩，倒首先在这一点上可以联系上美学——哲学：如不对概念进行分析、厘定，不先搞清"形象"、"抽象"等词汇的多种含义，讨论容易成为语言的浪费，到头来越辩论越糊涂。[①]

这可谓一针见血。有关《园冶》的讨论和研究，也应引以为戒，切忌未经分析和厘定概念就任意套用，从而"以其昏昏，使人昭昭"。

《全释》又认为"未山先麓"的造山原则，联结着《相地·山林地》中的"欲藉陶舆，何缘谢屐"，而且这两个典故是一种"隐喻"。《全释》在《相地·山林地》中也有较长的按语：

> 计成对私家园林的造山艺术，有系统的思想，并在《掇山》篇提出"未山先麓"的创作原则。这两个典故的意义，在于说明象陶潜坐着轿子游山，看到的是山的远景或中景景观，主要是"远观其势"；谢灵运穿着木屐寻山陟岭，所见者非山的整体形象，而是老树蟠根、石块嶙峋的山脚，或悬崖峭壁的奇秀特征，主要是"近观其质"……这两句话的意思是：要想象陶渊明那样坐着轿子去宏览山的气势，何不效谢灵运的办法，穿着木屐去爬山陟岭去观察山的形质。

这里有几个问题：

其一，陶渊明乘舆游山，是由于"素有足疾"，以其代步，而并不是要去远观山的气势。何况乘舆游山，主要也还是"不识庐山真面目，只缘身在此山中"（苏轼《题西林壁》）。他没有超出山外，不可能实现"宏览"，从而对山的气势作整体的把握，即使暂时在山脚下，也还是要上山的。相反，他那"采菊东篱下，悠然见南山"（陶渊明《饮酒［其二］》）的诗句，倒有些"远观其势"的味道。可见这种比拟，缺少推理的逻辑基础。

---

① 李泽厚：《略论书法》，《中国书法》1986 年第 1 期。

其二，以五代荆浩《山水诀》中的"远则取其势，近则取其质"，分别套用于"陶舆"、"谢屐"这两个典故，也不免有将二者生硬地加以割裂之嫌。其实，陶、谢之典的区别不过是游山所藉的工具有异，而游山的目的则同。何况两位诗人的游山，未上山时都有些"远观"，入山后则主要为"近观"，特别是坐着轿子和穿着木屐，视点的高度并没有多少差别，更不能以此来区分"远观"和"近观"，"整体"和"局部"。

其三，"未山先麓"如上所论，四字是整体地要求掇山的"意在笔先"，因此不能把"山"和"麓"割裂开来，把"山"归属于陶渊明，把"麓"归属于谢灵运。何况计成绝没有转弯抹角地把这两个典故作为隐喻，因此，注释或解析《园冶》，虽然可以而且应该在尊重原意的基础进行合情合理的引申接受，但是切不可远离原意，任意加以曲说。

对于"自然地势之嶙嶒"，《园冶注释》译道："山势自然深远"，对作为副词的"自然"一词的理解不误，但"嶙嶒"与"深远"不能划等号。对于"自然"，《园冶全释》往往将其看作形容词甚或名词，如一则说，"必须把握自然山林的山脚处的形象特征"；二则说，"主要是指自然的山麓地势突兀不平"；三则译道，"石骨嶙嶒老根嵌石的自然景象"……一再将此句中的"自然"，等同于"天然"或大自然的"自然"，这是混淆了"自然"的不同义项。本编第二章第一节，曾详细考论了计成缘何爱用作为副词的"自然"，只是某些注释研究家未究其因，一再将其误读误释为形容词、名词，故有必要再予强调。

再看《全释商榷》，它正确地指出："'自然地势之嶙嶒'的'自然'……作副词用，不是名词'自然地势'之意。而是强调先堆好山麓，地势就自然会呈现出'嶙嶒'的形态。"是的，"自然"意为必然；自然〔会〕，确实不是名词，并无大自然或自然界以及天然之意。再看《图文本》也注道："指未掇山前先设计好山麓，山势自然而然地能够生出嶙嶒的样式。"这也比较贴近原意。

第十二节　搜根惧水，理顽石而堪支
——以丛证对"搜"字重加训释

"搜根惧水，理顽石而堪支"，语见《园冶·相地·郊野地》，此为难句，诸家解释不一，主要集中在："根"是什么"根"；"惧"是否作"带"，它究竟何义；另外，这个"搜"字的解释也欠考证……

《园冶注释》第一版："搜根：挖掘墙根之意。惧水：恐怕潮湿之意。"译文："挖基墙怕遭潮湿，填粗石赖以支持。"《疑义举析》不同意此释，指出此句"本意还是说叠山，而不是建屋，说的是假山立基，怕地面潮湿，要用顽夯石块打底"。

《园冶注释》第二版并不赞同，但对原释作了另一种修改："搜根：挖掘墙足之意。带水：原本作惧水，按明版本改正^①"。译文："挖掘墙基，恐兆渗水，填巨石赖以支持。"《园冶全释》则不同意此说，认为"这里的'根'，非树根，更非房屋的根基。从下句'理顽石而堪支'可知，是叠山的基础"。其译文为："掇山先打基础，防潮可用顽石垫底"。《图文本》则注"搜根"为"挖土构筑墙基"。综上诸家之释，可概括为"墙根（基）"说和"山根（基）"说，本书赞同后一说。

此外还有一说，即《全释商榷》同时提出的"树根"说和"云根"说。它认为："'搜根'解作'假山立基'实为勉强。'根'或指云根（山麓石）被土所掩，将其搜剔露显以壮观瞻。若惧水浸崩塌时，可另用顽石塞在下面加固。"又说："或指树根，某些景境中的大树，为显其悬根露爪的美观，可以从土中搜剔出来。若惧水浸蚀坍倒，可用顽石塞进大根下支撑。"

本书认为，确立一个判断，应以翔实的事实论据和事理论据通过论证提出论点，以符合于充足理由律。《疑义举析》的"假山立基"说之所以站得住，理由之一是从《园冶》书里找出了有力的内证，这就是计成在论证时往往爱"山"、"水"并提对举：

　　　　搜根惧水，理顽石而堪支；引蔓通津，缘飞梁而可度（《相地·郊野地》）；

　　　　掇石莫知山假，到桥若为津通。（《相地·村庄地》）

　　　　开池浚壑，理石挑山。（《相地·傍宅地》）

以这种对举的骈语作为内证是很有说服力的，其中"山"、"水"均成双作对地出现，而这又是建立在计成长期来熟悉山水画和熟谙山水园营造规律的基础之上的。这里，拟再从《园冶》书里找另一些"山"、"水"对举的骈语偶句，作为补充例证：

　　　　或傍山林，欲通河沼。（《相地》）

　　　　驾桥通隔水，别馆堪图；聚石垒围墙，居山可拟。（《相地》）

　　　　开土堆山，沿池驳岸。（《立基》）

　　　　通泉竹里，按景山颠。（《立基·亭榭基》）

这些例句中，不论是山在前还是水在前，但也都是山、水对仗而出，令人如观一幅幅山水画，如读一首首山水诗，计成让它们动人地交融于园境之中，可见他是江南文人山水写意园的行家里手——"能主之人"。而这也足以说明，与"引蔓通津"句的理水互为对文，"搜根惧水"句确实是写叠山。

再析诸家对"根"字的解释。除了"屋基说"不符《园冶》"叠山－理水"对

_____

① 按：此改不确，颇有问题，很可能是无中生有。经遍查，明本如内阁本、国图本均作"惧"；此外，隆盛本、华钞本、上原敬二、佐藤昌本以及国内的喜咏、营造诸本，一概作"惧"，未见"带"字。1978年《园冶注释序》说："本稿原文以城市建设出版社影印版为蓝本"，但笔者查城建本，亦作"惧"，不知"带"从何而来？再联系训诂，"惧水"也较合理，"带"字则较难解释。

举的惯例而不能成立外，《全释商榷》的"树根说"亦不确。因为大树生长在地面上是看得清清楚楚的，它的根极易看到，不必用"搜剔"的这个"搜"字。退一步说，即使搜剔的是树根，那么，如何在这种老根之下再硬塞进体量较大的"顽石"来支撑它呢？此举既无必要性，又无可行性。这样做不是保护古树名木，而是只会加速它的死亡。当然，园林里支撑古树名木的情况是常见的，就是在地面上以直木甚至顽石来支撑或抵住树干，以防其树冠过大、重心不稳被风刮倒，但是，此举无论如何用不着"搜"，其根也用不着"支"。

关于"云根"说。石谓云根，古人已指出其误，但至迟到唐代，这种以讹传讹已得到了公认，这里略补书证。唐杜甫《瞿塘两崖》："入天犹石色，穿水忽云根。"《分门集注杜工部诗》注："唐人多使'云根'字以名石。"明仇兆鳌《杜诗详注》引张协诗注："五岳之云触石而出者，云之根也。"事实是唐以来均如此。唐李商隐《赠刘司户》："江风吹浪动云根"；宋梅尧臣《次韵答吴长文内翰遗石》："掘地取云根"；宋王安中《安阳好〔其三〕》："云根石秀小峥嵘"；明林有麟《素园石谱》卷三录元杨廉夫（杨维桢）诗咏，也有"云根远带桐江水"之句；清唐岱《绘事发微·云烟》："夫云出自山川深谷，故石谓之云根"……至于《全释商榷》，将"搜根"的"根"解释为"云根"也就是石，这并不错，但将"搜根"的"搜"释作"搜剔露显"的"搜"，却于理不通。因为此节所相之地为"郊野地"，而不是"江湖地"，更不是在太湖，石并没有沉埋湖里，不需要"搜剔露显"。当然也不是"山林地"，有石需要开采。总之，这里的"郊野地"是刚刚准备兴造，"围知版筑"，是刚围起园地，因此即使有石，也是外面刚运来的，不会"被土所掩"，更不必"搜剔露显"，"以壮观瞻"。退一步说，即使是郊野地的旧园、废园，目标也很明显，用不着到处去"搜"；即使可能"被土所掩"，也不会很深，是看得见的，不需要"搜"。故此说亦不确。

《全释商榷》还认为："'根'与'基'虽义近形质不同……'根'决不等于'基'"，这至少是说，在《园冶》里，"根"、"基"二字并不相通。此说也不确，不妨联系"假山立基"作进一步的论证。

《立基·假山基》明确写道："假山之基，约大半在水中（金注：注意这个'水'字）立起。先量顶之高大，才定基之浅深。"这是说，假山顶越大，山基就越深，根部所渗漉进去的水就越多。这种水是隐患，也就是计成之所以提出"惧水"二字的缘由。在此句群里，他确实接连用了两个"基"字，而没有用"根"字，然而，在别处，他却是用了"根"或"脚"字。

《掇山》："立根铺以粗石"。此句所说的"根"，毋庸置疑是指假山的"根"，即《立基·假山基》所说的"假山之基"，而所谓"粗石"，也就是"搜根惧水，理顽石而堪支"所说的"顽石"。由此可见，假山的"立根"也就是"立基"。这也说明在《园冶》论述假山的语境里，"根"、"基"二字是相通的。《掇山》还说，

"方堆顽夯而起"，这"顽夯"之石，也近于"立根"所铺的"粗石"。

不应忽视《选石·龙潭石》里的话："性坚，稍觉顽夯，可用起脚压泛"。这种"性坚"而"顽夯"的龙潭石，可用作掇山"堪支"的"顽石"，也就是"立根"所铺的"粗石"。所谓"起脚"，也就是起叠山脚，它也接近于"立根"。至于"压泛"，《园冶注释》第一版说，"有覆盖之意"；第二版说，"有覆盖桩头之意"。《园冶全释》说，"压泛：即满铺压在桩头上，也就是《掇山》中所说：'立根铺以粗石，大块满盖桩头'之意"。两家的解释，大体是不错的，但对"泛"字均没有解释。仔细推究，覆盖满铺的是"桩"头，这是"木"旁的字，而"泛"为"水"旁的字，怎能对得上号？但把问题置于《园冶》掇山的特定语境里，联系"搜根惧水"来思考，就会迎刃而解。如上文所述，假山根部所渗进的水是一种隐患，如用一块块粗顽的大石将其满铺覆盖，其下土、石、灰等所渗的水（"泛"）就被压住了，是之谓"压泛"，这一用语，极为精当。这也说明，《园冶》掇山中"根"、"基"和"脚"字是相通的，而且它们还都与顽夯粗重的大石有关。

接着的问题是，假山在水中立基为什么要"搜"？其实，这个"搜"字是一个多义词，它还有一个为一般辞书或大型辞书所不载的义项，就是众多、集聚。现集纳古本辞书的训释如下：

《说文》："搜，众意也……"

《说文》段注："其意为众，其言为搜也。《鲁颂·泮水》：'束矢其搜。'传曰：'五十矢为束。搜，众意也。'此古义也。与《考工记》注之'薮'略同。郑司农云：'薮，读为蜂薮之薮。'后郑云：'蜂薮者，众辐之所趋也。'"

《广雅·释诂》："搜，众也。"

《广雅》疏证："搜者，《鲁颂·泮水篇》：'束矢其搜。'毛传曰：'搜，众意也。'《说文》同。《尔雅》：'搜，聚也。'义亦与搜同。"

《宋本玉篇》："搜，数也，聚也。"

《集韵》："《说文》：众意也。"

《王力古汉语字典》："《说文》：'搜，众意也……《诗》曰："束矢其搜。"'……毛传：'搜，众意也。'"

本节通过对以上古本辞书的集纳，以丛证法对"搜"字重新加以训释，说明"搜"、"薮"、"众"、"聚"等字古义同，故"搜"有"众"义，用以解释"五十矢为束"是很合理的。既然古代这些辞书均有此训，为什么今天一些大型辞书均不载此义？《王力古汉语字典》透露了此中消息："今《诗·鲁颂·泮水》作：'束矢其搜'。毛传：'搜，众意也。'朱熹《集传》：'搜，矢疾声也。'与毛传异。"这说明是经学大师朱熹的《诗集传》训"搜"为"矢疾声"，当然，其前还有郑玄、孔颖达，是"正宗"的经学系统。于是，"搜"字的"众"义在尔后的辞书中销声匿迹了，特别是今天辞书均一边倒，这是不正常的。其实，大师不一定没有误释。然而幸有更早的辞书在，其后，也有众多可贵的坚持者，包括此义的使用者计成在内。

由此可解释《园冶》"搜根"之句——搜根：众多的、集聚的"云根"即石块；惧水：这些集聚、铺排的众多石块，是"大半在水中立起"的，它们是惧水的。还应指出，这种石块不宜用太湖石，或孔穴较多的其他景观石，因为这类瘦皱多孔的石块，一是不够坚牢，承重能力差，受不了假山的长期重压；二是它们经不起水长久地浸渍腐蚀，因此，必须以坚硬的大块顽石打底立基，亦即先"堆顽夯而起"，这种粗顽之石作为根基可以强有力地起到的压泛、支撑的作用，这就是"理顽石而堪支"的本意了。

第十三节　搜土开其穴麓，培山接以房廊
——兼及"搜"字的其他义项

《相地·山林地》写道："园地惟山林最胜，有高有凹，有曲有深，有峻而悬，有平而坦，自成天然之趣，不烦人事之工。入奥疏源，就低凿水，搜土开其穴麓，培山接以房廊……"其中"搜土开其穴麓，培山接以房廊"两句，注家们理解有殊异，亦未很好提供书证和实例。

对于"搜土开其穴麓"，《园冶注释》译为："挖掘土方，开辟山洞和山脚。"释"搜"为"挖"，只注对了一部分，因为"搜索"离不开挖掘。《园冶全释》注道："搜：搜索，搜查。意为挖去层土，搜寻山洞和山脚。"释"搜"为"搜索"，又补充"意为挖去层土"，所兼二义较全面，惜乎亦无书证。《图文本》注道："搜土：指挖土。明解缙《双江桥记》：'近山之麓，搜土得石。'"这是提供了一条"挖"义的书证。

本书认为，"搜"字在此同时可兼二义：一、挖掘。计成《自序》中的"搜土而下"，即挖土而下。二、搜索；搜寻；寻求。《自序》中的"性好搜奇"，即生性喜好搜寻或寻求奇山异水。清石涛《苦瓜和尚画语录·山川》："搜尽奇峰打草稿"。至于"搜土开其穴麓"的"开"字，义为开发；开掘。这样，全句意谓：在山脚考察原有地势（即相地），搜索风景资源时，必须注意挖土剔岩、寻洞觅穴。还应指出，该节题为"山林地"，其特点是"有高有凹，有曲有深……"因此，在踏勘时，山麓林莽处潜藏隐蔽的洞穴，较难搜寻，特别是其中可贵的幽穴泉眼，更难觅致，故"搜"、"开"二字的搜索、搜挖、开掘等义很重要，它是对价值的一种发现。兹举几个实例为证：

在唐代，柳宗元不愧山水园林名家里手，他的山水小品《永州八记》脍炙人口；其《訾家洲亭记》，总结了旅游开发的成功经验；其《零陵三亭记》，则叙薛

存义包括"相地"在内的风景园林开发，用"决疏沮洳，搜剔山麓"八个字来概括描写，颇为精彩传神。此八字除了写疏通水洼而外，点出了既搜又剔，小心翼翼地寻觅发掘的过程，这与"搜土开其穴麓"是一致的，而与大刀阔斧地一味挖掘土方判然有异。

在明代，王穉登《寄畅园记》写到，"台下泉由石隙泻沼中"，这石隙之泉，也需要细心发现，需要开辟草莱，"搜剔山麓"，这样，才能做到如《寄畅园记》所写："靡不呈祥献秀，泄秘露奇"。

在清代，蒋恭棐《飞雪泉记》写道：

> 斯泉之地，故景德寺……掘地深三尺许，见旧甃甓……意泉故值寺之井而久湮塞者，一旦出而为用于人，泉之显晦，岂不亦以时与？……余特慨其晦于昔而显于今，若有需焉，果斯泉之遇也。

这写出了此泉如何被幸运地发现，从而致用于人。不只如此，它还同时使园也"活"了起来。著名园林专家陈从周先生《苏州环秀山庄》一文也写道："清乾隆间，蒋楫居之，掘地得泉，名曰'飞雪'"。[①]此泉也正是在山石旁细心地搜觅挖掘而得的，是一个重要的发现。有此一泉，园中之水顿活，陈先生《说园》所谓"山贵有脉，水贵有源，脉源贯通，全园生动"[②]。"飞雪泉"可说是全园活眼，它至今尚存。

以上三例，充分说明了细致地"搜土开其穴麓"的必要性。

至于"培山接以房廊"，《正字通》："培，壅也。"壅，即壅土，给植物或其他物体的根基垒土，故"培"字为"土"旁。《园冶注释》将此句译作"培土成山，以连接房屋和长廊"，这不符实际，也不符该节语境，有违于造园规律。因为这里本是"山林地"，它"有高有凹，有曲有深，有峻而悬，有平而坦，自成天然之趣，不烦人事之工"，故而不需要"培土成山"这样庞大的工程，只需稍作加工而已。《图文本》将"培土"释作"积土成山"，更不妥，此语见《荀子·劝学》，为积少成多之义，这需要一个长期的过程，不适于造园。另看一例，《宋史·苏云卿传》："披荆畲砾为圃，艺植耘芟，灌溉培壅，皆有法度。"这是说包括培壅根部在内的种植等工作，均按照规律，有条不紊。总之，解释必须扣紧"培"字的"根"的义素。既然如此，那么"培土"只能是指给山坡、山脚培土。宋李成《画山水诀》云："怪石巉岩而立，仍取土阜以培其根。"是说怪石巉岩画好后，仍应从土阜取土来壅其根（这实际上是画土），造园同样如此，这是在山麓或平地上进行的，只有在此环境里，才可能建造或连接房廊。

---

① 陈从周：《园林谈丛》，上海文化出版社1980年版，第47页。

② 陈从周：《园林谈丛》，上海文化出版社1980年版，第1页。

第十四节　妙在得乎一人，雅从兼于半土
——计成与"土石相兼法"

"多方景胜，咫尺山林。妙在得乎一人，雅从兼于半土"，语见《园冶·掇山》，此为难句，亦为警句。对后两句，诸家解释亦不一致，本节专析此两句。

对此，《园冶注释》第一版译作："山林之妙主要在乎得之一人（原按：'设计者'）之功，而雅趣横生，也还兼有一半堆土（原按：'即石堆于土上'）之用所致。"这番译解，语言虽不太通畅，但这种"一半堆土"之说，有其合理之处，可概称为"半土"说。

《疑义举析》则认为："'土'为不可数名词，'人'是可数的，可说'三人'、'两人'，'土'怎么叫'一土'、'半土'呢？再说，如果是'土'，那就是死物，怎么能够'雅从'而又和'一人'相兼呢？鄙意颇疑'半土'实为'半士'之形误，'半士'对'一人'，属对工致。这两句的原意是说，叠山要好，必须得到一位高明的设计师来主持，但一半还要依靠有爱慕风雅的士大夫作园主。园主有识鉴，二人才能合志。"这可称为"半士"说。再看《园冶全释》的译文："造此佳境虽妙在主持得人，一半还在园主的脱俗雅兴。"这也还是"半士"说的延伸。

《全释商榷》则云："说'士'是指园主人或士大夫，都与文意不合……所谓'半士'即道艺学习不精的技术员，比主持施工的工程师差半级。"两句意为"能得到一位好的施工主持人固然很妙，但还应有得力的助手。"这种"助手"说，说到底也还是"半士"说的某种修补，"士"用今天的话说，就是知识分子。

对于以上诸说，本书大体赞同《园冶注释》的译意，而不赞同"半士"说以及对此说的种种延伸、修补。

《园冶·掇山》此句中的"半土"，并不是"形讹"，它不应是"半士"。其实，"半土"是"半土半石"之省，用的是"省略"辞格中的"藏词省"，它把"半石"二字藏去而不明言，这在今天的文艺学中被称为意到笔不到的"空框"结构，它让读者自己去心领意会，思而得之。那么，这是不是故弄玄虚呢？不是，这虽可能出人意外，但又可说是在人意中，因为掇山只有两种材料，一是土，二是石；或者也可说，山的类型只有三种：土山、石山、半土半石的山，而句中既已提了"半土"，就产生了一种思维指向，一种接受规定性，接受的结果只能是"半石"。当然，这同时是为了与上句构成"一人←→半土"的骈偶互对关系，因为二者均为"数词＋名词"的偏正词组。

再说计成对于掇山，确实是力主土石相兼亦即"半土半石"的。试看在《掇山》章中，如"构土成冈，不在石形之巧拙"，是说堆土成山冈，只要是石，或巧（如太湖石）或拙（如黄石）都是可用的，但石却是必需的，或者说，土冈需要或巧

或拙之石。再如："临池驳以石块……结岭挑之土堆"；"欲知堆土之奥妙，还拟理石之精微"，更是"土"、"石"二字鱼贯而出，一个"还"字，又突出了二者不可须臾离。此外，计成在《掇山·洞》中还说，山"上或堆土植树"，这样，纯石之山也就有了土。此句还启人以思考："土石相兼法"的优长，首先是山上可以植树种花，使得景观更为丰富，当然更重要的是使山显得更自然，符合于"虽由人作，宛自天开"（《园冶·园说》）的美学思想。

对于"土石相兼法"或"半土半石法"，早在宋代画论中已露端倪。著名绘画理论家、画家郭熙在《林泉高致》中概括绘画经验，就写道："专于石，则骨露；专于土，则肉多。"可见画中的山，既不能专于石，又不能专于土，应该二者相兼，或者说，二者只可有所偏重，却不可偏废。清代初年，笪重光《画筌》更指出："土无全形，石之巨细助其形；石无全角，土之左右藏其角。"将土、石互补共生的关系，阐发得异常透辟，而且这与掇山的"土石相兼法"完全相通。至于清代造园家李渔的《闲情偶寄·居室部·山石·大山》，对具体的叠山更有精彩的论析：

> 用以土代石（金按：即以土为主）之法，既减人工，又省物力，且有天然委曲之妙。混假山于真山之中，使人不能辨者，其法莫妙于此。累高广之山，全用碎石，则如百衲僧衣，求一无缝处而不得，此其所以不耐观也。以土间之，则可泯然无迹，且便于种树。树根盘固，与石比坚，且树大叶繁，混然一色，不辨其为谁石谁土。立于真山左右，有能辨为积累而成者乎？此法不论石多石少，亦不必定求土石相半，土多则是土山带石，石多则是石山带土。土石二物，原不相离，石山离土，则草木不生，是童山矣。

这可说是对《园冶·掇山》"妙在得乎一人，雅从兼于半土"之句的最佳注脚。据此来理解，"妙在得乎一人"，即意谓最好是能得到计成、李渔这样的人；而"雅从兼于半土"，也就是说，"土石二物，原不相离"，或是土山带石，或是石山带土，"不必定求土石相半"，因此对这个"半"字，应作灵活的理解，其最终目的是通过土石相兼，使其交融为"宛自天开"的浑然整体，正如王翚、恽格评《画筌》两句所说："山水中画石……须令土石浑成，虽极奇险之致，而位置天然，方为合格。"

再联系苏州园林的掇山实践来看，刘敦桢先生总结其经验教训，一则说，"园林中的假山不外土、石构成"；二则说，"土石合用是技术上必然的要求"；三则说，"土、石比例必须适当"[①]……这实际上也均隐含一个"半"字。

以上理论与实践均充分说明，"半土半石"及其种种灵活运用，是掇山的无上妙法。

---

① 刘敦桢：《苏州古典园林》，中国建筑工业出版社 2005 年版，第 25 页。

再解释《园冶·掇山》中的这个"兼"字。兼，篆书中为一手执两禾，本义引申为同时占有或同时相兼。《孟子·告子上》："二者不可得兼。"有些事情确乎是这样的，但掇山则不然，它恰恰需要半土半石，二者相兼。

回过头来看《园冶注释》第二版，其译文改得较好："山林之妙，主要得力于一人（设计者）之功，而雅趣横生，也还有赖于半土（即石堆于土上）之妙"。语句已颇为通顺，符合原文突出"半土"之意，不过略有美中不足，一是释"雅"为"雅趣横生"，误。这里的"雅"，意谓正确的。三国蜀诸葛亮《前出师表》："察纳雅言。"二是"兼"字之义未译，其实，"有赖于"似可改为"相兼于"。三是译文中"妙"字两出。

《全释商榷》为了证实"半土"之说，释"雅从"的"从"为从事、随从，认为"'雅从'是客套称谓，指协助设计者掇山的助手"。这种误读，首先是忽视了骈文的对偶性。试看上句的"在"是虚词，意为"在于"，《孟子·离娄上》："人之患在好为人师。"所以下句的"从"就不可能是实词，而从事（动词）、随从（名词）均为实词。《古书虚词通释》："从犹以也。'从'之义为因，亦即为以。'昔者纣之亡，周之卑，皆从诸侯之博大也；晋之分也，齐之夺也，皆以群臣之太富也（《韩·爱臣》）。'从'与'以'为互文。"可见，"雅从"的"从"在这里亦为"以"、"因"、"由于"或者"在于"之义，其语法功能均为引出行为结果的原因。可见《掇山》此上、下句的"在"、"从"，亦为互文。至于"妙"（美妙、奥妙……）与"雅"（正确……），则同为形容词，可谓属对工整。当然，"半土"如不采取"藏词省"，而把"半土半石"全写上，也就不成其为骈俪之美，而计成的高明正在这里，它巧妙地省去了一半。

为了更好地翻译和理解原文，现先将两句的虚实结构、吟诵韵律排列于下：

妙（实词，形容词）在（虚词，介词）//得（实词，动词）乎（虚词，介词）/一（实词，数词）人（实词，名词）//；

雅（实词，形容词）从（虚词，介词）//兼（实词，动词）于（虚词，介词）/半（实词，数词）土（实词，名词）//。

两句十二个字，竟用了四个虚词，而且上、下句做到了字句对等，词性对品，结构对应，节律对拍，甚至基本合于平仄相对，冶铸得如此之到位，令人服膺！如进一步紧连前文的"多方景胜，咫尺山林"来解释，那么，可译为：多方景胜，咫尺山林之"妙"和"雅"，既在于得到了一位"能主之人"，又由于相兼了"半土半石"之法。这也就是说，成功既离不开人，又离不开法。二者相比，当然人更重要，是人选择了法，所以计成把人放在第一句，第二句用一"兼"字，指出法之必不可少，但又相对处于次要地位。计成的推敲之功，于此可见。

对于"妙在得乎一人"，还可联系《园冶·兴造论》"须求得人"，《园冶·门窗》"调度犹在得人"等来理解。应该说，"妙在得乎一人"，是计成"三分匠，七分主人"（《兴造论》）理论的重要组成部分。

第十五节　欲知堆土之奥妙，还拟理石之精微
——"计成是一位'重'石派"

《掇山》章云："未山先麓，自然地势之嶙嶒；构土成冈，不在石形之巧拙；宜台宜榭，邀月招云；成径成蹊，寻花问柳。临池驳以石块，粗夯（金按：指黄石一类的石块）用之有方；结岭挑以土堆，高低观之多致。欲知堆土之奥妙，还拟（拟，义详后）理石之精微。"

这一大段中，"土"、"石"二字，成双作对而出，其中"奥妙"、"精微"两句最有争议。《园冶注释》释文为："如要懂得堆土的技术，还必须了解叠石的原理。"此释文有得有失，意译为"如要懂得……还必须了解……"可谓有所得，而"技术"之译，则失之。《园冶全释》指出：

　　"堆土"是指堆土成山；叠石，是指构石为山，都是说的造山艺术，而不是指如何堆土、怎样叠石的工艺操作方法，将"奥妙"译成"技术"，不确。造土山与造石山，在空间意匠与造型上是有所不同的，因此了解造石山的基本规律（原理），不等于就懂得造土山的奥妙。"精微"是精密隐微之意，是《礼·中庸》："致广大而尽精微。"释为"原理"，亦不够贴切。

此意见的提出，是必要的。由此还应作重点论证。奥妙，是深奥微妙的内蕴。汉傅毅《琴赋》："尽音变之奥妙。"唐贾岛《寄武功姚主簿》："静棋功奥妙。"［传］晋王羲之《书意》："夫书者，玄妙之伎也。"宋董逌《广川画跋·书吴道之地狱变相后》："工技所得……必致一者，然后能造其微。"琴棋书画，都是带有技术性的雅艺，但技术中蕴有值得深味的"形而上"者在。宋王禹偁《送柴侍御赴阙序》："达古今之变通，极天人之奥妙。"可见奥妙虽隐于技术，却不等于技术。至于精微，除《全释》所举书证外，《礼记·经解》更突出《周易》："絜静精微，《易》教也。"晋葛洪《抱朴子自序》："洪祖父学无不涉，究测精微。"计成的《园冶》是极有理论深度的园林美学著作，其中深意妙理，比比皆是，相通于哲学，而绝不能将其看成是一本技术书，虽然其中也有不少法式性、技术性的文字，但从总体上看，应该说是"技进乎道"（《庄子·养生主》），而具体的原句，则是对假山堆叠经验所作高深度的戁括。当然，土山和石山的堆叠，除了共同性外，还各有其特殊性、个别性，很值得讲究①。

再看《疑义举析》，联系"欲知……"两句的上下文作进一步的深入分析，颇

---

① 详见刘敦桢：《苏州古典园林》，中国建筑工业出版社 2005 年版，第 24－31 页。

为精彩，但遗憾的是局囿于先入之见，结论不免有误：

> 这两句之上有"构土成冈，不在石形之巧拙"，"临池驳以石块，粗夯用之有方，结岭挑以土堆，高低观之多致"诸语，以下又有"山林意味深求，花木情缘易逗"，"有真为假，做假成真，稍动天机，全叨人力"诸语，中间这两句，正是关于土山议论的小结。意思是说，要知道堆土的妙处，还是正可以比得上理石山。这里的"拟"字，是比拟、相拟的意思……计成认为堆土山与理石山是一样高妙。照释文（金按：指《园治注释》）那样解释，与原意相差较远，就看不出是在强调土山了。明、清叠山家推崇土山，始于张南垣，计成以后，又有李渔，计成可算是承前启后。

《举析》通过分析推断，认为这两句"正是关于土山议论的小结"，并进而从宏观上得出"明、清叠山家推崇土山"，"计成可算是承前启后"的结论。《园治全释》也赞同《疑义举析》的论断，其按语进一步认为："'还拟理石之精微'，还是说土山，即土山载石之'石'……所谓'构土成冈，不在石形之巧拙'，是不讲究土上置石本身的形式美，而是要考虑'理石之精微'，即土山载石要如'自然地势之嶙嶒'，石骨露土之突兀不平，合乎山的结构和脉络，才能达到'做假成真'而有若自然"。

需要研究的是，就这些文句及上引《举析》、《全释》两家的分析，是否能得出计成"推崇土山"的结论？以下就本节开头所引《园治·掇山》的大段文字，逐句予以论析：

"构土成冈，不在石形之巧拙"——这句确实是讲土山，有句中的"土"、"冈"二字为证。而"不在石形之巧拙"一句，主要指土山的山麓石或土山所载之石，它们的作用是沿周围山脚用以固土，或露于土山之上，作为石骨。这种种用石，确实不一定要太讲究石种石形，使用奇巧的湖石固然可以，使用古拙的黄石也可以，关键在于堆置的造型效果要佳，要有"自成天然之趣"（《相地·山林地》）。但是，这不能证明计成就是"推崇土山"，何况此句之后，此意并未贯穿下去，下文即是"宜台宜榭，邀月招云；成径成蹊，寻花问柳"。这四句既可用于土山，也可用于石山。

"临池驳以石块，粗夯用之有方"——两句当然可用于土山临池，但也可用于土岸傍水，因为均恐其崩塌。刘敦桢先生《苏州古典园林》论土岸置石道："沿池布石是为了防止池岸崩塌和便于人们临池游赏，但处理时还必须与艺术效果统一。苏州各园中的叠岸无论用湖石或黄石，凡是比较成功的，一般都掌握了石材纹理和形状的特点，使之大小错落，纹理一致，凹凸相间……"[①] 而这也说明土山离不开石。

[①] 刘敦桢：《苏州古典园林》，中国建筑工业出版社 2005 年版，第22页。

"结岭挑以土堆，高低观之多致"——两句则是写石山的叠掇，"结岭"二字可以为证。"挑以土堆"，则又说明岭上少不了土，用以培植花木，否则就是童山秃岭，就也不可能"高低观之多致"。

"欲知堆土之奥妙，还拟理石之精微"——拟：揣度；思忖。《易·繫辞上》："拟之而后言。"此两句意谓：如想要掌握堆土山的奥妙，还应该揣度理石山的种种精微之处。因此，《园冶注释》释作"如要懂得堆土的技术，还必须了解叠石的原理"，大体上与原意比较接近。那么，堆土山为什么必须"还拟理石之精微"，这是由于石山的精微奥妙更多更深一些，所谓"他山之石，可以攻玉"。而《疑义举析》之所以认为计成"推崇土山"，主要可能由于将"拟"字解释为"比拟、相拟"、"比得上"，也就是说，一般认为堆土山的难度不如理石山大，而计成说堆土山可以比得上理石山，所以他是"推崇土山"，并将他列于推崇土山的张南垣和李渔中间。

其实，纵观《园冶》全书，可发现计成更推崇石山，先看《掇山》专章的总论：

一开头就是"掇山之始，桩木为先，较其短长，察乎虚实。随势亿其麻柱，谅高挂以称竿。绳索坚牢，扛抬稳重"。这叠山的前期工程，写的都是石山。

接着写打基础，"立根铺以粗石，大块满盖桩头；垫里扫于查灰，着潮尽钻山骨。方堆顽夯而起，渐以皴文而加；瘦漏生奇，玲珑安巧。峭壁贵于直立；悬崖使其后坚"。这些步骤、要求、特点、过程，也只适用于石山。

再看对各类山体的赞美："岩、峦、洞、穴之莫穷，涧、壑、坡、矶之俨是……蹊径盘且长，峰峦秀而古。"也只有石山能担当。

以下对于主石、劈峰，"峰虚五老"，"下洞上台"等等的批评，针对的都是不成功的石山，这是反面论证。统观总论部分，言及土山是很少的。

再看总论后的各节，如论厅前三峰，楼面一壁，书房山的悬崖峻壁，内室山的壁立岩悬，峭壁山的以石为绘，还有以"峰"、"峦"、"岩"、"洞"、"瀑布"等为题的专节，无不是石山叠掇的种种类型和表现。

最后看《掇山》专章之后，还有《选石》一章，论各类掇山用石十馀种……

此外，还可看《立基·假山基》专节："假山之基，约大半在水中立起。先量顶之高大，才定基之浅深。掇石须知占天，围土必然占地。最忌居中，更宜散漫。"就其论述看，土山之基，不可能"在水中立起"，叠成后也没有必要再"围土"，相反更需要围石，同时，也谈不上"散漫"等问题，可见全节无一句是论及土山的。

以上一系列分析、例证，完全符合于逻辑上的理由充足律，足以证明：土、石二山相较，计成更推崇石山，当然，他也不忽视土山，特别强调土石相兼。

不妨以朱有玠先生的精彩论述来结束本节。早在三十多年前他就指出：

　　假山不应无土，无土就等于没有树木花草的种植配合。假山也不宜无石，无石则峰、峦、崖、矶、溪、涧、泉、瀑等多种造景作用亦无以发挥。

所以"土石相兼"是全面发挥假山的造景作用的一项基本原则……然而在"土石相兼"的共同原则下，论假山者，或重土，或重石，常各有所侧重。《园冶》的作者计成则是一位"重石派"。"掇山"一章的命名中就明确了他的观点。虽然如此，他也绝不离开"土石相兼"的原则，而认为'雅从兼于半土'。当然，他所说的"半土"不等于土石各半的量的概念……［他认为］两者之间，"石"是起主导作用的。所以我们说他是重石派。试看他说："欲知堆土之奥妙，还拟理石之精微"。并指出：无论是"堆土成冈"，"临池驳岸"，或是"就水点其步石，从巅架以飞梁"，虽然体量上或土大于石，而石却起着模山、范水、护岸、渡溪、鸣泉激浪等造景上的作用。

李渔却是一位重土派，他……也是先从"土石相兼"出发，然后转入"重土"的见解。他是这样写的："土石二物，原不相离，石山离土，则草木不生，是童山矣。"①

这番论证，从"土石相兼"出发，分析了计成、李渔两家，或重石，或重土，各有所侧重，但离不开"土石相兼"的原则，颇有说服力，值得重视。

第十六节　渐以皴文而加
——兼释计成缘何以"皴"代"绉"

此语见《园冶·掇山》："方堆顽夯而起，渐以皴文而加。瘦漏生奇，玲珑安巧。"本节主要论析第二句，其他则留待下节专论。

石文化的历史发展，至宋、明时代而极盛。笔者曾在20馀年前写到，"以太湖石为代表的奇石，究竟具有哪些美的品格"，一般用"'瘦、透、漏、绉'四字，这实际上是提出了四个审美标准"②。在这四个协韵字之中，"绉［zhòu］"亦作"绉［zhòu］"，同样协韵，但是，《园冶·掇山》却偏偏写作"渐以皴文而加"。那么，能否将这个不协韵的"皴［cūn］"字，和"绉"、"绉"等字联系起来或等同起来？……这一问题较为复杂，因此，就石论石，就园论园，是无补于事，特别需要借助于古代大量的画论才能解决问题。

先看诸家的理解和解释。《园冶注释》注道："瘦漏：太湖石以具有'透''瘦''漏''皴'四者为美。"针对其中这个"皴"字，《疑义举析》指出：

一般对于峰石形象美的评价，多用"瘦"、"透"、"漏"、"皴"四字作标准，或有以"秀"字代"漏"字的，总要四字叠韵。陈继儒《题米仲诏石卷》：

---

① 朱有玠：《岁月留痕——朱有玠文集》，中国建筑工业出版社2010年版，第38页。
② 详见金学智：《中国园林美学》，江苏文艺出版社1990年版，第223页。

"米元章相石法（金按：相石的'相'［xiàng］，即相马、相地的'相'）曰秀，曰绉，曰瘦，曰透，今仲诏所藏灵璧，更有出四法外者。"袁宏道《宿千象寺柬锺刺史》："诘曲崎岖路，皱秀透瘦石。"郑燮《板桥题画》："米元章论石曰瘦，曰绉，曰漏，曰透，可谓尽石之妙矣。"可见历来相石，凡举四法者，必以"皱"当其一，而没有标举"皴"字的……

这番关于相石法的论述，资料搜罗甚丰，立论甚为谨严，分析归纳亦精到。《举析》又指出："这里正文（金按：这里即指《园冶》原文）'渐以皴文而加'，本指石块纹理有如画家皴法者（金按：对'皴文'的理解不误），与'瘦'、'透'、'漏'等相石法无干（金按：此言则差矣，是知其一而不知其二，详见下文），注文（金按：指《园冶注释》之注）恐是涉正文而误。又，下文《英石》注（金按：指《园冶注释》的《掇山·英石》注）：'石以"透"、"瘦"、"漏"、"皴"四者备具为佳。''皴'再次被当作四法之一（金按：'皴'确非四法之一，但又与其密切相关），可见将'皱'作'皴'，并不是一时之误（金按：'误'中有不误者在，详下）。"根据《举析》的这番意见，《园冶注释》第二版将《掇山》、《选石·英石》原来注文中的"皴"字，一律改为"皱"。

针对《园冶注释》所用"皴"字，《园冶全释》按语也辨析道："皱，是指石的纹理有折皱痕。韩愈《南山》诗：'前低划开阔，烂漫堆众皱。'①《园冶注释》将'皱'作'皴'，实误。'皴'是中国画用毛笔绘画线条的特殊画法，有各种不同的画法和名称，如有大斧劈、小斧劈、披麻、卷云、雨点、荷叶、解索、折带等名称（金按：'皱'、'皴'形近，故辨二字音义并进一步举例，均极有必要）。"但如上所述，《园冶注释》第二版在数年早前已将"皴"字改为"皱"了。

然而，问题依然存在，因为《园冶》的原文是不能任意改动的。故而亟须解决的是，"皴"、"皱"二者究竟有什么区别特别是有什么必然的联系，计成为什么要以"皴"代"皱"，他是不是用错了……这都需要详加论析。

这里先对"皴"字作重点探讨。所谓皴法，是山水画家用中锋或侧锋以浓、淡不同或干、湿相兼的墨色，表现山石（还有树身）的纹理、结构、质感、明暗、向背的画法，它同时还体现着画家独特艺术处理的个性风格。这种技法，按其本质来说，是从现实的山石的地质结构概括出来的一种艺术程式。20馀年前，笔者曾根据清代著名画论——沈宗骞《芥舟学画编·作法》中"皴者，皱也，言石之皮多皱也"之语，辅以其他画论，结合有关实例，通过一番论证，初步得出了"皴皱同体"的论点，初版《中国园林美学》中这样表述：

在古代画论中，"皴"和"皱"含义十分相近……皴即是皱，皱即是皴，说得更准确些，皴是艺术领域中的皱，皱是现实领域中的皴。在现实领域

---

① 此书证失当，这是由于没有理解韩诗的意思。韩愈《南山》诗中的南山，就是终南山。其诗意谓终南山极高，俯视群山，如土堆之略有皱纹起伏。而这与太湖石等石面细密的层棱皱褶，是全然不同的。

中，皴就是石面上的凹凸和纹理，也就是计成《园冶》所说太湖石的"文理纵横，笼络起隐"。[1]

这个"皴皱同体论"虽然根据古籍及有关实例推论出来了，但总感到说得还不透。若干年后，在闲翻古代诗集时，宋人杨万里的《舟过谢泽》诗突然跃入眼帘，喜之不胜，如获至宝！这首小诗以优美闲放的笔致写道：

> 碧酒时饮三两杯，船门才闭又还开。
>
> 好山万皴无人识，都被斜阳拈出来。

且不说诗里所描述的动人情景，这里只探析其浅中含深的意蕴。它首先肯定"皴"存在于"好山"亦即现实山石之中。但是，山石的纹理结构由于阳光直照正射，抑或日隐云中，光线暗淡，还比较平板，或者说，平淡而不甚分明，因而"无人识"，即使看到了也并不产生美感，但时辰变换，当日晖斜照，景象就大为不同，山面明暗突出，光影生动，于是皴皱襞褶、纹理纵横之美就凸显出来了。清代著名画家石涛《画语录·皴法章》有云："是皴也，开其面。"这虽是指山水画的皴法，但也适用于赏析杨万里的绝句：阳光是天然的画家，它以高低左右不同方向的光源，时时改变着同一座山上不同的"皴皱之法"，使之或明或暗，或疏或密，或粗或纤，或长或短……为平板的山岭"开其面"，使其显露出立体之感和种种"线条"、"墨法"之美。这种时移景易的变化，对善于观察的画家特别有启发，他们将其形诸笔下，于是，皴法就带着画家的个性开始出现于画面。当然，不同地域的山体更有着不同的地质结构和不同的纹理风致，会引起不同画家的喜爱[2]，它更能孕育画家形成不同的皴法个性。皴法是山体岩石的不同结构纹理、大自然不同强度的光线特别是不同方向光源的照射，加以画家独特的观察角度三者融合的产物。诗人杨万里以画家的审美眼光品赏山之"万皴"，发现了斜晖之美的魅力。因此，其《舟过谢泽》诗不妨作为最精彩的画论来读。

对山水画的皴法理论作出又一贡献的，是晚明时代后于吴门画派并作为其延续的松江画派，其主要成员为董其昌以及陈继儒（即陈眉公）。作为著名画家和著名画论家董其昌，他在《画禅室随笔·画诀》中写道：

> 古人论画有云，下笔便有凹凸之形。此最悬解，吾以此悟。高出历代处虽不能至，庶几效之。
>
> 作画，凡山俱要有凹凸之形……其中则用直皴，此子久（金按：黄公望，字子久，元四家之一）法也。
>
> 画中山水，位置、皴法，皆各有门庭……
>
> 作云林（金按：即倪云林，元四家之一）画须有侧笔，有轻有重，不得用圆笔（金

---

[1] 金学智：《中国园林美学》，江苏文艺出版社1990年版，第227页。

[2] 明董其昌《画禅室随笔·题自画》："李思训写海外山，董源写江南山，米元晖写南徐山，李唐写中州山，马远、夏珪写钱塘山，赵吴兴（赵孟頫）写雪苕山，黄子久（黄公望）写海虞山……"

按：即中锋），其佳处在笔法秀峭耳。宋人院体皆用圆皴，北苑（金按：即五代画家董源）独稍纵，故为一小变。倪云林、黄子久、王叔明（金按：王蒙，字叔明，元四家之一）皆从北苑起祖，故皆有侧笔，云林其尤著者也。

这些论述，已是对皴法艺术所作的探索和总结了。现实中山石的凹凸之形，用杨万里的语言说是"皱"，但到了画里，就成了为"皴"。而不同画家的皴法，又各有门庭：宋代院画家，皆用中锋圆笔作皴，但其前五代的董源已稍纵，开始小变。元代的倪云林等名家，均上承董源，以侧笔作皴……这是由现实（皱）通过用笔向艺术（皴）领域的升华。

陈继儒是松江派画家、画论家，董其昌说，"予常与眉公论画"（《画禅室随笔》）。作为董其昌的密友，陈继儒发挥了董其昌的皴法"各有门庭"之说，其《论皴法》论各家之皴道：

> 皴法：董元（即董源）麻皮皴，范宽雨点皴，李将军（李思训）小斧劈皴，李唐大斧劈皴，巨然短笔麻皮皴，江贯道泥拔钉皴，夏圭师李唐、米元晖拖泥带水皴……

这种种皴法，都是从"山有凹凸之形"即"皱"来的，发展而为技法程式甚至成为一种历史积淀，就有其相对独立性，似乎脱离了现实甚至画家其人，如清笪重光《画筌》说："解索动而麻皮静，烂草质而牛毛文"；"卷云、雨点各态，乱柴、荷叶分姿"；"大劈内带斧凿，小劈中含锈迹"……王翚、恽格对此评道："从古画家各立门户，皆由皴法不同：自唐、五代、南北宋以至元、明……惟皴法最难。"程式化以后，皴法更可能远离现实，而"皱"与"皴"也似乎互不相干了，其实，它们最终的源头是同一的。

笔者的"皴皱同体"论，自从觅得杨万里诗后，就有了着实的书证。于是又以苏州留园冠云峰为现实范例，多次从不同方位的光源下特别是红日西照的斜晖下观察其种种不同的皴皱美，并将体悟写成《品读冠云峰》一文，作为对以往论点的补充①。总之，绘画皴法的最终根源在现实山树的皱褶之中，或者说，在光照下自然山石凹凸的纹理襞褶之中，因此，皴绉与皱褶，异质而同体，既有所区别，又更多内在的联系。

日前，笔者又发现一首相关的好诗。清人松年《颐园论画》写道：

> 张船山②太史《咏三峡》诗云："石走山飞气不驯，千峰直作乱麻皴。变他三峡成图画，万古终无下笔人。"……皴法名目，皆从人两眼看出，似何形则名之曰何形，非人生造此名此形也……馀可类推，不可误以古人编造出也。

此诗和杨万里诗一样，也可作为笔者"皴皱异质同体论"的有力支撑，而松年自

---

① 载金学智：《苏园品韵录》，上海三联书店2010年版，第34页："皴皱折襞之美"。

② 张船山，即张问陶，字船山，清诗人，乾隆进士，有《船山诗草》，亦能书画，故能以诗写出深刻画理。

己的一番话，也可作为笔者有关绘画皴法理论的必要书证。

这里先举一例。荷叶皴是中国山水画的传统技法之一，《芥子园画传》的《山石谱》就例论了这种重要皴法。它之所以称为荷叶皴，因为它形如荷叶的筋脉，包裹着山体，显现着山的凹凸纹理，五代南唐的董源、清初的蓝瑛，都是以这种皴法来代表自己的风格。然而追根究底，这种皴法就来自现实自然的山石纹理。中国的五岳之中，最能体现这种皴皱的是西岳华山[①]，画家们外师造化，中得心源，不断积累，不断成熟，才概括出这种皴法来。这说明艺术中的"皴"，就来自现实中的"皱"。

《芥子园画传·山石谱》还有一种折带皴，其用笔不同于荷叶皴的中锋，而是以侧笔皴擦为之，线条如同折带，转折顿挫，有轻有重，有粗有细，而总体上是横向细而纵向粗，棱角较为分明，风格秀峭可人，代表性画家是董其昌所说的元四家之一的倪云林。这联系园林掇山来看，计成《园冶·选石》说，黄石"块虽顽夯，峻更嶙岣"，它可以"时遵图画"，"小仿云林"。这类风格，不乏现存的成功实例，如为常熟赵园的黄石假山及其所延伸的坡矶，它确乎侧峭方硬，用的似是倪云林石法，其纹理也较一致，给人以平稳古拙、沉着静穆之感，特别是水边散乱的坡矶石片，意态闲散，逸笔草草，似是信手不假思索地绘出，计成所谓"景到随机"（《园说》），真是云林逸品的那种"随机性"。这种折带般的皴皱，上海豫园的黄石大假山、扬州个园的秋山、苏州耦园、常熟燕园的黄石假山等等，都有很好的片断。

再紧扣"皴"、"皱"二字来读《园冶》，其中竟没有一个"皱"字，而"皴"字却频频出现。他确实是以"皴"代"皱"，不论是写到现实中各地石种的"皱"，还是写到带有画法特质的"皴"，他一律均用"皴"字。这是可以理解的，俗话说，"习惯成自然"，作为山水画家，其职业习惯使他长期与四字品石标准相远，因而对其感到较生疏，而与年深月久、朝斯夕斯地形诸笔墨的皴法相近，积习使其惯用"皴"字。现将《园冶》中有"皴"字的语句集录于下：

> 方堆顽夯而起，渐以皴文而加……（《掇山》）
>
> 理者，相石皴纹，仿古人笔意……（《掇山·峭壁山》）
>
> 须先选质无纹，俟后依皴合掇；多纹恐损，无窍当悬。（《选石》）
>
> 一种色青如核桃纹多皴法者，掇能合皴如画为妙。（《选石·龙潭石》）
>
> 有古拙皴纹者……（《选石·黄石》）

第二则就是明证，计成还用了"相〔xiàng〕石"二字，如果他是品石家，必然是瘦、透、漏、皱，四字鱼贯而出，但是，对以往长期从事绘画的计成来说，画理、画意连同其画家的积习立即表现出来。他不是如此这般地脱口而出，却是颇

---

① 参见金学智：《风景园林品题美学——品题系列的研究、鉴赏与设计》，中国建筑工业出版社 2011 年版，第 219－220 页。

为拗口地续以"皴纹"二字，紧接着又是"仿古人笔意"，这更是山水画题跋的常用语，可见其临摹荆、关等名家之作曾经是多而且勤，致使他写《园冶》的《自序》，开篇落笔，即是"最喜关仝、荆浩笔意"。而此第二则写叠掇峭壁山的"相石"，他所"相"的虽然是现实之石，但他所"想"的却是叠掇而成的艺术之山，或者说，是体现了"古人笔意"的艺术之山，无怪乎曹元甫对《园冶》会"称赞不已，以为荆关之绘"（《自序》）成于笔底。计成这样地以荆关画艺取法乎上，要求掇山能"仿古人笔意"，从而叠出皴法如画的假山。于此可见，计成既严以律己，也严以律人，这对园林艺术的创造应该说是很有裨益的。

第三则，"多纹恐损，无窍当悬"，这是要求所选石质是没有皴褶裂纹的。这一考虑，是恐怕这类石材承受不了其上的重压，加以年长月久，可能进一步开裂。这是计成可贵的掇山经验谈。"俟后依皴合掇"，意谓对于这类奇巧的景观石，只能留待以后叠掇假山的上部时，才依照它们的皴皱结构（即石的皴纹、画的颇法），使其与叠掇的手法、要求相符合，做到纹理一致，结构一致。此则最有价值之处，是提出了"依皴合掇"这一掇山的律则，即要求以包含皴褶在内皴法，符合于假山的掇法。

第四则，又进一步倒过来，提出"掇能合皴如画为妙"，即指出按皴皱所掇之山，应以如画为妙，这是对掇山乃至选石的更高要求。因为能"合皴如画"，假山必然如画地能浑然一体，臻于艺术的极境，于此可窥见计成的"园画同法"、"皴皱同法"的一贯思想，他造园掇山总以画家之思潜心投入，故而其独特的以皴代皱的论述，也不妨与传统的相石法并行不悖。总之，和"依皴合掇"一样，"合皴如画"也是掇山的无上妙法。

第十七节　瘦漏生奇，玲珑安巧
——透、漏、瘦相石标准述评

此语见《园冶·掇山》："方堆顽夯而起，渐以皴文而加；瘦漏生奇，玲珑安巧。"其中第二句上节已详析。本节着重解析第三、四句，这涉及以太湖石为代表的景观石"瘦"、"透"、"漏"、"皴"（"绉"）以及"秀"等相石的审美标准，这对造园叠山也至关重要。《园冶全释》还指出："四字是对太湖石本身的特点奇异的审美概括。"此语甚当。

对此四句，《园冶注释》译道："当开始之时，先堆顽重的大石垫底，渐用皴纹的细石加高。'瘦''漏'则自呈奇观，玲珑要巧为安置。"语句顺畅，表达清楚，掇山施工的次序写得井然有条，是较理想的译文。《园冶全释》也译道："掇山先用顽石起脚，逐渐再按皴法叠砌；山形要'瘦''漏'峭削而秀奇，玲珑多姿在理石之技巧。"此译文也较简洁扼要，明确洗练。如"起脚"二字，用词精当准确，它来自《选石·龙潭石》："性坚，稍觉顽夯，可用起脚。"而将"以皴文而加"译作"按皴法叠砌"，亦妙。

现除"皴"字而外，现将诸家对其他三字的有关解释、争议，分别集纳并评点于下：

一、"透"——

《园冶注释》："彼此相通若有路可行者为'透'。"此注基本上来自清李渔《闲情偶寄·居室部·山石第五·小山》："此通于彼，彼通于此，若有路可行，所谓'透'也。"《园冶全释》的按语则独立思考，毫无依傍，云："是指石有洞穴通透的空灵形象。唐韩愈《南山》诗：'蒸岚相澒洞，表里忽通透。'"

金按：《园冶注释》、《园冶全释》和李渔之释，均较佳，非常形象化，但《全释》所引书证却明显有误，既然说"透"、"漏"等"四字是对太湖石本身的特点奇异的审美概括"，那么，怎能再引用状写陕西气势磅礴的终南山的诗句作为书证？"南山"就是终南山。《初学记》引刘向《五经要义》："终南山，长安南山也。"蒸岚、澒洞，《韩昌黎集》魏注本引孙曰："蒸出为岚。岚，山气。澒洞，相浑合之状。"这是形容终南山烟岚蒸腾，浑合渺蒙之气概的。"表里忽通透"，谓其瞬息万变，刚才浑合朦胧，忽又开朗通透，露出"庐山真面目"。这可说与太湖石的玲珑通透风马牛不相干。《全释》所引书证中，这个"忽"字尤为失当，太湖石的嵌空穿眼，宛转通透，绝不是瞬息间忽然通透的，乃是亿万斯年波浪冲击、湖水浸蚀的结果，所以唐白居易《太湖石》诗有"波涛万古痕"之句。既然如此，怎能用"忽通透"来状写呢（除非是人工）？《全释》的误释是一个教训，足以说明：要寻找到合适的书证很不易，而治学决不能"捡到篮里就是菜"，见到表面上有同样的字，就援为书证。笔者愿与注释家、研究家们共戒之。

至于"透"的实例，如《素园石谱》所载"太湖石"画【图81】，

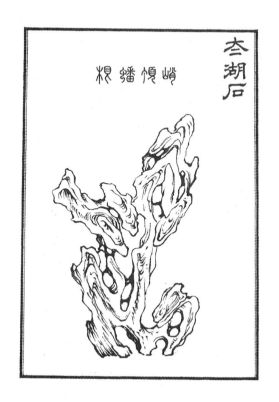

图81　瘦透漏皱，峭顶蟠根
选自《素园石谱·太湖石》

体现了"瘦"、"透"的极致，它孔多集聚，穿眼通透，多姿多态，既美又丑；再如苏州拙政园芙蓉榭所置红太湖石，玲珑剔透，精美绝伦；而苏州五峰园的一座立峰，则粗放洞达，众窍皆虚，其孔窍均较大，形态又各异……

二、"漏"——

《园冶注释》："石上有眼，四面玲珑者为'漏'。"这承袭了李渔《闲情偶寄·居室部·山石第五·小山》语："石上有眼，四面玲珑，所谓'漏'也。"《园冶全释》按语则云："漏，是指石多孔窍。《淮南子·修务训》：'禹耳参漏，是为大通。'注：'参，三也。漏，穴也。'……石多孔窍，则有通灵之感。"

金按：《园冶注释》、《园冶全释》和李渔之释，均不甚当，因为都没有说清"透"与"漏"的区别，如《全释》说透"是指石有洞穴通透的空灵形象"，漏"是指石多孔窍"，二者可交叉互换，足见其缺少特殊性、准确性。笔者认为，"透"、"漏"二者虽比较接近并有联系，但也有区别，这就是"透"主要是指石上孔穴前后或左右之横向相通，故曰"若有道路可行"；"漏"则主要是指石上孔穴上下相通，故雨水可从孔中下注，此之谓"漏"。当然，二者的区别是相对的，因为孔穴并非都是一律横向或纵向的，此外还有斜向的、弧曲的等，它们还有斜度、曲度的不同……

不过，《园冶全释》释义时所引《淮南子》的"大通"之说，却颇有价值，它把品石标准与中国哲学传统作了沟通，或者说，将其提升到哲理的境界，这就颇能发人深思。应该说，不论是"透"还是"漏"，其美学均离不开哲学，它都相通于中国传统哲学的"气化说"、"虚灵说"，亦即相通于"道"。《管子·内业》的"九窍遂通"，《庄子·齐物论》的"众窍为虚"，《庄子·人间世》的"惟道集虚"，《淮南子·精神训》的"夫孔窍者，精神之户牖也"，宋朱长文《玲珑石》诗中的"凿开混沌窍"……[①] 这类通透孔窍，都可看作是"道"的具体显现，此不赘。

"漏"的实例，如原苏州织造署花园（今苏州第十中学）的瑞云峰、上海豫园的玉玲珑，既多前后左右的横向相通，又多上下的纵向相通。《云林石谱·林虑石》云："中虚可施香烬，静而视之，若云烟出没岩岫间"。瑞云峰、玉玲珑等在这方面可谓臻于极致，被称为"出香"。

三、"瘦"——

《园冶注释》："劈立当空，孤峙无依者为'瘦'。"此释亦沿袭清李渔《闲情偶寄·居室部·山石第五·小山》云："壁立当空，孤峙无依，所谓'瘦'也。"不过《园冶注释》引错了一字，即将"壁立"误作"劈立"，其实"壁立"是状其

瘦秀如壁之直立。

再重点深入探讨这个"瘦"字，《园冶全释》一贯喜好独立思考，虽常不免有误，但在此字上见解极为精辟。其按语写道：

> 《园冶注释》释"瘦"为"劈立当空，孤峙无依者"，是指峰石的布置，或者说是指石在空间中的形态。而历来相石用"瘦"、"透"、"漏"、"皱"四字，是对太湖石本身的特点或奇异的审美概括，或者说是相石的标准……瘦：是指石的形体峭削多姿。宋叶梦得《为山亭晚卧》："瘦石聊吾伴，遥山更尔瞻。"

通过以上辨说，可见《全释》作者特具眼识，言之成理，分析精辟，实际上是否定了李渔关于"瘦"是"壁立当空，孤峙无依"这个300多年来被研究者一再引用的经典定义，也就是纠正了一个历史性的错误，事实正如《园冶全释》所剖析，"壁立当空"是指石与周围空间的关系，或指出石在空间中的形态，而并非石本身的特点或美；"孤峙无依"同样如此，石的孤与不孤，有依或无依，或者说，石旁有没有其他景物陪衬，决不是石本身的个体特点问题，而是石峰掇置的艺术处理问题，这对品石没有关系，而对置石颇有关系。换一个角度来说，不论是皱石，还是透、漏之石，都是可以当空的，也都可以孤立、无依，然而它们不一定就瘦，可见李渔的定义缺少特殊的个性，带有误释的性质。

"瘦"的定义由此应重新推敲、厘定，《全释》认为是"指石的形体峭削多姿"。这应该说尚可，但欠全面，因为"峭削"仅是"瘦"的一种形态。至于"多姿"，也适用于皱石和透、漏之石，缺少特殊的个性。笔者认为：石无所谓肥瘦，这是对人的形体美的品评，如"燕瘦环肥"就是。而品石之"瘦"，是"以人拟石"或是"以石拟人"，是品石家细赏精鉴，神与物游，以情悟物的结果。总之，石之"瘦"，是指其纵向伸展的修长体形，或刚介如超拔特立、高标自持的君子；或苗条如亭亭玉立、楚楚纤腰的美女。可见，"瘦"大体还有偏于刚和偏于柔之别，试分述之：

刚性美，如清代苏州寒碧庄（留园）十二峰之一的干霄峰，为特高之石笋，富于峭削的品格。园主刘恕《干霄峰》诗云："耿耿青天插剑门，雕云镂月有陈根。孤庭独立三千丈，万笏吴山一气吞。"运用夸饰辞格，写得颇有气势。

柔性美，如明代太仓弇山园的楚腰峰（现不存，见明王世贞《弇山园记》），无锡寄畅园特瘦的美人石（今存）……当然，这都联系着品石的审美想象。至于苏州留园有幸留存至今的冠云峰，更能体现出体态的瘦秀，具有S形的柔曲美。

由放而收，略作概括：以上诸家对古代四字相石法作了认真细致的梳理、推敲、辨析、研讨，这对造园学是很有贡献的，当然，也各有其美中不足，或者说，是互有短长，而这在石文化的清理、建树过程中是在所难免的。

再通释《园冶·掇山》："方堆顽夯而起……瘦漏生奇，玲珑安巧。"意谓假山立根打基，应先堆以顽夯的粗石，待其已露于地面之上，即可逐渐加以有皴纹等美质的景观石，这样有瘦有漏，就能生发奇趣，而玲珑之石也应安置得巧妙。

"玲珑安巧"一语还需略释。玲珑：一般指精雕细琢、结构奇巧、内部镂空的艺术品或玩赏石。计成将其用于相石掇山，主要是对"透""漏"奇巧之美的概括提升，其中还可包括各种石谱、咏石诗文所说的"嵌空"、"穿眼"、"坳坎"、"弹子窝"等。著名的诗文、典型的实例，如宋苏轼《壶中九华》所咏"玉女窗虚处处通"；明王世贞《弇山园记》所云"一峰多嵌空而不能透"；对江南四大名石之一的上海豫园"玉玲珑"，清陈维城《玉玲珑石歌》咏道："一拳奇石何玲珑，五丁巧力夺天工。不见嵌空皱瘦透，中涵玉气如白虹。"明徐弘祖《徐霞客游记·滇州四记》也评该地一奇石云："石在亭前池中……玲珑透漏，不瘦不肥，前后俱无斧凿痕，太湖之绝品也。"可见，玲珑石是极高之品，所以计成在《园冶》中多次提及，《掇山·厅山》曰："或有嘉树，稍点玲珑石块。"《选石》曰："取巧不但玲珑"。《选石·湖口石》曰："东坡称赏……有'百金归买小玲珑'之语"……足见计成对玲珑石的钟爱。

还需一说的是，计成《掇山·洞》写道："理洞法，起脚如造屋，立几柱着实，掇玲珑如窗门透亮"。这是指出了最理想的山洞建构，是以透、漏的玲珑石掇为山洞的门窗，如是，就能获得奇妙的效果。这种理想的山洞杰构，在苏州环秀山庄。刘敦桢先生写道：

> 山体内有石洞、石室各一处，经小径即转入石洞……中设石桌、石凳，可供坐息。四壁开孔洞五、六处，供采光通风。石桌旁更有直径约半米的石洞下通水面，天光水色映入洞中，意匠较为别致。①

确乎如此，该园湖石假山的石洞【图82】，除了石门外，还有多个大孔小穴，使得幽暗的山洞内光影变幻，明灭闪烁，而自孔外窥，既可见山光，又可见水光，特富别趣，是国内假山所罕见的。

图82　掇玲珑窗门透亮
苏州环秀山庄山洞
田中昭三　摄

---

① 刘敦桢：《苏州古典园林》，中国建筑工业出版社 2005 年版，第 69 页。

第五章
花木生态篇

花木是园林物质性建构的第三构成要素。在《园冶》中，计成未列花木（植物）章节，但散见于全书有关的警辟言论和精彩描述却不少，尤为可贵的是其中还蕴含着走向未来、启人心智的生态学哲理，有时其客观意义还可能远远超越其自身。

马克思曾以荷兰哲学家斯宾诺莎为例深刻指出："对一个著作家来说，某个作者实际上提供的东西和只是他自认为提供的东西区分开来，是十分必要的。这甚至对哲学体系也是适用的"[①]。这是一个具有超越常规性的、不一定为有些人所理解的独创见解。以此来看计成有关生态哲学的名言，其思想意义也可分两部分，一是"他自认为提供的东西"，亦即作者自觉地提供的主观思想；二是他不一定感到提供而"实际上提供的东西"，亦即名言所显示可能超越其主观思想的广泛的客观意义。特别是在今天生态文明时代，它那超越性的、指向未来的价值意义，更值得深入挖掘，探寻其事理的原委，阐发其生态哲理的精蕴。

至于与植物密切联系的动物，亦与生态相关，故亦并入本章一起论析。《园冶》中有关花木生态的名言警句，往往还交织着或隐或显的隐逸之旨，本章对此虽然亦或予以探究，但对隐逸文化的深层内涵，则留待本书第五编第一节加以较全面的论析。

在今天生态文明时代，本文既拟解读《园冶》名言的本位之思，又拟以"引而申之，触类而长之"（《易·繫辞上》）的方法，探索《园冶》名言对自身的超越，阐发其指向未来的出位之思。

---

① 《马克思恩格斯全集》第 34 卷，人民出版社 1972 年版，第 343－344 页。

第一节 《闲居》曾赋，"芳草"应怜
——由训诂学窥探中国哲学本体论

"《闲居》曾赋，'芳草'应怜"，此语见《园冶·借景》。这个骈偶句，字面上并不难理解，但进一步阐释，就出现了问题，更不用说深入内涵寻绎，联系时代进行探析了。

潘岳，是西晋很有才气的著名文学家，他的代表作除了感人的《悼亡诗》等而外，还有著名的《闲居赋》。它由于被收入《昭明文选》而更被历来士人欣赏诵读，此赋中不但"赋闲"二字至今还成为人们退休或闲居在家的别称，而且其中"拙政"二字又与苏州的拙政名园有所纠葛，于是，它至今还在中外广大游客群中口耳相传。然而，不无遗憾的是，此赋却扭曲地萌生于一畦龌龊的心田。

《晋书·潘岳传》："潘岳，字安仁……性轻躁，趋世利，与石崇等诣事贾谧。每候其出，与崇辄望尘而拜……其母数诮（诮［qiào］：责备）之曰：'尔当知足，而乾没［qiánmò，贪求；贪得无厌］不已乎？'而岳终不能改。既仕宦不达，乃作《闲居赋》。"后为司马伦及张秀所杀。潘岳向权贵卑躬屈膝的行为，急切地趋利附势的卑俗心态，既一向为士人所不齿，又和赋中所写"逍遥自得"、高雅清闲的情趣形成强烈反差。这个言行不一的突出典型，说明了"言为心声，书为心画"和"文如其人"的命题不一定具有普遍性，或者说，历史上也不乏文不"如其人"的例外。金代元好问《论诗诗》写道："心画心声总失真，文章宁［nìng，岂］复见为人。高情千古《闲居赋》，争（怎么）信安仁拜路尘。"这首著名的诗，就以潘赋为例，揭示出人与文、言与行不一的现象。不过，"总失真"云云，似乎又说得太绝对了，应该说，文如其人更是大量的历史存在。

再说明代王献臣在苏城营构拙政园，园名恰恰选自被有些人看来并不很体面的《闲居赋》，于是，对其内涵的评价就有些复杂了。嘉靖十二年，吴门大画家文徵明援笔作《王氏拙政园记》，记文交代了王氏自述拙政园的命名说："昔潘岳氏仕宦不达，故筑室种树，灌园鬻蔬，曰：此亦拙者之为政也。余……老退林下，其为政殆有拙于岳者，园所以识［zhì］也。"王氏并没有因为潘岳其人而废弃其赋中佳句不用。不过，文徵明的《拙政园记》又从比较的视角指出，潘、王二人不可相提并论，还辩护道：王献臣"直躬殉道……其为人岂龌龊自守，视时浮沉者哉"；其"所为区区以岳自况，正聊以宣其不达之志焉耳！而其志之所乐，固有在彼而不在此者"。对于园记的写作来说，文徵明对园名品题的辨正是很必要的，何况孔子早就提出过"不以人废言"（《论语·卫灵公》）的观点，由此来看《闲居》之典、"拙政"之名，还是可用的，不会有玷于拙政园的史实美名，而《闲居赋》也还有其价值的，如元代著名书法家赵孟頫就写过行书《闲居赋》

【图83】，颇为流行，广被欣赏。

对于"《闲居》曾赋"一句，诸家交代的出处均不误，只是或多或少绕开中国文化史、文学史、园林史上潘岳其人、拙政其名的相关纠葛。至于译文，《园冶注释》写道："在春天，可像潘岳的赋咏《闲居》"。《园冶全释》写道："春暖：效潘岳之闲居可赋"。二译均失之。究其实，"闲居曾赋"的命意，并不是要人们仿效潘岳去咏或写《闲居赋》，计成也绝不是为用典而用典。因此，首先必须联系明末昏暗混乱，"时事纷纷"的社会时代和计成"自叹……不遇时"（《自跋》）的遭际来解读，也就是说，当"否"之时——在天地不交、万物不通的时代，计成意在借这个典故去赞美和追求闲居隐逸、淡定自洁的品格，而不要去"视时浮沉"。这从主观方

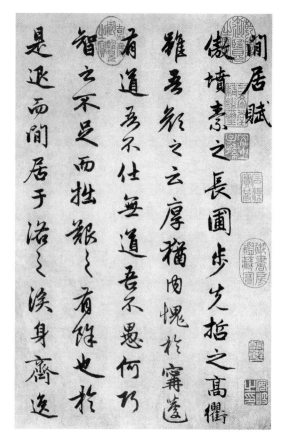

图83 闲居曾赋
［元］赵孟頫书《闲居赋》

面说，符合于计成自己"少有林下风趣，逃名丘壑中"的意愿，这正与潘岳的轻躁奔竞，急于卷入西晋那种残酷的政治漩涡的行为背道而驰；从客观方面说，《闲居赋》又能让文人园林更多一些必要的闲情逸致，去"筑室种树，灌园鬻蔬，逍遥自得，享闲居之乐"（文徵明《拙政园记》），因为隐逸意识正是孕育文人私家园林的母胎。

再看诸家对"'芳草'应怜"的解读。《园冶注释》："芳草，即香草。《楚辞》：'何昔日之芳草兮，今直为此萧艾也。'"译文："在春天……也如屈原的独怜'芳草'"。《园冶全释》："芳草：香草，比喻有美德的人。屈原《离骚》：'何昔日之芳草兮，今直为此萧艾也。'"译文："春暖……尚屈原之芳草应怜。"《图文本》注文开头说，"芳草：香草，指春天，亦喻贤士。"结尾说："此指应珍惜春光，亦喻爱惜贤士。"显然仍未脱离二家窠臼。

然而事实是，"'芳草'应怜"一句，既与贤士无涉，也与屈原无关。试想，计成为什么惟独要在春天爱惜贤士，而且爱惜贤士与借景没有任何关系，所以计成绝不会将此意阑入《借景》的整体语境，使其成为游离于主题之外的败笔。至于把"'芳草'应怜"译作"如屈原的独怜芳草"，更欠妥。因为屈原《离骚》中作为总称的"芳草"，仅出现过两次：其一是"何所独无芳草兮"，此"芳草"据

王逸《楚辞章句》解释，是比喻贤君，而屈原是绝对不会说"应怜贤君"的；其二是诸家所引为书证的两句，现再补上其前的两句："兰、芷变为不芳兮，荃、蕙化而为茅。何昔日之芳草兮，今直为此萧、艾也。"这里的"兰芷"、"荃蕙"，均属"芳草"，以喻君子贤士，但是，他们已经"变""化"，蜕变为"茅"和"萧、艾"，这都是"不芳"的恶草、贱草（即小人），屈原绝不会肯定他们，用"应怜"二字表示他们值得"爱怜"。尤应指出，《离骚》中字面上压根儿没有出现过作为关键词的"怜（爱）"字，故而书证必须他处另寻。

在《园冶》研究界，惟有《全释商榷》别辟蹊径指出："原文'芳草应怜'，只有'爱怜'之意。《西厢记》有句'记得绿罗裙，处处怜芳草'，可作参考。"《商榷》此语，确乎能独立思考，不从众，直寻原句，切近原意。但笔者查检了著名《西厢记》研究专家王季思先生据诸本会校的《集评校注西厢记》，并没有发现"记得绿罗裙，处处怜芳草"之句，不知《商榷》作者所据何本？

其实，此语出自五代词人牛希济的《生查子》【图84】。这首著名的词写道："春山烟欲收，天淡稀星小。残月脸边明，别泪临清晓。语已多，情未了，回首应重道：记得绿罗裙，处处怜芳草。""怜芳草"三字，被紧密地连在一起了。牛希济此词在古典文学和美学界，是众所周知的。它写离别中的一对情人，一方泪眼模糊地回首向另一方道："记得绿罗裙，处处怜芳草。"早在1932年，朱光潜先生在《谈美》一书中，就将这两句作为一个章节的正标题，其副标题是"美感与联想"，用以说明在这一审美联想中，"罗裙和他的欢爱者相接近"；"芳草和罗裙的颜色相类似"。[1]这确乎是说明接近联想和类比联想产生美感的佳例。笔者20馀年前主编的《美学基础》也指出，此词令人动情的是，词中主人公"含泪与穿着绿罗裙的意中人告别，绿色给他留下深刻难忘的审美印象，于是，遇见绿色

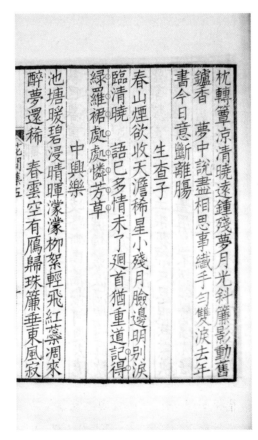

图84　芳草应怜
［五代］牛希济《生查子》
选自宋淳熙鄂州本《花间集》

---

①《朱光潜美学文集》第1卷，上海文艺出版社1982年版，第472页。

的芳草，就联想起绿罗裙来，并处处加以爱怜"，"诗人抓住两种绿色在性质上的相似，写出了满贮诗意、动人心弦的名句"①。

还需进一步寻思：计成为什么要在造园学著作里写"芳草应怜"？这就必须将此语置于《园冶·借景》的独特语境中来体悟。试看其上下文："嫣红艳紫，欣逢花里神仙……《闲居》曾赋，芳草应怜。扫径护兰芽，分香幽室；卷帘邀燕子，闲剪春风。"这些显然都是写春天的，可见计成之所以这样写，并不是要像屈原那样去"独怜芳草"，或鄙视象征小人的恶草和赞美象征君子的香草；当然，他也不会像牛希济那样去咏唱爱情和别离，因为所有这些，与园林赏春借景是不相干的。总之，这里的"芳草"丝毫没有象征义、比喻义或引申义、联想义，相反，是将牛希济《生查子》中的"芳草"还原为本义，还原为小草自身，或者说，还原为园内特别是园外作为春天景观的芳草本身。正因为如此，计成在此句之后，紧接着就写"扫径护兰芽，分香幽室"，这正是最典型的芳草。可见这里作为春天借景的芳草，完全是实写，其"芳草应怜"的真意，是说应该爱怜芳草之美，或者说，应带着爱怜心上人那样的滟滟情愫，真心实意地去爱怜芳草鲜活的、绿色的自然生命。

再说"芳草"的"芳"至少有二义，一是有香气，二是更多为美好之义，因为草多数是不香的，而所以诗人称之为芳草，主要是一种爱称，一种美称。那么，这种小而不芳的草，值得爱怜吗？一首名为《小草》之歌唱道："没有花香，没有树高，我是一棵无人知道的小草。"事实上，草虽然小而无名，但它的魅力及其构景功能却是多方面的，这有唐宋以来的诗文为证。

在唐代，韩愈《早春呈水部张十八员外》云："天街小雨润如酥，草色遥看近却无。"这一名句，写的是朦胧的远借。朱彝尊评道："景绝妙，写得亦绝妙。"这若有若无之美，就进入了诗人借景的视野。刘禹锡《陋室铭》云："苔痕上阶绿，草色入帘青。"草色的青绿，构成了陋室的环境之美，这可说是近借。白居易《赋得古原草送别》云："离离原上草，一岁一枯荣……野火烧不尽，春风吹又生。"这又是歌颂了小草顽强的生命力。白居易《郡中西园》又云："闲园多芳草，春夏香靡靡。"这则是写小草芳香对嗅觉的吸引。

五代以降，韦庄《小重山》词云："歌吹隔重阖，绕庭芳草绿。"写出了庭院中音声与形色的协奏，芳草是主旋律。在宋代，欧阳修《采桑子·西湖念语》："轻舟短棹西湖好，绿水逶迤，芳草长堤……"辛弃疾《清平乐·村居》："茅檐低小，溪上青青草。"映入眼帘的，或是绿水芳草堤的游湖场景，或是茅屋青草溪的农村风光，两者是不同的，但都是值得爱怜的美。而张元幹《兰陵王》则云："阑干外，烟柳弄晴，芳草侵阶映红碧。"这是近景，是红碧相映的明丽画面。元代画家倪云林《[黄钟]人月圆·感怀》云："画屏云嶂，池塘春草，无限销魂。"以谢

---

① 金学智主编：《美学基础》，苏州大学出版社1994年版，第206页。

灵运"池塘生春草"（《登池上楼》）的名句，勾起生命复苏的意象。在明代。李东阳《游岳麓寺》云："平沙浅草连天远"。这是在寺观园林里欲穷千里目，登高远望草连天。文震亨《长物志·室庐·山斋》写道："绕砌可种翠云草令遍，茂则青葱欲浮。"这是又一种园林景观……

读读唐宋以来这些诗文，既可加深对《园冶》里"芳草应怜"之句的理解，又有助人们对园林内外最易忽视的无名小草之美的品赏，还能提高人们的生态意识，去爱怜、呵护小草，进而珍惜一切绿色生命。

由此还可作更深一层的探究。《园冶》希望人们爱惜小草，这是计成在著作里提供的主观思想，是"作者……自认为提供的东西"，但是，它还可以衍生出客观思想，用马克思的话说，即"作者实际上提供的东西"。今天看来，计成也堪称"历史上的伟大人物"，其"芳草应怜"，虽是以其个人通过芳草这一特殊审美个体来表达某种要求，但联系"现时的视野"来接受，也还可得出某种"更为遥远的东西"。那么，"现时的视野"是什么？是生态觉醒的现实，生态文明的时代。因此，不妨联系对计成颇有影响的《周易》及其生态哲学来"引而申之，触类而长之"（《易·繫辞下》）。

《周易》的精华之一，是提出了"天地之大德曰生"（《繫辞下》）这一哲学本体论的重要命题，这是说，"生"就是天地自然最大的品性、功能规律和本体。与《易·繫辞下》相先后，思想家们对这个"生"也多有阐发，如：

> 道者，德之钦也；生者，德之光也。（战国《庄子·庚桑楚》）
>
> 天地之所贵曰生。（汉扬雄《太玄·玄文》）
>
> 生，天地之所贵也。（《汉书·杜钦传》）

"生"是天地之所贵，是天地至德的光辉，所以民间俗话说，"苍天有好生之德"。令人深思的是，这"天地之大德"还显现于小草，从而即小见大，由芥（小草）见须弥，由"芳草应怜"可进而窥见其深广的哲学背景。先看文字学著作：

> 屮，艸木初生也，象丨出形，有枝茎也。古文或以为艸字。（《说文·屮部》）
>
> 生，进也，象草木生出土上。（《说文·生部》）
>
> 屮，艸初生兒。（《广韵·薛韵》）
>
> 艸之古文作屮。案屮艸本一字，初生为屮，蔓延为艸。（商承祚）[1]
>
> 生字，从屮在土上，艸生于地上之象……屮亦艸字，象一棵艸之形；艸字像两棵艸之形。（高亨）[2]
>
> 屮，株草之形。艸，从二屮，草字初文。屮，株草生于地表貌。（王蕴智）[3]

① 商承祚：《说文中之古文考》，《古文字诂林》第1册，上海教育出版社2004年版，第344页。

② 高亨：《文字形义学概论》，齐鲁书社1981年版，第189、101页。

③ 王蕴智：《殷商甲骨文研究》，科学出版社2010年版，第552页。

"草"与"生"有着天然的、不可分割的联系【图85】。如"中［chè，株草之形］"字，《殷虚粹编》、《殷契佚存》等所录甲骨文，中间一竖"丨"是茎，左右各一斜向笔画是嫩叶，后来到了《说文》小篆里，叶就完全变成较规整的弧形，但依稀可见小草之形。再如"生"字，殷虚文字二例依然是小草之形，只是下面多了一条横线，代表地面，小草从土地里生长出来，就是"生"字，这是会意字，《粹编》一·一三一还在"丨"中加一圆点，这种写法在金文里就很普遍，如青铜器《龙生鼎》、《番生簋》、《兮甲盘》等的铭文，小草的叶或直或弧，其茎均有肥笔圆点，以强调生长要靠茎。在《牧敦》中，由于圆点书写困难就变成了短横，于是"屮"、"土"巧妙地合用一"丨"，意为生长于土，其形就很接近《说文》纵长而规范的小篆了，但其意犹存。总之，不论是株草还是蔓延为屮，不论是象形还是会意，其训释

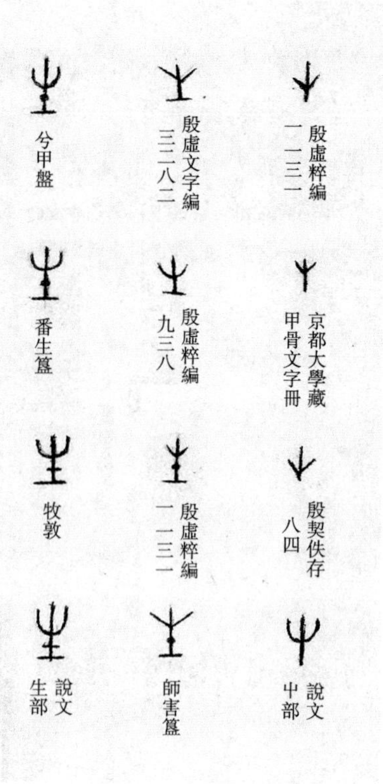

图85　甲骨文"草""生"集字
虞俏男　协制

都离不开一个"生"字。《说文》还训"屮"为"进"，又释"出，进也，象草木益滋，上出达也"。《广雅·释诂》又训："生，出也。"这都是突出了其向上生长的态势。在古代，"生"、"出"、"进"三者几可循环互训。总而言之，在古人的形象思维中，这草是破土而出的、初生的、上进的、充满茁壮活力的小生命，值得爱怜。由此可见，在接受美学视域里，由计成"芳草应怜"这一小小侧面，可以窥探中国生态哲学"天只是以'生'为道"（宋程颢，《河南程氏遗书》卷二）的本体论。

第二节　嫣红艳紫，欣逢花里神仙
——佛道生态伦理学的移植

"嫣红艳紫，欣逢花里神仙；乐圣称贤，足并山中宰相"，此语见《园冶·借景》，本节只探析上句，而将与隐逸文化有关的下句留待第五编论述。

《园冶注释》第一版注道："嫣红：谓姣美的红色。唐李商隐诗：'侧近嫣红伴柔绿'。艳紫：谓艳丽的紫色。花里神仙，唐贾耽《花谱》：'谓海棠为花里神仙，其紫色尤佳。'"《疑义举析》指出，"如果花里神仙果真是指海棠，那么上面冠以

'欣逢'二字，便不成文意。'欣逢花里神仙'本是用冯梦龙《古今小说·灌园叟晚逢仙女》的故事……原意是说，娇红艳紫，一片花海，种花养花入了迷，简直就像遇上花仙子的老花翁一样地快活。"此析甚当，可谓一针见血，是找到了"花里神仙"的真正原典。于是，《园冶注释》第二版作了修正。

《园冶全释》注："嫣红：姣艳的红色或花。李贺《牡丹种曲》：'归霞帔拖蜀帐昏，嫣红落纷（金按：'落纷'，误。查李集诸本，均作'落粉'，王琦《李长吉歌诗汇解》：'嫣红落粉，花色衰败之喻'）罢承恩（金按：王琦《汇解》：'罢承恩，谓宴罢也'）。'艳紫：艳丽的紫色，或紫色的花。花里神仙：出典冯梦龙《醒世恒言》中'灌园叟晚逢仙女'的故事，是说有名秋先者，号灌园叟，养花、爱花、惜花成痴，而道感神仙，夜逢仙女的事（金按：介绍甚简确）。喻园林花木美若仙境。"

诸家解释尚有细节值得推敲之处，而对此句的深层蕴涵更是触及不多。

先说"嫣红艳紫"，其典并非出自李贺或李商隐诗，因为"嫣红"虽有了出处，而"艳紫"却没有着落，而这四字是一个整体。其实，它出于比计成早30徐年大名鼎鼎的戏曲家汤显祖的《牡丹亭》，其《惊梦》唱道："原来姹紫嫣红开遍，似这般都付与断井残垣。良辰美景奈何天，赏心乐事谁家院！"这和"不到园林，怎知春色如许"一起，都是脍炙人口、不胫而走的咏园名句。当时，江南一带园林里盛行演戏唱曲之风，《游园惊梦》应是其中首选，计成对此是耳熟能详的，这当是"嫣红艳紫"的原典。

《园冶注释》第一版云："唐贾耽《花谱》：'谓海棠为花里神仙，其紫色尤佳。'"此交代不甚精确。贾耽《花谱》最迟至宋已不存，新、旧《唐书·贾耽传》亦不载，仅见于南宋陈思《海棠谱·叙事》："惟唐相贾元靖耽著《百花谱》，以海棠为花中神仙，诚不虚美耳。"南宋陈景沂《全芳备祖》卷七《花部·海棠·事实祖·碎录》："海棠为花中神仙。"下注云："唐贾肥（金按："肥"当为"耽"字之误）。"那么，计成为什么要将"嫣红姹紫"改为"嫣红艳紫"？因为海棠以丰艳为美。陈思《海棠谱自序》就有"独海棠一种风姿艳质"之语，这代表着普遍的品评。计成既以"艳"字修饰这最美的紫色，又用"欣逢"二字冠于"花里神仙"之前，以概括冯梦龙小说的动人情节，还以此联结着《牡丹亭》的咏园名句，于是，三者巧妙地糅合为天衣无缝，内容与形式俱佳的名言——"嫣红艳紫，欣逢花里神仙"。

"花里神仙"的出典，诸家已成共识，至于"欣逢花里神仙"之典在《园冶·借景》中的意义，或云比喻象遇仙的花翁一样快活；或云比喻园林里的花木美若仙境……大体是浅层的，其深层的意蕴还应继续探究。

对于《灌园叟晚逢仙女》，首先应联系其时代来看。当时恰恰是晚明思想界儒释道三教融合的时代，这无疑对作家们题材、主题的选择很有影响。所以他们"有意识地将因果报应思想作为主线，或宣讲因缘果报故事，或直陈因果报应思想，将因果报应与道德教化结合起来"，这"在教化人心、改变民心、净化心灵等方面发挥着重要的作用"。"冯梦龙、凌蒙初（金按：二人分别为"三言"、"二拍"的编创者）作为有社会良知的人士，以挽救世道人心为己任，期望通过创作来恢复以善为本的社会伦理道德……包括不杀不害，珍爱生命"①。这属于和宗教相结合的生态伦理学范畴，《灌园叟晚逢仙女》在这方面的教化功能，是很突出的。

冯梦龙在讲这故事之前，先直陈了一个与生态伦理有关的理念，就是："惜花致福，损花折寿，乃见在功德，须不是乱道。"在故事将结束时，瑶池王母的司花仙女又宣称："但有爱花惜花的，加之以福；残花毁花的，降之以灾。"再具体地说，小说中的仙女为什么一再对灌园叟露面并加庇护？这是因为他始终不渝地种花灌园，执着、守望、爱惜、呵护，愿终身与绿共存，与园同在。从今天的生态学立场分析，他的辛勤劳动，是对大自然的无上尊重和虔诚崇拜，而仙女的频频出现，则代表了大自然对灌园叟的殷勤回报，借用小说的语言说，是"怜汝惜花至诚"，为"报知己之恩"。灌园叟以花为自己的第二生命，也就是真诚地以大自然为"知己"，按照宗教伦理学"善有善报"的逻辑，他终于功德圆满，不但晚年喜运而遇仙，而且脱胎换骨而成仙。至于对残花毁花、亵渎生态美、意欲强占灌园叟之园的恶霸张委的因果报应，则必然是"降之以灾"的严重惩罚。这就是这篇小说反复渲染的佛道生态伦理学的主题，它和道教经典《太平经》所说"天者，常乐生，无害心"的理念也是一致的。因此，当人们想起"欣逢花里神仙"的故事情节，就必然会接受小说中"惜花致福"，"善有善报"的主题，也能萌生、推衍出善待花木、关爱生命、重视环保、尊崇自然这类符合新时代生态精神的联想。回顾20世纪，就曾出现过一部将《灌园叟晚逢仙女》改编的电影——《秋翁遇仙记》，当时还颇为流行，能触动人们的良知善心。

还可将"花里神仙"作前后的历史联系。苏州留园的五峰仙馆，有一副清末苏州状元陆润庠所撰长联【图86】：

图86　定自称花里神仙
苏州留园五峰仙馆长联
[清]陆润庠撰并书

---

① 姜良存：《佛道思想与三言二拍》，[北京]《光明日报》2012年8月6日第13版。

読《书》取正，读《易》取变，读《骚》取幽，读《庄》取达，读"汉文"取坚，最有味卷中岁月；

与菊同野，与梅同疏，与莲同洁，与兰同芳，与海棠同韵，定自称花里神仙。

这副长联，上联标举五种经典（"汉文"指西汉前期散文），分别用一字概括其主要特色，可谓既善于读书，又擅长辨味，能挹取其精华；下联标举五种名花，分别用一字概括其品格，与它们结为密友并臻于物我同化之境，这样，作者也似乎是"花里神仙"了。这副长联的创作是成功的，作者同时也吸取了明末小品文家、著名鉴赏家陈继儒《小窗幽记·集韵》中语："与梅同瘦，与竹同清，与柳同眠，与桃李同笑，居然花里神仙"。由以上各例，似乎可梳理出一条自唐至清末"花里神仙"的历史传承链来。这就是：唐贾耽《花谱》——宋陈思《海棠谱》、陈景沂《全芳备祖》——明冯梦龙小说《灌园叟晚逢仙女》——明陈继儒语录《小窗幽记·集韵》——明计成造园学专著《园冶·借景》——清陆润庠留园对联……它们虽体现于不同的文体，但其间又是一脉相承，当然，其中还可能有遗漏，但这条历史传承链已颇有意味，而计成在其中所起的作用，除了承前启后外，更重要的是根据造园实践和总结经验的需要，进行有效的移植，从而启导人们以善待花木的精神去造园赏景，以爱惜生命的理念去对待自然，对待世界。

第三节　山林意味深求，花木情缘易逗
——花木情结与山林意味的指向探究

"山林意味深求，花木情缘易逗"，此骈语见《园冶·掇山》。两句从表面看没有什么难解之处，不需注释，然而却有着很深的文化涵蕴，而各家的解词、释句、析意，均多分歧，不甚理想，故需细细辨析品味。

《园冶注释》译文："山林的意味该深入研究，花木的习性却易于理解。"此译失当。前句没有交代是什么样的意味，后句的"花木情缘"更不能译作"花木习性"，这太偏于自然的生物性，而"情缘"则不然，它表现为社会心理性方面的行为或关系。又如"逗"，是突出地带有情感性的行为，译作"理解"就太理性化了，再加上前句所译的"研究"，就基本上以理性取代了感性。总之，译句消解了《园冶》原句的情意和文采。

《园冶全释》则与之有异，它善于阐发，注道："逗，招引。李贺《筝篌引》：'女娲炼石补天处，石破天惊逗秋雨。'（金按：堪称佳注！）此句'花木缘情易逗'的意思，如论画者云，山无草木不华，树活则灵。无花木的山就无生气，有花木就易使人触景生情，获得自然山林的情趣和意境。"此注能引画论阐明山与花木的关

355

系，说明"山"离不开"林"，又强调了"情"和"意境"，均较佳，但将"情缘"释作"触景生情"，并将后句译作"一草一木要能令人触景生情"，则与原意尚隔一层。

和《全释》相比，《全释商榷》并无超越，认为两句"换个说法就是'深求山林意味，易逗花木情缘'，这样文意就比较明显好懂。上句是因，下句是果，就是说：在掇山时，只要能深入探求自然山林的意境，在花木配置上就较易引起游人的触景生情。文意中并没有谈论花木的有无问题。"此说均失当，表现在几个方面：一是文句问题，把原句作为受事主语的"意味"、"情缘"，换成为动词谓语"求"、"逗"的宾语，这虽无不可，但却使得语势软弱，平铺直叙，缺乏修辞效果，不可能掷地有声，也就不能成为《文心雕龙·隐秀》所说"篇中之独拔"的秀句；二是有关复句的问题。应该说，即使按《商榷》在两个分句中加上关联词"只要……就……"，那也不是因果关系，而是条件关系。何况这两个分句并非偏正复句，既非因果复句，又非条件复句，而恰恰是不同于偏正复句的并列复句，这两个分句之间并不存在主次关系；三是译注时能否论及花木？本书认为，此句既已提及"花木情缘"，那么，《全释》就不妨进而比较园林中有无花木的利弊，这样更有助于了解文意，让人懂得"花木情缘"的重要性。何况，《园冶》全书并未专辟花木章节，而是散见于全书，故而解释此节时，不妨多讲几句。

以上三家的解释、讨论，其不足在于没有将学术之箭对准应射之"的"——"意味"、"情缘"这两个关键词，故须作词义辨析。原文中的"意味"、"情缘"，与《全释》、《商榷》所说的"意境"、"触景生情"均有区别，不能相混。具体地说，和"意境"相比，"意味"更虚，其内涵蕴藏更深远，更需要细细寻绎和品味[①]；和"情缘"相比，"触景生情"则仅仅是其初始阶段，其后还有更深、更持久地缔结因缘或缘分的问题。

先释"山林意味深求"。

这既是对造园家、园主的要求，也可说是对游赏者的要求，而且还应看到，这更是计成自己的情思发露和经验总结。应该说，"山林意味"四字已凝为一个整体，是计成创造性地提出的一个完整的、独立的、非常重要的园林美学概念和园林批评标准，以致它也不宜译作松散结构的"山林的意味"。

这"山林意味"的内涵究竟如何？不妨先从《园冶》自身入手来探究寻绎。《相地·山林地》一开头就写道："园地惟山林最胜。"那么，山林地为什么"最胜"？

---

① 从美学视角看优秀艺术作品的意味，如徐复观先生所指出："意味之意……并不包含某种明确意识，而只是流动着的一片感情的朦胧缥缈的情调"。（《中国文学论集》，台北学生书局1980年版，第115页）李泽厚先生指出："这'意味'不脱离'感知'、'形象'或'形式'。又超越了它们……它有一种长久的持续的可品味性……'即之愈稀，味之无穷'。它是超越语言的"（《美学四讲》，生活·读书·新知三联书店2004年版，第199－200页）。这都揭示了意味的某些特点。不过应指出，这种意味是可以探究的，但往往探究不尽；是可以用语言表述的，但往往表述不尽，故有其"长久的持续的可品味性"。至于学术研究中作为范畴的"意味"，也较大程度上含蕴着以上的内容。

这除了"自然天成之趣，不烦人事之工"等可以明确言传的客观优越性外，还有更为重要的、较难言传的内涵。计成接着通过优美的文笔，描述了他的主体感受和审美指向："闲闲即景，寂寂探春"，"竹里通幽，松寮隐僻"，这些短句中一系列的形容词，其总的意味是安闲、寂静、深幽、隐僻……这正是山林典型的气氛和情调。但它静中有动，"好鸟要朋，群麋偕侣"，涛声郁郁，鹤舞翩翩，是动而愈静。当然，这种环境氛围和情调，还是浅层次的山林意味。接着，其中人物带景出场："阶前自扫云，岭上谁锄月。"幽人文士回归林泉，无羁无束，这种隐逸之乐，才是计成所要人们深求的"山林意味"，或者说，这才是计成的意味指向。

不妨再从史学视角作进一步的探究，追寻"山林"和隐逸的历史性联系：

在战国时代，《庄子·知北游》唱道："山林与，皋壤与，使我欣欣然而乐与（金按：'与'即'欤'，表感叹）！"作为最早的隐逸放歌之一，它是以"山林"二字开头的。

在晋代，隐逸之风大盛。出现了大量的招隐诗、游仙诗乃至游赏哲理诗。这些诗往往把隐逸和山林紧密联系起来。例如：

> 隐士托山林，遁世以保真。（张华《招隐诗》）
>
> 山林有悔吝，人间实多累……得意在丘中，安事愚与智？（张载《招隐诗》）
>
> 京华游侠窟，山林隐遁栖。朱门何足荣，未若托蓬莱。（郭璞《游仙诗十九首［其一］》）
>
> 时来谁不怀，寄散山林间。尚想方外宾，迢迢有馀闲。（曹茂之《兰亭诗》）

政局变化莫测，动荡不安，士人们动辄得咎，横遭惨祸，虽有雄才大略，依然屈而不伸，只能独善其身，走向隐逸，他们感到朱门荣华、人世红尘远不如山林或蓬莱，那里可以保持自己的个性独立，精神自由，这些都通过诗歌抒写出来，从中也可见，山林和隐逸已紧紧缩结在一起，甚至"山林"已成了隐逸或隐逸之所的代称。

在唐代，韩愈《后二十九日复上宰相书》："山林者，士之所独善自养……"这一判断，说明了嘉遁山林是古代文人不得志而独善其身的最佳选择。而《旧唐书·隐逸传叙》写道："高宗、天后访道山林……屡造幽人之宅，坚回隐士之车。"这是写帝、后一再深入山林，敦促隐士出山从政。

在宋代，欧阳修《浮槎山水记》写道：

> 荫长松，藉丰草，听山溜之潺湲，饮石泉之滴沥，此山林者之乐也。而山林之士视天下之乐，不一动其心；或有欲于心，顾力不可得而止者，乃能退而获乐于斯。彼富贵者之能致物矣，而其不可兼者，唯山林之乐尔。唯富贵者而不得兼，然后贫贱之士有以自足而高世。

隐逸文化，本来就是文人私家园林的母胎，是文人写意山水园之魂，而这些也正是计成所向往的有意味的理想追求。由此进一步还可说，在《园冶》一书里，山林似乎就是隐逸，隐逸似乎就是山林，而且这一主题，还若隐若现地贯穿于全书之中，在字里行间不时地流露出来。

"山林意味深求"，意谓山林及其所深蕴的种种隐逸意味，应该持续地探求和长久地品味，这是掷地有声的哲理性名言警句，诸家的解释仅或多或少触及其内涵的表层。

再释"花木情缘易逗"。

情缘，一般指男女间爱情的缘分。唐孟棨《本事诗·情感》："傥情缘未断，犹冀相见……"宋吴礼之《霜天晓角》词："情缘重，怕离别。"可见，情缘表现着包括难舍难分、不易割断等在内的人际关系，计成则将其移植为人与花木之间亲密的生态关系，并结合自己造园品园的审美经验，和"山林意味"一样，组成"花木情缘"这一全新的、独立的、非常重要的园林美学、生态美学概念。

"逗"与"情缘"相配，还特别合适。《诗词曲语辞汇释》："逗，犹引也。杜甫《怀锦水止》：'朝朝巫峡水，远逗锦江波。'仇注云，逗，引也。"又引《词林摘艳》"那时节两意相投，琴心宛转频挑逗"等，从而将"逗"释作"挑逗"、"惹引"、"引诱"、"勾引"。就花木来说，它确乎特别能勾引起人情感，从而让人与其结缘，正因为如此，"花木情缘易逗"一句，突出地强调了"情缘"的易于引发和缔结，但是，它还有更重要的言外之意在，这就是"花木情缘"虽然易来，却不应该让其易去，匆匆消失，相反，应常结、永结才好，如明陈继儒所记："缘之所寄，一往情深"（《小窗幽记·集情》）。

再探究"花木情缘"这一重要概念的形成及其背景。中明以来随着资本主义的萌生，出现了以"情"为核心的人文潮流，以反对封建理学道统的束缚。在戏曲领域，汤显祖力主唯情论，《牡丹亭》为其代表作；在诗歌领域，袁宏道主张"性灵"说，认为"情至之语，自能感人"（《序小修诗》）；在小说领域，冯梦龙主张"借男女之真情，发名教之伪药"（《序山歌》）。计成比冯梦龙小八岁，他是吴江人，吴江一向属于苏州，冯梦龙也是苏州人，其《灌园叟晚逢仙女》中就写到吴江的震泽、庞山湖，这些对计成会有影响。冯梦龙还有《情史》二十四卷，每卷标题均以"情"字领起，有一卷题为《情缘》，这正是"花木情缘"中"情缘"一词的直接来源。

除了联系历史、时代外，更应看到，"花木情缘"还是自觉或不自觉地对中国园林史和花木文化史合规律性的深刻总结。

回眸历史，从《诗经》开始，就有"桃之夭夭"，"杨柳依依"等脍炙人口的名句，但它们或是比，或是兴，并非专咏花木。到了六朝，出现了一些专咏花木的诗，但诗中尚缺少深挚的情愫，缺少人与花的双向交流，因而不可能写得很动人。唐宋以来，就不同了。先看两首诗：

> 不是爱花即欲死，只恐花尽老相催。繁枝容易纷纷落，嫩蕊商量细细

开。(唐杜甫《江畔独步寻花七绝句［其七］》)①

> 东风袅袅泛崇光，香雾空蒙月转廊。只恐深夜花睡去，故烧高烛照红
妆。(宋苏轼《海棠》)

唐、宋两位大诗人，不约而同地分别用"只恐"二字，表达了人对花深挚的情、真切的爱，于是，两位惜花、品花的诗人同时跃然纸上，两首诗真是"情至之语"，可说开创了花木情缘的时代。再看宋杨巽斋的《杜鹃花》："羁客有家归未得，对花无语两含情。"归家不得，与花结成莫逆知己，人与花双方含情脉脉，互通情愫，这也是真正的花木情缘。而晏殊《浣溪沙》词中的"无可奈何花落去"，"小园香径独徘徊"，也意致缠绵，恋花惜花之情深永……这些一直影响到《红楼梦》里的黛玉葬花。

在明、清时代的花木文化史上，缘之所寄，一往而深。晚明的陈继儒，其《小窗幽记·集韵》有云："雪后寻梅，霜前访菊，雨际护兰，风外听竹。"选择不同的时令，风霜雨雪，去寻访，去呵护，去品味，去领略，其感情更为细腻。《小窗幽记·集绮》又说："昔人有花中十友：桂为仙友，莲为净友，梅为清友，菊为逸友，海棠名友，荼蘼韵友，瑞香殊友，芝兰芳友，腊（应作蜡）梅奇友，栀子禅友。"这也是与花结为至友的一种形式。再如清初张潮的《幽梦影》："菊以渊明（陶潜）为知己，梅以和靖（林逋）为知己，竹以子猷（王徽之）为知己，莲以濂溪（周敦颐）为知己……一与之订，千秋不移。"更历数了名人们深深的、千秋不移的花木情缘！

处于晚明时期的计成，用"花木情缘易逗"一句来概括唐宋以来花木文化的历史经验，至为恰当深刻。再看《园冶》一书，寄情花木之语俯拾即是，如《园说》："竹坞寻幽，醉心即是。"《相地·城市地》："蒔花笑以春风"。《立基》："桃李不言，似通津信。"《掇山》："成径成蹊，寻花问柳。"《借景》："林皋延伫，相缘竹树萧森"；"嫣红艳紫，欣逢花里神仙"；"但觉篱残菊晚，应探岭暖梅先"……这都不是被动的接受，而大抵是主动的"寻"、"探"、"问"，既有情感，又有行动，也可谓一往情深！

再缩小范围看苏州，民间就长期存在着与花木喜结情缘的风俗。清人顾禄的《清嘉录》，是一本专记苏州岁时风土、游观习俗的乡邦文献。其中所记苏州一年里的"花木情缘"，除了二月十二的"百花生日"的"花朝节"外，还有二月的"元墓看梅花"；三月的"游春玩景看菜花"、"穀雨三朝看牡丹"；六月的"珠兰茉莉花市"、"荷花荡庆荷花生日"；九月的"菊花山"；十月的"天平山看枫叶"……这一次次洋溢着四时芳馨的乡土花节，把百姓们的良辰美景、赏心乐事，以及牢固不渝的花木情缘传统融和在一起了！遥想这万人空巷的盛况，确乎令人神往，

---

① 杜甫《江畔独步寻花七绝句》中蕴含"花木情缘"的还有："江上被花恼不彻，无处告诉只颠狂"［其一］；"报答春光知有处。应须美酒到天涯"［其三］……

这种人对花木的向往，人与花木尽情同乐，融洽无间，可看作是一种生态情潮，由此可证计成提出的"花木情缘易逗"名言，言之不虚！而今，此风有所衰落，但值得庆幸的是，其中有些传统民俗至今尚存，而苏州诸多风景园林，还分别有自己的花时花展，形成了新的梅花节、兰花节、梨花节、荷花节、菊花节、红枫节……这些又均融和着新的旅游风尚，更方兴未艾。

第四节　日竟花朝，宵分月夕
——民俗文化学视野的可贵关注

此语见《园冶·相地·傍宅地》，与之有关的句群为："日竟花朝，宵分［fēn］月夕。家庭侍酒，须开锦幛之藏；客集征诗，量罚金谷之数。多方题咏，薄有洞天。"两两相对的骈语，主要写园林里的花月情缘，它还特别具有民俗文化学的价值。以此来看诸家译注，并无理解上的分歧，只是典故交代或有疏漏。

先以民俗学与传统节日文化的视角切入。从历史上看，"花朝月夕"至少是在唐代就已开始积淀为成语，并更早就已形成为岁时风俗。《旧唐书·罗威传》："每花朝月夕，与宾佐赋咏，甚有情致。"一个"每"字，可见非偶而为之，而是已成惯例。

"花朝"和"月夕"，是我国岁时节令民俗中颇为重要的节日，特别是二者基本上属于春、秋两个最佳季节之中，极堪游赏，故倍增人们的审美文化情兴。不过，各地所定佳节的时间，稍有先后。

先说"花朝"。这在我国民俗中具有一定的普世性，洛阳、闽中风俗以夏历二月二日为花朝，浙江为二月十五日，苏州则为二月十二日，等等。至于月夕中秋节，则各地均为八月十五日。

顾禄《清嘉录》记苏州二月十二的"百花生日"条云：

> 十二日为百花生日，闺中女郎剪五色彩缯，粘花枝上，谓之赏红。虎丘花神庙击牲献乐，以祝仙诞……蔡云《吴歈》云："百花生日是良辰，未到'花朝'一半春。红紫万千披锦绣，尚劳点缀贺花神。"

《清嘉录》按语还有所归纳：《西湖游览志》、《风土记》、《提要录》等以二月十五日为花朝；《翰墨记》、《诚斋诗话》、《昆新合志》、《镇洋志》等以二月十二为花朝，并记有种种民俗事象。如：

> 花朝节，城中妇女剪彩为花，插之鬓髻，以为应节。（《宣府志》）
>
> 二月十二日为花朝，花神生日，各花卉俱赏红。（《镇新合志》）
>
> 十二日为崔元徽护百花、避封（金按：即风）姨之辰，故剪彩条繫百花避封姨之辰。（《镇洋志》）

计成在《园冶·掇山》中冶铸出"花木情缘易逗"的警句名言，而上引有关"花朝节"的种种大同小异、具体生动的普世性事象，可看作是这一名言诞生的历史依据和文化民俗根源。

再说"月夕"。宋吴自牧《梦粱录·中秋》："八月十五日中秋节，此日三秋恰半，故谓之'中秋'。此夜月色倍明于常时，又谓之'月夕'。"明田汝成《西湖游览志馀·熙朝乐事》联系"花朝节"这样写道："二月十五日为花朝节。盖'花朝月夕'，世俗恒言，二、八两月为春、秋之中，故以二月半为'花朝'，八月半为'月夕'也。"

重点联系吴地风俗来看，顾禄《清嘉录》载："中秋俗呼八月半，是夕，人家各有宴会，以酬佳节"。该书中还集录了吴地相关史志所载种种不同风俗：

> 《昆新合志》："中秋夕，游人踏月马鞍山前。"《吴江志》："是夕群集'白漾'欢饮，竹肉并奏，往往彻晓而罢。"《震泽旧志》："中秋夜，携榼胜地，联袂踏歌。"《昭文志》："八月望，游人操舟，集湖桥望月。"又卢《志》及长、元《志》皆云："中秋，倾城士女出游虎丘，笙歌彻夜。"……

对于中秋，元高明《琵琶记》第二十七折"中秋望月"唱道："惟愿取，年年此夜，人月双清"。曲语表达了一种典型情感和普遍愿望。中国人确实历来就有赏月、望月情结，他们以种种形式集中表现于中秋佳节。

以上各地关于百花生日、中秋佳节的一系列民俗记载，均可看作是对《园冶》"日竟花朝，宵分月夕"二句的现实支撑和某种注脚。因为园林里的这种节令风俗事象，归根结底，是建立在千百年来园林之外广袤无尽的节令风俗事象基础之上的。宋代词人柳永的《洞仙歌》写道："笙歌巷陌，绮罗庭院。"前句可看作是对社会节令民俗的概括，后句可看作是对园林节令民俗的写照，园外和园内的民俗风情，总是有机地甚至互动地联系着。

对于园外节令民俗事象的描写，有关诗文可谓汗牛充栋，不胜赘举；但就园内范围来说，这类描写则颇为罕见，然而，却进入了造园学著作《园冶》的视野，此书中不但有关春花秋月的语句散见于某些章节里，而且在此基础上于《傍宅地》的园林中予以真实而集中的反映，这就极具民俗史料学的价值。特别应指出，"日竟花朝，宵分月夕"，不但有肯定和传播节日文化之效，而且在当时和尔后还能促进天人和谐，促使人们的佳节意识走向文化自觉。

上引《相地·傍宅地》这段文字的民俗文化学价值，除了"日竟花朝，宵分月夕"之外，还有"家庭侍酒，须开锦幛之藏；客集征诗，量罚金谷之数。多方题咏，薄有洞天"。这就园林来说，其中两句又可分为对内——"家庭侍酒"和对外——"客集征诗"两个层面来进一步阐释：

其一，对内来说，"家庭侍酒"不再遮掩躲藏，而是尽情欢宴讴唱，如《园冶注释》所写，"花晨为欢永日，月夜寻乐中宵。家人欢宴，不须设锦幛的隔屏"；

如《园冶全释》所写，"花朝良辰，得尽兴永日之赏；中秋佳节，庆团圆夜半之乐"，"之所以可拉开锦制的帷幕，因为是家宴，不需要用锦幛把女眷侍妾们遮挡起来……"。

从认识论的视角看，园内"家庭侍酒"这类渗透着雅韵的事象，是园外爱春花、赏秋月的大量民俗事象的文人化、园林化、集中化，它们和"锦幛之藏"、"金谷之数"等一样，作为历史文化现象的艺术性实录，均有其认识价值，即不但有园林史料学的价值，而且还有文化史料学的价值。从这一视点扩展开来看，"诞生于中国肥沃的传统文化土壤之中"，作为"数千年传统文化中一颗闪亮的结晶体"[①]的《园冶》，其中随处可见各种事象，它们蕴含天文地理、自然社会、历史人文、山水泉石、节令风俗、琴书茶酒、风花雪月、鱼虫花鸟、神话传说……上至帝王将相，下及渔樵隐逸，几乎是无所不包，因此可以这样说，《园冶》在某种程度上带有百科全书的性质。

其二，对外来说，"客集征诗"是写园主借着良辰美景所发起、所外请并所主持的文人雅集，这是更有价值意义的民俗文化活动和园林游艺活动，或者说，是以园林美为环境的高雅的文人社交活动，它不但是园林文人生活的一面聚焦镜，而且对园林起着不可忽视的精神性建构作用，例如"客集征诗"，撇除其"量罚金谷之数"等种种的不同形式，而从实质上看，它是一种极有价值的园林精神文化创造和积累。回眸中国古典园林的历程，可发现很多园林就由于文人雅集的积淀而身价倍增，于是，品位迥乎不同，提升到更高的层次，甚至在园林史、文化史上留下了千载不朽的美名。早在20世纪30年代，童寯先生在《江南园林志》中首先对此非常关注，他写道："曹植有《西园公宴诗》，顾恺之作《清夜游西园图》，开后世园林雅集之端。"[②]这确实是一个良好的开端。姑举历史上几次荦荦大者为例：

汉魏的西园冠盖之游。曹丕、王粲、曹植等人均有诗作咏唱。曹植《公宴》诗就这样描述："清夜游西园，冠盖相追随。"这是我国历史上最早出现的文人集群的著名游园活动，对尔后的文人雅集起着一种引领作用。

东晋兰亭的流觞曲水、修禊赋诗之会。当时，孙绰、谢安、孙统、王徽之等一行江左名流，"相与欣佳节"（谢安《兰亭诗》），"嘉会欣时游"（王肃之《兰亭诗》），而王羲之还挥毫书写了千古流芳的《兰亭集序》，于是兰亭之美蜚声寰宇，这就是唐柳宗元所概括的"美不自美。因人而彰"（《邕州马退山茅亭记》）的一条风景园林美学规律，或称风景园林精神性建构规律。

北宋王诜的"西园雅集"。参与盛会的有苏轼、苏辙、黄庭坚、秦观等十余人，李公麟画《西园雅集图》，米芾作《西园雅集图记》，于是更誉满文坛，名垂艺史。

---

① 张薇：《园冶文化论》，人民出版社2006年版，第397页。
② 童寯：《江南园林志》，中国建筑工业出版社1987年版，第47页。

元代顾瑛在昆山的玉山雅集，"玉山草堂，良辰美景，士友群集……列坐分题，无间宾主"，"一时风流文雅，著称东南"（顾嗣立《元诗选》）。名士有杨维祯、柯九思、倪云林等，宴咏不绝。

至于历代各地其他较著名或不甚著名的雅集，真可谓不胜枚举。清人钱大昕《网师园记》写道：

> 汉、魏而下，西园冠盖之游，一时夸为盛事，而士大夫亦各有其家园，罗致花石，以豪举相尚……然亭台树石之胜，必待名流宴赏、诗文唱酬以传，否则辟疆驱客，徒资后人喔喙而已。

钱大昕不愧为著名历史学家，这番话是颇有深度的园林史总结。但是，在古往今来的造园学著作中，却从未见提及名流宴咏及其对园林文化的作用，而惟有《园冶·相地·傍宅地》，既结合文人园林中的时令习俗，又联系园林里的"花木情缘"、"风月清音"，亦叙亦咏地写道："日竟花朝，宵分月夕。家庭侍酒，须开锦幛之藏；客集征诗，量罚金谷之数……"这无疑是在理论上肯定并在感情上赞扬了文人雅集对于园林的价值意义，这番描叙，在造园理论史上，也可说是空前的。

第五节　须陈风月清音，休犯山林罪过
——溯源中国生态哲学的优秀传统

"须陈风月清音，休犯山林罪过"，此警语见《相地·郊野地》。诸家解释，有得也有失。

《园冶注释》："清音，风月声色之意。晋左思《招隐》诗：'非比丝与竹，山水有清音。'元梁栋《登大茅峰》诗：'草木为我留清音。'罪过：此处指亵渎山林的行动而言。"译文："必须领略风月的清音，不可干犯山林的禁例。"总的来看，注、译均较好，只是将"陈"字译作"领略"，似不实。

《园冶全释》："陈：陈述；陈列。这里有创造景境的意思……此句'须陈风月清音'，意思是：须要有清风明月的天籁之音，即须保存郊野地的自然风致。""山林：山与林木，园林的代称。《汉书·东方朔传》：'愿陛下时忘万事，养精游神，从中披庭回舆，枉路临妾山林。'注引应劭：'公主园中有山，谦不敢称第，故托山林也。'，为山林代称园林之典出处。"《全释》按语："这两句话不是指游园者如何玩赏，而是造园者如何创作。否则全文最后一句'俗笔偏涂'，注释为'俗笔定要清除'岂不成了空话？如果把'山林'作'园林'之代称，从造园艺术创作去理解，意义就很清楚了。这两句话应译成：'必须表现出郊野地的自然风光，不要违背或破坏园林的'虽由人作，宛自天开'的根本原则"，或"追求自然山水意境的美学原则。"本书认为，此说有误。应该分清：原生态的山林是真正"天开"的

"第一自然"；园林则是"人作"的艺术，属于"第二自然"，它不是真正"天开"，而是"宛自天开"；至于"意境"和"美学"，更是精神文化性的。这些区别是不能混同的。《园冶全释》认为山林是"园林的代称"，实际上是把"休犯山林罪过"讹变为"休犯园林罪过"，这就贬抑了这一警句的价值意义。

当然，"山林"是一个多义词，要看具体语境如何，它有时可以是园林的代称，如杜甫《陪郑广文游何将军山林》中的"山林"，就是园林，因为不但诗题上"山林"之前冠有"何将军"字样，而且诗一开头就有"名园依绿水"之句。但是，并非凡是写到山林，就一定是园林。例如《淮南子·主术训》中的"斧斤不得入山林"，就不是园林，而是真正的、原生态的山林，亦即《全释》所说的"山与林木"的集成；西晋张华《招隐诗》中的"隐士托山林"，也不是园林，而是隐士以真正的山林作为寄身之地，因此也可作隐士栖居地的代称。再如，《园冶·掇山》中的"咫尺山林"，也是一种夸饰，是指"有真为假，做假成真"（《园冶·掇山》）的假山，它只是园林的一个组成部分，用来夸喻园林的咫尺之地有千里山林之势。

至于《园冶·相地·郊野地》中的"休犯山林罪过"，其中"山林"更不是指园林。《全释》按语有一点是对的，即指出《园冶注释》忽视了《相地·郊野地》主要不是讲游园者的观赏，而是讲"造园者如何创作"的。既然如此，那么，造园家当时所"相"的郊野地，即所考察作为园林用地的山林郊野，它必然是造园前原本的自然状态，根本谈不上创作成果的"虽由人作，宛自天开"，因为尚未开始兴造加工，可见计成这里所说的"山林"，绝不是业已竣工的"宛自天开"的园林。所以这里的"山林"绝不能和园林划等号。"虽由人作，宛自天开"的原则确实是重要的，但用于此处则不当，是曲解了"休犯山林罪过"这一重要的原则。

再看《全译商榷》："'须陈''休犯'二句是针对上文'两三间曲尽春藏，一二处堪为暑避'而言，主要是说：必须尽量保持自然山水风光，尽量减少园林建筑，有'两三间'、'一二处'就够了，不要去违犯破坏生态环境的罪过。"此说颇有道理，但脱漏了对'须陈风月清音'的解释。

其实，"须陈风月清音，休犯山林罪过"这个骈偶句，是分别讲造园特别是对郊野地相地规划设计时虚景创造和实景创造两方面应注意之点。

先论析第一句："须陈风月清音"。

此句的"陈"字，释为陈述、陈列，均不妥，因为作为动词，陈述的宾语应该是意见或理由之类；陈列的宾语应该是物品，而清音则是无色无形，无踪无迹，看不见摸不着，具有流动性，既无法陈列，又难以陈述，而只能通过文学语言来描写，发人审美想象，启人开放五官。故此句的"陈"，应释作显示、呈现，或让其显现。《国语·齐语》："相示以巧，相陈以功。"示、陈，互文，示即是陈，陈即是示。故而韦昭注："陈亦示也。"《王力古汉语字典》亦训"陈"为"显示"，这也通于显现。在《园冶》里，"须陈风月清音"中的"陈"作为动词，被用得虚灵活脱，而其宾语恰好也是虚景，因此十分恰当。计成的命意，是要求陈示亦即通过设计去显现，去凸显园林里这类不容忽视的虚景，如林间的风，夜空的月，山水的清音……"须陈风月清音"一句，至少联系着两个语典：其一是左思《招隐诗二首［其一］》中千古传诵的名句："非必丝与竹，山水有清音。"意谓并非一定要欣赏丝竹所奏的音乐——人籁，而山水间自有天籁、地籁的清音，其中还包括左思此诗中"石泉漱琼瑶"、"灌木自悲吟"等的水声、风声在内，也非常悦耳。其二是宋苏轼《前赤壁赋》中的名言："唯江上之清风，与山间之明月，耳得之而为声，目得之而为色，取之无禁，用之不竭，是造物者之无尽藏也。"这些名诗名文名句，都足以生发园林的虚景，所以计成用"须陈风月清音"来加以强调，惜乎有些研究家有所忽视。

然而计成对此却非常重视，不妨联系《园冶》全书来看，其中风与月常常对举出现或间隔出现，略摘如下：

> 溶溶月色，瑟瑟风声。（《园说》）
>
> 风生寒峭……月隐清微……（《相地·郊野地》）
>
> 曲曲一湾柳月，濯魄清波；遥遥十里荷风，递香幽室。（《立基》）
>
> 风鸦几树夕阳，寒雁数声残月。（《借景》）
>
> 风生林樾……俯流玩月……举杯明月自相邀。（《借景》）

这些都意在引导、启示人们去捕风捉影，深情谛听，于虚中取之，而"须陈风月清音"一句，则是对上述描叙的集中概括和突出提示。

人们一般总认为，清风明月无尽藏，似乎用不着造园家在兴造时煞费苦心去经营设计，其实不然，试联系造园实践分论之：

欲赏月景，如果树林茂密拥塞，就很有困难，所以必须另行考虑空间的超越。《园冶·相地·江湖地》说，"迎先月以登台"；《园冶·借景》也提出"眺远高台"，"凭虚敞阁"，这才能"举杯明月自相邀"。而现存苏州网师园有"月到风来亭"，亦为俯仰以赏月的佳处。

欲赏水音，如王穉登《寄畅园记》说，"台下泉由石隙泻沼中，声淙淙中琴瑟……拾级而上，亭翼然峭蒨青葱间者，为'悬淙'"；明邹迪光《愚公谷乘》亦云，"尽春申涧六堰之水……自第一曲至此，为第七堰，计涧五十馀丈，地以下丈许，乘高注下……名之'洗耳'"。这都是利用天然条件而创造的听水音的极佳景点。至今，无锡寄畅园仍有著名的"八音涧"。

欲赏风声，最好是种松。明代拙政园有"听松风处"，文徵明《拙政园图咏·听松风处》诗序云："听松风处在梦隐楼北，地多长松。"诗曰："疏松漱寒泉，山风满清听。空谷度飘云，悠然落虚影。红尘不到眼，白日相与永。彼美松间人，何似陶弘景。"今天，拙政园还有"听松风处"，阁内有"一庭秋月啸松风"之匾，点出了这里疏松挺秀，虬枝凌空，每当劲风谡谡，便有松风声声。当然，听风声还可种竹，萧萧竹韵也锵锵悦耳。清代画竹名家郑板桥《竹石》云："十笏茅斋，一方天井，修竹数竿，石笋数尺……而风中雨中有声，日中月中有影"。其地虽无多，意韵却无穷，一室小景，有情有味，历久而弥新。

今日拙政园西部还有小小扇面亭，其后为小小山林，可受清风；其前临溪，有栏槛堪凭，可揽明月，题为"与谁同坐轩"，是用苏轼《点绛唇·闲倚胡床》之典："与谁同坐？明月清风我。"品题用"藏词"的辞格，特意把后一句隐去，让人们像歇后语一样去填空，于是自己也参与其中，仰首可见空中冰轮，俯身能赏水中玉盘，如再背诵苏轼的名句，更觉意兴无穷。这种建筑与环境相惬的营构，也需要"意在笔先"，事先加以考虑。

对此，陈从周先生还多所发挥，兹择两个片断以供共享：

> 对花影要考虑到粉墙，听风要考虑到松，听雨要考虑到荷叶，月色要考虑到柳梢，斜阳要考虑到梅竹等，都希望使理想中的幻景付诸实现，安排一木一石，都寄托了丰富的情感……

> 至于松风听涛，菰蒲闻雨，月移花影，雾失楼台……这些效果的产生，主要在于设计者对文学艺术的高度修养，以及与实际的建筑相结合，使理想中的境界付之于实现，并撷其最佳者而予以渲染扩大。[1]

这写出了对古典园林和文学艺术高度融合的企盼和体悟，足以提升园林的意境。再联系《相地·郊野地》来看，郊野造园具有优越的条件，造园家应该想方设法，尽可能让原来有的或可能有的风月清音之美，予以显示，给人们提供丰富的声色情感享受。

"风月清音"等种种虚景，是造园、赏园十分重要的内容，遗憾的是，《园冶全译》将这类具体的虚景笼统地解释为"须保存郊野地的自然风致"，而《全译商榷》则在综括"'须陈''休犯'二句"内容时，也对这类虚景只字不提，只强调"必须尽量保持自然山水风光"云云，显得较空泛。既然园林研究家们对园林虚景还如此这般地忽视，那么，可见计成将其冶铸为园林美学名言加以突出的强调，又是何等必要！

有人或许会问："风月清音"的提法似乎有问题，风有清音，月怎么会有清音？其实这是用了古汉语"连及"的辞格，杨树达先生指出："古人文多连类而及之，因其一并及其二。"[2]如《易·繫辞上》："鼓之以雷霆，润之以风雨。"雨能润物而风不能润，只是"连类而及之"。《郊野地》中的"须陈风月清音，休犯山林罪过"同样如此，风有清音而月无清音，也是"因其一并及其二"。当然，要落实"须陈风月清音"这一名言警句，则既须显现风声，又须显现月色。

---

① 陈从周：《园林谈丛》，上海文化出版社1980年版，第39页。
② 杨树达：《汉文文言修辞学》，中华书局1980年版，第163页。

再论第二句："休犯山林罪过"。

此句是讲在园林的实景创造时，千万不要去破坏原有的或附近的林木，而应加保护。这一名言，在古代生态学史上有其重要的地位，必须予以详说。

计成造园的思想优势，在于受到《周易》这个中国文化源头的深刻影响，如将《易·繫辞下》中的"天地之大德曰生"和"休犯山林罪过"并列起来理解，其生态哲学意义就十分彰显了。这前、后两个命题判断，似乎就是"因为……所以……"的逻辑关系，"天地之大德曰生"是总的前提，"休犯山林罪过"则是所推出的结论。

不妨由此回眸中国优秀的哲学传统，可见历来的思想家们对《周易》中这个"生"字、"德"字有很好的阐发：

> 生生之为易，是天之所以为道也。天只是以"生"为道。（宋程颢，《河南程氏遗书》卷二）

> 易之本体，只是一个"生"字。（明高攀龙《高子遗书·札记》）

> 仁者，生生之德也。（清戴震《孟子字义疏证》）

> 仁……在天为生生之理。（近代康有为《中庸注》）

程颢认为天道只是一个"生"字，高攀龙则更指出，易的本体只是一个"生"字，或者说，他深刻地指出易的精华在于揭示了物自生的本然。高氏在此拈出"本体"二字，概括得特别准确而深刻，体现出本体论的智慧，还足以破除西方哲学界认为古代中国只有道德论、政治论，没有本体论的误解[①]。至于戴震、康有为，又从儒家仁学来阐释，认为"仁"和"易"一样，其德其理也是一个"生"字。总之，在中国思想史上，"生"之哲学是一以贯之的。以此来理解计成的"休犯山林罪过"，那就是说，侵犯、破坏山林，也就是不仁，就是缺德，就不符合天地自然的本体，就是违反了天地自然的根本规律。再从可持续发展的观点来看，古代的思想家们也非常重视保护山林，禁止滥砍滥伐，并主张有封山之令。如：

> 山林非时，不升斧斤，以成草木之长……万物不失其性，天下不失其时。（《逸周书·文传》）

> 有动封山者，罪死而不赦。（《管子·地教》）

> 斧斤以时入山林，林木不可胜用也。（《孟子·梁惠王上》）

> 草木荣华滋硕之时，则斧斤不入山林，不夭其生，不绝其长也。（《荀子·王制》）

> 制四时之禁，山不敢伐材下木……（《吕氏春秋·上农》）

[①] 余治平《"生态"概念的存在论诠释》："哲学家应该从形上高度去建构生态思想的哲学基础，为物之生生奠定逻辑支撑，聚焦于物自身的存在状态……宇宙万物都处于生生的状态，生生是一切存在物的根本特征。""古代中国的思想家们并不是只对道德论、伦理学或政治论感兴趣，其实他们始终没有忽略过物自身的存在问题。从先秦到明清，对生、生生、易的认真而深入的讨论，集中反映出中国思想家们的本体论智慧。所以，'中国古代没有本体论'、'汉语世界没有形而上学'的说法显然是无知而难以成立的。"（［南京］《江海学刊》2005 年第 6 期）这篇论文立足点高，写得非常深刻，只是论据似还不够而略显空疏，如高攀龙所说的"易之本体，只是一个'生'字"，就未被列为重要论据。

不涸泽而渔，不焚林而猎……草木未落，斧斤不得入山林。（《淮南子·主术训》）

仅从以上引文看，先秦至汉已形成了一个优秀的、值得中国人自豪的生态哲学传统，这些思想家指出，入林伐木必须在一定的时间之内，而且必须适可而止，不能夭其生，绝其长，也就是应该育之以时而用之有节，不准乱砍滥伐，对严重的甚至主张"罪死而不赦"，其总目标就是要保护、养育可贵的原生态山林。以此来看计成的"休犯山林罪过"，可说又是对先秦两汉诸子这类观点的传承、总结和在造园学里的出色发展。《管子·八观》还联系建筑的兴造提出："山林虽近，草木虽美，宫室必有度，禁发必有时。"这是提出了种种限制。西汉贾谊在《连语》中更自觉指出，"取之有时，用之有节，则物繁多"。而计成在《园冶·兴造论》中也提出了"当要节用"的原则，《园冶·立基》还这样说："开林须酌有因，按时架屋。"开采林木，要审察用途，按时架造房屋。计成的这些言论，是对"休犯山林罪过"的一个很好的补充，体现了有时、有节、有度的生态保育思想。

还应指出，计成"休犯山林罪过"的"罪过"二字，还是从冯梦龙《灌园叟晚逢仙女》里撷来的。小说写到，"那花主人要取一枝一朵来赠他（金按：指遇仙的秋先，即灌园叟），他连称罪过，决然不要"，究其思想，无疑认为这是违反了"生生之德"。而恶霸张委进其园后要强行采花，秋先又苦苦地说："这花虽是微物，但一年间不知费多少工夫，才开得这几朵，不争折损了，深为可惜。况折去不过一二日就谢的，何苦作这样罪过！"他左一个"罪过"，右一个"罪过"，都有意无意地维护了"天地之大德"，因而感动得仙女降临。计成深受这篇小说的影响，不但把情节概括为"欣逢花里神仙"之句，而且带着可贵的敬畏感将小说中的"罪过"二字加以移植，组成"休犯山林罪过"的警语，这样，中国哲学史上的深刻的生态哲学思想变得通俗易懂，雅俗均能接受了。"休犯山林罪过"，是《园冶》生态保育主义的结晶，是经反复冶铸而成的重要精神成果，绝不能将其缩小为"休犯园林罪过"。

在生态文明的时代，在人类谋求可持续发展的今天，不妨再简约回顾西方的历程。早在19世纪，恩格斯在《自然辩证法》里就总结盲目地掠夺森林资源的沉痛教训，提出严正警告："我们不要过分陶醉于我们人类对自然界的胜利。对于每一次这样的胜利，自然界都对我们进行报复……"。[①]这是预见到即将来临的生态危机，然而这一前瞻性的警告，在西方学术界并没有引起反响。直到20世纪，学术界才萌生出有关的想法。1968年，意大利、瑞士、德国、美国等十个国家的专家集会讨论生态危机和人类前途命运问题，成立了国际性民间组织"罗马俱乐部"。俱乐部主席贝伊切提出"用对自然的责任感、义务感取代对自然的统治与

---

① 详见恩格斯：《自然辩证法》，人民出版社1984年版，第304－305页。又如《文汇报》2012年10月9日《植物正以各种形式报复人类，胡永红倡导——向植物学习，尊敬回馈自然》一文，也以大量事实说明："植物是人类的福音，人类必须依赖植物而生存。""植物也有生命，和人类一样有自己生存的权利，也有自己容忍的极限"，"由于人类过度地利用和不善待植物，植物曾以各种形式报复人类，给人类带来巨大灾难……"

掠夺，用适度消费取代无度消费"①。他们这才走向中国遥遥领先的生态保育主义立场，由此可见中国生态哲学的超前性。

在结束本节之前，如对以上数节作一归纳，可以得出这样的结论：在古代，计成能由小及大地提出"爱怜芳草——结缘花木——休犯山林罪过"这样明确而坚定的理性原则，是难能可贵的。

第六节　让一步可以立根，砑数桠不妨封顶
——《园冶》构园护木论［其一］

语见《园冶·相地》："多年树木，碍筑檐垣，让一步可以立根，砑数桠不妨封顶……相地合宜，构园得体。"这涉及造园、建筑与原生态环境特别是古树名木的保护问题，也就是人工环境与自然环境的相互关系问题，其中"砑数桠不妨封顶"一句，诸家训释不一，属于有争议的难句。

《园冶注释》第一版注道："封顶，作房屋的盖顶，或树木停止上长生长解。树木之停止上长，亦称'结顶'。"释文："如遇生长已久的树木，有碍于檐垣的建筑，不妨退让一步，以便建立屋基。或修去数枝，以免阻碍盖顶。"此译释问题较多，语意模糊，且多矛盾。如解释所谓"盖顶"，既说是"房屋的盖顶"，又说是让"树木停止上长生长"。可见是摇摆不定的。至于"不妨退让一步"，也语焉不清，是树木退让，还是屋基退让？

对此，《疑义举析》指出："释文以为，如果树木有碍建筑，不妨退让，或修去数枝。叫树木退让，这正与原意相反……这一段的大意本是说，竹树之类长大极难，相地的时候，要设法保留下来。如果建筑物的定位与大树妨碍不大，那么砍去一些枝丫，只要不影响大树将来再长出好看的树冠树形，也就可以了。如果这样还不行，那么建筑物的位置就应当退后，把大树让出来。文中的'封顶'，不是指'房屋盖顶'，也不是指'树木停止生长'，而是指树木生长，长满树顶。计成这一段说法，最为精辟。"这是准确地揭示了计成可贵的生态学思想。接着又写道：

　　园林之中，建筑易得，大树不易得②，这样的认识，至迟宋代已有，《宋史·卢秉传》："［卢秉］未冠有隽誉，尝谒蒋堂，坐池亭，堂曰：'亭沼粗适，恨林木未就尔。'秉曰：'亭沼如爵位，时来或有之；树木非培植根株弗成，大似士大夫立名节也。'堂赏其言，曰：'吾子必为佳器'。"

《宋史·卢秉传》这番叙述，乃珍贵的生态学史料，极不易觅得，《疑义举析》作

---

① 引自刘湘溶：《生态伦理学》，湖南师范大学出版社1992年版，第21页。
② 明谢肇淛《五杂俎·地部一》："大率石易得，水难得，古木大树尤难得也。"这一认识，也既是极难得的造园经验谈，又是可贵的生态学资料。

者能予以发掘、搜集、引用，真不愧为园林生态学建设的有心人。

《园冶注释》吸纳了正确意见，第二版注道："封顶，作树冠的形成解。"译文："如遇生长多年的古树，有碍于檐垣的砌筑，则不妨把建筑物定位退让一步，以便保留树木；如与建筑物定位关系不大，则不妨修去分枝，并不影响树冠的发育。"这就比较接近《园冶》的原意，只是有些词句没有完全落实，如让什么"立根"就未讲清。此外，"封"字之释，也缺少书证。

对于"让一步可以立根"的"立根"，《园冶全译》注道，"立根：指树根而非房屋基础。"《图文本》亦云："将建筑物退让一步，就可以保全大树的根"。两家之注均不确。俗话说"根基"，"根"、"基"二字是可以互换的，特别是在《园冶》的语境里更是如此。本编第四章第十二节，就指出了《全释商榷》认为《园冶》中"'根'决不等于'基'"之误，以假山来说，《立基·假山基》用的是"基"字，但《掇山》中则说，"立根铺以粗石"，用的又是"根"字了，可见"根"不一定专用树，还可用以指假山、房屋之基，至于《相地》中的"立根"，也应指房屋的基础，亦即房屋的根基，因为多年树木早已"立根"成活，不必再次"立根"，故此立根必定是指建筑物，"让一步可以立根"，也就是让一步可以"立基"。

至于"斫数桠不妨封顶"的"封顶"，注释家们颇多分歧，有的解释即使不错，也不免含糊，因为缺少书证的有力支撑，更缺少训诂学上的落实。故以下拟对"封"字诸义加以丛证：

《诗·周颂·烈文》："无封靡于尔邦。"毛传："封，大也。"

《逸周书·寤儆》："兹封福。"孔晁注："封，大也。"

《国语·周语下》："封崇九山。"韦昭注："封，大也。"

《国语·楚语下》："勤民以自封也。"韦昭注："封，厚也。"

《小尔雅·广诂》："封、巨，大也。"

《广雅·释诂》："道、天、地、王、皇、封，大也。"王念孙疏证："《老子》云：'道大，天大，地大，王亦大，域中有四大'。（金按：谓'封'字和'道'、'天'、'地''王'等一样，其义亦为大）"

唐杜甫《风疾舟中奉呈湖南亲友》："春草封归恨。"仇兆鳌注："封，犹增也。"

《宋本玉篇》："封，大也，厚也。"

由此可见，"封"字具有大、厚、巨、增等义，其中除了"增"为动词外，其他都是形容词。《园冶·相地》中"斫数桠不妨封顶"的"封"字，也有巨、大、厚、增等义，但这类形容词已转作动词，并有使动义，即使是"增"，也是使动词。这样，"封顶"可释作"使顶封"，具体地说，也就是使树顶即树冠巨大、增厚，变得丰盛繁密悦茂。

再通释《园冶·相地》中前引的一段文字："多年树木，碍筑檐垣，让一步可以立根，斫数桠不妨封顶……相地合宜，构园得体。"意谓如果多年生长而成的树木有碍于建造屋檐、墙垣，那么，可从两方面来考虑：就地面说，建筑物的定位不妨退后一些，从而可让自己更好地筑根立基；就空中说，或可删斫一些枝桠，这绝对不会妨碍使其树冠硕大丰厚。只有这样，相地构园，才算是既"合宜"，又"得体"。计成的这一论述，确实是"最为精辟"，它解决了造园规划时，树木保护和建筑兴造发生矛盾时如何处理的问题，主旨是论古木大树的保护问题，计成在这里是提出了古木大树优先，建筑物退让的生态学原则。这一思想出现在三百八十多年前，是难能可贵的，值得高度重视。

第七节　雕栋飞楹构易，荫槐挺玉成难
——《园冶》构园护木论［其二］

两句见《园冶·相地》，上文为："多年树木，碍筑檐垣，让一步可以立根，斫数桠不妨封顶。"紧接着就是"斯谓雕栋飞楹构易，荫槐挺玉成难"。这可看作是对上文的一个小结。

《园冶注释》"挺"作"挺"，并释此二句道："这因为雕栋飞楹的建筑，建造较易，而古槐修竹的移植，成活为难的缘故。"并释"挺玉"为"作亭亭玉立的竹林"。这些都没有什么争议，但"荫槐"的"荫"字未释。此外，对于"挺玉"的"挺"，《图文本》注道："挺［tǐng］：营造本作'挺'，误。"

"挺"、"挺"二字，孰正孰误？首先必须作一考辨。

查《园冶》诸本，内阁、国图、华钞、隆盛本以及喜咏本的"挺"字，均为"木"旁，特别是华钞本，"木"旁更为清楚，而《园冶注释》以及营造、城建本则作"挺"，为"扌"旁。

《图文本》从喜咏本，故认为"挺"字误。其实，"挺玉"和"挺玉"均不误。对"扌"旁的"挺玉"，在理解上不会有什么分歧，而对"木"旁"挺玉"，则可能不一定理解，而要解释也较费笔墨。先以提出问题的《图文本》来看，其注文就缺少说服力和逻辑性，如说："挺原指植物的茎，此指竹"；"挺玉；指……玉立的巨竹。典出唐韩愈《兰田县丞厅壁记》：'庭有老槐四行，南墙巨竹千挺'"。细心辨析，可见其对"挺"的解释和例证，在词性上很不一致。既然说"挺"字"此指竹"则肯定是名词。再联系书证"巨竹千挺"来看，如果"挺"真就是指"竹"，那么韩文岂不是说"巨竹千竹"了？其实，"巨竹千挺"的"挺"，在数词"千"字之后，是量词，就像"老槐四行"的"行"，在数词"四"字之后一样。所以千挺竹就是千竿竹，"挺"在这里既非名词，又非形容词，而是量词。《图文本》企图提出问题，但相反把概念搞乱了。

从训诂学的角度看，"梃"是多义词，或为名词（在此不论），或可充当量词，或可以是形容词。它作为形容词时，为劲直、挺直之意，相当于"扌"旁的"挺"字。梃、挺为古今字、同源字。《小尔雅·广服第六》王煦疏："挺、梃古今字。"《正字通·木部》："梃，劲直貌。"《说文解字·木部》段注："凡条直者为梃，梃之言挺也。"古本《荀子·劝学》可以为证："木直中绳，鞣以为轮，其曲中规，虽有槁暴不复梃者，鞣使之然也。"《王力古汉语字典》："梃、莛、珽、脡、杖、杕、挺。此七字都有直挺的意义……七字音义都相近，所以是同源。"

据此，"梃玉"也就是"挺玉"。玉，喻竹；梃玉，状粗挺劲直之竹。这类描写，在唐人竹赋中可见。吴筠《竹赋》："伟兹竹之标挺，得造化之清源……会稽方润于碧玉，罗浮比色于黄金。""挺"与"玉"在同篇出现。"标挺"，形容竹的劲节。《鹤林玉露》卷四《竹》："干霄入云，其挺特坚贞，乃与松柏等，此草木之尤者也。"再如明丘浚《题周都尉墨竹》："挺挺参天结凤巢。"都是以比德美学来赞颂竹的劲节、壮伟、标挺、坚贞、岁寒不凋以及色泽之美。

关于"荫槐"，《园冶注释》释作"古槐"，丢了"荫"字，而《图文本》释"荫"作"成荫"，亦不确，均忽视了槐树在历史文化上所积淀的引申义。笔者在论及宅第园林门前槐树时曾写道：

> 在先秦时代（主要为周代），外朝一般植槐三棵，为天子、诸侯、群臣会见处。后以"三槐"作为"三公"（掌握军政大权的最高长官）的代称，或作为王侯三公身份的象征。因此，在传统文化的语境中，槐树可说是"身份树"，它除了具有绿化、美化环境等作用外，还有荫庇人家，增辉户庭，凸显门庭尊贵或抬高宅第身价等寓意。所以汉末王粲《槐树赋》有"作阶庭之华晖"之语；晋挚虞《槐赋》有"爱表庭而树门"之语；晋潘岳《在怀县作》有"绿槐夹门植"之语……在古代诗文中，槐树有荫途、荫庭、被宸等人文含义。在古代语词中，槐或与宫廷、宫殿连在一起，如槐掖、槐宸；或与高官显贵连在一起，如槐岳、槐卿、槐蝉；或与三公九卿及其地位、印绶、声望等连在一起，如槐卿、槐庭、槐鼎、槐位、槐绶、槐望；或与三公的官署、宅第连在一起，如槐宫、槐省、槐府、槐第……[①]

"荫槐"的"荫"，有着厚重的历史文化积淀。所以唐韩愈《蓝田县丞厅壁记》云，"庭有老槐四行"，就体现了晋人诗赋中所说的"绿槐夹门植"，"爱表庭而树门"……而今，苏州狮子林、网师园大门外或照墙前，均有蟠槐两株，此树虽不大，却综合显现着"树门"、"辉户"、"荫庭"、"槐第"等历史积淀的深刻含义。

"荫槐"的"荫"字，除了传统的文化含义外，古槐还有其生态含义和景观价值。与计成同时代的刘侗在《帝京景物略·成国公园》中写道："堂后一槐，

---

① 见金学智：《苏园品韵录》，上海三联书店 2010 年版，第 130-131 页。补证：《周礼·秋官·朝士》："面三槐，三公位焉。"《晋书·荀崧传》虞预《与王导书》："生有三槐之望，没无鼎足之名。"《陈书·周迪传》："位等三槐……"均可见文化渊源之久长。

四五百岁矣，身大于五半间，顶嵯峨若山。"李东阳《成国公槐树歌》咏道："东平王家足乔木，中有老槐寒逾绿。拔地能穿十丈云，盘空却荫三重屋。"这种"成难"的老槐确实是极其可贵的。

计成在《园冶·相地》中论处理造园建屋与保护林木生态的矛盾时，首先重视的是保护多年生成的竹树。他爱之是如此之深：对于槐树，用"荫"字加以修饰，以显示其历史文化意蕴和生态建筑；对于劲竹，用了"梃"、"玉"二字作了双重的修辞美化，以冀引起人们加倍的敬重爱护；在将建筑与多年竹树作孰轻孰重的衡量时，又用"构易"、"成难"的鲜明对比来突出后者，说明理应重点加以保护。由此可见其用心的良苦，对生态学立场的坚持。

还可举无锡寄畅园为证。该园拥有多棵高大的香樟古树，笔者这样赞道："无锡寄畅园的绿荫空间，离不开几棵大香樟。知鱼槛、涵碧亭附近以及池北共有五棵大香樟，它们不仅以绿色调渲染着亭榭水廊的景观之美，而且互为呼应地荫庇了偌大的空间！在寄畅园中部、北部的绿色空间中，香樟组群起着举足轻重的作用，是它们决定着绿色空间的浓度、高度和深度。"① 这个具有极大优势的香樟组群，是明代以来园兴衰分合条件下重视保护古树名木的成果。就以园中古香樟下翼然飞举的凌虚阁来看，此高阁时或为三层，时或为两层，建而又毁，毁而又建，并不很困难，这证实了"雕栋飞楹构易"之理，而古香樟则经磨历劫，被一代代人保存下来却极不容易，实属难能可贵，而今，它依然挺立在阁旁，庇护着凌虚阁，投下了偌大的油油绿阴【图87】，使

图87　雕栋飞楹构易，荫槐挺玉成难
无锡寄畅园凌虚阁与古香樟
梅　云　摄

① 金学智：《中国园林美学》，江苏文艺出版社1990年版，第307页。

景观不但富于历史的沧桑感，而且显得一派生机勃勃，天趣泠泠，逗人驻足品赏。寄畅园内古香樟与凌虚阁组合的杰构，可看作是"雕栋飞楹构易，荫槐挺玉成难"最生动有力的现实铁证。

至于诸本"梃"、"挺"的差异，笔者认为二者并没有什么是非正误，但"梃"并非"挺"的繁体字或异体字，又据明版原本可改可不改尽量不改的原则，故仍然保留明版原貌。

第八节　门楼知稼，廊庑连芸

此语见《相地·村庄地》。两句构成具有互文性质的骈语。

先释"门楼知稼"。门楼（见本书第634页），此处即指代大门，《屋宇·门楼》："门上起楼，象城堞有楼以壮观也。无楼亦呼之。"根据《村庄地》趋于质朴的园林设计，可见此"门楼"应是并不壮观、无楼而略有雕饰的大门，或者说，是极普通的门楼。稼，动词，即种植穀物。《诗·魏风·伐檀》："不稼不穑，胡取禾三百廛兮。"《论语·子路》："樊迟请学稼。子曰：'吾不如老农。'"知稼，即懂得种植穀物。《尚书·无逸》有"知稼穑之艰难"之语，后世即引"知稼"为必须恪守的古训，宋人黄公度，就号为"知稼翁"，有《知稼翁集》。

再释"廊庑连芸"。廊与庑既有区别，又有联系（见本书第188-189页）。在古代，廊庑往往并提，《村庄地》中的"廊庑"，为双音节偏义复合词，其中一个词素——廊的本来意义成为此复合词的意义，而另一词素——庑，只是一种陪衬，无实义。

"芸"，《园冶注释》引《急就篇注》："芸，芸蒿也，生熟皆可啖。"并说，"此处借用作菜圃解。"此解不确，一是缺乏书证；二是"芸蒿"太偏太特殊，以其指代普通的菜圃似无可能。而《园冶全释》则释芸为香草，指出其有藏书避蛀的作用，从而释芸为芸窗，指书斋。《全释商榷》则除不同意此说外，又作补充："意谓登上门楼可以了解农事，走出廊庑可以看到芸香、紫云英之类的食物"。笔者认为，此数说皆非，有的甚至不免是"想当然"。

先辨"芸"为"书斋"说之非。计成一再主张，书斋宜隐僻幽静，不宜敞显外露。其《立基·书房基》说，应"择偏僻处"，"令游人莫知有此"；《屋宇·斋》说，斋为"藏修密处之地，故式不宜敞显"。可见，书斋不宜选基于连着稼穑的农耕之地。如按《园冶全释》的"芸"指"书斋"说，那么，就必然与周围"知稼"、"连芸"的、颇为敞显的实际环境不相容。

次辨"登上门楼可以了解农事"说之非。计成在此节中的环境描写，其中物类，除了村庄地园林必要的堂、楼、台而外，内外环境有堤、桑、麻、柳、竹、桃、李、苔、棘、篱等，配置是协调的，成功的，凸现出普通的农家氛围、浓郁的乡土气息。据此，可进一步推知园林大门也不应是雕饰甚丽、规模宏壮，有楼可以供人登临以知稼的门楼，相反应是普通的门楼，如前文所引，"无楼亦呼之"。

最后，辨"芸"为"香草"说之非。《图文本》在《全释》释"芸"为"香草"的基础上进而释道："芸：芸香，一种有香气的草本植物，此喻园圃。'廊庑连芸'意谓：'走廊四周，连接着种满香草的园圃。'"这就更难解释，处于村庄地的园林，为何要"种满香草"而使其脱离普通的庄稼草木？试看陶渊明的《归园田居》："榆柳荫后檐，桃李罗堂前……狗吠深巷中，鸡鸣桑树颠。"而种满香草则是屈原象征性的理想境界。释廊周围"种满香草"之误，在于丢弃了训诂的"境释法"，即联系语境来训释的方法，因此释"芸"而未能联系上下文所写的物类环境，特别是联系上句的"稼"字来理解。根据骈文规律，上句的"稼"既为动词，则下句的"芸"亦应为动词。事实上，"芸"通"耘"，即耕耘的"耘"，意为除草。《论语·微子》："遇丈人……植其杖而芸。"杨伯峻《论语译注》："扶着拐杖去锄草。"《汉书·食货志上》："故其《诗》曰，或芸或芋（芋〔zǐ 同籽，以土壅苗根〕）。芸，除草也。芋，附根也。"今《诗·小雅·甫田》作"或耘或籽"，更可证"芸"与"耘"通。《汉书·王莽传》有"终年耕芸"之语。再联系两句作为互文来看，"知"、"连"均为动词作谓语，"稼"、"芸（耘）"均为农事，作宾语，对仗既极工整，又极易解读。总之，只有聚焦于有关的农事来解释，才能较为妥帖，因为本节隶属于"相地"章，其所相之地，正是不离农事的"村庄地"。

第九节　西成鹤廪先支
——兼说古代园林缘何蓄鹤

此语见《园冶·相地·村庄地》，上句为"秋老蜂房未割"，此"西成鹤廪先支"为下句。这不但是园林建筑文化的一角，而且是园林生态的一个小侧面。

《园冶注释》云："秋收既完，先来安排鹤粮。"译得还较准确，只是"支"字未注。为了释"西成"之典，又引《尚书》及《礼记》疏："秋收在西，于时万物成熟。"也较简洁。对于鹤廪，则注道："供应鹤粮之穀仓。古人养鹤，多预备鹤粮。宋徐经孙诗：'睡馀携杖游花圃，饭后呼童拾鹤粮。'"此释也较合情理。鹤廪确实是"供应鹤粮之穀仓"。这一家之言，可称为"鹤粮"说。

说到"鹤廪"、"鹤粮"，有必要结合《园冶》全书作一插说，这就是古代园林为什么喜爱蓄养作为涉禽的鹤？其原因是多方面的：一是鹤清白高洁、超然不凡，它和清雅孤迥、不与丑恶同流合污的文人园主在品性上有某种同构性；二是鹤为"羽族之宗，仙人之骥"（《相鹤经》），俗称"仙鹤"，《园冶·相地·江湖地》就用了"何如缑岭，堪谐子晋吹笙"，乘白鹤飞升之典，而园林则往往模拟或被喻为"仙境"，所以鹤与园林环境也有其协调性；三是在传统文化中，鹤是长寿的吉祥物，所谓"鹤年松寿"。清魏禧《蓬园双鹤记》："鹤千岁而元……禽之寿者"。

然而更重要的，鹤是园主极佳的伴侣，它美化了高雅的生态环境，参与了优游的园林生活。如唐白居易《池上篇并序》说："乐天罢杭州刺史时，得天竺石一、华亭鹤二以归"，在"水香莲开之旦，露清鹤唳之夕"，举酒弹琴，"颓然自适"。其诗又说，"灵鹤怪石，紫菱白莲，皆吾所好，尽在吾前……"他《题元八溪居》也写到，"声来枕上千年鹤"。宋朱长文《乐圃记》则说："又有米廪，所以容岁储也；有鹤室，所以蓄鹤也。"还写道："当其暇，曳杖逍遥……皓鹤前引，揭厉于浅流"。鹤成了园主生活的一部分。宋洪适《盘洲记》也写到"花柳夹道，猿鹤后先"……[1] 明文震亨《长物志·禽鱼》第一条就是"鹤"，写得异常具体：

> 鹤，华亭鹤窠村所出，其体高俊，绿足龟文，最为可爱……相鹤但取标格奇俊，唳声清亮，颈欲细而长，足欲瘦而节，身欲人立，背欲直削。蓄之者当筑广台，或高冈土垄之上，居以茅庵，邻以池沼，饲以鱼谷……空林野墅，白石青松，惟此君最宜。

相鹤、养鹤，为鹤营构环境，配置景观，的是经验之谈，也可见鹤在园林里有其重要性。《园冶》也多有对鹤的精彩描写，如：

> 紫气青霞，鹤声送来枕上；白蘋红蓼，鸥盟同结矶边。（《园说》）
> 送涛声而郁郁，起鹤舞而翩翩。（《相地·山林地》）
> 洗山色之不去，送鹤声之自来。（《屋宇》）

高人韵士们以鹤为友，倾听鹤声，观赏鹤舞……鹤这种清高绝俗的品格美、动态美、音色美……[2]是园林一绝。园主们说："鹤精神高洁，虽处阛阓，翛然有山林之致。"（魏禧《蓬园双鹤记》）他们在鹤身上看到了自我。所以文人园往往要蓄鹤，而这又离不开"鹤廪"、"鹤粮"的物质基础。

与"鹤粮"说相左的是"鹤俸"说。先是《园冶全释》释廪为"官府发给的粮米"，释鹤廪为"俸禄"，这已离开了文人私家园林的主旨，忘记了园主们较多是获罪的、被贬的、在野的、追求隐逸的文人。尔后，《图文本》释廪为"俸米，泛指俸禄"，释鹤廪为"鹤禄、鹤料，即指官俸"，更引《左传·闵公二年》卫懿公之典以及《水经注》中《晋中州记》晋惠帝之典为书证，这就使其注述更远离文人园林的善与美。作者殊不知，其所举之例恰恰是历史上两出与美善背道而驰的丑恶的、被历来人们嗤之以鼻的讽刺喜剧：

一出是春秋时卫懿公嗜鹤成癖的喜剧。《左传·闵公二年》载："冬十二月，

---

[1] 今天江南文人私家园林中，无锡寄畅园有鹤步滩，南翔古漪园有白鹤亭，苏州留园有鹤所，艺圃有"荷溆傍山浴鹤"之联，苏州还有鹤园，曾畜二鹤，著名学者俞樾曾书"携鹤草堂"之匾……理解了鹤在文人私家园林里文化、生态等多方面的价值意义，就不会把鹤廪误解为"俸禄"、"鹤禄"、"官俸"。

[2] 详见金学智：《中国园林美学》，中国建筑工业出版社2000版，第194－196页。

狄人伐卫。卫懿公好鹤，鹤有乘轩者。将战，国人受甲者皆曰：'使鹤，鹤实有禄位，余焉能战？'……卫师败绩。"

另一出也是荒唐闹剧。《水经注》卷十六引《晋中州记》："惠帝为太子，出闻虾蟆声，问人为是官虾蟆、私虾蟆。侍臣贾胤对曰：'在官地为官虾蟆，在私地为私虾蟆。'令曰：'若官虾蟆，可给廪！'"此事亦载《晋书·惠帝纪》。

鲁迅先生在《再论雷峰塔的倒掉》一文中曾深刻指出："喜剧将那无价值的〔东西〕撕破给人看。"① 这是给喜剧这一美学范畴所下的经典性定义。对于以上两出喜剧，可据此作本质的剖析。

鹤是美的象征，好鹤本是无可厚非的，但卫懿公偏执地崇鹤至上，荒废朝政，无视民瘼，对鹤群竟荒唐地逐一封以品位，给以俸禄，让其乘轩，待遇简直无以复加，故而激怒了广大百姓士兵，致使战争失败，自身遭杀。这一严峻的历史事实就是对这出无价值喜剧的公正判决。

再看《晋中州记》，当时尚是太子的晋惠帝，对于虾蟆还要为其划分官、私的界限，并煞有介事地发令给"官虾蟆"以俸禄，这表现了封建的官本位主义的极度膨胀，竟让俸禄"惠"及官地上的虾蟆身上了。后来果然天下荒乱，百姓饿死……这也是现实对这出无价值喜剧的无情判决。

对以上两出喜剧，宋汪藻《何子应少卿作金华书院要老夫赋诗因成长诗一首》有云："人间何事非戏剧，鹤有乘轩蛙有廪。"诗句将那无价值的人间喜剧对象撕破给人看，予此类丑恶现象以深刻批判。近代柳亚子先生在《读巢南诗即题其后》诗中也写道："官蛙晋惠原庸主"。诗句通过官蛙、晋惠的相并比照，揭示了昏庸君主的丑恶本质。

再就《园冶》来看，它主张"林园遵雅"（《门窗》），并严正宣称："韵人安亵，俗笔偏涂。"（《相地·郊野地》）园林是韵人雅士高尚的精神家园，不容庸人俗物来胡闹，来糟蹋。据此也可推见，《村庄地》中的鹤廪决不会指俸禄、官俸，也决不会取卫懿公等丑类为典给自己开玩笑，而只能是指实实在在的鹤廪。廪：粮仓。《广雅·释宫》："廪，仓也。"《广韵》："仓有屋曰廪。"《园冶注释》释鹤廪为"供应鹤粮之谷仓"，甚是。

还需探究"先支"二字含义。《园冶注释》释为"先来安排鹤粮"，虽不确，但尚可以，因其直指实实在在的鹤；而《图文本》虽旁征博引，对二字却未作解释。其实，"先支"并非预先领取俸禄，或让人预先支付官俸。退一步来说，即使鹤廪是"俸禄"，受禄者也没有任何理由要求官府一定要在秋天提前支付，这不合客观逻辑。因此，需要另辟蹊径，从词源学视角探讨和丛证"支"的另一义项——作为动词的支架、构架。

①《鲁迅全集》第1卷，人民文学出版社1981年版，第192－193页。

篆书中的"支"字，乃手持竹枝之形。"支"字上部"十"的一横，原为两侧斜向下垂的竹叶之状，中竖则为竹枝之形；下部的"又"，则为手的三指之形。《类编》："又，手也。象形。三指者，手之列多略不过三也。"《说文》："支，去竹之枝也。从手持半竹。"段注："此从字形得其义也。"所以古代"支"、"枝"相通，并引申为支柱（名词）、支拄、支撑、架起（均动词）之义。此类实例甚多，如《庄子·齐物论》："师旷之枝策"。成玄英疏："支，柱也。"《国语·周语》："天之所支，不可坏也。"韦昭注："支，拄也。"《左传·定公元年》里，也有"天之所坏，不可支也"之语，其义亦为支撑。再如《汉书·西域传》颜师古注："拄，支拄也。"支即是拄。《文中子·事君》："大厦将颠，非一木所支。"由此形成了"独木难支"的成语，它们都体现了撑柱、构架等与建筑有关的"隐义素"。清方苞《左忠毅公逸事》："天下事谁可支柱者？"这又直接把"支"、"柱"二字连为双音节合成词（动词）了。

"鹤廪先支"的"支"字具有撑柱、构架之义，还可从《园冶》其他章节找到有力的内证。例如：

临溪越地，虚阁堪支；夹巷借天，浮廊可度。（《相地》）

搜根惧水，理顽石而堪支……（《相地·郊野地》）

倘支沧浪之中，非歌濯足。（《立基·亭榭基》）

必用重椽，须支草架，高低依制，左右分为。（《屋宇》）……

这些叙述，均是指阁、廊、亭、榭、厅堂等各类建筑物以及石假山的撑柱、支架、支持……这些极有说服力的旁证、丛证，说明计成所赋予"支"字的撑柱、构架等义，并不是偶然的，也说明"支"字之义，绝不是庸人俗士双眼盯着钱粮的那种"支付"或"支取"。

对以上再作进一步的概括和提升，"西成鹤廪先支"一句是说：秋天将尽，应将鹤的粮仓先支架起来或构建起来。那么，为什么必须在此时支架起有屋的鹤廪呢？因为寒冬即将来临，必须准备过冬，正像农户们经过秋收，必须把粮食储藏起来一样。所以朱长文《乐圃记》实实在在地把"米廪"和"鹤室"连在一起。对于园林里这一微观构筑，还可置于宏观的视角来观照，秋天支架起鹤廪，完全符合于数千年来中国农业社会所体现的"春生夏长，秋收冬藏"（〔汉〕司马迁《史记·太史公自序》）这条轮回规律。

第十节　白蘋红蓼，鸥盟同结矶边
——建立中国生态伦理学的思考

此语见《园说》，为一联骈语的下句，其上句为"紫气青霞，鹤声送来枕上"，本节详析下句。

先释白蘋红蓼。《园冶注释》："白蘋即浮萍，水萍，属水萍科，生于水上。红蓼亦称'荭草'、'水蓼'、'天蓼'，属蓼科，生于水滨或低湿之地。"

在诗人眼里，蓼红蘋白，颇宜入诗，一是其色彩鲜明如画，二是其堪为秋之季相的表征，三是其极有水乡风味，是宜赏宜游宜居的原生态环境。试看：

红蓼白蘋消息断，旧溪烟月负渔舟。（唐李中《感秋书事》）

一点西风，便觉寒秋近。白蘋洲，红蓼径。风露凄清……（宋王质《苏幕遮》）

不过，诗人们对此总不免会勾起淡淡的伤感，而计成却扬弃了这类情绪，选择了如此优美环境来抒写"鸥盟"。

对于"鸥盟"，《园冶注释》注道："鸥盟：《禽经》：'鸥，信鸟也。'陆游《夏日杂咏诗》：'鹤整千年驾，鸥寻万里盟。'"此注之不足，是没有突出"鸥盟"的人文意义。《园冶全释》则注道："鸥盟，谓与鸥鸟为友。《列子·黄帝》：'海上之人有好鸥鸟者，每旦之海上，从鸥鸟游，鸥鸟之至者百数而不止。'后因以喻隐居水乡，如与鸥鸟为友也。朱熹《过盖竹》之二：'浩荡鸥盟久未寒，征骖聊此驻江干。'这里比喻在江湖地构筑园林，而有云水相忘之乐的隐逸生活。"译文："近看水边白蘋红蓼，愿与鸥鸟结盟云水乡里。"此译、释均较佳，一是具体解释了"鸥盟"；二是引用《列子》之典，指出比喻隐居水乡；三是进而指出用以"比喻在江湖地构筑园林……"这都解释得很有依据，相当准确，且重视其文化内涵。

然而，《全释》只到此止步，没有往生态哲理的深处发掘，表现为引《列子·黄帝》中的一段，只引了一半，下面更重要的却没有引出。现将原段全部录下并略加按语作解释：

海上之人有好沤（金按：沤，通"鸥"①）鸟者，每旦之（金按：之：到）海上，从沤鸟游，沤鸟之至者百住（金按：住，《艺文类聚》、《御览》等皆作"数"。《释文》："住"音"数"）而不止。其父曰："吾闻沤鸟者皆从汝游，汝取来吾玩之。"明日至海上，鸟舞而不下也。

这是一则富于生态哲理的著名寓言故事，颇能给人以启示。对此，先需要作一交代，鸥是一种极具合群性和自由性或者说野性的水鸟，由于儿子与鸥鸟平等相处，每日与其狎游，所以鸥鸟越来越多，呈现出一派人鸟融洽相处的和谐气氛；其父则不然，要儿子取来供其玩弄，让其脱离群体，失去自由，这是对异类的不尊重，于是，鸟凭其"灵性"就"舞而不下"了。这说明人对动物不能存有机心。《三国志·魏志·高柔传》裴松之注："机心内萌，则鸥鸟不下。"此言极是。清归庄《谢鸥草堂记》也写道："物之忘机者，莫鸥若也，然人欲取而玩之，则远而不

---

① "沤"通"鸥"，明李时珍《本草纲目》："鸥者浮水上，轻漾如沤也。"沤：水泡。

复至，翛然去来，浮没于江湖之中"。这则故事及其意义，到了南朝特别是唐宋时代，就越来越多地被引用，被诠释，被演绎。见诸文人诗赋，如：

抚鸥鲦（鲦［tiáo：鱼名）而悦豫，杜机心于林池。（南朝宋谢灵运《山居赋》）

亹亹［wěiwěi，行进貌］玄思清，胸中去机巧。物我俱忘怀，可以狎鸥鸟。（南朝梁江淹《杂体三十首·孙廷尉绰杂述》）

吾亦洗心者，忘机从尔游。（唐李白《古风［其四十二］》）

自去自来堂前燕，相亲相近水中鸥。（唐杜甫《江村》）

波闲戏鱼鳖，风静下鸥鹭。寂无城市喧，渺有江湖趣。（唐白居易《闲居自题》）

知公已忘机，鸥鹭宛停峙。（宋陈与义《蒙示涉汝诗次韵》）

凡我同盟鸥鹭，今日既盟之后，来往莫相猜。（宋辛弃疾《水调歌头·盟鸥》）

不羡渔虾利，唯寻鸥鹭盟。（元黄庚《渔隐为周仲明赋》）

不与鸥鹭盟，上告云天知。（清黄遵宪《游丰湖》）

"鸥鹭忘机"和"同结鸥盟"两个典故，就这样历史地积淀而成①。其意义一是指代隐逸，特别是指代隐居江湖；二是洗心忘机，与鸥鹭为友，让其自去自来，与其相狎相亲，以致臻于物我俱忘的和谐境地。

再看《园冶》里的深情抒写：

紫气青霞，鹤声送来枕上；白蘋红蓼，鸥盟同结矶边。（《园说》）

江干湖畔，深柳疏芦之际，略成小筑，足征大观也。悠悠烟水，澹澹云山，泛泛鱼舟，闲闲鸥鸟……（《相地·江湖地》）

计成举出鹤和鸥作为鸟类的代表，表达了人类和鸟类应该和谐相处，共生共存，建立亲和的生态关系的美好理想。而这悠悠烟水，澹澹云山的《江湖地》，可说是由"鸥盟同结矶边"演绎而成的散文诗篇，写出了洗心、盟鸥、忘机、亲和，天人合一的境界。《相地·山林地》还有"好鸟要朋，群麋偕侣。槛逗几番花信……"之语，这又是人和鸟兽、花木的和谐相亲。这种或山或水间的园林生活，既抒写了文人的风雅情致，同时也联结着人类美好未来的愿景。

对于"鸥盟同结矶边"，还应联系西方的生态伦理学来接受，来发微，以此来作更深远的思考。从20世纪初叶开始，人们对现代化生产和科技的迅猛发展严重地破坏生态平衡进行反思，出现了尊重生命的生态伦理学、大地伦理学、生物保护主义。如美国生态学家利奥波德在《沙郡年鉴》中指出："大地伦理学改变人类的地位，从他是大地——社会的征服者转变为他是其中普通的一员和公民。这意味着人类应当尊重他的生物伙伴……"②或者说，人类应保护生物群落的完整、稳定和美丽。于是，又出现了"人与动物平等论"、"人物双向交流论"、"大地共同

---

① 自宋以来，还出现了琴曲《忘机》和著名的琴曲《鸥鹭忘机》。

② 转引自畲正荣：《生态智慧论》，中国社会科学出版社1996年版，第69页。

体论"……

　　西方学术的优长是重思辨，重理性，重分析，有严谨的理论体系建构，论述纲举目张，注重建立体系完整的学科，这很有必要加以引进，对于西方的生态伦理学同样如此。但是，国内学术界有争议，有阻力，考虑到西方的生态伦理学难以使其在中国本土化以便接受。殊不知中国本土早已存在着种种生态伦理了，不过没有建立理论性的学科罢了。如古代思想家的一些言论，文学家的某些作品，计成一系列名言警句等都是，当然，这些大多带有感悟性、片断性，三言两语，上下不成体系，如明代诗人画家文徵明在《拙政园图咏·钓碧》中所写："得意江湖远；忘机鸥鹭驯。"这就是中国古代生态伦理对今天最好的馈赠。求和谐，反欺诈，去机心，这正是今天社会精神文明建设最需要的。可见，中国不但有接受西方生态伦理学的语言环境，而且还有足够的条件和绝对的优势以建立具有民族特色的生态伦理学和生态哲学。对此，且不说可吸收佛家的慈悲为怀（如放生），墨家的兼爱学说，就说儒家的仁学，《孟子·尽心上》云："亲亲而仁民，仁民而爱物。"先是"亲"自己的亲，然后推己及人，再由"仁"天下的民，进而推人及物，就包括关爱生物在内了。而且这也和《周易》的"天地之大德曰生"，理学的"天地以生物为心"（《河南程氏外书》卷三）也联结在一起。再看道家经典，说得更透彻，《老子·五十一章》："夫莫之命而常自然……长之育之……生而不有，为而不恃，长而不宰，是谓'玄德'。"《庄子·缮性》："万物不伤，群生不夭……莫之为而常自然。"这是说："不应横加干涉万物的自然生长，致使其受到伤害或夭折；不占有，不自恃，不主宰，这才是深层的'道'与'德'……人不应与自然争优胜，而应消除对立，进而与天地万物合而为一"。[①]这都也可看作是"同结鸥盟"的哲学背景和思想基础。可见，中国古代各家各派各教，均不乏生态伦理学和生态哲学的警语隽言、零星片断，而且都体现着西方最匮乏的"东方生存智慧"，所以西方生态伦理学界又认为，建立生态伦理学的契机和出路在中国传统的哲学思想中，因为中国天人合一的传统哲学谋求人和自然的和谐统一。为此，对于建立学科来说，要不分巨细，多多发掘第一手资料加以汇融，如计成的"鸥盟同结矶边"，看来似乎是微不足道的具体描述，其实不然，它的文化意蕴却联结着未来。同时，也应在广泛深入爬罗剔抉的传统文献资料的基础上，触类引申，吸收西方重逻辑思维的优长，以逐步建构具有中国特色的生态哲学、生态伦理学的理论体系。

---

① 金学智：《中国园林美学》，中国建筑工业出版社 2005 年版，第 7 页。

第六章
因借体宜篇

　　"因"、"借"、"体"、"宜"，见于《园冶·兴造论》，四字是全书具体实施之纲，是兴造园林建筑，进行规划设计的首要一步。

　　本篇作为第六章，专论此四字。但四字之中，除"借"字即借景具有园林本领域的独特性而外，其他的适用范围则均具有广域性，均可列入第二章——广域理念篇，但由于计成特别重视此四个字并在全书中一再强调，故本书特辟这一章，并将其他有关四字的选句均纳入本章加以论述。当然这些设计原则、构景模式和操作方法，往往也孕含着颇深的哲理，但其表现依然是园林建筑艺术原理的具体化。

　　还应说明，由于以上原因，本篇论述必然会与广域理念等篇有所交叉，故本编的划分又只是相对的。

　　四字中"因"、"体"、"宜"三字均较抽象，而《园冶》中"借"的内涵和表现却异常具体而丰富，故本篇将"《园冶》借景论"分数节连同"框景－对景"及其条件——"虚灵"原则一起论述，并置于本章之前。

第一节　借景有因，切要四时
——《园冶》借景论［其一］

　　《园冶》十分重视借景，故特设《借景》章作为全书之压卷，重点加以论述，不过，其借景理论还散见于其他章节。《园冶》书中这一完整的借景理论的提出，体现了计成的首创精神，这也是他对中国园林美学的一个杰出贡献。

　　《园冶》一再强调应四时而借，兹将其有关论述和描叙集录如下：

　　　　构园无格，借景有因。切要四时……（《借景》）

夫借景，林园之最要者也。如……应时而借。(《借景·结语》)

四时不谢，宜偕小玉以同游。(《相地·傍宅地》)

纳千顷之汪洋，收四时之烂熳。(《园说》)

所谓"借景有因"，意谓借景要有所依据因凭，这就把"借"和"因"二字有机地联系起来了，而"应时而借"这个变动不居的"时"，在这里也就是"借景有因"的"因"，当然这个"因"也要通过景观显现出来。对此，《园冶全释》正确指出，"园林景色四季不同……造景不是静态的，而要考虑时变效果，要有时空变化的观念"，"要随四时所宜"。这强调了园林借景应抓住时空变化的一个"变"字。在本节中应说明，所谓"四时所宜"，主要是指一年之中的春、夏、秋、冬以及包括花木在内不断变化着的种种景色之美。

以下再对上引几则中的关键句试作诠释和进一步的阐发、论证。

"切要四时"。意谓在借景中应切记极重要的四时之借。《借景》章结语还写道："夫借景，林园之最要者也。"一章之中，竟两次用"要"字来论述，可见此字又是句中关键。

"应时而借"。《园冶全释》仅译作"空间景观随时序而变化"，显得尚不够，因为只译出了客观景色的变化，似是见景不见人，没有突出"借"字，没有突出作为审美主体对客体能动的因借，或者说，没有突出对因时而变的客观景色充分加以利用，应该说，作为主体的人，应随顺一年中景色的时序变化而主动予以因借，切莫错过不断变化的审美良机。

"四时不谢"。一个"谢"字，点出是指花。花，是人人喜爱的美。它色、香、形、质俱佳，是大自然的英华，是美的显现，生命的绽放，繁荣的形相，幸福温馨的象征。但事实上是没有任何不谢之花，所谓"好花不常开"，故而"四时不谢"是一种愿望，一种美学理想，同时，"花殊不谢"(《借景》)，又成了人们为满足愿望所采取的一种积极有效的措施。宋欧阳修《谢判官幽谷种花》写道："浅深红白宜相间，先后仍须次第栽。我欲四时携酒去，莫教一日不花开。"这是主张栽种四时花，要求花时花色都不同，这样，就可以一年到头享受赏花之乐了。由欧阳修发轫的"四时花"美学理想，影响颇大，例如在苏州留园，石林小院有联曰："曲径每过三益友；小庭长对四时花。"苏州拙政园"十八曼陀罗花馆"也有联云："小径四时花，随分逍遥……"其实，四时花的美学理想也渗透和散见于《园冶》很多章节大量脉脉含情的描写中……

"收四时之烂熳"。写得更有文采情致。烂熳，亦作烂漫、烂缦，意谓色彩鲜丽绚烂，略举数例。北周庾信《杏花》："依稀暎村坞，烂熳开山城。"唐陈子昂《万州晓发》："空蒙岩雨霁，烂熳晓云归。"韩愈《山石》："山红涧碧纷烂漫，时见松枥皆十围。"可见，"四时之烂熳"除了主要指花外，还可指雨后的晓云晚霞，山涧的红碧相映，等等，这又赋予四时之美以更深的内涵、更广的外延，而计成用一个"收"字，更突出作为审美主体的人对四时景色的能动因借。

这里先引进一个颇重要的园林美学术语——季相意识。所谓季相，是说季节时序作为时间，是看不见摸不到的，比较抽象而不易把握，人们除了肤觉感受外，主要是通过其所显现的空间形相特别是花木、山水等才能具体确切地感受到，如"一叶落而知天下秋"，人们通过具体细微的一叶，感知到了作为抽象时间的"秋"。可见四时季相意识，也就是一种四季时空交感意识，它是千百年来历史地积淀而成的。对此，也应将其置于历史发展的长河中来加以认识。回眸中国哲学史、文学史、风景园林史、绘画美学史，有关四时季相意识的言论或描述颇多，现选其经典性的按时代排列如下：

天何言哉？四时行焉，百物生焉，天何言哉？（《论语·阳货》）

天地有大美而不言，四时有明法而不议，万物有成理而不说。（《庄子·知北游》）

春水满四泽，夏云多奇峰。秋月扬明晖，冬岭秀孤松。（晋陶渊明《四时》诗）

秋毛冬骨，夏荫春英。（南朝梁萧绎《山水松石格》）

春有锦绣谷花，夏有石门涧云，秋有虎溪月，冬有炉峰雪，阴晴显晦，昏旦含吐，千变万状……（唐白居易《庐山草堂记》）

野芳发而幽香，佳木秀而繁阴，风霜高洁，水落而石出者，山间之四时也……四时之景不同，而乐亦无穷也。（宋欧阳修《醉翁亭记》）

春山淡冶而如笑，夏山苍翠而如滴，秋山明净而如妆，冬山惨淡而如睡。（宋郭熙《林泉高致》）

任春夏秋冬，适兴四时皆可。（元贯云石《粉蝶儿·西湖》）

山于春如庆，于夏如竞，于秋如病，于冬如定。（明沈颢《画塵·辨景》）

春条擢秀，夏木垂阴。霜枝叶零，寒柯枝锁。（清笪重光《画筌》）

在中国文化史上，为什么有如此一以贯之，代代相传而且覆盖面甚大的季相意识？这主要是由于长期以来，中国处于农业社会，生产过程必须完全符合于一年四季的时序规律，《荀子·天论》所谓"天行有常……应之以治则吉，应之以乱则凶"。所以司马迁《史记·太史公自序》总结说："夫春生夏长，秋收冬藏，此天道之大经也。"园林和诗画艺术中的四时季相意识，正是农业生产规律向美学境层的升华，而计成则用"切要四时"这沉甸甸的短语加以概括，用"收四时之烂缦"这明丽的秀句来启导审美，目的是让人们更好地把握时间和空间的相互交感，更好地促使良辰和美景相互融合，从而品赏不尽，享用不完。

《园冶》中不但特辟《借景》一章，以生动的文学语言和较多的篇幅集中有序地描写春、夏、秋、冬的时令景色和季相情趣，以体现"与四时合其序"（《易·乾卦·文言》）的哲理，而且或显或隐有关"应时而借"的描写散见于各章节，现将后者拾掇于下：

春——"百亩岂为藏春"（《园说》）；"寂寂探春"（《相地·山林地》）；"莳花笑以春风"（《相地·城市地》）；"两三间曲尽春藏"（《相地·郊野地》）；"在涧共修兰芷"（《园说》）；"桃李成蹊"（《相地·村庄地》）；"弱柳窥青"（《门窗》）……

夏——"一湾仅于消夏"（《园说》）；"重阴结夏"（《立基》）；"一二处堪为暑避"（《相地·郊野地》）；"遥遥十里荷风，递香幽室"（《立基》）……

秋——"一派涵秋"（《立基》）；"动涵半轮秋水"（《立基》）；"秋老蜂房未割"（《相地·村庄地》）；"编篱种菊，因之陶令当年"（《立基》）……

冬——"暖阁偎红，雪煮炉铛涛沸"（《园说》）；"沽酒不辞风雪路"（《相地·村庄地》）；"屋绕梅馀种竹"（《相地·郊野地》）；"探梅虚蹇，煮雪当姬"（《相地·江湖地》）；"锄岭栽梅"（《立基》）……

这样，四时之景不同，而园林美的魅力也就无穷了。这里重点以苏州拙政园为例，通过四帧摄影佳作，来领略借景所收"四时之烂熳"的美：

一、"弱柳窥青"（《门窗》）

柳，是春之使者，春天来临的象征——这第一帧春景图【图88】，在拙政园画舫"香洲"附近池面。

早春二月，寒意料峭，睡梦中刚才苏醒过来的"丝丝眠柳"（《借景》），轻拂出"春风柳上归"（唐李白《宫中行乐词》）的诗意。试看，嫩嫩的生命之芽，微微地泄漏着春光，显出弱不禁风的怜态，其细缕倒垂，柔情万千，婀娜多姿，楚楚动人；其色则如唐代大诗人白居易所咏："一树春风千万枝，嫩如金色软如丝"（《杨柳枝

图88　丝丝眠柳，寒生料峭
苏州拙政园之春　画舫香洲及其池面
虞俏男　摄

词》）。再看柳丝之后作为中景或远景的堂榭亭馆，廊桥台岸，则弥漫在一派淡青色的氤氲之中，使得作为前景的嫩金软丝更为醒目舒心。设想若再过些时日，其婆娑的纤枝蘸水，更会牵风引波，摇漾着一池春水。

春是美的，也是易逝的，盼春、迎春、伤春、惜春、藏春，是人们的普遍心态，故而《园冶》一则说，"寂寂探春"（《相地·山林地》）；二则说，"曲尽春藏"（《相地·郊野地》）；三则说"收春无尽"（《相地》）……启导人们去探寻、珍藏、留住这"淡冶而如笑"的春色。

二、"重阴结夏"（《立基》）

夏，是生命的奋发，美的绿色盛宴——这第二帧夏景图【图89】，在拙政园"荷风四面亭"亭附近。

人们在此仰视空中，一派森森浓绿，苍翠欲滴，这种"于夏如竞"的蓬蓬勃勃，郁郁葱葱，堪用宋欧阳修《醉翁亭记》中"佳木秀而繁阴"的名句来形容。

再俯首低处，亭亭净植，满池莲开。田田的翠盖，簇拥着、互挤着，荷叶的正面、反面、侧面交错变化；于是，色彩的浓绿、中绿、淡绿调节互补，形成一套色阶，一种韵律。而新浴的白衣红裳，星星点点，缀于绿丛之间，花颜四面，嫣然含笑，显得不胜妩媚，令人想起唐代大诗人李白"清水出芙蓉，天然去雕饰"（《忆旧游书怀赠江夏韦太守良宰》）的名句来。此处，若遇"遥遥十里荷风，递香幽室"（《立基》），则小坐亭内，绝不会感到畏阳烈日，但觉轻凉四袭，洁净幽香，令人息躁汰浊，心迹双清，全身暑气全消，可说是"一二处堪为暑避"（《园冶·相地·郊野地》）了。

图89　红衣新浴，遥遥十里荷风
苏州拙政园之夏　荷风四面亭附近
虞俏男　摄

三、"一派涵秋"（《立基》）

秋，是美人的艳妆，季节的斑斓——这第三帧秋景图【图90】，在拙政园倚玉轩水面上空。

眼前真是一幅画：雾霭霭，烟蒙蒙，作为中景的倚玉轩，连带着低栏曲桥，以其秀逸高扬的飞檐戗角，与盈盈隔水的画舫钩心而斗角。它们一起沐浴于朦胧中，倒映于秋水里，似在空中、又在池里泅化着……这一切使得作为前景的数株嘉树更见突出。其间，衰柳无力地低垂着，由绿开始变黄，真是"于秋如病"，然而，却反衬得硕健的枫树特别壮美，分外精神，可谓恍若晴霞，艳如碎锦。

计成冶炼出"醉颜几阵丹枫"（《园冶·借景》）之句，六字抵得上一篇《秋色赋》。一个"丹"字，从色彩上渲染出金秋的主题、浓艳的调子。试看画面上，叶绚寒秋，如烧非因火；彩耀朱殷，似花不待春。一个"醉"字，则以"拟人"的辞格赋予画面以灵气，使无情景物有情化。确乎如此，凛冽的秋霜，使得岸枫虽未酩酊，却已颜酡而心醉了，还令人联类不穷，联想起唐代诗人杜牧"霜叶红于二月花"（《山行》），元代著名戏曲作家王实甫"晓来谁染霜林醉"（《西厢记》）等脍炙人口的名句。"几阵"二字，想出意外，竟用有声的动态来渲染静态的重彩画面，可谓神来之笔，而"阵"字堪称句中"诗眼"，摇荡情性，孕育意境，让人如闻瑟瑟秋风，"声在树间"，噫，"此秋声也"（［宋］欧阳修《秋声赋》）……

图90 醉颜几阵丹枫
苏州拙政园之秋 倚玉轩水面上空
虞俏男 摄

四、"冷韵堪赓"（《借景》）

雪，是白色的精灵，冽冬的魂魄——这第四帧冬景图【图91】，在拙政园绣绮亭、枇杷园一带。

对于雪，古人极注重观察、描写和寓意，称之为"六花"。唐高骈《对雪》："六出飞花入户时，坐看青竹变琼枝。"宋袁绹《清平乐·雪》则云："高卷帘栊看瑞雪"。而计成则将其凝铸为"六花呈瑞"，更见精警，一字不可易。

无论从微观或宏观看，雪，以其的形、色、光、态、意、韵、境、势……成为历代诗人们吟咏的绝佳题材，也是摄影家们乐于选取的理想画面。面对此堪赓的"冷韵"，计成则另辟蹊径，用"书窗梦醒，孤影遥吟"（《园冶·借景》）来抒写，写出了时代，也写出了个性。

再看画面上，雪压冬云，飞絮漫天。"忽如一夜春风来，千树万树梨花开"（唐岑参《白雪歌送武判官归京》）。空中，轻质飘摇以随风；地面，白色随物而赋形——因方成圭，遇圆成璧，化采成素，矫异为同，而枇杷园的云墙，则犹如舞动的银蛇，蜿蜒的玉龙，让人想起"战退玉龙三百万，败鳞残甲满天飞"（宋张元《雪》）的神奇景象来。

但总揽这玄天窈宇，"云幂黯黯"（《借景》），又似乎与山、与树、与亭、与墙、与石，与路……上下一白，浑然一体，它们都无声无息地凝冻了，沉睡了，真是

图91 六花呈瑞，冷韵堪赓
苏州拙政园之冬 绣绮亭、枇杷园一带
虞俏男 摄

"于冬如定"了。雪，它的全覆盖，确乎能够移世界，变影调，画中唯见那难以积雪之处，以其不规则的黝黑勾勒出白亮的轮廓。而其上的瑞雪清光，厚厚地掇叠出层层凹凸的银山腊石，静静地塑造出高下参差的玉树琼花，真乃一幅瑶华境界！无怪乎南朝宋谢惠运的《雪赋》曰："雪之时义，远矣哉！"

晋代张华写《杂诗三首[其一]》，握管开篇，即以其哲思落笔："暑度随天运，四时互相承。"这是高度概括了日月不淹，春秋代序的自然规律。在无限时空的运转中，计成也把握住了一年四季、周而复始的轮回之价值，并以其"纳千顷之汪洋，收四时之烂熳"的诗性语言，启导造园、游园者珍惜这种逝者如斯之美。

第二节 按时景为精，方向随宜
——《园冶》借景论[其二]

《屋宇》写道："凡家宅住房，五间三间，循次第而造。惟园林书屋，一室半室，按时景为精。方向随宜，鸠工合见。家居必论，野筑惟因。"

这段文字中的"按时景为精"一语，不像"借景"那么引人注目。它一般容易忽略，也不见被引用，其实，却极为警策。时景，既是中国画论的术语，又是中国园林美学的重要概念，其内涵也在于体现了时间之美和空间之美的交融感应，引导人们把自然形相置于时间之流中来作动观，或者换一个角度也可说，是留住时间的一刹那放在凝固的景象中来观照……总之，这表现为一种四维时空。

对于借景，人们往往把审美兴趣、欣赏注意力聚焦于其中的四时之借，本章上一节就对这类脍炙人口的名言警句作了大量征引，但是，在中国哲学美学史上，却没人将"时"和"景"二字有机地冶铸为一个词——"时景"，这是计成园林美学的首创。"按时景为精"，这一警句理应得到人们的珍视。

先应指出，"时景"的概念，大于四时之借。对于借景，《园冶全释》在注释中提供了一条并不为人们注意的解释："四时：一年之春、夏、秋、冬，一日之朝、昼、夕、夜，均谓之四时"。这说明，不但一年之间有"四时"，而且一日之间也有四时，后者就是朝、昼、夕、夜。这里再补充一条书证。《左传·昭公元年》："君子有四时，朝以听政，昼以访问，夕以修令，夜以安身。"此语主要是说社会性的政治生活，似乎不适用于园林，其实不然，这一日之中朝、夕、昼、夜的"四时"作为时段，对造园、品园也颇有参照价值，它也适用于园林自然景物的借景，如果翻开《园冶》一书，可见《园说》中："晓风杨柳"，这是"朝"景；"梧阴匝地，槐荫当庭"，这是"昼"景；"溶溶月色"，"夜雨芭蕉"，这是"夕"景和"夜"景。再如在《相地·傍宅地》中，"日竟花朝，宵分月夕"，更以"朝"、"夕"的时段来概括美好的园林生活，甚至是以其来代表一年之中最美好的日子。

计成之后，清初绘画美学家笪重光在《画筌》里，对时景理论有所阐述，而一直要到后来的汤贻汾，给《画筌》写了《画筌析览》，其中列了《论时景》的专节，并析道：

> 春夏秋冬，早暮昼夜，时之不同者也；风雨雪月，烟雾云霞，景之不同者也。景则由时而现，时则因景而知。故下笔贵于立景，论画先欲知时。时景既识其常，当知其变……

对"时"与"景"既分别予以概括，又结合起来阐述其互为依存的关系，其分析、综合，均异常透辟，还指出了"立景"、"知时"应"识其常"，"知其变"，这更为精警。不过，写《画筌》的笪重光和为其写《析览》的汤贻汾，都是清代人，均晚于计成。所以应该说，在中国园林美学史上，是计成最早提出"时景"这一重要的园林美学概念。此概念提出的创造性在于：只有到了计成，才根据历史经验冶铸成"时景"一词，并启迪了汤贻汾在《画筌析览》中列出了《论时景》的标题和专节，或者进而可以说，只有到了《园冶》里，历史上积淀而来的哲理名言和感性描写才有了很好的美学归宿，故而今天必须联系其文化意蕴将它们综合起来解读。

以下再略选历史上和现存古典园林中"按时景为精，方向随宜"的佳例杰构，简析于下：

夜月升空时景。在明代江南文人园林史上，至少有两个以"先月"为品题的亭榭。王世贞为其在太仓之园所写《弇山园记》写到，"广心池"旁"一草亭当其址，夜月从东岭起，金波溶溶，万颖注射，此得之最先，名之曰'先月'"。从其叙述来看，"先月亭"是东向的，它所得之月在池水之中。俯视池面，"金波溶溶，万颖注射"，这是何等的静美！何等的极境！可谓人间难得，作为善于审美的诗人学者，王世贞先得而消受之。稍后，布衣诗人王穉登在《寄畅园记》中写到，"郁盘"附近有"廊东向，得月最早，颜其中楹，曰'先月榭'。"此榭与廊相接，面阔三间，"东向"，正间悬匾，启人东望长空，饱览素月流天，诗意会油然而生，这是方位朝向"随宜"的又一适例。

暝色夕霏时景。王世贞《弇山园记》："'敛霏亭'者，遥与'先月亭'对，盖'西崦'之落照归焉，亦取康乐语也。"康乐，即晋宋间山水诗人谢灵运，晋时袭封康乐公，故称"谢康乐"。其《石壁精舍还湖中作》云："林壑敛暝色，云霞收夕霏。"亭名取其"敛"、"霏"二字。此是特意构亭西向，借景于夕云晚烟、落霞残照……

清夜风月时景。宋邵雍《清夜吟》咏道："月到天心处，风来水面时。一般清意味，料得少人知。"理学家邵雍认为，这种风与月两"清"相遭的哲理意趣，没有极清幽的时空环境，特别是没有"以道观道，以性观性"（《伊川击壤集序》）的一颗道心，是很难领略到的。而苏州网师园六角攒尖的"月到风来亭"，恰恰与这首哲理诗相契合。此亭建于网师园中部背靠西墙，面东向着水池，到了夜晚，园内寂静无声，这就有可能于此亭凭栏等待明月直至于天心正中，同时也有可能恰逢微风拂过，池水泛起细鳞，于是，就能进入目击道存之境，品悟到此种清空淡雅的理趣。

锤峰落照时景。承德避暑山庄榛子峪北侧不高的山冈上，有一特建的卷棚歇山亭，这就是方位选择最宜的"锤峰落照亭"。该亭面西，向着著名的磬锤峰，此峰上大下小，呈巨大的磬锤之状，矗立于天际。北魏郦道元《水经注·濡水》就言此"石挺""在层峦之上，孤石云举，临崖危峻，可高百馀仞"。避暑山庄所创构的这座双排立柱的大型敞亭，最宜在夕照中远赏棒锤峰身披红晕，呈现出"一柱标云汉，千峰最上层"（清乾隆《锤峰落照》诗）的壮美[1]。这一借景的典范之作，就是清帝康熙题避暑山庄三十六景之一的"锤峰落照"，然而它的成功，离不开此亭"方向随宜"的选择。

万家烟火时景。"万家烟火"写的是从高处看到千家万户傍晚炊烟弥漫，并与暮霭相融的情景。在当今时代，炊烟早已烟消云散，而苏州虎丘"万家烟火"的景点依然存在，留住了人们的历史记忆。此景点在虎丘山顶东部偏北，"望苏台"、"小吴轩"附近，其品题撷自清陆肇域、任兆麟《虎阜志》卷二，清人蒋重光《小吴轩晚眺》诗云："万家烟火迷晴树，几点樯帆带落霞。"其实，此轩是一段较阔的敞廊，粉墙上多"门窗磨空"（《园冶·门窗》），显得极为空灵。其前有一排"吴王靠"，数十年前，宜于在此远望山下鳞鳞万户的弥漫炊烟，当然，亦宜于此远迎东方金黄色的朝晖。而今，每当一轮红日升起，投其光华于虎丘山巅，此廊轩檐下的卐川挂落也一起影落墙上【图92】，人们可无拘地浴于阳光之下，全身心尽情享受光景之美。

亭午晴晖时景。苏州畅园的园基平面呈狭长形，以水池为中心，善于在"水"字上做文章。其北面为主厅留云山房，意谓在厅南池中留住水中的天光云影；池东北的"涤我尘襟"，主旨为利用清池之水的"洗涤"功能；而池东凸于水边的穿廊六角攒尖亭，题为"延晖成趣"，意为在水中延请、延留亭午的晴晖。晋孙绰《游天台山赋》："尔乃羲和亭午，游气高褰。"亭午就是正午。畅园的空间和池面均很狭窄，难以俯借水中的朝晖或夕晖，而只有亭午方可俯借水中晴晖，以成其"游气高褰"之趣。这种时景之借，也别有风味。

由此数例已可见，时景的品赏与建筑物的方位朝向密切相关。只有注意方位，讲究朝向，才能于朝、夕、昼、夜，更理想地借得日晖月华之美。

《园冶·借景》章一开头就强调："借景有因"，"何关八宅"。这实际上是说，所谓方位朝向有两种，一是造园上的，一是堪舆上的。造园上的方位朝向是为了

---

① 参见金学智：《风景园林品题美学——品题系列的研究、鉴赏与设计》，中国建筑工业出版社2011年版，第189－190页。

图92 高空廊轩延晴晖
苏州虎丘"万家烟火"梅 云 摄

"因"，为了"借"，它与宅相的方位朝向无关。计成的园林美学，一方面指出了借景离不开"因"字；另一方面又扬弃了不一定科学的"八宅"方位朝向之说。可是，《图文本》对"何关八宅"却注道："指园林借景与方位无关。"。其实，以上数例已充分证明，借景与该屋宇方位朝向的选择确乎有关，故而《园冶·屋宇》继续写道："方向随宜……家居必论，野筑惟因。"意谓一般的家居，必须遵守传统的、方位朝向的死板规定，然而，野筑——郊野以及非郊野的园林建筑则不然，应突出"随宜"二字，即应注重借景对方位朝向的自由选择，不拘东南西北，四面八方，或者说，应根据人的角度、地的因素、时景的欣赏三位一体的需要选择屋宇的方位朝向，这就是"按时景为精"的深刻含义。

第三节 远近俯仰，全方位借取
——《园冶》借景论［其三］

《借景·结语》云："夫借景，林园之最要者也。如远借、邻借、仰借、俯借，应时而借。然物情所逗，目寄心期，似意在笔先，庶几描写之尽哉！"对于应时而借，前文已论，本节主要结合审美实例论远借、邻（近）借、仰借、俯借四种。

《园冶全释》根据《借景》章四种借景方式——远、邻（近）、仰、俯，概括出"远借——由近及远"；"邻借——由此及彼（金按：'由此及彼'也适用于其他三种，试改为'由己及邻'）"；"仰借——由低及高"；"俯借——由高及低"四种方式，颇有新意，它突出了"园－人"这一主体中心，显示出视线"由此及彼"的辐射状态。

对《全释》的梳理、概括，还可作补充，即这四种借景方式，还可上连于传统的有关哲学、美学论述。《易·繫辞下》曰："古者包牺氏之王天下也，仰则观象于天，俯则观法于地，观鸟兽之文与地之宜，近取诸身，远取诸物，于是始作八卦，以通神明之德，以类万物之情。"这里提到的俯、仰、远、近的观取，对后世影响极大。东晋大书法家王羲之《兰亭序》则云："仰观宇宙之大，俯察品类之盛，所以游目骋怀，足以极视听之娱，信可乐也。"对此，宗白华先生这样概括说："嵇康有名句云：'……俯仰自得，游心太玄。'中国诗人画家确是用'俯仰自得'的精神来欣赏宇宙，而跃入大自然的节奏里去'游心太玄'。晋代大诗人陶渊明也有诗云：'俯仰终宇宙，不乐复何如！'"[1]可见，仰观俯察、近取远眺，确实是中国诗人画家们历史地积淀而成的传统，是古来审美观照的重要方式，计成正是承续了这一优秀传统方式，据其造园品园的长期实践，演绎归纳为远、近（邻）、俯、仰的借景系列，加之"应时而借"，这是对园林美学的重大贡献。

现据此集纳《园冶》一书中有关的具体描述，适当结合历史上和现存的园林佳例作为实证，分别梳理于下：

一、远借——

这是由近及远的借景。在各类借景中，远借最富于魅力，也最饶有意味，不但诗人们最爱倾情咏唱，也最受造园家关注和品赏者们的青睐。对此，计成在《园冶》里也概括得最多，如：

> 晴峦耸秀，绀宇凌空，极目所至……（《兴造论》）
>
> 山楼凭远，纵目皆然……障锦山屏，列千寻之耸翠。（《园说》）
>
> 远峰偏宜借景，秀色堪餐。（《园说》）
>
> 千山环翠，万壑流青。（《相地·山林地》）
>
> 悠悠烟水，澹澹云山。（《相地·江湖地》）
>
> 适兴平芜眺远，壮观乔岳瞻遥。（《立基》）
>
> 高原极望，远岫环屏。（《借景》）

---

[1] 宗白华：《艺境》，北京大学出版社 2003 年版，第 186 页。

晴峦、绀宇、远峰、烟水、云山、高原、远岫、千山万壑……都是极佳的远借对象。计成还写道："更上一层，可穷千里目也。"（《立基·楼阁基》）由此而造楼筑台，就能更好地借取这类美妙的远景。

历代园林特别是从宋代开始，注意营建宜于远眺的亭、台、楼、阁，见于著名园记中，如：

> 封高而缔，可以眺者，"远亭"也。（宋沈括《梦溪自记》）

> 榭南有"多景楼"，以南望，则嵩高、少室、龙门、大谷，层峰翠巘，毕效奇于前。榭北有"风月台"，以北望，则隋唐宫阙楼殿，千门万户，岧峣璀璨，延亘十馀里，凡左太冲十馀年极力而赋者，可瞥目而尽也。（宋李格非《洛阳名园记·环溪》）

> 乃相嘉处，创"洗心"之阁，三川列岫，争流层出，启窗卷帘，景物坌至，使人领略不暇。（宋洪适《盘洲记》）

这些名园中的远亭、多景楼、风月台、洗心阁等，都主要是为远借而缔造的，它们以层峰翠巘、宫殿楼阙等为对象，取得了"使人领略不暇"的效果。

再看现存的古典园林，远借的佳例也极多，略举数例于下：

苏州拙政园中部远借北寺塔，这非常著名。笔者曾评道："在江南园林中，如城市山林型的拙政园，因借的条件极差，然而造园家却在西面的树冠丛中，特意'实中留虚'，留出一路虚灵的借景空间，把远方的北寺塔借进园内……这是造园家唯道集虚、借景如画的大手笔。"[1]【图93】诚看在绿树丛中，亭亭塔影被借进了园内，既丰富充实了园林的景观，又极大地拓展了园林空间。这一借景的杰作，至今还不断赢得游人们的啧啧叹赏，纷纷在咔嚓声中留下这一极富于远韵的美的印象。

常熟曾园，又称虚廓园，为小说《孽海花》作者曾朴之父所建，它以借景虞山为其重要特色。虚廓园的品题，撷自《淮南子·天文训》："道始于虚廓"。其相邻的赵园，离虞山更近些，二园而今已合并为一。这里，可远借气势磅礴的虞山及其上的辛峰亭【图94】，用《园冶·园说》的话说，是"远峰偏宜借景，秀色堪餐"。人们还可能会由"虚廓"联想起由此派生的"道"、"气"等宏廓无垠的境界来，联想起对远借极为重要的"唯道集虚"（《庄子·人间世》）的哲理来。

二、邻借——

这是由己及邻的借景，即由自己的园林向周围相邻景物的借取。这种邻借，是近借的主要方式。对于这种近借、邻借，计成在《园冶》里也有精彩论述，如：

---

① 金学智：《中国园林美学》，中国建筑工业出版社 2005 年版，第 323 页。

图93 绀宇凌空，收之尽为烟景
苏州拙政园远借北寺塔　田中昭三　摄

选胜落村，藉参差之深树。（《相地》）

倘嵌他人之胜，有一线相通，非为间绝，借景偏宜；若对邻氏之花，才几分消息，可以招呼，收春无尽。（《相地》）

门楼知稼，廊庑连芸。（《相地·村庄地》）

堂开淑气侵人，门引春流到泽。（《借景》）

或借参差深树，或借邻氏之花，或借园外农田，或借门前清流……统统都是邻借。具体实例，如唐白居易的《欲与元九卜邻先有是赠》诗："明月同好三径夜，绿杨宜作两家春。"写得十分亲切，明月，这是两家共同的远借；附近的绿杨春色，则是两家均宜近赏的"邻借"。清郑板桥《题画竹》写道："邻家种修竹，时复过墙来。一片青葱色，居然为我栽。"又云："两枝修竹过墙来，多谢邻家为我

图94 远峰偏宜借景，秀色堪餐
常熟赵园借景虞山及其辛峰亭　梅　云　摄

栽。君若未忘虚竹好，请来粗茗两三杯。"二诗均隔墙近借邻家所栽修竹。

关于邻借，童寯先生曾写道："或有由一园高处，而能将邻园一望无遗。昔苏州徐园，尽览南园之胜。斯非借景，真可谓劫景矣。"①说得非常风趣，因为"借"、"劫"二字音同。这是通过谐音，形容"邻借"如将邻园之景全部抢过来了。今天仍有实例可证。如苏州的拙政园，其西部原为补园，二园原分属两家。补园在两园界墙旁的石山上安亭得景，撷白居易《欲与元九卜邻》"绿杨宜作两家春"诗意，题名为"宜两亭"。此亭为六角攒尖，人们如登山入亭东望，可见近景是作为界隔的蜿蜒的云墙，飞翘的戗角；中景是墙外低垂的岸柳，澄静的池水，曲折的平桥，氤氲在一派淡淡的淑气中；远景则是蒙蒙的绿色树丛……此情此景，真可说是隔院优美的风光"劫（借）"来眼底了。而在原拙政园隔墙西望宜两亭，也可邻借到山亭高耸的一番景色。可以说，此亭对相邻两园来说，都是相宜的。

又如无锡寄畅园过去也与惠山寺相邻，明王穉登《寄畅园记》写道："右通小楼，楼下池一泓，即惠山寺门阿耨水，其前古木森沈，登之可数寺中游人，曰'邻梵'。"这又是"萧寺可以卜邻，梵音到耳"（《园冶·园说》）了。今天，寄畅园的"邻梵阁"仍存。

---

① 童寯：《江南园林志》，中国建筑工业出版社1987年版，第9页。

三、仰借——

这是由低及高的借景，计成在《园冶》里所述，如：

> 迎先月以登台。(《相地·江湖地》)
>
> 宜台宜榭，邀月招云。(《掇山》)
>
> 寓目一行白鹭。(《借景》)
>
> 眺远高台，搔首青天那可问；凭虚敞阁，举杯明月自相邀。(《借景》)

历代诗文中，也多这类名句："行到水穷处，坐看云起时。"(唐王维《终南别业》)借景的视角由俯而仰。"云破月来花弄影"(宋张先《天仙子》)，前四字为仰借，后三字又转入俯借。"秋空见皓月"(明张岱《西湖十景诗·平湖秋月》)，这纯粹是仰借。"垒石可以邀云，筑台可以邀月"(清张潮《幽梦影》)，这又是美学上的一种总结。这类借景，借月借云，借鸟借天，一般以层高型建筑——楼、阁、台等最为相宜，而以邀月、望月为最多。

四、俯借——

这是由高及低的借景，计成在《园冶》里所述，如：

> 动涵半轮秋水。(《园说》)
>
> 门湾一带溪流。(《相地·山林地》)
>
> 清池涵月……素入镜中飞练。(《相地·城市地》)
>
> 曲曲一湾柳月，濯魄清波。(《立基》)
>
> 槛外行云，镜中流水。(《屋宇》)
>
> 俯流玩月，坐石品泉。(《借景》)

现存的佳例，如前一章第六节"池塘倒影，拟入鲛宫"，在苏州留园，不论是在浣云沼旁俯瞰冠云峰的倒影，还是在濠濮亭内，观取印月峰倒映入水所呈一轮圆月，都是由高及低向水中的借景。

《园冶全释》在《兴造论》"互相借资"的按语中说："互相借资，是园林规划的重要原则，任何一个(处)景境的创作，都应是构成园林完美而和谐的整体的部分。不论是由外望内，由内望外，自上瞰下，自下仰上；由远瞻近，由近眺远，无不具诗情而有画意。正是通过时空融合的整体环境，体现出自然山水的精神和意境。这就是'互相借资'的意义。"这番对互相借资的论析，从内外、上下、远近的相互审美关系来概括和阐发，并提升到意境和诗情画意的高度，颇为精彩。

美籍奥地利生物学哲学家冯·贝塔朗菲有一个著名论点："有机体本质上是一个开放系统。"[1]《园冶》里的借景，正是这样一个有机的开放系统。从时间方面

---

① 冯·贝塔朗菲:《一般系统论》，清华大学出版社1987年版，第36页。

说，春、夏、秋、冬、朝、昼、夕、夜；从空间方面说，内、外、上、下、远、近、俯、仰，这是一个时空交感的完整系统，除此而外，在形式美的方面，它还有借形，借色，借光，借声，借香，借动，借静……让人开放五官，而更让人打破了种种时空限制而走向无限。黑格尔在《美学》中指出："审美带有令人解放的性质，它让对象保持它的自由和无限"，"在美的对象中，这种一般对象的纯然有限的关系就消失了"。[1]《园冶》也是这样，它从多方概括道："得景则无拘远近，极目所至，俗则屏之[2]，嘉则收之"（《兴造论》）；"溶溶月色，瑟瑟风声。静扰一榻琴书，动涵半轮秋水"，"鹤声送来枕上"（《园说》）；"隔林鸠唤雨，断岸马嘶风"（《相地·郊野地》）；"堂开淑气侵人"，"嫣红姹紫，欣逢花里神仙"，"分香幽室，卷帘邀燕子"（《借景》）；"纳千顷之汪洋，收四时之烂漫"，（《园说》）；"动'江流天地外'之情，合'山色有无中'之句"（《立基》）……特别是"物情所逗，目寄心期"，"得景则无拘远近"等句，意谓应大胆开放，只要能引得美景，融入情感，就均应尽量予以借取。计成创构的有机系统的借景美学，可说是必然中赢得自由，有限中创造无限的美学。

第四节　收之圆窗　宛然镜游
——兼考王羲之《镜湖》诗

语见《园冶·掇山·峭壁山》。此节写靠壁所掇的"峭壁山"，然后再"植以黄山松柏、古梅、美竹"，于是，"收之圆窗，宛然镜游也"。"收之圆窗，宛然镜游"虽只有八个字，却凝聚着了中国文艺审美的某些历史经验，其关纽在"镜"、"圆"、"游"三字，不妨深入一探。

对于这两句，《园冶注释》写道："谓似在镜中观赏景物之意。《会稽记》：'镜湖在县东二里……王逸少（金按：逸少，王羲之字）云；"山阴路上行，如在镜中游。"'"译文："从圆窗向外望去，使人觉得就像作镜中之游。"译、注均甚佳，特别是"似"、"像"二字，说明了此语的比喻性，体现了"宛然"之意，还引出了王羲之之典，突出它的文化内涵，但王羲之诗的出典却需考辨，因为历史上遗留的问题颇多，极为复杂。

先说山阴之美。在历史上，秦统一全国后以越地置会稽郡，山阴（今绍兴）为其所属县，因处于会稽山北（山之北为"阴"）而得名，治所在今浙江绍兴。东晋永和九年，王羲之一行江左名流来此兰亭雅集，王羲之著名的《兰亭集序》有"会于

---

[1] ［德］黑格尔：《美学》第1卷，商务印书馆1979年版，第147、146页。
[2] ［明］刘侗《帝京景物略·定国公园》："又一堂临湖，芦苇侵庭除，为之短墙以拒之。"也就是说，芦苇虽有野趣，但对于临湖厅堂的庭除来说，它并不算"嘉"，故筑短墙来遮蔽它。

会稽山阴之兰亭"之语，于是山阴更名闻遐迩。有关于"镜湖"、"山阴道上"的著名描叙，如：

王子敬（即王献之，王羲之第七子）云："从山阴道上行，山川自相映发，使人应接不暇，若秋冬之际，尤难为怀。"（《世说新语·言语》）

镜湖澄澈，清流泻注，山川之美，使人应接不暇。（王献之《镜湖帖》）

王献之的这两条，都是脍炙人口的名言隽语，生动地概括了山阴道上景物的丰美。其中还提及了"镜"字，而王献之作为大书法家还书有《镜湖帖》。镜，常喻水的清澈洁净平静明亮，以及周围的景物的美丽。山阴著名的镜湖，就突出地具有如"镜"的特征，它又称"鉴湖"，鉴湖也就是镜湖。

王羲之还广为流传有"山阴路上行，如在镜中游"之诗，其实，这决不是他的原诗，是后人转辗讹抄或敷会而成的，而更可能的是：它不是诗，而是散文。

理由之一：《世说新语》多次写到王羲之的韵事，却没有叙及此事，特别是《世说新语·言语》录晋人名言甚多，并没有提及王羲之有此语，而《晋书》也无此记载。

理由之二：如此大名鼎鼎的文人的名句，而历来类书、笔记、诗话、地理志等的记述却极不一致，故对其真实性必须进行考证。现先梳理如下：

唐徐坚《初学记》卷八《江南道·镜水》："《舆地志》曰：'山阴南湖，萦带郊郭，白水翠岩，互相映发，若镜若图，故王逸少云：'山阴路上行，如在镜中游。'"这似乎有些像两句五言，不过该书并未指出其为诗。但是，更值得注意的是，《初学记》之前，北魏郦道元的《水经注》卷四十"浙江又北径（经）山阴县西"已引作"从山阴道上，犹如镜中行也"，这完全是散文。宋代开始，最早是北宋太平兴国年间乐史的《太平寰宇记》卷九十六"山阴县"条："王羲之云：'每行山阴道上，如镜中游。'"这依然呈散文化状态。到了南宋，有关的记载不断出现，特别是诗话著作中尤多。蔡梦弼《杜工部草堂诗话》写道：

山谷黄鲁直（金按：即黄庭坚）《诗话》："'船如天上坐，人似镜中行。''船如天上坐，鱼似镜中悬。'沈雲卿之诗也。雲卿得意于此，故屡用之"……苕溪胡元任（金按：即胡仔，《苕溪渔隐丛话》作者）曰："余以雲卿之诗，源于王逸少《镜湖》诗所谓'山阴道上行，如在镜中游'之句。然李太白《入青溪山》诗云：'人行明镜中，鸟度屏风里。'虽有所袭，语益工也。"

可见最早称其为《镜湖》诗的，是南宋初颇有影响的胡仔《苕溪渔隐丛话》。以后，蔡梦弼《草堂诗话》所引如上。接着吴开《优古堂诗话·船如天上坐，人似镜中行》引《潘子真诗话》也有此语；吴曾《能改斋漫录》卷八所述文字也与《优古堂诗话》相近，也称此两句为《镜湖》诗。由此可推论，这些诗话著作，为了体现自身所具有说"诗"的特质，故意概称王羲之语为"诗"或《镜湖》诗，其实，这看来是要打问号的。

再看其他类著作，王楙的《野客丛书》仅称其为诗。而与其相先后的叶廷珪

《海录碎事》卷三作"从山阴路上，行如在镜中"，或点作"从山阴路上行，如在镜中"，祝穆《方舆胜览》卷六，后句则作"行如在鉴中"，均为散文，也不称其为诗……直至明代，李贽《初潭集·师友六》引作"从山阴道上行，如在镜中游"，依然没有将其视为诗句。张溥辑《汉魏六朝百三家集》卷六十《王献之集》按语说："王右军（金按：王羲之官至右军将军，人称王右军）云，'每行山阴道上，如镜中游。'于此可互观父子高致如此。"这联系《世说新语·言语》中王献之语"从山阴道上行……"来推断，更可说明王羲之父子之语均为体现了"高致"的散文。当时王羲之很可能有这类散文化的话语，但又与王献之"从山阴道上行……"的名言隽语相互纠葛在一起，遗憾的是《世说新语》未能将二者同时给予叙录，以见其异同，于是，以后在流传过程中很不确定，愈传愈乱。

据以上"剪不断，理还乱"的梳理，说明历史上对名人名言的引述，从未见过有如此之热闹，而又如此之混淆不清，以至到了究竟是诗还是散文也分不清的地步，更不用说诗名了。

理由之三：逯钦立先生辑校《先秦汉魏晋南北朝诗》，规模宏大，治学严谨。完成这部百卷巨帙，历时二十四年，网罗放佚，使零章残什并有所归，但就是未收王羲之此两句。其引用书目中涉及王羲之语的有《水经注》、《初学记》、《海录碎事》、《野客丛书》、《太平寰宇记》、《苕溪渔隐丛话》等，正因为他发现了这类问题，故不予收录，因为该书所收以诗为限。

再品读各家所录有关"镜中游"的语句，均有着丰富的审美内涵，特别耐人寻味，它可说是中国美学一个可喜的微观成果，故而后人才不避重复，一引再引，甚至宁可误引，而历来诗歌创作中，也一再以"镜"及其意象为典、为喻，让人品赏不尽，寻思不已……

至此，本书的结论是：不管怎样，二王以散文形式所表达的精致隽永的审美体悟，肯定是萌生于潇洒玄远的晋人心灵，是诞生于美不胜收的山阴地区，它对后人启悟良多。正因为如此，计成才撷来联系园林的创造与品赏，冶铸为又一名言隽语："收之圆窗，宛然镜游"。

以下探析用"镜"来概括或比拟山阴道上的美，其魅力何在？

先让西方文艺复兴时期意大利的达·芬奇来回答。这位大画家曾发人深思地设问："何以镜中看画比镜外看画美观？"他说，镜子是"看去似乎圆圆的突出的东西"，它能"表现被光与影包围的物体"，"使平面显出浮雕"，又"似乎向平面内伸展很远"……[1]这是他以卓越的绘画眼睛，长期的职业习惯，悉心观研镜象所获得的审美体会。

我国著名美学家宗白华先生也喜爱以镜子来妙喻空灵的物象美："一点觉心，

---

[1]《芬奇论绘画》，人民美术出版社1979年版，第189、51页。

静观万象，万象如在镜中，光明莹洁，而各得其所，呈现着它们各自充实的、内在的、自由的生命……在静默里吐露光辉。……王羲之云：'山阴道上行。如在镜中游。'空明的觉心，容纳着万境，万境浸入人的生命，染上了人的性灵。"[1]

以上两家体悟，一在域外，一在华夏；一在古代，一在今天；一重客观，一重主观，将其大跨度地合起来，更能领悟镜景之美。宗先生又讲到了园林：

> 对着窗子挂一面大镜，把窗外大空间的景致照入镜中，成为一幅发光的"油画"。"隔窗云雾生衣上，卷幔山泉入镜中。"（王维句）……"镜借"是凭镜借景，使景映镜中，化实为虚。园中凿池映景，亦此意。

他还举例说，"苏州怡园的面壁亭处境偪仄，乃悬一大镜，把对面假山和螺髻亭收入镜内，扩大了境界"[2]。这里所讲的"镜借"，是园林借景的一种。潜心品赏这种"镜景"，神游其中，那就真成为"镜中游"了。

统观《园冶》全书，可见计成颇为钟情于"镜"和"圆"，而古代铜镜的平面特征就是"圆"。再看无论在西方还是在中国的哲学、美学里，圆都是美、美满、完备的象征[3]，而在中国文化传统里，"圆"又与"月"更紧密地联系在一起，所谓"花好月圆人寿"，李白《把酒问月》诗则有"皎如飞镜"等句，因而月又有理想、团圆、洁净等喻义。计成在其《园冶·门窗》所绘图式中，除了"片月式"外，还有"月窗式"即满月式，这也就是《园冶·掇山·峭壁山》所说"收之圆窗"的"圆窗"。他很欣赏这园林墙垣上所辟的月窗造型，还在"月窗式"旁特地注明："大者可为门空。"这就是说，这种壁上的空灵形式，小的是月窗式，大的则可为月门式（今或称"月洞门"）。这类门窗，更给后人留下了不尽的创造空间和观赏天地，得以进行审美的逍遥游。

再说计成的"圆"、"镜"之喻是合理的、恰切的，因为镜是圆的（指在古代），窗也是圆的；圆镜中的景很有意味，而以圆窗为框来取景赏景，更富有审美意味。在园林里，这种以窗为框的取景，今人称为对景或框景，而计成则取晋人的视角称之为"镜游"，这就让人们鼓动想象的彩翼，翱翔于审美的天宇。"镜游"作为术语，更赋予这个"圆"以无穷的意味，让人在空明圆妙、莹洁如镜的品赏中容与扈冶，神游无限……

以下再联系苏州园林一系列审美景观实例，来进一步悟读"收之圆窗，宛然镜游"的妙趣。

---

① 宗白华：《美学散步》，上海人民出版社 1981 年版，第 21 页。

② 宗白华：《美学散步》，上海人民出版社 1981 年版，第 57 页。

③ 在西方，古希腊的毕达哥拉斯学派认为，"一切平面图形中最美的是圆形。"见《古希腊罗马哲学》，三联书店 1957 年版，第 36 页。在中国，钱锺书先生说："考希腊哲人言形体，以圆为贵……窃尝谓形之浑简完备者，无过乎圆。吾国先哲言道体道妙，亦以圆为象。《易》曰：'蓍之德，圆而神。'……《太极图》以圆象道体；朱子《太极图说解》曰：'○者，无极而太极也。'"钱先生又说："圣奥古斯丁以圆为形之至善极美者，以其完整不可分割也。释书屡以十五夜满月喻正遍智……《发菩提心品》第十一复详论菩提心相如'圆满月轮于胸臆上明朗'。"并见钱锺书：《谈艺录》，中华书局 1984 年版，第 111、307 页。

在苏州园林里，遗憾的是月窗式并不多见，此式以其隐喻的禅意较多地与佛寺园林建筑有关。而颇为突出的月窗式之例，是在曾为禅寺园林的狮子林，其中立雪堂前有一复廊式夹弄，其向着立雪堂一面，每间墙上均辟有圆窗，从而构成系列。其圆窗的框，均用较厚的水磨砖制成，体现了《门窗·[图式]圈门式》所说的"凡磨砖门窗，量砖之厚薄，校砖之大小，内空须用满磨"的要求，框边还用起线的方法，使得整个月窗显得厚重敦实而又细腻精致。这里重点论析夹弄南端第一个"圆满月轮"般的窗【图95】外景观，它确乎可让人神游无限……试看，窗外是立雪堂庭院一角，此堂曾是当年作为禅寺园林的狮子林讲经传法的禅堂，其典出自慧可向达摩"立雪求道"的故事。慧可为禅宗二祖，达摩则是中国佛教禅宗的初祖。据《景德传灯录》卷三载：

> 十二月九日夜，天大雨雪，光（金按：即慧可）坚立不动，迟明，积雪过膝。师（金按：即达摩）悯而问曰："汝久立雪中，当求何事？"光悲泪曰："惟愿和尚慈悲，开甘露门，广度群品。"

后达摩授予慧可以《楞伽经》。故而唐方干《赠江南僧》诗云："继后传衣者，还须立雪中。"明高启《立雪堂》诗云："堂前参未退，立到雪深时。一夜山中冷，无人只自知。"这就是立雪堂的深刻蕴涵，意为求道传衣，都必须象慧可那样至诚、坚定。狮子林由于有了"立雪"的品题，窗孔内窥见的小小的堂室，就让人镜游无尽，禅意益然。窗景中还有苍翠斜逸的松枝，由此人们会想起立雪堂内的一副对联："苍松翠竹真佳客；明月清风是故人。"再看近处有头有身有尾的叠石

图95　圆满月轮，内空当用满磨
苏州狮子林夹弄圆窗框景
虞俏男　摄

图96 超以象外，得其环中
苏州艺圃浴鸥洞门框景　梅　云　摄

狮，让人联想起佛门神兽……月窗框景所引起的这些思索，可说是"思理为妙，神与物游"（刘勰《文心雕龙·神思》）了。

在苏州艺圃，"浴鸥"月洞门极有魅力，其门内小院里又有"芹庐"月洞门。其圆周纯现一片白色，与粉墙融为一体，这就更团栾如月。再看"浴鸥"门，是东北向的；"芹庐"门是正东向的，二"圆"经由溪上石梁而构成一斜向通路。人们如从"浴鸥"之"圆"斜向观照"芹庐"之"圆"【图96】，那么就可见两圆相套之妙。如上所述，一个圆框的"镜游"，意趣已颇丰永，而艺圃又构两圆，以供环环相套地观照，这种"套景"就更饶趣味，令人想起"超以象外，得其环中"（传唐司空图《二十四诗品·雄浑》）的"道体之妙"。艺圃月洞门两圆，可供人们多方位选择观照的视角：既可从此圆中斜向地略观彼圆，又可从彼圆中斜向地略窥此圆；还可近倚"芹庐"之圆以观照远处的"浴鸥"之圆，于是，又可见石梁斜向的月洞门中景观配搭有情：近处峰石秀而古，远处延光水阁红阑与绿水相与掩映。当然，还可由小院东南角分观两圆互摄互映之妙。总之，这两个月洞门具有环环相应的景效，加以人们高低视角不同，左右偏侧不同，远近距离不同，二"圆"也就有难以穷尽的"妙趣"。

在苏州拙政园中部，"梧竹幽居"亭的结构更复杂，其妙在四面墙上各辟一特大月洞门，人们可从东、南、西、北等不同方位环环相套地选取观照视角，于是，可看到大圆中或一个圆，或两个圆，不同的圆里还有不同的"镜景"，它们互斥互补，映衬对比，令人想象不尽……

计成把"收之圆窗"称为"宛然镜游"，通过拟喻、联想，融入了山阴道、镜中游以及有关"镜"、"月"、"圆"等的历史文化积淀，使得内涵异常丰富。而《园冶·园说》又这样写道："刹宇隐环窗，仿佛片图小李。"环窗也就是圆窗，在其中看到萧寺山林，就仿佛看到小李将军的青绿山水画，那又是一种"**宛然镜游**"……

第五节　轩楹高爽，窗户虚邻
——门窗与计成的虚灵美学

　　两句见《园说》："轩楹高爽，窗户虚邻。纳千顷之汪洋，收四时之烂熳。"本节只结合《园冶》有关的片断，着重论析前两句，因为与全书相关的借景乃至框景理论，均直接或间接联系着"轩楹高爽，窗户虚邻"，它是借景的必要条件。

　　"轩楹"二字，《园冶注释》注为"屋宇"、"堂前"，较确。然而"轩"还有其引申义，即高敞、高爽、开朗、高扬、飞举等。三国魏何晏《景福殿赋》："飞檐翼以轩翥"。《文选》张铣注："轩，犹高也。言飞檐如鸟翼之高翥，翥亦飞也。"这是写屋宇之高。计成在《屋宇·轩》中也释道："取轩轩欲举之意，宜置高敞，以助胜则称。"至于"楹"，为厅堂的前柱，释为"堂前"亦不错。"虚邻"的"邻"，意为连接。《释名》："邻，连也。相连接也。"《园说》中的"轩楹高爽，窗户虚邻"，意谓厅堂楼阁应高敞，窗户应与虚空连接着。

　　造园要体现"高"、"虚"二字，就不应忽视整体的规划。《立基》："筑垣须广，空地多存。任意为持，听从排布"。园林基地空广，这样就可按"能主之人"的意愿，听任摆布，于是其效果就可以是"房廊蜒蜿，楼阁崔巍。动'江流天地外'之情，合'山色有无中'之句。适兴平芜眺远，壮观乔岳瞻遥"（《立基》）。借景的天地就无限广阔，几乎可使天地外的江流映入眼帘，可将极远方若有若无的山色延来窗户。而"眺远"、"瞻遥"也离不开"高""虚"。

　　计成在《园冶》中处处注意贯彻高敞虚灵的原则，对于建筑来说，例如：

　　　　杂树参天，楼阁碍云霞而出没……（《相地·山林地》）

　　　　层阁重楼，迥出云霄之上。隐现无穷之态，招摇不尽之春。（《屋宇》）

　　　　眺远高台，搔首青天那可问；凭虚敞阁，举杯明月自相邀。（《借景》）

上引文字中，或是楼阁亭台，或是层阁重楼，或是高台敞阁，都具有"凭虚"的特点，又都是层高型的建筑，用夸饰的语言说，它们"碍云霞而出没"，"迥出云霄之上"，因此，才得以既隐现无穷之态，又招摇不尽之春。

　　再回到建筑空间的高敞虚灵上来。计成还很注意庭院的空阔疏通，不主张布置迫塞。《屋宇》说："当檐最碍两厢，庭除恐窄。"厅堂前的庭院，如两侧再建厢房，那么，庭院就窄小了，就不够空阔疏通，不符合虚灵原则。

　　《园冶》特设《门窗》一章。计成认为，建筑物的门窗尤为重要，应充分利用、开辟，以体现"窗户虚邻"的原则，这样，包括借景、框景在内的窗景能取得更好的效果。正因为如此，《园冶》一书中"窗"字出现特多，现先将与"窗""牖"有关的论述描叙选列于下：

　　　　刹宇隐环窗，仿佛片图小李。（《园说》）

　　　　窗虚蕉影玲珑。（《相地·城市地》）

窗牖虚开，诸孔娄娄然也。（《屋宇·楼》）

风窗……宜疏广减文……在馆为书窗，在闺为绣窗。（《装折·风窗》）

门窗磨空，制式时裁……触景生奇，含情多致……伟石迎人，别有一壶天地；修篁弄影，疑来隔水笙簧。佳境宜收，俗尘安到。切忌雕镂门空，应当磨琢窗垣。（《门窗》）

宜漏宜磨，各有所制。从雅遵时，令人欣赏，园林之佳境也。（《墙垣》）

俯于窗下，似得濠濮间想。（《掇山·书房山》）

收之圆窗，宛然镜游也。（《掇山·峭壁山》）

南轩寄傲，北牖虚阴。半窗碧隐蕉桐……（《借景》）

以上引文，随着一个个"窗"字而出现了多个"虚"字，它们更是"邻虚"原则的具体显现。人们据其描述，就可见种种不同的"邻虚"效果：环窗可远借刹宇，体现出如画的特色[①]；窗前可配置蕉桐竹石，借其形态声色来赏美品景；门窗可体现"触景生奇，含情多致"，"佳境宜收，俗尘安到"的美学理想，从而创造"园林之佳境"……正因为如此，门窗应该精心"磨空"，窗垣也"宜漏宜磨，各有所制。从雅遵时"，或者说，应做到"窗棂遵时各式"，这样既透漏邻虚，又雅致美观，形制多样。典型的例证是苏州留园的鹤所【图97】，其东、西、北三面墙上共辟有三个洞门、六个空窗和花窗，而所保留的墙体则几乎可说少到不能再少，于是室内显得通气周流，玲珑剔透，光景变幻多端，一幅幅不同朝向的、幽美的"无心画"逗人欣赏，表现出潇洒的风致。

特别应注意，《园冶》三处出现"邻虚"或"虚邻"的字样，现集纳于下：

轩楹高爽，窗户虚邻。（《园说》）

亭台影罅，楼阁虚邻。（《装折》）

处处邻虚，方方侧景。（《门窗》）

三例都在与屋宇相关的重要专章中出现，它们遥相呼应，成为体现全书虚灵气脉的关键句。"虚邻"为"邻虚"之倒文，是一个意思。对于"亭台影罅，楼阁虚邻"，《园冶注释》注为"亭台从空处而入眼帘，具借景之意"，译文为"亭台向隙处投影，楼阁与空地为邻"。大体意思尚可，但"影"、"罅"二字未解释。《园冶全释》注："罅：裂缝；空隙；漏洞……郑奎诗：'清光已透珠帘隙。'"所引书证与原意较接近。"罅"本义为缝隙，如窗罅，联系《装折》的语境，则由缝隙扩大，意为棂格窗槛。段玉裁《说文解字注》："槛……言横直为窗棂通明。""影"，动词，在《园冶》中特殊地通"隐"，意为：时隐时露地出现；若隐若现；隐现于，相当于《屋宇》"隐现无穷之态"中的"隐现"，也如《园说》

[①] 计成在《园冶》中多次有此类"窗虚如画"的表达，这观点可与同时代的张岱相参证。张岱《西湖梦寻·火德庙》也有精彩的描写："北眺西泠，湖中胜概尽作盆池小景……窗棂门槕，凡见湖者，皆为一幅图画：小则斗方，长则单条，阔则横披，纵则长卷，移步换影……"

图97　方方侧景，处处虚邻
苏州留园东部鹤所　梅　云　摄

"刹宇隐环窗"中的"隐"，《相地·村庄地》"花隐重门若掩"中的"隐"，《相地·郊野地》"月隐清微"中的"隐"，《立基·亭榭基》"花间隐榭"中的"隐"，《装折》"隐出别壶之天地"中的"隐"，《借景》"半窗碧隐蕉桐"中的"隐"……计成在《园冶》中特爱用"隐"字，且用得特精彩。

至于"处处邻虚"，意谓处处连接着虚空。"方方侧景"，方方，指每一方邻虚的门窗框宕。侧，为"置"之意。"方方侧景"，意谓每一方门窗的虚空处，均或远或近地置有适宜的美景，以供观照品赏。

对于掇山来说，《园冶》也强调应符合虚灵的原则，例如：

> 人皆厅前掇山，环堵中耸起高高三峰，排列于前，殊为可笑……以予见……墙中嵌理壁岩，或植卉木垂萝，似有深境也。（《掇山·厅山》）

> 楼面掇山，宜最高，才入妙。高者恐逼于前，不若远之，更有深意。（《掇山·楼山》）

> 阁皆四敞也，宜于山侧，坦而可上，便以登眺。何必梯之。（《掇山·阁山》）

> 理洞法……掇玲珑如门窗透亮。（《掇山·洞》）

厅山、楼山均不宜靠近厅前、楼前，因为如果厅、楼与山之间的距离近，就易犯"布置迫塞"（元饶自然《绘宗十二忌》之第一忌）之忌，特别是"环堵中耸起高高三峰，排列于前"，这就不符合"邻虚"的原则。所以最好让厅山、楼山贴近厅、楼对面的墙壁，宁可体量小些，甚至如峭壁山，这样就把山推远了，留出了更大空间，使厅、楼对面的山"似有深境"或"更有深意"，可见，有"虚"才有"深"，无虚则无深。这一思想也很有美学深度。再说阁山，阁的特点是四面虚敞，这样从其侧的山蹼上阁，在阁窗中可面面远眺。计成对于山洞，也要求虚灵，主张以孔多而大的玲珑太湖石叠掇，这样就易"如门窗透亮"。

清董棨《养素居画学钩深》写道："画贵有神韵，有气魄，然皆从虚灵中得来。"造园亦然，故而计成抓住"虚灵"二字，活化了园林中建筑、山水等沉重的物质性建构，并为借景、对景等创造了极有利的条件，于是有神韵，有气魄，即使是小筑，也能足征大观。

第六节 因者，随基势高下……
——论计成的贵"因"哲学

《兴造论》："因者，随基势之高下，体形之端正，碍木删桠，泉流石注……宜亭斯亭，宜榭斯榭，不妨偏径，顿置婉转，斯谓'精而合宜'者也。"这是给"因"所下的定义，其开头的"因"、"随"二字，为本节论述重点。

"因"，对于园林的规划设计有着十分重要的意义，它是《园冶》全书的一个亮点和关键，故必须追溯其思想渊源，这才能阐明其深厚的文化底蕴和深刻的哲学、美学意义。《说文》："因，就也。从口大。"段注："为高必因丘陵，为大必就基址，故因从口大，就其区域而扩充之也。"段注的一、二两句中，"因"、"就"还是互文。从词义来说，"口"为区域，因，其义为就其区域而大之，这是会意字。《园冶·相地·山林地》中有"就低凿水"之语，"就"字也有"因"的意思。

"因"是中国古代哲学中的一个不容忽视而往往又被研究家们所忽视的概念，它在先秦时代早就出现，当时各家各派哲学家虽然思想各异，但大抵重视这个"因"字，并在运用中赋予不同含义。若干年前，王尔敏先生在学术界较早地撰写了《先秦贵因思想》一文[①]，开始注意探讨"因"这个概念及其形成，概述了它的价值意义，表现出独具只眼的哲学史识。该文一方面据司马迁《史记·太史公自序》论道家的"以虚无为本，以因循为用"，而"定准贵因思想之出于道家"，另一方面又扩而大之，兼及儒、墨、法、杂、兵、纵横诸家，引示了一系列精警观

---

① 载王尔敏：《先民的智慧——中国古代天人合一的经验》，广西师范大学出版社 2008 年版。该文引言写道："所谓'因'，即因袭、因依、因循，在行为做事中，乘势借机，因势利导，因其人之长而制其人，因其事之势而行其事。这种'因势利导、趋势而为'的思想，实乃国泰民安之玄机。"见该书第 163 页。这段对"因"的解释，很概括而颇有深度。

点，如：《管子·心术上》中"故道贵因"，"因也者，舍己以物为法者也"①；《鬼谷子·符言》中"因之循理，故能长久"；《吕氏春秋·贵因篇》中"三代所宝莫如因，因则无敌"，"因则功，专则拙"；《战国策·赵策三》中的"事有简而功成者，因也"……这些观点，均带有某种真理性。《先秦贵因思想》一文可说具有一定的开创意义，然而，又有其一定的不足：其一，是阐释、分析、开掘均似不够；其二，是覆盖面不太广，有重要遗漏，如对于道家，没有看到并未出现"因"字的贵因思想，也未涉及重"因"的《文子》等；兵家，则仅止于《六韬》，而忽略了更重要的《孙子》②，特别是还有延伸至汉代而极不应忽视的《淮南子》等，现略补引如下：

> 水因地而制流，兵因敌而制胜。故兵无常势，水无常形，能因敌变化而取胜者，谓之神。（《孙子·虚实篇》）

> 因资而立功，推自然之势也……故浚水者因水之流，产稼者因地之宜……能因，即无敌于天下矣。（《文子·自然》）

> 田不因地形，不能成穀；为化不因民，不能成俗。（《鹖冠子·天则》）

还应看到，中国历史上，贵因思想还通过种种史事、议论积淀而为一系列以"因"字领起的、寓丰富实践经验于其中的成语，如：

> 夫筑城郭，立仓库，因地制宜……（《吴越春秋·阖闾内传》）

> 朕闻明王之御世也，遭时为法，因事制宜……（《汉书·韦贤传》）

> 所遇不同，故当因时制宜，以尽事适今……（《晋书·刘颂传》）

> 善战者因其势而利导之……（《史记·孙子吴起列传》）

> 因利乘便，宰割天下……（［汉］贾谊《过秦论》）

> 毛遂曰："公等碌碌，所谓因人成事者也。"（《史记·平原君虞卿列传》）

随着历史的进程，因地制宜、因事制宜、因时制宜、因势利导、因利乘便、因人成事等一系列成语就或先或后地出现，体现着"其所为少，其所因多"（《吕氏春秋·任数》）的特色，它们无不闪现思想的火花，包孕着哲理的英华。

再顺着王尔敏先生的思路，对先秦贵因思想略作分析。例如道家，《老子》中虽未突出"因"字，但主张清静无为，要求顺应自然，"知常"而不"妄作"（十六章），这就是主张"因"。而《庄子》则多所发挥，如"循天之理"（《应帝王》）；"常因自然"（《德充符》）；"顺物自然而无容私"（《应帝王》），"循"、"顺"即是"因"，其意更明确，而所谓"私"，应理解为一己之纯主观、反自然的"妄作"。这在今天，连西方明智之士也认识到顺应自然是可持续发展之"道"，这就是所谓"因之

---

① 《管子》相传为春秋时齐国政治家、思想家管仲所撰，实为后人托名的著作，其中保存了各家不少重要的思想资料。

② 以往有人认为《孙子》是"伪书"，笔者曾引种种事实论据、事理论据证明其非伪，见拙作《兵家圣典〈孙子〉的散文艺术》，载范培松、金学智主编：《插图本苏州文学通史》第1册，江苏教育出版社2004年版，第33－34页。

循理，故能长久"（《鬼谷子·符言》）。而《先秦贵因思想》则认为"《老子》无可取资"，引《庄子》则选《秋水》，可见均未钩其玄。再看该文虽引及《管子·心术上》"因也者，舍己以物为法者也"，却未抉其要，不作阐发。其实它对今天也有深刻启示，即作为主体的人应克服虚妄的主观行为，舍弃自己的成见、习惯、模式或个人的偏执性，尽量"以物为法"，这是对客观事物乃至其规律性的尊崇。然而道家者流也有局限，这就是消极顺应，否定了人的智慧和能动性，如对于"无容私"，王先谦《庄子集解》引宣颖："不用我智"。而《管子·心术上》也说，"无为之事，因也。因也者，无益无损也。"既然对自然无益无损，不用我智，人类的能动性活动就毫无意义了。

正因为道家的贵因思想有不足，所以还应济之以其他诸家。如儒家经典《论语》，其《尧曰》说："因民之所利而利之"。意谓就着人们得利之处而使他们有利。这既是顺应，又是利导。再如兵家经典《孙子》，其《虚实篇》说："水因地而制流，兵因敌而制胜。故兵无常势，水无常形，能因敌变化而取胜者，谓之神。"既强调"因地、因敌"的"因"，又强调"制流、制胜"的"神"。其启示是应重视在"因"的前提下发挥人的能动性，即因依客观的事物、形势和条件，创造性地加以利用，乘势借机，灵活机智地采取或制订相应的策略、方案、规划……这表现了一种哲学的智慧。

被誉为奇峭雄博的《淮南子》，既以道家为主，又以宏大气魄吸收其他各家的积极因子，其《泰族训》写道：

> 禹凿龙门，辟伊阙，决江浚河，东注之海，因水之流也；后稷垦草发菑（金注：菑［zī］：茅密的草丛），粪土树谷，使五种各得其宜，因地之势也……故能因则无敌于天下矣。夫物有自然，而后人事有治也……铄铁而为刃，铸金以为钟，因其可也，……因其然也。

夏禹熟悉水的性能，"因水之流"而治水成功；后稷"因地之势"而种植，使五谷各得其宜，"故能因则无敌于天下"，这是通过"因"而得出的积极结论。《园冶》的思想倾向虽以道家为主，但更深受《淮南子》的影响，《园冶》的"冶"字，就主要来自此书。冶，就是"铄铁而为刃，铸金以为钟"，这都是"因其可"，"因其然"。《园冶》一书的方法论，也是"因其可"，"因其然"，所以《园冶》"因借体宜"四字，以"因"字当头。《淮南子·泰族训》中最精彩的论点，就是"夫物有自然，而后人事有治"。先顺物之自然，然后再加以人事，最好是不加人工的自然，但这种情况并不多，如《相地·山林地》："有高有凹，有曲有深，有峻而悬，有平而坦，自成天然之趣，不烦人事之工"。即使是这样，计成还紧接着写道："入奥疏源，就低凿水……"可见他既要求园林"宛自天开"，又不忽视"虽由人作"（《园说》），对此，本编第二章第一节，就予以详论。

《兴造论》对"因"的解释是；"随基势之高下，体形之端正……宜亭斯亭，宜榭斯榭，不妨偏径，顿置婉转，斯谓'精而合宜'者也。"

计成明确地以"随"释"因"。故应先释"随"字，其意为顺应、顺着、因依。《易·系辞下》："服牛乘马，引重致远，以利天下，盖取诸随。"意谓顺应牛马不同的特性，驾牛以引重，乘马以致远，这样，"随"就有利于天下。有意思的是上引《淮南子》又说，"因则无敌于天下"，《文子·自然》也说："能因，即无敌于天下"。其实，因就是随，随就是因，因和随是一个意思。大量的事实说明，只要正确地用因用随，就能有利于天下，无敌于天下，这首先可从《园冶》的《自序》找到有力的证明。

序文写到吴又于请其造园，计成相地之后发挥其随势高下的贵因哲学说：

> 予观其基形最高，而穷其源最深。乔木参天，虬枝拂地。予曰："此制不第宜掇石而高，且宜搜土而下，合乔木参差山腰，蟠根嵌石，宛若画意；依水而上，构亭台错落池面……"

吴又于原本的园基是有高有深，计成在此基础上既"掇石而高"，又"搜土而下"，使高者愈高，深者愈深。这一规划背后，也隐藏着一个"因"字，即"因资而立功，推自然之势"（《文子·自然》）。在《园冶》里，这种随势高下的意思还表达过多次，如：《相地》："园基不拘方向，地势自有高低"，"高方欲就亭台，低凹可开池沼。"《相地·山林地》："入奥疏源，就低凿水。"《立基》："高阜可培，低方可挖。"这均可说是对以往贵因哲学的有效传承。如《孟子·离娄上》："为高必因丘陵，为下必因川泽。"《淮南子·修务训》："因高为田，因下为池。"高诱注："此皆因其宜而用之。"[①]这都是古代贵因哲学的具体表露，它们对计成是一种直接或间接的启导。事实正是如此，计成以其贵因哲学出色地营构了吴又于园和汪士衡园，创造了艺术精品杰构，促进了生态文明，他还从理论上进行总结，确乎可说是有利于天下了；同时，这两个精品园，如其《自序》所说，是"并驰南北江"，也就是名闻遐迩了。这种成功，虽然不是作战，但也可说是无敌于天下了，计成的理论与实践，也反过来丰富了古代的贵因哲学。

计成的密友郑元勋，为《园冶》撰写了《题词》，以充分的事实说明了"人有异宜"、"地有异宜"，人、地所宜情况各有不同，园林风格有工丽、简率的不同，基地也有大小的不同……故而必须因地制宜，而"善于用因，莫无否若也"。他以计成为自己所造影园为例，说明"经无否略为区画，别具灵幽"。一个"略"字，值得深味，说明没有"翻天覆地"的大动作，只是顺势"略"作加工而已，这恰恰说明了计成善于因事制宜，因人成事，因势利导，就能使"顽者巧，滞者通"，获得了成功。故而郑元勋称计成今日之"国能"，殆非虚语。

---

① 清李渔《闲情偶寄·居室部·房舍》："因其高而愈高之，竖阁磊峰于峻坡之上；因其卑而愈卑之，穿塘凿井于下湿之区。"这也可能是李渔看到《园冶》后所写的，但至少是显示了这方面的贵因思想，从先秦一直贯穿到清代。

值得注意的是，《园冶》书很多章节，一再出现有顺应之义的"随"字以及"因"字，并有精彩的阐发。试依此列论于下：

在《兴造论》中，除了"巧于因借，精在体宜"的纲领而外，"随曲合方"，这是对园林兴造贵"因"重"随"最简要的概括，见本章第九节。而《园说》结尾处的"窗牖无拘，随宜合用；栏杆信画，因境而成"，这也是用简约的语言，对建筑装修——窗牖乃至栏杆贵"因"的表述。正如"因"和"随"是一个意思一样，句中"随宜"和"因境"亦为互文，"随宜"就是"因境"。其总的意思是，建筑装修中的窗牖栏杆，必须顺应不同的环境情况来采用或设计，取消固定不变的模式，这样才能合宜创新。

在《相地》一章中，有"涉门成趣，得景随形（即随形得景）"之语，也就是随顺着具体的环境、地势而获得景致、创构景观。如《相地》所说的"选胜落村，藉参差之深树"，就是随顺着村庄地的形势，以"参差之深树"为借景；"高方欲就亭台，低凹可开池沼"，就是因高而建亭台，随低凹而开池沼，从而获得了高低不同的美景；"卜筑贵从水面"，于是就出现了效果极佳的临水建筑或水上建筑；"院广堪梧，堤湾宜柳"，宽广的庭院宜种梧桐，堤湾则宜植柳，因其近水，易于成活，并与环境相宜……所有这些，由于贵因重随，故而所费人力、财力、物力不多，却获得了理想的景观效果，正是"事简而功成者，因也。"（《战国策·赵策三》）

在《立基》中，"择成馆舍，馀构亭台，格式随宜……"随顺环境空间的情况不同而构成馆舍亭台；"寻幽移竹，对景莳花"，花木也依随其适宜之地而栽种，使之各得其所。

在《屋宇》中，建筑物可按照"时景"的需要，"方向随宜"，"家居必论，野筑惟因"，这已如前论。至于个体建筑，造式没有固定，一切随顺环境而定。亭，"自三角、四角、五角、梅花、六角、横圭、八角至十字，随意合宜则制"（《屋宇·亭》）；榭，"或水边，或花畔，制亦随态"（《屋宇·榭》）；廊，"之字曲者，随形而弯，依势而曲。或蟠山腰，或穷水际，通花渡壑，蜿蜒无尽"（《屋宇廊》），它的弯曲行进，离不开"随"、"依"二字，而这又取决于对周围环境之"因"。

至于《借景》中，更可谓"因"、"借"不分，所有的借景几乎都离不开"因"所以该章开篇落笔，大书"构园无格，借景有因"八字警语。以后大段论述，均由此而出发。

总之，在《园冶》一书里，"随"字、"因"字遍及兴造、相地、立基、屋宇、栏杆、门窗、铺地、借景各个领域，用《易·随·象辞》的话来说，正是"随时之义大矣哉"！

再进一步探讨《兴造论》中由"随"字领起对偶性语句："基势之高下，体形之端正……宜亭斯亭，宜榭斯榭"。其意义不只是简单地说明顺应基势地形，适宜于造亭就造亭，适宜于建榭就建榭，如深入一步联系古代哲学来看，还说明了园无常形，地无常势，情况有种种变化。"宜亭斯亭，宜榭斯榭"八字名言，是从大量园地"无常"的实况中提炼出来的灵活性原则或机动性策略。正如《孙子·虚实篇》所说："水因地而制流，兵因敌而制胜。故兵无常势，水无常形，能因敌变化而取胜者，谓之神。"《兴造论》提出的"随"和"因"，也力求依据基地形势特性的变化"无常"而获致成功。《园冶》论造园兴建，还反对"定不可移"（《兴造论》），主张"造式无定"（《屋宇·亭》），这种"无定"论，恰恰是遥远地对《孙子》"无常"论的承应，而不论是"无常"还是"无定"，其思想渊源正是先秦诸子哲学的贵因论。

《兴造论》释"因"，还提出"不妨偏径，顿置婉转"，意谓随着地势的不同、无常，或者是路径采取偏仄，使其有"仄径荫宫槐，幽阴多绿苔"（唐王维《宫槐陌》）的意趣，或者是顿然安排婉转，使其有"樵径斜穿，盘纡曲折而下"（明唐岱《绘事发微》）的形态，这种灵活应变，也就是精而合宜。

《兴造论》云："因者，随基势高下……"这个"势"不容忽视。"因"、"随"都是人的主观行为，它们都应以客观的"势"为转移。《孙子·势篇》云："势者，因利而制权也。"刘勰《文心雕龙·定势》云："势者，趁利而为制也……自然之趣也。"这都是说，自然中存在着的不同"势"，必须随着它，顺着它，因其利、趁其便而制之，切忌以一己之主观成见，专断妄作，所以必须一切"以物为法"（《管子·心术上》），依"势"而行，当然，这又离不开人的智慧，所谓"神而明之，存乎其人"（《易·繫辞上》）。

王尔敏先生的《先秦贵因思想》结尾写道："大抵诸子思想在先秦大放异彩，而迈过秦汉以后，时移势易……贵因论亦不免暗晦不彰，历代无人提倡"[①]。此言良是。然而，在中国古代社会进入近古期的时代，计成却高度重视，其创造性的运用可谓得心应手，出神入化，从而让这一可贵思想在书中大放异彩。可以说，一部奇书《园冶》，是先秦两汉诸子贵因哲学发展到明代的一个新的里程碑。

第七节　泉流石注，互相借资
——计成对"回文"辞格的运用

"泉流石注，互相借资。"见于《兴造论》论"因"的定义中。这两句其意甚明，却又较难讲清楚，先看诸家解释：

第一句"泉流石注"，《园冶注释》译文："若遇泉水经流，就须引注石上。"

① 王尔敏：《先民的智慧——中国古代天人合一的经验》，广西师范大学出版社2008年版，第180页。

《园冶全释》注："引泉水流过石上。"《图文本》："意谓有泉水流过山溪，则将水引过石上。"三家其意均可，但似乎只是单向地突出泉水的流注，而石却始终处于很次要的甚至被动的地位，其作用不太明显。既然如此，那么怎样具体表现泉与石双方的互相借资呢？

第二句"互相借资"，《园冶注释》："相互借用。"《图文本》："互相借资。资：与'借'同意，即凭借。借资：借鉴，借助。"这均为一般字面上的解释。《园冶全释》的注文则较深刻："借资：借出，借进。非我所有，假借他人，是相互的且有节制、选择的含义。资：取资；凭借。《孟子·离娄上》：'资之深，则取之左右逢其源。'有吸取、借鉴，多多益善的意思。"其他且不论，就其中"借"的释义、"资"的书证来看，可说都很有价值。本书对此再作补证：

资，就是取资；取用。《小尔雅·广言》："资，取也。"王煦疏："《玉篇》：'取，资也。'《易·乾卦》云'万物资始'，郑注：'资取也。'"《易·乾·象辞》：孔颖达疏："万物之象，皆资取乾元，而各得始生。"《宋本玉篇》："资，用也。"这里的"资"。也均有凭借、依靠、取用之义。

"泉流石注，互相借资。"从其诗性内涵来说，是吸收了唐王维的名句："空山新雨后，天气晚来秋。明月松间照，清泉石上流。"（《山居秋暝》）试想，在傍晚时分，经一阵秋雨，空气清新凉爽，明月将皎洁的素辉洒进松林，山泉在石上漫流，银光闪闪若鱼鳞，泉声淙淙如乐奏，空谷回响，悦目动听，静中见动，动中闻静，境界显得分外幽寂。而《园冶》中的两句，在审美上也是与王维诗句一脉相通的。

再说"泉流石注"，其读法有类于古代的回文诗。这里先介绍两首较著名的回文诗以供分享：

斜峰绕径曲，耸石带山连。花馀拂戏鸟，树密隐鸣蝉（南朝梁元帝萧绎《后园作回文诗》，此诗也可倒过来读成："蝉鸣隐密树。鸟戏拂馀花，连山带石耸。曲径绕峰斜"）。

泊雁鸣深渚，收霞落晚川。桥随风敛阵，楼映月低弦。漠漠汀帆转，幽幽岸火然。蹇危通细路，沟曲绕平田（北宋王安石《泊雁》，诗亦可倒读）。

两首回文诗，所写都是风景园林，其景观经巧妙组合，不论是顺读、倒读，均有一定的意境和修辞情趣。陈望道先生《修辞学发凡》说："回文，过去也常写作迴文，是讲究词序有回环往复之趣的一种措辞法……诗叫做回文诗，词叫做回文词，曲叫做回文曲"，"在散文中，也常可以见到"。[1]研究家对这种体裁的起源，曾一再追溯探讨。《文心雕龙·明诗》云："回文之兴，则道原为始。"这个"道原"是谁，长期争论未定，笔者认为就是道家的原始《老子》，被节缩为"道原"，书中如"知者不言，言者不知"（五十六章）；"信言不美，美言不信。善者不辩，辩者

---

①《陈望道文集》第2卷，上海人民出版社1980年版，第428页。

不善"（八十一章）；如此等等。这就是历史上回文的兴始，它启发后人诗文除了顺写、顺读之外，还可以倒过来写和读，或变换词序来写和读。

计成的古典文学功底甚深，"泉流石注"亦受传统影响，笔下的四字散文又发展了这种"回文"辞格，即循环语序法①。其特点是既可顺读，又可倒读，而且可以调前调后地读。如"泉流石注——注石流泉"；"石注泉流——流泉注石"，这是每字鱼贯往复的回文。又如"泉石流注——流注泉石"，是主谓与动宾之间的回复；"泉注石流——石流泉注"，则又是一种联合结构之间的互换……它们意思好似差异不大，但其辞趣却不尽相同，语法重点更颇有变化，于是，接受空间也往往能"各以其情而自得"。

再推敲以上三家译注，略有如下之不足：一是其中看不到作为与"泉"相辅相成的"石"的作用；二是其中看不到"能主之人"的能动作用，而仅止于"将水引过石上"而已；三是没有点出这种"互相借资"的景观的魅力……

不妨拓展审美时空来看，历史上有关泉石互成的风景园林创造及其品赏，精彩的实例甚夥。如：

> 嵌巉嵩石峭，皎洁伊流清。立为远峰势，激作寒玉声。夹岸罗密树，面滩开小亭。或疑严子滩，流入洛阳城。是时群动息，风静微月明。高枕夜悄悄，满耳秋泠泠……（唐白居易《亭西墙下伊渠水中，置石激流，潺湲成韵。颇有幽趣，以诗记之》）

> 泉石磷磷声似琴，闲眠静听洗尘心。莫轻两片青苔石，一夜潺湲直千金。（白居易《南侍御以石相赠，助成水声，因以绝句谢之》）

> 巨浸而总泄于此，散而复合，汇而复奔，石亦益嵯峨，水亦益怒，水与石激……（明邹迪光《愚公谷乘》）

> 怪石万种，林立水上，与水相遭，呈奇献巧。大约以石尼（金按：尼，阻止）水而不得住，则汇而成潭；以水间石而不得朋，则峙而为屿……水之行地也迅，则石之静者反动而转之，为龙为虎，为象为兕。石之去地也远，则水之沉者反升而跃之，为花为蕊，为珠为雪。以水洗石，水能予石以色，而能为云为霞，为砂为翠。以石捍水，石能予水以声，而能为琴为瑟，为歌为呗……（明袁中道《游太和山记》）

> 寓园佳处，首称石，不尽于石也。自贮之以水，顽者始灵，而水石含漱之状惟"读易居"得纵观之……（明祁彪佳《寓山注·读易居》）

著名诗人、造园家白居易，他的傍宅园在洛阳履道里，园基较小，无甚造园优势，但作为"能主之人"却善于用"因"——因地制宜，因材乘势，在墙下引进伊水为渠，移来小小嵩山峭石，立为"远峰"，于是"激作寒玉声"，潺湲而

---

①《园冶》中还用交蹉语序法，如《选石》："石无山价，费只人工。"即"山石无价，只费人工。"

成韵。此景可借用唐王建"远移山石作泉声"（《薛十二池亭》）的诗句来概括。加之水边有敞亭，饶茂树，其幽趣竟令人联想起富春江畔的严陵滩。白诗还点出了在什么时空条件下最宜品赏此景，诗人同时作了生动的描述。白居易的另一首诗，又写出了泉石磷磷的声境，其功能是让人"静听洗尘心"，但是，他并非一味赞水之功，而是指出"莫轻两片青苔石"，如没有它们，也就没有"一夜潺湲直千金"。

如果说，白居易写水石相遇的两首诗，所呈现的偏于微观、中观的静境，那么，邹迪光、袁中道的两段散文，则偏于水石相遭的中观、宏观的动境，表现了一种惊心动魄的势力之美。至于祁彪佳又将其提高到《周易》哲学的境层来接受。更值得注意的是袁中道文，还发挥了"思理为妙，神与物游"（《文心雕龙·神思》）的巨大而丰富的想象力，反复渲染，强调了水石二者不可缺一的相互作用，也就是说，这种呈奇献巧，连类不穷，离不开林立水上的"怪石万种"。

清刘熙载《艺概·文概》引朱熹《语录》云："两物相对待故有文，若相与离去便不成文矣。"诚哉是言！"泉流石注，互相借资"同样如此，泉与石"两物相对待故有文"，它们合则双美，离则两伤。这里，"泉"与"石"已成为代表两类物体的审美符号；至于"流"与"注"，也不妨看作是体现水、石相遇的两种方式："流"，可读作行云流水的"流"，它偏于缓缓流淌，潺潺成韵，或水石含漱，互为吞吐，给人们带来的，更多是微观或中观境界的静态美，有如王维笔下的清泉；而"注"则可读作"倾"、"泻"、"冲"、"激"，有如李白笔下的瀑布，它给人们带来的，更多是中观或宏观境界的动态美……然而这一切，又都可概括为"互相借资"，这是互资互补，相反相成的美学规律。

不妨再联系《园冶》有关专节，并联系现存园林来进一步悟读：

  曲水，古皆凿石槽，上置石龙头喷水者，斯费工类俗。何不以理涧法，上理石泉，口如瀑布，亦可流觞，似得天然之趣。（《掇山·曲水》）

  瀑布，如峭壁山理也。先观有坑，高楼檐水可涧至墙顶，作天沟行壁山顶，留小坑，突出石口，泛漫而下，才如瀑布。不然，随流散漫不成。斯谓"坐雨观泉"之意。（《掇山·瀑布》）

第一则，主要写"曲水流觞"，这是受了绍兴兰亭的启发。计成据此联系明代造园实际，批评了"凿石槽置石龙头"那种"费工类俗"的做法，认为其太繁琐、太机械，缺少"天然之趣"，而不如以理涧法理石泉，使之"口如瀑布，亦可流觞"。

第二则，主要写坐雨观泉或观瀑。古代园林中瀑布很少的原因，是由于缺乏水源，故而计成特设专节，写出必须充分而合理地利用雨水——高楼檐水，引导其"突出石口，泛漫而下"，而不致"随流散漫"。这一做法，就突出了石的作用，更突出了"能主之人"的作用。今天则情况不同，不愁没有水源，如苏州狮子林的瀑布【图98】就于高楼处利用了自来水。然而依然离不开计成的"泉流石

图98　其泻也练，其喷也珠，其响也琴
苏州狮子林瀑布　朱剑刚　摄

注"——对石的利用，即"规范"水不让其"散漫"，而是让其由石口"泛漫"下注，这种分层叠落。效果颇佳。此外，计成还征引了"坐雨观泉"之语，这不只是指利用高楼檐水，而且还可利用平时"无水之涧壑"，导水下注，沿谷流淌，这在苏州环秀山庄，在雨天寻寻觅觅，也可发现此绝妙景观。它略如袁中道所言，以水洗石，水能予石以色；以石尼水，石能予水以声。既诉之于目，又诉之于耳，这一微观之景，醒人耳目，沁人心脾……

总之，《兴造论》中"泉流石注，互相借资"这八个字，为造园家、品赏家们提供了广阔的创造天地，也从微观上，从一个方面丰富了《园冶》的借景理论。

第八节　"如长弯而环璧，似偏阔以铺云"
——试从书法艺术视角作探究

语见《相地》："如方如圆，似偏似曲；如长弯而环璧，似偏阔以铺云。"后两句为难句，诸家解释分歧不一。

《园冶注释》第二版译道："园的布局，要利用天然的地势……如遇长而弯的，则结构应像环璧；若为偏而远的，则层砌好似铺云（金按：此句第一版译作层砌好似云的铺排）。"此译的前提正确，即应利用天然的地势，但具体解释似失当，如"结构应像环璧"，"层砌好似铺云"依然较难理解，还有未释"云"为何意，等等。

对此，《园冶全释》按语指出：环璧，"这里只是比喻长而弯曲近圆的地形……也就是要根据基地的客观形状进行园林的规划设计（金按：两句均较确）。"又指出："《园冶注释》将'偏'作'偏僻'解，译成……'若为偏而远的，则层砌好似云的铺排。'则不通。计成在《园说》的开篇就强调过，'凡结园林，无分村郭，地偏为胜。'（金按：举证有说服力）'偏阔'并无'偏远'的意思，且'层砌'一词莫明所指……其实这些话不难理解，'似偏'就是地势倾斜的，就按倾斜的地势去规划；'似偏阔以铺云'，即地形地势较宽而倾斜，地面可做成层层叠叠如彩云扩散的样子。"总体上说，此释较恰当，但也还是发挥了《园冶注释》的"层砌"之意，而且进而将其形容为"层层叠叠如彩云扩散"，这就显得更突然。人们也许会问，原来的基地就美如彩云，为什么再要造园呢？

《全释商榷》指出，"'偏阔以铺云'也是讲的那类偏于阔宽而像铺云的地形，也无按规划'做成层层叠叠如彩云扩散的样子'的意思"。这是指出了《全释》之误，但也没有讲出"铺云"的所以然。

《图文本》注："偏：偏斜，此指倾斜的坡地（金按：较确）……铺云：铺叠的云层，此指地势像层叠的云彩……'似偏阔以铺云'：地势偏斜而广阔，则造成层叠错落的园林样式。"人们或许也会问：怎么地势会像层叠的云彩？江南地区怎么会有这样的地势？即使北方的梯田，也是人工开垦而成的，特别是"层叠错落的园林样式"应如何理解？……可见诸家"铺云"之释，均有悖于理，这成了问题的焦点。

这里先释"似偏似曲"、"似偏阔以铺云"的"偏"字。《说文》："偏，颇也。"《广韵》："偏，不正也。"《书·洪范》："无偏无陂"。孔传："偏，不平；陂，不正。"《园冶全释》解释为"'似偏'就是地势倾斜的，就按倾斜的地势去规划"，虽无书证，但与古代所训较近，且体现了《园冶》所强调的"因"字。

对于"似偏阔以铺云"，本书认为这是以书艺笔法为喻，故选历代有关书诀于下，但因其既较专业，又较微观，不为人注意，故适当加按语以求梳理贯通，并联系于《园冶·相地》之语：

[传]东晋卫铄《笔阵图》："勒（金按：即横画），如千里阵云，隐隐然其实有形（金按：这是历史上最早以云喻横的书诀）。"

[传]东晋王羲之《题卫夫人笔阵图后》："每作一横画，如列阵之排云（金按：'排云'笔法，似同于《园冶》的'铺云'）。"

唐欧阳询《八诀》："'一'若千里之阵云（金按：横画如阵云、排云之喻，至唐代已成为历史积淀）"。

元佚名《书法三昧》："画之祖，勒法也……落笔锋向左，急勒回向右（金按：即逆锋落笔①，欲右先左，有阵云之势），横过至末，复驻锋折回（金按：前人以此笔法释'千里阵云'之喻，谓为阵云遇风，又复折回之势，亦即回锋收笔）。"

元李溥光《永字八法解》："勒，用笔欲横而势欲敛（金按：此之谓'偏阔'）。"
清包世臣《艺舟双楫》："凡下笔须使笔毫平铺（金按：平铺者，阔也）纸上。"
现代著名书家沈尹默《历代名家学书经验辑要释义·唐颜真卿述张旭笔法十二意》："每作一横画……在《九势》中特定出'横鳞'之规，《笔阵图》则有'如千里阵云'的比方。鱼鳞和阵云的形象，都是平而又不甚平的横列状态（金按：这最后一句，恰与'似偏阔以铺云'相契合）。"②

笔者对"偏阔以铺云"的解释是；偏者，不平之谓也，横势欲敛之谓也，亦有不

---

① 详见金学智：《书法美学谈》，上海书画出版社1984年第1版"从'逆锋落笔'谈起"一节，第65-78页；又，台湾华正书局2008年版，第88-103页。

② 《现代书法论文选》，上海书画出版社1980年版，第143页。

正之义。阔者，乃万毫齐力，毫铺纸上所完成的笔画效果。铺云：逆锋铺毫，横画如列阵之排云的形象。"似偏阔以铺云"：这种地势，有似于书法横画"平而又不甚平的横列状态"。当然，园基的地势与一字的横画相比，可谓大小悬殊，但其势是类同的。

计成之所以会将古代书诀的意象用于相地，其理由之一是，由于古代蒙童都经过长期的书学训练，对此都烙下了难忘的印象。笔者曾从古代一般文化教育的层面指出："对于儿童习字来说，影响极大的启蒙之作——卫夫人《笔阵图》中……列有七条关于点画书写的'笔阵图'，唐代书法家欧阳询又把它发展为《八诀》……可谓代代相传，用黑格尔的话说，'构成了每个下一代的灵魂'，成为他们'习以为常的实质、原则、成见和财产'。"①明末的计成也不例外。当然，在今天，除了书法研究者外，这些形象化原则早已淡出了历史和书法教育。理由之二是，由于计成还是画家，在长期习画的同时，还必然要习书，书法是中国画必要的基本功。唐张彦远《历代名画记》卷二通过反复比较，得出"书画用笔同"之论。元杨维桢《图绘宝鉴序》说："书与画一耳，士大夫工画者必工书，其画法即书法所在。"所以清董棨《养素居画学钩深》说，"作画胸有成竹，用笔自能指挥……如有排云列阵之势"。可见，书画用笔的同构性，会使画家随时想起卫夫人、王羲之"排云列阵"这一形象化的、影响深远的书论。由此推测，计成相地尚"因"，从而出现"似偏阔以铺云"之句，很可能是由于积习使其自觉或不自觉地以这一书艺意象为喻。

再释"如长弯而环璧"。环是一种平圆形而中间有孔的玉器。《尔雅·释器》："'肉'、'好'若一（金按：'若一'，即宽度一样）谓之环。"郭璞注："肉：边；好：孔。"邢昺疏："'边（金按：即'肉'）、'空（金按：即'孔'）适等（金按：即宽度相等）若一谓之环。"璧：亦古玉器名，平圆形，正中亦有孔。《尔雅·释器》："'肉'倍'好'，谓之璧，若一谓之环。"邢昺疏："边大倍于孔者名璧。"玉环和玉璧，皆为古代礼器，亦作装饰品。可见环、璧为二物，均为名词，语法上为并列结构，这样解释似亦通，但此句作为上句，与下句"似偏阔而铺云"不能互成对文，因为下句的"铺云"为动宾结构。故此处的"环"字非为名词，而应为动用，意为环绕。宋欧阳修《醉翁亭记》："环滁，皆山也。"《园冶自序》："环润，皆佳山水。"环璧，即环成璧状，这里用来比拟弯环甚至近似于圆的地形，这是一种夸饰性的拟喻。

对于此句，《图文本》注道："环璧：圆形璧玉，此指地形似回环的璧玉。"此注非是，"圆形璧玉"系偏正结构，与作为动宾结构的"铺云"不成对文，不符合骈文的对称美。"此指地形似回环的璧玉"，亦失当，并没有《园冶全释》准确。《全释》指出："只是比喻长而弯曲近圆的地形"，"只是"、"近圆"，用词较精确

① 金学智：《中国书法美学》上卷，江苏文艺出版社1994年版，第134页。

得当。事实上，不可能有"似回环的璧玉"的地形。

总之，《相地》中的"如方如圆，似偏似曲；如长弯而环璧，似偏阔以铺云"，是用了"博喻"的辞格，取其"似与不似"而已。最好将其和《立基·书房基》中的"如另筑，先相基形，方、圆、长、扁、广、阔、曲、狭……按基形式，随机应变而立"一起参读，这样更易明了。它们要求"能主之人"妙在能根据基地复杂、特殊的形状顺势处理，临机应变进行规划设计，这一言以蔽之，曰"因"。

第九节　量其广狭，随曲合方
——兼说成语式"互文"的运用

此语见《园冶·兴造论》："故凡造作，必先相地立基，然后定其间进，量其广狭，随曲合方，是在主者……"兴造园林建筑，进行规划设计，是一项非常复杂细致的工程，其中"量其广狭，随曲合方"尤为重要，计成在首章《兴造论》中予以提出，非常必要，而其中"随曲合方"四字，既是重点，又是难句。

对此，《园冶注释》译道："一切建筑，必须首先观察地势，确定地基，然后依照它的广狭，决定它的开间和进数，随曲而曲，当方则方。"按：将"间进"译作"开间和进数"，甚确；而"随曲合方"的译意，也较合理，并被后来的《图文本》所接受。

《园冶全释》则不同意对"随曲合方"的这种解释，其按语指出："将'随曲合方'句，译为'随曲而曲，当方则方'实如未译，未明何者须曲，何者当方"。"这里曲，指地形；方，指庭院。"本书认为，这系误读。

"随曲合方"四字，是解读《园冶》的关键之一，必须予以重点解析。

首先，应从修辞学的视角进行破译。"互文"是与骈文关系极为密切的辞格，它有着种种不同的类型，本编第三章"建筑文化篇"中已予详述，这里只介绍成语式的互文。所谓成语式互文，就是在一个四字短句中，前二字和后二字相与省略，相与增补，参互而益彰。

以"熙来攘往"为例，此语出《史记·货殖（金按：货殖，商人）列传》："天下熙熙，皆为利来；天下攘攘，皆为利往。"熙熙为和乐貌，攘攘为纷乱貌，前者为褒义词，后者似为贬义词，二义可谓迥乎不同。因而释此成语，如果拘泥于字面，就成了天下为利而来的人都很和乐，为利而往的人都非常纷乱，这有悖于常理，故对此不能死解，只能活参。晚清著名学者俞樾《古书疑义举例·参互见义例》就指出："古人之文，有参互以见义者"，其特点就是上、下句"互相备""互言之"。据此，"熙来攘往"应理解为：天下为利的人，皆熙熙而来，熙熙而往；攘攘而来，攘攘而往。或者说：天下为利而来而往的人都很和乐，也都很纷乱。

这就是前以显后，后以明前，从而使意蕴丰富，文采铺展，也只有这样，其意方为全备，显示了成语高度概括、异常凝练而又富于文采的特点。

再如常用成语"寒来暑往"，是古代童蒙课本《千字文》中的一句，它并非说"寒"只是来，"暑"只是往，如果依此死解，那么世界永远越来越冷。其实，它只是选取《易·繫辞下》"寒往则暑来，暑往则寒来"中的后一句，并使之变成易诵的成语，而人们也只会自觉或不自觉地按互文来理解，知道"寒"有来往，"暑"也有来往，一年一次轮回，并感到此四字成语既相辅相成，互备互明，又具体生动，富于表现力。至于"诗情画意"，也并不是诗只有情没有意，画只有意没有情，而是二者均情意浓浓，耐人寻味，只是双方互省一字，其互补之意自明，故不必再相互补入，而且互省互略后表达效果更佳，语言更洗练，音节更谐和，读来更顺口。

还有活在人们口语中的"左顾右盼"、"东张西望"、"说长道短"、"日积月累"、"腰酸背痛"……人们已用得很习惯，可以不假思索地接受，它们完全体现了中国人的民族文化习惯。

大量例证毋庸多举，以彼例此，"随曲合方"亦复如此，其前后的关系也是互补互涵，"你中有我，我中有你"，实际上也就是前省"合曲"二字，后省"随方"二字，因此，在解释时，应将此连理相关的两个短语合起来，这样，就是随曲合曲，随方合方。总之是，不能将其割裂开来解释。据此，《园冶注释》所译解的"随曲而曲，当方而方"，基本上是正确的，只是其中一个"合"字译作"而"字，略见欠妥，因为它并非虚词。

既然如此，那么这个"合"字又应作何解呢？"合"就是宜、应、合当，它是动词，表示理所当然，用在这里语气更见肯定。唐白居易《与元九书》有两句名言："文章合为时而著，歌诗合为事而作。"元关汉卿《谢天香》第四折也说："饮酒合当饮巨瓯。"这里的"合"、"合当"都是应该、应当之意，都突出了强调的语气。因此，作为参互之语，"随曲合方"，可解释为：随着基地的曲，就应该曲；随着基地的方，就合当方。当然，这是大概的意思，而且计成在这里也仅仅举出两种类型，对此，他在《相地》中作了比喻铺陈性的类推："如方如圆，似偏似曲，如长弯而环璧，似偏阔以铺云，高方欲就亭台，低凹可开池沼……"他没有把问题说死，而是非常活泛……

"随曲合方"是相地立基、规划设计的重要原则，作为"能主之人"，既要因地制宜，根据基地的具体情况进行宏观的灵活的规划，又要善于从中观、微观上进行局部的或曲或方的随机应变的处理，这里试联系苏州古典园林的造园实例加以阐释：

"随曲合曲"，善于用曲的佳例在苏州网师园。该园中部水池的东北，为面阔三间、退藏于后的"集虚斋"，与集虚斋一墙相隔的是五峰书屋及其前、后庭院。集虚斋与五峰书屋庭院之墙呈直角相交，于是它们与水池之间就留有曲尺形隙地【图99】，而根据造园"须求得人，当要节用"（《园冶·兴造论》）的原则，这一隙地

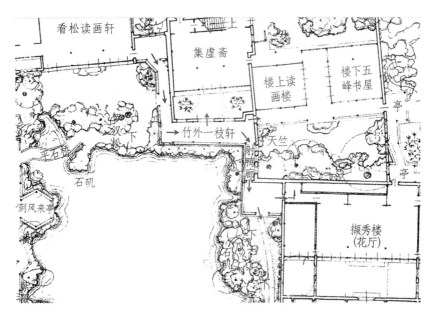

图99 随曲合方，收春无尽
苏州网师园水池东北一带平面图
底图选自《苏州古典园林》

必须充分地加以利用，再以《园冶·兴造论》的话说，"是在主者"善于"量其广狭，随曲合方"。网师园此处的营造正是如此，其绝妙的艺术处理就在于能在"曲"字上大做文章。细心的审美者如从"看松读画轩"前池畔折南，以微观的视角来此寻寻觅觅，可发现其隐现着种种妙趣：

一、在集虚斋前，以粉墙和月洞门隔出一个小小天井，由于粉墙的遮蔽作用，就使得集虚斋体现出斋所应有的"修藏密处"、"不宜敞显"《屋宇·斋》的审美性格。

二、倚着天井前的粉墙，构建起面阔三间的横向敞轩，题为竹外一枝轩，品题撷自苏轼《和秦太虚梅花》诗意："江头千树春欲暗，竹外一枝斜更好。"轩东接以纵向的射鸭廊，于是"轩-廊"构成了曲尺形。用得上"随曲合曲"四字，可说是善于寻曲、用曲和创曲的典型，在国内古典园林堪称范例。

三、竹外一枝轩不但助成了曲形，而且特地略带着斜势，它不但恰恰契合于苏诗中的"斜"字，而且有助于稍稍打破集虚斋的方整性和中轴线，特别是斜势从审美心理上看还带有某种似动感和自由感。所以古代诗文有关的景观描写，爱着一"斜"字，如唐杜牧《山行》诗云："远上寒山石径斜，白云生处有人家。"唐张泌《寄人》诗云："别梦依依到谢家，小廊回合曲栏斜。"宋欧阳修《西湖泛舟呈运史学士张揆》云："波光柳色碧溟蒙，曲渚斜桥画舸通。"可见，在诗文中曲和斜还往往成双作对出现。在古典园林形式美的领域里，斜和曲表现为斜助曲势，曲成斜态。而清代大学者钱大昕撰《网师园记》，也有这样的用语："有斜轩，曰'竹外一枝'，有斋曰'集虚'"。一个"斜"字也用得特佳。

四、粉墙的略斜，使这里的小天井妙在显得不太规整，这也可说是一种"偏阔"，《相地》有"似偏阔以铺云"之句。从平面上看，它东略宽，西略窄，仔细观察，还会发现西南和东南角均不是90度，而这同时是由某种实际的空间需要决定的，《园冶·兴造论》说："假如基地偏缺，邻嵌何必求其齐"。这里同样如此，"竹外一枝"轩东北，因要开一小门通往五峰书屋，故而特将此角的墙稍稍往里嵌进。此小门一通，顿使这里的空间变得四面气息流通，而偏阔的小天井虽然既偏又缺，却并不减损其美。当然，粗枝大叶、走马看花的匆匆游人，在这一带是不会发现其缺曲之秘，也不会欣赏其缺曲之美的。

五、"竹外一枝轩－射鸭廊"的曲尺形组合空间，是全园形态最优美，诗情画意最为浓郁而隽永的景点【图100】。这里，虽然"小屋数椽委曲"（《园冶·屋宇》），但设计灵巧雅致，装修精雕细琢，所以面积虽窄小，而游人却特多。主要特色是"门窗磨空"，实现了"处处邻虚，方方侧景"（《园冶·门窗》）。例如轩后的粉墙，中部辟一个月洞门，左右各开一特大空窗，在窗内小天井植竹两丛，妙成框景，于是微风过处，竹影摇曳，萧萧有韵，框内显现为"音画"，而轩廊左右特别是其前也大多轩楹敞豁，足以让人们全方位、多角度地选美观景，或者说，让人们细细地、反复地品赏不同的框景，从而也很好地培养自己审美的眼睛，并用相机不断捕捉联翩而来的审美印象。

图100　随曲合曲，借隙地构妙境
苏州网师园竹外一枝轩、射鸭廊
曲尺形组合　田中昭三　摄

竹外一枝轩一带多种多样，不可胜收的美，是因地制宜、随曲用曲的硕果。它最大特色是没有丝毫空间是浪费的，相反，却使些小空间极大地产生增值效应，创造了不尽的美感。

再说"随方合方"。宽泛地说，一般较方正的庭院里设计建构一座屋基平面为方形或矩形的建筑物，均可说是"随方合方"，如苏州拙政园中部听雨轩庭院中的"听雨轩"，是一种"方"；还有"海棠春坞"庭院中的轩馆，也是一种"方"……由此向东循廊北行，可至地处池东的"梧竹幽居"亭，其正方形平面和四向月洞门的立面造型以及四隅的坐凳矮墙，均极富创意和美感，是典型的方中套方，它一再博得造园界和摄影家们的青睐。

这里只论拙政园中部水池东北隅一座很不引起研究者注意的方亭——绿漪亭【图101】。从整体上看，该园中部池北，是一条长长的、僵直板律的石驳岸。诚如刘敦桢先生所指出："驳岸造型单调，不宜多用，因为无论用条石、乱石或虎皮石砌筑整齐的驳岸都与园景难于调和"①。拙政园此处的驳岸，则是造型单一的条石驳岸。驳岸往北，又是一带与其平行的长长的、平直单调的园墙。在此狭长地带上，除了一条笔直的小径外，馀地虽略可稀疏地植些竹树，但绝难构景创美，所以这里不可能留住游人审美的脚步。

然而绿漪方亭却借东北隅池边尽头一角，筑成突出水边90度的石驳岸，作为自己的立基之地。如是，此亭虽小，作用却不小：

一、从平面上看，它使园的北边界——僵硬的直线延伸到尽头处不是以90度向南拐弯，而是

图101　当方则方，化死角为活眼
苏州拙政园居于一角的绿漪亭
田中昭三　摄

造成一个小曲折，于是，取得了"不妨偏径，顿置婉转"（《园冶·兴造论》）的效果。

二、从立面上看，绿漪亭造型优美的飞檐戗角、立柱栏槛等，在终点处打破

① 刘敦桢：《苏州古典园林》，中国建筑工业出版社2005年版，第22页。

了园墙北界平行横线的延伸，也使下部长长的条石驳岸出现了丰富的造型和色彩，加以亭旁绿树掩映，于是驳岸和园景显得融和起来。而倒影映水，又是入画的一景。原来是一个尽头死角，通过亭的点景，则隐现着生动的情趣。所以《园冶·立基·亭榭基》说："水际安亭，斯园林而得致者。"

三、游人往来，脚步也不再是毫不停留，而是体现了《屋宇·亭》所说："'亭者，停也'，所以停憩游行也。"原来这里只有川流不息的过客，而今则或结伴于此，小坐休憩；或三三五五，指指点点，向西、向南品赏着池山花木美景⋯⋯

绿漪方亭，不愧为"随方合方"的一个成功而灵活的创造。

"随曲合方"，这是计成用高度洗练的语言所概括出的园林营造一个极为重要的原则，而其思想渊源，则可追溯到老庄哲学、魏晋玄学。《老子·二十五章》云："道法自然。"王弼注道："法自然者，在方而法方，在圆而法圆，于自然无所违也。"可见，道法自然，也具体表现为随方合方，随圆合圆。对于这一思想方法，《庄子·齐物论》以一字概其要曰："因是已。"成玄英疏："因循物性而已矣。"老庄因循自然、随从物性的哲学，在计成《园冶》里，化生为合理致用的原则，对造园实践产生了很好的影响，而其广远的启迪性影响，同样拓展为无垠的空间，这又不是园林的围墙所能范围的⋯⋯

第十节　巧而得体，精而合宜
——"度"的把握：造园得体合宜论

《兴造论》："能妙于得体合宜，未可拘率。"又云："因者，⋯⋯斯所谓'精而合宜'者也。借者，斯所谓'巧而得体'者也。体宜因借，匪得其人，兼之惜费，则前工并弃⋯⋯"对于其中纲领性的"得体合宜"四字，诸家解释不一。

《园冶注释》注："体：体制、规划、计划、意图、意境之意。宜：合宜、适宜、适合、符合之意。"这从形式逻辑视角看，所解释之"体"，不仅内涵缺少深度，而且外延太广，如释作精神领域的意图、意境等，不确。而对于"合宜"之"宜"的解释，把"合宜"的"合"字也解释在内，这样，如果再在其前加一"合"字，又作如何解释？可见逻辑上很不周严。

《园冶全释》注："得体：语言行为恰合分寸为得体。《礼记·仲尼燕居》：'官得其体。'孔颖达疏：'谓设官分职各得其尊卑之体。'这里意为建筑的尺度、体量与型式很恰当。合宜：宜者，合适，适宜。王符《潜夫论·相列》：'曲者宜为轮，直者宜为舆。'合宜，就是合乎事物的功用与要求。"解释有一定深度，能注意分寸，且附以书证，较有说服力。但释"宜"为"合适，适宜"，仍将与作为动词的"合"重复；释"合宜"为"合乎事物的功用与要求"，亦似失之。

《全释商榷》：“不同的事物有不同的‘体’，也就是常说的‘形象’，字有字体，文有文体，政有政体，事有事体。于人为社会地位的体面，于建筑为一定的规矩、法式，于造园为一定的格局，风格。所谓得体，就是达到了不同事物的不同的‘体’的要求。”此释义较乱较散，不集中，而所“归纳”的定义，同样重复这个“体”字，如“得体，就是达到了不同事物的不同的‘体’的要求”。这等于没有说，是以“体”释“体”。用逻辑学的语言说，这是定义概念直接包含了被定义概念，或者说，是循环定义，同语重复。《商榷》还有一个定义，说“体”就是“常说的形象”，这虽不是同语重复，但此定义很不相称，因为“体”是抽象的，而“形象”却是具体的、具象的。再如，说“体”“于人为社会地位的体面”，也欠妥，不够严谨。

本书与诸家之释有异，现将对“得体合宜”四字的分释以及合释列下：

得——适合；符合；契合。《庄子·缮性》：“四时得节，万物不伤。”汉王褒《圣主得贤臣颂》：“聚精会神，相得益章（金按：‘章’即‘彰’）。”郑元勋《园冶题词》：“水不得潆带之情……安能日涉成趣哉？”都是适例。

体——事物自身的规定性（包括性质、规范、规矩、法式、形式、格局……）及其与外界（环境、条件）有机的相互联系。《管子·君臣上》：“君明，相［xiàng，宰相；丞相］信，五官（金按：五种官职，相传殷、周有所不同）肃，士廉，农愚（金按：提法失当），商工愿，则上下体。”传房玄龄注：“上下各得其体也。”这可作为“得体”较早的书证，意谓上下各级，均符合其自身的规定性，如《汉书·厉王传》所说：“上下得宜，海内常安。”《园冶全释》注引《礼记·仲尼燕居》及孔疏：“官得其体”，“谓设官分职各得其尊卑之体”，亦可为证。

合——相符；符合；不违背。《孙子·九地篇》：“合于利而动，不合于利而止。”《庄子·养生主》：“合于‘桑林’之舞。”《论衡·自然》：“不合自然……未可以也。”

宜——《说文》：“宜，所安也。”从篆书来看，亦作“宜”。元曹本《复古篇》：“所安也。从‘宀（金按：为屋宇象形）’之下，‘一’之上，‘多’省。徐楚金曰：‘一’，地也。既得其地，上荫深屋，为‘宜’也。”故又训得其所为“宜”，引申为适称、恰当。《玉篇》：“宜，当也。”《诗·郑风·缁衣》朱熹注：“宜，称。”宋苏轼《饮湖上初晴后雨》：“欲把西湖比西子，淡妆浓抹总相宜。”可见美也离不开恰当。战国楚宋玉《登徒子好色赋》写“东家之子”的美：“增之一分则太长，减之一分则太短；着粉则太白，施朱则太赤。”这几个“太”都与“宜”即恰当、适称背道而驰，这也就会使美及其魅力走向反面。

再联系西方美学来看。古希腊的亚里士多德就说：“一个美的事物……各部分应有一定的安排，而且它的体积也应有一定的大小。”[1]这就是适当，适宜。18世

① 北京大学哲学系美学教研室编《西方美学家论美和美感》，商务印书馆1980年版，第39页。

纪英国美学家荷迦兹在《美的分析》一书中更指出，"适宜产生美"，"物体的大小和各部分的比例是由适宜和妥当所左右的"。以建筑为例，"就是这种适宜决定了支持很大重量的柱子，拱门等等的尺寸，规定了建筑学中的一切体系甚至门窗等的大小"。如果违背这一点，"它们在适宜这一点上就失去了美"①。

在西方，这被称为美的适宜律或适称律，它涉及事物的质、量、度问题。德国著名的古典哲学家黑格尔认为，度是"有质的限量"，又说："举凡一切人世间的事物……皆有其确定的度，超越这个度就会招致毁灭。"②此话可与《韩非子·解老》中的"智慧衰则失度量"相参证。这些深刻的哲学理论对艺术美学极有启发。笔者三十馀年前曾在《艺术随想录·审度篇》中写下了自己的体会：

> "度"，是保持事物特定的质的数量界限……真、善、美都不能须臾离开它们特定的"度"……在艺术创造的空间或时间里，必须随时随地防止过"度"……审美，必须审其"度"。在形象塑造的过程中，在表现真、善、美的过程中，如果艺术家不能准确地把握其特殊的质的规定性——"度"，而表现得过火，越过一定的界限，就会走向它的反面……《论语》说："过犹不及。"
>
> 《文心雕龙·夸饰篇》说："夸而有节，饰而不诬。"从把握真、善、美的"度"这方面来理解，这些带有辩证观点的话，未尝不可看作是艺术创作的座右铭。③

既没有过头，又没有不及，能注意节制和分寸，这就是对度的把握。再说"度"和恰当、适称的关系。应该说，度离不开恰当、适称，并存在于恰当、适称之中；度是从恰当、适称里提升出来的。从语法视角看，杨树达《词诠》："宜，表态形容词，今言'适宜'。"联系《园冶》来看，如《相地》："借景偏宜。"《装折图式·冰裂式》："冰裂，惟风窗之最宜者。"《掇山·书房山》："书房中最宜者"。《相地·村庄地》："栽竹相宜"。但"宜"进一步提升、抽象，到了哲学境层，作为一种范畴——"度"，就是成为名词了。

度，可用作审美的批评标准，而且尤适用于园林艺术，在批评时还常与尺度一词相联系。但是，二者是有区别的，"度"是一个肯定性的范畴，而"尺度"仅仅偏重于量或体量等方面，是衡量的一种标准。刘敦桢先生《苏州古典园林》对苏州诸园有恰如其分的深刻评价，现试摘出运用了"尺度"、"恰当"、"适当"、"相称"、"合宜"等评语的片断（并非总体而只是局部的评价），作为一种示范，来琢磨、体会其具体用法。例如，拙政园中部的布局，"山池、房屋布置疏密有致，以疏为主，体量尺度又能恰如其分"；狮子林"建筑风格杂糅，位置高下虽有变化，但尺度欠斟酌"；网师园"池周的亭阁，有小、低、透的特点……以水为主，主题突

出，布局紧凑，沿池布置简洁自然，空间尺度斟酌恰当"；怡园"石壁高度也偏低，与池、馆尺度不称"；鹤园"两翼廊、轩的位置，尺度合宜"；畅园"园内建筑物较多……比例尺度大体能和周围环境相配合"；残粒园的"半亭、石洞、水池、花台的位置高下相称，尺度适当，组织紧凑"。[①] 这些实际上都是审其"度"，其中"斟酌"、"恰如其分"等词语，说明了"度"的把握很不容易，需要再三推敲、反复斟酌，否则就不能获得理想的效果。

再联系造园实践来看。如计成非常重视园林之"曲"，如："不妨偏径，顿置婉转"(《兴造论》)，这是强调路径的婉转曲折；"有高有凹，有曲有深，有峻而悬，有平而坦，自成天然之趣，不烦人事之工"(《相地·山林地》)，这是赞赏包括路径在内的园基高低险平之曲，均出于天然，不必多费人工；"开径逶迤"，"临濠蜒蜿"(《相地·城市地》)，这是主张路径、溪流都应蜒蜿委曲……然而这些都必须有节制，不能越过一定的界限。但在计成的那个时代，超越这种尺度而招致失败之例比比皆是，所以《掇山》用"路类张孩戏之猫"的比喻来批评流行假山蹊径的曲折失度。试想，路径盘曲得忽左忽右、忽上忽下地钻行，竟类似孩子们捉迷藏("躲猫猫"、"猫捉鼠")的游戏，这还有什么观赏价值、登临意义？

不妨以苏州园林的实例来作比较。狮子林指柏轩南经小石拱桥进假山洞东入口，盘曲纡回，忽暗忽明，可通上、中、下三层，途中要穿几个洞壑，经几条石梁，还有一些岔道，往往令人迷不知出，洞中千孔百罅，亦少天然之趣，累累尽见人工。对此，清赵翼《游狮子林题壁》诗写得非常逼真："取势在曲不在直，命意在空不在实……山蹊一线更纡回，九曲珠穿蚁行隙。入坎徐愁墨穴深，出幽蹬怯钩梯窄。上方人语下弗闻，东面客来西未觌。有时相对手可援，急起追之几重隔。"这似可作"路类张孩戏之猫"的形象信息印证。刘敦桢先生在主要肯定此园某些景观的同时，也指出部分假山的不足："缺乏自然感，仅以洞壑盘旋的奇巧取赏"[②]。这类不足，质言之，就是过头而丢弃了的"度"，没有能控制艺术的"有质的限量"，违背了美的适称律。相比之下，苏州环秀山庄的假山却是国内独辟蹊径的罕见杰构。假山以池东为主山，池北为次山，"主山分前、后两部分，其结构于园的东北部以土坡作起势，西南部累叠湖石，其间有两幽谷，一自南向北，一自西北向东南，会于山之中央……山体内有石洞、石室各一处，经小径转入石洞……四壁开孔洞五、六处，供采光通风。石桌旁更有直径约半米的石洞下通水面，天光水色映入洞中，意匠较为别致……此山占地只半亩，山上蹊径长约六七十米……山景和空间变化颇多，有危径、山洞、水谷、石室、飞梁、绝壁等境界……能发挥'山形步步移'、'山形面面看'的

① 以上并见刘敦桢：《苏州古典园林》，中国建筑工业出版社 2005 年版，第 58、63、65、66、71、72、73 页。
② 刘敦桢：《苏州古典园林》，中国建筑工业出版社 2005 年版，第 63 页。

效果……形象和真山接近。"①这是极高的评价，究其赢得成功的主要原因，就是在设计高明、技术娴熟的基础上，能准确地把握假山真、善、美的"度"，典型地体现了"适宜产生美"的规律。

至此，拟在充分对"得体合宜"四字结合苏州古典园林审美实例剖析进行分释的基础上，进一步合释，并提供《园冶》内外的书证：

"得"、"体"二字的组合——如上文所引，有《管子·君臣上》注"上下各得其体也"之例；有《礼记·仲尼燕居》及孔疏"官得其体"，即"设官分职各得其尊卑之体"之例。再看《园冶》，《兴造论》："能妙于得体合宜"，"斯所谓巧而得体者也。"《相地》："构园得体。"刘敦桢先生则指出，苏州拙政园"海棠春坞庭中惟海棠数本、榆一树、竹一丛，却能重点突出，配置得体"②。

"合"、"宜"二字的组合——如《后汉纪·明帝纪》："事合宜，则无凶咎。"唐姚合《题凤翔西郊新亭》："结构方殊绝，高低更合宜。"再看《园冶》，《兴造论》："斯谓'精而合宜'者也。"《相地》："相地合宜"。《立基·门楼基》："合宜则立。"《屋宇·亭》："随意合宜则制。"《装折》："构合时宜，式征清赏。"

"得"、"宜"二字也可组合——如《史记·秦始皇本纪》二十八年刻石："治道运行，诸产得宜，皆有法式。"《汉书·厉王传》："上下得宜，海内常安。"《园冶·装折》："相间得宜"。

"得"、"合"二字还可作互文——三国魏曹植《洛神赋》："秾纤得衷，修短合度。""得"、"合"就是互文，意谓秾纤修短均得中合度。这两句的哲理背景是儒家的中庸哲学、中和美学。《论语·雍也》："中庸之为德也，其至矣乎！"朱熹《中庸集注》："中庸者，不偏不倚，无过不及……精微之极致也。"体现了这种适中、适度，就不会偏于一极。中庸，可谓"理及精微"矣！

计成也非常强调适中合度，他在作为全书总纲的《兴造论》里，提出了"能妙于得体合宜"之后，紧接着就是"未可拘率"。《疑义举析》不但对《园冶注释》第一版的"不可拘牵"通过校勘改为"未可拘率"，而且还指出：

> 这两句的原意是说，妙于得体合宜，就是要恰到好处，既不可拘泥呆滞，又不可遽率胡来。"得体"与"合宜"，二者之间具有对立统一的辩证关系，如果掌握不好，过份追求"得体"，而忽略了"合宜"，便是"拘"；过分追求"合宜"，而忽略了"得体"，便是"率"。真理向前跨一步就成了谬误，便是这个道理。"得体合宜，未可拘率"这两句话，言简意赅，神理妙极。"拘"和"率"是两种极端，误为"拘牵"，便只剩一种极端，内容丢掉一半，妙趣则扫地以尽。这两句话本是《园冶》的精华之处……

---

① 刘敦桢：《苏州古典园林》，中国建筑工业出版社 2005 年版，第 69－70 页。
② 刘敦桢：《苏州古典园林》，中国建筑工业出版社 2005 年版，第 58 页。

此论颇为高妙，不但突出了计成兴造规划对"中庸之道"的准确把握，不但以"真理向前跨一步就成了谬误"一句将论述提到哲学的高度，而且其"既不可……又不可……"的句式体现了现代的辩证观。从哲学的视角看，计成拈出"拘"、"率"二字，体现了两极否定性原理，否定了两种极端而执其中，就必然得体合宜了。

本书赞同《疑义举析》的一系列论析，不过，却不认为"得体"、"合宜"二者之间"具有对立统一的辩证关系"。本书认为，二者是互文关系，表现为二者可以交叉互成，如还可组合为"得宜"、"合体"，而其义并无多少变化，故二者不是体现了对立关系的反义词。而是虽非义同却义近，"得体"偏重于规制、格局、法式等；"合宜"则偏重于界限、尺度、定性等，特别是双方还必然相互渗透，得体中含有合宜，合宜中含有得体，如《相地》的骈语"相地合宜，构园得体"就如此，说明二者可以有所偏重，不可有所偏废。

第十一节　别难成墅，兹易为林
——兼论"城市山林"的价值意义

"别难成墅，兹易为林"，见《相地·城市地》。此八字为对偶工整的骈句，其中"别"与"兹"为代词、"难"与"易"为形容词，它们均相反相对，张力空间极大；"成"与"为"均为动词，是同义互为对文；而"墅"、"林"均为名词，二者又是相通的。

此两句意谓：别处（指此城市之外）虽然较难建成园墅别馆以供游息，但这里（指城市地）却通过"因"、"借"，因地制宜，可以成为一处好园林。

对于这两句，《园冶注释》译作"他处虽难建墅，此地却易成林"。字数比原句多了，意义却反而不够明确。例如将"别"字译成"他处"，似乎也可以，其实不然，因为原句中的"别"字还有双关义，既含"他处"之意，又有机地联系着原句的"墅"，人们仅从此四字句就能理解为"别墅"、"别馆"、"别业"。译文只单独保留一个"墅"字，就可能产生多义性。不但可理解为建于非城区（如郊区、风景区）以供游乐休养的别墅，如《晋书·谢安传》："又于土山营墅，楼馆林竹甚盛"。还可理解为乡间粗陋的房屋，《宋本玉篇》："墅，田庐也。"宋陆游《春晚苦雨》："垂老卧村墅，馀寒欺病身。""墅"还有其他含义，并见《玉篇》。再说《园冶注释》译文下句的"林"，按理用现代汉语也应译成意义更明确的双音节词如园林，但现在单独地仅为一个"林"字，人们有可能理解为树林或森林，故这样的译文意义不大。

《图文本》说：两句"意谓别墅较难建成，园林容易兴造。"丢弃了与"别"相对的这个具有关键性的"兹"字，而仅将别墅和园林作如此不恰当的比较，很可能误导读者把"难"和"易"作为区分别墅和园林的标准了。其实，从中国古代园林史上看，别墅只是园林的一种，它本身就是园林，一般说是建于郊区或风景区的园林，如南宋著名的田园诗人范成大，晚年退隐苏州西南郊的石湖，筑石湖别墅，有寿栎堂诸胜，它是苏州古典园林史上一个著名的园林。因此，从逻辑学的视角看，别墅与园林是种概念和属概念的关系，在这两个具有从属关系的概念间，别墅是外延较小、处于下位的概念。由此也可以说，别墅与园林，其区别不是"难"与"易"，而是"种"与"属"、"下位"与"上位"。另外，别墅又是和正宅（宅第）相对而言的，这是又一种逻辑划分标准。

《园冶全释》则有所不同，其译文为："它处虽难建墅，此地易成林亭"，上句虽也遗憾地只有一个"墅"字，但下句却仅出色地增一"亭"字，就说明了"林"并非单纯的树林，而是"林亭"，其中有建筑在，而"林亭"正是古代园林常用的别称，《全释》作者张家骥先生在其另一著作的"名词沿革"中指出，"城市中私家建筑的宅园名词很多，如：宅园、园宅、园池、园圃、池亭、林亭、园亭等等"①。"林亭"中"亭"的一字之增，不但表达了作者研读《园冶》的体悟，而且表现出长期从事研究中国园林史的良好修养。

还必须探究"别难成墅，兹易为林"的言外之意。《相地·城市地》的第一句话，就是"市井不可园也"，这个总的前提，是和特具优势的山林地、江湖地等相比而提出的。相对而言，城市地的缺点是人多，"闹"而"俗"，然而这在一定程度上是可以避免的，一是应寻找"幽偏"之地；二是"邻虽近俗，门掩无哗"，这样就可隔断外界的喧嚣。根据苏州私家城市园相地的历史经验，大抵选址于幽偏之处，如明末与计成同时代的王心一所撰《归田园居记》说：其"归田园居"是"门临委巷，不容旋马"；又如艺圃（现存），也选址于曲折的小巷深处，故而清人汪琬《再题姜氏艺圃》赞曰："隔断城西市语哗，幽栖绝似野人家。"网师园也是如此，清梁章钜《浪迹续谈·瞿园》更明确指出："园中结构极佳，而门外途径极窄……盖其筑园之初心，即藉以避大官之舆从也。"这都是典型的例证。笔者还曾这样写过：

> 再就今天来看，苏州的艺圃、耦园、五峰园、残粒园、柴园、半园、听枫园、曲园、畅园、鹤园等等，都僻处于曲巷小弄，也如郁达夫先生所说，"在苏州……有许多人还不晓得它的存在"呢！而究其筑园之初心，或是为了隔绝阛阓喧嚣，远离都市喧嚣；或是为了回避险恶政治，拒绝权贵舆从；或为了致虚守静，二者兼而有之……这在苏州，几乎凝定为一种造园模式，积淀为一种历史传统。②

以上一系列例证，就其选址来看，一言以蔽之可谓"幽偏"。除了选址于幽曲深

---

① 张家骥：《中国造园论》，山西人民出版社 1991 年版，第 11 页。
② 金学智：《苏州园林》，苏州大学出版社 1999 年版，第 151 页。

巷外，计成还有一个思维指向，就是选于邻近城郭之处。《相地》指出："探奇近郭，远来往之通衢。"这样，除了远离闹市区外，还可供探奇觅胜。如《相地·城市地》就排出了"竹木遥飞叠雊"、"青来郭外环屏"……这都是邻近城郭所提供的优越的借景条件。此外，城市地还有一种鲜为人们所赏的借景，这就是《城市地》描述的"洗出千家烟雨"。城市的缺点就是人多，用成语来说是"千家万户"，但是，它也可转化为美，如每当春雨蒙蒙，或秋雨绵绵，一派朦朦胧胧，隐隐约约，若登楼俯视，雨帘风幕里，鳞次栉比的屋顶，模糊不定的线形，都极富诗情画意。当然，这种观照，这种审美发现，都离不开情感的孕育，如《借景》章的结尾所云："因借无由，触情俱是。"

以上论述，都证实了计成"因、借、体、宜"的思想，其中主要是因地制宜，即因城市之地而制宜，其中包括城市的借景。

再概括"别难成墅，兹易为林"的言外之意，这就是说，城市地虽有缺点，但也有优长，只要避免不足，充分利用和发扬优长，并像网师园那样尽可能做到"园中结构极佳"，也就算实现了"造园之初心"。对于园中的结构布置，《城市地》提出："院广堪梧，堤湾宜柳"；"安亭得景，莳花笑以春风"；"芍药宜栏，蔷薇未架"；"虚阁荫桐，清池涵月"；"片山多致，寸石生情"；"窗虚蕉影玲珑，岩曲松根盘磄"……城市园也能如此之美好，就不必另去寻觅郊野之地，或遥远地寻觅山林、江湖地的风景区，再去营造别墅，因为这还需要其他前提条件，更为费事。所以《城市地》在结尾处归纳道：

> 足征市隐，犹胜巢居。能为闹处寻幽，胡舍近方图远。[1]得闲即诣，随兴携游。

意思是如果能在城市里找到"幽偏可筑"之地，则可将就一下，因为这里的优越性是离宅第较近，可以"得闲即诣，随兴携游"。因此大可不必舍近求远。在《城市地》这一专节中，计成可谓时时不忘主题，其立足点就是"城市地"，故有此"别难成墅，兹易为林"八字精彩之论，如对其再度加以浓缩，那就是两个字："市隐"。

因此可以说，《城市地》是计成"市隐"思想的集中体现，而其突出的物化成果和精神理念，就是"城市山林"。在中国古典园林史上，"城市山林"和这一美学概念的价值意义不容低估。笔者在《中国园林美学》的"城市山林的现实空间"一节中，对其作了理论上尝试性的探索和阐释，摘引几个片断于下：

> 城市山林，作为园林美的历史行程中里程碑式的空间形态，特别是作为园林美学极其重要的概念，它那文化心理的源头可以远溯到先秦"返归自然"的老庄哲学，近溯到西晋开始的高蹈遁世的隐逸意识。然而它现实地萌生，

---

[1]《园冶·相地》总论里，已提出了城市地的优长是"城市便家"，意谓基址选在城市，是便利于居家。这就是"别难成墅，兹易为林"的言外之意，《相地·城市地》正是承此而展开的。

却直接和唐代以白居易为代表的"中隐－市隐"思想有关，这是城市山林赖以诞生的文化心理母体。……

从客观上说，白居易"城市山林"这个重要的园林美学概念的萌生，对于保持城市的生态平衡，发展城市的艺术风貌，也是有其贡献的……

城市，这是一个愈来愈远离人们生态意愿的特定空间；山林，则是另一个迥异于城市形态的特定空间。这两个具有不同形态和定性的空间，是如此不可调和地对立着，"其道难两全"。唐代的白居易企图用"中隐－市隐"思想来加以调和、综合，从而创造出既能避免"朝市太喧嚣"，又能避免"丘樊太冷落"的合目的性的现实空间。他那尝试性的实践和创造性的思维指向，是有其美学价值的。……

在明、清时代……"中隐－市隐"的思想也广为流行，中隐堂、市隐园之名在城市园林里不止一次地出现。值得指出的是，作为理论家，计成在《园冶·相地》中，对"市隐"和城市山林作了美学上的肯定和概括："邻虽近俗，门掩无哗……足征市隐，犹胜巢居。能为闹处寻幽，胡舍近方图远。得闲即诣，随兴携游。"这是指出了城市山林的可行性和优越性，它能在喧闹的包围中，最方便地提供人们以"隐"、"居"、"游"……当然，园主们的合目的性是会有所不同的。①

在"因"、"借"原则的指导下，可实现市井寻幽，闹处求静，随兴携游，"兹易为林"——这里易于建成"城市山林"型的园林。在中国古典园林史上，这类成功的城市私家园林不断涌现，以及历史地积淀而成的"城市山林"这一特殊的园林美学概念能获得一致的认同，均证明了计成出色地传承和发展了白居易"市隐"思想，而城市山林不但具有历史价值，而且在客观上具有未来学、城市生态学的意义，它对弘扬生态文明，建设园林城市、宜居城市、生态城市，启发人们在城市里实现诗意栖居，促进人和自然的双向交往，实现人类的可持续发展，都是一种有效的"绿色启示"。

今天，应以历史传统和当今时代的双重视角来解读"别难成墅，兹易为林"一语的价值意义。

第十二节　以墙取头阔头狭，就屋之端正
——偏侧地的因地制宜处理

此主要为难句，又颇有价值，是论述园林建筑的"偏侧地"如何处理，这涉

---

① 金学智：《中国园林美学》，中国建筑工业出版社 2005 年版，第 86、87、88、89 页。

及造园总体规划的因地制宜问题，故应重点一论。此语的有关句群，见于《墙垣》章的结尾：

> 世人兴造，因基之偏侧，任而造之。何不以墙取头阔头狭，就屋之端正？斯匠、主之莫知也。

对此，诸家注释各有异同，尤其是对"以墙取头阔头狭"之句似不很理解。

《园冶注释》注道："偏侧，作不正和狭仄解。"又注第二句："当地形不正时，为保证房屋的端正，而墙不妨一头宽一头狭。换言之，墙垣应迁就房屋，而房屋不应迁就墙垣。"此注的结论尚可。但是，何谓"不妨一头宽一头狭"，语焉不详，令人难以捉摸，以致有人可能理解为一道墙有厚薄之不同。再看其译文："何不砌墙采取一头宽一头狭的形式"。这同样含糊不清。

《园冶全释》则云：

> 城市造园，基地多偏缺，不可能对称整齐，房屋和庭院则必须端方规整（金按：在特殊情况下，庭院不一定必须端方规整）……围墙（金按：城市里更多是被周围其他房屋所包围、所"邻嵌"的墙，准确地说，更主要的是界墙）应依势曲折或偏斜，空间有宽狭……（《全释》注文）
>
> 所谓"头阔头狭"，非指墙体厚度不同，而是指围墙（界墙）之间的空间有宽有狭，若基地就是如此，墙按地界砌筑……不论地形如何不齐整，要把握"邻嵌何必欲求其齐"的思想，就是要不拘造宅的那套规矩型制，进数随宜；房屋要量地广狭，间数随宜、半间一广，亦无不可。（《全释》按语）

论述比较具体充分，有的颇为精彩，如要求"把握'邻嵌何必欲求其齐'的思想"，就抓住了问题的关键。这种根据原书前后联系起来解读的方法，只要合理，就值得提倡。总的来说，《全释》在一定程度上接近原意，但表达得不够清晰集中准确，有时其间还夹杂着一些矛盾的语句，如在按语中一则说，"计成实际只提出矛盾，却未说明如何解决矛盾"；二则说，"语虽简明，却含糊其辞"；三则甚至认为"有点故弄玄虚"。这都可见《全释》作者自身把握不准，以致其论述不免鱼龙混杂，殊为可惜。

相较而论，《全释商榷》要明确具体得多，在指出"'一头阔一头狭'自不可指墙体的厚度"之后，这样写道：

> 前句的"兴造"应指屋宇，而非指墙垣……"世人……任而造之"是提出的问题，就是……建房不规整端正。第二句就是计成提出的解决问题的方案（这是针对《全释》说"计成……未说明如何解决矛盾"而发的）。目的是"就屋之端正"，方法是"以墙取头阔头狭"。"以墙"即"依墙"就是依墙随墙界。"取"即采用，既然是"依墙"，那么"头阔头狭"就不指墙体了。这就明白告诉所采取的办法是变化建筑去克服墙界的限制，达到屋宇的端正。也就是说，只要房屋整体布局端正，就不一定要求庭院成正方形或长方形，可以采取一端宽一

端窄的兴造办法。比如三进两庭的院落，只求在中轴线上端正，不求每进间数一致。可以是第一进三间，第二第三进各五间，也可以一、二进各五间，第三进三间等。

这番论述，更多地富于合理因素，如强调整体布局，指出屋宇必须端正，而庭院空间则可宽窄不一，特别是具体指出，每进间数可以按具体情况而定，不必强求一律，而且其论述还能扣住字词来解读，如训"以"为"依"，此训甚确，堪称卓见，这对理解"头阔头狭"等语极有裨益。但是，问题是论述既缺少书证，又缺少园林建筑的个案实例，特别是"头阔头狭"的"头"字，也未训释。

本书认为，要破解此难句，首先应训释"头"字，还有"以"字、"就"字。

"头"，不仅可指物体的顶端或前端，而且物体的"边"也可称"头"。《世说新语·赏誉》："蔡司徒在洛，见陆机兄弟住参佐廨〔xiè.官署〕中，三间瓦屋，士龙（陆云）住东头，士衡（陆机）住西头。"陆机兄弟所住，东头可称东边，西头也可称西边。在日常语言中，此义更多：田头就是田边，前头就是前边，上头就是上边，外头就是外边，东头就是东边……宋辛弃疾《木兰花慢》："是别有人间，那边才见，光景东头。"词中"头"义与"边"义互含。因此，"头阔头狭"也就是一边阔一边狭，或这边阔那边狭。

"就"，依从；迁就；凑。《宋本玉篇·京部》："就，从也。"《管子·权修》："刑罚不审，则有辟就。"郭沫若等集注："辟谓回避，就谓牵就。"宋陆游《老学庵笔记》卷五："〔苏轼〕非不能歌，但豪放不喜剪裁以就声律耳。"

再释"以"。作为介词，如《全释商榷》所言，它确乎可训为"依"或"按照"，这既可从一些经典中找到大量书证，又可从《园冶》书中找到内证，现一并列举于下，以见一斑：

> 时五者来备，各以其序。（《书·洪范》）
>
> 方以类聚，物以群分。（《易·系辞上》）
>
> 斧斤以时入山林，林木不可胜用也。（《孟子·梁惠王上》）
>
> 以道观之，物无贵贱；以物观之，自贵而相贱……（《庄子·秋水》）
>
> 变画以次而成。（计成《园冶·栏杆〔附图〕笔管式》）
>
> 以予见：或有嘉树，稍点玲珑石块……（《园冶·掇山·厅山》）

上引的"以"字，其义均为"依照"、"按照"，可见"以墙"就是"依墙"。"以墙取头阔头狭"，具体地说，就是依照两墙（或更多的墙，主要指界墙）的一边阔一边狭，充分取墙内的可利用空间，不问其势之曲折偏斜，或宽狭不等，来迁就、来凑"屋之端正"。这样，就为建筑赢得了最大的完整空间，也就是说，是充分地利用了基地空间，最大程度地保证了建筑的规整性。至于剩馀下来的种种零碎的、或大或小的不规整空间，如《园冶全释》按语所说，"必然形成一些墙角死隅，这就需要有一系列'化实为虚'的手法来处理"，这具体地说，就是种植花木，布置水石，构建景观……这样，就不同于"世人……因基之偏侧，任而造之"，即任其偏侧之基形而营造，致使屋宇平面斜缺不正。

总之，"以墙取头阔头狭，就屋之端正"的规划和兴造，突现了"能主之人"七分甚至更多更大的能动作用。所以《墙垣》章结尾的话，归根结底是强调了"能主之人"善于发挥既不同于工匠，又不同于园主人的重要作用。

以上的论述，还可通过对《园冶》的"循环阅读"即把有关章节融为一体来探究。如本句开头的"世人兴造……"，与《兴造论》开头的"世之兴造……"存在着遥相呼应的关系，兹选出比较如下：

> 世之兴造，专主鸠匠，独不闻"三分匠，七分主人"之谚乎？（《兴造论》）
> 世人兴造，因基之偏侧，任而造之。何不以墙取头阔头狭，就屋之端正？斯匠主之莫知也。（《墙垣》）

二者的句式、内容非常近似，句末同样或明或暗地落实到指出工匠、园主的不足和对"能主之人"的推崇，《兴造论》明确提出了"能主之人"应占七分甚至更多，而《墙垣》则通过"匠主之莫知"一句，通过揭出工匠、园主之短，而把对"能主之人"的推崇隐含于不言之中，二者有异曲同工之妙。

再说"偏侧地"虽然特殊，但"屋之端正"、"定其间进"却是不变的定则，这里再把《立基·厅堂基》和《兴造论》两个章节的有关内容加以合读：

> 定其间进，量其广狭……假如基地偏缺（金按"基地偏缺"通于《墙垣》的"基之偏侧"），邻嵌何必欲求其齐（金按：《园冶全释》就提出了"要把握'邻嵌何必欲求其齐'的思想"），其屋架何必拘三五间，为进多少，半间一广，自然雅称。斯所谓主人之七分也。（《兴造论》）
> 厅堂立基……须量地广窄，四间亦可，四间半亦可，再不能展舒，三间半亦可。深奥曲折，通前达后，全在斯半间中，生出幻境。（《立基·厅堂基》）

《兴造论》、《立基·厅堂基》和《墙垣》在全书中所安排的先后次序虽有不同，但其中一些提法却是相近或共通的，如"量其广狭"、"量地广窄"与"取头阔头狭"，三者意思基本上差不多，也可说"取头阔头狭"就是"量其广狭"、"量地广窄"的另一种说法，因此，不妨以《兴造论》、《立基·厅堂基》的角度来解读《墙垣》中的这几句。

《墙垣》中的"就屋之端正"，应联系《兴造论》中的"定其间进"来读。先明确几个概念。梁思成先生指出："间之宽称为面阔，全建筑物若干间合起来的长度称通面阔。间之深称为进深；若干间合起来的长度称通进深。"[1]"偏侧地"虽因"邻嵌"而形成头阔头狭，但只要把握"何必求齐"的思想，"通面阔"的设计就有种种可能，如"屋架何必拘三五间……半间一广，自然雅称"（《兴造论》）；"四

---

[1] 梁思成：《清式营造则例》，中国建筑工业出版社1987年版，第18页。

间亦可，四间半亦可，再不能展舒，三间半亦可。深奥曲折，通前达后，全在斯半间中，生出幻境"（《立基·厅堂基》）。这都体现了"通面阔"设计高度的灵活性，再结合"通进深"设计方面来思考，如《全释商榷》所指出："不求每进间数一致。可以是第一进三间，第二第三进各五间，也可以一、二进各五间，第三进三间等"。总之，在"偏侧地"的界墙之内，面阔与进深、通面阔与通进深以及大小景观等等的精心穿插，互相乘除，不但能充分地利用界墙内的空间，体现"雅称"的设计原则，而且还可能进而实现"通前达后，全在斯半间中，生出幻境"的审美境界。这样，也就可在较大程度上克服基地偏侧倾斜带来的局限，充分利用界墙之内的所有空间，并使之发挥 $1＋1＞2$ 的增值效应。

以下试以苏州艺圃为例来解析。

这个建于城市地的园林，东邻文衙弄（现为大门），西邻"十间廊屋"（亦为弄名，曾一度开为大门），确乎带有城市地"邻嵌不齐"的特点【图102】①，呈现为"头阔头狭"即南边阔，北边狭的平面。

该园北段的狭处，建有面阔五间的"博雅堂"，是"定厅堂为主"的体现，它端正地坐北朝南，其前为有小型湖石牡丹花坛的庭院。

再往南为不阔不狭的中段，则挑出水面构为坐北朝南、面阔五间而高大端方的"延光水阁"，其西连有较阔矮的厢房两间，是为"思敬居"，再西则妙有夹弄"半间"，这两间半也属于《立基·厅堂基》所说"亦可"的范围，这七间半，确乎可说是"屋架何必拘三五间"了。而水阁之东又紧连着两间较阔矮的"旸谷书堂"（书堂又与池东的建筑相连接而断续向南延伸）。如是，这一连排地横向展开的建筑撑满了空间，亦即抵及了东、西界墙，形成了主次分明、"通面阔"九间有馀的屋宇，这种格局在国内较为罕见。但它却又似乎犯了建筑过多，过集中，平面太规整呆板之弊，故于书堂西北角辟一小天井，缀以小景，成为"通面阔"中的活眼，而书堂本身也成为曲尺形建筑，既别致，又颇饶生气。

人们若从主体厅堂——博雅堂之西前行，折西往南，经"思敬居"西的夹弄"半间"，就来到了池西的单面直廊。此廊有三妙：

一、贴边建构。以廊墙巧作界墙，这是充分用足了基地边界，从而成就了主景区的周边布局。相比而言，它对于中心水池不是去占据空间，争夺空间，而是主动地让出空间，赠予空间，使水池的面积尽可能地扩大。

二、"直而有曲致"（清刘熙载《艺概·书概》）。在直廊的中部稍稍向外廊出一界，就顿生变化，形成一小小半亭，雅名"响月廊"。寂静无声之月竟有音响，其盎然诗意引人思索，令人神往，这是一种精神性创构的"化实为虚"。而从形式美视角

---

① 此图选自《世界遗产苏州古典园林增补名单·艺圃平面图》，当时此园东部住宅仍散为民居，故不在图内。退一步说，此处民居即使恢复为住宅，该平面图中艺圃的东线，依然可看作是该园的界墙。至于图中建筑的品题，有些为笔者按后来之名所加，特此说明。

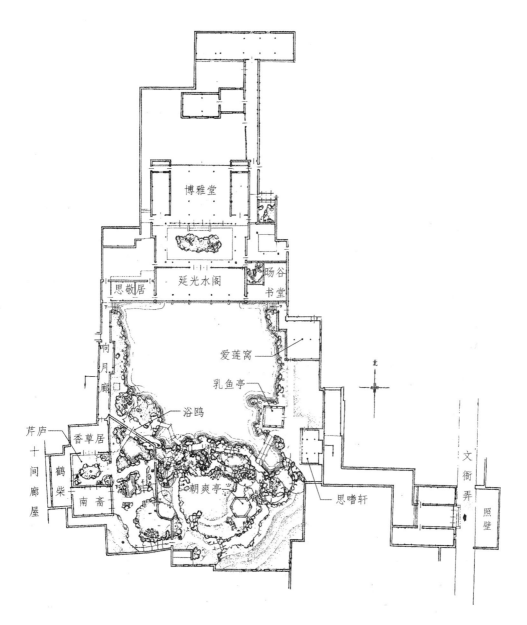

图102 头阔头狭，就屋之端正
苏州艺圃平面图
选自《世界遗产·苏州古典园林》

看，又破除了长长直廊的僵直板律。

三、尺幅空窗之美。此亭倚墙设金砖方桌，于匾额下、对联间廊墙上"留空"为窗，窗外已紧贴邻家山墙。在这两家墙距窄得只有几十公分的夹缝里，难能可贵地移活数竿细竹，而邻家斑驳渗漉涸化的旧墙就恰恰成为竹影的背景，让人想起《园冶》中"不尽数竿烟雨"(《相地·傍宅地》)的名句，想起李渔"尺幅窗，无心画"(《闲情偶记·窗栏·取景在借》)的警语，想起大画家郑板桥笔下的墨竹……这一别具匠心、富于诗情画意的建构，体现为又一种"化实为虚"的增值效应，它已突破了界墙的物质局囿而"生出幻境"……这些，都是创造性地以边廊为界墙所生发的最大妙用。艺圃的这一创构，应给予极高的审美评价，它同时也是"以墙取头阔头狭"，最大限度利用空间的一个成果。同时，这作为"数竿烟雨"之背景的邻家旧墙，也可看作是一种借景，用《相地》中语说，是"倘嵌他人之胜，有一线相通，非为间绝，借景偏宜"。

再看中部和南面。"延光水阁"面临着中心大水池，隔池往南眺望，可见一幅横向展开的立体山水画——该园南段最阔处用土堆成假山。此景区的南界墙呈梯级形，极不规则，这是邻嵌参差交错的结果。当然此处较难营建端正之屋宇，但用来堆山种树筑亭，却显得一带山石嶙峋，树木葱郁，从而成了"水阁"之主要对景。

假山区西面一角，则辟为全园精华的小院一区，这个小巧精致的园中之园，一个月洞门（"浴鸥"洞门）套一个月洞门（"芹庐"洞门），一个小庭院套一个小庭院，其中还有"香草居-鹤柴-南斋"的"凹"形的对照小厅，古雅简朴。此院充分利用了不规则的墙角死隅，其空间虽小，情趣却丰，可谓小中见大，别有洞天。而这又是由倚墙所构的"半间"（思敬居西的夹弄）——"边廊"（响月廊）这一线通前达后所导引的奇幻空间。

艺圃的经验是，尽量利用头阔头狭、邻嵌错杂、偏侧不齐的边角空间，只要屋宇端正，其他景观尽可随宜布置，不拘一格。

为了进一步证实《园冶》的理论，总结历史经验，以下对江南园林乃至岭南园林"以墙取头阔头狭"的成功处理，各举一例：

其一、南京愚园[①]

该园之基为南北特长、东西颇狭、四周不太规整的地块。其南部为山水区，占总面积之大半，主要为狭长的愚湖，周围缀有山亭轩阁，是为外园；其北部则主要为屋宇区，略呈横置的梯形，占总面积四分之一有馀。宅门面东南，入门，墙内由东往西北延伸为近东界墙而建的住宅建筑群，屈曲周接的回廊贯穿其间，由此通达"分荫轩"，并可向西北折往"无隐精舍"，精舍东不远为地处北园中心的"春晖堂"。平面呈梯形的北区之南部为其最宽处，正中建朝南的主体建筑、面阔五间的清远堂，堂前有凸出于湖上的平台。该堂西连水石居三间，与其略后则为藏书楼三间，这已充分利用空间抵近西界墙。堂、楼之后为延连的曲池。再看清远堂之东，也毗连着屋宇八九间，其中多为住宅。这横向的、由东而西的一排建筑，齐整而略见参差，它们不但可供人凭槛观赏湖山美景，而且还成为南、北区的分界线。统观北面呈偏侧形的内园，园里众多的建筑不管形式如何，只要有

---

① 见童寯 1937 年所著：《江南园林志》，中国建筑工业出版社 1987 年版，图版 26。此园今虽已不存，但其造园设计的经验仍是有价值的。

可能就尽量贴近界墙，同时又体现着"就屋之端正"的定则，此规划设计是较成功的。此外，南区外园和北区内园，还形成了疏朗、繁密的鲜明对比，亦为此园特色之一。

其二、南浔宜园[①]

依该园两边的界墙来看，其园基之南极隘，为面阔仅三间的门厅；至鹿门别墅前方形院落则稍宽；进而为建筑山池区，空间较为宽广，水体居于中央，山石有主有次，有聚有散，四周布置轩馆房室，由沿墙回廊及游廊串连，基本上形成为周边布局，空间利用率极高；而最后的一区，东、西最宽，而南北更长，安排了开阔辽远的水面，使人眼界为之一舒，有沿墙长廊和曲折平桥通湖中大岛……此园南端最是"头狭"，而北部则堪称"头宽"，如同瓶颈，特大的水面构成了宜园的独特风格。

附说岭南园林：

岭南园林更有其特殊性，因其地处商业城市，和江南园林相比基地又特小，而"邻嵌"情况很普遍又极为复杂，有的甚至近于犬牙交错状态。就岭南四大名园的平面来看，顺德清晖园屋基平面（指与东、西楚香等园合并前）虽略规整，但东、南等边均很偏侧，界墙呈斜线，为了屋宇之端正，不得不考虑适当调整其朝向问题。东莞可园，西、北墙均呈斜线，有如"∧"字形，并多曲折。番禺馀荫山房的东、南、西三界均呈斜线，其南还有向外凸出的一大一小的两块。佛山梁园的基地呈方形而缺其四分之一，呈曲尺形，而其他三个直角，还均有所缺损。可见，四园均偏而又缺，极不规整。至于岭南小型园林，如广州的小画舫斋，更乏规整端方的地基，其西边特殊地略呈弧曲，并与其北临水的斜线相接；而东边，又是长长的斜线，再往东，还有如"Π"、"п"形向北凸出之地；其南界墙，则既有凸出，又有凹进，也极不整齐……总而言之，这类"偏侧地"，就不止是"头阔头狭"了，但又均可用"以墙取头阔头狭，就屋之端正"这一普遍性的律则来加以衡量和处理。由此综观岭南诸园的屋宇建构，其成功的经验是大量的，然而也不无失误，其经验教训值得以《园冶》的规划设计思想为指导来加以总结研究，以填补这一理论空白。

"偏侧地"由邻嵌等情况所规定的东、西、南、北的围墙、界墙，它们或直或曲，或规则或不规则，它可以依照墙的两边或多边而取得该园或阔或狭的最大空间，从而为"能主之人"的艺术创造提供了该基地最大可能的实现空间，就像剧院里的舞台，能为表演艺术家提供了最大可能的空间一样，让其表演出一幕幕有声有色的活剧来。艺圃、愚园等正是如此，它很多景观就是这样成功地依墙而建，充分利用金边银角，做到斤斤计较，寸土不让；同时又因阔用阔，因狭用

---

① 见童寯：《江南园林志》，中国建筑工业出版社 1987 年版，图版 20。此园亦已不存。

狭，敢于突破，敢于创造，不拘一格地创造出"得体合宜"的佳园来。

计成的"以墙取头阔头狭，就屋之端正"之说，具体地体现了中国古代的贵因哲学，而这又可从训诂学著作中见出。本章第六节在阐释《园冶》关于"因"的定义时，曾引《说文》及段注。《说文》："因，就也。从口大。"段注："从口大，就其区域而扩充之也。"这个"口"，可看作是或直或曲，或规则或不规则的围墙、界墙；而这个"大"，应读作动词，使之大——"就其区域而扩充之"，这样充分地利用了四周墙内空间，就能取得最佳的设计效果。

园冶多维探析

下

金学智 著

中国建筑工业出版社

第三编 | 园冶点评详注
——十个版本比勘与全书重订

第四编 ｜ 园冶专用词诠
——生僻字多义词专业语汇释

第五编 ｜ 园冶品读馀篇
——文化文学科学等视角的探究

第三编

园冶点评详注

——十个版本比勘与全书重订

凡读书者有二事焉：一曰明训诂，二曰通文法。训诂治其实，文法求其虚……训诂之学，自《尔雅》、《说文》以下，更清儒之疏通证明，美矣，备矣，蔑以加矣！

——杨树达《词诠序例》

商榷疑义本为探求真理，故需实事求是，直不伤人，婉不伤意，以读通释准《园冶》为鹄的。

——曹汛《园冶注释疑义举析》

说　明

　　一、本编以《园冶》十种版本——日本内阁文库明版全本（简称内阁本）、国家图书馆藏明版残本（简称国图本）、华日堂《夺天工》钞本（简称华钞本）、隆盛堂《木经全书》翻刻本（简称隆盛本）、喜咏轩丛书本（简称喜咏本）、营造学社本（简称营造本）、城建出版社本（简称城建本）、陈植《园冶注释》第一版、第二版（第二版以中国建筑工业出版社 2012 年第 14 次印刷本为准。此一、二版分别简称陈注一版、陈注二版或合称陈注本）、《中国历代园林图文精选（第四辑）》（简称《图文本》，因为此书需经常引及，故仍加书名号，使之专门名词化）进行比勘。此十种版本的遴选，以《园冶》流传史上首印、再版、钞写、翻刻以及经校雠重刊而极有价值者为限（排列以时间先后为序），不含各种普识本。

　　二、校雠以明版内阁全本为底本，或称原本，辅以国图本。以陈注一、二版为对校本，并以隆盛及其他版本为参校本。凡底本与诸本、或诸本之间有互异者，通过校雠，择善而从，同时，以尊重明版原本、可改可不改的尽量不改为前提。凡有增删改动，则径改于本编（亦称本书）正文，并于该处出页下注，用"金按——"形式表述。某些明显易辨者，则不一定出注，可见编末"十种版本比勘一览表"。至于原本与诸本皆有疑，本书另有发现者，则直接改于正文并出注。

　　三、自内阁本至陈注本，均为繁体竖排，本编则改繁体（包括异体）竖排为简体横排，对于极少量形、义较生僻的字（古今字、正俗字、繁简字等），则按其具体情况处理。

　　四、本编采用双注形式——以简为主的随文注与以详为主的页下注（当然，二者的界限是相对的）。

　　（一）随文注（夹注），主要为：字词的释义、书证；必要的注音或交代词性；简要的译释、提示；必要的、或短或长的点评。凡引自古籍，均落实到具体的篇名或卷数，以供查核。圆括号内的方括号，主要用于注音、语句的补充成分、朝代名、组诗序号等。

　　（二）页下注（脚注），主要为：校勘考辨；内容较为繁复的语典和难以简述的事典；丛证性的论述或带有学术性的专题探讨；以有价值的具体实例补证论点；语法、修辞、逻辑学等方面的有关探析，说明；所引现代的论述及交代现代或外国的著作的出版社、出版年份、页码。注文偶尔也兼及某些普识本。

五、《园冶》由于历史原因，全书体例不甚一致。除序、跋专篇外，有些专章只有总论，有些则其下还设有专节（分论）。本编对专篇、专章总论，均以◎为标志，分段提示段意，并作或详或略的点评。对于专节（分论），除《相地》各节较长、内容较丰外，其他均不提段意。至于分布于全书的点评，则根据需要，有感而发，随时于篇、章、节、段、层、句末而加之，长短不拘，其前亦以◎为标志，但段以下之层、句的点评，为区别起见，以圆括号表示，或置于圆括号内。

六、《园冶》正文中大量名言警句以及一些难句，本书第二编已作重点的解析，其中字、词、句已释义，故本编往往不再出注，或稍作两三字之释，或只注"见本书第 × 页"。

七、为了配合解读，本书特设第四编《园冶专用词诠》。本编正文中有些生僻字、多义词、专业语，其义项凡在第四编中已引为语例或专作解释甚至进行考论的，本编此处也尽量不再重复（或以括号略释），而在该词语下加着重号。若以后该义项之字在书中一再出现，也只依次加数次即止。

八、明版原本附有大量图式。限于篇幅，本书以《园冶》文字为主要研究对象，故书中各类图式大多不录，只在需要时精选少量例图以为印证。本书第二、四编中亦有选为例图者，可参看。

九、由于所比勘的版本众多，异文讹字大量存在，历史遗留问题情况复杂，故于编末特附"十种版本比勘一览表"以明之，其末栏（末列）为"金按"，试对该行作初步之勘定。若十个版本均有疑，而本书另有发现，亦于比勘表内列行，如是，则实际上已是十一个版本的比勘了。

十、本编所引用包括训诂学在内的古语文学著作书目，一并附于第四编后。

冶 叙

余（第一人称代词）少（少［shào］少年；年轻）负（负：抱；抱有。［唐］赵嘏《虎丘寺赠鱼处士》："早负江湖志"）向、禽①志②，苦（苦于）为（被）小草所绁（绁［xiè］：系；拴；捆绑。［战国楚］屈原《离骚》："登阆风而绁马。"所绁：所束缚）。幸（有幸；幸好。此句用"委婉"辞格，故言放逐为有幸，回避君主对自己的处分）见放（放：放逐。《说文》："放，逐也。"见放：此指被朝廷免除官职。全句意谓幸蒙朝廷放逐了我），谓（以为）此志可遂（遂：如意地实现。意谓由于被放逐，故而可实现所谓"向、禽志"）。◎以表述高蹈远引之志作全文开端，为以下叙写自己矛盾复杂的心绪张本。

适（适逢）四方多故③（故：变故；意外事故。此指战乱。［宋］刘道醇《五代名画补遗》："荆浩……偶五季多故，遂退藏不仕"），又不能违（违：指远离。［唐］刘长卿《送皇甫曾赴上都》："东游久与故人违"）两尊人（指父母双亲）菽水（典出《礼记·檀弓下》："孔子曰：'啜［chuò，喝］菽［shū］饮水，尽其欢，斯谓之孝。"菽水：豆和水。后常用于指称孝敬父母。并有"菽水承欢"的成语。［宋］陆游《湖堤暮归》："俗孝家家供菽水"），以从事逍遥游（逍遥：无拘无束，自由自在。《逍遥游》为《庄子》之首篇，王先谦《集解》："言逍遥乎物外，任天而游无穷也。""适四方……又不能……"叙述了不能逍遥游的两个理由）；将（在；于。此句主语亦为余［我］，承开端省）鸡埘（埘［shí］：鸡窝。《诗·王风·君子于役》："鸡栖于埘。"《尔雅》："［鸡］凿垣而栖为埘"）、豚栅（猪圈。栅［zhà］：栅栏。《说文》："栅，编竖木也。"［清］钱谦益《再次敬仲韵十二首［其九］》："日夕鸡埘愁土室，岁时

---

① 向、禽志：高蹈远引的志趣。向、禽：隐逸文化的代表人物，喜好逍遥自在，远游名山。陈注二版交代人名有误，作："向（长平）、禽（庆）。两个人名。"并引《后汉书·逸民传》："向长平，隐居不仕，与同好北海禽庆，俱游五岳名山，竟不知所终。"此注中，汉代人"向长"之名和字被混淆，特录《后汉书》原文，文中方括号内为陈注本脱字。《后汉书·逸民传·向长传》："向长，［字子］平，［河内朝歌人也，］隐居不仕……与同好北海禽庆俱游五岳名山，竟不知所终。"
② "余少负向、禽志"：此句仿［晋］石崇《思归引序》开端："余少有大志"。并暗寓石崇序文中"以事去官，晚节更乐放逸"之意。
③ "四方多故"，普识本《园冶图说》（山东画报出版社2010年修订版）作"四方多敌"，误，因"故"与"敌"的简化字"敌"形近而讹。然而，《园冶》陈注本之前，均为繁体字本，"故"、"敌"二字不可能相混。

豚栅羡农村。"［清］李斗《扬州画舫录·草河录上》："［邗上农桑］草居雾宿，豚栅鸡栖，绕屋左右。闲田数顷，农具齐发……"鸡埘、豚栅，用"借代"辞格，以部分代全体，此指代简陋的农村）**歌戚而聚国族**^①**焉**（语助词，表感叹兼表陈述）**已**（动词，结束；终止［一生］）**乎?** ◎写由于战乱和双亲之故，使自己高蹈远游之志难以实现，接着用"避实"辞格，通过"将……乎"长句，避实就虚，避此就彼，借古喻今，曲折地透露了自己不甘心蛰居农村的心态。

  銮江（今江苏省仪徵县）**地近，偶问**（问：寻；访）**一艇于**（往）**寤园**（计成为仪徵汪士衡所造"寤园"）**柳淀间，寓**（寄居）**信宿**（连宿两夜），**夷然**（和悦、欣愉貌。［明］宋濂《送东阳马生序》："言和而色夷"）**乐之**（乐：意动用法，以之为乐），**乐**（两个"乐"字，衔接巧妙而流畅）**其**（其：指代寤园主人）**取佳丘壑**（丘壑：山水幽深处）**置诸**（诸：兼词，相当于"之于"。"之"指代"佳丘壑"。《列子·汤问》："投诸渤海之尾"）**篱落**（篱笆，此借指小乡村）**许**（处；地方），**北垞、南陔可无易地**^②，**将**（发语词）**嗤彼云装烟驾者汗漫**^③**耳!** ◎赞美寤园，并通过"北垞"、"南陔"二典，从而自然地过渡到下文赞美计成其人其书。

  兹（杨树达《词诠》："兹，指示代名词，此也"）**土有园**（意为此地仪徵有寤园），**园有冶**（该园有精心营构的景观美。"冶"：美景，此为名词，作动词"有"的宾语），**冶之者**（创造它的人。冶：此为动词，熔铸般地创造；打造。"之"，指代美的景观），**松陵计无否**（［是］吴江的计成），**而题之《冶》者**（而题其书名为《园冶》的），**吾友姑孰**（姑孰：今安徽省当涂县）**曹元甫也。** ◎本段由地及园，由园及景，由景及人，由人及书，突出了计成其人其书。一个"冶"字用"转品"辞格，分别赋予三个不同的词性，增添了行文的辞趣，拓展了"冶"字的义项和外延，从而表达了对曹元甫所改书名——《园冶》的赞同。

---

① 歌戚而聚国族：歌：歌乐。戚：悲哀；哭泣。《礼记·檀弓下》："晋献文子成室……张老曰：'美哉轮焉，美哉奂焉!歌于斯［此］，哭于斯，聚国族于斯。'"孔疏："此室可以祭祀歌乐，居丧哭泣，燕［通'宴'］聚国宾及会宗族。"国：国宾。族：宗族。聚国族：此用"节缩"辞格，谓宴集国宾，会见宗族。

② "北垞［chá］南陔［gāi］可无易地"：北垞：［唐］王维在陕西蓝田有辋川别业，北垞为其中二十景之一。对于这一品题系列，王维与诗友裴迪曾分别深情唱酬，结为《辋川集》，于是辋川二十景在中国诗史、园史上更为著名，参见下文曹元勋《园冶题词》注。王维《北垞》诗云："北垞湖水北，杂树映朱栏。逶迤南川水，明灭青林端。"阮《叙》仅撷此一景，用以代表辋川园林之美。《南陔》：《诗·小雅》篇名，六笙组诗之一，有目无诗。《诗序》云："《南陔》，孝子相戒以养也。"后世常用为称颂孝子之典。"北垞、南陔可无易地"，意谓可使咏赏园林和奉养双亲二者兼得，不需两地奔波。易地：变换地域。

③ "嗤彼云装烟驾者汗漫"：嗤［chī］：讥笑；嘲笑。《后汉书·樊宏传》："时人嗤之。"云装烟驾：出自魏晋游仙诗。［三国魏］曹操《气出倡》诗："仙道多驾烟乘云……遨游八极。"［南朝梁］江淹《杂体诗三十首［其二十八］·效谢庄郊游》："云装信解散，烟驾可辞金。"《文选》刘良注："云装，仙人以云霓为裳也。"李善注："烟驾，烟车也。"云装烟驾：泛指那些超然物外、遨游四方的人。汗漫：《淮南子·俶真训》："徒倚于汗漫之宇"。马宗霍注；"'徒倚'二字指人言，'汗漫'二字指宇言……是徒倚所以状人之行游，汗漫盖广大无涯涘之貌。"是状写人遨游于广大之宇，后人借"汗漫游"以形容漫游之远，《冶叙》中此句联系上句，意谓既能在家尽孝，又能乐享园林丘壑，不必出远门，故应嗤笑那些云装烟驾般远游的人，不能像自己那样两全其美。

无否人最质直（质直：质朴直率），**臆**（胸怀；心胸。［晋］陆机《演连珠》："抚臆论心。"亦通"意"。《韵会》："臆，通作意。"《史记·贾谊传》："请以臆对。"《汉书》作"意"，心意也）**绝**（极）**灵奇**（天赋的灵敏聪颖、卓越优异。［唐］高适《淇上酬薛三据兼寄郭少府微》："故交负灵奇"），**侬气客习**（指人与人之间的表面应酬，虚与委蛇的庸俗习气），**对之而尽**（尽：消失）。**所为诗画，甚如其人，宜乎元甫**（曹元甫）**深嗜**（深爱；酷爱）**之**。◎由赞《园冶》其书进而集中到赞计成其人，而以曹元甫"深嗜"作侧面烘托。

予（亦第一人称）**因**（于是）**剪蓬蒿**（剪除蓬草与蒿草，指整理荒地）**瓯脱**（瓯［ōu］脱，亦作"区脱"。《史记·匈奴列传》：东胡"与匈奴间，中有弃地，莫居"，"各居其边为瓯脱"。又《汉书·苏武传》："区脱捕得云中［金按：云中为地名］牲口"。王先谦补注引沈钦韩曰："区脱俗云边际，匈奴与汉连界，名谓之'区脱'。"意即双方均管辖不到的边境地区。后因称边界地区为"瓯脱"，《冶叙》此句指［在］园基的边缘地带剪除蓬蒿），**资**（出资［可包括物力、财力及人力］。［清］归庄《太仓顾氏宅记》："豪家大族日事于园亭花石之娱，而竭资力为之，不少恤"）**营**（营造）**拳勺①，读书鼓琴**（鼓琴：操琴）**其中。胜日，鸠杖板舆**（板舆：一作版舆，古代老人的一种代步工具。［晋］潘岳《闲居赋》："太夫人乃御版舆。"［宋］朱长文《乐圃记》："先大父与叔父或游焉，或学焉，每良辰美景，则奉板舆以观于此"），**仙仙**（翩翩地；轻快地，语出《诗·小雅·宾之初筵》："屡舞仙仙"）**于止**（止：指示代词，此）。**予则着五色衣②，歌《紫芝曲》③，进兕觥**（即进酒。兕［sì］：古代犀牛一类兽名。觥［gōng］：古代酒器，青铜制。兕觥：古时兽形酒器，盛行于商代和西周前期。《诗·周南·卷耳》："我姑酌彼兕觥"）**为寿**（为［之］祝寿），**忻然**（喜悦、愉快貌。忻同"欣"）**将**（奉养；供养）**终其身**（终其一生，直至天年）。◎用"示现"辞格，用笔栩栩欲活，令人如见其人，如临其境，既描述自己追求园林生活之"美"，又渲染自己事亲至孝行为之"善"，

---

① 拳勺：《中庸》："今夫山，一卷［通拳］石之多……今夫水，一勺之多……"后以指园林，用"借代"辞格，以部分（水、石）代全体（园林）。

② 金按——着五色衣，歌《紫芝曲》"，国图本阮大铖手书叙文无此"着"字，可能系漏书，故华钞本、隆盛本亦无，喜咏至陈注一版均无此字，陈注二版则增一动词"着"，从而与下文"歌《紫芝曲》"的"歌"字相对应，显得文气贯通，今据增。五色衣：即五色采衣。《艺文类聚》卷二十引《列女传》："老莱子孝养二亲，行年七十，婴儿自娱，着五色采衣。尝取浆上堂，跌仆，因卧地为小儿啼，或弄鸟鸟于亲侧。"后遂以"彩衣娱亲"为孝养父母之典。《列女传》中有"着"字。《初学记》卷十七："老莱子至孝，奉二亲，行年七十，婴儿自娱，著五采褕襴衣……"也有"着（著）"字。［唐］孟浩然《夕次蔡阳馆》："明朝拜家庆，须著老莱衣。"亦可证。

③《紫芝曲》：古歌名。相传秦末东园公、绮里季、夏黄公、甪里先生称"商山四皓"，为避乱世隐居而作歌曰："漠漠商洛，深谷威夷。晔晔紫芝，可以疗饥。皇农邈远，余将安归？驷马高盖，其忧甚大。富贵而畏人，不若贫贱而轻世。"见《乐府诗集·琴曲歌辞二》，题作《采芝操》。［晋］陶渊明《赠羊长史》："路若经商山，为我少踌躇。多谢绮与甪，精爽今合如……紫芝谁复采，深谷久应芜。"唐人作《紫芝曲》，亦称《紫芝歌》、《紫芝谣》，泛指隐逸避世之歌。［宋］郭熙《林泉高致》："《紫芝》之咏，皆不得已而长往者也。"此指隐逸避世于林泉。

显示自己具有儒家所推重的"美善相乐"（《荀子·乐论》）的品性，且与前文"北垞"、"南陔"二典遥相呼应。以上数段，赞美园林和颂扬计成交互进行，乃"笙箫夹鼓，琴瑟间钟"写法，颇有特色。

甚哉（［三国魏］曹操《步出夏门行》："幸甚至哉！歌以咏志。"阮大铖节用此前句以表欣喜之情）**！计子**（子，古代对人的尊称。计子，即计成）**之能乐吾志**（乐：使动用法。乐吾志：使吾志乐。又一个"乐"字，呼应前文）**也**[1]，**亦引满**（引：引取，专用于举饮满杯的酒。［晋］陶渊明《游斜川》："提壶接宾侣，引满更献酬。"［明］江盈科《后乐堂记》："引满浮白"）**以酬**（酬：动词，斟酒，此是"为动用法"，为之斟酒、敬酒，表酬答之意）**计子，于**（在）**歌馀月出**（暗用［宋］苏轼《前赤壁赋》典："举酒属客，诵明月之诗，歌窈窕之章，少焉，月出于东山之上……"歌馀：歌咏罢），**庭峰悄然时，以质**（质：就正；请评定）**元甫，元甫岂能已于言**（已于言：止于言。此句意谓我以这番话就正于曹元甫，曹怎能沉默不语呢）**？** ◎本段言简意足，抒情描写，双管齐下，并以"悄然"、"已于言"作结，取得了"此时无声胜有声"的效果。

崇祯甲戌（崇祯：明思宗朱由检年号。崇祯甲戌，即崇祯七年，公元1634年）**清和届期**（清和：原谓天气清明和暖。［南朝宋］谢灵运《游赤石进帆海》："首夏犹清和，芳草亦未歇。"［唐］白居易《初夏闲吟兼呈韦宾客》："孟夏清和月，东都闲散官。"后因以为农历四月的别称。清和届期，即届清和月之期。届：至；到达），**园列敷荣**（园内开着众多的花。［唐］张彦远《历代名画记·论画体》："草木敷荣，不待丹碌之采"），**好鸟如友**（［三国魏］曹植《公宴》诗："好鸟鸣高枝。"［南朝梁］吴均《与宋元思书》："好鸟相鸣，嘤嘤成韵"），**遂援笔**（援笔：执笔，谓写作。《三国志·魏书·陈思王植传》："［曹操］使各为赋，［曹］植援笔立就。"此指作《冶叙》）**其下。**

石巢（阮大铖，号石巢）**阮大铖**

◎交代作序之时、地、人，此段援笔写来如画

---

[1] "甚哉！计子之能乐吾志也"：此为古汉语一种修辞现象。杨树达先生在《汉文文言修辞学》"句的颠倒"中有《史记·鲁仲连传》一例："亦太甚矣！先生之言也。"（中华书局1980年版，第187页）这是出于表达情感的需要，将主语、谓语颠倒，亦即将谓语提前。陈望道《修辞学发凡》亦举此例，称为"倒装辞"，指出"大都用以加强语势，调和音节……"（《陈望道文集》第2卷，上海人民出版社1980年版，第453页）现再补一例，《论语·泰伯》："大哉！尧之为君也。"这体现了典型的"倒装"辞格。由于赞美、激动，把谓语提前予以强调，表达了强烈的感情。

园冶题词①

　　古人百艺（百艺：各种技艺。［明］张羽《题遵道墨竹歌》："江湖无人老成尽，百艺荒废今已矣。"［明］沈野《印谈》："凡百技艺，未有不静坐读书而能入室者"），**皆传之于书**（谓均通过著作将技艺传于后世），**独**（唯独）**无传**（不传）**造园**（造园这种技艺）**者**（者：代词，与前面动词或形容词等结成"者字结构"。此代原因）**何？曰："园有异宜②，无成法**（此句为全文的主要论点之一。成法：既定的法规；已成的法则。［南朝梁］沈约《恩幸传论》："因此相沿，遂为成法，自魏至晋，莫之能改"），**不可得而传也。"异宜奈何**（奈何：如何；怎么样）**？**◎题词开篇，用"设问"辞格引起下文大段议论，发人深思。"园有异宜，无成法"一句，起点高峻，论断精警。

---

① 金按——此篇标题，郑氏手书为《园冶题词》，1634 年内阁本尚无此篇，仅有《阮叙》；1635 年国图本始见此郑氏手书，标题"题词"前有"园冶"二字；华钞本亦有；隆盛本删去《冶叙》，只留《园冶题词》手书；1931 年喜咏本刻有此篇，但非手书，标题依然有"园冶"二字；自 1932 年营造本起，标题中"园冶"二字未之见，至城建、陈注一二版、《图文本》，均脱此二字，为尊重原作，特补。

② 园有异宜：园林各有其所合适的殊异情况。异宜，即所具有的不同的合适情况。《礼记·王制》："民生其间者……五味异和，器械异制，衣服异宜。"意谓"五方之民"，由于天地之大、山川之异，特别是地理环境的不同，生于其间的人、口味、器用、衣服等等都有其各异的合适情况，不可能强求一致。

简文之贵也，则华林①；季伦之富也，则金谷②；仲子之贫也，则止於陵片畦③——此（这［是］）人之有异宜，贵贱贫富，勿容倒置者也）。◎此以三个分句，排出人之或贵，或富，或贫，宜其各有不同的园，所选事例，极典型性。在此理由充足的前提下，进一步作归纳推理，得出人各有其不同的所宜情况而不容颠倒的论点。

若本无崇山、茂林之幽，而徒（徒：副词，徒然；平白地）假（动词，假借；假托）其曲水④；绝少"鹿柴""文杏"之胜，而冒（轻率；冒失地）托（托名；

---

① "简文之贵也，则华林"：简文：中国历史上有两个简文帝：一为［东晋］简文帝司马昱［yù］，一为［南朝梁］简文帝萧纲。而简文帝之所以在中国文学史、美学史、园林史上闻名，是由于《世说新语·言语》中一段描叙生动、意味隽永的记载："简文入华林园，顾谓左右曰：'会心处不必在远，翳然林水，便自有濠濮间想也，觉鸟兽禽鱼，自来亲人。'"这被人们推为晋人名言俊语的佳例；在美学界，将其援为移情审美心理现象的佳例；在园林史上，则不避重复地以"会心"、"会心处"、"濠濮间"、"濠濮间想"等作为园林景观的品题。笔者为了区别两个简文帝，曾在《中国园林美学》里征引此名言时用括号注道："（乃东晋简文帝司马昱，而非南朝梁简文帝萧纲——引者）"（中国建筑工业出版社2005年版，第400页），这并非无为而发，因为当时有些注本就错了，后来又有一些误注误译。兹将诸本的误注依次列后：一、不说陈注一版（1981年），就说陈注二版（1988年第1次印刷直至2012年第14次印刷），其注（1）："简文：南北朝时南朝梁·简文帝即元帝，武帝萧衍之子，名纲……"这是误注，把东晋的司马讹作南朝的萧梁。其注（2）："华林园：《世说新语·言语》：'梁简文帝入华林园顾左右曰……'"引文不但误衍"梁"、"帝"二字，"顾"字后又脱一"谓"字，而且尤与史实相左的是，《世说新语》写于南朝刘宋时，作者怎能预知以后会出现南朝的萧梁？文中又怎会出现下一朝代的简文帝萧纲？二、《园冶全释》（1993年第一版）注："简文：南北朝梁武帝萧衍之子，简文帝萧纲（503－551）之略……《世说新语·言语》：'梁·简文帝入华林园……'"引文不但也误衍"梁"、"帝"二字，而且注者没有思考：既然写了萧纲生卒年为503－551，而《世说新语》的作者刘义庆的生卒年却是403－444，较之梁简文帝早生了整整一百年，他绝不可能写到百年之后的事。《全释》译文："简文帝萧纲以帝王之贵，建造了华林园。"三、吉林文史出版社1998年版《园林说译注（原名〈园冶〉）》："简文：南北朝时梁简文帝，武帝萧衍之子，名纲……"四、同济大学出版社《图文本》（2005年第1版、2006年第2次印刷）注："简文：即南北朝时南朝·梁·简文帝萧纲（503－551）……南朝·宋·刘义庆《世说新语》卷上《言语》第二：'简文入华林园……'"其误与前两家相同，只是删去了他们误衍的"梁"、"帝"等字，而且注文明明已准确地写出了"南朝·宋·刘义庆《世说新语》卷上《言语》第二"，却未思考其所引内容的历史时间是否相符；也没有思考：任何作者，任何作品，只能写以前的历史，而不可能写以后的历史。五、化学工业出版社2009年版《园冶新解》："简文帝萧纲以帝王之尊贵，建造了华林园。"六、中华书局2011年版中华生活经典《园冶》注："简文：南北朝时南朝梁简文帝萧纲（503－551），是武帝萧衍之子……""华林：《世说新语·言语》：'梁简文入华林园……'"由此可窥见《园冶》注释研究家们的陈陈相因，以讹传讹，学风欠谨严，致使讹误延续了三十馀年，且有不断扩大的趋势。可喜可贵的是，《园冶图说》（2012年第2版第5次印刷）却准确地注道："简文：东晋简文帝司马昱"，这是笔者仅发现的唯一特例，值得推举，谨识于此。古训有云："文章切忌随人后。"其给人的启示是，治学贵独立思考，忌人云亦云。笔者愿与注释研究界共勉！其实，当时影响颇大的周维权先生的《中国古典园林史》（清华大学出版社1990年版）已触及这一问题，只需略加翻阅并作追索，即可避免此误。金按：华林园为三国吴建，系六朝著名宫苑。在南京鸡鸣山南古台城内，南朝续有扩建（参阅［清］赵翼《陔馀丛考·华林园有三处》，其他两处一在今洛阳东；一在今河北临漳西南古邺城北）。据此，不论是说在南朝甚或在东晋，注释华林园不能用"建造"二字，而只能说是扩建或修建，因为它在三国吴时就已存在。

② "季伦之富也，则金谷"：［西晋］石崇，字季伦，累迁至侍中，出为荆州刺史，以劫掠致财产无数，曾与王恺斗富。《晋书·石崇传》："财产丰积，室宇宏丽，后房百数，皆曳纨绣，珥金翠。"生活极为奢靡。晚年辞官后在洛阳郊野金谷涧筑庄园别庐。石崇作有《思归引》、《金谷诗序》等。

③ "仲子之贫也，则止於陵片畦"：仲子：即陈仲子，亦称田仲，战国齐著名思想家，信奉墨子"尚义"学说，志持高节，孟子尊其为"巨擘"，荀子将他列为十二子之一。出身世家大族，避兄离母，毅然出走，迁于於陵［wūlíng］（古县名，在今山东邹平东南），隐居不仕，亲自参加劳动，"不恃人而食"，守贫，世尊为廉士代表。《史记·鲁仲连邹阳列传》："於陵子仲子三公，为人灌园。"畦［qí，旧读 xí］：小片菜畦；田间按农作物划分的小区。

④ 句中"崇山"、"茂林"、"曲水"：典出［晋］王羲之《兰亭集序》："此地有崇山峻岭，茂林修竹，又有清流激湍，映带左右，引以为流觞曲水……"曲水：古代风俗，于农历三月上巳日就水滨宴饮，认为可被除不祥。《荆楚岁时记》："三月三日，士民并出江渚池沼间，为流杯曲水之饮。"后人因引水环曲成渠，流觞取饮，相与为乐，称为"曲水"。兰亭此景对后世园林影响极大，"曲水流觞"今仍为浙江绍兴兰亭的著名景点。

假借）于"辋川"①，不如（不就像）嫫母（传说中黄帝之妻，貌极丑，后为丑女代称。[唐]朱景玄《唐朝名画录序》："嫫母不能易其丑"）傅粉涂朱（搽粉抹红。《颜氏家训·勉学》："梁朝全盛之时，贵游子弟……无不薰衣剃面，傅粉施朱。"傅：通敷。朱：胭脂。郑《题词》中指女性化妆）只益（增添）之陋（丑陋）乎？——此又地有异宜，所当（当：应当）审（仔细思考；慎重分析、推究）者。◎继上段论"人"各有其不同的所宜情况，通过假设进行类比推理，得出"地"各有其不同所宜情况的论点。

是（句首发语词）惟（只有）主人胸有丘壑（胸有丘壑：胸中储有丰富变幻、融会贯通的山水意匠，一般用于画家或造园家。[宋]黄庭坚《题子瞻枯木》："胸中元[原]自有丘壑。"[清]张潮《幽梦影》云："有地上之山水，有画上之山水，有梦中之山水，有胸中之山水。地上者，妙在丘壑深邃；画上者，妙在笔墨淋漓；梦中者，妙在景象变幻；胸中者，妙在位置自如。"概括精到，允称妙语如珠），则工丽（工致精丽；精工巧饰。[明]郑岳《上清宫修造》："土木极工丽，辉煌耀金碧"）可，简率（简易粗率；简单粗略。《旧唐书·李怀远传》："虽久居荣位，而弥尚简率。园林宅室，无所改作"）亦可；否则强（强[qiǎng]：勉强）为造作，仅一（一概）委（委托）之工师（工师：古职官名。上受司空领导，下为百工之长，专掌营建工程和管理百工等事。此泛指工头）、陶氏（泥瓦工匠），水不得漾带之情②，山不领（领：引领；带起。[清]毛奇龄《竞山乐录》："如宫调以宫声领之，商调以商声领之"）回接之势，草与木不适掩映（[清]郑绩《梦幻居画学简明》："树虽一林，此中掩映不尽"）之容（容：状貌风采。此三句为鼎足排比，写得颇有气势），安能（怎么能）日涉成趣（每天涉足游历，成为一种情趣。[晋]陶潜《归去来兮辞》："园日涉以成趣"）哉（◎此层承上进一步推论，突出胸有丘壑的主人的重要，然后通过排比以"反诘"辞格作结）？所苦（苦：意为苦恼；遗憾）者，主人有丘壑（胸中已有丘壑）矣，而意不能喻（喻：喻晓；使人明白。《玉篇》："喻，晓也。"《论语·里仁》："君子喻于义"）之（指代主人的意匠）工（工头、工匠），工人能守（能恪守成法。[清]李斗《扬州画舫录·工段营造录》："工匠守成法"）不能创（创：创新；创造），拘牵（拘泥；受牵制于。[清]郑观应《盛世危言·治河》："拘牵文法，未能深思远虑"）绳墨（原指木工用墨绳画直线的工

① "鹿柴"、"文杏"：与"北垞"皆为[唐]王维辋川别业二十景之一。王维《辋川集序》写道："余别业在辋川山谷，其游止有孟城坳、华子冈、文杏馆、斤竹岭、鹿柴、木兰柴、茱萸沜、宫槐陌、临湖亭、南垞、欹湖、柳浪、栾家濑、金屑泉、白石滩、北垞、竹里馆、辛夷坞、漆园、椒园等，与裴迪闲暇各赋绝句云尔。"参见金学智《论王维辋川别业的园林特色》，《王维研究》第2辑，三秦出版社2006年版，第239－254页。又见金学智《风景园林品题美学——品题系列的研究、鉴赏与设计》，中国建筑工业出版社2011年版，第89－90页。

② 关于以下水、山、草木三句：郑元勋为极有修养的画家，此三句融贯了传统画论语言。[明]唐志契《绘事微言·山水性情》："凡画山水，最要得山水性情。得其性情，山便得环抱起伏之势……水便得涛浪潆洄之势……岂独山水，虽一草一木亦莫不有性情。"还可参明末清初吴伟业的《张南垣传》：张"少好画，好写人物，兼通山水，遂以其意叠石……君为此技既久，土石草木咸能识其性情……"

具，此喻既定的、无创意的陈规、规则。《荀子·儒效》："设规矩，陈绳墨，便备用，君子不如工人"）**以屈主人**（屈：使动用法，使……屈从。屈主人：使主人屈从），**不得不尽贬其丘壑以徇**（此句意谓：不得不全盘放弃胸中原有的山水园林意匠而曲从工人。贬：减低；降低。徇［xún］：顺从；依从。《左传·文公十一年》杜预注："徇，顺也。"［宋］苏籀《栾城遗言》："若用心专模仿一人，舍己徇人，未必贵也"），**岂不大**①**可惜乎**（◎此层言主人胸有丘壑，但苦于工人墨守成规，不理解，无创意，于是只能降格依从，殊为可惜。此从反面论证，为下文作铺垫，从而突出计成的"从心不从法"，并善于指挥实践，赢得成功）**？此计无否之变化，从心不从法**（不拘守成规。见本书第124-129页），**为**（是）**不可及**（是常人所不可及。及：比得上。《战国策·齐策》："君美甚，徐公何能及君也"）**；而**（连词，提出更为突出的事例来衬托，有"而况"之意）**更能指挥运斤**（运斤：挥动斧头砍削，喻手法熟练，技艺高超神妙，典出《庄子·徐无鬼》。［金］元好问《王黄华墨竹》："运斤成风刃发硎"），**使顽者巧**（使冥顽的变得灵巧，主要指山石）**、滞者通**（使滞涩的变得通畅，主要指水流），**尤足快**（快：令人感到畅快；舒畅）**也。**◎通过议论、排比、反诘等，说明主人胸有丘壑而不会动手，只能屈从于工人之苦，从而以"反衬"辞格凸显计成的"从心不从法"、"能指挥运斤"……此段颇长，却写得跌宕起伏，层层推进，行文开阖有致。

予与无否交最久，常以剩水残山②**，不足穷**（尽）**其底蕴**（心底隐藏的识见。《新唐书·魏徵传》："内展尽底蕴无所隐"），**妄欲**（妄：虚妄；不实。妄欲：不切实际地想要。◎金按：必须指出，这里的"妄欲"不是贬义词，而是褒义词；不是不切实际的痴心妄想，而是在长期造园实践基础上合理地产生并希望能逐步实现的美的理想，它是建立在历史通向未来之现实过程中的。计成自述"妄欲"云云，这是谦词的表达；郑元勋转述计成"妄欲"云云，实乃盛赞其远大理想，或者说，是为了引出以下一段惊天地、泣鬼神的"愿景"描述，这借用今天的话语说，是"筑梦"。尽管此梦想在当时社会条件不可能实现，但它绝不是妄想，因为它在一定程度上体现一种"合规律性"和"合目的性"）**罗**（罗致；搜罗。［唐］韩愈《送温处士赴河阳序》："罗而致之幕下"）**十岳**（泛指众多名山。［清］钱大昕《虎阜志序》："虎阜之在吴中，部娄［小山丘］尔，而名重海内，几与九山十岳等［等同］"）**为一区，驱**（驱遣；驱使）**五丁**（古代神话传说中的五个力士。典出《水经注·沔水》："秦惠王欲伐蜀而不

---

① "大"：通"太"。江沅《说文释例》："古只作'大'，不作'太'……《易》之'大极'，《春秋》之'大子'，'大上'……后人皆读为'太'，或径改本书，作'太'。"可参。

② 常以剩水残山，不足穷其底蕴：剩水残山，即残剩破碎的山河，多指亡国或经过变乱后的土地。［明］王璲《题赵仲穆画》："南朝无限伤心事，都在残山剩水中。"诗句借南朝的半壁江山抒写伤感之情。再如在南宋院画中形成善绘"边角之景"的马、夏画派，马远被称为"马一角"、夏圭被称为"夏半边"，其画不自觉地反映了当时山河残缺的现实。计成与郑元勋结交时，离明王朝覆亡不远。当时内外矛盾尖锐，政局混乱，社会动荡，"惟闻时事纷纷"，于是油然而生山河破碎之感。所以郑说他"常以剩水残山，不足穷其底蕴"云。

知道……蜀王负力，令五丁引之成道。"[唐]白居易《奉和思黯相公以李苏州所寄太湖石奇状绝伦因题二十韵见示兼呈梦得》："入洛五丁推"）**为众役，悉**（尽；全）**致**（送达；送来。《荀子·解蔽》："远方莫不致其珍"）**琪华瑶草**（仙界的花草。[唐]王毂《梦仙谣》："前程渐觉风光好，琪花片片粘瑶草"）**、古木仙禽，供其**（其：指计成）**点缀，使大地焕然改观，是亦快**（快：痛快；畅快。[战国楚]宋玉《风赋》："快哉此风"）**事，恨无此大主人耳**（对"大主人"之句，陈注本译为"遗憾的是缺少这样大魄力的主人"，尚未离原意。《园冶全释》却注道："指有大财力、大气魄建造大规模的园林主人。这是郑元勋的夸张的想象，以誉计成造园的超凡能力。"前句消解了"妄欲"的理想性，极大地缩小了此语的社会历史意义；后句更把计成宏伟的理想释作郑元勋的"想象"，仅为了赞誉计成造园能力而无中生有"想"出来的，这可谓走进了误区。而《图文本》在此误区陷得更深，说："大主人：指财力大、气魄大，能造大园林的主人。这儿郑元勋一面自谦实力有限，无力大规模造园，一面赞扬计成造园技术之高超，希望有'大主人'提供造大园的机会，让计成充分施展才华。"至此，主题被曲解，计成合规律的崇高理想美——"鸿鹄之志"，被贬为想造大园而没机会——燕雀之心。然而事实是，计成《自序》说："别有小筑，片山斗室，予胸中所蕴奇，亦觉发抒略尽，益复自喜。"《相地·江湖地》说："略成小筑，足征大观也。"可见，他并未斤斤于想造所谓"大园"。其实，"大主人"是他所期盼出现的贤主明君，能"使大地焕然改观"，这才是计成的胸襟！尽管在当时是不可能的，这是计成的悲剧，也是时代社会的悲剧）**！** ◎作者以知音密友的身份，透露出计成欲"使大地焕然改观"这一难能可贵的宏伟美学理想，为全文最大亮点。它含义深远，内蕴丰富，闪耀着异彩，见本书第103 - 105页。郑氏转述之语，从文章学、修辞学看，可谓千锤百炼，铿锵有力，壮语而有韵，体现出崇高的风格美，为全文之高潮。

然则（既然如此，那么）**无否能大而不能小乎？是又不然**（◎笔锋一转，点出计成又善营造小园，以现身说法写其成功地为自己造"影园"。郑氏运笔，可谓左右逢源）**。所谓地与人俱**（俱：均；都。[宋]范仲淹《岳阳楼记》："百废俱兴"）**有异宜**（◎呼应上论"园有异宜，无成法"），**善于用因，莫无否若也**（◎呼应前文地与人俱有不同情况，而计成却能因地制宜、因人制宜，最善于利用条件。莫无否若，否定句动宾倒置，即莫若无否，[在这方面]没有人比得上计成）**。即予卜筑**（卜筑：选址筑屋造园，不一定有占卜行为。[明]祁彪佳《寓山注》："卜筑之初，仅三、五楹而止"）**城南，芦汀柳岸之间，仅广十笏**①，**经无否略为区画**（亦作"区划"，即规划。[宋]叶梦得《避暑录话》："自

---

① 十笏：形容地小。笏[hù]：古代大臣上朝时所持手板，长约一尺。《法苑珠林·感通篇·圣迹部第二》："因向印度过净名宅，以笏量基（地基），止有十笏，故号方丈之室也。"[明]嘉靖年间刑部郎中胡邦佐有故宅，名"十笏园"。[清]郑板桥《竹石》："十笏茅斋，一方天井，修竹数竿……"

为区画"），**别现**①**灵幽**（灵幽：灵秀幽深之境）。**予自负**（自恃；自许。《史记·李将军列传》："才气天下无双，自负其能"）**少解**（稍微懂得）**结构**（造园建筑的构造布局、设计规划），**质之无否**（与计成相比较），**愧如拙**（《说文》："拙，不巧也"）**鸠**（意谓惭愧得感到自己犹如笨拙的鸠鸟）。◎赞美计成的艺术创造，既能大，又能小，尤能因地、因人制宜，并以其为自己所造小中见幽之园为证。接着再用"反衬"辞格，"寓主意于客位"（[清]刘熙载《艺概·文概》），以己之"拙"，为下文赞计成之"智巧"伏笔。

　　宇内（即天下）**不少名流韵士**（韵士：风雅文士），**小筑卧游**②，**何可不问途**（问途：询问路径，引申为求教；请教）**无否？但恐**（此处省一"其"字）**未能分身四应**（四面应付），**庶几**（或许可以；表希望推测。《孟子·公孙丑下》："王庶几改之，予日望之"）**以《园冶》一编**（编：串联竹简的皮筋或绳。《汉书·儒林传》："[孔子]盖晚而好《易》，读之韦编三绝"。后世谓一部书或书的一部分为一编。《梁书·庾诜传》："诵《法华经》，每日一编"）**代之**（之：指代分身四应）。**然予终**（终究）**恨**（恨：遗憾；遗憾于。《荀子·成相》："不知戒，后必有恨"）**无否之智巧**（智巧：才智巧思。[元]危素《师子林菩提正宗寺记》："其位置虽出天成，其经营实由智巧"）**不可传，而所传者只其成法，犹之乎**（等于说；犹如；如同）**未传也**（◎呼应全文开端"古人百艺，皆传之于书，独无传造园者何"之问）。**但变而通**（《易·繫辞下》："穷则变，变则通，通则久"），**通已有其本**（要变通已有了依据、文本），**则无传**（无传：指计成智巧灵气之不传）**终**（终：终究）**不如有传**（有传：指《园冶》这类"成法"之有传、可传）**之足**（能够；值得）**述**（依照、遵循。《后汉书·光武帝纪》："景帝能述遵孝道"），**今日之"国能"**（《庄子·秋水》："未得国能"。成玄英疏："未得赵国之能"。后衍申为著称于一国之能。[唐]韦贯之《南平郡王高崇文神道碑》："术穷秘要，艺擅国能"）**"即他日**（以后；未来）**之"规矩"**（《孟子·离娄上》："离娄之明，公输子之巧，不以规矩，不能成方圆。"此指供效法的典则；规范；准则），**安知不与《考工记》**（先秦古籍中重要的科技工艺著作，作者不详。西汉时由于《周礼》缺《冬官》，将其补入，称《周礼·考工记》。该书主要记述百工之事，内容丰富，是研究中国古代科技工艺的重要文献）**并为**（并列而成为）**脍炙**（比喻美好的诗文或事物为人所称赞。[清]王夫之《薑斋诗话》："滕王阁连甍市廛，徒以王勃一序，脍炙古今"）**乎？**

---

① 金按——"别现灵幽"的"现"，隆盛本郑氏手书《园冶题词》即为"现"，自喜咏本至《图文本》亦同。仅陈注一版作"其"，《疑义举析》指出其误，第二版已改。

② 卧游：原指以欣赏山水画来代替外出至远方游山玩水。《南史·宗炳传》："好山水，爱远游。西陟荆巫，南登衡岳，因而结宅衡山……有疾还江陵，叹曰：'名山恐难遍睹，唯当澄怀观道，卧以游之。'凡所游履，皆图之于室，谓之'抚琴动操，欲令众山皆响'"郑元勋《影园自记》亦云："临古人名迹当卧游可乎？"同时经引申，也借指以造园当卧游，即足不出户，得以在咫尺山林的园林里游赏。[明]陈继儒《许秘书园记（亦作〈梅花墅记〉）》："葺园城市，以代卧游"。郑元勋《园冶题词》中的"小筑卧游"，指建园林小筑以卧游。

◎先以"迁肠拗笔法"，反复论述计成的智巧不可传，而《园冶》尚可传，从而誉之为今日之"国能"、他日之"规矩"。全段论证严密，用语极有分寸，又有理论深度，且时时处处注意前后呼应，而全篇则可谓细针密线，既丝丝入扣，又层层深入，逻辑颇为谨严。

崇祯（明思宗朱由检年号）**乙亥**（崇祯八年，公元1635年）**午月**（古人通常以冬至所在的农历十一月配子，称为建子之月，由此类推，岁首正月为建寅之月，简称寅月，五月则称为午月）**朔**（农历每月初一），**友弟郑元勋书于影园。**◎交代作序之时、地、人。

自　序

　　不佞①（不佞［nìng］：为自我谦称）**少**（少［shào］：年轻）**以绘名**（以绘画闻名），**性好**（性好［hào］：本性喜爱）**搜奇**（游观搜寻奇山异水②），**最喜关仝、荆浩**（均为五代著名山水画家，见本书第6－9、695－696页）**笔意**（指绘画的意趣、气韵、风格等。［元］汤垕《画鉴》："王右丞维工人物山水，笔意清润"），**每**（每每；常常。《三国志·蜀书·诸葛亮传》："每自比于管仲、乐毅"）**宗**（动词，尊重；推尊而效法之。［宋］赵彦卫《云麓漫钞》卷十："夫列御寇之书与《庄子》皆宗老氏［金按：即'老子'］"）**之。游燕**（河北一带）**及楚**（湖北、湖南一带），**中岁**（中年，古代一般指四十岁左右年龄。［唐］王维《终南别业》："中岁颇好道，晚家南山陲"）**归吴**（吴：苏州、无锡、常州为中心的江南一带，也包括镇江等地③），**择居**（选择定居）**润州**（今江苏省镇江市。古称京口，隋唐为润州治，宋及明清为润州府治）。◎开端叙写自己的兴趣爱好以及"中岁归吴"之前的游历。

　　环（环绕着）**润**（润州），**皆佳山水。润之好事者**（好事者：酷好某一事的人。《孟子·万章上》："好事者为之也"），**取石巧者**（石中之奇巧的）**置竹木间为假山，予偶**（偶尔）**观之**（之：指代好事者所叠假山），**为发**（为之而发。为：介词，其后省"之"字）**一笑。或问曰："何笑？"予曰："世所**（可）**闻'有真斯**（乃；才）**有假'**（此句中的"真"、"假"，是指真山与假山；同时又是中国美学的一对范畴，并下句见本书第94－102页），**胡**（为什么；怎么。［晋］陶渊明《归去来兮辞》："田园将芜，胡不归？"）**不**

---

① 佞：有才能。《左传·成公十三年》："寡人不佞。"孔颖达疏："服虔云：佞，才也。不才者，自谦之辞也。"另见［宋］吴曾《能改斋漫录》卷五"不佞者不才也"条。常用于自序的开端以示谦意。［唐］殷璠《河岳英灵集序》："璠虽不佞，窃尝好事……"原本《园冶自序》中"不佞"二字，用小号字排，且略偏右，以示谦意，格式规范到位。国图、隆盛本亦然。

② 性好搜奇，是山水画家的基本习性。［明］董其昌云："不行万里路，不读万卷书，欲作画祖，其可得乎？"（《画禅室随笔·画源》）于是，"读万卷书，行万里路"成了画家们的座右铭。行万里路主要目的即"搜奇"，［清］大画家石涛有"搜尽奇峰打草稿"（《苦瓜和尚画语录·山川》）的名言，正是"搜奇"最准确、最精彩的表达。陈注本译作"性好探索奇异"，似不甚精确，未点出山水，亦未联系其职业。

③ 吴：是一个在历史上不断流变的概念，其辖境也时大时小。春秋时镇江地区就属吴。沿革辨析，见范培松、金学智主编主撰《插图本苏州文学通史》第一册，江苏教育出版社2004年版，第5－7页。

假（借助于）**真山形**（假真山形：借助于真山的形态）**，而假迎勾芒者之拳磊**[①]**乎？"或曰："君**（第二人称代词，敬称）**能之**（之：指代掇山一事）**乎？"遂偶**（偶：辅助；协同；配合）**为成**（成：完整的）**"壁"**（即《园冶·掇山·峭壁山》中"靠壁理"的"峭壁山"。此句见本书第277-281页）**。睹观者俱称**（称[chēng]：称道；称赞。[三国蜀]诸葛亮《出师表》："先帝称之曰能"）：**"俨然**（宛然，好像真的。《牡丹亭·惊梦》："是那处曾相见，相看俨然"）**佳山也！"遂播闻**（播闻：传播名声。闻：名声；名望；声望。《增字通》："闻，声誉曰闻。"《书·微子之命》："旧有令[金按：令：善；美好]闻。"孔传："久有善誉"）**于远近**。◎叙写自己在镇江以成功地叠山播闻于远近，特别是亮出了自己"有真为假"的美学观，这是计成造园生涯之始。全段详略取舍，得体合宜，略写壁山的叠掇，而详写双方的对话场面，写得须眉生动，情态传神，好事者如在目前，给人以一种"在场"感。

适（适逢）**晋陵**（今江苏省常州市）**方伯**（职官名，敬称）**吴又于**[②]**公**（对尊长或平辈的敬称，多用于第二人称）**闻**（闻其名）**而招**（招：打手势请人来。《楚辞·招魂序》王逸注："招者，召也。以手曰招；以言曰召。"招、召同源字）**之**（代词，第三人称，但也可灵活运用为自称。此为自称）**。公得基**（造园基地）**于城东，乃**（副词，表肯定，相当于"就[是]"。此处"乃"后省一"是"字）**元朝温相故园**[③]**，仅十五亩。公示**（示：告知；告诉。《玉篇》："示者，语也。以事告人曰示也。"《战国策·秦策二》："扁鹊见秦武王，武王示之病"）**予曰："斯**（代词，表近指，这。陈注二版译作"其中"，不确）**十亩为宅，馀五亩可效**（效：仿效）**司马温公'独乐'**（即独乐园。[宋]司马光封温国公，后人尊称'温公'，曾在洛阳筑独乐园，并撰有《独乐园记》）**制**[④]**。"予观其基形**（基形：园

[①] 拳磊：磊拳石的风俗。拳石，即小石块。[宋]陆游《老学庵笔记》卷七："剑门关皆石无寸土，潼关皆土无拳石。""寸"与"拳"互为对文，可见其小。这种"拳磊"似的假山，是不会有任何艺术性的。

[②] 金按——"吴又于"的"于"，内阁原本及其他各本均作"予"。《疑义举析》指出："吴元本名吴玄，字又于……康熙《常州府志》记'吴元字又于'，'吴亮字采于'，'吴奕字世于'，吴元即吴玄，康熙志将'玄'写作'元'，系避讳所改。吴玄兄弟辈单名皆用'一'字头，双字都用一个'于'。"此考证极是。陈注二版据改。本书亦作"吴又于"。

[③] "元朝温相故园"：陈注一、二版注道："温相：元代温国罕达，蒙古族，曾任集庆军节度使。"笔者检遍《元史》，未见"温相"踪影，而原本及所有版本亦均一律作"元朝温相故园"。由此生疑，此语所根据的传说可能不实。笔者又上溯辽、金两朝，于《金史》列传第四十二，发现有温迪罕达其人。该《传》云，温迪罕达，字子达，本名谋古鲁，盖州（辽时为辰州，金明昌六年改名盖州[今辽宁省盖州市]）按春猛安（女真族在氏族社会末期的部落联盟组织之一）人。可见并非蒙古人，而是温迪罕部人。陈注本"迪"字还误作"国"，其实，应作"金朝温迪罕达"。不过，注文也有符合史实处，温迪罕达后来确实累迁为"集庆军节度使"。本传又云其任上因失察误奏，羞愧而死。至于《园冶》其他注本，亦均从计成误语和陈本误释，一律作"元代（朝）温国罕达……"这不能不发人深思有关治学问题。应该说，第一个注本难度最大，已极不易，有错难免，隔了若干年，后人在此基础上应有所发现，有所勘正，而不应仍然以讹传讹，人云亦云。

[④] "仅十五亩，公示予曰：'斯十亩为宅，馀五亩可效温公"独乐"制'。"此吴又于语亦疑有误。温公独乐园并不合于这一规制，因其《独乐园记》所言："熙宁四年，迂叟始家洛。六年，买田二十亩于尊贤坊北关，以为园。"倒是[唐]白居易履道里家园与此规制相近，其《池上篇》："十亩之宅，五亩之园……"此诗此句颇有名，在中国园林史上广为流传，现并识于此。又："效司马温公'独乐'制（名词）"之句，用了"节缩"辞格，"制"字后省了"而制（动词）"二字，可参《屋宇》中"前后依制"句式。

基的地形）**最**（最：尤其）**高，而**①**穷**（动词，穷尽；探究到尽头。[晋]陶渊明《桃花源记》："复前行，欲穷其林"）**其源最深，乔木**（树干高大，主干与分枝区别明显的木本植物，如松、柏、槐等。与低矮灌木相对。[明]李东阳《成国公[园]槐树歌》："东平王家足乔木，中有老树寒逾绿。拔地能穿十丈云，盘空却荫三重屋"）**参天**（参[cān]天：谓高出空际。[唐]杜甫《古柏行》："黛色参天二千尺。"[宋]苏轼《李思训画长江绝岛图》："惟有乔木参天长"），**虬枝**（像虬[qiú]龙一样蜷曲的树枝）**拂地**（以上数句，为相地踏勘时所思，以下为对吴又于所言）。**予曰："此制不第宜掇石而高，且宜搜土而下，令**②**乔木参差**（参差：不齐貌。[唐]孟郊《旅行》："野梅参差发"。形容词用作动词，参差于）**山腰，蟠根嵌石**（[唐]白居易《游悟真寺》："根株抱石长，屈曲虫蛇蟠。"[唐]元结《宿尊诗[在道州]》："盘根满石上，皆作龙蛇形。"蟠：盘曲地伏着），**宛若画意；依水而上，构亭台错落**（错落：动词。不规则地[置列]于，此指亭台与池面、池岸线的参差错落，见本书第313－315页）**池面，篆壑**（弯曲的沟壑。篆：如篆书线条之屈曲）**飞廊**（见本书第220－222页），**想出意外**（创造性的想象出于人们意料之外）。"**落成**（落：古代宫室筑成时的祭礼。《诗·小雅·斯干序》："宣王于是筑宫庙群寝，既成而衅之，歌《斯干》之诗以落之。"后因称建筑工程告竣为"落成"），**公喜曰："从进而出，计步仅四百**③，**自得谓**（谓：说；认为；以为。[唐]王维《桃源行》："自谓经过旧不迷"）**江南之胜**（胜：佳境；美景），**惟吾**（吾：亦为第一人称代词）**独收矣。"**◎本段言为吴又予园相地策划，详写，具体生动。最后以吴的赞誉点出造园赢得了巨大成功。

　　别有小筑（参见《园说》注），**片山**（绘画用语，形容山石小、少而妙。[元]高克恭《夜山图》："一片江山果奇绝"）**斗室**（如斗之室，谓极小之室。[明]张岱《赠莲池大师柱对》："栖真（坐禅修炼）斗室，老僧半间云半间。"[清]蒋恭棐《逸园记》："旁有斗室，曰'宜奥'"），**予胸中所蕴奇**（胸中所蕴蓄的绝妙创意，所积累的奇思佳构），**亦觉发抒略尽，益**（更加）**复自喜。**◎此言以小筑发抒胸中所蕴，略写，为陪称。

---

① "而"：连词，表因果，相当于因而；所以。《经词衍释》："而，犹故也。"《晋语》：'阳人未狎君德，而未敢承命。''而'亦'故'义。"《说苑·修文》："情动于中，而形于声。"《礼记·乐记》此句"而"作"故"。联系《自序》上、下句解读，意谓由于其"基形最高"，故而应"穷其源最深"。这既是因地制宜，又是造成反差，通过对比以创造艺术效果。

② 金按——"令乔木参差山腰"的"令"，内阁、国图、隆盛本均如此，华钞本已误作"合"。喜咏本至陈注一版亦因形近而误作"合"，《疑义举析》指出，"'合乔木'应为'令乔木'，原本作'令'字……'令'字之韵味妙极，误为'合'字，便索然无味矣。"陈注二版据改。

③ 金按——"计步仅四里"的"里"，原本以及国图、华钞、隆盛等本直至陈注一版均如此，《疑义举析》指出，"五亩之园，从进而出，计步不可能有四里……'四里'或当为'四百'之误。"此推断甚是，陈注二版据改。笔者再补理由：一、四里不算短，不可能用"仅"字；二、在句中，"步"、"里"均为量词，犯重，二者只能留一，可见"里"为误刻，如作"计步仅四百"，即无此两种语病。且古代往往爱以"步"计算。[清]李斗《扬州画舫录·新城北录中》："以今考之，今天宁寺距拱宸门数武，门内为天宁街，长三百馀步。法云寺后址居北柳巷之半，其半二百馀步，合而计之，纵不过二百馀步……"此类记载甚多，不具录。北周庾信的《小园赋》，极言园地之小，亦云"纵横数十步"，以"步"为计数单位。

时汪士衡中翰（中翰：内阁中书，职官名）**延**（邀请）**予銮江**（今江苏仪征）**西筑**（筑：造园），**似为合志，与又于**（即吴又于）**公所构，并驰**（驰誉）**南北江焉。**◎言为汪士衡造园，亦略写，同时点出自己以成功地营建吴、汪两大名园而驰誉大江南北。以上三段，一详、二略、三更略，是为层递减笔法，然而减笔不减意，意留于文外。

暇（馀暇时）**草**（形容词，草率；初步地。此为谦词，书面用语）**式**（名词动用，使动用法，使其规范化，即按照书籍一定的章节范式来编排）**所制**（"所制"为使动词"式"的宾语，即造园实践中积累而所绘制、撰写的图式、文稿），**名《园牧》尔**（语末助词，表判断决定之意。原作"爾"，《古书虚词集释》："《说文》；'尔，词之必然也。'爾与尔同。爾为词之必然也，为决定之词"）。**姑孰**（安徽当涂）**曹元甫先生游于兹**（兹，指示代词，这里），**主人偕**（共同；一起。《诗·邶风·击鼓》："与子偕老"）**予盘桓**（盘桓：逗留，此处有居住之意，不同于徘徊。《三国志·魏书·管宁传》："盘桓利居，高尚其事"）**信宿。先生称赞不已，以为荆、关之绘**（荆浩、关仝的绘画）**也，何能成于笔底？予遂出其**（其：指示代词，那；那个）**式**（此"式"为名词，作为"出"的宾语，此指经过规范化、包括图式在内的书稿）**视先生**（此句语法较特殊，意为"视〔于〕先生"。先生并非"视"的宾语，而是"于先生"作为介宾结构，充当谓语"视"的补语）。**先生曰："斯千古未闻见**（未闻见：既未听说，又未看到过）**者，何以云**（云：称为；称说是）**《牧》？斯乃君**（君：第二人称，敬称）**之开辟**（开创），**改之曰《冶》**（见本书第16－30页）**可矣。"**◎在逐段层累的基础上，瓜熟蒂落，水到渠成，写出《园牧》书稿最后改名为《园冶》的经过。从认识论的视角看，恰好是从实践上升为理论的过程。至此，《自序》圆满完成，写得言简意赅。神完气足。

时[1]**崇祯辛未**（明崇祯四年，1631年）**之秋杪**（杪［miǎo］：树木的末梢，引申为年、月、季节的末尾。［唐］白居易有《杪秋独夜》的诗题；［明］李攀龙有《杪秋登太华山绝顶》的诗题），**否道人暇**（暇：空馀；闲暇时）**于扈冶堂**（汪士衡寤园中的堂，其义详见本书第26－28页）**中题**（题：在作品上题署姓名或年月。《南史·陶潜传》："所著文章，皆题其年月"）。◎交代作序之时、地、人。

---

① 金按——"时崇祯辛未之秋杪"，原本以及国图、华钞、隆盛等本原均有"时"字，而喜咏本至陈注一版皆无。《疑义举析》指出，"'崇祯'之上脱一'时'字。原本有之，旧本（金按：指城建本）已脱。"陈注二版据增。

一、兴造论①

世之兴造（兴造：兴工建造。[唐]吴兢《贞观政要·俭约》："凡有兴造，必须贵顺物情"），专主（主：主张。《宋史·张浚传》："誓不与敌俱存，故终身不主和议"）鸠匠，独不闻"三分匠、七分主人"（工匠的作用占十分之三，"主人"的作用占十分之七）之谚乎？非主人（这不是指园林的主人）也，能主之人（而是指包括主持工程及其设计的造园家、建筑师）也，古（古代）公输巧，陆雲（西晋著名文学家，见本书第110-119页）精艺，其人岂（岂：难道[是]）执斧斤者（斤：斧的一种。《孟子·梁惠王上》："斧斤以时入山林。"执斧斤者：指操工具做活的匠人）哉？若匠惟（惟独）雕镂是巧，排架是精（"惟……是……"句式，见本书第652页），一梁一柱，定（固定；不变；定格）不可移（移：变更、改动），俗（世俗、社会上）以"无窍（无窍：不明悟；不开窍；无心计。《鬼谷子·符言》："心为九窍之治"）之人"呼之，其确（确切、符合实际）也（此为假设复句，意谓如果工匠惟独以雕镂、排架为巧、为精，认为一梁一柱定不可移，那么，称之为"无窍之人"是符合事实的）。◎初论园林兴造中最重要的"能主之人"，并推举输、雲为"能主之人"的杰出代表。

故凡造作（造作：制造，制作，这里指建造园林），必先相地立基，然后定其间进（"间"与"进"，均为计算房屋的基本单位），量其广狭，随曲合方（谓应随地基之曲而曲，方而方。《老子·二十五章》："道法自然。"王弼注："法自然者，在方而法方，在圆而法圆，与自然无所违也。"见本书第419-424页），是（这）在（在于。《荀子·劝学》："驽马十驾，功在不舍"）主者（造园建筑的"能主之人"）能妙于得体合宜（得体合宜，见本

---

① 《兴造论》：亦即"论兴造"，犹[宋]苏洵《六国论》，即论六国。此篇为全书总纲，故无分论。与下一篇《园说》相比，其论说偏于理性。朱有玠先生《园冶综论》指出："兴造论是《园冶》一书的首篇，这是一篇关于园林规划原则的总论。作者着重指出园林兴建的特性，是必须因地制宜，灵活布置，它的成败决定于规划指导思想。因此必须要有一个懂得功能要求，根据环境条件，精于'体宜因借'的人来主持规划设计。忽略这一点，将导致全局性的失败。虽有能工巧匠加以精雕细作，也无济于事。""因地制宜的规划原则，是我国山水园在创作上不采取轴线布置技法（整形[金按：即规整]式），而是采取丘壑布置技法（自然式）的理论根源之一。兴造论正是强调了这项原则的重要性。"（《岁月留痕——朱有玠文集》，中国建筑工业出版社2010年版，第7、8页）。关于《兴造论》逻辑论证的严密性，见本书第112页。

书第 424－426 页），**未可拘率**①。**假如基地偏缺**（偏缺：不正规、不整齐），**邻嵌**（指与周围邻居的建筑交互拼嵌）**何必欲求其齐**（齐：整齐端方。此句言应充分利用不规整的周边地形，不必"求其齐"。事实上，现存城市地私家园林的平面图，较多不同程度地具有"偏缺"、"邻嵌"的特点），**其屋架何必拘**（拘：限制；局限。拘泥于。《商君书·更法》："贤者更礼，而不肖者拘焉"）**三、五间**（［唐］白居易《香炉峰下新卜山居草堂初成偶题东壁五首［其一］》："五架三间新草堂"），**为**（做；造）**进**（进深）**多少？半间一广**（广［yǎn］），**自然雅称**②，**斯所谓"主人之七分"也**。◎再论相地立基及"得体合宜"的贯彻过程中"能主之人"的作用。

第（但是）**园筑**（园林建造。筑：动词，营造；建造）**之主**（主：主持［者］，即"能主之人"），**犹须什九**（还须占十分之九，此极言其作用之大。是对上文"七分主人"说的进一步补充），**而用匠什一**（工匠只起极小的作用，占十分之一，因为他们不可能参与设计），**何也？园林巧于因借，精在体宜，愈**（越；更加。副词，表程度加深。《小尔雅》："愈，益也。"［宋］王安石《游褒禅山记》："入之愈深，其进愈难，而其见愈奇"）**非匠作**（匠作：匠人）**可为，亦非主人**（园林的主人）**所能自主者**（所能自己作主的），**须求得人**（《论语·雍也》：'子游为武城宰。子曰："女［rǔ，汝］得人［这是"得"、"人"二字较早结合之一例］焉尔乎？"'得人：得到人才。须求得人：务须物色到称职的人选，指觅得"能主之人"），**当要节用**（同时应当节省用度。《论语·学而》："节用而爱人"［金按：《论语》强调"人"和"用"两个方面，《兴造论》亦然］。［清］李渔《闲情偶寄·居室部·房舍》："土木之事，最忌奢靡。匪特庶民之家，即王公大人，亦当以此为尚"）。◎进一步论园林兴造中"能主

<hr />

① 金按——"未可拘率"，原本及国图以来诸本均如此，喜咏本、《图文本》亦然，惟营造、城建本、陈注一版作"拘牵"，误。一版译文为："不可受到一些拘泥或牵制。"亦未尽其意（第二版注改，并译作："不可有所拘泥或草率从事"，其意较确而语较涩）。《疑义举析》早就指出："'拘牵'当为'拘率'之形误，原本作'率'……这两句的原意是说……既不可拘泥呆滞，又不可遽率胡来……"此析极是。按儒家"中庸之为德"（《论语·雍也》）的理念，"过犹不及"（《论语·先进》），"拘"和"率"均应力戒，应防止两种偏向或极端，由此可见《园冶》的思想和语均具有较精确的理论品格。还应一辨的是，《图文本》虽亦作"拘率"，但依然将其解释为"拘束、拘泥"，于是两字只剩一义。其实，另一个被丢弃的"率"字，就是"率尔"的"率"。《助词辨略》："率尔，犹云遽然。"率尔遽然，粗也，轻率也。［晋］陆机《文赋》："或操觚以率尔。"［清］顾施祯《昭明文选六臣汇注疏解》："率尔，轻遽貌。"就今天来说，人们仍说草率、轻率、粗率……此外，成语"率尔操觚"也含有"贸然"、"随便地"之意，此成语也还被用来形容写作不经意，缺少深思熟虑。鉴于此，拘、率二字作为具有对立性的词，宜分释为好。

② 自然雅称：自然很适宜、很相称。雅：副词，表程度，极；甚；很。《词诠》："表态副词，颇也，甚也。刘淇云：雅犹极也。"《后汉书·窦融纪》："及见，雅以为美。"《晋书·王羲之传》："扬州刺史殷浩素雅重之。"［元］彦修《近律一首奉致师子林》："闻道高人雅爱山"。称［chèn］：适合；相称；合宜。诸家对"雅"的译注均讹误。陈注一、二版："自然亦喻幽雅相称。"译"雅"为形容词"幽雅"，不确，并由此开了以后一些通识本误译之门，也一律译作"幽雅"。再看《园冶全释》注："雅称：雅：高尚；不俗。"又注："甚；很。"再译为："只要合宜就自然相称而雅致"这是由于不能准确把握"雅"的词性，故而摇摆不定，模棱两可。再看《图文本》："雅：正，甚。称：合宜相称。雅称：正合宜，甚相称。"这亦属误释，是取"雅"的"正"义，这是《毛诗序》的诠释："雅者，正（金按：形容词，合乎标准）也。"但"正合宜"的"正"，义为恰恰；恰好；刚好，而"雅"之"正"并无"恰"义。"恰"是语气副词，不是程度副词。"雅称"不能释作恰恰合宜，或刚好相称，而是甚合宜，很相称。可见，注书时对词性、词义应作必要的细致辨析。

之人"的重要作用，一篇之中，三致意焉。由此，自然而然地推导出造园"因借体宜"的完整纲领。

因者，随基势之高下，体形之端正①**，碍木删桠**（如有树木妨碍建造，可删削一些枝桠，与《相地》"斫数桠不妨封顶"同意。[汉]杨雄《方言》："江东谓树岐曰杈桠。"《玉篇》："桠，木桠杈"），**泉流石注，互相借资**（泉流、山石、互为因借，相与资取。见本书第413－414、683页）。**宜亭**（两个"亭"字和下句的两个"榭"字，均为名词动用，意为建亭、建榭）**斯亭，宜榭斯树，不妨偏径**（偏径：偏斜不正直之路。[北周]庾信《小园赋》："行欹斜兮得径"），**顿置婉转**（顿：顿然。置：设置。婉转：犹曲折。[清]吴骞《扶风传信录》："顿置曲折"），**斯谓**（这就是所谓）**"精而合宜"者也。借者，园虽别内外，得**（有）**景则无拘远近，晴峦耸秀，绀宇**（绀[gàn]宇：指代佛寺）**凌空；极目所至，俗**（凡俗、尘俗的景物）**则屏**（屏[bǐng]：动词，摒除；摒去。《战国策·秦策》："秦王屏左右"。《兴造论》中的"屏"，意为遮蔽；避开）**之，嘉**（美；善。《尔雅》："嘉，善也。"《说文》："嘉，美也。"[汉]张衡《西京赋》："嘉木树庭，芳草如积。"在《兴造论》中，"嘉"指美好的景物、景色）**则收之，不分町疃**（町疃[tīngtuǎn]：田舍旁空地。[南朝梁]沈约《郊居赋》："筑町疃之所交"），**尽为烟景**（烟景：云烟缭绕的景色，尤指江南烟雾迷蒙的春景。[唐]李白《春夜宴诸从弟桃李园序》："阳春召我以烟景"。《园冶》中此句可理解为：全都化作最富于吸引力的美景），**斯所谓"巧而得体"者也。**◎对"因"、"借"下定义，具体地阐述了真正的精、巧在于得"体"合"宜"。四字作为全书总纲，宜乎在作为总论的《兴造论》中开宗明义，郑重推出。

体宜因借，匪（匪[fěi]，《广雅》："匪、勿，非也。"《易·涣卦·六四》："匪夷所思"）**得其人**（其人：如公输般、陆云那样称职的"能主之人"），**兼之**（兼：动作行为同时涉及两个以上的方面。《说文》："兼，并也。"《资治通鉴》卷一百九十二："兼听则明，偏信则暗。"兼之：同时加之）**惜、费**（或惜或费）②，**则前工**（工：功；成绩；功劳）**并弃**（前功并弃：谓以前的努力全部白费。《史记·周本纪》："一举不得，前功尽弃"），**即**（即使）**有后起之**

---

① 金按——"随基势之高下，体形之端正"句中第一个"之"字，所有各本均无。陈注一版亦无此字，第二版则加注："各版均遗一'之'字，按明版本改为'随基势之高下'。"经查，内阁本、国图本等明版，此处并无"之"字。不过，从骈文的构成和此处的语势来看，增一"之"字是恰当的，因其由"随"字所领起两句中的"基势"与"体形（地形）"、"高下"与"端正"相互对应，可见上句确乎脱一"之"字，故据增。

② 兼之惜、费：陈注二版释作"再加妄自吝惜，当用不用"。《园冶全释》、《图文本》亦释作"舍不得费用"或"吝惜费用，舍不得花钱"。三家均仅举其一端，而弃其另一端。其实，"惜－费"和"拘－率"一样，均表现出对立的两义。兹分别诠释于下：惜：吝惜，舍不得。《史记·越王勾践世家》："非所惜吝。"费：用财多；耗费资财。《论语·尧曰》："君子惠而不费。"注释时应将"兼之惜、费"置于本章语境中来理解。上文已言"当要节用"，下文就不可能突然反对"舍不得费用"，使前后相悖。故此句应释作"再加之以或惜或费"，也就是当用而不用，过分惜用，或当省而不省，挥霍靡靡，这两种极端，均为兴造的大忌，会使前功尽弃。这是《园冶》在项目投资方面提出的应该把握的财务原则，它也和主持规划设计方面的"未可拘率"一样，指出了应注意"度"的把握，防止两种偏向。

输（公输般）、**雲**（陆雲），**何传于世？予亦恐浸**（渐渐。《易·遯卦·象辞》："浸而长也。"孔疏："浸者，渐进之名"）**失其源**（源：根源；源头；源流，指造园的"道"与"术"），**聊**（姑且；暂且。［宋］陆游《赠卖薪王翁》："厚絮布襦聊过冬"）**绘式于后，为好事者**（喜爱某一事的人；兴趣爱好相同的人，此含褒义）**公**（公开；共享）**焉**（兼词，于此）。◎结尾仍由四字总纲归纳到"能主之人"的极端重要性，并兼及输、雲，全文结构可谓主线贯穿，首尾圆合。顺带由"人"及"式"，说明将图式公开于书中的必要性。值得注意的是，《园冶》原名《园牧》，这个"牧"字，本兼有"式"、"主"二义。

二、园　说^①

　　凡结（结：建造、构筑。[晋]陶渊明《饮酒[其一]》："结庐在人境，而无车马喧"）**林园**（即园林。陶渊明《辛丑岁七月，赴假还江陵，夜行涂口》："诗书敦宿好，林园无俗情。"又：《答庞参军》："有客赏我趣，每每顾林园。""林园"一词最早出现于陶诗，计成在《园冶》中"林园"与"园林"往往穿插使用，使行文富于变化）**，无分村郭**（不分乡村、城市。郭：外城。《孟子·梁惠王上》："三里之城，七里之郭"）**。地偏**（[晋]陶渊明《饮酒[其一]》："问君何能尔，心远地自偏。"此指远离繁华喧嚣之偏僻之地）**为胜**（胜：良；佳妙），**开林**（开伐林木，不一定实指，言园林开基动工）**择**（有选择地）**剪**（砍伐；割刈。[唐]韩愈《记宜城驿》："有旧时高木万株，多不得其名，历代莫敢剪伐"）**蓬蒿**（蓬蒿：蓬草和蒿草，泛指草丛、草莽。[宋]王灼《送胡康老》："功成傥乞身，故园剪蓬蒿。"阮大铖《冶叙》"因剪蓬蒿瓯脱"）**；景到随机**（意谓随着基地景物不同情况的出现，而灵活机动地采取不同取景造园的方案。随机：有随机应变之意），**在涧共修**（修：修治）**兰芷**（兰芷：香草。《荀子·坐宥》："芷兰生于深林，不以无人而不芳。"[战国]屈原《离骚》："余既滋兰之九畹兮"，"杂杜衡与芳芷"）**。径**（园林的开径）**缘**（缘：因为；由于）**三益，业**（园林的创业）**拟**（类似；比拟。《荀子·不苟》："言己之光美，拟于舜、禹……非夸诞也。"《史记·管晏列传》："管仲富拟于公室"）**千秋**（千秋：千年，形容年代非常久远。《园冶·屋宇》："一鉴能为，千秋不朽。"此句意谓营造园林可比拟于千秋大业）。◎写选址与动工兴建。"径缘三益，业拟千秋"，此对仗工整的八字两句，意重如山，这已予文人私家园林定性。赞颂之情，溢于言表。字里行间，处处流露出深深的陶渊明情结。

　　围墙隐约（隐约：潜藏；隐蔽）**于萝**（萝：指薛萝等类爬蔓植物。[唐]刘长卿《使

---

① 《园说》：亦即"说园"，犹[唐]韩愈的《师说》，即"说师"。此亦为全书总纲，故无分论。与上一篇《兴造论》的理性论说相比，其审美描述则偏于感性。朱有玠《园冶综论》指出："园说篇是以下各章有关设计问题（除小部分施工、管理经验总结外）的总论。仅第十章"借景"则是呼应总论的结束语，所以也可以看做是总论的组成部分……'园说'一篇是企图通过文字的一般性举例，来阐述形象与意境的关系，引导造园者由形象思维走意境创作的道路，而不是毫无旨趣地造些房子、种些花木作形式的拼凑。"（《岁月留痕——朱有玠文集》，中国建筑工业出版社2010年版，第14、15页）

回次杨柳过元八所居》："薜萝诚可恋。"此多以指隐者居处）间，架屋蜿蜒（萦回屈曲貌；曲折延伸貌。［金］元好问《游龙山》："蜿蜒入微行"）于木末（即树梢。［唐］王维《辛夷坞》："木末芙蓉花，山中发红萼"）。山楼凭远（凭远：凭高以望远），纵目皆然（皆然：都很合宜）；竹坞（竹林茂盛的山坞。［宋］陈亮《品令·咏雪梅》："水村竹坞"。［宋］李成《山水诀》："野桥寂寂，遥通竹坞人家"）寻幽，醉心（使心醉；令人陶醉。《庄子·应帝王》："列子见之而心醉"）即是（就是这样）。轩（屋檐。［南朝梁］沈约《应王中丞思远咏月》："网轩映珠缀"。《文选》张铣注："轩，屋檐也"）楹（厅堂前部的柱子。《左传·庄公二十三年》："丹桓宫之楹"。［明］罗性《习静轩》："崇构百馀尺，开轩［金按：指'习静轩'，非指屋檐］面前楹"）高爽，窗户虚邻（虚邻：《图文本》释作"使邻成为虚设"，不确。虚邻即是"邻虚"；邻近或紧邻着虚空。◎此二句轩然峭秀，廓人胸怀，拓人眼界，体现了计成的虚灵美学观，其意蕴见本书第404－407页）；纳千顷（百亩为顷。千顷：极言面积之广大）之汪洋，收四时之烂熳（烂熳：亦作"烂缦"、"烂漫"，形容色彩鲜丽。［唐］韩愈《山石》："山红涧碧纷烂漫。"◎千顷四时、汪洋烂熳，囊括时空，气象阔大邈远，文美而韵健，的是从冶炉中炼出）。梧阴（阴：阴影）匝（匝［zā］：满、遍。［唐］沈佺期《寒食》："普天皆灭焰，匝地尽藏烟"）地（［明］陈继儒《小窗幽记·集韵》："楼前桐叶，散为一院清阴。"［清］张潮《幽梦影》"梧桐为植物中清品。"两家均以"清"品梧，计成对梧也情有独钟，多次提及，这也是《园冶》"清论"的微观成分），槐荫当庭（槐荫正对着庭院。［宋］曹组《蝶恋花》："满地槐阴，镂日如云影"）；插柳沿堤（堤宜栽柳。［唐］白居易《望湖楼》："柳堤行不厌，沙软絮霏霏。"［明］张岱《西湖梦影·玉延亭》有"高柳长堤"的名句），栽梅绕屋；结茅（指构筑简陋房舍。［南朝宋］鲍照《观圃人艺植》："结茅野中宿"）竹里（此为名词，用［唐］王维辋川别业"竹里馆"之典），浚（浚［jùn］：疏浚；疏通水源。《汉书·沟洫志》："随山浚川"）一派（犹一片。［金］元好问《自题写真［其二］》："一派春烟淡不收"）之长源；障（障［zhàng］：通"幛"，用来遮隔视线的画幅或屏风，［唐］杜甫有《奉先刘少府新画山水障歌》，仇兆鳌注："山水障，画山水于屏障也。"［清］赵昱《春草园小记·天目楼》："隔江诸峰，列如画障。"本文中的"障"，名词作意动用法，以……为障）锦山屏（此句"障锦"与上句"结茅"均为动宾结构，以锦为障；"锦"：喻如屏之山。"障"、"屏"重言），列千寻（古以八尺为一寻。"千寻"，极言其高、长）之耸翠（"列……"则是对"锦山屏"的补充性描写。两句意谓以"列千寻之耸翠"的山峰作为锦绣般的画障屏风。◎以上两句，情韵双绝，是佳境更是佳句）。虽由人作，宛（副词。好象；仿佛。《诗·秦风·蒹葭》："溯游从之，宛在水中央"）自天开（见本书第84－91页）。◎本段以宽广的视野，多方描述利用园内外种种条件所进行的艺术创造，无处不是意境。进而高屋建瓴，总结园史经验，概括出"虽由人作，宛自天开"的园林美学命题。八字精警凝炼，铮铮有声，借陆机《文赋》语说，是"立片言而居要，乃一篇之警策"。还应强调，这是全书的美学纲领。

刹宇（刹［chà，不读shā］：梵语"刹多罗"音译的省称，佛塔顶部的装饰，即相轮。刹宇，指代佛寺）**隐环窗**（隐约于圆窗之中），**仿佛片图小李**（片：即《自序》"片山斗室"之"片"，此指较小的画面。小李：即小李将军，著名山水画家，唐右武卫大将军、大画家李思训之子李昭道。两句意谓佛寺隐约于环窗之中，看出去好像是小李将军的一小幅青绿山水画），**岩峦堆劈石**（即"劈石堆岩峦"。劈石：即斧劈石，其纹理有似于斧劈皴画法。［明］陈继儒《论皴法》："李将军小斧劈皴，李唐大斧劈皴"），**参差**（此指高低起伏不齐的峰峦）**半壁**（半边；一面；一部分，均指山。［传·南朝梁］萧绎《山水松石格》："隐隐半壁"。《园说》中喻指掩映中露出如画的山景）**大痴**（［元］著名画家黄公望，号大痴道人，为"元四家"之首，代表作有《富春山居图》。此句意谓：劈石所堆岩峦，犹如黄公望所画参差起伏的远山）。**萧寺**（［唐］李肇《唐国史补》卷中："梁武帝造寺，令萧子云飞白大书'萧'字，至今一'萧'字存焉。"后因称佛寺为萧寺。［唐］李贺《马诗［其十九］》："萧寺驮经马，元从竺国来"）**可以卜邻**（卜：占卜。卜邻：选择邻居，但不一定有占卜行为），**梵音到耳**（两句意谓：可以选佛寺为邻，这是一种借景。这样，梵音就声声入耳。梵音：佛寺中的诵经声、钟磬声。《法华经·序品》："梵音深妙，令人乐闻"）；**远峰偏**（偏：最；特别）**宜借景，秀色堪餐**（餐：动词，吃。此句形容山色秀丽，可大饱眼福。［宋］王明清《挥麈后录》卷二引李质《艮岳赋》："森峨峨之太华，若秀色之可餐。"堪：《助字辨略》："李义山诗：'黄金堪作屋。'此堪字犹云可也"）。◎描述园林的美妙画意和远近借景，有声有色，使笔如画。

紫气（紫色云气，古代以为祥瑞之气，附会为帝王、圣人等出现的预兆。《史记·老子列传》："莫知其所终。"司马贞《索隐》引［汉］刘向《列仙传》："老子西游，关令尹喜望见有紫气浮关，而老子果乘青牛而过"）**青霞**（［宋］苏轼《以屏山赠欧阳叔弼》："每于红尘中，常起青霞志。"道教常以青霞隐喻神仙或仙境。紫气青霞，均渲染一种出世的气氛），**鹤声送来枕上**（［唐］白居易《题元八溪居》："声来枕上千年鹤"。诗句写出了园与鹤的文化联系。在园林里，常以鹤比拟清高、长寿、神仙）；**白蘋**（《尔雅翼·释草》："［蘋］根生水底，叶敷水上……花白色，故谓之白蘋"）**红蓼**（蓼［liǎo］：即蘋红。《尔雅翼·释草》："蓼之生水泽者也。"红蓼是其中的一种。［元］李伯瞻《［双调］殿前欢·省悟》："驾扁舟，云帆百尺洞庭秋……白蘋渡口，红蓼滩头。"白蘋红蓼：以鲜明色彩描绘江湖地园林的秋色），**鸥盟**（与鸥鸟结盟，比喻隐逸）**同结**（结盟之"结"）**矶边**（见本书第378－381页）。**看山上个篮舆**（篮舆：古代供人乘坐的交通工具，形制不一，一般以人力抬着行走，类似后世的轿子。此句用陶潜乘坐篮舆游山的典故。《宋书·陶潜传》："潜有脚疾，使一门生二儿舆［动词，扛；

抬］篮舆［名词，陶潜所乘的篮舆］。”故又称“陶舆”），**问**（寻访）**水拖条枥杖**[①]。**斜飞堞雉**（堞雉［diézhì］：或作雉堞，古代城墙上掩护守城人的矮墙。［南朝宋］鲍照《芜城赋》：“板筑雉堞之殷”。本文中泛指城墙），**横跨长虹**（“斜飞堞雉，横跨长虹”两句，为后文《相地·城市地》铺垫，故“长虹”不一定是很长的桥，是用了“夸张”辞格，见《城市地》注）；**不羡摩诘辋川**（［唐］王维有著名园林——辋川别业。王维，字摩诘。见《园冶题词》注），**何数**（何必点数）**季伦金谷**（［西晋］石崇有金谷园。石崇，字季伦。见《园冶题词》注）？
◎本段由园林客体转换到环境中隐逸主体的游豫和投入。

一湾（一湾曲水）**仅于**（仅为）**消夏**[②]，**百亩岂为藏春**[③]（两句中“于”、“为”互文，“于”即是“为”。上、下句均系由“岂仅为了”组成的反问句）？**养鹿堪游**（［唐］白居易《香炉峰下新卜山居草堂初成偶题东壁五首［其三］》：“野麋林鹤是交游。”［清］布颜图《画学心法问答·问画中境界》：“曲径俨睹麋游”），**种鱼**（即养鱼。［唐］皮日休《渔具诗·种鱼》：“借问两绶人，谁知种鱼利。”陆龟蒙也有《渔具诗·种鱼》）**可捕**（［明］王穉登《寄畅园记》：“青雀之舳……载酒捕鱼”）。**凉亭浮白**[④]，**冰调**（冰调［tiáo］：用冰调制的饮料。早在《诗经》时代，即已知道藏冰。《豳风·七月》：“二之日凿冰［言十二月去凿冰］冲冲［打冰声］，三之日［正月］纳于凌阴［凌阴：冰窖。‘阴’即‘窨’］。”［北魏］杨衒之《洛阳伽蓝记·华林园》：“海西有藏冰室，六月出冰以给百官。”古代藏冰，有窟藏法、井藏法等[⑤]）**竹树风生**（◎凉亭冰调云云，概写炎夏）；**暖阁偎红**[⑥]，**雪煮**（以雪水煮茶。［唐］陆龟蒙《茶

---

① 枥杖：用《庄子·人间世》“栎社树”之典，与上句“篮舆”互成对文，其隐喻义见本书第632页。

② 消夏：即消夏湾。［宋］《吴郡志·川》：“消夏湾，在太湖洞庭西山之趾，山十馀里绕之，旧传吴王避暑处。周回湖水一湾，水色澄澈，寒光逼人，真可消夏也。”［唐］皮日休《太湖诗·消夏湾》：“太湖有曲处，其门为两崖。当中数十顷，别如一天池。号为消夏湾……”［清］徐崧、张大纯《百城烟水·苏州府》：“消夏湾，又名消暑湾，深入八九里，三面峰环，一门水汇，仅三里耳。中多菱芡蒹葭，烟云鱼鸟，别具幽致，相传为吴王避暑处。”

③ 藏春：即藏春坞，［宋］刁约所筑。［元］《至顺镇江志》卷十二“古迹”：“藏春坞在范公桥东，宋判三司监铁院刁约所居之后圃也。堂曰‘逸老’，冈曰‘万松’。”引《京口耆旧传》：“凡当世名能文者皆有诗，故藏春坞之名闻天下。”［宋］司马光《寄题刁景纯藏春坞》诗叙：“景纯致政归京口，治其所居命曰藏春坞……”诗：“藏春在何许？郁郁万松林。永日门阑静，东风花木深。主公今素发，野服遂初心。时与乡人醉，高歌散百金。”

④ 浮白：罚饮一满杯酒。［汉］刘向《说苑·善说》：“魏文侯与大夫饮酒，使公乘不仁为觞政（为觞政：宴会中执行酒令），曰：‘饮不釂（釂［jiào］：尽釂，犹干杯）者，浮以大白。’文侯饮而不尽釂，公乘不仁举白浮君。”后称满饮一杯为浮一大白，或泛称畅饮为浮白。［明］唐寅《南园赋》：“浮大白以罚诗。”

⑤ 顾颉刚《苏州史志笔记》：“《越绝·吴地传》：‘巫门（吴城门之一）外冢者，阖闾冰室也。’此说而信，可见古代藏冰制度，有如今北方之冰窖。《豳风》云：‘二之日凿冰冲冲，三之日纳于凌阴。’凌阴形式，当如此矣。”（江苏古籍出版社1987年版，第70－71页）

⑥ 暖阁偎红：陈注一、二版：“偎作接近解。此处偎红应作围炉烤火解。”甚是。《园冶全释》译文：“冬居暖阁，围炉煮雪烹茶。”的是园居景象，计成在开篇《园说》中这样写，在全书结尾《借景》又有“锦幛偎红”之句。但《图文本》此句则注道：“围坐火炉取暖，又指偎红倚翠，即指纳妓。”两释相较，其前释无书证，不过承前二家；而后释则引大段书证，倾向不言而喻。其实不然，偎：靠近。红：指火炉。偎红：宜作雪天围炉烤火解。［唐］白居易《问刘十九》：“绿蚁新醅酒，红泥小火炉。晚来天欲雪，能饮一杯无？”又《对火玩雪》：“盈尺白盐寒，满炉红玉热。”又《初冬即事，呈梦得》：“青毡帐暖喜微雪，红地炉深宜早寒”……这都是颇有诗意、极饶修辞效果的描写。

具十咏·煮茶》："闲来松间坐，看煮松上雪"）**炉铛**（铛［chēng］：古代的锅，有耳和足，用于烧煮茶饭等，以金属或陶瓷制成。［元］辛文房《唐才子传·白居易》："茶铛酒杓不相离"）**涛沸**（水沸之声如涛。◎暖阁雪煮云云，概写严冬）。**渴吻**（谓唇干口渴）**消尽，烦**（热头痛；烦躁；烦闷。《素问·生气通天论》王冰注："烦，谓烦躁"）**顿**（疲劳乏力）**开除**（见本书第705－707页）。◎着重描述主体对园林生活的多方享受。

夜雨芭蕉（芭蕉叶大，雨中特别清脆悦耳。［宋］王十朋《芭蕉》："草木一般雨，芭蕉声独多"），**似杂鲛人之泣泪**（鲛人：神话传说中的人鱼。"鲛人之泣泪"，典出［晋］张华《博物志》。参见本书第303－305页。两句意谓：雨点中好似夹杂着鲛人哭泣的泪珠。此用"比喻""联觉"辞格，听觉通于视觉）；**晓风杨柳**（本于［宋］柳永《雨霖铃》中名句："杨柳岸、晓风残月"），**若翻**（翻舞着）**蛮女**（即小蛮，［唐］孟棨《本事诗·事感》：白居易"姬人樊素善歌，妓人小蛮善舞。尝为诗曰：'樱桃樊素口，杨柳小蛮腰。'"后以小蛮泛指歌姬①）**之纤腰**（纤腰：典出楚王好细腰。［晋］陆雲《为顾颜先赠妇往返诗四首［其二］》："雅步袅纤腰，巧笑发皓齿"）。**移竹**（移栽竹。［唐］白居易《问移竹》："问君移竹意何如？慎勿排行但间窠。"写出了移竹之忌与宜。［唐］齐己《移竹》："乍移伤粉节，终绕著朱栏。会得承春力，新抽锦箨看。"为较具体生动的一首移竹诗）**当窗，分**（给与）**梨为院**（意谓特别给与梨树以空间，作为一个院落，此用［宋］晏殊《寓意》诗意："梨花院落溶溶月，柳絮池塘淡淡风"）；**溶溶月色**（仍沿用晏殊诗意。溶溶：月光荡漾貌），**瑟瑟**（象声词。［汉］刘桢《赠从弟［其二］》："亭亭山上松，瑟瑟谷中风"）**风声；静扰**（扰：扰乱；扰攘；惊忧。［宋］陆游《新寒小醉睡起日已高戏作》："正怕缲铃扰五更"）**一榻**（榻：狭长而较矮的床形坐卧用具。《释名》："人所坐卧曰床……长狭而卑曰榻。"一榻：满榻）**琴书**（琴和书籍，为文人雅士清高文化生涯常伴之韵物。［晋］陶渊明《归去来兮辞》："乐琴书以消忧。"又《和郭主簿》："卧起弄书琴。"◎《园说》中此数句，言月色风声，静静地惊扰一榻琴书。这种以不静写"静"，中国传统美学称作"反常合道为趣"，西方心理学称为"同时反衬现象"。"扰"字为句中之眼，妙在不用"声"字而令人似闻琴弦振动……故值得深味②），**动**（指水面涟漪晃动）

---

① 此典源，《园冶注释》注为《诗话》，太笼统。"诗话"是中国古代文论的一种特有形式，自宋以来，作者们为示区别，均具体标出书名，如欧阳修的《六一诗话》，严羽的《沧浪诗话》……中国文论史上，诗话汗牛充栋，还有《历代诗话》、《历代诗话续编》、《清诗话》、《清诗话续编》等丛书，每套均有数十本之多，仅标《诗话》，读者如欲查核，会如大海捞针。《园冶全释》则注为白居易《池上篇》，似很具体，但更不准确，应是［唐］孟棨《本事诗·事感》。此类误注，还影响了以后的一些普识本。惟有《图文本》不误。

② 如［唐］王维《鸟鸣涧》："人闲桂花落，夜静春山空。月出惊山鸟，时鸣春涧中。"王维的"惊"字为诗眼，与计成的"扰"字同趣，均为写"反常合道"之静境的杰例。笔者曾写道："寂处闻音，动中见静……能使山林庭园更为宁寂幽深……试想，王维的《鸟鸣涧》中，如果没有'月出惊山鸟，时鸣春涧中'，能确实而有效表达'夜静春山空'这样幽深广远的空间感吗？"（金学智《中国园林美学》，中国建筑工业出版社2005年版，第211－212页）

涵（涵：沉浸。［晋］左思《吴都赋》："涵泳乎其中"）**半轮秋水**（指水中倒映的半轮秋月。［唐］李白《峨眉山月歌》："峨眉山月半轮秋，影入平羌江水流"）◎"静扰一塌"，静中有动；"动涵半轮"，动中有静：其意境令人于言外得而味之）。**清气**[1]**觉来几席**（几和席，为古人凭依、坐卧的器具。［宋］欧阳修《和徐生假山》："岂如几席间，百态生浓纤。"［清］徐乾学《依绿园记》："层峦复岭，青紫万状，咸排闼而入几席"），**凡尘顿远**（远：动词，远离）**襟怀**。◎写主体通过感官、想象和情志，充分接受园林声色、动静、意境之美。

窗牖（牖［yǒu］：即窗。［唐］祖咏《苏氏别业》："南山当户牖，沣水映园林。"［明］归有光《项脊轩志》："余扃［jiǒng］牖而居之"）**无拘**[2]，**随宜合用**（两句意谓：窗牖的规范制式不拘一格，应随着不同的具体情况选用合适的形式）；**栏杆**（指栏杆图式）**信画**（随手画成。信：任凭；随着。［宋］苏轼《题鲁公书草》："信手自然，动有姿态"），**因境**（依据具体环境）**而成**[3]。**制式**（规制；格式）**新番，裁**（删减）**除**（清除；去掉。［宋］王安石《答司马谏议书》："举先王之政，以兴利除弊"）**旧套**（此处指陈旧的格式，陈注二版译作"俗套"，失当，"旧"的对立项为"新"，"俗"的对立项为"雅"。"制式新番，裁除旧套"的意义，见本书第139－146页）。◎以六个四字句，体现了角色的转换，简要概括了"能主之人"对建筑装修的设计体会、贵"因"哲学、创新理念。此段通过"窗牖"、"栏杆"特别是"境"等字，与上文相勾连。

大观（宏大的或气象万千的景象。［宋］范仲淹《岳阳楼记》："予观夫巴陵胜状……朝晖夕阴，气象万千，此则岳阳楼之大观也"）**不足，小筑**（处境较幽偏的私家小园或园中小景。［唐］杜甫《畏人》："畏人成小筑，偏性合幽栖。"［宋］陆游《小筑》："小筑清溪尾，萧森万竹蟠"）**允**（信然；诚然；果真。《诗·大雅·公刘》郑玄笺："允，信也。"《清史稿·交通志一》："允为中国自办之路。"）**宜**（宜：适称、合宜。两句见本书第135－139页）。◎结语两句，为"能主之人"的自谦语，是对《园说》中一系列境界美所作谦虚的总结概括，意谓追求的虽是气象万千的景象，但也还是达不到"大观"的境界，不过，以小型园林的标尺——"小筑"来衡量，还是可以的。至此，初步点出园林境景"大""小"对待互生的美学关系。

---

[1] "清"是中国美学的一个重要范畴，计成论园，也特重一个"清"字，如"清池涵月"（《相地·城市地》）；"月隐清微"，"须陈风月清音"（《相地·郊野地》）；"式征清赏"（《装折》）；"曲曲一湾柳月，濯魄清波"（《立基》；"清润而坚"（《选石·岘山石》）；"色质清润"（《选石·锦川石》）；"自然清目"（《选石·六合石子》）；"兴适清偏"，"清名可并"（《借景》）等，它和月、水、润、音、赏、兴、名等相融，使全书缊缊着一派清气，或曰使清气流通于全书。其价值意义，见本书第726－744页。

[2] 此句陈注本译作"窗牖不拘大小"，不当。"大小"仅仅是"窗牖无拘"的一个方面，更主要的还有窗的各种类型、格式，如《园冶·门窗》中所列，有月窗式、片月式、八方式、六方式、菱花式、如意式、梅花式等十四式，而就现实园林来看，有砖框的空窗、木质的花窗以及落地的长窗等，故"不拘大小"似应译作"不拘一格"为好。

[3] 对以上四句，《园冶全释》之译甚当：户牖"必须与环境相得才合用；栏杆虽随手可绘，也要因景境的意匠而成……窗牖设计虽不影响造园的大局，但要与建筑环境取得和谐却是必要的。"这揭示了建筑及其装修与环境的美学关系。特别是"和谐"一词，可谓感悟之言。

三、相　地

　　园基（建造园林的地基）不拘（拘：拘泥；拘守。《庄子·渔父》："不拘于俗。"不拘，即《园说》末尾的"无拘"）方向，地势自有高低；涉门成趣（进入园门游赏即生成意趣。[晋]陶渊明《归去来兮辞》："园日涉以成趣。"涉：到），得景随形（为"随形得景"的倒装句，谓随其地形而获得景致），或傍（傍[bàng]：靠近）山林，欲通河沼（上、下句"或"、"欲"互文相补，意谓"或欲傍山林，或欲通河沼"）。探奇（探寻奇景。[唐]王维《蓝田山石门精舍》："探奇不觉远，因以缘源穷"）近（动词，靠近）郭（近郭：即在城郭附近。清代扬州著名的"绿杨城郭"，就是如此逐步地成为人们探奇觅胜的风光带、胜景群），远（形容词用如动词，使动用法，使之远离；避开。《孟子·梁惠王上》："是以君子远庖厨也"）来往之通衢（通衢[qú]：四通八达的道路。[唐]杜甫《遣怀》："邑中九万家，高栋照通衢。"计成此句，主要指本章的"郊野地"）；选胜（与上句"探奇"互为对文。胜即奇景、胜景，《园冶·掇山》："多方景胜"）落（动词，着落；归宿。[宋]朱熹《朱子语录·论语九》："使一一有箇着落"）村（"落村"，概指本章的"村庄地"），藉参差之深树（深：草木旺盛貌。[唐]杜甫《春望》："城春草木深"。藉[jiè]：动词，可两解：一为凭借，二为假借。全句意谓，村庄中茂盛参差的树林，既可作为依傍，又可作为借景）。村庄眺野（基址选在"村庄地"，优势是可以眺望村野景色），城市便家（基址选在"城市地"，优势是便利于安家。便：有利；合适；方便。《字汇》："便，宜也，利也。"又："顺也。"）。◎本段主要论选址，并檗括本章所属的山林地、郊野地、村庄地、城市地等。

　　新筑易乎开基（筑：名词。此句意谓园林新造，容易动工开基），只可栽杨移竹（[但缺少古木大树]只能栽种柳竹，因其易于成活）；旧园妙于翻造，自然古木繁花（翻造旧园，自然而然就拥有古木繁花的优势）。如方如圆，似偏（偏：倾斜；不平正）似曲；如长弯而环璧，似偏阔以铺云（两句见本书第417—419页。以上方、圆、偏、曲、长弯、偏阔以及环璧、铺云，用"铺陈"、"博喻"辞格以广泛概括种种不同地形，系非写实性的文学语言，而将"因地制宜"之意，留于句外）。高方欲就亭台（方：犹土方，引申为地势。高方：高地，即地势高的地方。佳例如苏州拙政园中部以土为主的假山上，建构待霜亭、雪香云蔚亭），**低凹可开池沼**（佳例如拙政园中部所开的广阔荷池。"高方"、"低凹"，亦意在于"因"）。◎本段论应区别地对待新筑与旧园，特别是应随不同地形、地势进行创造，全段意含"因地制宜"四字。

　　卜筑（此指造园建屋，特别是指营造某些个体建筑。[明] 刘侗为郑元勋《影园自记》作跋："见所作者，卜筑自然，因地因水，因石因木，即事其间……"）**贵从**（从：靠近；挨着。《史记·项羽本纪》："樊哙从 [张] 良坐"）**水面**（全句意谓建筑贵在贴近水面，这类个体建筑如苏州留园中部临水的濠濮亭、绿荫轩、清风池馆等），**立基先究源头，疏**（疏导；疏通。《孟子·滕文公上》："禹疏九河"）**源之去由，察**（考察）**水之来历**（此数句可参 [明] 文震亨《长物志·书画·论画》："山脚入水澄清，水源来历分晓，有此数端，虽不知名，定是妙手……"《相地》中去、由、来、历四字，均表源流方向，言应考察水的来龙去脉，发源自何处；历经何处；去向何处……）。**临溪**（假如面临着小溪阻住去路）**越地**（可采用跨越地块之法），**虚阁**（虚灵的廊阁）**堪支**（支：动词。支撑；支架；构架。《文中子·事君》："大厦将颠，非一木所支。"堪支：可以架起来。这就是临溪越地的方法）；**夹巷**（假如前面夹着巷子）**借天**（就可以借其上方的天空），**浮廊可度**（架起浮空的廊可以度过去。以上两分句为互文，见本书第210-214页）。◎本段言园林中水为至要，建筑离不开理水，若遇地块不完整，则应"越地"而"借天"。全段或隐或显反复论理水，意含"因势利导"四字，包括因水面势、因势超越等。

　　倘（倘若，假如。[唐] 唐彦谦《和陶渊明贫士诗 [其五]》："为农倘可饱，何用出柴关"）**嵌**（镶嵌，相互楔入）**他人之胜，有一线**（形容极其细微。[清] 曹寅《重题晚研跋后兼伤怀南洲 [其三]》："劫后刚回一线春"）**相通，非为间绝**（间 [jiàn]：隔开；不连接。《汉书·韦玄成传》颜师古注："间岁，隔一岁也，"间绝：间隔断绝），**借景偏宜**（偏宜：最宜；特别合适。[前蜀] 李珣《浣溪纱》："入夏偏宜澹薄妆"）；**若对邻氏**（邻氏：邻居异姓的人。《列子·汤问》："邻人京城氏……"氏：姓。京城氏：姓京城的人）**之花，才几分消息**（消息：征兆；端倪。[宋] 陈与义《怀天经智老因访之》："杏花消息雨声中"），**可以招呼**（用言语、手势或其他方式招引、呼唤，此用"拟人"辞格。[宋] 苏轼《新酿桂酒》："招呼明月到芳樽"），**收春无尽**。◎这是全书最长的骈偶句，意谓相地应尽可能注意利用原地些小的借景因素，不应轻易放过。

　　驾桥通隔水[①]，**别馆**（别馆常与"离宫"相组合，指帝王在都城之外的宫殿，也泛指皇帝出巡时的处所包括园林。[汉] 班固《西都赋》："离宫别馆，三十六所。"本文中"别馆"，指

---

① 金按——"驾桥通隔水"的"驾"字，各本均如此，喜咏本亦然，仅《图文本》作"架"，此改似无必要。驾，本有架构之义。《淮南子·本经训》："大构驾，兴宫室。"高诱注："驾，材木相构驾也。"何况"驾"既不误，亦非繁体字。不妨比较：若作"架桥通隔水"，显得平俗呆板；若作"驾桥通隔水"，则较雅致，擅文采，妙有凌驾的气势，这体现了行文的一种诗性选择。

建于他处的馆舍或别墅）**堪图**（图：谋划。堪图，意谓可以图谋规划）；**聚石垒围墙，居山**（居于山中，以拟喻隐居）**可拟**（亦即可拟山居。拟：类似；比拟。《荀子·不苟》："拟于舜禹"。见本书第296－299页）。**多年树木，碍**（妨碍；影响）**筑檐垣；让一步可以立根**（根：物体的底部、基部，包括墙根屋基。[唐]白居易《早春》："茅叶生墙根"。本节的"立根"，指建筑物的屋础墙根），**斫**（斫[zhuó]：用刀斧等砍或削）**数**（犹"几"，表示不定的少数）**桠**（树木分枝处）**不妨**（不妨碍；不影响）**封顶**（使树冠丰盛。两句见本书第369－371页），**斯谓雕栋飞楹构易，荫槐挺玉成难**（见本书第371－374页）。◎本段综论水石、建筑、树木诸要素间的互补相生关系，其中首先应保护多年树木这一生态环境。

相地合宜，构园得体。◎此为结语，互文，言相地构园应注意得体合宜。

（一）山林地

园地惟（惟：只有）**山林最胜，有高有凹，有曲有深，有峻**（山高而陡。《九章·涉江》："山峻高而蔽日兮"）**而悬**（山崖险陡。[唐]刘长卿《望龙山怀道士许法棱》："悬崖绝壁几千丈，绿萝嫋嫋不可攀"），**有平而坦，自成天然**（天然，《庄子·逍遥游》郭象注："自己而然，则谓之天然。天然耳，非为也。"此指事物不加修饰的本色）**之趣，不烦**（烦劳；相烦。《左传·僖公三十年》："敢以烦执事"）**人事之工**（工：人为的工巧；修饰。两句见本书第86页）。◎本段排出山林地种种优越条件，并以"自然天成之趣"呼应和补充了《园说》"虽由人作，宛自天开"的美学命题。

入奥（奥：深隐处。[晋]张协《七命》："吞响乎幽山之穷奥。"《文选》李善注："奥，隐处也"）**疏源**（疏通源流。[唐]李百药《王师渡汉水经襄阳》："导漾疏源远，归海会流长"），**就低**（就近低处）**凿水。搜**（搜索，兼有挖掘之义）**土开其穴麓**（麓：山脚。此句见本书第328－329页），**培山**（培：培土；在根部壅土。培山：指于山根培土，见本书第329页）**接以房廊**（在此山麓或平地上巧妙地与房廊衔接。房廊，泛指屋舍。《装折》："砖墙留夹，可通不断之房廊"）。**杂树参天，楼阁碍**（碍：遮蔽。[唐]岑参《与高适薛据登慈恩寺浮图》："四角碍白日，七层摩苍穹。"[宋]韩琦《登广教院阁》："老柏参天碍远山"）**云霞而出没**（此句意谓，由于云霞的遮蔽，楼阁时出时没，时隐时现）；**繁花覆**（覆：覆盖。[宋]王安石《禁直》："翠木交阴覆两檐"）**地，亭台突池沼**（指亭台等临水建筑伸出于水面，在平面上突破了单调的池岸线，使之丰富。《疑义举析》："'楼阁碍云霞'是描述立面构图，'亭台突池沼'是描述平面构图"。此析甚精当）**而参差**（◎"参天"、"覆地"两句，撑、扩起偌大的天地）。**绝涧**（险绝的山涧）**安其梁**（梁：即桥，包括石梁），**飞岩**（高险的山崖）**假**（凭借；依靠）**其栈**（即栈道，在山岩险绝处傍崖架木为道路。[宋]赵佶《御制艮岳记》："既而山绝路隔，继之以木栈，倚石排空，周环曲折，有蜀道之难"）。◎本段论山林地园林必要的加工营建，凭借其种种优势，不须多烦人事之工，即可取得理想的审美效果。

　　闲闲（轻松闲散、从容自得貌。《诗·魏风·十亩之间》："十亩之间兮，桑者闲闲兮"）即景·（即景：眼前景物，此指即景分韵等群体作诗的方式），寂寂（寂静无声貌。［唐］朱庆馀《宫中词》："寂寂花时闭院门"）探春（以上两句互文，以闲散幽静的心境就眼前景物探寻春色）；好鸟要（要［yāo］：通"邀"。［晋］陶渊明《桃花源记》："便要还家"）朋，群麋（麋：鹿的一种。雄的有角，像鹿，头像马，身像驴，蹄像牛，性温顺，亦称"四不像"）偕（同；俱。《诗·秦风·无衣》："与子偕行"）侣（伴侣；同伴。《玉篇》："侣，《声类》云，伴侣也。"［汉］王褒《四子讲德论》："于是相与结侣，携手俱游。"此层极符合于当今提倡的"人与动物平等论"，"人物双向交流论"，"天人和谐论"）；槛（槛［jiàn，不读门槛的槛 kǎn］：栏杆。［唐］李白《清平乐》："春风拂槛露华浓"）逗（引来；招来；招惹。［唐］李贺《李凭箜篌引》："石破天惊逗秋雨"）几番花信·（即花信风，应花期而吹来的风。［宋］范成大《闻石湖海棠盛开［其一］》："东风花信十分开，细意留连待我来。"此句意谓：栏杆前一次次招引来应花期而吹来的风，这写得意在言外，令人想见槛前有应时而盛开的妍丽繁花，蜂蝶萦舞。［宋］洪适《盘洲记》："生意如鸶，蝶影交加，厥亭'花信'"），门湾（湾：此处通"弯"，弯着，此用法带有近代汉语特征。《西游记》第九十七回："湾着腰梳洗。"本文中的"湾"作为动词，与上句的"逗"互为对文）一带溪流。竹里（用"双关"辞格，同时隐寓王维辋川别业的"竹里馆"之意）通幽，松寮（犹松窗，此用"借代"辞格，借窗代屋，即借部分代全体，这是指松林中的小屋。《醒世恒言·卢太学诗酒傲王侯》："水阁遥通竹坞，风轩斜透松寮"）隐僻（隐藏于偏僻处。《荀子·王制》："无幽闲隐僻之国"），送涛声而郁郁（郁郁：形容松涛澎湃之声），起鹤舞而翩翩（翩翩：起舞貌。陶渊明《拟古诗［其三］》："翩翩新来燕。"此句暗用［南朝宋］鲍照《舞鹤赋》典："始连轩以凤跹，终宛转而龙跃"）。阶前自扫云（扫云：表现为一种超然的闲逸态度。［宋］李弥逊《君用承事载酒筠溪上分韵得竹字》："折松扫云谢羁束。"），岭上谁（谁：系不疑而问）锄月①。千峦环翠，万壑流青（流青：流淌着青绿色的溪水。"千峦"、"万壑"两句，一派青绿，俨然片图小李）。

---

① 锄月：出于［晋］陶渊明《归园田居［其三］》："晨兴理荒秽，带月荷锄归。"陶诗概写归隐后一天的劳动情景和悠闲心态。自 20 世纪至今，对于这类诗句，文学界不论从什么视角出发，多有极高的评价："由于诗人亲自参加了农业劳动，并由衷地喜爱它，劳动，第一次在文人创造中得到充分的歌颂。"（游国恩主编：《中国文学史》第 1 卷，人民文学出版社 1963 年版，第 230 页）"在中国的所有诗人中，像他这样体会劳动，在劳动中实践的人，还找不出第二人。"（李长之：《陶渊明传论》，天津人民出版社 2007 年版，第 129 页）陶"有时还不得不起早摸黑，肩挑背扛，相当辛苦"，"在乡土田园劳作之余，他仍可以'心有常闲'"，"他真诚地践行了这一'劳动'与'闲逸'两相结合的生存方式，而且近乎完美地表达了这一生存方式。"（鲁枢元：《陶渊明的幽灵》，上海文艺出版社 2012 年版，第 267～268 页）陶诗中的"带月荷锄归"，在中国诗史、风景园林史上，积淀为"锄月"意象，［宋］刘翰有"自锄明月种梅花"（《种梅》）之句，［元］萨都剌也有此诗句。［清］苏州怡园有"锄月轩"，并有"自锄明月种梅花"之匾……［明］计成《园冶·山林地》的"岭上谁锄月"，正是此接受史上的一环。

◎本段以抒情的笔致，渲染山林地园林悠闲的、优美的、如诗似画的、充满隐逸情趣的氛围，其中不乏幽人逸士"扫云"、"锄月"的活动，又是一幅天人合一的图景。行文可谓芭采齐发，情韵欲流。

欲藉陶舆（藉：借助于。陶舆：即陶渊明的"篮舆"，详前），**何缘**（缘：凭借。"缘"与上句的"藉"，互文）**谢屐**①。◎结语以两个与游山方式有关的著名典故作结，扣住"山林地"主题。

（二）城市地

市井（古代城邑里集中买卖货物的场所。《史记·聂政传》："政乃市井之人。"正义："古者相聚汲水，有物便卖，因成市，故云市井。"后泛指城市或商贸繁盛处）**不可园**（园，名词动用，构建园林）**也；如园之**（之：代词，指代城市地），**必向**（往；到。《资治通鉴·汉献帝建安十三年》："到夏口，闻曹操已向荆州"）**幽偏**（静僻之处。[唐]杜甫《独酌》："幽偏得自怡"）**可筑。邻**（左邻右舍；近旁）**虽近俗**（俗：尘俗），**门掩无哗**（掩门闭户则无人声喧杂。[晋]陶渊明《归园田居[其二]》："白日掩柴扉，虚室绝尘想。"[明]陈继儒《小窗幽记·集素》："荆扉昼掩，闲庭晏然，行云流水襟怀"）。◎以散文落笔，言不得已而园于城市，则应尽量回避喧嚣尘杂。此段语言亦平实质朴，的是陶令遗风。

开径（门前所开路径）**逶迤**（曲折绵延貌。[汉末]王粲《登楼赋》："路逶迤而修迥兮"），**竹木遥飞叠雉**②；**临濠蜒蜿**（蜒蜿：犹蜿蜒，萦回屈曲貌），**柴荆**（指用柴荆做的简陋门户。[唐]白居易《秋游原上》："清晨起巾栉，徐步出柴荆"）**横引长虹**③。**院**

---

① "谢屐"：[南朝宋]山水诗人谢灵运的木履，事见《宋书·谢灵运传》："寻山陟岭，必造幽峻，岩嶂千重，莫不备尽。登蹑常着木履，上山则去其前齿，下山去其后齿。"后称谢屐或谢公屐。[唐]李白《梦游天姥吟留别》："脚着谢公屐，身登青云梯。"计成两句意谓，山林地园林建成后，至多只要借助于"陶舆"，而不必凭借"谢屐"去上山下山，可就近游赏，免除长途跋涉之苦。

② "竹木遥飞叠雉"：雉[zhì]：指城墙（女墙）。[南朝齐]谢朓《和王著作八公山》："出没眺楼雉，远近送春目。"竹木叠雉：竹木的林梢露出曲折而几呈层叠的城上女墙。遥飞：遥遥地看到竹木林梢之上的城墙蜿蜒如飞地远去，此乃审美心理的似动感。这种写法一再见于古典诗词中，特别是豪放派诗人笔下，如[宋]苏轼《游径山》："众峰来自天目山，势若骏马奔平川。"[宋]辛弃疾《沁园春·灵山齐庵赋》："叠峰西驰，万马回旋，众山欲东。"遥飞，也表现为一种动势，在遥远的视域里，城墙如在飞舞游走。

③ "临濠蜒蜿，柴荆横引长虹"：有些注家释、译"濠"为"城濠"或"护城河"，非是，因前文已有"如园之，必向幽偏可筑"之语。如果真是面临城濠，且不说岸上行人，就说河上船只往来，已并不怎么"幽偏"，此"景"已没有什么"借"的价值，相反应属"俗则屏之"（《兴造论》）之列，何况宽阔的护城河决不能用"蜒蜿"二字来形容。故此"濠"应是濠水之"濠"，语出《庄子·秋水》中庄子与惠子濠梁"知鱼之乐"之辩。在这里是以园中蜒蜿的小溪模拟濠水，孕育庄子观鱼的意境，从而渗透文化哲学情趣。此外，《村庄地》有"凿水为濠"之句，更足以旁证此"临濠蜒蜿"，并非护城河，否则就不必"凿水"了。长虹：即架于"濠"上之梁桥。文中"横引"、"长虹"云云，乃夸饰之辞，[明]文震亨《长物志·水石》就有"一峰则太华千寻，一勺则江湖万里"之语，"千寻"、"万里"、"长虹"均应为审美想象的积极成果。从字面上说，不能一看到"虹"，就如陈注一、二版视为"横跨的"、"远望如垂虹"的"大桥"、"长桥"，并引《阿房宫赋》"长桥卧波，不霁何虹"为书证。其实，如今日苏州拙政园的"小飞虹"，也较狭小，同样称"虹"。再说"柴荆"所面对的，绝不可能是多孔长拱桥，因为二者在风格上也很不协调。总之，《城市地》中的"濠"、"长虹"，规模均较小，且必地处偏僻。再据苏州私家造园的历史经验来看，也大抵建于幽僻之处，如明末与计成同时代的"归田园居"，是"门临委巷，不容旋马，编竹为扉，质任自然"（王心一《归田园记》）；[清]梁章钜《浪迹丛谈》也说，网师园"门外途径极窄……盖其筑园之初心，即藉以避大官之舆从也。"其选址特点一言以蔽之，曰"幽偏"。

广堪梧①，**堤湾宜柳**（宜柳：适宜于栽植柳树），**别**（别处；他处，指山林地、郊野地等）**难成墅，兹**（这里，指城市地）**易为林**（林：园林）。◎写城市地园林的初步营构，得出"别难成墅，兹易为林"的不刊之论，属对工致，两句见本书第429－432页。

　　架屋随基（随基势的不同而架屋），**浚水坚之石麓**（若建筑需要临水，则疏水驳以石岸，使之坚牢。麓：本指山脚，此借指以驳岸为基脚）；**安**（安置）**亭得景，莳花**（《说文》："莳更别种"。即更换到别的地方移植，多指秧苗。段注："今江苏人移秧插田中曰莳秧。"也指移栽花卉。[宋]刘克庄《忆江南》："我爱山居好，蔬畦间莳花"）**笑以春风**（笑于春风之中。以：于。此句为兼语式。花既是莳的宾语，又是笑的主语。意为：人莳花，花笑于春风之中。◎此用"拟人"辞格冶铸秀语，情与景会，景与情合）。**虚阁荫桐**（即"桐荫虚阁"。梧桐荫蔽着虚敞的楼阁），**清池涵月**（涵：沉浸。[南朝梁]萧绎《望江中月影》："澄江涵皓月，水影若浮天"）；**洗出千家烟雨**②，**移将四壁图书**③（四壁：满室。[明]祁彪佳《寓山注·烂柯山房》："昔人所谓卧游，犹借四壁图书"）。**素**《小尔雅》："素，白也。"**入镜中飞练，青来郭外环屏**④（上句写瀑布泻注池中，下句写郭外青山如屏障地环绕，[唐]白居易《奉和裴令公新成午桥庄绿野堂即事》："青山为外屏"。[清]汤贻汾《画筌析览·论山》："危岩削立，全倚远岫环屏。"写富有城市地园林特色的借景）。◎写对城市地园林的心赏，景景惬意，面面入画，行文甚跳跃，用笔之所谓"八面锋"。

　　芍药宜栏（种植芍药宜用护栏。[唐]钱起《故王维右丞堂前芍药花开凄然感怀》："芍药花开出旧栏。"[宋]王禹偁《芍药开花忆牡丹》："翻阶红药满朱栏"。[明]文震亨《长物志·花木·牡丹芍药》："俱花中贵裔，栽植赏玩，不可毫涉酸气。用文石为栏，参差数级，以次列种。"这也是方法之一），**蔷薇未架**[唐]元稹《蔷薇架》："五色阶前架，一张笼上被。"[唐]高骈《山亭夏日》："绿树浓阴夏日长，楼台倒影入池塘。水精帘动微风起，满架蔷薇一

---

① 碧梧缘何特宜植于较广的庭院中？[明]陈继儒《小窗幽记·集景》："碧梧之趣，春冬落叶，以舒负暄融和之乐；夏秋交荫，以蔽炎铄蒸烈之气。"可见其对于庭院后的厅堂来说，有使其春冬暖和，夏秋凉爽的功能。[明]文震亨《长物志·花木·梧桐》亦云："青桐有佳荫，株绿如翠玉，宜种广庭中。"如苏州沧浪亭明道堂宽广的前庭院植有双梧；无锡惠山愚公谷旁顾端文公祠醇儒堂前庭，也有高大的双梧……

② "烟雨"朦胧的意蕴，详见本章《傍宅地》"不尽数竿烟雨"注。

③ "洗出千家烟雨，移将四壁图书"：千家烟雨，典出[宋]苏轼《望江南·超然台作》："试上超然台上看，半壕春水一城花。烟雨暗千家。"是写细雨霏微，天色迷濛的城市景象。计成在"千家烟雨"前，着一"洗"字，则借以绘出了月光如洗，一派空明。这是月夜登高望远，所见城中千家万户既朦胧又澄净的动人画面。"移将"一句，则又是写近观细察，但见月光将枝叶之影，透过书斋芸窗，移向室内的图书，这是又一幅别致的月光静物画。

④ "素入镜中飞练，青来郭外环屏"：镜中：喻明净的池水。飞练：喻瀑布的高悬势态。练：白色熟绢。[北魏]郦道元《水经注·庐江水》："水导双石之中，悬流飞瀑……上望之连天，若曳飞练于霄中矣。"环屏：喻周围山峦如画屏。《园冶·园说》："障锦山屏，列千寻之耸翠。"至于颜色字"素"、"青"置于句首的韵趣，见本书第726页。

院香"）；**不妨凭石**（不妨依附于石上），**最厌编屏**①（最厌恶是将枝条编成屏障，因为这扭曲了植物的自然生命。［明］文震亨《长物志·花木·蔷薇木香》："然二种非屏架不堪植"。但计成、文震亨均不赞成蔷薇编屏。有一种让蔷薇自然攀缘为墙篱的做法。［明］祁彪佳《寓山注·樱桃林》："织竹为垣，蔓以蔷薇数种，篱外多植樱桃……"），**未久重修**②（这种编屏不久就要再修），**安垂不朽**（意谓哪里能维持久远。垂：留传。《书·蔡仲之命》："克勤无怠，以垂宪乃后"）**？片山多致，寸石生情**（◎情至语，绝妙语。片山、寸石，均极言其少与小，但生发的情趣韵致却不少。致：高雅的韵趣。［宋］郭熙的山水画论，就名为《林泉高致》）；**窗虚蕉影**（虚灵的窗前，宜植芭蕉，以其形、色、声、质俱佳③。［唐］杜牧《芭蕉》诗："芭蕉为雨移，故向窗前种"）**玲珑**（空明貌；明彻可爱貌。［南朝宋］鲍照《中兴歌［其四］》："白日照前窗，玲珑绮罗中"），**岩曲**（岩石隐僻处）**松根盘礴**（盘礴：植物根系庞大，盘屈牢固貌。［唐］白居易《有木》："根深尚盘礴"）。◎本段叙写，以种种花木为主，微型山石为辅，因城市乃寸金之地，必须节省空间，充分利用。全段着眼微型景观，注重互妙相生，物物搭配有情，景观刻画入微，这为城市地园林隐隐然暗示出某种方向。

足（够得上）**征**（《集韵》："征，成也。"《仪礼·士昏礼》郑注："征，成也……纳币以成昏礼。"成：即成就；实现）**市隐**（《晋书·邓粲传》："夫隐之为道，朝亦可隐，市亦可隐"。后因以"市隐"指隐居于城市。［元］倪云林《出郭》："郊居岂为是，市隐勿云非"），**犹胜巢居**④，**能为闹处寻幽，胡**（为何）**舍**（动词，放弃。《荀子·劝学》："锲而不舍"）**近方图**（图谋，计划）**远？**◎最后归纳出城市地园林的市隐性、近便性两大特征，语言凝练，观点精辟。

得（逢；遇）**闲即诣**（诣：至；前往；到达。《汉书·杨王孙传》："未得诣前"。颜师古注："诣，至也"），**随兴携**（携：携同。"携"后省宾语）**游。**◎结语写得闲随兴，即可往游。再次点出了城市地园林的重要特点，或由于离宅第不远，或由于宅园合一（或前宅后园，或东宅西园），故可随时前往。两句回应了前文的"别难成墅，兹易为林"。

---

① 此四句两联，用"错综"、"参互"辞格。［近代］章太炎《古书疑义举例》有"错综成文例"、"参互见义例"。曰："古人之文，有错综其辞以见文法之变者"；"有参互以见义者"。《城市地》四句，为句序的参互错综。调整后的句序应为："芍药宜栏——不妨凭石"；"蔷薇未架——最厌编屏。"

② 金按——原本及国图本此句均作"未久重修"，华钞本、隆盛本亦如此。而喜咏、营造、城建本则"未"字误作"束"，陈注一版亦然，并释作"蔷薇何必架扶"，与原意不符，经《疑义举析》指出，陈注二版改作"未"，《图文本》亦作"未"。

③ 参见金学智：《听雨轩诗情》，载《苏园品韵录》，上海三联书店2010年版，第151－153页。

④ 巢居：对此，诸家译注大抵空泛，无书证，或有而又不确，还不知巢父其人（见本书第691－692页）。在本节中，计成立足于城市地，故以巢居泛指山林郊野之隐，从而对比地说明"兹易为林"的城市之隐，它还有胜似山林之处。

（三）村庄地

古之^①**乐田园**（田园：此为村庄隐居地。[晋]陶渊明有《归园田居》组诗，其《归去来兮辞》亦云："归去来兮，田园将芜胡不归。"乐田园：以田园为乐。乐：意动用法）**者，居畎亩**（畎[quǎn]：田间水沟。亩：田垄。"畎亩"连用，泛指田野。[宋]王安石《上五事书》："释天下之农，归于畎亩"）**之中；今之耽**（耽：沉湎，过于玩乐，均有贬义。但亦用作褒义，如：酷好；特别喜爱；深切地爱好。《三国志·吴书·士燮传》："耽玩《春秋》，为之注解。"《魏书·常景传》："耽好经史，爱玩文词。""耽"在本文中为褒义）**丘壑**（山水幽深处，亦指隐者所居之处。谢灵运《斋中读书》："昔余游京华，未尝废丘壑"）**者，选村庄之胜。**◎开篇两句，连贯古今，以论村庄地之胜，语老笔健，其中田园、畎亩、丘壑、村庄，均互文拓意。

团团（丛聚貌。[宋]曹勋《清风满桂楼》："团团翠深红聚"）**篱落**（即篱笆，此指小乡村），**处处桑麻**（泛指农作物或农事。[晋]陶潜《归园田居[其二]》："相见无杂言，但道桑麻长"）。**凿水**（开凿水流）**为濠**^②，**挑堤**（挑：用肩担。[明]戚继光《练兵实纪·练伍法》："便于肩挑"。挑堤：挑土筑堤或固堤）**种柳。门楼**（根据《村庄地》所示风格质朴的园林环境，可知此"门楼"应是并不壮观、无楼而略施雕饰的大门）**知稼**（稼：动词，种植穀物。知稼：懂得种植穀物），**廊庑**（庑：厅堂周围、与其连成一体的单面敞屋）**连芸**（芸：通"耘"，除草。连芸：连着耕耘之地。两句见本书第374–375页）。◎列写农村风光，令人联想起王孟诗派笔意，"远从物外起田园"，显示出恬静悠然的美学倾向。

约十亩之基，须开池者三，曲折（[五代梁]荆浩《画说》："树参差，水曲折。"[元]柳贯《浦阳十咏·潮溪夜渔》："两岸栎林藏曲折"）**有情**（有情致。[唐]张彦远《历

---

① 此"之"字，明本及其他诸本均作"云"，陈注一版则独具只眼，改作"之"。《疑义举析》认为，旧本"云"字不误，不必改。《园冶全释》、《图文本》均从之，或译作"古人说"，或其后加引号，其实不然。从校勘学角度看，"云"、"之"二字手书形近，刊刻时易致形讹将"之"误作"云"。再具体分析，若作"古云"，则以下语句即为引语，但以此语征诸古籍，惟有"居于畎亩之中"这五、六个字，见于《孟子·告子下》、《庄子·让王》、《襄阳耆旧记·庞德公》等，但其前并无"乐田园者"的短语充当主语，既然如此，怎能将其作为引语并在其前加上"云"字，甚至加上引号？更不容说此句之后，并无与其互为骈偶的下句——"今耽丘壑者，选村庄之胜"。再从内容上看，以上的古籍所引"居畎亩"之典，大抵出于舜耕于历山，后被尧举用之事，而《孟子·告子上》所强调的，是"天将降大任于斯人也"，这与计成《自跋》中当"否"之时的"隐心皆然"相悖，故也不可能被引；《庄子·让王》中的北人无择之语可以被引，但其前后并无类似的语句。只有《襄阳耆旧记》卷一叙庞德公，言其"躬耕田里"，"未尝入城府"，荆州牧刘表往请，公"释耕陇上"，表问曰："先生苦居畎亩之间……"这都表达了庞德公"乐田园"之意，但该书并未概括出此"乐田园"的字样。由此可见，计成的骈偶语句，是对历史所作的某种概括，而不是具体引用，因此，"云"字宜改作"之"字。又：从语势看，此两句"古之乐田园者，居于畎亩之中；今之耽丘壑者，选村庄之胜"，不成骈偶，上句"居"后衍一"于"字，下句"今"后又脱一"之"字。如是，全句应作："古之乐田园者，居畎亩之中；今之耽丘壑者，选村庄之胜。"

② 濠：陈注二版注："原为'城下池'，俗称'护城河'，此处则泛指河道而言。"此释似欠精审。《园冶全释》则云："本指护城河，这里可能是指护庄河。"这有一定合理性，但更应是用《庄子·秋水》典的"知鱼"之"濠"。"凿水为濠"一句，还足证《城市地》的"临濠蜿蜒"，并非护城河。

代名画记·隋·董伯仁》："动笔形似，画外有情"），**疏源正可**（正可：正好合适）；**馀七分之地，为垒土**（《老子·六十四章》："九层之台，起于垒土。"［宋］梅尧臣《真州东园》："垒土以起树，掘沼以秧莲"）**者四，高卑无论**（不论地势的高低），**栽竹相宜**①（宜：合适。［宋］苏轼《饮湖上初晴后雨》："欲把西湖比西子，淡妆浓抹总相宜"）。◎不一味直写，笔下意尽，须从别引。忽写村庄园基地的分配比例，编织数字，别具匠心，令人捉摸不着，然又是必要的交代，堪称神来之笔。

堂虚（虚，空虚；空敞）**绿野**（以［唐］宰相裴度在洛阳所建的绿野堂为典）**犹**（《古书虚词集释》："犹，犹'应'也，'宜'也。《史记·伯夷传》：'犹取信于六艺'"）**开，花隐重门**（指屋内的门）**若**（似乎）**掩**（此骈偶句调整后的语序为：堂虚犹开绿野，花隐若掩重门。意谓堂虚宜如裴度所开绿野，花树则好似若隐若现地掩蔽着重门。◎两句一敞一蔽，一开一阖，相映成趣，参见本书第195–197页）。**掇**（即叠、堆）**石莫知山假，到桥若谓津通**②。**桃李成蹊**（"桃李不言，下自成蹊"的省语。［金］元好问《南乡子》："迟日惠风柔，桃李成蹊绿渐稠。"此处直言花木欣荣，构成了引人入胜的景观），**楼台**（古代高大建筑群的泛称。［唐］杜牧《江南春》："南朝四百八十寺，多少楼台烟雨中。"［宋］苏轼《腊月游孤山访惠勤惠思二僧》："楼台明灭山有无"）**入画**（入：进入；达到某一境地。入画：进入于画境，此形容景物如画般优美。［唐］韩偓《冬日》："景状入诗兼入画"）。◎以骈辞丽句铺写村庄地园林的诗情画意，典故连连，俊语翩翩，雅致缜密可诵。

围墙编棘（棘，酸枣树，茎上多刺；泛指有刺的苗木，常用作编制篱笆。此句言围墙以荆棘编成），**窦**（孔穴；洞。［汉］《古乐府·十五从军征》："兔从狗窦入"。此"窦"指篱笆上所留的狗洞）**留山犬迎人**（◎两句确乎是村庄风物）；**曲径**（［唐］常建《题破山寺后禅院》："曲径通幽处，禅房花木深"）**绕篱，苔破**（整片苔藓被踏坏或被遮盖。［宋］辛弃疾《沁园春》："庭中且莫，踏破苍苔"）**家童**（亦作"家僮"。《说文》："僮，未冠也。"古代二十岁行成人礼，结发戴冠。《国语·晋语》注："冠，二十也。"家童：旧时未冠的私家奴仆。［唐］王维《田园乐七首［其六］》："花落家童未扫"）**扫叶**（扫去落叶）。**秋老**（指深秋；晚秋；秋尽。［宋］叶梦得《念奴娇》："归去来兮秋未老"）**蜂房**（蜜蜂用

---

① "约十亩之地……馀七分之地……"这一全书中特长的骈俪句，概括了村庄园基地中池、山、竹树等应占的比例，但并非实指，均为约数、虚数，参见本书第666页。此外，从内涵上还可参［清］李斗《扬州画舫录·工段营造录》："蔡野鹤尝曰：'住屋须三分水，二分竹，一分屋。'顾东桥尝曰：'多栽树，少置屋。'"此语均值得从园林生态学视角深长体味。

② "掇石莫知山假，到桥若谓津通"：上句言叠山技艺之高，竟能以假乱真，让人不知是假山；下句言善设疑境，有"山重水复疑无路，柳暗花明又一村"之趣。津：渡口。此句意谓园内溪流阻隔，花树掩映，境界扑朔迷离，难以到达彼岸探幽，突然至渡口竟发现有桥可通，欣喜何如！一个"若"字，应训作"乃"、"竟然"，暗示已几经曲折，表达了出乎意外之义。［唐］张旭《桃花溪》诗云："隐隐飞桥隔野烟，石矶西畔问渔船……"此意近之。此句有些注本译作"行人至桥，似同过渡"，或"断处架桥，路尽有渡口可通"，语意均欠通顺，太平直，有误读成分，包括这个"若"字。

分泌的蜂蜡造成的六角形的巢，是蜜蜂产卵和储藏蜂蜜之处。[明]刘基《疏影·分韵咏荷得'实'字》词："叶底蜂房成蜜"）**未割**（未割取），**西成**（《尔雅》："秋为收成。"谓秋天庄稼已熟，农事告成。《书·尧典》："平秩西成。"孔颖达疏："秋位在西，于时万物成熟。"[唐]蒋防《秋稼如云》："秋成知不远"）**鹤廪**（储藏鹤食的粮仓。廪[lǐn]：粮仓）**先支**（支：拄；支撑；架起。鹤廪先支，言鹤食的粮仓应先支架起来，以备过冬。两句详见本书第375－378页）。**安闲**（此处"安闲"，与下句的"酤酒"互为对文，均为动宾结构，意谓安享闲适或安于清闲，故"安闲"不是并列结构，"安"不应作形容词解）**莫管稻粱谋**[①]，**沽**（通酤[gū]，《说文》："酤……买酒也"）**酒不辞**（不辞让；不推辞[辛劳]。[宋]苏轼《浪淘沙》："东君用意不辞辛"）**风雪路**（此句暗用《水浒传》"林教头风雪山神庙"典故。又[宋]郭熙《林泉高致·画题》：冬有"踏雪远沽"）。◎大段村语俗言，铺陈田家风物以及园林物质生活的裕足，亦历历如绘。又用"对照"辞格，以此段之"俗"紧接前段之"雅"，阳春白雪、下里巴人，形成鲜明比照，使得雅者愈雅而俗者更俗，读来品味不尽。

　　归林得意[②]，**老圃**（有经验的菜农。《论语·子路》："樊迟……请学为圃。[子]曰：'吾不如老圃'"《村庄地》中意谓愿作老圃）**有馀**[③]。◎结语两句，扎根历史文化，赞美村庄地园林，言外有意，馀音袅袅，不绝如缕。

（四）郊野地

　　郊野择地（选择园地），**依乎**（依从于）**平冈**（指山脊平坦处）**曲坞**（山坳），**叠陇**（层叠的土埂）**乔林**（树木高大的丛林。[三国魏]曹植《赠白马王彪[其四]》："归鸟赴乔林"），**水浚通源**（通源：与源头相通。魏徵《谏太宗十思疏》："欲流之远者，必浚其

---

① 金按——"稻粱谋"：原本、国图本以及华钞本、隆盛本等均作"稻粮（糧）谋"，此乃音讹，应作"稻粱谋"。从逻辑学的视角说，"粮（粮食）"为属概念，包括稻、粱等"五谷"在内；而稻、粱等则均为种概念，均为"粮"的一种，而且可相与并列。如作"稻粮谋"，则混同了不同级别的概念，不符合逻辑上的层级性。[唐]杜甫《同诸公登慈恩寺塔》："君看随阳雁，各有稻粱谋。"谓禽羽类谋取稻粱作为口食，多用以比喻人谋求衣食。[宋]吕本中《严州九日坐上赠胡明仲常子正》："老耻稻粱谋"。"粱"字喜咏本不误，而营造、城建本又作"稻粮谋"，陈注一、二版均改。《图文本》亦改。本节的"稻粱谋"，比喻置身村庄地，五谷丰足，不必再为谋求衣食而奔波，故可安于闲逸。

② 金注——原本"归林得意"的"意"字，陈注一版作"志"，第二版按明本改正。得意：可有两解：一、因如愿以偿而感到称心如意，但有的注家所引书证欠佳。《园冶全释》引孟郊《登科后》："春风得意马蹄疾，一日看尽长安花。"眉飞色舞、得意洋洋之态见于言外。其实，登科后的得意与归林后的得意，是截然不同的，不能混为一谈。《图文本》亦引此书证，这与其所引李白"归林"句的旨意相抵牾。二、得意即领会旨趣，这已进入了道家哲学的境层。《庄子·外物》："得意而忘言。"[晋]陶渊明《饮酒[其二]》："此中有真意，欲辩已忘言。"《园冶全释》亦注道："得意忘言，用此义可解释为：退归林下得自然之道的本意，不须用语言说出来了。"这一补充亦当。

③ 有馀：有剩馀；超过足够的程度。至于所"馀"者为何，不妨按接受美学的观点："各以其情而自得"（[清]王夫之《薑斋诗话·诗绎》）。例如：有馀欢，[宋]苏轼《送岑著作》："相得欢有馀"；有馀闲，[晋]陶渊明《归园田居[其一]》："户庭无尘杂，虚室有馀闲"；有馀乐，[晋]陶渊明《桃花源诗》："怡然有馀乐"，如此等等。

泉源"），**桥横跨水，去**（距离；离开。《谷梁传·庄公三十二年》："梁丘在曹邾之间，去齐八百里"）**城不**（不：动词，不到。《孟子·梁惠王上》："直不百步"。孙奭疏："不至于百步"）**数里，而往来可以任意**（任意：任随其意，不受约束。《世说新语·俭啬》："乃开库一日，令任意用"），**若为快也**（是如此地畅快快啊。为：是）**！**◎落笔开篇，不用骈文，而以散文放言之，更易于畅抒对郊野地的赞赏之情。[传·唐]司空图《二十四诗品·疏野》云："若其天放，如是得之。"快心之事，宜如此着笔。

谅（料想；估量，揣度之词。《聊斋志异·陆判》："大宗师谅不为怪。"）**地势**（土地山川的形势。《周礼·考工记·匠人》："凡天下之地势，两山之间，必有川焉。"本节指郊野地园基的形势、地势）**之崎岖**（地势高低不平），**得**（取得；获得。《孟子·告子上》："心之官则思，思则得之，不思则不得也。"本节中为：了解；取得情况）**基局**（地盘；格局）**之大小。围**（动词，在园地四周造围墙）**知**（知晓）**版筑**（夯土所筑之墙。[唐]杜甫《泥功山》："版筑劳人功。"这种墙与本节所论郊野地颇为适称，但也可理解为泛指其他墙），**构拟**（构：原指架木造屋。[唐]柳宗元《凌助教蓬屋题诗序》："遂构蓬室"。本节泛指构建、建造。拟：仿拟，效法）**习池**①。**开荒**（[晋]陶潜《归园田居[其一]》："开荒南野际，守拙归园田"）**欲引**（导引）**长流**（[汉]张衡《归田赋》："俯钓长流"），**摘景**（选景。[宋]梅尧臣《秋日同希深昆仲游龙门香山极一时之娱》："摘景固无遗"）**全留杂树。搜根惧**②**水，理顽石**（顽石：未经斧凿的石块；坚石。[唐]元稹《谕宝[其二]》："圭璧无卞和，甘与顽石列"）**而堪支**（此二句含义，见本书第324－328页）；**引蔓**（蔓：草本蔓生植物细长而自身不能直立的枝茎）**通**（到达；通到；通过）**津**（渡口），**缘**（沿着；顺着。[晋]陶渊明《桃花源记》："缘溪行，忘路之远近"）**飞梁**（[北魏]郦道元《水经注·晋水》："结飞梁于水上"，本文泛指一般桥梁）**而可度**（诸家对两句的争议，见本书第308－313页）。◎有序地写郊野地一系列造园工程，写来脚踏实地，顿挫着力，但笔实而又不泥乎实，让人举一反三。全段句句不离"郊"意"野"趣，又颇饶空灵之致。

风生寒峭（寒峭：早春寒气逼人。[宋]蒋捷《解佩令》："梅花风悄，杏花风小，海棠风蓦地寒峭。"《园冶·借景》："寒生料峭"），**溪湾**（湾：同"弯"，与下句"绕"互对，此指弯曲处）**柳间栽桃**（柳树间隔中栽桃树）；**月隐清微**（清微：清淡微妙。[明]贾仲

---

① 习池：即"习家池"，古迹名，在湖北襄阳。《晋书·山简传》："简镇襄阳，诸习氏、荆土豪族有佳园池，简每出嬉游，多之池上，置酒辄醉，名之曰'高阳池'。"这是取汉初郦食其自称高阳酒徒之意。后多借指园池名胜。[唐]杜甫《初冬》："日有习池醉，愁来《梁甫吟》。"又《从驿次草堂复至东屯茅屋[其一]》："非寻戴安道，似向习家池。"亦省称"习池"。[宋]王安石《寄张襄州》："遥忆习池寒夜月，几人笑谈伴诗翁。"

② 金按——"搜根惧水"的"惧"，原本、国图本明版均如此，隆盛至陈注一版以及《图文本》亦然。而陈注二版却改"惧"为"带"，并云："搜根，挖掘墙足之意。带水，原本作惧水，按明本正改。"其实，自明至今所有版本一律作"惧"，可见所据不实。又：其搜根之释亦非是。

名《金安寿》第一折："韵清微，高山流水野猿嘶"），**屋绕**（绕：围绕；环绕。屋绕，即绕屋，指房屋四周）**梅馀**（馀：指剩下的空隙之地）**种竹**（两句意生尘外）。**似多幽趣**（幽趣：幽雅的情趣。[宋]梅尧臣《送张中乐屯田知永州》："莫将车骑喧，独往探幽趣"），**更入深情。两三间曲尽**（曲尽：婉曲地尽其妙处）**春藏**（潜藏春色），**一二处堪为暑避**（"两三"、"一二"，举言其少。"春藏"、"暑避"，暗用《园说》"藏春坞""消夏湾"之典），**隔林鸠唤雨，断岸马嘶风**①。**花落呼童，竹深留客。任看主人何必问，还要姓字**（姓和名字，犹姓名。[宋]晏幾道《玉楼春》："金屋瑶台知姓字"）**不须题**（[明]朱察卿《露香园记》："昔顾辟疆有名园，王献之以生客径造，旁若无人，辟疆呧其贵傲而驱之出。先生[金按：指露香园主人]懿行伟词，标特宇内……贤豪酒人欲窥足先生园，虑无绍介，即献之在，当尽敛贵傲，扫门求通。"这符合于计成园林关于开放的理念，见本书第108－110页）。**须陈**（陈：显示）**风月**（风月：清风明月。[唐]杜甫《日暮》："风月自清夜，江山非故园"）**清音，休**（莫，不要。[宋]辛弃疾《摸鱼儿》："休去倚危栏"）**犯**（触犯；冒犯。《左传·襄公十年》："众怒难犯"）**山林**（此指原生态的山林）**罪过**（罪行；过失。两句见本书第363－369页）。◎描述郊野地园林清空寒峭意境，写来幽趣横溢，深情蕴蓄，或借著名事典提出"园林任看不必问"的开放理念，或以排偶骈句铸就"休犯山林罪过"的生态律则，堪采《文心雕龙·风骨》语赞曰："风清骨峻，篇体光华。"

韵人（犹雅人；高人。[明]祁彪佳《寓山注》："韵人纵目，云客宅心"。《初刻拍案惊奇》卷三十："此间实少韵人"）**安**（岂）**亵**（轻慢；侮弄；亵渎。《抱朴子·博喻》："鸾凤竞粒于庭场，则受亵于鸡鹜。"此句承接"休犯山林罪过"，意谓高人是尊重山林的，岂会亵渎它。从而隐括了生态造园的理念，同时，又暗含和开启下句文明游园之意）**？俗笔**（平庸的笔法。[宋]黄庭坚《跋与徐德修草书后》："钱穆父、苏子瞻皆病予草书多俗笔。"[明]何良俊《四友斋丛说·画二》："王叔明……自夸以为无一俗笔。"在此节中借指庸俗的诗作特别是书法等类）**偏**（偏偏；偏要）**涂**（乱涂乱抹。《增韵》："乱曰涂。"[唐]卢仝《示添丁》："忽来案上翻墨汁，涂抹诗书如老鸦。"[清]洪昇《长生殿·疑谶》："醉来墙上信笔乱鸦涂。"古代文人有壁上题诗等习惯，题得好是增雅，题得俗就是涂鸦）。◎结语既强调生态造园，又强调文明游园，谓郊野地园林虽应开放，但庸人俗士不应进去任意涂鸦，亵渎了园林高雅的美。两句结语，上句倡导雅韵，下句反对庸俗。"反诘"辞格的运用，意味深长。

---

① 隔林鸠唤雨，断岸马嘶风：鸠唤雨：见本书第627－628页。断岸：江边绝壁。[宋]苏轼《后赤壁赋》："江流有声，断岸千尺"。马嘶风：马迎风嘶鸣。[五代南唐]冯延巳《酒泉子》："风微烟澹雨萧然，隔岸马嘶何处？"[宋]欧阳修《阮郎归》："南园春半踏青时，风和闻马嘶。"对此"隔林"、"断岸"二句，《园冶全释》阐释颇精彩："此处的鸠唤雨、马嘶鸣，是以动写静，藉以表现郊野地园林的园居生活氛围。"此外，这还均应看作是郊野地借景中的"借声"。

（五）傍宅地

宅傍（即"旁"。［明］汪元祚《横山草堂记》："植桃其岸，傍有一泉"）**与后有隙地**（些小的空隙之地。［宋］陆游《居室记》："舍后及傍，皆有隙地"），**可葺**（葺［qì］：用茅草盖屋，引申为修理、建造。［宋］辛弃疾《浣溪纱》："新葺茅檐次第成"）**园，不第**（即不但。"第"、"但"、"独"均双声字，可通）**便于乐闲，斯谓护宅之佳境**（佳境：风景优美的地方。［唐］杜甫《自瀼西荆扉且移居东屯茅屋［其四］》："幽独移佳境"）**也。**◎开端概述傍宅地的好处：乐闲与护宅，从而点出此处造园的必要性。

开池浚壑（浚：疏通；深挖。《汉书·沟洫志》："随山浚川"。壑：山沟；坑谷。《礼记·郊特牲》："土返其宅，水归其壑"），**理**（治；掇）**石挑山**（挑山：挑土堆山），**设门有待来宾，留径**（预留小路便道）**可通尔**①**室。竹修林茂**（［晋］王羲之《兰亭序》"茂林修竹"之倒文），**柳暗花明**（［宋］陆游《游山西村》："山重水复疑无路，柳暗花明又一村"）。**五亩**（此处言占地面积不大而又尚可。《孟子·梁惠王上》："五亩之宅，树之以桑"。［唐］白居易《池上篇》诗："十亩之宅，五亩之园。有水一池，有竹千竿。勿谓土狭，勿谓地偏。足以容睡，足以息肩。"［宋］梅宣义在苏州有"五亩园"）**何拘，且效温公之"独乐"**（计成《自序》："斯十亩为宅，馀五亩可效温公'独乐'制"）；**四时**（四季）**不谢**（花不凋谢。［宋］晏几道《归田乐》："愿花更不谢，春且长住"），**宜偕**（偕：俱；同。［明］徐有贞《水仙花赋》："有若箫史之偕弄玉"）**小玉**（泛指侍女。［唐］白居易《长恨歌》："转教小玉报双成"）**以同游。**◎写傍宅地园林山水、建筑、花木诸要素，以及园林之美与乐。典故的运用、俊语的铺排，相映生辉，互补成趣。

日竟（竟：终；穷尽。日竟为"竟日"的倒文，即终日；从朝至暮。《晋书·谢安传》："欢笑竟日"）**花朝**（旧俗以"百花生日"为"花朝节"，亦省称"花朝"。［宋］戴复古《花朝侄孙子固家小集》："今朝当社日，明日是花朝"），**宵分**（夜半；半夜。《魏书·崔楷传》："日昃忘餐，宵分废寝"）**月夕**（特指农历八月十五日中秋节。此数句见本书第360－363页），**家庭侍酒，须开锦幛之藏**②；**客集征诗，量罚金谷之数**（典出［晋］石崇《金谷诗序》："令与鼓吹递奏。遂各赋诗，以叙中怀，或不能者，罚酒三斗。"后以"金

---

① 金按——原本为"尔"，其他各本均作"尔"，惟陈注一版作"尔（迩）"，此句译文："留径可通近室。"此释是为得之。尔，通"迩"，叠韵，名闻遐迩的"迩"，近也。书证及诸家解释，详见本书第609页。
② "家庭侍酒，须开锦幛之藏"：家庭：犹言家中。［宋］陆游《东斋杂书》："家庭盛弦诵，父子相师友。"侍酒：侍奉饮酒。［宋］赵孟坚《减字木兰花》："彩衣侍酒，更祝二亲无限寿。"锦幛：锦制的帷幕。［清］查慎行《雨中牡丹戏作吴体》："锦帷锦幛贫家无"。须开锦幛之藏：《开元天宝遗事》卷四："宁王宫有乐妓宠姐者，美姿色，善讴唱。每宴外客，其诸妓女尽在目前，惟宠姐客莫能见。饮及半酣，词客李太白恃醉戏曰：'久闻王有宠姐善歌，今酒殽醉饱，群公宴倦，王何吝此女示于众？'王笑谓左右曰：'设七宝花障。'召宠姐于障后歌之。白起谢曰：'虽不许见面，闻其声，亦幸矣。'"锦幛即七宝花障。开锦幛之藏：意谓在家庭之中，侍女上酒，不必遮掩躲藏，应尽情欢宴讴唱。

谷酒数"泛指宴会上罚酒三杯的常例。其中"遂各赋诗，以叙中怀"两句，交代了罚酒的原因。"金谷酒数"之所以广泛流传而为成语，就由于文人们喜爱宴集赋诗这样的雅人韵事。李白名篇《春夜宴桃李园序》也写道："如诗不成，罚依金谷酒数"）。**多方**（采用多种形式、方法）**题咏**（中国文化的一种独特表现方式，指为某一景物、书画或事件题写诗词。《红楼梦》第二十三回："元妃在宫中编次'大观园题咏'，忽然想起那园中的景致"），**薄有**（小有；略有。《易·繫辞下》："德薄而位尊，知小而谋大，力小而任重，鲜不及矣。"薄、小与尊、重、大互为对文，薄有轻、微、小之义）**洞天**（道教称神仙的洞府胜境为"洞天"，意谓洞中别有天地，后常泛指风景胜地。［唐］章碣《对月》："别有洞天三十六，水晶台殿冷层层"）。◎此段写园林里的节令民俗和文人雅集，既有人情味，又有园林趣，更有文化学价值意义。行文热闹，是一段华彩乐章。

常馀半榻琴书（榻、琴书，见《园说》夹注），**不尽**（无尽。［宋］辛弃疾《南乡子·登京口北固亭有怀》："不尽长江滚滚流"）**数竿**（极言竹之少。竿：量词。犹棵、株，特用于竹的计量。［清］郑板桥《题竹》："挥毫已写竹三竿。"又《题画竹》："一竿瘦，两竿够。三竿凑，四竿救"）**烟雨**①。**涧户**（山谷中的住屋，常用以指隐士居所。［唐］王维《辛夷坞》："涧户寂无人，纷纷开且落。"本节中用"借代"辞格，借居所以代居住的人——园主、隐士）**若**·（如此地）**为**·（是）**止**（止：居住；栖息。［晋］皇甫谧《高士传·焦先》："常结草为庐于河之湄，独止其中"）**静**·（静境），**家山何必求深**②？**宅遗**（遗：遗留；馀留；保留）**谢朓**③**之**

---

① 不尽数竿烟雨：这是《园冶》中最富于艺术含蓄美的俊语之一，需要多加阐发。烟雨：蒙蒙细雨；烟雾而带雨意，这是中国诗、画、园林所追求的朦胧美一种很高的境界。［唐］杜牧《江南春绝句》："多少楼台烟雨中。"［宋］黄庭坚《和裴仲谋雨中自石塘归》："远近青山烟雨中。"苏轼的《书摩诘蓝田烟雨图》，就在烟雨境界中发现了王维"画中有诗，诗中有画"的美学特色，从而此语成为中国山水画的最高境界。在中国绘画史上，［宋］赵令穰有《春江烟雨图》，米友仁有《湖山烟雨图》等名作。在中国风景园林史上，也爱以烟雨构景，如［明］历城八景有"鹊华烟雨"，［清］扬州瘦西湖二十四景有"四桥烟雨"，［明］嘉兴有烟雨楼。［清］避暑山庄也有乾隆命名的烟雨楼。笔者在《中国园林美学》这样评嘉兴烟雨楼："古朴崇宏的建筑群掩映在绿树丛中，水色空蒙，时带雨意，这一独特的园林空间，最宜交感在月夜特别是雨中，每当烟雨拂渚，在雨帘风幕里模糊不定的绿、澹然生烟的烟、出有入无的渡船、隐约微茫的楼阁，令人联想起杜牧的名句：'多少楼台烟雨中。'烟雨能制距离，在朦胧之中，岛与湖岸的距离拉远了，给人以浩渺无际的空间感……避暑山庄所仿建的烟雨楼，风格趣味虽各有不同，但也最宜于烟雨，这同样是一种'披之则醇'的朦胧美，一种特殊的空间距离之美。"（中国建筑工业出版社2005年版，第228-229页）

② "涧户若为止静，家山何必求深"：若为，"为若"之倒文，意为"是如此地"。若：如此。《园冶》喜用此种组合的句式，如《相地·郊野地》："若为快也！"是如此地畅快啊！《立基》："疏水若为无尽。"意谓疏水是如此地无尽。"涧户若为止静"，意谓隐逸者是如此地栖息于静境。"止静"与下句"求深"互为对文，均为动宾结构。从语法学视角看，此上、下句为因果复句中的推论复句，关联词为"既然……那么……"两句意谓：在成功的傍宅园里，既然隐逸者已经是如此地栖居于幽静之境，那么，家山的叠掇山何必再要去追求深远呢？这也由于傍宅地以"隙地"造园，故而掇山不必"求深"，而应求小中见大、少中见多。其实前一句"不尽数竿烟雨"，已透露了此中消息。

③ 金按——"宅遗谢朓之高风"的"朓"，原本已误刻为"眺"，以后版本均误，直至陈注一二版，亦误。出版于21世纪的《图文本》，才改为"朓"。谢朓（tiǎo）：南朝齐著名诗人，字玄晖，曾任宣城太守，人称谢宣城。风格清新秀逸，时出警句，如"馀霞散成绮，澄江静如练"等，为李白所爱重。李白有《秋登宣城谢朓北楼》、《宣州谢朓楼饯别校书叔云》等诗，其《金陵城西楼月下吟》还有"解道澄江静如练，令人长忆谢玄晖"的名句。《园冶注释》2012年第14次印刷，"眺"字仍未改正可见这一形讹延续之久远。

高风（高风：高尚的风操、风尚。[晋]夏侯湛《东方朔画赞序》："睹先生之县邑，想先生之高风"），**岭划孙登之长啸**①（长啸：[宋]苏轼《和林子中待制》："浩歌长啸老斜川。"◎此数句意境不尽，字里行间，妙有清气往来）。**探梅**（寻访梅花。[宋]陆游《初冬夜宴》："探梅又续去年狂"）**虚**（虚：使动词。使……空着；使……空。《史记·魏公子列传》："公子从车骑，虚左、自迎夷门侯生。"虚左：让左面空着）**蹇**（蹇[jiǎn]：跛足，指代跛驴。《汉书·叙传上》："是故驽蹇之乘，不骋千里之涂[途]。"[汉]贾谊《吊屈原赋》："腾驾[乘]罢[疲]牛兮骖[驾车时套在车辕两边的马，古代一般用三匹或四匹马拉车]蹇驴。"这是最早出现的"蹇驴"一词。本文此句化用孟浩然骑驴踏雪寻梅的故事②。诗人策蹇、骑驴的形象，在唐诗中频频出现，成为一种文化现象，如孟浩然《唐城馆中早发寄杨使君》："策蹇赴前程。"李白"乘醉跨驴经县治"（《唐才子传》）。杜甫《逼侧行赠毕曜》："东家蹇驴许借我，泥滑不敢骑朝天。"中唐以后就更多，如姚合《喜贾岛至》："布囊悬蹇驴，千里到贫居。"探梅虚蹇：意谓探梅还可让跛驴闲空着，因为"屋绕梅馀种竹"（《相地·郊野地》）的园林，就在宅第近旁，所以探梅不必骑驴），**煮雪**（用雪水烹茶。[唐]喻凫《送潘咸》："煮雪问茶味"）**当姬**（当[dàng]：当作；算是；代替。[唐]杜甫《寒夜》："夜半客来茶当酒。"姬，古时女性的美称，亦指称美女。[南朝宋]鲍照《芜城赋》："东都妙姬，南国丽人。"此句谓取雪水煮茶，以替代美姬相伴）。◎此段铺写傍宅地园林种种文化生活，以及宅第的品位要求，具见静趣逸韵，高怀亮节，峻骨琴心，可谓雅人深致。

　　轻身（以下数句均为劝吴玄[又于]之语，见本书第44－46页。轻身：以"无官一身轻"讽喻吴玄的丢官）**尚**（尚且。《史记·廉颇蔺相如列传》："庸人尚羞之，况于将相乎"）**寄**（委托，托付。《论语·泰伯》："可以托六尺之孤，可以寄百里之命。"此指寄身；以身相托）**玄黄**（《易·坤·文言》："天玄而地黄"。后常以指代天地。此句意谓所轻之身毕竟还要寄托在天地之间），**具眼胡分青白**③（[既然如此，]有识别事物的眼力为什么还要分青白呢）**？** **固**（本来。[汉]司马迁《报任安书》："人固有一死"）**作千年事**（以"文章千古事"的古训，

---

① "岭划孙登之长啸"：孙登，三国魏人，奇人；隐士，善长啸以舒怀。《晋书·阮籍传》："籍尝于苏门山遇孙登，与商略终古及栖神导气之术，登皆不应，籍因长啸而退。至半岭，闻有声若鸾凤之音，响乎岩谷，乃登之啸也。"划[huà]：象声词，此形容啸声。[宋]苏轼《后赤壁赋》："划然长啸，草木振动。"岭划：岭上划然响起。此节谢朓、孙登两句，意谓宅第应体现文人韵士的风范，如[明]文震亨《长物志·室庐》所言："要须门庭雅洁，室庐清靓，亭台具旷士之怀，斋阁有幽人之致。"

② 钱锺书《宋诗选注》："李白在华阴县骑驴，杜甫《上韦左丞丈》自说："骑驴三十载"，唐以后流传他们两人的骑驴图（王琦《李太白全集注》卷三十六，《苕溪渔隐丛话》后集卷八，施国祁《遗山诗集笺注》卷十二）；此外像贾岛骑驴赋诗的故事、郑綮的'诗思在驴子上'的名言等等（《唐诗纪事》卷四十、卷六十五），也仿佛使驴子变为诗人特有的坐骑。"（人民文学出版社1982年重庆版，第199页）尔后的诗人、画家，据孟浩然、贾岛等人"策蹇"的诗句，附会出孟浩然跨驴踏雪探梅等故事和图画。

③ 青白：即"青白眼"。语出《世说新语·简傲》："嵇康与吕安善。"刘孝标注引《晋百官名》："嵇喜字公穆，历扬州刺史，[嵇]康兄也。阮籍遭丧，往吊之。籍能为青白眼，见凡俗之士，以白眼对之。及喜往，籍不哭，见其白眼，喜不怿而退。康闻之，乃赍酒挟琴而造之，遂相与善。"后因以"青白眼"表示对人的尊敬和轻视两种截然不同的态度，此用以讥刺吴玄用青白眼去评骘人物，参与党争。

来对比吴玄以《吾徵录》去攻击正直的东林党，这不可能青史留名），**宁**（宁〔nìng〕：岂；难道。《史记·陈涉世家》："帝王将相，宁有种乎？"）**知百岁人**（"生年不满百"，希望能尊重自身）**?** ◎此段为计成对所营造常州傍宅园主人吴玄的种种劝讽，言短意长，情深思切。

足矣（满足于）**乐闲，悠然**（闲适、淡泊貌。〔晋〕陶潜《饮酒〔其五〕》："采菊东篱下，悠然见南山"）**护宅**（守护好自己的傍宅园）。◎结语两句，劝其返回正道，知足常乐，长期悠然守望园林。

（六）江湖地

江干（江边；江岸。〔唐〕王勃《羁游饯别》："游子倦江干"）**湖畔，深**（茂盛。〔唐〕杜甫《春望》："国破山河在，城春草木深"）**柳疏**（疏：稀疏；稀少。〔唐〕杜牧《雪中书怀》："孤城大泽畔，人疏烟火微"）**芦**（芦苇）**之际**（际：泛指处所。〔晋〕陶潜《归园田居〔其一〕》："开荒南野际"），**略**（稍微）**成**（建成）**小筑**（指规模较小的私家宅园，多筑于幽静之处，参见《园说》注），**足征**（征：成就；实现。《集韵·蒸韵》："征，成也。"）**大观**（盛大壮观的景象。〔宋〕范仲淹《岳阳楼记》："予观夫巴陵胜状……此则岳阳楼之大观也。"两句见本书第135－139页）**也！**◎发端高唱入云，襟抱高旷。先推举江湖地，继《园说》进而提出"略成小筑，足征大观"之论，再次揭示包括园林在内的艺术创造以小见大、以少总多的美学规律。

悠悠（辽阔无际；遥远貌。〔晋〕陶渊明《与殷晋安别》："飘飘西来风，悠悠东去云。"温庭筠《梦江南二首〔其二〕》："斜晖脉脉水悠悠"）**烟水**（雾霭迷蒙的水面。〔唐〕孟浩然《送袁十岭南寻弟》："苍梧白云远，烟水洞庭深。"〔唐〕李德裕《洛中士君子多以平泉见呼愧获名因以此诗为报奉寄刘宾客》："不及鸱夷子，悠悠烟水间"），**澹澹**（淡而不浓貌；广阔貌。〔唐〕元稹《早春寻李校书》："款款春风澹澹云。"〔唐〕杜牧《登乐游原》："长空澹澹孤鸟没"）**云山**（云雾缭绕，迷迷蒙蒙的山岭。〔宋〕画家米友仁有《云山图》、《云山得意图》、《云山墨戏图》。〔元〕张养浩《〔中吕〕普天乐·大明湖泛舟》："烟水闲，乾坤大，四面云山无遮碍。"〔明〕董其昌《画禅室随笔·画诀》："画家之妙，全在烟云变灭中……以云山的墨戏"），**泛泛**（飘浮貌；浮动貌。《楚辞·卜居》："将泛泛若水中之凫乎"）**鱼舟**①（泛泛鱼舟：活用〔晋〕嵇康《四言诗〔其一〕》之典："淡淡流水，沦胥而逝。泛泛虚舟，载浮载滞"），**闲闲**（从容安适貌。〔唐〕白居易《池上篇》诗："鸡犬闲闲"）**鸥鸟。**◎此段纯绘画面，似《借景》篇所云"湖平无际之浮光"，犹一幅淡墨云水长卷。以"重叠"辞格充分发挥其抒情、摹状功能，

---

① "鱼舟"：即渔舟；渔船。"鱼"、"渔"，为古今字。《说文》中的"渔"，篆文为"氵"旁加两"鱼"上下相叠。段注："捕鱼字，古多作鱼。《左传》：'公将如棠观鱼者。'鱼者，谓捕鱼者也。"〔元〕乔吉《〔中吕〕满庭芳·渔父词》："洞庭山影落鱼舟"。

字字饶有远韵，画外之白，水天空阔处，有无限遐思，宜独立成诵。

漏层阴（指光线透过重重叠叠的树叶。漏：液体、气体、光线等从孔隙中渗出或透出。[唐]韩愈《南海神庙碑》："云阴解驳，日光穿漏"）**而藏阁**（遮掩着楼阁。◎起句得势），**迎**（面向着；正对着）**先月**（初升的月亮。[唐]陆龟蒙《四明山诗·云南》："夜清先月午，秋近少岚迷"）**以登台**（◎承句振起）。**拍起云流，觞飞霞伫**①（◎兴会标举，异想天开；遒转奇纵，腕底极饶神力）。**何如缑岭，堪**（能够；可以）**谐**②**子晋吹笙**③；**欲拟**（效法；摹拟。[唐]刘禹锡《代裴相公进东封图状》："山川气象，悉拟真形"）**瑶池**（神话中昆仑山上的池名，西王母所住之地。[元]关汉卿《裴度还带》第四折："瑶池谪降玉天仙"），**若待穆王侍宴**④。◎江湖地和山林地一样，突出体现着计成的理想境界，故在前段天人合一的理想情景基础上，经由园中乐奏、宴饮，将江湖地园林升华为仙境，也使本节成为本章的最后高潮。

寻闲是福，知享（懂得享受）**即仙**。◎结语上承仙境描写，点出一个"仙"字，启导人们去尽情享受江湖地园林的"仙""福"。

---

① 拍起云流，觞飞霞伫：古代饮酒，常以音乐伴奏。拍：[明]王骥德《方诸馆曲律·论板眼》："古无拍，魏晋之代有宋纤者，善击节，始制为拍。"[明]魏良辅《南词引正》："拍乃曲之馀，最要得中。"拍起，节拍响起。云流：歌声乐音，犹如行云流水。[明]徐上瀛《溪山琴况》："小速微快……有行云流水之趣。"[明]朱权《太和正音谱》："唱若游云之飞太空，上下无碍，悠悠扬扬，出其自然……"觞飞，即飞觞，行觞如飞。[晋]左思《吴都赋》："飞觞举白。"《文选》刘良注："行觞疾如飞也。"[唐]刘宪《夜宴安乐公主新宅》："度曲飞觞夜不疲。"均为形容宴饮时热烈行觞的场景。霞伫：此仍继上句的音乐描写。朱权《太和正音谱》："古之善歌者，秦青、薛谭、韩秦娥……，此五人歌声，一遏行云不流，木叶皆堕……"本节中是用了"避复"辞格，为避与上句相犯，故易"云"为"霞"。此两句又用"对偶"、"比喻"、"夸饰"等辞格，妙抒江湖地园林之高情雅兴。

② 金按——"堪谐"的"谐"，原本及其他版本均作"谐"，惟陈注一版改作"偕"，其实此字不应改。"偕同"之意虽通，但对于音乐来说，就缺少了"和而不同"的和谐之意，故仍保留原本的"谐"字，因其意更佳。《书·舜典》："八音克谐。"《尔雅·释诂》："谐、协，和也。"也就是协调、和合。中国古代音乐美学认为，"和"与"同"是有区别的。《左传·昭公二十年》："'和'与'同'异……若以水济水，谁能食之？若琴瑟之专一，谁能听之？'同'之不可也如是。"《国语·郑语》亦云："声一无听，物一无文。"这都揭示了艺术美的和谐律。可见，如果吹的都是笙，或吹的都是同一旋律，那么，其结果就会走向"声一无听"的同一；如果理解为谐和着子晋吹笙，即与子晋吹笙相谐和，那么，或是琴笙协奏，或是笙箫和鸣……就会是乐器、音色、旋律的多样统一，这就更有审美意味。陈注二版已改为"谐"，甚是。

③ 金按——"何如缑岭，堪谐子晋吹笙"，原本、国图本等明版皆误刻为"堪谐子晋吹箫"，以后各本均误作"吹箫"，其实应为"吹笙"，典源见《列仙传·王子乔》："王子乔者，周灵王太子晋也。好吹笙（金按：是为'笙'字）作凤凰鸣。游伊洛之间，道士浮丘公接以上嵩高山。三十馀年后，求之于山上，见柏良曰：'告我家，七月七日待我于缑氏山巅。'至时，果乘鹤驻山头，望之不到。举手谢时人，数日而去。亦立祠于缑氏山下及嵩高首焉。"缑[gōu]岭：即缑氏山，后多指修道成仙之处。后人援此典，均一律作"笙"。如[晋]潘岳《笙赋》，就征引"子乔轻举"之典；《古诗十九首·生年不满百》有"仙人王子乔"之句，《文选》注亦作"笙"；[唐]许浑《送萧处士归缑岭别业》："缑山住近吹笙庙"。又，《故洛城》："可怜缑岭登仙子，犹自吹笙醉碧桃。"[宋]范仲淹《天平山白云泉》："子晋罢云笙，伯牙收玉琴。"[明]屠隆《彩毫记·泛舟采石》："二神姬鼓瑟湘灵，两仙郎吹笙缑岭"……故据改"箫"为"笙"。《园冶图说》注引《后汉书·王乔传》指出，"原文为'喜吹笙'，非箫"，这一补正，甚有必要。

④ 穆王：指周穆王。《国语·齐语一》："昔吾先王昭王、穆王，世法文、武远绩以成名。"周穆王为昭王之子，名满，曾西击犬戎，东征徐戎。其西击犬戎事，见《国语·周语上》。《穆天子传》因以演述穆王乘八骏西行见西王母的故事，卷三："乙丑，天子觞西王母于瑶池之上，西王母为天子谣。"又见《列子·周穆王》："穆王不恤国事，不乐臣妾，肆意远游，命驾八骏之乘……遂宾于西王母，觞于瑶池之上，西王母为王谣，王和之，其辞哀焉。"[唐]李白《大猎赋》："哂穆王之荒诞，歌白云之西母。"侍宴：宴享时陪从或侍候于旁。[唐]白居易《长恨歌》："承欢侍宴无闲暇。"

四、立 基

　　凡园圃（园圃：原指种植果木菜蔬的园地。《周礼·天官·冢宰》："园圃，毓［育］草木。"此指园林）**立基，定**（确定）**厅堂为主**①**。先乎取景，妙在朝南**（见本书第175－179页）。**倘**（倘若，假如）**育**②**乔木数株，仅就**（就：靠近）**中庭**（庭院；庭院中。［南朝宋］鲍照《梅花落》："中庭杂树多"）**一二**（种一二株，概言其极少。两句意为厅堂中庭南院，乔木宜少不宜多，以免遮挡阳光，并使庭院变窄）。**筑垣须广**（此句犹言以墙垣围合的基地的面积要大），**空地多存**（空地多留）。**任意**（任随己意。［宋］梅尧臣《送新安张尉乞侍养归淮甸》："任意归舟驶，风烟亦自如"）**为持，听从**（任从；听便）**排布**（上、下两句互文。其中"为、持"和"排、布"均为动词，也可译成一意：处理；执掌；安排；布置……数句意谓基地大，空地多，"能主之人"更能任从其意而显其身手）。**择成**（通过选择来建成）**馆舍**（房舍。［宋］袁褧《枫窗小牍》卷上："景龙江外，则诸馆舍尤精"），

---

① "凡园圃立基，定厅堂为主"：这是因为厅堂是一园的主体建筑，其位置的选定对园林的整体布局起着决定性的作用。"江南园林的厅堂……是堂正型建筑的代表。它往往是全园中心，方位一般为居中朝南，面对水池或山石，周围辅以亭台轩榭，缀以花木竹树，或用曲房回廊围合成中小型景区或庭院。厅堂作为全园或一个景区的主体建筑，它的体量、形式特别是所处的地位，也和其他宾体建筑显然不同。"（金学智《中国园林美学》：中国建筑工业出版社2005年版，第283页）

② 金按——此句"倘育乔木数株，仅就中庭一二"，原本及其他各本均作"倘有乔木数株，仅就中庭一二"。如果真是这样，那么，首先与计成的生态理念相悖逆。试看陈注一、二版释文："如果基地上原有几棵大树，仅就中庭保留一二。"《园冶全释》译道："倘若原有几株乔木，在院中保留一二即可。"《图文本》："如果地基上有数株乔木，只要在中庭保留一二棵即可。"几乎全都一样，认为应将原有的乔木大树砍光，仅仅保留一二株，这岂非犯了计成自己所说的"山林罪过"？试看《园冶》一书中，《借景》提出了"芳草应怜"之语；《掇山》提出了"花木情缘"的重要概念；《相地·郊野地》提出了"休犯山林罪过"的生态律则……再具体地看，如《相地》："多年树木，碍筑檐垣，［建筑物］让一步可以［自身］立根，［或］斫槎桠不妨封顶（不妨碍其树冠长得硕大丰厚）。"《相地》还说："雕栋飞檐构易，荫槐挺玉成难。"《立基》又说："开林须酌有因"……这都体现了计成一贯的生态学立场。既然如此，此处怎会突然一反常态，否定自我？其实，"育"、"有"二字音近，疑为刊刻时音近、形讹所致，于是误作"有"字至今。再从本节文意看，在中国文化史上，古代园圃本来就是生长养育草木果蔬之处。甲骨文"圃"字，像田畦种植有苗生成之形。《周礼·天官·冢宰》："园圃，毓草木。"《周礼·地官·大司徒》："以毓草木"……这类经典训释颇多，几成模式。"毓"就是"育"。《说文》："毓：'育'，或从'每'。"再看《园冶·立基》开篇落笔："凡园圃立基……倘育乔木（'育乔木'亦属'毓草木'的范畴）数株……"这是《周礼》文意在明代的延续。"倘育乔木数株，仅就中庭一二"，两句意谓如果园内要种乔木，靠近庭院至多种一二株（这是一种委婉的说法）。以此来解读《立基》这两句，就一清二楚了。还应看到，花木配植的定位乃至"栽培得致"，亦应属规划立基的范围之内。

馀（其馀的地方）构（构筑）亭台。格式（风格；格调；样式）随宜（随其所宜，谓根据情况随其所宜而处置），栽培（谓栽培花木。《礼记·中庸》："故栽者培之"）得致（有致。致：意态；风姿。《字汇》："致，趣也。"［明］文震亨《长物志·花木·柳》："弄绿搓黄，大有逸致"）。选向（选择朝向）非拘（不必拘泥于）宅相（谓住宅风水之相。［明］李东阳《兆先赴试三河念之有作》："古人重宅相"），安门（安设门楼或大门）须合（必须符合）厅方（方：方向。《庄子·田子方》："日出东方，而入于西极，万物莫不比方。"王先谦《庄子集解》引宣颖："从日为方向。"厅方：厅堂的朝向。《立基·门楼基》："惟门楼基，要依厅堂方向，合宜则立"）。◎《立基》开篇较实在，此为论述之需要所决定。此段列论规划中确立厅堂为主体以及筑垣、布局、栽培、安门诸多事宜，叙写以简驭繁，有条不紊。

开（开挖）土堆山，沿池驳岸（驳：动词）①。曲曲（弯曲。［宋］陈师道《寓目》："曲曲河回复，青青草接连"）一湾（即一个水湾，或指一条弯曲的流水。［金］王特起《梅花引》："一湾秀色盘虚谷"）柳月（［宋］欧阳修《生查子·元夕》："月上柳梢头"。本节中指柳梢之月，倒映于曲曲的水中），濯（洗涤）魄（圆魄：喻圆圆的明月。［南朝梁］萧衍《拟明月照高楼》："圆魄当虚闼，清光流思延。"［唐］李世民《辽城望月》："魄满桂枝圆，轮亏镜彩缺"）清波（清澈的水流。［宋］王安石《车螯［其二］》："清波濯其污"）；遥遥（形容遥远，有飘忽不定意。［晋］陶潜《赠长沙公》："遥遥三湘，滔滔九江"）十里（十里：用"夸饰"辞格）荷风，递（传送；传递。《增韵》："递，传递也。"［唐］柳宗元《与崔策登西山》："遥风递寒筱"）香幽室（幽室：幽偏静谧的屋室）。编篱种菊，因（沿袭，承袭）之（代词，代指下文"陶令当年"）陶令当年（陶令：［晋］陶渊明曾任彭泽令，故称。［元］赵孟頫《见章得一诗因次其韵》："无酒难供陶令饮"。种菊：陶生平爱菊，有"采菊东篱下，悠然见南山"之名句。当年：指过去某一年或某一时间。［宋］苏轼《念奴娇》："遥想公瑾当年"。［明］阮大铖《燕子笺·家门》："张绪当年情况。"《立基》此句意谓应遥承陶令当年东篱赏菊之风）；锄岭（在山岭上锄耕）栽梅，可并（并列；比并）庾公故迹②。◎以山水的开工领起，接着以诗意的文笔、歆羡的情怀、隽永的典故，分别描写了遥想中的春、夏、秋、冬的胜景韵事，展开了广阔的历史文化背景，以示应多方传承古代优秀的文化传统。

寻幽移竹，对景（对着景）莳花（［明］陈继儒《小窗幽记·集素》："山中莳花种草，足以自娱"）。桃李不言（古谚语"桃李不言，下自成蹊"的缩略），似通津信

---

① 两句意谓开池挖土，以土堆山，池水与土岸之间必须驳岸。刘敦桢《苏州古典园林》："土岸易被雨水冲刷而崩塌，因此……多数叠石为岸"。（中国建筑工业出版社2005年版，第22页）
② 庾公故迹：汉武帝时曾遣庾胜兄弟伐"南越"，胜守"南岭"，因名"大庾岭"，又名"庾岭"，为五岭之一，在江西省大庾县。［唐］张九龄植梅于岭上，故亦称"梅岭"。［唐］郑谷《府试木向荣诗》："庾岭梅先觉，隋堤柳暗惊。"故迹：即旧迹；遗迹。《水经注·谷水》："虽石碛沦败，故迹可凭。"

（似懂得传送信息，见本书第751－754页）；**池塘倒影**（［宋］陆游《题詹仲信所藏米元晖云山小幅》："奇峰倒影绿波中"），**拟**（相比；类似于）**入鲛宫**（两句详见本书第303－308页）。**一派涵秋**（意谓一派秋色沉浸于江水或池水中。涵，沉浸。［唐］杜牧《九日齐山登高》："江涵秋影雁初飞"。［宋］辛弃疾《木兰花慢》："正江涵秋影雁初飞"。［元］鲜于必仁《中吕·普天乐·平沙落雁》："山光凝暮，江影涵秋"），**重阴**（重［chóng］阴：犹浓荫。［唐］王维《与卢员外象过崔处士兴宗林亭》："绿树重阴盖四邻"）**结夏**（僧人自农历四月十五日起，静居寺院九十日，不出门行动，谓之"结夏"。［宋］范成大《偃月泉》："我欲今年来结夏"。此处曰"重阴结夏"，仅取其意，谓在浓荫下避暑纳凉）。**疏水**（疏通水源）**若为无尽**（是如此地没有穷尽。若为：为若；是如此），**断处通桥**（［传·唐］王维《山水论》："断岸坡堤，小桥可置"）；**开林**（即开林伐木）**须酌**（酌：审察；考虑）**有因**（有缘故。意谓应审察用途，不能任意开林），**按时架屋**（依照规定的时间，以便按时架造屋宇。《管子·八观》云："山林虽近，草木虽美，宫室必有度，禁发必有时。"《孟子·梁惠王上》："斧斤以时入山林，林木不可胜用也。"这都强调了必须遵守规定的时间，禁止过度开发）。

◎本段言花木栽植、水道疏理、建筑兴造事宜，结末尤强调应避免任意开林，表达了珍惜生态资源的重要思想，是对中国古代优秀生态哲学传统的继承和拓展。

　　房廊（泛指屋舍）**蜒蜿**（犹蜿蜒，萦回屈曲貌。［宋］陆游《化成院》："缘坡忽入谷，蜒蜿苍龙蟠"），**楼阁**（泛指楼房。［唐］白居易《长恨歌》："楼阁玲珑五云起"）**崔巍**（高峻；高大雄伟。［汉］东方朔《七谏·初放》："高山崔巍兮，水流汤汤"），**动"江流天地外"之情，合"山色有无中"之句**（"江流天地外，山色有无中"，为［唐］王维《汉江临泛》中的颔联，极有名。此处用以形容园境营造的诗情画意，其中包括借景中辽廓的远借）。**适兴平芜眺远，壮观乔岳瞻遥**[①]。◎设想园林建成后的壮美景象，以平远、迷远、高远的种种山水画章法构成宏观蓝图，同时也是展开了"远借"气势不凡的理想境界。

　　高阜（较高的土山。《旧五代史·汉书·高祖纪下》："帝登高阜以观之。"本节中为泛指）**可培**（《广韵》："培，益也。"引申为增益；增添；加高），**低方**（低洼之地）**宜宧**（应

---

① 适兴平芜：此两句较难通读，拟逐字逐句串解。"适"：舒适；畅快；宽畅，形容词用作使动用法，意为"使……舒适、畅快"。兴，审美主体的意兴；情趣。［元］贯云石《粉蝶儿·西湖》："任春夏秋冬，适兴四时皆可。"平芜：杂草繁茂的平旷原野。［唐］高适《田家春望》："出门何所见，春色满平芜。"［唐］姚合《夏日登楼远望》："避暑高楼上，平芜望不穷。"眺远：即"远眺"，向远处看。［宋］苏轼《念奴娇·中秋》："凭高眺远，见长空，万里云无留迹。"《园冶》此句用"倒装"辞格，意谓眺远平芜，使人的意兴舒适、畅快。"壮"：豪壮；宏大；壮伟，亦形容词作使动用法，"使……豪壮"。观：审美主体观照的境界；眼界；犹今言视野。乔岳：本指泰山，后泛称高峻的山岳。瞻遥：即遥瞻，犹遥望。［唐］张籍《小院春望宫池柳色》："遥瞻万条柳，回出九重城。"《园冶》此句与上句相应，亦用"倒装"辞格，意谓遥瞻乔岳，使视域宏大、壮伟。此两句，联系前数句来通读，更显得意境阔大，气势雄浑，骈偶工整，语言凝练。

该挖掘）。◎结语依旧落实到立基，低头看脚下，所谓"千里之行，始于足下"（《老子·六十四章》）。并与《自序》中相地"不第宜掇石而高，且宜搜土而下"呼应，概括了立基一个重要原则："因"，即必须因随地势，高者更增其高，低者更使其深，于是山水以成。

（一）厅堂基

厅堂立基，古以五间三间[①] **为率**（率［lǜ］：标准。为率：作为标准。《天工开物·乃服·经数》："凡织帛罗纱筘，以八百齿为率"）。**须量**（量：测量；估量）**地广窄**（指地基的宽度），**四间亦可，四间半亦可，再不能展舒**（展舒：即"舒展"，伸展；展开），**三间半亦可。深奥**（幽深隐秘）**曲折，通前达后**（前后通达，谓房屋前后空间可自由畅行），**全在斯**（斯：此）**半间中，生出幻境**（虚幻的境界。［宋］陆游《秋晚》："幻境槐安梦"。本节中的"幻境"，谓出人意料的变幻，给人一种捉摸不透的"虚幻"印象。关于"半间"生出幻境，见本书第222－227页）**也。凡立**（立：建立；营造）**园林，必当如式**（如式：遵依这样的规格、型式）。

（二）楼阁基

楼阁之基，依（根据；按照）**次序**（一般的前后顺序。《史记·乐书》："大小相次，不失其次序"。本节指传统建筑的程式序列）**定**（必定；一定）**在厅堂之后。何不立**（确定［于］）**半山半水之间，有**（为；实行）**二层三层之说？下望上是楼，山半**（山半腰；山腰。［唐］杜荀鹤《登山寺》："山半一山寺，野人秋日登"）**拟**（类同）**为**（于）**平屋**（平房。［宋］徐照《高山寺晚望》："小波重叠无平屋"）；**更上一层，可穷千里目**（化用［唐］王之涣《登鹳雀楼》名句："欲穷千里目，更上一层楼"）**也**（此节解读，详见本书第259－261页）。

（三）门楼基

园林屋宇（园林里的房屋），**虽无方向**（虽然没有［特定的］朝向要求），**惟**（惟独；只有）**门楼基要依**（依：依照；按照）**厅堂方向，合宜则立**（确定）。

---

① 刘敦桢《苏州古典园林》："大厅是园林建筑的主体，面阔三间、五间不等……"（中国建筑工业出版社2005年版，第35页）

（四）书房基

书房之基①，**立于园林者**（意谓确定在园林里的），**无拘内外，择偏僻处随便通园**②，**令**（让；使）**游人莫**（莫：表否定。不；不能。[唐]李白《蜀道难》："一夫当关，万夫莫开"）**知有此**（指代书房）。**内构**（景区内部构建）**斋、馆、房、室，借外景**（景区的外景）**自然**（当然；必然[会]）**幽雅，深**（副词，表程度。十分；非常）**得山林之趣**③。

　　如（如果[需要]）**另筑**（另外独立建造，不附于园林。金按：上段所论，均为园内所建的书斋及书斋景区；本段所论，则均为园外所建的书斋及书斋景区。从这两段文字来看，计成极重视书房及其环境的营造），**先相**（相：察看）**基形**（地基的形状）：**方、圆、长、扁、广、阔、曲、狭**（此八字，突出体现了计成的"贵因"哲学。[传·唐]司空图《二十四诗品·委曲》："道不自器，与之圆方。"见本书第407-413页），**势**（形势；形貌。《玉篇》："势，形势也。"引申为地势；基局；基形）**如**（依照）**前**（前：即前文；上文所述）**厅堂基，馀半间**（"馀半间"或称"半间"，或称"馀屋"，是《园冶》的重要概念，可参本书第222-227页）**中，自然**（必然[会]）**深奥。或楼或屋，或廊或榭，按基形式，临机应变**（谓面临不同的情况而顺应变化）**而立。**

（五）亭榭基

花间隐榭，水际安亭（[明]文徵明《题水亭诗意图》："密树含烟暝，远山过雨青。诗家无限意，都属水边亭"），**斯园林而**④ **得致者，惟榭止**⑤ **隐花间，亭胡拘**（拘

---

① 对于书房基：《园冶全释》指出，"不单指书房本身的建筑基址"，极是，这是准确地解释了这个"基"字。扩而大之，本章中个体建筑之"基"的概念，均应包括该个体建筑的周围环境在内，因此，"书房基"的面积应大于书房的建筑平面，具体地说，书房周围还可以有一些附属建筑甚至建筑群，当然还可包括其他一些景物。这样，作为主体的书房或书房建筑群及其周围环境就形成为一个景区。以北京圆明园四十景之一的"碧桐书院"为例，其建筑群前接平桥，环以带水，又于庭院中植梧，等等，就构成了一个幽静的书房景区。

② "书房之基，立于园林者，无拘内外，择偏僻处随便通园"：诸家对此解读颇有分歧。本书认为应作如是解：立于园林里的书房基——书斋景区，不论其"内"即书房主体建筑部分，还是其"外"即书房周围包括副房在内的环境部分，都应选择在偏僻之处，随宜而通往园里——此"园"字特指游人较多的中心景区、主要景区。书房基之所以必须"择偏僻处随便通园"，既由于书房必须安静，不宜敞露，又由于它能随其所便而通达园林的中心景区。

③ 此句"内构……借外景……"：又是"内-外"相对，其"内"是指书房建筑群的构建，就圆明园"碧桐书院"来看，其岛内确乎是"构斋、馆、房、室"，围合为一个较大的建筑群；而其"外"，则"借外景自然幽雅"，如"碧桐书院"可借景其南面的"天然图画"景区、西南的后湖，周围的山林……可谓"深得山林之趣"，特别是景区西南山上还有"云岑亭"，更极大地拓展了借外景的视野。

④ "斯园林而得致者"的"而"[néng]：此词较特殊，为动词，不是连词。表能愿，能；能够。需要丛证。《玉篇》："而，能也。"《论语·宪问》："而犯之。"何晏注："当能犯颜谏争。"俞樾平议："能与而，古通用。"《吕氏春秋·士容》："士……柔而竖，虚而实。"高诱注："而，能也。"此句意谓："士人……柔顺而能刚强，清虚而能充实。"《广释词》："《论衡·福虚》：'谁而及（金按：及，达到）之者'，言谁能也。"故本节原句意谓：这是使园林很能得致的。

⑤ 金按——这"止"字，意为只；仅。原本及其他各本均作"止"，不误，惟陈注一二版繁体本改作"祇"，其实，"止"并非简化字，不必改，故本书仍作"止"。又，《屋宇·地图》："凡瓦作，止能式屋列图。"为同一用法。

泥；局限于）**水际**①**？ 通泉竹里，按景**（安置景观。按：通"安"，安置。《说文通训定声》："按，假借为安。《史记·白起传》：'赵军长平，以按据上党之民。'"故此"按"通《相地·城市地》"安亭得景"之"安"）**山颠**（颠：顶。[晋]陶渊明《归园田居[其一]》："鸡鸣桑树颠"），**或翠筠**（筠[yún]：竹。[唐]韦应物《闲居赠友》："青苔已生路，绿筠始分箨"）**茂密之阿**（阿[ē]：山坡。《诗·卫风·考槃》："考槃在阿"。高亨注："阿，山坡"），**苍松蟠郁**（蟠郁：盘曲郁结。[唐]司空图《与王驾评诗书》："河汾蟠郁之气"）**之麓**（此数句谓亭榭亦可建于泉边、竹里、山颠、山阿、山麓……）。**或假**（凭借，即构架于）**濠濮之上，入想**（进入审美联想的境界）**观鱼**（濠濮观鱼，并下句沧浪濯足，均见本书第202-209页）**；倘**（倘[tǎng]：倘或）**支**（支架；构建）**沧浪之中，非歌濯足。亭安有式，基立无凭**（亭安、基立：均动宾倒置。无凭：没有[一定的]依据，意谓可灵活应变地处理，即亭基既可安于水际，也可隐于花间，还可按于山颠，等等）。

（六）廊房基

廊基未立，地局（地盘）**先留**（见本书第191-195页），**或馀屋**（馀屋：即前文中的"半间"，为《园冶》中重要概念，见《厅堂基》、《书房基》）**之前后，渐通林许**（林许：即有林木之处）。**蹑**（攀登；登上。《史记·司马相如列传》："然后蹑梁父，登泰山"）**山腰，落水面，任高低曲折，自然断续蜿蜒，园林中不可少斯一断**（一断：即一段）**境界。**

（七）假山基

假山之基，约大半在水中立起②。**先量**（量[liáng]：估量；衡量。《左传·隐公十一年》："量力而行之。"《礼记·王制》："量入以为出。"[五代梁]荆浩《山水诀》："不可胶柱鼓瑟，要在量山察树，忖马度人，可谓不尽之法。"）**顶之高大，才定基之浅深**（两

---

① "花间隐榭，水际安亭，斯园林而得致者，惟榭止隐花间，亭胡拘水际？"这一复句，意思比较曲折，应先扫除文字障碍。而：能。胡：疑问代词，为何。[晋]陶潜《归去来兮辞》："田园将芜胡不归？"惟：但。此复句的两个分句之间，"惟"字承前而来，起转折的作用，构成转折复句："虽……但……"前句作为偏句，是一个判断：花间隐榭、水际安亭，这是园林中颇能得致的。后句作为正句，下一转语，问道：但榭为什么只隐于花间，亭为什么只拘于水际？意谓榭也可以建于水际，亭也可以隐于花间。此句又有力地推论出本节末句："亭安有式，基立无凭。"二者先后强调了因借体宜、不拘一格的园林美学思想。在修辞上，复句还用了"对偶"、"反诘"、"折绕"、"互文"等辞格，后句中"惟"字领起的五字骈语，"只"、"胡"二字互补见义，均有"为什么只……"之义。《图文本》注："两亭亦属互文见义，实即'惟榭亭胡止隐花间、拘水际'，意为：'只是建亭造榭何必拘泥在花间水边？'"此释甚佳，只是"惟"字未落实。

② 对于此句，《园冶全释》注道："水中：非池水中掇山，而是指在地下水中砌筑基础。江南一带地下水位高，基槽开挖后往往浸入大量地下水，当时还没有抽水设备，故云'约大半在水中立起。'"此意甚是。

句意谓：若估量山顶高大，则基坑也必须相应大而深；反之，则可小而浅。这种事先的估量，也体现了造园"意在笔先"［见《借景》］的原则）。**掇石须知占天**（占天，意谓考虑山体峰石必然要占上方的空间，以及它呈现的整体视觉形象，上大于下的审美特征，与周围景物的关系等），**围土必然占地**（估计用地面积的广度，以及挖基坑的深度等等，此意联结前句"才定基之浅深"。金按：以上四句，用"交互错综"辞格，见本书第316－320页），**最忌居中，更宜散漫**（两句是"占天"、"占地"的延伸。居中：居于庭院或其他平面空间的中央，亦指山体或其主峰居于立面的中央。散漫：指自由地"聚散而理"［见《掇山·书房山》］，"随致乱掇"［见《掇山·峦》］。此数句义涵，见本书第148－154页）。

五、屋 宇

凡家宅住房，五间三间，循（遵循，依照）次第（并非《立基·厅堂基》所说的"五间三间为率"那种横向的五间三间的"次序"，因为由几间连成一体的"通面阔"[《清式营造则例》术语] 亦即"共开间"[《营造法原》术语]，是不可分割的，而只有纵向的、由庭院等隔开的、一进一进"五间三间"的房屋，才有相对独立性，其建造才有先建、后建的次序问题）而造；惟（惟独，只有）园林书屋，一室半室，按时景为精（即按互为交感的"时"、"景"而造，方为精妙，见本书第389 - 392页）。方向随宜，鸠工（聚集工匠）合见（合：使动词，使"能主之人"与工匠见解相符合）。家居必论（一般的家宅民居，一定要讲究朝向。《说文》："论，议也。"本章的"论"，有讲究、要求之意），野筑（郊野的园墅建筑，泛指园林建筑）惟因。◎强调家宅住房与园林建筑要求不同，后者应根据地块、环境、时景以及其他种种具体条件，注意因地、因时制宜，不必注意朝向。这是总结了园林建筑的一条规律。

虽厅堂俱一般（一般：一样；同样。[唐]王建《宫词一百首[其三五]》："云驳花骢各试行，一般毛色一般缨。"[唐]司空曙《过长林湖西酒家》："湖草青青三两家，门前桃李一般花。"本段此句意谓虽然园林厅堂的形制大抵相同或差不多），近台榭有别致（此为转折复句的正句，承上"虽"字而省一"但"字，强调了厅堂周围个性化环境的重要性。别致：新奇、独特而富有情趣。《红楼梦》第三回："进入三层仪门，果见正房、厢房、游廊悉皆小巧别致"）[1]。前添（厅前增添）敞卷，后进（厅后引出。《释名》："进，引也，引而进也。"《国

---

① "近台榭有别致"：意谓虽然厅堂形制都近似，但如靠近台、榭等建筑或其他景物，那么，往往会产生新奇的别趣，就会非同一般，此句与上句总的意向不仅是应求别致，宜有个性，而且是拓展了厅堂的使用功能。例如"厅堂周围建若干附属房屋，使空间组合比较复杂，留园的五峰仙馆即是典型例子。此厅西北角与汲古得绠处相连，东南接鹤所，西南与清风池馆及西楼相通，这些都可作为厅堂的辅助面积而相互联系，功能上明显地反映了过去园主的生活方式。"（刘敦桢：《苏州古典园林》，中国建筑工业出版社2005年版，第35页）这类实例还有苏州拙政园的远香堂，就其外部环境来看，其北为供赏池荷的广台；其西北贴近倚玉轩；又有曲廊通接小飞虹廊桥和小沧浪水院；其东南有枇杷园和绣绮亭，其南则为黄石假山……加以其自身是别致的、面面皆可观景的四面厅，就美不胜收了。再如拙政园的"十八曼陀罗花馆·卅六鸳鸯馆"，其东，山上有宜两亭；西北，有留听阁；北则有浮翠阁，其自身形制不但是南北各异的鸳鸯厅，而且其四隅皆有耳室，为国内孤例。这些建筑，均可谓"近台榭有别致"的佳例，而这类建筑之间互为环境的关系，应属于园林总体规划布局的范围之内。

语·晋语九》："献能而进贤"）**馀轩。必用重橼，须支**（支：支撑，支架）**草架。高低依制，左右分为**①**。当檐**（当檐：即正室、主室或厅堂的檐。此用"借代"辞格，以部分代全体，以屋檐代全屋）**最碍两厢**（碍：妨碍，意动用法，以……为碍。最碍两厢：最以两侧厢房为"碍"。厢：隔厢；厢房②，又称配房），**庭除**（庭院。[明]朱柏庐《朱子家训》："黎明即起，洒扫庭除。"[明]文震亨《长物志·花木》："桃、李不可植庭除"）**恐窄**（惟恐变得窄小。以上两句意谓，最以两侧配房为碍，因为它不但影响正室的采光；而且会使庭院空间变窄）；**落步**（台基外口的"台口石"）**但**（凡；凡是。《助字辨略》："此但字，犹云凡也"）**加重**（重[zhòng]：大）**庑**（庑：檐。重庑：宽大的檐；加大了宽度的檐），**阶砌犹深**（两句及"阶砌"的词义，均见本书第251－253页）。◎此段较详地论述了厅堂的特殊结构以及庭院组合之忌乃至周围环境的创造。

升栱不让（不让：不逊色；不亚于。[宋]王禹偁《神童刘少逸与时贤联句》诗序："逮十一岁，成三百篇，求之古人，曾不多让"）**雕鸾**（鸾：属凤一类。《广雅》："鸾鸟，凤凰属也。"此指以精雕细琢的"凤头昂"为标志的繁复富丽的檐下雕饰结构），**门枕胡为**（胡为：为何）**镂鼓**③**? 时遵雅朴，古摘端方**（两句意谓：适合时尚，但应遵循素雅质朴的原则；具有古意，但应选择庄重正直的风格。摘：选择；选取，见《栏杆》注）。**画彩虽**（岂）**佳，木色**（构件未经髹漆的木材本色）**加之青绿? 雕镂**（指画栋雕梁。镂[lòu]：刻。《荀子·劝学》："锲而不舍，金石可镂"）**易俗，花空**（天花板棋盘方格的空宕）**嵌以仙禽**（雕镂、绘画、镶嵌以仙禽等类为主并配以花草等构成的种种图案。参见《装折·仰尘》："仰尘即古天花版也，多于棋盘方空画禽卉者类俗，一概平仰为佳"）。◎计成据于老、庄"见

---

① "高低依制，左右分为"两句，陈注一、二版云："高低顺序制作，左右分别施工。"这仅仅是字面上的翻译。《园冶全释》按语指出，这是没有联系上文的"前添敞卷，后进馀轩"来理解。按草架制度，"抬高前沿的檐口（金按：此贴式称'抬头轩'），而后檐口随梁柱内移……结构是不对称的，前檐高而后檐低。'高低依制'就是指这种前高后低的形式，要依照草架的型制去做（样式）。左右，则是就草架的图式而言，左面也就是图式的前檐，右面也就是图式的后檐，前后与左右，都是指前后檐的高低，在结构构造上的做法是不同的。用'左右'是骈文的技巧，避免用词的重复而已。"这段按语，分析透辟，技术含量较高，解释"左右分为"，合理而有说服力。还应补充指出：一、高低依制：是"高低依制而制"的节缩，前一个"制"（名词），是草架制度的"制"，其后省略了"而制（动词，即制作）"二字。计成《自序》也有类似的节缩句，如"可效司马温公'独乐'制（名词，规制）[而制（动词）]"，就是内证适例。"依制"，与"效……制"在语法修辞上如出一辙，在这里意谓依照草架制度[而制]。再说"前后依制"的"前"，是"前添敞卷"的"前"；"后"，是"后进馀轩"的"后"。二、左右分为："左右"即上句的"前后"，这是从"贴式图"上所得的视觉印象，见《营造法原》中国建筑工业出版社1986年版第23页插图五一六："厅堂正贴抬头轩贴式图"。从图上看，左右的施工确乎有很大的不同。具体地说，"左右分为"并不是五间三间"共面阔"方向的分别施工，因为即使是这样横向地由正中的明间至两侧次间再至梢间施工，一个"分"字依然不能落实，因为左右都是对称的，不存在什么分别，只有从进深方向的侧立面看，由于"前添敞卷"，前檐高而后檐低，这才有区别，才需要"左右分为"。三、"前后依制、左右分为"，是用了典型的"互文"辞格，两句合起来，即："前后＝左右均依（照）制（规制）分（别）为（施工）"。

② 梁思成：《清式营造则例》："厢房，正房之前，左右配置之建筑物。"（中国建筑工业出版社1987年版，第84页）

③ 门枕胡为镂鼓：《营造法原》："门臼（门枕），钉于下槛，纳门、窗摇梗下端之木块。"（中国建筑工业出版社1986年版，第96页）有些特殊的大门、将军门等高档的门枕，也有用石制的，俗称门礅、门座、门台，有的镂刻成鼓状。计成是反对这种华丽雕饰之型制的。

素抱朴"的哲学和江南园林的美学，对于厅堂等的装饰风格，力免繁缛俗套，不赞成雕镂彩绘，而主张以"时遵雅朴，古摘端方"为原则（见本书第160－167页）。

长廊一带回旋，在竖柱之初，妙于变幻（长廊一开始，就必须确定立柱回旋变化的位置）；**小屋数椽**（数椽：极言其小）**委曲**（曲折。［明］文震亨《长物志·室庐·海论》："凡入门处必小委曲，忌直"），**究安门之当，理及精微**（仔细考究门的安置是否恰当，其中的理法是精妙细微的。参见《装折》"安门分出来由"注）。**奇亭巧榭，构分红紫之丛**（奇巧的亭榭，分别构建于姹紫嫣红的花丛中）；**层阁重楼，迥**（迥［jiǒng］：高、远）**出云霄之上**（此用"夸饰"辞格）；**隐现**（时隐时现。［明］张宝臣《熙园记》："皓壁绮疏，隐现绿杨碧藻中"）**无穷之态，招**［sháo］**摇**（招摇：动词，逍遥，遨游。［汉］扬雄《甘泉赋》："徘徊招摇"）**不尽之春**（◎以上数语，有景，有情，有理，特堪讽咏品味。［宋］程颢《河南程氏遗书》卷二："万物皆有春意。"可见"春"不仅指春光、美景，而且活泼泼地，通于万物生意，关联四时之气，相接于"无穷"、"不尽"）。**槛**（不是门槛的"槛［kǎn］"，而应读栏槛的"槛［jiàn］"。［唐］王勃《滕王阁》诗："槛外长江空自流"）**外行云，镜中流水**（两句互文，意为俯首槛外，流水倒映着天上行云，即［宋］朱熹《观书有感》"半亩方塘一鉴开，天光云影共徘徊"之意。"镜"，喻水之平。行云流水，巧用苏轼的语典，均见本书第299－303页），**洗山色之不去**（此句依然写水中倒影，故妙用一"洗"字，意谓山色越洗越青而不去），**送鹤声之自来**（鹤声：亦称"鹤唳"。［明］文震亨《长物志·禽鱼》："相鹤但取标格奇俊，唳声清亮"）。**境仿瀛壶**（园林景境，仿效于瀛壶仙境[1]），**天然图画**（见本书第89－91页），**意尽林泉**（［唐］齐己《寄镜湖方干处士》："题遍好林泉"。［宋］郭熙《林泉高致·山水训》："林泉之志，烟霞之侣，梦寐在焉……"）**之癖，乐馀园圃之间**。◎本段重点想象和描颂应有的屋宇之美及其环境之美：长廊回旋，小屋委曲，亭榭招摇不尽之春，楼阁隐现无穷之态，古木繁花，穿插得致，行云流水，舒卷自如……描写之目的，一是顺理成章地提出"境仿瀛壶，天然图画"的最高造园理想；二是写出高人逸士所追求的林泉之癖和园圃之乐；三是对下文陆云的台楼艺术所作的拟象性展现，这三个层面，质言之，即展示其造园理想之美。

一鉴（鉴：镜子，有照察，审辨之意）**能为**（◎此语陡起奇绝，响亮不凡，出人意外。一鉴能为，用"倒装"辞格，即能为一鉴。《鉴》，指［宋］司马光的《资治通鉴》），**千秋不朽**[2]。

---

[1] 境仿瀛壶：傅熹年《中国建筑十讲》："中国有悠久的造园传统。汉代宫苑囿颇受求仙思想影响，喜在池中造象征仙境的蓬莱三岛。"（复旦大学出版社2004年版第45页）这具有普遍的概念意义。除了皇家园林外，文人私家园林也受求仙思想影响，如苏州拙政园中部的池中三岛，负载着隐喻意味；留园有题名"小蓬莱"的景构，"是对传说中东海三神山——蓬莱、方丈、瀛洲之一的比拟象征……"（金学智：《苏州园林》，苏州大学出版社1999年版，第5页）。

[2] 千秋不朽：指优秀著作的千载留芳。［清］张潮《幽梦影》："著得一部新书，便是千秋大业；注得一部古书，允为万世弘功。"计成在此举出《资治通鉴》这部千古不朽的史学著作，是亮出了自己所崇拜的历史上的伟人和名著。统观《园冶》全书，除了此处的司马光、扬雄外，开头和下文还有陆云、公输般，《自跋》则有诸葛亮、狄仁杰等等，这也显示了他的远大抱负，同时又可推见他是以"一鉴能为、千秋不朽"的高标准来撰写《园冶》的。

堂占太史，亭问草玄（见本书第197–202页。太史指司马光，草玄指扬雄，均为与堂、亭有关的文化名人）。◎此四句以崇高的标准、凝练的语句推举两位与屋宇有关的文化名人以示己志，是全章的重点，也是全书的一大亮点。

非及雲艺（陆雲的才艺）**之台楼，且**（姑且）**操般**（般：公输般）**门之斤斧**（见本书第118–119页。两句意谓虽不及陆雲所写的《登台赋》，但聊且在鲁班面前"班门弄斧"吧）。**探奇合志，常套俱裁。**◎结语再次举出陆雲、鲁班两位"能主之人"作为典范，说明造园建屋不但必须有文化意蕴、高超技艺，而且必须让"能主之人"和志趣相合的人一起，共同探奇寻美，不断创新。

（一）门楼

门上起楼，象城堞（堞［dié］：城上如齿状的矮墙，又名女墙。《左传·襄公六年》："埤之环城，傅于堞。"杜预注："堞，女墙也"）**有楼以壮观**（使景观雄伟宏壮）**也，无楼亦呼之**（门上没有楼，也以"门楼"之名称呼它）。

（二）堂

古者之堂，自半已（已：通"以"。《考工记·磬氏》："已上则摩其旁，已下则摩其耑［端］"）**前，虚之**（虚：使动词，使之空虚；之：代词，它，作"虚"的宾语。［清］笪重光《画筌》："山实，虚之以烟霭；山虚，实之以亭台"）**为堂**（［南唐］徐锴《说文解字繫传》："家，居也……古者为堂，自半已前，虚之谓之堂。"见书前彩页《郑氏大夫士堂室图》）。**堂者，当也。谓当正向阳之屋，以取堂堂高显**（此四字见《释名·释宫室》："堂犹堂堂，高显貌也。"［明］文震亨《长物志·室庐》："堂之制，宜宏敞精丽。"此意可参）**之义**（见本书第175–178页）。

（三）斋

斋较（较：比之于）**堂，惟**（则，意示与堂不同）**气**（精神志气）**藏**（内守；内聚）**而致**（意趣情致）**敛**（收敛），**有使人肃然斋敬**（［明］李贽《初潭集·师友一·释教》："高足之徒，皆肃然增敬。"斋敬：洗心虔敬）**之义**（此句通过比较，突出斋不同于堂的个性特点）[①]。**盖**（用于句首，推原之词，表推论原因。《史记·屈原贾生列传》："屈平之作《离

[①] 对于"斋"义，［清］李斗《扬州画舫录·工段营造录》云："古者肃齐，不齐曰'斋'。黄冈石刻东坡墨迹一帖，有'思无邪斋'。"

骚》，盖自怨生也"）**藏**（怀抱学业）、**修**（修习不废）、**密**（藏于深默）、**处**（处〔chǔ〕：动词而非名词，隐退不出）**之地，故式不宜敞显**（见本书第179-182页）。

（四）室

古云，自半已（以）**后**[①]**，实为室**（《释名·释宫室》："室，实也〔金按：以叠韵为训〕，人、物实满其中也。"室，是住人置物之处。《说文解字系传》："室，实也。从'宀''至'声，室、屋皆从'至'，所止也……堂之内，人所安止也"）**。《尚书》**（书名，又称《书》、《书经》。为现存我国最早关于上古时代典章文献的汇编，相传经孔子编选，儒家列为经典之一）**有"壤室**（金按：即土室；土屋）**"，《左传》**（书名。又名《左氏春秋》，《春秋左氏传》，简称《左传》，相传为春秋时鲁国左丘明所撰，是我国现存第一部叙事详细的春秋编年体史书）**有"窟室**（金按：即地下室。《左传·襄公三十年》："郑伯有耆〔金按：通嗜〕酒，为窟室，而夜饮酒，击钟焉，朝至未已。"杜预注："窟室，地室"）**"，《文选》**（书名。〔南朝梁〕昭明太子萧统选编，故又名《昭明文选》。为我国现存最早的诗文总集，也是诗文分类的典范和开先河者）**载"旋**（通"璇"，美玉）**室**（《淮南子·地形训》高诱注："旋室，以旋玉饰室也"）**便娟**（《鲁灵光殿赋》《文选》李善注："回曲〔金按：回环曲折〕貌"）**以窈窕**（深远貌。〔晋〕陶渊明《归去来兮辞》："既窈窕以寻壑"）**"，指"曲室"也。**

（五）房

《释名》（训诂著作。〔东汉〕刘熙撰，用音训之法，以音同、音近的字解释意义，推究事物所以命名的由来）**云：房者，防也。防密内外，以为寝闼**（卧房；卧室）**也。**[②]

---

① 金按——"自半已后"之"后"，原本及国图本皆作"前"，讹。华钞、隆盛本以及喜咏、营造、城建诸本亦讹。陈注一、二版改"前"为"后"，甚是，可证之《说文解字系传》："家，居也……古者为堂，自半已前，虚之谓之堂；半后，实之为室。"《说文解字》段注："古者前堂后室。"本书据此作"后"。《图文本》亦云："应作'自半已后，实之为室'"。亦是，但不必增"之"字，因其未标书名，只作"古云"。

②《释名·释宫室》："房者，旁也，在室两旁也。"《园冶》所引，与之不同。〔清〕毕沅《释名疏证》："今本'在堂两旁也'。案：古者宫室之制，前堂后室，堂之两旁曰'夹室'，室之两旁乃谓'房'，房不在堂两旁也。《御览》引作'室之两旁'，据改。"可见今本《释名》已误，毕沅根据古者宫室之制和《太平御览》所引作了改正，甚确。其实，《园冶》本章某些专节的引文与原书不同的现象，在古代也不是个别的偶然。〔近代〕章太炎《古书疑义举例·古人引书每有增减例》："盖古人引书，原不必规规然求合也。"该书举出大量实例指出，或是"略其文而用其意"，或是"以意引经……其体裁有自也"。不过，本书认为，从现代学术的立场看，引文应严谨，经得起读者的查覈。又应指出，《园冶》训"房"的功能为"防密"却殊为合理，有戒备、隐秘等义。又应说明，本书第二编第三章第一节释"堂"时，插图《郑氏大夫士堂室图》中，东、西夹室之旁并无房，这是又一种规制，反映了时代的流变。

（六）馆

散寄之居曰"馆"（馆：不定的、临时寄居的处所［按：《红楼梦》中林黛玉之潇湘馆，犹有临时寄居遗意］。《诗·郑风·缁衣》："适子之馆兮"。孔疏："馆者，人所止舍。"《左传·昭公元年》："楚公子围聘于郑……将入馆。"杜注："就客舍。"《说文》："馆，客舍也……《周礼》：五十里有市，市有馆，……以待朝聘之客"），**可以通别居者。今书房亦称"馆"，客舍**（供旅客投宿的处所。［唐］王维《渭城曲》："客舍青青柳色新"）**为"假馆**（暂借的房舍，也引申为作客旅居之所。《孟子·告子下》："可以假馆"）**"。**

（七）楼

《说文》（书名，《说文解字》的简称。［东汉］许慎著。首创部首编排法，字体以小篆为主，依据六书解释文字，是我国第一部系统地分析汉字字形和考究字源的字书）**云：重屋曰"楼"。《尔雅》**（书名。我国最早解释词义的专著，也是第一部按照词义系统和事物分类来编纂的词典。由汉初学者缀辑周、汉诸书旧文，递相增益而成，非出于一时一手）**云："侠①**（同"狭"，内阁本作"侠"，均通。狭窄）**而脩②曲**（高长曲折）**为楼。"言窗牖**（牖［yǒu］：窗牖，即窗。《论语·雍也》："伯牛有疾子问之，自牖执其手"）**虚开**（《广韵》："虚，空也。"窗牖虚开：让窗牖开着，呈空虚状态），**诸孔娄娄然③。造式**（构造的型式），**如堂高一层者是也**（如堂高出一层的，就是）。

（八）台

《释名》云："台（金按：台的类型有多种，其总的特点是"高"。《淮南子·汜论训》："高为台榭"。［明］锺惺《梅花墅记》："高者为台"）**者，持**（保持）**也。言筑土坚高**（《释名疏证》："《初学记》、《太平御览》引'筑土'上有'言'字"），**能自胜持**（能靠自身力量承担重压，保持其造型）**也。"园林之台，或掇石而高上平者**（堆石而位置高、顶上平的）；**或木架高而版**（版：即板）**平无屋者**（用材木架高，上面铺板而不造房屋

---

① 金按——原本至隆盛本均作"侠"，喜咏至《图文本》则均作"陕"，其实二者均通，俗作"狭"，本书从原本仍作"侠"，以可改可不改尽量不改为原则。

② 金按——原本至城建本均作"脩"，陈注一、二版及《图文本》则作"修"。"脩"有高、长义，其义涵较"修"（仅有长义）更广，故本书仍保留原本的"脩"字。

③ 金按——"娄娄然"，原本、国图、华钞、隆盛本以及营造、城建、陈注一、二版均误作"慺［lóu］慺然"，喜咏本则误作"慺慺然"，《图文本》据喜咏本亦作"慺慺然"，而注中指出应作"娄娄然"，故不无遗憾。本书则据清人大量考证，径改于正文。"娄娄然"，意谓窗牖交通，空明洞达，见本书第632-633页。

的）**；或楼阁前出一步**（出一步：即添一步架之地）**而敞**（敞：即没有屋盖。如果有屋盖，则依然是楼阁，而不是台）**者，俱为台**①。

（九）阁

阁者，四阿（屋宇四边的屋檐，可使水从四面流下）**开四牖**②。**汉有麒麟阁**（西汉阁名。在未央宫中。汉宣帝时曾画霍光等十一功臣像于阁上，以表彰其功绩，世称功臣阁。[唐] 杜甫《投赠哥舒开府翰二十韵》："今代麒麟阁，何人第一功。"[唐] 张彦远《历代名画记·叙画之源流》："有烈有勋，皆登于麟阁"），**唐有凌烟阁**（唐太宗贞观十七年画开国功臣长孙无忌、魏徵等二十四人于凌烟阁。阁在长安，太宗作赞，褚遂良题阁，阎立本画。见刘肃《大唐新语》。[唐] 司空图《有感》："汉家高阁漫凌烟"）**等，皆是式**（皆此样式）。

（十）亭

《释名》云："亭者，停也（这是《释名》的原文）。**"所以停憩游行也**（这是计成根据园林建筑功能的现实发展所下的新定义）③。**司空图**（晚唐诗人，字表圣，自号知非子，又号耐辱居士，有《司空表圣文集》）**有休休亭，本此义**（此为事实论据，着重指出亭所具有"休"的功能特点）。**造式无定，自三角、四角、五角、梅花、六角、横圭、八角至十字，随意合宜则制**（以上见本书第182－188页），**惟地图**（非指描摹土地山川等地理形势的图，此指园林建筑的平面图）**可略式**（可将其样式简略地画出）**也。**

（十一）榭

《释名》云：榭者，藉也，藉景而成者也（金按：今本《释名》无此语。不过，这种对"榭"解释，完全和《释名》一样，用的是用由声求义的音训法。又："藉"可简化

---

① 园林中的台，"或掇石而高上平者"，例如北京乾隆花园承露台，其下掇湖石而较高，山下有洞，其上建有砖石结构而上平的台，缭以石栏，坚高而"自胜持"；"或楼阁前出一步而敞者"，例如《园冶·铺地》所说的"层楼出步，就花稍拟琢秦台"……[清] 李斗《扬州画舫录·工段营造录》："两边起土为台，可以外望者为阳榭，今曰月台、晒台。《晋麈》曰：'登临恣望，纵目披襟，台不可少。依山倚巘，竹顶木末，方快千里之目。'"可资参考。

② 对于苏州园林中"阁"的形式，刘敦桢《苏州古典园林》概括道："阁与楼相似，重檐四面开窗，造型较楼更为轻盈，平面常作方形或多边形，屋顶作歇山顶或攒尖顶，构造与亭相仿……拙政园的浮翠阁、留园的远翠阁均为二层例子"（中国建筑工业出版社2005年版，第36页）。

③ 金按——此句陈注一版作"所以停憩游行也"，与明版原本无异。二版则按《释名》作"人所停集也"，本书现按内阁本明版仍改为"所以停憩游行也"，见本书第183页及书前彩页明版原书。

为"借"，但二字音同而其义又同又不同，《图说园冶》却将此节"藉景"等同于本书末章的"借景"，甚失当，辨误见本书第626－627页）。**或水边，或花畔**（两个"或"字，举出了榭最典型的环境，故往往称水榭或花榭）①，**制**（即形制，名词）**亦随态**（随其形态，此语也体现了计成的贵"因"哲学）。

（十二）轩

轩（"轩"字本义为古代供大夫以上的人乘坐的车，车厢前高后低。《说文解字繫传》："轩，大夫以上车也"。《墨子·公输》："今有人于此，舍其文轩"）**式**（式样）**类**（像；似；类似。《广雅》："类，象也。"《集韵》："类，似也。"《正字通》："类，肖似也。"《易·繫辞下》："于是始作八卦……以类万物之情"）**车，取"轩轩欲举"**（轩轩：仪态轩昂貌。《世说新语·容止》："诸公每朝，朝堂犹暗，唯会稽王来，轩轩如朝霞举。"举：飞；飞升。《吕氏春秋·论威》高诱注："举，飞也。"［宋］辛弃疾《水调歌头》："鸿鹄一再高举"）**之意，宜置高敞**（适宜建置于高而空敞之地）②，**以助胜**（从而有助于美景的增彩）**则称**（称：适当；相称）。

（十三）卷

卷者，厅堂前欲宽展（宽展：宽敞舒展），**所以添设也**（全句即前文"前添敞卷"之意）。**或小室**（区别于厅堂的小室）**欲异"人"字**（不同于"人"字形的屋顶），**亦为斯式。惟四角亭及轩可并**（合并；兼用）**之。**

（十四）广

古云：因岩为屋曰"广"（《说文》："广［yǎn，不读 guǎng］，因厂［àn］为屋，读若'俨然'之'俨'"）。**盖**（推原之词）**借岩成势，不成完屋**（完屋：完整的屋）**者为"广"**（见本书第667－668页）。

---

① 榭的佳例，如［清］嘉兴江村草堂有"酣春榭"，高士奇《江村草堂记》写道："榭在'瀛山（馆）'之西，盈盈隔水，窗棂三面，递倚小山，上有海棠、绣球，自'瀛山'观之，繁艳迷目，岩葩砌草，更助芳菲……"此榭主要地藉繁艳迷目的花而成。［清］李斗《扬州画舫录·城北录》记小洪园，其中有薜萝水榭，"榭三面临水，敧身可以汲流漱齿。联云：'云生涧户衣裳湿（白居易），风带潮声枕簟凉（许浑）。'"此榭主要地藉沁凉心脾的水而成。此花榭、水榭，均突出表现为"藉景而成"，或者说，均依附于、凭借于花或水的优美环境而构成为颇有特色的建筑景观。苏州拙政园东部的芙蓉榭，既藉水，又藉花，极富装饰性格，亦堪称典范。

② 轩的佳例，如苏州留园的"闻木樨香轩"，位于中部靠西墙的山上，坐西面东，并可分别由南、北的沿墙爬山廊引导而至。轩三面开敞，可拥有中部山池上方的广阔空间，典型地体现了"宜置高敞"的特色，可说是苏州园林最成功的轩之一。

（十五）廊

廊者，庑（[清]高士奇《江村草堂记·江村草堂》："堂庑周环"。关于"廊"与"庑"的联系与区别，见本书第188-190页）**出一步也，宜曲宜长则胜。古之曲廊，俱曲尺曲。今予所构曲廊"之"字曲**（"之"字：形容路的曲折如同"之"字。[唐]方干《题应天寺上方兼呈谦上人》："师在西岩最高处，路寻'之'字见禅关"）**者，随形而弯，依势而曲。或蟠山腰，或穷水际**（见本书第193-195页），**通花渡壑，蜿蜒无尽**①，**斯寤园之"篆云"也**（见本书第220-222页）。**予见润**（润州，今镇江）**之甘露寺**（寺名。在江苏省镇江市北固山上）**数间高下廊**（高下廊：即叠落廊。今镇江北固山甘露寺旁，仍有高下的叠落廊），**传说鲁班**（即公输般）**所造。**

（十六）五架梁

五架梁，乃厅堂中过梁（过梁：大梁）**也。如前后各添一架**（架：量词，进深方向两柱之间为一架，或者说，两桁之间的水平距离为一架。《新唐书·车服志》："三品，堂五间九架，门三间五架"），**合**（合共）**七架梁列架式。如前添卷**（即《屋宇》所说"前添敞卷"），**必须草架**（见后文《草架》，又见本书第591-600页）**而轩敞。不然**（不这样；否则）**前檐深下**（前檐深而低下），**内黑暗者，斯故也**（即此缘故）。**如欲宽展，前再添一廊。**

又小五架梁，亭、榭、书房②**可构。将后童柱**（后童柱：后部的童柱。见本章《[图式]五架过梁式》）**换长柱**（将梁上的短柱即童柱换为落地的长柱。可参后文"五架过梁式"），**可装屏门，有别前后**（使室内的前后空间有所区别），**或添廊**（即《屋宇》所说"后进馀轩"）**亦可。**

---

① 关于廊，[清]李斗《扬州画舫录·工段营造录》云："随势曲折谓之游廊，愈折愈曲谓之曲廊，不曲者修廊，相向者对廊，通往来者走廊，容徘徊者步廊，入竹为竹廊，近水为水廊。花间偶出数尖，池北时来一角；或依悬崖，故作危槛；或跨红板，下可通舟，递逆于楼台亭榭之间，而轻好过之。廊贵有栏，如美人服半背，腰为之细，其上置板为飞来椅，亦名'美人靠'。其中广者为轩，《禁扁编》云：'窗前在廊为轩。'"以上虽不免分得过细，逻辑也标准不一，但对理解廊的品类、功能、形制、构景特色等有所裨益。

② 金按——原本及国图本均作："又小五架梁，亭、榭、书楼可构。"其中"楼"字误，因"楼"为重屋，与作为平房的榭等不宜相提并论，且"书楼"之称又罕闻，而"书房"之称则广为流行。然而华钞本、隆盛本仍作"书楼"，喜咏至陈注一版亦然。《疑义举析》指出："'书楼'疑是'书房'之讹，原本已误，旧本仍之，新本又仍之。下文《五架梁式》（金按：即《[图式]小五架梁式》）云：'凡造书房、小斋或亭，此式可分前后。'"此析甚当，是通过循环阅读，发现了此前后两节所举适合于小五架梁式的三种个体建筑基本相同，然后指出其讹，故显得有根有据。陈注二版据改为"房"。本书亦从之。按：《图文本》依然作"楼"。

（十七）七架梁

七架梁，屋之列架（列架：进深方向之梁架的排列式）**也**[1]。**如厅堂列添卷**（添卷：前部改添敞卷），**亦用草架。前后再添一架**（前后再各增添一架。参见前《五架梁》所云"前后各添一架，合七架梁列架式"。如七架梁前后再添一架，就合为九架列），**斯九架列之活法**（活法：灵活运用的方法，见本书第128页）。**如造楼阁，先算上下檐数，然后取**（取：取得；算出）**柱料长**[2]，**许中**（容许其中）**加替木。**

（十八）九架梁

九架梁屋，巧于装折（九架梁屋是规制较大的建筑物，其装折［即装修］复杂而巧妙，可以苏州留园的五峰仙馆为突出范例），**连四、五、六间**[3]，**可以面**（面向；朝向）**东、西、南、北**[4]，**或隔**（分隔）**三间、两间、一间、半间**（这一系列的"间"，亦为进深方向的"间"，可参见《园冶·屋宇［图式］》特别是其中"隔间"诸例。），**前后**

---

① 金按——原本及其他各本，此句均作"七架梁，凡屋之列架也，如厅堂列添卷，亦用草架……"此"凡"字不应居于句中，殊不通，疑为衍文。姑先研究"凡"字。《助字辨略》："《说文》：'最括也。'《诗·小雅》：'凡今之人，莫如兄弟。'《孟子》：'故凡同类者，举相似也。'此凡字，一切之辞也。"用今语来说，所谓"一切"，就是总括着一定范围的全部，因此"凡"字往往居于句首，罕见置于句中者，其作用是让全句带有判断的性质。同时，这还可从《园冶·屋宇》各节找大量内证。《草架》："凡屋添卷，用天沟……"《重椽》："凡屋隔分不仰顶，用复水重椽可观。"《地图》："凡匠作，止能式屋列图……"《［图式］七架列式》："凡屋以七架为率。"《［图式］小五架梁式》："凡造书房、书房、小斋或亭，此式可分前后。"《［图式］地图式》："凡兴造，必先式斯。"又："凡厅堂，中一间宜大，傍间宜小……"计成用"凡"字，无不遵此句式，可见句中的"凡"字为衍文，故径删。又：七架梁，苏州工匠亦称六椽屋。

② 金按——"如造楼阁，先算上下檐数，然后取柱料长"，原本及国图、华钞、隆盛、喜咏诸本于"然"字后皆脱一"后"字，营造本始补正。陈注本："料：有料想及估计之意。"《园冶全释》："柱料长：柱子用料的长度，指楼阁的步柱。"较确。上下檐数：楼阁上下两层檐之间相隔的长度（亦即二者相隔之数），可以步柱之长来计算。

③ "九架梁屋……连四、五、六间"：如《疑义举析》所指出，这里的"间"，是进深方向的"间"，"而不是指面阔方向的开间……九架梁一共有八步架，如果前后廊各一步架，中间便是六步架"。金按：九架梁屋所连不同的"间"，可看看《营造法原》图版二至图版六并作比较，解释参见本书第254－255页。

④ "可以面东、西、南、北"：对于此句的含义，诸家或回避，或仅从文字到文字，大多未落实，如陈注一版译文："可以向着东、西、南、北的四方。"二版译文亦同，均未解释清楚，但二版又增一注云："即后文所列《九架梁五柱式》'朝东西南北之法'及《七架酱式》'朝北屋，傍可朝东西之法'。"此注采自《疑义举析》，但引述却殊有误，后句应作："《七架酱架式》'朝南北，屋傍可朝东西之法'"，特别是还漏了《疑义举析》下文更重要的解释："如果房屋朝南北，则东西山墙之正中可以开门窗。"对于原意，《举析》之释庶几近之。但细究诸家之失，还在于没有联系系古典园林建筑的典型实例来解读。其实，"可以面东、西、南、北"的"面"，是指门窗（主要是指窗，因为落地的窗也就是门）的朝向。刘敦桢先生《苏州古典园林》指出："大厅是园林建筑的主体……面临庭院一边于柱间安连续长窗（槅扇），两侧山墙亦间或开窗，供通风采光之用。典型的例子如留园五峰仙馆。"（中国建筑工业出版社2005年版，第35页）这讲得很清楚。金按：此馆面阔五间，为九架梁，其南面，正、次间安系列长窗，梢间墙上装长方形十字海棠花窗；其北面，正间安系列长窗，次间安系列半窗，梢间亦同；其东、西两壁，亦各有洞门，亦有系列半窗，于是该厅堂的门窗，就不是只有南北两种的朝向了，这都是计成所说的"面"。《苏州古典园林》又指出："大厅也可作四面厅形式，便于四面观景，四周绕以回廊，长窗则装于步柱之间，不做墙壁……实例以拙政园远香堂为代表。"（同上页）这更是完全敞开，面向东、西、南、北了，凡此种种，均体现为计成所说的"活法"。

分为①，**须用复水重椽，观之不知其所**（其所：其门道；其方法，亦即其妙，也就是"斯巧妙处不能尽式"之"妙"）。**或嵌楼于上**（建楼于九架梁［或七架梁］之上，可使其隐然缩进，人们不易发现，参见下章《装折》"半楼半屋"，"藏房藏阁"句及本书第256－257页），**斯巧妙处不能尽式**（不能完全用图式来表达），**只可相机而用**（相机而用，即视具体情况而随机应变），**非拘一者**（不能拘守于一格的，亦即不可千篇一律）。

（十九）草架

草架乃厅堂之必用者。凡屋添卷用天沟，且费事不耐久（指出天沟的弊端），**故以草架**（草架，参见本书第599－600页）**表里整齐**（所以还是用草架，可使其里外整齐一致，此为草架优点）。**向前为厅**（前加添卷就是厅堂。所添之轩，即《营造法原》所说的"副檐轩"），**向后为楼，斯草架之妙用**（亦即《九架梁》所说的"斯巧妙不能尽式"。金按："向后为楼"句疑有误，草架之上，是不可能建楼的；或者说，凡是楼，其下不可能用草架。《园冶全释》注："向后：是指卷后的主体梁架上可以架屋为楼。实际上是说做楼时，退进卷的构架后面，立面呈重椽的样子。"这是一种解释，似未讲清。此类建构，笔者限于视域，未曾见过）**也，不可不知。**

（二十）重椽

重［chóng］**椽**（参见本书第603页及600页图），**草架上椽**（草架上的椽子）**也，乃屋中假屋**（在室内屋顶下所构建的假屋盖）**也。凡屋隔分**（隔分：指进深方向的隔间）**不仰顶**（仰顶：仰顶天花板，即以下《装折》章的"仰尘"。不：副词，表否定，此处动用，谓不设仰尘吊顶），**用重椽复水可观**（可观：可供观赏）。**惟廊构连屋**（交蹉词序法，即构屋连廊，如《屋宇·五架梁》："七架梁列架式……前再添一廊"；"又小五架梁……或添廊亦可"），**构倚墙一披而下**（［或］倚墙的一坡顶，亦即单坡顶，如果其下欲做成"人"字形假屋，即一半真，一半假的对称形假顶），**断不可少斯**（斯：指重椽的结构）。

（二十一）磨角

磨角（屋顶转角处起翘的形制、结构特征），**如殿阁擸角也**（擸［là］角：即磨角。

---

① "前后分为"：陈注一、二版译作："前后间隔分开"，非是。《园冶全释》指出："前后分为：指进深方向隔间以后，顶上须用复水重椽，前后的梁架组合是不尽相同的。"解释近是。"前后分为"的"为"，就是《兴造论》"愈非匠作可为"的"为"，《屋宇·地图》"以便为也"的"为"，或即本章总论所云"高低依制，左右分为"的"为"，即"做"或"施工"之意。

撅：即"折"。磨角－撅角，见本书第262－267页），**阁四敞**（四面敞开的阁）**及诸亭**（各种亭）**决用**（一定要用。决：副词，表肯定，相当于一定；必定。［清］洪昇《长生殿·密誓》："决当为之绾合。"）。**如亭之三角至八角，各有磨法，尽不能式**（即不能尽式。式：画成图式），**是**（这）**自得**（得：即"有"）**一番机构**（机构：天机；灵性。此句意谓：这［应］自己有一番天机或灵性。参见本书第129－135页）。**如厅堂前添廊，亦可磨角，当量宜**（应该估量是否合适。量［liàng］：估计；衡量）。

（二十二）地图

　　凡匠作，止（仅；只。《词诠》："止，副词，仅也。"《庄子·天运》："止可以一宿，而不可久处。"［唐］柳宗元《黔之驴》："技止此耳"）**能式**（动词，画；作图示意）**屋列图**（屋架的侧立面图、横剖面图），**式地图**（地图：犹今之平面图）**者鲜矣**（鲜［xiǎn］：少；不多。《尔雅》："鲜，寡也。"郭璞注："谓少。"《易·系辞上》："君子之道鲜矣"。［宋］周敦颐《爱莲说》："陶［渊明］后鲜有闻"）。**夫**（夫：助词。《玉篇》："夫，语助也。"用于句首，有提示作用。《篇海类编》："夫，发语辞。"《左传·隐公三年》陆德明释文："夫，发句之端。"［唐］封演《封氏闻见记·图画》："夫画者，澹雅之事"）**地图者，主匠之合见**（"能主之人"与匠人会合的共同意见）**也。假如一宅基，欲造几进，先以地图式**（式：画）**之。其进几间，用几柱着地，然后式之列图如屋**（然后画成［屋］列图，如屋一样）。**欲造**（造：达到某一高度。《后汉书·冯衍传》："山峨峨兮造天兮。"［宋］陆游《老学庵笔记》卷二："吾力学三十年，今乃能造此地。"）**巧妙，先以斯法，以便为也。**

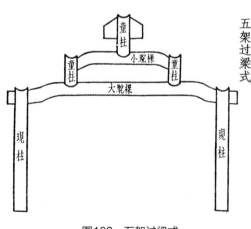

图103　五架过梁式
选自《园冶注释》第一版

[图式]①

　　〈五架过梁式〉前或（或：如果）添卷，后添架（即"后进馀轩"），合成七架列（此句为假设复句，省关联词"那就"）。【图103】

---

① 金按——［图式］，原本无此二字，而直接以小号字排出标题，如"五架过梁式"，其后即为所附之图式及文字说明。陈注本增以中号字"屋字图式"，然后才是原书小号字标题，似增字太多，特别是易与原文相混，故本书试增此二字，并用方括号以示试增，亦为醒目。同时，图式的一系列小号标题亦增以单书名号。以下凡每章、每节所属图式标题之前，均冠以方括号［图式］。至于《园冶》一书中所附大量图例，为省篇幅，除采为本书插图者外，一般不录，而文字说明则全录，必要时还出夹注。

〈草架式〉惟厅堂前添卷，须用草架（两句谓厅堂只有在前添卷时，才必须用草架），前再加之步廊（步廊：走廊，即前檐廊），可以磨角。

〈七架列式〉凡屋以七架为率（这是对古建规模普适性的概括。率［lù］：标准。［北齐］颜之推《颜氏家训·治家》："朝夕每人肴膳，以十五钱为率"）。

〈七架酱架①式〉不用脊柱（脊柱：即中脊柱，承接大梁、支撑屋脊的立柱。这种免用脊柱的方法，既可因省去中脊柱而使中间的墙面平整，又可使原来高度有限的脊柱移列两旁，其上添以次级柁梁，从而增加了墙面的高度），便于挂画（以便悬挂书画）。或（有，动词。"有……法"，为动宾关系。下一条亦然）朝南北（厅堂南北向），屋傍（即屋旁，指两侧的边墙即山墙）可朝东西（朝东或者朝西开设门窗）之法。

〈九架梁五柱式〉此屋宜多间（多间：指进深方向的"间"），随便隔间复水（随其所宜通过复水重椽来隔间②，或向东、西、南、北之活法。③

〈九架梁六柱式〉   〈九架梁前后卷式〉

〈小五架梁式〉凡造书房、小斋或亭，此式可分前后（意谓装屏门即可将其可分隔为前后两间。参见《屋宇·五架梁》："将童柱换长柱，可装屏④门，有别前后。"这也就是"隔间"）。

〈地图（今称"平面图"）式〉凡兴造，必先式斯（先绘此平面图）【图104】。偷柱（抽减立柱数量）定磉（决定磉的位置和数量。磉［sǎng］：柱础下的方石）。量基广狭（估计、测量台基的广狭。量：估量；测量），次（其次）式列图（列图：即屋列图）。凡厅堂，中一间（正中的一间，今称"正间"或"明间"）宜大，傍间（即"旁间"，今称"次间"）宜小，不可匀造⑤。

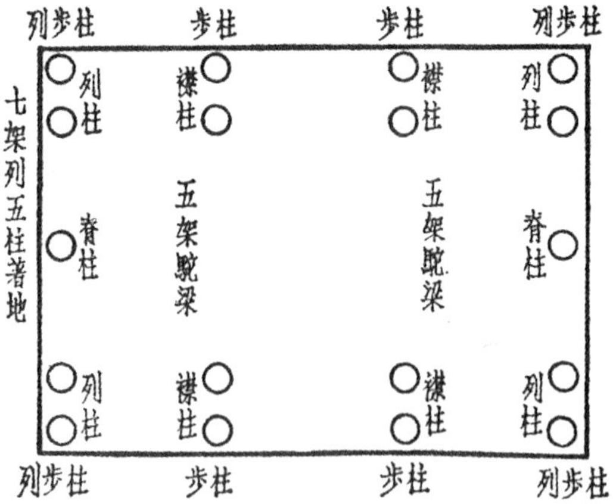

图104 地图式
选自《园冶注释》第二版

---

① "酱架式"：酱架，为旧时酱坊制酱时曝晒酱缸或酱匾用的、如同梯级般的架子。此处加一"式"字，以喻不用脊柱的七架梁的简单列架结构。

② "隔间复水"：值得注意，"隔间"为《屋宇》、《装折》两章的重要概念，是对中国厅堂规制一个理论性的归纳，图例见《屋宇》章诸式，如九架梁五柱式，二柱旁皆有"隔间"字，其上均有复水椽；九架梁六柱式、九架梁前后卷式的柱上，也均有"隔间"字，其上也均有复水椽，它们被间隔而成的屋盖，呈人字顶或卷棚顶，是"隔间"的积极成果。再如在下一章《装折》中，则从理论上指出："假如全房数间，内中隔开可矣……"见本书第234－236页。

③ 本段文字，为九架梁［图式］的总说明，包括五柱式、六柱式、前后卷式三图，而说明只附于第一式——五柱式之下，故以下两式，有图而无文。图见本书第236页。

④ 金按——此"屏"字，明版原本、国图本以及华钞、隆盛、喜咏、营造、城建、《图文》诸本一律作"平"，系音讹而长期沿袭，陈注一、二版则改作"屏"，甚是，本书从改。图见本书第236页。

⑤ "凡厅堂……"一句，这是中国建筑史上首次对厅堂屋基平面分布所作规律性的总结。陈从周、邹宫伍、路秉杰主编《中国厅堂江南篇·概论》："对厅堂的平面布置，《园冶》又总结出'凡厅堂中一间宜大，傍间宜小，不可匀造'的规律。"（上海画报出版社1994年版，第9页）这是后人所作客观的评价。

〈梅花亭地图式〉先以石砌成梅花基，立柱於瓣（柱分立于梅花五瓣之端。金按：柱亦可立于两瓣的交接处，如苏州光福邓尉山的梅花亭，亭为《营造法原》作者姚承祖的作品），结顶（结成宝顶）合檐（使屋檐聚合），亦如梅花也。

〈十字亭地图式〉十二柱四分（平均分为四份）而立，顶结方尖（宝顶结成方尖形），周檐（四周的屋檐）亦成十字（十字形）。

诸亭不式，惟梅花、十字（梅花亭、十字亭），自古未造者（金按：这体现了计成的创意），故式之地图（绘以平面图），聊（副词，表示动作行为是暂时的或权宜性的，相当于姑且；暂且。《广雅》："聊，且也。"［宋］范成大《四时田园杂兴［其三十五］》："无力买田聊种水"。［宋］陆游《赠卖薪王翁》："厚絮布襦聊过冬"）识（识［zhì］：记）其意可也。斯二亭，只可盖草（盖草顶。金按：此句讲得较绝对）。

六、装　折

凡造作（制造；制作。此指建造房屋）难于（［虽］困难在于）装修，惟（但是）园屋异乎家宅（园林建筑又不同于一般住宅。经"唯"［但］一转，更推进了一层，说明难度更大）。曲折有条（曲折变化而又有条理，不紊乱。《书·盘庚上》："若网在纲，有条而不紊"），端方（端方整齐；端方正直）非额（端方非额：端方整齐而又不限以呆板的定则。额：额定、引申为定则）。如（动词，往；去，与下句的"到"，互文）端方中须寻（寻：求）曲折（曲折变化），到曲折（曲折变化）处还定（定：成于）端方（以上四句，见本书第158－160页）。相间（相互间隔。［唐］司空图《杨柳枝·寿杯［其五］》："绿阴相间两三家"）得宜（得其所宜），错综（交错综合。《易·繫辞上》："参伍以变，错综其数"）为妙（见本书第154－157页）。装（装配）壁（墙壁）应为排比（应该排列得对称整齐，这种对称齐一，是形式美的规律之一，见本书第146－148页），安（安装）门分出来由①。
◎开端即以复叠回环的骈辞俪句冶铸警句，揭示了建筑装修形式美的"错综统一律"，兼及"对称齐一律"。数句有极高的美学价值，且具有超越本专业阈限的普适性。

假如全房数间（间：非横向面阔方向的"间"，而是纵向进深方向的"间"。参见《屋宇·九架梁》注），内中隔开可矣（其中可以间隔开来，或如《屋宇·五架梁》所说"将后童柱换长柱，可装屏门，有别前后"；或如《屋宇·［图式］九架梁式》："此屋宜多间，随便隔间"），定存（一定要存留，表肯定）后步一架（"全房"后面即进深方向的一步架。后：此指"全房"的后面。此层意思，见本书第234－237页），馀外添设何哉（除间隔以外，其他为什么要添设呢。以反诘表否定）？便径他居（便利地有路径通往其他居所。便：方便；顺利。径：名词用如动词，由路径通往），复成别馆（［这样，］前方的建筑［即"他居"]

---

① "安门分出来由"：安装门户，应分清各种门不同的来历、缘由、类别、依据，如大门、落地长窗门、屏门；房门、侧门与后门；而洞门又有种种形式，如《园冶·门窗》所说的方门合角式、长八方式、如意式、汉瓶式……有不同的美感作用。它们除一般供人出入外，还有种种不同的功能，如界定空间、显示等级、防卫安全、保护私密、控制明暗（光线）、划分区域、美化建筑、创构景观、提供美感、导引游历、组织路线等。

又成了"别馆"。别馆：另外的、建于他处的馆舍）。◎反复强调室内隔间有别前后的必要性。在中国建筑史上，计成首次给予"隔间"做法以理论形态。最后两句突出了隔间功能价值。

砖墙（此句的"砖墙"与下句的"板壁"，构成互文，可合读为"墙－壁"）**留夹**（留出夹弄），**可通不断之房廊；板壁**（原意为木板墙；木板的隔墙。[唐]康骈《剧谈录·慈恩寺牡丹》："僧乃自开一房，其间设施幡像，有板壁，遮以旧幕。"[明]文震亨《长物志·室庐》："楼作四面窗者，前楹用窗，后及两旁用板。"本句中概指墙壁）**常空**（常辟有空窗、洞门），**隐出别壶之天地**①（此句意谓门窗中隐约露出别院的风光，见本书第227－230页）。**亭台影罅**（亭台隐现于窗罅帘枕中。《太平广记》卷三百九十四引《酉阳杂俎》："潜于窗棂中窥之"。这样可窥见窗棂外隐约景象。影：在《园冶》中特殊地通"隐"，动词，隐隐露出；隐现于。亦前句"隐出"之"隐"，由于前一句已有"隐出别壶之天地"之"隐"字，故用"避复"辞格，易"隐"为"影"。罅[xià]：缝隙。此指窗罅窗枕，见本书第405－406页），**楼阁虚邻**（虚邻：即邻虚，邻于虚。《园冶·门窗》："处处邻虚。"楼阁虚邻：高耸的楼阁邻接着虚空，这也可看作是对房廊门窗中"隐出别壶之天地"的描写）。**绝处犹**（犹：尚；还。《广韵》："犹，尚也。"《礼记·檀弓》："仲子亦犹行古之道也"）**开**（绝处犹开：似乎到了绝路尽头，还能引人进入豁然开朗之境，如[宋]陆游《游山西村》所写："山重水复疑无路，柳暗花明又一村"），**低方忽上**（由低处忽然引人走向高处，这种出人意外之妙，表现为又一种奇趣别境）。**楼梯仅乎室侧**（楼梯只宜[造]于室旁。仅：只。乎：即"于"。[宋]欧阳修《醉翁亭记》："醉翁之意不在酒，在乎山水之间也"），**台级**（级；犹"阶"。《旧唐书·礼仪志二》："基每面三阶，周回十二阶，每阶为二十五级"）**藉**（借；凭借于）**矣**（助词，无义。一般用于句末，也可用于句中）**山阿**②（阿[ē，不读ā]：山坡。[三国魏]嵇康《幽愤》："采薇山阿"。全句意谓借山坡以为台阶。此"楼梯"、"台级"两句，并承前句"低方忽上"）。◎本段极写园中包括建筑在内的各种路径回环往复，高低转换，景象空灵生动，变幻无尽，有出人意料

---

① 别壶之天地：陈注本注其出处为《后汉书》，此交代太笼统。另外其引文虽打了引号，却脱漏甚多，且有讹误，故重新按《后汉书·方术列传下·费长房》出注："费长房者，汝南人也，曾为市掾（[yuàn]古代属官通称）。市中有老翁卖药，悬一壶于肆头，及市罢，辄跳入壶中，市人莫之见，唯长房于楼上睹之，异焉，因往再拜，奉酒脯。翁知长房之意其神也，谓之曰：'子明日可更来。'长房旦日复诣翁，翁乃与俱入壶中，唯见玉堂严丽，旨酒甘肴盈衍其中，共饮毕而出，翁约不听与人言之。后乃就楼上候长房曰：'我神仙之人，以过见责，今事毕当去'，子宁能相随乎？……'道家传说中多有壶中别有天地之记载，以喻仙境。[北魏]郦道元《水经注·汝水》："昔费长房为市吏，见王壶公悬壶于市，长房从之，因而自远，同入此壶，隐沦仙路。"《云笈七签》卷二八引《云台治中录》："施存，鲁人。夫子弟子，学大丹之道……常悬一壶如五升器大，变化为天地，中有日月，如世间，夜宿其内，自号'壶天'，人谓曰'壶公'。"《园冶·门窗》即引此类事典。

② 楼梯仅乎室侧：可以明代建成的宁波范氏天一阁为例，这一著名的藏书阁为二层硬山顶，生动地体现了"天一生水，地六成之"（《周易》郑玄注）的观念——水能克火，以求保佑稀世珍籍；其建构则面阔、进深均为六间，以谐地之数。楼下六开间边侧的半间设楼梯，以通达藏书的二楼，这完全契合于"楼梯仅乎室侧"的原则，也最大程度地节省和利用了空间。《园冶析读》也说，"苏州半园的藏书楼，则用了半间作了楼梯"，这也是适例。但这只是形制之一，还可参见《掇山·阁山》，依阁侧之山造为梯，这也很有新意。至于"台级藉矣山阿"，可以苏州虎丘为例，其层层台级均依山坡而筑。至于无锡寄畅园鹤步滩一带的石阶，虽只有几级，而且歪斜不正，却赢得了自由的品格和自然的野趣。

之妙，饶隐现叵测之趣。

门扇（双扇的门或单扇的门）**岂异寻常**（"岂"，副词，表反问。此句谓门扇难道有异于寻常吗？意为不求高贵富丽。寻常：平常。[唐]刘禹锡《金陵五题·乌衣巷》："旧时王谢堂前燕，飞入寻常百姓家"），**窗棂遵时各式**（窗棂则应遵循当时流行的各种样式。棂：窗；窗或栏杆上雕有花纹的木格子，此指窗上的花格。《说文》段注："如绮文玲珑，故曰'棂'。"[元]涂贞《分咏林中八景凡八章·卧云室》："触壁银涛起，穿棂雪练分"）。**掩**（关闭；合上。《南史·袁粲传》："席门常掩"）**宜合线**（合线：合缝；使缝隙密合），**嵌**（拼嵌之处）**不窥丝**（看不到一丝缝隙漏光，形容缝隙极细，连肉眼也看不见。[唐]颜真卿《述张长史笔法十二意》："间不容光"）。**落步栏杆，长廊犹胜**（胜；称。两句意谓：厅堂周边的落步栏杆和连通他处的长廊互为衔接，还应该相称、协调。见本书第253－254页），**半墙**（窗下的矮墙，北方称槛墙）**户槅**（槅[gé]：户槅；窗槅。槅为纵长方形的窗。[清]顾雪亭《土风录》卷四："槅子：窗户曰槅子……陈其年题画册词用之，云：'浪花槅子冰纹槛'。"半墙户槅：指设在半墙上的短槅），**是室皆然**（这种形制，凡是室都是适宜的。是；凡是；任何）。**古以菱花**（菱花：指菱花形的工艺纹样。[前蜀]韦庄《捣练篇》："白袷[jié]丝光织鱼目，菱花绶带鸳鸯簇。"本章指户槅内心仔作成类似菱花的图案纹样。[明]文震亨《长物志·室庐·窗》："佛楼、禅室间用菱花及象眼"）**为巧，今之柳叶**（柳叶：户槅内心仔作成类似柳条的图案纹样）**生奇**（生奇：即不断变化生新，显得很奇巧。见《装折》[图式]："户槅柳条式"有十；"柳条变人字式"有二；"人字变六方式"有二；"柳条变井字式"有三；"井字变杂花式"有二十一……一系列的"变"，就是形式美的出奇生新）。**加之明瓦斯坚**（古代没有玻璃，用薄纸糊窗，很不坚牢；相比之下，以明瓦代之，则既坚且牢），**外护风窗**（[唐]唐彦谦《竹风》："竹映风窗数阵斜"）**觉密**（原来很风透的槅棂，外面糊纸或夹纱后，就觉得严密了。有些注家将其误解为原窗外面再加一层防护窗，不符《园冶》本意）。◎列论门扇、窗棂、栏杆、户槅等及其具体装修的工艺要求。行文如同比翼双飞、两两相对，工巧绝伦。

半楼半屋，依替木（替木：即梁垫）**不妨一色天花；藏房藏阁**（"半楼半屋"、"藏房藏阁"两句，见本书第256－258页），**靠虚檐**（靠近较虚的檐。由于其上的楼阁退藏于后，故檐较虚）**无碍**（并不妨碍[做]）**半弯月牖**（牖[yǒu]：窗户。[唐]韩愈《东都遇春》："朝曦入牖来"。半弯月牖：弯月形的空窗，见《门窗·[图式]片月式》）。**借架高檐，须知下卷**（《园冶全释》："借草架以抬高檐口，须知前添敞卷之法。"是为确译。架："草架"之节缩。高：使动用法，使……高。此处为使檐高。下卷：草架之下的卷棚翻轩。下：厅堂楼阁的前下方）。**出幕**（原本作"幙"，幙俗字，本书统一作"幕"。出幕：挂出[垂悬的］帘幕）**若分**（犹如分隔成）**别院**（另外的庭院。［宋］苏舜钦《夏意》："别院深深夏簟清，石榴开遍透帘明"），**连墙拟**（拟：比拟；有类于）**越**（远；使……远）**深斋**（深远的斋馆。两句分别见本书第238－244、244－251页）。◎论楼阁的退藏、草架敞卷的妙用以及"出幕"、"连墙"的审美心理效果。

构合时宜（装修的结构符合于时宜。时宜：时势所宜；时代的好尚。《汉书·元帝纪》："俗儒不合时宜"），**式征清赏**（装修的格式、样式应实现清赏。征：成；实现。《集韵》："征，成也。"清赏：清高雅致的品赏。见本书第139－146页）。◎结语两句，概括指出装修的结构样式应合时堪赏。

（一）屏门

堂中如屏列而平者（堂屋中像屏风一样排列而平整的，称作屏门，参见本书第236页及图），**古者可**（可：唯；仅。《古书虚词集释》："可犹'唯'也。《文选·别赋》：'可班荆兮赠恨，唯樽酒兮叙悲。'可、唯互文"）**一面用**（用：为；做。《经传释词》："用，词之'为'也。'用'、'为'声通，此'用'为'为'之借。"《经传衍释》："训作为之'为'。《史记·齐世家》：'庆封令庆舍用政。'"可一面用：仅做一面），**今遵为**（遵为：遵作。遵：以某事物作为遵照）**两面用**（做其两面，即作成两面平整的屏门。这体现了"构合时宜"的原则），**斯谓"鼓儿门"**（陈注一版："鼓儿门，屏门的一种名称。以两面夹板，似鼓之有两面也。盖内外观看皆能一致。"甚确）**也。**

（二）仰尘

仰尘，即古天花版（版，即板，供建筑或其他使用的木版。《楚辞·招魂》："红壁沙版"。王逸注："以丹砂尽饰轩版"。［宋］陆游《老学庵笔记》卷五："版壁有赵谂题字"。《集韵》："版，或从木。"《说文》无"板"字。《说文·片部》："版，片也。"段注："凡宫室施于器用者，皆曰版，今字作'板'。"后世对片状物往往皆称板，如石板、铁板等）**也。多于棋盘方空画禽卉**（禽卉：飞禽、花卉）**者类**（类：类同于；近于）**俗。一概**（一律。［唐］杜甫《秦州杂诗［其四］》："万方声一概，吾道竟何之"）**平仰**（平的"仰尘"，如做成棋盘方空，则不平）**为佳，或画木纹**（或在"平仰"上画木纹），**或锦**（或用织锦面料裱糊），**或糊纸**（［清］李斗《扬州画舫录·工段营造录》："隔井天花，海墁天花，今之裱背顶槅也……纸有棉榜、头二三号高丽、西纸、山头绢、棉方白、二方栾、竹纸……诸纸"），**惟**（为；是）**楼下不可少。**

（三）户槅

古之户（户：明版作"戻"，直至陈注一、二版，均如此。诠释见本书第619—620页）

槅，多于（于：为；作；做成）方眼而（而：如。《助词辨略》："顾氏《日知录》云：'《孟子》："望道而未之见。"集注云："而，读为如，古字通用"……《说苑》："而有用我者，吾其为东周乎？"。后汉《督邮班君碑》："柔远而迩。"皆当作如'……"《助字辨略》中"而"、"如"互训之确证极多，兹不赘）菱花（方眼而菱花：将方眼做成如菱花形状的纹样，这是精致而烦琐的工艺，故下文言应加以减省）者，后人减（减：这里意为减省；简化）为柳条槅（金按：以上即《装折》总论所云"古以菱花为巧，今之柳叶生奇"），俗呼"不了窗①"也。兹（此）式从（从：依随；遵从）雅，予将斯增减数式，内有花纹各异，亦遵雅致（雅致：高雅不落俗套的趣味），故（本来。《经传释词》："故，本然之词也。"[宋]苏轼《次韵杭人裴维甫》："寄谢西湖旧风月，故应时许梦中游"）不脱（脱：离开。《老子·三十六章》："鱼不可脱于渊"）柳条式②（以上数句意谓：这种图式是很雅致的，故加以增减变化，生发为花纹各异的种种图案，它们本来就没有脱离"柳条槅"。这是写户槅的古今递变和装折的"减"、"雅"原则）。

或有将栏杆竖为（竖为：竖立起来作为）户槅，斯（这样做）一（"一"在这里不是基数词，而是序数词，即"第一[是]"）不密（槅格的木条之间过于稀疏而欠密致），亦无可玩（[第二是]也无所可玩。玩：品赏；玩味。[南朝梁]刘勰《文心雕龙·隐秀》："使玩之者无穷，味之者不厌"）。如（动词，为；做）棂（棂即今窗户、栏杆上饰为花纹的木条、格子。《装折·[图式]风窗式》："少饰几棂可也。"即指此棂格木条）空（"空"即窗户、栏杆中棂格木条间的空隙或框宕。也可以这样概括，其虚处为"空"，实处为"棂"，二者之组合则为"棂空"[今称"内心仔"]。对此，计成示以"柳条槅"等图式数十例），仅阔寸许（这里所说"仅阔寸许"的"棂空"，是指棂格木条之间的空隙，即棂格之"空"。这是给出了一个基本的标准，即棂格木条间的空隙，宜为一寸左右或一寸多，因太密则影响采光和美观，太疏则不适宜糊纸或装明瓦）为佳，犹（连词，表假设。若；假如；如果）阔类（类：类同于）栏杆、风窗者（金按：此二者即棂格之"空"太阔）去（去：除掉；去掉。《左传·隐公六年》："见恶，如农夫之务去草焉"）之。故式于后（指户槅图式）。

---

① 不了窗：又称"不了格"，亦即"柳叶格"，窗棂样式的一种。[明]顾起元《客座赘语·太师窗》："秦桧之丞相第中，窗上、下及中一二眼作方眼，馀作疏棂，谓之'太师窗'。此即今之柳叶槅子也，俗又名为'不了格'。"

② 童寯《江南园林志》："《园冶》装折各式，均由柳条递演至井字杂花，变化至今，难违斯例。"（中国建筑工业出版社1987年版，第13页）

（四）风窗

风窗，槅棂之（之：其义为"用"或"有"）外护①，宜疏广（疏广：疏朗）减文（文：文饰。减文，指纹饰简略），或横半（陈注一版译文："或作横的半截"），或两截推关（由其后的［图式］〈两截式〉式可见，为分上下两截，可推出、关闭），兹式如（如：相当于）栏杆，减者亦可用也。在馆（书馆；书房）为"书窗"（《园冶·借景》："书窗梦醒"），在闺（闺：女子的内室。［唐］白居易《长恨歌》："杨家有女初长成，养在深闺人未识"）为"绣窗"（绣：华丽的；精美的。"绣"字多用于女性居处，如绣户、绣窗、绣房。［唐］王琚《美女篇》：'绣户雕轩文杏梁'。《牡丹亭》第九出：'绣户女郎逗闲草'）。

[图式]

〈长槅（今称"长窗"或"落地长窗"）式〉古之户槅，棂、版分位定于（于：动词，为）四、六者（意谓长槅上、下部的棂与版，分位定为四与六之比的，此四与六，为上棂、下版长度的比例），观之不亮（不亮：即较暗，因其采光效果差）。依时制（按照现时的方法、要求亦即其比例来制作），或棂之七、八、版之二、三（上棂为七、八，下版为三或二）之间（这种比例，采光效果较好）。谅（估量，有权衡取值之意）槅之大小，约桌、几（几［jī］：古人坐时凭靠的几案。［明］文震亨《长物志·几榻》："古人制几榻置之斋室，必古雅可爱"）之平高（与桌、几平齐、等高，这样采光效果好），再高（如再要高），四、五寸为最（最：极。意为最高，不能更高了）也。（凡一式）

〈短槅（今称"短窗"、"半窗"）式〉古之短槅，如长槅（如同长槅一样）分棂、版位（分位定于四、六）者，亦更不亮。依时制，上下用束腰（束腰：即"束腰式"，详下），或版或棂（或用平版，或用棂空）可也。（凡一式）②

〈户槅柳条式〉时遵（现时崇尚；遵从）柳条槅，疏而且减（此亦追求质朴简洁之意），依式变换，随便摘（摘：选）用。（式一至十）

〈柳条变人字式〉（式一至二）　　　　〈人字变六方式〉（式一至二）

〈柳条变井字式〉（式一至三）　　　　〈井字变杂花式〉（式一至二十一）

〈玉砖街式〉（式一至四）　　　　　　〈八方式〉（凡一式）

---

① 风窗：前后文多次出现，陈注本、《园冶全释》等往往译为"窗外的护窗"、"安在窗子外面的防护风窗"等，均不确，这是不了解"之"还有"用"、"有"的义项。《战国策·齐策三》："故物舍其所长，之其所短，尧亦有所不及矣。"高诱注"之，犹用也。"《经词衍释》："之，犹有也。"［北周］庾信《伤心赋》："命之修短，哀哉已满。"《风窗》该句意谓：风窗，其槅棂用（或有）纸或纱之类的"外护"，故应疏朗简略，否则会影响采光。可见，风窗是一种独立性而非依附性的窗，见本书第613－614页。

② 金按：原书长槅式及短槅式所示"棂"（即"棂空"）与"版"（即"平版"）的比例均失当。《计成研究》指出："《园冶》刊刻临成的时候，计成并没有到阮大铖那里去，也未能对全书作最后的校勘，所以书中就有一些错字，图式也有一些错误。更足以证明计成自己未能亲自进行最后校勘的一条证据。"此推断甚是。《园冶全释》"束腰式"注："计成所绘长、短槅的比例很不准确，长槅太短而阔，短槅又狭而长。"两家均指出其图文未经校勘的刊刻之误，是必要的。

〈束腰（今称"夹堂板"）式〉如长槅欲齐（齐：排列。《易·系辞上》："齐大小者存乎卦"。俞樾《平议》："齐，犹言列也。"即排列。这里的"齐"，不是齐其大小，而是齐其长短，总的意思是排列使之齐）短槅并装（此句意谓：如长槅要和短槅排列着装置在一起），亦宜上、下用（也应上、下装，即通过"束腰"来调节，使长短相协调①）。（凡八式）

〈风窗式〉风窗宜疏，或空匡（匡即框）糊纸，或夹纱（在框内夹薄纱以代替糊纸），或绘，少（稍稍，略微）饰几棂可也。捡栏杆式中，有疏而减文，竖用亦可。（式一至二）

〈冰裂式〉冰裂，惟（惟：是）风窗之最宜者，其文致减雅（减雅：简而雅），信画如意（信画：听凭心手随意绘画），可以（可：动词，表能愿。以：介词，相当于"因为"、"由于"）上疏下密（图案的分布，上端疏朗，以下渐趋于密）之（动词，致；取；求。《古书虚词集释》："'之'犹'致'也。"《古书虚词旁释》：'之犹致也，取也，求也。'《左传·成公十三年》：'能者养以之福，不能者败以取祸。'之、取互文。杜预注：'养威仪以致福。'《吕氏春秋·荡兵》高诱注引《传》曰：'能者养之以求福，不能者败之以取祸。'可证之犹求、取。"《说苑·权谋》还有"可以之贫，可以之富"之语，"之"即致贫、致富的"致"）妙（此句意谓可经由上疏下密而求得妙趣或致于妙境）。（凡一式，金按：此亦属风窗式之一种）

〈两截式〉风窗两截者，不拘何式，关合如一（一：一体）为妙。（凡一式，金按：此亦属风窗式之一种）

〈三截式〉将中扇挂合上扇（中扇通过铰链挂合于上扇），仍撑上扇，不碍空处（这样就不影响外面的空间，即少占窗外的空间，以免妨碍行走）。中连上（中扇与上扇连接），宜用铜合扇（合扇："合页"的别称，由两片铜或其他金属制成的铰链，大多装在门、窗、箱、柜上）。（凡一式，金按：此亦属风窗式之一种）

〈梅花式〉梅花风窗（梅花式的风窗），宜分瓣做（五瓣应分开来做）。用"梅花转心"（"梅花转心"为一块梅花形的金属小板，钉一瓣之端以作固定，成为可以旋转的轴心装置）于中，以便开关。（凡一式）

〈梅花开式（为以上梅花式进一步的发展变化）〉连做二瓣（梅花共五瓣，将下面两瓣连做成一体），散做（分开做上面的三瓣）三瓣，将"梅花转心"钉（钉：动词）一瓣（钉一瓣：钉"转心"中之一瓣的上端）于"连二"（即"连做二瓣"）之尖（尖：即上端）；或（如；如果）上（装上，将分开做的三瓣装到窗上去，当然也可只装两瓣或一瓣）一瓣、二瓣、三瓣，将"转心"向上扣住（然后旋转"转心"向上，用以扣住上面的一瓣或二瓣、三瓣）。（凡一式）

〈六方式〉（凡一式）　　　〈圆镜式〉（凡一式）

---

① 《园冶全释》注："为了取得构图上的统一整齐，一般长槅不透光部分多与槛墙大致等高。长槅棂空上下用束腰，以便与短槅在构图上取得呼应。"此释颇为精到。

七、栏　杆

栏杆信画而成，减、便（减省；简便）**为雅。古之回文**①、**万字**（回文、万字，均见本书第 144 – 146 页）**一概屏去，少留凉床**（供夏天坐卧的床榻，用竹或木、藤制成）、**佛座**（寺院佛像下面的基坐）**之用，园屋间一不可制**（制：制作）**也。**◎本段概说栏杆图案纹样的宜与不宜。

予历数年，存式百状②，**有工**（精致；工巧）**而精，有减**（减省）**而文。依次序变幻**（变幻：变化；推衍），**式之**（将其画成图式）**于左**（古书从右至左纵行排列，今则从上至下横行排列，故"于左"相当今天的"于下"），**便为**（为：于）**摘用**（选用。摘：选。《文心雕龙·才略》："摘其诗赋"）。**以笔管式为始**（为始：作为开端）。◎概述数年来所积累的各式栏杆纹样可供选用。

近有将篆字制栏杆者（近来有用篆书文字［作为装饰元素］来设计制作栏杆的。金按：今天岭南园林顺德清晖园读云轩户槅长窗的内心仔，还有将篆字制为图案纹样的），**况**（何况；况且）**理画**（理：纹理。画：笔画。理画：指篆字的线条）**不匀，意**（意脉、线文）**不联络**（谓不同的篆字，笔画有多有少，结构有疏有密，缺少图案纹样应有的均匀性和连续

---

① 回文："回"的一种异体字为"囘"。"回文"是以"囘"字形线条回环往复、折角处呈 90°、连续成带状的图案纹样，常用于器物的边饰。对于"回文"，《图文本》这样注道："中国传统的装饰图案，系线条回环往复所构成的图形，常用作栏杆等建筑边饰。"此注虽不够具体，但尚佳。但遗憾的是书证引《晋书·窦滔妻苏氏传》："窦滔妻苏氏……善属文。滔，符坚时为秦州刺史，被徙流沙，苏氏思之，织锦为回文旋图诗（金按：此五字应加书名号）以赠滔。宛转循环以读之，词甚凄惋，凡八百四十字。"［宋］苏轼《题织锦图上回文三首》之三诗："羞看一首回文锦，锦似文君别恨深。"所引两条书证均非是，它证的不是作为工艺美术的回文图案纹样，而是作为杂体诗之一的回文诗。这种诗是可以倒读、回环往复地读，多属于文字游戏，今存的惟有窦滔妻苏惠的织锦为《回文旋图诗》。其实，回文图案和回文诗，二者有质的区别，何况《晋书》已明显出现"读之"、"词"、"八百四十字"等字样，这都是诗的特点。再如苏轼诗，题目就有"题""三首"字样，诗中又有"一首""别恨"字样，这也是诗的特点，因而决不能误将其引来混同于工艺美术。
② 此栏杆图式百状，在日本也受到看重。日本早稻田大学图书馆就藏有钞本《園冶欄干抄圖》，收藏号为【门：イ曾4；号：600；卷：188】。第二页有"園冶中之卷/欄干圖說/一百種内中抄寫"字三行。该《抄圖》是从第一百式倒过来画的，均用工笔双钩绘制的，较原刻为精致，第一图前，钤有阳文篆书"早稻田大学图书"印。这是研究计成工艺美术思想及其影响的重要资料，特附识于此。还应说明，笔者对此书未作考证，因本书主要以文字为探析对象，《园冶》全书图式仅选极少量作为插图，"栏杆诸式一百样"也只能割爱了。

性，故曰"不匀"，"意不联络"）。◎此为插说，通过批评不良现象，指出栏杆理画宜联络。

予斯式中，尚觉（觉：感到）**未尽，尽**（繁体作"儘 [jǐn]"，一任；听凭；尽管；只管。此义项带有近代汉语特征。[清]孔尚任《桃花扇·寄扇》："尽俺受用。"《文明小史》第八回："既是施主远临，尽管住下。"表示不必有顾虑，可放心去做）**可粉饰**（粉饰：修饰；润色，引申为修改。[宋]朱翌《猗觉寮杂记》卷上："退之 [韩愈字] 与孟郊联句，前辈谓皆退之粉饰"）。◎此为补充说明。

[图式]

　　〈笔管式〉栏杆以笔管式为始（书中 [图式] 第一例正是笔管式），**以单变双**（由单笔管式变为双笔管式），**双则如意**（如意：称心如意），**变画以次而成**①。**故**（本来）**有名、无名者**（意谓本来有名称的和无名称的。金按：无名称的，是指有些只有一名而不止一图的）**恐有遗漏，总次序记之**（总：都。[宋]朱熹《春日》："万紫千红总是春。"次：动词，按序排列。《汉书·楚元王传》："亦次之诗传。"次序：动宾短语，谓编次其序。此句意谓都按照次序排列而记录下来）。**内有花纹不易制者，亦书**（书：写）**做法**（具体的做法，如锦葵式三十八："先以六料攒心，然后加瓣，如斯做法……"），**以便鸠匠。**（式一）

　　〈双笔管式〉（式二）

　　〈笔管变式〉（式三至十一。苏州拙政园"别有洞天"半亭的栏杆，与 [双笔管变式四] 颇为相似）

　　〈绦环式〉（式十二）　　　　〈横环式〉（式十三至十六）

　　〈套方式〉（式十七至二十八）　　〈三方式〉（式二十九至三十七）

　　〈锦葵式〉先以六料攒心，然后加瓣，如斯做法；斯一料攒心，斯一料鬭瓣。（式三十八）

　　〈六方式〉（式三十九）　　　　〈葵花式〉（式四十至四十五）

　　〈波纹式〉在横"～"形线料之旁云：惟斯一料可做。（式四十六）

---

① 金按——此句原本作"变画以匀而成"，其他各本皆然。惟陈注二版改为"变化以次而成"。此校勘有误有正。误的是不宜改"变画"为"变化"，一是古代"画"、"化"音异，笔画悬殊；二是"变画"为动宾短语："变"即"变化"，动词谓语；"画"为宾语，是动作的对象，即"所画的栏杆纹样"，故二字内涵较丰，表达准确而极简练，不宜擅改；三是《栏杆》章开头就强调"栏杆信画而成"，前后有呼应关系。再说改"以匀"为"依次"，这是较好的勘正，本书深表赞同，理由如下：一、《栏杆》章总论就说："予历数年，存式百状……依次序变幻，式之于左"，这在开头就强调"式"、"变"特别是"依次"二字，即以次而变，也就是强调了"变"的有序性；二、在《[图例] 笔管式》的说明中，结束时又云："总次序记之。"即通过总结，编次其序。按照这一逻辑，夹在中间的这句话不大可能是"变画以匀而成"，而只能是"变化以次而成"。三、它强调"以笔管式为始"，这正是序列的起点，接着是"以单变双"，再"双则如意"，即感到称心如意，或随顺己意，以次不断变化，再看其 [图式]，第二例正是"双笔管式二"，第三例则是"笔管变式三"……其所列一百种，虽有很多品类，但每一类往往可发现其由单纯到复杂，由基本样式到变异样式，其间似有递变的脉络可寻。当然，"变画以匀而成"也有合理之处，《栏杆》也指出"近始有将篆字制度栏杆者，况理画不匀"。但相比而言，"匀"远没有"有序"重要，因为这是一个系列。可以说，变化"以匀而成"，仅仅是匠气；"以次而成"，才是大师，因为他掌握了图案变化的规律，由必然王国进入了"如意"的自由王国，所谓"从心所欲不逾矩"（《论语·为政》）。

〈梅花式〉在连接两个弧形线料之旁云：用斯一料鬥瓣，一料直①，不攒榫眼。（式四十七）

〈镜光式〉（式四十八至五十一） 〈冰片式〉（式五十二至五十五）

〈联瓣葵花式〉在横长～形线后云：惟斯一料可做。（式五十六至六十）

〈尺栏式〉此栏置腰墙用，或置户外。（式一至十六）

〈短栏式〉（式一至十七） 〈短尺栏式〉（式一至七）·

栏杆诸式计一百样。

---

① "用斯一料鬥瓣料直不攒榫眼。"金按——此句第六字后，脱一"一"字，宜补。然后断句为："用斯一料鬥瓣，一料直，不攒榫眼。"这一补正，可以前后语境中相同的句式为证。如〈锦葵式〉："斯一料攒心，一料瓣。"〈波纹式〉："惟斯一料可做。"〈联瓣葵花式〉："惟斯一料可做。"故〈梅花式〔四十七〕〉可作如是解：用这一料（两条弧线相连）拼鬥梅花的花瓣，另用一料直（非弧线的直线）为梅花的心。正因为是直料，比较简单，易于控制，所以不必攒榫眼。"攒"，即"钻"。

八、门　窗

　　门窗磨空①，**制式**（规制、格式或式样）**时裁**（按时尚来衡量、取舍。裁，裁断；量度。《左传·僖公十五年》："唯君裁之"），**不惟屋宇番新**②，**斯谓林园遵雅**（两句意谓：由于门窗式样的合时，不只是使屋宇更次递变趋新，而且可使园林遵从雅致的原则，此数句参见本书第139－146页）。**工精**（精工细作）**虽专**（专：用如动词）**瓦作**（见《铺地》注），**调度**（安排，调遣。《三国演义》第三十九回："看他如何调度"）**犹在得人**（得人：获得合适的人选。两句构成转折复句，意谓门窗磨空之事，虽然专门由瓦作负责，但设计安排还在于能获得合适的人选）。◎首论门窗式样随着时代递变的价值意义，以及设计者的重要性。

　　触景生奇，含情多致（［明］谢榛《四溟诗话》："情景相触而成诗"，"孤不自生，两不相背"。［清］王夫之《唐诗评选［岑参诗］》："景中生情，情中含景。"［清］田词之《西圃词说》："触景生情，复缘情布景。"◎计成所冶铸的两句俊语，出色地丰富了中国美学的情景论，又领起了下文的审美描述。致：意趣；意态），**轻纱环碧**（房室周围的窗牖配以时尚的绿色轻纱），**弱柳窥青**（窗外的弱柳以"青眼"窥视室内的人和环境，用"拟人"辞格。两句的诗画意韵之美，见本书第272－276页）。**伟石迎人**（伟：高大。参见《选石·太湖石》："此石以高大为贵，惟宜植立轩堂前，或点乔松奇卉下。""伟石迎人"的情景，可于苏州留园林泉耆硕之馆北面长窗或短窗的框架中看到），**别有一壶天地**（见《装折》"别壶之天地"注）；**修篁**（篁：竹的通称。修篁：修长的竹。《明史·倪云林传》："高木修篁，蔚然深秀"。《西游记》第一回："烟霞散彩，日月摇光。千株老柏，万节修篁"）**弄影**（"弄影"二字作为语典，

---

① 磨空：陈注一版："'空'谓门、窗的空框宕；'磨'指琢磨。就是用磨制之砖拼镶门窗的外框。《营造法原》：'苏南凡走廊园庭之墙垣，辟有门宕，而不装门户者，谓之"地穴"（金按：《苏州古典园林》谓之"洞门"）。墙垣上开有空宕，而不装窗户者，谓之"月洞"（金按：《苏州古典园林》谓之"空窗"）。凡门户框宕，全用细清水砖做者，则称"门景"。'"此注及所引书证，均甚确。

② 金按——"番新"，原本、隆盛本均如此，自喜咏本以后均作"翻新"，似是通俗易懂，其实是不明"番"的古义，改后减缩了原文的义涵。番：动词，更替；递变。《广韵·元韵》："番，递也。"《集韵·愿韵》："番，更次也。"番新：随着时间不断递变，一番又一番更替新的。"番新"二字，意蕴丰饶，准确地表达了园林建筑门窗装修与一切艺术形式美的新变律，二字用得佳极妙极，故本书仍从明版原本，恢复为"番新"。又："番新"为动宾短语，与下句的"遵雅"互为对文。

用得绝妙。[宋]张先《天仙子》:"云破月来花弄影"。王国维《人间词话》:"着一'弄'字,而境界全出矣"),**疑来隔水**(疑似隔水传来。《红楼梦》第四十回:鼓乐"就铺排在藕香榭的水亭子上,借着水音更好听")**笙簧**(笙:民族管乐器,因吹吸振动下端簧片而发声。《礼记·明堂位》郑玄注:"笙簧,笙中之簧也。"[北周]庾信《奉和夏日应令》:"愿陪仙鹤举,洛浦听笙簧。"[明]杨珽《龙膏记·龙赐》:"听鸟语笙簧叠奏。"本章以笙簧所奏比拟风竹之音)。

佳境宜收,俗尘安到(两句不限于门窗框景,而且是普遍地适用的园林借景的名句,可与《兴造论》"俗则屏之,嘉则收之"参读。又,"俗尘安到"句,[晋]陶渊明《归园田居[其一、二]》:"户庭无尘杂","虚室绝尘想")**?切忌雕镂门空**(门空:细清水砖磨制的门窗框宕),**应当磨琢窗垣**(窗垣:主要指墙垣上的砖制门窗);**处处邻虚,方方**(犹面面)**侧**(侧:置;处于。《淮南子·原道训》:"处穷僻之乡,侧溪谷之间。"处、侧互文)**景**("处处"、"方方",两句互文,意谓门窗处处邻近虚空,其框宕外无不置有美景,供人品赏观照)。◎本段情景交融地抒写了门窗虚灵所收纳、所创造的宜人佳境和无限天地,文中名言秀语累累然,让人耳际似闻珠玉之声。结末两句,着力炼意,既是理语,更是警语,为中国园林"唯道集虚"空间美学之精华所萃,用[晋]陆机《文赋》语,可谓"立片言以居要,乃一篇之警策"。

非传恐失,故式存馀(一系列图式为计成多年心血所凝,如不让其藉书以传世,就可能永远消失,故将存馀的制成图式。式:动词,制成图式)。◎结语两句,乃放后之收,再回到门窗图式上来,写留传门窗图式的必要性。

[图式]①

〈方门合角式〉② **磨砖方门,凭匠俱做参**(参:叁也;三也。须略作考证。《荀子·劝学》:"君子博学而参省乎己。"金按:此句即《论语·学而》:"吾日三省吾身"之意。又《周礼·天官·大宰》:"设其参。"郑玄注:"参,谓卿三人。"可见"参"通"三"。从文字学看,在上古时代,参[shēn]繁体作"參",上部为光芒下射、照在人头上的三星。《诗·召

---

① 本章所列以下种种门窗的图式类型及其形式功能,可参金学智文:《艺术不欲只弹一曲——小谈洞门的形式美》、《"隔"与"通"——浅说洞门功能种种》、《审美之窗》,分别载《苏园品韵录》,上海三联书店2010年版,第6-9、14-18页。

② 金按——"方门合角式",诸家解读问题较多。陈注二版是这样标点和注释的:"磨砖方门,凭匠俱做参门(原注:'参门:旧本作"券门",明版本作"参门",疑有误'),砖上(金按:"砖上"二字,既点错,又误释)过门(原注:'过门:横加门上之意。为了承载上部墙身重量,必须用料加施其上,其中石制的,称"过门石",木制的称"过门枋"。今称"门窗过梁"')石,或过门枋者。今之方门,将磨砖用木栓(原注:'木栓:木钉。横贯曰栓。《类编》:"栓者,贯物也"')栓住,合角(原注:'合角:在转角处,作四十五度的合角榫')过门于上,再加之过门枋,雅致可观。"注释尚可,但问题在于:首先是明版刊刻有误。参门:内阁本、隆盛本均如此。喜咏、营造、城建、陈注一版则作"券门",尔后,陈注二版仍再作"参门",《图文本》亦作"参门"。至于诸家所作"券门",亦即"圈门"或"拱券门",此虽为中外所共认的传统建筑术语,可是[图式]的下一例恰恰就是"圈门"亦即"券门",果真此亦为"券门",岂非犯重?

南·小星》："嘒彼小星，维参与昴。"参，又同"三"，"叁"）面（"面"，明版原本讹作"门"，双声致讹。三面：即合角方门之上、左、右三面，《园冶》称之为"皮条边"。今苏州匠作称上面的为砖细顶板；左、右两面的为砖细侧壁；下面的一般为石条）砖，上过门石或过门枋者（上：陈注二版误排作"土"，其实，"上"为动词：安装；安上。如建屋时将梁安于屋架之上，称为"上梁"。[明]吴又于[玄]《率道人素草》卷四有《上梁祝文》。过门石、过门枋：门上为了承载上部墙重所横架于其上的材料——石质的"过门石"或木质的"过门枋"。者，句末助词，用于判断句末尾，以加强语气及表停顿）。今之方门，将磨砖用木栓（栓：名词。《广韵》："木钉也"）栓（栓：名词转化为动词，意为钉住。今苏州匠作则用木扎榫嵌入磨砖的燕尾榫眼中，然后将扎榫砌入墙内，以固定顶板与侧壁）住，合角①过（过：度过；跨越。《说文》："过，度也。"《字汇》："度，过也"）门于上（此整句意谓：如今的方门，将磨砖用木钉钉住，使之合角，横架于门上），再加之过门枋（"过门枋"三字，喜咏本、《图文本》均误作"琢磨"），雅致可观（凡一式。方门合角式的实例，如苏州网师园连通西部与中部的"真意"洞门；苏州留园"恰航"轩西墙连通涵碧山房的合角式方门等，形制均简朴，雅洁可观）。

〈圈门（陈注本："与券门同"）式〉凡磨砖门窗，量墙之厚薄（根据墙的厚薄，把砖裁得或磨得比墙略厚或相当，使其可以固定上去。量：估量），校砖之大小（同时还应考虑砖的大小，能制成圈状。校[jiào]：比较。《孙子·计篇》："校之以计而索其情"。《晋书·江逌传》："难与校力"），内空（门框的内圈）须用满磨（满磨：满铺水磨砖），外边（外圈的边）只可寸许（相当砖的厚度，也就是下文所说的"皮条边"），不可就砖（不凑砖而应凑墙上圈门），边外或白粉、或满磨可也②（凡一式。券门实例，如苏州虎丘的"陆羽井"，就有券拱式洞门，常熟兴福寺也有"夕晖"洞门，但有的无外边）。

〈上下圈式〉凡门窗

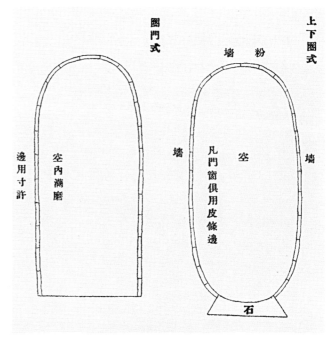

图105　圈门式、上下圈式
选自营造本《园冶》

---

① 《营造法原》："合角……门窗料镶合相成之角。"（中国建筑工业出版社1986年版，第100页）金按：即两个门窗料的45°的锐角，镶合成的90°的直角。

② 对此数句，《营造法原》有类似的要求："量墙厚薄，镶以清水磨砖，边出墙面寸许，边缘起线宜简单，旁墙粉白，雅致可观。"（中国建筑工业出版社1986年版，第76页）

俱用皮条边（凡一式。实例如苏州史家巷庞宅上下圈式，有外边，见刘敦桢《苏州古典园林》第244页；北京恭王府花园也有此式洞门，但无"皮条边"）。【图105】

〈**入角式**〉（凡一式。实例如苏州网师园殿春簃庭院假山门空，为"软入角式"，留园揖峰轩前沿廊也有此式洞门。至于硬入角式的变式，就衍变成了颇为流行的"茶壶档式"，如苏州拙政园玲珑馆隔间后南北向的茶壶档式洞门，至于留园鹤所的茶壶档式洞门，上部又有角花，《营造法原》谓之"门景"）

〈**长八方式** [以下选《园冶》洞门12式示例] 【图106】〉（凡一式。实例如苏州拙政园玉兰堂前檐廊有两侧互对的长八方式洞门，有门扇，门上有对联，颇雅致；留园"古木交柯–华步小筑"间有更狭长的八方式洞门，起了很好的隔景作用；扬州寄啸山庄的蹬道上通长

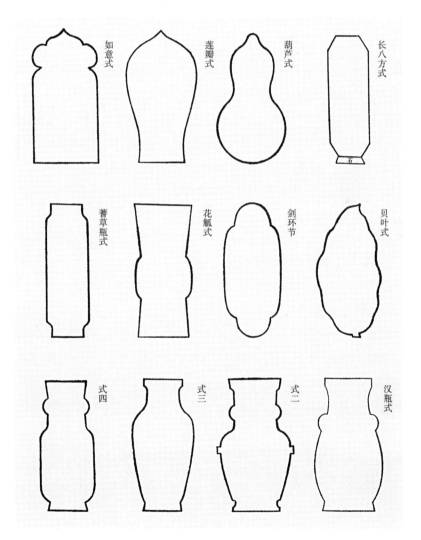

图106 《园冶》洞门各式
选自《园冶注释》第一版
唐悦集

八方式洞门，引人探幽；无锡寄畅园有八方式而略长的"塔影"洞门，其框中借景锡山龙光寺塔，效果极佳）

〈执圭式〉（凡一式）

〈葫芦式〉（凡一式。实例如苏州沧浪亭有葫芦式洞门；怡园南雪亭侧有葫芦式空窗）

〈莲瓣式〉（凡一式。实例如上海豫园有莲瓣式洞门，上部有变化而下部较稳定）

〈如意式〉（凡一式。实例如上海南翔古漪园有小如意头洞门；上海豫园有大如意头洞门和小如意头变式洞门）

〈贝叶式〉莲瓣、如意、贝叶，斯三式宜供佛所用（此三式，指莲花花瓣形、如意形、贝叶形三式洞门，贝叶：印度贝多罗树的叶子，用水沤后可以代纸，古印度人用以写佛经。后因称佛经为"贝叶经"。《大慈恩寺三藏法师传》："法师方操贝叶，开演梵文"。[元]杨维桢《题柯敬仲画》："明年我亦南屏住，林下同翻贝叶经。"莲瓣、如意、贝叶三式与佛教密切相关，宜供佛所用，故极恰当。苏州禅寺园林狮子林就有贝叶式洞门，其内涵与形式十分协调；苏州畅园、上海松江醉白池也均有贝叶式洞门，形式均美而意蕴稍差。杭州西泠印社的还有门扇，见童寯《江南园林志》，中国建筑工业出版社 1987 年版，第 80 页）。

〈剑环式〉（凡一式。实例如扬州何园的剑环式洞门）

〈汉瓶式〉（式一至四。汉瓶：一种主要作为清供雅玩的瓷瓶，具有优美的曲线造型和稳定感。此实例如上海豫园、苏州沧浪亭均有双耳汉瓶式洞门，但二者有肥、瘦之别；常熟燕园的汉瓶式洞门，其线条又变弧曲为直折；广东顺德清辉园也有汉瓶式洞门）

〈花觚（觚［gū］：古代酒器，青铜制，喇叭形口，细腰，高圈足，用以盛酒。盛行于商代和西周初期。《论语·雍也》："子曰：'觚不觚，觚哉！觚哉！'"）式〉（凡一式）

〈蓍草瓶（插蓍［shī］草的瓶。蓍草，多年生草本植物，一本多茎。我国古代常用以占卜。《易·系辞上》："蓍之德，圆而神"）式〉（凡一式）

〈月窗式〉大者可为门空（凡一式。月窗式：即"洞门"，圆者称"月洞门"、"圆洞门"。著名的实例，如苏州虎丘分隔千人石景区与剑池景区的"别有洞天"月洞门，审美效果最佳；苏州拙政园枇杷园的"晚翠"月洞门颇有意蕴；苏州艺圃的"浴鸥"月洞门亦饶奇趣。此外，杭州青藤书屋有"天溪分源"月洞门，扬州瘦西湖吹台四面有四个月洞门，扬州个园入口也有月洞门，等等）。

〈片月式〉（凡一式。片月式空窗效果颇佳，作为门空，实例如扬州何园的片月式洞门，稳定感似不够，人们出入也不太方便）

〈八方式〉斯亦可为[①]门空（凡一式。实例如扬州何园有正八方式洞门；北京北海有"荡舟"八方式洞门；山东潍坊十笏园也有"鸢飞鱼跃"八方式洞门）

〈六方式〉（凡一式。而今贝聿铭大师所设计的苏州新博物馆，又大量采用六方式空窗，

---

① 金按——明版原本作"斯亦可门空"，隆盛本亦然。自喜咏至《图文本》均增一"为"字，甚是。原本脱"为"字，不仅缺谓语，欠通顺，而且其前的"月窗式"亦有说明："大者可为门空"，语例相同，是为内证，故补。

这是又一种"制式时裁","屋宇番新")

〈菱花式〉（凡一式）　　　〈如意式〉（凡一式）

〈梅花式〉（凡一式）　　　〈葵花式〉（凡一式）

〈海棠式〉（凡一式。此为纵长形窗。而作为洞门的实例，如苏州狮子林有"探幽"海棠式洞门）

〈鹤子（即鹤蛋，椭圆形）式〉（凡一式。实例如杭州西湖郭庄、北京恭王府花园，均有呈椭圆形的鹤子式洞门）

〈贝叶式〉（凡一式）　　　〈六方嵌栀子式〉（凡一式）

〈栀子花式〉（凡一式。如计成为郑元勋所造影园，就有栀子花形的窗。[明]郑元勋《影园自记》："室内通外一窗，作栀子花形"）

〈罐式〉（凡一式。实例如扬州"白塔晴云"，有罐坛式洞门，颇为宽肥）

九、墙　垣

　　凡园之围墙，多于（于：介词，即以；用）**版筑，或于**（于：亦以；用）**石砌**（［清］李斗《扬州画舫录·工段营造录·瓦作》："成砌有砖砌、石砌、土坯砌……"），**或编篱棘**（编棘为篱。棘：即酸枣树，此泛指荆棘，丛生的多刺植物）。**夫**（发语词）**编篱**（即"编篱棘"）**斯**（斯：乃；才）**胜花屏**（花屏：以各种方法种植攀缘类花木所形成如屏障般的"墙篱"。［明］文震亨《长物志·花木·蔷薇木香》："尝见人家园林中，必以竹为屏，牵五色蔷薇于上。"又如藤本月季，可用栅栏、格子篱等助其成屏。对此，《园冶·相地·城市地》并不赞成："不妨凭石，最厌编屏。"又：《扬州画舫录·工段营造录·土作》有"栅木墙、竹篱、柳篱、药栏"等），**似多野致**（野致：质朴天然的山野意趣。《魏书·茹皓传》："树草栽木，颇有野致"），**深得山林趣味**（以上数句，意谓编篱棘似有野致，饶有山林意味。趣味：情趣；旨趣。［宋］叶适《跋刘克逊诗》："怪伟伏平易之中，趣味在言语之外"）。◎论围墙的各种类型，尤重富于野致的编篱。

　　如（例如）**园内**①**花端**（花边；花际。《后汉书·赵咨传》："归于无端。"李善注："端，际也"）、**水次**（水旁。［宋］梅尧臣《依韵诸公寻灵济重台梅》："梅要山傍水次栽，非同弱柳近章台"）、**夹径、环山之垣，或宜石**（即下文的乱石墙）**宜砖**（即下文"漏"、"磨"两类砖墙），**宜漏**（即下文的漏砖墙）**宜磨**（即下文的磨砖墙），**各有所制**（各有其逐步形成的不同规制、式样和格局），**从雅遵时，令人欣赏，园林之佳境也。**◎从内容层面看，本段概括说明园内不同景区有不同类型的墙体，它们构成了从雅遵时的园林佳境；从遣辞成文的视角看，"垣内……之垣"中的四个二短语（"花端、水次、夹径、环山"），注重选词，力避犯复，并构成短促紧凑的语势美，还领起了以下的四个"宜"字，让其总冒本章所属各节，做到逻辑严密，概括得体，排比而气势一贯，然后以"各有所制……"数语收结，极有概括力。全段散文写作艺术颇佳，值得品味。

　　历来墙垣，凭匠作（匠人）**雕琢花鸟仙兽，以为巧制，不第**（不但。［清］

---

① 金按——此处"园内"，原本仅一"内"字，隆盛本以后诸本无不如此。但联系下文，似欠通顺，尤感文气断而不贯，兼之细究诸家有关译文，如陈注二版作"园内的……"；《园冶全释》亦同；《图文本》也注为"在园林内部……"，均颇顺畅。由此推断，"内"字前似脱一"园"字，故补上。如是，则全篇层次井然而出，豁然贯通矣！

韩泰华《无事为福斋随笔》："不第玉门以内无安插之地……"）**林园用之不佳**（如《屋宇》所云："升栱不让雕鸾，门枕胡为镂鼓？时遵雅朴，古摘端方。画彩虽佳，木色加之青绿？雕镂易俗，花空嵌以仙禽。"这都鲜明地表达了计成的主张：何者可用，何者"用之不佳"），**而**（而且）**宅、堂前用之何可也**①？**雀巢可憎，积草如萝**（《全释商榷》："指麻雀营巢时衔积的枯草，较长的枯草悬吊在巢外边，好像是悬挂着的枯藤萝一样。"甚是。此乃"雕琢花鸟仙兽"之一弊），**祛**（祛〔qū〕：除去。《韩诗外传》卷八："足以祛壅蔽矣"）**之不尽，扣**（同"叩"。敲击。《晋书·张华传》："扣之则鸣矣"）**之则废**（废：非指墙之倒塌，而是指所雕琢的玲珑纤巧的花鸟仙兽被击坏），**无可奈何者**（者：句末助词，无义，表肯定语气）。**市俗、村愚之所为也**（句前省复指，意为这是市井、乡村中愚俗之人的所作所为。也：语气助词，常用于句末，此处用于句中，起顿宕、舒缓语气作用，往往带有感情色彩。《列子·汤问》："惧其不已也，告于上帝。"），**高明**（形容词，指代高明者，即有识见的人）**而慎之**（对此事应慎之又慎。慎：谨慎；小心。《礼记·中庸》："审问之，慎思之"）。

◎多方论述切忌雕琢墙垣，并历数其弊。

　　世人兴造，因（随；顺）**基之偏侧**（地基的偏斜、倾侧），**任**（听任）**而造之。何不以墙取头**（头：边；一边；这边、那边）**阔头**（头：义同前）**狭，就**（凑；迁就）**屋之端正**（见本书第433－440页）？**斯匠、主**（主：指一般造园之主）**之莫知也**）。

◎附论偏侧地可巧用"以墙取头阔头狭……"之法。

（一）白粉墙

　　历来粉墙，用纸筋②石灰，有好事③取其光腻，用白蜡（白蜡虫分泌的

---

① 金按——明版原本《墙垣》云：［历来墙垣，凭匠作雕琢花鸟仙兽，以为巧制］"不第林园之不佳，而宅堂前之何可也"。这"不第……而……"所关联的上、下两句，除喜咏本外，隆盛本至陈注一版均如此。《疑义举析》指出："'宅堂前'之'前'字误，喜本作'用'，甚是。"陈注二版则云："各版本均作'前'，按《喜咏轩丛书》本作'用'，似误。"故仍作"前"。以上两家之见，均较确而有所不确。本书认为：一、这上、下两句的"之"字之前，均脱略一动词"用"，若补足，则两句皆畅达。因此，这个"用"字，并不误，但又不能以"用"来代替下句的"前"字，因为这个"前"字也不误。二、"宅堂前"的"宅"、"堂"二字中间，应增一顿号，从而作"宅前"、"堂前"解，因为这分别是指两种不同情况，即下文《墙垣·磨砖墙》开端所说的"隐门照墙"和"厅堂面墙"，"隐门照墙"是宅前的，"厅堂面墙"则是堂前的，而且该节还指出："雕镂花鸟仙兽不可用"。这个"用"字，恰恰还和前文所补的"用"字遥相呼应。这样，《墙垣》总论中这上、下句则为："历来墙垣，凭匠作雕琢花鸟仙兽，以为巧制，不第林园之不佳，而［且］宅［前］、堂前用之何可也。"
② 纸筋：《营造法原》："纸筋者以石灰与纸脚着潮打烂化合。纸脚……系粗草纸之一种，含稻草纤维甚多，和水置石臼捣烂，因易腐烂，较稻草为佳。"（中国建筑工业出版社1986年版，第69页）做纸筋除用纸脚外，还可用草或纤维物质加工成浆状，按比例均匀地拌入石灰浆内，以增加石灰浆连接强度和稠度，防止墙体抹灰层裂缝。
③ 金按——"有好事取其光腻，用白蜡磨打者"，其中"好事"，即"好事者"之省称，此含褒义。此省称用法见于《园冶》中，如《选石》中"好事只知花石"；《选石·散兵石》中"维扬好事专买其石"；《选石·旧石》中"世之好事"，"好事采多"；《选石〔结语〕》中"处处有好事"，足为充分的内证。此处的"好事"，明版原本、隆盛本均如此。但是，喜咏至陈注一版均作"好时"，故均失当。陈注二版据明版改为"好事"，甚是。《图文本》仍作"好时"，亦不当，因以不尊重此处无误的明版为前提。其实，此类"好时者"亦属"好事者"，而且此改也不符合作者用词习惯；也不符校雠律则。因全书中"好事者"、"好事"乃大量存在，而"好时"、"好时者"之词却未一见。又此句最后一个"者"字，为句末助词，表停顿。

蜡质，磨擦物体表面可使之光亮。可供制烛等工业用，亦可入药）**磨打者。今用江湖中黄沙，并上好石灰少许**（〔晋〕陶渊明《饮酒〔其九〕》："少许便有馀"）**打底，再加少许石灰盖面，以麻帚**（一种刷墙工具，用麻或其他材料扎成）**轻擦，自然明亮鉴**（鉴：此处为动词，照。《广韵》："鉴，镜也。"《广雅》："鉴，照也。"《左传·昭公二十八年》："光可以鉴。"杜预注："发肤光色，可以照人。"《徐霞客游记·滇游日记三》："泉混混平吐，清冽鉴人眉宇"）**人。倘有污渍**①**，遂可洗去，斯名"镜面墙**（像镜面一样光滑明亮的墙壁）**"也。**

（二）磨砖墙

如隐门照墙、厅堂面墙，皆可用磨（磨：磨砖。〔明〕佚名《贫富兴衰》第一折："殿宇嵬峨云叆叇，钟楼高耸势迢峣，粉墙八字磨砖砌"）②**：或方砖吊角**（陈注一版："用砖贴面成斜方形者，即上下角皆在中线上，故云'吊角'。"此释甚是，也就是斜方砖贴面，如苏州全晋会馆、拙政园原门墙均用"方砖吊角"。苏州匠作今称"斜角景"）**【图106】；或方砖裁成八角嵌小方**（陈注一版："将方砖裁成八角拼合，其空处嵌以小方砖（金按：裁成的小方砖）。"此释亦是）**；或小砖一块间半块，破花**（打破一般规则排列的花，即所谓"碎花"）**砌如锦样。封顶用磨**（意谓封盖墙门垛头上端的顶，亦应用"磨"；或者说，用磨来封顶。再看陈注二版，"封顶用磨"之后未点断，与"挂方飞檐砖几层"连为一句，于是又一次使文意欠通），**挂**（《广韵》："挂，悬挂。"此处意为将方飞檐砖悬空挑出）**方飞檐砖几层**（这就是"封顶用磨"的具体做法，详见本书第610–611页。对于"飞檐砖"，陈注本、《图文本》注释为"檐口起翘的部分"或"檐口起翘之砖"，均非是。《园冶全释》注："几层：即用几皮〔层〕砖，层层挑出砌成的檐口，也就是叠涩出檐的构造做法。"此注近是），**雕镂花鸟仙兽**（墙门垛头上端、飞檐砖下的雕饰部分称"兜肚"，此即"雕镂花鸟仙兽"之处）**不可用，入画意者少。**

---

① 金按——明版原本"倘有污积，遂可洗去。"陈注一版："污积，疑为污渍之误。"甚是。繁体"積"（积）确系繁体"漬"（渍）字之形讹。今据改。渍〔zì〕：积在物体上的污迹。〔明〕汤显祖《牡丹亭》第三十五出："你看正面上那些儿尘渍"。

② 金按——原文"如隐门照墙……破花砌如锦样"这一长句，诸家标点均不太合理。如陈注二版："如隐门照墙、厅堂面墙，皆可用磨或（原注：'原本作"成"〔金按：原本当指城建本，但此本亦作"或"，且前此所有版本均作"或"〕，疑为"成"字之误。'）方砖吊角；或方砖裁成八角嵌小方；或小砖一块间半块，破花砌如锦样。"本书则重行标点于下："如隐门照墙，厅堂面墙，皆可用磨（按：《图文本》此处作句号，非）：或方砖吊角；或方砖裁成八角嵌小方；或小砖一块间半块，破花砌如锦样。"说明："磨"字下应用冒号，领起以下三个"或……"字句，此三分句间用分号隔开。由此对照陈注二版，似有如下几处失误：一、将"磨"字与下句相连，使文意欠通。二、注中疑"或"为"成"，其实不然，因为从全句看，作为主语的照墙、面墙，是不可能被磨"成"方砖吊角的，或者说，墙是不可能磨成砖的（以上两处失误，《园冶全释》亦同）。此外，三、原文"或小砖一块间半块"，二版脱一"小"字。四、其中"吊"字，陈注本均作"弔"，改为异体，似无必要。又：本节两度出现"用磨"，诸家均未释，而这恰恰是"磨砖墙"全节的关键词。"用磨"之义，见本书第635页。

（三）漏砖墙

凡有观眺（观眺：近观远眺）**处筑斯，似避外隐内**（避外隐内：谓墙有漏窗，在一定程度上兼有屏蔽墙外之人窥视和隐藏园内景致的作用，故用一"似"字）**之义。古之瓦砌连钱、叠锭、鱼鳞**（连钱、叠锭、鱼鳞，均为砌漏窗常见纹样，分别形如古钱串连、银锭堆叠和鱼鳞排列，故名）**等类，一概屏之。聊**（姑且；暂且。《左传·襄公二十一年》："诗曰：'优哉游哉，聊以卒岁'"）**式**（动词，绘制图式）**几**（几例）**于左。**【图107】

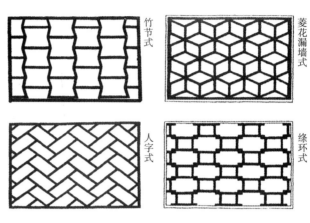

竹节式

菱花漏墙式

人字式

绦环式

图107　漏明墙四式
选自营造本《园冶》

[图式]（金按：此图例原在《乱石墙》后，与《漏砖墙》相隔，现从陈注本将其提前）

〈菱花漏墙式〉（式一）　　〈绦环式〉（式二；式三无名）

〈竹节式〉（式四）　　〈人字式〉（式五；式六至十六无名，似近绦环式）

漏明墙凡计一十六式，惟取其坚固。如栏杆式中亦有可摘砌者，意不能尽，犹恐重式（重式：式样重复）。宜用磨砌者佳。

（四）乱石墙

是（凡是）**乱石皆可砌，惟黄石者佳。大小相间，宜杂**（杂：参杂；厕杂；间杂；夹杂。《一切经音义》："杂，参也。"《广雅》："杂，厕也。"《集韵》："杂，间厕也。"《乱石墙》此句，意谓大小相间的乱石墙，适宜参杂亦即厕于假山之间。杂，为动词）**假山之间。乱青石版**（以不规整的青石板［拼合砌成的墙］。乱：整之反，即不规则）**用油灰**（油灰：油漆施工中填嵌缝隙、平整表面的膏状材料。一般以熟桐油与石灰或石膏调拌而成）**抿**（抿［mǐn］：揩拭；擦。《吕氏春秋·长见》毕沅校："抿与抆同，拭也。"［清］李斗《扬州画舫录·工段营造录》："石缝拘抿白灰桐油"）**缝，斯名"冰裂"也。**

十、铺　地

　　大凡砌地铺街，小异花园住宅（两句为求首字"大"、"小"相对。故下句用"错综"辞格，此语序可还原为"花园小异于住宅"。陈注本译为："大凡砌地铺街，与花园住宅不同。"不确。《园冶全释》译为："大凡铺设道路与地面，园林与住宅有所不同。"甚是）。**惟厅堂广厦**（广厦：高大的房屋。［唐］杜甫《茅屋为秋风所破歌》："安得广厦千万间"），**中铺**（其中所铺）**一概磨砖**（磨砖：水磨方砖）；**如路径盘蹊**（蹊［xī］：小路；山路。［唐］杜甫《江畔独步寻花七绝句［其六］》："黄四娘家花满蹊"。盘蹊：盘曲的山间小路），**长砌**（长路的铺砌。承上文路径盘曲而长，故曰"长砌"）**多般乱石**（乱石：即以下第一节所述"乱石路"。多般乱石：意谓多数采用铺乱石的方法）。**中庭**（即庭中。［宋］苏轼《记承天寺夜游》："相与步于中庭"）**或宜叠胜**（叠胜：见下文《诸砖地》注），**近砌**（砌：名词，即阶砌；阶台。见本书252页。《玉篇》："砌，阶砌也。"［五代后蜀］欧阳炯《清平乐》："春来阶砌，春雨如丝细。"近砌：靠近阶台。［唐］元结《窊尊者［在道州］》："平湖近阶砌"）**亦可回文**。◎论园林中不同的环境，宜用不同的铺地，语言朴实简练。

　　八角嵌方（八角形与方形拼嵌组成的图案，类似于《墙垣·磨砖墙》的"或方砖裁成八角嵌小方"），**选鹅子**（鹅子：鹅卵石）**铺成蜀锦；层楼出步**（层楼向外伸出一步而没有屋盖的，这是一种开敞性的台。《屋宇·台》："或楼阁前出一步而敞者，俱为台"），**就**（靠近）**花稍**[1] **琢拟秦台**（秦台：秦始皇所建的曲台宫。《汉书·邹阳传》："臣闻秦倚曲台之宫。"颜师古注引应劭曰："秦皇帝所治处也，若汉家未央宫。"［唐］李商隐《子直晋昌李花》："吴馆

---

[1] 金按——"层楼出步，就花稍拟琢秦台"，明版原本为"稍"，自隆盛本以来均如此，惟陈注本云："《说文》：'梢，木枝末也。'花梢作花上解。原书'梢'误作'稍'。"其实并不误，只是后世不太了解，才有改为"梢"者（见本书第639页）。对于此句，陈注本译作"层楼前雕琢出步，就花梢看去，仿佛秦台"，不确。《园冶全释》译文："楼层可前出一步而敞，临花木之上构筑成台。"也离原意颇远。《图文本》则注"花稍"为"装饰用的花样"，亦误。其实，此句原意谓伸出一步的楼台，由于它比较高，恰好靠近花木的末端，此意［唐］白居易《曲江》"楼台在花杪"之句可为确证，"杪"与"稍"均为花木的末端。又［明］陈继儒《小窗幽记·集奇》："［竹］既稍（金按：此'稍'字名词动用）云于清汉，亦倒影于华池。"故"层楼出步，就花稍拟琢秦台"可理解为：将层楼伸出一步的露台铺得美如"蜀锦"，也就是把靠近花稍的楼台雕琢得像华丽的曲台宫一样。

何时爇，秦台几夜熏？"后泛指华丽的殿阁）。**锦线瓦条**（织锦般的"线""条"，其实由废瓦片巧妙砌成），**台全石版**（平台全用石板［来铺砌］。版：即板）。**吟花席地，醉月铺毡**（吟花醉月：典出自［唐］李白《月下独酌》："花间一壶酒，独酌无相亲。举杯邀明月，对影成三人……"席地：古人铺席于地以为座，后也称坐在地上为席地。［明］陈继儒《小窗幽记·集倩》："一轩明月，花影参差，席地便宜小酌。"《玉篇》："毡，毛为'席'。"即谓用毛织成的"席"，常铺于地上，《铺地》中喻指织有种种花纹图案的地毯，此处用以赞颂花街铺地之美。◎此数句，文亦如花街，宛同铺锦列绣，繁丽满目）。**废瓦片也有行时**（行时：交好运），**当**（当［dāng］：对着，向着）**湖石削铺**（削：分割。［宋］苏轼《雪浪石》："削成山东二百郡。"削铺：通过对瓦片的分割加工，使其合适于铺设地面），**波纹汹涌**（此句意谓以弧形的废瓦片，对着太湖石立峰仄砌成波浪纹，隐喻太湖石在湖水中冲激而成。汹涌：叠韵，水流翻腾激荡貌。［唐］李白《当涂赵炎少府粉图山水歌》："惊涛汹涌向何处？"）；**破方砖可留大用，绕梅花磨鬥**（磨鬥：磨和鬥。鬥：拼合），**冰裂纷纭**（冰裂：冰裂纹铺地。参《装折·［图式］冰裂式》："其文致减雅，信画如意。"纷纭：叠韵，形容多、乱。《孙子·势篇》："纷纷纭纭，鬥乱而不可乱也！"《铺地》此句隐喻梅花不畏严寒冰雪。◎此骈俪长句，俗而能雅，朴而能丽，作者不愧为属对高手）。**路径寻常**（寻常：平常。［宋］辛弃疾《永遇乐·京口北固亭怀古》："寻常巷陌"），**阶除**（阶沿）**脱俗**（两句见本书第167－170页）。**莲生袜底，步出筃中**（筃：明版原本至陈注本均作"个"，其实应作"筃"。《诗词曲语词汇释》："筃，指点辞，犹这也；那也。苏轼《李顾画山见寄》：'平生自是筃中人……'筃中人犹云此中人。"筃中：即此中）**来；翠拾林深，春从何处是**（"春从何处是"，活用［唐］白行简《春从何处来》诗题为语典。◎"莲生"、"翠拾"等丽句，用［晋］陆机《文赋》语状之，可谓"藻思绮合，清丽千眠"。其文化内涵和艺术特色，见本书第269－271页）。**花环窄路**（环：环绕。花环窄路：花环绕着狭路）**偏宜石，堂迴**（厅堂高宽，见前文"惟厅堂广厦……"之句）**空庭**（庭院空旷）**须用砖**（用砖铺地，见下文《诸砖地》："屋内或磨扁铺，庭下［即空庭］宜仄砌。"扁铺用方砖，仄砌用条砖）。**各式方圆，随宜铺砌。**◎本段为全章重点，铺成蜀锦，琢拟秦台，吟花席地，醉月铺毡，典故的迭用，俪句的缀接，借用［清］阮元的四、六赞语，可谓"比青丽白，卿云增绣黼之辉；刻羽流商，天籁遏笙簧之响"（《四六丛话叙论后序》），织就了一篇铺采摘文、内涵丰永的"花街铺地颂"，适与上段的质朴风格形成鲜明对比，如松篁之夹桃李，布帛之夹锦绣。还令人联想起古代著名画谚："黄家富贵，徐熙野逸"（［宋］郭若虚《图画见闻志·论黄徐体异》）。此种笔分两枝，丽朴各异的写法，足以启迪园林设计师艺术构思和创造想象，扩展读者的审美品味空间。尤可贵者，此段不仅外在的文辞华茂交织，而且内蕴的意脉亦贯注勾连，凸显了主题铺砌的精密构想，还体现了利用破废（"废瓦片也有行时"，"破方砖可留大用"），化腐朽为神奇的理念。

磨（用磨）**归**（归属，属于。《荀子·王制》："归之庶人"）**瓦作**①**，杂用鉋儿**②（明版原本为"钩［"鉤"、"钧"］儿"，刊刻有误。据笔者考证，宜改作"鉋［刨］儿"，见本书第678－679页）。◎以行业俗语两句作结，旨归营造，点出铺地所需工种，写法甚紧结。

（一）乱石路

园林砌路，惟③**小乱石砌如榴子**（砌成如石榴的子实）**者，坚固而雅致，曲折高卑，从山摄壑**④**，惟斯如一**（惟有这种铺地可以始终如一）。**有用鹅子石间**（间：动词，间隔。《装折》："相间得宜，错综为妙"）**花纹砌路，尚且不坚**（此节强调"坚"、"雅"二字。当时无水泥，如用鹅子石必然嵌得很浅，不坚固，而用乱石或砖瓦仄砌，则嵌得深，坚牢耐久，经得起踩踏），**易俗。**

（二）鹅子地

鹅子石，宜铺于不常走处，大小间砌者佳，恐匠之不能也。或砖或

---

① 瓦作：梁思成《清式营造则例》："瓦作，建筑中用瓦或砖部分之工作。"（中国建筑工业出版社1987年版，第77页）江南称此类工匠为"瓦匠"、"泥水匠"。［清］李斗《扬州画舫录·工段营造录》概括道："营舍之工，黄河以北称为泥水匠，大江以南称为瓦匠……与木匠同售其术。"与《园冶》一样，点出了营造工程最主要的两个工种。

② 金按——"磨归瓦作，杂用鉋儿"，此最后两字，原本、隆盛本直至陈注二版均作"钩儿"，陈注本等还释作"小工"、"扛抬工"，既无依据，亦不合理，因为铺地用磨固然少不了"瓦作"这个特定工种，所谓"中铺一概用磨"，"当湖石削铺"，然而，任何工种都需要小工，而且小工不可能和"瓦作"相提并论，现据考证，易"钩（鉤）儿"为"鉋儿"，不但能和"瓦作"旗鼓相当，而且符合历史时代的实际。本书认为，"鉤儿"乃是"鉋儿"在刊刻时的形讹，故改。

③ 金按——原本"惟小乱石砌如榴子者，坚固而雅致。"其中"惟"字，陈注一版为"作"，误。第二版则云："原本作'作'，按明版本改正。"即改为"堆"字，亦误。这一、二版之改，于事于理均不合，试列陈之：一、其底本（城建本）原来既非"作"字，亦非"堆"字，而亦作"惟"字，故不知"作"、"堆"二字从何而来；二、事实是铺地不必将小乱石"堆"起来，相反应是本平铺；三、原句中已有"砌"字，这已是最恰当的动词，故不需要再添加其他动词；四、第一长句中的"坚固而雅致"是正面论证，而第二句"用鹅子石间花纹砌路，尚且不坚，易俗"，则是反面论证，通过正反对比，进一步证明园林砌路，惟有（只有）用小乱石砌如榴子的，既坚固，又雅致。由此可见，其前后文意非常连续，逻辑亦极严谨，故陈注一、二版校勘，均不确。

④ "曲折高卑，从山摄［zhé］壑"：此为难句，须详释。曲折：屈曲不直。《乐记·师乙篇》："夫歌者……曲如折。"卑：低。《礼记·中庸》："登高必自卑。"［清］布颜图《画学心法问答·问布置之法》："意在笔先，铺成大地，创造山川，其远近高卑，曲折深浅，皆令各得其势而不背"。从：由；遵循。《尔雅》："遵、循、由、从，自也。"摄［zhé］：通"摺"、"折"。《仪礼·士昏礼》胡培翚正义："敖氏曰：'先儒读"摄"为"摺"……今人屈物为叠之谓"摺"'"《楚辞·严忌〈哀时命〉》洪兴祖补注："摄，曲折也。"《集韵·入声下》："摄，曲折也。"此处计成为免与前句"曲折"之"折"犯重，故易以"摄"，是用了"避复"辞格。本句中的"摄"，作动词用，同左曲右折、折高折低之"折"。此"折"字，历来园记散文描述路径时多用之，在明代尤为盛行。如王世贞《游金陵诸园记·南园》："从右方十馀折而上……左折而下……"陈所蕴《日涉园记》："冈东折而北，有白云洞。"陈宗之《集贤圃记》："由一石桥入门，折右数武，为开襟阁。"锺惺《梅花墅记》："折而北，有亭三角……南折数十武，为庵"［明］邹迪光《愚公谷乘》："入寺，折而东，凡百馀步，又折而南，又百馀步，为二泉亭……左折七级而上，有岭……滩尽，折而上，又有涯……折而右，为水带阁。"［明］郑元勋《影园自记》："折而入草堂。"可谓举不胜举。至于曲折的乱石路之实例，如苏州耦园东部黄石假山以及"邃谷"的蹊径，也可谓"曲折高卑，从山摄壑"；又如沧浪亭山上山下的蹊径也都用乱石铺砌，与苍古的石亭山非常协调。

瓦，嵌成诸锦（诸锦：各种织锦纹样）**犹可，如嵌鹤、鹿**（民间以鹿、鹤象征寿与禄）**、狮球**（狮子滚绣球的图案）**，犹类狗者**[①]**可笑。**

（三）冰裂地

乱青版（板）**石鬥**（鬥：拼合）**冰裂纹，宜于山堂**（山上宽平之地）**、水坡**（临水的坡地）**、台端**（平台的前端）**、亭际**（亭子的四周）**，见前风窗式**（图式）**。意随人活**（◎意随人活，精辟！包括砌冰裂纹在内的种种创意，无不随人而活，故绝不应人为法缚、墨守成规。此乃计成切身经验所冶铸的"至语妙道"，值得重视和探析，见本书第124－129页）**，砌法**[②]**似无拘格**（似无拘格：似乎没有必须拘守的固定格式。实例如苏州环秀山庄湖石假山洞中，就用青石板冰裂铺地，与假山有浑然一体之致。留园五峰仙馆与厅山之间所铺，亦为冰裂地，效果亦佳）**，破方砖磨铺犹佳**（《铺地》："破方砖可留大用"）。

（四）诸砖地

诸砖砌地（各种砖材以不同砌法、不同图式所作的铺地。诸：众；各个；不一。《广雅》："诸，众也。"《一切经音义》卷十七引《苍颉篇》："诸，不一也"）**，屋内或磨扁铺**（磨扁铺：水磨方砖平铺）**，庭下**（厅前）**宜仄砌**（指将砖竖起，用窄边拼砌图案）**。方胜、叠胜、步步胜者，古之常套也。今之人字、席纹、斗纹，量**（估量。《资治通鉴·汉献帝十二年》："不度德量力"）**砖长短，合宜可也。有式。**

[图式]

〈人字式〉　　　　　　　〈席纹式〉

〈间方式〉

〈斗纹式〉以上四式，用砖仄砌（苏州留园中部沿墙的爬山廊、沧浪亭曲折复廊的铺

---

① 金按——明版原本"如嵌鹤、鹿、狮球，犹类狗者可笑"，自隆盛至陈注一、二版均同，喜咏本因第三卷仅"依残阙之钞本以附益之（阙铎语）"，故误作"类狗尾可笑"，乃历史所限而致。但《图文本》仍继之，并出注，"营造本作'犹类狗者'"，为之深表遗憾，故仍取"类狗尾"，并进而释道："狗尾，即狗尾续貂，喻所铺之地前后不相称。"此系误释。其实，此句为成语"画虎不成反类狗"的节缩，典源见《后汉书·马援传》："效季良不得，陷为天下轻薄子，所谓'画虎不成反类狗'者也。"《铺地·鹅子地》借此成语批评俗匠本不应"嵌鹤、鹿、狮球"。联系前文语境来看，这样做既不坚固，又俗而不雅，且难度颇大，"恐匠之不能"，如嵌得不像，则是画虎类狗，这种吃力不讨好的现象显得很可笑。《图文本》用"狗尾续貂"之典来解释，殊不当，因为原文并没有批评铺地前后不一致的意思，而只批评"嵌鹤、鹿、狮球"，还嵌不像，故而《图文本》"所铺之地前后不相称"这一推论，缺少真实的前提，而且转移了论题，不符合逻辑规律。

② 金按——原本"法砌似无拘格"的"法砌"，欠通，隆盛至城建本均同，陈注一、二版改为"砌法"，甚是，据改。

地，均用人字式仄砌，此极坚牢）。

〈六方式〉　　　　　　　　　〈攒六方式〉

〈八方间六方式〉　　　　　　〈套六方式〉

〈长八方式〉　　　　　　　　〈八方式〉

〈海棠式〉

〈四方间十字式〉以上八式，用砖嵌鹅子砌。

〈香草①边式〉用**砖边**（用砖仄砌作为图案的窄边）**瓦砌**（用瓦仄砌呈弧形曲线，如香草藤蔓图案的阔边），**香草中**（四周"香草边"当中的方框宕）**或铺砖，或铺鹅子。**

〈球门式〉**鹅子嵌瓦**（亦用瓦仄砌。数片瓦砌成互为交搭的圆球形），**只此一式可用。**

〈波纹式〉用**废瓦检厚薄砌**（分检其厚、薄来砌），**波头宜厚**（波头：波峰。此句意为侧瓦中间隆起部分较厚，用以模拟波峰），**波傍宜薄**（傍：旁，即波峰的两旁［波谷］，也就是侧瓦的两端，可用以模仿波谷。由此也可见计成细致认真，善于发现和利用的敬业精神。波纹式见本书268页）。

---

① 香草边式：边：花边图案。香草：有香气之草。［汉］张衡《南都赋》："其香草则有薜荔蕙若，薇芜荪苌，晻暧蓊蔚，含芬吐芳。"较多的香草为藤蔓类，如薜荔，为常绿藤本；苌楚，柔弱蔓生……《红楼梦》第十七回对蘅芜苑的描写："只见许多异草，或有牵藤的，或有引蔓的……垂檐绕柱，萦砌盘阶……味香气馥……"《铺地》中指形如香草藤牵蔓绕状的花边，以瓦侧砌模拟而成。

十一、掇　山①

掇山之始，桩木（木桩。［元］汤式《一枝花·春思》："武陵溪下了桩橛"。木桩大者谓桩，小者谓橛。此处为统称）为先（此句谓以打好桩木［基础］为先），较（［jiào］：计算；估量。［唐］韩愈《进学解》："较短量长"）其（指桩木）短长，察乎虚实（考察［基地的］虚实，即考察其土质的疏松或坚实等具体情况。此两句倒装，即先"察乎虚实"，再"较其短长"）。随势（势：地势）㓠（即"挖"②）其麻柱（陈注本："挖土树立木柱。"即挖浅坑以立"麻柱"。③麻柱：用以绑挂吊杆的柱子。《说文》段注："柱，引申为支柱"），谅（料想；估量。《聊斋志异·陆判》："大宗师谅不为怪"）高（高度）挂以称竿（称杆：即吊杆，吊石材的起重工具）。绳索坚牢，扛抬④稳重。立根（根：根基；基础。立根：立基。《相地》："［建筑物］让一步可以立根"）铺以粗石，大块（即大石）满盖桩头（桩木的顶头）；堑里（假山基坑里。堑［qiàn］：坑，名词。《图文本》释"堑"为动词挖掘，误，且"里"作为表方位的词，不能作动词"挖"的宾语）扫于（即撒以。扫：通"撒"，双声通假。

---

① 阚铎《园冶识语》："掇山一篇，为此书结晶。"此为对该章的高度评价。见陈植《园冶注释》第1版，第22页。

② 金按——原本作"㓠"，隆盛本亦同。喜咏至陈注一二版等均改作"挖"。其实"㓠"为"挖"的本字，又系吴语（见本书第660页），将其改"挖"固好，易于阅读，但失去了计成故乡可贵的语言文字特色，故此字不改。

③ 朱有玠先生指出："起吊石材的麻柱（今日起重工称之为扒杆），是"×"形的两根杉木［金按：较多工地为三根］，交叉处用粗麻绳绑缚，竖立时，亦在交叉处用两根麻绳在前后挽定。"（《岁月留痕——朱有玠文集》，中国建筑工业出版社2010年版，第37页）

④ 金按——"扛抬"，原本及其他各本均如此，惟陈注二版作"臺"（台），误。"台"为名词，用在动词"扛"之后，就成了宾语，欠妥，"扛"的宾语应该是石。"抬"与"扛"均为动词，这两个动词联用，语法效果更佳，具有概括性，可包括合力共举一物的种种方式。又按："随势……稳重"数句，具体反映了古代的运石方式，今天则不同了，特录孟兆祯先生的总结于下："山石从采石场运至工地后要平放以便相石。到了工地还有小搬运。小石可支三脚架以铁辘轳或绞盘半机械、半人工地起吊和水平位移。数吨重的大石宜以吊车施工，吊车能承受的重量和低角度平移的限度要充分评估。对山石捆绑的关键是打扣……钢绳坚实但易打滑，不如麻绳稳定……基本到位后还须小调整，此时可用钢撬棍。"（《园衍》，中国建筑工业出版社2015年版，第153页）这是不可多得的经验之谈。

于：即"以"）**查**（通"碴"，物体小碎块。此指小石块）**灰**[①]（石灰。此句意谓在基坑里撒以碎石和石灰），**着潮**（着［zháo］：动词。受到，如着凉。着潮：受潮；受湿。《全释商榷》："'着'有附、受的意思。"不误）**尽钻山骨**（陈注本译作"湿地应埋石作为山骨"，这不符原意，"山骨"是历史地形成的石之别称。如［晋］张华《博物志》："石为［山］之骨"；［宋］郭熙《林泉高致》："石者，天地之骨"；［金］元好问《十一月五日暂往西张》："山骨稜稜雪外青"；［清］康熙《南山积雪》："水心山骨依然在"；［清］乾隆《青芝岫》诗："天地无弃物，而况山骨良。"［清］唐岱《绘事发微·得势》："山之体，石为骨。"……《掇山》此两句，谓石灰受潮湿后，都钻进大大小小的石隙之中，使之凝结成一体）。◎首写掇山的前期工程，表述具体，交代周到，写得实实在在，具有可行性，此乃掇山筑基之所必需。

方（始；才）**堆**（叠；掇）**顽夯**（粗笨。用"借代"辞格，借特征代替事物本体，即以粗夯来代替这种大石）**而起**（起："起脚"的"起"。［宋］杜绾《云林石谱·武康石》注："浙中假山藉此为山脚"），**渐以皴**（皴［cūn］：中国山水画的一种笔法，此处应理解为"皱"）**文**（此处"文"通"纹"。"文"的概念大于"纹"，《说文》无"纹"字）**而加**（此句取《园冶全释》之译："逐渐再按皴法叠砌"，亦即逐渐增以纹理可观之石。这也是用"借代"辞格，是借特征［即可观的纹理］来代替这种景观石。此句见本书第336－341页）。**瘦**（太湖石体瘦秀纵长的形态）**漏**（石体上通透的孔穴）**生奇**（产生奇趣），**玲珑**（［明］文震亨《长物志·水石·太湖石》："太湖石在水中者为贵，岁久为波涛冲击，皆成空石，面面玲珑"）**安巧**（安巧：安置得巧妙。两句中"皴"、"瘦"、"漏"、"透"以及"玲珑"，均为太湖石的美质，见本书第341－345页）。**峭壁贵于直立，悬崖使其后坚**（叠掇峭壁，贵在直立如壁；叠掇悬崖，应以特重石镇压住向前悬挑之石，此谓之"后坚"）。◎次写地面掇山的步骤，景观石的种种美质及山体造型，叙次不紊，综述有法。

岩（金按：以下种种山体概念，诸文献往往有异，带有某种不确定性，这里试作有选择的集纳。岩：山崖；高地的边。《说文》段注："岩，崖也。'厂部'曰：山边也。"［清］汤贻汾《画筌析览·论山》："高险曰岩"。［唐］李白《瀑布》："断岩如削瓜，岚光破崖绿。"［明］董传策《游桂林诸岩洞记》："余二人结缆伏波岩，岩突起，殊高"）、**峦**（《说文》："峦，山小而锐。"［传·唐］王维《山水论》："形圆者峦。"［清］汤贻汾《画筌析览·论山》："低圆曰峦。"《园冶·掇山·峦》："峦，山头高峻也。"本书从《园冶》，又［明］文徵明《题画》："千尺层峦锁翠烟。"［明］王履《华山图序》："狭而高焉峦"）、**洞、穴**（［宋］韩拙《山水纯全

[①] 金按——"扫于查灰"，原本及其他各本均如此，惟喜咏、《图文本》作"扫乾渣灰"。"于"与"乾"字形笔画相差甚远，绝不可能致误，究其原因，是由于形讹而导致义讹（"于→干→乾"）。"查［chá］"通"碴［chá］（后起字）"，双声并叠韵。指小块；碎石。古无"碴"字，以"查"代之。故不宜不释作渣滓的"渣［zhā］"，渣为物质经提炼后的残徐部分，这种废物极不坚牢，绝不能用作假山之基，故喜咏本此二字皆误，《图文本》："'扫乾：即扫干'，指打扫干净。"更误。

集·论山》："有水曰洞，无水曰穴。"但无水亦曰洞，[宋]范成大《桂海虞衡志》："山皆中空，故峰下多岩洞"）**之**（之：助词，表达语气，起调整音节的作用。《玉篇》："之，发声也。"《正字通》："之，语助，或句中，或语尾，或层出"）**莫穷**（莫穷：不能穷尽），**涧**（[传·唐]王维《山水论》："两山夹水，名为涧也。"[五代梁]荆浩《笔法记》："山夹水曰涧"）、**壑**（[传·唐]王维《山水论》："两山夹道，名为壑也。"[汉]张衡《西京赋》："溪壑错缪而盘纡"。[明]文徵明《题画》："烟中细路缘苍壑"）、**坡**（地势倾斜之处。[元]王蒙《碧山读书图》："阳坡草软鹿麑驯"。[明]王世贞《游金陵诸园记·莫愁湖园》："隔岸坡陀隐隐然"）、**矶**（露出、突出于水边的岩石或石块、石滩。[唐]孟浩然《过七里滩》："钓矶平可坐，苔磴滑难步。"《园说》："鸥盟同结矶边"）**之俨是**（俨：宛然；好象真的。《牡丹亭·惊梦》："相看俨然。"是：如此。此句意谓涧、壑、坡、矶这几种假山的山体类型好像真的如此）。**信足**（犹言信步。信：任凭；随意。《园说》："栏杆信画"。《门窗·[图式]冰裂式》："信画如意"）**疑无别境**（[唐]司空图《五月九日》诗："此中无别境"），**举头**（抬头。[唐]李白《静夜思》："举头望明月"）**自有深情**①。**蹊径**（蹊[xī]径：指山路。《晋书·庾衮传》："于是峻险厄，杜蹊径……"）**盘**（曲）**且长，峰峦秀而古。多方景胜**（景胜：即胜景），**咫尺山林**（咫[zhǐ]：古代长度名，周制八寸，合今制市尺六寸二分二厘。《国语·鲁语下》："其长尺有咫。"咫尺：此处借以极言空间面积之小。咫尺山林：意谓很小的空间呈现出山林深远的境界，《宣和画谱·山水叙论》："万里之远，可得之咫尺间"。见本书第281－287页），**妙在得乎一人，雅从兼于半土**（两句承上省，意谓多方景胜的咫尺山林，它的"妙"与"雅"，既在于得到了一位"能主之人"，又相兼于"半土半石"之法，见本书第330－332页）。◎以一系列骈辞秀语，赞颂了掇成后假山多方景胜之美，既提出了"咫尺山林"的叠山批评标准，又推崇了土石相兼的掇山之法，还揭示了假山之妙离不开"能主之人"。此段系形象化为主的正面论证，是本章的理论精华之一。

假如②**一块中竖而为主石，两条傍**（傍：旁）**插而呼**（呼：呼为；称作）**劈峰**（纵向呈条状的偏峰，或称次峰），**独立端严**（独立：指中竖的主峰，似是端严的君主），**次**（副；次级的。"次"，对前句的"主"而言，指两旁的偏峰）**相**（"相"，对君主而言。相：宰相；丞相）**辅弼**（辅：辅佐；辅助。弼[bì]：辅佐。《尚书大传·皋陶谟》：天子"左曰辅，右曰弼"。又见《骈字分笺》，后因称宰相大臣为辅弼。此句言两侧的次峰，似是左辅右

---

① "信足疑无别境，举头自有深情"两句，借游园审美心理揭橥了中国园林的一个重要特征，如[宋]陆游《游山西村》所写："山重水复疑无路，柳暗花明又一村。"[清]高士奇《江村草堂记·岩耕堂》："草堂之西，疑无径路，忽由小室宛转而入，有堂爽朗……"再如北京北海"写妙石室"联："石缝若无路，松巢别有天。"此境于昆明石林多遇之，但非人工而系天成。在园林美学中，此现象笔者称之为"反预期心理的空间构成"，见《中国园林美学》，中国建筑工业出版社2005年版，第278－282页。

② "假如……劈峰"两句，是一个假设复句，第一分句出现关联词"假如"，第二分句省去了"则（那么）"。此复句批评了世俗主、匠的掇山，错误地以比喻相推衍。

弱的宰相），**势如排列**（◎"排"、"列"二字，遥领下文"排如炉烛花瓶，列似刀山剑树"两句），**状若趋承**（趋承：趋迎奉承，此处亦有侍候、陪衬之意。[明]吴应箕《之子》诗："宾客竞承趋"）。**主石虽忌于居中，宜中者也可**①；**劈峰总**（总：概括而言）**较**（较：明；明显。《广雅》："较、显、彰、著，明也。"王念孙疏证："较之言皎，皎也。"《史记·平津侯主父列传》："较然著明"）**于不用**（此句意谓：总而言之，劈峰明显地不能用），**岂用乎断然**（反诘倒装句。"岂断然用乎？"意谓难道还要断然采用吗）？**排如炉烛**（炉、烛：香炉、烛台。[宋]杜绾《云林石谱·江州石》："[土人]取巧为盆山求售，正如僧人排设供佛者，两两相对，殊无意趣"）**花瓶，列似刀山剑树**（刀山剑树：佛教语，地狱里的酷刑用具之一。《阿含经·九众生居品》："设罪多者当入地狱，刀山剑树，火车炉灰，吞饮融铜。"这里比喻山的排列机械呆板，形象丑恶，难以给人带来愉悦之感。"排如"、"列似"，互文）。**峰虚五老**②，**池凿四方**（做成几何形的方池，缺少自然天成之趣）。**下洞上台，东亭西榭**（这类做法，也形成为一种机械的模式）。**罅堪窥管中之豹**③，**路类**（类：类同；相似。《园冶·铺地·鹅子地》："嵌鹤、鹿、狮球，犹类狗者可笑"）**张**（展开）**孩戏**（戏：玩耍；嬉戏。《韩非子·外储说左上》："夫婴儿相与戏也"孩戏：儿童游戏。《园冶·掇山·内室山》："宜坚固者，恐孩戏之预防也"）**之猫**（张孩戏之猫：即"躲猫猫"、"捉迷藏"，一种民俗儿童游戏，这里批评路径过分迂曲，让人迷路）。**小藉**④**金鱼之缸**（藉：借助于。小的假山，要借金鱼缸中来叠掇，这就如水石盆景，此极言假山之小。这还可以《园冶·掇山·金鱼缸》"如法养鱼，胜缸中小山"来参证），**大若酆都**（酆[fēng]都：本谓罗酆山洞天六宫为鬼神治事之所，后用以附会四川省丰都县为地府鬼都，其中集包括刀山剑树在内的阴森可怖刑戮景象

① "主石虽忌于居中，宜中者也可"，这两句是一个转折复句。关联词为"虽……但……"，第二分句省去了"但"字，意谓，但真正姿态佳、景效好、适宜于居中的峰石，当然也还是可以居中的。这一表述是十分必要的，表现出计成立论的灵活性，而没有把观点加以绝对化。

② 峰虚五老：虚：形容词动用（与下句"凿"字互为对文），意谓虚有其名，没有其意境或气势。五老：即江西庐山著名的五老峰。[唐]李白《登庐山五老峰》："庐山东南五老峰，青天削出金芙蓉。九江秀色可揽结，吾将此地巢云松。"自此，诗人们咏唱更多。如[唐]白居易《题元八溪居》："声来枕上千年鹤，影落杯中五老峰。""五峰"更成为园林的热门品题。以苏州园林为例，明代王心一《归田园记》："紫逻山……上有五峰，曰紫盖，曰明霞，曰赤笋，曰含花，曰半莲，又谓之五峰山。"至于今存的古典园林，留园有五峰仙馆，网师园有五峰书屋，另有已修复的五峰园……园林史上此类题名，不胜枚举。对此，诸家大抵只注为庐山五老峰，而没有联系园林景观的品题实际来注。不过，这类品题，大抵为象征性的，取其意境而已。而计成在此章所批评的，并非"五峰"的品题或景构，而是某些园林对五老峰机械呆板的数字模仿，一定要在厅前整齐地排列起五峰，毫无韵味可言，不能给人以美感。

③ 窥管中之豹：《世说新语·方正》："王子敬（献之）数岁时，尝看诸门生樗蒲[shū pú.古代一种博戏]，见有胜负，因曰：'南风不竞。'门生辈轻其小儿，乃曰：'此郎亦管中窥豹，时见一斑。'"[宋]陆游《江亭》："濠上观鱼非至乐，管中窥豹岂全斑？"罅[xià]：有些注本译作裂缝、缝隙，其实这里应为孔洞。《广韵》："罅，孔隙。"罅堪窥管中之豹：这是讥刺洞中黑暗、闷塞，孔穴极少，只能时窥一斑，所见无几。与之形成鲜明对比的是《掇山·洞》的要求："掇玲珑如窗门透亮。"

④ 金按——此"藉"字，明版原本如此，其他诸本亦同，惟喜咏、《图文本》作"籍"，二字古代本通，但毕竟僻而欠佳，且今日更易致误读，故不取。

之大成。此言规模大的假山，如同可怕的鬼都）**之境**①。**时宜得致**（此句以批评上述叠山的所谓"时俗风尚"作结。意谓：这些人自认为是适合时尚，甚得意趣。《字汇·至部》："致，趣也"），**古式何裁**（通过反诘，对上述现象予以彻底否定。并问道：古代体现了成功掇山经验的法式，为什么要将其删裁呢）**？**◎以上为大段反面论证，极尽嘲讽之能事，重点批评了时行的掇山模式及其丑态，进而指出不应丢弃古代优秀的掇山传统。末二语巧用"反诘"辞格，由近及远，以不尽尽之。

深意画图，馀情丘壑（◎起法陡峭而警策，意存笔前，情馀辞后。画图：即图画，此处指园林中如画的假山，今谓园林为"立体的画，凝固的诗"。馀：饶足；丰馀。《说文》："馀，饶也。"《战国策·秦策五》："暖衣馀食"。高诱注："馀，饶也。"丘壑，此指园林假山以及水。两句互文，意谓深永、丰饶的情意渗透于园林里如画般的假山。此亦为计成所冶铸的园林美学秀语，令人联起《文心雕龙·情采》中"登山则情满于山，观海则意溢于海"的名言）。

末山先麓（麓：山脚。此句于"山"、"麓"二字之前，均省动词。全句意谓：尚未开始筑山，就必先考虑如何塑造山脚的形象，犹谓掇山亦应"意在笔先"），**自然**（副词，不应误读为名词或形容词。必然会；自然会）**地势之嶙嶒**（嶙嶒［líncéng］：山石突兀貌，两句见本书第320－324页）；**构土成冈**（冈：山脊。《诗·周南·卷耳》："陟彼高冈"），**不在石形之巧拙**（不在：不在于；不在乎。此句主要指土山的山麓石，意谓沿周围山脚置石用以固土，这种用石，就不一定太讲究石种石形，奇巧的湖石固然可以，古拙的黄石也可以）。**宜台宜榭**（化用和呼应《兴造论》"宜亭斯亭，宜榭斯榭"之语），**邀月**（［唐］李白《月下独酌》："举杯邀明月"。《借景》："眺远高台……举杯明月自相邀"）**招云**（邀月招云，句中的云，是由月引出的，而在中国园林史上，用来掇山置峰的太湖石，本身就被喻作云。"邀"、"招"互文）；**成径成蹊**（化用《汉书·李广传赞》语典："桃李不言，下自成蹊"），**寻花问柳**（意谓游赏风景，语本［唐］杜甫《严中丞枉驾见过》："问柳寻花到野亭"。◎此层骈语俪辞，相对而出，以故为新，融化而不滞）。**临池驳**②**以石块，粗夯**（指黄石一类的石

---

① 从"假如一块中竖而为主石"至"大若酆都之境"，都是批评了流行掇山中一系列机械的、刻板而无变化、无生气的错误做法。《疑义举析》："计成对于主石居中，劈峰分列左右那种俗滥的叠山手法，是采取激烈抨击态度的。下文接着说的'排如炉烛花瓶，列似刀山剑树'，正是贬斥断然采用劈峰旁插所造成的恶果。后文《厅山》：'环堵中耸起高高三峰，排列于前，殊为可笑。'与这里所说……正是同一个意思。"此言良是，故对这一层次应作否定性的解读。"时宜得致，古式何裁？"这是以"反讽"、"反诘"的辞格，结束这一层次的反面论证，最后两句是小结，说明应传承古代优良的掇山法式。

② 驳：驳岸的"驳"，动词。刘敦桢《苏州古典园林》："土岸易被雨水冲刷而崩溃"，"沿池布石是为了防止池岸崩塌和便于人们临池游赏，但处理时还必须与艺术效果统一。苏州各园中的叠石岸无论til用湖石或黄石，凡是比较成功的，一般都掌握了石材纹理和形状的特点，使之大小错落，纹理一致，凹凸相间，呈出入起伏的形状，并适当间以泥土，便于种植花木、藤萝。"（中国建筑工业出版社2005年版，第22页）

块）**用之有方；结岭挑以土堆**[①]，**高低观之多致**[②]。**欲知堆土之奥妙**（奥妙：深奥微妙的理致），**还拟**（拟：揣度；思忖。《易·系辞上》："拟之而后言"）**理石之精微**（精微：精深隐微的义蕴。"奥妙"、"精微"，二词互文。"欲知"两句，意谓如想要掌握堆土山的奥妙，还应该揣度理石山的种种精微之处，将其作为参照系。此二句，已提升至哲理的境层，见本书第333－336页）。**山林意味深求**（对于"山林意味"，应该深深地寻求、追求），**花木情缘易逗**（至于"花木情缘"，则很易被逗引起来。［明］陈继儒《小窗幽记·集情》："缘之所寄，一往而深。""深求"、"易逗"一联，亦为《园冶》名句，其言不但音律铿锵，而且义涵隽永，值得讽诵深味之。见本书第355－360页）。**有真为假，做假成真**（◎此亦为警语名言，由前文水到渠成地推出，于此可悟立言之体。其意蕴见本书第94－102页）。**稍动天机**（天机：天赋的灵性），**全叨**（叨［tāo］：叨赖；仰仗）**人力**（◎此八字，语浅而思深，臻妙致趣。见本书第129－135页）。◎本章经过"正——反——正"的过程，螺旋式上升，再次回到正面论证。本段则多方论述了如何更好地叠掇假山，特别是论述土、石的关系问题，并以"奥妙"、"精微"二词，把情感、感性引向哲理的探索。最后数句，更是字字精粹，句句金玉，"山林意味"、"花木情缘"，"有真为假，做假成真"，这些经反复冶铸而成的美学概念和哲学思想，对造园、掇山至关紧要，系计成艺术经验的结晶，也是他对中国美学的杰出贡献。

探奇投好（探奇：即探寻上文所示的异景奇趣，深求上文提出的"奥妙""精微"。投好：投合爱好，亦指下句的"同志"。◎此句的提出，基于上文正、反两方面的深刻经验），**同志**（志趣相同的人。《晋书·王羲之传》："尝与同志宴集于山阴之兰亭。"［明］张学礼《考古正文印薮后言》："天涯同志，萍水复合，每坐语移日。"此亦概指掇山队伍集体，计成亦引为同志）**须知**。◎结语写出：由于当时广泛存在着错误的掇山偏向，故计成欲觅知音，共同探讨。

（一）园山

园中掇山，非士大夫（旧指有地位、有修养的知识分子。《颜氏家训·勉学》："多见士大夫耻涉农商"）**好事者**（一些大型的、权威性的辞书，多不设"好事者"条目，而只设"好事"，并将其释作贬义——"喜欢管闲事"，例句为"好事之徒"等，甚为偏颇。其实，

---

① 金按——原本的"临池驳以石块，粗夯用之有方；结岭挑之土堆，高低观之多致"四句，隆盛等本均如此，一连三个"之"字，第三句"结岭挑之土堆"的"之"，似误刻。陈注一版则拟作"挑以"，与第一句"临池驳以石块"的"驳以"相对成文，甚是，这是一处必要的勘正，故据改。又："挑"字本不误，喜咏、《图文本》误作"排之"，欠通。《图文本》又进而释为"将土堆排列成山岭"，更误。一是既称排列，就绝对不止一个，而在园林里将一个个土堆排列成行，这并不是美；二是一个个土堆排列，排列必是横向的，怎么能成为较高的山岭？而且也不可能体现"结岭"。其实，原文意谓以石所叠之山，在结顶处挑以土堆，以便种植花木，亦即《园冶·掇山·洞》所说"上或堆土植树"。

② 以上四句，说明了土石相互依存的关系：不论是土山、土坡，土再多也还离不开石，而石山之顶也还应适当挑以土堆。这样就自然地过渡到下文的"欲知"、"还拟""堆土"、"理石"的"奥妙"和"精微"。

如果把《自序》中"润之好事者"读作贬义的话，那么，本节中掇园山而作为士大夫"殊有识鉴"的"好事者"，肯定为褒义。再如《汉书·杨雄传赞》："时有好事者载酒肴从〔雄〕游学。"这种"载酒问字"，"好学不倦"的"好事者"，也是应予褒扬的。〔唐〕张彦远《历代名画记·论鉴识收藏购求阅玩》："非好事者，不可妄传书画。"此"好事者"，实是有文化、有修养的收藏家、鉴赏家，或者说，是善于鉴宝、癖于藏宝的专家。又如〔明〕高启《师子林十二咏序》："好事者取胜概十二，赋诗咏之。"〔明〕庸愚子《水浒传通俗演义序》："书成，士君子之好事者争相誊录，以便观览。"……总之，"好事者"用作褒义的更多，从这一角度说，"好事者"应释作：爱好文化艺术或其他事情，热心而有强烈兴趣的人。此处更应联系《掇山》结语"探奇投好，同志须知"的"好"来理解）**不为也，为者**（指士大夫中的好事掇园山者）**殊**（极；很。《史记·廉颇蔺相如列传》："恐惧殊甚"）**有识鉴**（识鉴：见地；鉴别能力。《陈书·沈君理传》："博识经史，有识鉴。"《明史·吴宁传》："方介有识鉴"）。

缘（因为；由于。〔唐〕杜甫《客至》："花径不曾缘客扫"）**世无合志，不尽欣赏**（不是全部都能欣赏的。尽：都；全部。《左传·昭公二年》："周礼尽在鲁矣"），**而**（却）**就**（效法；采取）**厅前三峰，楼面一壁**[1]**而已。是以**（因此；所以）**散漫**（有聚有散，不集中、不对称也不过于分散的布置。参见本章《掇山·书房山》："聚散而理"）**理之，可得佳境也。**

（二）厅山

人皆厅前掇山，环堵[2]（这里形容不大的厅前庭院）**中耸起高高三峰，排列于前，殊为可笑。更加之以亭，及登，一无可望，置之何益？**[3]**以予见：或有嘉树**（嘉树：佳树，美树。〔唐〕李德裕《平泉山居草木记》："嘉树芳草，性之所耽"），**稍点玲珑石块；不然，墙中嵌理壁岩**（指将壁岩嵌入墙中。"壁岩"，即下文《掇山·峭壁山》所述"靠壁理"的"峭壁山"），**或顶植卉木**（卉木：草木。《诗·小雅·出车》：

---

① 金按——"厅前三峰，楼面一壁"：原本、隆盛本及其他各本均作"厅前一壁，楼面三峰"，惟有陈注二版改为"厅前三峰，楼面一壁"。并出校："原书均为'厅前一壁，楼面三峰。'今按《厅山》《楼山》改正。"金按：对照原本《园山》、《厅山》，确乎前后不一，而以陈注二版所改为是，今据改。

② 金按——"环堵"，原本、隆盛本皆作"寰堵"，系讹刻。"环堵"自先秦以来已凝为一个固定的词，《借景》章也有"环堵翠延萝薜"之语，不误。营造以来诸本已皆改作"环堵"，甚是，故本书易"寰堵"为"环堵"。

③ 金按——此节第一层，原本、隆盛本均作："人皆厅前掇山，寰堵中耸起高高三峰，排列于前，殊为可观，殊为可笑，更亦可笑。加之以亭，及登，一无可望，置之何益？"这一层次，语意累赘相犯，极不似计成文笔，足见衍讹误多，还导致以后各本更有错乱（见《〈园冶〉十个版本比勘一览表》）。如喜咏本为避免"殊为可笑，更亦可笑"的重复，将"更亦可笑"移置"置之何益"之后。然而，行文至反问句语意已尽，其后再加，亦成蛇足，尔后诸本亦然。本书通过比勘，删去"殊为可观"、"亦可笑"七字，以求畅达简净，从而体现陆云"清省"、计成"减雅"的美学观。

"卉木蒌蒌。"《明史·倪云林传》："四时卉木，萦绕其前"）**垂萝，似有深境也。**

（三）楼山

楼面（面：前；前面。《广韵》："面，前也。"《考工记·匠人》："面朝后市。"谓前朝后市，可见"面"即"前"）**掇山，宜最**（最：《广韵》："最，极也"）**高才入妙。高者恐逼于前**（山高，又怕逼近于前，以转折复句下"转语"，其句前还省一"但"字），**不若远之**（远：形容词使动用法，使之远），**更有深意**（◎至此，文势又推进一层，引向"深远""意境"的追求，是之谓文有曲折波澜）。

（四）阁山

阁皆四敞也（阁是四面敞开的），**宜于山侧**（宜建于山侧），**坦而可上，便以**（以便；便于）**登眺，何必梯之**（"梯"，名词用如动词，"为动"用法：为之梯。即何必再为之做梯①）**？**

（五）书房山

凡掇小山，或依嘉树卉木，聚散（有聚有散，即聚散结合）**而理**（◎"聚散而理"，四字抉出"理石之精微"；又可视为对《立基·假山基》"最忌居中，更宜散漫"之最佳注脚）**；或悬岩峻壁，各有别致，书房前②最宜者，更以山石为池，俯于窗下，似得濠濮间想**（濠濮间想：《世说新语·言语》："简文入华林园，顾谓左右曰：'会心处不必在远，翳然林水，便自有濠濮间想也，觉鸟兽禽鱼，自来亲人'"）。③

---

① 此类以山代梯的佳例，可从现存园林找到。如苏州留园恰杭轩，其上为明瑟楼。轩之南庭小空间中，有湖石叠掇的假山楼梯，旁有立峰，上镌"一梯云"三字。"一梯云"，正是对这一建构最恰当的命名（太湖石往往被美称为"云"）。楼梯藏在山内，既体现实用性交通的"善"，又增添欣赏性景观的"美"，还节省了室内空间。"一梯云"东壁，还刻有［明］董其昌所书"饱云"砖额，这也是对"一梯云"艺术创造的极好品评（"梯云"，意即以"梯"为"云"）。留园冠云楼侧，也有湖石楼梯。再如苏州网师园五峰书屋，其上为读画楼，东侧墙外也有山石楼梯，于屋外直达东山墙墙上的边门。对于这一创意巧思，笔者曾为之题图："湖石叠掇楼山高，岩穴中空，梯云有磴道。画楼东侧门半掩，斯人未起，枕上卧听松涛。"（《网师园》画册，古吴轩出版社2003年版，第29页）

② 金按——"书房前"的"前"字，原本以及隆盛、喜咏、营造、城建等本均作"中"。惟陈注一版指出："'中'字疑为'前'字之误。"本书深表赞同，故据改。因古代书房中不可能叠掇"悬岩峻壁"，特别是还有"嘉树卉木"，以及"聚散而理"的"小山"，更不可能"以山石为池"。再看下文还有"俯于窗下"之语，更可见本节所述山池、岩壁、花木等，均在书房之外，是为确证。

③ 此种意境，可援［清］李果《墨庄记》中片断为印证："轩前（金按：也用一个'前'字）嘉木苍郁，多叠石为小山，绝壁下有清池，每雨过，投以石，触击有声，与池水相激越，息机静对，仿佛游鱼鸣鸟，时来窥人。"按：李果所记墨庄，在苏州，久废。

（六）池山

池上理山，园中第一胜也。若大若小，更有妙境（◎"更有妙境"，是对以上数节结尾"佳境"、"深境"、"深意"进一层的概括、提升）。就（遇）水点（点：安；布设。此动词"点"用得极有韵趣）其步石（步石：浅水中按一定间距所布设的、微露水面让人跨步而过的块石），从（表对象，相当于"向"。《世说新语·任诞》："从妇求酒"）巅架以飞梁（石梁。[晋]左思《魏都赋》："石杠飞梁"）。洞穴潜藏，穿岩径（径：动词，经过。[汉]司马相如《上林赋》："径峻赴险，越壑厉水"。为四个并列的动宾短语）水；峰峦飘渺（缥缈、縹眇、縹渺……均为叠韵联绵词。渺远隐约貌，多用以描写仙境。[唐]白居易《长恨歌》："忽闻海上有仙山，山在虚无缥渺间"），漏月招云。莫言世上无仙，斯住世（住世：身所居之现实世界。[明]袁宏道《哭诗[其一]》："住世灯前影"）之瀛壶（海上仙山之一。《园冶·屋宇》："境仿瀛壶，天然图画"）也。[1]

（七）内室山

内室中掇山，宜坚宜峻，壁立岩悬（如峭壁一样直立，如岩崖一样悬空，这是内室中唯一可掇的、如下节所说的"靠壁理"的"峭壁山"），令人不可攀。宜坚固者[2]（者：助词，用于句中，此处表原因），恐（恐怕；惟恐。《论语·季氏》："吾恐季孙之忧，不在颛臾，而在萧墙之内也"）孩戏（《掇山》："路张孩戏之猫"）之预防也。

（八）峭壁山

峭壁山者[3]，靠壁理也（靠着墙壁所叠掇的假山）。藉以粉壁为纸（借助于白色的墙壁作为画纸），以石为绘（以石来作画）也。理者，相石皴（皴[cūn]：物体表面的皱纹，此指石头表面的纹理）纹，仿古人笔意（笔意：中国画的理法及其意韵。《自序》："最喜关仝、荆浩笔意，每宗之"），植黄山（山名，在安徽省黄山市）松柏、古

---

① 金按——此《池山》一节文字，喜咏本甚误，作："池上理山，园中第一胜也。若大若小，更有妙境。或埋半埋，将山周围理其上，仍以油灰抿固钢口。如法养鱼，胜缸中小山。"其中加线的数句，为《金鱼缸》一节中后半部分的文字窜入。这种"错简"式之误，竟衍二十余字，脱四十余字，但主要是由历史条件所限而致。又，其中一个"鋼（缸）"字，被形讹为"鋼（钢）"。

② 金按——"令人不可攀。宜坚固者……"，原本、隆盛本均作"令人不可攀者坚固者"，欠通顺。喜咏等本均改第一个"者"为"宜"，甚是。今据改，并在"宜"前加句号。

③ 金按——"峭壁山者，靠壁理也"，明版原本无"山"字，隆盛、喜咏本亦无，营造、城建、陈注本均增一"山"字，表现为严谨的校勘和严密的思维。一般来说，"峭壁"之后不应加"山"字，如"悬崖峭壁"，但在《园冶》书中，是一个特殊的概念，它是"靠壁理"的山，而此节的标题就是"峭壁山"，后文《瀑布》中也有"瀑布如峭壁山理也"之句，疑为当时刊刻所脱漏，故增。

梅、美竹（岁寒三友：松、梅、竹），**收之圆窗，宛然镜游**（◎冶出精警语，超以象外，得其环中。意蕴见本书第398－403页）**也。**

（九）山石池

山石理池，予始创者。选版（版：亦即"板"）**薄山石理之，少得**（稍有）**窍不能盛水，须知"等分平衡法"**（见本书第744－751页）**可矣。凡理块石，俱将四边或三边压掇；若压两边，恐石平中有损**①；**如压一边**（如果仅仅压一边），**即**（就）**罅**②（动词，裂开。[晋]左思《蜀都赋》："榛栗罅发。"《文选》刘逵注："栗皮坼罅而发也"）。**稍有丝缝，水不能注，虽**（即使）**做灰**（以油灰[见下节]填实石缝，以避免漏水）**坚固**（形容词动用，使之坚固），**亦不能止**（止：止住），**理当斟**（斟：本谓用勺子舀取，通指执壶注酒或茶。[宋]苏轼《闻邻舍儿诵书》："置酒仍独斟。"）**酌**（斟酌：酌酒以供饮。[唐]杜甫《羌村三首[其二]》："如今足斟酌，且用慰迟暮。"古又以执壶注酒不满曰"斟"，太过曰"酌"，需要思忖，又引申为考虑；思量，以定取舍。[三国蜀]诸葛亮《出师表》："至于斟酌损益，进尽忠言，则攸之、祎、允之任也"）。

（十）金鱼缸③

如理山石池法，用糙缸一只或两只，并排作底。或埋、半埋（或全埋，或半埋），**将山石周围理其上**（用山石环绕缸的四周，堆叠其上），**仍以油灰**（油漆施工中填嵌缺陷、平整表面的膏状材料，以熟桐油与石灰或石膏调拌而成的，叫油灰。又称"腻子"）**抿**（此指以油灰嵌拭缸口丝缝，使之坚固）**固缸口。如法养鱼，胜缸中小山。**④

---

① "凡理块石，俱将四边或三边压掇，若压两边，恐石平中有损"：陈注二版释文："当用石块筑池时，应将石块的四边或三边都要压紧，若只压两边，则在池底平铺的石版中往往发生破裂。（按力学原理当池的两边受到压力时，其中就发生反压力，而于池底所平铺的薄石版，即增加水的重量，也不能与此反压力取得平衡而致池底往往破裂。）"这一番解释，从力学原理出发，颇有说服力。

② 金按——"如压一边，即罅"的"罅"，除喜咏、《图文本》外，诸本均如此。而喜咏、《图文本》却作"�"，误。"缶"旁的"罅"，曾讹为"釒"旁的"錍"，[明]焦竑《俗书刊误》指出："罅，俗作錍，非。"因金属器皿一般不会开裂有丝缝，喜咏本未见明版全本，进而一讹再讹，"錍"更由"錍"之形讹而生造，不足取。

③ 金按——本节几个"缸"字，自明版原本至城建本均作"䥈"。陈注本："原书作'䥈'，今通作'缸'。"本书从之。

④ 金按——此《金鱼缸》一节文字，喜咏本甚误。作："如理山石池法，用糙缸一只或两只并排作底。<u>就水点其步石，从巅架以飞梁，洞穴潜藏，穿岩径水。峰峦飘渺，满月招云。莫言世上无仙，斯住世之瀛壶也。</u>"其中加线数句，由《池山》一节中后半段文字窜入。这种"错简"式之误，竟衍四十馀字，脱二十馀字。又，原本《池山》中的"漏月招云"，喜咏本误作"满月招云"，则系形讹，均为历史原因致误。

（十一）峰

峰（高而尖的山或山顶。[五代梁]荆浩《笔法记》："尖曰峰，平曰顶，圆曰峦，相连曰岭。"《徐霞客游记·游太华山日记》："东瞻一峰，嵯峨特异。"[清]汤贻汾《画筌析览·论山》："一峰而山形崒嵂"。在本节中，"峰"专指以一块或数块所置、所叠的峰，又称特置峰石）**石一块者，相**（相[xiàng]：察看。相马、相石的"相"）**形何状，选合峰纹石**（与石峰纹理相吻合的石头，金按：此作基座用，以求做到"座与峰合"。此乃立峰要诀）**令匠凿榫眼**①**为座，理宜上大下小，立之可观**（可观：值得观赏）**；或峰石两块、三块拼掇，亦宜上大下小，似有飞舞势；或数块掇成，亦如前式，须得两三大石封顶**（封盖住石峰的顶部），**须知平衡法，理之无失。稍有欹侧**（欹[qī]侧：欹斜；偏侧；倾斜；与"正"相对。[唐]欧阳询《三十六法》："字之正者固多，若有偏侧、欹斜……字法所谓偏者正之，正者偏之，又其妙也。"◎门类艺术往往是相通的，此乃掇山艺术与书法艺术相通之一例），**久则逾**（逾：通"愈"，更加；越发。[唐]杜甫《绝句[其二]》："江碧鸟逾白"）**欹，其峰必颓**（颓：倒塌，坍塌。《礼记·檀弓上》："泰山其颓乎"），**理当**（按理应当）**慎之**（语本《礼记·中庸》："慎思之，明辨之，笃行之。"本文"之"，指代上大下小地置石立峰）。

（十二）峦

峦，山头高峻也，不可齐，亦不可笔架式，或高或低，随致乱掇，不排比（排比：整齐地排列。见本书第146-148页）**为妙。**

（十三）岩

如理悬岩②，**起脚宜小，渐理渐大，及高**（待到一定的高度），**使其**（指代"悬岩"）**后**（后面；后面部分）**坚**（坚牢。《园冶·掇山》："峭壁贵于直立；悬崖使其后坚"）**能悬**（能够悬挑出去，即保证前面悬挑部分不致下坠，整体也能得到稳定。从掇山手法说，"前

---

① 金按——《栏杆·[图式]梅花式四十七》有"不攒榫眼"之语，此处明版原本、隆盛本等则又作"筍（笋）眼"。同一书中前后显得不一致，其实，"榫眼"的"榫"为正字，"筍（笋）眼"的"筍"为俗字，本书为求一致，故此处"筍（笋）眼"改作"榫眼"。

② 悬岩：峻峭壁立甚至凌空悬挑而出的山岩。[传·唐]王维《山水论》："峭壁者崖，悬石者岩。"又王维《山水论》："悬崖险峻之间，好安怪木；峭壁巉岩之处，莫可通途。"[五代梁]荆浩《笔法记》："峻壁曰崖，崖间崖下曰岩。"可见，壁、崖、岩三意相近。又，《掇山》："峭壁贵于直立；悬崖使其后坚。""悬崖"与"峭壁"对举，说明壁、崖与岩一样，具有"直立"的特点，《掇山·内室山》有"壁立岩悬"之语，尤可为证。又，《掇山·书房山》"悬岩峻壁"相提并论，更可见岩有"峻壁曰崖"之意。

悬"用的是"挑"，"后坚"用的是"压"，二者相互牵制，缺一不可。"起脚宜小，渐理渐大"，这实际已在分散重力向前挑出；"及高"，是已悬挑到接近最大限度，为了防止事故发生，必须相应强调后部的坚牢。从力学角度说，"后坚"是前面悬挑下坠重力的对应方面，因此必须加强后部石块的镇压力，以求坚牢，从而"使其后坚"，取得整体上的力学平衡），**斯理法古来罕者**①。**如悬一石，又悬一石，再之不能也**（此前后三句，乃举例概指一般俗匠的通常做法）②。**予以"平衡法"，将前悬分散**（分散：将前悬部分分层地或参差地挑出，即"起脚宜小，渐理渐大"，使重力逐步散开，不集中），**后坚**（此指后坚部分）**仍以长条堑里石**（堑里石：即基坑石。堑里：《掇山》"堑里扫于查灰"的堑里，即基坑）**压之，能悬数尺，其状可骇，万无一失。**◎本节所提出的"前悬"、"后坚"，是掇山特别是理悬岩的重要概念，也是计成提出的"平衡法"的重要组成部分。《掇山》云："同志须知。"本节提出的"前悬"、"后坚"、"平衡法"，均属"须知"的重要方面，它和"再之不能"的掇山俗匠形成鲜明对比。

（十四）洞

　　理洞法，起脚如造屋（金按：比喻真切明了），**立几柱**（此"柱"并非真是造屋之柱，而是用大块景观石坚牢地叠掇成柱状）**着实**③，**掇玲珑**（玲珑：指透漏的太湖石一类景观石）**如窗门透亮**（实例如苏州环秀山庄的湖石大假山，洞内玲珑透漏，效果极佳，堪称经典之作）。**及理上，见前理岩法，合凑收顶**（陈注本："合凑收顶：即起拱合拢以成顶"），**加条石替之**④（具体地说，即以"替石"——条石来替代"替木"，这样，既

---

① 金按——"斯理法古来罕者"，原本至城建本以及陈注一版均作"罕者"。《疑义举析》指出："'斯理法古来罕者'，喜本作'斯法古来罕有'，较是。"陈注二版从之，改"者"为"有"。此析、此改皆非是。其实，喜咏本之"有"乃"者"的形讹。从古汉语语法看，"者"为助词，也可用在判断句或陈述句末，表语气肯定并强调停顿，使句子立稳。《左传·隐公元年》："公将如棠观鱼者。"郑元勋《园冶题词》："此又地有异宜，所当审者。"又：京剧台词中句末用助词"者"的现象，既特殊，又普通。如"……去者"，"者"字的声调还拖得特别长而美，以表行为的坚决、肯定，故予以突出强调。《图文本》从喜咏本作"有"，亦误。又，据句末"者"字的语法功能，此处宜加句号。因上句肯定"斯法古来罕"的独创性，下句通过假设（详下注），否定俗匠做法，有了这个"者"字，就前后泾渭分明。而陈注一二版、《图文本》均为逗号，如是，则二者相混一气，故失当。

② 金按——"如悬一石，又悬一石，再之不能也"，原本、隆盛本皆如此，而喜咏、营造、城建本、陈注一版等则均作"如悬一石，亦悬一石"，其实，"亦"字欠佳，"又"字则更明确。根据明版原本可改可不改尽量不改的原则，不改为宜。原文在反面举例的基础上，紧接着下文再进一步正面论述："予以平衡法……"正因为如此，"如悬一石"等句之前的"者"字，必须用句号点断，以示区别。

③ 金按——"着实"，原本及隆盛本均如此，喜咏本则作"著实"，此后，营造、城建、陈注一二版及《图文本》均作"著实"。其实，"着实"一词早已流行，不必再改本字，故本书据明版内阁原本恢复。

④ 替：柱端"替木"（详见本书第658页）的省称，此处为动词。具体地说，即以"替石"——条石来替代"替木"，这样，既能"如造屋立柱着实"，更能"如理岩法"，"使其后坚能悬"。从历史的角度看，条石的方法当时确实是先进的，但《疑义举析》又指出："钱泳《履园丛话》卷十二《堆假山》条记清代嘉、道间著名叠山家戈裕良曾论狮子林石洞，以为是'界以条石，不算名手'，戈氏主张'只将大小石钩带联络，如造环桥法，可以千古不坏'。戈裕良的创造是在前人的基础上又有所发展。"此析甚是，特附识于此。

"如造屋立柱着实"，更"如理岩法"，"使其后坚能悬"。替，"替木"的"替"，此为动词），**斯千古不朽也。洞宽丈余，可设集**[①]**者，自古鲜矣！上或堆土植树，或作台，或置亭屋，合宜可也。**

（十五）涧

假山依[②]**水为妙**（◎关于这种山水相依相成的美学关系，［明］王世贞《弇山园记》云："山以水袭，大奇也；水得山，复大奇。"［明］邹迪光《愚公谷乘》："园林之胜，惟是山、水二物。无论二者俱无，与有山无水、有水无山不足称胜，即山旷率而不能收水之情，水径直而不能受山之趣，要无当于奇。"两段如出一人之手，深刻精到而连贯如一，可看作是计成所揭示的山水美学原理之注脚，奇绝，妙绝。又见本书第287－291页）。**倘**[③]**高阜**（阜［fù］：土山；丘陵。此处概指山体）**处不能注**（注：灌注；流入。《尔雅》："水注川曰溪"）**水，理涧**（［宋］韩拙《山水纯全集·论水》："两山夹水曰涧"）**壑无水，似有深意**（见本书第291－296页。◎又一次出现"深意"这一重要概念，可见深远的意境美，确乎是计成一贯的孜孜追求）。

（十六）曲水

曲水（见郑元勋《园冶题词》"曲水"注），**古皆凿石槽，上置石龙头**（用石雕琢成龙头状的出水口，以仿龙之吐水。如无锡惠山"二泉"水池的甃壁上，就有石龙头吐

---

① "设集"：《园冶全释》："设案宴集之意。"此注失当，这是由于不了解"集"的某种含义，而历史上也未见假山洞中宴集的记载。再看有关训释。《尔雅》邢昺疏："经典通谓聚会为集。"《广雅》："集，聚也。"《说文解字注笺》："凡相遇曰集。"设集，也就是提供相聚、会晤，如苏州环秀山庄、扬州个园等，山洞内都置有石桌凳，可供三二文人品茶小聚，棋局小集，或晤言洞内……再说"洞宽丈馀"，在洞中宴集也无可能。《园冶图说》注得较好："容纳，聚集。意即可供游人小憩之聚的地方。"这颇为实事求是。而《图文本》比起《全释》之误更为过之："设集：设立集市。《皇朝文献通考》卷三十三'市籴考'：'乌什每七日在城中空处设集贸易一次，城乡男妇俱入集场，以牛马羊鸡等畜及布匹、衣服、粮石（？）、菜蔬一切杂物彼此交易。'"应该说，小小的假山洞中是不可能有如此巨大的规模，即使是宜兴的张公洞、善卷洞也没有可能。何况计成一再强调："地偏为胜"（《园说》），"市井不可园也，如园之，必向幽偏可筑"（《相地·城市地》），他决不会提倡在山洞里"设立集市"。当然《图文本》所引仅仅是书证而已，但涉及一个严肃的学术问题值得探讨：书证的作用是什么？应该说，其作用对原文来说，是帮助阅读，引导理解，而不能反其道而行之，否则就有可能误导。当然注中所引，对原意不一定都非常贴切，也可能有不符的，甚至相反的，但至多引一、二句即止，以见此词此典在古代的运用，而《图文本》却是大段考证性的征引，与《洞》一节内容完全无关，这种为引而引，游离题外之引，不符合注书的要求。尽管其后补了一句："此处指举行宴集"，这也来自《全释》之误，再加"举行"二字，就更强化了洞中"宴集"之举。

② 金按——"假山依水为妙"，原本、隆盛本均如此。喜咏本误作"以"，以后诸本均从之，惟陈注二版作"依"，甚是。本书据明版亦恢复作"依"。"依"、"以"二字的意义辨析，详见本书第287－291页。

③ "倘"字前后两句，较多注家认为前后矛盾，难以解释。《疑义举析》："既然是'假山依水为妙'，又说'理涧壑无水，似有深意'，前后遂成矛盾。鄙意以为'似有深意'或当为'似少深意'。"于是，陈注二版改"有"为"少"。本书则不以为然，仍据明版，理由见本书第291－296页。

出泉水。杭州玉泉也有"不舍昼夜"的吐水石龙头。当然，这也不失为一种做法）**渍水**（渍 [pēn]：水波涌动；喷水。《公羊传·昭公五年》："渍泉者何？直泉也；直泉者何？涌泉也"）

者，斯费工类俗，何不以理涧法，上理石泉，口如瀑布，亦可流觞（模仿兰亭的"流觞曲水"，在环曲的水渠上放置酒杯，杯流行停其前，当即取饮。又称"流杯曲水"），**似得天然之趣**（◎值得注意，此处又出现一个"天然"，均联结着《园说》"虽由人作，宛自天开"的美学思想）。

（十七）瀑布

瀑布，如峭壁山理也。先观有高楼檐水，可涧至墙顶作天沟，行（流。《易·乾·彖辞》："云行雨施。"本节意为让檐水流行）**壁山**（峭壁山的简称）**顶**（指通过这种沟管将屋檐水导至壁山的"墙－顶"天沟，使成瀑布），**留小坑**（贮水之坑），**突出石口，泛漫而下**（集中而成布状流下），**才如瀑布①。不然，随流散漫**（散漫：水流分散、不集中之意，与计成所说叠掇山石的"散漫"有所不同）**不成，斯谓"坐雨观泉"**（坐：这里可训为"因"、"由于"。汉乐府《陌上桑》："来归相怨怒，但坐观罗敷。"〔唐〕杜牧《山行》："停车坐爱枫林晚"。两个"坐"均作"因"解。坐雨观泉：因雨而得观泉瀑，如〔唐〕王维《送梓州李使君》所咏："山中一夜雨，树杪百重泉。"陈注本译作："坐在雨中〔金按：亭中〕静观泉流。"这当然也颇有诗情画意，古代山水画中可遇此境）**之意。**

[结语]

夫理假山，必欲求好，要人说好，片山块石（片、块，极言其小、少），**似有野致**（野致：野趣）。◎"野致"二字，是解读关键。计成在《相地》中赞赏郊野地的美，《掇山·曲水》又提出"天然之趣"，《墙垣》也有"似有野致"之语，这次再次提出，足见其对天然野致的重视，并也相通于其"虽由人作，宛自天开"（《园说》）的美学思想。此数句是从正面提出论点。

---

① 金按——文中"涧至墙顶作天沟"，涧：名词用如动词，意为"筑涧"。但此"涧"陈注一版译作"铺设山涧"，二版译作"由山涧"，均非。其实乃是檐下横向的排水沟槽，古代一般以竹制，称"檐沟"，用以承接屋面的雨水，再由竖管引到地面，这是一种排水装置。《营造法原》："晴落（水沟）：沿檐四周，以聚屋檐之水，使下达于垂直注水之设备。"（中国建筑工业出版社 1986 年版，第 110 页）吴语称"晴（金按：其义为'循'）落管"。再看文中的"先观有高楼檐水……"，原本、隆盛本皆如此。喜咏本作"先观有坑，高楼檐水……"误增一"坑"字，以后营造、城建本以及陈注一版均循此增一"坑"字，《图文本》亦然，故皆误。惟陈注二版删此字，甚确。其实，高楼的屋檐水入"晴（循）落管"之前，不必先有坑，也不可能有坑，必须"涧至墙顶作天沟"，流至壁山顶，才"留小坑"。可见，其前不必先有一坑，否则，就有两个坑了，事实上高楼檐水不会有那么多，不需要有也不可能要先后有两个坑来贮水。

苏州虎丘山①**，南京凤台门**（陈注二版注："陈作霖《金陵物产风土志》：'凤台门花佣善养茉莉、珠兰、金橘，皆盆景也。'按明初南京外郭辟十六门，南方共七门，其中一门称'凤台门'。附近花神庙一带，多经营花卉业，与苏州虎丘相似。近年来，日益发展"），**贩花扎架**（扎架：通过绑扎花木或粘缀小石来制作盆景。对此句的解读，可参《云林石谱·江州石》："又有一种挺然成一两峰或三四峰……土人多缀以石座，及以细碎诸石胶漆粘缀，取巧为盆山求售，正如僧人排设供佛者，两两相对，殊无意趣。"《疑义举析》正确指出："计成正是对花贩所卖的盆景小山，那种矫揉造作、毫无生气的作品表示不满……计成以高明自居［金按：宜作'计成自视甚高'］，动辄指斥'市俗村愚之所为'，'苏州虎丘山，南京凤台门'那种'贩花扎架，处处皆然'的盆山，当然是他所看不起的。'贩花扎架'含有贬意，'处处皆然'，显然又是感叹"。联系《自序》批评"润之好事者取石巧者置竹木间为假山"的俗滥现象来看，此意甚是），**处处皆然** ◎本段为《掇山》整章的结语，以自由体散文体撰写，既从反面批评了人工造作的低劣"作品"，并罗括了世俗掇山"势如排列"等不良倾向于其中，又从正面推崇了"片山块石，似有野致"的假山，从一个侧面显现了计成"虽由人作，宛自天开"的美学思想。

① 苏州虎丘山："丘"，亦作"邱"。虎丘山在苏州市西北，亦名海涌山。［清］陆肇域、任兆麟《虎阜志·物产》："花市：《元和志》：'四时花卉，皆植磁盆。有一树一石仿云林、大痴画本者。今山塘有花园弄，居民多业焉。'邵长蘅《种花》：'山塘映清溪，人家种花树。清溪鸭头青，门前虎丘路……复有闲花木（"闲花木"：《青门集》卷二作"些子景"［金按：盆景的别名］），点缀白石盆。咫尺丘壑趣，屈蟠松桧根。买置几案间，一盆值千镮。"

十二、选　石

　　夫识石之来由，询（询问）**山之远近。石无山价，费只人工**（交蹉语序法。调整语序，则为：山石无价，只费人工[1]），**跋蹑**（跋、蹑：均有踩、踏，攀登之意）**搜**·（选）**巅，崎岖觅路[2]。便宜**（方便而又适宜。《字汇》："便，宜也，利也。"又："便，顺也"）**出水**（可参本章《宜兴石》："便于竹林出水"），**虽遥千里何妨**（[只要]出水方便适宜或顺利[指太湖石一类珍贵之石的出水、采运]，即使有千里之遥也无妨。[唐]牛僧孺《李苏州遗太湖石奇状绝伦因题二十韵奉呈梦得乐天》："为探湖底物，不怕浪中鲸。利涉千馀里，山河仅百程"）；**日计在人**（亦为"交蹉"辞格，若还原词序，即"在人计日。"[明末清初]吴伟业《张南垣传》："版筑之功，可计日以就"），**就近一肩可矣**（就在人[方面来说]，[如果是]计日可待，[那么]一肩即可。此应上文"费只人工"；一肩：用"借代"辞格，以部分[肩]代全体[人]，又上承《掇山》："绳索坚牢，扛抬稳重"）。◎首段反复以错综辞法，概括关于取石、运石诸项事宜，读来颇饶辞趣。

　　取巧不但玲珑（此句意谓：[选石（此为主语，上承标题省）]不但应以玲珑[为标准]来求取其奇巧），**只宜单点**（[因为]此类以太湖为代表的石，主要只适合于单独点置）；**求坚还从古拙**（而且还应以古拙[为标准]，来求取其坚实。下句的"求"与上句的"取"为互文。"还从"的"从"即"以"。《古书虚词集释》："'从'犹'以'也。《淮南子·说山训》：

---

[1] 这种修辞方法古已有之。[近代]刘师培《古书疑义举例补》："《孟子》：'晋国，天下莫强焉'。当作'天下莫强于晋国'；与《汉高纪》：'王者莫高于周文'一例，《左传》襄三十年：'无不祥大焉。''无'义为'莫'，犹言不祥莫大焉。"这类辞格的适例甚多，如[晋]孙绰《游天台山赋》："目牛无全"，也就是"目无全牛"。[南朝梁]江淹《别赋》："心折骨惊。"也就是骨折心惊。[唐]杜甫《秋兴八首》[其八]："香稻啄馀鹦鹉粒，碧梧栖老凤凰枝。"也就是"鹦鹉啄馀香稻粒，凤凰栖老碧梧枝。"[唐]韩愈《柳州罗池庙碑》："春与猿吟兮秋鹤与飞。"也就是秋与鹤飞……

[2] 金按——"跋蹑搜巅，崎岖觅路"的"崎"、"觅"二字，原本、隆盛本作"蹊"、"究"，均误。对于"蹊"字，其他各本均已改正为"崎"；至于"究"字，营造、城建本等仍误作"究"，陈注一版还误释道："究，是'穷'、'极'；亦有寻求之意。这里意为要走尽许多人所未走过的地方"。惟有喜咏本则径作"挖"，甚是。陈注二版更作"觅"，极是，"究"正是"觅"的形化，而且"觅"乃"挖"的本字，特别由于它还是吴语（见本书第660页），故特予保留。"跋蹑搜巅，崎岖觅路"：意谓费尽心力，踩踏攀登，选寻奇石于山巅；觅掘奇石于崎岖的山路。两句带有互文性质，总的意思接近于[宋]张淏《艮岳记》所云"搜岩剔薮，幽隐不置"。

'圣人从外知内，以见［现］知隐。'‘从’与‘以’为互文。"拙：古厚拙朴。《老子·四十五章》："大巧若拙"），**堪用层堆**（［因为］此类以黄石为代表的石，可用来层层堆叠。以上四句是一个多重复句，第一分句是因果复句的倒置形态，论玲珑石，第二分句亦为倒置因果复句，论古拙石，然后由关联词"不但……［而且］还……"将两个分句连成一个递进大复句，从而使第二分句的意思更进一层，也就是强调了古拙求坚这一选石标准）。**须先选质无纹**（应联系下文"多纹恐损"来理解。无纹：没有皴褶裂纹。言下之意是这类具有皴褶之美的景观石，经不起重压，不应先选，由此可见，此句提出的"质"，是选石的重要标准），**俟后**①（俟［sì］：等候。《诗·邶风·静女》："静女其姝，俟我于城隅。"俟后：待以后）**依皴合掇**（此句意谓奇巧的景观石只能等到叠假山上部时，才依奇石的皴纹、绘画的皴法绘画的皴法以符合叠掇假山的要求）；**多纹恐损，无窍当悬**（当悬：应当作当悬挑之用）②。**古胜太湖**（胜，意动用法，以……为胜。此句谓古代以太湖石为胜。白居易《太湖石记》："石有族聚，太湖为甲。""甲"：第一，即"胜"之意），**好事只知花石**③（好事者只知道宋代的"花石纲"，因其在历史上非常著名）；**时遵图画**（时人遵照山水画的标准来叠掇和欣赏假山），**匪人焉**（焉：哪里）**识黄山**（匪人：本指非亲近的人。《易·比·六三》："比之匪人。"王弼注："所与比者，皆非己亲，故曰比之匪人。"本句"匪人"，指对某事无兴趣、无识见的人，与上句的"好事［喜好某事的人］"互为对文。此上、下两句意谓：好事者只知花石、太湖之巧与美，无识见者怎么会懂得粗夯的黄山之石的价值呢？这就指出了选石最易发生的偏颇）。**小**（小型的山石）**仿**（仿效。《掇山·峭壁山》："理者相石皴纹，仿古人笔意"）**云林**（画家倪瓒，号云林子，后以号行。逸品的代表性画家，画山石创折带皴。元四家之一），**大**（大型的山石）**宗**（效法。《自序》："最喜关全、荆浩笔意，每宗之"）**子久**（元代画家黄公望，字子久，号大痴道人，即《园说》所谓"参差半壁大痴"）。**块虽顽夯，峻更嶙峋**（嶙峋：山崖重叠幽深），**是石堪堆**（意谓凡是此山之石，都是可以用来堆叠假山的），**便山可采**（近便的

第三编　园冶点评详注——十个版本比勘与全书重订

---

① 金按——"俟后"的"俟"，喜咏、《图文本》误作"挨"，形近而讹。

② 金按——"多纹恐损，无窍当悬"，原本、隆盛至城本均作"多纹恐损，垂窍当悬"，陈注一版亦如此并译："多纹恐易损坏，窍石宜乎悬空。"后句于理不合。《疑义举析》指出："‘垂’字当为‘无’字繁体之形误，喜本作‘無’，甚是。‘无窍当悬’，意谓无孔窍的石块才可以悬挑……窍石悬挑那是要损折的。"堪称确论。本书赞同此析，并予补充："纹"、"窍"互为对文，分别是指"皴皱"和"透漏"，这是指出奇巧美石虽有种种优长，但它们也有所短，也就是皴皱之石最易损折，透漏之石不宜悬挑。计成意在告诫人们：选石应防止一偏，走向极端，应多方全面考虑。这可说是选石重要的一环。"垂"字之非，还可从"多纹恐损，无窍当悬"这一骈语的写作上来补证。"多"与"无"（即"零"）互为对文，相反成骈，"垂"字则不成骈矣。可见，前句是从反面说，后句是从正面说，两句字字工稳，堪称佳联。"无"字，从《疑义举析》改定。

③ 花石：即花石纲。北宋崇宁、政和间，宋徽宗在东京（今河南开封）建"艮岳"。［宋］张淏《艮岳记》："遂即其地（金按：京城东北隅），大兴工役，筑山号‘寿山艮岳’……时有朱勔者，取浙中珍异花木竹石以进，号曰‘花石纲’，专置应奉局于平江（金按：即苏州），所费动以亿万计……断山辇石……舟楫相继，日夜不绝……大率灵璧、太湖诸石，二浙奇竹异花"。

549

山都可以采。便：近，即近便）。① ◎重点论选石问题，提出应防止只知一味"取巧"，不识"顽夯"的偏颇。

石非草木，采后复生（此句活用［唐］白居易《赋得古草原送别》："离离原上草，一岁一枯荣。野火烧不尽，春风吹又生。"意谓草木枯后能复生，石采后则不然，故应珍惜资源）。**人重利名**（重利名：谓看重经济利益，看重名产地的名石。人：指重利、重名的人，其中包括石商），**近无图远**（用"交蹉"辞格，调整语序后应为：图无远近。意谓只要有利、有"名"可图，就不顾远近。图：谋取。《尔雅》："图，谋也。"《战国策·秦策四》："韩、魏从，而天下可图也。"计成对这类重利名、乱采石的行为所造成的资源浪费，深感痛惜）。◎结语四句，强调了石资源的宝贵，批评了重利名、不问远近地乱采石的行为。《汉书·扬雄传》颜师古注："凡人贱近而贵远。"采石同样如此。本段末句，也批评了凡石贱近而贵远的错误想法。

（一）太湖石

苏州府（明代，苏州府下辖吴县、长洲、常熟、吴江、昆山、嘉定诸县和太仓州）**所属洞庭山，石产水涯**（［宋］范成大《吴郡志·土物》："太湖石，出洞庭西山，以生于水中者为贵。石在水中，岁久为波涛所冲撞，石面鳞鳞作靥，名弹窝，亦水痕也。"［清］李斗《扬州画舫录·城南录》："太湖石乃太湖中石骨，浪激波涤，年久孔穴自生。"涯：水边。［唐］孟郊《病客吟》："大海亦有涯"），**惟消夏湾**（见《园说》注）**者为最。性坚而润，有嵌空**（山石张开貌。［唐］白居易《太湖石》诗："嵌空华阳洞"）**穿眼、宛转、嶮**（嶮［xiǎn］：有高峻、奇险等义，与"险"字有所不同。［三国魏］嵇康《琴赋》："丹崖嶮巇，青壁万寻"）**怪势**（势：此指自然物的形貌、形态。［唐］杜甫《玉堂观》："石势参差乌鹊桥"）。**一种色白，一种色青而黑，一种微黑青。其质文理**（文理：纹理）**纵横，笼络**（笼：竹制的盛物器或罩物器，如灯笼。络：网。［汉］张衡《西京赋》："振天维，衍地络。"《文选》薛综注："络，网也。"笼络：如笼之网络，此指网络状条纹）**隐起**②，**于石面遍多坳坎**③，**盖**（推原之词）**因风浪中冲激而成，谓之"弹子窝"，扣之微有声**（叩：敲击。《晋书·张华传》："叩之则鸣矣"）。**采人**（采石者）**携锤錾**（錾［zàn］小

---

① 朱有玠先生指出："《园冶》中选石一节，最值得重视的见解，是'就便取材'的主张，亦即'是石堪堆，便山可采'的主张，"（《岁月留痕——朱有玠文集》，中国建筑工业出版社2010年版，第37页）可见，他亦将"便"理解为"近"。

② 金按——"笼络隐起"：原本及其他各本均讹作"起隐"，惟喜咏、《图文本》作"隐起"，甚是。书证见《云林石谱·太湖石》："笼络隐起"。四字意谓网络状条纹隐约地显现出来。又［唐］白居易《奉和思黯相公以李苏州所寄太湖石奇状绝伦因题二十韵见示，兼呈梦得》："隐起磷磷状，凝成瑟瑟胚。"

③ 金按——"于石面遍多坳坎"：原本作"于面……"。陈注一版："原本作'于面……'。"原文遗一'石'字，按《云林石谱》补正"作补作"石面"，叙述更清楚，今据增。坳［ào］坎：此指石面洼下、虚陷的孔隙。"坳"，喜咏、《图文本》作"坼"，误。另此句"遍"字，喜咏本作"偏"，亦误。

凿，泛指一切凿。《通俗文》：“石凿曰錾”）**入深水中，度**（度［duó］：估量；揣测；忖度；谋虑。《字汇》：“度，算谋也，料也，忖也。”《诗·小雅·巧言》：“他人有心，予忖度之。”《国语·晋语三》：“谋度而行”）**奇巧取凿，贯**（用绳穿。《广雅》：“贯，穿也”）**以巨索，浮大舟，架而出之**①。

此石以高大为贵②，**惟宜植立轩堂前，或点**（点：点置）**乔松奇卉下，装治**（装：装点；装饰；装扮。治：治理，引申为美化）**假山，罗列园林广榭中**（中：中间；之间），**颇多伟观**（伟观：壮美的景观。［宋］周密《武林旧事》卷三：“浙江之潮，天下之伟观也”）**也。自古至今，采之以**（“以”，即“已”。《经传释词》：“‘以’，或作‘已’。郑注《礼记·檀弓》曰：‘“以”与“已”字本同’”）**久，今尚**（尚：则。《古书虚词集释》：“尚为‘则’字之义。《韩诗外传》卷七：‘于臣之义，尚可为王破吴而强楚。’”《古书虚词旁释》：“尚犹则也。《陶征士诔》：‘依世尚同，诡时则异。’尚、则互文。‘则’为连词，所连接的前部分表原因，后部分表结果。”此句“自古至今，采之以久”为原因，“今尚［则］鲜矣”为结果）**鲜**（鲜［xiǎn］：少。［宋］周敦颐《爱莲说》：“菊之爱，陶［陶渊明］后鲜有闻”）**矣。**

（二）昆山石

昆山县（在江苏省东南部，邻接上海）**马鞍山，石产土中，为赤土积渍**［zì］。**既出土，倍费挑剔洗涤。其质**（质：形体。《徐霞客游记·粤西游日记三》：“西冈一巨钟覆路左，质甚巨，传闻重三千斤”）**磊块**（石块表面凹凸不平），**巉岩**（险峻的山岩）**透空，无耸拔峰峦势，扣之无声，其色洁白。或植小木**（木：树。《说苑·善说》：“山有木兮木有枝”），**或种溪荪**（溪荪［sūn］：菖蒲的别名。［明］李自珍《本草纲目·草八》：“此即今池泽所生菖蒲……其生溪涧者，名溪荪”）**于奇巧处，或置器中，宜点盆景，不成大用也。**

---

① 金按——“架而出之”，陈注一版作“设木架，绞而出之”。并注：“原文作‘架而出之’，按《云林石谱》补正。”《疑义举析》不赞同此补，指出：“隆［盛］本亦作‘架而出之’，不必按《云林石谱》‘补正’。作‘架而出之’语甚简洁，计成引《石谱》，自有删简的权利，这一删简很好。”陈注二版复改回云：“《云林石谱》作‘设木架，绞而出之’。今按明版本改回。”本书认为，《云林石谱》之语写出了采石的具体方式，虽不补入《园冶》正文，但陈注本已置于注中，可助读者了解。

② 金按——“以高大为贵”的“以”，原本、隆盛直至城建本均作“最”，欠通。陈注一版：“原文作‘最高大’，‘最’字似‘以’字之误。”甚是，此处宜作“以……为……”句式，故改。

（三）宜兴石

宜兴县（在江苏省南部，邻接安徽、浙江，东滨太湖，北临滆湖，名胜有张公洞、善卷洞等）**张公洞、善卷寺**（该寺附近有善卷洞，在宜兴西南螺岩山，亦为著名石灰岩溶洞）**一带山产石，便于竹林^①出水**（出水：石材从产地运入水道，亦即从水道运出。可参《选石》总论："便宜出水，虽遥千里何妨"）。**有性坚、穿眼、嶙怪如太湖者；有一种色黑质粗而黄者；有色白而质嫩者，掇山不可悬，恐不坚也**（质嫩不坚，不能作悬挑之用，这同样体现了《选石》总论中"多纹恐损，无窍当悬"之意）。

（四）龙潭石

龙潭（地名，属南京市），**金陵**（古邑名，南京市的别称）**下**（由西往东曰"下"。《左传·襄公十六年》："警守而下。"杜预注："顺河东行，故曰下"）**七十餘里，沿大江，地名七星观，至山口、仓头**（皆龙潭一带地名）**一带，皆产石数种，有露土者，有半埋者。一种色青，质坚，透漏，文理如太湖者；一种色微青，性坚，稍觉顽夯，可用**（用：用以；用来）**起脚压泛**（陈注二版："压泛，作覆盖桩头解"）**；一种色纹古拙，无漏，宜单点；一种色青如核桃纹多皴法**（皴法：中国画表现山石、峰峦和树身表皮的脉络纹理的技法，也是一种艺术程式）**者，掇能合皴如画为妙**（◎合皴：符合于中国山水画的皴法。"合皴如画"为叠掇山石的最高要求，也是《园冶》掇山美学的名言之一。并"皴法"见本书第336-341页）。

（五）青龙山石

金陵青龙山（青龙山在南京市东，曾以出石料及林木等著称，今已辟为生态森林公园）**石，大圈大孔**（石面有大圈大孔。孔为穿通者，圈为未穿通者）**者，全用匠作**（匠作：匠人）**凿取，做成峰石，只一面势**（势：物体的形貌）**者。自来**（从来）**俗人以此为太湖主峰**（由于其有大圈大孔，故以其为太湖石主峰），**凡花石**（花石：花

---

① 竹林：陈注一版："竹林，疑为'祝陵'谐声之误。按嘉庆《宜兴县志》：'疆域图'载，祝陵（地名），北近善卷洞，在芙蓉、紫云诸山西南，东近笠山、龙池山，依山傍水，便于水运，俗传祝英台葬于此。"其实，地名的音讹是一个普遍的现象。[宋]范成大《吴郡志·城郭》："匠门，又曰干将门，《续经》止曰将门。吴王使干将铸剑于此，故曰将门。今谓之'匠'，音之讹。"金按：将门、匠门，今又讹为相门。《吴郡志·城郭》又云："蟹门，《续经》曰当作封门，取封禺之山以为名……今但曰蟹门……今俗或讹呼富门。"又如：广东产英石之地，汉时置为浈阳、含洭两县，后各讹为"真阳"与"含光"，宋、明以来才改为英德，故称英德石……此类实例不胜枚举，足为"竹林"系"祝陵"音讹的佐证。此类约定俗成的音讹地名，已成历史，不宜改动。

石纲的省称，这里指太湖石一类奇巧之石）**反呼为"脚石"**（脚石：掇山起脚所用粗夯之石。《园冶图说》："做假山基础的石料。"甚确）。**掇如炉瓶式，更加以劈峰**①（《园冶全释》："分列在主峰两旁的次石。"甚是。更加以劈峰：意谓更加以将其作为"劈峰"），**俨如刀山剑树**（刀山剑树：见《掇山》）**者，斯也**（斯：指代青龙山石）。**或点**（点：点置）**竹树下，不可高掇。**

（六）灵璧石

宿州（今宿州市，在安徽省北部）**灵璧县**（地名，明清属凤阳府，今属安徽省）**地名"磬山"，石产土中，采取岁久**②。**穴深数丈，其质为赤泥渍**（渍〔zì〕：积在物体上的污迹）**满，土人**（当地人。〔唐〕韩愈《与鄂州柳中丞书》："若召募土人，必得豪勇"。〔明〕陶宗仪《辍耕录·玉鹿卢》："因土渍，用白梅熬水煮之，良久脱开……"）**多以铁刃遍刮，凡三两次**③，**既**（已）**露石色，即以铁丝帚或竹帚兼磁末**（磁末：陈注一版："乃应用磁石的感应作用，藉以清除石隙间残留物质的措施"）**刷治清润，扣之，铿然**（声音响亮貌。铿：拟声词。《礼记·乐记》："钟声铿。"〔宋〕赵希鹄《洞天清禄集·灵璧石》："扣之，声清如金玉"）**有声。石底多有渍土，不能尽者。石在土中，随其大小具体而生**（此四字之隐意，详见本书第629-630页），**或成物状**（《洞天清禄集·灵璧石》："佳者如菡萏，或如卧牛，如蟠螭"），**或成峰峦**（〔宋〕张应文《清秘藏·论异石》："余向蓄一枚〔灵璧〕，大仅拳许，峰峦叠起"），**巉岩透空，其状少**

---

① 金按——"劈峰"，陈注二版："各版本均作'青峰'，《喜咏轩丛书》本作'劈（金按：喜咏本亦误，作"擘"而非"劈"，应该是"劈"）峰'，'青'字似为'劈'字之误。"按：根据原文语境："自来俗人以此为太湖主峰，凡花石反呼为'脚石'，掇如炉瓶式，更加以劈峰，俨如刀山剑树者，斯也。"联系《掇山》："假如一块中竖而为主石，两条傍插而呼劈峰……劈峰总较於不用，岂用乎断然？排如炉烛花瓶，列似刀山剑树……"其意完全吻合，故从陈注二版改。

② 金按——"采取岁久"：明版原本漏刻此"采取"二字，降盛本亦然。陈注一版："原文'岁久'之前脱'采取'两字，按《云林石谱》补正。"此可认同，但陈注二版复将其删去。注道："原文为'采取岁久'。明版本无'采取'两字，而《云林石谱》有之，今仍按明版本改正。"《图文本》则云："无'采取'两字，原本文通。质言之，此处不必加'采取'两字。"此意还可推敲。细味之，漏此二字则文意顿减，因为不论是太湖石还是灵璧石，它们在土中或水中的形成史，不宜用时间短短的"岁久"来概括。〔唐〕白居易《太湖石记》："然而自一成不变以来，不知几千万年。"也就是说，它们经过了千万年的沧桑之变。然而用"岁久"来概括其唐、宋以来的开采史，却非常贴切。遗憾的是《云林石谱·灵璧石》条找不到"采取"二字，不知陈注所据何本，但本书赞同补增此"采取"二字。现将补正后的文字，句逗如下："石产土中，采取岁久。穴深数丈，其质为赤泥渍满……"句号之前，意谓开采的历史已较久；句号之后，则言由于穴深，其质才为赤泥渍满，这是说明渍满的原因。上、下两句，两层意思非常清楚。相反，如不补二字，或"岁久"与"穴深"之间不点断，则殊难理解，因为这种自然形成的石块，不可能岁久就穴深，岁不久就穴浅。何况，暴露于山巅、浅现于湖边者也是大量的存在，它们未尝不"岁久"。可见，"穴深数丈"是说具体情况的，与"岁久"并无必然联系。

③ 金按——原本作"凡三次"，说得太实太死。《图文本》据《疑义举析》，在注中指出："《云林石谱》各种版本俱作'三两次'。"这种约略的说法，较妥，今据改。

有宛转之势①，须藉斧凿修治磨砻（砻[lóng]：磨尽），**以全**（全：成全）其美，**或一两面，或**（以上两个"或"，为无定代词：有的……有的……《史记·日者列传》："天地旷旷，物之熙熙，或安或危。"再解读"其状少有……或三面"数句，意谓：由于少有宛转之势，有的只有一两面之美，有的只有三面之美，故须修治磨垄，以成全其美）**三面。若四面全**（全：完好；完美。《说文》："全，完也。"《周礼·考工记·弓人》："得此六材之全，然后可以为良。"郑玄注："全，无瑕病"）**者，即是从土中生起**（即"具体而生"，未经任何加工），**凡数百之中无一二**②。**有得四面者，择其奇巧处镌治**（镌治：刻凿处理。镌：凿；琢；雕刻。《淮南子·本经训》："镌山石，锲金玉"），**取其底平，可以顿置几案**③，**亦可以掇小景。有一种匾薄**④**或**（或：动词，训作"有"。用"避复"辞格，因句首为"有"字，故此处易以"或"字）**成云气**（石面上有如云纹）**者，悬之室中为磬**（磬：古代打击乐器，用玉或石雕成，悬挂架上，击之而鸣。[唐]常建《题破山寺后禅院》："万籁此都寂，但馀钟磬音。"），**《书》所谓"泗滨浮磬"**⑤**是也。**

---

① 金按——此句明版原本作"或成峰峦，巉岩透空，其眼少有宛转之势"，陈注一版作"其状妙有宛转之势"，并出注："原文作'眼少'，按《云林石谱》改正。"但陈注二版又改道："原书各版本均作'眼少'，《云林石谱》作'状妙'，今按原版本改正。"其实只要改"眼"为"状"即可，作"其状少有宛转之势"，因为其前有"须……修治磨砻"云云，如果已经"妙有宛转之势"，就必不再"修治磨砻"了，故本书改为"其状少有宛转之势"。

② 以上数句，营造本、城建本以空格为标点，标录于下："须藉斧凿□修治磨砻□以全其美□或一面或三四面全者□即是从土中生起，凡数百之中无一二。"这既有脱字，标点又有误，试看《云林石谱·灵璧石》："以全其美或一面或三两面若四面全者即是从土中生起……"这就较合理，一是"若"字未脱漏，二是"若"字之前无"四"字，这就易于读通和标点。陈注一、二版据此点作："或一两面，或三面；若四面全者，即是从土中生起……"这颇为合理，一是确定了前后几个数词的界限；二是"若"字前用分号，把前（一、两、三）、后（四）两种情况区分清楚，并突出了后者。但分号一般不这样用，故本书拟进一步将分号改为句号。这样，说明人工修治磨砻以全其美的，为一两面，或三面。行文至此，意思已尽，可点断，这是一个层次。以下则另起一层，为一假设性判断句，意谓如果是四面都"全"的，那么就是从土中自然地形成的，也就是任何一面都没有经过人为加工的，是数百石之中没有一二，极罕见的。还可作一推想，如果"或一两面，或三面"不用句号点断，与四面全者连混一起，那么，这种既经人工修治，又仅以一两面为美的，可说是大量的存在，怎能说"凡数百之中无一二"呢？这于理不通。可见一个"若"字，是句中经人工与纯天然的界分。

③ 金按——"几案"的"几"，原本形讹作"凡"，隆盛本亦作"凡"字，但有眉批："凡，几之刊误。"喜咏本以后诸本并作"几"，均不误。又：隆盛本此行下部较模糊，次行下部更为模糊，"悬之"二字竟难以辨认，故其旁打△△，书眉亦有批："△补写'悬之'二字。"金按：隆盛本此页有很多字均被笔描过。如"遍"、"磁"、"土"、"数"、"顿"等，并改正了内阁明版"凡"字之误，其校雠之精神态度堪佩。几案：《颜氏家训·治家》："或有狼藉几案，分散部帙（指书籍）"。

④ 金按——"匾薄"，原本作"扁朴"，其他诸本一律作"扁朴"。本书认为：此系"匾薄"之形讹或音讹。相比而言，"匾薄"之"匾"较之"扁"字其义更丰。匾：非名词而是形容词。[元]关汉卿《一枝花·不伏老》有"捶不匾"之语。《古今韵会举要·铣韵》："匾，不圆貌"。《园冶·选石·湖口石》更有"匾薄……几若木版"之语。这种面阔体薄不圆的片状石，最适合于做磬（在水边也似可浮起，参见下注）。试看商代不论是腰圆形的特磬，还是折角形的编磬，其特点无不是一匾二薄。再说"匾薄"之"薄"，原本作"朴"，"朴"、"薄"乃一声之转。而从词义上分析，制磬用石，与作为风格的"朴"并无什么关系，而与石的厚薄关系甚密，不但直接影响敲击所发的音响，而且太厚太重不易制作，也难于悬挂，而明版原本《选石·湖口石》中更有"或匾薄嵌空"的语例，这是有力的内证。据此，本书径改"扁朴"为"匾薄"。

⑤ 金按——"所谓'泗滨浮磬'"，陈注二版："原文'所谓'前脱一'书'字，《云林石谱》有'书'字。《书》即《尚书》，经书名，又称《书经》，简称《书》。"《书·禹贡》：'泗滨浮磬'。《传》：'泗水涯，水中见石，可以为磬。《疏》：'石在水旁，水中见石，似若水中浮然，此石可以作磬，故谓之'浮磬'……"本书据增《书》字，并用书名号。

（七）岘山石

镇江府城南大岘山（《云林石谱》："镇江府去城十五里，地名黄山。鹤林寺之西南，又一山名岘［xiàn］山，在黄山之东"）**一带，皆产石。小者全质**（质：体。全质：即全体，也就是全石。小者全质：动词谓语蒙后省，意谓小的镌取其全石），**大者镌取相连处，奇怪万状。色黄，清润而坚，扣之有声。有色灰青者。石多穿眼相通，可掇假山。**

（八）宣石

宣石[1]**产于宁国县**（在安徽省，在宣城县东南）**所属**（所属之地），**其色洁白，多于**（于：被；为。《左传·成公二年》："郤克伤于矢。"《史记·屈原列传》："怀王……内惑于郑袖，外欺于张仪"）**赤土积渍，须用刷洗，才见**（见［xiàn］：显现）**其质**（质：质地，此指宣石的白地）。**或梅雨天**（指初夏江淮流域持续较长的阴雨天气。因时值梅子黄熟，故也称黄梅天。《初学记》卷二："萧绎《纂要》：'梅熟而雨，曰梅雨'"）**瓦沟**（瓦楞之间的泄水沟）**下水**（"下"在此不是方位词而是动词），**冲尽土色。惟斯石应旧，逾**（通"愈"，愈益；更加。《助词辨略》："逾，弥也，愈也。"《淮南子·原道训》高诱注："逾滋，益甚也。"［南朝梁］王籍《入若耶溪》："蝉噪林逾静，鸟鸣山更幽。"逾、更互文）**旧逾白，俨如雪山**（典型的例证是扬州个园的四季假山，以白色的宣石掇为冬山——雪山）**也。一种名"马牙宣**（形如一颗颗马牙般晶体构成的宣石）[2]**"，可置几案。**

（九）湖口石

江州（州名，晋设置，今江西九江）**湖口**（九江市下辖县。在江西北部，长江南岸，

---

[1] 宣石可叠山，实例如［清］李斗《扬州画舫录·草河录下》："若近今仇好石垒怡性堂'宣石山'……亦藉藉人口"。今存扬州个园的冬山，亦为宣石所掇，以"其色洁白"，颇似冬日的雪山。

[2] "一种名'马牙宣'，可置几案"：对其中的"马牙宣"，诸家解释多不确。《园冶全释》："宣石上的纹理似马牙，故名。"这可能是从山水画法有"马牙皴"之名而想得之。《图文本》亦从之，谓"一种纹理似马牙的宣石。"这都是把"马牙"释成石面上显现出来纹理，其实皆非。先看［清］郑绩《梦幻居画学简明·论皴》："马牙皴如拔马之牙，筋脚俱露也。"这足以说明这种特殊的皴法已表现为立体的颗粒状，而并非一般表现纹理的皴法。再看陈注二版："谓宣石生棱角似马牙者，故名。"这已将其释成一种立体，但也很不精确。马牙宣应是由一颗颗状似马牙的结晶体所构成石体，［明］林有麟《素园石谱》可证。该书卷三有"将乐石"图，正是由状似马牙的结晶体构成，其下有座，可置几案；又有"马齿将乐研山"，从图可见其确实是由一颗颗大小不一、参差不齐的晶体构成，下亦有座，旁有"其白如雪"，"可供清玩"等语。其后还有铭赞："磊磊马齿，质栗而泽。洛水呈文，太素为色。宜映雪斋，侣彼和璧。"铭文对其构成（磊磊）、形状（马齿）、色泽（太素为色……）、价值（侣彼和璧……）适宜的环境（宜映雪斋……）等方面，作了很高的评价。此种石体，还见于苏州狮子林曲桥铁栏旁的特殊块石，其状亦为一颗颗似马牙的结晶体所构成，但只是局部，且非纯白色。

西滨鄱阳湖），**石有数种，或生水中，或产水际**[1]。**一种色青，混然**[2]**成峰峦岩壑，或类诸物状**[3]。**一种匾薄嵌空，穿眼通透，几若木版以利刀剜刻之状**[4]，**石理如刷丝**（谓石纹细如所刷出的丝状之纹），**色亦微润，扣之有声。东坡**（即［宋］苏轼，字子瞻，号东坡居士，人因称"东坡"）**称赏，目**（动词，品；品评；品题。《世说新语·赏誉》："世目李元礼：'谡谡如劲松下风'。"［宋］沈括《梦溪自记》："筑室于京口之陲……目之曰'梦溪'"）**之为"壶中九华"【图108】，有"百金归买小玲珑"之语**[5]。

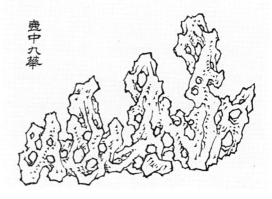

图108 九华今在一壶中
苏轼"壶中九华"石
选自《素园石谱》

---

[1] 金按——"或生水中，或产水际"：明版原本无前句，其他各本亦无。陈注一版："本句原文脱落，今按《云林石谱》补正。"细玩文意，此处"或"为连词，表列举，若仅一"或"，则不成文，故据补正。但是，陈注本补为"或产水中，或产水际"，而《云林石谱》则为"或生水中，或产水际"，"生"字"避复"的修辞效果更佳，故从《云林石谱》。

[2] 金按——原本"混然成（"成"为今增）峰峦岩壑"：陈注一版改"混然"为"浑然"，并注："浑然：原文作'混然'，按《云林石谱》改正（金按：《云林石谱》恰恰并不作'浑然'，而同样是'混然'）。浑然含自然之意。"此改恰恰失之，《园冶全释》亦作"浑然"，并释"浑"为"简直、几乎"，更失之。《全释商榷》指出其误写道："'浑然成峰'就是峰石浑成，浑然一体，谓峰石自然形成。"这又似是而实非，因为以摒弃"混然"一词为前提。这里应作词义辨析："浑"，有整个之意，作为成语的"浑然一体"，意即完全融合为一个整体，而"混然"则迥乎不同。追溯"混然"一词的由来，盖出于《老子·二十五章》："有物混成，先天地生。"王弼注："混然不可得而知，而万物由之以成，故曰混成。"混成，即混然而成。［汉］班固《幽通赋》："道混成而自然兮。"［晋］左思《魏都赋》："凭太清以混成"……"混成"是高度概括宇宙、天地的生成过程，其中也包括山石邈远的形成史，故而《云林石谱·湖口石》同样"混然成峰峦岩壑"，《云林石谱·排衙石》更有"混然天成"之语，如此等等。可见，"混成"一词联结着古代哲人对宇宙形成的思考。《云林石谱》、《园冶》恰当地采撷了此词，冶铸成颇有哲理深度的"混然成峰峦岩壑"之句，故宜予高度评价，而不宜改。

[3] 金按——此两句，原本作："混然峰峦岩壑，或成诸物。"隆盛本、喜咏本亦然。营造、城建本则感到前句似欠妥，故增一"成"字，于是前、后句各有一"成"字；陈注一、二版则感到后句似不通，故删一"成"字，于是前有而后无，遂文通句顺。但是，并没有指出"成"字应有或应无的原因。其实，这是刊刻时窜行而讹，是误将前句应有的"成"字，误窜到应无的后句之中，致使前后两句均有语病，现特还原，将后句的"成"字移至前句，作"混然成峰峦岩壑，或类诸物"，对照《云林石谱》正是如此。又，《云林石谱》"或类诸物"后有"状"字，据补。

[4] 金按——原本"穿眼通透，几若木版以利刀剜刻之状"，隆盛本亦如此。对其中"以"字，营造、城建、陈注一版皆改为"似"字，失当，因为这样一句中"几若"、"似"二者不免犯重。对其中"刀"字，喜咏、营造、城建、陈注一、二版、《图文本》均改作"刃"，根据校勘可改可不改一律不改的原则，本书仍作"刀"。

[5] 金按——"壶中九华"句的"壶中"，所有各本均误刻作"世中"，陈注一、二版始改为"壶中"。极是。九华，山名，在安徽省青阳县西南，因有九峰，形似莲华，故名。与峨眉、五台、普陀等同为中国佛教四大名山。壶中：极言其小中见大。苏轼《壶中九华诗并引》："湖口人李正臣蓄异石'九峰'，玲珑宛转，若窗棂然。予欲以百金买之，与'仇池石'为偶。方南迁未暇也，名之曰'壶中九华'，且以诗记之：'清溪电转失云峰，梦里犹惊翠扫空。五岭莫愁千嶂外，九华今在一壶中。天池水落层层见，玉女窗明处处通。念我仇池太孤绝，百金归买小（金按：小，《全宋诗》作'碧'，《东坡七集》作'小'，今从之）玲珑。'"《园冶》引苏诗末句，其中"买"字，除陈注一版作"买"外，明版及其他诸本包括陈注二版一律作"贾"，均系形讹致误，今据《东坡七集》改正。

（十）英石

英州（在广东省北部，汉置浈阳［即下文"真阳"］、含洭［即下文"含光"］两县，宋置英德府，明改英德县，境内多石灰岩地形。今广东省英德县）**含光、真阳县之间，石产溪水中，有数种：一微青色，间**（间［jiàn］：副词，间或；偶尔；有时。［宋］苏轼《乞文彦博等免拜札子》："遇其朝见，间或传宣不拜。"［宋］沈作喆《〈寓简〉序》："虽诙谐俚语无所不有，而至言妙道，间有存焉。"《云林石谱·吉州石》："间有两三面"）**有通，白脉笼络；一微灰黑，一浅绿，各有峰、峦，嵌空穿眼，宛转相通。其质稍润，扣之微有声。可置几案，亦可点盆，亦可掇小景。有一种色白，四面峰峦耸拔，多棱角**（棱角：物体的边角或尖角。［唐］韩愈《南山》："晴明出棱角"），**稍莹彻**（莹彻：晶莹透明。［唐］刘恂《岭表录异》卷上："陇州山中多紫石英，其色淡紫，其质莹彻，随其大小皆五棱"），**而面有光**[①]，**可鉴**（鉴：动词，照；像镜一样照。《墙垣·白粉墙》："自然明亮鉴人"）**物，扣之无声。采人就水中度**（度［duó］：揣度；估计）**奇巧处凿取，只可置几案。**

（十一）散兵石

"散兵"者，［汉］张子房（即张良。汉初大臣，字子房，秦末楚汉相争时为刘邦起兵的谋士，在助汉灭楚中立了功勋，为"汉初三杰"之一）**楚歌散兵**（《史记·项羽本纪》：西楚霸王"项羽军壁［壁：驻军］垓［gāi］下［在安徽灵璧县南沱河北岸］，兵少食尽，汉军及诸侯兵围之数重。夜闻汉军四面皆楚歌"，以为汉军已得楚地，兵心涣散，遂突围至乌江自刎，有"四面楚歌"、"霸王别姬"故事。散［sàn］：《说文》："分离也。"林义光《文源》："本义当为分散之散［sǎn］"。此处意为士兵散败之"散"。《史记·淮阴侯列传》："败散而还"）**处也，故名。其地在巢湖**（位于安徽省中部，为我国五大淡水湖之一。因其形状如鸟巢，故得名）**之南，其石若大若小**（其石或大或小。若：或），**形状百类，浮露于山。其质坚，其色青黑，有如太湖者，有古拙皴纹者，土人采而装出贩卖，维扬**（扬州的别称。《书·禹贡》："淮海惟扬州。"惟，通"维"，后因截取其中"维扬"二字以

[①] 金按——原本及其他各本均作"稍莹彻面面有光"，惟陈注二版改作"稍莹彻而面有光"，甚佳。试读："多棱角，稍莹彻，而面有光，可鉴物"。作为连词，"而"字紧承连接前后两个三字句，显得语势连贯，饶有修辞效果，何况"面有光"也可包括"面面有光"之意于其内，故从之。

为名）**好事**（好事者）**专买**①**其石。有最大**（最大的）**巧妙透漏如太湖峰，更佳者，未尝采也。**

（十二）黄石

黄石是处（是处：到处）**皆产，其质坚，不入斧凿**（即斧凿不入），**其文**（文：即"纹"）**古拙。如常州黄山**（今江苏省常州市及武进县。《大明一统志·常州府·山川》："黄山，在府城西北八十里，俯瞰大江"）、**苏州尧峰山**（《百城烟水·吴县》："尧峰，在横山西南，相传尧时吴人避水于此"）、**镇江圌山**（圌［chuí］山：在江苏镇江市东北，又名曲山，形势险要，为江防要地）**沿大江直至采石**（采石：指采石矶，在安徽省马鞍山市长江东岸，为牛渚山北部突出江中之矶）**之上**（"之上"：即"之西"。《左传·襄公十六年》杜预注："顺河东行，故曰下。"据此，"上"则为顺河西行）**皆产。俗人只知顽夯，而不知奇妙也。**

（十三）旧石

世之好事［者］，**慕闻虚名，钻**（即钻营；千方百计谋取。［明］胡震亨《唐诗丛谈》卷二："名场中钻营恶态"）**求旧石。"某名园某峰石，某名人题咏，某代传至于今，斯真太湖石也，今废**（指某名园），**欲待价而沽**（等待高价出售。沽：出卖［酒］。语本《论语·子罕》："沽之哉！沽之哉！我待贾［《说文》无"价"字，"价"即"贾"之俗字］而沽者也"金按：此处引号内为模拟听来的话）**。"不惜多金，售**（买）**为古玩还可。又有惟闻旧石，重价买者**（指出只慕虚名、钻求旧石之误）。

夫太湖石者，自古至今，好事［者］**采多，似鲜矣。如别山有未开取者**（如果别山有近似太湖石而没开采的），**择其透漏、青骨、坚质采之，未尝亚**（亚：仅次一等的；居于次位的。《左传·襄公十九年》："亚宋子而相亲也。"杜预注："亚，次也"）**太湖也。斯亘古**（亘［gèn］古：自古以来。［南朝宋］鲍照《河清颂》："亘古通今"）**露风**（露：动词，露于。露风：暴露于空气或风雨中），**何为新耶**（什么算是新呢。为：是）**？何为旧耶？凡采石，惟**（只需）**盘驳**（盘驳：盘运；水陆上下搬运。《镜花缘》第六十一回："不惜重费，于各处购求佳种，如巴川峡山大树，亦必费力盘驳而来"）**人工装**

---

① 金按——专买的"专"，明版原本作"耑"，为"专"的异体字，诸本亦从之，本书恢复其正字"专"。再看陈注二版之注："明版本作'圌'，似字型之误。"此注文与实际不符。按：明版内阁并不作"圌"，而是"耑"，陈注可能是将下节"黄石"中"镇江圌山"的"圌"，误移至此。

载之费，到园殊费几何^①（说明太湖石已很少，他山之石不一定次于太湖，无所谓新旧。采新石主要是花盘驳运载之费，其意是提倡用新石）**？**

予闻一石（一块峰石）名**"百米峰"**，询之，费（花费）**百米**（一百石米。石[dàn]：重量单位，一百二十斤为一"石"）**所得，故名。今欲易**（易：交易；交换。《孟子·滕文公上》："以粟易械器"）**百米再盘**（盘：重利盘剥。意谓高价出售）**百米，复名"二百米峰"也。凡石露风则旧，搜土则新**（刚从土中挖掘出来，故新。搜：挖掘），**虽有土色，未几雨露**（未过多久，经雨侵露湿，即上文所谓"露风"），**亦成旧矣**（通过批评"百米峰"、"二百米峰"的反面事例，说明新石也会变旧的，没有必要一意钻求旧石）。

（十四）锦川石

斯石宜旧。有五色者，有纯绿者，纹如画松皮（画松皮：山水画中松树皮的皴法，如《芥子园画传·树谱》中马远、李营邱[丘]、王叔明、赵大年松法，都用不规则小椭圆纹虚实画之；又《花卉翎毛谱》："松桧之皮，皴宜鳞"），**高丈余、阔盈**（盈：满）**尺者贵^②，丈内者多。近宜兴有石如锦川，其纹眼嵌石子，色亦不佳。旧者**（参见首句"斯石宜旧"）**纹眼嵌空**（原纹眼中嵌椭圆形小石子，日久而旧，小石脱落，故成"嵌空"），**色质清润，可以**（以：于）**花间树下插立可观。如理假山，犹类劈峰**（劈峰，见《掇山》注。又，[清]刘恕《石林小院说》："'斧劈'又名'松皮'，通称'石笋'……院之东南绕以曲廊，有空院盈丈，不宜于湖石，而宜于锦

---

① "凡采石，惟盘驳人工装载之费，到园殊费几何"：对此句，陈注一二版译作："采石虽然（金按：注意这个'虽然'）只要支出搬运和人工装载的费用，但是（金按：再注意这个'但是'，均不知从何来，原文无此意）运到园里，不知要花费多少金钱。"《园冶全释》译道："大凡采石，虽费用只在人工，但（金按：注意这个'虽……但……'亦不知从何而来）加上搬运装载，运到园林里，就不知要花费多少了？"两家之意大同小异，即强调了人工费不贵，但后面都加了"不知"二字，语气就变了，却强调了费用的昂贵。这主要由于对"殊"字不太理解，可能把"殊费"理解为特殊（昂贵）的费用了。其实，"殊"义为犹；尚；还。这需要丛证。《诗词曲语词汇释》："殊，犹犹也。《文选》谢灵运《南楼中望所迟客》诗：'园景早已满，佳人殊未适。'殊字五臣本作犹，殊即犹也。适者归也，言犹未归也。孟浩然《题融公兰若》诗：'谈玄殊未已，归骑夕阳催。'白居易《早蝉》诗：'西风殊未起，秋思先秋生。'杨万里《子上第折增木犀》：'我家殊未有秋色，君家先得秋消息。'义并同。《广释词》："殊，犹'犹'（尚），副词。"《旧石》中"凡采石……"之句，意谓凡是采石，只需人工搬运装载等费，到园还要花多少费用呢？这是个反问句，意谓不需花费多少。但以上两家不合逻辑在于使反问句变成了转折复句，即在译句之前，先无中生有地冠以"虽、虽然"字，用"虽然"来弱化"惟（只需）"之意，从而把重点转到后句。说明前期费用并不贵，"但……运到园林里，就不知要花费多少"？这样，意思就完全变了。而且此释之误更在于否定了采运新石之举，强调最后还是不合算，花费大，这就有悖于计成特写此节的主旨。究其缘由，大概是把"殊"字误释为"特别"或"极"、"很"……

② [明]陈所蕴《日涉园记》："[万笏山房]所叠石皆武康产，间以锦川、斧劈，长可至丈八、九尺。"[清]刘恕《干霄峰记》："乃于虎阜之阴沙碛中获见一石笋，广不满二尺，长几二丈，询之土人，俗呼为斧劈石，盖川产也。"这都符合于计成所提出的标准。

川石。"此番话，乃赏石名家为"锦川石"所下最确切的注脚①）。

（十五）花石纲

宋**"花石纲"**（见《选石》注），**河南所属**（宋徽宗在开封建造"寿山艮岳"，地属河南），**边**（边境；边界）**近山东**（邻近山东），**随处便**（便：即；就）**有，是运之所遗者**（为运送"花石纲"所遗留在半途的）。**其石巧妙者多，缘**（因）**陆路颇艰**（自唐代开始，文人们爱石成风。由于石重陆路难运，大多通过水上。[唐]刘禹锡《和牛相公题姑苏所寄太湖石，兼寄李苏州》："千里远扬舲。"[唐]白居易《牛相公宅太湖石》："渡江千筏载。"二诗说明，太湖石多是水路运送的），**有好事者，少**（稍）**取块石置园中，生色多矣。**

（十六）六合石子

六合县（江苏省南京市北部，长江北岸，邻接安徽省。名胜有灵岩山等）**灵居岩**（即灵岩山的俗称），**沙土中及水际产玛瑙**（玛瑙：矿物名，石英玉髓的一种。品类甚多，颜色光美，可作饰物。这里指石子类似玛瑙）**石子，颇细碎。有大如拳，纯白五色纹者**（纯白底上有五色纹的。欣赏这种五色纹石，从远古已开始。《山海经·中山经》：休与之山有石，"五色而文，其状如鹑卵"），**有纯五色者**（全部是五色的），**甚温润莹彻**②，**择纹采**（采：通彩）**斑斓**（一作斓斑；斒斓。色彩错杂灿烂貌。[唐]皮日休《石榴歌》："斓斑似带湘娥泣。"《拾遗记·岱舆山》："玉梁之侧，有斒斓自然云霞龙凤之状"）**取之，铺地如锦；或置涧壑及流水处，自然**（副词）**清目**③。

---

① 刘恕此文，当时由著名书画家王学浩为其书写，行草僻体，现尚嵌于苏州留园廊间"书条石"上，《石林小院说》全文及其试解，见金学智：《苏园品韵录》，上海三联书店 2010 年版，第 248－253 页。王学浩所绘包括锦川石"干霄峰"在内的《寒碧庄十二峰图》，现藏上海博物院。

② 金按——"甚温润莹彻"，原本以及隆盛本均作"其温润莹彻"，有误。"其"，此字喜咏、营造、城建等本均沿袭作"其"，系一脉相承之形讹。陈注一版则改为"甚"，并注："原文作'其'，误，今按《云林石谱》改正。"甚是。但陈注二版则予以否定："甚：原文作'其'，误，今改正。"于是又改为"其"。其实，《云林石谱》本作"甚"，作为程度副词，充当形容词"温润莹澈"的定语，甚确，陈注二版则再度致讹。再看明版原本"温润莹彻"的"彻"，本不误。"彻"，繁体作"徹"，而自喜咏至营造、城建、图文等本均作"澈"，系形近致误，惟陈注一、二版作"彻"，亦甚是。"澈"：意为清澈、明澈，一般形容水，如清澈见底。又如《水经注·沅水》："清潭镜澈。"但形容六合石子，则应作"透彻"的"彻"。

③ 金按——"自然清目"，除明版原本、隆盛本及陈注二版外，一律作"清白"，皆误，于理不合。既然这些石子或是"五色纹者"，或是"纯五色者"，或是"纹采斑斓"者……那么，置于水中，自然更会增其五色斑斓的光泽，怎么会变得一色"清白"呢？故以明版"清目"为是。清目：使人眼目清凉，即清凉悦目。

[结语]①

　　夫葺（葺：见《相地·傍宅地》注）**园圃假山，处处有好**［hào］**事**（好事：即好事者，此指喜好玩赏山石者），**处处有石块，但不得其人**（其人：指善于选石、品石、掇山的行家里手。这也相通于《兴造论》的"须求得人……"）。**欲询出石之所**（欲询句，如果要询问出石之所。此句有设问之意，那么，以下数句则为设答），**到地**（即到处）**有山，似当有石**（此句意为：似乎应当都有石），**虽**（即使；纵然）**不得巧妙者，随其顽夯**（随顺其顽夯），**但**（只要）**有文理可也。曾见［宋］杜绾**（杜绾［wǎn］：字季阳，号云林居士。北宋山阴人）**《石谱》**（即杜绾所著《云林石谱》，是我国古代最完备、最丰富的一部石谱），**何处无石？予少**（副词。稍微。此处为谦词）**用过石处，聊**（副词。姑且；暂且。《史记·南越列传》："聊以自娱"）**记于右**（古代书籍的行款，均直排，字序自上而下，行序自右至左；现今横排则均相反。故"记于右"，即相当于今天的"记于上"，这一般作为收尾语），**馀**（其馀）**未见者不录。**◎结语一段较长，以通俗散体为全章作结，与开端总论遥相呼应，而珍惜资源之思，实事求是之意，均溢于言表。

――――――――――――――

①《园冶》三卷，非一时之作，而是断断续续完成的，故全书的卷、章、节及其标题级别往往不太一致（如《栏杆》独立为一卷，不分章节），而且如第一章有些章、节都有结语，均为整齐的四言句，第三卷则不然，其中，《掇山》、《选石》、《借景》就不遵此格式，均为略长的散文，就内阁、隆盛本看，排列均低一格，且不入目录。故自本章始，用方括号标出"结语"二字以示区别。

十三、借 景

构园无格，借景有因（构造园林没有固定格局，借景却总要有一定的因凭依据）。
切要四时（切：深切。《汉书·霍光传》颜师古注："切，深也。"要：纲要；关键。《韩非子·执要》："圣人执要，四方来效。"《商君书·农战》："故圣人明君者，非能尽其万物也，知万物之要也。"切要四时：意谓深切地执借景之"要"，或者说，应深深地把握四时之借这个"纲"），**何关八宅**（《释名·释宫室》："宅，择也。择吉处而营之也。"［明］顾吾序《八宅明镜》，为论阳宅的堪舆书，其中提出了东四宅和西四宅的说法。何关八宅：意谓借景与八宅的说法无关）。**林皋**（语出《庄子·知北游》："山林与［欤］，皋壤与，使我欣欣然而乐与！"后因各取其中一字，以"林"、"皋"指令人欣乐的山林皋壤或树林水岸）**延伫**（久立；久留；久候。［晋］陆云《失题》诗："发梦宵寐，以慰延伫"），**相缘**（共同结识；结缘；相约）**竹树萧森**（萧森：错落耸立；茂盛貌。［南朝宋］谢灵运《山居赋》："其竹……亦萧森而翁蔚。"［北魏］郦道元《水经注·江水》："林木萧森，离离蔚蔚，乃在云气之表。"《借景》此句，言与同好相互延伫，一起流连于竹树萧森之美景，◎此意令人歆羡），**城市喧卑**（喧卑：喧嚣卑俗。［南朝宋］鲍照《舞鹤赋》："去帝乡之岑寂，归人寰之喧卑"），**必择居邻闲逸**（此句言城市喧闹扰攘，故一定要选择闲逸的邻居）。**高原极望**（极望：极目远望），**远岫**（远方的峰峦。［南朝齐］谢朓《郡内高斋闲坐答吕法曹》："窗中列远岫"）**环屏**（《相地·城市地》："青来郭外环屏"）。◎本段首以四言骈语立论，继写友邻相约游赏。"借景有因"四字为全章开篇。一个"因"字，领起以下春夏秋冬四时之借，可谓纲举目张。

堂开淑气（淑气：佳气；温和美好之气。［唐］李世民《春日玄武门宴群臣》："韶光开令序，淑气动芳年"）**侵人**[①]（侵人：佳气扑面而来，沁人心脾；侵，犹袭。《红楼梦》第五回："嫩寒锁梦因春冷，芳气袭人是酒香"），**门引春流**（春流：春水）**到泽**（《广雅》："泽，池也"）。**嫣红艳紫，欣逢花里神仙**（见本书第352－355页）；**乐圣称贤**（"圣"、

---

① 关于风景园林"绿色空间"里的"淑气"、"佳气"，见金学智：《中国园林美学》，中国建筑工业出版社 2005年版，第200－201页。

"贤"：酒的比喻。《三国志·魏书·徐邈传》："平日醉客谓酒之清者为'圣人'，浊者为'贤人'。"［唐］杜甫《饮中八仙歌》："饮如长鲸吸百川，衔杯乐圣称避贤。"李适之与贺知章、李白、张旭等，均为饮中八仙之一。《旧唐书·李适之传》载：李适之为权奸李林甫构陷，失势，赋诗曰："避贤初罢相，乐圣且衔杯。为问门前客，今朝几个来。"后常以避贤作隐居之典），**足并**（足以与之并列、媲美）**山中宰相**（南朝齐、梁间道教思想家、医药家、文学家陶弘景，隐居句曲山中。《南史·陶弘景传》："国家每有吉凶征讨大事，无不前以咨询……时人谓山中宰相"。其成就见本书第699页）。**《闲居》曾赋**（用［晋］潘岳曾撰《闲居赋》之典），**芳草应怜**（化用［五代］牛希济《生查子》"记得绿罗裙，处处怜芳草"之典，见本书第347－352页）；**扫径**（打扫路径。［唐］杜甫《客至》："花径不曾缘客扫，蓬门今始为君开。"又，《晚晴吴郎见过北舍》："柴扉扫径开"）**护兰芽**（呵护嫩兰），**分香幽室**（兰香飘散于幽室。分：散。［唐］李商隐《李花》："减粉与园籍，分香沾莲渚"）；**卷帘邀燕子，闲**（安闲自得貌）**剪轻风**（［明］阮大铖《燕子笺·第一出家门》："燕尾双叉如剪，莺歌全副偷簧"）。**片片**（一片一片的；众多。［宋］秦观《八六子·倚危楼》："那堪片片飞花弄晚，蒙蒙残雨笼晴"）**飞花**（［唐］韩翃《寒食》："春城无处不飞花"），**丝丝**（轻柔、纤细貌。［宋］张孝祥《西江月·问讯湖边春色》："东风吹我过湖船，杨柳丝丝拂面。"又：根据上下文，"丝丝眠柳"与"片片飞花"作为骈语，"丝丝"亦可兼释作"一丝丝"）**眠柳**（《三辅旧事》："汉武帝苑中有柳，状如人，号曰'人柳'，一日三眠三起。"，后以"花解语"与"柳能眠"属对。［宋］晏幾道《临江仙》："旖旎仙花解语，轻盈春柳能眠……"此处借以形容弱柳低垂，如同睡眠未醒。◎以上数语，含有《庄子》"与物为春"意）。**寒生料峭**（料峭：形容微寒或春风寒冷、尖利。［宋］苏轼《定风波》："料峭春风吹酒醒，微冷。"［宋］吴文英《风入松》："料峭春寒中酒"。寒生料峭：寒冷生于料峭的春风），**高架秋千**（［宋］晏幾道《木兰花》："秋千院落重帘暮"）①；**兴适清偏**（意兴归趋于清静偏僻，此指下文的"贻情丘壑"、"顿开尘外想"等），**贻情丘壑**②。**顿开尘外想**（尘外想：隐逸出世之想。尘外：超脱尘嚣世俗。［明］江盈科《雪涛诗评》："陶渊明超然尘外，独辟一家"），**拟**（有类于；拟似于）**入画中**（画中：比喻景色优美如画。［明］李流芳《题孤山夜月图》："时月初上，新堤柳枝皆倒影水中，空明摩荡，如镜中复如画中"）**行**。◎本段借淑气、春水、繁花、芳草、幽兰、紫燕、飞花、丝柳等特征性景物，抒写怡然情思，赞颂如画春景，作者之笔下辞采欲流，令人不胜神往。末

---

① 秋千：为传统体育运动用具。在木架上悬二绳，下拴横板，玩者在板上或站或坐，使前后摆动，古代女子多喜玩此。［宋］张先《青门引》词有名句："那堪更被明月，隔墙送过秋千影。"张先此句与《天仙子》词"云破月来花弄影"等三个写影名句，誉满词坛，被称为"张三影"。

② 金按——"贻情丘壑"，原本以及隆盛、喜咏、营造、城建、《图文本》均如此。惟陈注一、二版作"怡情丘壑"。这虽可谓安适愉悦，怡情养性于丘壑之间，而且似较显敞易懂，但远不及"贻"字的内涵深永，贻：可释作送达、赠送。《诗·邶风·静女》："贻我彤管"。贻情丘壑：意谓与丘壑互赠情兴，实现"情往似赠，兴来如答"（刘勰《文心雕龙·物色》），这就进入了园林美学意境的创造。

二句心迹双清，悠然自远。

林阴初出莺歌（［传·唐］司空图《二十四诗品·纤秾》："采采流水，蓬蓬远春"，"柳阴路曲，流莺比邻"），**山曲**（曲［qū］：深隐处；偏僻处）**忽闻樵唱**（［明］陈继儒《小窗幽记·集素》："听牧唱樵歌，洗尽五年尘土肠胃"）①，**风生林樾**（《广韵》："樾，树阴。"［明］张岱《陶庵梦忆·不二斋》："高梧三丈，翠樾千重……但有绿天，暑气不到。"林樾：林荫。［宋］欧阳修《和丁宝臣游甘泉寺》："欹危一径穿林樾，盘石苍苔留客歇"），**境入羲皇**（◎"林樾"、"羲皇"两句，语含太古风，又可谓既雕既琢，复归于朴）②。**幽人**（幽独的隐士。《易·履·九二·象辞》："幽人贞吉，中不自乱也。"［宋］苏轼《卜算子·黄州定惠院寓居作》："谁见幽人独往来，缥缈孤鸿影"）**即韵**（就韵赋诗）**于松寮**（寮［liáo］：窗。《一切经音义》："寮，窗也。"［南朝梁］萧纲《序愁赋》："玩飞花之入户，看斜晖之度寮。"户、寮互为对文。［明］张元凯《焦山旸公房》："山径缘苍渚，松寮掩翠微"），**逸士弹琴于篁里**（［唐］王维《竹里馆》："独坐幽篁里，弹琴复长啸"）。**红衣**（荷花瓣的别称。［宋］杨万里《晓坐荷桥三首［其一］》："千重翠盖护红衣"）**新浴**，**碧玉**（竹的喻称。［清］徐绪《新竹》："森森碧玉已成行，一雨长梢尽过墙"）**轻敲**（竹因风而相互敲击。◎此八字两句，有声有色，如乐似画）。**看竹溪湾，观鱼濠上**（见《立基·亭榭基》）。**山容蔼蔼**（云烟雾气迷漫貌；云气密集貌。［晋］陆机《吴趋行》："蔼蔼庆云被，泠泠祥风过。"［晋］陶渊明《停云》："霭霭停云，蒙蒙时雨。"霭霭，同蔼蔼），**行云故**（特地）**落**（停留；止息。［唐］刘长卿《入桂渚次砂牛石穴》："片帆落桂渚，独夜依枫林"）**凭栏**（供人依凭的栏槛）；**水面鳞鳞**（涟漪如鱼鳞状层层密集排列。［唐］李群玉《江南》："鳞鳞别浦起微波，泛泛轻舟桃叶歌。"［宋］洪适《渔家傲引》："鳞鳞波暖鸳鸯语，无数燕雏来又去"），**爽气**（水面的凉爽之气）**觉来欹枕**（欹［qī］：歪斜；倾斜。通"倚"，斜倚；斜靠。欹枕：此指人斜靠着的枕边。［唐］白居易《香炉峰下新卜山居草堂初成偶题东壁五首［其一］》："遗爱寺钟欹枕听"。◎"山容蔼蔼"，"水面鳞鳞"，着此一联，气韵更见生动，如山水画之烘以云气，染以水墨）。**南轩寄傲**（［晋］陶渊明《归去来兮辞》："倚南窗以寄傲"。寄傲：寄托自己傲世之情），**北牖虚阴**（延用前文"羲皇""凉风"之典，见脚注）。**半窗碧隐蕉桐，环堵**（四壁）**翠延萝薜**（萝：女萝。薜：薜荔，常绿藤本。萝薜常借指隐士住处。［唐］刘长卿《使回次杨柳过

---

① 金按——"樵唱"，原本、隆盛本均作"农唱"。喜咏以来各本则均作"樵唱"，当以"樵唱"为是。［唐］祖咏《汝坟别业》："山中无外事，樵唱时有闻。"诗题中的"别业"一词，唐代最为流行，即别墅园林。樵唱亦属借景，是借园外之声，且声中有景。樵唱也就是樵歌。［南宋］朱敦儒有词集《樵歌》三卷，又名《太平樵唱》。渔樵，常常与隐逸结在一起。［宋］郭熙《林泉高致》："君子之所以爱夫山水者，其旨安在？……渔樵隐逸，所常适也。"故"农唱"宜改作"樵唱"。
② 羲皇：伏羲氏，指传说中的上古帝王。［晋］陶渊明《与子俨等疏》："常言五六月中，北窗下卧，遇凉风暂至，自谓是羲皇上人。"此处借以表达诗人对古朴淳厚的上古社会的追慕。［唐］孟浩然《仲夏归汉南园寄京邑耆旧》："尝读高士传，最喜陶征君（陶渊明）。日耽田园趣，自谓羲皇人。"

元八所居》："薜萝诚可恋"）。**俯流玩月**（〔唐〕杜甫《十六夜玩月》："旧挹金波爽，皆传玉露秋。"〔清〕张潮《幽梦影》："玩月之法：皎洁则宜仰观，朦胧则宜俯视。"◎金按：此深得玩月三昧，水中之月又当别论），**坐石品泉**（品泉：品观流泉。◎八字清绝冷艳，令人暑气全消，尤足以摄召魂梦，颠倒情思）。◎本段通过莺歌、樵唱、凉风、幽篁、林樾、荷花、水流等，状写夏日园林绿色宜人的环境，体物浏亮，琢磨入细，描写予人以五色相宜，八音迭奏之感，耳目不胜暇给，而其间人物亦栩栩传神，情态可掬。

　　苎衣（苎〔zhù〕：苎麻。苎衣：较凉爽的夏衣，以苎麻织布做成）**不耐**（耐不住）**凉新**（即新凉。〔北周〕庾信《至仁山铭》："三秋云薄，九日寒新。"寒新，即新寒。"凉新"，与下句"秋落"互为对文），**池荷香绾**（绾〔wǎn〕：打结；有牵绊吸引之意。此句形容池荷将其幽香牵引绾结，为形象化之写法，奇想妙绝！《园冶全释》："池中莲花盛开，清香不散"）；**梧叶忽惊秋落**（用梧桐"一叶知秋"之典。〔宋〕唐庚《文录》："唐人有诗云：'山僧不解数甲子，一叶落知天下秋。'"◎"不耐"、"忽惊"，自是状秋传神语），**虫草**（即草虫。《诗·召南·草虫》："喓喓草虫。"〔唐〕祖咏《过郑曲》："岸势迷行客，秋声乱草虫"）**鸣幽**（此句四字用词序交蹉法，意为虫鸣幽草。《文心雕龙·物色》："虫声有足引心。"◎《借景》中此数句，可谓无字不隽，有语必新；融实入虚，化熟为生）。**湖平无际之浮光，山媚**（媚：美。〔晋〕陆机《文赋》："石韫玉而山辉，水怀珠而川媚"）**可餐之秀色**（秀色：美好的容貌颜色。餐：当餐；吃。〔晋〕陆机《日出东南隅行》："秀色若可餐。"也形容山林的秀丽。〔宋〕王明清《挥麈后录》卷二引李质《艮岳赋》："森峨峨之太华，若秀色之可餐。"◎湖平浮光，山媚秀色，两句是一篇山水赋）。**寓目一行白鹭①，醉颜几阵丹枫**（◎喻红枫容颜如醉，着意冶炼而不留渣滓，写秋风、秋霜不从正面写，而从侧面写，令人似感一阵阵使枫转红的寒风、严霜袭人肌肤。"阵"字尤佳，为句中活眼）。**眺远高台，搔首**（无可奈何时的下意识举动。《诗·邶风·静女》："爱〔爱：隐蔽〕而不见，搔首踟蹰。"〔晋〕陶渊明《停云》："搔首延伫。"）**青天那可问**（〔唐〕李白《把酒问月》："青天有月来几时，我今停杯一问之。"〔宋〕苏轼《水调歌头·丙辰中秋，欢饮达旦，大醉作此篇，兼怀子由》："明月几时有，把酒问青天"）；**凭虚**（凭虚：凭借虚空。〔宋〕苏轼《前赤壁赋》："浩浩乎如冯（凭）虚御风"。〔清〕徐乾学《依绿园记》："有阁凭虚而俯绿者，'欣稼'也。"）**敞阁，举杯明月自相邀**（〔唐〕李白《月下独酌》："花间一壶酒，独酌无相亲。举杯邀明月，对影成三人。"◎"眺远"、"凭虚"两句，立足点高，极目古今，气概雄远，格调高峻〔见本书第719-720页〕，可置于千古名联之列而无愧）。**冉冉**（渐渐飘忽貌；

---

① 金按——"一行白鹭"，原本、隆盛本均作"一行白鸟"，系误刻。〔唐〕杜甫《绝句》："两个黄鹂鸣翠柳，一行白鹭上青天。"《借景》正用此语典。自喜咏本至《图文本》均作"鹭"，不误。

舒缓移动貌。［唐］杜甫《狂夫》："风含翠篠娟娟静，雨裛红蕖冉冉香。"此为写荷香名句，计成则用以状桂花幽香的慢慢飘动）**天香**（此特指桂花香。［宋］刘克庄《念奴娇·木犀》："却是小山丛桂里，一夜天香飘坠"），**悠悠**（清闲安适貌。［唐］王勃《滕王阁》诗："闲云潭影日悠悠"）**桂子**（桂子：桂花。［宋］柳永《望海潮》："有三秋桂子，十里荷花。"此两句"桂子"、"天香"典，总用［唐］宋子问《灵隐寺》名句："桂子月中落，天香云外飘。"◎计成的"冉冉"、"悠悠"两句，以叠字为桂传神，典出宋诗，又超越宋诗，令人凡尘习染，俱为洗净。［清］张潮《幽梦影》云："菊以渊明为知己，梅以和靖为知己，竹以子猷为知己，莲以濂溪为知己……"还可再补一句："桂以无否为知己。"对于此处的"天香"，《图文本》注道："此指牡丹花的香。"接着举出有关"国色天香"的诗句为证。殊不知牡丹为春花。［唐］权德舆《和李中丞慈恩寺清上人院牡丹花歌》："澹荡韶光三月中，牡丹偏自占春风。"但是，《园冶·借景》此段恰恰是写秋天的借景，《图文本》把两种不同的"天香"混为一谈了）。
◎本段通过梧叶、虫鸣、白鹭、红枫、明月、桂花等，铺写和赞颂了秋色、秋声、秋香、秋景，以及登高邀明月的中秋雅兴。全段穷状物之妙，尽铺采之致，而用典则多而不乱，活泼泼地，语如己出，流丽清新。

但觉篱残菊晚，应探岭暖梅先（意谓只感到秋色已晚，篱菊凋残，还应探寻岭暖处先开之梅。此两句隐然呼应《立基》："编篱种菊，因之陶令当年；锄岭栽梅，可并庾公故迹"）。**少系杖头**①，**招携邻曲**（邻曲：邻居；邻人。［晋］陶渊明《游斜川诗序》："与二三邻曲，同游斜川"）。**恍来林月美人**②，**却卧雪庐高士**③。**云幂黯黯**（《说文》："黯，深黑也。"黯黯：昏暗不明貌。［晋］陶渊明《祭程氏妹文》："黯黯高云，萧萧冬月。"云幂黯黯四字，惨淡入画而如真。［宋］郭熙《林泉高致》："真山水之云气……冬黯淡。"《借景》此

---

① 金按——"少系杖头"之"少"，原本如此，隆盛至陈注一、二版皆作"少"，惟喜咏、《图文本》作"钱"，虽亦通，但太露太俗，古代高人逸士往往忌言钱。杖头："杖头钱"的省称，指买酒钱。《世说新语·任诞》："阮宣子常步行，以百钱挂杖头，至酒店便酣畅，虽当世贵盛，不肯诣也。"为嗜酒著名故事。［唐］李瀚《蒙求》："阮宣杖头，毕卓瓮下。"古代童蒙读物已只用"杖头"二字。"少系杖头"的"少"字，有淡化"钱"字之妙用。
② 恍来林月美人：与下句语典，并出［明］高启《梅花九首［其一］》中名句："雪满山中高士卧，月明林下美人来。"林月美人：见旧题［唐］柳宗元《龙城录·赵师雄醉卧梅花下》："隋开皇中，赵师雄迁罗浮。一日天寒日暮，在醉醒间，因憩仆车于松林间。酒肆旁舍，见一女子淡妆素服，出迓师雄。时已昏黑，残雪对月色微明，师雄喜之，与之语。但觉芳香袭人，语言极清丽，因与之扣酒家门，得数杯，相与饮。少顷有一绿衣童来，笑歌戏舞，亦自可观。顷醉寝，师雄亦惝然，但觉风寒相袭。久之，时东方已白，师雄起视，乃在大梅花树下，上有翠羽啾嘈，相顾月落参横，但惆怅而尔。"
③ 却卧雪庐高士：用［汉］高士袁安卧雪典。时值大雪，人们皆除雪外出乞食，惟袁安闭门僵卧，不愿外出乞讨。《后汉书·袁安传》注引《汝南先贤传》："时大雪积地丈馀，洛阳令身出案行，见人家皆除雪出，有乞食者。见袁安门，无有行路，谓安已死，令人除雪入户，见安僵卧。问何以不出。安曰：'大雪人皆卧，不宜干［求］人。'令以为贤，举为孝廉。"［晋］陶渊明《咏贫士［其二］》："袁安困积雪，邈然不可干。"［明］张岱《补孤山种梅叙》亦云："美人来自林下，高士卧于山中。"显然亦用高启诗"雪满"、"月明"两句为典。

四字正是如此）①，**木**（树）**叶萧萧**（萧萧：象声词，风声；草木摇落声。《楚辞·九怀·蓄英》："秋风兮萧萧。"[唐]杜甫《登高》："无边落木[按：此处落木为落叶]萧萧下"）。**风鸦几树夕阳**（历来诗词曲，爱咏夕阳寒鸦，且多佳句，如[宋]秦观《满庭芳》："斜阳外，寒鸦数点，流水绕孤村。"[元]马致远《[越调]天净沙·秋思》："枯藤老树昏鸦"。[元]徐再思《[越调]天净沙·秋江晚泊》："斜阳万点昏鸦。"[明]唐寅《题画山水》："绕崖秋树集昏鸦"。[清]郑板桥《菩萨蛮·晚景》："秋水连天，寒鸦掠地，夕阳红透疏篱。"◎按：数例均颇堪涵泳，但《借景》中此句增一"风"字，更显动态；"几树"，还以树之少见鸦之多，令人似远闻风声鸦噪），**寒雁数声残月**（◎"风鸦"、"寒雁"两句，其意象恍然在目，隐约于耳，馀味耐寻）。**书窗梦醒**②，**孤影遥吟；锦幨偎红**（锦幨：见《相地·傍宅地》注；偎红：见《园说》注），**六花**（雪花结晶六瓣，故名。[唐]高骈《对雪》："六出飞花入户时，坐看青竹变琼枝。"[明]冯应京《月令广义·冬令·方物》："雪花六出。《吕览》：'草木之花皆五出，雪花独六出'"）**呈瑞**（应时好雪，能杀虫保温，被视为丰年预兆，所谓"瑞雪兆丰年"。[宋]袁绹《清平乐·雪》："高卷帘栊看佳瑞"）。**棹兴**（棹[zhào]：船桨，用为动词。[晋]陶渊明《归去来兮辞》："或命巾车，或棹孤舟。"棹兴：乘舟逍遥游的兴致）**若过剡曲**③，**扫烹**（扫雪烹茶）**果胜**（果然胜过）**党家**④。**冷韵堪**（堪：可以；能够。[唐]李白《子夜四时歌·冬歌》："素手抽针冷，那堪把剪刀！"）**赓**⑤，**清名可并**（清高的名声，可与名士们相比并）。

---

① 金按——"云幂黯黯"的"幂"，明版原本及所有各本均作"冥"，陈注一版亦同。《疑义举析》："'冥'疑为'幂'字之形误，喜（咏）本作'幂'。'云幂'对'木叶'，名词对名词，若作'冥'则是形容词，与下句的'叶'不成对偶，与句内的'黯黯'意思又重复。"此言良是，盖形近而讹，陈注二版即改"冥"为"幂"，本书亦据改。幂[mì]：覆盖物品的巾、幔。《辽史·礼志五》："去幂盖。"云幂：密布的阴云如布幔覆盖笼罩。

② 金按——"书窗梦醒"，原本及诸本均如此，惟喜咏、《图文本》作"纱窗梦醒"，不确。"书窗"联系下句"孤影遥吟"，诗人的形象跃然纸上；而"纱窗"则消解了书斋个性化的具体环境。

③ 金按——"过剡（shàn）曲"，原本及诸本皆如此，惟喜咏、《图文本》作"逢戴氏"，虽通而不甚确。剡曲：指剡溪，水名，为曹娥江上游，在浙江嵊县南。《世说新语·任诞》："王子猷居山阴，夜大雪，眠觉，开室命酌酒，四望皎然，因起仿徨，咏左思《招隐诗》，忽忆戴安道。时戴在剡，即便夜乘小船就之。经宿方至，造门不前而返。人问其故，王曰：'吾本乘兴而行，兴尽而返，何必见戴？'"后因指隐士高人雪夜乘舟逸游或访友。剡曲：剡溪的隐僻处。剡溪历来为高人逸士所向往的幽胜处。[唐]李白《梦游天姥吟留别》："明月照我影，送我至剡溪。""若过剡曲"四字，发人想象，富于描写性，令人如见高人乘雪夜游画面，又似见剡溪之曲的幽美胜景。"过"为双关语，既有过访之义，又有经过（到达目的地）之义，绝妙。若作"逢"，重点则不在景而在人，而王子猷已有"何必见戴"之言，《世说》并有"造门不前而返"之行，"若逢戴氏"，则与江左风流名士的雅兴相悖，文章亦索然无味矣！只缘喜咏本为当时条件所限，如阚铎所说，"第三卷则依残阙之钞本以附益之"，这是历史的遗憾。

④ 党家：[明]陈继儒《辟寒部》卷一："宋陶榖妾，本党进家姬，一日下雪，榖命取雪水煎茶，问之曰：'党家有此景？'对曰：'彼粗人安识此景？但能知销金帐下，浅斟低唱，饮羊羔美酒耳。'后因以"党家"喻指粗鄙庸俗的富豪人家。

⑤ 金按——"冷韵堪赓"，原本及诸本均如此，惟喜咏、《图文本》作"冷韵堪应"，不确。"应"繁体为"應"，与"赓"字形近而讹。冷韵：岁寒雅韵，即冷天的韵事。赓：连续；继续；承续。《广雅》："赓，续也。"《书·益稷》："乃赓载歌。"孔传："赓，续。"喜咏本将"冷韵"误解为冷天依韵作诗，故作"应"，而《图文本》更误释"冷韵"为"冷僻的诗韵"，并引谢道蕴咏雪为书证，殊不知此亦非"冷僻的诗韵"。总之，二家均非是。其实，细味"冷韵堪赓"之句，上文已有"书窗梦醒，孤影遥吟"，其所吟亦可说是冷韵，此为狭义。广义地说，冷韵更可用以概括上文探梅、招邻、孤吟、赏雪以及棹兴、扫烹等韵事。此处的"冷韵堪赓，清名可并"，意谓不但可以赓续这类韵事，而且可以和这些雅人韵士的"清名"相比并，特别是可上承袁安卧雪那种"邈然不可干"的清节。《园冶全释》释"堪赓"为"和韵"，亦非是。

◎本段既摘选了残菊、早梅、风鸦、寒雁、瑞雪等风物，又摄取了探梅、孤吟、棹兴、扫烹等场景，突出了冬令堪赓的冷韵。本段状景则缕缕入情，绘人则笔笔入妙，耐人咀嚼。

花殊不谢①，**景摘**（摘：选；选取。《文心雕龙·才略》："摘其诗赋"）**偏新**（[所选的借景]特别富于新意）。**因借无由**（意谓因凭客观物象作为借景，不需要什么因由。因：因由；缘由。《集韵》："由，因也。"[宋]王安石《答司马谏议书》："无由会晤"），**触情俱是**（意谓只要产生美感，触景生情，就都如此。《广雅》："是，此也"）。◎末尾四句，将四时借景归纳到情景交融这一节点，可谓善放而又善收。对于四时景胜，只要善于因借触情，就无不是良辰美景。[明]陈继儒《小窗幽记·集素》如是说："黄花红树，春不如秋；白雪青松，冬亦胜夏。春夏园林，秋冬山谷，一心无累，四季良辰。"

[结语]

夫（助词，用于句首，有引发议论或进行判断的作用，无实义）**借景，林园之最要者也。如远借，邻借，仰借，俯借，应时而借**（此五者，见本书第382—398页）。**然**（如果；若是）**物情所逗**（意谓被借景对象的景物特性所逗引。情：性；事物的本性。《孟子·滕文公上》："夫物之不齐，物之情也。"俞樾《群经平议·孟子二》："盖'性'、'情'二字，在后人言之，则区以别矣；而在古人言之，则情即性也"），**目寄心期**（意谓主体目送心许，与借景对象进行情感的双向交流），**似意在笔先**（好像就是诗画创作的"意在笔先"，亦即创作前心中预先孕育出成熟、完整的情感意象。以上三句，见本书第121—124页），**庶几**（差不多；也许；或许，表推测之词。《孟子·梁惠王下》："王之好乐甚，则齐国庶几乎！"）**描写之尽哉**②！◎此结语写借景的重要及其种类，再次归结到物情人心之互渗以及"意在笔先"。行文言简意赅，极有理论深度，构成了计成园林美学思想的又一重要层面。

---

① "花殊不谢"的"殊"，诸家未注，而译亦失当。陈注一版："花虽有别于四时不落"，"殊"释为"别"，二版则跳过"殊"字，译作"各种名花四时不落"。《园冶全释》也未注，而译作"四时虽有不谢之花"。《图文本》也未注。其实，"殊"为"竟"义，竟然；居然，表出乎意料。《古书虚词旁释》："殊犹竟也。表示意料之外。"卢思道《从军行》："庭中奇树已堪攀，塞外征人殊未还。'按陆机《拟庭中有奇树》：'芳草久已茂，佳人竟不归！'文例相同。花殊不谢：意谓一年四季竟然鲜花不谢，这与《园说》"收四时之烂熳"，《相地·傍宅地》"四时不谢"是一致的，这均是确切的内证，而且这还可以用来总括《借景》一章的生动描述：春有嫣红艳紫；夏有红衣碧玉；秋有天香桂子，冬有岭暖梅先……如是，全章就豁然贯通了。

② 金按——"庶几描写之尽哉"：这里的"之"字是难点（喜咏本作"不"，误），其实，"之"通"已"，即已经，此义项一般辞书罕载，故须丛证。《经词衍释》："之'又训'已'。《诗》：'日之夕矣。'曰已夕也。"《古书虚字集释》："'之'犹'已'也。'已'与'以'同音，'之'训'以'，故亦训'已'。《战国策·赵策》：'吾城郭之完（金按：之完，已治理好），府库足用，仓廪实矣。'《韩非子·十过》即作'吾城郭已治。'"再如《左传·定公九年》："曩者之（金按：训'已'）难，今又（金按：训'更'）难焉。"《左传·僖公五年》："一之谓甚（金按：一次已为甚），其（金按：训'岂'）可再乎！"《庄子·人间世》："故未终其天年，而中道之夭于斧斤"。之，成玄英《疏》亦训为"已"。"然物情所逗……庶几描写之尽哉"：转换成现代汉语句式，应为"然（如果）……那么就……"系假设复句。意谓如果能做到"物情所逗，目寄心期"，亦即能"情往似赠，兴来似答"（《文心雕龙·物色》），那么，像诗画创作的"意在笔先"那样，就差不多已把各种各样的美景描写尽了。对这一长句的注或译，诸家或有所跳漏，或有所失当，故不揣愚陋，试详加训释串译。

自 跋①

崇祯甲戌岁（即崇祯七年，1634年），**予年五十有三，历尽风尘，业游已倦**（两句见本书第171－173页）。**少**（少[shào]：年轻时）**有林下**（[唐]白居易《奉和思黯相公〈雨后林园四韵〉见示》："便成林下隐。"林下，见本书第171－172页）**风趣，逃名**（逃避名声，追求闲逸。[唐]白居易《香炉峰下新卜山居草堂初成偶题东壁五首[其四]》："匡庐便是逃名地"。[明]高濂《燕闲清赏笺》："心无驰猎之劳，身无牵臂之役，避俗逃名，顺时安处，世称曰'闲'"）**丘壑中。久资**（资：依托）**林园，似与世故**（世故，此含贬义）**觉远。惟闻时事纷纷，隐心皆然**（自"历尽风尘"至"隐心皆然"，见本书第171－173页），**愧无买山力**（《世说新语·排调》："支道林就深公买印山，深公答曰：'未闻巢、由买山而隐。'"此意最早由[汉]仲长统《乐志论》引申而来，[唐]李白《北山独酌寄韦六》："巢父将许由，未闻买山隐。"[明]董其昌《书品》："仲长统此论，所谓'未闻巢、由买山而隐'者"），**甘为桃源溪口人**（甘愿作为未由小口进入桃花源的武陵渔人。[晋]陶渊明《桃花源记》："武陵人捕鱼为业。缘溪行，忘路之远近，忽逢桃花林……山有小口"。[明]董其昌《画禅室随笔·画源》："余每欲买山雪上，作桃源人"）**也。**◎本段欲言又止，以婉曲笔、跳脱语回叙以往历程，略吐桃源溪口之"隐心"，个人悲剧还联结着时代悲剧，令人情何以堪！参见本书第14、173页。

自叹生今之时②**也，不遇时**（不遇时：亦即"不遇"。[元]高巽志《耕渔轩记》："噫！岂非士之不遇哉"）**也；武侯三国之师**（武侯：即诸葛亮，字孔明。三国时蜀汉政治家、军事家，有著名的"隆中对"。刘备称帝，任丞相；刘禅接位，封武乡侯。当政期间，励精图治，赏罚严明，有利于当地经济、文化发展，曾多次出师伐魏，病死军中。《三国志·蜀书·诸葛亮传评》："诸葛亮之为相国也，抚百姓，示仪轨……开诚心，布公道；尽忠

---

① 《自跋》：明版原本无标题，文后署"自识"。《园冶全释》、《图文本》均将其移至文前，标为《自识》，似不妥。此短文在书后，意在交代情况，说明著书目的等，应是典型的"跋"。跋是历史地形成的一种文体，此为计成所自撰，故题为《自跋》（详见本书第3－4页）。
② 金按——"生今之时"的"今"，原本、隆盛直至陈注本等均作"人"，似误。喜咏本校作"今"，甚佳，《图文本》亦作"今"。本书从之，径作"今"。

益时者虽雠必赏，犯法怠慢者虽亲必罚……可谓识治之良才，管（仲）、萧（何）之亚匹矣！"〔唐〕杜甫《蜀相》："丞相祠堂何处寻，锦官城外柏森森……三顾频烦天下计，两朝开济老臣心。出师未捷身先死，长使英雄泪满襟。"〔宋〕陆游《书愤》："《出师》一表真名世，千秋谁堪伯仲间"），**梁公女王之相**（梁公：即狄仁杰，字怀英。唐大臣。武则天即位初年，为酷吏来俊臣诬害下狱，贬彭泽令，至神功元年复相。曾一再力劝武后立唐嗣，并劝止其造大佛像。一生以不畏权势著称。睿宗时追封为梁国公。详见《旧唐书·狄仁杰传》。〔唐〕高适《狄梁公》："梁公乃贞固，勋烈垂竹帛。昌言太后朝，潜运储君策。待贤开相府，共理登方伯。"〔宋〕范仲淹《唐梁国公碑》赞曰："天地闭，孰将辟焉？日月蚀，孰将廓焉……克当其任者，惟梁公之伟欤！"），**古之贤豪**（指诸葛亮、狄仁杰）**之时也，大不遇时也**（◎语中亦兼含自况之意。笔端饱蘸情愫，寄托遥深，行文至此，似泪和墨下）**！ 何况草野**（草野：乡野。〔唐〕白居易《兰若寓居》："名宦老慵求，退身安草野"）**疏愚**（计成自指）①**，涉身丘壑？** ……◎以上数句，欲言又止，用《文心雕龙·隐秀》语曰："夫隐之为体，义生文外，秘响旁通，伏采潜发……"统揽本段，作者以古时贤豪之不遇时，映衬自己之生不逢时。追昔抚今，不禁慨然凄然，令人如读半篇《离骚》。清人张潮《幽梦影》云："古今至文，皆血泪所成。"计成《自跋》，亦复如此。

暇（闲暇；空馀时。《自序》："否道人暇于扈冶堂中题"）**著斯《冶》，欲示**（出示给人看。《老子·三十六章》："国有利器，不可以示人"）**二儿长生、长吉，但觅梨栗**②**而已，故梓行**（"梓"：古代雕制印书的木板，一般用梓木为材，因其轻软，耐朽，引申为印刷。后因称书籍付印、刻版印行为"付梓"、"梓印"。〔明〕吴应箕《答陈定生书》："今以原稿附上，幸即付梓也。"〔清〕平步青《霞外攟屑·学艺斋文》："全书未能梓行，特载于此。"对于经典奇书《园冶》的梓行，更可以〔清〕张潮《幽梦影》语评之："发前人未发之论，方

---

①金按——疏愚：粗疏笨拙，懒散愚昧，多用为自谦之词。〔唐〕元稹《祭翰林白学士太夫人文》："况稹早岁而孤，资性疏愚"。〔宋〕苏轼《谢赐对衣金带马表》："伏念臣少而拙讷，老益疏愚。"《园冶》原本及诸本并作"疏愚"，陈注一版亦作"疏愚"，第二版则作"疏遇"，实误，不知何故，是否排版之误。"疏愚"一词，大量出现于古诗文中，而如此用法之"疏遇"，却未之见。

②但觅梨栗：典出〔晋〕陶渊明《责子》诗："白发被两鬓，肌肤不复实。虽有五男儿（汤文清注：'舒俨、宣俟、雍份、端佚、通佟，凡五人。舒、宣、雍、端、通，皆小名也'），总不好纸笔。阿舒已二八，懒惰故无匹。阿宣行志学，而不爱文术。雍、端年十三，不识六与七。通（金按：即第五子通佟）子垂九龄，但觅梨与栗。天运苟如此，且进杯中物。"〔清〕陶澍《〈靖节先生集〉注》引黄庭坚："观靖节此诗，想见其人慈祥戏谑可观也。俗人便谓渊明诸子皆不肖"。金按：观《责子》全诗，确乎带有无可奈何的戏谑笔调，并非实责其子。

是奇书"），**合为世便**①。◎跋文结语，归结到付梓之由。统观全文，如同云龙雾豹，出没隐现，思之思之，如见其人……

自识（识［zhì］：记）

---

① 对于计成著书之目的，陈注一版译道："拟以指示长生、长吉两儿，只是他们都年幼无知，故特刊印印行问世，以广流传。"《疑义举析》指出："明知自己的两个儿子年幼无知，那就用不着说写书是为了指示他们……'但觅梨栗而已'，意为仅仅不过是为了挣几个小钱，养家糊口而已。这样，末语'故梓行，合为世便'的'合'字，才有了着落，说的是印行此书，本为指示二儿，同时一并也是为供世人，使人方便。"金按：此析不确，理由是：其一，"合"字并非"同时一并"之意，而是"应该"、"应当"。［唐］白居易《与元九书》："文章合为时而著，歌诗合为事而作。""合为世便"即应当为世人提供方便；其二，出书固然可能有扩大影响，有利谋生的作用，但"觅梨栗"三字决无挣钱之意，陶诗就是最好的说明。总而言之，计成写书，主要目的是通过梓行，"以广流传"，"合为世便"，既不是要藏之名山，秘不示人，又不是要单传子孙，永不外示。其实，计成在三年前所作的《自序》中已写到，"遂出其式示先生（指曹元甫）"，已将其公开了。陈植先生《园冶注释序》更指出：计成"晚年仍不甘自私其能，而亟欲公诸于世，其胸襟磊落，尤属难能而可贵"。此言良是。还应说明，"欲示二儿长吉、长生，但觅梨栗而已"，这并非实写，而是虚说，是上承陶诗的戏谑笔调，意谓别无其他途径，惟有"合为世便"而梓行。但此两句在文中颇有舒缓语气的作用，它能使跋文不是急遽地结束，戛然而止，而是通过用典，宕开一笔，让结尾留有袅袅馀音，且饶有生活气息，具有可读性，试抽去这两句再读，即可发现文句窘迫局促，难以卒读。此外，还可找到反证，如《疑义举析》所指出："明知自己的两个儿子年幼无知，那就用不着说写书是为了指示他们"。因此，如果否认这两句在行文中跌宕起伏、舒缓语气的作用，那就只能责之以多馀的"蛇足"了。

附：

《园冶》十个版本比勘一览表

本表以内阁为底本，引句与诸本比勘，该栏中的"□"，为比勘之字。
表格中"／"为该本缺此章节；"○"为该本无此字，则径于该行"金按"栏中直接勘正。
若十个版本皆有同题，则径于该行"金按"栏中直接勘正。

章/节	①1634 内阁本	②1635 国图本	③清初 华钞本	④清初 隆盛本	⑤1931 喜咏本	⑥1932 营造本	⑦1956 城建本	⑧1981 陈注一版	⑨1988 陈注二版	⑩2006 图文本	金按
冶叙	予则□五色衣	○	○	／	○	○	○	○	着	○	阮刻手书无着字，宜增
园冶题词标题	／	园冶题词	园冶	／	园冶	○○	○○	○○	○○	○○	郑手书为园冶题词，营造本以来，漏此二字。宜补，以尊重原作
园冶题词	／	别顾灵幽	现	现	现	现	现	具	现	现	郑手书作现，宜从
自序	吴又□公闻而招之	子	子	子	子	子	子	子	于	子	据考证，应作子
自序	□乔木参差山腰	合	合	今	合	合	合	合	今	今	合为今之形讹
自序	计步仅□四里	里	里	里	里	里	里	里	百	里	百字合乎事理
自序	□崇祯辛未之秋抄	时	时	时	○	○	○	○	时	时	据原本应有时字
兴造论	一□一柱	梁	梁	梁	梁	梁	梁	架	梁	梁	架字误
兴造论	未可拘□	率	率	率	率	率	率	率	率	率	应作率
兴造论	基势□高下	○	○	○	○	○	○	○	之	之	明□无，据语势宜增之字
相地	□桥通漏水	驾	驾	驾	驾	驾	驾	驾	驾	架	驾字有气势
相地	荫偎□玉成堆	梃	梃	梃	梃	梃	梃	梃	梃	梃	原本梃义亦为梃，不改

章	节	①1634 内阁本	②1635 国图本	③清初 华钞本	④清初 隆盛本	⑤1931 喜咏本	⑥1932 营造本	⑦1956 城建本	⑧1981 陈注一版	⑨1988 陈注二版	⑩2006 图文本	金　按
相地	城市地	柒久重修	未	未	未	柒	柒	柒	柒	未	未	柒字误
		覆影婆娑	蕉	蕉	蕉	蕉	蕉	蕉	蕉	蕉	蕉	应作蕉
	村庄地	古云乐田园者	云	云	云	云	云	云	之	之	云	宜作之
		居于畎亩之中	干	干	干	干	干	干	○	干	干	陈注一版为是
		今○吮丘壑者	○	○	○	○	○	○	○	○	○	宜增之字以成骈俪
		稻粮谋	粮	粮	粮	梁	粮	粮	梁	梁	粮	应作梁
		归林得意	意	意	意	意	意	意	志	意	意	志字误
	郊野地	搜根俱水	惧	惧	惧	惧	惧	惧	惧	惧	惧	据原本应作惧
	傍宅地	留径可通尔室	尔	尔	尔	尔	尔	尔	迩	尔	尔	尔迹本通，不宜改
		湖眺	眺	眺	眺	眺	眺	眺	眺	眺	眺	除图文本外，各本皆误
	江湖地	塔譜子晋	谱	谱	谱	谱	谱	谱	借	谱	谱	谱字不误，且义丰
		吹箫	箫	箫	箫	箫	箫	箫	箫	箫	箫	原典为笙，应改
		寻闲是福	闲	间	闲	闲	间	间	闲	闲	闲	古闲间通，今间均作闲
立基		俗有乔木数株	有	有	有	有	有	有	有	有	有	有为育之形讹，应勘正
	书房基	或廊或树	廊	廊	廊	廊	廊	廊	廊	廊	廊	廊误
	亭榭基	堆树正隐花间	止	止	止	止	止	止	纸	纸	止	止不必改
		或眠濑潺之上	假	假	假	假	假	假	借	借	假	原本假字，不必作借
	屋宇	必用重修	用	用	用	用	用	用	有	用	用	原本作用
		堵砌犹深	增砌	增砌	增砌	增砌	增砌	增砌	阶砌	阶砌	阶砌	宜统作阶砌，倒字误

续表

节	①1634 内阁本	②1635 国图本	③清初 华钞本	④清初 隆盛本	⑤1931 喜咏本	⑥1932 营造本	⑦1956 城建本	⑧1981 陈注一版	⑨1988 陈注二版	⑩2006 图文本	金按
堂	自半已前	前	前	前	前	前	前	后	后	后	前字为误刻，应作后
楼	旋室嬛嫷以窃宠	嬛娟	嬛娟	嬛娟	嬛娟	嬛娟	嬛娟	嬛娟	嬛娟	嫏娟	便均有女旁，皆误；媚为娟之误
楼	侠而脩曲为楼	侠　脩	侠　脩	侠　脩	陕　脩	陕　脩	陕　脩	陕　修	陕　修	陕　修	侠、陕皆不误，从原本侠；脩又丰，从原本脩
楼	诸孔慺慺然也	慺慺	慺慺	慺慺	慺慺	慺慺	慺慺	慺慺	慺慺	楼楼（娄娄）	慺慺误，慺慺更误，作娄娄为是
亭	所以停憩游行也	所以停憩游行	所以停憩游行	所以停憩游行	所以停憩游行	所以停憩游行	所以停憩游行	所以停憩游行	人所集	所以停憩游行	陈注二版误
树	树者藉山霜而成者也	藉	籍	藉	籍	藉	藉	藉	籍	籍	均应作藉
五架梁	乃厅堂中过梁也	中	中	中	中	中	中	有	中	中	有字误
七架梁	亭树书楼可构	楼	楼	楼	楼	楼	楼	楼	房	楼	房为是
七架梁	凡屋之列架长	凡	凡	凡	凡	凡	凡	凡	凡	凡	凡为衍文
地图	然回取柱料长	○	○	○	○	后	后	后	后	后	应增后字
小五架梁式梁式图式	凡匠作，止能……	匠	匠	匠	瓦	瓦	瓦	匠	匠	匠	瓦为匠之形讹
十字亭地图式	换长柱便装平门	平	平	平	平	平	平	屏	屏	平	应作屏
十字亭地图式	十二柱四分回而立	○	○	○	立	立	立	立	○	立	前"立"为衍文，后"立"不误

（章：屋宇）

章	节	①1634 内阁本	②1635 国图本	③清初 华钞本	④清初 隆盛本	⑤1931 喜咏本	⑥1932 营造本	⑦1956 城建本	⑧1981 陈注一版	⑨1988 陈注二版	⑩2006 图文本	金按
装折	[图式]风窗式	空匡糊纸	匡	匡	匡	匡	匡	匡	匡	框	匡	匡即框，从原本匡
栏杆	[图式]笔管式	捡栏杆式中	捡	捡	捡	捡	捡	捡	捡	捡	捡	宜从原本作捡
	[图式]梅花式	竖用亦可	竖	竖	竖	竖	竖	竖	竖	竖	竖	竖为竖之形讹
门窗	门窗	变画以匀而成	/	/	画匀	画匀	画匀	画匀	画匀	化次	画匀	化字误，应为画，次二字
		⊙料直	/	/	○	○	○	○	○	○	○	料前均脱"一"字
		屋宇番新	/	/	番	翻	翻	翻	翻	翻	翻	原番义丰，不宜改翻
	方门合角式	凭匠俱做参门	/	/	参门	参门	券门	券门	券门	参门	参门	券及门皆形误，应为"参（叁）面"
		砖，上过门石或过门枋者	/	/	上枋者	上木有	上枋者	上枋者	上枋者	土枋者	上木有	土为上之形讹；枋者为是
		木栓栓住	/	/	栓	栓	栓	栓	栓	栓	栓	原本作栓，名词动用，不改
	门	再加之过门枋	/	/	过门枋	琢磨	过门枋	过门枋	过门枋	过门枋	琢磨	琢磨误
	窗	校砖之大小	/	/	校	较	校	校	校	校	较	宜从原本作校
	[图式]圈门式	不可⊙⊙⊙⊙就砖	/	/	○○○○	边用寸许	○○○○	○○○○	○○○○	○○○○	○○○○	边用寸许四字，原为图式之说明，阑入正文，误
		边外或糊白粉	/	/	白	白	白	白	石	白	白	石字误
	长八方式	长方式	/	/	方	角	方	方	方	方	角	专业用语，方为是
	八方式	斯亦可⊙门空	/	/	○	为	为	为	为	为	为	原本脱为字

续表

章 节	①1634 内阁本	②1635 国图本	③清初 华钞本	④清初 隆盛本	⑤1931 喜咏本	⑥1932 营造本	⑦1956 城建本	⑧1981 陈注一版	⑨1988 陈注二版	⑩2006 图文本	金按
墙垣	如○内花端	/	/	○	○	○	○	园（译意）	园（译意）	园（译意）	宜增一同字
墙垣	今○欣赏	/	/	人	天	人	人	人	人	人	天为人的形讹
墙垣	林园○之不佳	/	/	○	○	○	○	○	○	○	脱用字，宜朴
墙垣	宅堂前○之何可也	/	/	前○	○用	前○	前○	前○	前○	○用	"前"字应保留，后应增用字
白粉墙	好事	/	/	事	时	时	时	时	事	时	时为事之音讹
白粉墙	石灰盖面	/	/	面	而	面	面	面	面	面	而为面之形讹
白粉墙	倘有污积	/	/	积	积	积	积	渍	渍	积	繁体积乃渍之形讹
磨砖墙	或方○砖居角	/	/	或 吊	或 吊	或 吊	或 吊	或 吊	成（？）吊	或 吊	成为或之形讹；吊不易为吊必易为异体之书
磨砖墙	或○砖一块	/	/	小	小	小	小	小	○	小	应有小字
铺地	选鹅子铺○蜀锦	/	/	成	或	成	成	成	成	成	或为成之形讹
铺地	就花○琢拟秦台	/	/	稍	稍	稍	稍	稍	稍	稍	稍有精义，不必改为精
铺地	遶（绕）梅花磨○	/	/	遶（绕）	逸	遶	遶	绕	绕	绕	逸为绕（异体遶）之形讹
铺地	堂○空庭	/	/	迴	迴	迴	迴	回（迴）	迴	回	回（迴）字均误，应作迴
铺地	杂用○儿	/	/	钩	钩	钩	钩	钩	钩	钩	诸本皆误，钩为鲍（刨）之形讹

章	节	①1634 内阁本	②1635 国图本	③清初 华钞本	④清初 隆盛本	⑤1931 喜咏本	⑥1932 营造本	⑦1956 城建本	⑧1981 陈注一版	⑨1988 陈注二版	⑩2006 图文本	金按
铺地	乱石路	惟小乱石	/	/	惟	惟	惟	惟	作	堆	惟	作、堆均误，应为惟
	鹅子地	孤类狗箸可笑	/	/	箸	尾	箸	箸	箸	箸	尾	尾字误
	冰裂地	法砌似无拘格	/	/	法砌	法砌	法砌	法砌	砌法	砌法	法砌	砌法之改甚是
	诸砖地	庭下宜宜砌	/	/	宜	实	宜	宜	宜	宜	实	宜为是，实字误
		用砖宜砌	/	/	宜	反	宜	宜	宜	宜	反	反字误
掇山		竖其麻柱	/	/	竖其	挖基	竖其	竖其	挖其	挖其	竖其	竖即挖，不改；基误
		扫招隐重	/	/	拾	拾	拾	拾	拾	台（臺）	拾	台（臺）字误
		扫干查灰	/	/	干查	乾渣	干查	干查	干查	干查	乾渣	乾、渣均误
		使其后坚	/	/	后	峻	后	后	后	后	峻	峻为后（繁体后）之形讹
		严（岩）除洞穴之莫劳	/	/	岩（严）	岩	严	严（嚴）	岩	岩	岩	严（嚴）为（岩）之形讹
		列似刀鑑剑树	/	/	鑑	鑑	山	山	山	山	山	刀山剑树为成语，宜从
		小藉金鱼之缸	/	/	藉	藉	藉	藉	藉	藉	籍	藉字为好
		麄（粗）药用之有方	/	/	粗（麄）	磨	粗	粗	粗	粗	磨	磨为麄（异体粗）之形讹
		挑之土堆	/	/	挑之	排之	挑之	挑之	挑以	挑之	排之	排字误；"挑以"佳

第三编　园冶点评详注——十个版本比勘与全书重订

续表

年份版本 章节	①1634 内阁本	②1635 国图本	③清初 华钞本	④清初 隆盛本	⑤1931 喜咏本	⑥1932 营造本	⑦1956 城建本	⑧1981 陈注一版	⑨1988 陈注二版	⑩2006 图文本	金按
掇山·园山	厅前一壁 楼面三峰	/	/	一壁 三峰	一壁 三峰	一壁 三峰	一壁 三峰	一壁 三峰	三峰 一壁	一壁 三峰	对照《厅山》，宜作厅前三峰，楼面一壁
	霞褚中耸起……	/	/	霞	霞	环	环	环	环	环	环褚为一词，霞字误
掇山·厅山	排列于前殊为可观更殊为可笑亦加之以亭及登一无可望置之何益	/	/	排列于前殊为可观殊为可笑更亦加之以亭及登一无可望置之何益	排列于前殊为可观加之以亭及登一无可望置之更亦何益可笑	排列于前殊为可笑加之以亭及登一无可望置之更亦何益可笑	排列于前殊为可笑加之以亭及登一无可望置之更亦何益可笑	排列于前殊为可笑加之以亭及登一无可望置之更亦何益可笑	排列于前殊为可笑加之以亭及登一无可望置之更亦何益可笑	排列于前殊为可笑加之以亭及登一无可望置之更亦何益可笑	此数句原本及众本衍讹甚夥，特错乱，故全录，并勘定如下：排列于前，殊为可笑，更加之以亭，及登，一无可望，置之何益？
	各有异致	/	/	别	别	别	别	别	别	别	另字为误刻，别致为是
掇山·书房山	书房中最宜者	/	/	中	中	中	中	前	前	中	书房中不可能叠山，则合乎情理
掇山·池山	池上理山园中第一胜也若大若小更有妙境就水点其步石从巅架以飞梁尔岩穴潺潺漏月招云莫言世上无仙斯住世之瀛壶也	/	/	（同内阁本）	池上理山园中第一胜也若大若小更有妙境或理半埋理其周围理山石仍以油灰抵固钿口如法养鱼胜钿中小山	（同内阁本）	（同内阁本）	（同内阁本）	（同内阁本）	（同内阁本）	此节，内阁本及众本衍讹极多，特录内阁本则全节于字以对照，可见其衍文二十九字为《金鱼缸》一节文字误置于此，同时脱《池山》一节文十一字；又：喜咏本作缸（鍧），同时脱口的缸；误作钿（鍧）口的缸；《池山》一节……

章	节	①1634 内阁本	②1635 国图本	③清初 华钞本	④清初 隆盛本	⑤1931 喜咏本	⑥1932 营造本	⑦1956 城建本	⑧1981 陈注一版	⑨1988 陈注二版	⑩2006 图文本	金　按
掇山	内至山	今人不可攀登坚固者恐孩孩戏之预防也	/	/	者　妨	宜	宜　妨	宜　妨	宜　防	宜　防	宜　防	内阁、隆盛本第一个者字误，改"宜"甚是；妨为误刻，应作防
	峭壁山	峭壁〇者靠壁理也	/	/	○	○	山	山	山	山	○	朴山字为好
		做（仿）古人笔意	/	/	做（仿）	做	做（仿）	做（仿）	做（仿）	做（仿）	仿	做为仿（仿）之形讹
	山石池	古梅委竹	/	/	美	从	美	美	美	美	从	从字意浅，宜从明版
		如压一边即罅	/	/	罅	镩	镩	镩	镩	镩	镩	镩为罅之形讹，生造
	金鱼缸	并排作底或埋半将山石周围理其上仍以油灰抿固缸口	/	/		并排作底其步石从巅架以飞梁石径水潜藏穿岩洞渗漏月岚飘渺言言世招云莫言世上无仙斯住世之灞亚也						内阁本及众本均不误。喜咏本则错置了《池山》一节"就水……"等四十一字于于此节；同时又脱《金鱼缸》一节二十九字
	岩	古来字嶨	/	/	者	有	者	者	者	有	有	从明本，者字更为肯定
		如悬一石又悬一石	/	/	又	亦	亦	亦	亦	又	亦	宜作又
	洞	立儿柱嘗实	/	/	着	着	着	着	着	着	着	宜作着
		假山做水为妙	/	/	依	以	以	以	以	依	以	依字佳
	洞	似有深意	/	/	有	有	有	有	少	少	有	少字误

续表

章节		年份版本	①1634 内阁本	②1635 国图本	③清初 华钞本	④清初 隆盛本	⑤1931 喜咏本	⑥1932 营造本	⑦1956 城建本	⑧1981 陈注一版	⑨1988 陈注二版	⑩2006 图文本	金 按
掇山	曲水	渍水	/	/	渍	渍	渍	渍	渍	渍	渍	喷	渍有喷义，尊重原本作渍
	瀑布	先观有〇高楼	/	/	〇	坑	坑	坑	坑	〇	坑	不应先有坑，系误增
		行壁山顶	/	/	壁	望	壁	壁	壁	壁	望	望为壁之形讹
选石		蹊岖究路	/	/	蹊 究	崎 挖	崎 究	崎 究	崎 究	崎 乞	崎 挖	蹊字误；究为乞之形讹
		俟后依皴合掇	/	/	俟	挨	俟	俟	俟	俟	挨	挨字误
		垂窍当悬	/	/	垂	無（无）	垂	垂	垂	無（无）	无	無（无）字合乎情理
		时遵图画	/	/	画（畫）	尽（盡）	尽（盡）	尽（盡）	画	画	画	尽为画繁体之形讹
		是石堪堆	/	/	石	不	石	石	石	石	石	不为石之形讹
		便山可采	/	/	便	偏（遍）	便	便	便	便	遍	便字更合理
选石	太湖石	笼络起隐	/	/	起隐	隐起	起隐	起隐	起隐	起隐	隐起	隐起为是
		于〇面遍多坳坎	/	/	〇 遍 坳	〇 偏 坷	〇 遍 坳	〇 遍 坳	石 遍 坳	石 遍 坳	〇 遍 坷	石宜补，遍、坳不误
		浮大舟〇〇架〇而出之	/	/	〇〇 〇	〇〇 〇	〇〇 〇	〇〇 〇	设木 绞	〇〇 〇	〇〇 〇	陈注本所增三字，已置注中，有助理解
		最高大为贵	/	/	最	最	最	最	以	以	最	以字为是
		采之以久	/	/	以	以	以	以	已	已	以	以已古通，不必改

章	节	①1634 内阁本	②1635 国图本	③清初 华钞本	④清初 隆盛本	⑤1931 喜咏本	⑥1932 营造本	⑦1956 城建本	⑧1981 陈注一版	⑨1988 陈注二版	⑩2006 图文本	金按
选石	宜兴石	便于竹林出水	/	/	干	干	干	干	干	干	干	干为干形讹
	龙潭石	一种色又古拙	/	/	文	纹	纹	纹	纹	纹	纹	纹字佳
	青龙山石	更加以青峰	/	/	青	肇	青	青	青	劈	肇	应为劈字
	灵璧石	○○岁久	/	/	○○	○○	○○	○○	采取	○○	○○	宜增采取二字
		凡三○次	/	/	○	○	○	○	○	○	两（见注）	凡三两次，说得较灵活
		其眼少有宛转	/	/	眼少	眼少	眼少	眼少	状妙	眼少	眼少	眼应为状，妙应为少
		或一○面或三○○ 四面全省即是	/	/	○四 ○○	○四 ○○	○四 ○○	○四 ○○	两面 若	两面 若	○四 ○○	参校云林石谱，陈注二版甚确
		可以顿置凡案	/	/	儿	儿	儿	儿	儿	儿	儿	隆盛本眉批已校凡儿为儿，甚是
	岘山石	○所谓	/	/	○	○	○	○	《书》	《书》	○	增《书》为好
		有色灰青者	/	/	青	青	褐	褐	褐	青	青	从原本，作青
	宣石	充尽土色	/	/	充	冲	充	充	冲	冲	冲	充为冲之音化，喜咏本不误
	湖口石	石有数种○○○○ 或产水际	/	/	○○○○	○○○○	○○○○	○○○○	或产水中	或产水中	○○○○	宜增"或产水中"，并改此句的"产"为"生"
		混然○峰峦岩峦 或成类诸物○	/	/	混○成	混○成	混成成	混成成	浑成○○	浑成○○	混成成	两句从云林，作"混然成峰岩峦，或类诸物状"
		一种廣廣薄	/	/	廣	廣	廣	廣	扁	扁	廣	廣瘦为是，不宜改

续表

章	节	①1634 内阁本	②1635 国图本	③清初 华钞本	④清初 隆盛本	⑤1931 喜咏本	⑥1932 营造本	⑦1956 城建本	⑧1981 陈注一版	⑨1988 陈注二版	⑩2006 图文本	金按
选石	湖口石	以利○	/	/	以刀	以刀	似刃	似刃	似刃	以刃	以刃	尊重明版，作以，刀
		○亦徽○扣之有声	/	/	○○	○○	○○	○○	色润	色润	色润	《云林石谱》有此二字，宜从之
		世中九华	/	/	世	世	世	世	壶	壶	世	壶为是，有苏诗为证
		百金归○○小玲珑	/	/	买	买	买	买	买	买	买	原诗作买，买为买之形讹
	英石	○有数种	/	/	有	○	○	○	有	有	○	宜有"有"字
		○有通	/	/	○通	○通	通	通	同通	同通	通	同有通，《云林石谱》有间无通，亦脱院
		○有峰峦	/	/	○	○	○	○	各	各	○	从《云林石谱》补"各"字
		稍莹彻○面○有光	/	/	面	面	面	面	面	而	面	应作"稍莹彻面面有光"，面为而之形讹。陈注甚是
	散兵石	有如天湖者	/	/	大	大	大	大	大	大	大	大为"天"之形讹
		○买其石	/	/	尚	尚	尚	尚	专	尚	专	尚为专之异体，宜改为专
	旧石	未儿○露	/	/	雨	雨	而	雨	雨	雨	而	而字形误
	花石纲	○眼块石	/	/	少	稍	少	少	少	少	稍	少为是，尊重原本
	六合石子	有纯五色○者	/	/	○	○	○	○	纹	○	○	纹系衍，上文已有纹字
		真温润莹彻	/	/	其彻	其彻	其彻	其彻	甚彻	其彻	甚	其应作彻；彻字不误
	结语	自然清目	/	/	目	白	白	白	白	目	白	目字为是
		纵○出石之所	/	/	拘	询	询	询	询	询	询	拘为询之形讹

章节	年份版本 ①1634 内阁本	②1635 国图本	③清初 华钞本	④清初 隆盛本	⑤1931 喜咏本	⑥1932 营造本	⑦1956 城建本	⑧1981 陈注一版	⑨1988 陈注二版	⑩2006 图文本	金 按
借景	陷情丘壑	/	/	陷	陷	陷	陷	恰	恰	陷	陷义更深永
	忽闻农唱	/	/	农	樵	樵	樵	樵	樵	樵	樵为是
	曩日一行白鸟	/	/	鸟	鹭	鹭	鹭	鹭	鹭	鹭	鹭为是
	匹系杖头	/	/	少	钱	少	少	少	少	钱	少为是
	云窥黯黪	/	/	冥	幂	冥	冥	冥	幂	冥	幂字更佳
	书窗梦醒	/	/	书	纱	书	书	书	书	纱	书更符合语境
	锦幢偎红	/	/	幛	帐	幛	幛	幛	幛	帐	帐字误，意欠佳
	若过剁曲	/	/	剁曲	戴氏	剁曲	剁曲	剁曲	剁曲	戴氏	剁曲有意境
	冷韵堪赓	/	/	赓	应	赓	赓	赓	赓	应	应为赓之形讹
	描写之尽哉	/	/	之	不	之	之	之	之	之	不字误

续表

章节＼年份版本	①1634 内阁本	②1635 国图本	③清初 华钞本	④清初 隆盛本	⑤1931 喜咏本	⑥1932 营造本	⑦1956 城建本	⑧1981 陈注一版	⑨1988 陈注二版	⑩2006 图文本	金按
自跋	崇祯甲戌岁予年五十有三历尽风尘尘业游已倦	/	/	（同内阁本）	○○○○○○ ○○○○○○ ○	（同内阁本）	（同内阁本）	（同内阁本）	（同内阁本）	（同内阁本）	《自跋》喜咏本脱讹极多，特选录内阁本有关句群作对照，喜咏本缺此句群，凡十九字
	⊙少有林下风趣	/	/	○	仆	○	○	○	○	○	仆为衍文
	自叹生又之时也	/	/	○	今	（同内阁本）	（同内阁本）	（同内阁本）	（同内阁本）	今	喜咏本改人为今，系《自跋》解读一大突破
	武侯三国之师梁公女王之贤古之贤蒙之时也大木遇时也	/	/	（同内阁本）	○○○○ ○○○○○ ○○○○○ ○○○	（同内阁本）	（同内阁本）	（同内阁本）	（同内阁本）	（同内阁本）	喜咏本缺此二十四字
	草野疏愚	/	/	愚	愚	愚	愚	愚	遇	愚	陈注二版作遇
	饮示二儿长生长吉	/	/	（同内阁本）	就正于先生者	（同内阁本）	（同内阁本）	（同内阁本）	（同内阁本）	（同内阁本）	喜咏本此句误甚

第四编

园冶专用词诠
——生僻字多义词专业语汇释

构文之道，不过实字虚字两端，实字其体骨，而虚字其性情……讨论可阙如平！大都古辞韵语，往体今言，义各有归……能自得之，庶几善变耳。

——[清]刘淇《助词辨略》自序

盖建筑之术，已臻繁复，非受实际训练，毕生役其事者，无能为力……然术书专偏，士人又书专偏，士人又困于文字之难，专业语日久失用，造法亦渐不解，其书乃为后世之谜。

——梁思成《中国建筑史》

凡　例

　　陈植先生云：“《园冶》原文以文体特殊，用辞古拙，令人生畏，夙称难解。”正因为如此，本书在前三编的基础上特设此编，既对相关语词作进一步的梳理、集纳、汇释，又引入古汉语、文化学等多学科，并突出和深化造园、建筑学专业语的诠释，力求从深、广两个维度实现学术化，藉此作为解读《园冶》的工具，并希望能进一步拓展读者相关的知识领域，因此，本编就兼有拓展阅读和知识链接的功能。这种为解读一部经典附以专用词诠的做法，还是一种尝试。

　　一、本编除了收《园冶》中大量古汉语语词包括其中的多义词外，还重点收一些生僻字，包括罕用字，如“广〔yǎn〕，因岩为屋”；古今字，如“艺－挖”、“侠－陕－狭”；正俗字，如“幙－幕”、“榫眼－笋眼”；正误字，如“娄娄然－慺慺然”；特殊的繁简字，如“鬥－斗”，还有较多的专业语等，同时还尽可能联系30多年来对《园冶》及其注释的讨论（有关的代表性论著情况，见本书第一编第三章第一、二节），如是，一方面可继续其优长，借鉴其成果；另一方面，又可进行必要的辨正、考论，以冀能从学术层面上尽可能消除以往某些虚浮不实的、误读误释的现象。因此，本编虽力求体例统一，但又必须因需制宜，故行文长短不拘，不但体例与一般辞书相比在似与不似之间，而且词条数量也远为不及，其性质殊难名之，姑题为《园冶专用词诠》。

　　二、本编参照《清式营造则例》、《营造法原》附以“辞解”及汉字笔画检字的传统体例（但“辞解”力求其简，本编则力求其详），本索引还以词条音序（汉语拼音字母顺序）为主，辅以汉字笔画索引，这种冠于编首的双索引，也许更有利于检索。笔画索引以笔画数由少至多排列（参照《辞海》笔画查字），如笔画数相等，则以书写笔顺的首笔“一”“丨”“丿”“丶”“乛”为序，如首笔相同，则进而按次笔检索，依次类推。《词诠》正文及音序索引中成组出现或排列的，笔画索引则按其笔画数分开排列，但个别如“间－进”等因其特殊，分开后会增加义项，故不在其例。两个索引所标的一个词条或一组词条，不论其延续多长，只标其首见页码。

　　三、本编实词、虚词兼收，词性参照《现代汉语规范词典》。立条主要为大量的单音词，附以少量由该词构成的双音词，如“然”→“然则”、“鸠”→“拙鸠”，紧列于该单音词之后，在文本中，用附：、附一、附二标出，在索引中，用斜线“/”标出，以便显示二者间的推衍关系或并联关系，但有的由于其较重要、较特殊或释义较长，则予单独立条。凡《园冶》中两词或数词相互关联的，均用半字线相联标出，简称如“步－步架”，“屋列图－列图”；同义词、近义词如“装折－装修”，“馀屋－半间”；反义词如“长槅－短槅”，“前悬－后坚”；特殊的相关词如“间－进”，“扁铺－仄砌”。这类相互关联的一组词，本编将其置于一条中一并诠释。

这是本编不同于一般辞书的个性特色之一。此外，又吸取《小尔雅》兼纳少量多音节短语（词组）、短句的体例，如将"园列敷荣"、"须开池者三"等单独列条。

四、每字在同一读音之下有几个不同义项，用①②③……标出序号；若一字有两个以上读音，则按其不同读音分别排列，并用参见法，如"见第××页×（读音）"。多音字的音，以《园冶》中出现的为限。某一多义词一旦立条，则尽量列出其在《园冶》书中的其他义项，而以其中较罕用、易误解、须辨正的义项殿后，因其较长，需要重点论述，但其义项仍按流水号排列。如另立词条，则不在此例。

五、专业语为本编重点之一，如"草架"、"风窗"、"方飞檐砖"等内涵复杂，本编均作详解。《园冶》的某些章的标题如"相地"、"立基"等，为该章乃至全书的关键词，亦单独立条，以供读者更好地把握全书，或作进一步的探究。

六、每词条包括字形、注音、词性和释义（为醒目起见，用黑体字排出）、书证、《园冶》语例。当然，不一定每条均按此次序。书证力求体现为两个层面——理论书证：如常用的训诂学著作《尔雅》、《说文》、《经传释词》等，此类常用书本编末附有"主要参考征引书目"，故词条中一般不再标明作者及书中的篇、部、韵；至于实例书证：则来自经史子集等各类古籍，其出处务必落实到篇名或卷数，引语力求无脱漏，但长句不一定均引全，诗句不一定均引双，至于重点词条，则力避孤证，尽可能作必要的丛证考论，以求有所突破，甚至从中寻绎出语言学的某种规律。凡引《园冶》语例，则均另起一行，若《园冶》中同一义项的语例较多，则加遴选。语例一般不再标出《园冶》书名，而只标章、节名如《屋宇·堂》，不作《园冶·屋宇·堂》。如同一章节引有两条，则第二条不标章节名，而用"又"字代替。所引语例的版本，凡未注明者，均出自本书第三编《园冶点评详注》。

七、本书第一、二、三编中，某一专节必须对某词语作重点的、较详的诠释，则本编不再重复，但本编又不能遗漏这类重点词语，故只能对其作简略的归纳，或简要的交代，并点明见本书第×页，这是本书又一种"互见"之法，也可说是一种"循环阅读"。

八、词无固定之义，随其所用而变，古汉语更如此，其词转义甚夥，转品甚活，如名、形的动用等，故本编在同一义项中，有时标出［名→动］，以见二者迁衍之迹。某些词条中，还联系古文字的变化，由形窥意，以探其本义→引申义→比喻义→假借义的若干演变脉络。有时一词在句中也可以有两解，只要理由充分，即可"各以其情而自得"，本编有时也列出两可之解，以供选择。

九、本编后附第三、四编的"主要参考征引书目"，其中主要为古语文学著作类。

词条音序索引

第四编 园冶专用词诠——生僻字多义词专业语汇释

591

词条笔画索引

第四编　园冶专用词诠——生僻字多义词专业语汇释

园冶专用词诠正文

安【ān】

①[**动词**]**安放；安置；安排。**[三国]诸葛亮《与兄瑾言赵雲烧赤崖阁书》："今水大而急，不得**安**柱。"

《相地·山林地》："绝涧**安**其梁。"《相地·城市地》："**安**亭得景。"《立基·亭榭基》："亭**安**有式"。《装折》："**安**门分出来由。"

②[**动词**]**安享；受用。**《左传·庄公十年》："衣食所**安**。弗敢专也。"

《相地·村庄地》："**安**闲莫管稻粱谋。"此"**安**"在语境中为动词：安于闲。

③[**代词·表疑问**]**相当于怎么；哪里。**《经传释词》："安，犹何也，焉也。"《史记·汉高祖本纪》："**安**得猛士兮守四方。"《史记·项羽本纪》："沛公**安**在？"

《园冶题词》："**安**能日涉成趣哉？"又："**安**知不与《考工记》并为脍炙乎？"《相地·城市地》："**安**垂不朽？"《门窗》："佳境宜收，俗尘**安**到？"

版筑【bǎnzhù】

[**名词**]**建筑专业语。"版筑墙"的简称，也是一种筑墙方法，即"版筑法"，亦用作动词。**

版筑墙又称夯[hāng]土墙，用泥土夯筑而成。在众多材料建筑的墙体中，它起源最早，流传最广，历时最久。如商代的宫室、墓葬等，就用版筑。刘敦桢主编《中国古代建筑史》写到，商代中期夯土技术已经成熟，从遗址考察中发现有**版筑**墙和夯土地基甚至夯土高台残迹，"用笨杵捣实而成"，"有了这种技术，就可以利用黄河流域经济而便利的黄土来做房屋的台基和墙身"（中国建筑工业出版社1981年版，第31页）。

其操作是按照土墙长度和宽度的要求，先在土墙两侧及两端设立木板，并用绳索捆扎牢固。然后再往木板空槽中填土，并用木夯夯实夯坚牢。这样筑好一层，木板如法上移，再筑第二层、第三层。所用之土，必须是有一定湿度而有粘性的。《诗·小雅·斯干》对这种版筑法就有形象生动的描写："约之阁阁，椓[zhuó]之橐橐[tuó]。"约：用绳索捆扎。阁阁：状写筑墙时将筑板缠缚牢固，用长木橛贯其两端，使不动摇。椓：用杵捣土，犹今之打夯。橐橐：象声词，状写施工时敲击筑土有声。《诗·大雅·绵》也有"缩**版**以载"，"**筑**之登登"的描写。这种做法，在唐、宋时代还占较大的比例，明代才较普遍地使用砖墙。至今西北农村仍在沿用。此词出现在文献中，如《孟子·告子下》："傅说举于**版筑**之间。"《汉书·英布传》："项王伐齐，身负**版筑**。"颜师古注引李奇："**版**，墙版也；**筑**，杵也。"

《相地·郊野地》："围知**版筑**。"《墙垣》："凡园之围墙，多以**版筑**……"

傍【bàng】——另见第637页【páng】。

[**动词**]**靠近；接近。**《说文》："**傍**，近也。"[北朝]乐府民歌《木兰诗》："两兔**傍**地走"。[唐]杜甫《春宿左省》："月**傍**九霄多。"

《相地》："或**傍**山林"。还应指出，《相地·**傍**宅地》的"**傍**"亦为动词，意为靠近。

夯【bèn】

[**形容词**] 笨拙；粗笨。此字有两读，既可读作"打夯"的"夯〔hāng〕"，动词，为众人齐举以筑实地基，使之坚实；又可读作"蠢夯"的"夯〔bèn〕"，此义为形容词，《儒林外史》第四十六回："小儿蠢**夯**。"《红楼梦》第六十七回："俗话说的，**夯**雀儿先飞。"

《园冶》论掇山选石，常用"夯"字，意为粗笨；粗顽。《掇山》："方堆顽**夯**而起"。又："粗**夯**用之有方"。《选石·黄石》："俗人只知顽**夯**，而不知其巧妙也。"而《图文本》却将其释作"夯砸"，这就读作 hāng 了，可见多义词的辨析是必要的。

壁【bì】

① [**名词**] 墙壁。《说文》："墙，垣也。"〔宋〕李诫《营造法式·壕塞制度·墙》："墙，其名有五：……五曰**壁**。"此为本义。

《装折》："装**壁**应为排比"。又："板**壁**常空"。《掇山·峭壁山》："藉以粉**壁**为纸……"

② [**名词**] 直立如壁的山体；陡峭的山崖。此为比喻义。〔唐〕李白《蜀道难》："枯松倒挂倚绝**壁**。"《三国志·吴志·贺齐传》："林历山四面**壁**立，高数十丈"。

《掇山》："峭**壁**贵于直立"。《掇山·书房山》："或悬岩峻**壁**"《掇山·内室山》："**壁**立岩悬"。

③ [**名词**] 园林中嵌入墙壁、与地面几成垂直的浮雕式假山；"峭壁山"的简称。此为《园冶》的特殊用法。

《掇山·峭壁山》："峭**壁**山者，靠壁（墙壁）理也。藉以粉壁（墙壁）为纸……"《掇山·厅山》："墙中嵌理**壁**岩"《掇山·园山》："楼面一**壁**而已。"

④ **附一：半壁**【bànbì】

[**名词**] 半边；一面；概指隐现着山的一部分，而非全貌。〔传·南朝梁〕萧绎《山水松石格》："隐隐半壁，高潜入冥，插空类剑"。〔唐〕李白《梦游天姥吟留别》："**半壁**见海日，空中闻天鸡。"也指半边一面的其他景物。〔唐〕刘沧《雨后游南山寺》："**半壁**楼台秋月迥，一川烟水夕阳平"。

《园说》："参差**半壁**大痴"。

⑤ **附二：四壁**【sìbì】

[**名词**] 形容室内或壁间之物少或多；空或实。《史记·司马相如传》："家居徒**四壁**。"颜师古注："徒，空也。但有**四壁**，更无资产。"此言室内惟馀四壁，空无所有。〔明〕祁彪佳《寓山注·烂柯山房》："犹借**四壁**图书"。此言室内图书充实、多。

《相地·城市地》："移将**四壁**图书。"此句形容室内图书充实、多。

扁铺－仄砌【biǎnpū－zèqì】

[**动词**] 均为建筑专业语。诸砖铺地就其用砖来说，有两类，即**方砖类**和**条砖类**，前者一般用**扁铺**，后者一般用**仄砌**。**方砖类**或称"磨"。

扁铺：即平铺，多用于室内特别是厅堂殿庭，以大小一致的方砖铺砌。《铺地》："惟厅堂广厦中**铺**，一概用**磨**。"《铺地·诸砖地》："诸砖砌地，屋内或**磨扁铺**。"铺时一般为对缝直拼（如苏州拙政园远香堂、留园五峰仙馆均为直拼），也有斜向拼的，较少（如苏州狮子林燕誉堂北厅）。"磨"，即用光滑的水磨砖，铺成后地面平整美观。有时铺后还要磨。这在北方称为"细墁地"，而另一种对砖料要求不高，不经磨制加工的称"粗墁地"，至于皇家，则用金砖（一种特制的高级优质大方砖），铺成后还要打蜡见光，称"金砖地"。

仄砌：即侧砌，用普通条砖按设计要求以侧面砌下去，砌成种种图案纹样，多用于室外或廊内，尤多用于人们经常行走之路，《铺地·诸砖地》："庭下宜**仄砌**。"由于这是以条砖的侧面紧挨着砌，故有深度，特坚牢。《诸砖地》所示的人字式、席纹式、间方式、斗纹式，均为**仄砌**。《铺地·［图式］诸砖地》还说："以上四式，用砖**仄砌**。"

由于明版原本"仄"字为破体，写法较特殊，而当时又无善本可校，故喜咏本讹作"实砌"、"反砌"。而今《图文本》亦从之，易导致误读，故须指出，铺地没有"实砌"和虚砌（或空砌）之别，所有铺地都必须坚实，更不能"反砌"，而必须用磨制平整光洁的正面，否则会影响质量。

便【biàn】

① ［形容词→动词］方便；有利；便利于。《商君书·更法》："**便**国不必法古（有利于国家就不必效法古代）。"

《相地》："城市**便**家（城市地便利于安家）。"《屋宇·地图》："欲造巧妙，先以斯法，以**便**为也。"《屋宇·［图式］七架酱架式》："不用脊柱，**便**于挂画。"《装折》："**便**径（方便地小径直接通往。此句"径"用如动词）他居。"《装折·［图式］梅花式》："用梅花转心于中，以**便**开合。"《掇山·阁山》："坦而可上，**便**以登眺。"《自跋》："故梓行，合为世**便**。"

② ［形容词］简便；简易；平常；一般；非正式的。如便条，便饭，便服，便殿。《汉书·李广传》："［李］陵**便**衣独步出营。"

《栏杆》："栏杆信画而成，减、**便**为雅。"此句的"便"，意为简易；平常。

③ ［副词］即；就。《助词辨略》："**便**，即也。"《三国志·魏志·王粲传》："举笔**便**成，无所改定"。［晋］陶渊明《桃花源记》："**便**舍船从口入"。

《选石·花石纲》："随处**便**有"。

④ ［形容词］近；便近；近便。《能改斋漫录·事始一》："且地**便**近……易调度。"［明］唐顺之《条陈海防经略事疏》："海岛**便**近去处"。

《选石》："是石堪堆，**便**山可采（近便的山都可以采）。"

⑤ 附：随便【suíbiàn】

［动词］意为随其便；随其合适；随其所宜。与今语任意不拘的"随便"有所不同。［北魏］贾思勰《齐民要术·园篱》："**随便**采用"。［北周］徐纶《阳城龙泉院记》："**随便**制宜"。

《立基·书房基》："择偏僻处，**随便**通园。"《屋宇·［图式］九架梁》："此屋宜多间，**随便**隔间。"《装折·［图式］户槅柳条式》："依式变换，**随便**摘用。"

屏【bǐng】——另见第639页【píng】。

［动词］"摒"的省文，意为摒除。《广雅》："**摒**，除也。"摒，古或作傡，《管子·霸形》："傡歌舞之乐"。房玄龄注："傡，除也。"亦可省"亻"、"扌"旁，作"屏"。《论语·尧曰》："尊五美，**屏**四恶。"杨伯峻《论语译注》："音丙，屏除。"**又引申为掩蔽。**《左传·昭公二十七年》："**屏**王之耳目"。**又为避开。**《战国策·秦策》："秦王**屏**（使……屏）左右"。

《兴造论》："俗（凡俗、尘俗的景物）则**屏**之，嘉（美好的景物）则收之。"《栏杆》："古之回文万字，一概**屏**去。"《墙垣·漏砖墙》："古之瓦砌连钱、叠锭、鱼鳞等类，一概**屏**之。"

并【bìng】

① ［副词·表范围］皆；一起；一齐；一同。《助词辨略》："**并**，皆也。"［晋］陶渊明《桃花源记》："黄发垂髫，**并**怡然自乐。"

《园冶题词》："安知不与《考工记》**并**为脍炙乎?"《自序》："**并**驰南北江焉。"《兴造论》："则前工**并**弃"。《装折·[图式]束腰式》："如长槅欲齐短槅**并**装"。

②[动词]**并排；并列；合并；合在一起。**[南朝宋]谢灵运《拟魏太子邺中集序》："天下良辰美景、赏心乐事，四美难**并**。"

《屋宇·卷》："惟四角亭及轩可**并**（合并；兼用）之。"《掇山·金鱼缸》："用糙缸一只或两只**并**排作底。"

③[动词]**由并排、并列引申为比并；齐等；比得上。**《荀子·儒效》："俄而**并**乎尧、舜。"

《立基》："可**并**庾公故迹"。《借景》："足**并**山中宰相。"又："清名可**并**"。

④[连词]**连接词、短语、分句表示平列关系或递进关系。相当于而且；并且。**《三国志·吴志·鲁肃传》："肃请得奉命吊表二子，**并**慰劳其军中用事者。"

《墙垣·白粉墙》："今用江湖中黄沙，**并**上好石灰少许打底，再加……"

驳岸【bóàn】

建筑专业语。[动词]以石驳岸，或可只用一"驳"字；[名词]砌筑成的驳岸。《营造法原》："凡滨河房屋，以石条逐皮驳砌成墙岸者，称为**驳岸**。楼房**驳岸**，须平直，勿筑层肚。"驳岸需要筑坝、打桩。"盖于桩顶之石，称盖桩石。盖桩石须厚大平整"（中国建筑工业出版社 1986 年版，第 49 页）。

苏州园林里，驳岸并不多。刘敦桢《苏州古典园林》："**驳岸**造型单调，不宜多用，因为无论用条石、乱石或虎皮石砌筑整齐的**驳岸**都与园景难于调和。但在某些部位，如房屋和平台的临水部分，往往须用石**驳岸**……在造型上，条石石缝成水平状，易与水面及房屋相配合，自较乱石及虎皮石为佳，惟费工较多，环秀山庄补秋舫的**驳岸**为了与左、右石壁相呼应，在条石间嵌以若干湖石，是一种较为生动的做法。"（中国建筑工业出版社 1986 年版，第 22 页）

《立基》："开土堆山，沿池**驳岸**。"《掇山》："临池**驳**以石块（即临池以石块驳岸）。"

步－步架【bù－bùjià】

[名词]建筑专业语。"步"即"界"，又称"步架"。

《营造法原》："桁[héng]与桁之水平距离，谓之**界**。**界**即北方之**步架**，而每层桁较下层桁比例加高，使屋面斜坡成曲面之方法，谓之提栈，即北方所谓举架。"释"桁"："**桁**（亦称栋），多圆形断面，平行于开间，架于梁端上承排列之椽。"又释"界"："**界**（步），两桁间的水平距离，为计算进深之单位。"（中国建筑工业出版社 1986 年版，第 5、105 页）。

梁思成《清式营造则例》："**步**：檩与檩间之平距离，亦称**步架**。"又释"檩"道："小式大木之桁，径同檐柱。"（中国建筑工业出版社 1987 年版，第 79、86 页）。

《疑义举析》指出："九架梁一共有八**步架**，如果前后廊各一**步架**，中间便是六**步架**。前后各两**步架**，中间便是四**步架**。"

《装折》："假如全房数间（金按：进深方面的"间"），内中隔开可矣。定存后**步一架**……"这也是强调进深方向的隔间，意为一定要通过隔间留出后面一步架的空间，同时也可多向地通往他处。

藏－修－密－处【cángxiūmìchǔ】

藏[动词]原义为隐藏；藏匿，**儒学经典用作专心向学之义。**《礼记·学记》"故君子之于学也，**藏**焉，**修**焉……"孔疏："**藏**，谓心常怀抱学业也。"[唐]牟融《题孙君山亭》云："长年乐道远尘氛，静筑'**藏**'、'**修**'学隐沦。"

修［动词］学习；修习。《礼记·学记》孔疏："**修**，谓修习不能废也。"

密［形容词动用］《尔雅·释诂》："**密**，静也。"《宋本玉篇》："**密**，止也，静也，默也。"在《园冶》中意为**居于密，即居于静室深境**，通于《易·繫辞上》："退藏于**密**"。

处［动词］不读 chù（名词），而应为读 chǔ（动词）。**居家不仕，隐退安居**，与出仕相对。《易·繫辞上》："君子之道，或出或**处**，或默或语。"《孟子·万章下》："可以**处**而**处**，可以仕而仕，孔子也。"（以上四字诠释，详见本书第 179—182 页）

《屋宇·斋》："盖**藏、修、密、处**之地，故式不宜敞显。"

草【cǎo】

①［名词］草本植物的统称。《论语·阳货》："多识于**草**木鸟兽之名。"［汉］王充《论衡·知量》："地性生**草**。"《镜花缘》第一回："连那琪花瑶**草**，也分外披拂有致。"

《园冶题词》："**草**与木不适掩映之容。"又："悉致琪花瑶**草**……"《墙垣》："积**草**如萝"。《选石》："石非**草**木"。《借景》："芳**草**应怜"。又："虫**草**鸣幽"。

②［名词］荒野。引申为乡野、民间。［唐］李白《梁甫吟》："君不见，高阳酒徒起**草**中"。

《自跋》："何况**草**野疏愚"。

③［动词］写作；起草；草拟。《论语·阳货》："裨谌**草**创之。"［南朝宋］鲍照《建除诗》："闭帷**草**《太玄》"。

《屋宇》："亭问**草**《玄》。"

④［形容词］草率；简略；仓促地；常用于撰写。《金史·豫王永成传》："临文**草草**，直写所怀。"有时也含有初步地或非正式地之意，或用作谦词。

《自序》："暇**草**式所制，名《园牧》尔。"

⑤附：**小草**【xiǎocǎo】

［名词］中药"远志"苗的别名。［晋］张华《博物志》卷七："远志，苗曰**小草**，根曰远志。"《世说新语·排调》："谢公始有东山之志，后严命屡臻，势不获已，始就桓公司马。于时人有饷桓公药草，中有远志。公取以问谢：'此药又名**小草**，何一物而有二称？'谢未即答。时郝隆在坐，应声答曰：'此甚易解，处则为远志，出则为**小草**。'谢甚有愧色……"**后以小草喻平庸，示自谦，亦含虽怀远志而遭际不遇之慨**。［宋］陆游《涧松》："药出山来为**小草**，楸成树后困长藤。"［金］元好问《洞仙歌》："似山中远志，漫出山来，成个甚，只是人间**小草**！"《本草纲目》："此**草**服之益智强志，故有远志之称。"

《冶叙》："苦为**小草**所绁。"

草架【cǎojià】

［名词］建筑专业语。其义有二：

①**江南古典园林厅堂轩榭前后添设轩卷其上所用的特殊架构**。

《园冶·屋宇·草架》："**草架**，乃厅堂之必用者。凡屋添卷，用天沟且费事不耐久，故以**草架**表里整齐（金注：所以用草架使其外整齐一致）。向前为厅，向后为楼（金按：此句似有误），斯**草架**之妙用也，不可不知。"

《营造法原》："**草架**，凡轩及内四界，铺重椽，作假屋时，介于（金按：或者说，是隐蔽于）两重屋面间之架构，内外不能见者，用以使表里整齐。""**草架**制度盛行于南方厅堂建筑，北方较为罕见，疑系明代创作，与宋法式（金按：即［宋］李诫《营造法式》）迥异。明计无否所著园冶，已胪列**草架**数种，其中厅堂前添卷（轩）用**草架**一式，与抬头轩贴式大致相似，而于金上起脊，及各部名称不同而已，如廊柱称为步柱，而步柱则称为现（檐）柱……"（中国建筑工业出版社 1986 年版，第 106、24 页）

刘敦桢《苏州古典园林》：苏州园林厅堂轩榭的"共同特点是善于运用**草架**和复水椽。凡厅堂、轩榭前后添卷，或鸳鸯厅内部的回顶，都用此种方法。自内部看来，好像是几个屋顶的联合，但从外部看去，仍是一个整体（金按：即外观上整个建筑物仍为完整的双坡屋面）。多数**草架**是随外表屋面与内部轩卷的要求而自由变化，不受间的限制，施工可较粗糙（金按：正因为如此，故其'架'曰'草'），而又不致影响室内的艺术效果。"（中国建筑工业出版社 2005 年版，第 394 页）。

沈黎《香山帮匠作系统研究》："**草架**在南方厅堂建筑中非常盛行，这种构架方式在《营造法式》中没有提及。《营造法式》中有草栿和明栿，所以除了厅堂彻上明造外也有草架，但是这其中的草架是指天花以上不施装饰的梁架，草架部分和露明部是一个完整的屋架，并不能分离。而《园冶》和《营造法原》中所载**草架**，是一种屋上架屋的制式。即通过**草架**把几个连在一起的完整屋架组合成一所房屋，用同一个屋顶。这是一种新的构架方式……推测'**草架**'应该出现于明代正统到崇祯之间……[以后]，**草架**从附加结构走向主要结构。早期**草架**式样中……一般是偏在前侧的。到了后来，发展出鸳鸯厅，两侧对称，**草架**在正中，并且**草架**中的空间变大。最后，还发展到满轩式……下方的轩已经类似于天花"（中国建筑工业出版社 2011 年版，第 85－87 页）。这种从历史的发展的观点所作的分析，是很有道理的。

金按：还必须指出，自明末至上世纪 80 年代初，《园冶》各版本包括《园冶注释》第一版的草架图均误。曹汛《疑义举析》准确指出，"此图草架部分所绘横梁应向上平移，使之与重椽上端取齐。又，这一横梁应采用小驼梁，苏州怡园雪类堂就是这样的实例，见《营造法原》图版三。"现选《疑义举析》插图一为例【图109】。然而，《营造法原》第 173 页又似有误，笔者作了实地调查，并遍查资料档案，苏州怡园并无"雪类堂"这样的堂构，何况，"雪类堂"的品题本身就欠雅欠佳，此存疑。

《园冶·屋宇》："须支**草架**"。《屋宇·五架梁》："必须**草架**而轩敞。"《屋宇·七架梁》："亦用**草架**。"《屋宇·重椽》："**草架**上椽也"。《屋宇·[附图]草架式》："惟厅堂前添卷，须用**草架**"。

②**古代构筑前所绘制的房屋侧立面图，又称草图，这接近于《园冶》中的"屋式图"**（详见该条）。

[宋]李诫《营造法式》卷五："举折之制，先以尺为丈，以寸为尺，以分为寸，以厘为分，以毫为厘，侧画所建之屋于平正壁上，定其举之峻慢、折之圆

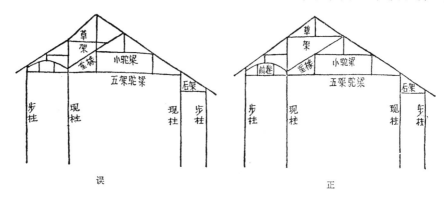

图109　草架式正误比较
选自曹汛《园冶注释疑义举析》

和，然后可见屋内梁柱之高下，卯眼之远近。"自注："今俗谓之定侧样，亦曰点**草架**。"必须说明，《园冶》中的"草架"则无此义项。

但自20世纪中叶至今所出版的有些权威性辞书交代"草架"义项时出处均有误，竟将中国两部最重要的建筑经典《木经》和《营造法式》的书名、作者搅混在一起，这对中国建筑史、建筑基本理论均会有影响，故不可不加辨正，兹举四部辞书为例：

一、《汉语大词典》第2版（22册本）第9卷上册（世纪出版集团、汉语大词典出版社2001年版），第370页："草架：草图。古代构筑前设计的图样。宋李诫《木经·举折》：'举折之制，先以尺为丈……（以下与李诫《营造法式》文字相同）。'"此词条与中国建筑史的事实相悖：首先，《木经》的作者是喻皓，但该词条却赫然写为"宋李诫《木经》……"其次，《木经》在宋代已佚，《宋史·艺文志》亦未加著录，既然如此，怎知《木经》中有"举折"一节？并作如此这般打了引号的解释。这种张冠李戴的误释，还渊源有自，可往前追溯……

二、《辞源》合订本（1988年版，1995年第6次印刷）第1438页："古代建筑设计的草图。宋李诫《木经》……"

三、《辞源》第四册（商务印书馆1983年修订第1版）第2647页："草架：古代建筑设计的草图。宋李诫《木经》：'举折之制……'"

四、《中文大辞典》（台北中国文化研究所民国五十七年版）第二十八册第160-161页："草架：建筑之设计。宋李诫《木经·举折》'举折之制……'"

这种张冠李戴，陈陈相因，以讹传讹，已数十年之久，没有得到修正。本书鉴于辞书界这一严重不符中国建筑史实的失误，特予集中突出，以引起注意。

长榰-短榰【chánggé-duǎngé】

建筑专业语［名词］，属外檐装修，其中"户榰"分为长榰与短榰两种。

《装折·户榰》："古之**户榰**，多于方眼而菱花者，后人减为柳条榰……"［图式］有"**长榰式**"和"**短榰式**"，其"**户榰**柳条式"及其变换的图式极多。（参见第514页〈束腰式〉如长榰欲齐短榰并装"）

长榰：今苏州匠作称为"长窗"或"落地长窗"，它既是门、又是窗，一身而二任。《营造法原》："长窗通长落地，装于上槛与下槛之间。若有横风窗（金按：此'横风窗'与《园冶·装折》中的'风窗'为不同的两个概念）时，则装于中槛之下。其构造以木材相

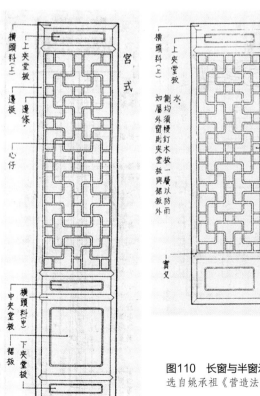

图110 长窗与半窗示例
选自姚承祖《营造法原》

合为框，竖者名边挺，或称窗挺，横者称横头料。框内以横头料分作五部，[一]上端横头料之间镶板为上夹堂（金按：即'上夹堂板'）；[二]其下为内心仔，以小木条纵横搭成花纹，（金按：《园冶·装折》称'棂空'，简称'棂'。该节有"[图式]户槅柳条式"及其种种变体甚多，供选用）；[三]其下为中夹堂[板]，[四]再下为裙板，裙板较夹堂板为高。[五]最下为下夹堂[板]。凡夹堂及裙板皆可刻以花纹，简单者雕方框，华丽者常雕如意等装饰。长窗之夹堂及裙板常以通长之木板，钉于窗挺之中间。工作（金按：即制作）精细之窗，内外式样起线相同，内心仔及各部俱双层。"（中国建筑工业出版社1986年版，第43页）

《装折·[图式]**长槅**式》："古之**户槅**，棂、版分位定于四、六者观之不亮，依时制，或棂之七、八，版之二、三之间……"这棂、版长度的比例，似相当于长窗内心仔与裙板的比例。

短槅：今苏州匠作称为"半窗"。《营造法原》："半窗：常用于次间……之柱间。较长窗为短，分为上夹堂、内心仔、裙板三部。窗下砌半墙（或代之以木栏杆。木栏杆上为捺槛）。"（中国建筑工业出版社1986年版，第44页）【**图110**】

《装折·[图式]**短槅**式》："古之**短槅**，如长槅分棂、版位者，亦更不亮。依时制，上下用束腰，或版或棂可也。"

敞卷-馀轩【chǎngjuǎn-yúxuān】

[均为名词] 建筑专业语。

敞卷：为拓宽厅堂前部空间并使其高敞而添设的廊轩，又因顶上作成拱卷状，故名。《屋宇·卷》又说："**卷**者，厅堂前欲宽展，所以添设也。"

《营造法原》："凡厅堂往往将内四界以前地位加深（金按：即增加进深），自一界至二界，并于原有屋面之下，架重椽，使前后对称，表里整齐，自下仰视，俨若假屋者谓之轩。轩为南方建筑特殊之设计。轩宜高爽精致，并用轩梁架桁，以承屋面（金按：此屋面为假屋面）。"就相关梁架结构而言，轩与内四界同一屋面，其轩梁低于内四界大梁者，该贴式称"磕头轩"；其"轩梁底与大梁之底相平者，则称抬头轩"（中国建筑工业出版社1986年版，第23页）。这种"抬头轩"，就室内顶部形制而言，由于椽子做成种种各异的形状，于是就有了茶壶档轩、弓形椽、海棠轩、船棚轩、鹤颈轩（以上见张家骥《中国造园论》，山西人民出版社1991年版，图版55、56、57、58、59。金按：有的书上"鹤颈轩"作"鹤胫轩"或"鹤头轩"，误。鹤颈曲、胫直，故应作"鹤颈轩"。"头"则系"颈[颈]"之形讹）、菱角轩、一枝香轩等的不同称呼，《园冶》之所以只言"卷"而不言其他，是举其代表之一以概之。陈注一、二版："今之'卷棚'之宽敞者，苏南称之'翻轩'。"

还应说明，作为"卷"的轩，仅仅是建筑物如厅堂等的构成部分之一，和作为与个体建筑类型的亭、馆、楼、阁、舫、榭等相并列的"轩"是不同的。《屋宇·卷》还说："**卷**者……或小室欲异'人'字（有异于一般'人'字形的屋顶），亦为斯式。"亦即说，虽然"敞卷"或"敞轩"主要用于大型建筑厅堂之类，但小室欲有异于一般的"人"字形屋顶，也可采用这种形式。

馀轩：为了拓宽厅堂后部空间而添架的廊轩，在厅堂结构中与"**敞卷**"前后相对，也可作成卷状。《园冶·屋宇》："前添敞卷，后进**馀轩**"。此之谓也。陈注一、二版："即开拓后檐（后厦）而使房屋宽敞之意。"《园冶全释》："是指在房屋的后檐下，留有馀地而设置的廊庑。"二释均得其意。其实，"前添敞卷，后进馀轩"两句，有方位之殊异，无质、意之不同，而修辞效果却极佳。

称【chēng】

①［动词］**称为；叫作；号称**。［唐］韩愈《马说》："不以千里马**称**也"。《屋宇·馆》："今书房亦**称**'馆'"。《借景》："乐圣**称**贤"。

②［动词］**赞许；称道**。［三国蜀］诸葛亮《出师表》："先帝**称**之曰能"。《晋书·刁协传》："深为当时所**称**许。"

《自序》："睹观者俱**称**：'俨然佳山也！'"《自序》："先生**称**赞不已"。《选石·湖口石》："东坡**称**赏"。

【chèn】

③［动词］**适宜；相当；相称；适称**。《荀子·富国》："德必**称**位。"

《兴造论》："一间半广［yǎn］，自然雅**称**"。《屋宇·轩》："以助胜则**称**。"

【chèng】

④［名词］**衡量物体轻重的器具，后写作"秤"**。［三国蜀］诸葛亮《杂言》："吾心如**称**，不能为人作轻重。"

《掇山》："谅高挂以**称**竿。"

成【chéng】

①［动词］**完成；实现**。《玉篇》："**成**，毕也。"［秦］李斯《谏逐客书》："使秦**成**帝业。"［宋］陆游《冬夜读书示子聿》："少壮工夫老始**成**。"

《自序》："何能**成**于笔底？"《园说》："因境而**成**。"《选石·太湖石》："盖因风浪中冲激而**成**"。《掇山·峰》："或数块掇**成**"。

②［动词］**成为；生成；变成**。《史记·李将军列传》："桃李不言，下自**成**蹊。"《礼记·学记》："玉不琢，不**成**器。"［晋］陶渊明《归去来兮辞》："园日涉以**成**趣"。

《园冶题词》："安能日涉**成**趣哉？"《相地·山林地》："自**成**天然之趣"。《相地·江湖地》："略**成**小筑"。《掇山》："做假**成**真"。《选石·昆山石》："不**成**大用也。"

③［动词］**成熟；茂盛**。［宋］梅尧臣《送周衍长官知辽州》："种黍何时**成**？"

《相地·村庄地》："西**成**鹤廪先支（谓秋天庄稼已熟，农事告成）"。《书·尧典》："平秩西**成**。"孔颖达疏："秋位在西，于时万物**成**熟"。

④［形容词］**旧有的；既定的；现成的**。《鹖冠子·道端》："贤君循**成**法，后世久长。"

《园冶题词》："园有异宜，无**成**法。"又："而所传者只其**成**法"。

⑤［形容词］**整**。此义项除《中华大字典》据《诗·齐风·猗嗟》毛传"成，整也"提及外，国内其他辞书均未载。**引申为全；完整的；非部分非枝节的**。［宋］陆游《何君墓表》："不以字害其**成**句，不以句累其全篇"。成、全互文。

《自序》："遂偶为**成**'壁'。"成壁就是完整的壁山。（详见本书第280页）

重椽【chóngchuán】

［名词］**建筑专业语。为草架上的椽子，也可说是屋中的假屋，亦即在室内屋顶下构建出假屋盖，用以代替天花板遮挡其上不甚美观的屋架结构**（参见本书第599－600、615页）。

《园冶·重椽》："凡屋隔分（隔分：意谓将其前后间隔、分开。《疑义举析》："指进深方向加以隔间"）不仰顶（仰顶：即"仰尘"、天花版。俗谓吊顶），用**重椽**复水可观（可观：可供观瞻，有美观之意）。"

次【cì】

①[动词]按顺序叙事，居于前项之后的称"次"。《洛阳伽蓝记序》："先以城内为始，**次**及城外。"

《屋宇·[图式]地图式》："凡兴造，必先式斯……**次**式列图。"

②[形容词]副，次级的。《穆天子传》："**次**车之乘。"郭璞注："**次**车，副车。"《掇山》："独立端严，**次**相辅弼。"

③[名词]次序；顺序。常与"序"、"第"结合成"次序"、"次第"。[三国魏]曹操《船战令》："大小战船以**次**发。"《广雅》："**第，次**也。"《小尔雅》王煦疏："《汉书·高帝纪》：'为列侯者赐大第。'孟康曰：'有甲乙**次第**。'"

《立基·楼阁基》："楼阁之基，依**次序**定在厅堂之后。"《栏杆》："依**次序**变幻，式之于左。"《屋宇》："凡家宅住房，五间三间，循**次第**而造（进深方向的次第）。"

④[动词]按次序排比、编列。《吕氏春秋·季冬》："乃命太史**次**诸侯之列。"高诱注："太史乃**次**其列位。"

《栏杆·[图式]笔管式》："变画以**次**而成。"

⑤[量词]表示动作回数。[唐]张籍《祭退之》："三**次**论诤退"。

《选石·灵璧石》："人多以铁刃遍刮，凡三两**次**，既露石色……"

⑥[名词]近处；旁边。《广雅》："**次**，近也。"《左传·僖公十九年》："**次**睢之社"。孔颖达疏："**次**，谓水旁也。"《儒林外史》第二回："后门临着水**次**。"水次，亦即水边；近水之处。

《墙垣》："如园内花端、水**次**，夹径、环山之垣……"

当【dāng】

①[动词]当着；对着；朝着；向着。汉乐府《董娇娆》："花花自相对，叶叶自相**当**。"[北朝]《木兰诗》："木兰**当**户织。"

《园说》："梧阴匝地，槐荫**当**庭。"又："移竹**当**窗。"《铺地》："**当**湖石削铺"。

②[动词]应该，应当。《词诠》："**当**，宜也，应也。今言'该当''应当'。"[唐]杜甫《前出塞》："挽弓**当**挽强，用箭**当**用长。"

《园冶题词》："此又地有异宜，所**当**审者。"《兴造论》："**当**要节用。"《立基·厅堂基》："必**当**如式。"《掇山·山石池》："理**当**斟酌。"《门窗》："**应当**磨琢窗垣。"应、当，同义，重言。

③[名词]指过去的时日。当初；当时。[唐]李商隐《锦瑟》："只是**当**时已惘然。"[宋]苏轼《念奴娇》："遥想公瑾当年"。

《立基》："因之陶令**当**年"。

【dàng】

④[形容词]主：正；中。《玉篇》："**当**，主当也。"《广韵》："**当**，主也。"《集韵》："**当**，中也。"

《屋宇》："**当**檐最碍两厢。"当檐，即正室、主室或厅堂的檐。《屋宇·堂》："堂者，**当**也，谓**当**正向阳之屋。"

⑤[形容词]合适；适宜；恰当；正确。《正字通》："**当**，事理合宜也。"[宋]沈括《梦溪笔谈·药议》："古法采草药，多用二月八月，此殊未**当**。"

《屋宇》："究安门之**当**，理及精微。"

⑥[动词]当作；作为；充当；算得上。《战国策·齐策四》："安步以**当**车。"[唐]杜甫《寒夜》："夜半客来茶**当**酒。"

《相地·傍宅地》："探梅虚蹇，煮雪**当**姬。"煮雪：用雪水煮茶，典见《园说》注。两句陈注本译作"探梅不需骑驴，煮雪常对美姬"，后句有所失当。其实，二句互为对文，"虚"、"当"二字，均有"用不着"、"不需要"之意，前者由于梅在宅旁，故不需骑驴前往；后者由于煮雪之美，胜于爱姬，故云当作美姬相伴。

得【dé】

①［动词］得到；获得；获致。与"失"相对。《说文》："**得**，行有所**得**也。"杨树达《词诠》："**得**，获也。"《诗·周南·关雎》："求之不**得**"。［宋］吴曾《能改斋漫录》卷十二"谏院**得**人，御史称职"条："是时谏院号称**得**人"。

《园冶题词》："不可**得**而传也。"《自序》："公**得**基於城东"。《兴造论》："须求**得**人（得到称职的人）"。又："匪**得**其人"。《相地》："**得**景随形"。《相地·城市地》："安亭**得**景"。《门窗》："工精虽专瓦作，调度犹在**得**人。"

②［动词］可；能够。《助词辨略》："**得**，犹能也。"《论语·微子》："不**得**与之言。"《庄子·盗跖》："至人之所不**得**逮，贤人之所不能及。"得、能互文。

《园冶题词》："不**得**不尽贬其丘壑以徇"。《自序》："自**得**谓江南之胜，惟吾独收矣。"

③［动词］符合；适合；契合。《庄子·缮性》："四时**得**节，万物不伤。"《礼记·郊特牲》："阴阳和则万物**得**。"郑注："**得**，得其所。"《词汇》："**得**，又'合'也，人相契合曰**得**。"

《园冶题词》："水不**得**潆带之情"。《兴造论》："能妙於**得**体合宜。"《装折》："相间**得**宜"。

④［动词］遇；逢；碰到。《古书虚词旁释》："**得**，犹逢也、遇也。《韩子·外储说右上》：'**得**有子父乘车过者'"。

《相地·城市地》："**得**闲即诣。"

⑤［动词］有。《古书虚词旁释》："**得**，犹有也。《论语·述而》：'三人行，必**得**我师。'《释文》：'本或作"必有"。'《战国策·燕策二》：'王苟能破宋而有之，寡人如自**得**之。'"得、有异字同义。

《兴造论》："**得**景则无拘远近"。《掇山·峰》："须**得**两三大石封顶。"《掇山·山石池》："少**得**窍不能盛水。"

地图【dìtú】

［名词］建筑专业语。又称"地盘图"，今称屋基平面图或屋基平面示意图。

《屋宇·地图》："凡匠作，止能式屋列图，式**地图**者鲜矣。"从平面看，此"地图"不同于今语中按比例微缩绘制的地球表面的地理图形等的"地图"。扩大地看，《园冶》中的"地图"还可读作宅基或园基平面图。沈黎先生指出："营造首讲地图，因为一块宅基上要营造住宅，首先要安排院落进数，然后是每进几间……这些都在平面图上反映出来。计成在《园冶》中感叹：'凡匠作，止能式屋列图，式**地图**者鲜矣。'……有了**地图**，下一步就是拟定每所房屋的帖式，也就是现代的横剖面图……有了**地图**和房屋帖式，设计就完了，工匠就可以根据这两个图施工了。"（《香山帮匠作系统研究》，中国建筑工业出版社2011年版，第88—89页）

《屋宇·［图式］**地图**式》："凡兴造，必先式斯（金按："斯"即地图）。偷柱定磉，量基广狭，次式列图。"意谓凡兴造，必首先画地图，其次再画"列图"，即屋列图，也就是侧立面图、横剖面图。

第【dì】

①［连词·表转折］相当于但；但是。［宋］王禹偁《黄州新建小竹楼记》："江山之外，**第**见风帆沙鸟，烟云竹树而已。"

《兴造论》："斯所谓'主人之七分'也。**第**园筑之主，犹须什九……"

②附：不第【būdì】

［连词·表递进］即不但，用于前一分句中，与后一分句中的"且"等词搭配，表示递进关系。［清］韩泰华《无事为福斋随笔》："不第玉门以内无安插之地……"

《自序》："此制**不第**宜掇石而高，**且**宜搜土而下。"《相地·傍宅地》："**不第**便于乐闲，斯谓护宅之佳境也。"此递进复句的后一分句省一"且"字。《墙垣》："**不第**林园用之不佳，**而**［且］宅、堂前用之何可也。"

定【dìng】

①［形容词］固定；不变。［宋］王安石《同昌叔赋雁奴》："雁雁无**定**栖，随阳以南北。"

《兴造论》："一梁一柱，**定**不可移"。《屋宇·亭》："造式无**定**。"

①［动词］成；形成。《诗·周颂·武》："耆**定**尔功。"高亨注："**定**，成也。"《淮南子·天文训》："天先成而地后**定**。""定"也就是"成"，二字前后互文。

《装折》："到曲折处还**定**端方。"（见本书第160页）

②［副词］必定；一定。《论衡·率性》："论人之性，**定**有善有恶。"

《立基·楼阁基》："楼阁之基，依次序**定**在厅堂之后。"《装折》："**定**存后步一架。"

③［动词］决定；确定。《史记·廉颇蔺相如列传》："计未**定**。"

《兴造论》："必先相地立基，然后**定**其间进。"《立基》："凡园圃立基，**定**厅堂为主。"《立基·假山基》："先量顶之高大，才**定**基之浅深。"《装折·［图式］长槅式》："分位**定**于四、六者"。

定礵【dìngsǎng】

［动词］建筑专业语。决定礵的位置和数量。定礵是建筑设计非常重要的一步，一般都画成平面图，《园冶》称"地图"。

礵：即柱下石鼓礵，因似鼓而得名，亦即柱础。礵石：石鼓礵下的方石。礵和礵石也有连成一体的。石鼓礵，有人书作"鼓蹬"、"鼓墩"或"柱顶石"，均失当。礵和礵石是中国传统建筑重要的、基本的石构件，其作用有三：一是承载与传递上部负荷，使其分散至较大面积，并防止建筑物塌陷；二是使柱脚与地坪隔离，防止地面湿气对其上木柱的侵蚀，《淮南子·说林训》曰："山云蒸，柱础润（金按：因空气中湿度大而石础上湿润）。"三是露明部分使垂直的柱子下部产生视觉变化，成为雕刻艺术美的装饰，故而除素作外，还有雕作，造型有鼓镜、覆盆、花瓶、如意、方梯、鼎形、六面锤等式，浮雕花纹有卷草、莲瓣、瓜楞、盘长、蟠龙、云凤、狮兽、宝相花等，且造型与花纹互为配合，翻出无穷意趣。北宋的《营造法式》对其有尺寸制度规定，纹饰则有十一品。

《屋宇·［图式］地图式》："凡兴造，必先式斯（金按：先绘此平面图）。偷柱**定礵**。"

斗【dǒu】

［名词］量器，旧时量粮食的器具，多为方形，口大底小，也有作鼓形的。

它又是量名。《汉书·律历志》："十升为**斗**。"**古诗文往往用其比喻义，或以其喻小**，如［元］卢琦《游壶山宿真净岩》："欣然坐我**斗室**底，满室岚气生清秋。"**或以其拟状**，如斗帐。

《园冶》中出现两个由"斗"组成的词：《自序》："别有小筑，片山**斗室**……"以一片山石和如斗之室，拟喻所营造的庭院小筑之小。《铺地·诸砖地》："今之人字、席纹、**斗纹**"。如斗状的图案纹样，方形，呈逐层缩小状，铺地用条砖仄砌。

鬥【dòu】——鬥、斗为繁简字

［动词］繁体作"**鬥**"、"**鬪**"、"**鬬**"；简化作"**斗**"。这些字在繁、简矛盾、离合纠葛的漫长过程中最后被统一为"**斗**"。此字在本书中意义较特殊，故用其最简的繁体字："**鬥**"。这里为了分辨词义，有必要略作溯源。

《说文》："**鬥**，两士相鬥，兵杖在后，像鬥之形。"此训之所以有所欠缺，是由于许慎没有看到甲骨文的出土。而罗振玉通过研究，在《增订殷墟书契考释》中指出："卜辞**鬥**字，皆像二人相搏，无兵杖也，许君殆误。"可见鬥字本为两人徒手争斗的象形，**即搏鬥；对打**。引申为**争鬥**。《史记·商君列传》："民勇于公战，怯于私**鬥**。"至于"**鬬**"，在《说文》里则为另一个字，义为"**遇也**"。这种"遇"，不论是所遇为何物，既可以萌生"鬥"的义素，又可以萌生"合"的义素，从众多甲骨文"鬥"字可见，有争鬥的象形，也有近于合作（两人以手联合）的象形。以后，其义在衍变过程中又不断磨合、孳生，在唐诗、宋词中更分蘖出种种相近的义项，如《诗词曲语词汇释》所概括，"**鬥**"有弄、引、挑鬪之义，与逗通。无名氏《鸳鸯被》第三折："我不打你，我**鬥**你要哩！"金按：这是徒手相斗的敌对，衍变为相嬉相狎的亲和。《汇释》又概括说："**鬥**，犹凑也；拼也；合（入声）也。合如合药、合金之合。"［唐］李贺《梁台古意》："台前**鬥**玉作蛟龙"。王琦《汇解》："木、石镶榫合缝之处谓之**鬥**"。全句意为以美玉相鬥合，镶榫合缝，作台前栏楯，并镂为蛟龙。［五代前蜀］韦庄《和郑拾遗秋日感事一百韵》："五采**鬥**匡床。"［宋］晏殊《渔家傲》"荷叶荷花相间**鬥**"，《汇释》指出，乃"言参差拼合也"。［宋］史达祖《菩萨蛮》还有"**鬥**合一团娇"之句，这里，"**鬥合**"二字重义重言，已直接联用，此类例证极多，不赘引。鬥义的演变，由"争鬥"分化为"和合"，就像"乱"有"治"义、"恶"有"好"义一样，可谓"正反同辞"，训诂学解释这种正反兼容的语言现象，称之为"反训"，大量例证见近人刘师培《古书疑义举例补》。还值得注意，在历史上至迟到唐代，"**鬥**"已作为建筑或工艺行业中木作、石作和玉作的术语或俗语，出现在匠师群以及文坛上，明代的计成，由于能较正确地处理"道-术"关系，故而能将其从工匠文化中撷来，写进了《园冶》。

《铺地》："绕梅花磨**鬥**"。犹言环绕着梅花纹样打磨拼合镶嵌。《铺地·冰裂地》："**鬥**冰裂纹"。即以乱青版石"**鬥合**"成冰裂地。

独【dú】

①**［副词］仅仅；唯独；只有**。《词诠》："**独**，副词，唯也，仅也……"《孟子·告子上》："非**独**贤者有是心也"。

《园冶题词》："古人百艺，皆传之于书，**独**无传造园者何？"

②**［副词］单独；独自**。《助词辨略》："**独**，众之对，特辞也。"杨树达《词诠》："**独**，副词，一人也。"［唐］杜甫《月夜》："今夜鄜州月，闺中只**独**看。"

《自序》："可效司马温公'**独乐**'制。"《相地·傍宅地》："且效温公之**独乐**"。《自序》："自得谓江南之胜，惟吾**独**收矣。"

③［副词·表反问］相当于"岂"、"难道"。《庄子·秋水》："独不闻夫埳井之蛙乎?"［宋］苏轼《赐韩绛上第三表乞致仕不许断来章诏》："独不念先帝托付之重乎?"

《兴造论》："独不闻'三分匠，七分主人'之谚乎?"

断【duàn】

①［动词］断绝；隔断；中断；断裂。与"连"、"续"相反相对。［唐］李白《大堤曲》："天长音信断。"［宋］苏轼《后赤壁赋》："江流有声，断岸千尺"。断岸：江边绝壁。

《立基》："疏水若为无尽，断处通桥。"《装折》："砖墙留夹，可通不断之房廊。"《相地·郊野地》："断岸马嘶风。"《立基·廊房基》："自然断续蜿蜒"。

②［副词·表情态］绝对；肯定；一定。［唐］柳宗元《封建论》："断可见矣。"

《屋宇·重椽》："惟廊构连屋，构倚墙一披而下，断不可少斯。"《掇山》："岂用乎断然。""断然"，表示不容怀疑，没有回旋馀地。

③［量词］同"段"，某些事物分成的若干部分。《释名》："断，段也，分为异段也。"段、断为同源词，二字双声并叠韵。《红楼梦》第八十五回："撕作了几断。"

《立基·廊房基》："园林中不可少斯一断境界。"

顿【dùn】

①［形容词］极端困顿；劳顿；困乏；疲劳。［宋］陈师道《拟御试武举策》："兵久则顿，役久则怠。"

《园说》："烦顿开除。"

②［动词］放置；安放。［宋］陈允平《唐多令·秋暮有感》："欲顿闲愁无顿处"。

《选石·灵璧石》："可以顿置几案。"顿、置，重言。

③［副词·表时间短暂］即时；顿时；顿然；忽然；马上；立刻。《正字通》："顿，遽也。"《后汉书·戴封传》："蝗亦顿除。"《红楼梦》第五回："缁衣顿改昔年装。"

《兴造论》："顿置婉转。"《借景》："顿开尘外想"。又："凡尘顿远襟怀。"

掇【duó】

［动词］《园冶》特殊用语。

"掇"最常用的意义是拾取。《诗·周南·芣苢》："薄言掇之。"毛传："掇，拾也。"引申为摘取、选取。此义用得很广。但罕见有人将"掇"和"山"字连用，构成"掇山"这一动宾短语，而在计成的《园冶·掇山》章里却大量出现，如："掇山之始，桩木为先"（《掇山》）；"园中掇山，非士大夫好事者不为也"（《园山》）；"人皆厅前掇山……"（《厅山》）；"楼面掇山，宜最高"（《楼山》）；"凡掇小山……"（《书房山》）；"内室中掇山，宜坚宜峻"（《内室山》）；"俱将四边或三边压掇"（《山石池》）；"或数块掇成"（《峰》）；"随致乱掇，不排为妙"（《峦》）；"掇玲珑如窗门透亮"（《洞》）。此外，其他章节也有，如《自序》："此制不第宜掇石而高"。《相地·村庄地》："掇石莫知山假"。《立基·假山基》："掇石须知占天"。《屋宇·台》："或掇石而高上平者"。

对此，《园冶全释》用"掇"字的"拾取、选取"之义，进而再引申到"叠石为山"，显得比较勉强，尤不符合古汉语的通假规律。

陈植先生《筑山考》写道："假山之筑，张淏氏（金按：为宋人）于其《艮岳记》中号曰：'筑山'。计成氏于其园冶书中称曰：'**掇山**'，而南京谓之：'堆山'，杭州谓之：'叠山'；南宋张叠山即以工于假山之构筑著称。"（《陈植造园文集》，中国建筑工业出版社1988年版，第57页）。这是提供了一则很有价值的古汉语"通假现象"资料。

在古汉语中，通假现象大量地存在着，除同音的通假外，还有音近的通假，包括双声乃至叠韵的通假等。"掇"和"筑"、"叠"、"堆"四字均可通假，如"掇"、"筑"二字，韵虽较近，但主要由于其声母相通。上古音的d、t、n、l，和中古音的zh、ch、sh、r之间往往因衍变而相通，"掇"与"筑"就属于这一类，且二者均为入声字。至于"掇"与"叠"，声母均为d，亦为双声关系，均为入声字，故亦可通假。由此可见，"掇山"也就是"筑山"、"叠山"。还有"堆"字，虽为平声，但其声母亦为d，为同声通假，《园冶·立基》也有"开土堆山"之语。陈植先生所举四例，均在江浙一带，这由于方言关系，各地的读音就有所不同，此外还有时代变化这一重要因素。"掇"和"筑"、"叠""堆"等相通，说明了通假现象是由古代特定的时、空等条件所衍化而形成的。

尔【ér】

①**[助词·表语气]**相当于**"而已"**、**"罢了"**。《助词辨略》："语已之辞，义无可疑……《孟子》赵注云：'云"**尔**"者，绝语之词也。'"［唐］柳宗元《捕蛇者说》："非死则徙**尔**。"［宋］欧阳修《归田录》卷一："无他，但手熟**尔**。"

《自序》："名《园牧》**尔**。"

②**[形容词]**通迩，叠韵。近，与远相对。

《诗·大雅·行苇》："戚戚（相亲貌；互爱貌）兄弟，莫远（疏远）具（俱；都）**尔**（迩；亲近）。"成语：戚戚具**尔**；莫远具**尔**。《仪礼·少牢馈食》郑玄注："**尔**，近也。"

《园冶·傍宅地》："留径可通**尔**室。""尔"通"迩"。"迩"、"室"二字早在《诗经》时代即已连用了。《诗·郑风·东门之墠》："其室则**迩**（近），其人甚远。""远"、"近"相反相对成文。以后，凝固为成语"室**迩**人远"。［宋］朱熹《诗集传》："室**迩**人远者，思之而未可得见也。"亦作"室**迩**人遐"。《晋书·宋纤传》："室**迩**人遐，实劳我心。"由此可见，尔室即是近室之意。"留径可通**尔**室"，即留径可通近室。

对于"留径可通**尔**室"，陈注一版作"留径可通**尔**（迩）室"，释文："留径可通近室。"是为得之，甚准确。《疑义举析》却指出："'尔'字并不误……选傍宅地造园，要另设一个外门，以待来宾，不要让来宾通过你（金按：此为误释）的住宅而进入园中，但却要给主人留出一条便径，能够通到你自己的住宅里去，这是内外有别。"陈注二版据此删去括号内的"迩"字，译文为："留便道可通内室。"这里并未释"尔"为"你"，而却译"尔"为"内"，但又无依据，是为得而复失。再看《园冶全释》："尔室：你的住室，即指园主的住宅部分。"《图文本》："尔：你。尔室：指园林主人的住室。"两家注均失之。据《园冶》的文体，均用第三人称，因此，绝不可能突然用第二人称，故"尔"不宜训"你"，否则就显得不伦不类。其实原文两句"设门有待来宾，留径可通**尔**室"，意谓一方面设正门以待来宾，另一方面留径让园主人可由边门便径直接进入自己近室，这不但是"内外有别"，而且正是傍宅地园林的一个突出优点。

烦【fán】

①**[动词→名词]热头痛**。会意字："火"与"页"（头的象形）会成头痛发热

之意。《说文》："**烦**，热头痛也。"**引申为［形容词］烦躁；烦闷。**《史记·扁鹊仓公列传》："病使人**烦**懑，食不下。"（见本书第705－706页）

《园说》："烦**顿**开除。"

②［动词］烦劳；相烦；麻烦。《左传·僖公三十年》："敢以**烦**执事"。

《相地·山林地》："自成天然之趣，不**烦**人事之工。"

方【fāng】

①［名词］**方形，与"圆"相对。**《集韵》："**方**，矩也。"《正字通》："**方**，圆之对，矩所出也。"《周礼·考工记·舆人》："圆者中规，**方**者中矩。"《孟子·离娄上》："不以规矩，不能成**方**圆。"

《兴造论》："随曲合**方**"。《相地》："如**方**如圆"。《立基·书房基》："先相基形：**方**、圆、长、扁……"《屋宇·［图式］十字亭地图式》："顶结**方**尖"。《装折·仰尘》："多于棋盘**方**空画禽卉者类俗"。《铺地》："八角嵌**方**"。

②［形容词］**方正；端直。**《广雅》："端、直、**方**，正也。"《老子·五十八章》："是以圣人**方**而不割……直而不肆"。［明］吴澄《道德真经注》："如物之**方**，四隅有稜，其稜皆如刀刃之能伤害人……圣人则不割……直者不能容隐，纵肆其言……圣人则不肆"。《易·坤·文言》："至静而德**方**……直其正也，**方**其义也。"

《屋宇》："古摘端**方**。"《装折》："曲折有条，端**方**非额。如端**方**中须寻曲折，到曲折处还定端**方**。"金按：《园冶》中此"方"往往特指形式、风格之美。

③［名词］**由量"方"之"法"引申为方法；办法。**《墨子·天志中》："中吾矩者，谓之**方**；不中吾矩者，谓之不**方**……则**方法**明也。"《后汉书·明德马皇后纪》："圣人设教，各有其**方**"。［明］张居正《陈六事疏》："若使训练有**方**……"

《相地·傍宅地》："多**方**（多种方法）题咏"。《掇山》："粗夯用之有**方**。"

④［名词］**面；边；方面。**《诗·齐风·鸡鸣》："东**方**明矣，朝既昌矣。"《诗·秦风·蒹葭》："所谓伊人，在水一**方**。"

《门窗》："处处邻虚，**方方**侧景。"方方，犹面面。《掇山》："**多方**景胜"。（金按：此句之"方"，既有"面"之义，又有"品类"之义）《易·繫辞上》、《礼记·乐记》均有"**方**以类聚"之句。"**多方**景胜"，意谓各方各面、多种多样的胜景。

⑤［名词］**地貌；地势。**《左传·昭公三十二年》："仞沟洫，物土**方**，议远迩。"杜预注："物，相也；相取土之方面远近之宜。"

《相地》："地势自有高低……高**方**欲就亭台，低凹可开池沼。"《立基》："高阜可培，低**方**宜挖。"《装折》："绝处犹开，低**方**忽上。"（金按：高方、低方，均用以状地貌地势，其词则由历来"作土功、算程课"以"方"计引申而来）

⑥［副词·表时间］**相当于"始"；"才"。**《尔雅》："**方**，始也。"《广雅》："**方**、萌，始也。"《后汉书·南匈奴传》："光武初，**方**平诸夏，未遑外事。"

《掇山》："**方**堆顽夯而起，渐以皴文而加。"

⑦［连词·表语气转折］**乃；却，反而。**《古书虚词集释》、《古书虚词通释》："**方**、乃互训。口语'却'字之义。"《古书虚词旁释》："**方**犹乃也，一为'却'字之义。"《世说新语·言语》："我今故与林公来相看，望卿摆开常务，应对玄言，那得**方**低头看此耶？"［宋］司马光《乞未禁私市西人第二札子》："而执政**方**以为西人微弱"。

《相地·城市地》："胡舍近**方**图远？"

⑧附一：**方向【fāngxiàng】**

［名词］指东、南、西、北等之位，本书中指方位和朝向。

《相地》："园基不拘**方向**"。《立基·门楼基》："园林屋宇，虽无**方向**，惟门楼基，要依厅堂**方向**"。《屋宇》："**方向随宜**"《立基》："安门须合厅**方**（指厅堂的朝向、方向）。"

⑨ 附二：四方【sìfāng】

[名词] 四面八方；概指天下各处；到处。《论语·子张》："使示**四方**，不辱使命。"《淮南子·原道训》："以抚**四方**。"高诱注："**四方**谓之天下也。"

《冶叙》："适**四方**多故"。

方伯【fāngbó】

[职官名] 殷周时一方诸侯之长。《左传·僖公三十年》："五侯九**伯**，女实征之，以夹辅周室。"《周礼·大宗伯》："九命作**伯**。"[唐] 柳宗元《封建论》："于是有**方伯**、连帅之类。"《资治通鉴·汉献帝初平四年》："是时，徐**方**百姓殷盛。"胡三省注："古语多谓州为'**方**'，故八州八**伯**谓之'**方伯**'。"**历代渐用以泛称某些地方长官**。如汉之刺史、唐之采访使、观察使，明清之布政使等，均称"方伯"。[唐] 韩愈《送许使君刺郓州序》："于公身居**方伯**之尊"。

《自序》："适晋陵**方伯**吴又于公闻而招之。"（金按：此为对明清时布政使即省级主管民、财两政之官员的敬称。）

方飞檐砖【fāngfēiyánzhuān】

[名词] 建筑专业语。简称飞砖，一般为三皮，构成"三飞砖墙门"的封顶部分。宅第的墙门（门楼），分"牌科墙门"和"三飞砖墙门"两类，前者较繁丽，后者较简朴，**飞檐砖**用于后者。三飞砖墙门的门框为石料。《营造法原》："门两旁作砖磴（金按：亦属墙体），称为垛头（金按：另一种垛头为山墙伸出廊柱外的部分）"，"垛头墙就形式可分三部，其上为挑出承檐口部分，以檐口深浅之不同，其式样各异，或作曲线，或作**飞砖**，或施云头、纹头诸饰……其上层挑出部分，依其形式及雕刻，可分为三飞砖、壶细口……诸式。侧面雕刻，以**三飞砖**为最简，以纹头为最富丽。"（中国建筑工业出版社 1986 年版，第73、75 页）具体地说，垛头可分上、中、下三部分，中、下部为墙的上身及勒脚，**三飞砖**或**飞砖式**为其上端的装饰部分，**三飞砖**于檐下用方砖三皮，逐步挑出作为装饰线【图111】。檐下垛头墙两端方形（或

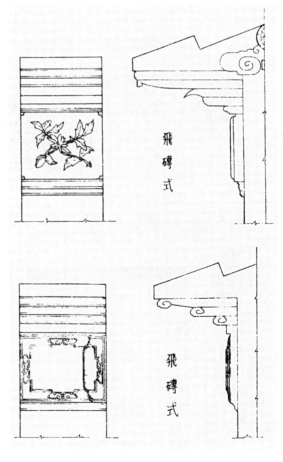

图111 飞砖式图例
选自姚承祖《营造法原》

略带长方形）的部分称"兜肚"，往往施以雕饰（计成认为雕镂不可用，不入画，应作"素平"），中间称"字牌"以供题字。祝纪楠《营造法原诠释》："**三飞砖：**用砖三皮，逐皮叠塞（涩）挑出作为装饰，常用于墙门、围墙头及垛头作挑檐。"（中国建筑工业出版社2012年版，第346页）

《墙垣·磨砖墙》："封顶用**磨**，挂**方飞檐砖**几层。雕镂花鸟仙兽不可用，入画意者少。"陈注第一、二版注其中的"飞檐"为"檐口翘起的部分"，不确。其误为：一、将"飞檐"二字从"飞檐砖"或"方飞檐砖"这三、四个字所固化的建筑专业语中割裂出来；二是"三飞砖墙门"的檐口并不起翘，不能将"飞檐砖"混同于"飞檐戗角"。《图文本》注"飞檐砖"为"檐口起翘之砖"，亦不确，因为这种"三飞砖"与垛口墙相交成90°直角，并不起翘。

飞【fēi】

①[动词]鸟、虫鼓翅在空中活动，引申为物体在空中飘动。[唐]王勃《滕王阁序》："落霞与孤鹜齐飞。"[唐]杜甫《登高》："渚清沙白鸟飞回"。《掇山·峰》："似有飞舞势。"《借景》："片片飞花"。

②[形容词]形容屋檐、屋角上翘，如同鸟之飞翼。《诗·小雅·斯干》："如鸟斯革，如翚斯飞。"郑笺："如鸟夏暑希革张其翼也"。孔疏："斯革、斯飞，言阿之势似鸟飞也。翼，言其体；飞，像其势。"朱熹《诗集传》："其栋宇竦起，如鸟之警而革也。其檐阿华采而轩翔，如翚之飞而矫其翼也。"对于《诗经》中这一名句，汉、唐、宋注家们均以想象比喻释之（其实并非如此，见本书第263－265页）。[唐]王勃《滕王阁序》："飞阁翔丹，下临无地。"[宋]张淏《艮岳记》："飞楼杰观，雄伟瑰丽。"[明]王世贞《游金陵诸园记·东园》："得石砌危楼，缥缈翚飞云霄。"《相地》："斯谓雕栋飞楹构易……"。

③[形容词]形容高；险；凌空；有似动感。[明]文徵明《王氏拙政园记》："绝水为梁，曰'小飞虹'。"[清]笪重光《画筌》："孤嶂石飞，势将坠而仍缀。"《自序》："篆壑飞廊"。《园说》："斜飞堞雉"。《相地·山林地》："飞岩假其栈"。《相地·城市地》："竹木遥飞叠雉"。《相地·郊野地》："缘飞梁而可度"。《掇山·池山》："从巅架以飞梁"。

④[形容词]飞快地；迅速地。[唐]李白《望庐山瀑布》"飞流直下三千尺"。《相地·城市地》："素入镜中飞练"。飞练，喻瀑布如悬空直泻的白绢。

⑤**附：觞飞【shāngfēi】**

[动词]行酒令的一种方式。本作飞觞。觞［shāng］：古代一种酒器，有耳。[晋]王羲之《兰亭序》："引以为流觞曲水。"飞觞：状宴饮时热烈行觞，觥筹交错的情景。[唐]李白《春夜宴从弟桃花园序》："飞羽觞而醉月。"[唐]刘宪《夜宴安乐公主新宅》诗："度曲飞觞夜不疲"。《相地·江湖地》："**觞飞霞伫**"。

分【fēn】

①[动词]分开；使整体变为若干部分；使联系的互为离开。与"合"相对。《说文》："**分**，别也。从八从刀。刀以**分**别物也。"《庄子·齐物论》："其**分**也成也"。王先谦《集解》："**分**一物成数物。"

《屋宇》："奇亭巧榭，构**分**红紫之丛。"《屋宇·九架梁》："前后**分**为。"《屋宇·[图式]十字亭地图式》："十二柱四**分**（分四组）而立"。《屋宇·重椽》："凡屋隔**分**不仰顶"。《装折·[图式]长槅式》："古之户槅棂版，**分**位定于四、六者……"

②[动词]散；离；不集中。与"聚"相对。《庄子·达生》："用志不**分**，乃凝于神。"张湛注："**分**，犹散。"

《掇山·岩》："将前悬**分**散后坚。"《借景》："扫径护兰芽，**分**香幽室。"

③[动词]辨别；区别；分辨。《论语·微子》："五谷不**分**"。

《兴造论》："不**分**町畽，尽为烟景。"《园说》："无**分**村郭，地偏为胜。"《相地·傍宅地》："具眼胡（为何）**分**青白。"《装折》："安门**分**出来由。"

④[动词]给与；分给；分配。《左传·昭公十四年》："**分**贫振穷。"杜预注："**分**，与也。"《左传·庄公十年》："衣食所安，弗敢专也，必以**分**人。"

《园说》："**分**梨为院。"

⑤[量词]表示成数；整体分成相等的十份中占一份，谓之一分。《管子·乘马数》："岁藏三**分**，十年必有三年之馀。"

《兴造论》："独不闻'三**分**匠，七**分**主人'之谚乎?"又："斯所谓'主人之**七分**'也。"《相地》："才几**分**消息"。

⑥[数词]一半。《公羊传·庄公四年》："师丧**分**焉。"何休注："**分**，半也。师丧亡其半。"《列子·周穆王》："人生百年，昼夜各**分**。"

《相地·傍宅地》："宵**分**（夜半）月夕。"

⑦[量词]地积单位名。十厘为一**分**，十分为一亩。

《相地·村庄地》："约十亩之基，须开池者三……馀七**分**之地，为垒土者四……"

风窗【fēngchuāng】【图112】

[名词]建筑专业语。外檐装修之一种，为槅棂上可以糊夹纸、纱作为"外护"的窗，或者说，是有棂槅，可以糊夹纸、纱的一种窗，而不是装于窗外面作防护的另一重窗。

先看诸家解释。对于《装折》中"加之明瓦斯坚，外护风窗觉密"，《装折·风窗》中"风窗，槅棂之外护"，陈注本译为"护以风窗，更觉严密"，注风窗为"窗外的护窗"；《园冶全释》、《图文本》也认为它是"安放在窗子外面的防风保护窗"。可见三家均认为窗有两重，一是在外起防护作用的风窗，另一是原来装在里面的窗子。

《装折·[图式]风窗式》又说："风窗宜疏，或空匡（匡通'框'）糊纸，或夹纱，或绘，少饰几棂可也。检栏杆式中，有疏而减文，竖用亦可。"对此，陈注本注道："在框内夹一层薄纱，以代糊纸。另一解释：'夹纱'是一面窗上使用两层棂，在两层棂中间糊纱，这种作法叫做'夹纱'，这是最高级的做法，窗内外都好看。"《全释》则说："从图式可见，风窗不仅疏减，且中为一较大空框，糊纸难

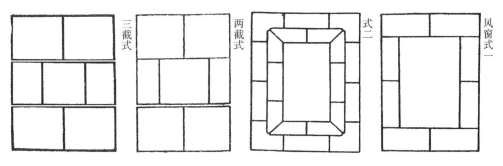

图112　外护风窗觉密

选自《园冶注释》第一版

坚，用薄纱当更讲究。既云'夹纱'，当为双层窗棂，将纱夹在中间的做法。"

于是，前后均自相矛盾：先是说窗有内外两重；后又说风窗是由两层棂合成的。陈注本释文还说，"风窗就是槅棂外面所装的保护物。"这样摇摆不定，人们就不知风窗为何物了。

其实，根据《装折》提供的图文资料看，可知风窗不同于一般纵向有摇梗即旋转轴而可开关的户槅（长槅或短槅），而是外框约为9：7之比的纵向略长的方形，是横向往外推关的。最有代表性的是风窗式一、式二，均为整扇推关的。《装折·风窗》概括说，"或横半，或[上下]两截推开"，或"三截式"。这些，其整个外框都是呈略长的方形。此外，还有"梅花风窗"等。它们虽形式不一，但其特点是都可以糊纸、夹纱，可以[宋]辛弃疾《清平乐》"破纸窗前自语"，《八声甘州》"纱窗外，斜风细雨"为证。《红楼梦》第二十七回写滴翠亭，也是"四面雕镂槅子，糊着纸"。宝钗听里面说道："不如把这槅子都推开了。"这都写出了风窗的特点。还应指出，明代尚无玻璃，故而风窗的槅棂木条不宜多，多了必然不利于采光。《风窗》说，"槅棂之（之：意为"有"或"用"）外护，宜疏广减文"；《装折·[图式]风窗式》说"风窗宜疏，或空匡糊纸，或夹纱，或绘，少饰几棂可也"……其出发点主要是考虑采光效果，当然也有审美上的考虑。

风窗，就其框架结构来说，是中间以木条搭为花纹槅棂而透空的窗，它既透光，又透风，故称风窗。但其缺点也很明显，透空而不能防风，也不利于保护私密……故还得糊纸或夹纱，甚至为了美观，还绘画其上，这样，从透光的角度说，不是疏亮，而是较暗密，所以《装折》有"外护风窗觉密"之语，意谓风窗糊夹了纸、纱作为外面的防护，就觉得暗密了。而且所夹的纱还好，所糊的纸更缺少坚牢度，相比之下，明瓦在这方面效果最佳，所以《装折》还有"加之明瓦斯坚"之语，但又不免更暗密。这是较难解决的矛盾。就种种方法相较而言，最好的方法似是"夹纱"。既称为"夹"，就必然是双层槅棂将纱夹在中间，而糊纸则可以只是一层的槅棂，但不论是两层还是一层，都是独立性的窗，里面就没有其他窗了。

遗憾的是，《园冶》中的风窗已消失在历史的烟雨中，但它具有文化学或建筑史学的认识意义。不过，在现存苏州园林建筑中，依然可找到类似的形制，如"花窗"（或称"砖框花窗"），在苏州留园揖峰轩、狮子林燕誉堂等墙上，均可见制有方形、六角形、八角形等框宕，其间所装木框窗，不是"夹纱"而是夹以玻璃，周围则绕有优美的棂槅花边图案，中间纯露空明，审美效果极佳，这很可能是由《园冶》中明代风窗衍化发展而来，但它们已不能开关，纯然为了满足美感、采光的需要。另外，江南园林也有相同之名。《营造法原》："房屋过高时用横风窗，装于上槛与中槛之间……成扁长方形，通常以开间均分三扇，隔以短枨……"（中国建筑工业出版社1986年版第43页）但这与《园冶》中的形制完全不同。《营造法原》还有一种构造如长窗而极阔的"风窗"，也与《园冶》中的名同实异。

封顶【fēngdǐng】

在《园冶》里，"封顶"一词出现凡三次，其含义因不同的门类、不同的工种而各异。为便于辨析，现集纳于下，其中"斫数桠不妨**封顶**"最为难解，涉及《园冶》讨论中诸家的诠释和讨论。

①建筑墙垣方面：[名词]磨砖墙（这里主要指墙门旁"垛头"）的结顶部分。《墙垣·磨砖墙》："**封顶**用磨，挂方飞檐砖几层。"（见本书第526、611–612页）

②峰石叠掇方面：[动词]叠石峰最后以大石压顶，求得平衡。《掇山·峰》："或数块掇成……须得两三大石**封顶**。须知平衡法，理之无失。"（见本书第543页）

③**树木培育方面：[动词] 使其顶增大，增厚，丰盛。**《相地》："多年树木，碍筑檐垣，让一步可以立根，斫数桠不妨**封顶**。"（见本书第 369 – 371 页）

复水【fùshuǐ】
[名词] 建筑专业语。室内不用"仰顶"即天花版，而用重椽结构，其椽子便称为**复水椽**。《疑义举析》指出："用了重椽**复水**，它本身是一种假屋顶。而且还可以看到另一半真屋顶。"《园冶全释》进一步补充说："用重椽**复水**做成假的屋顶，就遮住上部不对称的三角形空间，成为对称的假屋顶，空间就完整而美观了。"复水重椽除了美观功能外，刘敦桢先生《苏州古典园林》还指出："**复水椽**与望砖常可用以代替天花板，便于隔热防寒……"（中国建筑工业出版社 2005 年版，第 39 页）

《重椽》："凡屋隔分不仰顶，用重椽**复水**可观。"《屋宇·九架梁》："须用**复水**重椽，观之不知其所。"《屋宇·[图式] 九架梁五柱式》："此屋宜多间，随便隔开，**复水**或向东、西、南、北之活法。"《园冶》的图式，也标出复水椽。可参见"草架"、"重椽"条。

隔间【géjiān】
[动词] 建筑专用语。隔：隔开。间，量词，非指面阔方向的"间"，而是进深方向的"间"。隔间：将进深方向的"间"隔开来。（参见本书第 234 – 237 页）

《园冶·装折》："假如全房数**间**，内中**隔**开可矣。"《屋宇·[图式] 九架梁五柱式》："此屋宜多间，随便**隔间**……"《屋宇·九架梁》："九架梁屋，巧于装折，连四、五、六**间**……或**隔**三**间**、两**间**、一**间**、半**间**，前后分为。"《屋宇·[图式]九架梁五柱式》说明：第三柱、第四柱旁分别注明："**隔间**"；《屋宇·[图式] 九架梁六柱式》第四柱旁说明："**隔间**"；《屋宇·[图式] 九架梁前后卷式》第四柱旁说明："**隔间**"。

工【gōng】
①[名词] 旧指从事各种手工技艺的劳动者；工匠；工人。《论语·卫灵公》"**工**欲善其事，必先利其器。"[唐] 韩愈《师说》："百**工**之人"。
《园冶题词》："仅一委之**工**师、陶氏"。又："而意不能喻之**工**"。又："**工**人能守，不能创"。《屋宇》："鸠**工**合见"。
②[名词] 工夫；事功；作事所费的精力和时间。又作"**功夫**"。《抱朴子》："艺文不贵，徒消**工**夫。"
《兴造论》："前**工**并弃"。《选石》："费只人**工**"。《掇山·曲水》："费**工**类俗"。《选石·旧石》："凡采石惟盘驳、人**工**装载之费……"《相地·山林地》："不烦人事之**工**。"
③[形容词] 工巧；精致；一种精美或繁丽的技艺、装饰风格。《说文》："**工**，巧饰也。"[唐] 韩愈《进学解》："同**工**异曲。"
《园冶题词》："则**工**丽可，简率亦可。"《栏杆》："有**工**而精，有减而文"。《门窗》："**工**精虽专瓦作"。

公【gōng】
①[动词] 公布；公开；非秘不示人。[清] 胡凤丹《〈龙川文集〉辨伪考异跋》："虽经同人研究再三，余心犹耿耿，未敢**公**诸同好。"
《兴造论》："恐浸失其源，为好事者**公**焉。"

②［名词］古爵位名。《礼记·王制》：“王者之制禄爵，**公**、侯、伯、子、男，凡五等。”

《自跋》：“梁**公**女王之相”。

③［名词］对尊长的敬称，多用于对老年男子，也可用于平辈。

《自序》：“适晋陵方伯吴又于**公**闻而招之。”《自序》：“**公**得基于城东”。《相地·傍宅地》：“且效温**公**之独乐”。《立基》：“可并庾**公**故迹”。

公输【gōngshū】

［名词］复姓。《园冶》中指公输般，春秋时鲁国人，因“般”、“盘”与“班”音同，故称**鲁班**。春秋末期著名的能工巧匠，在建筑、木工、器械等方面均有创造，被历代木工甚至匠家尊为“祖师”。其事迹散见于《墨子·公输》：“**公输盘**为楚造云梯之械……”《战国策·宋策》：“**公输般**为楚设机，将以攻宋……”还有其他典籍等。又称公输子、公输盘、班输、鲁般。

《兴造论》：“古**公输**巧”。用典出自《孟子·离娄上》：“离娄之明，**公输子**之巧，不以规矩，不能成方圆。”赵歧注：“**公输子，鲁班**，鲁之巧人也。”又《兴造论》：“即有后起之**输**、雲，何传于世？”《屋宇》：“且操**般**门之斤斧。”

勾芒【gōumáng】

［名词］古代的春神，亦作“句芒”。《自序》：“而假**勾芒**之拳垒乎？”对于“勾芒”，古代的意义积淀较复杂，《园冶》注家均未解释清楚，需要略加考释。

在神话传说和古代哲学中，勾芒为古代传说中主管树木之神。五行中木德属东，色青，司春。此传说由来已久。《山海经·海外东经》：“东方**句**［gōu，即“勾”］**芒**，鸟身人面”。郭璞注：“木神也。”《尚书大传》卷三：“东方之极，自碣石东至日出榑木（榑［fú］木：即扶桑）之野，帝太皞**勾芒**神司之。”《吕氏春秋·孟春纪》：“其帝太皞，其神**句芒**。”太皞即伏羲氏，五行家言其以木德称王天下，被尊为东方之帝、木德之君。［汉］班固《白虎通义·五行》：“其神**勾芒**者，物之始生，其精青龙。‘**芒**’之为言，萌也。”所谓“萌”，即《礼记·月令》所说“孟春之月，东风解冻……草木萌动”之“萌”，“芒”、“萌”双声可通。这都联系于四时中的“春”及其物象来训释。故《淮南子·时则训》亦云：“季春之月……**句**者毕出，**萌**者尽达。”马宗霍引《月令》郑玄注：“**句**，屈生者。**芒**而直曰萌。”《骈字分笺》：“**句**，屈生者；**萌**，直生者。”

在文艺和民俗领域，［晋］傅玄《阳春赋》写道：“嘉**勾芒**之统时，宣太皞之威神。”［北周］《祀五帝歌十二首·青帝云门舞》：“甲在日，鸟中星。礼东后，奠苍灵。树春旗，命青史。候雁还，东风起。歌木德……”这写到了奠祀春神青帝。《隋书·音乐志》也有《社稷歌》四首，其中《春祈社》有“**勾萌**既申”之语。在古代千百年来的农业社会里，一年之计在于春，故年年要喜迎春神的来到，而以各种形式迎勾芒的风俗由来已久，其中包括迎“勾芒之拳磊”。

沽酒【gūjiǔ】

［动词］买酒。沽，本作“酤”，二字为同源字。这在先秦已成为语言现实，但直至汉代，著名训诂学家们还没有综合此二字之间的同源相通关系。这一现象，可以作为语言学及其研究必然落后于语言现实这条规律的佐证。

先看“酤”字。《诗·商颂·烈祖》：“既载清**酤**”。毛传：“**酤**，酒也。”［元］《六书正讹·有韵》亦云：“酉，酒也。”点出“酒”与“酤”的内在联系。在古篆中，

"酉"为容酒之器——"壶"、"尊"的象形，而酤亦为名词。但是，《诗·小雅·伐木》则曰："无酒酤我"。郑笺："酤，买也。"已认同"酤"的"买"义，这已是动词。

再看"沽"字。早在春秋时代的《论语·乡党》中，"沽"已通"酤"，如："沽酒、市脯，不食。"但直至东汉许慎的《说文》，虽训"酤……买酒也"，但"沽"字却无"买酒"之义，还只是水名。这是语言学研究滞后于现实之例。汉末以来，"沽"通"酤"的语例不胜枚举，如[宋]仲殊《[双调]南歌子》："记得年时沽酒，那人家?"[明]陆深《题渔乐图》："卖鱼沽酒不辞劳。"……但到了清代，《说文》研究家段玉裁，才在《说文解字注》中补充道："今字以为沽买字。"借一斑窥全豹，由此可见古籍注释不但应依据经典辞书，而且还应依据经、史、子、集及其注疏，从中寻找、选择语例，这才能符合实际的需要。

《园冶·相地·村庄地》："沽酒不辞风雪路。"

故【gù】

① [名词] 事；变故。《词诠》："故，名词。《周语》韦注：'故，事也。'"[晋]钟会《移蜀将吏士民檄》："方（金按：正）国家多故"。

《冶叙》："适四方多故"。

② [名词] 原因；缘故。《词诠》："故，名词。今言'原由'。"《左传·僖公二十年》："既克，公问其故"。

《屋宇·五架梁》："前檐深下，内黑暗者，斯故也。"

③ [形容词] 旧；原来的；从前的。《论语·为政》："温故而知新。"《史记·春申君传赞》："观春申君故城宫室，盛矣哉！"

《自序》："乃元朝温相故园"。《立基》："可并庚公故迹"。

④ [副词] 故意；特地。《词诠》："故，表态副词。与口语'特地'同。今言'故意'即此。"《韩非子·喻老》："桓侯故使人问之"。

《借景》："行云故落凭槛"。

⑤ [副词] 本来。《经传释词》："故，本然之词也。"《荀子·性恶》："非故生于人之性也"。杨倞注："故，犹本也。"《聊斋志异·促织》："此物故非西产"。

《装折》："故不脱柳条楞"。

⑥ [连词] 所以；因此。《马氏文通》："承上而申下之辞，则惟'故'字……皆承上而申言之也。"《荀子·劝学》："故木受绳则直"。

《屋宇·斋》："盖藏、修、密、处之地，故式不宜敞显。"《门窗》："非传恐失，故式存馀。"《自跋》："欲示二儿长生、长吉，但觅梨栗而已。故梓行……"

⑦ 附：世故【shìgù】

[名词] 此指世俗事务，含庸俗的人际关系、圆滑的处世方法以及趋奉一类俗套在内。按：传统的"世故"，或含褒义，而计成《自跋》中则为贬义。《锡山志》记元代无锡著名画家倪云林隐于园林，沉浸画艺，"日坐清闷阁，不涉世故间"。

《自跋》："久资林园，似与世故觉远。"金按：明末的计成，亦同于元末的倪云林，乱世"不涉世故间"，因而"觉远"。

观【guān】

① [动词] 观看；仔细看。《论语·公冶长》："听其言而观其行。"

《自序》："予偶观之"。又："睹观者俱称……"《屋宇·九架梁》："观之不知其所。"《掇山》："高低观之多致"。

② [动词] 观察；审视。[宋]程灏《秋日诗》："万物静观皆自得"。

《自序》："予**观**其基形最高"。《掇山·瀑布》："先**观**有高楼檐水"。

③[**动词**]观赏；品赏；观摩。[宋]范仲淹《岳阳楼记》："予**观**夫巴陵胜状，在洞庭一湖"。[宋]辛弃疾《沁园春·带湖新居将成》："疏篱护竹，莫碍**观**梅。"《屋宇·重椽》："用重椽复水可**观**。"《墙垣·漏砖墙》："凡有**观**眺处筑斯"。《掇山·瀑布》："坐雨**观**泉"。《掇山·峰》："立之可**观**。"《借景》："**观**鱼濠上。"

④[**名词**]面貌；外观；景象；情景。[汉]张衡《东京赋》："信天下之壮**观**也。"[宋]范仲淹《岳阳楼记》："此则岳阳楼之大**观**也。"[宋]周密《观潮》："浙江之潮，天下之伟**观**也。"

《园冶题词》："使大地焕然改**观**"。《相地·江湖地》："足征大**观**"。《立基》："壮**观**乔岳瞻遥。"《屋宇·门楼》："象城堞有楼以壮**观**也。"《选石·太湖石》："颇多伟**观**也。"

归林【guīlín】

"归"，是中国古代社会一种重要的、也是特殊的历史文化现象，谓辞官曰归林、归耕、归田、归山，亦多通于归隐。这里作一次历代典型之例的扫描：

[先秦]《吕氏春秋·赞能》："子何以不**归**耕乎？"[汉]张衡写了著名的《**归**田赋》，有"追渔父以同嬉，超尘埃以遐逝"，"苟纵心于物外，安知荣辱之所如"等句，这是在中国文化史上第一次表达了士大夫文人以"归"来以对抗、远离黑暗社会现实的意愿。这可看作是"文人归田"即回归自然的一个源头。

于是，《晋书·李密传》有"官中无人，不如**归**田"之语。[晋]陶渊明著名的《**归**去来兮辞》云："**归**去来兮，田园将芜胡不**归**？"《宋书·王弘之传》："王弘之拂衣**归**耕"。[唐]李白《行路难[其二]》："行路难，**归**去来。"[唐]白居易《香炉峰下新置草堂，即事咏怀题于石上》："时来昔捧日，老去今**归**山。倦鸟得茂树，涸鱼还清源。舍此欲焉往，人间多险艰。"[宋]欧阳修有《**归**田录》，为晚年辞官归隐后所作笔记。再如金、元之际的刘祁曾回乡隐居，题其室曰"**归**潜"，其书名《**归**潜志》，亦为笔记。[明]袁宏道《真定大悲阁》诗："相逢低两眉，但诉**归**林计。"明末遗民陈璧《亦园铭》："陶潜**归**田，编篱种菊"……

《相地·村庄地》："**归林**得意，老圃有馀。"此句也只有将其置于上述历史文化的大背景上，才能理解它的文化学意义。对于"归林"，《图文本》注道："退居林下，归居林园。[唐]李白《赠参寥子》：'长揖不受官，拂衣**归**林峦。'"甚确。

过梁【guòliáng】

[**名词**]建筑专业语。木构架建筑中的大梁横木，又称大梁；柁梁；驼梁；大柁。

梁思成《清式营造则例》："梁的长短随进深而定……最下一层最长一根梁称大柁，次级较短一根称二柁，有三层时最上最短一根称三柁。"（中国建筑工业出版社1987年版，第27页）《营造法原》："**大梁**，架于两步柱上横木，为最长**柁梁**之简称。"（中国建筑工业出版社1986年版，第95页）《园冶全释》："**过梁**，是木架构的**大梁**……是决定木架构建筑空间纵向深度的唯一结构构件。五架梁的架数，既是**大梁**的量度，也指构架的方式。即在两柱（步柱）间架**大梁**，梁上立矮柱，矮柱（童柱）上架短梁（小驼梁，金按：即二柁），再立矮柱的结构。"

《屋宇·五架梁》："五架梁，乃厅堂中**过梁**也。"

合【hé】

①[**动词**]合拢；闭。**与"分"相对，又与"开"相对。**《战国策·燕策二》："蚌

方出曝，而鹬啄其肉，蚌**合**而拑其啄。"[唐]柳宗元《小石潭记》："四面竹树环**合**。"

《屋宇·[图式]梅花亭地图式》："结顶**合**檐"。《装折》："掩宜**合**线（即合缝；使缝隙密合）"。《装折·[图式]风窗两截式》："关**合**如一为妙。"《装折·[图式]风窗三截式》："将中扇挂**合**上扇"。又："中连上，宜用铜**合**扇。"《掇山·洞》："**合**凑收顶。"

②[动词]**符合；适合；不违背。**《庄子·养生主》："**合**于'桑林'之舞。"

《园说》："随宜**合**用。"《立基》："安门须**合**厅方。"《屋宇·亭》："随意**合**宜则制。"《装折》："构**合**时宜。"《铺地·诸砖地》："量砖长短，**合**宜可也。"《屋宇》："鸠工**合**见。"（按：合见，即使见合。）《选石》："依皴**合**掇。"

③[动词]**相当于；合共；折合。**

《屋宇·五架梁》："如前后各添一架，**合**七架梁列架式。"

④[动词]**宜；合当；应当。**《助词辨略》："**合**，应也，当也。"[唐]白居易《与元九书》："文章**合**为时而著，歌诗**合**为事而作。"[元]关汉卿《谢天香》第四折："饮酒**合**当饮巨瓯。"[明]唐寅《秋风纨扇图》："秋来纨扇**合**收藏。"

《兴造论》："随曲**合**方。"《自识》："**合**为世便。"

⑤[副词]**共同；一起。**《经典释文·毛诗音义上》："《大序》是子夏作；《小序》是子夏、毛公**合**作。"

《屋宇·地图》："主匠之**合**见也。"

⑥附：**合志**【hézhì】

[动词→名词]**契合志趣；使情意投合；志趣相合、情投意合的人。**[晋]陆雲《失题》："何以**合志**，寄之此诗。何以写思，记之斯辞。我心爱矣，歌以赠之。"陆雲的诗句，是"合志"最具体、最确切的书证。

《自序》："时汪士衡中翰延予銮江筑[园]，似为**合志**。"《掇山·园山》："缘世无**合志**"。以上二例为名词。《屋宇》："探奇**合志**，常套俱裁。"此为动宾短语。

户－宷【hù】古代多数作"户"，简化字亦如此。自明版《园冶》至《园冶注释》均作"**宷**"。

[名词]**建筑专业语。单扇的门，后泛指门，在《园冶》里专指长槅、短槅。**【图113】

《说文》："户，护也。半门曰户。象形。**宷**，古文户从木。"两户曰门。关于"户"义，《释名》："所以谨护闭塞也。"《六书精蕴》："室之口也。"

对于"**宷**"字，《一切经音义》等均已不知其"户"义。黄盛璋《战国祈室铜位铭文破译与相关问题新探》（《第二届国际文字学研讨会论文集》）指出："按此字为'户'字古文……此亦为秦所罢'不与秦文合者'之一。除《说文》外，汉末博学如应劭，已不知此字为'户'字古文。《一切经音义》引《通俗文》曰：'小户曰**宷**'，此即应劭所著。又引《字书》曰：'**宷**，窗也。'……《广韵》：'**宷**……牖也。'牖即

图113 篆书"门"、"户"集字
虞俏男协制

窗，应劭仅称为小户，而顾野王《玉篇》已变为'窗'，音、义与户皆别，另为一字。汉以后除《汗简》引《说文》𰀋为古文'户'字外，盖无人能识此字为'户'。今此铭出，证明《说文》古文'𰀋'为'户'是确有根据的。"（《古文字诂林》第9册，上海教育出版社2004年版，第510－511页）

可见，"𰀋"字为秦所罢以来，历史上大概只有汉代《说文解字》的作者许慎——宋代《汗简》的作者郭忠恕——明代《园冶》的作者计成三人知道此字为'户'字的古文，而且计成还在《园冶》中一再加以使用，还辅以大量的图式。由此可见计成在文字学、训诂学方面，也有相当的造诣。还应说明，计成在《园冶》中，此字专用以指长槅、短槅（参见本篇长槅－短槅条）。长槅落地，相当于门，短槅则不落地，装于半墙之上，相当于窗。所以《装折》有"半墙𰀋槅"之语。**在本书中，统一作"户"。**

《装折》："半墙**户**槅，是室皆然。"《装折·**户**槅》："古之**户**槅，多于方眼而菱花者"。又："或有将栏杆竖为**户**槅"。《装折·［图式］长槅式》："古之**户**槅楗板，分位定于四、六者"。

环【huán】

①［**名词**］**环状、环形之物**。［传·唐］司空图《二十四诗品·雄浑》："超以象外，得其**环**中。"

《园说》："刹宇隐**环**窗"。

②［**动词**］**环绕；围绕**。［宋］欧阳修《醉翁亭记》："**环**滁，皆山也。"

《自序》："**环**润，皆佳山水。"《相地》："如长弯而**环**璧。"《相地·山林地》："千峦**环**翠"。《相地·城市地》："青来郭外**环**屏"。《门窗》："轻纱**环**碧"。《墙垣》："夹径、**环**山之垣"。《铺地》："花**环**窄路偏宜石"。《借景》："远岫**环**屏"。

③附：**环堵**【huándǔ】

［**名词**］：**方丈为堵。环堵：原义为四周环着每面方丈的土墙，后借以形容狭小、简陋的居室空间**。《庄子·让王》："原宪居鲁，**环堵**之室，茨以生草，蓬户不完。"［晋］陶渊明《五柳先生传》："**环堵**萧然，不蔽风雨。"**又引申为周围有墙的房屋或厅前庭院**。［明］吴又于《率道人素草》卷四《上梁文》："梁之中，独乐名园**环堵**宫。"

《掇山·厅山》："**环堵**中耸起高高三峰，排列于前，殊为可笑。"《借景》："**环堵**翠延萝薜。"

或【huò】

"或"的词义较虚而灵活，故以下义项可有所交叉。

①［**代词·表虚指、泛指**］**有人；有的**。《广韵》："或，不定也。"《论语·为政》："**或**谓孔子曰：'子奚不为政？［唐］杜甫《北征》："**或**红如丹砂，**或**黑如点漆。"

《自序》："**或**问曰"。又："**或**曰"。《墙垣》："**或**于石砌，**或**编篱棘。""**或**宜石宜砖。"《选石·灵璧石》："**或**成物状，**或**成峰峦"。又："以全其美，**或**一两面，**或**三面。"

②［**连词·表列举、表选择**］**或者**。《易·繫辞上》："君子之道，**或**出**或**处，**或**默**或**语。"［唐］朱景玄《唐朝名画录》："王墨者，不知何许人……醺醉之后，即以墨泼，**或**笑**或**吟，脚蹙手抹**或**淡**或**浓……"

《相地》："**或**傍山林，欲通河沼"。《立基·书房基》："**或**楼**或**屋，**或**廊**或**榭，按基形式，临机应变而立"。《立基·亭榭基》："**或**翠筠茂密之阿"。又："**或**借濠濮之上"。《屋宇·榭》："**或**水边，**或**花畔"。《屋宇·五架梁》："**或**添廊亦可。"《掇山·山石池》："俱将四边**或**三边压掇"。《选石·昆山石》："**或**植小木，**或**种溪荪于奇巧处，**或**置器中"。《选石·青龙山石》："**或**点竹树下"。《选石·宣石》："多于赤土积渍，须用刷洗，才见其质。**或**梅雨天瓦沟下水，冲尽土色"。

③［副词·表猜测、估计］或许；也许。《说文解字繫传》："**或**，疑惑不定之意。"《左传·宣公三年》："天**或**启之，必将为君"。［唐］李白《梦游天姥吟留别》："云霞明灭**或**可睹。"

《装折·户槅》："**或**有将栏杆竖为户槅，斯一不密，亦无可玩"。

④［副词］必。《古书虚词旁释》："**或**犹必也。"［南朝梁］任昉《王文宪集序》《文选》李善注引《晋中兴书》："苟非其人，乃**或**为害。"《宋书·恩倖传》："晋朝王石，未**或**能此。"

《立基·廊房基》："廊基未立，地局先留，**或**馀屋之前后，渐通林许……园林中不可少斯一断境界。"

⑤［连词］如果；若。《经词衍释》："**或**，犹如也，若也。'如'、'若'均有'或'训，则'或'自可作'如'训、'若'训矣。《易·坤》**或**从王事，无成有终。'"

《屋宇·卷》："卷者，厅堂前欲宽展，所以添设也。**或**小室欲异'人'字"。《屋宇·［图式］五架过梁式》："前**或**添卷，后添架，合成七架式"。《掇山·厅山》："以予见：**或**有嘉树，稍点玲珑石块；不然，墙中嵌理壁岩，**或**顶（壁岩之顶）植卉木垂萝，似有深境也。"

⑥［动词］有。《经词衍释》："**或**，犹有也。《尚书古义》曰：'无有作好，遵王之道……'《吕览》引此'有'作'**或**'（《贵公》篇）。高诱注曰：'**或**，有也，'"古'有'字通作'**或**'。"

《屋宇·［图式］九架梁》："**或**向东西南北之活法"。《选石·灵璧石》："有一种扁朴**或**成云气者"。

及【jí】

①［动词］至；及到；到达。《广韵》："**及**，至也，逮也。"［唐］李白《下终南山过斛斯山人宿置酒》："相携**及**田家"。

《屋宇》："究安门之当，理**及**精微"。

②［动词］如；比得上。《论语·公冶长》："非尔所**及**也。"《战国策·齐策》："君美甚，徐公何能**及**君也。"

《园冶题词》："为不可**及**"。《屋宇》："非**及**雲艺之台楼"。

③［动词］直到；等到。《论语·季氏》："**及**其壮也，血气方刚"。

《掇山·厅山》："……**及**登，一无可望"。《掇山·岩》："……**及**高，使其后坚能悬。"

④［连词·表并列］与；和。《春秋·隐公元年》："公**及**邾仪父盟于蔑。"《公羊传》："**及**者何？与也。"《助字辨略》："连及之辞也。"《诗·豳风·七月》："七月烹葵**及**菽。"

《自序》："游燕**及**楚"。《屋宇·卷》："惟四角亭**及**轩可并之"。《屋宇·磨角》："阁四敞**及**诸亭决用。"《选石·六合石子》："或置涧壑**及**流水处"。

即【jí】

①［副词·表时间］就；即刻；立即。《说文》："**即**，即食也。"《说文解字繫传》："**即**，就也，就食也。"甲、金文为人就食之象。此为"即"的本义，引申为

就、即刻之义。《三国志·吴志·朱然传》："**即**时却退。"

《相地·城市地》："得闲**即**诣，随兴携游。"《掇山·山石池》："如压一边，**即**镶"。

②[动词·表判断]是；乃；便是；即是；就是，有强调之义。《词诠》："**即**，为也，是也。"《史记·项羽本纪》："梁父，**即**楚将项燕。"

《园冶题词》："今日之'国能'，**即**他日之规矩'。"《相地·江湖地》："寻闲是福，知享**即**仙。"是、即，互文。《装折·仰尘》："仰尘，**即**古天花版也。"《相地·灵璧石》："若四面全者，**即**是从土中生起。"

③[名词]相当于"今"。《经词衍释》："**即**，犹今人言'即今'，故孙炎《尔雅·释诂》注曰：'**即**，犹今也。'《左传·昭公十三年》：'**即**欲有事，何如？'谓今欲行一事也。"

《园冶题词》："**即**予卜筑城南……"。

④[连词·表让步]纵使；即使。《史记·魏公子列传》："公子**即**合符，而晋鄙不授公子兵……"

《兴造论》："**即**有后起之输、云，何传于世？"

⑤**附一：即景**【jíjǐng】

[名词→动词]：**眼前的景物**。［唐］钱起《初黄绶赴蓝田县作》："**即景**真桃源。"［元］王冕有以《**即景**》为题的诗，写眼前所见景物。又因称以眼前景物为题材所作的诗为**即景诗**，或称就眼前景物作诗为**即景赋诗、即景题诗**。［宋］苏辙《金沙台》："**即**景题诗合酒瓯。"

《相地·山林地》："闲闲**即**景（从容自得地即景赋诗）"。

⑥**附二：即韵**【jíyùn】

[动词]：**即席分韵的节缩，两人以上一起作诗的形式之一**。《儒林外史》第二十九回："今日对名花，聚良朋，不可无诗。我们**即席分韵**，何如？"**即：当座；当场**。即韵，还可包括即席和韵、次韵、步韵、赋韵等，也可概指分题、和诗、联句、赋得、集句等。《相地·傍宅地》所说的"客集征诗"，也属于这类活动。

《借景》："幽人**即韵**于松寮，逸士弹琴于篁里。"

假【jiǎ】

①[动词]**借；暂借**。《说文》："借，**假**也。"《孟子·尽心上》："久**假**不归。"《孟子·告子下》："可以**假**馆"。［宋］张耒《别梅》："三年**假**馆主人屋"。《红楼梦》大观园中林黛玉居潇湘馆，也寓有暂时借居的遗意。

《屋宇·楼》："客舍为'**假**馆'。"引申为作客或旅居之所。

②[动词]**凭借；因凭；依仗；引申为借鉴；借助**。《广雅》："**假**，借也。"《荀子·劝学》："**假**舆马者，非利足也，而致千里。"［元］方回《梅雨大水》："狐**假**虎威饶此辈"。

《园冶题词》："若本无崇山茂林之幽，而徒**假**其曲水"《自序》："胡不**假**真山形，而**假**（借助于）迎勾芒者之拳磊乎？"《立基·亭榭基》："或**假**（凭借）濠濮之上"。

③[形容词]**并非实存的；与"真"相对**。在古代美学史上，真、假上升到哲理层面，为中国美学的一对范畴。《说文》："**假**，非真也。"《红楼梦》第一回："**假**作真时真亦假，无为有处有还无。"

《自序》："世所闻'有真斯有**假**。'"《屋宇·重椽》："乃屋中**假**屋也。"《掇山》："有真为**假**，做**假**成真。"

假山【jiǎshān】

［名词］园林、庭院中人工叠掇土、石而成以供观赏或登临的山体。

本词条拟简探"假山"一词的出现并简考历史上有关的重要文献。

陈植先生作于 1944 年的《筑山考》写道："我国造园，素以自然驰誉海内外，而论我国造园美者，复艳称**'假山'**，故**假山**实我国造园艺术之精粹也。"（《陈植造园文集》，中国建筑工业出版社 1988 年版，第 57 页）这是确评。

我国叠山出现很早，但"假山"一词最早出现，研究界均定在唐代，但书证值得研究。

有人引唐太宗李世民《小山赋》为证，其中有"抗微山于绮砌，横促岭于丹墀"，"寸中孤嶂连还断，尺里重峦欹复正"等语，这写的确实是小山假山，但字面上并未出现"假山"字样。唐太宗嫔妃徐惠写有《奉和御制小山赋》也有"影促圆峰三寸日，声低叠嶂一寻风"等语，但也未出现"假山"一词。

有人引杜甫《假山》诗为证，这也有问题。杜甫原诗题为：《天宝初，南曹小司寇舅于我太夫人堂下叠土为山，一匮盈尺，以代彼朽木，承诸焚香瓷瓯，瓯甚安矣，旁植慈竹。盖兹数峰，嶔岑婵娟，宛有尘外致，乃不知兴之所至，而作是诗》，此题不连标点长达六十七字，后人因其题过长，而写小假山又神韵俱备，如"一匮功盈尺，三峰意出群。望中疑在野，幽处欲生云……"但要援引，题又太长，故简称之为《假山》诗，然而这并非杜甫当时原题，亦不足为据。

笔者觅得《全唐诗》十二函四册有唐末五代著名诗僧齐已［sì］的假山诗，为我国造园叠山史上鲜为人知的宝贵资料，对理解《园冶》也颇有裨益，故多录片断，并以夹注略释。《**假山**并序》云："**假山**者，盖怀匡庐有作也。往岁尝居东郊，因梦觉，遂图于壁，迄于十秋（金按：言十年前曾将所怀念的庐山画在墙上）……今所作仿像一面……聊得解怀，既而功就（金按：而今又叠假山并已完工），乃激幽抱，而作是诗（即作此《假山》诗）"。其诗写道："匡庐久别离，积翠杳天涯。静室曾图峭（金按：以前曾画峻峭的庐山），幽庭复创奇（金按：而今又在庭院里创造了奇观）。典衣酬土价，择日运工时（两句回忆叠山过程：典当了衣服去还买运土、石等材料的钱，择日开工）。信手成重叠，随心作蔽亏（可能他亲自动手或指挥）。根盘惊龙蛇，顶耸讶檐卑。镇地那言重，当轩未厌危……加添双石笋，映带小莲池。"这首长诗极言种种景观的美，从"檐卑"、"当轩"来看，确乎是在庭院里，山旁还有小池石笋。"仿像一面"四字值得深味，或许就是《园冶·掇山·峭壁山》所说"靠壁理"的带有浮雕性质的"壁山"。计成最擅叠这种山，曾赢得镇江人们惊讶不已。如是，齐已模仿匡庐所叠之山，可说是峭壁山之祖了。"引看僧来数，牵引客散迟"，这种轰动效应，也有似于《园冶自序》所写："遂偶成'壁'，睹观者俱称：'俨然佳山也！'"全诗甚长，不具录。自古至唐，从未见过如此精彩而具体地咏写假山的诗篇，这是历史上首次见诸文字及其标题中的"假山"。

明末清初吴伟业所撰《张南垣传》，是一篇兼叙兼议，写叠山家艺合于道，写得出神入化的美文，已众所周知。至于对假山的专题论说文字，要数清代初叶燮的《**假山**说》，但这也鲜为人提及。笔者在《中国园林美学》中予以推崇。其理论极为精彩高深，兹亦录片断以供分享："今夫山者，天地之山也……天地之前，吾不知其何所仿。自有天地，即有此山，为天地自然之真山而已……盖自有画而后之人遂忘其有天地之山，止知有画家之山……乃今之为石垒山者，不求天地之真，而求画家之假，固已惑矣，而又不能自然，以吻合画之假也……吾之为山也，非能学天地之山也，学夫天地之山之自然之理也。"（中国建筑工业出版社 2005 年版，第 73 页）层层推理，深入分析，同时归纳，节节提升，臻于哲学的境地。这与《园冶·掇山》中"有真为假，做假成真"的纲领论说方式不同而又殊途同归。它理应进入中国造园史和中国造园理论史的领域，故特表而出之。

在笔记体裁中，"假山"一词虽有所出现，但记叙最集中的，是〔清〕钱泳《履园丛话·园林·堆**假山**》："堆**假山**者，国初以张南垣为最。康熙中则有石涛和尚，其后则仇好石、董道士、王天于、张国泰皆为妙手。近时有戈裕良者，常州人，其堆法尤胜于诸家……常论狮子林石洞皆界以条石，不算名手。余诘之曰：'不用条石，易于倾颓，奈何？'戈曰'只将大小石钩带联络，如造环桥法，可以千年不坏，要如真山洞壑一般，然后方称能事。'余服其言。"这是清人概括清代叠假山名家，其中突出了戈裕良。

在现代，童寯先生于1937年撰《江南园林志》，其中有"**假山**"专节，梳理历史，品鉴人物，纵横捭阖，侃侃而谈，广览博蒐，识见精卓，征引文献丰富，起了继往开来的作用。

刘敦桢先生《苏州古典园林》又总结说："这样的**假山**，其组合形象富于变化，有较高的创造性，是世界上其他国家的园林所罕见的。这是由于古代匠师们，从无数实物中体会山崖洞谷的形象和各种岩石的组合，以及土石结合的特征，融会贯通，不断实践，才创造出雄奇、峭拔、幽深、平远……的特征。"（中国建筑工业出版社2005年版，第24页）

以上是历史上直接有关假山的文献、人物之举要、梳理，当然其中还应举出作为翘楚的明清掇山理论家计成、李渔。

《园冶》中"假山"一词出现较多，如《自序》："取石巧者置竹木间为**假山**"。《相地·村庄地》："掇石莫知**山假**"。《墙垣·乱石墙》："大小相间，宜杂**假山**之间"。《掇山·洞》："**假山**依水为妙"。《掇山·结语》："夫理**假山**，必欲求好"。《选石·太湖石》："装治**假山**"。

李渔《闲情偶寄·居室部·山石》中颇多精彩的掇山理论，且多次出现"假山"一词，特别如《石壁》一节："**假山**之好，人有同心，独不知为峭壁，是可谓叶公之好龙矣。"列言峭壁山的种种优越性，可看作是《园冶·掇山·峭壁山》的具体展开。

间－进【jiān-jìn】

[**均为量词**] 建筑专业语。**计算房屋的基本单位**。间之宽称**面阔**，其深为**进深**，或简称"**进**"。梁思成《清式营造则例》："一座建筑物的平面有两种度量——宽与深；两者之中，较长者叫宽，较短者叫深。中国建筑因特有的构架制度，先用立柱横梁构成屋架，然后加筑墙壁或格扇，所以柱之分布，便成为平面配置上最重要的一个原素，凡在四柱之中的面积，都称为**间**。间之宽称为**面阔**；全建筑物若干**间**合起来的长度称**通面阔**，间之深称为**进深**；若干间合起来的长度称**通进深**。"（中国建筑工业出版社1987年版，第19页）《营造法原》："中国建筑之平面……以长方形为多。其长边称宽，短边称深。就房屋宽面两柱间之宽，乘深所得之面积称为**间**……**间**之宽称**开间**。数间相连，其统长称**共开间**。开间之深度称**进深**。**数间之深度称共进深**。"（中国建筑工业出版社1987年版，第1页）

《兴造论》："故凡造作，必先相地立基，然后定其**间**、**进**，量其广狭"。又："其屋架何必拘三五**间**，为**进**多少"。《屋宇》："凡家宅住房，五**间**三**间**，循次第而造"。《屋宇·地图》："假如一宅基，欲造几**进**，先以地图式之。其**进**几**间**，用几柱着地，然後式之。"

见【jiàn】——另见第663页【xiàn】。

①［动词］看见，看到。《易·艮》："行其庭，不**见**其人。"［唐］陈子昂《登幽州台歌》："前不**见**古人，后不**见**来者。"

《自序》："斯千古未闻**见**者"。《屋宇·廊》："予**见**润之甘露寺数间高下廊"。《选石·语》："余未**见**者不录。"又："曾**见**宋杜绾《石谱》。"

②［名词］见解；见地；见识；看法。《晋书·王浑传》："敢陈愚**见**"。

《屋宇·地图》："夫地图者，主匠之合**见**也。"《掇山·厅山》："以予**见**，或有嘉树，稍点玲珑石块。"

③［动词］指明文字的出处或参看的地方，即参考、参见之意。

《铺地·冰裂地》："**见**前风窗式。"《掇山·洞》："**见**前理岩法。"

④［助词］用在动词前面表被动，相当于"被"；又表动作行为由他人施加于己。《庄子·秋水》："吾长**见**笑于大方之家。"《楚辞·渔父》："众人皆醉我独醒，是以**见**放。"

《冶叙》："幸**见**放。"

将【jiāng】

①［介词］在；于。孙经世《经传释词补》："**将**，犹在也。"《荀子·非相》："不权轻重，亦**将**志乎尔。"杨倞注："亦在志意修饰耳。"《宣和遗事》亨集："**将**金箧内取七十足百长钱。"［清］秋瑾《宝刀歌》："誓**将**死里求生路。"

《冶叙》："余……**将**鸡坳、豚栅歌戚而聚国族焉已乎?"此句意谓：我……在鸡坳、豚栅（指代简陋农村）祭祀歌、乐，居丧哭泣，宴聚国宾，会见宗族，而终结一生吗?

②［介词］以；用。《广释词》："**将**，用、以。"《韩非子·喻老》："必**将**犀玉之杯"。

《栏杆》："近有**将**篆字制栏杆者"。《掇山·金鱼缸》："**将**山石周围理其上"。

③［介词］把；拿；取。《尔雅》："**将**，资也。"《小尔雅》："资，取也。"［唐］杜甫《寄岳州稼司马……》："且**将**棋度日，应用酒为年。""将"、"用"二字互文。［元］王实甫《西厢记》第一本第一折："**将**回廊绕遍。"

《屋宇·五架梁》："**将**后童柱换长柱"。《装折·户槅》："予**将**斯增减数式"。又："或有**将**栏杆竖为户槅"。《门窗·［图式］方门合角式》："**将**磨砖用木栓栓住"。

④［动词］奉养；供养；调养。《诗·小雅·四牡》："王事（王室之事；公事）靡盬（mígǔ. 没有止息），不遑**将**父……王事靡盬，不遑**将**母。"

《冶叙》："忻然**将**终其身。"

⑤［助词］发语词。《荀子·性恶》："**将**皆失丧其性故也。"

《冶叙》："**将**嗤彼云装烟驾者汗漫耳！"

⑥［助词］语气助词。用在动词后作为词尾，以助语气。《助词辨略》："《颜氏家训》：'命取**将**来，乃小豆也。'此**将**字，今方言助语多用之，犹云得也。"［唐］白居易《长恨歌》："惟**将**旧物表深情，钿合金钗寄**将**去。"《西游记》第三十四回："真个把葫芦往上一抛，扑的就落**将**下来。"

《相地·城市地》："移**将**四壁图书。"

匠作【jiàngzuò】

［名词］建筑专业语。"匠"即匠人；"作"即制作。"匠作"作为合成词，"作"

的动词性走向消失。据沈黎先生考证，"匠作"一词使用较晚，倒是"将作监"、"将作大匠"很早就有了。至元代，"将作"有时称为"匠作"……大量文献资料表明，"此后，'**匠作**'的主要意思就是指工匠。"（《香山帮匠作系统研究》，中国建筑工业出版社 2011 年版，第 6–7 页）**当然，也可包括某些计人员。**

《兴造论》："园林巧于因借，精在体宜，愈非**匠作**可为……"《屋宇·地图》："凡**匠作**，止能式屋列图，式地图者鲜矣。"《墙垣》："历来墙垣，凭**匠作**雕琢花鸟仙兽……"《选石·青龙山石》："全用**匠作**凿取"。其中基本上是指工匠，特别是后二例完全指工匠。

藉【jiè】

①[**动词**]借；凭借；假借。《左传·宣公十二年》："敢**藉**君灵，以济楚师"。杜预注："**藉**，犹假借也。"《战国策·秦策》："此所谓**藉**贼兵"。《荀子·大略》作"**借**"。

《相地》："选胜落村，**藉**参差之深树。"《相地·山林地》："欲**藉**陶舆。"

②[**介词·表方式**]因；凭借；依靠；依凭；借助。《商君书·开塞》："**藉**刑以去刑。"《汉书·艺文志》："因兴以立功，**藉**败以成罚。""因"、"藉"互文。

《园冶·屋宇·榭》："榭者，**藉**也，**藉**景而成者也。或水边，或花畔，制亦随态。"意谓"榭"，就是依借，是依借其他景物来构成的。或依靠水边，或依靠花畔，后来人就称之为水榭、花榭。

还应指出，由于"藉"、"借"二字音同而其义又同又不同，又由于"藉"简化为"借"字后，其义项较复杂，故释义必须谨慎。但《图说园冶》（山东画报出版社 2010 年修订版）恰恰忽视了这一点。该书首先这样改道："榭者，借也。借景而成者也。"这不一定错，但容易引起歧义的理解，甚至引起误解，该书正是这样注道："借景：利用其他景致来增添自身观感的丰富性。此处原为'藉景'，'藉'为'借'的繁体字，后文遇'藉'均改为'借'。"（第 132 页）这却颇有问题，确实是产生了误释误导：一、"藉"虽可简化为"借"，但"藉"、"借"二字在义项上，不是完全等同关系，而是交叉关系，"藉"还有其他的为"借"所不具的意义，或者说，简化后"借"的义项增加了，具有原来"借"字不具备的义项，但《图说园冶》未对其作察微辨异的把握。二、由于不理解，无把握，于是将"藉景而成"四字割裂开来，单把"藉景"释作"借景"，却把"而成"二字丢弃了。殊不知"藉"在这里主要起介词的作用，因为其后还有作谓语的动词"成"这个主要成分。《图说》不理解"藉"、"借"二字词义的区别，结果把"榭"的"藉景……"和《园冶·借景》中的"借景"混为一谈了。其实，"藉"在这里意为因凭、依靠，假借，故"藉景而成"意为榭是凭藉（借）其所倚邻的景物构建而成的，故笔者在《中国园林美学》中将其概括为榭的"依附性格"。三、还应指出，《图说》对"借景"的定义不够规范准确，如其中的"其他"、"自身"、"观感"等概念，均缺少明确的规定性，因此没有能把"借景"的意义解释清楚，与《园冶》关于"借景"的定义差距甚大。

又按：《园冶·屋宇·榭》中两个"藉"字，喜咏本、《图文本》均作"籍"。"籍"虽也通"藉"，不过不读 jí，而读 jiè，亦可作凭借解。《汉书·卫青传》："造谋籍兵，数为边害。"

《王力古汉语字典》："[辨] 籍，藉。二字古时多通用，但户籍、通籍、籍没、书籍等通常不作藉。藉指草垫读 jiè，不作籍。凭籍、凭藉，皆为借的通假字。"按："藉"现为"借"的简化字。为免"藉"、"籍"二字音、义的交叉纠葛，求得简化统一，本书在这一意义上也不用"籍"字。总之，应注意"藉"、"借"、"籍"三字的词义辨析。

借景【jièjǐng】

[动词] 造园学或园林美学专业语。"借景是中国园林打破界域，扩大空间，'虚而待物'，创构审美境界的重要方法。"（金学智《中国园林美学》，江苏文艺出版社1990年版第493页）

从历史上追溯，《新序·刺奢》就写到 [商]"纣为鹿台"，"临观云雨"；春秋时代，更有一些著名的台，如吴国的姑苏台，楚国的章华台等，登台望远，极大地拓展了人的空间观，当然，扩大视野不就是懂得了借景，但这无疑是借景的起因之一；晋、唐以来，风景园林诗文积淀了通过楼阁、门窗等来借景审美的丰富历史经验；宋、明时代更有多方面的长足发展……然而，率先从理论上进行全面总结的，是明末的计成，其《园冶》特设《借景》专章以为"压卷"，还按四时进行大段的铺陈描颂，于是，借景的方方面面始臻全备。

在研究界，《园冶全释》注文对借景各种类型作了精彩、扼要而又广义的概括，简摘如下：

四时："园林景色四季不同，朝夕变化，造景不是静态的，而要考虑时变效果，要有时空变化观念。"

远**借**："由近及远，多为借园外之景。如'远岫环屏'，'刹宇隐环窗'之类。"

邻**借**："由此及彼，是庭院之间，或相邻的他处之景。如'若对邻氏之景'、'窗虚蕉影玲珑'之类。"

仰**借**："由低及高。如'楼阁碍云霞而出没'，'举首（金按：应作'头'）自有深情'之类。"

俯**借**："由高及低。如'繁花覆地'，'池塘倒影'之类。"

计成对园林景观的时变效果有独特体悟，还开创性地提出了"时景"的重要概念。

以上详见本书第二编第六章《〈园冶〉**借景**论》[其一] [其二] [其三] 等。

津【jīn】

①[名词] 渡口。《说文》："**津**，水渡也。"《论语·微子》："使子路问**津**焉。"何晏《集解》引郑玄注："**津**，济渡处。"

《相地·村庄地》："到桥若谓**津**通。"《相地·郊野地》："引蔓通**津**，缘飞梁而可度。"

②[动词] 引申为途径，又为传送。《晋书·陶侃传》："[范] 逵曰：'卿欲仕郡乎？'侃曰：'欲之，困于无**津**耳。'"[北齐] 刘昼《新论·崇学》："道象之妙，非言不**津**；**津**言之妙，非学不传。""**津**"、"传"同义对举，互文。[南朝宋] 刘义恭《艳歌行》："倾首伫春燕，为我**津**辞语。"津辞语，亦即传送辞语。

《立基》："桃李不言，似通**津**信（似懂得传送信息）。"（详见本书第753页）

鸠唤雨【jiūhuànyǔ】

①鸠为鸟名，鸠鸽科部分种类的通称，古谓其能唤雨，故曰"鸠唤雨"。[宋] 陆玑《毛诗草木鸟兽虫鱼疏》卷下："鹘鸠灰色，无绣顶，阴则屏逐其匹，晴则呼之。语曰'天欲雨，**鸠**逐妇'是也"。古代务农经验，认为鸠鸣则天将有雨，因谓鸠鸣为"雨候"。[宋]陆游《喜晴》："正厌**鸠呼雨**，俄闻鹊噪晴。"又《临江仙·离

果州作》："**鸠雨**催成新绿。"在古代，鸠唤雨已成为人们根深蒂固的文化概念。

《相地·郊野地》："隔林**鸠唤雨**。"

②**附一：鸠杖**【jiūzhàng】

［名词］偏正结构，以鸠为饰之杖；老人杖端刻有鸠形的拐杖。《后汉书·礼仪志中》："年始七十者，授之以玉**杖**……长［九］尺，端以**鸠**鸟为饰。**鸠**者，不**噎**之鸟也，欲老人不噎。"又，《太平御览》卷九二一引［汉］应劭《风俗通》："俗说高祖与项羽战，败于京索，遁薮薄中，羽追求之，时**鸠**正鸣其上，追者以鸟在，无人，遂得脱。后及即位，异此鸟，故作**鸠杖**以赐老者。"［唐］王维《春日上方即事》："**鸠**形将刻**杖**"。［明］王宠《拙政园赋》："锡万年之**鸠杖**。"

《冶叙》："**鸠杖**板舆"。

③**附二：拙鸠**【zhuōjiū】

［名词］偏正结构，笨拙之鸠。《禽经》："**鸠拙**而安。"张华注引《方言》："蜀谓之拙鸟，不善营巢，取乌巢居之，虽拙而安处也。"

《园冶题词》："予自负少解结构，质之无否，愧如**拙鸠**。"

④**附三：鸠工－鸠匠**【jiūgōng-jiūjiàng】

［动词］聚集工匠。

在《园冶》注释界，此为难点，应作丛证。《尔雅·释诂》："**鸠**，聚也。"郭注；《左传》曰：'以**鸠**其民。'聚也。"《说文》："**勼**，聚也。从勹九声，读若**鸠**。"段注："《左传》作'**鸠**'，《庄子》作'**九**'，今字则**鸠**行而**勼**废矣。"《正字通》："**鸠**能聚阳气，故取义于聚。"《书·尧典》："共工方**鸠僝**［zhuàn，具也］功。"孔传："**鸠**，聚。"《史记·五帝本纪》此句作"共工旁聚布功"。《三国志·魏志·王朗传》："**鸠**集兆民。"［宋］辛弃疾《美芹十论》："臣尝**鸠**众二千……与图恢复。"一系列书证，说明"鸠"均为动词，均有集聚之义。

联系动宾短语"**鸠工**"、"**鸠匠**"的具体语境来看，［唐］黄滔《泉州开元寺佛殿碑记》："乃割俸三千缗，**鸠工**度木。"［宋］王晓《陈公楼记》："度材**鸠工**，不日而成。"鸠工，均意谓集聚工匠。

《兴造论》："专主**鸠匠**。"意谓专门主张集聚工匠。但目前一些著作译注《园冶》，对"鸠"义既未注，又未译。如陈注本此句译作"单纯地依靠（金按：'鸠'并无依靠之义）工匠"，"鸠"字跳脱未译。《园冶全释》也译作"专以工匠为主"，亦跳脱，但其意也尚可，然而其注文却写道："鸠匠：笨拙如鸠的工匠……也就是郑元勋在《题词》中所说：'工人能创不能守'的意思。"释义不但与注矛盾不一，而且更会导致以讹传讹，进一步造成解释的矛盾。如《图文本》既释"专主鸠匠"为"只注重召集工匠"，又释《栏杆·［图式］栏杆式》中的"以便鸠匠"为："此处指如拙鸠一样不会自己创造的工匠"，也明显地前后不一。再看《园冶图说》修订版的解释，由此而离谱更远，它竟将"专主鸠匠"分别释为："专主指园主，鸠匠指工匠。"不妨将此释置于原句"世之兴造，专主鸠匠"之中来读，那就成了"世上的兴造，园主工匠"，语法上明显因缺少动词谓语而不成句。再从内容上看，其译意更会与计成的观点背道而驰。因为《兴造论》强调的重点，恰恰是既非园主（如说"非主人也"），又非工匠（如说"三分匠"），相反是"能主之人"，而《图说》之释恰恰把最重要的"能主之人"排斥在外了。

再如《屋宇》："**鸠工**合见"。陈注本注道："即兴工时能符合主人意图，匠师建议，所谓'三分匠七分主人'的意思。'园筑之主犹须什九，而用匠什一'，即设计人要掌握原则。"此注概念较乱，不仅"鸠"字跳脱未译，而且将"工"字的外延扩大至"主人"、"匠师"、"设计人"，这也不符合计成本意。《疑义举析》早就正确指出："'鸠工合见'注文有误，'三分匠七分主'、'园筑之主，犹须什九，而用匠什一'之'主'，殆指主持设计之人，非屋主、园主人也。"如再联系"鸠"字来译，应为：聚集工匠使意见相合，亦即相统一。还应指出，陈注本还忽视了计成用语的具体语境。在《兴造论》里，计成引了"三分匠七分主人"之谚，进而又说，"园筑之主犹须什九，而用匠什一"，这不免有些夸饰成分，以致可能引起误解，误认为计成否定了工匠的作用，其实不然。本书第一编就专立一节，以"主匠之合见"（《屋宇·地图》）、"稍动天机，全叫人力"（《掇山》）等，详论了《园冶》造园学体系中"主"与"匠"的关系问题，凸显了计成对工匠们人力的尊重，并指出了有些注家对"无窍之人"之喻的误读。

就【jiù】

①[动词]**成就；完成**。《说文》："成，**就**也。"《尔雅义疏》："**就**者，终之成也。"［秦］李斯《谏逐客书》："泰山不让细土，故能成其大；河海不择细流，故能**就**其深。"［汉］王充《论衡·实知》："人才早成，亦有晚**就**。""成"与"就"均为互文。

《相地》："高方欲**就**（建成）亭台。"

②[动词]**接近；靠近；凌近；趋向；往……去**。《荀子·劝学》："金**就**砺则利。"《三国志·吴志·陆逊传》："**就**都治病。"

《立基》："仅**就**中庭一二。"《相地·山林地》："**就**低凿水。"《铺地》："**就**花稍琢拟秦台"。《选石》："**就**近一肩可矣。"《选石·英石》："采人**就**水中度奇巧处凿取"。

③[动词]**遇；值**。《诗·邶风·谷风》："**就**其深矣，方之舟之；**就**其浅矣，泳之游之。"

《掇山·池山》："**就**水点其步石"。

④[动词]**择取；效法**。［唐］韩愈《原毁》："去其不如舜者，**就**其如舜者。"

《掇山·园山》："缘世无合志，不尽欣赏，而**就**（效法）厅前三峰，楼面一壁而已。"

⑤[动词]**迁就；凑从；依从；依随**。《玉篇》："**就**，从也。"［宋］陆游《老学庵笔记》卷五：苏轼写诗词，"但豪放不喜剪裁以**就**声律耳"。

《门窗·[图式]圈门式》："不可**就**砖"。《墙垣》："**就**屋之端正"。

具体而生【jùtǐérshēng】

《选石·灵璧石》："石在土中，随其大小**具体而生**。……或成物状，或成峰峦……若四面全者，即是从土中生起……择其奇巧处镌治，取其底平，可以顿置几案，亦可以掇小景。"对文中此四字，诸家均未注、译。四字亦未见诸文献，只有"具体而微"，典出《孟子·公孙丑上》："昔者窃闻之：子夏、子游、子张皆有圣人之一体，冉牛、闵子、颜渊，则**具体而微**。"朱熹集注："一体，犹一肢也。**具体而微**，谓有其全体，但未广大耳。"后用此成语说明，各部分已大体具备，不过局面、规模比较小。

自宋以来，品石家撷来予以活用，改为"具体而生"，特用以状写灵璧石，且往往用以示其体量之小。如［宋］杜绾《云林石谱·灵璧石》："石在土中，随其大小**具体而生**。或成物状，或成峰峦……大者高二三尺，小者尺馀，或如拳大"。［明］张应文《清秘藏·论异石》："余向蓄一枚，大仅拳许，峰峦叠起……复一枚，大三寸二分，高二寸六分……"［明］林有麟《素园石谱》："其色少黑，高一二尺，小者尺馀，或如拳大……"其规模均小。[明]谷应泰《纪各种奇石·灵璧石》："石在土中，随其大小**具体而生**……且长三五寸，四面完全……可以为研山"。当然，也有记其大者，但"具体而生"更适合其小，因为"生"字之所易，为原来的"微"字，这一字之改，其意尽在不言之中，极妙，说明了**灵璧石微小奇特的姿态，在土中已具其体**，或者说，**其或成物状、或成峰峦之"体"已经具备，已经生成。**

具眼【jùyǎn】

[名词]善于鉴别事物的眼光识力；高明的识见。《宋书·谢深甫传》："[深甫]为浙曹考官，一时士望，皆在选中。司业郑伯熊曰：'文士世不乏，求具眼如深甫者实鲜。'"[清]伍涵芬《说诗乐趣·诗格门·**具眼**具耳》："李西涯云：'诗必有**具眼**，亦有具耳。眼主格，耳主声。'"

《相地·傍宅地》："**具眼**胡分青白"。

绝【jué】

①[动词]断绝；切断；不再连续。《说文》："绝，断丝也。从糸，从刀。"《释名》："**绝**，截也，如割截也。"《吕氏春秋·本味》："锺子期死，伯牙破琴**绝**弦，终身不复鼓琴。"

《相地》："倘嵌他人之胜，有一线相通，非为间**绝**，借景偏宜。"

②[形容词]险；没有通路的；没有活动余地的。《孙子·九变》："**绝**地无留。"贾林注："溪谷坎险，前无通路曰**绝**。"

《相地·山林地》："**绝**涧安其梁，飞岩假其栈。"《装折》："**绝**处犹开，低方忽上。"

③[副词·表程度]最；极；极度。《玉篇》："绝，极也。"《史记·伍子胥列传》："秦女**绝**美"。

《冶叙》："臆**绝**灵奇。"《园冶题词》："**绝**少'鹿柴''文杏'之胜。"

栏杆【lángān】

[名词]建筑专业语。本作"阑干"。用竹、木做成的遮拦物，后又发展为由石、砖、琉璃等不同材质制成。[宋]冯延巳《鹊踏枝》："六曲**阑干**偎碧树"。[宋]欧阳修《采桑子》："垂柳**阑干**尽日风。"

梁思成《清式营造则例》："**栏杆**：台坛，楼，或廊边上防人物下坠之障碍物。"（中国建筑工业出版社1987年版82页）《营造法原》："**栏杆**：筑于建筑物之廊、门或阶台、露台等处之短栅，以防下坠之障碍物，有时亦用于窗下者。（中国建筑工业出版社1986年版125页）"有巡杖栏杆（由巡杖、望柱、栏板等组成）、栏板栏杆（仅由望柱、栏板等组成）、垂带栏杆（用于垂带石上）、直棂栏杆（笔管式一类）、花式栏杆（重雕饰）、坐凳栏杆（多用于廊侧，供坐憩，又称坐槛半墙）、靠背栏杆（又称吴王靠、美人靠）等不同品类。

《园冶》特重视栏杆，三卷中第二卷均主要为栏杆图式，并皆为木质栏杆。《栏杆》："**栏杆**信画而成"。《栏杆·[图式]笔管式》："**栏杆**以笔管式为开始，以单变双"。

理【lǐ】

"理"的本义是指对玉璞进行加工。《园冶》特喜用"理"字，一般造园学著作只说"理水"，而计成还说"理山"或"理石"。这可能受了儒家玉文化的影响。《说文》："玉，石之美，有五德……"《礼记·玉藻》云："君子无故，玉不离身。"

《说文·王部》凡140字，没有一个与玉无关。总揽《园冶》书中，"理"有三义，拟结合传统玉文化加以探析和诠释。

①[动词] 治理；处理；疏理。《说文》："理，治玉也。"段注："《战国策》：'郑人谓玉之未理者为璞。'是理为剖析也。"《说文通训定声》："理，顺玉之文而剖析之。"为形声字，"里"是声符，"玉"（即"王"）是义符，表示此字从"玉"而来。"理"为治玉，是顺着纹路把玉从璞里剖分出来使之成器，这是一个细致而有难度的工作，其目的是通过"治"的行为动作，产出较高的价值。同时，"理"字的"治"义又不断衍申泛化。《小尔雅》王煦疏："治者，事其事也。后王治其民，士农工商治其业，皆治之义也。"可见，凡是"事其事"均可称"治"或"理"。《说文通训定声》："理，治也。此以借字释正字也。"理是正字，其义为治，治士农工商诸业皆为"理"，如［晋］陶渊明《庚戌岁九月中于西田获早稻》："开春理常业。"

《掇山》章"理"字出现二十余次，如《掇山》："还拟理石之精微。"《园山》："是以散漫理之，可得佳境也。"《厅山》："墙中嵌理壁岩，或顶植卉木垂萝，似有深境也。"《池山》："池上理山，园中第一胜也。若大若小，更有妙境。"《峭壁山》："峭壁山者，靠壁理也……理者相石皴纹，仿古人笔意"。《选石》章中也不乏"理"字，《锦川石》："如理假山，犹类劈峰。"其他如《相地》章，《郊野地》："理顽石而堪支。"《傍宅地》："理石挑山"……《园冶》中"理"的应用范围很广，包括理石、理山、理池、理洞、理泉、理涧、理瀑布等，均为动词，可释作造、叠、堆、驳等，联系叠山理水具体的细部行为，则包括竖、垫、拼、挑、压、钩、挂、撑等，统统可称为"理"，从本质上说，"理"就是山水美的创构。

②[名词] 纹理；文理。亦由治玉引申而来，原指玉石的纹路。《说文解字系传》："物之脉理，惟玉最密，故从玉。"从词源上看，如《荀子·正名》云："形体色理，以目异。"杨倞注："理，文理也。"《徐霞客游记·滇游日记八》："石色光腻，纹理灿然。"

《选石》章中，此义最多。《太湖石》："其质文理纵横"。《龙潭石》："透漏文理如太湖者"。《湖口石》："石理如刷丝"。《选石·结语》："随其顽夯，但有文理可也。"可见计成对石质、石纹之美关注的深切。

③[名词] 道理；规律；原理，此亦由事物的文理、条理化进一步衍申而来。《广雅》："理，道也。"［宋］王安石《上蒋侍郎书》："其于进退之理，可以不观时乎？"

《掇山·山石池》中的"理当斟酌"。

立基【hjī】
《园冶》一书的重要概念之一。**确定房屋、假山等的基地、位置乃至方位朝向，也就是确立园林建筑布局的初步规划。**《园冶·兴造论》："故凡造作，必先相地立基。"可见立基和相地一样，也是"能主之人"规划设计的实事，在施工之前是必须首先进行的。

《园冶全释》："确立房屋（建筑）基础的位置，实际上也就是确立建筑的位置。""**立基**：不单指园林景物——建筑和假山等本身的基础位置，还包括其基地选择和空间环境的构思以及具体的意匠。"从《园冶·立基》看，除了具体建筑（即个体建筑）如厅堂基、楼阁基、门楼基、书房基、亭榭基、廊房基等而外，还有假山基。

枥杖【lìzhàng】

[名词]不成材的枥木所作之手杖。诸家均仅就"枥杖"的字面上作解释，不将其视为典故，于是与上句用典于《宋书·陶潜传》的"篮舆"之典不成对文。

枥同"栎〔lì〕"，《庄子·人间世》中称为"栎社树"，即社旁的栎树，匠石（人名）称之为"无所可用"的"不材之木"，然而又是能"终其天年"的"寿"木。这是一种含义颇深的隐喻。〔晋〕戴逵《闲游赞》："栎散之质，不以斧斤致用。"这种既弃世又被世所弃之材，令人想起清初"入世而后见弃"的诗人叶燮，其《二弃草堂记》就写自己的不才："拙"、"直"、"距（"迎"之反，通"拒"）"、"戆"，"如土偶，如木鸡，如聋瞽，如浑沌"，"不劳心，不瘁形，不追前，不筹后……弃之中若别有乾坤日月岁时焉"。

《园说》："看山上个篮舆，问水拖条**枥杖**。"后句比喻拖着枥杖，隐于园之人为无用之材，从而寓以深意，这应联系特定的历史背景——计成"大不遇时"（《自跋》）的时代来深味。

连墙【liánqiáng】

[名词]建筑专业语。"连墙"，是把平行的、不在同一直线上的两道或两道以上的墙，用横向的较短的墙体将其连接或交叉起来，是墙体的一种具体的、局部的相交连接结构，包括廊旁的坐槛半墙（坐凳栏杆）与其他墙体的相交连接在内，**是园林曲折幽深、小中见大的手法之一、也是园林创构艺术意境的手法之一**（见本书第244-250页）。它一般用于建筑较密集之处。

《园冶·装折》："**连墙**拟越深斋。"

从园林建筑学的视角看，连墙的作用表现为交互地分隔空间，规范路径，遮蔽视线，框现美景……这叫做"连墙留空"；从美学或审美心理学的视角看，在纵横交连、曲折交接的墙上留空，墙外点景，可以造成扑朔迷离的隐约感、景深感、新奇感，于是赢得"**连墙**拟越深斋"的审美效果。

梁-柱【liáng-zhù】

[名词]建筑专业语。中国古代建筑的两种主要木构件。中国建筑的主要特征是"以木材为主，此结构原则乃为'**梁柱**式建筑'之'构架制'"（梁思成：《中国建筑史》，百花文艺出版社1998年版，第13页）。"中国建筑以木架负重，墙垣仅隔内外，避风雨而已。木架之构造……其直立支重者为**柱**；其横者为**梁**、桁、椽"。（《营造法原》，中国建筑工业出版社1986年版，第4页）"中国古代建筑以木构架为主要的结构方式……这种木架构是沿着房屋的进深方向在石础上立**柱**，**柱**上架**梁**，再在**梁**上重叠数层瓜**柱**和**梁**，最上层梁上立脊瓜**柱**，构成一组木构架。"（刘敦桢主编《中国古代建筑史》，中国建筑工业出版社1981年版，第3-4页）

《兴造论》："若匠惟雕镂是巧，排架是精，一**梁**一**柱**，定不可移……"陈注一版因形讹而误作"一架一柱"，二版已改。

娄娄然-慺慺然【lóulóurán】——正误字。原本及其他各本均误作"**慺慺然**"。

《园冶·屋宇·楼》："《说文》云：'重屋曰楼。'《尔雅》云：'陜而脩曲为楼。'言窗牖虚开，诸孔**慺慺然**也。造式，如堂高一层者是也。"内阁明版、陈注本等均如此。其误至迟自唐以来，辗转相传，大抵以讹传讹，一错再错，虽经清人一再考辨订讹，其误仍流于今。

现引古代经典训诂著作和训诂学家有关的考证如下：

[汉] 刘熙《释名·释宫室》："楼,谓牖户之间有射孔,**楼楼然**也。""楼楼"二字,均为"木"旁,不误,以"楼楼"通"娄娄",空也,为形容词。

[清] 郝懿行《尔雅义疏》："《释名》云:楼,言牖户之间诸射孔,**楼楼然**也。"改"有"为"诸",言户牖之多,其意更明确。

[清] 毕沅《释名疏证》："今本作'楼',谓牖户之间有射孔,**楼楼然**也。《太平御览》引作'楼有牖户,诸射孔**娄娄然**也。'兹从《初学记》所引,《初学记》'娄'字加'心'旁,讹也,不可从。《说文》云:'娄,空也。'作'娄'为是。"

按:《初学记》为类书,[唐] 徐坚编,可见作"心"旁之"慺慺",唐时早已误。对于毕沅《疏证》中的"兹从《初学记》所引"几句,吴翊寅《释名疏证校议》表示怀疑:"毕据《初学记》引改,恐非旧文。"此系误解。毕氏并没有"据《初学记》引改",相反,是指出了《初学记》之"讹,不可从"。之所以产生这种误解,是由于对"兹从"的不同理解以及句读问题。其实,"兹从"不应读作"此(代词,指代《初学记》)从",而应读作"今(名词)从",表时间。《古书虚词集释》引《广雅》:"兹,今也。"《古书虚词旁释》亦作如是说,确证如《离骚》"喟凭心而历兹",历兹犹至于今;[三国魏] 阮籍《咏怀》"炎暑惟兹夏",犹言今夏;[南朝宋] 鲍照《代櫂歌行》"昔秋寓江介,兹春客何洿。""昔"、"兹"(今)反义对举,其义更明。且此"兹"字,《乐府诗集》、《诗纪》并作"今"……例不赘举。因此,"兹从……"犹言"今[人]从《初学记》所引……不可从。"又,此句后应读作逗号,不应读作句号。

[清] 王先谦《释名疏证补附》："胡玉缙曰:按娄,空也。射空**娄娄**,即《说文·广部》'廔'云:'屋丽廔也。'《玉篇·广部》'廔'云:'麗廔绮窗。'然则楼之言'娄',又言'廔'也,门户洞达,窗牖交通,足资登眺。故《月令》云:'可以居高明。'郑注:'高明,谓楼观也,'又《说文·囧部》'囧'云:'窗牖丽廔闿明也。'"

[清] 俞樾《古书疑义举例·不达古语而误解例》："娄空,古语也。《说文·女部》:'娄,空也。'……凡物空者无不明,故以人言则曰'离娄',以屋言则曰'丽廔','离'与'丽'皆'娄'字之双声也。《论语·先进篇》:'回(金按:即颜回,孔子弟子)也其庶乎,娄空。'此言颜子之心,通达无滞,若窗牖之丽廔闿明也。"

再看《园冶》研究现状。陈注一、二版:"《说文》:慺,恭谨貌,即谨饬之谓。'诸孔慺慺然',就是说许多窗孔整齐的意思。"释文:"窗户洞开,许多窗孔,整齐地排列。"《园冶全释》:"慺慺:勤恳,恭谨。这里形容窗户槅扇打开,排列整齐的样子。"译文也突出"窗扇都打开,孔洞整齐排列"。其实,"恭谨、勤恳"这类用于人的形容词,无论如何是难以形容楼或窗的,也难以引申出窗户排列整齐之意。尔后,有些《园冶》通识本,也据此而以讹传讹。诸家之中,惟《图文本》所引书证可靠,但关键性的标点有误,且正文中未将喜咏本"慺慺"误作"慺慺"改过来,一仍其错上加错。

现归纳清代几位著名训诂学家的考证,**娄娄然**,或**楼楼然**,意谓**窗牖交通,空明洞达**,故而楼可以居高明,资登眺。如作慺慺或慺慺,易导向种种误释。当然,此二字唐时已错,一直沿袭至明末。计成的《园冶》虽亦误引作"慺慺",但他对楼的总体把握还是不错的。如解释楼为"重屋",是"堂高一层",其特征就是高耸,亦即"居高明"。故《相地·山林地》云:"楼阁碍云霞而出没。"《立基·楼阁基》云:"更上一层,可穷千里目也。"均言其高。再说楼的另一功能特征是"空",是门户洞达,窗牖交通,足资登眺。故《园说》云:"山楼凭远,纵目皆然。"这些有关论述也不容忽视。

落【luò】

①[动词]树叶、花瓣脱落飘零。《礼记·王制》："草木零**落**，然后入山林。"［晋］陶渊明《桃花源记》："**落**英缤纷。"

《相地·郊野地》："花**落**呼童"。《借景》："梧叶忽惊秋**落**"。

②[动词]引申为下降；下落；落到；从高处至低处。［宋］苏轼《后赤壁赋》："山高月小，水**落**石出。"又引申为落脚点、归宿（均名词动用）。

《相地》："选胜**落**村（落村：以村庄为落脚点）"。《立基·廊房基》："蹑山腰，**落**水面"。

③[动词]止息；停留。［唐］李子卿《府试授衣赋》："山静风**落**，天高气凉"。《借景》："行云故**落**凭栏"。

④ 附：篱落【líluò】

[名词]即篱笆，或称篱。《释名》："篱，离也，以柴竹作之，疏离离然也。"具体地说，即以竹、木、芦苇编成的屏障或栅栏。［唐］张籍《过贾岛野居》："蛙声**篱落**下，草声户庭间。"［宋］杨万里《宿新市徐公店》："**篱落**疏疏一径深。"［宋］乐雷发《秋日行村路》："儿童**篱落**带斜阳。"

《冶叙》："置诸**篱落**（此指代小乡村）许"。《相地·村庄地》："团团**篱落**（此指篱笆），处处桑麻。"

落步【luòbù】

[名词]建筑专业语。台基外缘的"台口石"即阶沿石，包括踏步。

《屋宇》："**落步**但加重庑，阶砌犹深。"（详见本书第251－253页）

附：落步栏杆【luòbùlángān】

[名词]建筑专业语。厅堂周边落步（"台口石"即"压阑石"）上的栏杆。

《装折》："**落步栏杆**，长廊犹胜。"（见本书第253－254页）

门楼【ménlóu】

[名词]建筑专业语。《营造法原》："**凡门头上施数重砖砌之枋；或加牌科等装饰，上复以屋面，而其高度超出两旁之塞口墙者。**"（中国建筑工业出版社1981年版，第96页）门楼可分精雕细刻和简略雕饰两种，还可分有楼和无楼两种。精雕细刻如［清］钱泳《履园丛话》卷十二："大厅前必有**门楼**，楼上雕人马戏文，玲珑剔透。"苏州网师园"藻耀高翔"门楼即属此种。

《屋宇·门楼》："**门**上起楼，象城堞有楼以壮观也。无楼亦呼之。"《相地·村庄地》："**门楼**知稼"。此处的"门楼"，应指简约型的门楼，即简略雕饰而无楼的。

名【míng】

①[名词]事物的名称。［唐］韩愈《盆池［其三］》："小虫无数不知**名**。"

《栏杆·［图式］笔管式》："变化以次而成，故有**名**。无**名**者恐有遗漏"。

②[动词]命名；取名；名称叫做。［明］文震亨《长物志·花木·萱花》："亦**名**'宜男'"。

《自序》："暇草式所制，**名**《园牧》尔。"《墙垣·白粉墙》："斯**名**'镜面墙'也。"《选石·龙潭石》："地**名**七星观"。《选石·旧石》："予闻一石**名**'百米峰'，询之费百米所得，故**名**。……复**名**'二百米峰'也。"

③[名词]名望；名声；声誉。《晏子春秋·内篇·杂上二十五》："［晏子］**名**显诸侯。"

《选石》："人重利**名**"。《选石·旧石》："慕闻虚**名**"。《借景》："清**名**可并"。
《自跋》："逃**名**丘壑中"。

④［动词］闻名；有名气。［唐］刘禹锡《陋室铭》："山不在高，有仙则**名**。"
《自序》："不佞少以绘**名**"。

⑤［形容词］著名的；有名的。［明］宋濂《送东阳马生序》："又患无硕师、
名人与游。"

《园冶题词》："宇内不少**名**流韵士"。《选石·旧石》："某**名**园某峰石，某**名**
人题咏……"

明瓦【míngwǎ】
［名词］建筑专业语。又称蛎壳、蠡壳。古代没有玻璃，用蛎壳（贝类）外层磨
制成半透明薄片，装在窗棂上借以封闭和采光，称为明瓦。［清］黄景仁《夜起》：
"鱼鳞云断天凝黛，**蠡**壳窗稀月逗梭。"《营造法原》："**明瓦**为半透明之螭（金按：'螭
［chī］'字误，应作'牡蛎［h］'的'蛎'）壳，方形，以竹片为框嵌镶其内，钉于窗外。故
其花纹之搭配，常限于**明瓦**之大小。"（中国建筑工业出版社1986年版，第43页）

《装折》："加之**明瓦**斯坚"。

磨－用磨【mó－yòngmó】
［动词］建筑专业语。吴语称为"做砖细"，属于水作的装饰部分，也指用清
水砖即水磨砖铺砌制作。

《营造法原》："做清水用砖，必须用大窑货，取其色泽白亮……择其平整，砖泥
均匀，空隙少者。""其法先将砖刨光，加施雕刻，然后打**磨**，遇有空隙则以油灰填
补，随填随**磨**，则其色均匀，经久不变。砖料起线，以砖刨推出，其断面随刨口而
异……""［雕刻的题材］凡万字、回纹、云文、雷文、如意、纹头、水浪、云头、花
卉、人物、山水皆可应用……凡各种纹头均较浅，花卉多为浮雕，人物走兽则深刻而
突出。凡施用做细清水砖之习见者，为门楼、墙门、垛头、包檐墙之抛枋、门景（金
按：门户的框宕嵌做清水砖花纹者）、地穴（金按：墙垣上辟门宕而不装门者，亦称洞门）、月洞（金按：
墙垣上辟有空宕，而不装窗者，亦称空窗）等处。"（中国建筑工业出版社1986年版，第72页）

《门窗》："门窗**磨**空，制式时裁。"又："切忌雕镂门空，应当**磨**琢墙垣"。《墙
垣》："或石或砖，宜漏宜**磨**（磨砖墙），各有所制……历来墙垣，凭匠作雕琢花鸟仙
兽，以为巧制"。《墙垣·磨砖墙》："如隐门照墙，厅堂面墙，皆可**用磨**……"《铺
地》："中铺一概**磨**砖。"又："绕梅花**磨**门。"又："**磨**归瓦作"。《铺地·冰裂地》：
"破方砖**磨**铺犹佳"。《铺地·诸砖地》："屋内或**磨**扁铺。"

以上"磨"字，或为动词，或为名词；可指"用磨"、磨法；或可指清水砖、
方砖；或可指磨制中的刨、切、锯等，其外延较广。

磨角－攧角【mójiǎo－làjiǎo】
［名词］建筑专业语。我国南方尤其是江南古典建筑屋顶转角处起翘的形制、
特征和结构方法的物化形态，又称攧角。攧角即折角（详见本书第262－267页）。

《屋宇·磨角》："**磨角**，如殿阁**攧角**也。阁四敞及诸亭决用。"

莫【mò】
①［代词·无指］没有谁。《诗·魏风·硕鼠》："三岁贯汝，**莫**我肯顾。"《战
国策·楚策》："群臣**莫**对"。

《园冶题词》："**莫**无否若（'莫若无否'之倒装）也。"《相地·村庄地》："掇石**莫**知山假"。

②［副词·表否定］相当于"**不**"。《诗·邶风·北门》："终窭且贫，**莫**知我艰。"［唐］柳宗元《种树郭橐驼传》："他植者虽窥视效慕，**莫**能如也。"

《立基·书房基》："令游人**莫**知有此。"《墙垣》："斯匠主之**莫**知也？"《掇山》："岩、峦、洞、穴之**莫**穷"。

③［副词］**不要；别**。［唐］刘禹锡《杨柳枝词》："请君**莫**奏前朝曲"。

《相地·村庄地》："安闲**莫**管稻粱谋"。《掇山·池山》："**莫**言世上无仙"。

目【mù】

①［名词］**眼睛**。《易·鼎·象辞》："耳**目**聪明"。

《借景》："然物情所逗，**目**寄心期。"

②［名词］**目力**。［唐］王之涣《登鹳雀楼》："欲穷千里**目**，更上一层楼。"

《立基·楼阁基》："更上一层，可穷千里**目**也。"

③［动词］**品题；品评**。《世说新语·容止》："时人**目**王右军：飘如游云，矫若惊龙。"

《选石·湖口石》："东坡称赏，**目**之为'壶中九华'。"

④附一：**极目**【jímù】

［动词］**极尽目力远望**。［晋］王粲《登楼赋》："平原远而**极目**兮"。［宋］周密《吴兴园林记·赵氏菊坡园》："旧为曾氏'**极目**亭'。"

《兴造论》："**极目**所至"。

⑤附二：**纵目**【zòngmù】

［动词］**放眼远望**。［唐］李绅《四望亭记》："**纵目**周视，回环者可数百里而远"。《说文通训定声》："**纵**，任情恣意之谓也。"

《园说》："山楼凭远，**纵目**皆然。"

⑥附三：**寓目**【yùmù】

［动词］**观览；纳入视野**。［晋］王羲之《兰亭诗》："寥朗无厓观，**寓目**理自陈。"［晋］谢万《兰亭诗》："肆眺崇阿，**寓目**高林。"［南朝宋］谢灵运《山居赋》注："侧道飞流，以为**寓目**之美观。"

《借景》："**寓目**一行白鹭。"

牧【mù】

①［动词］**养牛**。引申为掌牧牲畜。又泛化为掌管；主管；治理。

②［名词］**主管；掌管的人；州长**。又引申为法；法度；法式；范式；规范。

《自序》："暇草式所制，名《园**牧**》尔。"此"园牧"的"牧"，兼有"式"、"主"二义：［造园的］法式；［设计与工程的］主持人，即《兴造论》所说的"能主之人"（详见本书第16-17页）。又："先生曰：'斯千古未闻见者，何以云'**牧**'？"

幙-幕【mù】——正俗字

［名词］**幙**：幕俗字。帷幕；帘幕。《玉篇》："幕……亦作幙。"《字汇补》："幙，同幕。"《墨子·节葬下》："又必多为屋**幙**。"孙诒让《间诂》："吴钞本作幄幙。幙，俗幕字。"诗词中多指门窗上垂挂的帘幕。［南朝宋］鲍照《拟行路难十九首［其三］》："文窗绣户垂绮**幕**。"

《装折》："出**幙**若分别院。"（见本书第238-242页）自内阁本至陈注一、二版均作

"幙"，本书中统一作"幕"。

侬气客习【nóngqìkèxí】

［名词］由**侬**、**气**、**客习**组成。依次解释如下：

侬——人称代词。后起字，《说文》无"侬"字，可能起于六朝，**为吴地方言**，广泛流行于所谓吴侬软语、民歌以及后来的戏曲等。［明］钟惺《江行》："奴子入吴学细唾，侬音伧舌字全生。"钟惺系湖北竟陵人，因此感到吴侬软语字音很生疏。

"侬"字有多个义项：

①**第一人称代词，我**。古代吴人自称。顾野王《玉篇》："**侬**，吴人称我是也。"顾野王为南朝梁陈间文字训诂学家，吴郡吴人，撰《玉篇》（事见《吴郡志》卷二十二）。他解释本地的方言，最具可信性。《广韵》亦云："**侬**，我也。"［唐］刘禹锡《竹枝词》："花红易衰似郎意，水流无限似**侬**愁。"［元］汪元亨《折桂令·归隐》："休怪吾**侬**，性本疏慵。"《红楼梦》第二十七回："**侬**今葬花人笑痴，他年葬**侬**知是谁。"

②**第二人称代词，你**。［元］杨维桢《西湖竹枝词》："劝郎莫上南高峰，劝**侬**莫上北高峰。"今上海方言仍称你曰侬。

③**第三人称代词，他**。古代亦称他人为侬，犹言渠侬。《正字通》："**侬**，他也。"［晋］《清商曲辞·孟珠曲》："葳蕤当忆我，莫持艳他**侬**。"《南史·王敬则传》："常叹负心**侬**，郎今果行许。"

④**疑问代词之后，亦可加"侬"，如谁侬，相当于谁人**。［元］高德基《平江记事》："嘉定州去平江一百六十里……其并海去处，号'三**侬**之地'。盖以乡人自称曰'吾**侬**'、'我**侬**'，称他人曰'渠**侬**'，问人曰：'谁**侬**'。"［明］汤显祖《牡丹亭·闹殇》："为着谁**侬**，俏样子等闲抛送？"

⑤**"侬"也泛指"人"**。［南朝宋］《读曲歌》："闻欢得新**侬**，四支（肢）懊如垂。"新侬即新的情人。［南朝陈］《清商曲辞·寻阳乐》："鸡亭故**侬**去，九里新**侬**还。"［南朝梁］徐陵所编总集《玉台新咏》收录此歌，两个"侬"字均作"人"，可见故侬、新侬，即故人、新人。

气——名词。"气"就是人的作风、习性，如书生气、市侩气。与"侬气客习"的"习"联用，更可释为"习气"，均带贬义。

客习——名词。客套的习气。客套：用来表示客气的一套程式。在《冶叙》里，客习专指表面的、甚至庸俗、虚伪的一套讲客气的习俗，为贬义词。

《冶叙》："无否人最质直……**侬气客习**，对之而尽。"这里的侬气客习，**指我、你、他之间亦即彼此之间或人与人之间表面的礼节应酬甚至虚与委蛇的客套俗习，可包括所谓"人情世故"在内，含贬义。**

排比【páibǐ】

［动词］《园冶》中带有形容词义素。并列；对称；整齐；同一；相对。不同于修辞学中作为辞格的"排比"。

《装折》："装壁（装配墙壁）应为**排比**。"（详见本书第 146 - 148 页）

傍【páng】——另见第595页【bàng】。

①［名词·表方位］旁边。《古书虚字集释》："'**傍**'，'近附'也。"《王力古汉语字典》："按，旁边的意义古多作'**傍**'。"

《相地·傍宅地》"宅**傍**与后，有隙地可葺园"，《园冶全释》译作"宅旁宅后有空隙之地，皆可造园"，不误。《全译商榷》却认为："傍"字应作"旁"，因为"'旁'字是方位词，'傍'是动词"，并云：《园冶全释》、《园冶注释》俱存此错别字。"其实，此字此译并不错。"傍"字有两义，如用作方位词（亦属名词），意为旁边。《世说新语·简傲》："**傍**若无人"。[唐] 杜甫《乾元中寓居同谷县作》："安得送我置汝**傍**。"[宋] 苏轼《秦太虚题名记》："道**傍**庐舍"。[明] 江元祚《横山草堂记》："植桃其岸，**傍**有一泉"。古代还有"傍"与"后"连用之例，《史记·淳于髡列传》："执法在**傍**，御史在后。"可为《相地·傍宅地》"宅**傍**与后"方位连用的确证。

《园冶》中"傍"具"旁边"之义的，还有：《屋宇·[图式]七架酱架式》："或朝南北，屋**傍**（金按：此'傍'指边墙，即山墙）可朝东西之法。"《屋宇·[图式]地图式》："中一间宜大，**傍**间（金按：即次间）宜小。"《掇山》："一块中竖而为主石，两条**傍**插而呼劈峰。"

偏【piān】

①[形容词] 非主位的；倾斜、辅助的；不平正、不正规的。与"正"相对。[宋] 蔡絛《铁围山丛谈》卷一："纳凉于殿东**偏**。"

《兴造论》："不妨**偏**径（偏径：非中轴线、非主干道，偏斜不正之路），顿置婉转。"又："假如基地**偏**缺（不正规，有缺损）"。《相地》："如方如圆，似**偏**似曲……似**偏**阔以铺云。"《墙垣》："因基之**偏**侧，任而造之。"

②[形容词] 偏远；偏僻；边远；远离中心或城市。[晋] 陶渊明《饮酒[其一]》："问君何能尔？心远地自**偏**。"

《园说》："地**偏**为胜。"《相地·城市地》："如园之，必向幽**偏**可筑。"《立基·书房基》："择**偏**僻处，随便通园。"《借景》："兴适清**偏**"。

③[副词] 表示与意愿相违；故意和常情、一般要求相反。《汉书·外戚传上》："立而望之，**偏**何姗姗兮来迟！"

《相地·郊野地》："韵人安褐，俗笔**偏**（偏偏要）涂。"

④[副词·表程度] 恰好；最；特别。[前蜀] 李珣《浣溪纱》："入夏**偏**宜澹薄妆"。[元] 马致远《双调夜行船》曲："绿树**偏**宜屋角遮"。

《园说》："远峰**偏**宜借景，秀色堪餐。"《铺地》："花环窄路**偏**宜石"。《借景》："景摘**偏**新。"

便娟-媥娟【piánjuān】——正俗字；正误字。

[形容词] 回委曲折貌，叠韵联绵词。[汉] 王延寿《鲁灵光殿赋》："旋室**媥娟**以窈窕。"《文选》李善注："**媥娟**，回曲貌。"

金按："媥"字误。这需要分析：此联绵词是一个不可分割的双音节单纯词，拆开即原义消失。具体地说，"媥"这个形声字原先是没有"女"旁的，是受了后面"娟"字"女"旁的影响而误增了"女"这个形旁，这是一种俗写，更是一个以讹传讹的误字，其正字应作"便"，二字连写应作"**便娟**"。这类误增偏旁的现象由来已久。

先以先秦为例。[清] 俞樾《古书疑义举例·字因上下相涉而加偏旁例》较早指出，《诗经》如《关雎》中的"展转"，《采薇》中的"狁允"，均因后字或前字影响而加偏旁作"辗转"、"玁狁"。当然，这类字在流传中获得了公认，已成为通行字，不必认为误字而加订正。

至于汉魏碑刻中，这种受优势形旁而同化的碑别字现象更大量出现。如"钜鹿”是地名，但［东汉］《尹宙碑》误作"钜鏕"，［清］顾炎武《金石文字记》就指出："钜鹿之'鹿'，不当从金。"但由于"钅"属于优势形旁，构字能力强，于是"鹿"误书为"鏕"，这是前字形旁同化后字。再如"辟踊"，《张安姬墓志》误书作"躃踊"，这是后字形旁同化前字。对这类字则不应认同。值得注意，此类现象在今天建筑学著作中也还存在，如《营造法原》中作为柱础的"石鼓磴"（金按："磴"还应作"礩"），"鼓"字因后字形旁而也加了"石"旁，于是出现了连《康熙字典》中也没有的"礴"字。

回过来再来看《屋宇·室》："《文选》载：'旋室㛤娟以窈窕。'指'曲室'也。""㛤娟"也是前字因后字的优势形旁而同化，成为俗写、误字，尽管有些辞书也予以承认，其中"便娟"词条和"㛤娟"词条共存着，但本书还是将其正为"便娟"，这还可以［清］笪重光《画筌》"率易之内，转见**便娟**"为证。

计成以"便娟"形容"曲室"，甚为妥帖，突出了它的回环曲折。再释"窈窕"，它不同于《诗经》中"窈窕淑女"的"窈窕"，乃深远之义。［晋］陶渊明《归去来兮辞》："既窈窕以寻壑"。曲室既然回环曲折，那么，就必然给人以深远之感。

便宜【piányí】
方便适宜；既便又宜。［晋］成公绥《隶书体》："随**便**适**宜**（此指书体。意谓和篆书相比，隶书写起来较为随便适宜）。"《南齐书·顾宪之传》："愚又以**便宜**者，该谓**便**于公而**宜**于民也。"

《选石》："**便宜**出水，虽遥千里何妨。"

屏【píng】——另见第597页【bǐng】。
①［名词］当门的小墙。《诗·大雅·板》："大邦维**屏**。"**引申为屏障；障蔽物。**

《相地·城市地》："最厌编**屏**。"

②［名词］屏风，陈设于室内兼有装饰作用的障蔽物。［唐］杜甫《李监宅［其一］》："**屏**开金孔雀"。［唐］杜牧《秋夕》："银烛秋光冷画**屏**"。

《相地·城市地》："障锦山**屏**。"又："青来郭外环**屏**。"《借景》："远岫环**屏**。"以上三例均用其比喻义。

屏门【píngmén】
［名词］建筑专业语。堂中四扇或六扇并列，起障蔽作用的框档门，"鼓儿门"为其中一种。

《装折·屏门》："堂中如屏列而平者，古者可一面用，今遵为两面用，斯谓'**鼓儿门**'也。"《释名·释乐器》："鼓，郭（通'廓'、'扩'，故下文曰'张'）也，张皮以冒之，其中空也。"金按：两面钉木板，中空如鼓，故名"鼓儿门"。

补释：《营造法原》："门以构造之不同，可分为实拼门与框档门二种。前者以无数木材结方蓒（金按：应作"拼"）成，材料坚固，宜用于外墙及前后门隔之处，后门、侧门及墙门多用之。后者以木料作框，镶钉木板，宜用为大门及**屏门**。""框档门两边直框，称边挺。上下两端之横料，称横头料。中间之横料凡二三道，称光子，外钉木板……用于**屏门**者，则髹以白漆。"（中国建筑工业出版社1986年版，第41-42页）金按："鼓儿门"可能盛行于计成时代，今日苏州园林建筑仍为一面用的屏门，笔者仅见耦园个别厅堂有"鼓儿门"式的屏门。

《屋宇·五架梁》："可装**屏门**。"

铺地【pūdì】

[动词→名词] 园林建筑专业语。以一种或多种材料（如砖、瓦、石等）对室内外地面进行铺砌，从而方便居住、行走或进而构成美丽图案纹样的工程。或简称"铺"或"砌"。又：由动短语固化而成，为铺地的成品，又称花街铺地。其特点是既实用，又美观，是中国古代建筑的一种创造。

《营造法原》："以砖瓦石片铺砌地面，构成各式图案，称为**花街铺地**。堂前空庭，须砖砌，取其平坦。园林曲径，不妨乱石，取其雅致。用材凡砖、瓦、黄石片、青石片、黄石卵、白石卵，以及银炉所馀红紫、青莲碎粒、断片废料，皆可应用。银炉碎粒，桂辛先生（金按：即朱启钤）谓即炉甘石，昔朱缅（金按：应作'勔'）造艮岳假山中，即用以补填石隙。至于式样构图，随宜铺砌。色泽配合，亦须注意。吴中园林花街式样，构集之佳，色泽配合之美，不胜枚举。兹略述应用诸式于后：（一）以砖砌：如席纹、人字纹、间方、斗纹等。（二）砖石片或石卵混砌者：如六角、套六方、套八方等。（三）砖瓦石卵石片混砌者：如海棠、十字灯景、冰纹等。（四）石卵与瓦混砌者：如球门、套钱、芝花等。银炉馀粒，常作花蕊，其色分紫金及青莲二色，与白石卵、黄石卵相杂，颇觉鲜艳夺人。"（中国建筑工业出版社1986年版，第83页）《营造法原》所示图式，有破六方式、海棠芝花式、凸字式、长八方式、球门式、葵花式、席纹式、间方式、攒六方式、六角式、套六角式、八角橄榄景、冰纹梅花式、八角式、四方灯景式、八角灯景式、软锦万字式、八角景式、冰纹式、八角灯景式、海棠菱花式、套方金钱式、十字海棠式、金钱海棠式、万字海棠式等。其名称各地、各书往往小异。

《园冶·铺地》："大凡砌**地铺**街……"其"铺地"章分乱石路、鹅子地、冰裂地、诸砖地等节。

起脚－压泛【qǐjiǎo－yāfàn】

[动词] 造园专业语。分别按语例结合诸家解释并归纳于下：

《掇山》："方堆顽夯而**起**"。陈注本译作"当开始之时，先堆顽重的大石垫底"。《园冶全释》译："掇山先用顽石起脚"。这更为准确，"起"是"起脚"的节缩。

《掇山·洞》："理洞法，**起脚**如造屋……"。《掇山·岩》："如理悬岩，**起脚**宜小，渐理渐大……"《园冶全释》注："起脚：掇山开始砌山脚。"

《选石·龙潭石》"起脚"与"压泛"联用："性坚，稍觉顽夯，可用**起脚压泛**。"陈注一版："压泛，有覆盖之意。"译："堆山时可供起脚或盖顶之用。"《园冶全释》译："可供叠山起脚作底，或压盖桩顶作基础之用"。《疑义举析》则指出："一种石头，不可能既适合起山脚，又适合盖顶。'起脚压泛'应该就是前文《掇山》所说的'立根铺以粗石，大块满盖桩头。''压泛'即'盖桩头'，就是指叠假山时，在打完木桩或梅花桩之后，要用顽笨的粗石将桩头盖满，以防止地面翻浆。"此析颇合理，但不足在于认为一种石不可能既适合起脚，又适合盖桩头。

起脚：建屋或掇山的基础工程之一，即筑墙基或筑山脚，在《园冶》里指后者，即在掇山工程中开始打基础，叠砌山脚。**压泛**：用粗重顽夯的大石压住假山根部，防止渗水翻浆，即打桩后用一块块粗重顽夯的大石将其满铺覆盖，压住其下土、石、灰等所渗进的水。

前悬－后坚【qiánxuán－hòujiān】

[动词] 造园专业语，用于掇山。

《掇山》："峭壁贵于直立，悬崖使其**后坚**。"意谓峭壁贵在于直立，要保持悬崖前面挑出部分的牢固，必须使其后面能够坚实。这就是"前悬"与"后坚"。

从词性看，"使其后坚"的"坚"是形容词，而"前悬"的"悬"是动词，但在长期的掇山实践中，它们又衍化为名词。

试分析《掇山·岩》："如理悬岩，起脚宜小，渐理渐大。及高，使其后坚能悬（这里的'后坚'、'悬'，依然是形容词、动词）……予以平衡法，将**前悬**（这里的'前悬'，已成了'前悬部分'或'前悬的重力'，已经名词化）分散，**后坚**（后坚的部分，这也已名词化）仍以长条堑里石压之，能悬数尺。"这就是平衡法的妙用，使"前悬"挑出部分的重力分散，而对于"后坚"部分，则以长条堑里石压之，这样才能悬出数尺。

正确地处理"前悬"、"后坚"的问题，涉及叠山的"挑"、"压"等方法。

刘敦桢先生《苏州古典园林》总结叠石的方法有叠、竖、垫、拼、挑、压、钩、挂、撑等。"挑用于石壁、石洞、石峰等向外伸出部分，它和压具有不可分割的关系。用挑石时，宜观察石质是否坚固，其次看石端形状是否符合需要，如两端都挑出，更须细心挑选，最后应考虑挑出石料后端之受压长度及面积。在叠造石峰时，往往有两面或三面同时挑出，这时挑石后端受压面积与其上所压的重量，须依力学原则处理。"（中国建筑工业出版社2005年第30-31页）孟兆祯先生《园衍》则说："自然岩石上存而下崩落后形成挑伸的岩体称挑。人工掇山则由支点、**前悬**、**后坚**及飘等组成。出挑可分层，亦可单挑……最后总要落实到一个支点上。一般最大挑伸，单挑最多约两米，分层出挑还可稍多挑出。挑出的部分山石称**前悬**。**前悬**要用数倍重量的山石镇压以保持平衡，后压的山石叫**后坚**。若出挑之石上面平滞，可加以增加变化。**前悬**以仰视效果最佳，平视、俯视次之。**后坚**宜藏不宜露，一法多式，变化多端。"（中国建筑工业出版社2015年版，第155页）这些都是实践经验的总结。

嵌【qiàn】
① ［动词］镶嵌；拼镶；将物嵌入缝隙；相互楔入。［宋］赵希鹄《洞天清禄集·古钟鼎彝器辨》："于铜上镶**嵌**以金"。

《自序》："蟠根**嵌**石"。《兴造论》："邻**嵌**何必欲求其齐"。《相地》："倘**嵌**他人之胜"。《屋宇》："花空**嵌**以仙禽。"《装折》："**嵌**不窥丝。"《铺地》："八角**嵌**方"。《铺地·鹅子地》："**嵌**成诸锦犹可，如**嵌**鹤、鹿、狮球……"《掇山·厅山》："墙中**嵌**理壁岩"。《选石·锦川石》："其纹眼**嵌**石子……旧者纹眼**嵌**空……"

② ［形容词→动词］山石堆叠貌；引申为堆；叠。［宋］苏舜钦《游山》："西岩列窗户，玲珑漏斜晖。**嵌**然似饾饤（饾饤［dòudīng.食品堆叠貌，亦喻文字堆砌]），人力安可施。"

《屋宇·九架梁》："或**嵌**楼于上"。

③ 附：**嵌空**【qiànkōng】
［形容词］亦作"**嵌崆**"，玲珑貌。［唐］杜甫《铁堂峡》："**嵌空**太始雪"。仇兆鳌注："**嵌空**，玲珑貌。"［唐］陆龟蒙《奉和袭美太湖诗·太湖石》："所奇者**嵌崆**"。

《太湖石》："有**嵌空**……嵚怪势。"《选石·湖口石》："一种匾薄**嵌空**……"《选石·英石》："**嵌空**穿眼"。

墙垣【qiángyuán】
［名词］建筑专业语。在古代，"墙"与"垣"是有所区别的，《释名》："墙，障也，所以自障蔽也。"又："垣，援也，人所依阻，以为援阻也。"《广雅疏证》："垣之言环也，环绕于宫外也。"垣，也就是围墙。《书·梓材》："若作家室，既近

垣墉。"马注："卑曰**垣**，高曰墉。"这又是高卑之别。《说文》："**垣**，墙也。"段注："**垣**自其大言之；墙自其高言之。"但浑言之，垣也可称墙。《诗·大雅·板》："大师维**垣**，"毛传："**垣**，墙也。"而《说文》亦云："**墙**，垣蔽也。"

《园冶》设《墙垣》章，**墙垣构成双音节词，垣的意义当时殆已虚化**，故该章第一句话即是"凡园之围**墙**……"后又有"白粉**墙**"、"磨砖**墙**"等专节，而未出现"垣"字。

寝闼【qǐntà】
[名词]建筑专业语。卧房；卧室。寝：即卧。《说文》："**寝**，卧也。"《诗·小雅·斯干》："乃**寝**（睡）乃兴（起身）"。《论语·公冶长》："宰予昼**寝**"。闼：房室。《清稗类钞·棍骗类》："后楼为卧**闼**。"卧闼就是卧室。

《屋宇·房》："《释名》云：房者，防也。防密内外，以为**寝闼**也。"房的作用是防护；防备。防备外人，隐护私密，区别内外，以其作为卧室。

曲【qǔ】
①[名词]乐曲；歌曲。《庄子·大宗师》："或编**曲**，或鼓琴。"
《冶叙》："歌《紫芝**曲**》"。
【qū】
②[形容词]曲折；弯曲，与"直"相对。《玉篇》："**曲**，不直也。"《荀子·劝学》："其**曲**中规。"［唐］常建《题破山寺后禅院》："**曲**径通幽处，禅房花木深"。
《园冶题词》："而徒假其**曲**水"。《兴造论》："随**曲**合方"。《相地》："似偏似**曲**"。《相地·山林地》："有**曲**有深"。《立基·厅堂基》："深奥**曲**折"。《相地·郊野地》："依乎平冈**曲**坞"。《立基》："**曲曲**一湾柳月"。《立基·廊房基》："任高低**曲**折"。《屋宇》："小屋数椽委**曲**"。《屋宇·廊》："宜**曲**宜长则胜。"又："随形而弯，依势而**曲**。"
③[形容词]深隐；隐密；偏僻；深邃。［汉］枚乘《七发》："纵至于**曲**房隐间之中。"
《屋宇·室》："指'**曲**室'也。"
④[名词]弯曲处；深隐处；偏僻处。［唐］李白《惜馀春赋》："汉之**曲**兮湘之潭。"王琦注："汉**曲**，谓汉水弯曲处。"［宋］张先《菩萨蛮》："忆郎还上层楼**曲**"。
《相地·城市地》："岩**曲**松根盘礴"。《借景》："山**曲**忽闻樵唱"。《借景》："棹兴若过剡**曲**（剡溪的隐僻处）"。
⑤[形容词]委婉；微妙地。［晋］陆机《文赋序》："他日殆可谓**曲**尽其妙。"吕向注："委**曲**尽其妙道。"［宋］司马光《温公续诗话》称，林和靖"疏影"、"暗香"一联，"**曲**尽梅之体态"。［宋］邓椿《画继·杂述》："画之为用大矣！盈天地之间者万物，悉皆含毫运思，**曲**尽其态。"
《相地·郊野地》："两三间**曲**尽春藏。"意谓仅用两三间房舍即能将春之微妙处委婉地隐藏起来，极言郊野地园林建筑之少，而又能以少总多。
⑥附：**邻曲**【línqū】
[名词]邻近；邻居。《释名》："**曲**，局也，相近局也。"《小尔雅》："附、局、**邻**，近也。"《释名疏证补》："**邻曲**，若今邻近也。"［晋］陶渊明《游斜川诗序》："与二三**邻曲**，同游斜川。"
《借景》："招携**邻曲**"。

圈门【quānmén】

[名词] 建筑专业语。即券门，又称拱券门，简称"券"或"拱圈"。"券"是一种建筑结构，是门窗、桥梁等建筑物上部呈弧形的部分。它除了承重特性外，还具有装饰美化作用。此种砌筑方法称为"发券"，以此砌成门窗洞口的砌体称"券"。在中国，拱券技术在汉初已成熟，在西方更早，它是古罗马建筑的重要特征。

《屋宇·[图式] **圈门**式》。

然【rán】

①[代词] **如此；这样**。《说文》段注："**然**……训为如此，'尔'之转语也。"《孟子·梁惠王上》："河东凶亦**然**。"[唐] 韩愈《送惠师》："离合自古**然**，辞别安足珍。"

《装折》："半墙户槅，是室皆**然**。"《掇山·结语》："处处皆**然**。"《掇山·瀑布》："不**然**（不这样；否则），随流散漫不成。"

②[形容词] **相当于宜；合适**。《淮南子·原道训》："所谓无不治者，因物之相**然**也。"高诱注："**然**，犹宜也。"

《园说》："山楼凭远，纵目皆**然**。"（金按：这里的"皆然"，和①的两个"皆然"有明显区别，应注意辨异，不宜混同）

③[连词·表假设] **如果；假如；若**。"然、如、若"三字，皆双声，可通假。《新序·杂事二》："**然**得贤士与共国，以雪先王之丑，孤之愿也。"

《借景》："**然**物情所逗，目寄心期，似意在笔先，庶几描写之尽哉。"

④[连词·表转折] **然而；但是**。《助词辨略》："**然**，转语也。"[清] 戴名世《涛山先生诗序》："酒熟饮客，客醒，**然**先生已醉。"

《园冶题词》："**然**予终恨无否之智巧不可传。"

⑤[助词·表状态；表情态] 用作形容词或副词的词尾。《经传释词》："**然**，状事之词也。若……俨**然**之属皆是也。"《孟子·梁惠王上》："天油**然**作云，沛**然**下雨。"

《冶叙》："夷**然**乐之"。又："庭峰悄**然**"。《自序》："俨**然**佳山也。"《相地·傍宅地》："悠**然**护宅"。《选石·灵璧石》："扣之铿**然**有声。"《选石·湖口石》："混**然**成峰"。

⑥附一：**然后**【ránhòu】

[连词·表连接]《礼记·学记》："学**然后**知不足，教**然后**知困。"

《兴造论》："故凡造作，必先相地立基，**然后**定其间进，量其广狭。"《栏杆·[图式] 锦葵式》："先以六料攒心，**然后**加瓣。"

⑦附二：**然则**【ránzé】

[连词·表转折] 相当于"**既然这样，那么**"。《助词辨略》："《诗·关雎序》……正义曰：'**然**者，**然**上语；**则**者，**则**下事；因前起后之势也。'愚案：如《孟子》：'**然则**小固不可以敌大。'凡言**然则**，皆承上语以发下意。**然**者，如是也。既如是，则当云何，故云**然则**也。"

《园冶题词》："使大地焕然改观……**然则**无否能大而不能小乎？"

⑧附三：**天然**【tiānrán】

[形容词] "天然"的本义为天生如此，天成这样。"然"由义项①而来。《庄子·逍遥游》郭象注："自己而**然**，则谓之**天然**。"后衍变为**自然存在或产生的；很自然；形容如同天生；不勉强；不呆板；不矫揉造作**。（参见本书第91页）

《相地·山林地》："自成**天然**之趣。"《屋宇》："境仿瀛壶，**天然**图画。"《掇山·曲水》："似得**天然**之趣。"

⑨ **附四：自然**【zìrán】

[副词]"自然"的本义为自己如此，自成这样。"然"字由义项①而来，后衍变为**表示对事理或情理的充分肯定。自然而然（会）；当然（会）；必然（会）；相当于理所当然**。这就不同于作为名词、形容词的"自然"（参见本书第91页）。不过，"自然"与"天然"在本义上是叠合的。

《相地》："旧园妙于翻造，**自然**古木繁花。"《立基·书房基》："**自然**幽雅"。又："**自然**深奥。"《立基·廊房基》："任高低曲折，**自然**断续蜿蜒。"《墙垣·白粉墙》："**自然**明亮鉴人。"

如【rú】

① [动词]往；到。《尔雅》："**如**，往也。"《义疏》："《春秋》经，凡书**如**晋、**如**齐、**如**盟、**如**会之类，皆以**如**为往也。"《管子·大匡》："公将**如**齐，与夫人皆行。"

《装折》："**如**端方中须寻曲折，到曲折处还定端方。"如、到，互文。

② [动词·表类比]似；如同；好像。[唐]白居易《琵琶行》："大弦嘈嘈**如**急雨，小弦切切**如**私语。"

《冶叙》："所为诗画，甚**如**其人。"又："好鸟**如**友。"《园冶题词》："不**如**（岂不是就像）嫫母傅粉涂朱，只益之陋乎？"又："愧**如**拙鸠。"《屋宇·梅花亭》："结顶合檐，亦**如**梅花也。"《相地》："**如**方**如**圆，似偏似曲。**如**长弯而环璧，似偏阔以铺云。"如、似，互文。《装折·[图式]风窗两截式》："关合**如**一为妙。"《墙垣·磨砖墙》："破花砌**如**锦样。"

③ [动词]顺遂；遵从；遵照；依照。《史记·项羽本纪》："怀王曰：'**如**约。'"《三国演义》第一百十四回："髦乃应曰：'敢不**如**命？'"

《立基·厅堂基》："凡立园林，必当**如**式。"《栏杆·[图式]锦葵式》："**如**斯做法。"《掇山·金鱼池》："**如**理山石池法，用糙缸一只……"

④ [动词]为。《经词衍释》："**如**，犹'为'也。'**如**'与'为'义相同。《左传·昭元年》：'疾**如**蛊。'言疾为蛊也"。《古书虚词集释》："**如**，犹'为'也。《淮南子·天文篇》：'三三**如**九……三与五**如**八。'"

《装折·户槅》："**如**棂空，仅寸许为佳。"

⑤ [动词]相当；相当于。《经传释词》："**如**，犹'当'也。《宋策》曰：'夫宋之不足**如**梁也，寡人知之矣。'高注曰：'**如**，当也。'**如**为相当之当"。

《装折·风窗》："兹式**如**栏杆。"

⑥ [动词]及，比得上。《战国策·齐策一》："自以为不**如**，窥镜而自视，又弗**如**远甚。"

《园冶题词》："则无传终不**如**有传之足述。"《相地·江湖地》："何**如**（比之如何）猴岭，堪谐子晋吹笙。"

⑦ [动词·表举例][明]文震亨《长物志·书画·名家》："书画名家……**如**锺、张、卫、索，顾、陆、张、吴……"

《屋宇·磨角》："**如**亭之三角至八角。"《墙垣》："**如**园内花端、水次、夹径、环山之垣。"《墙垣·磨砖墙》："**如**隐门照墙、厅堂面墙，皆可用磨……"

⑧ [连词·表假设]假如；如果。有时与"假"字连用。《论语·述而》："**如**不可求，吾从所好。"

《兴造论》："**假如**基地偏缺"。《相地·城市地》："**如**园之，必向幽偏可筑。"
《屋宇·五架梁》："**如**前后各添一架，合七架梁列架式。"又："**如**前添卷，必须草
架而轩敞。"《屋宇·七架梁》："**如**造楼阁，先算上下檐数"。《装折》："**假如**全房
数间，内中隔开可矣。"

如意【rúyì】
① [动词] 满意；称心如意。《汉书·京房传》："虽行此道，犹不得**如意**。"
《装折·[图式] 冰裂式》："信画**如意**"。《栏杆·[图式] 笔管式》："以单变
双，双则**如意**。"
② [名词] 器物名。"如意"梵语"阿那律"，是从印度传入的佛具之一。柄
端原作手指形，用以搔痒，可如人意，因而得名。后作心形或云朵形、灵芝形，
用竹、玉、骨、角、铜、铁等制作，柄微曲，长三尺或一二尺。法师讲经时，常
手持玉如意一柄，记经文于上，以备遗忘；或作指划、指示方向、赏玩等用。
[唐] 李贺《始为奉礼忆昌谷山居》："向壁悬**如意**"。由于它和"称心"总是绾结
在一起，所以"如意"愈来愈成为文化浸润的珍贵收藏品或吉祥物，而且多用高
贵材质如金、玉制作。后又成为建筑装折、铺地、门窗等的纹样图式。
《门窗·[图式] 莲瓣式、**如意**式、贝叶式》："莲瓣、**如意**、贝叶，斯三式宜
供佛所用。"

若【ruò】
① [动词·表类比] 像；似；如同。《广韵》："**若**，如也。"《助词辨略》：
"如，**若**，并象似之辞也。"《书·盘庚上》："**若**网在纲，有条不紊。"[唐] 王勃《杜
少府之任蜀州》："海内存知己，天涯**若**比邻。"
《自序》："宛**若**画意。"《园说》："晓风杨柳，**若**翻蛮女之纤腰。"《掇山》："势
如排列，状**若**趋承。""如"、"**若**"互文。
② [动词·表想象] 意不肯定，相当于"似乎"、"好像"。《本草纲目·禽
部·杜鹃》："其鸣**若**曰：'不如归去'。"
《装折》："出幕**若**分别院"。《借景》："棹兴**若**过剡曲。"
③ [连词·表假设] 假如；如果。《左传·僖公二十三年》："公子**若**反晋国，
则何以报不毂（不毂：先秦天子或诸侯自称）?"[唐] 李贺《金铜仙人辞汉歌》："天**若**有
情天亦老"。
《园冶题词》："**若**本无崇山茂林之幽……"《兴造论》："**若**匠惟雕镂是巧，排
架是精，一梁一柱，定不可移，俗以'无窍之人'呼之，甚确也。"
④ [动词] 及；比得上（多用于否定句和反问句）。《列子·汤问》："曾不**若**孀妻弱
子。"《论语·学而》："未**若**贫而乐，富而好礼者也。"
《园冶题词》："莫无否**若**（没有谁比得上计成）也。"《掇山·楼山》："不**若**（不及）
远之，更有深意。"
⑤ [连词·表并举] 或；或者。《经传释词》："**若**，犹或也。"《列子·杨朱》：
"三皇之事**若**存**若**忘；五帝之事，**若**觉**若**梦。"
《掇山·池山》："**若**大**若**小，更有妙境。"《选石·散兵石》："其石**若**大**若**小"。
⑥ [连词] 乃；竟（表出于意料之外）。《小尔雅》："**若**，乃也。"《经词衍释》：
"**若**，'乃'也。《孟子》：'民以为将拯己于水火之中也，箪食壶浆，以迎王师；**若**
杀其父兄，系累其子弟。'《史记·伍员传》：'……欲分吴国予我，我固不敢望
也。然今**若**听谀臣言，以杀长者。'"

《相地·村庄地》："到桥**若**谓津通"。

⑦ [代词·表指示] 此；如此。《经传释词》："**若**，犹此也。《礼记·礼书正义》曰：'**若**，如此也。'《书·大诰》：'尔知宁王**若**勤哉！'《孟子·梁惠王》篇曰：'以**若**所为，求**若**所欲。'言如此所为，如此所欲也。"

《相地·郊野地》："**若**为快也（是如此地畅快啊）！"《相地·傍宅地》："洞户**若**为止静。"《立基》："疏水**若**为无尽（此句不能释作'疏水好像是没有穷尽'应释作'疏水是如此地没有穷尽！'）"。以上三句中的"若为"，都是同样结构，应作同样解释。计成为了表达情感，喜用这种倒装结构——**若为：是如此**。

三益【sānyì】

《园说》："凡结林园，无分村郭。地偏为胜，开林择剪蓬蒿；景到随机，在涧共修兰芷。径缘**三益**，业拟千秋。围墙隐约于萝间，架屋蜿蜒于木末。山楼凭远，纵目皆然；竹坞寻幽，醉心即是……白蘋红蓼，鸥盟同结矶边。看山上个篮舆……"这就是"三益"出现的语境。

"三益"作为著名而多义的典故，有如下诸说：

①"友直、友谅、友多闻"说

《论语·季氏》："孔子曰：'益者三友……友直，友谅，友多闻，益矣。"友，名词用如动词，与……交朋友。友直，友谅，友多闻，即与正直的人、信实的人、见闻广博的人交朋友，如是，便很有益了。这是孔子的经典名言，它主要是从社会伦理学的视角出发，指出了应交三益之友。而此"三友"一词，在后世又被注入不同的内涵，在特定的或广远的时空里流传，显示了它的生命力。

②松、竹、梅"岁寒三友"说

在儒家的"比德"美学、"三友"的"集称形式"影响下，至宋代而熔铸为著名的"岁寒三友"说。"唐代朱庆馀在《早梅》诗里说，'堪把依松竹，良途一处栽'。已把梅、松、竹合在一起来写。但是，唐代还没有'三友'之名。唐人或称云山、松竹、琴酒为三友（元结《丐论》），或称琴、酒、诗为三友（白居易《北窗三友》），都不是岁寒三友……到了宋代，文学艺术家才真正明确地将松、竹、梅这三种耐寒的花木结合在一起……完成了'岁寒三友'的形象创造"（金学智《中国园林美学》，中国建筑工业出版社2005年版，第371页）。南宋有关诗文如："南来何以慰凄凉，有此岁寒三友足。"（王十朋《十月二十五日买梅一株颇佳，置于郡斋松竹之间。同为岁寒三友》）"梅花屡见笔如神，松竹宁知更逼真。百卉千花皆面友，岁寒只见此三人。"（楼钥《题徐圣可知县所藏杨补之画》）"即其居累土为山，种梅百本，与乔松、修篁为岁寒三友。"（林景熙《五云梅舍记》）此三篇诗文，自南宋初年延续至末年，堪称范例。笔者概括道："'岁寒三友'这一根植于民族传统中文化心理积淀的突出代表，是在诗、画、园林的历史实践中共同层累而成的。还可补充的是，罗大经《鹤林玉露》说：'东坡赞文与可《梅竹石》云："梅寒而秀，竹瘦而寿，石文而丑，是谓岁寒三友"。'其中就没有松，可见定型是在北宋末、南宋初。在明代，冯应京《月令广义·冬令·方物》说：'岁寒三友：松竹梅'。这是在历史行程的反复层累中取得了文献（理论）的形态。"（《中国园林美学》，第371页）

③与陶渊明有关的"蒋栩三径"说

三说之中，本书力主此说，主要的理由是——推崇或效法以陶渊明为代表的隐逸之风，是《园冶》全书的主导倾向；其次，《园说》开首对典故的明引暗用，更多与陶渊明直接、间接有关，如：

一、第一句"凡结林园……"的"结"，用的就是陶渊明《饮酒 [其一]》"结庐在人境，而无车马喧”中的“结”。

二、第二句“地偏为胜”的“地偏”，用的也是陶诗《饮酒［其一］》“问君何能尔，心远地自偏”中的“地偏”。《园说》一开头就强调选择偏僻之地，远离繁华喧嚣，就是为了突出隐逸情调。

三、“径缘三益”的“径”和“三”，用的则是《宋书·陶潜传》中陶渊明“以为三径之资”的事典以及陶渊明《归去来兮辞》“三径就荒”语典中的“三径”，而这又与汉代蒋诩的隐居密切相关。《文选》李善注引《三辅决录》：“蒋诩……舍中三径，惟羊仲、求仲与之游”。此二人也是逃名不出的隐士，故“三”“径”所喻指的“三益”，应是指与陶渊明一样有隐遁趣尚的益友。还应说明，此典在古代很普及，如唐代作为蒙童课本的《蒙求》，就有“蒋诩三径，许由一瓢”之句。何况，本条所列前二说中均无“径缘三益”的“径”字，只有陶渊明《归去来兮辞》中的“三径就荒”才有“径”字。而陶渊明就很喜欢用“三径”之典，其言在当时及尔后均非常流行，如《宋书·陶潜传》就引有陶渊明“聊欲弦歌，以为三径之资可乎”的名言，［南朝梁］萧统《陶渊明传》也载有此语。［南朝梁］江淹《杂体诗［其二二］·陶征君潜田居》亦云：“素心正如此，开径望三益。”江淹咏陶渊明，也突出了陶的“径缘三益”。而［宋］史正志《史氏菊谱》还说：“陶渊明植于三径，采于东篱。”［明］文徵明《拙政园诗三十一首·梦隐楼》：“渊明三径犹未荒”。［清］林则徐也有题北京陶然亭联：“似闻陶令开三径”。此三例就更为明确。

四、接着，《园说》后面的“看山上个篮舆”，亦采自《晋书·陶潜传》其“向乘篮舆，亦足自反”之言。《宋书·陶潜传》亦云“潜有脚疾，使一门生、二儿舆篮舆”。萧统《陶渊明传》所载也类似。《园说》一章连用四典，古称“连续用事”，均与陶有关，这种情况较为罕见。

五、［南朝梁］锺嵘《诗品》将陶渊明品为“古今隐逸诗人之宗”，使人们更易于以此来发现《园冶》全书中的隐逸意识。然后再看《园说》一章，其中还有“围墙隐约于萝间”，“竹坞寻幽”，“鸥盟同结矶边”，“凡尘顿远襟怀”……这些也体现着作为全书开篇的《园说》中与陶典一起反复凸显的隐逸情调，这也足以说明“三益”之意非它，是联通着作为古今隐逸诗人之宗的陶渊明其人其诗其文的隐逸意识，由此可见，与陶渊明有关的隐逸意识，正是《园说》一章的主题。

再看《园冶》注家们的解读。《园冶注释》引了两个典，一是南朝梁江淹的诗，一是明代《月令广义》，没有更早的，也没有引陶渊明的事典或语典。

《园冶全释》则引了《鹤林玉露》、江淹诗后指出：“不单是说园径开辟在花木之中，因梅、竹、石在传统美学思想中是比拟、象征贤者超脱、清逸的气节和品质的意义。”在按语中进而指出：“还有隐者之居的意思在内，如《三辅决录》：‘蒋诩归乡里，荆棘塞门，舍中有三径，不出，唯求仲、羊仲从之游。’陶潜《归去来兮辞》有‘三径就荒，松菊犹存’之句，后人本此，所以‘三径’称隐士的园居。”最后是揭出了隐逸主题。

《图文本》则引《论语·季氏》、《鹤林玉露》二典，写道：“双关语：一方面指园林铺路应围绕松、竹、石而展开，另一方面指园林道路因‘直、谅、多闻’的‘三益之友’造访而设。”这两条似均与事理不符，园林铺路围绕松、竹、石而展开，这是难以设计规划的；而园林道路为“三益之友”造访而设，也与《园说》的隐逸主题相悖。何况，陶渊明《和郭主簿》说：“息交游闲业”，他要罢绝交往，而《归去来兮辞》亦云：“门虽设而常关。”可见他是不一定喜欢结交“多闻”等朋友。再看计成的《自跋》，也说：“逃名丘壑中”，“似与世故觉远”。

又说："隐心皆然，愧无买山力，甘为桃源溪口人也"。他也希望隐逸桃源，"与外人间隔"，当然，《图文本》引二典后也引江淹诗句，但不作任何表述，可见没有触及该章隐逸主题。

散漫【sǎnmàn】在《园冶》中有二义。

①[**形容词**]掇山术语。不同于生活中有贬义的"散漫"，为**计成专用掇山语。意为非排列、非对称、散中有聚、乱中见整的掇山章法或方法**，体现着《装折》中"相间得宜，错综为妙"的艺术形式美的规律。**与排比**（居中；对称）**相对**。

《立基·假山基》："最忌居中，更宜**散漫**。"《掇山·园山》："是以**散漫**理之，可得佳境也。"

②[**形容词**]**意为分散、不集中**。与《假山基》、《园山》中言叠掇山石的"散漫"迥乎不同，此指瀑布水流而言。

《掇山·瀑布》："不然，随流**散漫**不成"。

稍【shāo】

①[**名词**]**植物的枝叶、末端**。《园冶·铺地》："层楼出步，就花**稍**拟琢秦台。"自内阁、隆盛本至《图文本》，均作"稍"，惟陈注本云："《说文》：'梢，木枝末也。'花梢作花上解。原书'梢'误作'稍'。"此改不确。其实，"稍"本有"梢"义。《周礼·天官·大府》俞樾《平议》："**稍**之为禾末，犹杪之为木末，从肖与从小同。"[清]顾炎武《天下郡国利病书·山东五·曹州》："山榆柳枝叶谓之**稍**"。[明]谢肇淛《五杂俎·物部上》："太姆玉壶庵竹生深坑中，乃与崖上松、栝齐**稍**。"又论移竹云："不伤其根，多砍枝**稍**，使风不摇，雨后移之，土湿易活"。可见《园冶·铺地》的"稍"字本不误。

②[**副词**]**表程度轻微，相当于"稍微"、"略微"**。[宋]魏泰《东轩笔记》卷七："宜**稍**温习也。"

《掇山》："**稍**动天机"。《掇山·厅山》："**稍**点玲珑石块"。《掇山·山石池》："**稍**有丝缝……"

少【shǎo】

①[**形容词**]**数量小，与"多"相对**。[宋]王安石《游褒禅山记》："险以远，则至者**少**。"

《园冶题词》："绝**少**'鹿柴''文杏'之胜。"又："宇内不**少**名流韵士"。《兴造论》："为进多**少**"。《墙垣·白粉墙》："再加**少**许石灰盖面"。

②[**动词**]**缺少；短缺**。《史记·平原君列传》："今**少**一人"。

《屋宇·廊房基》："园林中不可**少**斯一断境界。"《屋宇·重椽》："或构倚墙一披而下，断不可**少**斯。"《装折·仰尘》："惟楼下不可**少**。"

③[**副词**]**稍微；略微**。《庄子·徐无鬼》："今子病**少**痊"。《战国策·赵策四》："太后之色**少**解。"

《园冶题词》："予自负**少**解结构"。《栏杆》："**少**留凉床佛座之用。"《掇山·山石池》："**少**得窍不能盛水"。《选石·灵璧石》："其状**少**有宛转之势。"《选石·花石纲》："**少**取块石置园中，生色多矣。"《借景》："**少**系杖头，招携邻曲。"

【shào】

④[**形容词**]**年幼；年轻**。《史记·陈涉世家》："陈涉**少**时，尝与人佣耕。"[晋]陶渊明《杂诗十二首[其五]》："忆我**少**、壮时，无乐自欣豫。"[唐]贺知

章《回乡偶书》："**少**小离家老大回"。

《冶叙》："余**少**负向禽志，苦为小草所绁。"《自跋》："**少**有林下风趣"。

升栱【shēnggǒng】

[名词] 建筑专业语。更多被称作"斗栱"，南方称作"牌科"，是中国古典建筑极富特色的构件，是较大建筑物屋顶与柱之间的艺术性过渡。

"其功用在承受上部支出的屋檐，将其重量或直接集中到柱上，或间接的先纳至额枋上再转到柱上。凡是重要或带纪念性的建筑物，大半部都有**斗栱**。"（梁思成《清式营造则例》，中国建筑工业出版社 1987 年版，第 21 页）其结构异常复杂，主要由斗、升、栱、昂等构成。

历史地看，它"最初用以承托梁头、枋头，还用于外檐支承出檐的重量，后来才用于构架的节点上……中国的匠师早就发现**斗栱**具有结构和装饰的双重作用……明清两代的柱梁较唐宋大，而**斗栱**较唐宋小，而且排列较丛密，几乎丧失原来的结构机能成为装饰化构件了。"（刘敦桢主编《中国古代建筑史》，中国建筑工业出版社 1981 年版，第 5－6 页）

《营造法原》："**牌科**北方谓之**斗栱**。其功用为承屋檐之重量，使传递分布于柱及枋之上。南方建筑，凡殿庭、厅堂、牌坊等皆用之……为中国建筑之特征。"（中国建筑工业出版社 1986 年版，第 16 页）不过，该书的牌科插图示例，只有苏州的洪公祠、忠王府、西园戒幢寺、湖南会馆、城隍庙、玄妙观三清殿，未见有厅堂之例。苏州园林建筑的门楼，斗栱用得较普遍，大多为砖质的，其难度极大。

《屋宇》："**升栱**不让雕鸾"。

胜【shèng】

① [动词] 能承担；禁得住。繁体作"勝".《说文·力部》："任也。从力，朕声。"段注："凡能举之、能克之皆曰**胜**。"意谓胜任；承担；禁得住。

《屋宇·台》："筑土坚高，能自**胜**持也。"能自胜持：能依靠自身的力量来承受重压，保持原来造型。《园冶》语出自《释名·释宫室》："台，持也，筑土坚高，能自**胜**持也。"

② [动词] 胜过；超过（由胜任引申而来）。[唐]白居易《忆江南》："日出江花红**胜**火"。

《相地·城市地》："犹**胜**巢居"。《墙垣》："夫编篱斯**胜**花屏"。《借景》："扫烹果**胜**党家。"

③ [形容词] 佳；良；佳妙；美好。[宋] 范仲淹《岳阳楼记》："予观夫巴陵**胜**状"。[宋] 朱熹《春日》："**胜**日寻芳泗水滨，无边风光一时新。"

《冶叙》："**胜**日（美好的日子），鸠杖板舆……"《园说》："地偏为**胜**"。《选石》："古**胜**（意动用法）太湖（太湖石）"。《相地·山林地》："园地惟山林最**胜**"。《屋宇·廊》："宜曲宜长则**胜**。"

④ [名词] 胜景；美景；佳境；美妙的境地，为义项③的名物化。《世说新语·言语》："酒正自引人著**胜**地"。衍化为引人入胜。[金] 元好问《游黄华山》："每恨**胜**景不得穷。"[明] 邹迪光《愚公谷乘》："亭在两池中，各分其**胜**。"

《园冶题词》："绝少'鹿柴''文杏'之**胜**"。《自序》："自得谓江南之**胜**"。《相地》："倘嵌他人之**胜**"。《屋宇·轩》："宜置高敞，以助**胜**则称。"《掇山》："多方景**胜**"。《掇山·池山》："园中第一**胜**也。"

⑤ [形容词] 适称；相称。《易·繫辞下》："贞**胜**者也。"《周易尚氏学》："贞

胜，姚信读作'贞称'。贞，常也，言吉凶之道，无不与阴阳相称也。按'**胜**'、'称'音近，古通……《晋语》曰：'中不**胜**貌。'韦昭注：'"**胜**"当作"称"。'"

《装折》："落步栏杆，长廊犹**胜**。"

⑥ 附：**方胜－叠胜－步步胜**【fāngshèng-diéshèng-bùbùshèng】

［名词］"**胜**"为古代妇女盛装的一种首饰，一名华（花）**胜**。《汉书·司马相如传下》："白首戴**胜**"。颜师古注："**胜**，妇人首饰也，汉代谓之**华胜**。"由此而衍化为具有这种形状之物，并具吉祥寓意，特别成为建筑物（门楼、窗槅、挂落、铺地等）既同又不同的种种细部装饰，称为"**方胜**"或"**叠胜**"，用于地面的，往往又称"**步步胜**"。

"**方胜**"为两个菱形（或方形）部分重叠相交而成的一种首饰，后借以指出这种形状的图样。［宋］庄绰《鸡肋编》卷上："泾州虽小儿皆能捻茸毛为线，织**方胜**花。"［元］王实甫《西厢记》第三本第一折："把花笺锦字，叠做个同心**方胜**儿。"这类图案古来已寓有吉祥、和谐、喜乐等文化、情感因素。可用于装修、铺地、石阶、用具等，如宋代有方胜织纹手柄镜。另有三个菱形部分重叠而成的图案，称为"**三套胜**"，至于多个甚至大量菱形部分互叠相交或四面互邻相拼的图案，称为"**叠胜**"，［宋］李诫《营造法式》就有"**罗纹叠胜**"的图式，亦可用于建筑装修。至于地面铺砌的连续"胜纹"图案，人行其上，步步可踏在"胜"上，称为"**步步胜**"，意为步步趋于吉祥。总之，这种种图案纹样，以其斜方形相交相连的形式、次数不同而得名，并融为中国源远流长的吉祥文化的微观成分。

《园冶·铺地》："中庭或宜**叠胜**"。《铺地·诸砖地》："**方胜**、**叠胜**、**步步胜**者，古之常套也。"

时【shí】

① ［名词］季节；时令。《说文》："时，四时也。"［清］顾炎武《日知録》卷一："是故天有四**时**，春秋冬夏"。

《园说》："收四**时**之烂熳。"《相地·傍宅地》："四**时**不谢"。《借景》："切要四**时**"。《屋宇》："惟园林书屋，一室半室，按**时**景为精。"

② ［名词］时候；时间；犹言"今时"、"当时"、"那时"。《汉书·高帝纪》："**时**连雨自七月至九月"。［唐］白居易《长恨歌》："春风桃李花开日，秋雨梧桐叶落**时**。"

《冶叙》："于歌余月出，庭峰悄然**时**"。《自序》："**时**汪士衡中翰延予銮江西筑"。又："**时**崇祯辛未之秋杪。"

③ ［形容词］时尚，时髦。适时，合于时宜的。［唐］朱庆馀《近试上张籍水部》："妆罢低声问夫婿，画眉深浅入**时**无？"

《装折》："窗槅遵**时**各式。"《门窗》："制式**时**裁。"《屋宇》："**时**遵雅朴，古摘端方。"《装折》："构合**时**宜，式征清赏。"《装折·装折图式·长槅式》："依**时**制，或棂之七、八，版之二、三之间。"《墙垣》："从雅遵**时**。"

④ ［动词］规定的或一定的时间……《逸周书·文传》："山林非**时**，不升斧斤，以成草之长……天下不失其**时**。"

《立基》："开林须酌有因，按**时**架屋。"《借景·结语》："应**时**而借。"

⑤ 附：**行时**【xíngshí】

原喻处于困境的人，有了出头的时机。犹言交好运；时来运转。时：时运；时机。

《铺地》："废瓦片也有**行时**……"此意活用民间俗语"瓦爿翻身"。［清］缪莲仙《梦笔生花》二编卷六："彼一时，此一时，十年身到凤凰池。这教做，瓦爿尚有翻身日。"

时景【shíjǐng】

[名词] 园林绘画专业语。其意指"时"与"景"的交感，亦即哲学、美学中"时"与"空"的交感。在园林借景中，即"应时而借"。[清] 汤贻汾《画筌析览·论时景》："春夏秋冬，早暮昼夜，时之不同者也；风雨雪月，烟雾云霞，景之不同者也。景则由时而现，时则因景而知。故下笔贵于立景，论画先欲知时。时景既识其常，当知其变……"

《屋宇》："凡家宅住房，五间三间，循次第而造。惟园林书屋，一室半室，按时景为精。"

式【shì】

阚铎《园冶识语》指出："《园冶》专重式样，作者隐然以法式自居。"此言得之，可见作为概念的"式"对《园冶》一书的极端重要性，而历史地形成的"式"义，在计成笔下又用得极活，故试加梳理并加诠释。

①[名词] 榜样；模范。《说文》："式，法也。"《书·微子之命》："万邦作式。"孔传："为万邦法式。"引申为社会、生活、工程中形成的法式；标准；规范；规格；物体的结构形状。《礼记·仲尼燕居》："乐得其节，车得其式。"[汉]《盐铁论·错币》："吏匠侵利，或不中式，故有厚薄轻重。"《南史·颜延之传》："建武即位，又铸孝建四铢，所铸钱形式薄小"。

《屋宇·斋》："故式不宜敞显。"《立基·书房基》："或廊或榭，按基形式，临机应变而立。"

②[名词] 格式；样式；图式；构造的型式；艺文中形成的程式。[元] 李澄叟《画说》："尽是今日之画式也。"[清]《芥子园画传·青在堂画兰浅说》："先立诸法……次起手诸式者，便于循序求之。"

《屋宇·楼》："造式，如堂高一层者是也。"《屋宇·轩》："轩式类车。"《兴造论》："聊绘式于后。"《立基·亭榭基》："亭安有式。"《屋宇·卷》："或小室欲异人字，亦为斯式。"《屋宇·五架梁》："合七架梁列架式。"《装折·风窗》："兹式如栏杆。"《门窗》："斯三式宜供佛所用。"

③[动词] 图示；绘制示意图；画成图式；使……规范化。此项为名词规范、法式、图式的动词用法。

《自序》："暇草式所制，名《园牧》尔。"《屋宇·亭》："惟地图可略式也。"《屋宇·九架梁》："斯巧妙处不能尽式。"《屋宇·磨角》："各有磨法，尽不能式。"《屋宇·地图》："止能式屋列图，式地图者鲜矣。"《屋宇·[图式]》："诸亭不式。"《装折·户槅》："故式于后。"

阚铎强调《园冶》重"式"，不愧为《园冶》的知音。不过，《园冶》一方面强调必须遵循法式，传承法式，如"凡立园林，必当如式"（《立基·厅堂基》），并对自己的创造积累十分重视，如说"非传恐失，故式存余"（《门窗》），"存式百状"（《栏杆》）；但另一方面，又强调没有绝对的规范标准，对格式、样式应灵活处理，提出"格式随宜"（《立基》），"造式无定"（《屋宇·亭》），"各式方圆，随宜铺砌"（《铺地》），特别是还强调"式"应随时代而变化，如"制式新番，裁除旧套"（《园说》）；"构合时宜，式征清赏"（《装折》）；"制式时裁"（《门窗》）……要求规则性、范式性与灵活性、随宜性的有机结合，这应看作是《园冶》的精华之一（详见本书第139—

146；750页），作为一个有意义的课题，这是值得探究的。

　　是【shì】

　　①［**指示代词·表近指**］**此；这；这个；这样**。《论语·八佾》："**是**可忍，孰不可忍？"［晋］王羲之《兰亭序》："**是**日也……"

　　《园冶题词》："**是**又不然。"又："**是**亦快事"。《兴造论》："**是**在主者能妙于得体合宜"。《园说》："醉心即**是**。"《选石·花石纲》："**是**运之所遗者。"

　　②［**判断词；系词·表肯定判断**］**乃；即；就是**。《经词衍释》："**是**，犹乃也。"［晋］陶渊明《桃花源记》："问今**是**何世"。《木兰诗》："同窗十二年，不知木兰**是**女郎。"

　　《相地·江湖地》："寻闲**是**福"。《立基·楼阁基》："下望上**是**楼"。《铺地》："春从何处**是**。"《选石·灵璧石》："即**是**从土中生起"。

　　③**发语词，常用于句首，以加重语气**。《易·繫辞上》："**是**兴神物。"

　　《园冶题词》："**是**惟主人胸有丘壑，则工丽可，简率亦可。"

　　④［**助词**］**常用在句中，无义，起宾语提前、以示强调的作用，确指行为的对象。常与"惟"连用，构成"惟……是……"式**。《左传·成公十三年》："余惟利**是**视"，后衍变为"**惟**利**是**图"。《左传·宣公十二年》："敢不**惟**命**是**听"。［三国魏］曹操《求贤令》："**惟**才**是**举。"

　　《兴造论》："若匠**惟**雕镂**是**巧，排架**是**精……"

　　⑤［**代词**］**如是；如此**。《广释词》："**是**犹'如此'。"《古书虚词旁释》："**是**犹言'如是'也。口语曰'如此'。"《左传·昭公二十六年》："**是**可奈何？"《论语·宪问》："丘（指孔子）何为**是**栖栖者与？"杨伯峻《译注》："**是**，当'如此'解。"

　　《掇山》："涧、壑、坡、矶之俨**是**（俨是：俨然如此）。"《借景》："触情俱**是**（如此）。"

　　⑥［**形容词**］**用于名词前，含有"凡是"、"所有"之意，往往与"皆"连用，构成"是……皆……"式**。《诗词曲语辞汇释》："**是**，该括辞，犹凡也。"［唐］白居易《狂吟》："**是**客相逢**皆**故旧"。［宋］杨万里《过太湖石塘》："松江**是**物**皆**诗料。"

　　《装折》："**是**室**皆**然（凡是室都这样）。"《墙垣·乱石墙》："**是**乱石**皆**可砌"。《选石》："**是**石堪堆。"此句省略一"皆"字，意谓所有的石（指黄石）都可以用来堆山。

　　⑦**附一：是处【shìchù】**

　　［**名词**］**犹到处；处处**。由"凡是"、"所有"之义衍化而来。《诗词曲语辞汇释》："今谓处处曰**是处**，犹云到处也。张耒《暮春》：'叶里新声**是处**莺。'"［宋］柳永《八声甘州》："**是处**红衰翠减"。

　　《选石·黄石》："黄石**是处**皆产。"

　　⑧**附二：是也【shìyě】**

　　古汉语判断句程式的一种。这种句式，和"者……是也"所照应的句子一样，常用于句末，构成主谓结构的判断句式，并突出肯定语气。

　　《屋宇·楼》："造式，如堂高一层者**是也**。"《选石·灵璧石》："悬之室中为磬，《书》所谓'泗滨浮磬'**是也**。"以上两句，"也"表判断语气；"高出一层者"、"泗滨浮磬"是主语；"是"用作谓语"这样"，用以指代这句话或这种情况。

　　⑨**附三：是以【shìyǐ】**

　　［**连词**］**因此，亦即所以**。此义项由"以（介词）是（代词）"而来。《助词辨略》："**是以**，犹云所以。承上生下之辞。"［三国蜀］诸葛亮《出师表》："侍中侍郎……等，此皆良实，志虑忠纯，**是以**先帝简拔，以遗陛下。"

《掇山·园山》："……厅前一壁，楼面三峰而已，**是以**散漫理之，可得佳境也。"

适【shì】

①[动词]符合；适合；适应。《诗·郑风·野有蔓草》："邂逅相遇，**适**我愿兮。"毛传："**适**其时愿。"

《园冶题词》："草与木不**适**掩映之容"。

②[动词]往；之；到。《尔雅》："**适**，往也。"郝疏："**适**者，之也。之者，**适**也。亦互相训其义，又皆为往也。"《诗·郑风·缁衣》："**适**子之馆兮"。引申为**归趋**。

《借景》："寒生料峭，高架秋千；兴**适**清偏（意兴归趋于清偏），贻情丘壑。"此句的"适"，与上句的"生"互为对文，均为动词。

③[形容词→动词（使动）]舒适；畅快；宽畅；使……舒适。

《立基》："**适**兴（使意兴、情趣舒适、畅快）平芜眺远，壮观乔岳瞻遥。"上下句的"适"与"壮"，作为使动词互为对文。

④[副词]正好；恰好；恰逢。《助词辨略》："**适**，正也。"杨树达《词诠》："**适**，适然也，于一事实与别一事实巧相会合时用之。今言'恰好'、'恰巧'。"[唐]白居易《和微之诗·和寄问刘白》："**适**值此诗来，欢喜君知否？"

《冶叙》："**适**四方多故"。《自序》："**适**晋陵方伯吴又予公闻而招之"。

蜀锦【shǔjǐn】

[名词]中国著名传统丝织工艺之一，因产于四川，故名。

[近代]朱启钤《丝绣笔记》："盖春秋时蜀未通中国，郑、卫、齐、鲁无不产锦。自蜀通中原，而织事西渐，魏晋以来，**蜀锦**勃兴……遂使锦绫专为蜀有。"《丝绣笔记》引[宋]《**蜀锦**谱》云："**蜀**以**锦**擅名天下，故城名以**锦**官，江名以濯**锦**，而《**蜀**都赋》云：'贝**锦**斐成，濯色江波。'"谱列宋代品种名目，花色甚多。近代仍沿用染色熟丝织造，质地坚韧，五彩缤纷，有独特的地方风格，且与园林的铺地互为影响，主要八种构图中有铺地锦、流霞锦、方方锦、条花锦等。

《铺地》："选鹅子铺成**蜀锦**"。

束腰【shùyāo】

[名词]建筑专业语。外檐装修——户槅的组成部分，今苏州称"夹堂板"。

《装折·[图式]束腰式》："如长槅欲齐短槅并装，亦宜上下用。"《园冶·装折》中束腰有图式八例。

对于"束腰"的作用，或者说，对于"如长槅欲齐短槅并装，亦宜上下用"之句，《园冶全释》诠释得颇为精辟："并装：长槅与短槅并列装置。这是通常的做法。如三间房舍，正间安装长槅，两旁次间槛墙（金按：即裙槛、半墙）上装短槅。为了取得构图上统一整齐，一般长槅不透光部分多与槛墙等高。长槅槏空上下用束腰，以便与短槅在构图上取得呼应。"

束腰，相当于《营造法原》所述长窗上的夹堂板。长窗内心仔与裙板的上下，分别有上夹堂、中夹堂、下夹堂。因此，束腰在长槅中的位置，也有上、中、下之分。《营造法原》："凡夹堂及裙板皆可刻以花纹，简单者雕方框，华丽者常雕如意等装饰。"（中国建筑工业出版社1986年版，第43页）

现今园林厅堂长窗的夹堂板和裙板，均有雕刻，简单的只雕方框和线脚，华丽者则远不止如意纹饰，更发展为各种形象的浅浮雕。这在苏州园林均有适例：简单者如艺圃延光水阁北面系列长窗、短窗；华丽复杂者如留园五峰仙馆北面系列长窗的夹堂板等。

以今天的夹堂板的雕饰与《装折》中束腰图式的花纹对照，可谓有同有不同，同的是均趋复杂，不同的是《园冶》中的束腰八例均为抽象纹样，而苏州园林中的基本为具象，且属精雕细刻，佳例如拙政园秋香馆、留园林泉耆硕之馆、网师园梯云室的夹堂板等均呈为浮雕，堪称工艺美术精品。此外还有一种透雕，如拙政园留听阁的槅扇，由于内心仔为云纹玻璃，故夹堂板施以繁复玲珑的透雕。这些都可和《园冶》中的束腰相对照，以见其由来。（参见第601页"长槅－短槅"条）

斯【sī】

①[代词·表近指] 此；这。《玉篇》："**斯**，此也。"《论语·子罕》："有美玉于**斯**。"又："逝者如**斯**夫！"

《自序》："公得基於城东，乃元朝温相故园，仅十五亩。公示予曰：'**斯**十亩为宅，馀五亩，可效司马温公独乐制。"又："**斯**千古未闻见者"。《相地·傍宅地》："**斯**谓护宅之佳境也。"《屋宇·厅堂基》："全在**斯**半间中，生出幻境也。"《屋宇·重椽》："断不可少**斯**。"《铺地·乱石路》："从山摄壑，惟**斯**如一。"《自跋》："暇著**斯**《冶》。"

②[连词] 乃；才；则；即；于是；然后。《马氏文通》："经、史中……'**斯**'、'即'两字，有用如'则'字者。《论·子张》：'所谓立之**斯**立，道（导）之**斯**行，绥（安抚）之**斯**来，动（动员）之**斯**和（同心协力）。'"杨树达《词诠》："**斯**，承接连词，则也，乃也。"《论语·乡党》："乡人饮酒，杖者（拄杖者，即老人）出（礼让老人先走），**斯**出矣。"《论语·述而》："吾欲仁，**斯**仁至矣。"

《自序》："有真**斯**有假。"《兴造论》："宜亭**斯**亭，宜榭**斯**榭"。《装折》："加之明瓦**斯**坚。"《墙垣》："夫编篱**斯**胜花屏"。

③[动词] 是；为。杨树达《词诠》："**斯**，是也。"《诗·小雅·采薇》："彼路**斯**何？君子之车。"

《立基·亭榭基》："花间隐榭，水际安亭，**斯**园林而得致者。"这后句，意谓这是园林能得致的。

四阿【sìē】

[名词] 建筑专业语。四阿。四坡面屋顶。阿［ē，不读ā］：山坡。《穆天子传一》："天子獵与钘山之西**阿**。"注："**阿**，山陵[bēi]也。"[晋]陶渊明《挽歌》："托体通山**阿**"。《园冶·装折》："台级藉矣山**阿**。"阿，均为山坡。

"阿"又有倾斜意，故被用来喻称建筑屋顶的坡面。《周礼·考工记·匠人》："殷人重屋，堂修七寻，堂崇三尺，**四阿**，重檐。"郑注："**四阿**，若今四注屋。"贾公彦疏："**四阿**，四溜者也。"即今庑殿顶。笔者曾作过介绍："庑殿顶，为四坡面屋顶形式，由四个倾斜的屋面和一条正脊（平脊）、四条斜脊（垂脊）组成，屋角和屋檐向上起翘，屋面略呈弯曲，如果是铺以琉璃瓦，就更显示出庄重肃穆、灿烂辉煌的艺术风格美，在顶式系统中，其品级最高。紫禁城中的午门城楼、太和殿都用重檐庑殿顶（金按：故计成下文举例云：'汉有麒麟阁，唐有凌烟阁'）……这种屋顶形式不见于江南园林，即使在北方园林中也少见，多用于皇家园林乃至寺观园林。"（金学智：《中国园林美学》，中国建筑工业出版社2005年版，第116页）另：四阿又被用以借指四角攒尖的坡顶形式。

《屋宇·阁》："阁者，**四阿**开四牖（四坡屋面之下均开设窗牖）。"

搜【sōu】

"搜"字的词义比较复杂，有的偏僻的词义连某些大型辞书也不载，或不为其所接受，笔者曾作过一定的考释。在《园冶》里，"搜"字在不同的语境里有不同词义，本词条只列有关的义项及有关例句，以便对其作综合的把握，并用参见法标出本书或详或略的书证甚至考释辨正或就其文句所作的阐发、论述等。

①［动词］寻求、搜索。《说文》："搜，一曰求也。"《自序》："性好**搜**奇。"《相地·山林地》："**搜**土开其穴麓。"（与②均见本书第 328－329 页）

②［动词］挖掘。《自序》："此制不第宜掇石而高，且宜**搜**土而下……"《选石·旧石》："凡石露风则旧，**搜**土则新，虽有土色，未几雨露，亦成旧矣。"《相地·山林地》："**搜**土开其穴麓。"此句之"搜"，兼具寻索之义。

③［动词］选择、挑选。［汉］扬雄《甘泉赋》，《文选》李善注引韦昭曰："搜，择也。"《世说新语·纰漏》："王安丰选女婿，从挽郎**搜**其胜者。"《选石》："跋躄**搜**巅"。"选"、"搜"前后互文（见本书第 548 页）。

④［形容词］众；多；集；聚。《说文》："**搜**，众意也。"（见本书第 324－328 页）《相地·郊野地》："**搜**根惧水，理顽石而堪支。"

虽【suī】

①［连词·表让步］虽然。《后汉书·张衡传》："**虽**才高于世，而无骄尚之情。"［唐］韩愈《杂说四［马说］》："故**虽**有名马，只辱于奴隶人之手。"

《兴造论》："园**虽**别内外，得景则无拘远近。"《园说》："**虽**由人作，宛自天开。"《相地·城市地》："邻**虽**近俗，门掩无哗。"《门窗》："工精**虽**专瓦作，调度犹在得人。"《掇山》："主石**虽**忌於居中，［但］宜中者亦可"。《选石》："块**虽**顽夯，峻更嶙峋。"

②［副词·表让步］纵然；即使。《词诠》："推拓连词，纵也。"《列子·汤问》："**虽**我之死，有子存焉。"

《掇山·山石池》："**虽**做灰坚固，亦不能止。"《选石》："**虽**遥千里何妨。"

③［副词·表反问］。岂；难道。杨树达《词诠》："**虽**，反诘副词。《广雅·释诂》云：'虽，岂也。'"

《屋宇》："画彩**虽**佳，木色加之青绿。"（见本书第 165－166 页）

遂【suì】

①［动词］实现；成功。《礼记·月令》："［仲秋之月］百事乃**遂**"。引申为称心；如意。《玉篇》："**遂**，称也。"《广韵》："**遂**，从心志也。"［唐］杜甫《羌村三首［其一］》："世乱遭飘荡，生还偶然**遂**。"

《冶叙》："谓此志可**遂**。"

②［副词］竟；终于。《词诠》："**遂**，副词，终竟也。"《韩非子·说林上》："乃掘地，**遂**得水。"［晋］陶渊明《桃花源记》："不复出焉，**遂**与外人间隔。"

《自序》："睹观者俱称：'俨然佳山也！'**遂**播闻於远近。"

③［连词］于是；就；即。《史记·周本纪》："**遂**收养长之。"

《冶叙》："**遂**援笔其下。"《自序》："**遂**偶为成壁。"又："予**遂**出其式视先生。"《墙垣·白粉墙》："倘有污积，**遂**可洗去。"

榫眼－笋眼【sǔnyǎn】——正俗字

[名词] 木工专业语，正字作"**榫眼**"（金按：明版内阁本《掇山·峰》作"笋眼"["笋"为俗字，又是"笋"的异体字]；而《栏杆·[图式]梅花式》则作"不攒榫眼"，为求统一，本书均作"**榫眼**"）。**木器部件相接合，凸出的称"榫头"**。《集韵》："**榫**，剡木相入。"**插榫的凹孔称"卯眼"**。[宋]李诫《营造法式》中已出现"卯眼"一词。卯眼俗称"笋眼"、"笋眼"。[清]梁同书《直语补证·笋卯》："凡剡木相入，以盈入虚谓之'笋'，以虚受盈谓之'卯'。故俗有'笋头卯眼'之语。"**"榫眼"亦为"榫头卯眼"的简称，又借用为置立峰的专业语，指承接峰底榫头的凹孔**。

《园冶·掇山·峰》："选合峰纹石，令匠凿**榫眼**为座……立之可观。"孟兆祯先生《园衍》论特置石："古代园林的特置多用石榫头来稳定。石榫头必须先定山石方向，找好了脸面再寻找山石的重心线开石榫才稳定。石榫头并非光滑和标准圆，定位旋转时有限度，否则裂开。石榫头的长度视石材及大小而异……特置落榫后与**榫眼**底间还有空隙。这才能保证石榫头周边能稳接基座上石**榫眼**的周边，使重力均匀、稳妥地传下去。对于底面积过小的山石，也可直接插入基座，如重心偏外，还用垫片把重心拉到满意的位置。""其中要点是塞。假山师傅技艺水平主要看安塞的技术。石因底不稳而站不稳，就力学而言重心力已出底外。重力塞要看准欲安塞的楔形空间，一块打进去就将重心线拉回来了。"（中国建筑工业出版社2015年版，第152、155页）这是实践经验的总结。

所【suǒ】

①[名词] 处所；地方。杨树达《词诠》："**所**，处也。"《诗·郑风·叔于田》："献于公**所**。"

《选石·结语》："欲询出石之**所**"。

②[名词] 道；法。《礼记·哀公问》："不以其**所**。"郑玄注："**所**，犹道也。"

《屋宇·九架梁》："须用复水重椽，观之不知其**所**。"此言观后不知复水重椽结构的道理、方法。

③[前置代词] 与作为"后置代词"的"者"相区别，**常置于谓语动词前，与其组成名词性的"所字短语"，又称"所字结构"，指代行为的对象。有三种情况：**

a. 指代的对象被省略，不出现。《史记·范睢蔡泽列传》："赏**所**爱而罚**所**恶"。[汉]晁错《论贵粟疏》："故俗之**所**贵，主之**所**贱也；吏之**所**卑，法之**所**尊（"所"字后皆形容词动用）也。"《木兰诗》："问女何**所**思，问女何**所**忆。"

《自序》："与又予公**所**构（指代园林），并骋南北江焉。"又："暇草式**所**制（指代图式、文稿），名《园牧》尔。"《兴造论》："极目**所**至（指代地方、处所及其景物），俗则屏之，嘉则收之。"《墙垣》："或宜石宜砖，宜漏宜磨，各有**所**制（指代建造的方法）。"《选石·旧石》："予闻一石名'百米峰'，询之费百米**所**得（指代该峰石），故名。"《借景·结语》："然物情**所**逗"。

b. 为了明确"所字短语"所指代的对象，在此短语后仍可将对象补出。[唐]柳宗元《种树郭橐驼传》："驼**所**种树，或迁徙，无不活。"

《冶叙》："**所**为诗画（创作的诗画），甚如其人"。《自序》："予胸中**所**蕴奇（所蕴之'奇……'），亦觉发抒略尽。"《屋宇·廊》："今予所**构**曲廊"。

c."所字短语"后加"者"，构成"所……者"格式，仍具名词性。此"者"字即指代对象，而"所"字只起指示作用。《左传·僖公三十一年》："其**所**善者，吾则行之；其**所**恶者，吾则改之。"《史记·酷吏列传》："**所**爱者挠法活之，**所**憎者曲法诛灭之。"

《园冶题词》："**所**苦者，主人有丘壑矣，而意不能喻之工"。又："**所**传者只其成法"。《兴造论》："亦非主人**所**能自主者。"

④［助词］与"为"合用，构成"为……所"格式，表被动，有指出行为之**出处、原因等作用**。《史记·项羽本纪》："先即制人，后则为人**所**制。"《汉书·霍光传》："卫太子为江充**所**败。"

《冶叙》："余少负向禽志，苦为小草**所**绁。"

⑤［动词］与"可"同义。《经传释词》："**所**，犹'可'也。《晏子春秋·杂篇》曰：'圣人非**所**与嬉也。'言圣人不可与戏也。'**所**'与'可'同义，故或谓'可'为'**所**'，或谓'**所**'为'可'。"

《自序》："世**所**闻'有真斯有假'（世上可以听到'有真斯有假'的话）"。

⑥ 附一：所谓【suǒwèi】

［名词］：**所说的。常用于复说、引证等，用以引出需要解释、说明或否定的词语。**《诗·秦风·蒹葭》："**所谓**伊人，在水一方。"

《园冶题词》："**所谓**地与人具有异宜"。《兴造论》："斯**所谓**巧而得体者也。"《选石·灵璧石》："**所谓**'泗滨浮磬'是也。"

⑦ 附二：所以【suǒyǐ】

［动词］：**可以。**《经传释词》："**所以**，可以也。"《庄子·知北游》："人伦虽难（难以齐一），**所以**相齿（但可以按年龄来排序）"。**又可释作"用以"；"用来"。**《庄子·天地》："是三者，非**所以**养德也。"

《屋宇·亭》："亭者，停也，**所以**（用来）停憩游行也。"《屋宇·卷》："卷者，厅堂前欲宽展，**所以**（可以）添设也。"

叨【tāo】

［动词］《掇山》："稍动天机，全**叨**人力。"

"**叨**"的词义衍变较特殊。［东汉］《说文·食部》："饕，贪也。从食，號声。**叨**，俗饕从口，刀声。"在上古乃至中古的汉代，"**叨**"是"饕"的俗字重文，也可说是其简化字。自三国始，可发现其**特殊的表谦义**，如《三国志·蜀志·诸葛亮传》："臣以弱才，**叨**窃非据。"［唐］陈子昂《为副大总管苏将军谢罪表》："臣妄以庸才，谬**叨**重任。"至于近古，其后起的谦义更**向通俗化方向发展**。［清］《说文通训定声》云："近俗与饕分别异用。"此释甚是，且"**叨**"的谦义——**忝；辱；辱承等**，又渐**含赖义——托赖；仰仗；荷蒙；多亏；烦劳等**，并在明代的小说、戏曲中频繁出现。如《三国演义》第二十一回："备**叨**恩庇，得仕于朝。"《西游记》第九回："孩儿**叨**赖母亲福庇。"［明］高则诚《琵琶记》第十六出："岂料蒙恩，**叨**居上第。"［明］王世贞《鸣凤记》第十三出："这洪泽**叨**庇久"。［明］屠隆《昙花记》第二十出："怎么又敢**叨**冒"……

对于《园冶·掇山》"全**叨**人力"中的"**叨**"，陈注本虽未出注，但将该句译为"完成则全靠人力"，却颇佳。而《园冶全释》则释为："通'饕'，贪。这里有挚着凭藉之意。"此系误训，"贪"有贬义，无论如何推衍不出"挚着凭藉"的褒义。《全释商榷》指出："**叨**，是表示感谢的谦词。王勃《滕王阁序》：'他日趋庭，**叨**陪鲤对。'用在这里'全**叨**人力'即全赖人力，没有'贪'的意思。"此释较确，只是书证不足。

叨，应该解释为"**叨**赖"，动词，可联系《西游记》"**叨**赖母亲福庇"来解读，可见计成较幽默风趣地表达了对人力的尊重。同时应指出，此义明显地带有近代汉语的特征。

替木【tìmù】

[名词]建筑专业语。今称梁垫。《营造法原》："梁垫，垫在梁端下连于柱内之木条。"（中国建筑工业出版社1986年版，第108页）**是在梁的端部所设置的垫块——短横木，与柱结成一体，以增加连续的牢度，与梁、柱一起承受上部的压力。**这是其力学功能，同时其上也常加雕饰，有明显的审美功能。它也常做成雀替形状。替木与雀替，二者既有联系，又有明显区别。替木除了用于厅堂外，也常用于楼阁等建筑。《园冶》中"替木"出现了两次：《屋宇·七架梁》："如造楼阁……许中加**替木**。"《装折》："半楼半屋，依**替木**不妨一色天花。"均在论楼阁建造或装修时提出，它既具有实用的结构功能，又具有美观的装饰功能。

天沟【tiāngōu】

[名词]建筑专业语。屋面和屋面接连处或屋面和高墙接连处用以引泄雨水的沟槽。《营造法原》："**天沟**，屋檐隐于墙内，其相接处之流水（金按：即排水）设备。"（中国建筑工业出版社1986年版，第97页）《园冶注释》注《屋宇·草架》："天沟：凡两屋联建，在其滴水交流之处，用天沟瓦砌成沟形，便于出水，谓之'天沟'。"；《园冶全释》："天沟：是两屋纵（长）向并接，屋顶相交处为排水所做的排水沟，因在房顶上，故名'天沟'。"

《屋宇·草架》："草架，乃厅堂之必用者。凡屋添卷，用**天沟**，且费时不耐久，故以草架表里整齐。"故凡屋添卷时，计成不主张用天沟，而主张以草架来取代它。在《掇山·瀑布》中则写道："先观有高楼檐水，可洞至墙顶作**天沟**，行壁山顶……"这是巧用天沟，制造瀑布景观。

天花版-仰尘-棋盘方空【tiānhuā-yǎngchén-qípánfāngkōng】

建筑专业语[名词]：天花版，古称仰尘。室内的天棚、顶棚，呈方格状者形象化称之为棋盘方格或方空，以其有类棋盘。又称平棋、棋盘顶，或书作"平棊"。它具有突出的美化装饰功能。梁思成《清式营造则例》："建筑物内上部，用木条交安为方格，上铺板，以遮蔽梁以上之部分，亦曰藻井（后词义发展，有用以专称宫殿内顶部呈覆碗状的雕饰）。"（中国建筑工业出版社1987年版，第77页）童寯《江南园林志》："厅堂平顶，古称**天花**。计成谓之'**仰尘**'，李笠翁（金按：即李渔）谓之'顶格'。其不露望砖木椽者，覆以板纸。"（中国建筑工业出版社1984年版，第13页）

"仰尘"一词，由"承尘"衍化而来，原为古代张设在床的上方以承接尘土的小帐幕。《急就章》注："承尘，施于床上，以承尘土，因以为名。"此释又见《释名·释床帐》。[宋]王巩《闻见近录》："文公起，视其**仰尘**。"在汉代，已用以指具有承尘功能的天花板。《后汉书·雷义传》："默投金于**承尘**上，后葺理屋宇，乃得金。"从建筑学角度看，天花板的作用为遮挡梁架，美化顶部，界定室内空间高度，防尘、隔热、保温。

《装折·仰尘》："**仰尘**，即古**天花版**（金按：即"天花板"）也。多于**棋盘方空**画禽卉者类俗。一概平仰为佳，或画木纹，或锦，或糊纸。惟楼下不可少。"

厅堂面墙【tīngtángmiànqiáng】

[名词]建筑专业语。厅堂正对面具有装饰等功能的墙壁。"隐门照墙"与"厅堂面墙"的位置区别，即《墙垣》所说"宅、堂前之何可也"的宅前与堂前。

《墙垣·磨砖墙》："如**隐门照墙**（见本章该条）、**厅堂面墙**，皆可用磨。"宅前者，为"隐门照墙"，较常见，也较重装饰；堂前者，称"厅堂面墙"，在宅第之内，也较少见。

梃－挺【tǐng】
[形容词] 劲直貌。《园冶·相地》："荫槐**梃**玉成难"。

明版内阁本此"梃"字为"木"旁，国图本、隆盛本直至喜咏本，均作"木"旁之"梃"。营造、城建本、陈注一、二版则均作"挺"，为"扌"旁，二字形近、义通而改，这未尝不可。《图文本》则这样指出："梃［tǐng］：营造本作'挺'误。"其实不误，需要一说。

梃、挺二字本通。《正字通》："**梃**，劲直貌，与挺通。"《王力古汉语字典》："**梃**：直的竹、木棒……引申为挺直。"并引古本《荀子·劝学》"虽有槁暴不复**梃**者"为证。该词典于"梃"、"挺"两词条之后均注明为同源字，"梃"字后之注尤详："［同源字］**梃**，莛，珽，脡，杖，帐，**挺**。此七字都有直挺的意义，**梃**为直的木棒……挺是动词，挺直的意思。而且此七字音也相近。**梃**、莛、杖、帐、**挺**都是定母……。**梃**、**挺**……都是耕部。此七字音义都相近，所以是同源。"（详见本书第371－372页）

对于《园冶》来说，营造、城建、陈注本使其通俗化，改"梃"为"挺"，也无可厚非，但"梃"并非"挺"的繁体或异体字，又据明版原本可改可不改尽量不改的原则，故本书不改。

通【tōng】
①[动词] 到达；通到；通达。《说文》："**通**，达也。"《列子·汤问》："吾与汝毕力平险，指**通**豫南。"

《相地·山林地》："竹里**通**幽。"《相地·郊野地》："引蔓**通**津，缘飞梁而可度。"《立基·厅堂基》："**通**前达后"。《立基·书房基》："随便**通**园，令游人莫知有此。"《屋宇·馆》："可以**通**别馆者"。《屋宇·廊》："**通**花渡壑"。

②[动词] 沟通；接通；疏通。《徐霞客游记·游黄山日记》："断者架木**通**之，悬者植梯接之。"

《园冶题词》："使顽者巧，滞者**通**"。《相地》："驾桥**通**隔水"。《立基》："疏水若为无尽，断处**通**桥。"

③[动词] 贯通；通透；洞达；融通。《易·繫辞下》："穷则变，变则**通**，**通**则久。"《广雅》："达、明、彻，**通**也。"《释名疏证补》："**通**，洞也，无所不贯洞也。"［宋］周敦颐《爱莲说》："中**通**外直"。［宋］苏轼《壶中九华》："玉女窗虚处处**通**。"《云林石谱·镇江石》："石多穿眼相连**通**。"

《选石·湖口石》："穿**眼**通透"。《选石·英石》："宛转相**通**"。《园冶题词》："似变而**通**，**通**而有其本。"

④[动词] 通晓；懂得。《汉书·王吉传》："吉兼**通**五经。"

《立基》："桃李不言，似**通**（懂）津信（传送信息）。"（详见本书第752－753页）

童柱【tóngzhù】
建筑专业语。架于柁梁上的短柱；矮柱。因其状像瓜，又称瓜柱，北方高者称瓜柱，矮者称柁墩。

《营造法原》："**童柱**（瓜柱），置于梁上之短柱，其承重量与普通之柱相同。亦名**矮柱**。"（中国建筑工业出版社1986年版，第110页）《清式营造则例》："两层梁架中间所支短柱高度过其本身之长宽的称**瓜柱**，高度减于其本身长宽者称**柁墩**。"（中国建筑

《屋宇·五架梁》："将后**童柱**换长柱，可装屏门。"

偷柱【tōuzhù】

［动词］建筑专业语。抽减立柱数量，或称"减柱"、"减柱造"。

《园冶全释》注："**偷柱**：即古建筑构架的减柱法，因木构架的落地柱子，可按内部的空间设计、装修需要、架列方式不同而变化。凡按标准列架式落地的柱子不落地，或减少落地的柱数，称之为'**减柱**'。"

这可以太原晋祠圣母殿为范例。刘敦桢主编《中国古代建筑史》：该殿"面阔七间，进深六间……四周施围廊，是《营造法式》所谓'副阶周匝'形式的实例，所不同的前廊深两间，而殿内无柱，使用通长三间（六架椽〔金按：亦即内六界〕）的长栿〔金按：宋代往往称梁为栿，长栿即长梁〕承载梁架荷重"（中国建筑工业出版社 1981 年版，第 182 页）。笔者这样写道：该殿建造"根据力学原理，采取减柱法的建构，殿内外共减去十六根柱子，因此，不但是廊下的空间，而且殿内的空间也显得高大宽敞，具有极高的科技价值和审美价值。"（《中国园林美学》，江苏文艺出版社 1990 年版，第 144 页）

《屋宇·［图式］地图式》："凡兴造，必先式斯（金按：一定先要绘此平面图）。**偷柱**定磉……"

穵【wā】——与"挖"为古今字

［动词］吴语"**挖**"字；亦为"**挖**"的本字。《王力古汉语字典》："**穵**，即'**挖**'的本字。"此字需略作考释：

《说文》："**穵**，空也。"关于"空"的含义，《说文》："空，窍也。""窍，空也。"可以互训，足见所谓"空"，即窍、孔、洞。《说文》段注："今俗谓'盗贼穴（用作动词）墙曰**穵**'是也。"《集韵》："**穵**，手探穴也。"《广雅疏证》："今人谓探穴为**穵**。"《说文通训定声·泰部》："今苏俗谓窃贼穴墙曰**穵**。"按：此训甚是，还说明"**穵**"与吴语读音有关，吴语中至今仍将这种偷窃行为称作"挖壁洞"。

又，《广雅》："**穵**，掊深也。"掊：以手扒土。《汉书·郊祀志上》："见地……，掊视得鼎。"联系《园冶·选石》"崎岖**穵**路"，即挖于崎岖之路，详言之，即在崎岖的山路上掊土深挖，以冀得石。当然，并非用手，而必然借助于工具。

《园冶·选石》："崎岖**穵**路。"《园冶注释》第二版："**穵**，各版本均作'究'，《喜咏轩丛书》本作'**穵**'，即'**挖**'古字，加以改正。"按：内阁明版、隆盛、营造、城建等本均讹作"究"，然而《立基》却作"低方宜**穵**"，不误。

为【wéi】

①**［动词］**做；干；实行。〔汉〕枚乘《上书谏吴王》："欲人勿闻，莫若勿言；欲人勿知，莫若勿**为**。"

《兴造论》："愈非匠作可**为**"。《立基》："任意**为**持，听从排布。"《屋宇》："一鉴能**为**，千秋不朽。"《墙垣》："市俗村愚之所**为**也。"《掇山·园山》："非士大夫好事者不**为**也，**为**者殊有识鉴。"《屋宇·地图》："以便**为**也。"

②**［动词］**制作；制造；创作。《易·繫辞下》："刳木**为**舟。"

《冶叙》："所**为**诗画，甚如其人。"《自序》："遂偶**为**成'壁'。"《自序》："斯十亩**为**宅，馀五亩可效司马温公'独乐'制。"《屋宇》："左右分**为**（分别施工）。"《屋宇·九架梁》："前后分**为**。"《掇山》："有真**为**假，做假成真。"《兴造论》："**为**进多少"。

③[动词]成为；作为；当作。《广释词》："为犹'作'。杜甫《江村》：'老妻画纸为棋局，稚子敲针作钓钩。''作''为'互文。"［唐］柳宗元《封建论》："故近者聚而为群。"

《园冶题词》："妄欲罗十岳为一区，驱五丁为众役。"《园说》："移竹当窗，分梨为院。"《兴造论》："不分町畽，尽为烟景。"《相地·城市地》："别难成墅，兹易为林。""成"、"为"互文。《相地·郊野地》："一二处堪为暑避"《立基》："定厅堂为主（确定厅堂为主体，也可释作确定厅堂是主体建筑）"。《装折·户槅》："后人减为柳条槅"。《掇山·峭壁山》："粉壁为纸，以石为绘"。《选石·灵璧石》："悬之室中为磬"。《装折·户槅》："或有将栏杆竖为户槅"。《自跋》："甘为桃源溪口人也。"

④[动词]是。《论语·微子》："'子为谁?'曰：'为仲由。'"［五代前蜀］毛文锡《醉花间》："今夕为何夕。"

《园冶题词》："从心不从法，为不可及"。《自序》："似为合志"。《园说》："地偏为胜"。意谓地偏是最佳的。《相地·郊野地》："若为快也。"《立基》："疏水若为无尽"（"若为"二字的组合，参见本书第646页）。《屋宇》："按时景为精"。《掇山·涧》："假山依水为妙"。《选石·太湖石》："惟消夏湾者为最"。《选石·龙潭石》："掇能合皴如画为妙"。《选石·旧石》："何为新耶? 何为旧耶?"

⑤[动词]曰、称、谓。《经传释词》："为，曰也。"《庄子·逍遥游》："北冥有鱼，其名为鲲。"

《屋宇·堂》："虚之为堂。"《屋宇·室》："实为室。"《屋宇·馆》："客舍为'假馆。'"《屋宇·楼》："《尔雅》云：'陕而脩曲为楼'。"《屋宇·广》："不成完屋者为'广'。"《装折·风窗》："在馆为'书窗'，在闺为'绣窗'。"《选石·九华石》："目之为'壶中九华'"。

⑥[介词]被。《左传·襄公十年》："为诸侯笑。"

《冶叙》："苦为小草所绁。"《相地》："非为间绝"。《选石·昆山石》："石产土中，为赤土积渍。"

⑦[助词]附于某些单音形容词或程度副词后，以加强语气。《百喻经·五百次欢喜丸喻》："真为奇特。"［宋］罗烨《醉翁谈录·宪召王刚中花判》："甚为称赞。"

《园冶题词》："否则强为造作"。《掇山·厅山》："殊为可笑。"

【wèi】

⑧[介词·表处所]在；于。《经传释词》："为，犹'于'也。《竹书纪年》曰'……降为秦师。'言降于秦师也。"

《相地·城市地》："能为闹处寻幽"。《栏杆》："便为（便于）摘用。"

⑨[介词·表原因]相当于因；由于；为了。《荀子·天论》："天行有常，不为尧存，不为桀亡。"

《自序》："予偶观之，为发一笑（因此而发笑）。"《园说》："百亩岂为藏春"。《屋宇》："门枕胡为（为什么）镂鼓"。

⑩[介词·表对象、目的]替；给。［唐］秦韬玉《贫女诗》："为他人作嫁衣裳。"

《冶叙》："进觅觥为寿（'为'后省'之'或'其'，即为之祝寿）"。《兴造论》："为好事者公焉。"《自跋》："故梓行，合为世便。"

⑪附：以为【yǐwéi】

[介词···动词]"以……为……"；认为。《墨子·公输》："子墨子解带为城，以

牒**为**械。”《史记·陈涉世家》：“陈涉**以为**然。”

《立基·厅堂基》：“古**以**五间三间**为**率。”《装折》：“古**以**菱花**为**巧”。《栏杆》：“**以**笔管式**为**始”。《选石·太湖石》：“此石**以**高大**为**贵”。《自序》：“**以为**荆、关之绘也”。《墙垣》：“凭匠作雕琢花鸟仙兽，**以为**巧制。”

惟【wéi】

①[动词]为，是。《玉篇》：“**惟**，为也。”《书·禹贡》：“厥（其也）草**惟**夭，厥木**惟**乔……”

《装折·仰尘》：“**惟**楼下不可少。”《装折·[图式]冰裂式》：“冰裂，**惟**风窗之最宜者。”

②[副词]惟独；只有、只是。[唐]李白《送孟浩然之广陵》：“**惟**见长江天际流”。

《园冶题词》：“是**惟**（只有）主人胸有丘壑，则工丽可，简率亦可。”《自序》：“**惟**吾独收矣。”《相地·山林地》：“园地**惟**山林最胜”。《立基·门楼基》：“园林屋宇，虽无方向，**惟**门楼基要依厅堂方向”。《屋宇·卷》：“**惟**四角亭及轩可并之。”《门窗》：“不**惟**屋宇翻新……”《墙垣·漏砖墙》：“凡计一十六式，**惟**取其坚固。”《铺地·乱石路》：“从山摄壑，**惟**斯如一。”

③[连词]相当于“则”。《古书虚词通释》：“‘**惟**’训则。字通作‘维’。《玉篇》曰：‘通“为”，犹则也。’‘德威**维**畏（威），德明**惟**明。’（《书·吕刑》）‘周虽旧邦，其命**维**新。’”

《屋宇》：“家居必论，野筑**惟**因。”《屋宇·斋》：“斋较堂，**惟**气藏而致敛，有使人肃然斋敬之义。”

④[连词]但是。《古书虚词集释》：“**惟**，但也。为转语之词。”《助字辨略》：“《左传·隐公十一年》：‘不**惟**‘金按：不惟，即不但’许国之为……’此**惟**字，但辞也。”

《立基·亭榭基》：“**惟**榭只隐花间，亭胡拘水际？”《装折》：“凡造作难于装修，**惟**园屋异乎家宅。”

问【wèn】

①[动词]询问。《论语·八佾》：“子入太庙，每事**问**。”[唐]王维《春日与裴迪过新昌里访吕逸人不遇》：“到门不敢题凡鸟，看竹何须**问**主人。”

《自序》：“或**问**曰”。《相地·郊野地》：“任看主人何必**问**（即任自己看，何必问主人）”。《借景》：“搔首青天那可**问**。”

②[动词]寻；访求。《论语·微子》：“使子路**问**津焉。”[晋]陶渊明《桃花源记》：“后遂无**问**津者。”

《冶叙》：“偶**问**一艇于寤园柳淀间”。《园说》：“**问**水拖条枥杖”。《屋宇》：“亭**问**草玄。”《掇山》：“寻花**问**柳。”寻、问互文。

③附：问途【wèntú】

[动词]一作问涂，询问路径。《庄子·徐无鬼》：“至于襄城之野，七圣（人）皆迷，无所**问**涂。”**引申为探求门径；又为求教；请教**。[近代]严复《译〈天演论〉自序》：“西学之事，**问**涂日多。”

《园冶题词》：“何可不**问途**无否？”

屋列图－列图【wūlièttú-lièttú】

[名词]建筑专业语，列图为简称。**房屋的列架图，相当于今所称的侧立面图**

或横剖面图，它显示着**房屋梁架结构**。《营造法原》称之为**贴式图**。该书绘有平房贴式图、楼房贴式图、厅堂贴式图等。其辞解云："贴式：建筑物之架构，梁、柱等之构造式样。"（并见《营造法原》，中国建筑工业出版社1986年版，第5、7、23－24、106页）

《屋宇·地图》："止能式（金按：式即绘、画）**屋列图**。"又："然后式之**列图**如屋。"

庑【wú】

[名词] 建筑专业语。**堂前或堂周依附于堂的开敞性廊屋，常与廊并提。**《汉书·窦婴传》："所赐金，陈之廊**庑**下。"［宋］李格非《洛阳名园记·刘氏园》："楼横堂列，廊**庑**回缭，阑楯周接……"

《屋宇·廊》："廊者，**庑**出一步也……"（庑与廊的区别，见本书第188－189页）

侠－陕－狭【xiá】——古今字
[形容词] **狭隘；狭窄，即"陕"、"狭"，音同，古通。**

原本《屋宇·楼》："《尔雅》云：'**侠**而脩曲为楼。'"国图、华钞、隆盛本均同。喜咏至《图文本》，"侠"字均改作"**陕**"，陈注本并注曰："**陕**：与**狭**同，隘也。"

其实，"侠"与"陕"均不误，亦相通。《尔雅·释宫》："**陕**而脩曲为楼。"《尔雅义疏》："**陕**而脩曲者，言屋之形势**陕**隘脩长而回曲……《类聚》六十三引'**陕**'作'**侠**'，盖假借字；或'**陕**'俗作'**狭**'，缺脱其旁，因作'**侠**'耳。"可见"侠"通"陕"，亦即是"狭"。

还应指出，"陕"不读陕西的"陕［shǎn］"。《说文通训定声·谦部》："字亦作**陿**、作**峡**、作**狭**。与陕［shǎn］州之陕迥别。"

对于"陕"的"狭"义，《说文》："**陕**，隘也。"《玉篇》："**陕**，不广也。亦作**狭**。"《集韵·洽》："**陕**，或作**陿**、**峡**、**狭**。"《墨子·备穴》："连版以穴高下、广**陕**为度。"孙氏《间诂》："**陕**，正；**狭**，俗。"可见在古代，"陕"是正字、古字；"狭"则是俗字、今字。因而"陕"、"狭"表现为正、俗字，古、今字之别。

苏州园林以"狭"为典型特征的楼，如耦园的藏书楼、留园的曲溪楼、环秀山庄的边楼。

见【xiàn】——另见第624页【jiàn】

[动词] **显现；显露；出现**。［北朝］《勅勒歌》："风吹草低**见**牛羊。"《战国策·燕策三》："图穷而匕首**见**。"

《选石·宣石》："须用刷洗，才**见**其质。"

相【xiāng】
①[副词] **交互；互相。**《老子·六十章》："夫两不**相**伤，故德交归焉。"［宋］杨万里《未至安乐坊隔林望见霜铿岭两峰特奇》："彼此**相**遭有缘法"。

《兴造论》："互**相**借资。"《相地》："有一线**相**通"。《墙垣·乱石墙》："惟黄石者佳，大小**相**间。"《选石·岘山石》："石多穿眼**相**通。"《借景》："**相**缘竹树萧森"。

②[副词] **表示一方对另一方有所动作。**《列子·汤问》："杂然**相**许。"

《借景》："举杯明月自**相**邀。"

【xiàng】

③[名词] **职官名，辅佐帝王的最高官员。**《史记·陈涉世家》："王侯将**相**，宁有种乎？"

《自序》："乃元朝温**相**故园。"《掇山》："次**相**辅弼。"《借景》："足并山中宰**相**。"《自跋》："梁公女王之**相**"。

④ [名词] 人或物的外观；貌相；状貌。《荀子·非相》："形**相**虽恶而心术善，无害为君子也。"

《立基》："选向非拘宅**相**。"

⑤ [动词] 观察；察看；视察。《诗·大雅·公刘》："**相**其阴阳，观其流泉。"《荀子·非相》："故**相**形不如论心。"

《兴造论》："必先**相**地立基"。《掇山·峭壁山》："理者**相**石皴纹"。《掇山·峰》："峰石一块者，**相**形何状，选合峰纹石"。《屋宇·九架梁》："只可**相**机而用"。

相地【xiàngdì】

[动词] 造园、建筑专业语。《园冶》的重要概念之一。相 [xiàng，不读xiāng]：察看，即伯乐相马的"相"、人不可貌相的"相"。《掇山·峭壁山》也有"相石皴纹"之语。**相地：即勘察地形，作现场实地分析。这是"能主之人"规划设计的实事**，在施工之前必须首先进行的。

我国古代也有"相地"，如明末清初钱谦益《记温国司马文正公神道碑后》所写："李永言乘驿诣涑水，**相地**卜宅。"这体现了长官的高度重视，但从建筑学的角度看，还只是一般层次上的选地之类，还甚至包括卜宅在内。计成的《园冶》则不同，已上升为全面的、包括各类地块分析、深入踏勘和充分预计（参见本书第210－213页）在内的富于创造性的、值得探析的理论体系，仅从《相地》专章的篇幅、构成来看，也可见其为《园冶》的重要组成部分，惜乎学界关注者不多。

朱有玠先生的《岁月留痕》写道："**相地**，原系我国对土地勘选的通俗用语。自明崇祯四年著名造园家计成写成《园冶》一书，因该书有专章讨论园址勘选有关的问题，名曰'**相地**'，因而成为园林选址工作中，带有我国特色的园址勘选术语。"（中国建筑工业出版社2019年版，第96页）

孟兆祯先生的《园衍》，也设"相地"专章，并指出："相，即审察和思考。**相地**就是对用地进行观察和审度。""主要是选择用地，所谓择址；也是对用地基址进行全面勘踏全面构思。""现场实地分析的另一个重要性在于得出一个重要估算：用地现状与建设目标之差，就是我们的设计内容。""**相地**的重要性，最早是由计成大师在《园冶·兴造论》中提出的：'故凡造作，必先**相地**立基。'足见**相地是广地建筑学具有普遍性程度设计环节**。他在《兴造论》中将相地的要领归结为：'妙于得体合宜'。即要做到：'**相地**合宜，构园得体'。他明确指出**相地**与设计成果间的必然联系。有宜就有不宜，因此'宜'是建立在对有利条件和不利条件综合分析基础之上的。"（中国建筑工业出版社2015年版，第36、37、42页）

想【xiǎng】

① [动词] 想象；遐思；创造性的构想。在知觉材料基础上通过头脑加工而创造出新形象的心理过程，有再造性或创造性的不同。[汉] 傅毅《舞赋》："游心无限，远思长**想**。"

《自序》："**想**出意外。"《借景》："顿开尘外**想**"。

② [动词] 联想；由一事物而想起另一事物的心理过程；审美联想。[宋] 苏轼《念奴娇·赤壁怀古》："遥**想**公瑾当年"。

《立基·亭榭基》："或借濠濮之上，人**想**观鱼"。《掇山·书房山》："似得濠濮间**想**。”

信【xìn】

①[**动词**]**听凭；任凭；随意**。[唐]白居易《琵琶行》：“低眉**信**手续续弹”。[宋]陆游《龟堂杂兴》：“曳杖东冈**信**步行。”成语：**信**马由缰。

《栏杆》：“栏杆**信**画而成”。《掇山》：“**信**足疑无别境”。

②[**名词**]**音讯；消息；信息**。[南唐]李煜《清平乐》：“雁来音**信**无凭，路遥归梦难成。”

《立基》：“桃李不言，似通津**信**。”

③附：**花信**【huāxìn】

[**名词**]“**花信风**”的简称，**犹言花期。由于是应花期而来的风，故曰“信”。**[宋]范成大《元夕后连阴》：“谁能腰鼓催**花信**”。[明]杨慎《咏梅九言》：“错恨高楼三弄叫玉笛，无奈二十四番**花信**催。”二十四番花信风之说，见[南朝梁]宗懔《荆楚岁时记》、梁元帝萧绎《纂要》、[宋]程大昌《演繁露》等，诸说有所不一。

《相地·山林地》：“槛逗几番**花信**”。（参见本书第473页）

信宿【xìnsù】

[**动词**]宿：**住宿；过夜**。为会意字。《文源》：“象人在屋下，旁有茵（金按：垫、褥类物），**宿**象也。”商承祚《古籀篇七十二》：“从人在席旁或席上，有即席止**宿**之义。”甲金文中，“宀”为屋形；“亻”为人侧卧之态；“百”，本为略呈长方形的席状物，中有两“⌒”形，为编织纹。三部分组合，俨然一幅“宿象”——宿夜简笔画。后以指在外面即席止宿。[唐]柳宗元《渔翁》：“渔翁夜傍西岩**宿**”。

信宿：**连宿两夜**。《诗·豳风·九罭》：“公归不复，于女（汝）**信宿**。”毛传：“再**宿**曰**信**。**宿**，犹处也。”[晋]陶渊明《与殷晋安别》：“**信宿**酬清话”。《水经注·江水二》：“流连**信宿**，不觉忘返”。[清]潘耒《纵棹园记》：“余既**信宿**兹园，爱林水之幽胜”。又：四宿曰“**信信**”，见《尔雅》。《诗·周颂·有客》：“有客**信信**。”

《冶叙》：“偶问一艇于寤园柳淀间，寓**信宿**。”《自序》：“主人偕予盘桓**信宿**。”

行【xíng】

①[**动词**]**行走**。[唐]白居易《长恨歌》：“峨嵋山下少人**行**。”

《借景》：“拟入画中**行**。”

②[**动词**]**流动**。《易·小畜》：“风**行**天上。”

《屋宇》：“槛外**行**云”。《掇山·瀑布》：“**行**（将水引流至）壁山顶”。《借景》：“**行**云故落凭栏。”

③[**动词**]**传播；散布**。《左传·襄公二十五年》：“言之无文，**行**而不远。”

《自跋》：“故梓**行**”。

脩【xiū】

[**形容词**]**长；高**（身高；高度）。《王力古汉语字典》：“**脩**：高，长。《战国策·齐策一》：‘邹忌**脩**八尺有馀。’”脩即身高之高。许朝华《尔雅今释》：“**脩**，高，长。”

内阁本《屋宇·楼》：“《尔雅》云：‘侠而**脩**曲为楼。’”其中的“脩”字，国图、华钞、隆盛至城建等本均如此，但《园冶注释》一二版、《图文本》均作"修"。征诸古文字，汉隶以来，"修"、"脩"已混用，但在《说文》篆书系统中，"修"在彡部，"脩"在肉（月）部。二字在使用中固然亦通，但用以释楼则有所欠缺，因为"脩"字有"高"、"长"二义，如作"修"，则只剩"长"义，而"长"义亦可包含在"侠"义中，相比而言，"高"义更重要，何况《屋宇·楼》还言其造式"如堂高一层"，这就是着眼于其"高"，故"高"义不应丢弃。

"侠而**脩**曲为楼"，意谓狭隘、高长而回曲的建筑，叫做楼。

须开池者三【xūkāichízhěsān】

［清］汪中《述学·释三九》影响颇为深远，特别是"实数可稽，虚数不可执"之句，让人们认识了中国人"数"的虚指功能这一文化修辞现象。

近人刘师培的《古书疑义举例补·虚数不可实指之例》又大量举证，加以补充、阐发和拓展，如云："古人以'**三**'为字形容众多之词"，"有不能确指其目者，则所居之数，或曰三十六，或曰七十二"……"古人记数，有出以悬揣之词者，所举之数，不必与实相符，亦不致大与实违。"这都有助于古文阅读。

《相地·村庄地》："约**十**亩之基，须开池者**三**，曲折有情，疏源正可；馀**七**分之地，为垒土者**四**，高卑无论，栽竹相宜。"其中"十"、"七"、"三"、"四"，也是"虚数不可执"，但是又"不致大与实违"，至于《村庄地》中的"**约**"、"**馀**"亦应看作是一种"悬揣之词"。又如郑元勋《园冶题词》："古人**百**艺，皆传之于书"中的"百"，亦为虚数，言其多。

许【xǔ】

①［**名词**］处；处所；地方。《经传释词》："李善注《文选》曰：'**许**，犹"所"也。'**许**'、'所'声近而义同。"《说文》段注："用为处所者，假借为'处'字也"。《诗·小雅·伐木》"伐木所所"，亦作"伐木**许许**"。《诗词曲语辞汇释》："**许**，犹处也。李白《杨叛儿》诗：'何**许**最关人？乌啼白门柳。'何**许**，犹云何处也。"［晋］陶渊明《五柳先生传》："先生，不知何**许**人也。"

《冶叙》："乐其取佳丘壑，置诸篱落**许**。"《立基·廊房基》："渐通林**许**"。

②［**名词**］约计的数量；左右。《诗词曲语辞汇释》："**许**，估计数量之辞。陶潜《饮酒》诗：'倾身营一饱，少**许**便有馀。'吴潜《海棠春》词：'银烛莫高烧，春梦无多**许**。'少**许**、多**许**、一**许**，皆估计数量辞，无事诠释。"［唐］柳宗元《至小丘西小石潭记》："潭中鱼可百**许**头。"［明］魏学洢《核舟记》："舟首尾长约八分有奇，高可二黍**许**。"

《装折·户槅》："如棂空，仅阔寸**许**为佳"。《门窗·［图式］圈门式》："外边只可寸**许**。"《墙垣·白粉墙》："并上好石灰少**许**打底，再加少**许**石灰盖面……"

③［**动词**］容许；允许；许可。《左传·闵公二年》："使公子鱼请，不**许**。"

《屋宇·七架梁》："**许**中加替木。"

雅【yǎ】

①［**形容词**］高雅；美好；高尚；文雅；不庸俗。《世说新语·文学》："此句偏有**雅**人深致。"［明］孙人儒《东郭记·縣驹》："闻得縣驹（人名）善歌，**雅**俗共赏。"

《立基》："自然优**雅**。"《屋宇》："时遵**雅**朴。"《墙垣·乱石墙》："坚固而**雅**致。"《掇山》："**雅**从兼於半土。"

②［副词·表程度］颇；甚；极。《助字辨略》："**雅**，犹云极也。"《诗词曲语辞汇释》："**雅**，犹颇也。"《后汉书·窦皇后纪》："及见，**雅**以为美。"《文心雕龙·时序》："观其时文，**雅**好慷慨。"［宋］苏轼《庐山五咏·饮酒台》："博士**雅**好饮。"［宋］朱敦儒《眼儿媚》："青锦成帏瑞香浓。**雅**称小帘栊。"

《兴造论》："自然**雅**称。"

焉【yān】

①［代词·表疑问］怎么；哪里。《虚字说》："奚、**焉**，皆何也。有疑用以审问，无疑用以批驳。'何'之气宽和，'奚'之气轻清，'**焉**'之气平延。"《论语·阳货》："割鸡**焉**用牛刀？"《列子·汤问》："且**焉**置土石？"

《选石》："匪人**焉**识黄山？"

②［语气词］常用于句末，或表陈述，或肯定，或表感叹。《玉篇》："**焉**，语已之词也。"《广韵》："**焉**，语助也。"《孟子·梁惠王上》："寡人之于国，尽心**焉**耳。"《史记·儒林列传》："六艺从此缺**焉**。"

《自序》："并驰南北江**焉**。"此表肯定。《冶叙》："将鸡埘、豚栅歌戚而聚国族**焉**已乎？"此表陈述兼感叹。

延【yán】

①［动词］聘请；邀请。［晋］陶渊明《桃花源记》："馀人各复**延**至其家"。

《自序》："时汪士衡中翰**延**予銮江西筑"。

②［动词］连及；蔓延。《徐霞客游记·游九鲤湖日记》："松偃藤**延**"。

《借景》："环堵翠**延**萝薜"。

③［形容词］长；久。［晋］陆雲《失题》："发梦宵寐，以慰**延**伫。"［唐］韦应物《赠别诸友生》："为欢日已**延**"。

《借景》："林皋**延**伫"。

广【yǎn】

［名词］建筑专业语。利用山崖所建之屋。《说文解字·广［不读 guǎng］部》："**广**，因厂（金按：此为'岸'［àn］字，不读 chǎng）为屋，象对刺高屋之形。读若'俨然'之'俨'。"段注："'象对刺高屋之形'，刺，各本作'刺'，今正为对面高屋森耸上刺也。首画像岩上有屋。"

高亨指出："**广**"即古'庵'字。在甲骨文、金文里，"象屋顶屋墙之形，后缺笔者，因依岸为之，不筑后墙（按：这是从侧立面看）也。许云'对刺'者是叠韵连语，当是高屋直立之貌。"（《文字形义学概论》，齐鲁书社 1981 年版，第 119 页）［宋］李诚《营造法式·总论上·宫室》："因岩成室谓之**广**。"［唐］韩愈《陪杜侍御游湘西两寺》："开廊架崖**广**。"

作为大、小篆的古文字，颇能说明"广"字之义。试看【图 114】右、中两行六个字，前两个"宀"，上部为侧立面的屋顶及屋脊之形，前后两竖则是墙壁，于是构成"完屋"，这是"象形"。再看以下"家"、"室"字，"完屋"中有"豕"有"至"，这是"会意"。甲骨文演变为小篆，笔画由方折变为圆转，如在《说文》、《汗简》（左下）里，"宀"作为部首，就不很像"完屋"了。而"广（yǎn）"作为部首，其屋顶依然存在，而其一面有墙，一面没有墙的意思，还能依稀感觉到。那么，为什么一面没有墙？因为它"借岩为势"，"因岩为屋。"

《园冶·屋宇·广》："古云，因岩为屋曰'**广**'。盖借岩成势，不成完屋者为

'广'。"前一句是概述《说文》的主要释义；后一句又对其作进一步的诠释。《兴造论》还写道："半间一广，自然雅称。"联系前文，意谓只要不拘泥草率，因地制宜，即使是基地偏缺狭小如"半间一广"，也自然很适称的。这里的"半间"，是指其面阔；"一广"，是指其进深，二者均极言其小。

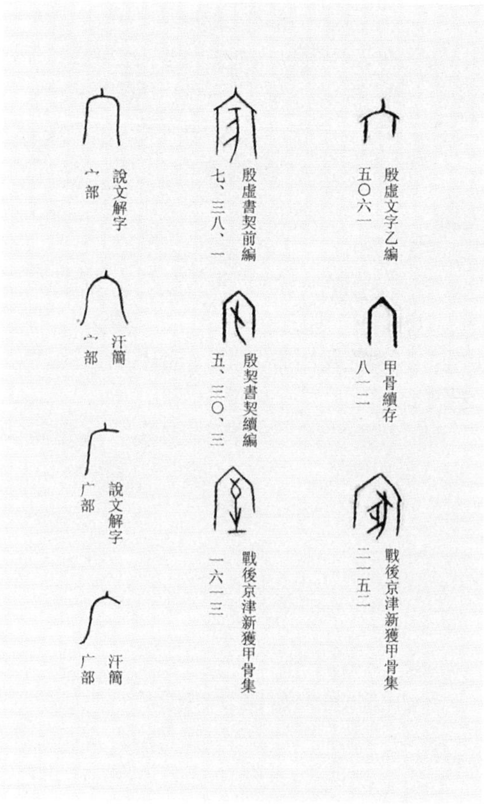

要【yào】

① [动词] **应当；必须；想要。**《古书虚词旁释》："**要**，犹当也，须也，必也。"此为后起义，中古也很少用此义，例如《伤寒论·辨不可发汗病脉证并治》："**要**以汗出为解。"《说文通训定声》："**要**，后人谓欲曰**要**。"

《兴造论》："需求得人，当**要**节用。"需求，当要、互文。《相地·郊野地》："还**要**姓氏不须题。"《立基·门楼基》："惟门楼基，**要**依厅堂方向。"《掇山·结语》："夫理假山，必欲求好，**要**（想要，与"欲"义近）人说好……"数例体现了近代汉语的特征。

② [名词→形容词] **关键；纲要；重要。**《商君书·农战》："知万物之**要**"。《后汉书·荀彧传》："此实天下之**要**地。"

《借景》："切**要**四时。"《借景·结语》："夫借景，林园之最**要**者也。"

【yāo】

③ [动词] **通"邀"，邀请。**［晋］陶渊明《桃花源记》："便**要**还家，设酒杀鸡作食。"

《相地·山林地》："好鸟**要**朋，群麋偕侣。"

冶【yě】

① [动词] **镕铸、铸造**，是一种体现了高级工程技术的动作行为。《汉书·董仲舒传》："金之在镕，唯**冶**者之所铸。"［唐］韩愈《河中府连理木颂》："**冶**金伐石，垂耀无极。"有今"打造"义。

作为书名，《园**冶**》的"冶"义，其一可理解为**打造、创造**。

② [形容词→动词] **美；装饰；美化。**《正韵》："**冶**，装饰也。"［晋］陆机《吴王郎中时从梁陈作》："玄冕无丑士，**冶**服使我妍。"《文选》李善注："**冶**服，美服也。"［宋］汪元量《湖州赋》："**冶**杏夭桃红胜锦。"［清］龚自珍《台城路》："低回吟**冶**句。"

作为书名，《园**冶**》的"冶"义，其二可理解为**美、美化**。

③ [名词→动词] **相当于古代哲学范畴的"道"；"道"的境界或创造。**《淮南子·要略》："储与扈**冶**，玄眇之中，精摇靡览。"《淮南子·俶真训》："包裹天地，

图114 篆书"宀"部首字及"广"集字
虞俏男协制

陶**冶**万物，大通混冥，深闳广大。"又："此真人之道也。若然者，陶**冶**万物……"

作为书名，《园**冶**》的"冶"义，其三是扈冶、陶冶的节缩，可特殊地理解为**"道"的境界、"道"的创造或开辟。**

《自序》："先生曰：'斯千古未闻见者，何以云《牧》？斯乃君之开辟，改之曰**《冶》**可矣。'"金按：作为书名的《园冶》之"冶"，其特殊性可说在于"一名而含三义"（钱锺书：《管锥编》第1册，中华书局1991年版，第1、2页。《园冶》书名的含义。详见本书第16-30页）。

一【yī】

①[**数词**]**数之始；最小的正整数。**《左传·庄公十年》："夫战，勇气也。**一**鼓作气，再而衰，三而竭。"

《兴造论》："第园筑之主，犹须什九，而用匠什**一**。"又："**一**架**一**柱，定不可移。"《园说》："**一**湾仅於消夏，百亩岂为藏春。"《屋宇·重椽》："或构倚墙**一**披而下。"《装折·户槅》："斯**一**（一是）不密，［二是］亦无可玩。"《掇山·池山》："池上理山，园中第**一**胜也。"《选石·灵璧石》："或**一**两面，或三面。若四面全者……"

②[**副词**]**皆；悉；都；一概。**《助词辨略》："《诗·国风》：'政事**一**埤于我。'朱传云：'**一**，皆也。'愚案：**一**，皆也，悉也，犹云一切也。"

《园冶题词》："仅**一**委之工师……"

③[**形容词**]**满；整个。**［宋］陆游《冒雨登拟岘台观江涨》："云翻**一**天墨，浪蹴半空花。"《三国志·蜀志·赵云传》注引《赵云别传》："子龙**一**身都是胆也。"

《园说》："瑟瑟风声，静扰**一**榻琴书。"

④**同一；相同；一样；一律。**《玉篇》："**一**，同也。"《吕氏春秋·察今》："古今**一**也，人与我同耳。"

《屋宇·九架梁》："相机而用，非拘**一**者。"《栏杆》："园屋间**一**不可制也。"

⑤**一体；整体；全部。**［汉］贾谊《过秦论》："相与为**一**。"

《装折·风窗·［图式］两截式》："风窗两截者……关合如**一**为妙。"《铺地·乱石路》："从山摄壑，惟斯如**一**。"

⑥**一点儿。**《玉篇》："**一**，少也。"［清］俞樾《诸子平议·淮南内篇二》："古人之言，凡至少者以'**一**'言之。"

《相地》："嵌他人之胜，有**一**线相通，非为间绝。"《掇山·岩》："其状可骇，万无**一**失。"《掇山厅山》："及登，**一**无可望。"

宜【yí】

①[**形容词**]**合适；适当；恰当；适称。**《说文》："**宜**，古作"宜"。所安也。从宀（金按：为屋之象形）之下，一之上（金按：其中的'夕'，为侧面人形，意为人处于其中）。"段注："一犹地也，此言会意。"有屋有地，意为令人身心安宁之处。《玉篇》："**宜**，当也。"《诗·郑风·缁衣》朱熹注："**宜**，称。"杨树达《词诠》："**宜**，表态形容词，今言'适宜'。"［宋］苏轼《饮湖上初晴后雨诗》："欲把西湖比西子，淡妆浓抹总相**宜**。"

《相地》："借景偏**宜**。"《装折·［图式］冰裂式》："冰裂，惟风窗之最**宜**者。"《掇山·书房山》："书房中最**宜**者"。《相地·村庄地》："栽竹相**宜**"。

②[**名词**]**由合适引申为：具体的合适情况；所合宜的特定情况。**《礼记·王制》："民生其间者……衣服异**宜**。"［唐］韩愈《送浮图文畅师序》："施之于天下，

万物得其**宜**。"

《园冶题词》："园有异**宜**，无成法（园林有各不相同的所合适的情况，没有一成不变的规范法式）。"又："此人之有异**宜**……此又地有异**宜**……所谓地与人具有异**宜**"《园说》："窗牖无拘，随**宜**合用。"《屋宇》："方向随**宜**（方向随其所合适的不同情况 [而定]）。"《屋宇·亭》："随意合**宜**则制。"《铺地·诸砖地》："量砖长短，合**宜**可也。"

③ [动词] **适宜于；适合于**。[元] 奥敦周卿《[双调] 蟾宫曲·咏西湖》："百顷风潭，十里荷香，**宜**晴**宜**雨，**宜**西施淡抹浓妆。"

《园说》："远峰偏**宜**借景"。《兴造论》："**宜**亭斯亭，**宜**榭斯榭。"《屋宇·轩》："**宜**置高敞，以助胜则称。"《门窗·[图式] 莲瓣式、如意式、贝叶式》："斯三式**宜**供佛所用。"《墙垣·乱石墙》："大小相间，**宜**杂假山之间。"《铺地·冰裂地》："乱青版石，鬥冰裂纹，**宜**于山堂、水坡、台端、亭际"。《掇山·楼山》："楼面掇山，**宜**最高才入妙。"《选石·太湖石》："惟**宜**植立轩堂前。"《选石·昆山石》："**宜**点盆景，不成大用也。"

④ [动词] **应该；应当**。《助词辨略》："宜字，应、合之辞也。"[三国蜀] 诸葛亮《出师表》："不**宜**妄自菲薄。"又："陟罚臧否，不**宜**异同。"《元史·王利用传》："酒**宜**节饮，财**宜**节用。"

《自序》："此制不第**宜**掇石而高，且**宜**搜土而下。"《立基·假山基》："最忌居中，更**宜**散漫。"《屋宇·斋》："盖藏修密处之地，故式不**宜**敞显。"《装折》："掩**宜**合线，嵌不窥丝。"《装折·[图式] 风窗式》："风窗**宜**疏。"《掇山·室内山》："内室中掇山，**宜**坚**宜**峻。"《门窗》："佳境**宜**收，俗尘安到。"

⑤ [动词] **可；可以**。《韩非子·内储说上》："此言可以杀而不杀也。夫**宜**杀而不杀……"可、宜前后互文，宜亦可也。兹补举《园冶》内证三则：一、《立基》："高阜可培，低方**宜**挖。"二、《铺地》："中庭或**宜**叠胜，近砌亦可回文。"以上二例，宜、可皆互文。三、《相地·城市地》："院广堪梧，堤湾**宜**柳。"堪、可也。堪、宜互文，宜亦可也。

《墙垣》："或**宜**石**宜**砖（有的可以……，有的可以……），**宜**漏**宜**磨，各有所制。"《掇山》："**宜**台**宜**榭，邀月招云。"

⑥ [副词] **表示理所应当；事情本当如此，相当于"当然"；"难怪"；"无怪"**。[唐] 王度《古镜记》："**宜**其见赏高贤"。[宋] 周敦颐《爱莲说》："牡丹之爱，**宜**乎众矣！"

《冶叙》："**宜**乎元甫深嗜之。"

已【yǐ】

① [动词] **止；停止；终止；结束**。《广韵》："已，止也；毕也。"《诗·郑风·风雨》："风雨如晦，鸡鸣不**已**。"《荀子·劝学》："学不可以**已**。"

《冶叙》："将鸡坿、豚栅、歌戚而聚国族焉**已**乎？"《冶叙》："元甫岂能**已**于言？"《自序》："先生称赞不**已**"。

② [副词] **引申为已经**。《集韵》："已，卒事之辞。"《经传释词》："已，既也。"[唐] 李白《早发白帝城》："轻舟**已**过万重山。"

《园冶题词》："**已**有其本"。《选石·太湖石》："采之**已**久"。《自跋》："业游**已**倦"。

③ [介词] **同"以"。表示时间、方位、数量的界限**。杨树达《词诠》："与'**以**'同。用于'上''下''往''来'等词之前。"《孙子·作战》："得车十乘**已**上"。

《屋宇·堂》："自半**已**前"。《屋宇·室》："自半**已**后"。

④附：**而已**【éryǐ】

[助词] 表示仅止于此，相当于"罢了"。《助词辨略》："**而已**，言无馀事也。"《论语·里仁》："夫子之道，忠恕**而已**矣。"

《掇山·园山》："厅前三峰，楼面一壁**而已**。"

以【yǐ】

①[介词→动词] 按；依照。《书·洪范》："各**以**其序。"《易·繫辞上》："方**以**类聚，物**以**群分。"《商君书·更法》："礼，法**以**时而定"。

《栏杆·[图式] 笔管式》："变画**以**次而成"。《墙垣》："何不**以**墙取头阔头狭，就屋之端正？"《掇山·厅山》："**以**予见"。

②[动词] 相当于"为"。《广释词》："**以**犹'为'，动词。《诗行露》：'何**以**穿我屋'。陈奂曰：'"**以**"犹"为"也。'"

《自序》："何**以**云《牧》？"（何以：为何。疑问句动宾倒置）

③[动词] 以为；认为，有时与"为"连用。《经传释词》："**以**，犹谓也。"《墨子·公输》："臣**以**王之攻宋也，为与此同类。"《战国策·齐策一》："皆**以**美于徐公。"《汉书·元帝纪》："人人自**以**得上意。"

《园冶题词》："常**以**剩水残山，不足穷其底蕴"。《自序》："**以**为荆、关之绘也，何能成于笔底？"《墙垣》："凭匠作雕琢花鸟仙兽，**以**为巧制"。

④[介词·表对象、方式、手段等] 相当于"用"；"拿"、"把"、"凭"。《虚字说》："**以**，用也。"《马氏文通》："'**以**'字以言所用者。"《诗·卫风·木瓜》："投之**以**木瓜，报之**以**琼琚。"[唐] 柳宗元《黔之驴》："黔无驴，有好事者船载**以**入（以船载入）。"

《冶叙》："**以**（金按：其间有省）质元甫"。《园冶题词》："未能分身四应，庶几**以**《园冶》一编代之。"《兴造论》："俗**以**'无窍之人'呼之"。《相地·山林地》："培山接**以**房廊。"《墙垣·白粉墙》："**以**麻帚轻擦"。《掇山·峭壁山》："藉**以**粉壁为纸，**以**石为绘也。"《屋宇·[图式] 七架列式》："凡屋**以**七架为率。"

⑤[介词·表原因] 相当于"因为"、"由于"。[晋] 王胡之《答谢安》："风**以**气积，冰由霜坚。"以、由互文。[宋] 范仲淹《岳阳楼记》"不**以**物喜，不**以**己悲。"

《自序》："少**以**绘名。"《装折·[图式] 冰裂式》："可**以**上疏下密之妙。"（可由于上疏下密而致妙）

⑥[介词] 与方位名词等连用，表数量等的界限。《淮南子·墬形训》："自三百仞**以**上"。[清] 龚自珍《明良论一》："崇文门**以**西，彰义门**以**东，一日不再食者甚众。"

《铺地·诸砖地 [图式]》："**以**上四式，用砖仄砌。"

⑦[介词] 通"于"、"在"。《经词衍释》："**以**，犹'于'也。"《史记·孟尝君列传》："文**以**五月五日生。"《论衡·偶会》："夫物**以**春生夏长，秋而熟老。"

《相地·城市地》："莳花笑**以**春风。"

⑧[连词·表目的、结果] 相当于"用来"、"用以"；"从而"、"去"。[汉] 晁错《论贵粟疏》："所谓损有馀**以**补不足。"[三国魏] 曹操《步出夏门行 [其一]》："东临碣石，**以**观沧海。"

《冶叙》："又不能违两尊人菽水，**以**从事逍遥游"。《园冶题词》："**以**屈主人（从而使主人受屈）。"又："不得不尽贬其丘壑**以**徇"。《屋宇·堂》："谓当正向阳之屋，**以**取堂堂高显之义。"《屋宇·门楼》："象城堞有楼**以**壮观也。"《掇山·阁山》："宜于山侧，坦而可上，便**以**（即以便，亦可读作便于）登眺"。

671

⑨［连词·表承接；并列］相当于"**而**"。《经词衍释》："**以**，犹'而'也。"《论衡·自纪》："文必丽**以**好，言必辩**以**巧。"

《相地》："如长弯而环璧，似偏阔**以**铺云。"而、以互文。《相地·傍宅地》："宜偕小玉以同游。"《相地·江湖地》："迎先月**以**登台。"

⑩［助词］加在能愿动词后，相当于词的后缀，如可以；得以。《孟子·梁惠王上》："小固不**可以**敌大，寡固不**可以**敌众"。

《园说》："萧寺**可以**卜邻。"《相地》："让一步**可以**立根。"《屋宇·九架梁》："**可以**面东、西、南、北……"

⑪［副词·表完成］相当于"**既**"、"**已经**"。《正字通》："**以**，与已同。"《选石·太湖石》："自古至今，采之**以**久，今尚鲜矣。"

⑫［介词·表起始］相当于"**从**"、"**自**"、"**由**"，表示行动或变化的起点。《潜夫论·遏利》："自古于今，上**以**天子，下至庶人，蔑有好利而不忘者。"《栏杆·［图式］笔管式》："**以**单变双。"

易【yì】

①［动词］改变；变更；更换。《荀子·乐论》："移风**易**俗，天下皆宁。"［唐］柳宗元《愈膏肓疾赋》："余今变祸为福，**易**曲成直。"变、易互文。

《冶叙》："可无**易**地（可不必变换地方）。"

②［动词］交易；交换。《史记·廉颇蔺相如列传》："愿以十五城**易**璧。"

《选石·旧石》："今欲**易**百米，再盘百米，复名'二百米峰'也。"

③［形容词］容易。与"难"相对。［宋］王安石《有感五首［其一］》："怀抱难开醉**易**醒"。

《相地》："新筑**易**乎开基"。《相地》："斯谓雕栋飞楹构**易**，荫槐挺玉成难。"《相地·城市地》："别难成墅，兹**易**为林。"难、易，相反相对成文。《掇山》："花木情缘**易**逗。"《屋宇》："雕镂**易**俗"。《栏杆·［图式］笔管式》："内有花纹不**易**制者。"

益【yì】

①［动词］增加；增多；增长。与"损"相对。《荀子·哀公》："故富贵不足以**益**也，卑贱不足以损也。"

《园冶题词》："不如嫫母傅粉涂朱，只**益**之陋乎?"

②［名词］益处；利益；好处。与"害"相对。［汉］桓谭《盐铁论·非鞅》："有**益**于国，无害于人。"

《掇山·厅山》："一无可望，置之何**益**?"

③［副词·表程度］愈；更加。《孟子·梁惠王上》："如水**益**深，如火**益**热。"《史记·高祖本纪》："人又**益**喜"。

《自序》："亦觉发抒略尽，**益**复自喜。"

意【yì】

①［名词］意愿；心愿；心意；意志。《庄子·让王》："逍遥于天地之间而心**意**自得。"

《相地·郊野地》："往来可以任**意**"。《立基》："任**意**为持"。《屋宇·亭》："随**意**合宜则制"。

②［名词］意思；意图；还可包括设想；创意。［宋］朱熹、吕祖谦《近思录》

卷十一："凡立言，欲涵蓄**意**思"。

《园冶题词》："**意**不能喻之工"。《屋宇·[图式]地图式结语》："聊识其**意**可也。"《墙垣·[图式]漏砖墙结语》："**意**不能尽"。

③[名词]意味；意趣；意境；情趣；旨趣。《易·繫辞上》："书不尽言，言不尽**意**。"[宋]欧阳修《醉翁亭记》："醉翁之**意**不在酒，在乎山水之间。"

《自序》："宛若画**意**"。《相地·村庄地》："归林得**意**"。《屋宇》："**意**尽林泉之癖"。《屋宇·轩》："取轩轩欲举之**意**"。《掇山》："山林**意**味深求"。《掇山》："深**意**画图"。《掇山·瀑布》："斯谓'作雨观泉'之**意**。"

④[名词]风格；意匠；构想；笔意。[晋]陆机《文赋》："**意**司契以为匠"。[唐]杜甫《丹青引》："**意**匠惨淡经营中。"[南朝齐]书法家王僧虔有《笔**意**赞》。

《自序》："最喜关全、荆浩笔**意**"。《栏杆》："近有将篆字制栏杆者，况理画不匀，**意**不联络"。《铺地·冰裂地》："**意**随人活"。《借景·结语》："**意**在笔先"。

⑤[动词]意料；料想。《陈书·袁宪传》："出人**意**表，同辈咸嗟服焉。"

《自序》："想出**意**外"。

因【yīn】

①[动词]依靠；凭借。《三国志·蜀书·诸葛亮传》："高祖**因**之以成帝业。"

《屋宇·广》："**因**岩为屋曰'广'。"《借景》："构园无格，借景有**因**。"

②[动词]沿袭；承接；继承。《论语·为政》："殷**因**于夏礼（商承袭夏朝礼仪）……周**因**于殷礼……"[汉]张衡《东京赋》："**因**秦宫室，据其府库"。

《立基》："编篱种菊，**因**之陶令当年。"

③[动词]随顺；顺着。《庄子·养生主》："依乎天理……**因**其固然。"

《园说》："栏杆信画，**因**境而成"。《墙垣》："世人兴造，**因**基之偏侧，任而造之。"

④[名词]原因；缘故；原由；因依。[宋]苏轼《辨题诗劄子》："忆此诗自有**因**依"。

《立基》："开林须酌有**因**"。

⑤[介词·表依据]依照；根据；随着。《后汉书·公孙述传》："用天**因**地，成功之资。"

《兴造论》："**因**者：随基势之高下，体形之端正……"又："体宜**因**借"。《屋宇》："家居必论，野筑惟**因**。"《借景》："**因**借无由，触情俱是。"

⑥[动词]为；因为；由于。[唐]陆贽《奉天请数对群臣兼许令论事状》："昔人**因**噎而废食者"。

《选石·太湖石》："于石面遍多坳坎，盖**因**风浪中冲激而成。"

⑦[连词·表承接]于是；因而；就。《史记·高祖本纪》："秦军解，**因**大破之。"

《冶叙》："予**因**剪蓬蒿瓯脱。"

引【yǐn】

①[动词]本义为把弓拉开，引申为导引。多用于水流，亦用于静态展开之物。《史记·滑稽列传》："**引**河水灌民田。"[宋]苏轼《喜雨亭记》："**引**流种树，以为休息之所。"

《相地·郊野地》："开荒欲**引**长流"。又："**引**蔓通津……"《借景》："门**引**春流到泽。"《相地·城市地》："临濠蜒蜿，柴荆横**引**长虹。"

②[动词] **引取**，专用于举饮满杯的酒。[晋] 陶渊明《游斜川》："提壶接宾侣，**引**满更献酬。"

《冶叙》："亦**引**满以酌计子。"

隐门照墙【yǐnménzhàoqiáng】

[名词] 建筑专业语。照墙又称照壁。隐门照墙：**遮隐大门的墙屏**。它既可用于皇家、寺观的宫殿，又可用于私家的宅第。《营造法原》："**照墙**，位于墙门外，[与之] 相对之砖墙，不负重，上覆短檐，用为屏障之墙。"（中国建筑工业出版社 1986 年版，第 111 页）

照墙在空间上有着界定、照应、遮蔽、装饰、强调、回护、增强气势等作用，多饰有图案、雕刻或文字。从位置和形式分，有过街照墙、跨河照墙、八字照墙等；从材质分，有琉璃照墙（如北京北海的九龙壁）、砖细照墙、石照墙等。

《墙垣·磨砖墙》："如**隐门照墙**、厅堂面墙，皆可用磨。"

应【yīng】

①[动词·表能愿] **该当；应该**。《广韵》："**应**，当也。"[宋] 苏轼《念奴娇·赤壁怀古》："多情**应**笑我。"

《装折》："装壁**应**为排比"。《门窗》："**应**当磨琢窗垣"。《选石·宣石》："惟斯石**应**旧"。《借景》："芳草**应**怜"。《借景》："**应**探岭暖梅先。"

【yìng】

②[动词] **应允；允许；承诺；应付；接受**。《庄子·齐物论》："以**应**无穷。"《园冶题词》："但恐未能分身四**应**"。

③[动词] **适应**。[明] 唐寅《筼隐记》："筼之为物也，其圆**应**规，其直**应**矩。"

《借景·结语》："**应**时而借。"《立基·书房基》："临机**应**变而立。"

有–有待【yǒu–yǒudài】

①[动词·表存在]《玉篇》："**有**，不无也。"《正字通》："**有**，对无之称。"《园冶》中 "有" 字用得甚多，绝大多数取**表示存在、与 "无" 相对**，如《自序》："**有**真斯**有**假"。又："别**有**小筑"。兹不赘举，但《相地·傍宅地》中 "设门**有待**来宾" 的 "有"，《立基·楼阁基》中 "**有**二层三层之说" 的 "有"，情况均较特殊，需要加以强调，见③与②。又通 "又"，见④。

②[动词] 相当于 **"为"、"实行"**。《古书虚词旁释》："**有**犹为也，一为 '行' 之义。"《史记·殷本纪》：'纣乃重刑辟，**有**炮烙之法。'" 也就是实行炮烙之法。

《立基·楼阁基》："何不立半山半水之间，**有**二层三层之说？" 有，有 "为" 义，有 "实行" 义。意谓：为什么不把楼阁基确立在半山半水之间，实行二层三层之说？（详见本书第 260 – 261 页）

③[助词] **"有待"，"有"** 姚维锐《古书疑举例增补·一字不成词则加助词例》阐发《经传释词》云："古人属文，遇一字不成词，则往往加助词以配之。若虞、夏、殷、周，本朝名，而曰**有**虞、**有**夏、**有**殷、**有**周，此加 '有' 字以为语中助词也。它如：《书·皋陶谟篇》'亮采**有**邦' 之 '**有**邦'，'夙夜浚明**有**家' 之 '**有**家'……及《诗·宾之初筵篇》'发彼**有**的' 之 '**有**的'，《十月之交篇》'择三**有**事' 之 '**有**事'，皆因一字不成词，加 '有' 字以为助词也……"

还可补充的是：《诗经》中《小雅·巷伯》"投畀**有**北" 的 "**有**"，置于方位名词之前；《邶风·击鼓》"忧心**有**忡"的"有"，置于形容词之前……其至今天人们还说"《诗经》有云"，也以"有"为语中助词；还常写常说："有待"、"有如"、"有请"、"有劳"……"有"字作为**一种前缀**，起**凑足音节**并起**强调语气**或**表示客气**等作用。这些由"有"作为词头的词，分别已成为名词、形容词，而更多的为动词，"有待"亦然。

《相地·傍宅地》有云："设门**有待**来宾，留径可通尔室。"一个"有"字，使上、下两句骈偶成文，有虚实结合、音律铿锵之美。

【yòu】

④[**副词**]表示整数之外，又加零数，通**"又"**。（古人在整数和小一位的数字之间，多用"有"字，不用"又"字）《论语·为政》："吾十**有**五而志于学。"[三国蜀]诸葛亮《出师表》："受任于败军之际……尔来二十**有**一年矣。"

《自跋》："崇祯甲戌岁，予年五十**有**三"。

于【yú】

①[**动词**·表方向、目标、归趋]往；至；及。《诗·周南·桃夭》："之子**于**归"。毛传："**于**，往也。"《诗·小雅·鹤鸣》："鹤鸣九皋，声闻**于**天。"《诗·大雅·板》："询**于**刍荛"，《文心雕龙·议对》引此句"询**于**"作"询及"。

《冶叙》："偶问一艇**于**疁园柳淀间"。《自序》："姑孰曹元甫先生游**于**兹。"《选石·旧石》："某代传至**于**今"。

②[**介词**·表时间、处所、范围]相当于**"在"**。《荀子·天论》："畜积收藏**于**秋冬"。《史记·项羽本纪》："得复见将军**于**此。"[传·唐]王维《山水诀》："东南西北，宛尔目前；春夏秋冬，生**于**笔底。"

《冶叙》："**于**歌余月出、庭峰悄然时"。《园冶题词》："书**于**影园。"《自序》："公得基**于**城东"。又："遂播闻**于**远近。"又："何能成**于**笔底？"《相地·村庄地》："居**于**畎亩之中"。《装折·仰尘》："多**于**棋盘方空画禽卉者"。《选石·太湖石》："**于**石面遍多坳坎"。《借景》："幽人即韵**于**松寮；逸士弹琴**于**篁里。"

③[**介词**·表方面、对象等]相当于**"在"**，**"在于"**。《论语·学而》："敏**于**事而慎**于**言。"《墨子·公输》："荆国有余**于**地而不足**于**民。"

《冶叙》："元甫岂能已**于**言？"《园冶题词》："善**于**用因"。《兴造论》："能妙**于**得体合宜。"又："园林巧**于**因借"。《相地》："旧园妙**于**翻造"。《相地·傍宅地》："不第便**于**乐闲"。《掇山》："峭壁贵**于**直立"。《掇山》："雅从兼**于**半土"。

④[**介词**·表目的、原因]相当于因为；由于。[唐]韩愈《进学解》："业精**于**勤荒**于**嬉，行成**于**思毁**于**随。"

《园说》："一湾仅**于**消夏，百亩岂为藏春"。"于"、"为"互文。

⑤[**动词**·表所为]相当于**"为"**[wéi]。《文选·司马相如长门赋序》："因**于**（为；作）解悲愁之辞。"李善注引郑玄《仪礼注》："**于**，为也。"

《装折·户槅》："古之户槅，多**于**（于：作）方眼而菱花者"。《装折·[图式]长槅式》："槅版分位定**于**四、六者（定为四、六之比）"。

⑥[**介词**·表被动]相当于**"被"**。《史记·屈原贾生列传》："怀王……内惑**于**郑袖，外欺**于**张仪，疏屈平而信上官大夫……"《史记·廉颇蔺相如列传》："臣诚恐见欺**于**王而负赵。"

《选石·宣石》："多**于**赤土积渍"。

⑦[**助词**]用于句首、句中以凑足音节，不为义。《广韵》："**于**，语辞也。"《诗·周南·葛覃》："黄鸟**于**飞。"

《冶叙》："仙仙**于**止"。《掇山》："主石虽忌**于**居中……劈峰总较（较：明显）**于**不用……"。

⑧[介词]相当于"以"。此义项古今学者发现者较少。杨树达《词诠》："**于**，介词，与'以'同义。"《经词衍释》："**于**，犹'以'也。于、以互通。《论语》：'亲**于**其身为不善者。'言亲以其身也。""以，犹'**于**'也……以、于互对成文。"

《园冶》书中"于"、"以"二字通用者颇多，由于研究家们较多不晓此义，故曾出现误校、误释、误读甚至误改的现象，特予详说：

杨超伯《〈园冶注释〉校勘记》："第三卷谬误较多，如：掇山篇'扫于查灰'，'于'当作'以'。"其实此字不误，因二字本互通。

《园冶注释》第一版从杨氏说，径改"扫于"为"扫以"，并出注："扫以……原书作'扫于'，疑误。"第二版又改为"扫于查灰"，注："扫于，扫以之意。"这是又改了过来，但未指出其"与'以'同义"，且无书证，致使后来注家又生曲解。

《图文本》从喜咏本将原文"扫于查灰"改为"扫乾渣灰"，并注道："扫乾：即'扫干'。营造本作'扫于'。"其实，营造本及内阁本、隆盛本等均作"于"，这是对的，相反，改"于"为"乾"，才是改正为误。至于将此句译作"扫干净坑里的灰渣"，更不确。

《疑义举析》则不然，它根据《园冶》内证指出："其实'扫于'并不误，这样用'**于**'，即'以'字之义。计成每喜欢这样用'**于**'字"……《墙垣》：'多**于**版筑，或**于**石砌'，都是同样用法。计成又常用'以'字代'于'，后文《阁山》：'便以登眺'，即"便于登眺（金按：当然亦可释作'以便登眺'，这正说明'于''以'相通）"。此析极有识见。这种互训功夫极谨严，《举析》为三十馀年前之作，更难能可贵。

《园冶》中还可有补充之例，如《园冶题词》："绝无鹿柴、文杏之胜，而冒托**于**'辋川'"。至于《园冶题词》中"皆传之**于**书"的"于"，既然可训为"在"，又可训为"以"。

又：杨树达先生《古书疑义举例续补》一书中有《'于'作'以'义用例》，其例甚夥。其析甚详，可参。

馀屋－半间【yúwū-bànjiān】

[名词－数量词]《园冶》建筑专业语。在书中又称"半"、"半间"、"馀半间"，指"通面阔"所留旁边或中间的半间屋，用以接通房廊，通前达后，是串连全园的游览路线的组成部分。

《立基·厅堂基》："须量地广窄，四间亦可，四间**半**亦可，再不能展舒，三间**半**亦可。深奥曲折，通前达后，全在斯**半间**中，生出幻境也。"《立基·书房基》："势如前厅堂基，**馀半间**中，自然深奥。"《立基·廊房基》："廊基未立，地局先留，或**馀屋**之前后，渐通林许。"（见本书第222－227页）

园列敷荣【yuánlièfūróng】

语见《冶叙》。诸家之注、译大抵误读。《园冶注释》："园树呈现繁荣的景象。"《园冶全释》："敷：普遍。《诗经·周颂·般》：'敷天之下。'敷荣：一片欣欣向荣。"译文："满园欣欣向荣。"两家几乎没有一字译对。《图文本》："敷荣：开花。[汉]焦赣《易林》卷十《涣》：'春草萌生，万物敷荣。'[宋]张耒《景德寺西禅院慈氏殿记》：'譬如草木敷荣于春夏，黄落于秋冬。'园列敷荣：园林四处排列着盛开的鲜花。"这条注，"敷荣"是释对了，"列"却释错了，且与中国园林的主流美学观、主导审美风格背道而驰。

"列敷荣"三字，出自汉末作为建安七子之一的王粲的《杂诗》："曲池扬素波，**列**树**敷**丹**荣**。上有特栖鸟，怀春向我鸣。""敷丹荣"三字，徐复先生《读〈文选〉札记再续》指出："魏晋人通称花为**敷**，郭璞说为江东语。此句**敷**丹**荣**，谓开出红色的花。敷用作动词。"（《徐复语言文字学晚稿》，江苏教育出版社2007年版，第296页）荣：花。金文荣鼎、荣簠、五祀卫鼎均为两枝交叉开花的象形，后衍变为两个"火"。《楚辞·橘颂》："绿叶素**荣**，纷其可喜兮。"列：诸；群；众多。《楚辞·九辩》："步**列**星而极明。"《左传·庄公十一年》杜预注："**列**国，诸侯。"《后汉书·梁皇后纪》："常以**列**女图画置于左右。"列树：众多的树木。《图文本》"列"释作"排列着"，误，殊不知中国园林里的花树切忌排列成行。[唐]白居易就一再咏道："栽松不趁行"（《奉和裴令公新成午桥庄绿野堂即事》）；"拂窗斜竹不成行"（《香炉峰下新卜山居草堂初成偶题东壁五首〔其一〕》）。[明]陈继儒《小窗幽记·集景》亦云："树无行次"……均表达了中国文人园林主自由、反齐整的美学观，表达了对"虽由人作，宛自天开"（《园说》）理想境界的追求，直至现代著名作家叶圣陶先生，其《拙政诸园寄深眷》一文还说，苏州园林"栽种和修剪树木也着眼在画意……没有修剪得像宝塔松那样的松柏，没有阅兵式似的道旁树；因为依据中国画的审美观点看，这是不足取的"（《百科知识》1979年第4期）。

《冶叙》中的"**园列敷荣**"，意谓**园里盛开众多的花**。顺便一说，其下句"好鸟如友"，也与王粲《杂诗》中的"上有特栖鸟，怀春向我鸣"有关。

缘【yuán】

①[**动词**]**沿着；顺着**。《广雅》："**缘**，循也。"[晋]陶渊明《桃花源记》："**缘**溪行……"

《相地·郊野地》："引蔓通津，**缘**飞梁而可度。"

②[**动词**]**凭藉**。《荀子·正名》："**缘**目而知形"。《后汉书·杨震传》："安帝乳母王圣，因保养之勤，**缘**恩放肆。"

《相地·山林地》："欲藉陶舆，何**缘**谢屐。"藉、缘，互文。

③[**名词**]**因缘；缘分**。《古诗为焦仲卿妻作》："言谈大有**缘**"。[唐]白居易《与元九书》："仆宿习之**缘**已在文字中矣。"

《掇山》："花木情**缘**易逗"。

④[**连词**]**因为；由于**。《玉篇》："**缘**，因也。"[唐]杜甫《客至》："花径不曾**缘**客扫"。[宋]王安石《登飞来峰》："不畏浮云遮望眼，只**缘**身在最高层。"

《园说》："径**缘**三益。"《掇山·园山》："**缘**世无合志"。《选石·花石纲》："**缘**陆路颇艰"。《借景》："林皋延伫，相**缘**竹树萧森。"

远【yuǎn】

①[**形容词**]**遥远；指空间距离大，与"近"相对**。《说文》："**远**，辽也。"[晋]陶渊明《桃花源记》："忘路之**远**近"。

《兴造论》："得景则无拘**远**近"。《园说》："**远**峰偏宜借景"。又："**远**岫环屏。"《相地·城市地》："胡舍近方图**远**。"《立基》："适兴平芜眺**远**。"《借景》："眺**远**高台"。《自跋》："似与世故觉**远**"。

②[**动词**]**使……远；远离；不接近**。《论语·颜渊》："不仁者**远**矣。"

《园说》："凡尘顿**远**襟怀。"《相地》："**远**来往之通衢。"《掇山·楼山》："不若**远**之"。

越【yuè】

①[动词] 度过；从上面跨过去。《楚辞·天问》："阻穷西征，岩何**越**兮。"[三国魏]曹操《短歌行》："**越**陌度阡，枉用相存。"

《相地》："临溪**越**地，虚阁堪支。"

②[形容词→动词]《装折》："连墙似**越**深斋。""越"在句中一般被误释为"穿过"、"越过"……其实应为"远"。这需通过训诂学来丛证。《小尔雅》："**越**，远也。"王煦疏："孔安国《泰誓》传：'**越，远也。**'《礼记·聘义》云：'叩之其声清**越**以长。'《周语》云：'听声**越**远。'义并同。"葛其仁疏证："《左襄十四年》传：'**越**在他竟'注：'**越**，远也。'""越在他竟"也就是"远在他境"。《书·泰誓》孔颖达疏："**越**者，逾越、超远之义，故为远也。"再如《方言》卷六，钱绎笺疏："**越**与远，语之转也。"这是指出二字为同声通假。《广雅》也训道："遥、**越**，远也。""越"与"遥"也是同源字。宋辛弃疾《美芹十论·审势》："沙漠所签（标记）者，**越**（远）在万里之外。"这些都聚显了"越"字的远义。

《装折》中这个"越"字，并非形容词，而是使动词，为"使……远"。"越深斋"，就是使幽深的斋室似乎变远了。

杂用鉋儿【záyòngbàoér】

造园建筑专业语。内阁明版《铺地》原文为："磨归瓦作，**杂用钩儿**。"其他诸本亦然，但"钩儿"殊难理解。

陈注一、二版云："钩儿，明代苏州俗语，意为扛抬工。出处待考。钩，牵引也。"释文："杂活还需小工。"不合逻辑的是：时隔三百馀年，没有书证，怎知这是明代苏州俗语？再者，"钩，牵引也"，此诂又从何来？而《园冶全释》以及《图文本》均从之而毫无补正，故亦虚无飘渺。

笔者疑"钩儿"乃"**鉋儿**"之形讹。考证如下：

"鈎"为"鉤"的俗字，正字作"**鉤**"；"刨"乃"**鉋**"的俗写，正字作"**鉋**"。"鉤"、"鉋"二字，仅一笔之差——"勹"中的"口"、"巳"，一为左竖，一则为"浮鹅钩"，故刊刻时"鉋"极易讹作"鉤"。

"鉋"为木工工具，即鉋（刨）**子，名词，亦可用作动词**。[唐]元稹《江边四十韵》："方础荆山采，修椽郢匠**鉋**。"说明鉋的发明和使用不迟于唐代，但这只是用来刨长椽的平推鉋。关于鉋的详细记载，如[明]张自烈的《正字通》："**鉋，平木器**，铁刃，状如铲，衔木匡（金按：木框）中不令转动。木匡有孔，旁两小柄，以手反复推之，木片从孔出，用捷于铲……**通作刨**"。而明末与计成同时的宋应星，其《天工开物》又记载了精巧的起线鉋："梓人为细工者，有**起线鉋**，阔二分许"。这又是一种创造性的工具。明代为中国家具史的高峰，而鉋包括起线鉋在其中起了重要作用。"流传下来的明式家具，线脚种类很多，在民间广为流传的有：文武线、竹板线、碗口线、挖角线、阳凹线、活线……皮条线、半混面单边线……因此，**线脚鉋**的发明当不晚于明代前期。"（李浈《中国传统建筑木作工具》，同济大学出版社2004年版，第168－189页）值得注意的是，这些线脚与磨砖也是相通的。《营造法原·做细清水砖作》："砖料经刨磨工作者，谓之做细清水砖……其法先将砖**刨**光，加施雕刻，然后打磨……砖料起线，以**砖刨**推出，其断面随刨口而异，分为亚面、浑面、文武面、木角线、合桃线等……起线之应用，法无定制，随意组合。"（中国建筑工业出版社1986年版，第72页）这是瓦作资借于木作的铁证。

工具是人的体力、智巧等本质力量的对象化，是人的肢体的有效延伸、拓展，用马克思的经济学、哲学语言说，是"人的对象化了的本质力量"（《1844年经济学-哲学手稿》，人民出版社1979年版，第81页）。在建筑、园林、家具文化均臻于高峰的明代，鉋特别是起线鉋在木工、瓦工中广泛运用，通过人力智巧创造出辉煌的成果，它们在建筑界甚至其他领域被广为推崇是必然的，故而当时称之为"鉋儿"，此词并被力主创新的《园冶》所采用，也是必然的。一个"儿"字，带有爱称的味道。又据《唐六典》卷七载，唐代工匠就有"明资匠"、"巧儿"等名称，这个"儿"字，也隐含着肯定的情感因素。

《园冶·铺地》写道："各式方圆，随宜铺砌。磨归瓦作，**杂用鉋儿**。""磨归瓦作"可这样理解：凡是做细清水砖，用来铺砌、筑墙、装修等等，统统可称为"用磨"，这类工程，均归属于"瓦作"。梁思成《清式营造则例》："瓦作，建筑中用瓦或砖部分之工作"（中国建筑工业出版社1987年版，第77页）。至于"杂用刨儿"，这个"杂"字，为"混合"、"搀杂"之义。《国语·郑语》："以土与金木水火杂，以成百物。"砖细工，也要混合使用原为木工所用的"刨儿"，故谓之"杂"。

"磨归瓦作，**杂用鉋儿**"，不但是《铺地》的结语，而且还可看作是其前两章——《门窗》、《墙垣》等章的共同结语。故《门窗》云："门窗磨空，制式时裁（金按：此语联结着明代处于高峰且颇时行的木作、瓦作的种种制式）。"《墙垣》云："或石或砖，宜漏宜磨……"《铺地》云："中铺一概磨砖。"《园冶》的价值是多元的，其中之一是紧密地联系着造园实践，可贵地吸纳和总括了工匠文化。"磨归瓦作，**杂用鉋儿**"两句，就以工匠的语言概括了工匠们的历史实践，它可看作是雅与俗相融共杂的一种典型。

者【zhě】

①[**后置代词**]与作为"前置代词"的"所"相区别，**常用于动词、形容词等后，组成名词性短语，称"者字短语"或"者字结构"。**如《经传释词》所指出："或指其事，或指其物，或指其人……"《论语·子罕》："逝**者**如斯夫，不舍昼夜！"《论语·子路》："近**者**悦，远**者**来。"［宋］欧阳修《醉翁亭记》："前**者**呼，后**者**应。"

《冶叙》："将嗤彼云装烟驾**者**（代人）汗漫耳！"《园冶题词》："独无传造园**者**（代原因）何？"又："使顽**者**（代石）巧、滞**者**（代水）通。"《自序》："斯千古未闻见**者**（代书稿、图式）"。《相地·傍宅地》："须开池**者**三"，"为叠土**者**（均代成数）四"。《屋宇·堂》："古**者**（代时间）之堂"。《屋宇·台》："或掇石而高上平**者**，或木架高而版平无屋**者**，或楼阁前出一步而敞**者**（代建筑），俱为台。"《屋宇·地图》："凡匠作，止能式屋列图，式地图**者**（代匠作之事）鲜矣。"《屋宇·九架梁》："只可相机而用，非拘一**者**（代样式、格局）。"《装折·风窗》："兹式如栏杆，减**者**（代纹饰）亦可用也。"《选石·锦川石》："有五色**者**，有纯绿**者**（代石）……"

②[**助词**]**用在判断句、陈述句之前、中或后，起提示、停顿和语气肯定等作用。**

a．句首：《史记·窦婴列传》："魏其**者**，沾沾自喜耳……"《史记·廉颇蔺相如列传》："廉颇**者**，赵之良将也。"《汉书·食货志上》："粟**者**，民之所种，生于地而不乏。"

《兴造论》："因**者**，随基势高下，体形之端正，碍木删桠，泉流石注，互相借资，宜亭斯亭，宜榭斯榭……"《屋宇·卷》："卷**者**，厅堂前欲宽展，所以添设也。"

b．句中：《庄子·列御寇》："宋人有曹商**者**，为宋王使秦。"

《相地·村庄地》："古之乐田园**者**，居畎亩之中；今之耽丘壑**者**，选村庄之胜。"《屋宇·楼》："造式，如堂高一层**者**是也。"

c．**句末，有时与"也"字连用**：《左传·隐公元年》："公将如棠观鱼**者**。"《说苑·君道》："今我却之，是却谏**者**。"

《园冶题词》："此又地有异宜，所当审**者**。"又："此人之有异宜，贵贱贫富勿容倒置**者也**。"《兴造论》："斯谓精而合宜**者也**。"《门窗·[图式]方门合角式》："磨砖方门……上过门石或过门枋**者**。"《墙垣》："无可奈何**者**。"《墙垣·白粉墙》："有好事取其光腻，用白蜡磨打**者**。"《掇山·岩》："斯理法古来罕**者**。"《选石·灵璧石》："石底多有渍土，不能尽**者**。"《借景》："夫借景，林园之最要**者也**。"

止【zhǐ】

① [**动词**] **制止**；**阻止**。《吕氏春秋·知士》："靖郭君不能**止**。"

《掇山·山石池》："虽做灰坚固，亦不能**止**（制止水的流失）"。

② [**动词**] **居住**；**栖息**。《玉篇》："止，住也。"《广韵》："止，息也。"《诗·小雅·绵蛮》："绵蛮黄鸟，**止**于丘隅。"

《相地·傍宅地》："涧户若为**止**静（栖居于静境）"。

③ [**副词**] **相当于"仅"**；**"只"**。《庄子·天运》："**止**可以以宿，而不可以久处。"[唐]柳宗元《黔之驴》："技**止**此耳。"

《园冶题词》："则**止**於陵片畦。"《屋宇·地图》："**止**能式屋列图"。

④ [**代词**] **此**；**之**。此义项辞书基本不载，或载亦语焉不详，而《园冶》注家们对此则或含混，或误训，故需丛证。《经词衍释》："**止**，亦或作'之'。"王襄《簠室殷契类》："古**止**与之通。"《古书虚字集释》："**止**犹之也，指事之词也。《诗·车辖篇》：'高山仰**止**，景行行**止**。'释文云：'仰**止**本或作仰之，'……宋本《史记·孔子世家赞》引《诗》：'高山仰**止**，景行行之。'《三王世家》云："高山仰**止**，景行响之。'是'**止**'与'之'古通用，故'**止**'可训'之'。"

《冶叙》："仙仙于**止**。"即仙仙于此。

制（製）【zhì】

① [**动词**] **做**；**制造**，**制作**；**建造**。《字汇》："**制**，造也。"[唐]杜甫《高柟》："接叶**制**茅亭。"[明]文震亨《长物志·器具》："三代秦汉人**制**玉，古雅不凡。"

《屋宇·亭》："随意合宜则**制**"。《屋宇》："高低依[某种规格]**制**，左右分为。"《栏杆》："园屋间一不可**制**也。"又："近有将篆字**制**栏杆者"。《栏杆·[图式]笔管式》："内有花纹不易**制**者"。《装折·[图式]长槅式》："依时**制**"。

② [**名词**] **形制**；**式样**；**规格**。《周礼·考工记·弓人》："弓长六尺有六寸谓之上**制**……"[清]洪仁玕《资政新篇》："屋宇之**制**，坚固高广任其财力自为，不得雕镂刻巧，并类王宫朝殿。"《徐霞客游记·滇游日记九》："悬铁索桥于江上，其**制**两头悬练"。

《屋宇·榭》："**制**亦随态"。《墙垣》："宜石宜砖，宜漏宜磨，各有所**制**。"

③ [**名词**] **规制**；**规模**。[宋]范仲淹《岳阳楼记》："乃重修岳阳楼，增其旧**制**。"[明]归有光《项脊轩志》："其**制**稍异于前。"

《自序》："可效司马温公'独乐'**制**[来造园]。"又："此**制**不第宜掇石而高，且宜……"《园说》："**制**式新番，裁除旧套。"

④ [**动词**] **撰写**；**创作**。《正字通》："俗称撰述文辞曰**制**。"《南史·褚裕之传》："皇太子亲**制**志铭。"

《自序》："暇草式所**制**（所创作的文稿、图式）"。

质【zhì】

①[名词]底；质地；性质。《广雅》："质，地也。"［唐］柳宗元《捕蛇者说》："永州之野产异蛇，黑质而白章。"

《选石》："须先选质无纹"。《选石·太湖石》："其质文理纵横"。《选石·昆山石》："其质磊块"。《选石·宜兴石》："有一种色黑质粗而黄者，有色白而质嫩者……"《选石·灵璧石》："其质为赤泥渍满"。《选石·宣石》："须用刷洗，才见其质。"《选石·旧石》："择其透漏、青骨、坚质采之。"《选石·锦川石》："色质清润"。

②[名词]形体。《宋本玉篇》："质，躯也。"《说文》、《广雅》训"质"为"躯"即"体"。

《选石·砚山石》："小者全质（全体），大者镌取相连处"。

③[形容词]朴；朴实。《宋本玉篇》："质，朴也。"［晋］陆雲《大将军宴会被命作》："遗华反质。"

《冶叙》："无否人最质直"。

④[动词]就正；请评定；与评量。［唐］柳宗元《蜡说》："先有事必质于户部。"

《冶叙》："以质元甫"。《园冶题词》："质之无否"。

致【zhì】

①[动词]罗致；获致；取得。［宋］林希逸《孔雀赋》："挥金帛以罗致。"

《园冶题词》："悉致琪华瑶草……供其点缀。"

②[名词]主体的情致；情意；意想。《世说新语·文学》："闻江渚间估客船上咏诗声，甚有情致。"

《屋宇·斋》："惟气藏而致敛"。《掇山·峦》："随致乱掇"。

③[名词]客体的意态；情趣；风致。《魏书·茹皓传》："树草栽木，颇有野致。"［明］邹迪光《愚公谷乘》："嫣然有致"。

《屋宇》："近台榭有别致。"《立基·亭榭基》："斯园林而得致者。"《装折·装折图式·冰裂式》："其文致减雅"。《门窗·［图式］方门合角式》："雅致可观。"《掇山·书房山》："各有别致。"《掇山·结语》："似有野致。"《相地·城市地》："片山多致"。《掇山》："高低观之多致"。《门窗》："含情多致"。

主【zhǔ】

①[名词]主人；物主，包括园主。与"宾"、"客"相对；又与"匠"相对。并与"能主之人"相区别。［唐］柳宗元《钴鉧潭西小丘记》："问其主，曰唐氏之弃地。"

《自序》："主人偕予盘桓信宿。"《兴造论》："非主人也，能主之人也。"按：第一个主人，为物主；第二个"主"见下项。又："非主人所能自主者也"。按：第一个"主人"，为物主。第二个"主"，亦见下项。《相地·郊野地》："任看主人何必问。"《墙垣》："斯匠主之莫知也。"《园冶题词》："惟主人胸有丘壑……所苦者，主人有丘壑矣，而意不能喻之工……拘牵绳墨，以屈主人（《园冶题词》中的'主人'，均特指有修养、通艺文的园主人即郑元勋）"。又："恨无此大主人耳！"。按："大主人"指贤主明君，见本书第453页。

②[动词]主持；掌管。《史记·孟尝君列传》："使主家（主持、掌管整个家里的事务）待宾客。"

《兴造论》："独不闻'三分匠、七分**主人**'之谚乎？非主人也，能**主**之人（能主持、掌管设计和工程项目的人）也。"又："园筑之**主**（主：主持［者］，即'能主之人'），犹须什九"。又："非主人所能自**主**者也"。

③［动词］**主张**。《国语·周语中》："不**主**宽惠，亦不**主**猛毅，**主**德义而已。"《汉书·谷永传》："**主**为赵李报德复怨。"

《兴造论》："专**主**（专门主张）鸠匠"。

④［形容词］**主要；最重要的**。与"次"、"副"相对。《三国志·吴志·张纮传》："夫**主**将乃筹谟之所自出。"

《立基》："凡园圃立基，定厅堂为**主**。"《掇山》："**主**石虽忌于居中"。《选石·青龙山石》："自来俗人以此为太湖**主**峰"。

筑【zhù】

①［动词］**捣土使坚实**。《说文》："**筑**，捣也。"《释名》："**筑**，坚实称也。"《诗·大雅·绵》："**筑**之登登。"

《屋宇·台》："言**筑**土坚高，能自胜持也。"

②［动词］**修建；建造**。《战国策·魏策》："称东藩，**筑**帝宫。"［唐］韩愈《河南令舍池台》："**筑**台不过七八尺。"

《自序》："时汪士衡中翰延予銮江西**筑**。"《兴造论》："第园**筑**之主（园林建筑设计主持的人，即'能主之人'），犹须什九……"《相地》："多年树木，碍**筑**檐垣"。《相地·城市地》："如园之，必向幽偏可**筑**。"《立基》："**筑**垣须广"。《墙垣·漏砖墙》："凡有观眺处**筑**斯"。

③［名词］**居室；建筑物**。

《相地》："新**筑**易乎开基"。《屋宇》："家居必论，野**筑**惟因。"

④ **附一：卜筑**【bǔzhù】

［动词］亦即**卜居；卜宅**。通过占卜选择居地，即**定居**之意。后亦泛指择地建屋、造园，不一定有占卜行为。《释名》："宅，择也，择吉处而营之也。"《史记·周本纪》："成王使召公**卜居**"。《楚辞》有《**卜居**》，传为屈原所作。［唐］孟浩然《冬至后过吴张二子檀溪别业》："**卜筑**依自然。"

《园冶题词》："即予**卜筑**城南"。《相地》："**卜筑**贵从水面，立基先究源头"。

⑤ **附二：小筑**【xiǎozhù】

［名词→动词］**规模较小、环境幽静而较雅致的园林建筑；建造"小筑"**。［宋］陆游《小筑》："**小筑**清溪尾，萧森万竹蟠。"又，陆游《小筑》："放翁**小筑**寄江郊……"［清］叶廷琯《吹网录·虎丘贺方回提名》："［贺铸］有**小筑**在盘门外横塘，常扁舟来往。"**有时也可用作动词，即营造小筑。**

《自序》："别有**小筑**"。《园说》："大观不足，**小筑**允宜。"《园冶题词》："宇内不少名流韵士，**小筑**卧游（营建小筑以卧游），何可不问途无否？"

装折－装修【zhuāngzhé－zhuāngxiū】

［动词→名词］**建筑专业语**。

梁思成《清式营造则例》："欧洲旧式建筑的门窗是墙壁上开的洞，墙壁是房子的体干，若是门窗太多或太大，墙壁的力量就比例的（地）减小。所以墙与洞是利害冲突的，在中国建筑里，墙壁如同门窗格扇一样，都是柱间的间隔物。其不同处只在门窗格扇之较轻较透明，可以移动。所以墙壁与门窗是同一功用的。因这原故，在运用和设计上都给建筑师以极大的自由，有极大的变化可能性……这些门窗格扇，在中国建筑中一概叫做**装修**；台基以上，枋栌以下，左右到柱间，都可以发展。按地位大概可分为**外檐装修**和**内檐装修**两大类。**外檐装修**为建筑物内部与外部之间隔物，其功用与檐墙山墙相称。**内檐装修**则完全是建筑物内部分为若干部分之间隔物，不是用以避风雨寒暑的。"外檐装修包括框槛、门窗、格扇等；内檐装修包括天花等。（中国建筑工业出版社 1987 年版，第 38－40 页）

刘敦桢《苏州古典园林》："**外檐装修**有长窗（金按，即长槅）、半窗（短槅）半墙、地坪窗、横风窗（横披）、和合窗（北方称支摘窗）、砖框花窗以及挂落、栏杆等。""**内檐装修**大致有纱槅（又名纱窗）和罩两种。"（中国建筑工业出版社 2005 年版，第 41－42 页）

装修在《园冶》中称"装折"，但也称"装修"。《园冶·装折》："凡造作难于**装修**"。此章包括屏门、仰尘（天花）、户槅、风窗等节，而《栏杆》、《门窗》则均另立专章，这是或因其图式丰富，或因其内涵重要而复杂。

资【zī】

①［名词］钱财。《诗·大雅·板》："丧乱蔑**资**"。毛传："**资**，财也。"

《冶叙》："予因剪蓬蒿瓯脱，**资**（出资，名词动用）营拳勺"。

②［动词］取资；取用。《广雅》："**资**，取也。"《孟子·离娄下》："**资**之深，则取之左右逢源。"《易·乾·彖辞》："大哉乾元，万物**资**始。"孔颖达疏："万物之象，皆**资**取乾元，而各得始生。"

《兴造论》："泉流石注，互相借**资**。"

③凭借；依托；依靠。《篇海类编·贝部》："**资**，凭。"《淮南子·主术训》："［船］以水为**资**"。

《自跋》："逃名丘壑中，久**资**林园"。

自【zì】

①［代词］自己；自身。《战国策·齐策一》："**自**以为不如"。《魏书·祖莹传》："文章须**自**出机杼，成一家风骨。"

《园冶题词》："予**自**负少解结构"。《自序》："益复**自**喜。"又："**自**得谓江南之胜"。《相地·山林地》："阶前**自**扫云"。《屋宇》："送鹤声之**自**来。"《屋宇·磨角》："是**自**得一番机构。"

②［介词］引进动作行为的起点、来源或起始时间，相当于从；由。《论语·学而》："有朋**自**远方来……"《吕氏春秋·察今》："楚人有涉江者，其剑**自**舟中坠于水"。

《园说》："虽由人作，宛**自**天开。"《屋宇·堂》："**自**半已前"。《屋宇·亭》："**自**三角、四角……八角至十字"。《选石·旧石》："**自**古至今"。《选石·青龙山石》："**自**来俗人以此为太湖主峰。"

③［副词］自然；非靠外力的；本来；必然；

《相地》："地势**自**有高低。"《掇山》："举头**自**有深情。"

④［代词］表示动作由自己发出，并及于自身。《三国志·吴志·孙皓传》："［奚］熙发兵**自**卫。"自卫，也就是卫自。

《兴造论》："亦非主人所能**自**主者。"《屋宇·台》："能**自**胜持也。"《借景》："举杯明月**自**相邀。"

足【zú】

①［名词］人体下肢的总称；又专指踝骨以下的部分。《楚辞·渔父》："沧浪

之水浊兮，可以濯吾足。"

《立基·亭榭基》："非歌濯足"。《掇山》："信足疑无别境，举头自有深情。"

②［形容词］充实；完满；足够。［三国蜀］诸葛亮《出师表》："兵甲已足。"

《园说》："大观不足"。

③［动词］满足。《老子·四十四章》："故知足不辱，知止不殆，可以长久。"

《相地·傍宅地》："足矣乐闲"。

④［副词］能够；够得上；完全可以。《荀子·劝学》："百发失一，不足谓善射。"

《园冶题词》："不足穷其底蕴"。又："终不如有传之足述"。《相地·城市地》："足征市隐"。《相地·江湖地》："足征大观"。《借景》："足并山中宰相。"

⑤［副词］值得。［晋］陶渊明《桃花源记》："不足与外人道也。"

《园冶题词》："尤足快也。"

附：主要参考征引书目

［主要为中国古语文学著作类，珍稀版本及善
本除外，仅以通常流行本、一般易见者列下，以便查核］

［汉］许慎《说文解字》，中华书局 1981 年版

［五代宋初］徐铉《说文解字繁传》，中华书局 1987 年版

［清］段玉裁《说文解字注》，上海古籍出版社 1981 年版

［清］桂馥《说文解字义证》，齐鲁书社 1987 年版

［清］朱骏声《说文通训定声》，武汉古籍书店 1983 年版

［明］张自立、［清］廖文英《正字通》，中国工人出版社 1996 年版

《宋本玉篇》，北京市中国书店 1983 年版

［清］郝懿行《尔雅义疏》，《清疏四种合刊》本，上海古籍出版社 1989 年版

周祖谟《尔雅校笺》，云南人民出版社 2004 年版

徐朝华《尔雅今注》，南开大学出版社 1994 年版

迟铎《小尔雅集释》，中华书局 2008 年版

［清］王念孙《广雅疏证》，《清疏四种合刊》本，上海古籍出版社 1989 年版

［明］方以智《通雅》，中国书店 1990 年版

任继昉《释名汇校》，齐鲁书社 2006 版

［清］王先谦《释名疏证补》，《清疏四种合刊》本，上海古籍出版社 1989 年版

周祖谟《广韵校本》，中华书局 1960 年版

［宋］丁度《集韵》，北京市中国书店 1983 年版

［清］钱绎《方言笺疏》，《清疏四种合刊》本，上海古籍出版社 1989 年版

［清］袁仁林《虚字说》，中华书局 1989 年版

［清］刘淇《助词辨略》，中华书局 1963 年版

［清］王引之《经传解词》，岳麓书社 1984 年版

［清］吴昌莹《经词衍释》，中华书局 1983 年版

马建忠《马氏文通》，商务印书馆 2004 年版

裴学海《古书虚字集释》，中华书局 1954 年版

杨树达《词诠》，上海古籍出版社 1986 年版

张相《诗词曲语词汇释》，中华书局 1979 年版

谢纪锋《虚词诂林》，黑龙江人民出版社 1992 年版

徐仁甫《广释词》，四川人民出版社 1981 年版

萧旭《古书虚词旁释》，广陵书社 2007 年版

解惠全、崔永琳、郑天一《古书虚词通释》，中华书局 2008 年版

徐复《语言文字学丛稿》，江苏古籍出版社 1990 年版

徐复《语言文字学论稿》，江苏教育出版社 1990 年版

王泗原《古语文例释》，上海古籍出版社 1988 年版

朱起凤《辞通》，长春古籍书店 1982 年版

《中华大字典》，中华书局 1987 年版

《王力古汉语字典》，中华书局 2000 年版

高亨《古字通假会典》，齐鲁书社 1997 年版

李圃主编：《古文字诂林》，上海教育出版社 2004 年版

［清］阮元《经籍纂诂》，成都古籍书店 1982 年版

［清］俞樾《诸子平议》，上海书店 1988 年版

［清］俞樾《古书疑义举例》，《古书疑义举例五种》本，中华书局 1963 年版

刘师培《古书疑义举例补》，《古书疑义举例五种》本，中华书局 1963 年版

杨树达《古书疑义举例续补》，《古书疑义举例五种》本，中华书局 1963 年版

马叙伦《古书疑义举例校录》，《古书疑义举例五种》本，中华书局 1963 年版

姚维锐《古书疑义举例增补》，《古书疑义举例五种》本，中华书局 1963 年版

高亨《诸子新笺》，齐鲁书社 1980 年版

《十三经注疏》，中华书局 1980 年版

［宋］朱熹《四书章句集注》（新诸子集成本），中华书局 1983 年版

［宋］朱熹《诗集传》，上海古籍出版社 1987 年版

高亨《诗经今注》，上海古籍出版社 1980 年版

［清］刘宝楠《论语正义》，《诸子集成》本，中华书局 1958 年版

［清］焦循《孟子正义》，《诸子集成》本，中华书局 1958 年版

［清］王先谦《荀子集解》，《诸子集成》本，中华书局 1958 年版

［晋］王弼注、［唐］陆德明音义《老子道德经》，中华书局 1958 年版

［清］郭庆藩《庄子校释》，中华书局 1961 年版

［晋］杜预《春秋左传集解》，上海人民出版社 1977 年版

［汉］高诱注《淮南子》，《诸子集成》本，中华书局 1958 年版

何宁《淮南子集释》，中华书局 1998 年版

袁行霈《陶渊明集笺注》，上海古籍出版社 1993 年版

范文澜《文心雕龙注》，人民文学出版社 1978 年版

［唐］李善注《文选》，中华书局 1977 年版

［清］许梿评选、黎经浩笺注《六朝文絜笺注》，上海古籍出版社 1982 年版

钱锺书《管锥编》五卷本，中华书局 1986 年版

钱锺书《谈艺录》，中华书局 1984 年版

莫道才《骈文通论》，齐鲁书社 2010 年版

莫道才《骈文研究与历代四六话》，辽海出版社、中华书局 2011 年版

钱玄《校勘学》，江苏古籍出版社 1988 年版

胡朴安《古书校读法》，江苏古籍出版社 1985 年版

路广正《训诂学通论》，天津古籍出版社 1996 年版

洪诚《训诂学》，江苏古籍出版社 1984 年版

王继如《训诂问学丛稿》，江苏古籍出版社 2001 年版

戴淮清《汉语音转学》，中国友谊出版社 1986 年版

王力主编《古代汉语》四册，中华书局 1998 年重排本

《古汉语修辞学资料汇编》，商务印书馆 1981 年版

杨树达《汉文文言修辞学》，中华书局 1980 版

陈望道《修辞学发凡》，《陈望道文集》第 2 册，上海人民出版社 1980 年版

唐兰《中国文字学》，上海古籍出版社 1981 年版

林义光《文源》，上海文艺出版公司、中西书店 2012 年版

高亨《文字形义学概论》，齐鲁书社 1981 年版

杨树达《文字形义学概要·文字形义学》，《杨树达文集（九）》，上海古籍出版社
　　1988 年版

容庚《金文编》，科学出版社 1959 年版

于省吾《甲骨文字释林》，中华书局 1979 年版

康殷《文字源流浅说·释例篇》，荣宝斋 1979 年版

中国社会科学院考古研究所编《甲骨文编》，中华书局 1989 年版

第五编

园冶品读馀篇

——文化文学科学等视角的探究

人文科学的各个对象彼此牵连，交互渗透，不但跨越国界，衔接时代，而且贯串着不同的学科。

——钱锺书《诗可以怨》

科学创新又可以提供一种实用性、理解性和预见性……一幅绘画新作，一首诗歌，一项科学成就或哲学认识都能在未知的大海中增添一些看得见的岛屿。

——[美] S.阿瑞提《创造的秘密》

第一节　足征市隐，顿开尘外想
——联系《园冶》，论隐逸文化之价值创造

标题两句，分别见《园冶·相地·城市地》："足征市隐，犹胜巢居。"《园冶·借景》："顿开尘外想，拟入画中行。"这都突出地体现了计成的隐逸意识。从中国古典园林史上看，隐逸文化乃是文人园林之母，故而《园冶》里也往往氤氲着、贯穿着浓重的隐逸情氛。主要表现为：

其一，是对古代隐逸诗文语词的明引暗用，其中引得最多的是陶渊明的诗文。著名诗人陶渊明在晋宋交替之际，在"真风告逝，大伪斯兴"的黑暗时代里，不为五斗米折腰，实现了"静念园林好，人间良可辞"（《庚子岁五月中从都还阻风于规林》）的信念，钟嵘《诗品》将其推为"古今隐逸诗人之宗"，而计成的《园冶》，也特多陶渊明的语词，如："凡结林园，无分村郭，地偏为胜"，"径缘三益"，"看山上个篮舆"（《园说》）；"涉门成趣"（《相地》）；"岭上谁锄月"，"欲藉陶舆"（《相地·山林地》）；"编篱种菊，因之陶令当年"（《立基》）；"南轩寄傲，北牖虚阴"，"境入羲皇"（《借景》）……体现了突出的陶渊明情结。

其二，是对隐士及其行为的形象描绘。如"阶前自扫云"（《相地·山林地》）；"或借濠濮之上，入想观鱼；倘支沧浪之中，非歌濯足"（《立基·亭榭基》）；"幽人即韵于松寮，逸士弹琴于篁里"；"书窗梦醒，孤影遥吟"（《借景》）……

其三，是对古代著名隐者的推崇。如《相地·城市地》："足征市隐，犹胜巢居。"对此，《园冶》注家们虽也释为"遁迹山林隐居之意"，但"巢居"的译注大抵不确，《园冶注释》说是"构屋树上而居"，或"野外巢居"，《园冶全释》说是"原始时代人栖宿树上之谓"，而且这些均无出典。《图文本》则释为"筑巢而居"。引［汉］应劭《山泽》："尧遭洪水，万民皆山栖巢居，以避其害。"虽有书证，却使其普泛到了天下"万民"，这无异于取消了计成所举的隐逸典型人物的个体性。又引唐陈子昂《感遇》诗，却未指出："巢居子"为何人：计成何以要把城市和"筑巢而居"作如此反差巨大的对比？

其实，"足征市隐，犹胜巢居"两句中，"隐"、"居"二字互为对文出现在句末，已巧妙地点明了"隐居"之旨，上句典出《晋书·邓粲传》："夫隐之为道，朝亦可隐，市亦可隐。"下句典出晋皇甫谧《高士传》："巢父者，尧时隐人也，山居不营世利。年老以树为巢而寝其上，故时人号曰巢父。"与其同时的还有"耕于

中岳颖水之阳"（《高士传》）的许由，合称"巢、许"或"巢、由"。据传，尧要把天下让给巢父，巢父不受；尧把天下让给许由，巢父教许隐居。在汉代，巢父已被推举为中国隐逸文化的始祖，成为中国文化史上的大名人，也是文人们乐于征引的热点。庾信著名的《小园赋》，在园林文学史上有划时代作用，开小园登上历史舞台之先声。该赋第一句就写到了巢父。然而《园冶》的注家们却没有紧扣隐逸文化史、园林文学史来注释"巢居"，特别是没有举出巢父其人，因而语意模糊。其实，在《汉书·古今人表》中，已列其名，其后文史哲著作中，巢父之名屡见不鲜：

> 巢父木栖而自愿。（汉王符《潜夫论·交际》）
>
> 绍巢、许之绝轨。（汉蔡邕《郭有道碑文》）
>
> 尧、舜在上，下有巢、由。（《汉书·薛方传》）
>
> 昔唐尧著德，巢父洗耳。（《汉书·逸民传论》）
>
> 若夫一枝之上，巢父得安巢之所。（北周庾信《小园赋》）
>
> 巢、许山林志。（唐杜甫《奉赠萧二十使君》）
>
> 正是花中巢、由辈、人间富贵不关渠。（宋陆游《雪中寻梅》）
>
> 巢、由后隐者谁何？……（元卢挚《[双调]折桂令·箕山感怀》）

或是说要遥远地继承上古时代巢许的隐逸传统，或是将巢、由与尧、舜相提并论以表推重，或是以巢父为例赋咏小园，或是歌颂巢父、许由的高洁之志……计成在《园冶·相地·城市地》中，既推出了隐逸文化之祖——巢父以明己志，又以时代不同、生活条件的殊异来说明选择市隐的可能性、必要性，其《相地·城市地》中的一个"犹"字，用得绝妙。

此外，《园冶》书中提及的隐逸人物除巢父、陶渊明外，还有晋代的孙登、南朝的陶弘景、五代的荆浩、元代的黄公望、倪云林等，下文将会涉及。

其四，是直接的表白。如"归林得志，老圃有余"（《相地·村庄地》）；"顿开尘外想，拟入画中行"（《借景》）；"隐心皆然，愧无买山力，甘为桃源溪口人也"（《自跋》）……

既然《园冶》一书渗透着隐逸意识，那么研究《园冶》就不可能回避这个问题，相反，应将其作为重点而详加研究。先看在历史上或现实中，对于隐逸现象的评价，总的来说可分为三种：一是认为其毫无意义，应一概予以否定；二是肯定其中的文化价值而给以较高评价；三是主张二者参半折衷。本书持第二种观点，但强调应根据具体事实作具体分析，而不同意第一种一概否定的观点。第一种观点的代表是蒋星煜先生，其初版于1943年、曾一再重印的《中国隐士与中国文化》写道：

> 理想的人生应该乐观、前进、仁爱、谦和、坚忍、强壮、勤勉、敏捷、精细，而隐士刚巧完全相反地是悲观、保守、冷酷、倨傲、浮躁、衰弱、懒惰、滞钝、疏忽，隐士既然不是理想的人生，我们当然没有理由逃避现实而

去做隐士，更没有理由赞成别人家这样去做。[①]

抽象地说，这番话可说是完全正确的，命意也很不错，但是，首先应指出，隐士是中国的一种特殊的历史现象，因此如列宁所说，应"把问题提到一定的历史范围之内"[②]，"用历史的态度来考察"[③]。而事实上社会历史是极为复杂的，在某些历史时代的种种矛盾纠葛中，这种理想人生很难实现，故隐逸较多为不得已之举，对此，古代的老庄、孔孟以及《周易》等均有深刻的论析，这里简述如下：

一、老庄"以自隐无名为务"

老子是道家学派的创始人。《史记·老子韩非列传》云："老子，隐君子也"，"其学以自隐无名为务"。确乎如此，通观《老子》一书，以清静寡欲，知足无为，"善利万物而不争"为宗。如：

> 持而盈之，不如其已；揣而锐之，不可长保。金玉满堂，莫之能守，富贵而骄，自遗其咎。功遂身退，天之道也。（九章）

> 祸莫大于不知足，咎莫大于欲得。故知足之足，常足矣。（四十六章）

这些，都是对历史经验教训的深刻总结，是对贪得无厌之徒、骄奢淫逸之辈的严正警告，有着普世的价值意义[④]，故可谓隐逸哲学之宗。庄子及其学派传承和发挥了老子的隐逸哲学，使其更具显态。《庄子·缮性》释道："古之所谓隐士者，非伏其身而弗见也……时命大谬也……深根宁极而待，此存身之道也。"这说明"隐"是由于时代黑暗、命运乖谬所致。一言以蔽之，曰存身以待时命。

二、孔孟的出世隐逸意识

孔子的伦理哲学是主张积极入世的，但是，他对种种避世隐逸，并不绝然加以否定，往往表现出中性的评价，甚或采取赞赏的态度，《论语·微子》有着集中的反映，例如："子曰：'不降其志，不辱其身，伯夷、叔齐与！'"再看在《论语·微子》中的隐士，如批评子路"四体不勤、五谷不分"的荷蓧丈人；天下无道时的"辟（避）世之士"长沮、桀溺；孔子欲与之言而不得的楚国狂人接舆……这些"隐者"，也大多具有正面的品质。就说孔子自己，在特定条件下也会萌生隐逸意识，如主张"用之则行，舍之则藏"（《论语·述而》）。

孟子传承了孔子的独立人格，并对其论述作了进一步的生发，提出了"穷则独善其身，达则兼善天下"（《孟子·尽心上》）的名言，后人又进而锤炼成"达则兼济天下，穷则独善其身"的经典格言。这是对孔子"用之则行，舍之则藏"，"不降

① 蒋星煜：《中国隐士与中国文化》，上海人民出版社2009年版。

②《列宁选集》第2卷，人民出版社1972年版，第512页。

③《列宁选集》第1卷，人民出版社1972年版，第673页。

④《老子》中的这类警世之语，撇除其表层字面，在今天的现实中仍不乏其重大的参照价值。

其志，不辱其身"主张的出色发挥，并成为尔后正直文人的处世准则。而"独善其身"也相通于庄子的"存身之道"。在这一点上，可谓儒道互补，而"穷则独善其身"又成了隐逸的哲学、伦理学依据。

三、《周易》中的隐遁意蕴

《周易》首先是儒家经典，又是吸取了道家哲学作为补充而建立起来的模式体系。它同时又为以后儒、道二家所重视，也成为后来魏晋玄学的重要典籍。

在《周易》的哲学体系里，除了"天行健，君子以自强不息"（《乾·象辞》）的主导精神外，还有与"穷则独善其身"相应的"潜龙勿用"（《乾·初九·爻辞》）的一面，故《文言》云："子曰：龙德而隐者也……"再如"否"卦。《否·象辞》："天地不交，否。君子以俭德辟（避）难，不可荣以禄。"《周易尚氏学》释道："言遁世不出，以避世难……不可荣以禄位。言当否之时，遁入山林，高隐不出也。"《否·九五》："休否。"《周易尚氏学》："休否者，言当否之时，而休息以俟也。""否"音 pǐ，其义为"闭"，故《坤·文言》更有"天地闭，贤人隐"之语，这是对历史、现实现象的深刻概括。计成接受了这一思想，所以自号"否道人"。

"遁"卦是隐逸文化聚焦式的反映，集录如下：

> 遁亨，遁而亨也……遁之时义大矣哉！（《遁·彖辞》）
>
> 天下有山，遁。君子以远小人。（《遁·象辞》）
>
> 君子好遁，小人否［fǒu］也。（《遁·九四·象辞》）
>
> 嘉遁贞吉，以正志也。（《遁·九五·爻辞》）
>
> 肥遁，无不利。（《遁·上九·爻辞》）

对于"肥遁"，有人按字面释"肥"为"富贵者"；但有人则释"肥"为"蜚"即"飞"，飞遁即高飞远引，逍遥世外……本书主后者。

这里，试对上论作一归纳：从历史事实层面上看，先秦以巢父为代表的隐逸现象已颇见端倪，这在《诗经》里也有反映，以后则一线贯穿，《隋书·隐逸传序》甚至说："自肇有书契，绵历百王，虽时有盛衰，未尝无隐逸之士。"从哲学理论层面上看，道家、儒家学派的经典也给隐逸以不同程度的肯定[①]。当然，出世的隐逸文化中确实不乏种种消极成分，具有明显的负价值，而历来对它的批评也屡见不鲜，应该说是正常现象，但是，决不能作脱离历史、脱离具体实际的空谈阔论，予以一概否定。

在历史的纠葛、现实的争论中，笔者拟另从新的评价视角切入。回顾中国哲

---

① 《旧唐书·隐逸传序》："前代贲丘园，招隐逸，所以重贞退之节，息贪竞之风。"有的研究著作据此认为，历代史书之所以辟"隐逸传"，有助于缓和社会矛盾，维护社会安定，减轻仕途压力，平息贪竞之风。

学史，南宋的永康事功学派曾对"明道不计功"的观点进行批评。著名哲学家叶适指出："明道不计功，此语初看极好，细看全疏阔"（《习学记言》卷二三）。对于隐逸来说同样如此，其多种多样的动机固应考察，但更应考察其最终的事功亦即客观效果。故以下侧重以客观功效论的新视角来强调：对于隐逸，能做事、能出有益于世的成果就应该说是有价值，就应根据其功效予以不同程度的肯定，因为其事功已自觉或不自觉地为社会创造了有益或较有益的精神文化乃至物质文化。以下拟以吴地隐逸文化为重点，从两千多年来的历史实践中反复遴选出大量的事实，条分而缕析之：

一、独立人格的实现

在论述之前，不妨先借鉴西方的人格心理学、哲学作为切入点。

首先，从人的需要层次来看。美国人格心理学家马斯洛提出了著名的"需要层次论"，其中"自我实现的需要"，"是继人的生理需要、安全需要、归属需要、自尊需要等基本需要的优势出现之后……最高层次的基本需要"。它"充分利用和开发天资、能力、潜能等等……使自己趋于完美。"[1]这也适用于中国的隐逸之士。他们中较多的在"时命大谬"情势下，不同流合污，而是洁身自好，保持独立人格，这也就是孔子所谓"不降其志，不辱其身"的实现。

其次，古希腊大思想家亚里士多德有一个值得注意的思想，他高度肯定了闲暇的价值。古希腊的亚蒙尼认为，人类多欲，形役于物质需要，成为自己生活的奴隶，因而不复能寻求理智。亚氏接受了这一关于人类本性在缧绁之中的思想[2]而又加以扬弃，在此基础上充分肯定了闲暇的价值。他认为闲暇能不为实用的直接功利所拘，具有不凭外界，"一切由己"的属性，所以"知识最先出现于开始有闲暇的地方。数学所以先兴于埃及，就因为那里的僧侣阶级特许有闲暇"。[3]而清初的张潮，其《幽梦影》中也有一段关于闲暇的话："闲则能读书，闲则能游名山，闲则能交益友……闲则能著书。天下之乐，孰大于是。"这也可与亚里士多德相互发明。通过隐逸，赢得闲暇，摆脱了缧绁，争得了自由，就有充分的时间可游山玩水，吟诗作画，从艺治学，著书立说……这都应看作是安全、自尊等需要满足后一种更高层次的自我价值之实现。

先以计成《自序》所效法的唐末五代初大画家荆浩为例。宋刘道醇《五代名画补遗》云："荆浩……业儒，博通经史，善属文。偶五季多故，遂退藏不仕，隐于太行之洪谷，自号洪谷子……浩著《山水诀》一卷"。对于荆浩的画作，《补

遗》将其列"山水门神品"。宋沈括《图画歌》赞道："荆浩开图论千里。"此亦为确评。荆浩传世作品最著名的为《匡庐图》（见本书第7页），此画面上，危峰重叠，壁立千仞，石质坚硬，气势雄伟。石法为圆中带方，且皴染兼施。其山水画前无古人，标志着中国山水画的成熟。他在理论上亦极有建树，如《笔法记》率先标举"图真（写生）说"，又提出气、韵、思、景、笔、墨六要以及四品、四势等说，都有其不同的绘画美学价值。其画论一开头就说："太行山有洪谷，其间数亩之田，吾尝耕而食之。"这种亲自躬耕，不但使其摆脱缧绁，赢得闲暇，而且更重要的是使其清心寡欲，得以更好地从事写生、创作并总结艺术经验，从而开创了北方山水画风，取得伟大成就。荆浩的隐逸意识，对计成极有影响。

再看北宋的苏舜钦，笔者曾指出其诗"继承了杜甫忧国忧民、'豪迈哀顿'的优良传统……希冀实现'天下解倒悬'的理想"。他"不仅是以欧阳修为盟主的诗文革新运动的主要倡导者，而且是以范仲淹为领袖的政治革新运动的积极参加者"，"曾一再上疏皇帝，反对恢复制举、大兴土木、诛敛科率、燕乐无度……主张纳贤士，去佞人，严惩贪官，恤贫宽税……'官于京师，位虽卑，数上疏论朝廷大事，敢道人之所难言'（欧阳修《湖州长史苏君墓志铭》）"[1]。他刚正劲直，不避斧钺，仁爱乐观、前进坚忍、强壮勤勉，可说是"理想的人生"了，然而，当政的保守派因苏为范仲淹所荐，又是杜衍之婿，借故劾奏，苏乃获罪除名，其他革新派悉被贬逐，而保守派则欢呼"一举网尽"，庆历新政宣告失败。于是，苏舜钦再也无法乐观，难以前进，至苏州以四十千购地而营建了中国园林史上第一个典型的文人写意山水园，投身于园林自然的怀抱，高扬了独立的人格。其《沧浪亭记》写道："返思向之汩汩荣辱之场，日语锱铢利害相磨戛……惟仕途溺人为至深，古之才哲君子，有一失而至于死者多矣，是未知所以自胜之道……"苏舜钦建沧浪亭后，即寄诗给贬知滁州的欧阳修，欧并不感到"没有理由赞成别人家这样去做"，更没有责备他"逃避现实而去做隐士"，相反，予以倾情支持，即寄长诗《沧浪亭》赠之，对其深表同情并赞其环境的"荒湾野水气象古"，"又疑此境天乞与"。还说："清风明月本无价，可惜只卖四万钱。"而苏舜钦《过苏州》有"绿杨白鹭俱自得，近水远山皆有情"之句。于是，清人梁章钜景仰欧、苏的为人，在二诗中集出"清风明月本无价；近水远山皆有情"的佳联，后由晚清著名学者俞樾书写，此联镌刻在沧浪亭石柱上，它不但凝铸了欧、苏的心灵共鸣和深厚友谊，而且还是风景园林审美的名言警句。而这副举世名联，和沧浪亭、《沧浪亭记》均应看作是隐逸文化所孕育、所诞生的积极成果。

---

[1] 见范培松、金学智主编主撰：《苏州文学通史》第1卷，江苏教育出版社2004年第1版，第431－433页。

二、经典古籍的整理

经史子集，是我国重要的文化遗产，需要后人作种种整理。广义的整理，包括校勘、注疏、笺释、解说、编订、重排等，这需要谨严刻苦的治学功夫，但也特别需要闲暇。

北宋隐于苏州乐圃的朱长文，苏轼说他"堕马伤足，隐居不仕，三十年不以势利动其心，不以穷约易其介，安贫乐道，阖门著书"（《荐朱长文劄子》），米芾《墓表》则说他"著书三百卷，六经有辨说，乐圃有集，琴台有志，吴郡有续记，又著《琴史》……至于诗书文艺之学莫不骚雅"。遗憾的是其《易经解》、《书赞》、《诗说》、《春秋通志》、《中庸解》等大多已佚，存世著作有《乐圃馀稿》【图115】、《吴郡图经续记》等。如我国第一部琴学专著《乐圃琴史》，从先秦至宋初，汇集了一百五十馀人有关琴的记载，其中还时见卓识；还有包括著名书学论著《续书断》在内的《墨池编》等，这些都是借隐逸得来的闲暇而完成的。

图115　诗书文艺之学，莫不骚雅
［宋］乐圃主人朱长文小像
选自《乐圃馀稿》现藏苏州古籍馆

明代终身隐居苏州寒山的赵宧光，好古文奇字，著有《说文长笺》、《六书长笺》等。许慎的《说文解字》是文字学经典，赵宧光不但整理，而且对其编排、释义等作了某种更新，构成弘博可观的体系，当然，在明代疑古、创新思潮影响下，赵宧光也不免粗疏失误，但其中对文字性质、字形古音演变等的探求，不乏真知灼见。他还写过书学论著《寒山帚谈》，其中的草篆论尤为精彩，极富创新意识。

再如清代的宋宗元，隐于苏州网师园，完成了《网师园唐诗笺》【图116】这部先后花了四十年心血之作。他在序言中写道，自己夙嗜唐诗，"时为玩索，意所惬适，辄分体手钞，久而成帙，自谓于唐贤精粹，略已十胪五六"。于是"援引疏注，期于详尽而后已。四十年来，手胝口沫，未尝顷刻离也"。这是又一种古籍整理。这部著作在唐诗选学史上有着不容忽视的地位①，遗憾的是对此隐逸文化创造

---

① 《网师园唐诗笺》的选、评，均颇精妙，如柳宗元的《渔翁》，据苏轼意删去"回看天际下中流，岩上无心云相逐"二句，将其"节入绝句"；评张继的《枫桥夜泊》云，"写野景，即不必作离乱荒凉解，亦妙"；评李白《送孟浩然之广陵》后二句云，"语近情遥"；评王昌龄的《出塞》"秦时明月汉时关……""悲壮浑成，应推绝唱"……均堪称的评。

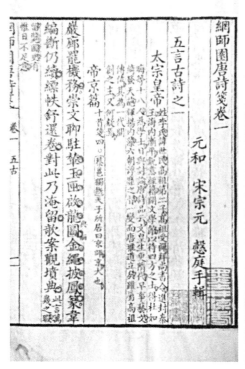

图116　呕心沥血四十春
［清］宋宗元《网师园唐诗笺》
现藏苏州古籍馆

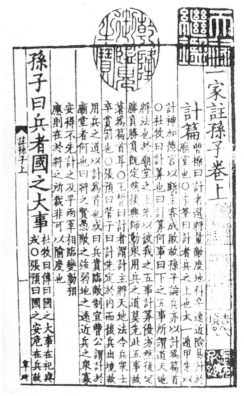

图117　《孙子》：兵家圣典，蜚声寰球
宋刊十一家注本
钤有天禄继鉴、乾隆御览之宝、
昆山徐氏家藏、季振宜印等
现藏中国国家图书馆

的硕果，苏州园林史特别是网师园的研究者，均不曾提及一言半语。

三、学术研究的深化

先秦的孙武原为齐国田完后裔，后因齐国田、鲍四族谋为乱，他感到地处江南的吴国不但较兴旺，而且较安定，乃奔吴，"辟隐深居"（《吴越春秋·阖闾内传》）。这是一个很有意义的智慧选择。他得以有暇观察形势，密切关注吴与越、楚等国形势，并从大量战争实践中总结经验教训，完成了被誉为"兵家圣典"的《孙子兵法》【图117】，此书中高卓精深的理论观点比比皆是，如："知彼知己，百战不殆"，"不战而屈人之兵，善之善者也"（《谋攻篇》）……三国时著名军事家曹操在《孙子序》中赞道："吾观兵书战策多矣，孙武所著深矣！"这是代表了历史所作的结论。同时，《孙子》又是很有特色的军事散文名著，笔者曾对其包括文学风格在内的多元价值与《论语》相提并论，作了如下评述：

孔子和孙子，被后世分别誉为"文圣"和"武圣"，而作为"文经"和"武经"的《论语》和《孙子》，则是春秋末期散文史上的两大丰碑。《论语·雍也》说："知者乐水，仁者乐山。"以此来看这两大名著，《论语》具有仁者的品格，像山一样凝静，雍容宽厚，又"慎于言"（《论语·学而》），其文发人深味；《孙子》则具有智者的品格，像水一样滔滔不绝，一泻千里，且锋芒毕露，其文动人心魄，而其气势美则为尔后的《孟子》所继承和发展。[①]

而今，《孙子》有日、英、法、德、越南、希腊等数十个不同语种的译本，这种举世皆罕见的文化现象的出现，离不开孙武在吴地的隐居。

《园冶·借景》云："足并山中宰相。"这是指南朝齐、梁间的道教思想家、炼丹家、医药家、文学家陶弘景。他隐居于句曲山，自号"华阳隐居"。梁武帝即位，屡加礼聘，不出，朝廷大事辄就咨询，时人谓为"山中宰相"。他博通经史，精于医药，涉猎天文历算，遍历名山，寻访药草，主张儒释道三教合一，著述繁丰，有经学类、兵学类、天文历算类、地理类、医药类、道教类等。如《三礼目录注》、《论语集注》、《真诰》、《本草》、《本草经集注》、《太清草木集要》、《补阙肘后方》、《练化杂术》等，另有《华阳陶隐居集》。其诗如《诏问山中何所有赋诗以答［答齐高帝诏］》："山中何所有，岭上多白云，只可自怡悦，不堪持寄君。"这是中国古代诗史上最富神韵的短诗之一。其散文则如《答谢中书书》，仅数十字，叙写江南山水之美，清丽自然，是短小精悍，脍炙人口而流传至今的山水散文名篇，人们应该感谢这位山中宰相陶隐居。

四、文艺创作的新变

《南史·隐逸传序》指出，隐士的特点之一是"含贞养素，文以艺业"。此言良是，而且其艺业往往还孕育出新变，因为隐逸是其生活行程中的大转折，故而其创作必然会发生嬗变，此类实例极多。

南宋的范成大晚年归隐故乡石湖，这用《园冶》的语言说，既是"江湖地"园林，又是"村庄地"园林。他脚踏农村实地，心怀乡土情结，创作了《四时田园杂兴》组诗六十首，展开了吴地一年四季田园生活、水乡风光的多彩画卷，使田园诗臻于一代高峰。对此组诗，笔者曾赞道：

> 作为集大成式的开放系统，不只是集以陶潜、王维等人为代表的牧歌式田园诗传统之大成，而且是扩这类田园诗之所未及，也就是通过"杂兴"予以更新，给以拓展，多方面突破其樊篱，引进如下与之交叉的种种边缘诗歌品种（金按：为农事诗、悯农诗、风俗诗、四时诗等）……使五者熔为一炉，化为一体，开创了集大成式田园诗的新格局。[②]

吴地人民至今尊崇这位伟大诗人，石湖还有范成大祠，其中有范氏手书《四时田

---

① 《兵家圣典〈孙子〉的散文艺术》，载范培松、金学智：《苏州文学通史》第1册，江苏教育出版社2004年版，第33－51页。以上引文，见第47页。

② 范培松、金学智主编主撰：《苏州文学通史》第1册，江苏教育出版社2004年版，第497－498页。

园杂兴》诗碑【图118】，这也是有价值的文化景观。

再看《园冶》所推崇的元画四大家之首的黄公望。《园说》云："岩峦堆劈石，参差半壁大痴。"《选石》："小仿云林，大宗子久。"其中的子久、大痴道人，分别为黄公望的字、号。他曾一度被诬入狱，遂看破红尘，浪迹山川，观赏模写山水，力求新变。明李日华《六研斋笔记》："黄子久终日只在荒山乱石丛木深篠中坐，意态忽忽，人不测其为何。又每往泖中通海处看急流轰浪……此大痴之笔所以神郁变化。"这揭示了黄公望能如痴如醉的投入，从而使其绘画臻于出神入化的境地。对其代表作《富春山居图卷》[①]，清恽格《南田画跋》评道："凡数十峰，一峰一状；数百树，一树一态，雄秀苍莽，变化极矣。"而当代著名画家潘天寿则赞曰："山水以北苑（金按：即董源）为宗，而能化身立法，气清而

图118　空前绝后：田园诗史丰碑
明刻范成大手书《四时田园杂兴》诗碑
现存苏州石湖范成大祠

质实，骨苍而神腴，淡而弥旨，为元季之冠……此画千丘万壑，愈出愈奇，重峦叠嶂，越深越妙。"[②]这种艺术辉煌，正是隐逸后求变创新的硕果。

《园冶·选石》还说："小仿云林。"倪云林亦为元四家之一，其山水画写自己胸中的淡泊高洁，无欲无为，被推为逸品之祖，与黄公望合称"倪黄"，其作品的意境、风格、章法、皴法均独辟蹊径，这和他的人品个性、隐逸生活密切相关。当代著名画家潘天寿评道："性甚狷介，善自晦匿，好洁，与世不合，故有迂癖之称。扁舟独坐，与渔父野叟混迹五湖三泖间……晚年益精诣，一变古法，以天真

---

① 黄公望此长卷投入多少年时间，众说不一。据清代王原祁《麓台题画稿·仿设色大痴长卷》云："昔大痴画《富春长卷》，经营七年而成。"此亦为隐逸所赢得的时间。

② 潘天寿：《中国绘画史》，东方出版社1912年版，第154页。

幽淡为宗……其画正在平淡中，出奇无穷。"① 这指出了隐逸有助于陶冶画家胸次，也有助于山水画创作的变法。

五、文人园林的营构

苏州沧浪亭，是中国园林史上第一个典型的文人写意山水园。苏舜钦《沧浪亭》还写道："一径抱幽山，居然城市间。高轩面曲水，修竹慰愁颜。迹与豺狼远，心与鱼鸟闲……"该园无论从功能看还是从环境看，均可说是由隐逸文化所孕育的、具有划时代意义的"城市山林"的典型。

和沧浪亭相比，宋代朱长文建于苏州的乐圃，是典型的"城市地"文人园林，其功能性景构和有关品题，发展得则更为丰富成熟，有邃经堂、米廪、鹤室、蒙斋、见山斋、琴台、咏斋、墨池、笔溪、钓渚等，全方位展示了园主的审美文化生活。其园中诸胜，除了米廪供物质营养外，其精神营养更为丰富，而且无不是"乐"：读书是乐，教书是乐，操琴是乐，咏诗是乐，临池是乐，垂钓是乐，"悠然见南山"是乐，"展玩百氏妙迹"是乐，可说无往而非乐，凸显了对《乐圃记》所引"乐天知命故不忧"之古训的遵从。

明代苏州的寒山别业，是典型的文人"山林地"园林。赵宧光夫妇偕隐寒山，凿石为涧，引泉为池，营构和题咏了一系列景点，有玉佩池、云根泉、瑶席、澹荡、小隐冈、玉雪岑、蹑青冥等数十个之多，其中"千尺雪"尤为诸景之最，其构思极佳，后来深得清帝乾隆宸赏，并一再被皇家园林所模仿。山中还颇多"书以山为依托，山以书为情性"的摩崖刻石系列景观，这是中国园林史上堪称翘秀的一大创造。

从苏州园林总体上来说，它们的诞生、发展都离不开隐逸文化及其历史积淀，可以说，没有苏舜钦隐于吴，就没有今日的沧浪亭；没有史正志的"渔隐"②，就没有今日的网师园；没有高僧惟则的亦僧亦隐，就没有今日的狮子林；没有姜垛在敬亭山房不与世事三十年，就没有今日的艺圃；没有沈秉成夫妇偕隐，就没有今日的耦园……吴地的隐逸文化，为世人留下了一宗宗宝贵的古典园林文化遗产，它们早已列入世界文化遗产名录。

六、生态环境的护建

《园冶·园说》写道："梧阴匝地，槐荫当庭。插柳沿堤，栽梅绕屋。结茅竹里，浚一派之长源；障锦山屏，列千寻之耸翠……"这既是园林美的环境，同时也是高人隐士所企盼的理想居处。就全国历史上看，诗文中有关这类内容的描写

---

① 潘天寿：《中国绘画史》，东方出版社1912年版，第155页。
② 南宋史正志，隐于吴门。《嘉靖镇江府志》："治圃所居之南（金按：为苏州网师园前身）……藏书至数万卷，号乐闲居士。"《嘉靖维扬志》："归老姑苏，自号吴门老圃。"撰《菊谱》，为中国花木谱中较早的菊谱著作。

极多，略举数例：

> 野客思茅庐，山人爱竹林。（唐王勃《赠李十四》）
>
> 东冈更葺茅斋，好都把轩窗临水开……先应种柳，疏篱护竹，莫碍观梅……留待先生手自栽。（宋辛弃疾《沁园春·带湖新居将成》）
>
> 当窗松桂，满地蕨薇。（元倪云林《折桂令·拟张鸣善》）
>
> 因葺旧庐，疏渠引泉，周以花木，日哦其间。（明陈继儒《小窗幽记·集素》）
>
> 古木槎枒，篁筜萧疏，嘉花名卉，四方珍异之产咸萃。园既成，名曰"遂初"。（清沈德潜《遂初园记》）

辛弃疾不是真正意义上的隐士，但他在淳熙八年起约十年时间里，也隐居于江西带湖新居，并在多首词中写到自己如何亲自在这里"葺"、"种"、"护"、"栽"……以生态环境来平衡自己的"心态"。上引的其他几则都如此，或茅庐竹林，或当窗松桂，或疏渠引泉，或周以花木……都是写山人高士所向往、所营构的宜人的隐逸小环境，即此足见隐逸离不开优越的生态条件，反过来进一层说，山水林泉，繁木嘉荫，名花异卉又需要引高人隐士为知己，为密友。

再看较大型的林木群体描写，如朱长文《乐圃记》中丰富奇特的景观：

> 其木则松、桧、梧、柏、黄杨、冬青、椅桐、柽柳之类，柯叶相幡，与风飘扬，高或参云，大或合抱，或直如绳，或曲如钩，或蔓如附，或偃如傲，或参如鼎足，或并如钗股，或圆如盖，或深如幄，或如蜕虬卧，或如惊蛇走，名不可以尽记，状不可以殚书也。虽霜雪之所摧压，飙霆之所击撼，槎枒摧折，而气象未衰。

这些珍贵的、姿态各异的古树名木群，显示了最佳的生态优势和精心建构，它既离不开隐逸后长期的搜罗集纳，更离不开园主长期的关爱保护。再如《武林旧事》卷十写南宋张镃的南园，其中有一系列统计数字颇能说明问题，如玉照堂，有梅花四百株；苍寒堂，有青松二百株；艳香馆，有杂春花二百株；碧宇，有修竹十亩；蕊珠洞，有荼蘼二十五株；芙蓉池，有红莲十亩；书叶轩，有柿二十株；餐霞轩，有樱桃三十馀株；宜雨轩，有海棠二十株；满霜亭，有橘五十馀株……这种大规模的种植，究其动机，既为了满足园主对花木分别品题、分别管理的独创性需要，又为了满足接待来客宴饮玩乐的需要，以及自我夸耀甚至炫富的需要。这种情欲也不能全然否定，用黑格尔《历史哲学讲演录》中的话说："没有情欲，世界上任何伟大的事业都不会成功……"[①]列宁在《哲学笔记》中赞同并摘录了这番话，以示肯定。就张镃南园的大片分区群植来看，算不得"伟大的事业"，但其造园、种植方面的事功，至少有利于生态的护建及其经验的积累。

又如汪元祚，明代钱塘人，隐居不仕，在杭州西溪建横山草堂，其自撰的园

---

① ［俄］列宁：《哲学笔记》，人民出版社1974年版，第344页。

记描写环境道："竹阴转密，日影不漏，有溪一湾，潺潺横泻，雪浪漱石齿间，予垒石为桥，即名'漱雪'。更植桃其岸，傍有一泉，尤清澄可鉴，中涵竹色，因以'蓄翠'题焉……藩内复开辟旷地，植梅数十本，冬月香雪平铺，亦不减'孤山'疏影……"最后写道："既屏以崇山峻岭，复绕以茂林修竹，前则江湖梅松为径，后则岩石泉瀑为邻，诚造物之所钟……原依栖焉。"这种宜栖的优美绿色空间，体现了天然与人为的交渗，自然生态与人文生态的互融，但归根结底，应看作是隐逸意识的审美物化和创造，它对今天宜居环境的创造包括实现著名哲学家海格德尔提出的"诗意地栖居"，都有其借鉴作用。

七、山川名胜的增辉

隐逸文化还能使山川名胜极大地增光添辉。西晋的张翰，吴郡吴（今苏州）人，在吴灭后至洛阳依附司马冏，但发现司马氏集团内部矛盾日趋激烈，遂思急流勇退，对同郡顾荣说："吾本山林间人，无望于时久矣！"正值洛阳秋风起，因思家乡菰菜、莼羹、鲈脍，作《思吴江歌》："秋风起兮木叶飞，吴江水兮鲈正肥。三千里兮家未归，恨难禁兮仰天悲。"于是弃官隐逸归乡。不久司马冏倒台，张翰、顾荣得以保全性命，这也正是《庄子》所说的"存身之道"。对比于同郡的陆机、陆云兄弟，赴洛阳后未能及时远避退归，终于难免杀身之祸，这给士人们留下了血的教训，可见，在"苟全性命于乱世"（三国蜀诸葛亮《出师表》）的悲剧性时代，所谓"乐观前进"的"理想人生"是不一定行得通的，可能的倒是其反面。到了宋代，吴地人们以历史悲剧为鉴，并警诫奔竞之人，于是给隐于江湖的三位隐士在横绝松江通太湖的垂虹桥建立"三高祠"，张翰即为其中之一，此祠为吴江的太湖之滨、垂虹长桥增添了一道胜景，宋人祝镒的《三高祠记》还总结道："成功之下，不可以久居；亡道之人，不可以久处；兵乱之世，不可以苟仕。"这是何等的深刻的历史教训！再如宋代隐逸诗人林和靖结庐栖息于杭州孤山，种梅蓄鹤，人称"梅妻鹤子"，孤山就以其人文价值成了人们访古探梅的胜地。

唐白居易《沃州山禅院记》写道：

> 夫有非常之境，然后有非常之人栖焉。晋宋以来，因山洞开，厥初有罗汉僧西天竺人白道猷居焉。次有高僧竺法潜、支道林居焉。次又有乾、兴……凡十八僧居焉。高士名人有戴逵、王洽、刘恢、许玄度、殷融、郗超、孙绰、桓彦表、王敬仁、何次道、王文度、谢长霞、袁彦伯、王蒙、卫玠、谢萬石、蔡叔子、王羲之凡十八人，或游焉，或止焉……盖人与山，相得于一时也。

为什么沃州山会如此地成为一系列高士名人接踵而至的胜境？因为一系列或僧或隐的"非常之人"在这里或游或止，使该山不断积淀成为隐逸文化的"非常之境"，人、境相须，文、景互涵，这种互为因果，如白居易所云："盖人与山，相得于一时也。"而明代隐于苏州寒山的赵宧光也在《寒山诵序》里总结道："人托山而久，山得人而著，物以人重，自古皆然。"山以人传，人以山传；园以人传，人以园传，这往往也是以隐逸文化传，这是风景园林文化发展的规律之一。

南宋以叶适为代表的永嘉事功学派，力图以务实际、重功利的思想扭转空谈心性的理学，这种事功哲学也有助于对隐逸文化的剖析。叶适《题〈西溪集〉》指出："夫欲折衷天下之义理，必尽考详天下之事而后不谬。"本节所遴选、所标举的隐逸之事功，虽不能说已"尽考详天下之事"，但大量的历史事实已足以通过归纳推理推出结论，这就是较多的隐士是有为的，他们在实现独立人格的同时，在典籍整理、学术深化、文艺创新、园林营造、生态建设以及山川增辉等方面，至少是客观上有利于时代社会，所以说，"隐逸"和"无为"之间不能完全划上等号，或者说，在"无为"的背面往往自觉或不自觉地隐藏着"有为"。计成更是如此，他虽然强调"隐心皆然"（《自跋》），但他以造园"并驰南北江"，就是有为的创造，至于所撰《园冶》，被曹元甫誉为"斯乃君之开辟"（《自序》），更是亘古未有的伟大创造，这一事功应予崇高的评价。还应指出，事功学派在重客观功利的同时，也不否定主观的"义"、"理"，故也应适当结合作统一的考虑，何况历史上成千上万的隐士也不免鱼龙混杂，保守者有之，冷酷者有之，懒惰无功者有之，等等。《后汉书·逸民列传》就概括道："或隐居以求其志，或回避以全其道，或静己以镇其躁，或去危以图其安，或垢俗以动其概，或疵物以激其清……"但是，研究、评价的方法论必须体现历史、理论和客观实践三者的有机结合。据此，无论远古－中古－近古的历史发展看；还是从宏观－中观－微观的评价视域看；无论从儒、道、易三者互补相成的哲学理论看，还是从中国特殊的具体国情看，或者从隐逸文化的主流而非支流末节看，古代中国隐逸文化史上种种形式的价值创造是应予肯定的。

第二节　足矣乐闲，烦顿开除
——《园冶》与园林养生

标题两句，前句出于《相地·傍宅地》："足矣乐闲，悠然护宅。"后句出于《园说》："渴吻消尽，烦顿开除。"

"足矣乐闲，悠然护宅"，写的是城市里傍宅的小型园林，但这也有助于养生，因为其周围有繁茂的花卉、葱郁的林木护宅，易于使人心平静下来，并孕育人们知足常乐的心态，产生乐观悠闲的良性情绪，这就是最基本的园林养生的实现。在《园冶》里，计成非常强调"闲"、"乐"二字。例如："闲闲即景"（《相地·山林地》）；"得闲即诣"（《相地·城市地》）"便于乐闲"（《相地·傍宅地》）；"寻闲是福"（《相地·江湖地》）；"意尽林泉之癖，乐馀园圃之间"（《屋宇》）；"安闲莫管稻粱谋"（《相地·城市地》）；"不第便於乐闲，斯谓护宅之佳境也”（《相地·傍宅地》）“《闲居》曾赋”，“必择居邻闲逸”（《借景》）……“足矣乐闲”，正是园林养生之道的始基层。当然，这种乐闲，不是纯粹的消极的闲乐，而是一定意义上积极有为的乐闲，或者说，是在具有自然和精神文化双重生态的优美环境里有利于人们身心调养的乐闲。

“乐”的养生价值，在于去忧祛病，这可从古代养生哲学和医学的视角一考。《管子·内业》：“忧郁生疾。”《灵枢经·百病始生》：“忧思伤心。”《淮南子·原道训》：“忧悲多恚，病乃成积。”这种忧与病难以分割的联系，使得在古汉语中“忧”、“病”可以互训。《孟子·公孙丑上》：“有采薪之忧。”赵注：“忧，病也。”《乐记·宾牟贾篇》：“病不得其众。”郑注：“病，忧也。”故而《广雅》曰：“病与忧，义相近。”总之，“忧”是一种是不利于养生的恶性情绪，而“乐”则是一种良性情绪。现代医学心理学认为，愉悦、乐观，是一种健康稳定的情绪状态，具有促进新陈代谢和改善器官的功能，可提高机体的忍受力和抗病能力。在古代，《素问·上古天真论》云：“以恬愉为务，以自得为功，形神不疲，精神不散，亦可以百数。”所以必须实现由“忧”向“乐”的转换，而园林的“涉门成趣”（《相地》），“得闲即诣，随兴携游”（《相地·城市地》），正是促进情绪转换的一种有效契机。如宋苏舜钦被贬谪，“罪废无所归”，就借沧浪亭来消除忧伤，他“觞而浩歌，踞而仰啸，野老不至，鱼鸟共乐”（《沧浪亭记》）。诗人通过园林的乐闲来消释这种恶性情绪，实现这种转换。从这一视角看，计成的乐闲意识，无疑与园林的养生功能是相契合的。

再看“渴吻消尽，烦顿开除”，《园冶注释》未注，只译为“渴吻可以全消，烦虑都能涤尽。”《园冶全释》：“吻：嘴唇。渴吻：唇干口渴之意。烦：烦闷；烦躁。烦劳。”译文：“唇干口渴尽消，烦劳立即涤除。”这大体似乎尚可，但细究还有所不足。

还不必为贤者讳，《园冶》中的“渴吻消尽，烦顿开除”，并不是非常工整的对偶句，主要是作为主语的“渴吻”是偏正短语，“烦顿”则是联合短语，但计成首先是服从于内容表达的需要，是为了突出园林养生的功能。

“渴吻消尽”：渴吻，确系唇干口渴。［明］张四维《双烈记·计定》：“消吾渴吻，涤我枯肠。”园林确乎具有这种功能。众所周知，园林的环境特点就是清幽、静谧、雅逸，如《园冶》所描写：它地处偏僻，“远来往之通衢”（《相地》），“似多幽趣，更入深情”（《相地·郊野地》），“静扰一榻琴书”（《园说》），“多方题咏，薄有洞天”（《相地·郊野地》）……当人们感到“清气觉来几席，凡尘顿远襟怀”（《园说》）时，也就能“消吾渴吻，涤我枯肠”了。

“烦顿开除”的“烦”，诸家释作烦虑、烦闷、烦躁、烦劳，大多把它当作一种心态，这也不错，但从文字学、词源学上考释，其最初的本义却是一种病态。《说文》：“烦，热头痛也。从页从火。”这是会意字。“頁”（去掉下面的两“点”）为篆书"头"的省文。头与火，二者会成了头痛发热之意。《史记·扁鹊仓公列传》："病使人烦懑，食不下。"《素问·生气通天论》："因于暑汗，烦则喘喝……体若燔炭"。《说文》段注还引诗句描写其体态特征："《诗》曰；'如炎如焚。'陆机诗云；'身热头且痛。'"总之，包括烦躁等在内，它是一种身心疾病。至于如何消除，宋王安石《崇政殿详定幕次偶题》可以参考："不恨玉盘冰未赐，清谈终日自蠲烦。"这是方法之一，就是需要冷、静、清。而园林恰恰是"一二处堪为暑避"（《相地·郊野地》），"水面鳞鳞，爽气觉来欹枕"（《借景》）"凉亭浮白，冰调竹树风生……渴吻消尽，烦顿开除"（《园说》）……这些，无异是一种有效的镇静剂、清凉剂。

顿：意为疲劳乏力，主要指身心的困乏、疲惫。宋陈师道《拟御试武举策》："兵久则顿，役久则怠。"在极端困顿的情况下，园林是最佳的疗养场所。明袁中道《游桃源记》写到，当时"倦极，五内皆热，忽闻泉泻澄潭，心脾顿开，烦火遂降，乃知泉石之能疗病也"。这是他的切身体会。清厉鹗的《秋日游四照亭记》写得更有意思；"献于目也，翠微澄鲜，山含凉烟；献于耳也，离蝉碎蛩，咽咽喁喁；献于鼻也，桂气晻蔼，尘销禅在；献于体也，竹阴侵肌，痟瘅以夷；献于心也，金明萦情，天肃析酲……"在园亭里，秋天的爽绿澄鲜，可以养目；虫鸣鸟语，可以养耳；桂气飘香，可以养鼻；竹阴凉意，可以平息疲痛不适之感，这是养体肤；天高气爽，色彩明丽，可以解除酒后疲劳，怡情养心……这些对身心都具有明显的促健作用。在《园冶》里，有着大量的这类精彩的审美描述，养目如远方的"千峦环翠，万壑流青"（《相地·山林地》），近处的"半窗碧隐蕉桐，环堵翠延萝薜"（《借景》）；养耳如"林阴初出莺歌"，"虫草鸣幽"（《借景》），"修篁弄影，疑来隔水笙簧"（《门窗》），养鼻如"遥遥十里荷风，递香幽室"（《立基》），"冉冉天香，悠悠桂子"（《借景》）；养体如"梧阴匝地，槐荫当庭"，"移竹当窗，分梨为院"（《园说》），"风生林樾"，"北牖虚阴"（《借景》）；养心如"兴适清偏，怡情丘壑。顿开尘外想，拟入画中行"（《借景》）……这是各种有益因素沁入五官六觉的全面的养生，而这离不开园林为人们所提供的最为优越的环境美。

再考释"开除"。除，作为动词，其清除、消除之义很明显，《庄子·山木》就有"除君之忧"之语。但"开"字所具有的"解"义，却为一些大型辞书所不载，而且在古诗文中，"开除"二字很少联用，计成却有创意地组成了"开除"这一新词，因此，"开"字应明确加以解释，但注释家对"开"字均未出注，对全句则取意译，或作"烦虑都能涤尽"，或作"烦劳立即涤除"，不约而同释"开"为"涤"，似属误训。至于《图文本》，注"开除"为"消除，除去"，既回避了"开"字，又没有书证，同样未落到实处。

"开"字在这里所含有的"解"义，值得一考。开，其义为解开、分解，或引申为排解遣散。三国魏阮籍《大人先生传》："天地解而六合开。""开"、"解"，互文，同义。《易·解·象辞》："天地解而雷雨作，雷雨作而百果草木皆甲坼。"

甲，植物种子萌芽时所裹的外皮。坼〔chè〕，裂开；分裂；草木种子的分裂发芽。唐白居易《自君之出矣》："二月东风来，草坼花心开。"开、解、坼可以互训，《广雅》概括说："发、坼、启，开也。"《老子·五十六章》："解其纷。"解即解开。杜甫《春日戏题恼郝使君兄》："请公一来开我愁。"这类诗文之例较多，不具引。按照明张介宾《医易义》的观点，"人身小天地"——西方称之为"小宇宙"。人生长期郁积在内心的忧闷，也会结成外皮甲壳，不易开坼。而通过园林予以排解，可使心灵小宇宙"天地解而六合开"，达到内在的和谐，于是，"内外和调，邪不能害"（《素问·生气天真论》）。这用《易·解·彖辞》的话赞道："解之时，大矣哉！"可见，"开"的功能，颇有养生学的意义，并可提到哲学的境层来理解。

在中国园林文学史上，通过园林多方面来养生的诗文，实例极多：

> 春之日，吾爱其草薰薰，木欣欣，可以导和纳粹，畅人血气……若俗士，若道人，眼耳之尘，心舌之垢，不待盥涤，见辄除去，潜利阴益，可胜言哉？（唐白居易《冷泉亭记》）

> 仰观山，俯听泉，旁睨竹树云石……俄而物诱气随，外适内和……（唐白居易《草堂记》）

> 官署之东，有阁以燕休，或曰斋，谓夫闲居平心以养思虑，若于此而斋戒也……夫世之善医者，必多蓄金石百草之物以毒其疾，须其冥眩而后瘳。应之（张应之）独能安居是斋以养思虑，又以圣人之道和平其心而忘厥疾，真古之乐善者欤？傍有小池，竹树环之，应之时时引客坐其间……（宋欧阳修《东斋记》）

> 小疾深居不唤医，消摇更觉胜平时……绿径风斜花片片，画廊人静雨丝丝。（宋陆游《小疾谢客》）

> 清池流其前，崇丘峙其后，怪石嶙崒而罗立，美竹阴森而交翳，闲轩静室，可息可游，至者皆栖迟忘归，如在岩谷不知去尘境之密迩也……余久为世驱，身心攫攘，莫知所以自释，闲访因公于林下，周览丘池……觉脱然有得，如病暍人入清凉之境，顿失所苦……（明高启《师子林十二咏诗序》）

> 秋声阁远眺，尤佳，眼目之昏聩，心脾之困结，一时遣尽。流连阁中，信宿始去。始知真愈病者，无逾山水，西湖之兴，益勃勃矣。（明袁宏道《游惠山记》）

> 岩秀原增寿，水芳可谢医。择宜开牖宇，摄静适襟期。（清乾隆《避暑山庄百韵歌》）

> 索居每患鄙吝生，坐啸峰间百虑清。（清刘恕《太湖石赞》）

上引文字，范围包括皇家园林、衙署园林、寺观园林、私家园林、公共园林，作者则上自帝王，下至文人、园主，都反映出园林具有多方面极佳的养生功效，或导和纳粹，畅人血气，或静养神思，平心忘疾，或昏聩困结，一时遣尽，或开牖摄静，增寿谢医，或脱然有得，顿失所苦，或消除鄙吝，百虑皆清……总之，园林确乎是"真愈病者"，能让"病暍人入清凉之境"，其"潜利阴益"，不可胜言。白居易这方面的经验最为深切，他也用八个字——"物诱气随，外适内和"来概括。物，是园林的环境美；气，则是人的感受、心态、气息、意念；"物诱"，也就是"物情所逗"（《园冶·借景》），"气随"，也相通于"目寄心期"（《园冶·借景》），于是，"外适内和"，身与心都受到"潜利阴益"。"物诱气随，外适内和"，此八字颇有哲理深度，也与《素问·生气天真论》的"内外和调，邪不能害"相合。

孟兆祯先生从学习传承《园冶》，到实践写作《园衍》，其书中这样写道："园林循时代而进，不断满足人对自然环境在物质和精神两方面的综合要求，使获得身心健康、养生长寿和持续发展的宗旨是万变不离其宗的。"[①]这是把园林的医疗养生，从古代的个人立场，提升到群体、人类社会发展的高度，这体现了新时代的要求。

再看国外，英国的《园冶》翻译、研究家夏丽森（Alison Hardie）教授在论文《计成〈园冶〉在欧美的传播及影响》中认为："《园冶》设计原理影响到西方的方式是通过在西方国家建立的中国式园林、庭园。"论文还以英国爱丁堡西城总医院建立的"玫其中心"为例，指出中式庭园的优美环境有安静养神，裨益身心的医疗功能，即计成《园冶》所说的"烦顿开除"[②]。这个很好的实例，除了表达出外国专家对《园冶》的领悟外，还说明《园冶》不但是对中国园林养生经验的总结概括，完全适合于本国的国情，而且适用于异域，在国外也能让人受到"潜利阴益"。

古今中外的大量实例，足以证明《园冶》"足矣乐闲"，"烦顿开除"的医疗养生功能。笔者曾尝试对园林的艺术养生作过研究，也似可引以为证：

> 中国园林的养生功能是多方面的：超俗涤烦、居尘出尘、休闲玩乐、致虚守静、养体劳形、祛病谢医……至于澄怀观道，特别是物谐其性，人乐其天，外适内和、体宁心恬，这种园林养生，是体现了天人协和、身心谐调的最高表现。

> 普遍地说，任何艺术无不具有养生功能，但是，园林的养生功能无论从广度……还是从深度、高度来说，它都优于其他门类艺术。中国古典园林，可说是最初为游乐养生而诞生的，以后不断发展，趋于成熟，成为一门全面为养生……的独特艺术。直至今天，它的养生价值不但具有现实意义，还具有未来学的意义，可供21世纪多方面参考借鉴。当然，继承中必然包含着扬弃，这是毋须赘言的。[③]

《园冶》的文学语言，典雅有致，生动传神，阅读这部经典，其本身就是一种审美享受，一种艺术养生。书中与园林养生直接或间接有关的言论，如同散珠碎玉，隐现于各个章节，有待于研究者们去掇拾，去梳理，去抽绎，以丰富中国悠久的养生文化遗产。

---

① 孟兆祯：《园衍》，中国建筑工业出版社2015年版，第123页。
② 见［北京］《中国园林》2012年12期。
③ 金学智：《园林养生功能简论》，［北京］《文艺研究》1997年第4期。

第三节　隐现无穷之态，招摇不尽之春
——经典《园冶》的文学品赏

计成的《园冶》，是中国造园理论史上的经典名著，也是中国园林文学史上一朵艳丽的奇葩，是园林与文学喜结良缘所诞生的宁馨儿，也是园林、科技、文学三位一体发展至明代在理论和实践上成熟交融所结出的丰硕成果。

计成造园的高超技艺和《园冶》中的卓越理论，除了得力于其造园实践和"少以绘名"两个方面外，还得力于他的颖秀灵气和文学才华。阮大铖《冶叙》描述计成其人说："无否……臆绝灵奇……所为诗画，甚如其人。"可见，他的诗和画一样，也灵奇而有才气，可惜没有流传下来。阮大铖有一首《计无否理石兼阅其诗》写道："无否东南秀，其人即幽石。一起江山寣，独创烟霞格。……有时理清咏，秋兰吐芳泽。静意莹心神，逸响越畴昔。"可见他还有颇高的文学修养，其诗品如幽兰吐芳，静意逸响，令人神清。

计成精心结撰的《园冶》，从造园内涵到文字表达全面而突出地张扬了文学精神，其主要目的之一就是力求文学对古典园林的陶染、渗透，并藉骈文以发抒自己对园林的深厚感情，从而《园冶》也就成为一部值得悉心品赏的不朽文学名著。但是，纵观研究界，从园林学视角研究《园冶》的，真是不可胜数；而从文学视角进行品读的，却至今罕见。然而，这也是一个必要的、十分重要的视角，而且通过文学视角的品读，更有助于全面理解其造园学的深刻思想，因为计成所阐述的，是文人写意山水园，它离不开一颗"文心"、一双"画眼"。为此，笔者在这方面曾一再撰文、一再发表、一再加工①，其初衷是抛砖引玉，引起造园界、文学界、学术界的广泛关注，从而开辟一个探究的新领域。

一、《园冶》：在中国晚明骈文史上

骈文是中国一种特殊的文体，也是不断演变的一种历史形态。且不说先秦诗文中颇多零星的对偶句可摘，由此可窥骈偶之发轫。而其作为文体的初始形态被称为"连珠"，它肇于汉晋间。最早的作者为东汉扬雄，但今仅存两则。南朝梁刘勰《文心雕龙·杂文》云，"扬雄覃思文阔，业深综述，碎文琐语，肇于连珠，其辞虽小，而明润矣。"其后，"连珠"写得最多最好的是与计成不无关系的陆雲之兄——陆机。笔者在《苏州文学史》陆机专章中曾撰"陆机散文"一节，有云："陆

---

① 第一次：在全国范围内首次将其列入文学史，给予特定的历史地位并作较详的评析，这就是《苏州文学通史·明代苏州文学》的第4章第3节——《〈园冶〉：古典园林的文学陶染》，见范培松、金学智主编主撰：《苏州文学通史》第2卷，江苏教育出版社2004年版，第698-703页；第二次：将此篇抽出，进行拓展、提升、加工，成为独立的专文，题为《〈园冶〉的文学解读》，收入个人的文集——《苏园品韵录》，上海三联书店2010年版，第323-333页；此为第三次：从文章标题到内容、形式以及篇幅作了更大的修改调整，力求以骈文为重点，对《园冶》文学进行全面的深入探讨，置于本书第五编《园冶品读馀篇》中。

机有著名的《演连珠五十首》，是一组骈偶短文。《文选》李善注：'合于古诗讽兴之义，欲使历历如贯珠，故谓之"连珠"'"。因"连珠"与骈文有关，故引陆机《演连珠》两则于下：

> 臣闻春风朝煦，萧艾蒙其温；秋霜宵坠，芝蕙被其凉。是以威以齐物为肃，德以普济为弘。（其二十）

> 臣闻图形于影，未尽纤丽之容；察火于灰，不睹洪赫之烈。是以闻道存乎其人，观物必造其质。（其四十五）

或主张为政应德威互补，德如春风，威如秋霜；或分别以图、火二者为喻，说明认识事物不能迷惑于表象，而应深入探究本质。"它们无不是艺术化、形象化、骈偶化了的归纳、演绎推理，而且形制短小精悍，极有文采，读来琅琅上口，哲理隽永，意味深长，有些语句还带有精警的格言性质。"①《园冶》中骈偶章节，也颇有这类特色。

骈文至六朝成为时尚，南朝宋刘勰《文心雕龙·丽辞》对当时盛行的骈文作了概括，人们也称骈文为"丽辞"，这是从其辞藻富赡来命名的。再看清人所编《六朝文絜》，作为较普及的选集，包括赋、诏、敕、令、教、策问、表、疏、启、笺、书、移文、序、论、铭、碑、诔、祭文等十八类，可见骈文已遍及各类文体，它们篇幅短小，严正规范，具有排比对偶，文笔藻丽的特色，这都标志着六朝为骈文的繁盛期，当然其中也渐趋绮靡。然至初唐又新生、振兴，代表为"初唐四杰"（如王勃的《滕王阁序》堪称典范），是为繁盛期的最后阶段。

由于骈文的主要句型为四字、六字句，故经过中唐柳宗元至晚唐李商隐称其名为"四六"或"四六文"，李商隐有《樊南四六》二十卷，其序谓此名是按文章的外在形式取名的。宋人仍沿袭之，当时朝廷制诰文书均以骈文起草，而骈文家被称为四六家。这一时段可谓中兴期或变异期，表现为受唐宋古文运动影响，弃绮靡，尚自然；轻形式，重气格，并抵制瓣香齐梁。

对于元明时期的骈文，莫道才先生《骈文通论》指出：

> 元明两代可以说是骈文的衰落期，这种衰落主要体现在创作上的沉寂，从元至明数百年间，作者寥寥，作品亦寥寥；从作品实际上看亦无多大起色……瞿兑之云："元明以后，骈文绝响……于是乐散文之简易，而惮骈文之繁复，号称作者，都只作散文，应用方面，也以散文为多，而骈文只限于一部分的用处。于是骈文成为极狭隘的用途，也就变成极卑陋的风俗。"②

事实确乎如此。元代以及明代前期，统治者对文人歧视、贬抑甚至采取高压、杀戮政策，明代中后期，则文人的集群流派蜂起，如"文必秦汉，诗必盛唐"的前

---

① 并见俞士玲、金学智：《散文：政论、吊文、〈演连珠〉》，载范培松、金学智主编主撰：《苏州文学通史》第1卷，江苏教育出版社2004年第1版，第90页。

② 莫道才：《骈文通论》，齐鲁书社2010年版，第304-305页。

后七子，宗尚韩、欧古文的唐宋派，提倡性灵、自然的公安派，追求幽深孤峭风格的竟陵派……都以其各自的主张而与骈俪之文相远。同时，元明戏曲极盛，文人才智与下层艺人结合，而散曲、杂剧中骈偶文辞则以另类形式出现，往往是文白杂糅、骈散混搭。此外，明代骈文还受染于制艺时文，它往往成为试赋、经义的习作或混合品，显得庸俗肤浅……

但是，明末的《园冶》，由于其内涵往往上升到"道"的高度，因此特别需要在主要章节通过骈文来冶铸警言秀语。还应看到，计成不但毅然选择了以骈俪为主的语言形式，而且也保留了大量必要的散文，从而体现了独特的"骈－散"结合形式。此外，《园冶》文本还有其特殊性，本书第一编第一章第四节就重点探讨了其中"道－术"、"主－匠"、"雅－俗"三对关系的种种表现，故而《园冶》中与典雅的骈俪文并存相杂的，还有技术散文、工匠语言和通俗文化，这就可能使其骈文偶尔失范。笔者还曾指出，只有了解了这种种"从内容特色到语言形式密切相关的几对关系"，才有可能"对《园冶》全书有一个总体的、较全面的认识"。

正因为如此，笔者认为，一方面，应高度肯定作为造园学专著的《园冶》，它在明代俗文学流行、骈文衰落的时代，能选择这种典雅的文学形式来表现，从而弘扬骈文这种独特的文学形式，同时也以这种独特的文学形式，弘扬了独特的园林艺术，另一方面，品赏《园冶》的文学美特别是骈文美，又不能完全以六朝、初唐那种规范来要求它，而应适当放宽尺度，因为时代环境究竟不同了。综而言之，无论从独特的文学历史背景看，还是从《园冶》独特的文体结构看，《园冶》的文学创作，有其史无前例的首创性，这就是它在晚明骈文史上的独特地位。

二、骈偶相对，俪驾相并

《说文》："骈，驾二马也。"段注："并马谓之俪驾，亦谓之骈……谓之并二马也……骈之引伸，凡二物并曰骈。"《文心雕龙·丽辞》是探讨骈俪的专论，它从自然造化出发来探源："造化赋形，支（金注：肢）体必双；神理为用，事不孤立。夫心生文辞，运裁百虑，高下相须，自然成对。"这正说明了骈文的主要特征是物之相并，成双而作对，由于这种对偶，故人们往往称骈文为"骈俪文"。

骈文在长期的历史过程中，其句型模式发展得愈来愈复杂，成为骈文的一种重要特征，这里按《园冶》中所出现的分类示例如下：

（一）单联型：上句与下句基本上为单句，其字数、节奏完全相同，组成较单纯的骈偶句，这种型式较简单，读来显得流畅自如，特易接受。如：

［四四］式——"好鸟要朋，群麋偕侣。"（《相地·山林地》）"竹修林茂，柳暗花明。"（《相地·傍宅地》）

［五五］式——"阶前自扫云，岭上谁锄月。"（《相地·山林地》）"蹊径盘且长，峰峦秀而古。"（《掇山》）

［六六］式——"堂虚绿野犹开，花隐重门若掩。"（《相地·村庄地》）"适兴平芜眺远，壮观乔岳瞻遥。"（《立基》）

［七七］式——"安闲莫管稻粱谋，沽酒不辞风雪路。"（《相地·村庄地》）"花环窄路偏宜石，堂迥空庭须用砖。"（《铺地》）

［八八］式——"动'江流天地外'之情，合'山色有无中'之句。"（《立基》）

（二）复联型：上句和下句语法上各自成为复句，再进一步俪驾相并，组成较复杂或很复杂的骈偶句。这类型式义涵较丰，故更耐人品味。如：

［四四－四四］式——"山楼凭远，纵目皆然；竹坞寻幽，醉心即是。"（《园说》）"临溪越地，虚阁堪支；夹巷借天，浮廊可度。"（《相地》）

［四六－四六］式——"紫气青霞，鹤声送来枕上；白蘋红蓼，鸥盟同结矶边。"（《园说》）"结茅竹里，浚一派之长源；障锦山屏，列千寻之耸翠。"（《园说》）"编篱种菊，因之陶令当年；锄岭栽梅，可并庾公故迹。"（《立基》）"伟石迎人，别有一壶天地；修篁弄影，疑来隔水笙簧。"（《门窗》）

［六四－六四］式——"曲曲一湾柳月，濯魄清波；遥遥十里荷风，递香幽室。"（《立基》）"当檐最碍两厢，庭除恐窄；落步但加重庑，阶砌犹深。"（《屋宇》）"取巧不但玲珑，只宜单点；求坚还从古拙，堪用层堆。"（《选石》）

［六六－六六］式——"新筑易乎开基，只可栽杨移竹；旧园妙於翻造，自然古木繁花。"（《相地》）"临池驳以石块，粗夯用之有方；结岭挑之土堆，高低观之多致。"（《掇山》）

［五四－五四］式——"驾桥通隔水，别馆堪图；聚石垒围墙，居山可拟。"（《相地》）

［四五－四五］式——"莲生袜底，步出箇中来；翠拾林深，春从何处是。"（《铺地》）

［五六－五六］式——"刹宇隐环窗，仿佛片图小李；岩峦堆劈石，参差半壁大痴。"（《园说》）

［四七－四七］式——"夜雨芭蕉，似杂鲛人之泣泪；晓风杨柳，若翻蛮女之纤腰。"（《园说》）"五亩何拘，且效温公之独乐；四时不谢，宜偕小玉以同游。"（《相地·傍宅地》）

［四八－四八］式——"杂树参天，楼阁碍云霞而出没；繁花覆地，亭台突池沼而参差。"（《相地·山林地》）

［四九－四九］式——"半楼半屋，依替木不妨一色天花；藏房藏阁，靠虚檐无碍半弯月牖。"（《装折》）

［五四五－五四五］式——"凡家宅住房，五间三间，循次第而造；惟园林书屋，一室半室，按时景为精。"（《屋宇》）

［六五四－六五四］式——"长廊一带回旋，在竖柱之初，妙於变幻；小屋数

椽委曲，究安门之当，理及精微。"（《屋宇》）

［七五四－七五四］式——"废瓦片也有行时，当湖石削铺，波纹汹涌；破方砖可留大用，绕梅花磨鬥，冰裂纷纭。"（《铺地》）

［五五四四－五五四四］式——"约十亩之基，须开池者三，曲折有情，疏源正可；馀七分之地，为叠土者四，高卑无论，栽竹相宜。"（《相地·村庄地》）

［六五四四－六五四四］式——"倘嵌他人之胜，有一线相通，非为间绝，借景偏宜；若对邻氏之花，才几分消息，可以招呼，收春无尽。"（《相地》）

以上所选例句，其中最基本、最有代表性的句式，就是四字句与六字句，其排列或四六，或六四，或四四，或六六，至于其他种种，则都是由此而生发、而展衍的，这足以证明《文心雕龙·章句》所言："笔句无常，而字有条数：四字密而不促，六字格而非缓，或变之以三五，盖应机之权节也。"

从以上所选例句，也可见《园冶》中骈辞俪句的丰饶繁富，几令人眼花缭乱，目不暇接，然而又均对偶工整，条理井然，且不是为骈偶而骈偶，而是以园林的创造和欣赏为旨归。它们不但往往有哲理机趣、艺术情致和文学意韵，能给人以高雅的审美享受，可谓"式征清赏"（《园冶·装折》），而且往往多实用价值，有利于规划、施工甚至操作等方面的领悟、诵读，由此可见计成之千锤百炼，冶铸骈偶，真可谓苦心孤诣，运裁百虑。

三、奇偶互生，骈散互成

《文心雕龙·丽辞》是中国骈文史上最早的骈文专论，既是对以往骈文创作的历史总结，又是对以后骈文创作的有力推进，极有理论深度。不过也有所不足，如认为"造化赋形，支体必双"，就并非尽然，因为"双""偶"还有其对立项——"单"与"奇"。清曾国藩《送周荇农南归序》云："天地之数，以奇而生，以偶而成，一则生两，两则还归于一……故曰一奇一偶者，天地之用也。文字之道，何独不然？"所以，骈文作品在总体上也离不开非骈俪的单句散言，《园冶》中的一些骈偶章节亦复如是，它们多少要借于这个"散"字，或者说，往往要凭藉这类只言片语以穿针引线，入首结穴（姑借堪舆学术语），转关接缝，构锁连环，舒缓语气，调整节奏……至于就《园冶》全书看，更有较多的散文章节，这些，都在宏观上体现了奇偶相生，骈散结合的特点。就全书的单句散言来看，可分如下几种类型：

（一）专节开端：例如《相地》章中：

园地惟山林最胜，有高有凹，有曲有深……（《山林地》）

市井不可园也，如园之，必向幽偏可筑。（《城市地》）

郊野择地，依乎平冈曲坞，叠陇乔林，水浚通源，桥横跨水，去城不数里，而往来可以任意，若为快也。（《郊野地》）

宅傍与后，有隙地可葺园，不第便於乐闲，斯谓护宅之佳境也。（《傍宅地》）

江干湖畔，深柳疏芦之际，略成小筑，足征大观也。（《江湖地》）

它们在每节的开端，有入首领起全节的作用，且由于以下文句均对举而出，因而开端必须更活泼流动，这样，对下文来说，既有对比作用，又有调节作用。从以上五例看，开端句式都不一样，第一例仅七字，简约凝练，高度概括；第二例在否定句后，带起一个假设复句，以退为进；第三例较长，但畅快流便，充分表达出对郊野地的赞美愉悦之意；第四例，带起了一个递进复句，明确地陈述了宅旁建园的理由；第五例则凸显了对江湖地的钟爱之情。清刘熙载《艺概·赋概》云："赋中骈偶处，语取蔚茂；单行处，语取清瘦。"《园冶》同样如此，既饶骈偶蔚茂的严整之美，又具清瘦自如的流动之致。

（二）专节全文，如某些专节：

斋较堂，惟气藏而致敛。盖藏修密处之地，故式不宜敞显。（《屋宇·斋》）

廊者，庑出一步也，宜曲宜长则胜。古之曲廊，俱曲尺曲。今予所构曲廊，"之"字曲者，随形而弯，依势而曲。或蟠山腰，或穷水际，通花渡壑，蜿蜒无尽，斯寤园之"篆云"也。予见润之甘露寺数间高下廊，传说鲁班所造。（《屋宇·廊》）

池上理山，园中第一胜也。若大若小，更有妙境。就水点其步石，从巅架以飞梁。洞穴潜藏，穿岩径水；峰峦飘渺，漏月招云。莫言世上无仙，斯佳世之瀛壶也（《掇山·池山》）

第一例，侧重议论，通过比较以一个因果复句推出斋之特质的结论；第二例，侧重描写和抒情，在提出廊的定义后，通过"对比"、"反衬"辞格，突出了"之"字曲廊的创造性，点出自己所建寤园的"篆云廊"，又以目见和"传说"带出鲁班的高下廊，轻松道来，颇有趣味；第三例，侧重于赞颂，对池山这种形式推崇备至，其中插入骈语加以描颂，最后给予高度评价，欣赏之情溢于言表。第二、三例，特别活泼，可当晚明小品来读。

（三）专章及其片断，以《自序》、《兴造论》为例：

《园冶》中的叙述很少，但从《自序》中必要的片断来看，又可见计成极善于用白描手法，并通过对话来刻画人物的神态：

环润，皆佳山水。润之好事者，取石巧者置竹木间为假山。予偶观之，为发一笑。或问曰："何笑？"予曰："世所闻'有真斯有假'，胡不假真山形而假迎勾芒者之拳磊乎？"曰："君能之乎？"遂偶为成"壁"，睹观者俱称："俨然佳山也！"

这段语言简约的首句，显然是对欧阳修《醉翁亭记》的著名开端——"环滁，皆山也"的借鉴和生发。下文的对话，用活泼而风趣的问答详写，以活跃气氛，场面历历如绘，而略去掇山的具体经过，并以末句五字"俨然佳山也！"的赞美结束全过程。于是，一位胸有丘壑的"国能"栩栩如生，跃然纸上。而"有真斯有假"

这一美学命题，更普遍适用于文学和各类艺术，它极大地深化了这段文字的理论内涵。就叙述语言来看，此段寥寥数语，既具体生动，又简洁概括，长短参差错落，显得摇曳多姿。

《园冶》中的议论也不多，《兴造论》却偶露峥嵘，试看对"园林巧于因借，精在体宜"的阐释：

> 因者，随基势之高下，体形之端正，碍木删桠，泉流石注，互相资借，宜亭斯亭，宜榭斯榭……斯谓"精而体宜"者也。借者，园虽别内外，得景则无拘远近，晴峦耸秀，绀宇凌空，极目所至，俗则屏之，嘉则收之……斯所谓"巧而得体"者也。

这是地道的议论，具有高度的概括力，其论点的阐述，定义的提出，均异常准确精到，而且议论中穿插着描写，散语中间夹着骈句，显得挥洒自如。其中着实有些冶铸而成的纲领性警句。

《兴造论》提出："宜亭斯亭，宜榭斯榭"，"精而合宜"，"巧而得体"。这也可用来评《园冶》，其行文完全是根据内容的需要，宜骈则骈，宜散则散，全书体现了独特内容与奇偶相生、骈散结合的语言形式之完美结合，也可谓"精而合宜"，"巧而得体"。

四、摹状联绵，粘接回环

《园冶》中的骈俪章节，常用叠字摹状、双声叠韵、粘接联贯等手法，从而凸显出藻饰丽美，文采斐然的艺术特色。这里分别举例加以品赏：

（一）叠字摹状之美：

早在《诗经》时代，诗人们就善于运用"叠字"的辞格了。《文心雕龙·物色》以骈俪之语赞道：

> 诗人感物，联类不穷，流连万象之际，沉吟视听之区。写气图貌，既随物以宛转；属采附声，亦与心而徘徊。故"灼灼"状桃花之鲜，"依依"尽杨柳之貌……"喈喈"逐黄鸟之声，"喓喓"学草虫之韵……

诗歌中的叠字，又称摹状，它是由情景交感而生，是一种重要的艺术表现。诗人通过描摹客观事物的状态，既表达了审美主体的情感，又使作品音节和谐，富有辞采，生动感人。计成的《园冶》里，也爱用"摹状"辞格，例如：

> 溶溶月色，瑟瑟风声。（《园说》）
>
> 闲闲即景，寂寂探春。（《相地·山林地》）
>
> 团团篱落，处处桑麻。（《相地·村庄地》）
>
> 送涛声而郁郁，起鹤舞而翩翩。（《相地·山林地》）
>
> 悠悠烟水，澹澹云山，泛泛鱼舟，闲闲鸥鸟。（《相地·江湖地》）
>
> 冉冉天香，悠悠桂子。（《借景》）

山容蔼蔼……水面鳞鳞……（《借景》）

云幂黯黯，木叶萧萧。（《借景》）

第一例，溶溶状月色之荡漾，瑟瑟摹风声之真切，有着极大的修辞表现力，使人如闻其声，如见其景，如临其境。第二例，通过叠字，有效地写出了安逸清闲的情景，在人们眼前展开了一幅春光旖旎的恬静画卷，因此，"闲闲"、"寂寂"颇有孕育意境的审美功能。第五例，更接连四组叠字鱼贯而出，由衷地抒写了对江湖地园林环境的深切感情。总之，在计成笔下，风月的声色，村落的风光、秋令的桂香、冬日的萧瑟、湖山的悠淡、波涛的澎湃、鹤舞的优美……——借叠字而传神地状写出来，且使意境显得空灵生动，富于韵致，而从语句形式上说，又增加了节奏感和音律美，读来可谓"吟咏之间，吐纳珠玉之声"（《文心雕龙·神思》）。

（二）双声叠韵之美：

联绵词包括双声和叠韵。双声谓连续二字声母相同，叠韵谓连续二字韵母相同。《文心雕龙·声律》云："凡声有飞、沉[①]，响有双、叠。双声隔字而每舛，叠韵杂句而必睽……声转于吻，玲玲如振玉，辞靡于耳，累累如贯珠矣！"

双声叠韵联绵词和叠字相比，一方面同样具有摹状性、节奏感和音律美，另一方面，它的描绘性更有广度和深度……

围墙隐约于萝间，架屋蜿蜒于木末。（《园说》）

纳千顷之汪洋，收四时之烂缦。（《园说》）

刹宇隐环窗，仿佛片图小李；岩峦堆劈石，参差半壁大痴。（《园说》）

窗虚蕉影玲珑，岩曲松根盘礴。（《相地·城市地》）

开径逶迤，竹木遥飞叠雉；临濠蜒蜿，柴荆横引长虹。（《相地·城市地》）

废瓦片也有行时，当湖石削铺，波纹汹涌；破方砖可留大用，绕梅花磨门，冰裂纷纭。（《铺地》）

以上数例，均对偶而出。第一例，"隐约"是双声，"蜿蜒"是叠韵，是双声与叠韵相对；第二例，"汪洋"是叠韵，"烂缦"也是叠韵，是叠韵与叠韵相对；第三例，"仿佛"是双声，"参差"也是双声，是双声与双声相对……这样，前后相从的偶句显得更加和谐对称，均匀整齐，真可谓"丽句与深彩并流，偶意共逸韵俱发"（《文心雕龙·丽辞》）。

《园冶》里叠字、联绵词的层出不穷，并非刻意追求，它们的出现均比较自然，毫无堆砌矫作之感。这既是颖秀才情的天然流露，也是平时积累的自然倾注，因而能做到左右逢源，水到渠成，同时这也由于所写的对象，是"隐现无穷之态，招

---

① "声有飞、沉"："飞"为宫商响亮，"沉"为徵羽低促，是指平、仄而言。古汉语有平［包括上平、下平］、上、去、入四声，在唐诗（近体诗）中突出体现为四声二元化，平为平声；仄为上、去、入声。"中国文人很早就有意识地运用声调的交互，主要是平仄的交互来寻求声律的美。但是，平仄的交互作为一种规则固定下来，则是从近体诗开始的。"（王力主编：《古代汉语》第4册，中华书局1998年版，第1522页）

摇不尽之春"（《园冶·屋宇》）的园林，情中景、景中情两相遇合，于是"天机启则律吕自调"（南朝梁沈约《答陆厥书》），累累如贯珠了。这是《园冶》文学的重要特色之一。

（三）粘接回环之美：

骈俪所形成的众多联句，每联本身虽有相对的独立性，但它们的有序连续，除了按内容表达的需要外，还应按声律要求让句脚的平仄反复回环地相接，具体地说，就是让前一联下句的句脚与后一联上句的句脚，二者具有声律上的共同性，于是，前后两联就粘接了起来，如此不断地循环粘接，全段全篇在韵律上也粘成有机的整体，读来也就能具有流动感、整体性和韵律美了。《园冶》中的骈文，颇能体现这种特点，现以纲领性的《园说》全篇为例，试将其句脚的平、仄交替用⊖、①符号加以标出，以供品读欣赏：

凡结林园⊖，无分村郭①。地偏为胜①，开林择剪蓬蒿⊖；景到随机⊖，在涧共修兰芷①。径缘三益①，业拟千秋⊖。围墙隐约于萝间⊖，架屋蜿蜒于木末①。山楼凭远①，纵目皆然⊖；竹坞寻幽⊖，醉心即是①。轩楹高爽①，窗户虚邻⊖；纳千顷之汪洋⊖，收四时之烂缦①。梧阴匝地①，槐荫当庭⊖。插柳沿堤⊖，栽梅绕屋①。结茅竹里①，浚一派之长源⊖；障锦山屏⊖，列千寻之耸翠①。虽由人作①，宛自天开⊖。刹宇隐环窗⊖，仿佛片图小李①；岩峦堆劈石①，参差半壁大痴⊖。萧寺可以卜邻⊖，梵音到耳①；远峰偏宜借景①，秀色堪餐⊖。紫气青霞，鹤声送来枕上①；白蘋红蓼①，鸥盟同结矶边⊖。看山上个篮舆⊖，问水拖条枥杖①。斜飞堞雉①，横跨长虹⊖。不羡摩诘辋川⊖，何数季伦金谷①。一湾仅于消夏⊖，百亩岂为藏春⊖？养鹿堪游⊖，种鱼可捕①。凉亭浮白①，冰调竹树风生⊖；暖阁偎红⊖，雪煮炉铛涛沸①。渴吻消尽①，烦顿开除⊖。夜雨芭蕉⊖，似杂鲛人之泣泪①；晓风杨柳①，若翻蛮女之纤腰⊖。移竹当窗⊖，分梨为院①；溶溶月色①，瑟瑟风声⊖。静扰一榻琴书⊖，动涵半轮秋水①。清气觉来几席①，凡尘顿远襟怀⊖。窗牖无拘⊖，随宜合用①；栏杆信画①，因境而成⊖。制式新番⊖，大观不足①，裁除旧套①。小筑允宜⊖。

先看句脚的平仄，一联中两句的句脚，既有宫商响亮的平声，又有徵羽低沉的仄声，"沉则响发声断，飞则声扬不还"（《文心雕龙·声律》），这样，就具有平仄抑扬上的相异性。至于前、后联（即前联对句的句脚和后联出句的句脚）之间，则又是平顶平，仄顶仄，从而使每联相连互粘，反复交替而成篇，这又体现为某种相同性，它们贯穿于《园说》的始终。再看字句型式，既有单联型，又有复联型；既多四、六字型的常数，又有五、七字型的变数，有长有短，有缓有促，既规整而有节奏，又有一定的自由灵活性。这些穿插交互，回环复叠，以音律体现了"相间得宜，错综为妙"（《园冶·装折》）的形式美的规律。

五、铺排事类，众美辐辏

骈文的一个重要特点是使事、用典，即征引经史子集、诗词歌赋等，使作品具体生动，不单薄，不抽象，从而以少总多，深化、拓展作品的文化含量，促使人们展开联想和想象，取得丰富的美感。古代把这种引事引言称作"事类"、"典事"或"用事"，《文心雕龙·事类》云："事类者……据事以类义，援古以证今者也……众美辐辏，表里发挥。"

就典故本身来说，可分为事典和语典；就用法来说，有明用、暗用、正用、反用等，这里从《园冶》中概括出一些用法，以见其与众不同的创造性：

（一）正事正用。如《相地·傍宅地》："宅遗谢朓之遗风，岭划孙登之长啸。"谢朓，字玄晖，南朝齐著名诗人，南朝梁锺嵘《诗品》赞其"奇章秀句，往往警遒。"宋代葛立方《韵语阳秋》卷一则云："陶潜、谢朓诗皆平淡有思致，非后来诗人怵心刿目雕琢者所为也。"这都是很高的正面评价。孙登，三国魏人，善长啸以舒怀，"声若鸾凤之音，响乎岩谷"。《傍宅地》两句融进了谢朓、孙登的雅人深致，是要求提升宅第园林的品位，做到超庸拔俗，雅逸而有韵致。这二例都是援古证今，正事正用。

（二）正事反用。如《掇山》："独立端严，次相辅弼。……"俗匠掇山，将中间的主山比作君主，两旁次峰比作宰相。辅弼原是正面品质，《国语·吴语》："昔吾先王，世有辅弼之臣。"《尚书大传·皋陶谟》："古之天子……左曰辅，右曰弼。"但计成却指出其峰石"势如排列，状若趋承"，来批评机械对称的、笔架式的掇峰，这是正事反用。

（三）反事贬用。如《掇山》："列如刀山剑树……大若酆都之境。"这更是抨击俗匠掇山的形态可憎，比之以地府鬼都中刀山剑树一类地狱酷刑景象，这是反事作贬义而用。

（四）正引摘用。如《立基·亭榭基》："或借濠濮之上，入想观鱼；倘支沧浪之中，非歌濯足。"上句连用了两个典故：《庄子·秋水》中庄子与惠子"知鱼之乐"的哲理性讨论；《世说新语·言语》中简文帝入华林园"会心处不必在远"，"便自有濠濮间想"的著名言论，并用"入想观鱼"以示肯定，这是正用。下句用《楚辞·渔父》中的《沧浪之歌》："沧浪之水清兮，可以濯吾缨；沧浪之水浊兮，可以濯吾足。"此歌让人思索：究竟应取清水濯缨还是浊水濯足？答案是没有的，但计成却有所选择，它肯定前者，扬弃后者，故用"非歌濯足"来表态，这是正用一半，反用一半，这种选择性用典，一反历史上对其不加可否的接受和引用，故而颇富创新性。

（五）比较选用。《相地·山林地》："欲藉陶舆，何缘谢屐。"由于所论为山林地涉及爬山，于是同时引出两位诗人的事典：东晋隐逸诗人陶渊明的篮舆——

"陶舆",南朝宋山水诗人谢灵运的木屐——"谢屐"。计成虽将其相提并论,但又通过比较,以"欲藉……何缘……"的句式巧妙地肯定"陶舆",但又不否定"谢屐",同时也把山区园林诗化了。

(六)死典活用。清施补华《岘佣说诗》云:"死典活用,古人所贵。"这在《铺地》中有适例。如"莲生袜底,步出箇中来",典源一为《杂宝藏经》中离奇故事,谓鹿女每步迹有莲花,后为梵豫国王第二夫人,生千叶莲花,一叶有一小儿,得千子,为贤劫千佛。这是没有多少价值的死典;二为南朝齐东昏侯为所宠潘妃造金莲贴地,令步其上曰"步步生莲华",这更消极颓靡,只具有否定价值。但计成却死典活用,通过点化,用于园林的莲花纹样铺地,让人产生脚下步步生出莲花的审美意象,可谓异想天开,"化腐朽为神奇"。

(七)旧典新用。是说原典的价值不大,但通过引用,可赋予以现在乃至未来的新意。如《相地·郊野地》:"任看主人何必问,还要姓字不须题"。上、下句均出于《世说新语·简傲》,这里用以概括王徽之好竹不问主人和王献之闯游顾辟疆园。两则故事虽生动风趣,脍炙人口,计成亦颇赞赏,但其意义只不过是让人认识简傲狂放的东晋名士风度。然而,计成却通过集中引用,隐示出关于造园赏景的新意向,即应热情留客,任人探美,主人不必过问,客人不必通名。这实际上是主张园林向公众开放,表达了通向未来的超前意识。但文中并未明言,而是意留言外,让人思而得之。

(八)还原引用。如《借景》:"芳草应怜。"这是用五代牛希济《生查子》词中的"记得绿罗裙,处处怜芳草"。是写一对情人离别,女方穿了绿色的罗裙,以后,男方用看到绿色的芳草,就记起绿罗裙,处处就爱怜起芳草来。但计成引此语典,却撤除了其爱情意味,将其还原为一般的芳草,从而让微观的"芳草应怜"融入于计成"休犯山林罪过"(《掇山》)的宏观生态哲学思想,这样,其意义就非同一般了。

(九)数典连用。如《园说》:"凡结林园……地偏为胜……径缘三益"。前两句出自陶渊明《饮酒》:"结庐在人境","心远地自偏";《辛丑岁七月赴假还江陵,夜行涂口》:"林园无俗情"。这是语典的暗用、虚用,所谓"事在语中而人不知"(清周紫芝《竹坡诗话》)。但"结"、"林园"用法均较特殊,体现了陶诗独特个性,"地偏为胜"亦如此,人们不易发现其为典。至"径缘三益",除"缘"字遥接陶渊明《桃花源记》"缘溪行"外,人们开始感到用了陶典,因为陶渊明《归去来兮辞》有"三径就荒"之语。《园说》为《园冶》开篇之一,其落笔断断续续地连用陶典,暗示了全书隐逸的主导倾向。

(十)聚焦叠用:如《借景》:"眺远高台,搔首青天那可问;凭虚敞阁,举杯明月自相邀。"两句用了辐集的艺术方法,聚焦了中秋登高借景望月的意境,叠用了唐宋两大浪漫主义诗人李白、苏轼有关的诗词等[①]。如：

> 青天有月来几时，我今停杯一问之。（唐李白《把酒问月》）

> 花间一壶酒，独酌无相亲。举杯邀明月，对影成三人。（唐李白《月下独酌》）

> 李白登华山落雁峰曰："此山最高，呼吸之气，想通天帝座矣。恨不携谢朓惊人诗来搔首问青天耳。"（唐冯贽《云仙杂记》卷一）

> 明月几时有，把酒问青天，不知天上宫阙，今夕是何年。（宋苏轼《水调歌头·丙辰中秋，欢饮达旦，大醉，作此篇兼怀子由》）

> 凭高眺远，见长空万里，云无留迹。桂魄飞来光射处，冷浸一天秋碧……我醉拍手狂歌，举杯邀月，对影成三客……便欲乘风，翩然归去，何用骑鹏翼。（宋苏轼《念奴娇·中秋》）

这些诗词都围绕一个"月"字，展开了巨大的想象，高扬了浪漫主义精神，计成则不厌其多，复叠用之。清袁枚《随园诗话》云："用事如用兵，愈多愈难……部勒驱使，谈何容易！"而计成则不然，凭其高度的驱使力和概括力，将其冶铸为复联［四七-四七］句，着重表达了自己借景中秋的豪情壮采，还体现了所谓"熟语贵用之使新，语如己出，无斧凿痕，斯不受古人束缚"（清沈德潜《说诗晬语》）。

《园冶》里各种事类的用法和效应极多，不可能一一加以列出，这里只以"众美辐辏，表里发挥"（《文心雕龙·事类》）来概括。

还应补充一点，《园冶》中神话传说的事类，也富于奇丽变幻的想象美，如"夜雨芭蕉，似杂鲛人之泣泪"（《园说》）；"何如缑岭，堪谐子晋吹笙；欲拟瑶池，若待穆王侍宴。"（《相地·江湖地》）；"境仿瀛壶"（《屋宇》）；"翠拾林深"（《铺地》）；"嫣红艳紫，欣逢花里神仙"，"恍来林月美人"（《借景》）……都能让人神思飞越，想落天外。

六、诗情渗注，画意灵动

唐白居易《与元九书》写道："感人心者，莫先乎情，莫始乎言，莫切乎声，莫深乎义。诗者，根情，苗言，华声，实义。"骈文创作同样如此，它的语言声音，只是苗和花，其果实是深刻的义理，而其最重要的根则是情，所以优秀的骈文必然会体现"感人心者，莫先乎情"的艺术原理，或者说，总蕴含着浓郁的诗情，而骈文不过是特殊地表达的形式载体而已。如唐王勃的《滕王阁序》，可谓极尽文采铺陈之能事，言美而声华，但下半篇"嗟乎……"（金按：这就是必不可少的单言散句）前后的一大段，却以直摅的方式吐露内心深处的孤独感，既暗含其

[①] 此外，还隐含着屈原的"天问"的浪漫主义精神。屈原-李白-苏轼-计成，其问天、问月的精神是一线贯穿的。

父被贬之痛，又极写个人宦途失意之悲，令人感慨不已。故而清孙梅的《四六丛话·骚·叙论》说："大要立言之旨，不越情与文而已"，"有文无情，则土木形骸"。这是精要的概括。

对照计成《园冶》来看，它不只是情文双至，甚至其笔下无生命的"土""木""形"等，也都渗漉着深永的情愫，跃动着灵敏的诗心。如：

> 片山多致，寸石生情。（《相地·城市地》）
>
> 莳花笑以春风。（《相地·城市地》）
>
> 似多幽趣，更入深情。（《相地·郊野地》）
>
> 触景生奇，含情多致。（《门窗》）
>
> 山林意味深求，花木情缘易逗。（《掇山》）
>
> 举头自有深情。（《掇山》）
>
> 触情俱是。（《借景》）

文中的"片石"、"山林"、"花木"、所借景物等等，其形其相，均被注入活泼泼的生命，体现了无情事物的有情化，这用马克思的哲学话语来解释，"植物、动物、石头、空气、光等等……作为艺术的对象，都是人的意识的一部分，都是人的精神的无机自然界"，"而且通过活动，在实际上把自己化分为二，并且在他所创造的世界中直观自身"。[①]有情的造园家就是这样地通过自身的活动，看到了对象化了的自己。总而言之，这里的一切，无不是触景的表现、诗情的发越，能"使味之者无极，闻之者动心，是诗之至也"（南朝梁锺嵘《诗品序》）。

再换一个视角看，诗又应寓有画意。钱锺书先生指出："诗和画号称姊妹艺术……自宋以后，评论家就仿佛强调诗和画异体而同貌。"[②]事实正是如此。苏轼评王维云："味摩诘之诗，诗中有画；观摩诘之画，画中有诗。"（《书摩诘蓝田烟雨图》）以后，诗往往被称为"无形画"，而画则被称为"有形诗"、"不语诗"，这都是强调诗、画异名而同体，应相互渗透。至于骈俪之文，虽有其特殊性，但同样应有画意，所以清刘熙载《艺概·赋概》说，"当以色相寄精神"。孙梅《四六丛话·制敕诏册·叙论》更说："文不厌华，篇宜设色。"这实际上也要求骈文应有画意，色相如雕似绘，形象活脱灵动。

这一要求，对于曾长期学画而又有颇深文学功底的计成来说，做到文中有画并不难。其《自序》就说"最喜关全、荆浩笔意"，每宗之。而《园冶》书稿又被第一读者曹元甫惊异地称为"荆关之绘"。再看计成自己在《园冶》某些章节中，也一再以绘画作类比，要求造园应具有鲜明的画意。例如：

> 刹宇隐环窗，仿佛片图小李；岩峦堆劈石，参差半壁大痴。（《园说》）

---

① ［德］马克思：《1844 年经济学－哲学手稿》，何丕坤译，人民出版社 1983 年版，第 49、51 页。

② 钱锺书：《旧文四篇》，上海古籍出版社 1979 年版，第 5 页。

桃李成蹊，楼台入画。(《相地·村庄地》)

境仿瀛壶，天然图画。(《屋宇》)

深意画图，馀情丘壑。(《掇山》)

峭壁山者，靠壁理也。藉以粉壁为纸，以石为绘也。理者相石皴纹，仿古人笔意……(《掇山·峭壁山》)

时遵图画，匪人焉识黄山？小仿云林，大宗子久。(《选石》)

顿开尘外想，拟入画中行。(《借景》)

从园林美学的视角看，园林不但是凝固的诗，而且是立体的画，或者说，它除了流动的时间元素外，还是存在于三维空间、以物质来造型的实体艺术。上引数则就突出地体现了这一点，例如，或把"天然图画"悬为园林最高的美学境界，要求园林如同天然自成的立体山水画；或要求以墙为纸，以石为绘，如雕似画地塑造既叠于平面，又极富立体感的峭壁山；或要求把深永的诗情画意渗透到园林的一丘一壑之中，真正做到"深意画图，馀情丘壑"；或要求能让人们在园景中看到李昭道的设色青绿、黄公望的峰峦浑厚、倪云林的山水平远；或要求造园家能让品赏者们"涉门成趣，得景随形"(《相地》)，处处进入"画中游"……在计成之前，将园和画进行比况的也不乏其人，但其言论往往是只言片语，是零散的，弱形式的，但到了《园冶》里则不然，其中层见叠出地不断闪耀出这种类比思维的智慧火花，或者说，书中通过不同方式、从不同视角以浓笔重墨反复渲染园中应有的画意，因此可以说，计成是中国古典园林史上倡导"园、画同构"论的第一人，其生动而又深刻的"园、画同构"论，是计成园林美学思想的重要组成部分，它不只是体现在上引名言警句中，而且还散见于全书很多章节中，其文学语言既洋溢着诗情，又充盈着画意，让人品味不尽。

《园冶》的《借景》专章，是全书的压卷之作。在这一章里，计成以俪辞偶句为画笔，生动地描绘了四时的良辰美景：

高原极望，远岫环屏。堂开淑气侵人，门引春流到泽。嫣红艳紫，欣逢花里神仙……扫径护兰芽，分香幽室；卷帘邀燕子，闲剪轻风。片片飞花，丝丝眠柳；寒生料峭，高架秋千……林阴初出莺歌，山曲忽闻樵唱……幽人即韵于松寮；逸士弹琴于篁里。红衣新浴，碧玉轻敲。看竹溪湾，观鱼濠上。山容蔼蔼，行云故落凭栏；水面鳞鳞，爽气觉来欹枕。南轩寄傲，北牖虚阴；半窗碧隐蕉桐，环堵翠延萝薛。俯流玩月，坐石品泉……梧叶忽惊秋落，虫草鸣幽。湖平无际之浮光，山媚可餐之秀色。寓目一行白鹭，醉颜几阵丹枫……书窗梦醒，孤影遥吟……

对于山水画的构图章法，郭熙《林泉高致》提出了"三远"法——高远、深远、平远；韩拙《山水纯全集》又补充了"三远"——阔远、迷远、幽远。上引美文中，"高原极望，远岫环屏"，"山容蔼蔼"，"水面鳞鳞"，"湖平无际之浮光，山媚可餐之秀色"……其中既有突兀之势的高远，又有重叠之意的深远，还有湖平无际的平远，且不乏冲融飘渺的阔远……准确地说，上引片断是这种种章法的错综交融，令人如睹一帧帧秀色可餐的天然图画。

再如计成笔下的人物："山曲忽闻樵唱"，"幽人即韵于松寮，逸士弹琴于篁里"，"南轩寄傲，北牖虚阴"，"俯流玩月，坐石品泉"，"书窗梦醒，孤影遥吟"……一帧帧均诗情浓浓，画意融融，真可谓"画人物以得其性情为妙"（《式古堂书画汇考》录元赵孟頫语）。这种种人物，有些可看作是中国山水画中寥寥数笔而异常传神的各式点景人物，有些又可看作是山水楼阁中幽闲萧散的主题人物，而"高架秋千"，则是"界画楼台"中常见的景象，它和"片片飞花，丝丝眠柳"一起，令人联想起被誉为"张三影"的宋代词人张先的名句："隔墙送过秋千影"（《青门引》）；"柳径无人，堕风絮无影"（《剪牡丹》）……

"门引春流到泽"，"半窗碧隐蕉桐"……是一幅幅近景，一个个框景，这里，门和窗成了绘画的取景框，所谓"尺幅窗，无心画"（清李渔《闲情偶寄·居室部·窗栏·取景在借》）。

至于嫣红艳紫，幽兰紫燕，红衣碧玉，白鹭丹枫……则可看作是一幅幅设色雅丽、天趣盎然的花鸟画，活色生香，入细通灵，作者甚至以诗心画眼从中捕捉到某些动植的生命瞬间。

《借景》章富于文采的描绘，不但鲜明如画，诉诸人的视觉，而且还导人开放五官，例如"堂开淑气侵人"，"分香幽室"，"寒生料峭"，"林阴初出莺歌"，"爽气觉来欹枕"……还诉诸人的听觉、肤觉、嗅觉和诗情所逗发的意觉，让人展开多方面的感觉联想。

七、立象尽理，传神寓形

《掇山》云："欲知堆土之奥妙，还拟理石之精微。"这一骈语颇有哲理深度，

其中"奥妙－精微"，还不只是论堆土理石，它还覆盖到造园的其他方面。如《屋宇》也写道："长廊一带回旋，在竖柱之初，妙于变幻；小屋数椽委曲，究安门之当，理及精微。"可见所谓"奥妙－精微"，是计成在长期造园实践中所升华了的哲理。

以哲学角度来解读，所谓"奥妙"，就是高远的奥旨、深蕴的妙理；所谓"精微"，即精粹、隐微。从中国思想史上看，晋代成公绥的《啸赋》就说："玄妙足以通灵悟神，精微足以穷幽测深。"这里应探究，作为文学作品的《啸赋》，为何竟出现了具有如此思想高度的语句。从比较艺术论的视角思考，可悟出作为语言艺术的文学，"比其他艺术具有远为巨大的理性力量……使人们由感受体验迅速直接趋向于认知、思考，便于对现实进行理性的深入把握……这门艺术主要以内容

的理性深度取胜"。① 以此来读《园冶》，也往往能升华到《啸赋》所说的境地，"奥妙－精微"，含孕着以少总多、味之不尽的巨大的理性内容。《易·繋辞下》还进一步指出："精义入神，以致用也。"这"精义入神"的"致用"，联系《园冶》一书来说，就体现为更高一级的渗透了奥妙精微之理的造园实践。

再看计成《园冶》是如何显现"奥妙－精微"之理的，这说到底还是上承易学传统。《易·繋辞上》云："立象以尽意。"计成为了把造园精微的"理"、"意"见诸形象，在一些主要章节创造性地运用了立象显意的思维方法，其中除逻辑思维外，更包括形象思维、直觉思维乃至灵感随机思维等。以下拟进一步赏析数例。

《掇山》一章，在"多方景胜，咫尺山林"后，有一段"理及精微"之语：

> 未山先麓，自然地势之嶙嶒；构土成冈，不在石形之巧拙。宜台宜榭，邀月招云；成径成蹊，寻花问柳。临池驳以石块，粗夯用之有方；结岭挑之土堆，高低观之多致。欲知堆土之奥妙，还拟理石之精微。山林意味深求，花木情缘易逗。有真为假，做假成真。稍动天机，全叨人力……

一系列描述，既有情，又有景；既有象，又有意；既有形，又有理；既清晰，又模糊，综而述之，是出色地营构了一连串非思辨而含义理的美妙意象，其特殊的作用，借用明代王廷相的话来说，是"言征实则寡馀味也，情直致而难动物也，故示之意象"（《与郭介夫学士论诗书》），其特点就是具有较大的宽泛性和自我超越性，如台、榭、月、云、径、蹊、花、柳、土、石，它们既是自己，又不是自己，其中还隐含着其他令人浮想联翩的形象义理，或者说，"其旨远，其辞文"，"其事肆而隐"（《易·繋辞下》）……对此，艾定增先生曾写下自己的品悟："计氏诗性天成，梦笔生花，故《园冶》言丘壑泉石，似实而虚，似是而非，羚羊挂角，无迹可寻，若空山无人，水流花开，与道俱往，着手成春。"② 至于《园冶》中与意象俱存的"道"，主要体现为逻辑思维和形象思维交织的一系列艺术美学原理，如《疑义举析》所举，"欲知堆土之奥妙，还拟理石之精微"；"山林意味深求，花木情缘易逗"；"有真为假，做假成真"，"稍动天机，全叨人力"等，但由于其自身有的就是意象，有的前后簇拥着意象，故而人们极易接受，易于领悟其精微妙理，如其中"有真为假，做假成真"之句，甚至可让人联想起《庄子·渔父》"法天贵真"的道家哲学。

再如《园说》：

> 凡结林园，无分村郭。地偏为胜，开林择剪蓬蒿；景到随机，在涧共修兰芷。……围墙隐约于萝间，架屋蜿蜒于木末。山楼凭远，纵目皆然；竹坞寻幽，醉心即是。轩楹高爽，窗户虚邻，纳千顷之汪洋，收四时之烂缦……虽由人作，宛自天开……

---

① 李泽厚：《美学论集》，上海文艺出版社 1980 年版，第 408 页。
② 艾定增：《读〈园冶全释〉有感》，见张家骥《园冶全释》，山西人民出版社 1993 年版，第 343 页。

这也体现了思维方法的交织。上引文字，在简要而形象地点出了"地偏为胜"的选址论和"景到随机"的创造论之后，铺采摘文，把园林中包括个体建筑在内的景观——涧、墙、屋、楼、坞、轩等放在优美如画的环境里来展示。接着，描绘凭高临虚后所拓展的广阔邈远的空间美——"千顷之汪洋"，以及周而复始的时间美——"四时之烂缦"，这就更在人们眼前开启了想象和感悟之窗。德国古典哲学家费尔巴哈有一句著名的妙语："空间和时间是实际的无限者的显现形式。"[①]《园说》也这样把人有限的情思引向无限的时空，可谓寓不尽之意于"象"，立象以尽不尽之"意"。接着，在丽辞铺陈的背景上，进而提出了"虽由人作，宛自天开"的造园理论纲领和批评标准。这一纲领，又令人联想起《老子》"道法自然"的高深哲理。

再复读《借景》部分，计成也力求将"构园无格，借景有因"的理论藏匿于形相铺陈之中，写春则"堂开淑气侵人"，写夏则"半窗碧隐蕉桐"，写秋则"寓目一行白鹭"，写冬则"应探岭暖梅先"。在借景的境域里，有绚丽的色彩、静垂的线条、飞动的态势、间关的鸣声、淡远的芳香、清新的淑气、凉暖的温度、水面的涟漪，以及幽人的孤影、逸士的琴音、山曲的樵唱……真是百态千状，"极声貌以穷文"（《文心雕龙·诠赋》）。这样，就多层次、多维度地诉诸人们的种种感官直觉和审美联想，同时还形象地显现了一条园林美学原理："夫借景，林园之最要者也。如远借，邻借，仰借，俯借，应时而借。"于是，理性就牢固地建立在感性的基础之上。计成又进而概括道："然物情所逗，目寄心期，似意在笔先，庶几描写之尽哉！"心目中形成的园林意境，要在下笔之先妥然设想和规划，这才能充分地转化为优美的园林实境。这一理论，也可谓探得了造园的骊珠。总之，计成从不空发议论，而是让枯索的造园学理论融入于动人的景色，转化为鲜活的形象，使读者易于接受和领会。

另换绘画美学的视角来看，东晋的顾恺之就提出"以形写神"的理论，后人又提出"传神者必以形"（［明］莫是龙《画说》）来加以强调和补充，也就是强调寓神于形。以此来看《借景》章："幽人即韵于松寮，逸士弹琴于篁里"；"南轩寄傲，北牖虚阴"；"眺远高台，搔首青天那可问，凭虚敞阁，举杯明月自相邀"；"书窗梦醒，孤影遥吟"……都是既有人，又有景；既突出了神——人物的雅兴、傲气、幽趣、逸韵，又不脱离形——人物的环境、姿态、行为、动作，写得栩栩如生，活灵活现，可谓深得传神之趣。

宋邓椿《画继·杂说》指出："世徒知人之有神，而不知物之有神。"《园冶》则不然，它还善写"物之有神"，先看《借景》章中两句："风鸦几树夕阳，寒雁数

---

① ［德］费尔巴赫：《关于哲学改造的临时提纲》，载《十八世纪末——十九世纪初德国哲学》，商务印书馆
1975 年版，第 594 页。

声残月"，上句的"夕阳"，点出了傍晚时分，乌啼归树，然而由于天凉风劲，鸦群聚而还散，集而仍乱，"风鸦几树夕阳"的"几"字亦颇传神，令人依稀如见它们在夕阳鸦阵中若远若近，这是一幅无声的有声画，发人远思遐想；下句的"残月"，也有着如诗似画的背景，"残"字用得极佳，与"寒"字互为补充，于是，"寒"增"残"意，"残"添"寒"情，并与"声"三者让人视觉、肤觉与听觉相与沟通。这种通感联觉，还以"寒雁数声"来倍添寂静、凄凉之意，可谓有声而胜于无声。

再如《相地·城市地》中的"素入镜中飞练，青来郭外环屏"，亦为写景状物之秀句，令人想起杜甫《奉酬李都督表丈早春作》中的"红入桃花嫩，青归柳叶新"。对于这一名句，宋人范晞文《对床夜语》卷三评道："老杜多欲以颜色字置第一字，却引实字来。如'红入桃花嫩，青归柳叶新'是也。不如此，则语既弱而气亦馁。"此评颇有眼识。杜甫此二句，首先亮出红、青对比色，给人以视觉的冲击，予人以鲜明突出的印象，然后再引出具体生动的实体物象来，为春天桃嫩柳新的景象传神，因而博得后人击节赞赏。计成所冶铸的"素入镜中飞练，青来郭外环屏"同样如此，它以"素"、"青"两种颜色字置于句首，这不是先"声"夺人，却也是先"色"夺人；接着，又用"入"、"来"二字强调其动势，使色彩更活将起来，从而把水中瀑布的倒影、郭外屏障般的青山写得极富生机，可谓语健而气盛。两句以骈偶蓄气势，以形色寓神韵，让人体会到城市地的园林也有其借景的优势。

唐代选学家殷璠在《河岳英灵集·陶翰》中写道："历代词人，诗笔双美者鲜矣！"但计成却不只是诗笔双美，在《园冶》中，诗、画、情、意、象、理、形、神，数者交相为用，互映互补，可谓"巧思浚发，妙义环生"（清曹振镛《宋四六话序》），它们极大地深化了《园冶》的哲理内涵，有效地提升了《园冶》的艺术品位。这是作为艺术之冠冕的文学，多方渗透于《园冶》的结果，从而不但使其成为文学史上令人品味不尽的精品杰构，成为美学史上让人广泛征引的经典之作，而且对尔后我国文人写意园的历史发展，产生深远的文化影响。

第四节　清气觉来几席，凡尘顿远襟怀
——《园冶》与作为中国美学范畴的"清"

"清"是中国美学从上古时代逐步历史地层累和积淀而成的一个重要范畴，它又横向地联结着和渗透于包括古典园林在内的中国很多门类艺术及其品评，因此也可以将这个范畴看作是历时性和共时性的一种交会点，其间，明代计成的《园冶》，有着不容忽视的历史地位。然而，从园林美学视角对《园冶》中"清"这一范畴进行专题研究的似乎迄今未见，即使从中国美学史或专题诗美学对"清"这一范畴进行专题研究的，也并不见多，有的还是浅尝辄止。难得读到蒋寅先生

《清——古典诗美学的核心范畴》①这篇不可多得的专题论文，该文对"清"这个范畴作了全方位的论述，给学界以多方面的启发，现拟沿其思路重点结合《园冶》再撰此文，对"清论"作进一步的探析。

计成论园，特重一个"清"字，这在中国古典园林艺术领域里有其首创性。在《园冶》中围绕"清"字这个核心所展开描述的，例如：

　　清气觉来几席，凡尘顿远襟怀。（《园说》）

　　虚阁荫桐，清池涵月，洗出千家烟雨……（《相地·城市地》）

　　须陈风月清音……（《相地·郊野地》）

　　月隐清微，屋绕梅馀种竹。（《相地·郊野地》）

　　曲曲一湾柳月，濯魄清波。（《立基》）

　　清润而坚，扣之有声。（《选石·岘山石》）

　　旧者纹眼嵌空，色质清润，可以花间树下，插立可观。（《选石·锦川石》）

　　置涧壑及流水处，自然清目。（《选石·六合石子》）

　　构合时宜，式征清赏。（《装折》）

　　兴适清偏，贻情丘壑。（《借景》）

　　冷韵堪赓，清名可并。花殊不谢，景摘偏新。（《借景》）

上列所引，选自书中较多的重要章节，涉及园林空间中必不可少的水体、山石、风月，以及人的赏鉴、情兴、名节等，其中既有客体，又有主体；既有实概念，又有虚概念；既有风景园林的创造，又有风景园林的品赏。此外，书中还有更多不出现"清"字而颇具"清意味"（宋邵雍《清夜吟》）的文字（详后）。这里先探析上引各则。

第一则出句的价值，是在园林美学领域中提出了"清气"这一极为重要的、由"清"所组成的复合概念，它联结于中国哲学中的"气化"思想。《庄子·知北游》："人之生，气之聚也……通天下一气耳。"《文子·下德》："阴阳陶冶万物，皆乘一气而生。"汉王充《论衡·命义》："人禀气而生……"人和万物，皆由"气"而生，这就是中国哲学的"气本体"论。上引第一则的对句，还相反相对地列示"清"的对立项——"凡尘"，而园林的审美追求，正是居尘出尘，求清避俗，如陶渊明诗所云："户庭无尘杂"（《归园田居〔其一〕》）。因此可以说，第一则此两句——"清气觉来几席，凡尘顿远襟怀"，其价值有三：一是将"清"联结于中国的气化哲学传统；二是揭示了"清气"具有一尘不染、远离凡俗的特质；三是对比鲜明地给"清论"辩证法立基。

第二、第四、第五则，"清池"、"清波"，它让"清"联结于水，而清本是水之特出美质；又联结于"月"，联结于"虚"，特别是让"清"字和"虚"字在骈

---

① 蒋寅：《古典诗学的现代诠释》，中华书局2009年版，第58-82页。

语中成双作对而出——"虚阁荫桐，清池涵月"。实现"清虚"之境，本是园林应有之义。至于"清微"，则特饶韵致，"微"正是"清"的重要构成因素，是在量的方面之适度。"月隐清微"，是淡雅的美，朦胧的美，是"暗香浮动月黄昏"（宋林逋《山园小梅》）的美。

第三则，"须陈风月清音"。清风、清音，都是由"清"所组成的重要复合概念，它们较之"清气"，则被用得极广，已气化而为某种可视、可感之物，所谓"有风无雨，只看树枝"（传唐王维《山水论》）。而晋左思的名句"非必丝与竹，山水有清音"（《招隐〔其一〕》），乃是此第三则的直接来源。"风月清音"，还令人想起苏轼的《前赤壁赋》："惟江上之清风，山间之明月，耳得之以为声，目得之以为色，取之无禁，用之不竭"……故《相地·郊野地》曰："须陈"。

第六至八则，是论石品石。"扣之有声"，是清音诉之于耳；石子水冲色现，是美色诉之于目，即所谓"清目"；至于"清润而坚"、"色质清润"，则主要诉之于肤觉即触觉。《园冶》品石，是开放五官的全方位清赏。

第九至十一则，说的是作为园林审美主体的人的鉴赏的"清"，兴会、情感的"清"，以及"名"之"清"。关于"清名"，有两类，一类是名节的"清"，如宋代学者朱长文在《乐圃记》中写道："大丈夫……苟不用于世，则或渔或筑，或农或圃，劳乃形，逸乃心……穷通虽殊，其乐一也。故不以轩冕肆其欲，不以山林丧其节。孔子曰，'乐天知命故不忧'，又称颜子'在陋巷不改其乐'，可谓至德也已"。另一类是韵事的"清"，如踏雪探梅："一夜北风寒，万里彤云厚……骑驴过小桥，独叹梅花瘦。"（《三国演义》第三十七回"梁父吟"）这就是所谓"冷韵堪赓，清名可并"。又如《园冶·立基》："编篱种菊，因之陶令当年；锄岭栽梅，可并庾公故迹。"赏菊、栽梅，这也都体现了名士者流雅人深致的"清"。"清名可并"，"景摘偏新"，还可组合而为"清新"……

此外，在《园冶》里，"清"还潜在地渗透于全书更多章节，但这里暂予搁置，先放开视野，简要梳理一下中国美学史上对"清"这一范畴的阐释成果，或者说，先联系其他门类艺术对"清"的感性描述或理性归纳，来窥探《园冶》"清论"的左邻右舍，来龙去脉。

一、书法美学领域里的"清论"

这突出体现于对王羲之的品评。唐李嗣真《书后品》称其"可谓书之圣也，若草行杂体，如清风出岫，明月入怀"，以清风明月这种最清真的自然美作喻，至为恰当。清人刘熙载《艺概·书概》进而论曰："清恐人不知，不如恐人知。子敬（王献之）书高致逸气，视诸右军（王羲之），其如胡威之于父质乎？"此语内涵较丰，需要解释，三国时的胡质，为官以"厉操清白"著称，死后"家无馀财，惟有赐衣、书箧而已"（《三国志·魏志·胡质传》）。其子胡威也同样"清慎"。据载，晋武帝赐见，叹其父"清"，并问："卿清孰于父清？"威对曰："臣不如也。"帝问为何，对曰："臣父清恐人知，臣清恐人不知，是臣不如者远也！"刘熙载意味深长将此典移用于评二王父子，可谓绝妙。笔者曾指出："王献之书虽也有'高气逸致'，但仍不及其父。在刘氏看来，王羲之书的'高气逸致'是内藏的，唯恐人知；王献之书的'高气逸致'是外露的，唯恐人不知。两者相较，前者无疑优于后者。"[①]"清恐人知"，借用历史典故，贴切生动而又深刻地揭示了王羲之书法"清"的内敛美、含蓄美。

刘熙载《艺概》论书，还将书品联系于人品，其中《书概》指出："书尚清而厚，清厚要必本于心行"。对于此条，笔者感到联系《艺概·词曲概》来参读更易接受理解。刘氏评苏轼《卜算子》"缺月挂疏桐"一阕，引了黄庭坚的评语：此词"语意高妙，似非吃烟火食人语，非胸中有万卷书，笔下无一点尘俗气（金按：三句从不同的美学角度，聚焦一个'清'字，可谓探得骊珠），孰能至此！"刘氏据此进一步点评："词之大要，不外厚而清。厚，包诸所有，清，空诸所有也。"以此来论书艺风格，即是说，不应作外在形式的模仿，而如果"书能达到'清而厚'的境地，也就能避免浊而薄的恶习"了，然而"这种境地必须'本于心行'，必须从书家自己的心田流出。否则……没有自己的面目，'徒为他人写照而已'"，这种书，虽工也不足为贵。[②]

明代项穆的"清论"作为一家之言，也值得注意。其《书法雅言》倡导中和之美，指出书艺应"修短合度，轻重协衡，阴阳得宜，刚柔互济"（《形质》）；并"会通古今，不激不厉，规矩谙练，骨态清和，天然逸出"（《品格》）……这些体现了辩证观的论述，均与"清"有关。他推崇书艺的"清和"、"清妙"，认为"瘦而腴者，谓之清妙，不清不妙也。"（《形质》）

二、绘画美学领域里的"清论"

绘画美学的"清论"肇始于唐，张彦远《历代名画记》卷六评陆探微的人物画"秀骨清像，似觉生动"；朱景玄《宋朝名画评·山水林木门》则以"清润"、"清峭"作为品评标准。到了宋代，苏、米崇尚以"清"评画。苏轼《跋蒲传正燕公山水》指出："山水以清雄奇富、变态无穷为难。燕公之笔，浑然天成，烂然日新，已离画工之度数，而得诗人之清丽也。"还一再赞赏："无穷出清新"（《书晁补之所藏与可画竹》）；"天工与清新"（《书鄢陵王主簿所画折枝二首〔其一〕》），"清新"成了流行的美学概念和批评标准。至于米芾，则力主"清润"，其《画史》通过对一幅幅作品的具体鉴赏，指出：巨然的山水"岚气清润，布景得天真多"；又其半幅横

① 参见金学智：《书概评注》，上海书画出版社1990年版，第106－107页。
② 金学智：《书概评注》，上海书画出版社1990年版，第258页。

轴，也"清润秀拔"；前人画故事，其中林木往往"清润可喜"；王巩"收李成雪景六幅，清润"；"江南刘常所作花，气格清秀"。此外，如赵大年"作小轴清丽"；"杭士林生作江湖景……气格清绝"；"李重光四时纸上横卷花……清丽可爱"；陈常"以飞白笔作树石，有清逸意"；池州画工"作秋浦九华峰，有清趣"……米芾在《画史》中，推出了与"清"相关的一系列复合概念，极富中国特色。苏、米二人作为有宋一代的艺坛领军人物，其"清论"在画坛是有影响力的。

元代，有两首题画诗值得推荐，它们鲜明地表达了审美主体尚"清"弃"俗"的美学倾向：

> 叶叶如闻风有声，消尽尘俗思全清。夜深梦绕湘江曲，二十五弦秋月明。（吴镇《画竹》）

> 吾家洗砚池头树，个个花开淡墨痕。不要人夸好颜色，只流清气满乾坤。（王冕《墨梅》）

竹与梅，是清物，其实，咏物也就是咏己，两首题画诗发抒了诗人画家或清幽、或清旷的审美心胸和艺术情怀。"只流清气满乾坤"一语，语中有画，语外有音，值得探美者深味。

在明清，作为绘画美学范畴的"清"，似乎不再伫留在宋元那种从感性中抽绎出理性，或理性孕含于感性的形式，而是开始走向理论化的境层，画论家们将"清"置于格法序列之中来归纳、演绎。如明李开先《中麓画品》提出"笔法六要"，其中第一是"神"，第二就是"清"，"清"是要求"简俊莹洁，疏豁虚明"；明唐志契《绘事微言》中张振羽提出"画有四宜"，其中之一是"宜清"，即艺术品格、特征、笔墨、设色等方面的清淡、清新。清郑绩《梦幻居画学简明·论意》提出的八意之一为："意欲清逸——笔简而轻……景虽少海阔天空，墨以淡为主，不可浓密加多。"还说，理法全备，就能让"清光大来"。在清代特别是沈宗骞，其《芥舟学画编·立格》更是居高临下，第一条就标出了"清心地"，"消俗虑"。其论有云：

> 夫求格之高，其道有四；一曰清心地以消俗虑……笔墨虽出于手，实根于心，鄙吝满怀，安得超逸之致？矜情未释，何来冲穆之神？……［郭忠恕、黄公望］其能超乎尘埃之表……苟非得之于性情，纵有绝世之资，穷年之力，必不能到此地位。

这是深刻指出，画家必先有心之"清"，心胸廓然，而后才能有格之"高"，其画才能"超乎尘埃之表"，其手迹流传后世，得之者才能"珍逾拱璧"。

三、音乐美学领域里的"清论"

在汉魏时，学者作家们就以"清"来评价音乐了，在汉代，如刘向说，"汉兴以来，善雅歌者鲁人虞公，发声清哀，远动梁尘"；桓谭则写到，《舜操》"其声清以微"，《禹操》"其声清以溢"，《微子操》"其声清以淳"^①……这些"清"，主要是从声乐风格和听觉效果角度评说的，它是一种很高的品位。在三国魏，曹植《白鹤赋》有"聆雅琴之清韵"的名句，这虽属铺陈描写，但其深层意义是在中国音乐史上首次将"清"字与意味隽永的"韵"字二者结缘，组成为重要的复合美学概念。在南朝宋，戴颙"合《何尝》、《白鹄》二声以为一调，号为清旷。"（《宋书·戴颙传》）所谓"清旷"，是又一个富于内涵的复合概念。"旷"为何义？《广雅》："旷旷，大也。"《正字通》："旷，阔也。"《诗·小雅·何草不黄》毛传："旷，空也。"《徐霞客游记·粤西游日记三》："山开江旷，一望廓然。"诸释均有寥廓的空间感。对于音乐，德国古典哲学家黑格尔写道："绘画对于空间的绵延还保留其全形……音乐则把这种空间的绵延取消或否定了……化为一个个别的孤立点。"朱光潜先生译本注："声音的承续是线形的，每一刻所听到的声音只占住这条线上的一点"^②。西方音乐美学认为，音乐（旋律）是有声的一条线，而中国音乐美学则用一个"旷"字，在接受中将音乐廓展为阔大开旷、绵延辽远的空间，这是一种融合了时间的空间美的境界。

明刊《太古遗音》录有杨抡的《听琴赋》，该赋开篇即云："琴声清，琴声清，雨馀风送晓烟轻。"结尾又云："琴声琴声清耳目……夜静瑶琴三五弄，清风动处夜光寒。"在作者看来，瑶琴是最清之器，琴声是最清之音。与杨抡相先后，徐上瀛写成《溪山琴况》，其中"清"是与"和"、"静"、"远"等相并列的重要范畴。该条有云：

> 清者，大雅之原本，而为声音之主宰。地不僻，则不清……心不静，则不清；气不肃，则不清，皆清之至要者也……究夫曲调之清，则最忌连连弹去，亟亟求完，但欲热闹娱耳，不知意趣何在，斯则流于俗矣。故欲得其清调者，必以贞静宏远为度……试一听之，则澄然秋潭，皎然寒月，湑然山涛，幽然谷应。始知弦上有此一种清况，真令人心骨俱冷，体气欲仙矣。

不长的一段文字，竟出现了十六个"清"字，其中有环境的要求、心境的要求、气格的要求、技术的要求、速度的要求、风格的要求、意境的要求……此种弦上之"清况"，也很有中国民族特色，荡漾着一种清旷的空间感，还可和计成园论中对"清"之审美描述相互发明。明代的虞山琴派，其琴风也可概括为"清"、"微"、"淡"、"远"四字^③。

四、诗美学领域里的"清论"

这里先论从"文之自觉"的魏晋至于唐宋这一时段。曹操的《步出夏门行·冬

---

① 吉联抗：《两汉论乐文字辑译》，人民音乐出版社 1980 年版，第、104、114 页。
② 并见［德］黑格尔：《美学》第 1 卷，朱光潜译，商务印书馆 1979 年版，第 111 页。
③ 许建：《琴史初编》，人民音乐出版社 1982 年版，第 126 页。

十月》，一开始就展示了"北风徘徊，天气肃清"的景象，这与当时的时代气息相密合。曹丕的《典论论文》，历评建安七子，开了作家论之先河，提出了"文以气为主"的命题。对曹丕的创作，刘勰有"魏文之才，洋洋清绮"，并"乐府清越"（《文心雕龙·才略》）之评。至于曹植，不但写有清丽的《洛神赋》，而且其"明月照高楼"、"高台多悲风"、"南国有佳人"、"惊风飘白石"等篇，张戒《岁寒堂诗话》评为"温润清和，金声而玉振"。竹林七贤的代表人物阮籍。其《咏怀》组诗八十馀首，开篇第一首就是"清风吹我襟"，这不只是自我诗风的某种暗示，而且给魏晋诗坛吹来一股清风。嵇康的诗，则更多融进了具有人格意义的"玄"、"道"以提升诗境，如"目送归鸿，手挥五弦。俯仰自得，游心太玄。"（《赠秀才入军[其二]》）"羽化华岳，超游清霄……齐物养生，与道逍遥。"（《四言诗》）他的清玄风格，同样代表了逸伦超群、俯仰自得的魏晋风度，故而《文心雕龙·明诗》评为"嵇志清峻"，锺嵘《诗品》评为"托喻清远"。

应重点品说的是东晋大诗人陶渊明，其诗中特多有意味的"清"字。如：

　　延目中流，悠想清沂……但恨殊世，邈不可追。（《时运[其三]》）

　　清琴横床，浊酒半壶。（《时运[其四]》）

　　山涧清且浅，可以濯吾足。（《归园田居[其五]》）

　　卉木繁荣，和风清穆。（《劝农》）

　　顾俦相鸣，景庇清阴。（《归鸟[其一]》）

　　日夕气清，悠然其怀。（《归鸟[其三]》）

　　蔼蔼堂前林，中夏贮清阴。（《和郭主簿[其一]》）

　　信宿酬清话，益复知为亲。（《与殷晋安别》）

　　清谣结心曲，人乖运见疏。（《赠羊长史》）

　　清气澄馀滓，杳然天界高。（《己酉岁九月九日》）

　　扬楫越平湖，泛随清壑回。（《丙辰岁八月中于下潠田舍获》）

　　厉响思清远，去来何依依。（《饮酒[其四]》）

　　幽兰生前庭，含薰待清风。（《饮酒[其十六]》）

　　王子爱清吹，日中翔河汾。（《述酒》）

　　原生纳决履，清歌畅商音。（《贫士[其三]》）

　　愿言蹑清风，高举寻吾契。（《桃花源诗》）

重点论《时运[其三]》。据其诗序，是写"游暮春也"，典见《论语·先进》："暮春者，春服既成，冠者五六人，童子六七人，浴乎沂，风乎舞雩，咏而归。"这是《论语》里最富于诗意的片段，它在《时运》中也成了陶渊明所歆羡、所追求的美的境界。《论语》这段文字中有"清"意而无"清"字，但陶渊明却在"沂"字前着一"清"字，以表达"悠想"而"邈不可追"的对象，可见，此"清"字紧紧地联结着陶渊明梦寐以求的美学理想。

陶渊明爱用"清"字，在上引一系列诗句中，咏水体的"清"，有"清沂"、"清涧"、"清壑"；咏及音乐的"清"，有"清琴"、"清吹"、"清歌"、"清谣"；咏及林木的"清"，有荫庇景物的"清阴"；而不易捕捉的，有和穆的"清风"，"澄馀滓"的"清气"……甚至连亲戚的情话也称之为"清话"。对于这些由"清"组成的有意味的复合概念，其中有些他还不避重复地使用着，这都联结着他肯定性的审美评价，显示了他的美学倾向。特别是在《桃花源诗》中，他更直抒襟抱，表达了"蹑清风"的意愿，以求"高举寻吾契"，这是再一次的理想展示。还应指出，在陶诗里，"清气"、"清风"不只是客体范畴，还应看作是主体范畴，它们是诗人品格的集中显现。清代画论家郑绩在《梦幻居画学简明·肖品》中，指出人物画应画出人物的性情品质，如"陶彭泽傲骨清风"，此言良是。"傲骨清风"四字，确乎高度概括了陶渊明其人的神韵。张谦宜《絸斋诗谈》云："诗品贵清，运众妙而行于虚者也……由斯以谈，清在神，不在相；清在骨，不在肤"。在中国诗史上，陶渊明可谓神清、骨清，他是在诗艺中"运众妙而行于虚"的杰出诗人。

将视线转到理论批评领域，蒋寅先生概括说：

> 到《文心雕龙》，清作为文学批评的审美概念异常地醒目起来，非但各篇讨论具体问题时用清字作为称许文辞的褒词，刘勰所标举的文章美的核心概念——"风骨"，基本含义就是"风清骨峻"，由此形成一群以"清"为骨干的派生概念，如清典、清铄、清采、清允、轻清、清省①、清要、清新、清切、清英、清和、清气、清辩、清绮、清越、清靡、清畅、清通等，预示了清作为文学批评的审美概念愈益活跃的前景。……清字用得最多的是《明诗》……稍后钟嵘在《诗品》中十七次用清字，构成的词有"清刚"、"清远"、"清捷"、"清拔"、"清靡"、"清浅"、"清雅"、"清便"、"清怨"、"清上"、"清润"，与刘勰相映成趣，共同表征了南朝诗学以"清"为主的审美倾向。②

至哉斯言！"三十辐，共一毂"（《老子·十一章》），这种以"清"为核心，向四面八方辐射式的品评概念展衍，是具有中国特色的美学现象，值得深入探究。

再下及唐代理论批评领域，在陈子昂之后，李、杜创造性地以诗论诗，用韵语形式大力倡导"清论"。例如：

> 自从建安来，绮丽不足珍。圣代复元古，垂衣贵清真。（李白《古风〔其一〕》）
>
> 清水出芙蓉，天然去雕饰。（李白《经乱离后天恩流夜郎忆旧游书怀赠江夏韦太守良宰》）
>
> 蓬莱文章建安骨，中间小谢又清发。（李白《宣州谢朓楼饯别校书叔云》）
>
> 不薄今人爱古人，清词丽句必为邻。（杜甫《戏为六绝句〔其五〕》）
>
> 清新庾开府，俊逸鲍参军。（杜甫《春日忆李白》）

---

① 《文心雕龙·镕裁》评晋陆云"雅好清省"。陆云清省的美学观对计成深有影响，计成还将陆云推为"能主之人"的代表，凡此均见本书第110－119、167－169页。

② 蒋寅：《古典诗学的现代诠释》，中华书局2009年版，第67－68页。

复忆襄阳孟浩然，清诗句句自堪传。（杜甫《解闷十二首〔其六〕》）

"清真"、"清发"、"清新"、"清诗"、"清水出芙蓉"……都是为实现诗风变革有感而发，他们所提倡的"清论"，以"真"、"新"为骨力内核和勃勃生机，其锋芒则指向六朝诗那种"绮丽"、"颓靡"、"雕饰"和陈陈相因。对此，他们又并非笼统地一概排斥，而是一种有区别的扬弃，如李白对谢朓的清新自然诗风就一再推崇，杜甫的"清词丽句必为邻"，也是说对这种词句不加疏远，引为同调。对于杜甫"清新庾开府"中的"清"、"新"二字，明人杨慎还分别给下定义："清者，流丽而不浊滞；新者，创见而不陈腐也。"（《升庵合集》卷一四四《清新庾开府》）

元代，张炎《词源》标举："词要清空，不要质实。清空则古雅峭拔，质实则凝涩晦昧。姜白石词，如野鹤孤飞，去留无迹。"此见颇有创意，吴调公先生析道：

> 清空，表面好像很玄虚幽窅，难以捉摸，然而，照我的浅见看来，它主要是一种经过艺术陶冶，在题材概括上淘尽渣滓，从而表现为澄净精纯（金按：相通于陆云的"雅好清省"，计成的"文致减雅"（《园冶·装折·〔图式〕冰裂式》），在意境铸造上突出诗人的冲淡襟怀，从而表现为朴素自然的艺术特色（金按：相通于《园冶·园说》中的"虽由人作，宛自天开"）。它说明了作家立足之高和构思之深，也说明画面的馀味和脉络的婉转、谐和。但最主要的还是含蓄和自然的交织，俏拔和流转的交织。清空，一向为婉约派词人所重视……后来清人沈祥龙也说："词宜清空……清者，不染尘埃之谓（金按：相通于'清气觉来几席，凡尘顿远襟怀'）；空者，不着色相之谓。"①

这是多方位的阐释，颇能给人以启发。不过，在"诗人的冲淡襟怀"上还可济之以清人贺贻孙的《诗筏》之语："清空一气，搅之不碎，挥之不开，此化境也，然须厚养气始得，非浅薄者所能侥幸。"

明代，胡应麟是"清论"的集大成者，其《诗薮》外编卷四有云：

> 诗最可贵者清，然有格清，有调清，有思清，有才清。才清者，王孟储韦之类是也。若格不清则凡，调不清则冗，思不清则俗。王杨之流利，沈宋之丰蔚，高岑之悲壮，李杜之雄大，其才不可概以清论，其格与调与思，则无不清者。

这也可以和吴调公先生的的"清空"论参读。

在清代，朱彝尊《静志居诗话》卷四："诗之作，非得夫人地之清气者不能也。"王士禛《池北偶谈》云："诗以达性，然须清远为尚。"贺贻孙《诗筏》就杜诗"清新庾开府，俊逸鲍参军"论析道："诗家清境最难……明远既有逸气，又饶清骨；子山虽多清声，不乏逸响。"允为的评。王寿昌《小清华园诗谈》提出："心

---

① 吴调公：《说"清空"》，载《古典文论与审美鉴赏》，齐鲁书社 1985 年版，第 366 页。

境欲清，神骨欲清，气味欲清，意致音韵欲清"。这可说是对"清"的全方位要求了。刘熙载《艺概·诗概》："'穆如清风'，'肃雍和鸣'，《雅》、《颂》之懿，两言可蔽。"这是对《诗经》中"雅""颂"风格美的一种高度概括。

在列论了各门类艺术特别是诗美学领域里的"清论"后，就能更好地借以发现和阐释计成《园冶》某些章节里没有出现"清"字的"清意味"。现选列如下，并以按语略加点评阐释：

借者，园虽别内外，得景则无拘远近，晴峦耸秀，绀宇凌空；极目所至，俗则屏之，嘉则收之。（按：既然"清"与"俗"相对，那么，与"俗"相对的"嘉"，就必有"清"义。园内风物清嘉，园外屏"俗"收"嘉"，二者均以"清"作为取舍的美学原则），不分町畽，尽为烟景（按：烟景者，清景也）（《兴造论》）

山楼凭远，纵目皆然；竹坞寻幽，醉心即是。轩楹高爽，窗户虚邻。纳千顷之汪洋，收四时之烂熳（按：以上数句，可谓"清"而又"空"，借刘熙载《艺概·词曲概》语来点评，是"空诸所有"，但又是"包诸所有"）。梧阴匝地，槐荫当庭；插柳沿堤，栽梅绕屋（按：正是陶诗的"蔼蔼堂前林，中夏贮清阴"）；结茅竹里，浚一派之长源；障锦山屏，列千寻之耸翠。虽由人作，宛自天开（按：八字与李白"天然去雕饰"之意同格，其目标是实现芙蓉出水之"清"）……萧寺可以卜邻，梵音到耳；远峰偏宜借景，秀色堪餐。紫气青霞，鹤声送来枕上；白蘋红蓼，鸥盟同结矶边（按：真是一派清气氤氲）。移竹当窗，分梨为院；溶溶月色，瑟瑟风声；静扰一榻琴书，动涵半轮秋水（按：此句之下，紧接着就是《园冶》一书中"清""俗"对待的警策名句："清气觉来几席，凡尘顿远襟怀）。（《园说》）

不惟屋宇翻新，斯谓林园遵雅（按："新"、"雅"，乃"陈"、"俗"之对立项，体现为苏轼所说的"无穷出清新"）……触景生奇，含情多致，轻纱环碧，弱柳窥青。伟石迎人，别有一壶天地；修篁弄影，疑来隔水笙簧（按：一串骈辞俪句、满篇锦口绣心，合于杜甫"清词丽句必为邻"的诗论）。佳境宜收，俗尘安到（按：与"俗尘"相反相对的"佳境"，必然是美妙的清境。清贺贻孙《诗筏》："诗家清境最难"）？切忌雕镂门空，应当磨琢窗垣；处处邻虚，方方侧景（按：处处虚灵，是为了吸纳清气，资借清景）。（《门窗》）

堂开淑气（按：淑气，清淑之气）侵人，门引春流到泽……幽人即韵于松寮；逸士弹琴于篁里（按：幽人、逸士，即清高绝俗的士人）……看竹溪湾，观鱼濠上（按：如见庄子观鱼、子猷赏竹之清影）……南轩寄傲，北牖虚阴（按：两句隐隐着挥之不去的陶渊明情结）。半窗碧隐蕉桐，环堵翠延萝薜……眺远高台，搔首青天那可问；凭虚敞阁，举杯明月自相邀（按：如读屈原、李白、苏轼之名篇）。冉冉天香，悠悠桂子，（按：王冕诗云："只流清气满乾坤"）。但觉篱残菊晚，应探岭暖梅先（按：陶渊明、孟浩然跃然纸上）……书窗梦醒，孤影遥吟（按：遥遥清吟，幽绝奇绝，如读苏轼《卜算子》词："缺月挂疏桐，漏断人初静，谁见幽人独来往，缥缈孤鸿影。"）……（《借景》）

"形而上者谓之道"（《易·系辞上》）。蒋寅先生的论文还从哲学上沿波讨源，追溯到《老子》中"天得一以清"（三十九章），"躁胜寒，静胜热，清静为天下正"（四十五章）等经典哲语，并指出，"清静既被论定为实现诸大（'大'，即四十五章中'大成若缺'、'大盈若冲'等的'大'）的前提，就被赋予了一种形而上的本原意义"[①]。这种寻根，增加了论述的哲理深度。不过，这一论断还可作补充解释："清"在《老子·三十九章》里并不是本原，因为天得"一"才"清"，不得"一"就不清。所以这个"一"才是本，严灵峰《老子达解》说："'一'者，'道'之数。'得一'，犹言得道也。""清"，只是天得"一"后的一种表现。再看《老子·三十九章》里的"清静"，它也不是本原或本体。这个"正"字，诸家解释或为表率，或为正道……但都不是本原，本原还应是"道"或"一"。还可举《吕氏春秋》为旁证，在该书看来，"清"并非《老子》哲学最为关键的一个字。《吕氏春秋·不二》曾对春秋战国诸子的思想，各拈一字以概之，颇为精当，现列引于下并略加诠释：

> 老聃（老子）贵柔（《老子·四十三章》："天下之至柔，驰骋天下之至坚。"《七十八章》："弱之胜强，柔之胜刚"）；孔子贵仁（仁学是孔子学说的核心），墨翟贵廉（墨子主张节葬、节用、非乐）；关尹贵清；子列子（即列子、列御寇）贵虚（见《庄子·应帝王》）；陈骈（即田骈、田子）贵齐（坚持道家"齐物论"，《庄子·天下》言其主张"齐万物以为首"）；阳生（杨朱）贵己（《孟子·尽心上》："杨子取为我，拔一毛而利天下，不为也"）；孙膑贵势（《孙膑兵法·主客人分》："所谓善战者，便势利地者也"）；王廖贵先（《吕氏春秋·不二》高诱注："王廖谋兵事，贵先建策也"）；兒良（战国时后期兵家）贵后（注重战后认真总结经验）。

本节关注的是其中的"关尹贵清"。关尹，又称关尹子，即关令尹喜，与老子同时。[②]《庄子·天下篇》："关尹曰：'……其动若水，其静若镜，其应若响，芴（金按：借为"忽"）乎若亡（亡："忘"之省），寂乎若清（金按：五个"若"字，约之可为"清"或"虚"字）……老聃曰：'知其雄，守其雌，为天下溪；知其白，守其辱，为天下谷。'（金按：两个"守"、两个"为"字，正是"老聃贵柔"的最佳说明）……关尹、老聃乎，古之博大真人哉！"庄子学派正是这样将关尹、老聃奉为道家之祖，尊为"博大真人"，其中关尹应是"贵清"哲学的代表人物，其言论应是后世"心胸尚清"的一个源头，这些，惜乎鲜为人所关注。

再从哲学史的视角顺流而下进行梳理，魏晋时代有几个作品对"清"所作的描写或论述，对后世深有影响，需要一说：

其一，是阮籍的《清思赋》和嵇康的《养生论》。《清思赋》所铺写的，是主

---

① 蒋寅：《古典诗学的现代诠释》，中华书局2009年版，第62页。

② 《庄子·天下》："关尹、老聃闻其风而说之。"王先谦集注："关尹，关令尹喜也。或云：尹喜，字公度。老聃，即老子也，为喜著书十九篇。成云：周平王时，函谷关令，故谓之关尹。俞云：《汉志》道家有《关尹子》九篇。注云：名喜，为关吏，或以关喜为姓名，失之。又《汉志》无《老子》十九篇之书。《吕览·不二篇》：关尹贵清。高注：关尹，关正也。名喜，能相风角，知将有神人而老子到。喜说之，请著《上至经》五千言……"按：今存《关尹子》九篇为后世假托。关尹事迹又见《庄子·达生》：列子向关尹请教，关尹解释了"至人"的"纯气之守"，"一其性，养其气，合其德，以通乎物之所造……"在《吕氏春秋·审己》中，列子曾向关尹请教射箭之理。

体的审美心胸的"清"，是神思、美感历程的"清"，或者用庄学的语言说，是"乘物以游心"（《庄子·人间世》），其中"清虚寥廓（金按：相通于《宋书·戴颙传》所说的'清旷'），则神物来袭"，"冰心玉质，则激洁思存"等数句，则是赋的主题，而"清虚"更是其关键词。"清虚"一词在阮赋中出现的哲学意义是，在关尹、《老子》、《庄子》那里，"虚"虽然很重要，但它往往是隐潜而不明显，分散而不集中突出，如"芴乎若亡，寂乎若清"（关尹）；"虚而不屈，动而愈出"（《老子·五章》）；"唯道集虚。虚者，心齐（金按：齐，同'斋'）也"（《庄子·人间世》）；"虚则无为而无不为也"（《庄子·庚桑楚》）。而阮籍的《清思赋》则通老达庄，将其作为体现主题的关键词，并与"清"组合而为"清虚"这一魏晋玄学的重要概念。再看嵇康的《养生论》，与阮籍相比，真是无独有偶，不约而同。阮籍提出了"清虚寥廓"，嵇康提出了"清虚静泰"，两人都是以"清虚"二字当头。《养生论》写道："清虚静泰，少私寡欲……旷然无忧虑，寂然无思虑，又守之以一，养之以和……"这也表达了以"一"内守的审美心胸。"清虚"不但是玄学的重要概念，而且后来成为道教的信条。

其二，是西晋袁准的《才性论》。在袁准的理论体系里，"性"是指本质。"才"是指本质所能起的作用。在当时的"才、性之辩"中，他认为才与性应该统一。还认为，"气"的差异是形成美丑和才性差异的根源，这显然是受了汉、魏时代王充《论衡》、曹丕《典论论文》"气之清浊有体"等观点的影响，《才性论》写道："凡万物生于天地之间，有美有恶。物何故美？清气之所生也。物何故恶？浊气之所施也。"这是中国美学史上最早明确提出的"美由气生"亦即"美由清生"的命题。"清气"这一最早出现的哲学、美学概念，也是尔后陶渊明诗中"清气澄徐滓"、王冕画中"只流清气满乾坤"、以及计成园论中"清气觉来几席"、朱彝尊诗论中"得夫人地之清气"等等的最早语源。袁准的"清气"说，还一直影响到《红楼梦》。

其三，由哲学清议引发出来的人物品藻，突出地表现为《世说新语》以"清"来品藻人物，如"辞寄清婉"，"岩岩清峙"，"罗罗清疏"，"清鉴贵要"（均见《赏誉》）；"清蔚简令"，"洮洮清便"，"清于无奕，润于林道"（均见《品藻》）"爽朗清举"（《品藻》）……品评的语汇极大地丰富了。对此的研究已多，此不赘。

"清"作为一种重要的艺术风格，其美学特征是什么？蒋寅先生描述道：

> "清"是与"浑厚"相对的一种审美趣味，它明快而澹净，有一种透明感，像雨后的桦林，带露的碧荷，水中的梅影，秋日的晴空；也像深涧清泉，密林幽潭，有时会有寒冽逼人的感觉……①

写得异常准确、鲜明、生动，耐人寻味，便于人们带着感性去把握"清"的美学特征。笔者由此试联系词源学、训诂学特别是古代诗论、古代艺术理论，结合文

---

① 蒋寅：《古典诗学的现代诠释》，中华书局 2009 年版，第 71 页。

学史上有关典型作品，作一些不成熟的演绎、归纳、分析、赏鉴：

一、澄澈透明

《说文》："清，朖（金按："朗"本字）也，澄水之貌。"段注："朖，明也。澄而后明，故曰澄水之貌。"与"浑"、"浊"相对。王羲之《兰亭序》中"天朗气清"四字，显示了"清"与"朗"的有机联系。诗例如陶渊明的《辛丑岁七月赴假还江陵夜行涂口》："昭昭天宇阔，晶晶川上平。"水天一片宽阔，展开了清朗澄澈之境。王维的《山居秋暝》："空山新雨后，天气晚来秋，明月松间照，清泉石上流……"空山新雨之后，空气特别清新宜人，诗境以泉、石、松、月构成了一幅极富透明感的水墨画，而颔联首字"清"、"明"二字，又互为对文，突出了清澈澄明的氛围。再如李白的《玉阶怨》、《静夜思》，也玲珑明徹，晶莹透亮，均饶此种种意境。刘熙载《艺概·诗概》说："花鸟缠绵，云雷奋发，弦泉幽咽，雪月空明，诗不出此四境。"上述《山居秋暝》、《玉阶怨》等，当属"雪月空明"之境。联系《园冶》来看，"虚阁荫桐，清池涵月，洗出千家烟雨"（《相地·城市地》）；"俯流玩月，坐石品泉"（《借景》）等，也都能以其明徹清朗之美，沁人心脾。

二、洁白清纯

《玉篇》："清，澄也，洁也。"《庄子·刻意》："水之性，不杂则清。"王逸《离骚序》："不忍以清白久居浊世"。《楚辞·渔父》："举世皆浊我独清"。王逸注："我独清，志洁己也。"方回《冯伯思诗集序》："天无云谓之清，水无泥谓之清，风凉谓之清，月皎谓之清，一日之气夜清，四时之气秋清……而诗人之诗亦有所谓清焉。"以排比辞格聚焦一个"清"字，行文精妙、诠释精确。至于对屈原以"清"为美学特征的品格行为，《史记·屈原贾生列传》有一段情理双至的描颂："濯淖汙泥之中，蝉蜕于浊秽，以浮游尘埃之外，不获世之滋垢，皭然泥而不滓者也。"在司马迁看来，和"清"相反相对的"汙泥"、"浊秽"、"尘埃"、"滋垢"、"滓"等等，统统都是负价值，都在洗濯之列。唐代王昌龄《芙蓉楼送辛渐》中，"洛阳亲友如相问，一片冰心在玉壶。"后句中闪光的七字，表达出诗人被贬后胸襟依然一片纯净，心地仍然一片清白。宋张孝祥《念奴娇·过洞庭》："洞庭青草，近中秋、更无一点风色。玉鉴琼田三万顷，著我扁舟一叶。素月分辉，明河共影，表里共澄澈。悠然心会，妙处难与君说。　应念岭表经年，孤光自照，肝胆皆冰雪。短发萧骚襟袖冷，稳泛沧溟空阔。尽挹西江，细斟北斗，万象为宾客。扣舷独啸，不知今夕何夕。"此词清、雄皆备，就其清境来说，"一片冰心在玉壶"与"表里共澄澈"、"肝胆皆冰雪"，可谓唐、宋异代而物我同一境界，均足以净化人们的心灵。《园冶》还说，《楚辞·渔父》："沧浪之水清兮，可以濯吾缨；沧浪之水浊兮，可以濯吾足。"两句是并立不分轩轾的，而《立基·亭榭基》

则云："或假濠濮之上，入想观鱼；倘支沧浪之中，非歌濯足。""非歌濯足"四字，是鲜明的表态，是对"沧浪之水浊兮，可以濯吾足"的扬弃，亦即对"沧浪之水清兮，可以濯吾缨"的肯定，四字中孕含一"清"字，要求涤秽去浊以致清。《园冶》还说，"清气觉来几席，凡尘顿远襟怀"（《园说》）；"曲曲一湾柳月，濯魄清波"（《立基》）；"顿开尘外想，拟入画中行"（《掇山》）；"红衣新浴，碧玉轻敲"（《借景》）等，均表现为月皎水洁，色纯风清，纤尘不染，表里皆净。

三、幽静寂寥

《玉篇》："寂，无声也。"此清境有其哲学源头。关尹曰，"寂乎若清"；《老子·二十五章》曰，"寂兮寥兮"。河上公注："寂者，无声音；寥者，空无形。"嵇康《养生论》曰，"寂然无思虑"……王维也爱以"寂"字入诗，如"夜禅山更寂"（《蓝田石门山精舍》）；"夜坐空林寂"（《过感化寺昙兴上人山院》）；"涧户山窗寂寂闲"（《寄崇梵僧》）"山寂寂兮无人"（《送友人归山歌》）……《辋川集》中的清寂之境，莫过于《辛夷坞》："木末芙蓉花，山中开红萼。涧户寂无人，纷纷开且落。"山中，无声又无形，花默默地自开自落，寂兮寥兮，任时随运，而诗人自身，也到了"山林吾丧我"（《山中示弟等》）的境地，不喜不叹，"寂然无思虑"，这真正的"无我之境"。再如《竹里馆》："独坐幽篁里，弹琴复长啸。深林人不知，明月来相照。"这是深林中幽独无人的寂境。《鸟鸣涧》："人闲桂花落，夜静春山空。月出惊山鸟，时鸣春涧中。"这是深夜里动中见静的寂境。《鹿柴》："空山不见人，但闻人语响。返景入深林，复照青苔上。"以响写静，以光写幽，这是有声可闻、无迹可求的寂境。赵殿成《王右丞集笺注》评王维云："右丞通于禅理，故语无背触……空外之音也，水中之影也……使人索之于离即之间"，可谓得其骊珠。至于张继的《枫桥夜泊》，被誉为唐诗压卷，它通过"感觉整合（视觉、听觉、肤觉），时序错位（拂晓、入夜、夜半），空间交叉（宏观、微观、远景、中景、近景）三者相互渗透的手法"[1]来创构寂境，《中兴间气集》对张诗录有"不雕自饰，诗体清迥"之评，其实，"清迥"就是"清虚寥廓"（阮籍）的境界。再说常建的《题破山寺后禅院》，可抉出"幽"、"深"、"空"、"寂"四字以窥其境，同时，更不妨以"心与境寂，道与悟深"（《宋高僧传》）之语来领略其"清虚寥廓"的禅趣。联系《园冶》来说，如"闲闲即景，寂寂探春"；"竹里通幽，松寮隐僻"；"阶前自扫云，岭上谁锄月"（《相地·山林地》）等，这是一种无人而有我之境，作为叠字的"闲闲"、"寂寂"，在句中既有描写性，又有抒情性。

---

① 金学智：《张继〈枫桥夜泊〉及其接受史》，范培松、金学智主编《苏州文学通史》四卷本第1册，江苏教育出版社 2005 年版，第 190 页。

四、省净清真

陆云在《与平原书》中研讨《楚辞》，认为《九章》虽有"善语"，但"大类是秽文"，而他自己"乃好清省"。袁枚《续诗品》云："叶多花蔽，词多语费"（《割忍》）；"描诗者多，作诗者少。其故云何？渣滓不扫"（《澄滓》）。刘熙载《艺概·诗概》云："诗不清则芜"。这些都颇有识见，均可归结为"清省"二字。孟浩然《春晓》："春眠不觉晓，处处闻啼鸟。夜来风雨声，花落知多少！"境真、感真、情真、语真，既明白如话，又惜字如金，言净而意浓，给欣赏者留下不尽的想象馀地，可谓清妙之至。薛雪《一瓢诗话》云："作诗到平澹处，令人吟绎不尽，是陶熔气质，消尽渣滓，纯是清真蕴藉"。这可用以品评《春晓》。联系《园冶》来看，其中有些写得极自然，如"林皋延伫，相缘竹树萧森"；"林阴初出莺歌，山曲忽闻樵唱"（《借景》）等，平澹而令人吟绎不尽。有些又经冶炼，如"峰峦飘渺，漏月招云"（《掇山·池山》）；"寓目一行白鹭，醉颜几阵丹枫"；"风鸦几树夕阳，寒雁数声残月"（《借景》）等，但极炼如同不炼，去尽渣滓，言不多而意有馀。

五、清新轻柔

苏轼《书晁补之所藏与可画竹》论画，要求"无穷出清新"；刘熙载《艺概·诗概》云："诗要避俗，更要避熟，剥去数层方下笔，庶不堕'熟'字界里。"此论亦极警辟。唐刘禹锡《竹枝词》："杨柳青青江水平，闻郎江上踏歌声。东边日出西边雨，道是无晴却有晴。"一、二句平易流畅，有民歌风味；三、四句出人意外，以"晴"谐"情"，可谓妙极，真是"剥去数层方下笔"。刘熙载《艺概·诗概》又说："诗中须得微妙语，然语语微妙，便不微妙。须是一路坦易中，忽然触著，乃足令人神远。"刘词第三句突然触着，妙用"谐音"辞格，从而避免了一般情歌的俗与熟。再以宋杨万里的小诗为例。它清新活泼，平易自然，饶有情趣，号为"诚斋体"。如《小池》："泉眼无声惜细流，树阴照水爱晴柔。小荷才露尖尖角，早已蜻蜓立上头。"这也是自出机杼，诗苑里一枝独秀，读之感到清新之气扑面而来。联系《园冶》来看，"安亭得景，莳花笑以春风"；"窗虚蕉影玲珑"（《相地·城市地》）；"吟花席地，醉月铺毡"（《铺地》），"片片飞花，丝丝眠柳"（《借景》），语言清新流畅，或不用典，"俯拾即是，不取诸邻"（《二十四诗品·自然》）；或用典却"婉转清空，了无痕迹"（胡应麟《诗薮》内编卷四），均臻于微妙之境。

六、清淡素雅

清郑绩《梦幻居画学简明》认为："清逸"之格应该景少，笔简而轻，"墨以淡为主，不可浓密加多"。这也就是颜色浅淡，忌浓艳雕琢。例如王维《汉江临眺》中的两句："江流天地外，山色有无中。"笔者曾以现代画学的"空气透视"

理论分析此二句："在视觉中，山的颜色为什么仿佛'随着距离渐远而渐蒸发掉呢？一是由于目力不及，二是由于空气不完全是透明的。因此，翁郁的近山是浓绿色的，远山则变为淡青或淡紫色的，更远则更淡，更无颜色，轮廓形态也随之而更不明确，朦胧模糊。王维着意用他的传神妙笔写最远最远的山色，远到若有若无，若隐若现，几乎'消失在一种明亮的灰色里'，然而又没有完全消失。这种透视在诗画里是很难表现的，他却毫不费力，用五个字轻描淡写，信手一挥，不加雕琢地表现了出来。在中国诗史上，还没有过把江和山放到这么远的距离之外而这样成功地、如画地加以描写的。"①"江流天地外，山色有无中"这幅水墨渲淡的山水，使笔最轻，用墨最淡，景最少而无限广阔，是一种不可企及的"清逸"之美，为历来诗人、画家所倾倒。杜牧《寄扬州韩绰判官》："青山隐隐水迢迢，秋尽江南草未凋。二十四桥明月夜，玉人何处教吹箫？"把玉人吹箫放在"青山隐隐水迢迢"的月夜来写，而箫声又是若断若续，若有若无，这也是一幅淡墨渲染、色相俱空的图画。联系《园冶》来看，"不尽数竿烟雨"（《相地·傍宅地》）；"悠悠烟水，澹澹云山，泛泛鱼舟，闲闲鸥鸟"（《相地·江湖地》）；"动'江流天地外'之情，合'山色有无中'之句"（《立基》）"湖平无际之浮光，山媚可餐之秀色"（《借景》）等，或一幅淡淡的墨竹，或一幅濛濛的山水，或一幅泛泛的渔隐……都是笔简以轻，墨淡而化，表现出隔着一定空间距离的观照，质言之，或曰"冲远"。

七、凄寒清冷

《素问·五藏生成论》："足清。"王冰注："清，亦冷也。"除了清冷外，"清"还包括从轻微的凉意到凛冽的严寒，以及凄清的情氛。这方面唐代就有不少杰作。韦应物《休暇日访王侍御不遇》："怪来诗思清人骨，门对寒流雪满山。"读之暑月生凉，这是又一种美感。柳宗元《江雪》："千山鸟飞绝，万径人踪灭，孤舟蓑笠翁，独钓寒江雪。"不但以"千"、"万"之多来反衬"孤"、"独"之少，而且更以"绝"、"灭"这种入声字来渲染情氛，于是画面上半部分，山的调子冷到不能再冷，而下半部分——寒江及钓翁，其隐喻更显特色，也更能给人以凄清寒慄之感，诗人以其高明的手法，凭着仅有的二十个字，创造了中国诗画史上不可企及的清寒美的极境。柳宗元著名的山水小品《小石潭记》也如此，不但为游鱼传神，而且写潭水入妙："尤清冽"，"坐潭上，四面竹树环合，寂寥无人，凄神寒骨，悄怆幽邃，以其境过清，不可久居……"通过主体情、感的介入，突出了小石潭的"清冽"，创造了中国散文史上清寒美的极境。联系《园冶》来看，"风生寒峭"，"一二处堪为暑避"（《相地·郊野地》）；"风生林樾，境入羲皇"；"水面鳞鳞，爽气觉来欹枕"；"苎衣不耐凉新，池荷香绾"；"梧叶忽惊秋落，虫草鸣幽"（《借

---

① 金学智：《王维诗中的绘画美》，《文学遗产》1984年第4期，第60页。

景》）等，均诉诸视觉、触觉或嗅觉，不同程度地体现出清冷的美感，还令人联想起古代琴论中的"清风动处夜光寒"。

澄澈透明、洁白纯净、幽静寂寥、省净清真、清新轻柔、清淡素雅、凄寒清冷，这是作为艺术风格美之"清"的种种表现，当然还可再列几条，但主要是这几种。还应说明，这七种也只是相对的区分，其间往往可能有所交叉重叠。本文只是为了展现"清"之内涵的无比丰富，才尝试如此列出。至于"清"的美感功能，当然也有种种，但也可用任华《杂言寄李白》中语一言以蔽之，曰"清人心神"，或用《园冶·园说》的话说，是"清气觉来几席，凡尘顿远襟怀。"

至此，不妨再从诗美学的视角探源作结。早在古老的《诗经》时代，"清"作为重要的美学范畴，就已出现。《大雅·烝民》："吉甫作诵，穆如清风。"这是中国诗史上最早有关于"清"的重要诗句，也可以说，是"清论"的美学源头。然而，在三千年漫长的中国诗史上，发现此诗句之价值者屈指可数，对其进行阐发者，更寥若晨星。以下试作详论：

据《晋书·列女传·王凝之妻》所述："谢氏，字道韫……聪识有才辩。叔父安尝问：'毛诗何句最佳？'道韫称：'吉甫作诵，穆如清风……'安谓有雅人深致。"值得指出的是，在《诗三百篇》数以万计的诗句中，闪光的佳句俯拾即是，才女谢道韫却都不选，她凭其独具的眼识，看中了意义不凡的"穆如清风"之句，可谓探得骊珠，并博得了叔父谢安的"雅人深致"之赞。为什么雅人深致是确评？因为从特定的视角说，"清"是雅之本，韵之原，诗之魂，发现者称得上是"雅人深致"。由此来看谢安，他不愧为具眼的江左名士，"东晋风流的主脑人物"[1]。《晋书·列女传》所记是可贵，还让人知道尹吉甫及其"清风"，直至东晋才遇上了知音。以后，又是长期的阒寂，直至唐末，一位诗僧才凭其灵性再度忆起吉甫所诵"清"诗。尔后，一直要到清代，著名诗人、学者厉鹗才终于成了谢道韫发现吉甫佳句的出色阐发者。他在《双清阁诗集序》中梳理、归纳道：

> 昔吉甫作颂，其自评则曰："穆如清风。"晋人论诗，辄标举此语，以为微眇。唐僧齐己则曰：'乾坤有清气，散入诗人脾。'（金按：此非齐己诗，乃唐僧贯休诗。其《古意九首［其四］》云：'乾坤有清气，散入诗人脾。圣贤遗清风，不在恶木枝。千人万人中，一人两人知……'）盖自庙廊风谕以及山泽之癯所吟谣，未有不至于"清"而可以言诗者，亦未有不本乎性情而可以言"清"者。

悠悠乎诗史数千年，稀稀乎只有"一人两人知"：自评的吉甫——谢道韫——谢安——贯休——厉鹗，五个人竟串起了或者说涵盖了亿万诗人致"清"的普遍史实。由此不妨萌生出也许是偏颇的体悟：理论批评难于诗创作，因为自古以来

---

[1] 宗白华《论〈世说新语〉和晋人的美》，载《艺境》，北京大学出版社 2003 年版，第 129 页。

"庙廊风谕以及山泽之癯所吟谣"而具"清意味"的，不只是汗牛充栋，难以数计，而自觉地以"清"进行风格批评的，诗史上不过数人而已。

再阐发厉鹗探本求源，所发掘的尹吉甫"清论"的价值意义。朱自清先生曾指出，《尚书·尧典》中"诗言志"为中国诗论"开山的纲领"[①]。据此推论，尹吉甫的"穆如清风"则可谓诗美学的"开山纲领"，其人也可谓中国诗美学的"开山祖"。如另从文艺批评视角看，尹吉甫在时代上也远早于老子、孔子、墨子，他还是中国哲学史上最早期的哲学家之一，其《诗·大雅·烝民》开首即有"天生烝民，有物有则。民之秉彝，好是懿德"等语，体现了中国最早的"人本性善"的哲学思想，是孟子"性善论"的直接源头。吉甫的"穆如清风"，从哲学根源上说，来自"散入诗人脾"的乾坤清气；从创作上说，则又出自"诗人脾"，进而流入于诗中。因此，强调诗"清"本乎性情，也就是要求诗人唤醒、弘扬、抒写自己先天所秉的善性懿德。《诗·大雅·烝民》郑玄注："穆，和也。"《广韵》："穆，美也。"穆就是一种和谐美。美又通善，《说文》："美与善同意。"故而在吉甫的诗美学里，清、穆、和、美是相互融和的（如陶渊明《劝农》所咏："和风清穆"），更多是可以互训的，而其根则在人性的"天生懿德"——善。在三千年后的今天，这也在一定程度上符合于和谐社会的价值观，并足以时时告诫人们保持着自己的一片冰心："岂可令泾渭混流，亏清穆之风！"（《晋书·外戚传·王濛》）

再来看现存古典园林中的"清意味"，限于篇幅，这里只能点击苏州园林中景构一二，以窥一斑：

在网师园，有"月到风来亭"，其名撷自宋邵雍的《清夜吟》："月到天心处，风来水面时。一般清意味，料得少人知。"又一个"少人知"！与贯休一宋、一唐，遥相呼应。邵雍是北宋理学象数学派的创立者，他写哲理诗主张目击道存，不动声色，即物示意，即景见理。笔者曾分析道：

> "月到天心处，风来水面时"是哲理诗，其境界中既有空间，又有时间，但就是不见"我之情"的冲动。作为哲学家的诗人，他是冷静的，不动情的，几乎是纯客观的，这就是"以物观物"，亦即"以道观道，以性观性"。而这种观照，用传统的哲学、美学的术语说，不仅是"澄怀观道"，而且是"目击道存"，其清空之"道"就存匿于物中，它似乎只可目击，不可言传……[②]

这就是邵雍所示不可言传而"少人知"的"清意味"。在网师园，离"月到风来亭"不远，有"濯缨水阁"，其品题也字字联结着"清"字……

在拙政园，主体厅堂"远香堂"，联结着周敦颐的《爱莲说》："予独爱莲之出淤泥而不染，濯清涟而不妖，中通外直，不枝不蔓，香远益清，亭亭净植，可

---

① 朱自清：《诗言志辨》，《朱自清全集》第6卷，江苏教育出版社1990年版，第230页。
② 金学智：《苏园品韵录》，上海三联书店，2010年版，第69-70页。

远观而不可亵玩焉。"又有扇面亭，额曰"与谁同坐"，取意于苏轼《点绛唇》："与谁同坐？明月清风我。"此品题犹如歇后语，把需要回答的五字隐去。此外还有"小沧浪"水阁，附近有"志清意远"……

在留园，依水临池有"清风池馆"，旧有额曰"清风起兮池馆凉"，巧妙地将馆名交织成《楚辞》的"兮"字句。林泉耆硕之馆庭院的"浣云沼"旁，有刻石曰"白云怡意，清泉洗心"……

在沧浪亭，山亭石柱有联曰："清风明月本无价；近水远山皆有情。"对联集自苏舜钦和欧阳修，真是"清名可并"。另有"清香馆"，馆室并不大，庭院桂花也稀，却联结着杜甫《大云寺赞公房四首［其三］》的诗句："灯影照无睡，心清闻妙香。"一片幽芳，令人似身处禅宗佛香的境地……

在怡园，玉延亭内之刻石，上有明董其昌书："静坐参众妙，清谭适我情。"以"清"、"静"二字领起，联语荡漾着浓浓的道家气息、玄学意味："清静为天下正"（《老子·三十七章》）；"玄之又玄，众妙之门"（《老子·一章》）；"清谈雅论，辞锋理窟，剖玄析微，妙得入神，宾主往来，娱心悦耳……"（《颜氏家训·勉学》）这是别一种富于理趣的清境。

苏州古典园林里"清"字频繁出现，但意趣各别，绝不相类犯重，所谓一本而万殊，是诗学"清"论所竞放绽开的满园百花。

第五节 "等分平衡法"及其他
——以科学史视角读《园冶》

科学的特点就在于创新和创造，在于追随并领先于时代的创造。

明代，是中国社会的重要时期——中古期的结束，近古期的开始，特别是中明以来，资本主义萌芽，商品经济兴起，科学与文艺得到生气勃勃的发展，成果丰硕而辉煌，显现出喜人的近代曙光。《明朝科技》一书写道：

> 值得一提的是明朝中期以后，部分知识分子思想活跃，对一些知识领域进行了系统梳理，产生了一批中国历史上经典的总结性的科技著作。明朝末年，欧洲来华传教士带来了西方的学科知识，一方面对中国的传统知识形成了巨大冲击，同时也为中国科技和思想文化注入了新的活力，并揭开了中国科技近代化的序幕。[①]

对于这个时代，胡道静先生在《古代科技典籍撷英》一文中称之为"我国历史上罕见的一个科学文化蓬勃发达的时代"，"政治上尖锐矛盾、社会经济方面急剧

---

① 吕凌峰、李亮：《明朝科技》，南京出版传媒集团、南京出版社2015年版，第2页。

变革以及文化上有西方近代科学输入的时代"。该文还提供了当时科技文化名著陆续问世的情况。[①]笔者通过整理，将这些专著的作者、所属学科、出版年份列表如下：

姓名	名著所属学科	书名	出版年份	说明
潘季驯	水利工程	《河防一览》	1590年	//
李时珍	药物学	《本草纲目》	1596年	//
茅元仪	军事技术	《武备志》	1621年	//
王徵	机械工程学	《新制诸器图说》	1627年	//
徐光启	天文学专著	《崇祯历书》	1631年	//
计成	造园建筑学	《园冶》	1634年	//
宋应星	工程技术学	《天工开物》	1637年	//
徐光启	农学	《农政全书》	1639年	//
徐霞客	地理学	《徐霞客游记》	1613—1639年	撰写旅行日记历26年，后人将其整理成书
方以智	博物学	《物理小识》	1664年	//
方以智	博物学	《通雅》	1666年	//

除上表以及明中叶与郑和下西洋相伴而生的《瀛海胜览》、《星槎胜览》、《西洋番国志》（为地理学、海上交通史、海外风俗史著作）外，与计成同时代，还有，王徵包括《新制诸器图说》在内的《远西奇器图说》，（为重要的物理学著作），王锡阐的《晓庵新法》（为天文、历算著作），孙云球的《镜史》（为光学著作，孙发明了包括眼镜在内的光学仪器数十种）等，此外，科技界还有种种译著问世，对科学启蒙也很有作用。

真可谓群星灿烂，硕果累累！

科技文化，是人类智慧的花朵、理性的光辉和文明的结晶。在明末至清初的数十年时间里，科技文化在积累的基础上表现出突飞猛进的发展。就板荡不宁的时代来说，它虽然局限、影响了这些科学家的发展及其成果，然而又在一定程度上促成这些科学家，使他们无心仕途，更为励志，于是潜心、专一、坚执、激奋、进取。此外，国内外的相互影响也颇有作用。恩格斯在《自然辩证法》里指出："自然科学证实了黑格尔曾经说过的话……相互作用是事物的真正的终极原因。……只有从这个普遍的相互作用出发，我们才能了解现实的因果关系。"[②]正因为如此，明末的这些大师方得以才华卓荦，成果卓著，领先于时代。如略早于计成的徐光启（1562—1633），较早从罗马传教士利玛窦等学习西方科技知识，包括天文、律法、数学、测量、水利等学科，并介绍于我国。他科研领域较广泛，而以农学、天文为主，编著了《农政全书》，主持编译了《崇祯历书》，译著甚多，以

① 胡道静：《中国古代典籍十讲》，复旦大学出版社2004年版，第159、362－363页。
② ［德］《马克思恩格斯文集》第9卷，人民出版社2009年版，第482页。

《几何原本》为代表。再看宋应星所撰的《天工开物》，分上、中、下三卷，十八子卷，插图120馀幅。这一名著，饮誉全球，受到世界著名科学研究家们的高度推崇。如英国著名科学史家李约瑟博士称宋应星为中国的狄德罗，日本科学史家薮内清博士认为，《天工开物》是中国科学技术的百科全书……

特别还应看到，明末清初各类体现了时代创新精神的科学著作在较短时间内相继问世，证明了恩格斯《自然辩证法》所录的笔记片断："辩证法是关于普遍联系的科学……各种科学的联系。数学、力学、物理学、化学、生物学……"[①] 当时这些学科的专家们，自觉或不自觉地相互联系、相互促进，这也是科学名著联翩诞生的一种不可忽视的历史动因。所以胡道静先生指出，这些"名著的产生也不是偶然的和孤立的现象"[②]。美国的阿瑞提在《创造的秘密》中企图探索这方面的规律，书中引有这样的话："天才是成群出现的"，"由于成群出现创造者而产生出一位典范，这种情况在每一个领域都是普遍存在的"，"由于受到共同的振动……因此许多天才一同到来并迅速地接连出现"。[③]

上文说到时代对科学家的限制、影响，反过来又能在一定程度上促成这些科学家……这里，不妨把同时代的宋应星（1587－？）和计成（1582－？）作一有意义的比较，这样，可悟时代之偶然与必然、自律与他律等辩证之理。

工学名著《天工开物》和造园学名著《园冶》两书及其作者的遭遇非常相似。宋应星五次不第，1634年出任江西分宜教谕，一面教学，一面整理长期积累的各方面生产技术资料，写成《天工开物》，但遗憾的是和计成一样，书成却无力出版，经好友涂绍煃资助，在崇祯十年（1637年）在江西刊版面世，这时他已五十岁。此事晚于阮大铖刊刻计成的《园冶》三年。宋应星在《天工开物序》中说："伤者贫也，欲购奇考证，而乏洛下之资；欲招致同人，商略赝真，而缺陈思之馆……此书与功名进取毫不相关也。"这有类于计成在《园冶》的《自跋》中所说："愧无买山力，甘为桃源溪口人也。"

再说《天工开物》面世数十年后，在清顺治、康熙年间，书坊已翻刻了第二版，可见在民间颇受欢迎，且有流行，这与《园冶》在民间的流行亦颇类似。但同样遗憾的是，乾隆年间修《四库全书》均遭歧视，两书均不予收入。《天工开物》与《园冶》的命运，亦何其相似乃尔！从此《天工开物》在国内也默默无闻……但由民间流入日本和法国，不意引起日、法两国工艺界的高度重视。日本明和八年（1771年，即乾隆三十六年），菅生堂翻刻《天工开物》，称菅生堂本。而法兰西学院汉学家儒莲则在1830年首次将此书部分翻译成法文，接着又陆续翻译了几

---

① 北京大学科学与社会研究中心编：《马克思主义与自然科学》，北京大学出版社1988年版，第100页。
② 胡道静：《中国古代典籍十讲》，复旦大学出版社2004年版，第362页。
③ ［美］S. 阿瑞提：《创造的秘密》，辽宁人民出版社1987年版，第377、379、384页。

个部分，于是风行西欧。

20世纪20年代，丁文江先生在日本发现菅生堂本《天工开物》后，颇有感慨，写成《奉新（宋应星为江西奉新人）宋长庚（为宋应星字）先生传》，国人才了解到我国有这样一部宝贵的古典科技百科全书。这又正如陈植先生1921年在日本其师本多静六博士处始见珍贵的明版《园冶》，其后又写成《记明代造园家计成氏》一文[1]，国人才知道《园冶》这部奇书。还无独有偶的是，《天工开物》由近代著名刻书家陶湘据日本菅生堂本校订重印，而《园冶》也经由陶湘在中国刻入《喜咏轩丛书》，是为"喜咏本"。这两部经典最早竟在陶氏之手喜获奇遇，并均由其刻印而与国人相见，可谓功不可没。

再说日本恒星社1952年出版了薮内清博士的《天工开物》日文全译本，附在其主编的《天工开物の研究》里，这也有似于日本桥川时雄将自己的《园冶解说》附在1970年渡边书店出版的、桥氏收藏的《园冶》隆盛堂本（清初刻本）里。在此前一年（1968年），日译又部分地列入平凡社的《东洋文库》中，为第130册。可见日本的重视。再进一步放眼世界，1966年，美国宾夕法尼亚大学出版社又出版了《天工开物》英译全本……至今，该书有日、法、美、英、德、意、俄等译本，而《园冶》亦然，不但在日本有多种"解说"版本，而且英、法译本均出了两版，据译者数年前相告，法译本又将出第三版，这产生了广泛的国际性影响，而澳大利亚、新加坡、意大利、荷兰、韩国等均有研究论文发表。两大名著终于历尽曲折，蜚声全球！

以下重点论《园冶》的科学价值。1956年，陈植先生《重印园冶序》写道：

> 四十年前，日本首先援用"造园"为正式科学名称，并尊《园冶》为世界造园学最古名著，诚世界科学史上我国科学成就光荣之一页也……计氏造园与建筑各种理论及其形式，迄至今日，仍为世界科学家所重视，而乐于援用，诚我国先贤科学上辉煌成就也。[2]

这正是指出了《园冶》辉煌的科学成就，不但开创了学科，而且影响到世界，为世界科学家所重视。

再看计成造园，其最突出的、引以自豪的科技创新是"等分平衡法"（或简称"平衡法"），这在《园冶·掇山》的一些专节里多次出现。兹录于下：

> 峰石一块者，相形何状，选合峰纹石，令匠凿榫眼为座，理宜上大下小，立之可观；或峰石两块三块拼掇，亦宜上大下小，似有飞舞势；或数块掇成，亦如前式，须得两三大石封顶，须知"平衡法"，理之无失。稍有欹侧，久则愈欹，其峰必颓，理当慎之。（《掇山·峰》）
>
> 如理悬岩，起脚宜小，渐理渐大，及高，使其后坚能悬，斯理法古来罕

① 陈植：《陈植造园文集》，中国建筑工业出版社1988年版，第73－77页。
② 陈植：《重印园冶序（1956年）》，载《园冶注释》，中国建筑工业出版社1981年第1版，第11、13页。

者。如悬一石，又悬一石，再之不能也。予以"平衡法"，将前悬分散，后坚仍以长条堑里石压之，能悬数尺，其状可骇，万无一失。（《掇山·岩》）

理洞法，起脚如造屋，立几柱着实，掇玲珑如窗门透亮。及理上，见前理岩法，合凑收顶，加条石替之……自古鲜矣！（《掇山·洞》）

山石理池，予始创者。选版薄山石理之，少得窍不能盛水，须知"等分平衡法"可矣。凡理块石，俱将四边或三边压掇；若压两边，恐石平中有损；如压一边，即镤。稍有丝缝，水不能注，虽做灰坚固，亦不能止，理当斟酌。（《掇山·山石池》）

"两三大石封顶"，"后坚能悬"，"将前悬分散，后坚仍以长条堑里石压之"，"合凑收顶，加条石替之"，"若压两边，恐石平中有损"[①]……这些都离不开力学原理，"等分平衡法"正是在这些论述基础上进一步的提升、归纳。

再联系当时科学天才的成群出现来看，"等分平衡法"这一新术语的出现也不是偶然的。这是计成呼吸着西方近代科学输入的新鲜空气，感受到了特定时代创新精神的震荡，横向地连通着和借鉴了明末有关科学的研究成果。如"等分"，主要是数学用语，即通过划分使其各部分的长短、大小或数量相等；"平衡"，最早见于中国律历古籍，《汉书·律历志》："准正，则平衡而均权矣。"是指衡器两端承受的重量相等，既平且均，这是其本义，以后又受西方科学的影响。而"平衡"用于掇山的引申义，则指整座假山的各部分或对应的各方面所受压力保持均等，或通过调节使重力保持均等，不因畸轻畸重而倾颓。故其中包括荷载、内力、受力、传力等重力规律、这均属物理学范畴。细究计成的"等分平衡法"受影响最大的，可能还是王徵的《远西奇器图说》，这部重要的物理学著作阐释了重心、天平、秤、杠杆等。总之，"等分平衡法"这一联结着数学和力学原理的术语是可说是受了其他学科的启发而进行移植的结果[②]，这用科学学家贝弗里奇的话说："移植是科学发展的一种主要方法。大多数的发现都可应用于所在领域以外的领域。而应用于新领域时，往往有助于促成进一步的发现。重大的科学成果有时来自移植。"[③]计成似早已悟出了这一点，创造性地运用了移植而获得成功。

然而，不应忽视的是，"等分平衡法"离不开计成长期来选石的丰富实践经验，其中包括对各种自然石的产地、形成、重量、特质、形态美和坚牢度等的把握，特别是离不开长期来造园实践中理石叠山、求善求美的多方面深入钻研和深切体悟。兹选数则于下：

---

① 对于用山石理池，《园冶注释》第2版译释道："当用石块筑池时，应将石块的四边或三边都要压紧，若只压两边，则在池底平铺的石版中往往发生破裂（按力学原理当池的两边受到压力时，其中就发生反压力，而于池底所平铺的薄石版，即增加水的重量，也不能与此反压力取得平衡而致池底往往破裂）。"

② 此外，还应包括计成长期在园林建筑的设计及其实践中体悟到的结构力学原理。

③ ［英］W. L. B. 贝弗里奇：《科学研究的艺术》，科学出版社1979年版，第133页。

立根铺以粗石，大块满盖桩头；堑里扫于查灰，著潮尽钻山骨。方堆顽夯而起，渐以皴纹而加……（《掇山》）

取巧不但玲珑，只宜单点；求坚还从古拙，堪用层堆。须先选质无纹，俟后依皴合掇。多纹恐损，无窍当悬。（《选石》）

宜兴县张公洞、善卷寺一带山产石……有色白而质嫩者，掇山不可悬，恐不坚也。（《选石·宜兴石》）

一种色微青，性坚，稍觉顽夯，可用起脚压泛；一种色纹古拙，无漏，宜单点。（《选石·龙潭石》）

玲珑巧秀的太湖石只宜单点，坚顽古拙的黄石则可层堆；色白质嫩的宜兴石不可悬挑，因其不坚；性坚顽夯的龙潭石，可用来起脚压泛；"立根铺以粗石，大块满盖桩头；堑里扫于查灰，著潮尽钻山骨……"这一句句凝聚着大量的感性实践经验之语，特别是"多纹恐损，无窍当悬"一语，有着丰富的认知内涵。计成告诫人们：选石应防止一偏，应多方全面考虑。这些经验，其中均体现了对连结着理石掇山重力规律、平衡规律的把握，而它们归根结底又无不来自现实的实践，这可用马克思、恩格斯的话来概括："感性必须是一切科学的基础……只有从自然界出发，才是现实的科学"[1]；只有这样，才能"从自然界中找出这些规律并从自然界里加以阐发。"[2]计成的掇山选石，从种种自然石的客体出发，找出种种规律，加以总结、阐发，确实是真正的、联结着实践感性的"现实的科学"，"等分平衡法"正是建立在此基础之上的，当然，这也是发挥创造性智慧的结果。正因为如此，计成对于这一体现着自然科学精神的新名词颇感自豪，一则曰"斯理法古来罕者"，二则曰"自古鲜矣"，三则曰"予始创者"……

阚铎先生在1931年所写的《园冶识语》中，对"等分平衡法"也评价极高，他别具只眼指出："掇山一篇，为此书结晶……有极应注意者，即'等分平衡法'"。他在征引了《世说新语》"凌云台"的典故后指出："向来匠氏，以为美谈，此重学自然之理，掇山何独不然。计氏悟彻，诚为独到。故于悬岩、理洞等节，再三致意，而开卷即斤斤于桩木，此种识解，已与世界学者，沆瀣一气。"[3]这里所说的"自然之理"，也就是自然科学。这段议论，概括而精到，他把计成创造的"等分平衡法"脉承于历史传统，也极有识见。

这里不妨先举出"凌云台"的故事。此台为三国时魏文帝所筑。据《洛阳伽蓝记·瑶光寺》载："千秋门内御道北有西游园，园中有凌云台，即是魏文帝所筑者。"《世说新语·巧艺》对此写得更为生动：

---

① 北京大学科学与社会研究中心编：《马克思主义与自然科学》，北京大学出版社1988年版，第237页。
② ［德］恩格斯：《反杜林论》，人民出版社1972年版，第10页。
③ 阚铎：《园冶识语》，见陈植《园冶注释》，中国建筑工业出版社1981年第1版，第22－23页。

陵（凌）云台楼观精巧，先称平众木轻重，然后造构，乃无锱铢相负揭（金注：左右担负，完全平衡相称）。台虽高峻，常随风摇动，而终无倾倒之理。魏明帝登台，惧其势危，别以大材扶持之，楼即颓坏。论者谓轻重偏故也。

计成就遥远地传承了这种平衡轻重的巧艺——优秀的科技文化传统，而创造性地用之于掇山，揭开了中国科技文化史之新的一页。

《园冶识语》还非常赞赏《园冶》中的图式，并将计成与当时有些文人相比，认为他们虽也写有关园林的文章或从事造园，但"文笔肤阔，语焉不详，况剿袭成风，转相标榜，故于文献，殆无足观"。接着剖析道：

计氏目击此弊，一扫而空之，出其心得，以事实上之理论，作有系统之图释……以图样作全书之骨，且有条不紊，极不易得。故诧为"国能"，诩为"开辟"，诚非虚语。

篇中所列各式，于变化根源、繁简次第，信手拈来，悉合几何原理……栏杆百样，层出不穷……盖种种变化，不逾规矩……计氏自信理画之匀，联络之美，可谓深得几何学三昧。尔时利玛窦、汤若望之徒，以西来艺学，力谋东渐；上海徐光启，身立崇祯之朝，以译几何原本著称。计氏同时同地心通其意，发撼于文样，影响于营建，或亦有所受之也。[①]

真是鞭辟入里，又令人视界豁然！《园冶识语》不但联系计成所处时代，不但联系当时西学东渐的思潮，而且联系艺术和科学的相关相涉来列论《园冶》的种种创新，因而能洞幽烛微，深入阐发。

《园冶》"制式新番，裁除旧套"（《园说》）的创新美学观，也正是这样地形成的。计成凭其灵犀一点，感受着时代气息而与之相应。他那"依时制"（《装折·[图式]长槅式－短槅式》）的种种图版款式的更新，与其说是依随时代，还不如说是呼应时代、引领时代，他还让这种创新向"相地"、"屋宇"、"栏杆"、"门窗"、"墙垣"、"铺地"、"掇山"诸领域渗透、拓展，例如在计成造园学体系里，《自序》及《相地》中"想出意外"的"篆壑飞廊"，亦即"越地""借天"的"虚阁－浮廊"；《立基·厅堂基》中"深奥曲折，通前达后，全在斯半间中生出幻境"的"馀屋"理论；《屋宇·廊》中"古之曲廊，俱曲尺曲。今予所构曲廊'之'字曲"的首创精神；《铺地》章中，"于废瓦破砖，务归利用，固是省费，亦能硁俗。其运用意匠，戛戛独造，具见良工苦心"[②]；《借景》章中，"夫借景，林园之最要者"这一概念和论点的提出，"远借，邻借，仰借，俯借，应时而借"这一系列的构成，在中国园林美学史上都是史无前例的……[③]

---

① 阚铎：《园冶识语》，见陈植《园冶注释》，中国建筑工业出版社1981年第1版，第21、24页。

② 阚铎：《园冶识语》，见陈植《园冶注释》，中国建筑工业出版社1981年第1版，第23页。

③ 此外，如楼阁基"立半山半水之间，为二层三层之说"（《立基·楼阁基》），"理涧壑无水，似有深意"（掇山·涧》）的突破陈规；亭"惟梅花、十字，自古未造者，故式之地图"（《屋宇·亭》）的创新样式；偏侧地"以墙取头阔头狭，就屋之端正"（《墙垣》）的独到见解；从《铺地》"杂用鉋儿"句，又可见他对当时创新工具——起线鉋的赞美和运用（见第四编该词条）；如此等等。

《中庸·二十五章》曰："诚者，非自成己而已也，所以成物也。"梁漱溟先生曾撷其中"成己"、"成物"一对概念，别开生面地融合中国哲学的"生生不息"论和西方的生命哲学的有益成分，来论述生命的积极创造。他指出：

> 任何一个创造，大概都是两面的：一面属于成己，一面属于成物……一切表现于外者，都属于成物。只有那自己生命上日进于大通透，刚劲稳实，深细敏活，而映现无数无尽之理致者，为成己。——这些，是旁人从外面不易见出的……人类文化一天一天向上翻新进步无已，自然是靠外面的创造；然而为外面创造之根本的，却还是个体生命；那么，又是内里的创造要紧了。[①]

梁先生更强调通过"物"的创造以"成己"。再看计成，他不仅"成物"——创造了一系列名园佳景，而且"成己"——创构了经典《园冶》，被曹元甫评为"千古未闻见者"，"乃君之开辟"。借用梁漱溟的语言说，计成其人"刚劲稳实，深细敏活"，其书"映现无数无尽之理致"，强调不断创新，其生命精神也"日进于大通透"的境界。有人说，作为学科，建筑是理工科中的文科，文科中的理工科；造园更是艺术和科学的交叉，自然和人文的汇聚，是博综众艺的集大成。而《园冶》正是种种学科——力学、数学等自然科学，和造园学、建筑学、哲学、美学、文学、绘画、文化学等实现了"大通透"，通过冶铸而成的积极硕果，而他自己，也在物、我的创造中提升了自己的生命精神。

第六节　桃李不言，似通津信
——从潜科学视角探《园冶》中预见功能

标题两句，见《园冶·立基》，其前两句为"寻幽移竹，对景莳花"。诸家对"桃李不言，似通津信"的解释，大抵没有看到它可能有的客观意义，不理解其超越自身的潜在价值，故需深入发掘，多方引证。

《园冶注释》："桃李成蹊。蹊：小路也。谓桃李林下，常有人行走，不觉行成便道之意。《孟子》：'桃李不言而成蹊。'"译文："桃李虽属不言，好似传达问津的信息。"此注、译虽不是很到位，如对"通"、"津"二字不甚理解，但可说尚确，因并未远离原意。《园冶全译》："桃李不言：用'桃李不言，下自成蹊'的典故，意思是说林中小路弯曲如自然形成。似通津信：曲折幽深的小路，似引人通向可越过的渡口。"《园冶》原文中的"通"、"津"、"信"三字，均被误译或漏译。

《全译商榷》则独立思考，另辟蹊径，写道："'桃李不言，似通津信'应从'信'字着眼，'信'是消息、信息（金按：信息，所释极是），这与'小路''渡口'无关

———————————
[①] 载《梁漱溟全集》第2卷，山东人民出版社2005年版，第95页。

（金按：此可谓一语中的）。这句隐含了《桃花源记》'后遂无问津者'以及张旭桃源诗'飞花莫遣随流水，恐有渔郎来问津'①的文意（金按：应为'诗意'）。但园林中'对景（所）莳（之）花——桃李之类是要逗人观赏的'，故说'桃李虽然不言语，但似乎已经知道了游人要来观赏（问津）的信息。'"《商榷》之解甚妙，可说已悟近原意不远；其中"似乎"二字用得亦佳，表达了有所猜测而不太确定之义。但甚感遗憾的是，《商榷》的作者在结集时删改了这段解析。其实，这段解析很不错，特富悟性，虽然引诗有误，但问题不大，然而，修改结集后却问题颇多，兹照录并加按语于后：

> 信指消息（金按："消息"，不及以前所提"信息"准确），津指渡口（金按：此释误，否定了以前"这与'小路''渡口'无关"的正确理解），通指传递、通报（金按：此亦为误释，详后）。意谓桃李下布置小路（金按：小路是走的人多了，自然形成的，而"布置"则是人为的、有意的，故亦失当）可以向游人预示前面有渡口或津梁（金按："渡口或津梁"亦不确，"津"才有"传递、通报"之义。总的来说，此段译文太板实，不如以前灵动活泛，有意趣，有馀味）。②

以上三家相较，要数《园冶注释》尚可说比较接近原意，《商榷》在结集后的自我否定，则殊为可惜，也可见以前是把握不准。以下拟结合对有关典故的诠释，作进一步的开掘。

先释"桃李不言"，其确切之典应为汉代两部著名史书对西汉名将李广的评价。《汉书·李广传赞》："李将军恂恂（金按：恂恂，谦恭谨慎貌。《论语·乡党》：'孔子于乡党，恂恂如也，似不能言者'）如鄙人，口不能出辞，及死之日，天下知与不知，皆为流涕（《史记》作"皆为尽哀"），彼其中心诚信于士大夫也！谚曰：'桃李不言，下自成蹊。'此言虽小，可以喻大（《史记》作"此言虽小，可以论大"。金按：此八字深含义理，足以开拓人们的思维空间）也。"颜师古注："蹊，谓径道也，言桃李以其华（花）实之故，非有所召呼（不向人打招呼），而人争归趣（趋），来往不绝，其下自然成径（金按：注意'自然'二字，'径道'是自然地形成的，而非如《商榷》所说是人为'布置'的），以喻人怀诚信之心，故能潜有所感（金按：'潜有所感'四字，亦绝妙，发人深思，本节下文还要加以引用、阐发）也。"《汉书》此赞语，本《史记·李将军传赞》，比喻实至名归，应该重事实而不尚虚声，就李广为例，说明只要为人真诚、忠实，就能感动别人。

计成在《园冶》中，两次用了"桃李不言"这个典故：第一次是《相地·村庄地》："桃李成蹊。"第二次是《立基》："桃李不言，似通津信。"此后句的四字，理解较有难度，又极重要，故除"似"字外，拟逐字训释：

"通"，这里不作传递、传达、通向、通报解，而应释作通晓、懂得。先作丛证。《释名·释言语》："通，洞也，无所不洞贯也。"《易·繫辞上》："通乎昼夜

---

① 《全释商榷》所引诗错误甚多。《全唐诗》二函七册，张旭仅存诗六首，无此题，只有《桃花溪》。这首七绝与《商榷》所引大不相同，全录于下："隐隐飞桥隔野烟，石矶西畔问渔船：桃花尽日随流水，洞在清溪何处边？"又校之他本，其题、其诗亦如此。

② 梁敦睦：《中国风景园林艺术散论》，中国建筑工业出版社2012年版，第207页。

之道而知。"孔疏："言通晓于幽明之道，而无事不知也。"《广雅》："达、明、彻，通也。"东汉许慎《说文解字叙》："孝宣时，召通《仓颉》读者（金按：即召募通晓《仓颉篇》的人。《仓颉篇》为秦李斯所作，四言韵语，但经秦统一文字后，到了东汉孝宣时，能读得懂《仓颉篇》的人，已经没有了），张敞从受之（张敞能通晓，故接受）。"宋王安石《上仁宗皇帝言事书》："略通于文辞"。清包世臣《答陈伯游方海书》："通世事而自律严。"以上的"通"，均有通晓、懂得之义。再如博古通今，通情达理等成语，亦作如是解，至今流转人口。"精通园艺"的"通"，也是此意。

"津"，不能一看到"津"，就释作问津、渡口、津梁、津渡，在这里其义为"传"。这是"津渡"、"津逮"的"渡"、"达"的引申义，作动词用，意为传送；传达；传授；传递①，如南朝宋刘义恭《艳歌行》："倾首伫春燕，为我津辞语。"津辞语，亦即传送辞语，此诗句意谓希望春燕为自己传送心底的话语。又如北齐刘昼的《新论·崇学》："道象之妙，非言不津（金按：此'津'义为'传'）；津（金按：此'津'义为'要'，世所谓"要津"、"津要"）言之妙，非学不传。"二句句末的"津"、"传"二字，同义对举，互文。由此可见：津，传也。

"信"，《全译商榷》最初认为："应从'信'字着眼，'信'是消息、信息。"甚当，"信息"之义更佳，《园冶注释》也译道："桃李虽属不言，好似传达问津的信息。"此译也有合理成分，值得吸取。因此，"桃李不言，似通津信"可译为：桃李虽然不言不语，却似乎也"潜有所感"（《汉书》颜师古注语），懂得（即"似通津信"的"通"）［向人们］传送（即"似通津信"的"津"）信息。

《艳歌行》诗中，希望春燕为自己传送辞语，这无疑是用了文学的拟人化手法；然而《园冶》中桃李的"似通津信"，则不仅仅止于文学的虚拟，还有着深层的潜科学内涵……

《荀子·王制》云："草木有生而无知"。意谓草木有生命却没有感觉和知觉。此话今天看来不一定对了。就计成笔下的"桃李不言，似通津信"来看，已蕴藏着科学价值特别是生态科学、生命科学的价值。时至今天，现代科学研究不断表明，植物有它的神经系统，有它的感知能力甚至超感能力，对此，报刊上曾多有编述，以下为《光明日报》"新知"版题为《植物也能思考吗？》的专题编译所作的摘要：

> 该文从"达尔文曾提出一种假说"写到"现代研究显示，植物也有嗅觉、听觉……有科学家认为，植物也是复杂的生物体，过着丰富而感性的生活"；"人们看不到植物移动"，不能就认为"植物和石头没有什么区别"。以色列

---

① 对此还可以进一步深究："津"的词根是"聿"，甲骨文为以手持笔书写之形。《说文》："聿，所以书也。楚谓之'聿'，吴谓之'不律'，燕谓之'弗'。"《说文通训定声》："秦以后皆作'笔'字。"罗振玉《增订殷虚书契考释》："此象手持笔形，乃象形，非形声也。"而"所以书"的笔，从其合目的性上说，乃是传情达意，传递信息，其功能是"动应手以从心"（晋傅元《笔赋》）。北齐颜之推《颜氏家训·杂艺》也引江南谚云："尺牍书疏，千里面目也。"书牍的作用，就是传送千里之外的信息。再如《康熙字典》引《说文》："肆，极陈也。"词根作为"聿"的"肆"字，其义正是极力陈述，传达心意……"津逮"、"津梁"等所含词义，正是由"聿"这个词根决定的。

特拉维夫大学生物科学中心主任丹尼尔·查莫维茨通过研究发现，一种植物"独特的基因组竟然与动物基因组的一部分相似"；"植物必须发展出非常灵敏、复杂的感知机能，以使它们在瞬息万变的环境中生存下去"。"一些最近的研究显示，植物也许可以对声音作出回应"，"对某种振动的频率"作出回音。"植物之间是否会有交流的可能性？对这个问题的回答是肯定的"；"植物也存在多种不同形式的记忆。它们有短期记忆、免疫记忆，甚至还有跨代的记忆"；它们"通过细胞、生理和环境状态相互沟通"；"抑制人体谷氨酸受体的药物，对植物同样有效"，"如果和神经生物学家讨论这个问题，或许可以建立一门有关植物的新学科……"①

当然，这些还没有完全成为确凿的显科学。但是，计成却在 380 多年前，通过长期所结的"花木情缘"和深情贯注的造园实践，也"潜有所感"，故而在"似通津信"之前，着一"似"字，提出了这一带有预测性或预见性的问题，这尽管至今还是一个前科学或潜科学的问题，而这正足以显示计成及其《园冶》具有潜在的先见性，或具有前瞻性的客观思想。对于这一点，还需继续论证。

本书第二编第五章"花木生态篇"就引过马克思论荷兰哲学家斯宾诺莎时所表达的超越常规、不一定为有些人所理解的独创见解，即应区别作者"自认为提供的东西"，即在著作里提供的主观思想，和那种超越自我的"实际上提供的东西"，即所衍生出的客观思想。由这一思维指向，还可作进一步的探究。列宁在《哲学笔记》中曾摘引德国古典哲学大师黑格尔《历史哲学讲演录》如下的话："历史上的伟大人物是这样一些人，在他们的个人的、特殊的目的中包含着作为宇宙精神的意志的实体性的东西②"。"他们所追求的和达到的东西之外，除了他们直接认识和要求的东西之外，还有（得出）某种别的东西"，"他们……在实现自己的利益，但某种更为遥远的东西因此而实现"。列宁在其旁批注："注意"③。所批其实是一种发现。黑格尔的历史哲学深刻表明，历史上一些伟大人物的言论、行为特别是其高层次的著作中，还存在着"某种别的东西"，存在着可能实现"某种更为遥远的东西"即通向未来的东西。而这也适用于"历史上的伟大人物"——计成，适用于经典《园冶》中的"桃李不言，似通津信"之句。

《汉书·李广传赞》有云："此言虽小，可以喻大。"本节也据此由小及大、由此及彼，由"似通津信"再作演绎推理，如是，则可以丛证如下命题：优秀的、杰出的文艺作品确乎具有预言功能。例如：

笔者论唐代伟大诗人杜甫时曾写道："杜甫悲歌的思想深度，还表现为有比较

---

① 见［北京］《光明日报》2012 年 7 月 10 日第 12 版，牛梦笛编译。
② 撤除这"宇宙精神的意志"谬误外壳，其中有着合理的内核，即属于遥远的未来学的东西。
③ ［俄］列宁：《哲学笔记》，人民出版社 1974 年版，第 344－345 页。

深远的预见性,这在现代美学中称为卡桑德拉质。鲍列夫(前苏联著名美学家)曾借用希腊史诗故事指出:'卡桑德拉在特洛伊城尚处繁荣强盛的时期就预言了它将要毁灭。在艺术中总是存在"卡桑德拉因素"——预言未来的能力。'(鲍列夫《美学》207页)杜甫出于对现实规律性的艺术把握,出于关心时代、国家所形成的敏感,其悲歌也突出地表现了这种预见功能,《同诸公登慈恩寺塔》表现得颇为典型……诗人凭着清醒的头脑,看到了升平景象里的潜在危机。钱谦益指出:'高标烈风,登兹百忧,岌岌乎有漂摇崩析之恐……唐人多以王母喻贵妃,瑶池日宴,言天下将乱。'(《钱注杜诗》)……仇兆鳌注《剑阁》诗也说:'《登慈恩寺塔》诗:"秦山忽破碎,泾渭不可求",知天宝之将乱也……《秦州》诗:"西征问烽火,心折此淹留",知吐蕃之寇边不能安枕也;此诗云:"恐此复偶然,临风默惆怅",知蜀必有事而深忧远虑也。未几,段子璋、徐知道、崔旰、杨子琳辈,果据险为乱。公之料事多中如此。'在这些充满悲感的诗句中,杜甫把形象思维的想象、预感功能和逻辑思维的推论、预测功能结合在一起,使作品具有预见社会发展可能动向的'报警'性。"[1]这体现了文艺在社会领域里深远的预见性。

再看文艺在自然科学领域里的预见性。近人王国维在《人间词话》中写道:"[辛]稼轩《中秋饮酒达旦,用'天问'体作〈木兰花慢〉以送月》[2],曰:'可怜今宵月,向何处,去悠悠?是别有人间,那边才见,光景东头。'词人想象,直悟月轮绕地之理,与科学家密合,可谓神悟。"宋代著名词人辛弃疾中秋赏月兴至达旦,酒发灵感,情融于景,感到前人只有咏"待月"的词,却没有咏"送月"的词,于是用屈原的《天问》体作《木兰花慢》词送月远去,然而其意却竟与月球围绕地球转的科学原理相契合,这种预见性当然也是由于受了屈原《天问》精神的启迪。大诗人屈原的《天问》,是探索自然本真,追问古史根源而写成的瑰丽长诗,举凡宇宙生成、天文星象、日月运行、地物变迁、人文起源、先世史事、神话传说……均大胆怀疑,深邃思辨,并发出一连串可贵的追问,表现了执着探索的精神[3],其中涉及大量高难度的科学问题,例如对"盖天说"的怀疑,其实就是一种否定,也就是对后来科学的一种预见。所以当代著名科学家李政道先生赞誉屈原《天问》是"以气势磅礴的诗句写成的最早的宇宙学论文"[4]。辛弃疾在词中继承了屈原大胆的科学求索精神,也以猜想性的问句追索有关月亮的奥秘,故而能"与科学家密合"。

至于伟大作家曹雪芹的《红楼梦》,其预见功能更是多方面的……此为众所周知,故不拟赘举。

---

[1] 金学智:《杜甫悲歌的审美特征》,[北京]《文学遗产》1991年第3期,第56—57页。

[2] 辛弃疾此词的全题为:《木兰花慢·中秋饮酒将旦,客谓前人诗词,有赋待月,无送月者,因用〈天问〉体赋》。

[3]《园冶·借景》亦云:"切要四时,何关八宅……眺远高台,搔首青天那可问;凭虚敞阁,举杯明月自相邀……"也似渗透着屈原的天问精神。

[4] 李政道:《艺术与科学》,[北京]《文艺研究》1998年第2期,第85页。

不妨再放眼世界，如19世纪法国著名小说家凡尔纳，他还是无数项科学技术的首创者，"在他的作品中发现一百多项属于首创的建议，其中66项到了20世纪60年代已全部实现"。"凡尔纳很早就预见到潜水艇、电动火车，飞机、宇宙火箭、彩色摄影、有声电影和电视将会出现……"①艺术想象往往是一些重大科学问题的开端，许多重大的科学发现，很多都是在艺术鼓动、启发下产生的。如18世纪英国女作家雪莱的小说《弗朗肯什坦》中最先写到了机器人；19世纪英国故事家卡罗尔在《阿丽丝漫游奇境记》里提到了控制论和相对论；特别是法国大作家巴尔扎克在小说中指出，人体中可能有科学尚未知道的某种有力量的液体在起作用，可用来解释人体心理物理学上的特点，过了数十年后，科学才在人体中发现了荷尔蒙，并创立了内分泌学说……此类适例甚多，不赘举，这都说明艺术家有时比科学家更具超前意识，当然这或是主观意识，或是客观思想，但都是文艺的预见功能。

本节的引申接受，似乎是放得太开了，其实，放是为了收；本节的演绎，也是为了最后的归纳，为了以聚焦方法证实"伟大的文艺、高层次的著作均可能具有卡桑德拉质——猜想的预见功能"，而计成在《园冶》里，是同样"猜"到了"桃李虽不言而似能通津信"的生态科学或生命科学的奥秘，或者说，他也是通过"潜有所感"而发现了潜科学的信息，这亦"可谓神悟"，然而又并不神秘。

附：《园冶印谱》前言

缘起——

2011年，为大师计成诞辰430周年。笔者曾向计成的故乡吴江倡议，并协同吴江文联的钱惠芬女士发动吴江垂虹印社集体参与，以完成《园冶印谱》一书来纪念乡帮先贤计成大师。此举得到苏州市吴江区委宣传部的热情关注和大力支持。

《印谱》由何斌华先生及笔者任主编。笔者从《园冶》书中选出近80句名言隽语作为镌刻的印面文字，并撰写了前言，推敲了全部"边款"。垂虹印社同仁亦欣然接受此任，分工合作。经多次反复，持续了近两年时间，终于由古吴轩出版社于2013年9月出版。

此谱围绕着一位名人，取材于一部名著，由一个印社群体来治一本印谱，这是中国篆刻史上空前未有的盛举。而今，终于结出了可喜的硕果。【图119】

古色古香的《园冶印谱》，融诗文、哲理、园林、篆刻、书法、绘画、装帧工艺于一体，内容丰富，形式多样，其中包括一方方风格各别、流派殊致

---

① 转引自袁振保：《文艺要为科学立传》，［北京］《文艺研究》1996年第5期，第11页。

的印章，一条条情趣横溢、极富独创性的边款，均可细细品读。尤其是谱首所钤三方印章，乃明代幸存至今计成的名字印、别号印，采自日本东京内阁文库所藏稀世孤本，系首次面世，殊可宝贵（见【图120】）。这里将计成印及笔者的《〈园冶印谱〉前言》附于下，作为《园冶多维探析》一书的末篇——

图119　故乡吴江，一瓣心香
古色古香的《园冶印谱》
古吴轩出版社2013年版

《园冶》集古典园林之大成，萃华夏文化之精英，是一部举世公认的经典，一部令人叹为观止的奇书，一部字数不多而价值却沉沉夥颐、震古烁今的不朽名著。详而言之，它是我国最早出现、对世界深有影响、具有划时代意义的完整造园学体系的杰构，是极富哲理意蕴、美学内涵、文学特色、艺术情趣的钜著。此书镕铸"道"与"术"、"文"与"式"、"知"与"行"于一炉，储与扈冶，博大精深，一言以蔽之，曰"技进乎道"。

然而，其作者计成之生平资料却憾如阙如，仅能据其序跋等窥知大师行状之一鳞半爪：生于明万历壬午十年（1582年），松陵人，名成字无否，工绘画，好游历，中年始归吴，以造园为业。适逢明朝末年，风雨飘摇，板荡不宁，计成生不遇时，屈志难伸，境遇坎坷，草野清贫，仅挟其绝艺奔波各地，传食朱门，因寓无限感慨，自号曰"否道人"。书稿完成后凡三年，无奈方由阮大铖于崇祯甲戌（1634年）刊印。翌年，计成挚友郑元勋作《园冶题词》，至此有关线索中断，其后行踪不可考论。

《园冶》乃有声之歌诗，无韵之《离骚》。由于书系臭名昭著、为人不齿的阮大铖所刊刻，因而殃及池鱼，致使明珠蒙尘，进入了近300年之沉寂，濒于湮没。有幸此书流入岛国扶桑，被推崇为"世界造园学最古名著"，或更名为《夺天工》、《木经全书》，以示其对大匠喻皓的超越，并一再被刊刻、钞录、解说，传播，其影响波及东瀛各界。

20世纪30年代伊始，中国学者于日本发现此书，惊喜何如！朱启钤、陈植等专家古道热肠、戮力同心，历尽曲折艰辛，《园冶》终于重返神州，首印为《喜咏轩丛书》本。否极泰来，20世纪80年代至今，欣逢盛世造园时代、生态文明世纪，学界对《园冶》的注译研讨，骎骎乎趋向热潮，论文、著作的发表，如同雨后春笋，令人鼓舞欢欣！

放眼世界，20世纪至今，欧洲则有英、法译本相继问世。此外，日、澳、英、法、荷、意、新加坡、中国台湾诸多国家、地区，均出现可喜研究成果……计成是属于世界的，当然也是吴江的，是吴江的骄傲、松陵的殊荣！

计氏在明末，即被誉为"国能"、"神工"、"哲匠"、"东南秀"……大师博学多才，品高艺精，诗文画园，四绝是称，然其诗画均消失于茫茫的历史烟雨之中，惟《园冶》得以独传，此乃中华文化不幸之大幸。

《园冶》金相玉质，文采斐然。其特色是议论高卓渊深，语言典雅华美，骈四俪六，绣口锦心，其间名言佳句，累累如贯珠，且有举此概彼，举少概多的特点，其品雅洁，其味隽永，读来口齿留芳，馀味不尽。吴江垂虹印社同仁，在区委宣传部、文联等领导下，从《园冶》书中精选80句名言俊语治为印章，汇而谱之。此举既表达了对乡邦先贤的无限景仰与永恒怀念，又弘扬了篆刻以"闲章"见志适情的优良传统。在艺坛，篆刻被喻为"方寸虫鱼"，园林被称作"咫尺山

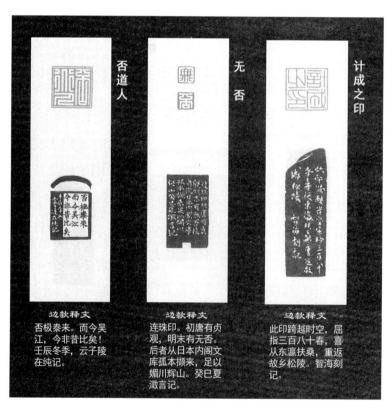

图120　吴江的骄傲，松陵的殊荣
计成三印及后人边款
撷自《园冶印谱》　唐悦协制

林"，二者缘何相似乃尔？由于均体现为"缩龙成寸"的美学，而今通过《园冶》经典，使其珠联璧合，相映生辉，此堪称印章文化史上之空前创举。

展卷品玩，可见垂虹印人游刃有余，奏刀骦然。试看印面，体性多样而风格斑斓：粗犷猛厉，如横刀入阵；精细秀婉，似空谷幽兰。飘逸飞动，如舞风之春柳；古拙沉凝，似积雪之寒山。或运刀不期现爆破之迹；或布局有意求敧侧之感。对角呼应，寓阴阳消息之理；避中挪让，拟虚实动静之变……一方方，一字字，饱和情愫，借《园冶》语以表述，谓之"寸石生情"，"构易成难"。

边款，同为《园冶印谱》一大特色，其文字、书法亦丰富多采【图120】。就文字看，或韵或散，或长或短；或深入开掘，或浮想联翩；或采宋词只语，或摘唐诗片言，或概述品读《园冶》体悟，或归纳印园同构理念……对其潜心赏观一过，宛同品读一部印论精选、园论萃编。又如款识书法，既有篆书之随体诘诎、隶书之波磔翩翻，又有真书之应规入矩、行草之流畅连绵；偶或款以上下文图之对照，山水林亭之平远……琳琅满目，美不胜收，令人想起天宇之群星齐辉，园圃之百花争妍。

《印谱》的价值更在于，卷首计成的姓名印、别号印、表字连珠压角印，均为明版原貌，至今为国内所罕见，它遥远地撷自日本内阁文库所藏稀世珍本。而尤饶价值者，日本桥川藏本中郑元勋之行书《题词》，向世人披露计成欲"罗十岳为一区，驱五丁为众役"，"使大地焕然改观"。这一"大冶"理想的提出，堪称石破天惊！计氏诚美丽中国之先行者，惜乎其超越园墙之远思壮采，学界300余年来无人问津，今特篆于谱前，表而彰之，愿其光辉烛照未来。

谨以《园冶印谱》作为献给大师计成诞辰430周年的一瓣心香。

岁在玄黓执徐，时届冬杪霜凝，华灯初上，姑苏金学智一稿，撰于心斋之如意轩。次年癸巳夏日改定。

写作编年故事
——代后记

在"自放手眼"的著述原则下，《园冶多维探析》一书的框架建构颇有些奇特，出版史上也许并不多见。它既是一本对经典及其研究的综论，又是一本对名言难句的析读；既是一本古籍的校注，又是一本特殊的专业工具书，不用说还有作为"馀编"的近九万字长长的"尾巴"了。对此，我称之为"四合一"工程。至于这一"工程"是如何一步步"告竣"的？时过四年多，说来话长，可勉强粗分为四个互为交叠的时段：

孕育·准备·试写（2011.7－2013年春）

2011年，适逢《园冶》诞生380周年，拙著《风景园林品题美学》首发式学术座谈会在北京召开，会后，有几位专家先后向我建议，概括其大意为：在中国，《园冶》的研究已届"而立"之年，虽然成绩斐然，论著可观，但问题成堆，争论不断。《园冶》的注释、研究者是林学、建筑学方面的知名专家，他们有种种优势，但也有所不足。您出过几本园林美学的书，又是搞文科的，能不能从大文科的角度注释或研究《园冶》，也许……。此话令我怦然心动。我虽然随1981年陈植先生《园冶注释》问世以来，就开始关注、阅读、引用《园冶》了，甚至也写过有关文章，但从未有过写研究《园冶》专著的奢望，因为难度太大，我把它比作"蜀道"，尤其深知唯一的稀世明版全本——内阁文库本《园冶》在日本被珍藏着，无法获观。但是，写书的信念却在我心田萌芽，我开始握管，开始思索……

2012年，不意有两件事促使我终止了写作的断续、踟蹰。

一件是素昧平生的日本田中昭三先生来访。他是日本园林文化研究家、园林摄影家，出版过《日本庭園の見方》、《京都とっておきの庭案内》、《サライの日本の庭完全ガイド》等，既是日本庭园迷，又是苏州园林通，还写过《苏州古典园林の美》的初稿。他几经曲折，好不容易来苏找到了赋闲在家的我，并一下子取出在日所购的拙著《中国园林美学》和《苏州园林》，书眉上写着一个个问题，要我回答、解释。接着又问我在研究什么，知道我想研究《园冶》，他说《园冶》的好版本在日本，愿意为我设法，还愿为我的书提供和拍摄所需照片。于是，我们抱着"到苏州园林去寻访《园冶》，拍摄《园冶》"的信念，从《园冶》书中选出名言两百多条，奔波姑苏，出入名园，例如，顶风冒雨去环秀山庄探奇觅胜，不怕岩陡路滑，也不顾衣服淋湿，全然忘记了都已年逾七八十岁，终于把《园冶》中的"岩峦洞穴之莫穷，涧壑坡矶之俨是"，一帧帧纳入镜头，而且在淙淙声里领略到《园冶》所写"坐雨观泉"的韵趣。我们还踏着拆迁的泥泞，到五峰园拍下一块块奇峰异石；在晴日的留园，待到夕阳西斜，终于伴着咔嚓声摄得了印月峰的水中倒影……

他回日本不久，即先后寄来两个光盘，一是按《园冶》名言在拙政诸园所摄的精美照片数百帧；另一是日本内阁文库所珍藏明版孤本全三卷《园冶》的翻拍照片，这是他不辞辛劳，三次特赴东京翻拍的，当时馆内又不能用三脚架，只能用双手捧着相机坚持再坚持……他还多次往东京大学了解其他异本。

此外，我又在日陆续觅得《园冶》的隆盛本、华钞本、上原本、佐藤本等。至此，日本版本的搜集基本完毕，心里有了底，只是西方的研究情况知之甚少。

第二件，可谓"无巧不成书"。2011年11月底，我有幸参加在武汉召开的纪念计成诞生430周年国际学术研讨会，会上群贤毕至，少长咸集。我特别关心国际动态，多方收集信息。外国专家们得知我在研究《园冶》，意欲撰写专著，都非常关注并极力支持。我刚回苏州，英国的 Alison Hardie 女士已将其英译本《园冶》书影发到我电脑里，不久，又寄来了第二版珍贵的签名本。法国的 Chiu Che Bing 先生，让其女儿不远万里，从巴黎来到苏州，将法译本《园冶》亲手带给我。抚摩着这译本别致的封面，我心里一阵涌动。接着，澳大利亚的 Stanislaus Fung 先生，也发来他《园冶》研究系列论文……至此，我基本掌握了世界研究动态。

"巧妇难为无米之炊"，我还缺国内现代的有关论著，如张家骥先生的《园冶全释》，因系山西出版，遍问苏城图书馆和熟人都说没有，我几临绝望。在一次画展上，偶遇拙政园前主任钱怡女士，她说有，于是，抓住时间的缝隙，我紧跟她回家取得，真是"踏破铁鞋无觅处，得来全不费工夫"。又如曹汛先生的《计成研究》等两篇重要长文，均发于20世纪80年代前期的杂志，事隔30年，书海茫茫何处寻？蔡斌先生四处打听，终于联系上了某大学的地下书库，一人在阴暗的尘封中翻扒搜寻了半天，才算找到，解决了我的急需。

还有一件事。密友陆嘉明先生在看我选句解读部分初稿时，毫不留情地说，你的《园冶选句解读》写得再好，我还是爱看《园冶注释》，因为你的都是选句、单篇，看不到《园冶》全貌。我心想：真不愧为净友！拆散了的七宝楼台，确实不成片段。于是，《解读》开始加《校注》，书稿就朝"四合一"工程的方向发展……

起始·协作·试点（2012年年底－2013年孟夏）

在武汉会议上，我还提交了建立"园冶学"的倡议书，提出了一些组织和实施的初步设想。2013 年年初，我找苏州园林档案馆作试点，建议成立《园冶》研究专题档案协作组，包兰馆长欣然同意。随即成立小组她任组长，并分工协作。此事也许对国内建立园冶学的研究组织有一定借鉴意义，故适当详述。

我们定期开会，还组织成员学习计成有关美丽中国的"大冶"理想，由我主讲，大家议论，意在提高认识，统一理念，我感到这也应是园冶学研究的很好形式。在协作小组，我负责建立专题系列档案的策划、指导等，同时将自己所收集到的一系列珍稀版本、珍贵译本以及有关书籍赠给档案馆，而档案馆方面，为配合我的写作，包馆长特赴北京联系国家图书馆所藏明版《园冶》残本复印件，补上了我版本链中所缺的重要一环。严蕴悦在我指导下，协助撰写了《园冶双注》中简注部分的第一稿。提供了《园冶词典》的部分词条，还为我认真地校读了第一编《园冶综论》书稿，其方式是将下载的古籍繁体竖排本（如阮大铖《咏怀堂集》）该页剪下贴在书稿中进行核对，最后竟贴成了厚厚的一本！杨琼艳负责第一编插图的印制，工作十分认真，有时连午饭都顾不上吃。由于这是初试阶段，和书稿的撰写一样，插图的印制虽多有反复，但"失败是成功之母"，让我取得了有益的经验教训。另外，她在我启导下，还收集到《园冶》研究论文 200 馀篇，并编制目录，对我的研究也有所裨益。协作小组中，倪乐贤科长负责联系工作等事宜；陈琦负责有关图书的收藏与整理，还及时给我提供了很多专业书籍。档案馆又多方联系，进一步把国内有关《园冶》的研究著作和普识本基本购置齐全。后者虽大多在低水平上重复，却让我因看到方兴未艾的"《园冶》热"而心喜，又为《园冶》研究的现状而心忧，从而想起了韩愈的《进学解》，增添了写作的驱动力。

在起始阶段半年左右的时间里，协作小组收到了较显著的效果，基本上实现了双赢互利的原则，《园冶》研究的专题档案基本齐备，而我也以"园冶学"倡议有所实现而颇感欣慰。

在这一时段，北京的资深编辑吴文侯先生，多次伸出了热情的援助之手。为了弄清明版残本第一卷如何分为两册的问题，他两次去国家图书馆，将细节全都记录下来。为分清引用的界限问题，他多次请教法律顾问和咨询国家新闻出版总署，给了我满意的回答；他知识面广，古文功底深，每次对部分书稿提意见，总是几页信纸写得满满的。

求书·闭门·提升（2013孟夏 — 2014仲秋）

由于园林档案馆藏书毕竟有限，而《园冶》研究还需要扩大视野，需要经、史、子、集，需要训诂、文字学以及几乎遍及大文科的各类书籍，于是我不得不暂时告别协作组，而走向社会和高校，如苏州古籍馆、苏州大学敬文图书馆、综合图书馆、炳麟图书馆、苏州博物馆资料部等，除了当场查阅外，他们还破例一次次出借，提供方便，充实了我的书斋斗室。

说到外出求书，不能不再提青年藏书家蔡斌先生，他多次让我到他家选书，又不辞路途遥远一下子把几袋书送至我家，几年来先后不下二三十次。在书店，看到研究《园冶》的书，就特意买了送上门"借"给我；他严重烫伤，行动都有困难，听到我要书，还骑着助动车将书送来。

还让我感动的是苏州职业大学图书馆的罗金增先生，每次看到我开出长长的书单，就东奔西跑为我找书，两小时下来，额上沁出了汗珠。他考虑到书重我拿不动，又不惜时间，给我发来了数十本大型的电子书，提供了极大的方便。平时，一个典故、一条书证请他查核，他总不怕琐碎、麻烦，即使在寒暑假他也从不推辞，而且半小时内一定给我满意回复。

随着书斋的充实，资料的积累，我的书稿写作，也步上新台阶。

在这近一年半来的关键时段里，我依然焚膏继晷，兀兀穷年，没有双休，没有春晚，"衣带渐宽终不悔"，往往还无可奈何地带着书稿住进医院。病情多次反复，书稿各部分也多次反复，功夫不负有心人，"生命的对象化"见出了成果。如第二编《园冶选句解析》，作为全书重点，立足深广度，已拓展到六章八十节三十六万字；第三编《园冶双注》从学术性考虑，更改为《园冶点评详注》，其中包括十个版本的比勘，校出了《园冶》诸本包括笔误、错简、误改在内的数百个衍文、夺文、讹字，由于《园冶》难读，内涵不易把握，正文还回归到传统古文阅读的概括段意、点评；第四编又厘为《园冶专用词诠》，增加了专业用语和形义考论的比重，力求以专业性、学术性区别于一般的词典……由于发微、考证、校勘、训诂等方面以全覆盖为目标，由于多学科、多维度的聚焦与演绎，书稿的框架、体系、规模、性质也迥非昔比，与之相适应，书名也不断改换：《园冶多维解读》、《园冶全书》、《园冶的全方位探究》……最后定为《园冶多维探析》。

闭门著书，离不开夫人蔡云梅，她自20世纪90年代退休后一直还是我隐名的合作者、写书的"贤内助"。这次书稿在螺旋式提升过程中，她至少先后断续地审读了两三遍，是全稿的第一读者。数十年语文教师的积习，使她看稿总是一丝不苟，在打印稿上写下不少意见，有些颇为中肯，有时还和我争得面红耳赤。我因感到难度太大而打退堂鼓时，她安慰我，鼓励我，以自己加紧看稿为给力，使我再次抬起了头。平时，我要查阅，就陪我到各家图书馆，翻古籍，找书证，抄资料，冷板凳往往一坐一天，带回家是写得密密麻麻的一叠纸，字里行间都是情；我要照片，就不但去苏州园林，而且一次次去木渎、吴江、常熟、无锡、扬州……书稿的插图，她总是细心分类、妥善保存，视同珍宝。至如第三、四编的说明、凡例、索引、"《园冶》十个版本比勘一览表"等，她都严格把关，反复推敲，细心核对……在诸多方面，她功不可没。

开门·整合·定稿（2014仲秋－2015早春）

俗话说，凡事开头难，其实，结束亦难。对我的书稿来说，最难实现的是"四合一"这个"合"字。书稿四部分必须消弭其坚执的独立性和交互的重复性，于是，我从宏观上统读、梳理、调整，合其离，融其异，避其同，减其复，既贯之以"循环阅读法"，又建立"互见"的网络机制，渐见线密针细……

至于对书稿的查核深究，除发信请罗金增先生查对外，更多是向田中昭三先生咨询。当年，他在京都大学读的虽是法国文学，六十岁以后却开始攻中文，虽不一定能读说，却善于通过汉字表达，能不经翻译看懂我的邮件。在最后阶段，我还常与他饶有趣味地探讨日本庭园的概念：枯山水、石滝、下地窓、障子……研讨兴味浓浓。

还颇烦难的是图文整合——使插图与书稿合一，这就需要反复编配调整。事实是没有插图不行，用了插图又极麻烦。就照片而言，由于篇幅有限，必须反复筛选、精益求精，几年来不知更换了多少，最后定下来的仅占收集到的六、七分之一，而不断更换就要不断制作、加工。在对插图的各种技术处理方面，我先后外出请教过两次，均因没有更多时间学习而半途而废，最后只得四处请人帮助。

苏州园林档案馆的新成员唐悦，不仅对数十帧插图作技术性处理，而且对墨线图悉心加工，有着浓厚的兴趣。如《连墙拟越深斋路线图》，为求说明问题，底图就换了三个版本，《路线图》则先后画了八九次之多，依然毫无怨言，可谓尽心尽力。

回眸四年多来，自始至终为书稿插图作技术加工的，是虞俏男。她毕业于摄影系，不仅提供的照片质量高，而且一次次找她帮忙从不推辞，总是积极热情，常常放弃休息。特别是为我所集的甲骨文、金文、小篆进行加工，难度极大，但她却做得很精确到位。

朱剑刚在20世纪90年代初为拙著《中国书法美学》翻拍碑帖，一张张认真冲洗的情景记忆犹新。近来又因拍园林照邂逅于留园，这也是缘分。前后相隔20馀年，弹指一挥间，不禁感慨系之！这次他不仅在尾声阶段为我提供了几帧佳作，而且常在工作之馀操作到深夜，为我解除了最后插图加工的燃眉之急。

对于全书彩色插图送审稿的印制，苏州大学印刷厂一贯的大力支持，在图题整合、图版大小、特别是调色深淡、清晰度等方面一再反复推敲，最后达到了比较理想的效果。

"却顾所来径"，四年有馀的时间不能算短，周围支持我写作、使我感动的故事连连，一件件，一桩桩，用"感谢"二字已不足回馈他们，于是，我想到不妨打破"后记"的传统框框，摒弃一连串"感谢"的"老一套"，用"编年法"将他们的故事编入后记，以情贯穿，以志不忘！

最后还有始终关注我写作进程的责编吴宇江先生，自己是《园冶》爱好者。

在武汉会议上，我的主旨讲演刚结束，他立即向我约稿。自起始阶段以来，他陆续寄来自己所藏有关《园冶》的书；自己没有，就向他人求取了寄来；还有一本《〈园冶〉研究》到处难以求索，他就到图书馆借了复印，并装订成书寄给我。平时，还陆续给我寄来很多有参考价值的专业学术著作。每次收到他的邮包，总感到是一次无声而有情的敦促。

现在，我终于最后写完了这篇"自放手眼"，颇有些"奇特"的后记，长长地舒了一口气……

作者

2015年3月，于苏州春雷声中

不料记事还没有结束：

过了一段时间，头脑冷静下来，打开电脑通览全书，竟发现文字方面仍存在一些疏误，章节方面仍应作必要的补充，特别是"四合一"工程仍没有完全"合"好……于是，再把书稿取回，延续以往精神，作更细密的加工，竟又花了近半年的时间。而今，终于可较放心地交稿了。

2015年10月，二稿

2016年4月，一校

2016年9月，二校

2016年11月，三校

出版社将此书稿作为一个重点工程，理解我的写作苦衷，支持我的反复修改，在一次次校阅过程中，让我边改边校，边校边改，不断推敲，不断趋于"完善"，至此，又一次校阅完毕。

2017年3月，四校

2017年劳动节前夕，下卷清样校毕

历时数年写就的书稿，至此最后校定，我想到了成语"好事多磨"和"十年磨一剑"中的两个"磨"字。这次审校的内容，主要是为了配合"循环阅读法"而试建的"交互参见法"网络机制，书中大量错综的页码，均须至最后才能确定。此外，又从书中遴选了20张插图，作为书前的彩页。

2017年7月初，全书末校告竣，
离后记的写作，又两年有馀矣！
2017年8月初，清样装订本校毕

作者专著及其他有关书籍目录

《书法美学谈》

上海书画出版社 1884 年版，1987 年第 4 次印刷。

1988 年获江苏省第 2 次哲学社会科学优秀成果 3 等奖。

台湾华正书局未经同意，出了繁体竖排本，1990 年版、2008 年版。

《书概评注》

上海书画出版社 1990 年版。

《中国园林美学》

江苏文艺出版社 1990 年第 1 版。

1991 年获江苏省第 3 次哲学社会科学优秀成果 2 等奖，1991 年获华东地区优

秀文艺图书 1 等奖，1992 年被列入《20 世纪中外文史哲名著精义》一书。

《历代题咏书画诗鉴赏大观》（与吴启明、姜光斗教授合著）

陕西人民出版社 1993 年版。

《兰亭考》（《中国书画全书》本·点校）

上海书画出版社 1993 年版。

《兰亭续考》（《中国书画全书》本·点校）

上海书画出版社 1993 年版。

《中国书法美学》（上、下两卷本）

江苏文艺出版社 1994 年版，1997 年第 2 次印刷。

1997 年获江苏省第 5 次哲学社会科学优秀成果 1 等奖，2002 年获首届中国书

法兰亭奖理论奖。

《美学基础》（主编、主撰）

苏州大学出版社 1994 年版，1997 年第 2 次印刷。

《苏州园林》[苏州文化丛书本]

苏州大学出版社 1999 年版，2007 年第 5 次印刷。

2001 年获江苏省第 8 届优秀图书 1 等奖。2006 年获苏州市优秀地方文化读物奖。

《留园》画册（选图、题图并序）

长城出版社 2000 年版。

《网师园》画册（顾问、选图、题图并序）

古吴轩出版社 2003 年版，2008 年第 2 版。

《插图本苏州文学通史》（四卷本），与范培松教授联合主编、主撰。

江苏教育出版社 2004 年版。

2006 年获江苏省第 9 次哲学社会科学优秀成果 2 等奖。2006 年获苏州市第七届 "五个一工程" 奖。2015 年入选苏州地方文化精品出版物。

《中国园林美学》中国建筑工业出版社 2005 年增订版，第 11 次印刷。

2009 年被中国建筑工业出版社评为优秀作者，并颁发奖状、奖金

《插图本书概评注》

上海书画出版社 2007 年版。

2009 年获第 3 届中国书法兰亭奖理论奖 3 等奖，2010 年获江苏省书法家协会嘉奖。

《书法美学引论——新二十四书品探析》（与沈海牧合著）

湖南美术出版社 2009 年版。

《苏园品韵录》

上海三联书店 2010 年版。

《风景园林品题美学——风景园林品题系列的研究、鉴赏与设计》

中国建筑工业出版社 2011 年版，2013 年第 2 版。

《园冶印谱》（策划、作序，与何斌华先生联合主编）

古吴轩出版社 2013 年版。

2013 年入选 "苏版（江苏版）好书"。

作者有关《园冶》研究论文目录

本人自 20 世纪末开始撰写《园冶》研究论文，与众不同的是首先从文学、美学的视角切入，并通过不断反复以求深化，也以此作为自身《园冶》研究的一条主线。至 2017 年 4 月告一段落，书稿和论文的写作始终处于互动状态，或书内专节至书外拓展，或书外论文至书内开掘，或论文中增加图版和实例以求普及，或两篇论文整合为书中一节再加提升，或论文发表听反映后再进一步完善……质言之，著作、论文在内容上虽互有异同，但从比较中可见其滚雪球般充实、扩容之迹。编此目录，以见证自身《园冶》研究"吾将上下而求索"的历程。

《〈园冶〉：古典园林的文学陶染》（《苏州文学通史》第四编第四章"园林文学"
　　第三节）
　　范培松、金学智主编《插图本苏州文学通史》第三册，江苏教育出版社 2004
　　　　年版，第 698–703 页，作于千禧之交
《〈园冶〉的文学解读》
　　金学智《苏园品韵录》，上海三联书店 2010 年版，第 323–333 页
《初探〈园冶〉书名及其"冶义，兼论计成"大冶"理想的现代意义——为纪念计
　　成诞辰 430 周年作》
　　《中国园林》2012 年第 12 期，收入《〈园冶〉论丛》，中国建筑工业出版社 2016 年版
《试论计成〈园冶〉的"真""假"观》
　　《传统文化研究》第 21 辑，群言出版社 2014 年 3 月出版
《〈园冶〉生态哲学发微》
　　《传统文化研究》第 22 辑，群言出版社 2015 年 1 月出版
《隐现无穷之态，招摇不尽之春——经典〈园冶〉的文学品赏（上）》
　　《传统文化研究》第 23 辑，群言出版社 2016 年 3 月出版
《隐现无穷之态，招摇不尽之春——经典〈园冶〉的文学品赏（下）》
　　《传统文化研究》第 24 辑，学苑出版社 2017 年 3 月出版
《探析计成园林共享与宜居环境的美学理想》
　　《传统文化研究》第 24 辑，学苑出版社 2017 年 3 月出版

《人文园林》2012 年 12 月刊

《收之圆窗，宛然镜游——〈园冶〉选句解读之二》

　　《人文园林》2013 年 4 月刊

《借景有因，收四时之烂熳——〈园冶〉选句解读之三》

　　《人文园林》2013 年 7 月刊

《画彩虽佳，木色加之青绿；雕镂易俗，花空嵌以仙禽——〈园冶〉选句解读之四》

　　《人文园林》2013 年 10 月刊

《或借濠濮之上，入想观鱼；倘支沧浪之中，非歌濯足——〈园冶〉选句解读之五》

　　《人文园林》2014 年 2 月刊

《临溪越地，虚阁堪支；夹巷借天，浮廊可度——〈园冶〉选句解读之六》

　　《人文园林》2015 年 2 月刊

《理涧壑无水，似有深意——〈园冶〉选句解读之七》

　　《人文园林》2015 年 4 月刊

《出幞若分别院——〈园冶〉选句解读之八》

　　《人文园林》2015 年 6 月刊

《池塘倒影，拟入鲛宫——〈园冶〉选句解读之九》

　　《人文园林》2015 年 8 月刊

《廊：随形而弯，依势而曲——〈园冶〉选句解读之十》

　　《人文园林》2015 年 10 月刊

《轩楹高爽，窗户虚邻；门窗磨空，制式时裁——〈园冶〉选句解读之十一》

　　《人文园林》2015 年 12 月刊

《"占天占地"与"最忌居中"——〈园冶〉选句解读之十二》

　　《人文园林》2016 年 2 月刊

《磨角：如殿角撇角——〈园冶〉选句解读之十三》

　　《人文园林》2016 年 4 月刊

《白蘋红蓼，鸥盟同结矶边——〈园冶〉选句解读之十四》

　　《人文园林》2016 年 6 月刊

《最忌居中，更宜散漫——〈园冶〉选句解读之十五》

　　《人文园林》2016 年 10 月刊

《亭台突池沼而参差——〈园冶〉选句解读之十六》

　　《人文园林》2016 年 12 月刊

《方堆顽夯而起，渐以皴文而加；瘦漏生奇，玲珑安巧——〈园冶〉选句解读之十七》

　　《人文园林》2017 年 2 月刊

《欲知堆土之奥妙，还拟理石之精微——〈园冶〉选句解读之十八》

　　《人文园林》2017 年 4 月刊